水动力学和水质

——河流、湖泊及河口数值模拟

HYDRODYNAMICS AND WATER QUALITY

Modeling Rivers, Lakes, and Estuaries

第二版

（美）季振刚 著

季振刚 冯立成 赵万星 等 译

WILEY 海洋出版社

2021年·北京

图书在版编目（CIP）数据

水动力学和水质：河流、湖泊及河口数值模拟 /(美) 季振刚著；(美) 季振刚，冯立成，赵万星译. —北京：海洋出版社，2021.1

书名原文: Hydrodynamics and Water Quality Modeling Rivers,Lakes,and Estuaries

ISBN 978-7-5210-0350-5

Ⅰ. ①水… Ⅱ. ①季… ②冯… ③赵… Ⅲ. ①水动力学②水质 Ⅳ. ①TV131.2②X824

中国版本图书馆CIP数据核字(2019)第080497号

责任编辑：苏　勤

责任印制：赵麟苏

海洋出版社 出版发行

http://www.oceanpress.com.cn

北京市海淀区大慧寺路 8 号　邮编：100081

北京朝阳印刷厂有限责任公司印刷

2021年1月第1版　2021年1月第1次印刷

开本：889mm × 1194mm　1 / 16　印张：47.5

字数：1216千字　定价：380.00元

发行部：62132549　邮购部：68038093　总编室：62114335

海洋版图书印、装错误可随时退换

中译本第二版序

季振刚教授是我在中国科学院大气物理研究所指导的第一个博士生，于1987年取得大气动力学博士学位。随后到美国普林斯顿大学开展博士后工作，后又转入哥伦比亚大学攻读水环境工程专业并获博士学位，因而具有多学科交叉学术背景。毕业后长期从事水动力学、泥沙和水质方面的研究工作。他基于多年实践经验，耗时8年精心撰写了《Hydrodynamics and Water Quality Modeling Rivers, Lakes, and Estuaries》一书，并由美国John Wiley出版社于2008年出版。该书系统地介绍了地表水运动的基本原理及其数值模拟。出版后受到业界的广泛好评，被列为环境和水资源方面的必备参考书和教材。2012年，以李建平教授牵头的团队将其翻译为中文，并由海洋出版社出版。中译本出版后很快销售一空，颇受国内相关专业人员欢迎。

近年来，随着学科的发展，水动力和水质模拟又有了新的内容，风险评估也越来越受到人们的重视。基于此，季振刚教授对第一版进行了修订并新增加了两章，用于讨论湿地和风险分析。全书总内容扩充了40%以上。此次季振刚教授亲自带领团队将第二版翻译为中文出版，这将使得中译本能够更准确、充分地表达作者原意，因而可以为国内水动力和水环境的学者、研究生和大学生深入了解水环境及其模拟提供更好的帮助，从而推动国内相关领域的发展。

2018年9月14日于北京

中译本第二版作者序

本书的英文第二版在美国由John Wiley出版后，我告诉发行人Bob Esposito我们会将第二版翻译成中文。他说这几乎与原创一样艰难，需要大量的工作。在本书的中译本第二版完成后，我才充分意识到Bob所说之正确。

本书的英文第一版和中译本第一版都取得了很大的成功。英文第一版受到同行和专业期刊的普遍好评，被列为环境和水资源方面的必备参考书和教材。中译本第一版在被中国同行广泛使用的同时，还获得由中国海洋学会和中国海洋湖沼学会联合颁发的优秀科技图书奖。2017年发行的英文第二版，也被获选为高年级大学生、研究生和一线科技工作者，在环境工程和科学以及水科学（包括海洋学、湖沼学、湿地学、生态学、水资源和水质管理）方面必不可少的专业文献（Stoddard, 2018）。该书语言流畅、言简意赅，是环境和水资源领域不可多得的教材（Quinn，Yang, 2019）。

这是一部关于河流、湖泊、河口和湿地中的水动力和水质过程及其数值模拟的专著，取材于近二三十年来水环境科学的理论进展和作者实例。作者从事该领域研究近30年，获得大量实际经验和理论知识，这是本书的直接来源。需要强调的是，本书不是专门介绍特定模型的参考手册，也不拘泥于特定模拟技术的描述，而是通过基本理论和实际案例介绍地表水模拟。如果说模型是工具，那么模拟在某些方面可以看做是一种艺术。艺术的炉火纯青源于操作者，同时艺无止境，模拟艺术也将不断发展和完善。本书内容凝聚了作者近30年地表水模拟的感悟。

本书的目的是通过理论分析和实际案例系统地阐述地表水的各种物理、生物和化学过程，从多学科视角来帮助读者开展河流、湖泊、河口、近海及湿地的研究。在选材和内容方面，不仅包含了大量的物理、化学和生物过程及其数学方程，还有大量的计算公式、图形和表格以及如何将这些公式、数据和图表与物理、生化过程相结合的技巧。

在结构安排方面，第二版较第一版有了较大变化。除了前10章的内容增补外，还新增加了两章，用于讨论湿地和风险分析。全书总内容扩充了40%以上。这些都是近年来水环境科学和研究方面的重要进展。

参与第二版翻译的人员，除了第一版人员外，还增加了齐珺和缪吉伦等人。在第一版的基础上，具体翻译工作和人员构成有：第二版前言、第3章（泥沙输运）由齐珺译；第1章（导论）、第2章（水动力学）、第11章（湿地）由赵万星译；第4章（病原体和有毒物质）由戴至修译；第5章（水质和富营养化）由姜亦飞、冯立成译；第6章（外源和最大日负载总量）、第7章（数学模拟与统计分析）由娄盼星译；第8章（河流）由郑佳喻译；第9章（湖泊和水库）由亢妍妍译；第10章（河口和沿岸海域）由邢楠译；第12章（风险分析）由缪吉伦译；附录由郑佳喻和齐珺译；缩略语由冯立成译。相关人员对译稿进行了两次校对。李一平教授、唐春燕博士和文岑研究员参与了部分章节的校对。我本人对全部译稿进行了统一校核。我要衷心感谢翻译团队全体成员的共同努力，使得中译本第二版能如期与读者见面。

中译本第二版的面世还应该感谢那些给予我写作帮助和支持的家人、同事和朋友。我要特别感谢中国海洋大学的李建平教授及其领导的中译本第一版的翻译团队，他们的工作为中译本第二版打下了坚实的基础。我最应该感谢的是国家海洋环境预报中心的巢纪平院士，对本书的翻译和出版大力支持，并提出了很多宝贵意见。我还应该感谢海洋出版社，是他们的辛苦工作，将本书的第一版和第二版引见给中国的读者。冯立成得到国家自然科学基金 41576029，“全球变化与海气相互作用”专项国际合作项目（GASI-IPOVAI-03），国家重点研发计划（2018YFC1505802）的支持，并在此一并感谢。

季振刚

2019年6月6日于美国弗吉尼亚州

参考文献：

Quinn, N. and Yang. Z.L., 2019. Book Review: Ji, Zhen-Gang. 2017. Hydrodynamics and Water Quality: Modeling Rivers, Lakes, and Estuaries. Environmental Modelling and Software, 115, pp.211-212.

Stoddard, A., 2018. Book Review: Ji, Zhen - Gang. 2017. Hydrodynamics and Water Quality: Modeling Rivers, Lakes, and Estuaries. Limnology and Oceanography Bulletin, 27(2), pp.64-65.

第二版前言

本书的第一版获得了成功，也得到环境界和水资源界的好评，并被翻译成中文于2012年出版。令人欣慰的是，本书（英文版和中文版）不仅成为一本很好的高年级本科生和研究生教材，还被一线工作的工程师、科研人员和水资源管理者视为重要的参考资料。

正如Vijay P. Singh评论第一版时提到的那样："总体来说，题目组织严密，文字通俗易懂，风格清晰，充分反映出作者渊博的知识和丰富的经验。这本书也将对一线工作的水务和环保工程师有所帮助。"同样的策略和风格将在第二版中得到延续和加强。

在过去的十年中，跨越多学科的数值模拟大幅增加，因而对这些学科的综合论述很有必要。计算机能力的提高，包括并行运算的使用，使其能够快速且经济有效地运行综合水动力–水质模型。本书的目的是综合阐述地表水的水动力学、泥沙过程、毒性转化和输运以及水质和富营养化过程。这些地表水包括河流、湖泊、河口、沿海水域和湿地。

本书重点讲解上面提到的这些过程以及如何模拟这些过程，而不是关注模型。关于模型的详细讨论，请参考相关的模型手册和报告，本书涉及较少。本书介绍的理论、过程以及如何模拟这些过程广泛适用于数值模型，而不仅仅是特定的某个模型。本书阐述了与地表水有关的原理、基本过程、数学描述和实际应用。本书并不试图详尽介绍地表水过程的所有方面及其数学描述，而是着重于解决地表水中的实际问题。

第一版发行八年以来，我收到了许多读者对这本书的评论以及如何改进的建议。我也根据自己的研究和教学经历，积累了大量的新材料。借助所有这些信息，我在第二版中做了修改和补充。所有章节都根据近年来新发表的文章进行了修订和更新。与第一版相比，第二版的内容增加了40%以上，其中新增或更新的图件超过120个，新增参考文献约450篇。更具体地说，第二版增加了如下内容：

（1）关于湿地的新的一章。本章重点介绍湿地中的浅水过程以及用地表水模型模拟这些过程。

（2）关于风险分析的新的一章。本章致力于两个重要和相互关联的题目：极值理论和环境风险分析。

（3）关于风浪对泥沙输运影响的新章节。

（4）关于沉水植物的数学表达和多年模拟的新章节。

（5）关于浅水河口水质模拟的新章节。

（6）关于湖泊污染物长期变化和模拟的新章节。

（7）关于EFDC_Explorer的新附录。EFDC_Explorer是一个基于Windows的图形用户界面，用于环境流体动力学代码（EFDC）的前后处理。

（8）本书的网站（http://www.wiley.com/WileyCDA/WileyTitle/productCd-1118877152.html）给出书中广泛讨论的案例，其中包括它们的源代码、可执行代码、输入文件、输出文件以及一些动画结果。这些案例分别介绍了沟渠、河流、河口和湖泊的模拟。该网站还包含模型手册、报告、技术说明和实用程序。

我要感谢所有对本书支持和感兴趣的人。他们给了我写第二版的动力、勇气和机会。这本书也受益于我在美国天主教大学的教学以及我的学生们的参与。李建平教授和他的团队将第一版翻译成中文，并就如何改进本书提出了有益的建议。与美国Wiley出版社工作人员的再次合作仍然很愉快。我要特别感谢我的编辑Bob Esposito和Vishnu Narayanan。

季振刚

费尔法克斯，弗吉尼亚州
2016年9月

参考文献：

Singh, V.P., 2009. Review of Hydrodynamics and Water Quality: Modeling Rivers, Lakes, and Estuaries by Zhen-Gang Ji: Wiley Interscience, John Wiley & Sons, Inc., 111 Rivers Street, Hoboken, NJ 07030; 2008; 676 pp. ISBN: 978-0-470-13543-3. Journal of Hydrologic Engineering, 14(8):892-893.

第一版序

地表水资源管理对维护人类和生态系统的健康、促进社会和经济的发展起着非常重要的作用。对此，水资源和环境专家们采用了大量的技术管理工具，综合了物理、生物、数学和社会科学等多学科理论，致力于阐述地表水系统的基本物理和生物过程，以期为更深入地认识和管理水资源环境提供基础服务。自然水体环境的复杂性以及不断增加的模拟能力——即用计算机模拟微分方程描述的时变系统的能力，是推动水动力和水质模型发展成为重要科学管理工具的动力。尽管这里主要讨论数值模拟及其模型应用的实例，作者仍然不失时机地强调物理过程的意义以及不同类型水体间的共性和差异。

本书结构如下：首先是第1章导论，紧接着四章是关于水动力和水质过程的基础，随后的两章讨论模拟问题，主要涉及监管方案的模拟以及模型可信度和模型性能问题。本书最后三章以河流、湖泊、沿岸水域的内容结尾。文中强调水动力学和水质相互作用，即物理和生物地球化学的交互过程。第2章介绍了地表水水动力学基础，涉及三维问题、雷诺平均、静水压或简单运动方程以及相关的降维方程组，如浅水方程组和圣维南方程组。地表水水动力过程的理解和预测能力对它们的成功应用非常重要，主要应用包括河道防洪、水库供水、海岸风暴潮和河口盐水入侵等。进一步说，水中溶解态和悬浮态物质的迁移转化都是由水动力过程的对流和紊动混合所控制。书中和当前业界所讨论的“水质”一词通常有两种含义。广义的含义是指水中大量的溶解态和悬浮态物质，其存在和表现将使水体不利于人类和生态系统的健康以及农业和工业应用。狭义的含义，即传统提法，是强调病原体微生物和溶解氧动力学，包括富营养化以及水中碳、氮和磷的循环。第3至第5章专题讨论广泛存在的三类水质问题：泥沙输运、有毒污染物和富营养化。泥沙输运对供水和通航很重要。在水质应用中，泥沙影响到水体透明度、栖息适宜性和输运吸附态物质等。关于有毒污染物的章节概要了重金属和疏水性有机化合物的迁移和转化过程，这二者都能吸附在有机沉积物与无机沉积物上。基础部分的最后一章，即第5章介绍了传统的水质或水体富营养化过程形成以及相关的沉积有机物质的再矿化和成岩作用。这四章中的过程形成用实例研究的示意图给予了补充说明。

地表水系统的科学研究和工程应用为保护人类和水生生态系统健康的监管决策提供服务。在美国，主要的监管项目包括“国家点源排放清除系统”（NPDES）、“最大日负载总量”（TMDL）和“超级补救调查–可行性研究”（RI/FS）。第6章介绍了在TMDL发展中，水动力和水质模型所起的关键作用，它引出了第7章——关于模型性能的评估。

制定决策所用的模型必须建立在模型科学可靠的基础上，做到这一点必须利用公认的量化方法，它们将在第7章中介绍。本书最后部分集中讨论了三类地表水系统：河流、湖泊和水库、河口和沿岸海域，并以此作为总结。很多案例都基于作者的专业经验。这些案例，综合前几章的内容，为组织和实施水动力和水质研究提供了清晰的框架。

通过《水动力学和水质》，季博士为科技工作者和水资源与环境管理者提供了一本重要的参考书，同时也为工程与环境科学领域的大学生和研究生提供了一本优秀的教材。作者用其丰富的专业经验和深入的洞察力拓展了该领域的深度和广度。在过去的十多年里，能与之共事使我荣幸之至。

Tetra Tech, Inc.

弗吉尼亚州费尔法克斯

John M. Hamrick

第一版前言

本书的目的是综合性地阐述地表水中的水动力学、沉积过程、有毒物质移以及水质和富营养化过程。这里的地表水包括河流、湖泊、河口和近岸水域等水体。本书可作为对地表水环境及其数值模拟感兴趣的在校学生和科研人员的参考书籍。在过去的数十年里，地表水水体的数值模拟取得了极大发展，已经成为水资源及环境管理的有力工具。人们对集成地、科学地研究地表水水环境问题及其数值模拟的需求与日俱增。

本书阐述了地表水的理论、基本过程、数学描述及其工程应用，着重探讨如何解决河流、湖泊、河口和近岸水环境中的实际问题，而不深究水动力、悬浮物、毒素和富营养等过程的细枝末节。书中内容安排如下：第1章是导论，接着5章（第2章至第6章）分别介绍了基础理论和相关主题，包括：水动力学、泥沙输运、病原体和有毒物质、水质和富营养化、外源和最大日负荷总量（TMDL）。第7章概述了数学模型和统计分析方法。基于这些理论和过程研究，第8章、第9章、第10章分别讨论河流、湖泊和近岸水体问题。第1章后的每一章的结构类似，即：首先介绍基本概念，然后讨论物理、化学和生物过程及其相应的数学表达，最后是实例应用。如此安排，读者可以根据需要快速地查找到相关内容。

本书中提供的理论和方法大多数已应用到数学模型中，并成功地解决了某方面的问题。全书运用了大量的实例分析来说明：①如何将这些基本理论和技术方法应用到模型中；②如何将模型应用到水资源环境管理的实际工程问题中。这些实例或基于简化方程的解析解，或来自作者的专业实践。

援引电影“007”《来自俄罗斯的爱情》（From Russia with Love）的一句经典对白：“训练是有用的，但没什么能取代实战经验。”这句话也同样适用于河流、湖泊和河口的模拟。实践经验是模拟的关键，也是模拟常被称为“一门艺术”的主要原因，贯穿全书的实例印证了这个提法。把上面的对白稍作修改，就有：“模型是有用的，但是没有什么能替代实测”，这也体现了模拟与实地观测之间的关系。“法律认为人都是无罪的，除非被证明有罪。”同样，按照作者的观点：一个数值模型（和它的结果）可能毫无用处，除非能够用实测数据来证明其可靠。因此，如何强调实测数据在模型校准中的作用也不为过。

本书主要介绍地表水体的水环境过程及其数值模拟。由于篇幅所限，本书并不具体讨论数值模型本身。关于数值模型的细节描述，读者可以参考相关的手册和报告。本书中论述的理论、水环境过程及其模拟方法可通用于各种数值模型，而不只是拘泥于某一特定的模型。本书的主要特点表现在如下两个方面：

（1）书中用大量篇幅综述了地表水的水动力、沉积物输运、有毒物质和水质等领域的最新进展。近十多年来，环境工程、水资源工程和计算机工程都已经获得极大发展，尤其是数学模型和计算技术。现在，将大量数学模型用于解决工程问题已成惯例。本书介绍了这方面最新的和最基本的内容。

（2）本书主要强调如何解决地表水的工程实际问题，而并非细究水动力、沉积物输运、有毒物质和水质的旁枝末节。对基础理论和技术方法的介绍可以帮助读者充分理解数学模型，并将其应用到地表水模拟中。阅读此书，读者不仅能认识其基本原理，而且能学会如何使用模型工具来解决实际问题。这些信息会在相关章节中介绍给读者。例如，潮汐、盐度和开边界问题大多与河口和近岸水体的模拟相关，而与河流和湖泊的模型关联度不大。因此，一直到第10章，在讨论河口和近海问题时，才开始讨论这些问题。

季振刚

费尔法克斯，弗吉尼亚州

2007年6月15日

第一版致谢

本书的写作历经多年，其间得到过许多人的帮助和支持。在我的职业生涯和策划撰写此书的过程中，以前和现在的同事们给予了我极大的支持和鼓励，包括美国联邦矿产管理部门（Minerals Management Service）的Robert LaBelle, James Kendall和Walter Johnson，Tetra Tech的James Pagenkopf和Leslie Shoemaker，以及普林斯顿大学（Princeton University）的George Mellor。我在哥伦比亚大学（Columbia University）的前指导教授Cesar Mendoza教授帮助我修改了手稿。中国国家海洋环境预报中心（National Marine Environmental Forecast Center）巢纪平院士指导了我早年的科研工作。

我要感谢我的同事和朋友们，花费了大量的工作时间阅读和修改本书的各个章节，他们的评论和建议提高了本书的应用价值，感谢多年来他们对原手稿富有见地的修改和卓有成效的讨论。我要感谢Yi Chao（喷气推进实验室），Sayedul Choudhury（乔治梅森大学），Tal Ezer（老道明大学），Weixing Guo（斯伦贝谢水资源业务部），Earl Hayter（美国环保署），Michio Kumagai（日本，琵琶湖环境研究院），Chunyan Li（路易斯安那州立大学），Cesar Mendoza（密苏里罗拉大学），Leo Oey（普林斯顿大学），Kyeong Park（南亚拉巴马大学），Jian Shen（弗吉尼亚海洋科学研究院），Andy Stoddard（动态方案组 Dynamic Solutions），Dong-Ping Wang（纽约州立大学石溪分校），Tim Wool（美国环保署），Yan Xue（美国国家海洋和大气管理局），Zhaoqing Yan（Battelle海洋科学实验室），Kirk Ziegler（Quantitative Environmental Analysis）和Rui Zou（Tetra Tech）。

特别值得一提的是我的同事和朋友，Tetra Tech的John Hamrick。正是与John的紧密合作关系，在很大程度上促进了我的专业发展和本书的完成。在过去这些年里能与他合作使我深感荣幸，正是他的指引、支持和鼓励使我获益良多。同时，要感谢南佛罗里达水资源管理局的Kang-Ren Jin，与他的合作使我受益匪浅。还要感谢弗吉尼亚海洋科学研究院的Jian Shen和南佛罗里达水资源管理局的 Yongshan Wan，Tom James和Gordon Hu。他们用自身的经验和实际见解不断激励着我。

我还要感谢 Mac Sisson（弗吉尼亚海洋科学研究院）和 Sharon Zuber（威廉玛丽学院），他们仔细编辑了全部的手稿。Wei Xue在制图方面提供了帮助。还要感谢Bob Esposito（John Wiley & Sons公司），由于他的帮助使得本书出版。感谢Kenneth McCombs（Elsevier），他的提议和鼓励使我开始本书创作的漫漫长途。

最后，我想向我的妻子（Yan）和两个可爱的女儿（Emily和Tiffany）表示我最深的感谢。她们的鼓励、支持和耐心的包容使我能全身心投入该书的写作，并最终付梓。还应该感谢我的爸爸和妈妈，是他们帮助照顾了我们的女儿并鼓励我在自己的工作中做到最好。

季振刚

目　录

第1章　导　论

本章介绍地表水系统及其数值模拟，并概述全书内容。

1.1　概述

地表水系统是具有水气界面的自然水体，如河流、湖泊、水库、河口和近海等。其主要功能有：

（1）水生生物的栖息场所；

（2）水源；

（3）休闲场所，如游泳、钓鱼和划船等；

（4）水产业；

（5）航运。

地表水体是人们休闲娱乐、用水和发展渔业的地方，也是许多生物群落赖以生存的环境（如图1.1.1所示）。数以万计的鸟类、哺乳动物、鱼类和其他野生生物栖息此地，赖以生长、觅食和繁衍后代。

图1.1.1　埃及尼罗河上农业灌溉取水（来源：季振刚摄）

河流是自然流动的水体，是流域自然形成的排水系统，是连接海洋、湖泊和其他河流的主要通道。图1.1.2是位于俄克拉何马州（Oklahoma）和阿肯色州（Arkansas）的伊利诺伊（Illinois）河流域。流域作为各种水（和污染物）排放的收集器，而处于流域下游的湖泊（水库）则充当了接收器，起着过滤和缓冲的作用，接纳从上游来的水、沙、有毒物质和营养盐，并将其转换为湖内的水动力、化学和生物过程，缓解极端排放。同样，河口也过滤了来自河流和地表径流的泥沙和营养盐。

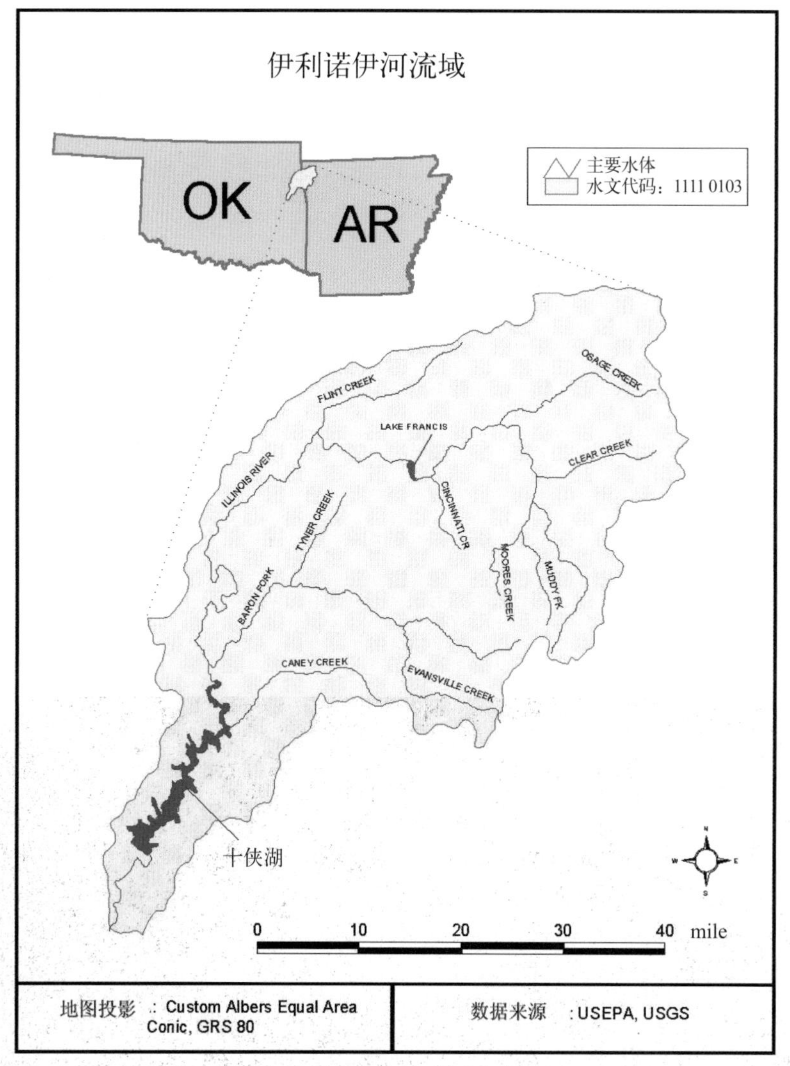

图1.1.2 伊利诺伊河流域、十侠湖流域和主要支流

地表水体兼有一定修复能力和脆弱性，其水质变化趋势往往受自然和人类活动的共同影响。地表水生态系统是一个交互系统，具有水力特征（如水深和流速等）、化学特征（如固体颗粒、溶解氧和营养盐等）和与水生及底栖生物相关的特征等。大量的营养物和污染物进入各种水体。来自各方的袭夺，包括人口的增长、过度的土地使用和来自农田、居民区和工厂的污染等，使生态系统面临各种形式的威胁。虽然单个地表水系统的特点不尽相同，但是大多数都面临相似的环境问题和挑战：富营养化、病原体、有毒化学物和生物栖息地的减少、野生生物和鱼类的减少等。这些问题循环作用，不断降低水质、生活资源和整个生态系统的健康水平。

表1.1.1是全球水资源分布状况（Lvovich，1971）。数据显示，作为人类文明发源之地的河流和湖泊，其水量仅占整个水量收支的一小部分。水循环（也称水力循环）是指水在大气、地表和地下水之间的运动和无休止的往复循环。无论水体生态系统存在何种水质问题，水循环通常都是影响水质的关键。从激流滔滔到静水缓流，水力循环永不停息，如图1.1.3所示。水循环始于地表水、土壤和植物的蒸发，蒸发量最大的是海洋。水蒸气一旦进入大气，在风力输送下，一部分可能凝聚为云，一部分以雨水和雪水的形式返回地面。

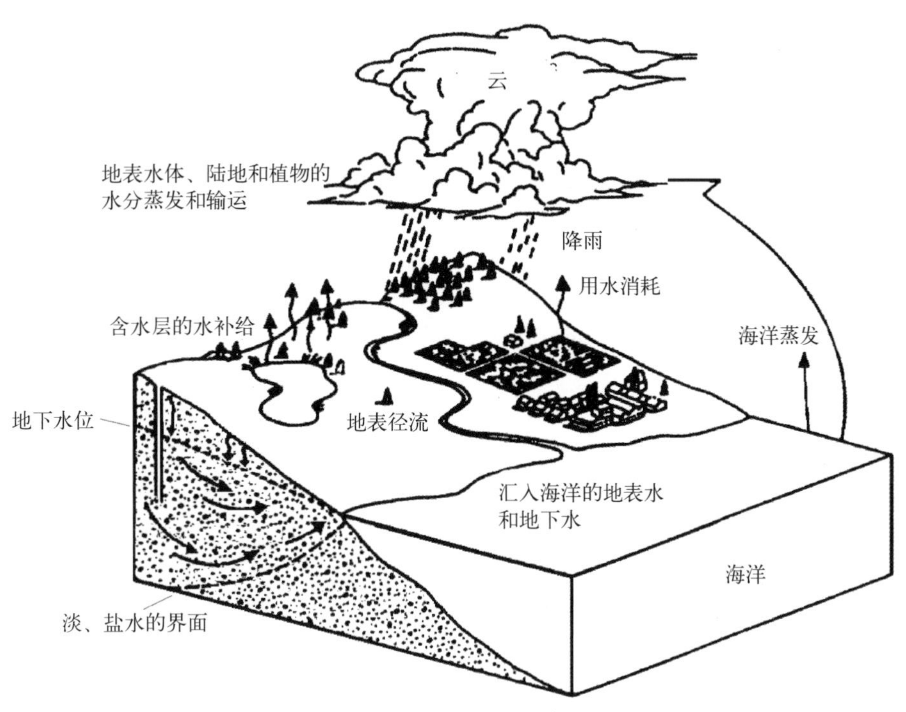

图1.1.3　水的自然循环（来源：EHC，1998。复制于海洋的挑战：沿海和海洋指南，由国家安全委员会环境健康中心1998年发布）

表1.1.1　地球上的水资源分布状况

区域	体积（$\times 10^3 km^3$）	比例（%）
海洋	1 350 000	94.12
地下水	60 000	4.18
冰	24 000	1.67
湖水	230	0.016
土壤水分	82	0.006
大气中水分	14	0.001
河流	1	–

来源：Lvovich，1971。

当雨水降到地表，一部分水量渗流到土壤底部形成地下水，其余水量汇入河流，形成地表径流。地下水也能以其他形式返回地面以补给河流和湖泊。当某个区域内的所有水量最后都汇入同一条河流或者湖泊，可以认为处于同一个流域。通过河网系统，溪流汇成更大的河流，没有被蒸发掉的水量最后都汇入大海。污染物也可以随地表径流或者地下水进入河流、湖泊和河口等地表水体，故流域内的开发状况会影响地表水质。为了准确计算出水体的污染负荷，应充分考虑流域的水文循环状况。

1.2 认识地表水

地表水系统，如河流、湖泊和河口，往往彼此紧密联系（如图1.2.1所示）。河里发生的事件可能会潜在地影响到遥远的河口/海洋。这些系统中的水动力、泥沙和水质过程往往很复杂，需要精确的工具来模拟研究。支持水环境管理有三类重要工具：①实地观测；②理论分析；③数值模拟。三类工具各有利弊，应用它们的最佳办法是充分认识并利用其各自优点（Ji，2004）。当然，最终的评价将不可避免地用到工程人员和管理人员的专业经验。

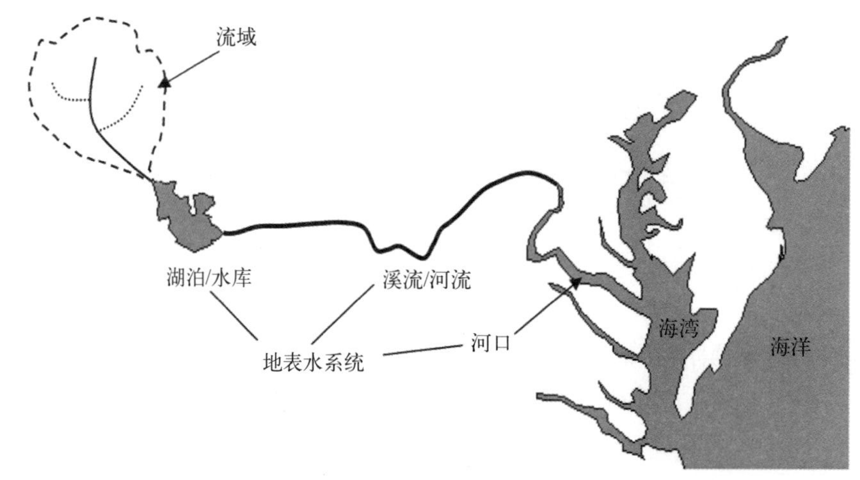

图1.2.1 不同地表水系统间的关系（来源：Kalin，Hantush，2003）

在帮助决策者判断环境状态方面，可靠的数据观测起着极其重要的作用。观测是认识生态系统特点，为理论分析与数值模拟提供数据基础的唯一方法。只有获得一定的观测数据后，理论分析和数值模拟才能发挥作用，生成可支持决策的结论。在多数情况下，没有实地观测，数学模型就不能准确描述水体过程。

但是，支撑水质管理决策仅仅用实测数据是不够充分的，特别是那些大而复杂的水体。受到经费预算、时间和技术条件的限制，实地测量经常局限于特定时间和特定区域（或固定点）。因此，实测数据仅能够为水质方针和策略指出方向。而且，错误的数据会导致对实际水体状态及其物理、化学和生物过程的歧义和误解。这时候，理论分析和数值模拟就凸显重要。经过校准和确认的数值模型能够较为真实地反映水体的水动力、泥沙、有毒物质和水质状况。模型是支持管理决策的重要工具。反映地表水水体的水动力和水质状况的重要参数有：①水温；②盐度；③流速；④悬浮物；⑤病原体；⑥有毒物质；⑦溶解氧；⑧藻类；⑨营养盐。

水温是反映水体状态的一个重要参数，也是影响动植物的生长、繁衍和迁徙的重要因素。电厂周期性排放可能引起水温的急剧变化，从而破坏局部地区的生态系统。水温过高，溶解氧浓度将降低，直接威胁水生生物，形成富营养化。盐度是河口和沿海区域表征水环境状况的一个关键参数。流速对物质迁移和混合起关键作用。

泥沙来自各种源头，一旦进入水体并沉淀下来，会逐渐改变底栖环境。泥沙会淤积港口和碍航，而悬移质泥沙悬浮于水中会阻碍光线，影响水底植物的生长，如水草。另外，泥沙也是重要的污染物携带者，泥沙迁移能长途输运污染物。

病原体，有毒重金属物质和有机化学品主要来自于生活污水、农药化肥和饲养场。它们可以被水体输送到海滩和休闲水域，会直接接触人体而引起疾病。另外，病原体也可以寄生在水生生物体内，例如牡蛎、蛤、蚌类等，人类食用后，会引起疾病。

溶解氧（DO）是反映水质的一个重要参数，其衡量了水体中可被生物利用的含氧量。大多数水生生物都需要充足的DO浓度，然而过量的污水排放会破坏DO的自然平衡。营养盐来自于污水处理厂、农药化肥和大气沉降。营养盐对动植物生长极为重要，但是过量的营养盐可能引起藻类过量繁殖，破坏自然平衡。当藻类死亡和腐烂时，它们会大量消耗水中的溶解氧。

水质管理往往需要有足够的信息用于项目方案的判断和评估，即方案实施后能否达到预计的经济目标和水质目标。经济目标往往需要获得一定的经济效益，而水质目标往往要求水体达到一定的水质标准。方案实施的效果评估就是按照能否达到这些目标来衡量的。这往往需要判断水质现状及其变化趋势，还需获得足够信息来预测方案实施后的水体变化，例如减少指定排放量或者增加水流量，水体的可能变化趋势。方案实施往往需要大量的基础性投入，因此，尽可能准确地预测方案实施的效果，并及时纳入决策信息十分重要。

评估地表水体的水质状况需要综合多学科的专业知识。虽然各种水体过程可以被独立描述，然而综合分析的手段非常重要。多学科（如水力学、泥沙传输、病原体和有毒物质、富营养化等）之间的交互，其结果不应该是简单地将这些学科拼凑在一起得出的结论。无论在时间和空间上，水体的物理、化学和生物过程都有较大的变化尺度。空间变化尺度主要依赖于水体地形和外部负荷。时间变化尺度可以按长期（年）、季节性（月）、日（小时）和短期（分钟）的时间进行度量。

通常，水质状况按照水体中各种溶解态和悬浮态物质的浓度进行定义，例如温度、盐度、溶解氧、营养盐、浮游植物、细菌、重金属等。这些物质在水体中的分布需利用水质模型来计算。按照质量守恒原理，一维的浓度方程可以表示为（Ji，2001a）：

$$\frac{\partial C}{\partial t}=-U\frac{\partial C}{\partial x}+\frac{\partial}{\partial x}\left(D\frac{\partial C}{\partial x}\right)+S+R+Q \tag{1.2.1}$$

式中，C为物质浓度；t为时间；x为距离；U为x方向速度；D为扩散系数；S为沉降和再悬浮形成的源和汇；R为生化项；Q为外部点源和非点源。

式（1.2.1）可能过于简化，但却包含了主要的水动力、泥沙、有毒物质和富营养化等水质要素过程。书中的许多讨论都直接或间接地从该式展开。

式（1.2.1）中的浓度C的变化由下列因素决定：

（1）水动力过程控制水深（D），对流项（由U项表示），扩散项（由D项表示），这部分内容将在第2章介绍；

（2）泥沙（或有机物颗粒）的粒径和特性将影响沉降和再悬浮过程（用S表示），这部分内容将在第3章介绍；

（3）病原体，有毒物质和营养盐的生化反应过程以R项表示，这部分内容将在第4章和第5章介绍；

（4）点源和非点源排放的外部负荷包括在Q项。这部分将在第6章详细介绍。

式（1.2.1）（及其更复杂的版本）在第8章至第11章中分别应用于河流、湖泊、河口和湿地。

1.3 地表水模拟

“模拟有点像毕加索的艺术。它从来不会是写实的，也不完全代表了真实的世界。但是，我们希望它能够有足够的写实，含有足够的真实性，从而能帮助我们了解环境系统。”（Schooner，1996）进行模拟的两个主要原因是：

（1）为了更好地理解物理、化学和生物过程；

（2）发展模型，让其足够真实地反映地表水体，支持水质管理和决策。

地表水的模拟十分复杂，并且还处于不断发展中。如今，成功的模拟研究，特别是三维（3D）非定常流模拟，仍然主要依赖于制作者的经验。在模拟河流、湖泊、河口、近海和湿地等问题方面，学术界至今还没有达成一致的最佳方法。

为了优化管理方案，决策者往往需要认识影响水环境问题的关键因素。典型的例子有：

- 电厂排放的热污染；
- 港口的泥沙淤积和高成本的航道疏浚；
- 过量的营养盐排放引起的富营养化；
- 污水排放引起的低DO环境；
- 河床上有毒物质的累积。

水环境管理越来越依赖于准确的数值模拟。这种趋势逐渐发展到从流域的广度来控制污染。模型能使决策者从可供选择的方案中选出更好、更科学的措施。在很多实例中，模型都被用于评估哪一种方案对解决长期的水质问题最有效。管理者需要考虑水质现状以及项目期望达成的变化。在这些应用中，模型不仅需要描述现状，还必须预测和给出还不存在条件。此外，模型也常被用作经济性分析的基础，决策者能利用模型结果选出环境效果明显、性价比高的方案。

推动模拟地表水技术发展的三个关键因素是：

（1）对水体过程更深刻的认识和数学描述，包括河流、湖泊、河口、近海和湿地等水体的物理、化学和生物等过程；

（2）高效和快速的数值格式；

（3）计算机技术的发展。

功能强大而价格便宜的计算机与高效的数值方法相结合是推动三维水动力和水质模型发展完善的动力。先进的数学模型对控制方程的简化较少。PC机的快速发展使得其成为许多工程应用的标准平台（除了极少数大型问题）。今天的PC机已经代表了最广泛的计算平台。良好的可移植性和相对便宜的价格使PC模型具有较高的性价比。随着计算机技术的高速发展，PC机现已广泛应用于地表水模型研究中。实际上，本书中所有实例都是基于PC机平台。

模型在提高水动力、泥沙输运、水质和水资源的优化管理水平方面发挥了举足轻重的作用。由于模型要求有尽量精确和可靠的实地观测数据，所以模型最终也促进了场数据的收集水平，并有助于辨别描述水体特征的数据缺陷。另外，模型也常用于方案选型，用于优选对环境负面影响小的方案。

模型常用于促进基础理论发展，生成和检验预测技术以及识别污染物负荷和接受水体之间的因果关系。因为决策实施的结果可能对商业、市政甚至整个州（美国）的社会和经济产生重要影响，可靠的预测能力是对模型最重要的要求。模型通常被用于项目方案实施前的评估和测试工作。建模的成本一般仅占项目实施成本的很小一部分。模型能够模拟出水体内在或者外部条件变化带来的生态系统的变化，例如：水位变化或者排污量增加的变化。这样的模拟能够预测出管理方案实施后对生态系统产生的正面或负面影响，如改变水流条件或者减少农业径流后的生态系统变化。而这种方式比代价昂贵的方案试错法要经济很多，这使模型成为水环境管理方面一个经济适用的工具。为了降低巨额财政投资带来的风险，管理者迫切要求有可靠的模型结论来支撑方案的最后实施。

在过去的数十年里，水动力和水质模型已经获得长足发展，从简单的一维、稳态流模型，如经典的QUAL2E模型（Brown，Barnwell，1987）发展到复杂的三维、非恒定流模型，耦合了水动力、悬浮物、有毒物质和富营养化等过程。如今，三维模型已趋于成熟，正逐步从课题研究阶段转移到工程应用阶段。与此同时，对计算机的要求也从巨型计算机，转移到高级终端工作站，然后转移到个人计算机。

这些先进的三维、非恒定流模型为泥沙输运、水质、富营养化和有毒物质迁移等问题的研究提供了有力的工具，也很容易应用到一维，或二维问题。其水动力模块提供了：①流场；②水深；③温度和盐度；④混合过程；⑤水底剪切力。

流场、水深和混合过程用于确定固体颗粒、有毒物质和其他要素的物质迁移。水底剪切力用于计算在泥沙沉积和再悬浮过程中，水体和沙质床体的物质交换。自20世纪80年代中期以来，这些模型（如Blumberg，Mellor，1987；Hamrick，1992；Sheng，1986）已经成功地从实验室研究阶段进入水环境工程管理阶段了。

在过去数十年里，数值模型已经获得极大发展。尽管输入输出的格式不尽相同，但大多数模型都基于相似的理论和数值格式。例如Estuarine，Coastal和Ocean模型（ECOM）（Hydroqual，1991a，1995a）和EFDC模型（Hamrick，1992）都与Princeton Ocean Model（POM）（Blumberg，Mellor，1987）相似。POM，ECOM，EFDC和CH3D（Sheng，1986）都在垂向上采用sigma坐标，水平方向上采用正交曲线网格。CE-QUAL-ICM模型（Cerco，Cole，1994；Cerco，2015），WASP模型（Wool et al.，2002）和EFDC模型的富营养化理论与RCA模型（HydroQual，2004）相似。Chesapeake Bay的泥沙模型（Di Toro，Fitzpatrick，1993）和它的修正版已经成为富营养化模拟中“标准”的泥沙成岩模型。

这些先进的模型大多包含了多个子模块，用于模拟地表水体的不同的物理、化学和生物过程。例如：①水动力模型；②风波模型；③泥沙模型；④有毒物质模型；⑤富营养化模型；⑥泥沙成岩模型；⑦水下水生植物模型（SAV）。

图1.3.1显示了EFDC模型的主要框架和单元部分。这些先进的模型趋向于发展成为复杂的软件系统，除了计算模块以外，还囊括了许多工具和资源信息，包括网格生成、数据分析、前处理、后处理、统计分析、图形和其他工具。这样的模拟包有：EFDC，ECOM，MIKE3（DHI，2001）和TRIM（Casulli，Cheng，1992）等。

尽管上述模型的基本理论在很大程度上是一致的，为特定的应用选择所谓的“最佳”模型却是一个备受争议的问题。讨论这个话题已经超出本书的范畴。本书并不打算评论这些模型，也不推荐所谓的最佳模型。这方面有专门关于模型介绍和选择的报告（如，Tetra Tech，2001；Imhoff et al.，2004；HydroGeoLogic，1999）。

值得注意的是，模型本身很难说对或错，模型会引导使用者得出恰当或者不恰当的结论。因此如何使用和理解模型结果与模型结果本身一样重要。从这个观点出发，模型与其他工程工具类似，它们可以被有效使用，也可能被滥用。使用者的经验是关键。这就是数值模拟被称为“艺术”的原因之一。

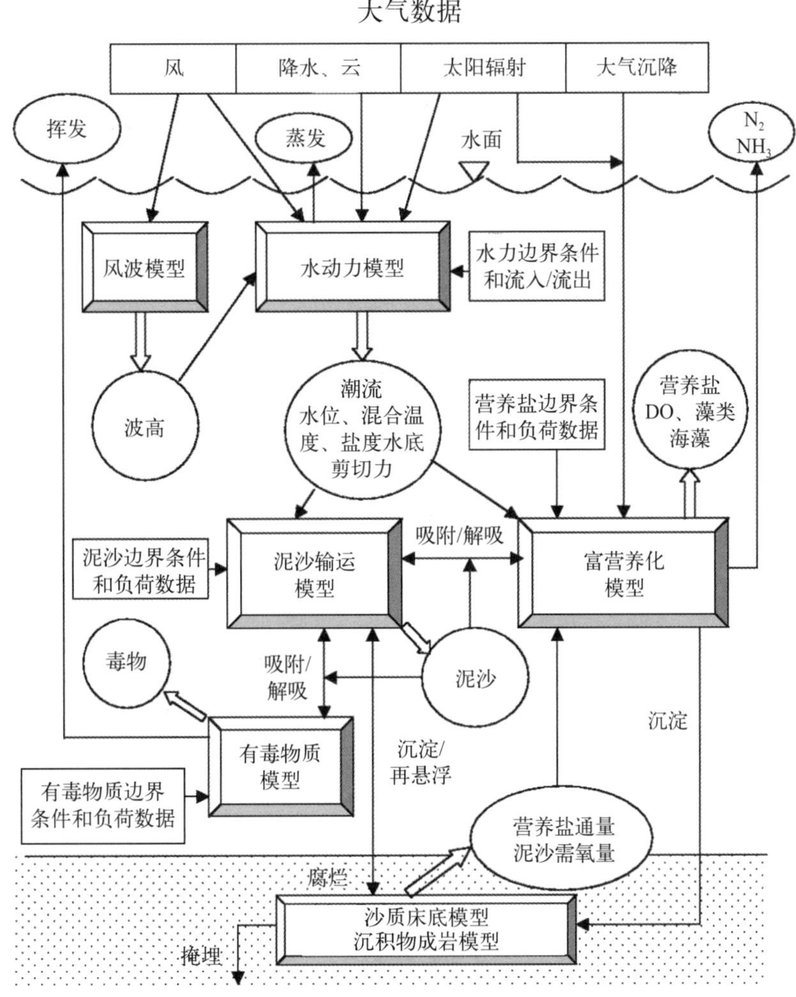

图1.3.1　EFDC的主要框架和单元

1.4　关于本书

本书是一部关于水环境过程及其模拟和如何应用模型支持决策管理的书，主要关注地表水体过程的基础理论、数学描述和数值模拟，而不专门论述模型。通过实例，阐述了模拟河流、湖泊、河口近海和湿地。

第2章至第5章分别介绍以下4个主题：

（1）水动力过程（第2章）；

（2）泥沙输运（第3章）；

（3）病原体和有毒物质（第4章）；

（4） 水质和富营养化（第5章）。

第6章讨论外源和最大日负荷总量（TMDL）。数学建模和统计分析将在第7章介绍，本书重点关注不同类型的地表水体：

（1）河流（第8章）；

（2）湖泊和水库（第9章）；

（3）河口和近海（第10章）；

（4）湿地（第11章）。

本书最后一章，第12章，介绍环境管理的风险分析。

每一章（第1章后）都介绍基本概念、过程及其数学描述，以达到建模要求的基本水平，满足读者对相关主题的基本认识。每一章的组织具有相似结构：先介绍基本概念，然后讨论物理、化学和生物过程以及数学表达式，最后是相关研究的实例。

理解理论的最好办法是学习实例。本书（第2章至第12章）提供了一系列关于河流、湖泊河口和湿地地表水模型设计和应用的代表性实例。每一章都包含了两个不同水体（或者过程）的实例研究。这些实例研究有助于理解此章开头篇幅介绍的理论和物理过程。它们展示了地表水系统的主要特点和不同层次的复杂性。学习这些实例可以学习如何建立模型，如何利用模型模拟水体和应用到决策管理中。这些模拟方法、分析方法和对物理过程的讨论方法对指导读者模拟相似水体非常有用，这也是提供实例的主要目的。

这些例子都经过精心选择，每个案例代表了一类水体。所用实例都来自于工程实际，而非“假想”的练习题。实例的内容基于已经发表的论文或者技术报告。表1.4.1列出了本书实例水体的物理特点和研究的主要问题。模拟包中包含了4个实例（3个案例研究和一个简化例子）的电子文档（http://www.wiley.com/WileyCDA/WileyTitle/productCd-1118877152.html）：

（1）感潮水道：介绍河口盐度、泥沙和有毒金属的输运和分层；

（2）黑石河：描述了水动力、泥沙输运和重金属模拟的应用；

（3）奥基乔比（Okeechobee）湖：演示了水动力、风波、泥沙输运、水质和水下水生植物（SAV）模拟及其应用；

（4）圣露西（St. Lucie）河口和印第安（Indian）潟湖：展示了水动力、泥沙输运、有毒重金属和水质应用。

这些例子分别说明了河流、湖泊、河口和湿地的模拟应用。输入和输出文件的例子都放在模拟包里。读者可以使用这些文件作为模板，根据自己需要修改相应的输入文件即可，而不必从头开始，避免花费太多时间和精力。

表 1.4.1　本书讨论的水体示例

水体名称	水体类型	物理特点	主要问题	章节
马萨诸塞州黑石河	小河	浅水（< 1 m） 狭长（< 20 m）	泥沙 有毒重金属	3，8
宾夕法尼亚州萨斯奎汉纳河	深水河	深水（> 10m）	热污染	8
佛罗里达州奥基乔比湖	湖泊	面积大（1730 km^2） 浅水（3.2 m）	磷， 富营养化	2，3，5，7，9
俄克拉何马州十侠湖	水库	长（49 km） 深水（> 45 m）	富营养化	9
内布拉斯加州罗克福德湖	水库	面积小（0.6 km^2） 浅水（3.7 m）	病原体	4
佛罗里达州圣露西河口和印第安河潟湖	河口–潟湖	面积小（29 km^2） 浅水（2.4 m）	盐水入侵 富营养化	2，4，5，10
加利福尼亚州莫罗湾	河口	面积小（8.5 km^2） 浅水（< 2.5 m）	泥沙 病原体	10
佛罗里达州雨水处理区（单元3A/3B）	湿地	面积小（18 km^2） 浅水（0.4m）	水生植物 营养盐去除	11

第2章　水动力学

水动力学是研究水流运动及其驱动力的学科。本章讨论河流、湖泊、河口、近海和湿地等地表水体的水动力学基础内容。本章内容在全书都会涉及。

水动力是泥沙、有毒物质和营养物输运的动力源，也是环境水体中污染物迁移的关键要素。水动力学模型能够为泥沙、有毒物质和营养物迁移等模型提供关键信息，如水流速度和环流形势，混合和扩散，水温和密度分层等信息。因此，在研究水体系统的泥沙、有毒物质和水质等问题之前，充分认识其水动力学过程十分必要。

本书第2章至5章、第8章至第12 章都按照如下方式来组织：

（1）该章主要内容以及与相关章节的关联；

（2）该章内容如何被应用到工程实际问题中；

（3）基本概念、理论基础和相关的水环境过程；

（4）利于理解理论和过程的解析解和简化例子；

（5）在模型中常用的参数和数据；

（6）案例研究。

在本章中，第2.1节讨论基本水动力过程，第2.2节讨论一维（1D）、二维（2D）和三维（3D）的水动力控制方程，第2.3节讨论水温和热传导过程。第2.4节讨论水动力模型，主要包括：模型要求的水动力参数、数据和案例等。这节讨论的两个案例是奥基乔比湖以及圣露西河口和印第安河潟湖。这两个水体在后面的章节中也将用到。

2.1　水动力过程

水动力过程是地表水系统的重要组成部分。不同尺度和不同类型的流动过程不仅影响温度场、营养物和溶解氧的分布，而且也影响泥沙、污染物和藻类的聚集与分散。环流、波浪运动和湍流混合是影响水体的生物群落和生产力分布的主要因素。这章将阐述水动力学的基本规律和基本过程。

2.1.1　水的密度

水的密度具有独特的物理特性。固态水（冰）的密度小于液态水，浮在水面。随温度增加，水的密度并不会单调减小。水的密度在4℃时最大，温度偏离4℃，无论升高或降低，水的密度都会减小。因此，夏季湖面的水温较高，水底温度较低；反之，在冬季，如果温度低于4℃，将导致温度低的水层浮于湖面，而温度较高的水层（接近4℃）则处于湖底。进一步，水的温度-密度通常是非线性关系。如在20℃和21℃之间的密度差与5℃和10℃之间的密度差几乎相当。此外，水的密度受到盐度和悬浮物浓度的影响明显。这种水面和水底的密度差将形成水体的密度分层和内在的垂向混合。也正是由于这种水的密度–温度关系，在许多湖泊和河口，水体都有分层现象，垂向存在明显的密度差。

水的密度是水动力学和水质研究中的重要参数，精确的水动力计算需要知道准确的水密度值。水密度主要由以下三个参数确定：

（1）温度T；

（2）盐度S；

（3）总悬移质泥沙的浓度C。

四个变量ρ，T，S和C能表示为：

$$\rho = f(T,\ S,\ C) \tag{2.1.1}$$

上式称为状态方程，函数f的具体形式按照经验公式确定。

用微分形式表示为：

$$\mathrm{d}\rho = \left(\frac{\partial \rho}{\partial T}\right)_{S,C} \mathrm{d}T + \left(\frac{\partial \rho}{\partial S}\right)_{T,C} \mathrm{d}S + \left(\frac{\partial \rho}{\partial C}\right)_{T,S} \mathrm{d}C \tag{2.1.2}$$

因此，状态方程可以表示为：

$$\rho = \rho_T + \Delta\rho_S + \Delta\rho_C \tag{2.1.3}$$

式中，ρ_T为温度函数的纯水密度，kg/m^3；$\Delta\rho_S$为盐度引起的密度增量，kg/m^3；$\Delta\rho_C$为总悬移质泥沙引起的密度增量，kg/m^3。

现有许多描述温度与纯水密度函数关系的经验公式。在水动力模型（如，Hamrick，1992；Cole，Buchak，1995）中通常使用的是Gill（1982）提供的公式：

$$\begin{aligned}\rho_T &= 999.845\,259\,4 + 6.793\,952\times10^{-2}T - 9.095\,290\times10^{-3}T^2 \\ &\quad + 1.001\,685\times10^{-4}T^3 - 1.120\,083\times10^{-6}T^4 + 6.536\,332\times10^{-9}T^5\end{aligned} \tag{2.1.4}$$

式中，T为水温，℃。

Gill（1982）给出的盐度引起的密度增加$\Delta\rho_S$：

$$\begin{aligned}\Delta\rho_S &= S(0.824\,493 - 4.089\,9\times10^{-3}T + 7.643\,8\times10^{-5}T^2 - 8.246\,7\times10^{-7}T^3 + 5.387\,5\times10^{-9}T^4) \\ &\quad + S^{3/2}(-5.724\,66\times10^{-3} + 1.022\,7\times10^{-4}T - 1.654\,6\times10^{-6}T^2) + S^2 4.831\,4\times10^{-4}\end{aligned} \tag{2.1.5}$$

式中，S为盐度，kg/m^3。基于式（2.1.4）和式（2.1.5），图2.1.1给出了盐度值为0 ppt、10 ppt、20 ppt、30 ppt和40 ppt下，水的密度随温度的变化关系。它描述了水密度从温度为40℃、盐度为0 ppt、密度为992.2 kg/m^3，到温度为0℃、盐度为40 ppt、密度为1 032.1 kg/m^{3}的变化情况。

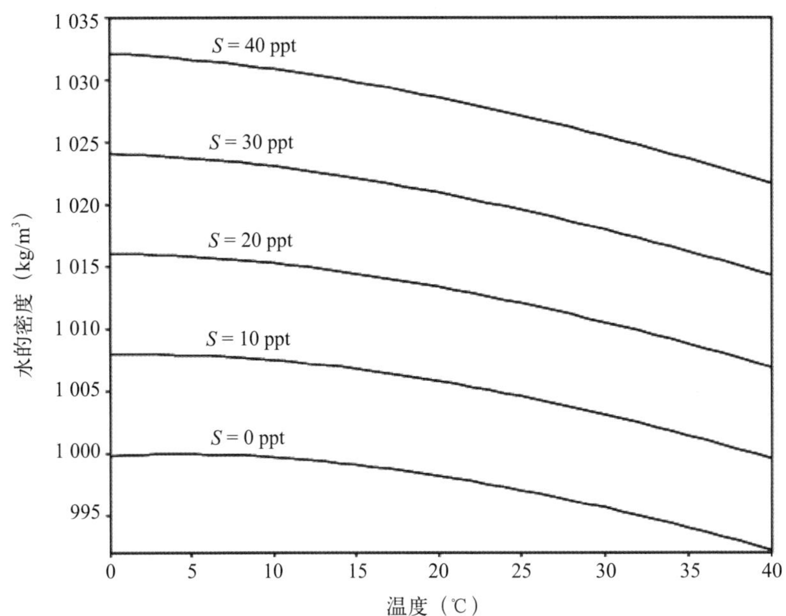

图2.1.1　盐度值为0 ppt，10 ppt，20 ppt，30 ppt和40 ppt时水密度的变化

总悬移质泥沙C包括两部分：总悬移质固体（TSS）和总溶解态固体（TDS）。Ford和Johnson（1986）提出计算TSS和TDS引起的密度变化的公式：

$$\Delta\rho_S = TSS(1-1/SG)\times10^{-3} + TDS(8.221\times10^{-4} + 3.87\times10^{-6}T + 4.99\times10^{-8}T^2) \quad (2.1.6)$$

式中，TSS为总悬移质固体，g/m³；TDS为总溶解态固体，g/m³；SG为总悬移质固体的比重（= 2.56）。

比重是指液体（或固体）密度与纯水密度的无量纲比值。按照经验法则，水体密度每增加0.1%就需要降低5℃的水温或者增加1.2 ppt盐度值，即1 ppt盐度值的变化量与4℃温度的变化量引起的水密度变化量相近。密度变化在模拟水体分层时非常重要，如河口研究。水的密度的变化值很小，有些模型甚至需要用到小数点后五位。变量σ_t（sigma-t）定义为：

$$\sigma_t = \rho - 1000 \quad (2.1.7)$$

式中，ρ和σ_t的单位为kg/m³。在研究密度变化和垂向分层时，使用σ_t可能比直接用密度更方便。例如，Ahsan和Blumberg（1999）用σ_t描述湖水垂向密度的季节性变化。

2.1.2　守恒律

水动力控制方程的守恒律包括：

（1）质量守恒；

（2）能量守恒；

（3）动量守恒。

这三个守恒律组成了水动力学的基本理论，并常应用于水动力学和水质研究。虽然方程的形式和名称在模型中经常被修改、简化和更换，但是其本质是一样的。这里讨论质量守恒和动量守恒。能量守恒将在2.3节讨论热通量时介绍。

2.1.2.1　质量守恒

质量守恒阐明了质量不生不灭原理，常用质量守恒方程（或连续性方程）进行描述，它描述了进、出给定空间的质量通量。对不可压缩流体（地表水常采用的假定），进、出定义区域的水通量应该相等，即：

$$质量增量 = 进入的质量 - 流出的质量 + 源 - 汇 \tag{2.1.8}$$

水动力学中，质量守恒方程常在单元水柱中描述。单元水柱是水体的一个部分，是一个从水面延伸到水底的假想圆柱，作为计算的控制体积。控制体积是一个带有指定边界的独立空间区域。该空间区域可以有通量进、出或者保留，但它的形状和位置保持不变。对一个给定的水柱，入通量减去出通量必定等于单位时间内的通量变化。式（2.1.8）又可以表示为：

$$\mathrm{d}m = (m_{\mathrm{in}} - m_{\mathrm{out}} + m_r)\cdot \mathrm{d}t \tag{2.1.9}$$

式中，$\mathrm{d}m$为质量累积量；m_{in}为进通量的质量速率；m_{out}为出通量的质量速率；m_r为源和汇产生的净质量速率；$\mathrm{d}t$为时间增量。

式（2.1.9）可以分为时间步长$\mathrm{d}t$部分和质量通量部分（单位时间进入和离开水柱的质量速率）。它服从下列水（或者某种污染物）的质量守恒方程：

$$\frac{\mathrm{d}m}{\mathrm{d}t} = \frac{\partial m}{\partial t} + \nabla\cdot\left(m\bar{v}\right) = m_{\mathrm{in}} - m_{\mathrm{out}} + m_r \tag{2.1.10}$$

当存在化学反应，其他化合物生成该类污染物时，源汇的净质量速率m_r将为正。当化学反应生成其他物质，导致该类污染物的减少时，m_r将为负。式（2.1.10）是质量守恒的基本方程，广泛应用于水动力和水质研究。

如果水体中的某种污染物出现量增，它必定是由下列一个（或者两个）原因引起：

（1）外源进入湖里；

（2）湖内发生生物化学反应，其他化合物生成该污染物。

在生物化学反应中，该污染物的量增必引起其他化合物的相应量减。按式（2.1.10），质量守恒定律提供了计算湖内的污染物收支状况的方法。这个收支状况可以跟踪污染物进、出湖里的通量以及生化反应所致的量增和量减。

如果忽略反应量和进/出量，质量守恒的偏微分方程式（2.1.10）可以表示为：

$$\frac{\mathrm{d}\rho}{\mathrm{d}t} + \nabla\cdot\left(\rho\bar{v}\right) = 0 \tag{2.1.11}$$

式中，ρ为水体密度；$\bar{v}$为速度向量；∇为梯度算子。

式（2.1.11）也被称为连续方程。对不可压缩流 $\left(\frac{\mathrm{d}\rho}{\mathrm{d}t}=0\right)$ ，连续性方程可以表示为：

$$\nabla\cdot\vec{v}=0 \tag{2.1.12}$$

这意味着进入任何封闭体系的净通量为0。在直角坐标系下，式（2.1.12）有：

$$\frac{\partial u}{\partial x}+\frac{\partial v}{\partial y}+\frac{\partial w}{\partial z}=0 \tag{2.1.13}$$

式中，u、v和 w 是x、y和 z向速度分量。

2.1.2.2 动量守恒

动量守恒可以从牛顿第二定律导出：

$$\vec{F}=m\cdot\vec{a} \tag{2.1.14}$$

式中，$\vec{F}$ 为外力；m为物体质量；$\vec{a}$ 为物体加速度。

在水力学中，除了外力（例如风）以外，还有三种重要的力：

（1）重力；

（2）静水压；

（3）黏性力。

重力是地球万有引力引起。静水压力由水体压力梯度形成。黏性力是由于水黏性和湍流混合引起。因此，式（2.1.14）的动量方程可以表示为：

$$\frac{\rho\mathrm{d}\vec{v}}{\mathrm{d}t}=\frac{\partial\rho\vec{v}}{\partial t}+\nabla\cdot\left(\rho\vec{v}\vec{v}\right)=\rho\vec{g}-\nabla p+\vec{f}_{\mathrm{vis}} \tag{2.1.15}$$

式中，$\vec{f}_{\mathrm{vis}}$ 为黏性力；p为压力；$\vec{g}$ 为重力；ρ为水体密度；∇ 为梯度算子。

式（2.1.15）不包括风力，它可以作为式（2.2.30）的边界条件。压力梯度的负号表示压力与梯度的方向相反。对不可压缩牛顿流体，黏性力能表示为：

$$\vec{f}_{\mathrm{vis}}=\nabla\cdot\vec{\tau}=\mu\nabla^2\vec{v} \tag{2.1.16}$$

式中，$\vec{\tau}$ 为剪切力；μ为绝对（或动力）黏性系数；∇^2 为拉普拉斯算子。

牛顿流体是剪切力与流体变形率成线性的流体。常见有：水、空气、汽油等。有些流体的剪切力与变形率之间呈现非线性关系，则被称为非牛顿流体，如牙膏和黄油。

在直角坐标系下，水剪切力有

$$\tau_{xy}=\mu\frac{\mathrm{d}v}{\mathrm{d}x} \tag{2.1.17}$$

$$\tau_{yx}=\mu\frac{\mathrm{d}u}{\mathrm{d}y} \tag{2.1.18}$$

式中，u为x方向的速度分量；v为y方向的速度分量。

这里双下标表示剪切力的分量（τ_{xy}和τ_{yx}）。如τ_{xy}第一个下标表示剪切力作用的平面，第二个下标表示剪切力作用的方向。

考虑地球自转和外力源，式（2.1.15）可以改为：

$$\frac{\mathrm{d}\vec{v}}{\mathrm{d}t}=\frac{\partial\vec{v}}{\partial t}+\nabla\cdot\left(\vec{v}\vec{v}\right)=\vec{g}-\frac{1}{\rho}\nabla p+v\nabla^2\vec{v}-2\vec{\Omega}\times\vec{v}+\vec{F}_{\mathrm{fr}} \tag{2.1.19}$$

式中，$\vec{\Omega}$为地球自转的角速度；$\vec{F}_{\mathrm{fr}}$为外力；$v=\dfrac{\mu}{\rho}$为动力学黏性系数。

地球自转的角速度$\vec{\Omega}$与科氏参数f的关系如下，

$$f=2\Omega\sin\varphi \tag{2.1.20}$$

式中，Ω为地球自转角速度$\vec{\Omega}$（$=7.292\times10^{-5}\mathrm{s}^{-1}$）的模量；$\varphi$为纬度。

式（2.1.19）是著名的Navier-Stokes方程，可以应用于不可压缩牛顿流体。式（2.1.19）的各项的含义：

（1）加速度项$\dfrac{\mathrm{d}\vec{v}}{\mathrm{d}t}$由下列组成：时间变化率$\left(\dfrac{\partial\vec{v}}{\partial t}\right)$引起的局部动量变化率，加上由于对流项$\left[\nabla\cdot\left(\vec{v}\vec{v}\right)\right]$引起的局部变化率，这就是式（2.1.14）给出的加速度项$\vec{a}=\vec{F}/m$。水动力研究的最重要课题之一就是找出时间引起的流量变化，即指定的该项；

（2）重力$\vec{g}$指向地球中心；

（3）压力梯度项$-\dfrac{1}{\rho}\nabla p$表示了水压力的空间变化率。压力梯度引起水体运动，压力梯度的两个分量是水面坡降（正压项）和密度变化项（斜压项）；

（4）黏性项$v\nabla^2\vec{v}$含有水黏性作用的影响。该项也能修改后表示湍流混合；

（5）科氏力项$-2\vec{\Omega}\times\vec{v}$表示地球自转引起的水体运动。该项仅在大水体面积时明显；

（6）外力项$\vec{F}_{\mathrm{fr}}$经常用于存在风作用力时的情况。

N-S方程式（2.1.19）没有解析解。在大的空间和时间尺度时，问题很复杂，使用数值方法也是很难求解。水动力模型需要进一步简化N-S方程。这部分内容将在第2.2.1部分描述。

2.1.3　对流和扩散

污染物进入水体，服从物质迁移规律。影响其浓度的主要因素是水动力过程和生化反应。

所有形式的水生生物都依赖于周围水体来进行资源和代谢产物的输运。在环境污染物迁移过程中，生化反应固然重要，但水动力过程也起同等重要的作用。水力输运可以挟带污染物远离污染源，形成远区污染。另一方面，某些污染物经充分稀释后，会被水体净化。但是当环境流体的流速较缓，输运能力降低时，污染物将无法充分混合，过量的排放将会引起环境恶化。

影响有机体表面往复的物质输运过程包括分子扩散和湍流混合。然而，水的黏度是空气的55倍，这些过程的尺度也各不同。水力输运包括以下过程：①平流；②扩散：③垂向混合和对流。

水体中的物质迁移是由上述一种或多种过程同时完成的。这三种过程又被称为水力输运。对于地形复杂的水体，物质迁移通常是三维的，应该考虑水平方向和垂向的物质传输过程。

对流是指随水体流动产生的物质迁移，不产生混合和稀释。在河流和河口，对流通常发生在纵向，横向对流较弱。图2.1.2是一段直的明渠，速度剖面表明最大对流输运发生在明渠中央，近岸处的对流输运最小，而形成的横向流速差会产生横向扩散。除了水平对流，水体和污染物也存在垂向对流。相对水平对流，河流、湖泊、河口和近海的垂向对流较弱。垂向湍流混合和数学描述见2.2.3节。

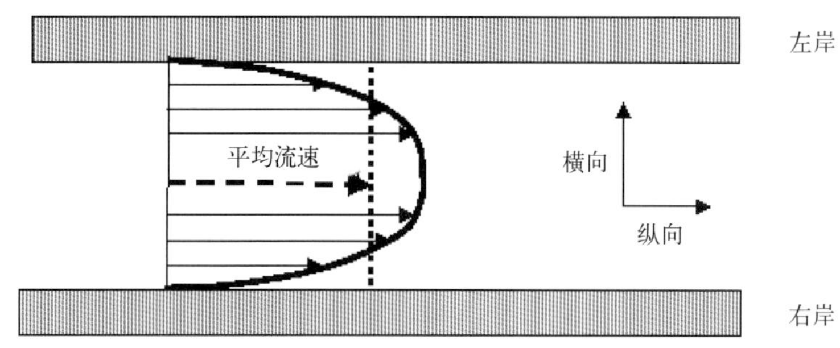

图2.1.2　明渠的速度剖面

扩散是由湍流混合和分子扩散引起的水体混合。扩散降低了物质浓度梯度，这个过程不仅涉及水体的交换，还包括其中的溶解态物质的交换，例如盐度、溶解态污染物等。因此，除了水动力变量（温度和盐度）外，扩散过程对泥沙、有毒物质和营养物的分布也很重要。平行流速方向的扩散称为纵向离散，垂直流速方向的扩散称为横向扩散。纵向离散通常远大于横向扩散。

在河流、湖泊和河口等水体中，湍流混合通常占主导地位，其扩散速度远大于分子扩散。湍流混合是湍流态水体动量交换的结果。按水体流动特点，生化物质组分的扩散过程有方向选择。分子扩散是微观水平上的输运过程，分子运动的无方向性导致扩散总是从高浓度向低浓度区域进行，形成浓度梯度。如往一瓶水里滴下一滴染色剂，染色剂将向各个方向扩散，最后，达到混合一致。染色剂从高浓度的区域向低浓度的区域扩散的趋势，就像热传导总是从高温度的地方往低温度传输。分子的扩散运动很慢，只在小尺度内起作用，例如在湖底层。扩散可以用Fick定律及其经典扩散方程来描述。

对流和扩散是河流、河口等水体中，影响溶解态物质传输和分布的主要物理过程。沿河流方向，对流实现溶解态物质迁移，而扩散实现物质从高浓度向低浓度区域输运。因此，水平物质迁移包括两个部分：

（1）水平对流通量；

（2）扩散通量。

通量是指单位时间内通过单位面积的物质质量，单位为质量/（时间×长度^2），即（$MT^{-1}L^{-2}$）。

M为质量单位，L为长度单位，T为时间单位。污染物的对流通量沿水流流动方向进行，而扩散通量从高浓度区域向低浓度区域进行。对流通量密度（$\overrightarrow{J_a}$）依赖于浓度（C）和流速（$\vec{v}$）：

$$\overrightarrow{J_a} = C \cdot \vec{v} \tag{2.1.21}$$

注：对物质传输影响重要的是流速（$\vec{v}$）和浓度（C）的乘积，而不是单独的流速或浓度。因此不同的流速值和浓度值可能会产生相同的流通量密度（$\overrightarrow{J_a}$）。

关于扩散通量，Fick定律阐述了分子扩散导致的物质输运通量与浓度梯度成反比：

$$J = -D\frac{\mathrm{d}C}{\mathrm{d}x} \tag{2.1.22}$$

式中，J为物质扩散通量，M/L^2T；C为水中的物质浓度，M/L^3；D为扩散系数，L^2/T；x为距离，L。

负号表示扩散方向与浓度递减方向一致。简言之，式（2.1.22）表明物质自发从高浓度向低浓度区域扩散，扩散率与浓度梯度成正比，与距离成反比，例如，浓度梯度越大，物质通量也将越大。

湍流混合是由于湍流导致物质的随机扩散，可类比分子扩散，按照Fick定律建立扩散方程，仅仅是扩散系数（D）有所不同。湍流引起的扩散具有更大传输和扩散率，在扩散过程中占主导地位。

通过边界的总物质通量可以按下式计算：

$$\frac{\mathrm{d}m}{\mathrm{d}t} = \left(J_a + J\right)A \tag{2.1.23}$$

式中，m为质量；J_a为对流通量$\vec{J}$(M/L^2T)的模；A为垂直流动方向的边界区域面积。

大多数自然水体的对流通量J_a远大于扩散通量（J）。忽略水平对流项，质量守恒方程式（2.1.10）可以简化为一维形式：

$$\frac{\partial C}{\partial t} = -\frac{\partial J}{\partial x} \tag{2.1.24}$$

结合式（2.1.22）和式（2.1.24），有：

$$\frac{\partial C}{\partial t} = D\frac{\partial^2 C}{\partial x^2} \tag{2.1.25}$$

这就是经典的Fick定律，求解它需要初始条件和两个边界条件。下面讨论Fick定律的两个简单求解方法。

持续排放：条件满足

初始条件：　$C(x, 0) = 0$　(2.1.26a)

边界条件：　$C(0, t) = C_0$　(2.1.26b)

$$C(\infty, t) = 0 \tag{2.1.26c}$$

初始时刻$t = 0$，在$x = 0$处，存在一个浓度为C_0的持续排放源。Fick定律的解为：

$$C(x,t) = C_0 \operatorname{erfc}\left(\frac{x}{2\sqrt{Dt}}\right) \tag{2.1.27}$$

这里余误差函数erfc(x)等于1减去误差函数erf(x)：

$$\operatorname{erfc}(x) = 1 - \operatorname{erf}(x) = \frac{2}{\sqrt{\pi}}\int_x^{\infty} e^{-u^2} \mathrm{d}u\mathrm{d}u \tag{2.1.28}$$

余误差函数erfc(x)有下列特性：

（1）erfc(0)＝1；

（2）erfc(∞)＝0；

（3）erfc(x)是单调减函数。

图2.1.3给出了erf(x)与erfc(x)的值。

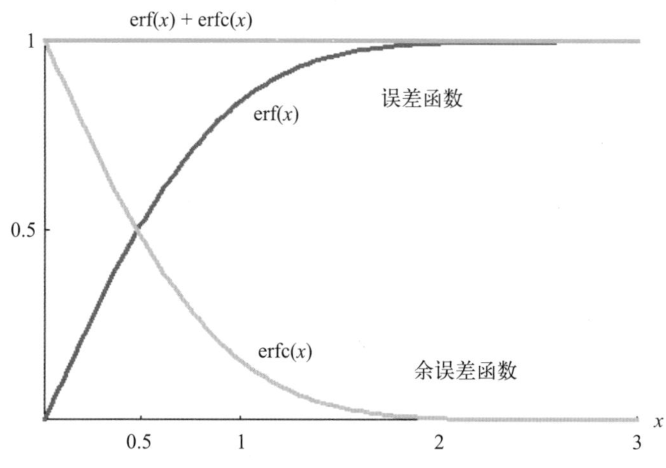

图2.1.3 误差函数和余误差函数

瞬时排放：在$t = 0$，$x = 0$处，有初始条件和边界条件：

初始条件：
$$C(x, 0) = 0 \tag{2.1.29}$$

边界条件：
$$\int C(x,t)\mathrm{d}x = M \tag{2.1.30}$$

$$C(x, t) = 0 \tag{2.1.31}$$

这里M是$x = 0$处排放质量。式（2.1.30）实际上没有指定边界值，但要求任意时刻的染色剂质量与初始排放的质量相等。式（2.1.25）的解：

$$C(x,t) = \frac{M}{\sqrt{\pi Dt}} e^{\left(-\frac{x^2}{4Dt}\right)} \tag{2.1.32}$$

图2.1.4是式（2.1.32）的求解图示。

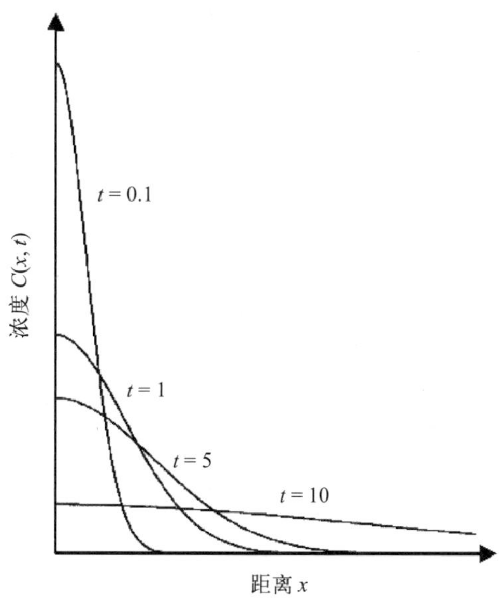

图2.1.4　按式（2.1.32）在$x=0$瞬时排放形成的污染物纵向分布

2.1.4　质量守恒方程

基于质量守恒原理，因化学反应引起的浓度变化可以用质量守恒方程式（2.1.10）求解，它可以简单描述质量输入、输出、化学反应及其量增。一维形式可以简化为（Ji，2000a）

$$\frac{\partial C}{\partial t}=-U\frac{\partial C}{\partial x}+\frac{\partial}{\partial x}\left(D\frac{\partial C}{\partial x}\right)+S+R+Q \tag{2.1.33}$$

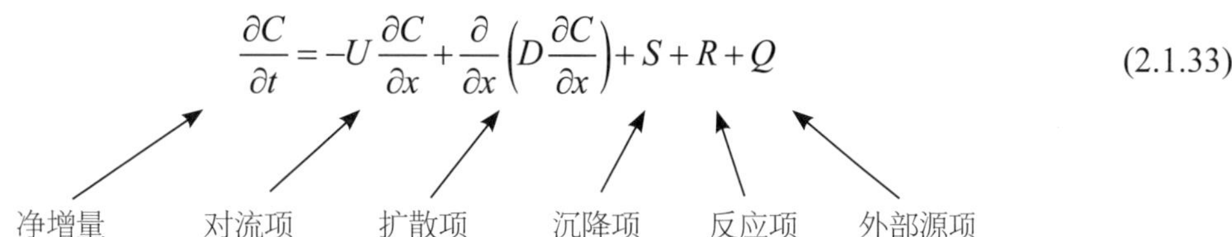

式中，C为反应物浓度；T为时间；x为距离；U为x方向水平流速；D为混合和扩散系数；S为由于沉降和再悬浮的源和汇；R为生物和化学过程的反应项；Q为从点源和非点源排入生态系统的外部负荷。

式（2.1.33）表明水体中污染物的净量增涉及5个主要项：

（1）平流项，表明了流速引起的质量输入和输出以及污染物的运动；

（2）扩散项，表明了湍流混合和分子扩散引起的污染物的扩散；

（3）沉降项，表明了颗粒物沉降和再悬浮过程；

（4）反应项，表明了水体中的化学和生物过程；

（5）外部源项，表明了点源和非点源的外源。

很明显，从Fick定律推出的扩散方程式（2.1.25）仅仅是质量平衡方程的一个特例，式（2.1.33）忽略水平对流项、沉降项、反应项和外部源项后就是它。除了前面提到的两个解析解式（2.1.27）和式（2.1.32）以外，下面将给出另外两个质量平衡方程解。

时均流的瞬时排放：非时均流下的瞬时排放在介绍扩散方程时已经讨论了，其解为式（2.1.32），对时均流的瞬时排放，式（2.1.33）有：

$$\frac{\partial C}{\partial t}=-U\frac{\partial C}{\partial x}+D\frac{\partial^2 C}{\partial x^2} \tag{2.1.34}$$

式（2.1.29）至式（2.1.31）讨论了瞬时排放点源的例子，式（2.1.34）的解：

$$C(x,t)=\frac{M}{B\sqrt{4\pi Dt}}\mathrm{e}^{\left(-\frac{(x-Ut)^2}{4Dt}\right)} \tag{2.1.35}$$

式中，$C(x, t)$为穿过截面积的示踪剂平均浓度；M为在x=0，t=0处的示踪剂喷流出的质量；B为明渠的截面积。

假如初始浓度符合高斯分布：

$$C(x,0)=\frac{M}{\sqrt{2\pi}\,\sigma}\exp\left(-\frac{x^2}{2\sigma}\right) \tag{2.1.36}$$

式中，σ是Gaussian分布的标准偏差，式（2.1.34）的解：

$$C(x,t)=\frac{M}{\sqrt{2\pi\left(\sigma^2+2Dt\right)}}\exp\left(-\frac{(x-Ut)^2}{2\left(\sigma^2+2Dt\right)}\right) \tag{2.1.37}$$

图2.1.5展示了在不同时刻下游示踪剂浓度分布。在河流流场研究中，式（2.1.37）对估计扩散系数D很有帮助。式（2.1.37）也可以评估一个简单河渠的数值模型的精度。

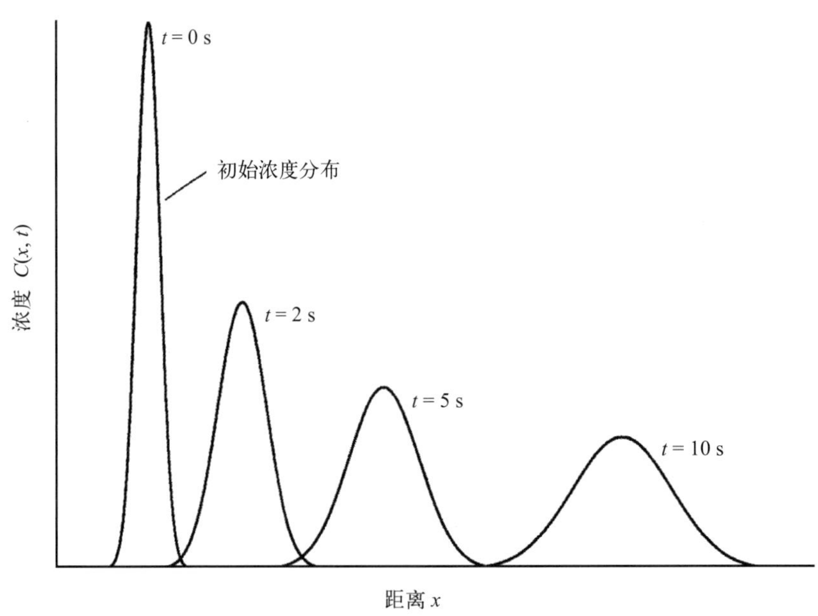

图2.1.5　稳态流示踪剂随时间和空间的浓度变化

2.1.5　大气驱动力

地表水系统的描述通常需要认识和辨别系统的外部驱动力。地表水驱动力的时间变化尺度较大，小到时刻，大到季节。其主要外动力有：

（1）大气驱动力；

（2）点源和非点源；

（3）开边界的作用力。

下面将讨论大气驱动力。点源和非点源将在第6.1节讨论。开边界驱动力将在第10.5节介绍河口和沿海模型时进行讨论。

主要的大气驱动力包括：

（1）风应力；

（2）大气温度；

（3）太阳辐射；

（4）降雨。

此外，大气湿度、云层和大气压也能通过水气界面的蒸发和热传导影响地表水系统。如图2.1.6给出了佛罗里达州的奥基乔比湖中LZ40站点的照片。LZ40测量的数据频繁应用于奥基乔比湖的模型中，模型结果将在本书中大量讨论。

图2.1.6　佛罗里达州奥基乔比湖的LZ40站点

图2.4.2给出该站位置。该站测量的数据在本书中大量使用（来源：季振刚摄）

在湖泊、沿海和河口等一些大面积的水体，风是主要驱动力。风应力驱动水面产生风生流，并驱动漂浮物运动。科氏力的作用将使其运动轨迹发生偏离。风生流是驱动漂浮物运动和影响其分布的主要动力，如泄漏的油污。如果风力强劲，而且持久，那么风生流可以达到风速的2%～4%。但是，对于大多数河流、湖泊和河口等开边界水体，风生流远小于这个尺度。譬如潮汐在狭长河口区域，其影响力远大于风力，占主导地位。相反，河口开阔时，风生流的影响就很明显了。某些时候，风力能改变环流成为水流循环的主要驱动力。但从长期看来，风力并不是影响水流循环的决定因素。

风力变化有一定的时间尺度，包括日变化尺度（海陆风），气象时间尺度（几天时间）和季风变化尺度等。海陆风是由于大水体（例如海洋和大湖）与陆地的热容差导致的受热不均而形成的一种日变化的风系。水体能在相同时间尺度内响应其变化。风力驱动产生波浪和风暴潮。在特定区域水体，季风可能产生长期的环流类型。

例如，在佛罗里达州的奥基乔比湖，风是驱动环流、产生湍流混合的主要驱动力。在风力驱动下，湖水循环产生两个典型的涡旋，这在冬季尤为明显（Ji，Jin，2006）。风生流的循环一般能持续几天，与当地气象周期相同。图2.1.7给出了1999年10月1日到2000年9月30日之间的风力测量值。它显示了夏、冬季的风力形态极为不同，对奥基乔比湖的影响也不同。初夏的风力主要是由于陆地和水体的温度差引起的，呈现明显的日变化。冬季冷前锋穿越该区域，风力比夏季风力更强劲和持久，使水体不断产生混合。

强风也会引起风暴潮。风暴潮是风力驱动水体涌向岸边的极端现象。强烈的风暴潮能引起水体水位的大幅度波动，形成低位海岸的洪灾。当地和远程的风力对形成海岸风暴潮都有重要影响。对大湖而言，如奥基乔比湖，风暴潮对局部地区也会产生相当威胁（SFWMD，2002）。大风提高水流速度，并促进水体的传输和混合能力。例如，Jin和Ji（2004）指出，在奥基乔比湖，一般的平均流速小于或等于5 cm/s，而偶发的风暴潮能使流速大于30 cm/s，并且能持续数天。

大气温度通过水、气之间的热传导和蒸发交换对地表水产生影响。水、气之间的温度差影响了大气与水体之间的热传导和大气湿度。图2.1.8是奥基乔比湖在1999年10月1日到2000年9月30日之间的大气温度观测值，其时间周期与图2.1.7风速图相同。书中讨论奥基乔比湖模型时，图2.1.7的风矢量与图2.1.8的大气温度将经常被提到。除了日变化外，大气温度也有很强的季节性变化。图2.1.8显示了夏季湖区大气温度可能超过30℃，冬季只有几摄氏度（一般不低于0℃）。

太阳辐射通常是水体最重要的热通量，常作为加热水体的热源。太阳辐射、热传导和蒸发的细节将在第2.3节中详细讨论。降雨通常是一个重要淡水来源。对面积较大的亚热带湖，如奥基乔比湖，直接降雨是湖里的一个主要水源。对面积较小的水体而言，例如河流，与支流输入和径流相比，直接降雨的作用可能并不明显。

在沿海水域，在“逆气压效应”作用下，气压会影响海平面高度，低气压会引起海平面比寻常值高（每毫巴大约1 cm）。在风暴潮、风波和潮汐等共同作用下，会形成海岸区域的大洪水。然而，在大多数河流、湖泊和河口，气压对水动力的影响通常较小。

风应力是风力掠过水面，在单位面积上产生的剪切力。它由风速大小、速度以及风速转变为风应力的条件来决定的。后者通常用拖曳系数描述，可以用水力和大气参数来确定。风速是确定风应力的主要参数：

$$\tau = C_D \rho_A U^{-2} \tag{2.1.38}$$

式中，U为水面高约10 m处的风速，m/s；ρ_A为空气密度，kg/m^3；C_D为无量纲风应力系数；τ为风应力，N/m^2。

大气密度是随温度、压力和湿度的变化而变化的，典型密度值是1.2～1.3 kg/m^3。风应力系数C_D通常随风速增加而增加。Hick（1972）发现在风速为5 m/s时C_D等于1.0×10^{-3}，然后线性增加，当风速15 m/s时，C_D达到1.5×10^{-3}。当风速在6～22 m/s时，Smith（1980）建议采用下式：

$$C_D = (0.61 + 0.063\,U) \times 10^3 \tag{2.1.39}$$

Hamrick（1992）用下式计算水动力模型的风应力：

$$\tau_x = 1.2 \times 10^6 (0.8 + 0.065\,U) \cdot U \cdot u \tag{2.1.40}$$

$$\tau_y = 1.2 \times 10^6 (0.8 + 0.065\,U) \cdot U \cdot v \tag{2.1.41}$$

式中，τ_x为x方向的风应力，N/m^2；τ_y为y方向的风应力，N/m^2；u为x方向的风速，m/s；v为y方向的风速，m/s。

对浅水（小于几米），长波得不到充分发展，水面可以保持光滑。Hick等（1974）认为在此条件下，C_D都接近1.0×10^{-3}。Fischer等（1979）的报告指出大气层结的稳定性对C_D值的影响也明显。空气温度高，水温低，此时温度处于稳定状态时，将导致水面摩擦降低。在稳定大气流的条件下，C_D的值下可以下降40%以上，而在非稳定条件下，可能会升高40%以上。奥基乔比湖是一个平均深度约3 m的浅水湖，长波不能得到充分发展，湖面相对光滑。AEE（2004）使用下式计算风应力：

$$\tau_x = 1.2 \times 10^6 (0.8 + 0.065\,U) \cdot \alpha \cdot U \cdot u \tag{2.1.42}$$

$$\tau_y = 1.2 \times 10^6 (0.8 + 0.065\,U) \cdot \alpha \cdot U \cdot v \tag{2.1.43}$$

式中，α是一个经验系数，它包含了浅水影响，由Fisher等（1979）和Hick等（1974）提出。AEE（2004）指出，当α等于0.8时，模拟的流场与实测值吻合良好。应该指出的是式（2.1.39）至式（2.1.43）都是经验公式。还有其他与这些公式略有差异的公式（如，Mellor，1998；Sheng，1986）。

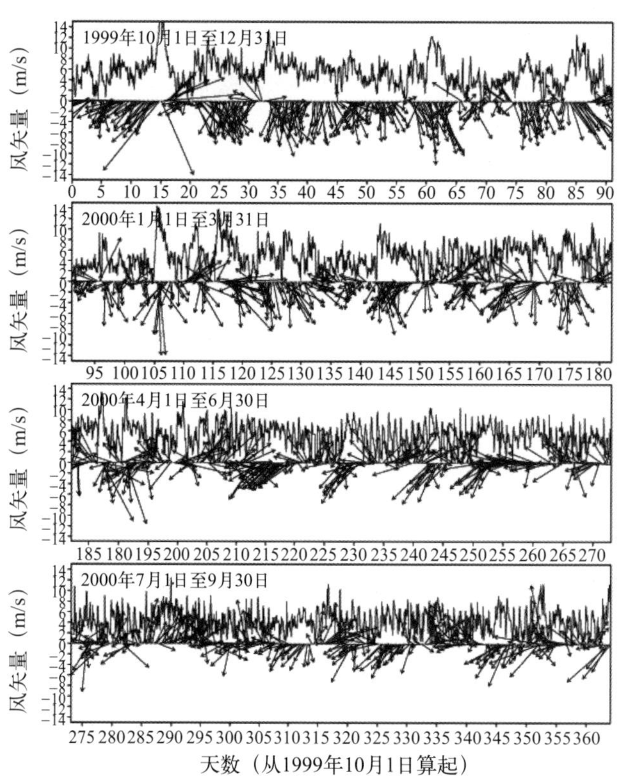

图2.1.7　LZ40站点的风速实测值

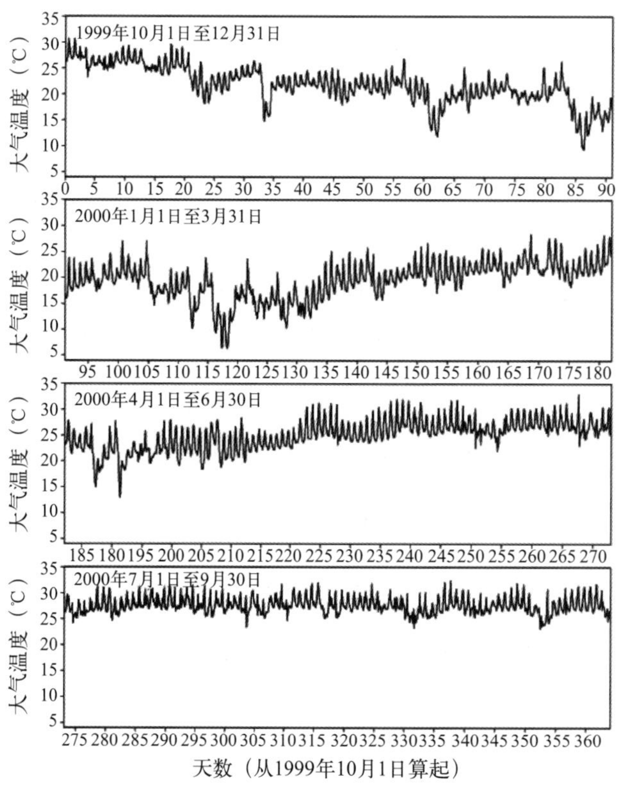

图2.1.8　LZ40站点的温度实测值

2.1.6 科氏力和地转流

式（2.1.19）中的科氏力项，$-2\vec{\Omega}\times\vec{v}$，代表地球自转的影响。它由19世纪法国工程师和数学家Gaspard-Gustave de Coriolis于1835年首次提出。科氏力的影响仅在较大研究区域才很明显，例如北美的五大湖和切萨皮克（Chesapeake）湾。Jin和Ji（2002）指出奥基乔比湖是个平面尺度50 km的亚热带湖，科氏力对湖的环流影响明显。一般在水动力研究中，科氏参数$f = 2\Omega\sin\varphi$可以视为常数，随纬度的变化不明显。

科氏力：

（1）由地球自转引起，在面积大的水体影响明显；

（2）在北（南）半球使流动偏向右（左）；

（3）产生地转流；

（4）导致惯性振荡。

由于科氏力的存在，在北半球，流体运动轨迹会向右偏几度，在南半球则向左偏。在开阔的河口地区受到科氏力的影响，入海流（淡水流）会偏向右岸（面朝大海），而向陆流（海水流）则偏向左岸。如果该效应足够强，随时间平均的净流将会形成一个次级环流。入海的淡水流沿着右岸，向陆的海水流则沿着左岸。

忽略摩擦力，当压力梯度和科氏力达到平衡时，可形成定常流。式（2.1.19）可以简化为：

$$2\vec{\Omega}\times\vec{v} = -\frac{1}{\rho}\nabla p \tag{2.1.44}$$

在直角坐标系下表示为：

$$-fv = -\frac{1}{\rho}\frac{\partial p}{\partial x} \tag{2.1.45}$$

$$-fu = -\frac{1}{\rho}\frac{\partial p}{\partial y} \tag{2.1.46}$$

这种平衡流称为地转流。如图2.1.9所示，地转流的运动轨迹按照等压线运动，在北半球高压在右边，南半球在左边。积分静水压方程可得到的压力梯度方程，可以计算出地转流。

$$\rho g = -\frac{\partial p}{\partial z} \tag{2.1.47}$$

这里的水体密度需要由温度和盐度计算出。

式（2.1.19）也可以简化，用来描述惯性振荡：

$$\frac{\partial u}{\partial t} - fv = 0 \tag{2.1.48}$$

$$\frac{\partial v}{\partial t} - fu = 0 \tag{2.1.49}$$

这些动量方程可以按照下式求解：

$$u = A\ \text{sni}\ ft \tag{2.1.50}$$

$$v = A\cos ft \tag{2.1.51}$$

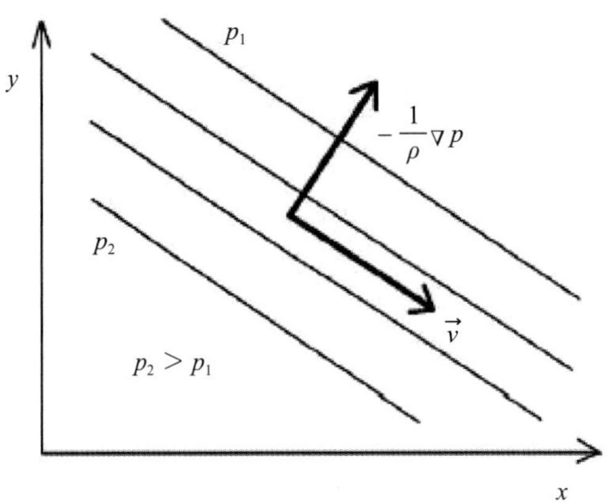

图2.1.9　压力梯度和地转流

式（2.1.50）和式（2.1.51）表明了振幅为A的惯性振荡有惯性，周期为T_f，顺时针旋转的涡旋：

$$T_f = \frac{2\pi}{f} \tag{2.1.52}$$

惯性周期T_f在大水体内部占主导地位。在40°N，T_f等于18.6 h。

科氏力的重要性可以通过无量纲开尔文数K来判断，K由区域空间尺度与Rossby半径的比值来确定：

$$K = \frac{B}{R_0} \tag{2.1.53}$$

这里的Rossby半径：

$$R_0 = \frac{C_0}{f} = \frac{\sqrt{gH}}{f} \tag{2.1.54}$$

式（2.1.53）和式（2.1.54）中，B是研究的尺度；f是科氏参数；R_0是Rossby半径；C_0（$=\sqrt{gH}$）是重力波的相速度；H是平均深度。对湖和河口，K一般等于（或者大于）1.0，此时应该考虑地球自转和科氏力的影响。相反，当K远小于1.0时，科氏力可以被忽略。奥基乔比湖$B = 50$ km，$H = 3.2$ m，$\varphi = 27$°N，这样$K = 0.6$。因此，科氏力对湖水流动的影响不可忽略。奥基乔比湖的地转流将在第2.4.2节讨论，湖的水动力模型将在该节作为一个案例来讨论。

深水湖（河口）的内在结构受科氏力的影响更加明显，因为它主要是由速度更小的相速度控制。在这个例子中，Rossby半径用减重力计算：

$$R_0 = \frac{C_i}{f}$$

这里C_i是因密度差产生的第一斜压波的相速度。对水深20 m，密度差在5～20 kg/m^{3}的水体，C_i为1～2 m/s。对中纬度河口，f为$10^{-4}s^{-1}$，Rossby半径等于10～20 km。

2.2　控制方程

本节介绍水动力模型的控制方程。首先介绍水动力模型的假设条件，然后介绍一维（1D），二维（2D）和三维（3D）控制方程，最后介绍模型的初始条件与边界条件。

2.2.1　基本近似

如前所述，动量守恒、质量守恒和能量守恒描述了水动力模型的基本规律。然而即使用最先进的计算机，应用这些守恒方程来计算大空间尺度和长时间尺度的水体的数值解，仍然非常困难。因此，有必要简化方程。下面将讨论目前广泛应用于地表水模型的近似假设：

（1）Boussinesq近似；

（2）静水压近似；

（3）准三维近似。

在模型研究过程中经常会用到这些近似条件，然而必须注意其适用性。

目前广泛应用于河流、湖泊、河口和沿海等水体研究中的一个近似条件就是浅水近似。浅水（长波）近似是指水深远小于波长：

$$H << \frac{1}{k} = \frac{L}{2\pi} \tag{2.2.1}$$

式中，H为水深；L为波长。

地表水重力波波速c仅依赖于水深：

$$c = \sqrt{gH} \tag{2.2.2}$$

在浅水近似条件下，波是非色散的，波速不依赖于波数（$k=2\pi/L$）。

同样，浅水近似假设了水平运动尺度L远大于垂向运动尺度H：

$$\frac{H}{L} << 1 \tag{2.2.3}$$

除了羽射流模型的研究外，这个近似对大多数河流、湖泊、河口和沿海等水动力过程是合理的。当$\frac{H}{L}\leqslant 0.05$，通常采用浅水近似。Boussinesq近似，静水压近似和准三维近似分别反映了浅水水体的不同方面。

2.2.1.1 Boussinesq近似

在描述地表水过程中，认为流体不可压缩是合理的假设，即密度不随压力变化。Boussinesq近似用来描述不可压缩流中的浮力，这里密度与压力无关。在Boussinesq近似中，除了重力项和浮力项，水体密度的变化被忽略，

Boussinesq近似对大多数地表水体是合理的，这些水体的密度变化很小，一般均小于百分之几。在Boussinesq近似中，浮力仅仅受密度变化的影响。而在水平动量方程中，局部压力梯度引起的密度变化可以忽略，水流被视作不可压缩流。Boussinesq近似不适于描述地表水体的声波和冲击波。

2.2.1.2 静水压近似

大多地表水体呈现了一个相同的特点：水平尺度比水深尺度大很多（浅水假设）。这就推导出了在水动力学、气象学和海洋学中广泛使用的近似——静水压近似。静水压近似认为垂向压力梯度与浮力相平衡。那么垂向加速度项是小项，可以忽略。

由式（2.1.19），垂向动量方程可以表示为：

$$\frac{\mathrm{d}w}{\mathrm{d}t}+g+\frac{1}{\rho}\frac{\partial p}{\partial z}=0 \tag{2.2.4}$$

式中，w为垂向速度；g为重力加速度；ρ为密度；p为水体压力；t为时间；z为垂向坐标。

静水压假设忽略了$\frac{\mathrm{d}w}{\mathrm{d}t}$项，于是静水压方程：

$$\frac{1}{\rho}\frac{\partial p}{\partial z}=-g \tag{2.2.5}$$

静水压方程反映了垂向压力梯度与垂向密度分布的关系。大多数二维（垂向的）与三维水动力模型都采用这一假设（如，Blumberg，Mellor，1987；Hamerick，1992）。在这些模型中，垂向动量方程被简化为静水压方程式（2.2.5）。

静水压假设隐含了垂向压力梯度仅与密度相关的假设。当水平尺度远大于垂向尺度时，静水压近似是合理的，其类似于连续分层水体的浅水假设。就自然水体而言，如河流、湖泊、河口等，水平尺度远大于其深度，这种近似通常都有效。但是，当垂向运动尺度与水平运动尺度相近时，静水压近似就不再准确。这时水体中某点的压力也是速度的函数。例如，污水排放时的羽流就是非静水压运动（Blumberg et al.，1996）。

2.2.1.3 准三维近似

替代完全三维模型的一个方法是将水体系统看作一套沿水平方向分层的结构，层间水体交换，即下层和上层间的垂向流动，利用源/汇项来表示。这样就可以去掉垂直方向的动量方程。在大多

数地表水体研究中，准三维近似有足够的计算经济性和精度。

河流、湖泊和河口的三维水动力模型大多都采用准三维模型（如，Blumberg，Mellor，1987；Hamrick，1992）。采用静水压近似和Boussinesq近似，模型仅有水平方向的动量方程，垂向动量方程可以简化为静水压方程式（2.2.5）。这就带来模型在近场应用的问题，这里湍流程度很高。例如，没有垂向动量方程的模型不能求解淹没射流形成的动量传输。除了模拟羽射浮流外，准三维近似用在水动力研究中，通常都有足够的计算精度。在大多数侧向平均的二维模型中（如，Cole，Wells，2000），也都采用了类似的方法，这样就不用计算垂直方向的动量方程。

2.2.2　直角坐标系下的方程

第2.1节讨论了Navier-Stokes方程后，这里将讨论直角坐标系下的一维和二维控制方程。本节在介绍了Sigma坐标系后，也给出了三维控制方程，水平采用直角坐标系，垂向采用Sigma坐标。

自然水体都是三维的。水动力变量和水质变量都是长、宽和深度三个方向的空间变量。在实际问题中，控制方程可以被简化，方程可以从三维简化到二维，甚至一维。合理的简化可以节省模型制作、运行和分析的成本，但是，水环境数值模型应该保留对水体影响明显的空间方向。

数值模型有：

（1）零维模型（0D）；

（2）一维模型（1D）；

（3）二维模型（2D）；

（4）三维模型（3D）。

零维模型假定水体混合良好，没有空间变化，例如一个完全混合的小湖或者水池。零维模型基于质量守恒来计算水质变量。它可以初步估计湖的水质条件。

一维模型仅用一个空间维数模拟空间变化，例如沿河流纵向或狭长的河口。垂向一维模型也可以应用到一个小而分层稳定的湖。二维模型考虑横向和纵向（水平面）或者垂向和纵向（垂直面）的空间变化。三维模型可以描述三维空间的污染物变化和分布状况。

三维模型可以很容易应用于一维和二维模型研究，只需要采用一维、二维的网格即可。例如，采用垂向单层，三维模型可以退化为二维模型，能应用到浅水、混合良好的水体（例如，Ji等，2001）。进一步，如果横向采用横向单个的网格，二维模型可以进一步退化到一维模型，能应用到浅而狭长的河流（如，Ji等，2002）。

在数值模型中，取消了一维空间就意味着忽略了在这一方向的空间变化。例如，使用纵向一维模型就意味着断面上的浓度变化很小，即横向和垂向的变化可以忽略，可以采用断面平均浓度。河流（河口）的输送方式和研究的目标是决定模型需要维度的两个主要因素。

2.2.2.1　一维方程

一维模型采用一个空间坐标，模型的状态变量在其他两个方向都取平均值。使用一维模型意味着垂直于航道方向的变化可以忽略不计。横向和垂向变化被认为各向同性，因此在该坐标方向上可以平均。这类模型用于描述流动方向上的流速和水质浓度。一维水平模型常用于模拟小而浅的、混合良好的河流。

在浅而狭长的地表水体，如河流和小的河口，溶解态和悬浮态物质的分布可以达到断面统一的条件，垂向变化也很小。这样的水体实质上是纵向一维，纵向对流输运占主导地位。该模型就是典型的一维模型。一维模型经常可以很好地解决河流问题，但是却不适用于湖泊和河口问题。最典型的应用是径流式河流。这类河流具有较浅，流速快，水力坡降大的特点，在河道上可能有堤坝或者闸门。马萨诸塞州的黑石河就是一个典型例子，这将在第3章和第4章作为案例介绍（Ji et al.，2002a）。

忽略科氏力后，一维连续方程和动量方程可以写为：

$$\frac{\partial H}{\partial t}+\frac{\partial (Hu)}{\partial x}=Q_H \tag{2.2.6}$$

$$\frac{\partial (Hu)}{\partial t}+\frac{\partial (Huu)}{\partial x}=-gH\frac{\partial \eta}{\partial x}-C_B|u|u+\frac{\partial}{\partial x}\left(HA_H\frac{\partial u}{\partial x}\right)+\tau_x \tag{2.2.7}$$

式中，$H=h+\eta$，表示总水深；h为平衡水深；η为偏离平衡水位的水位偏移；u为x方向的流速；$|u|$为水流速的绝对值；Q_H为进出系统的外部源；C_B为底部拖曳系数；A_H为水平涡黏系数；g为重力加速度；τ_x为x方向的风应力。

式（2.2.7）中，第一项代表水平动量的时间变化率，第二项表示水平对流项。方程右边（RHS）第一项是水平压力梯度产生的力，第二项是水底摩擦产生的力，第三项是水平x方向的扩散项，最后一项是风力，它在2.1.5节已经介绍过。

在水动力模型中，湍流混合的亚网格尺度的影响使用了水平和垂向涡黏扩散系数作为参数。水平涡黏项表示了不同流速水体之间的湍流混合动量交换产生的内部剪切力。其值不能被直接测量或被观测到，但是它影响了速度分布，可以用速度观测值来校准。一般而言，该值越高，速度分布越均匀。

水平涡黏系数不仅与湍流相关，而且与式（2.1.19）和式（2.2.7）求解方式相关。在数值模式中，数值耗散越大，水平涡黏耗散就越小。采用更粗的网格或更长的时均来求解式（2.1.19）或式（2.2.7）时，大的数值耗散将导致更低的水平涡黏系数。水平涡黏系数A_H可以用Smagorinsky亚网格格式求解（Smogorinsky，1963）。在二维直角坐标系中可以写为：

$$A_H=C\Delta x\Delta y\left[\left(\frac{\partial u}{\partial x}\right)^2+\left(\frac{\partial v}{\partial y}\right)^2+\frac{1}{2}\left(\frac{\partial u}{\partial y}+\frac{\partial v}{\partial x}\right)^2\right]^{1/2} \tag{2.2.8}$$

式中，C为水平混合常数；Δx为x方向网格尺寸；Δy为y方向网格尺寸。

参数C一般在0.1 ~ 0.2之间。Smagorinsky公式将模型的水平混合与网格尺寸和剪切力联系起来。如果速度梯度较小，则A_H也较小。如果水平空间分辨率（Δx和Δy）足够小，以至于水底的地形特点和水平对流特征可以在模型中求解，则水平涡黏系数A_H将很小，因此与A_H相关的水平耗散也很小，可以被忽略。对于较粗的空间网格，则应该保留水平扩散以反映出未计算的水平对流混合和传输过程。水平扩散项与数值求解格式也紧密相关。水流条件和数值格式都将影响水平耗散。

摩擦反映了小尺度的湍流形成的能量耗散。摩擦力会改变流动状态。模型动量方程中的摩擦项表征了水体间或水体与边界之间的动量湍流传输，例如在式（2.2.7）中的大气与水体间（风应力项τ_x），或水体与水底间（$-C_B\,|\,u\,|\,u$项）。在式（2.2.7）中，水底拖曳系数C_B是空间变量。它反映了水底糙度对能量损耗的影响。除了C_B，曼宁（Manning）系数是另一个反映水底摩擦经常使用的参数。两者关系如下（Johnson et al.，1991）：

$$C_B = \frac{gn^2}{H^{7/3}} \tag{2.2.9}$$

式中，n为Manning系数。

一维物质质量传输方程可以写为：

$$\frac{\partial(HC)}{\partial t} + \frac{\partial(uHC)}{\partial x} = \frac{\partial}{\partial x}\left(HA_C\frac{\partial C}{\partial x}\right) + S + R + Q_C \tag{2.2.10}$$

式中，C为垂向和横向平均化后的物质浓度；A_C为质量传输的水平涡黏耗散系数；S为沉降和再悬浮形成的源和汇；R为生物化学过程的反应物；Q_C为点源和非点源的外部负荷。

式（2.2.10）的第一项代表了物质浓度时间变化率，第二项是水平对流项。右边第一项是水平扩散项，第二项是沉降和再悬浮形成的源项，第三项是生物化学过程的反应物项，第四项是从点源和非点源带来的外部负荷。数值模型中，A_C经常等于A_H。

2.2.2.2　垂向平均的二维方程

二维模型由两个空间坐标定义，模型的状态变量在剩下的那个空间坐标中取平均值。它们要么取垂向平均，要么取横向平均。这里介绍垂向平均的二维模型，横向平均的二维模型将随后介绍。

在浅水水体，如宽阔而混合良好的湖和河口，垂向分层问题可以忽略，并耦合风应力和水底摩擦力。混合良好减小了垂向梯度变化。物质传输主要由水平对流主导。当满足这些条件后，进行垂向积分，即可消除垂向分量，将通用的三维方程简化为二维。这些垂向平均的二维模型模拟水体长度和宽度两个方向的变化，而不能反映深度的变化。浅而宽广的湖，潟湖和海湾可以用垂向平均的二维模型很好地描述。加利福尼亚的莫罗湾就是一个垂向混合良好的例子（Ji et al.，2001）。其案例将在第10.5.2节中介绍。

二维垂向平均的质量守恒和动量守恒可以写为：

$$\frac{\partial H}{\partial t} + \frac{\partial(uH)}{\partial x} + \frac{\partial(vH)}{\partial y} = Q_H \tag{2.2.11}$$

$$\frac{\partial(uH)}{\partial t}+\frac{\partial(u^2H)}{\partial x}+\frac{\partial(uvH)}{\partial y}-fHv=-gH\frac{\partial\eta}{\partial x}-C_B|u|u+\frac{\partial}{\partial x}\left(HA_H\frac{\partial u}{\partial x}\right)+\frac{\partial}{\partial y}\left(HA_H\frac{\partial u}{\partial y}\right)+\tau_x \tag{2.2.12}$$

$$\frac{\partial(uH)}{\partial t}+\frac{\partial(uvH)}{\partial x}+\frac{\partial(v^2H)}{\partial y}+fHu=-gH\frac{\partial\eta}{\partial y}-C_B|u|v+\frac{\partial}{\partial x}\left(HA_H\frac{\partial v}{\partial x}\right)+\frac{\partial}{\partial y}\left(HA_H\frac{\partial v}{\partial y}\right)+\tau_y \tag{2.2.13}$$

式中，$v=y$方向速度；$|u|=\sqrt{u^2+v^2}$为流速；τ_y为y方向风应力。

式（2.2.12）左边第一项表示水平动力的时间变化率，第二项和第三项为x，y方向的水平对流项，第四项是科氏力。右边第一项是水平压力梯度施加的力，右边第二项是水底摩阻，右边第三项和第四项是动量在x，y方向的水平耗散，右边第五项是风力，其公式已经在第2.1.5节中介绍过。式（2.2.13）的内容与式（2.2.12）内容相似。Smagorinsky公式（2.2.8）用以计算水平涡黏项A_H。

物质传输方程：

$$\frac{\partial(HC)}{\partial t}+\frac{\partial(uHC)}{\partial x}+\frac{\partial(vHC)}{\partial y}=\frac{\partial}{\partial x}\left(HA_C\frac{\partial C}{\partial x}\right)+\frac{\partial}{\partial y}\left(HA_C\frac{\partial C}{\partial y}\right)+S+R+Q_C \tag{2.2.14}$$

式中，C为垂向平均的物质浓度。

式（2.2.14）右边的第一项和第二项是水平扩散项，右边第三项是沉降和再悬浮形成的源或汇，右边第四项表示物质动力源汇，右边第五项是外部输入或输出。

垂向积分的模型通常用在浅水模型中。其程序相对简单，计算结果也较为真实。其主要缺陷是缺少垂向上的信息，需要对水底剪切力进行简化，此外在大多数河流二维模型中，任意断面上的河宽是固定的，没有随流量而变化。因此流动都在二维数值网格中，河岸被认为是垂直的壁面。模拟河堤防洪这类问题就需要采用所谓的干湿点法（例如，Ji等，2001）。

2.2.2.3 横向平均的二维方程

这类二维模型是在横向取平均值。对于狭长的河口、湖泊和水库，这种形状导致水力和水质变量的横向分布均匀。水体系统的主要传输表现在纵向和垂向，这样的水体系统就可以用垂向-纵向的二维模型来模拟。既然如此，控制方程就不是垂向平均了，而是横向平均。横向平均的二维模型可以模拟纵向和垂向的水质变化。这可以比较恰当地反映水体特征，即纵向和垂向的水质变化明显，而横向的水质变化却可以忽略。通常，狭长而深的湖、水库和河口都可以用这种横向平均的二维模型。

如图2.2.1所示，x方向代表了水平变化，z方向代表垂向变化，左图的地理斜坡近似为右图的阶梯状斜坡。忽略科氏力，从N-S方程可以导出横向平均动量方程：

$$\frac{\partial \eta}{\partial t}+\frac{\partial (uB)}{\partial x}+\frac{\partial (wB)}{\partial z}=Q_H \tag{2.2.15}$$

$$\frac{\partial (uB)}{\partial t}+\frac{\partial (u^2B)}{\partial x}+\frac{\partial (uwB)}{\partial z}=-\frac{1}{\rho}\frac{\partial Bp}{\partial x}+\frac{\partial}{\partial x}\left(BA_H\frac{\partial u}{\partial x}\right)+\frac{\partial}{\partial z}\left(BA_v\frac{\partial u}{\partial z}\right)+\tau_x \tag{2.2.16}$$

式中，B为水深；z为垂向直角坐标；w为垂向速度；p为水压；A_v为垂向湍流混合系数。

式（2.2.16）中，第一项代表水平动量的时间变化率，第二项和第三项是动量的水平和垂向对流项。右边第一项是压力梯度，第二项是动量的水平耗散，第三项是湍流黏性混合引起的动量垂向耗散。垂向湍流混合系数A_v的计算将在第2.2.3节讨论。

物质传输方程：

$$\frac{\partial (BC)}{\partial t}+\frac{\partial (uBC)}{\partial x}+\frac{\partial (vBC)}{\partial z}=\frac{\partial}{\partial x}\left(BA_h\frac{\partial C}{\partial x}\right)+\frac{\partial}{\partial z}\left(BA_b\frac{\partial C}{\partial z}\right)+S+R+Q_C \tag{2.2.17}$$

式（2.2.17）左边第一项代表物质浓度的时间变化率，第二项和第三项是水平和垂向对流项；右边第一项和第二项是水平和垂向扩散项，右边后三项分别是沉降和再悬浮的源或汇、内部反应项和外部源项。

自由面水位有：

$$\frac{\partial (B_S\eta)}{\partial t}=\frac{\partial}{\partial x}\int_{-h}^{\eta}uB\mathrm{d}z-\int_{-h}^{\eta}Q_HB\mathrm{d}z \tag{2.2.18}$$

式中，B_S为水深；$-h$为水底坐标；η为水面坐标；Q_H为横向边界的流入流出；A_b为垂向湍流质量混合系数。

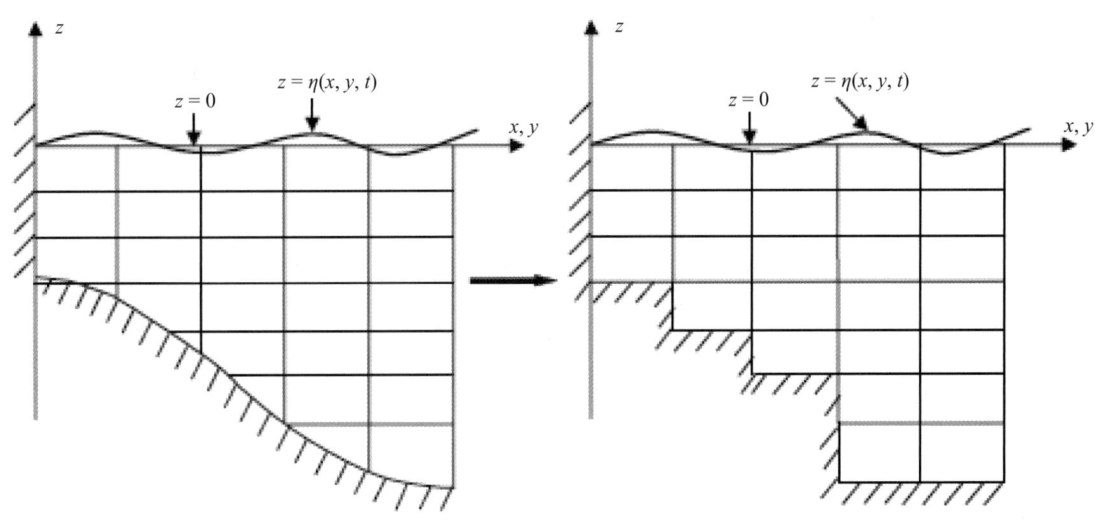

图2.2.1　x–z坐标系

2.2.2.4 Sigma坐标下的三维方程

在较深的水体，由垂向温度和盐度分布形成的垂向密度分层可能减弱垂向湍流混合，这样导致水动力和水质变量在垂向明显变化。这些水体适用三维（3D）模型。三维模型在三个空间坐标（长度、宽度和深度）被定义，这样水动力和水质变量将在整个三维空间里变化。三维模型能最真实地反映自然水体在纵向、横向和垂向上的水体变化。深而宽阔的湖、水库和沿海经常采用三维模型。

在水动力模型中，三维方程经常在水平方向采用直角坐标，垂向采用Sigma坐标。因此，介绍三维方程前，先介绍Sigma坐标。

1）Sigma坐标

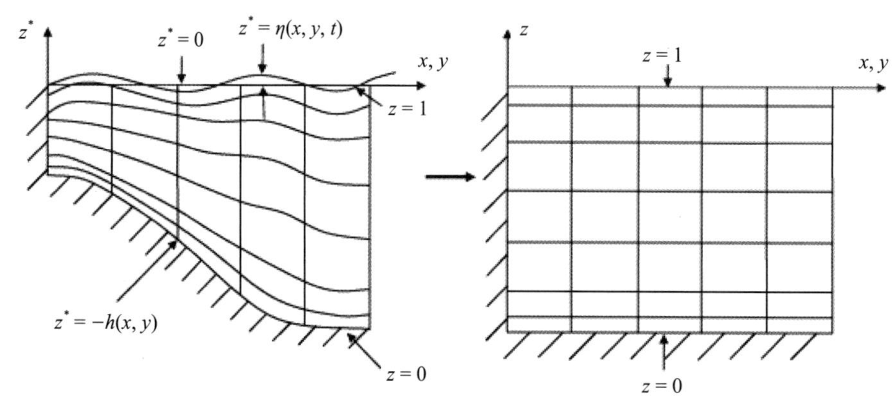

图2.2.2 垂向Sigma坐标系

z^*为垂向笛卡儿坐标，z为Sigma坐标，（x,y）为水平笛卡儿坐标

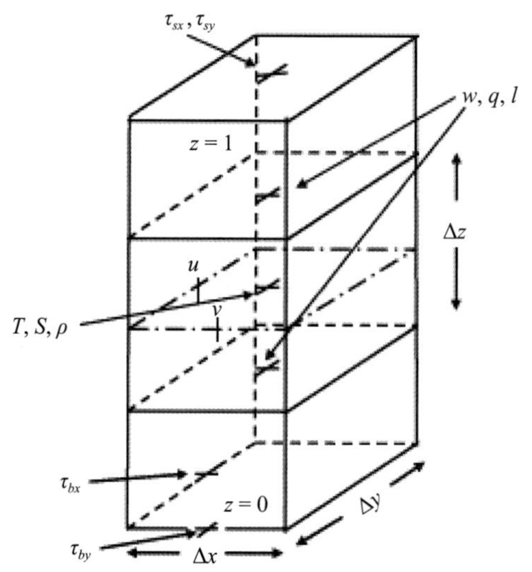

图2.2.3 Sigma坐标系和变量分布

为统一垂向分辨率，应考虑映射或几何变换方法。映射或变换如下：

$$z = \frac{z^* + h}{\eta + h} \tag{2.2.19}$$

式中，z为变换的无量纲垂向坐标，或者简称Sigma坐标；z^*为物理垂向坐标，即直角坐标。

式（2.2.19）和图2.2.2中，*代表原始物理坐标，$-h$和η是垂直方向的水底和自由面坐标。

$z = 0$　　水底：$z^* = -h$；

$z = 1$　　自由面：$z^* = \eta$

这个所谓的Sigma坐标最早是由Philips（1957）提出的。如图2.2.2所示，Sigma可以反映平滑的地形，对浅水和深水都有同量级精度。水的深度在Sigma坐标上分成相同类型的层。在计算空间中，水底面被映射到$z = 0$，水表面被映射到$z = 1$。如此变换，方程从$x-y-z^*$坐标系变换到$x-y-z$坐标系。具体变换的细节可以参看Vinokur（1974）或者Blumberg和Mellor（1987）。自由面边界条件允许水气界面自由发展。Sigma坐标的一个好处是即使在自由边界条件下，水面总在$z = 1.0$处，这样模型容易处理。图2.2.3显示了3层Sigma坐标的水柱以及数值模型中变量的分布。

如图2.2.2所示，无论水深是多少，Sigma坐标在垂向有等量的层数。每一层的厚度由水深和分层数量来确定。这种表征地形的方法具有一定的计算经济性，能够提供等量垂向分层的值。但是，当地形变化陡峭时，无论浅水或深水，大的地形梯度都将导致附加的数值耗散。因此，使用Sigma坐标时，要特别注意避免产生大的模型截断误差和虚拟垂向混合。在深水区域，Sigma坐标在表示混合层的表面混合时，可能导致垂向分辨率不够。此外，在后处理过程中，Sigma坐标的垂向速度需要变换回直角坐标系的真实垂向速度。

2）Sigma坐标下的三维方程

Sigma坐标下的三维质量和动量方程（Hamrick，1992）是：

$$\frac{\partial H}{\partial t} + \frac{\partial (uH)}{\partial x} + \frac{\partial (vH)}{\partial y} + \frac{\partial w}{\partial z} = Q_H \tag{2.2.20}$$

$$\begin{aligned} &\frac{\partial (Hu)}{\partial t} + \frac{\partial (Huu)}{\partial x} + \frac{\partial (Huv)}{\partial y} + \frac{\partial uw}{\partial z} - fHv \\ &= -H\frac{\partial (p + g\eta)}{\partial x} + \left(-\frac{\partial h}{\partial x} + z\frac{\partial H}{\partial x}\right)\frac{\partial p}{\partial z} + \frac{\partial}{\partial x}\left(\frac{A_v}{H}\frac{\partial u}{\partial z}\right) + Q_u \end{aligned} \tag{2.2.21}$$

$$\begin{aligned} &\frac{\partial (Hv)}{\partial t} + \frac{\partial (Huv)}{\partial x} + \frac{\partial (Hvv)}{\partial y} + \frac{\partial vw}{\partial z} + fHu \\ &= -H\frac{\partial (p + g\eta)}{\partial y} + \left(-\frac{\partial h}{\partial y} + z\frac{\partial H}{\partial y}\right)\frac{\partial p}{\partial z} + \frac{\partial}{\partial z}\left(\frac{A_v}{H}\frac{\partial v}{\partial \sigma}\right) + Q_u \end{aligned} \tag{2.2.22}$$

$$\frac{\partial p}{\partial z} = -gH\frac{(\rho - \rho_0)}{\rho_0} = -gHb \tag{2.2.23}$$

$$\left(\tau_{xz}, \tau_{yz}\right) = \frac{A_v}{H}\frac{\partial}{\partial z}(u, v) \tag{2.2.24}$$

式中，p是附加静水压；b是浮力，τ_{xz}和τ_{yz}是x方向和y方向的垂向剪切力。

总深度$H = h + \eta$是自由面位移与平均水深之和。它与原始物理坐标z^*=0相关。压力p是超静水压$\rho_0 gH(1-z)$的部分除以参考密度ρ_0。

$$p = \frac{\rho_0 gH(1-z)}{\rho_0} = gH(1-z) \tag{2.2.25}$$

三维温度输运方程：

$$\frac{\partial(HT)}{\partial t} + \frac{\partial(HuT)}{\partial x} + \frac{\partial(HvT)}{\partial y} + \frac{\partial(wT)}{\partial z} = \frac{\partial}{\partial z}\left(\frac{A_b}{H}\frac{\partial T}{\partial z}\right) + HR_T + Q_T \tag{2.2.26}$$

式中，R_T为太阳辐射产生的热量；Q_T为水平湍流扩散和外部源汇。

在2.3节将讨论随着水深增加，太阳辐射将被削弱。Sigma坐标系下的垂向速度（w）与物理垂向速度w^*相关。

$$w = w^* - z\left(\partial_t \eta + u\partial_x \eta + v\partial_y \eta\right) + (1-z)\left(u\partial_x h + v\partial_y h\right) \tag{2.2.27}$$

盐度（或污染物）的质量平衡方程与温度输运方程式（2.2.26）相同，唯一的差别是方程中应排除式（2.2.26）中的太阳辐射项。

3）Sigma坐标系下的垂向边界条件

垂向速度的边界条件：

$$w(0) = w(1) = 0 \tag{2.2.28}$$

这意味着在水面和水底的垂向速度为0（如图2.2.3所示）。

动量方程的垂向边界条件是水底（$z = 0$）和水面（$z = 1$）的剪切力。剪切力的表达式如下：

$$A_v H^{-1}\partial_z (u, v)_{z=0} = \left(\tau_{bx}, \tau_{by}\right) = C_B\sqrt{u_{\mathrm{bl}}^2 + v_{\mathrm{bl}}^2}\left(u_{\mathrm{bl}}, v_{\mathrm{bl}}\right) \tag{2.2.29}$$

$$A_v H^{-1}\partial_z (u, v)_{z=1} = \left(\tau_{sx}, \tau_{sy}\right) = C_D\sqrt{U_w^2 + V_w^2}\left(U_w, V_w\right) \tag{2.2.30}$$

式中，τ_{bx}和τ_{by}为水底剪切力（z=0）；τ_{sx}和τ_{sy}为水面剪切力(z=1)；U_w和V_w为水面10 m高处的风速分量；C_B为水底拖曳系数；C_D为风应力系数；bl为下标，表示水体分层的底层中点流速。

在Sigma坐标模型中，底部拖曳系数C_B通常写为（Mellor，1998）：

$$C_B = \frac{\kappa^2}{\left[\ln\left(\Delta z_b / 2z_0\right)\right]^2} \tag{2.2.31}$$

式中，$\kappa = 0.4$为Von Karman常数；Δz_b为水底那一层的无量纲厚度；z_0=z_0^*/H为无量纲糙度高度；z_0^*为水底糙度高度。

在数值计算中，式（2.2.31）被应用到最底层的Sigma网格点。当水体系统的底部不适合垂向分层模型时，$\Delta z_b/2z_0$可能很大，将导致C_B很小。此时，在数值模型中，C_B被设置为常数0.002 5（Blumberg，Mellor，1987）。

风应力系数C_D有相似公式，这将在2.1.5节讨论。

$$C_D = 1.2 \times 10^{-6}\left(0.8 + 0.065\sqrt{U_w^2 + V_w^2}\right) \tag{2.2.32}$$

这里U_w和V_w是风速，m/s。

温度和盐度垂向边界条件是：

$$\frac{A_v}{H}\left(\frac{\partial T}{\partial z}, \frac{\partial S}{\partial z}\right) = -\left(\langle wT(1)\rangle, \ \langle wS(1)\rangle\right), \ z \to 1 \tag{2.2.33}$$

$$\frac{A_v}{H}\left(\frac{\partial T}{\partial z}, \frac{\partial S}{\partial z}\right) = 0, \ z \to 0 \tag{2.2.34}$$

式中，$\langle wT(0)\rangle$为水底温度通量，m/s ℃；$\langle wS(0)\rangle$为水底盐度通量，m/s ppt。

关于温度模型和相关边界条件的更多细节将在第2.3节讨论。值得一提的是，通过消除与x或者y方向相关的项，三维方程可以简化为横向平均的二维方程。同样，垂向平均的二维方程也可以从三维方程获得。因此，利用一维或二维网格，三维模型可以很容易应用到一维或二维研究中。

2.2.3 垂向混合和湍流模型

湍流过程在垂向混合和水生系统功能中起了至关重要的作用。它提供了将更深水体中的营养物（这里它们倾向于积聚）输送到水体表面（这里可以用于光合作用）所需的能量。植物生产力受限于营养盐的供给。水体越深，携带营养盐所需的能量就越大。因此，浅水较深水更富生产力。

浅水，包括河流、湖泊、河口和沿海等水体，在水底或者水面产生湍流。湍流扩散产生的垂向传输可以达到整个水柱。要准确计算动量和质量传输方程中的垂向湍流混合系数A_v和A_b，必须有能准确反映垂向混合的湍流模型。这里仅介绍水动力模型中经常使用的基本概念和理论。湍流理论的细节可以参考相关的数值模型的手册和论文。

湍流的主要特点在于非规则、随机性运动。在湍流混合中，水体物质的传输就是经过湍流涡的混合而进行的，无规则的随机运动形成了水体的混合。这有别于分子的扩散，它是由分子的无规则运动引起的。在自然水体，湍流扩散的量级远大于分子扩散。垂向剪切力产生的湍流倾向于让溶解态物质发生混合并削减垂向梯度。产生湍流的机理主要包括：

（1）流速剪切力；

（2）高的风速和地形变化产生的波碎；

（3）河口和沿海的潮汐；

（4）入流或出流，例如河流流入湖泊或河口以及水库放水。

还有些因素可能也会影响水体湍流状态，却常常被忽略。例如，鱼类活动可比静水增加10

倍的局部耗散（Farmer et al.，1987），浮游植物的残留物能增加海水黏度而降低湍流扩散程度（Jenkinson，1986）。

通常，流动越强，湍流程度也越强。在湖泊，垂向混合可能由水面的风力引起，经过剪切力作用湍流涡进行传输。深水湖的湍流也会引起内部混合。在河口，除了水面风力影响外，潮汐也会引起垂向混合。

水体中，密度分层在很大程度上抑制了垂向混合。水体垂向的分层越明显，则垂向混合越困难。垂向分层可以用Richardson数来衡量，Richardson数代表了浮力与垂向速度梯度的比值。

$$Ri = -\frac{g}{\rho}\frac{\frac{\partial \rho}{\partial z}}{\left(\frac{\partial v}{\partial z}\right)^2} \tag{2.2.35}$$

式中，Ri为无量纲Richardson数；$\frac{\partial \rho}{\partial z}$为垂向密度梯度，$kg/m^4$；$\frac{\partial v}{\partial z}$为速度梯度，$s^{-1}$。

Richardson数描述了浮力对水体垂向的稳定作用与速度梯度的非稳定作用之间的关系。它表明了水体是趋于混合（弱分层）或者稳定分层（强分层）。Richardson数越大，表明层化趋势越明显；反之，层化趋势越弱。

当$Ri>0$，尤其$Ri>>0$时，流体稳定分层，轻流体浮于重流体之上。当$Ri=10$时，表明水体存在很稳定的层化现象，垂向几乎没有混合现象。层化现象明显可能导致水底的溶解氧被大量消耗掉，而大气中的氧很难被输运到那里。当$Ri<0.25$，垂向水体就容易产生层间交换。当Ri接近0，垂向水体处于中性状态，垂向密度几乎一致；当$Ri<0$时，流动处于非稳定状态，重流体也可能在轻流体上。在秋季，当冷空气和太阳辐射减少时，水面温度降低将导致许多湖泊和水库趋于分层。当上层水体趋冷，密度又大于底层水体时，湖水将发生翻转，使水体快速混合，致使水底的营养盐负荷进入水体。

在数值模型中，尺度小于模型网格分辨率的湍流传输和混合用垂向和水平湍流扩散来表示。例如：水平传输采用式（2.2.8）的Smagorinsky格式。垂向混合通常用垂向涡黏项来表示。描述湍流混合的最简单方法是使用经验公式，指定混合系数。在先进的水动力模型中，例如Blumberg和Mellor（1987）、Hamrick（1992）和Sheng（1986），应用两个封闭方程来计算垂向涡黏扩散。封闭模型提供了描述垂向质量传输必须的垂向混合扩散系数。在横向平均的二维方程和三维方程中，用两个参数来描述垂向混合：

（1）垂向湍流动量混合系数，A_v；

（2）垂向湍流质量混合系数，A_b。

这两个参数可用湍流模型计算。

在Navier-Stokes方程式（2.1.19）中，包括湍流脉动的所有细节，仅能用时均方法求解。考虑涡黏传输和发展过程的影响，从N-S方程可以推导出湍流相关的两个变量。湍流双方程模型通常用的湍流变量有：湍流动力能量和扩散率模型（k-ε模型）（Jone，Launder，1972），或者湍流动力能量与湍流尺度（k-l模型）（Mellor，Yamada，1982）。湍流封闭格式计算垂向湍流动量混合系数（A_v）和湍流质量混合系数（A_b）。这里介绍由Mellor和Yamada（1982）提出的湍流封闭模型，随后，Galperin（1988），Blumberg（1992）进行了修正。模型将A_v和A_b与垂向湍流强度（q）、湍流长度尺度（l）和Richardson数相联系。

$$A_v = \phi_v ql = 0.4\frac{(1+8R_q)ql}{(1+36R_q)(1+6R_q)} \tag{2.2.36}$$

$$A_b = \phi_b ql = \frac{0.5ql}{(1+36R_q)} \tag{2.2.37}$$

$$R_q = -\frac{gH\dfrac{\partial b}{\partial \sigma}}{q^2}\left(\frac{l^2}{H^2}\right) \tag{2.2.38}$$

式中，稳定函数ϕ_v和ϕ_b（Galperin，1998）分别计算在稳定和非稳定密度分层环境中的垂向混合的减和增。湍流强度和湍流长度尺度通过下列解q^2和q^2ld的传输方程求得：

$$\begin{aligned}&\frac{\partial(Hq^2)}{\partial t}+\frac{\partial(Huq^2)}{\partial x}+\frac{\partial(Huq^2)}{\partial y}+\frac{\partial(wq^2)}{\partial z}\\&=-\frac{\partial}{\partial z}\left(\frac{A_q}{H}\frac{\partial q^2}{\partial z}\right)+2\frac{A_v}{H}\left[\left(\frac{\partial u}{\partial z}\right)^2+\left(\frac{\partial v}{\partial z}\right)^2\right]+2gA_b\frac{\partial b}{\partial z}-2\frac{Hq^3}{B_1 l}+Q_q\end{aligned} \tag{2.2.39}$$

$$\begin{aligned}&\frac{\partial(Hq^2l)}{\partial t}+\frac{\partial(Huq^2l)}{\partial x}+\frac{\partial(Hvq^2l)}{\partial y}+\frac{\partial(wq^2l)}{\partial z}=-\frac{\partial}{\partial z}\left(\frac{A_q}{H}\frac{\partial(q^2l)}{\partial z}\right)+E_1 l\frac{A_v}{H}\left[\left(\frac{\partial u}{\partial z}\right)^2+\left(\frac{\partial v}{\partial z}\right)^2\right]\\&+gE_1lA_b\frac{\partial b}{\partial z}-\frac{Hq^3}{B_1}\left[1+E_2\left(\frac{l}{\kappa Hz}\right)+E_3\left(\frac{l}{\kappa H(1-z)}\right)^2\right]+Q_1\end{aligned} \tag{2.2.40}$$

式中，$\kappa=0.4$是von Karman常数；B_1、E_1、E_2和E_3是经验常数，分别等于16.6、1.8、1.33和0.25；Q_q和Q_l是亚网格尺度下的水平耗散所附加的源−汇项。

垂向动力能量扩散系数A_q有：

$$A_q = 0.2\,lq \tag{2.2.41}$$

对稳定分层，Galperin（1988）建议以下式限制长度尺度：

$$l \leqslant 0.52\frac{q\sqrt{H}}{\sqrt{-g\dfrac{\partial b}{\partial z}}} \tag{2.2.42}$$

或

$$\sqrt{R_q} \leqslant 0.52 \tag{2.2.43}$$

式（2.2.39）和式（2.2.40）的湍流强度和长度尺度的边界条件：

$$\left(q^2(1)\right),\ \left(q^2 l(1)\right)=\left(B_1^{2/3}u_*^2(1),0\right) \tag{2.2.44}$$

$$\left(q^2(0)\right),\ \left(q^2 l(0)\right)=\left(B_1^{2/3}u_*^2(0),0\right) \tag{2.2.45}$$

式中，B_1(=10.1) 是湍流封闭常数；u_*是水面或水底的摩阻速度。摩阻速度由下式定义：

$$u_*=\sqrt{\tau_s/\rho} \tag{2.2.46}$$

式中，τ_s为剪应力，按式（2.2.29）和式（2.2.30）求解。

2.2.4 曲线坐标下的方程

影响水体循环的方式除了风速、潮汐、淡水流入和密度梯度以外，边界几何条件也是主要因素，如海岸线和海底形状。地表水模型的一个困难在于确定边界条件的影响。模型网格用网格点将求解域覆盖，网格就成为离散水体空间，构成一维或多维模型应用的基础。为了精确模拟水动力和水质状况，生成能反映水体几何形状的网格具有重要意义。

2.2.4.1 曲线坐标和模型网格

传统的连续性方程和动量方程是在直角坐标系下表达的。数值模型中，这些方程采用矩形网格。矩形网格适用于相对规则的水体，它是最简单的形式，通常用于规则的海岸线和水底几何形状。每一个网格是矩形的，网格空间是固定的。如图2.2.1所示，楼梯状网格应用在非规则边界上。

形状复杂的水体往往要求计算网格可靠，并易于计算。因此，网格往往需要在描述水体的精确性和计算的可行性之间进行折中。如常见的一些河口和水库，水体带有不规则的岸线、岛屿和（或）航道等，数值模型需要足够小尺度的网格对这些边界细节进行描述。这就可能需要大量的格点，带来计算经济性问题。对这些极不规则的水体，正交曲线网格则是一个好的选择。建立水平正交曲线网格下的控制方程较为方便，这样网格能很好地贴体，用较少格点数就能获得足够的模型分辨率。近岸水流往往平行于固壁边界，曲线坐标系描述非规则边界更加高效。

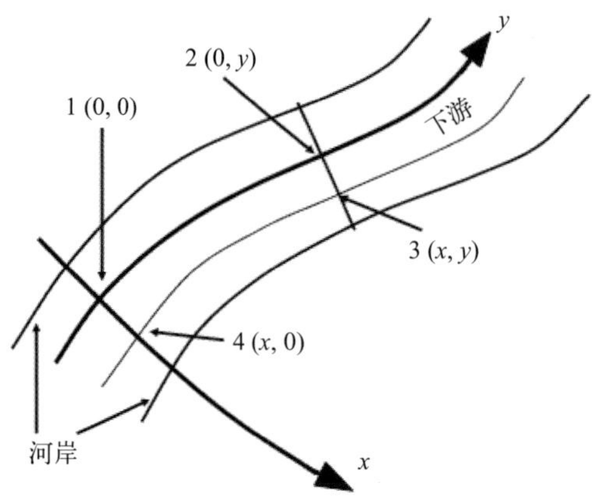

图2.2.4 弯曲河段的正交曲线坐标系

图2.2.4是一个弯曲河段的水平视图。曲线坐标用x（横向）和y（纵向）来表示。曲线坐标的起始点在1，点1、2、3和4的坐标分别是（0，0），（0，y），（x，y）和（x，0）。x线（y为常数）与y线（x为常数）都是曲线，彼此相互垂直（正交）。利用正交条件可以消除模型方程中的几项，简化了模型。x线通常与河岸平行，对于浅水河流，纵向流速（y方向）占主体，横向（x方向）较小。由于弯曲或者河宽的变化，y方向的增量，随x坐标的不同而不同。例如，一般L_{12}（点1和点2之间的距离）并不等于L_{43}。同样，沿着横向，x的增量随y值不同而不同。一般L_{14}不等于L_{23}。定义度量系数以使距离微分满足下列关系：

$$\mathrm{d}L^2 = m_x^2\,\mathrm{d}x^2 + m_y^2\,\mathrm{d}y^2 \tag{2.2.47}$$

式中，dL为距离微分；dx为x方向的距离微分；dy为y方向的距离微分；m_x和m_y为度量系数。

x方向的距离有：

$$\mathrm{d}L^2 = m_x^2\,\mathrm{d}x^2 \tag{2.2.48}$$

和

$$L_{23} = \int_0^x m_x(x', y)\,\mathrm{d}x' \tag{2.2.49}$$

y方向的距离有：

$$\mathrm{d}L^2 = m_y^2\,\mathrm{d}y^2 \tag{2.2.50}$$

和

$$L_{43} = \int_0^y m_y(x, y')\,\mathrm{d}y' \tag{2.2.51}$$

在曲线坐标系下，速度分量是：

$$u = m_x \frac{\mathrm{d}x}{\mathrm{d}t} \tag{2.2.52}$$

$$v = m_y \frac{\mathrm{d}y}{\mathrm{d}t} \tag{2.2.53}$$

式中，u为x方向的速度分量；v为y方向的速度分量。

度量系数是x和y的函数。沿着线2−3度量系数m_x的平均值是：

$$\overline{m}_x = \frac{L_{23}}{L_{14}} \tag{2.2.54}$$

同样，沿着线4−3的$\overline{m}_y$的平均值是：

$$\overline{m}_y = \frac{L_{43}}{L_{12}} \tag{2.2.55}$$

直角坐标系下，$m_x = m_y = 1$。

为了得到曲线坐标系下的方程，数学变换是常用方法，它将方程从笛卡儿坐标系下变换到曲线坐标系下。如图2.2.5所示，左边是非规则的研究区域，经过坐标变换后，获得右边的规则模型区域。曲线坐标系下，水平网格点允许有较大的弯曲变形，它可以实现从非规则的几何区域到规则的计算网格点的一一映射。利用这种方法，在一些关键区域，如河口的航道，曲线坐标能用更高的网格分辨率描述这些区域的物理过程。

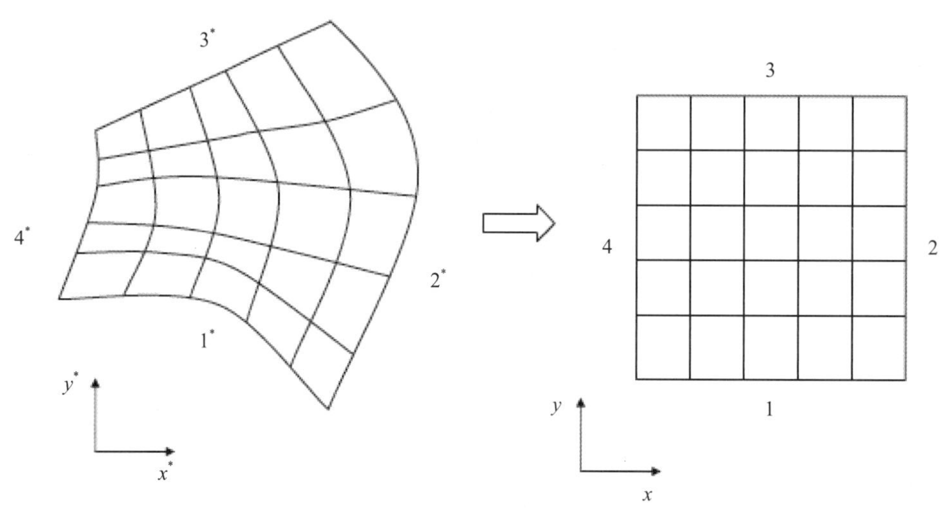

图2.2.5　左：研究区域的曲线网格；右：变换网格

有限差分法是一种最常用的数值方法，它将时间和空间离散成有限区间（如，Blumberg，Mellor，1987；Hamrick，1992）。如图2.2.6所示，在网格上，水深（H）和水位（η）位于格点中央，u位于距离它们$\pm\Delta x/2$处，v位于距离它们$\pm\Delta y/2$处。之所以如此布置变量是为了保证计算的稳定性和准确性。浓度变量被定义在网格的中心，如温度、盐度和水质变量等，速度变量被定义在网格的边缘；浓度变量的计算过程不需要计算空间的平均速度。在水平流速计算过程中，水位（η）和密度（ρ）的水平梯度也将用到，而无需对η和ρ进行空间平均。

模型网格是水动力和水质模型的关键。在网格生成过程中需要考虑三个因素：

（1）模型的理论和基本假设；

（2）研究的目标和能获得的数据；

（3）计算的经济性。

浅水近似是现在通用于河流、湖泊和河口模型的一个近似假设（Blumberg，Mellor，1987；Hamrick，1992；Sheng，1986）。浅水近似的适用条件是水平运动尺度远大于垂向运动尺度。通常水平尺度与垂向尺度的比值远大于1（例如≥20）。因此在确定网格尺寸时应注意到，有时细化网格也不一定就能提高模型的精度。

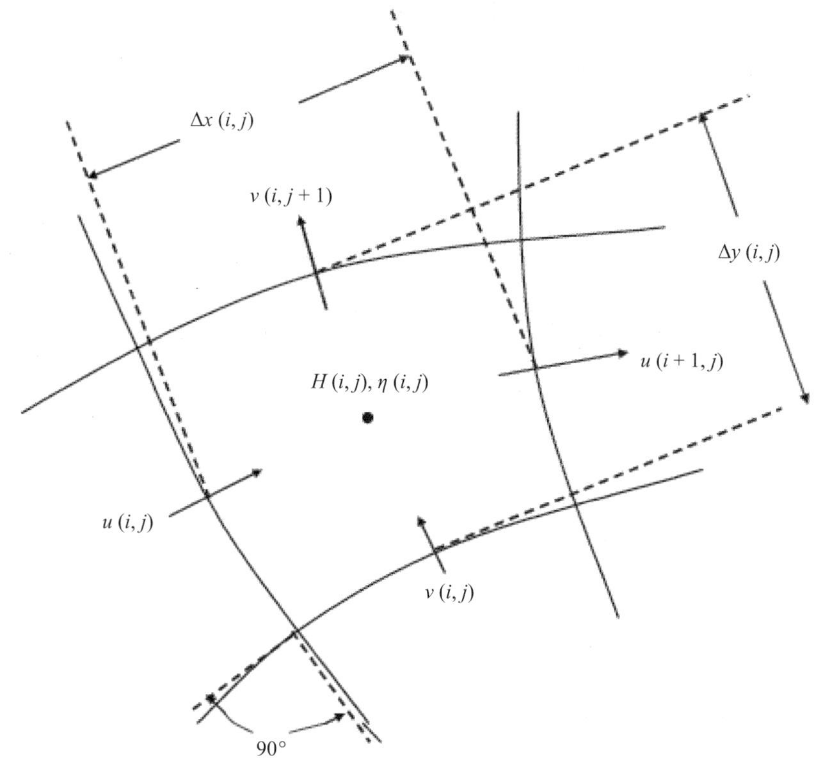

图2.2.6　模型变量在曲线网格上的分布

通常网格生成是建模的第一步。它在表征区域地形和确定边界条件方面起着非常重要的作用。好的模型网格将减少计算误差和提高效率。然而在使用曲线坐标网格时，应注意以下问题：

（1）网格宜与边界贴体。

（2）对于航道等特征区域，网格应该有足够分辨率能反映其特点。

（3）在模型的开边界处，网格有利于确定边界条件的位置。

（4）网格既要保证模拟长期过程的计算效率，也要有足够分辨率以描述关键过程。

（5）网格应尽量保持均匀，以减少波动传播和精度方面的计算问题。有限差分法还通常要求网格正交。

（6）在图形和模型数据对比中，应注意速度变量从曲线坐标到笛卡儿坐标的变换。式（2.2.27）和式（2.2.65）给出了垂向速度从Sigma坐标到物理坐标的变换关系。水平速度在与观测值比较之前，也需旋转变换到物理坐标正东和正北的方向上。

（7）曲线坐标虽然灵活方便，但是需要增加控制方程的计算项，如式（2.2.56）和式（2.2.57）所示，这会增加模型的计算量。

（8）不像笛卡儿坐标，曲线正交网格的制作需要专门的工具或程序，有时很费时。

2.2.4.2 Sigma坐标和曲线坐标下的三维方程

在水平曲线坐标和垂向Sigma坐标下，连续方程、动量方程、温度方程和盐度方程如下（Hamrick，1992）：

$$\begin{aligned}&\partial_t\left(m_x m_y Hu\right)+\partial_x\left(m_y Huu\right)+\partial_y\left(m_x Hvu\right)+\partial_z\left(m_x m_y wu\right)-m_x m_y f_e Hv\\&=-m_y H\partial_x\left(p+g\eta\right)-m_y\left(\partial_x h-z\partial_x H\right)\partial_z p+\partial_z\left(m_x m_y H^{-1}A_v\partial_z u\right)+Q_u\end{aligned} \tag{2.2.56}$$

$$\begin{aligned}&\partial_t\left(m_x m_y Hv\right)+\partial_x\left(m_y Huv\right)+\partial_y\left(m_x Hvv\right)+\partial_z\left(m_x m_y wv\right)+m_x m_y f_e Hu\\&=-m_x H\partial_y\left(p+g\eta\right)-m_x\left(\partial_y h-z\partial_y H\right)\partial_z p+\partial_z\left(m_x m_y H^{-1}A_v\partial_z u\right)+Q_v\end{aligned} \tag{2.2.57}$$

$$\partial_z p=-gHb=-gH\left(\rho-\rho_o\right)\rho_o^{-1} \tag{2.2.58}$$

$$\partial_t\left(m_x m_y H\right)+\partial_x\left(m_y Hu\right)+\partial_y\left(m_x Hv\right)+\partial_z\left(m_x m_y w\right)=Q_H \tag{2.2.59}$$

$$\partial_t\left(m_x m_y H\right)+\partial_x\left(m_y H\int_0^1 u\mathrm{d}z\right)+\partial_y\left(m_x H\int_0^1 v\mathrm{d}z\right)=\int_0^1 Q_H\,\mathrm{d}z \tag{2.2.60}$$

$$m_x m_y f_e\equiv m_x m_y f-u\partial_y m_x+v\partial_x m_y \tag{2.2.61}$$

$$\rho=\rho(S,T) \tag{2.2.62}$$

$$\partial_t\left(m_x m_y HS\right)+\partial_x\left(m_y HuS\right)+\partial_y\left(m_x HvS\right)+\partial_z\left(m_x m_y wS\right)=m_x m_y\partial_z\left(H^{-1}A_b\partial_z S\right)+Q_S \tag{2.2.63}$$

$$\partial_t\left(m_x m_y HT\right)+\partial_x\left(m_y HuT\right)+\partial_y\left(m_x HvT\right)+\partial_z\left(m_x m_y wT\right)=m_x m_y\partial_z\left(H^{-1}A_b\partial_z T\right)+Q_T \tag{2.2.64}$$

式中，x，y为正交曲线坐标；z为垂向Sigma坐标；u，v为在x，y方向的速度分量；m_x，m_y为变换系数；w为Sigma坐标的z方向上的无量纲垂向速度。

笛卡儿坐标下，变换系数m_x，m_y等于1，那么式（2.2.56）至式（2.2.64）将回到式（2.2.20）至式（2.2.26），即笛卡儿坐标和垂向Sigma坐标下的三维方程。

Sigma垂向速度w与自然垂向速度w^*有下列关系：

$$w=w^*-z(\partial_t\eta+um_x{}^{-1}\partial_x\eta+vm_y{}^{-1}\partial_y\eta)+(1-z)(um_x{}^{-1}\partial_x h+vm_y{}^{-1}\partial_y h) \tag{2.2.65}$$

式（2.2.59）中的源项Q_H代表降雨、蒸发、地下水交换、取水、其他点源和非点源。如图2.2.2所示，水深$H=h+\eta$，是$z^*=0$下水深和自由面位移的和，压力p按式（2.2.25）给出。

动量方程式（2.2.56）和式（2.2.57）中，f_e是科氏系数，按式（2.2.61）给出，它包含了实际科氏力和网格的曲率加速度。那么，大的网格变形也可能引起大的f_e，由此带来计算的稳定性问题和影响精度，故应尽量避免。

式（2.2.63）和式（2.2.64）中，源项Q_S和Q_T包括了网格尺度上的水平扩散和温度源和汇，这里A_b是垂向湍流扩散系数。密度ρ是温度T和盐度S的函数，盐度方程式（2.2.63）也能描述示踪剂研究。关于温度迁移方程式（2.2.64）的更多细节见2.3节。

按式（2.2.58），定义浮力b是参考密度的规一化偏差：

$$b = \frac{\rho - \rho_0}{\rho_0} \tag{2.2.66}$$

式（2.2.56）至式（2.2.66）提供了封闭系统，当知道了垂向湍流涡黏项和扩散项（A_v和A_b），源项（Q_u，Q_v，Q_H，Q_S和Q_T）后，可以求解变量u、v、w、p、η、ρ、S和T。

垂向湍流涡黏项和扩散项由湍流模型提供，这个模型由Mellor和Yamada（1982）提出，Galperin等（1988）对其进行了修正。如2.2.3节描述，湍流强度和湍流尺度是由一对传输方程确定的（Hamrick，1992）：

$$\begin{aligned}&\partial_t\left(m_x m_y H q^2\right)+\partial_x\left(m_y H u q^2\right)+\partial_y\left(m_x H v q^2\right)+\partial_z\left(m_x m_y w q^2\right)\\&=\partial_z\left(m_x m_y H^{-1} A_q \partial_z q^2\right)+2 m_x m_y H^{-1} A_v\left(\left(\partial_z u\right)^2+\left(\partial_z v\right)^2\right)+2 m_x m_y g A_b \partial_z b-2 m_x m_y H B_1^{-1} l^{-1} q^3+Q_q\end{aligned} \tag{2.2.67}$$

$$\begin{aligned}&\partial_t\left(m_x m_y H q^2 l\right)+\partial_x\left(m_y H u q^2 l\right)+\partial_y\left(m_x H v q^2 l\right)+\partial_z\left(m_x m_y w q^2 l\right)\\&=\partial_z\left(m_x m_y H^{-1} A_q \partial_z q^2 l\right)+m_x m_y H^{-1} E_1 l A_v\left(\left(\partial_z u\right)^2+\left(\partial_z v\right)^2\right)+m_x m_y g E_1 l A_b \partial_z b\\&-m_x m_y B_1^{-1} H q^3\left[1+E_2\left(\frac{l}{\kappa H z}\right)^2+E_3\left(\frac{l}{\kappa H(1-z)}\right)^2\right]+Q_l\end{aligned} \tag{2.2.68}$$

令$m_x = m_y = 1.0$，式（2.2.67）和式（2.2.68）简化为第2.2.3节的笛卡儿坐标下的方程。

2.2.5　初始条件和边界条件

初始条件和边界条件是求解水动力和水质方程所必须的。通常人们感兴趣的是某一个水域，它由特定的边界包围。数学模型的方程描述了水体的物理、化学和生物过程。为了数值求解这些方程，初始条件和边界条件的选择是非常重要的。

初始条件指定了水体的初始状态。边界条件不能由描述该水体的方程获得，而是必须基于其他信息给定。边界条件和外部驱动力是模型运行的驱动力。模型本身不能计算自己的边界条件，但受其影响。例如，大气温度和风速作为模型垂向边界条件，是被给定的，而不是被该模型模拟出来的。大气温度和风速影响水流、混合和热传输等水动力过程，不同的边界条件可能导致完全不同的模型结果。不适当的边界条件可能引起模型结果的明显误差，而适当的边界条件可以避免这个问题。初始条件和边界条件的数量和类型主要取决于水体的自然特点、研究的问题和模型的类型。

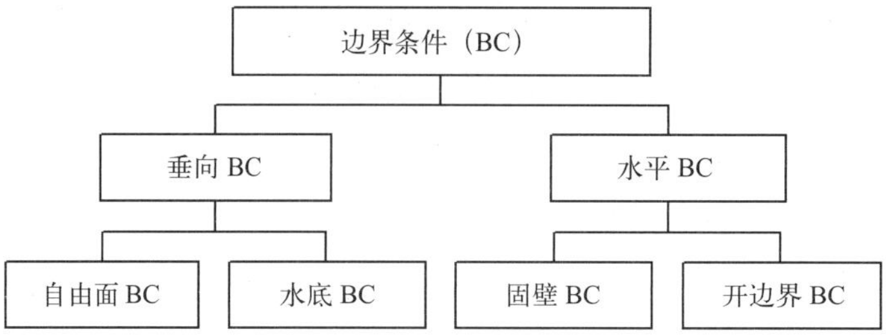

- 边界条件（BC）
  - 垂向 BC
    - 自由面 BC
    - 水底 BC
  - 水平 BC
    - 固壁 BC
    - 开边界 BC

图2.2.7　边界条件

边界条件（BC）包括垂向边界条件和水平边界条件（图2.2.7）。垂向边界条件包括自由面条件和水底边界条件，已经在本节介绍控制方程时讨论过。水平边界条件包括固壁边界条件和开边界条件。作为一个例子，河口和近海的各种边界条件（以及泥沙输运过程）如图2.2.8所示。这里仅仅讨论固壁边界条件。开边界条件将在第10章讨论河口和近岸海域时给出。

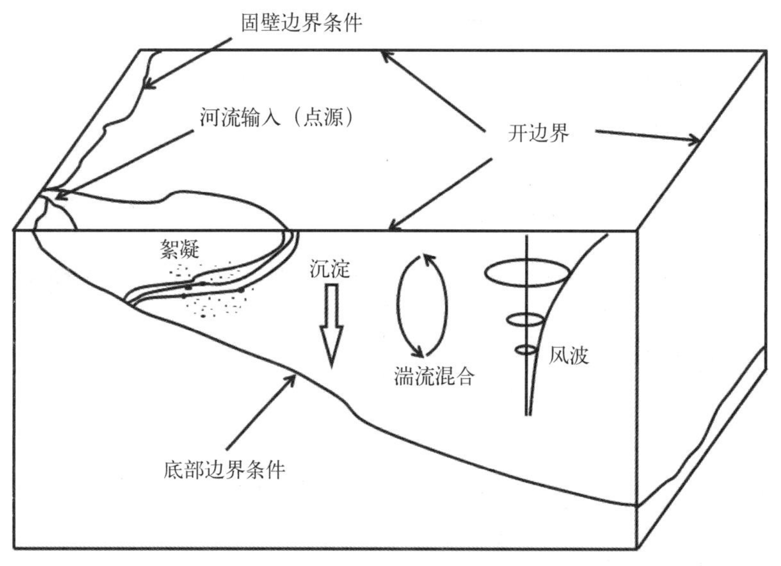

图2.2.8　河口和近海的边界条件和泥沙输运过程
（来源：Amoudry和Souza，2011）

2.2.5.1　初始条件

初始条件仅仅在与时间相关的模拟中才需要。对一个稳定态模型，初始条件是不需要的。在任何与时间相关的模拟中，初始条件用于设定模型的初始值。系统将从初始值开始运行。初始条件应该反映水体的真实情况，至少是对真实水体的可以接受的近似。

起转时间是模型在外界强迫下达到统计平衡态的时间。冷启动时，模型从初始态运行，需要起转过程，冷启动初始条件主要来自气候平均、实测数据分析、其他模型的结果或者上述的综合。热启动是模型的再启动，启动条件来自以前模拟的输出结果，这用于消除或减少模型起转时间。

一般说来，当模拟周期较短，初始状态的值还没有来得及被“冲走”时，初始条件会很重要。例如，一个很深的湖，湖底水体的初始态温度很难发生变化。在湖面的风应力和热传输作用改变温度之前，其值将持续几个月甚至一年。如果模拟周期太短，初始温度将明显影响模型结果。十俠湖的水力停留时间为1～2年（Ji et al.，2004b），初始条件的误差有可能会影响模型的结果。

数值模型中，建立起流场的时间相对较短。为方便起见，在模拟开始时通常被设为0。初始水位也是相当关键的，它有较长时间影响力。例如湖泊或者水库，它决定了系统的初始水量，这将持续影响水动力和水质过程。对于大而深的水体，如水库或海湾，为了减少初始水温和盐度的影响，模型通常需要长的起转时间。

与真实水体一样，模型对传输、混合和边界强迫等过程有有限的记忆功能。如果模拟时间足够长，那么将来时间的模型变量将对现有条件的依赖微乎其微。如果模型时间太短，不能消除初始条件的影响，那么模型结果的可靠性就值得怀疑。一个克服初始条件影响的有效办法就是有足够的模型起转时间。适当的边界条件和引入研究区域外部干预，也能帮助消除初始状态的不适定性。

对于恢复力强的系统，初始条件对模型的影响将大打折扣。如流速较大的河流，初始状态将迅速被“冲出”系统，模型将很快“忘掉”这些初始值。山区河流的水位与流动状态和河床坡降直接相关。设置真实的初始水位是很困难的。在马萨诸塞州的黑石河流模型中，人为将模型水深设置得很深（Ji et al.，2002a）。水位通过模型自动调节，然后在沿河流方向很快形成真实的坡降线。

2.2.5.2　固壁边界条件

数学模型应被设计具有描述岸线边界影响和内部区域水体的能力。这里将介绍固壁边界条件，包括无滑移条件和自由滑移条件。开边界条件将在第10章讨论。

在固壁处，无流体穿过，水流只能沿切向运动，这意味着法向流速为0。

$$\vec{v}\cdot\vec{n}=0 \tag{2.2.69}$$

式中，$\vec{v}$ 为固壁处的流速；$\vec{n}$ 为固壁处的法向单位矢量。

式（2.2.69）可以写为：

$$v_n=0 \tag{2.2.70}$$

式中，v_n为固壁处的法向速度分量。

当水黏性明显时，在固壁处，水必须黏附于固壁处，这意味着固壁处切向速度v_t为0。

$$v_t=0 \tag{2.2.71}$$

这就是无滑移条件。它意味着边界处无运动。无滑移边界条件常在水动力模型中使用（Sheng，1986；Blumberg，Mellor，1987；Hamrick，1992）。假如黏性可以忽略，可以假定固壁处水流可以滑移而无拖曳。它服从

$$\frac{\partial v_t}{\partial n}=0 \tag{2.2.72}$$

这里，n表示固壁处的法向坐标。这就是自由滑移条件，这意味着流动沿着边界进行，而垂向无运动。

对于温度、盐度和其他物质浓度（c），固壁边界条件可以表示为：

$$\frac{\partial c}{\partial n}=0 \tag{2.2.73}$$

式（2.2.73）意味着固壁边界没有通量。这一点在大多数模型中是合理的。

2.3 温度

温度是一个热力学含义的物理量，它反映了物质分子的平均动能。温度越高，分子动能也越高。换句话说，温度是衡量物体冷热程度的物理量。水温是地表水体的一个重要物理特征，它对水动力学研究和水质研究都非常重要，原因在于：

（1）垂向温度剖面影响了水体的分层，是水体垂向混合的重要因素；

（2）水温很大程度上决定了溶解氧的浓度，水温越高，溶解氧浓度越低；

（3）温度控制了很多生化过程。温度升高，可以加速食物链的新陈代谢和繁殖速度；

（4）化学过程，如有机颗粒物的复氧过程、挥发过程和吸附过程，也受温度影响。温度可能导致有毒化合物的溶解，这可能是最具有生物活性的；

（5）许多水栖生物物种仅能承受很窄的温度范围，大的温度变化会对物种组成产生深远影响；

（6）水温也有特别重要的经济性，如用作工业冷却的水或者形成在航道上的冰。

由于太阳辐射，水温在日内呈现明显的变化特点。图2.3.1是佛罗里达州的奥基乔比湖，从1999年8月24日晚开始测量的72小时水温。图中表明水温在下午最高，在早上最低。

水体层化现象是水体流团因密度差而形成独立的、互不干扰的水平层。造成水体流团密度差的主要因素是温度差或者水体中颗粒悬浮物和溶解物的浓度差。图2.3.2是俄克拉何马州Wister湖从1992年11月到1993年6月的垂向温度剖面图。它显示冷热的季节性循环与垂向分层和混合。整个冬季，水温从表面到水底保持一致。在1月到2月，温度最低到8℃或更低。在春夏季，上层湖水变暖，表层和底层的水体开始慢慢混合。在7月、8月水体形成层化，表层水温达30℃或更高。随着大气温度降低，表层水温迅速降低，密度增加。当表层水体密度大于底层水体密度，表层水体开始下沉，这时水体开始混合，底层水体营养物随水体带到水面。这个过程将会促进浮游植物的生长。湖的水温分层也对水动力和水质过程产生深远影响，这将在第9章详细讨论。

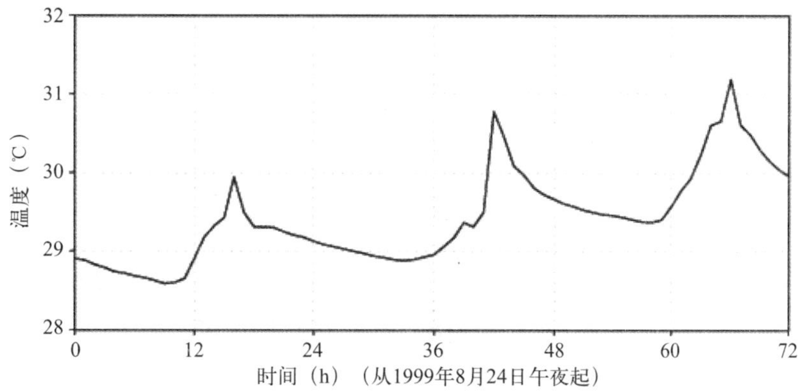

图2.3.1　佛罗里达州奥基乔比湖的逐小时水温变化

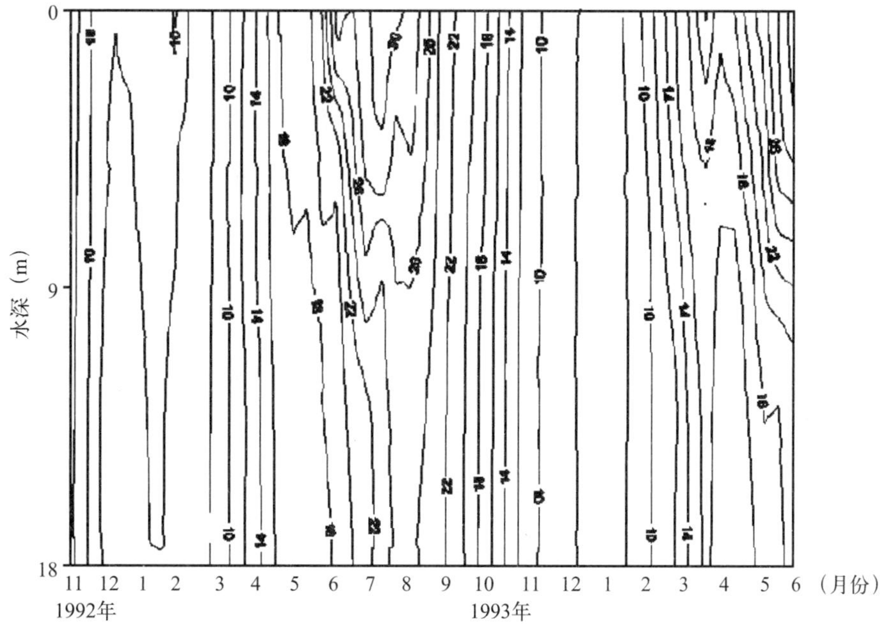

图2.3.2　俄克拉何马州Wister湖水温剖面的季节性层化现象（OWRB，1996）

术语“热污染”用来描述因排放热水导致水质变差的过程，大多为工业冷却水排放形成。电厂从湖泊、河流或沿海抽取大量冷却水，抽进冷凝器，然后又排入水体。通常，发电厂所用燃料能源的半数作为废热被排放到邻近水体，热水的排放能增加环境水体的温度，极大地影响羽射流附近的生物。热水排放时，其温度可能达到或超过环境水温10℃。热带海洋的夏季温度已经接近许多生物体的死亡极限，温度的升高可能引起大量生命体的灭亡。电厂排出的热水不是唯一的热污染源。城市雨水径流通过高速路、人行道或建筑物时也会被加热。

大型电厂排放冷却水量相当惊人。如加利福尼亚州莫罗湾的电厂排放量达32m^3/s（Tetra Tech，1999a）。另一个热污染类型则是由于排入过冷的水，例如Port Pelican项目计划（USCG，2003）将输入液化天然气（LNG）进入美国墨西哥USGulf海湾沿海地区，以满足燃气要求。为了气化

LNG，大量海水将用于加热LNG。排放的海水可能会低于环境水温超过20℃，明显地影响局部生态系统。

电厂定期排放引起急剧的温度变化可能使局部生态系统很难适应。热排放能降低局部水域的溶解氧浓度，引起富营养化，影响水生生物过程。如水温过高，溶解氧浓度降低过多，甚至会直接杀死水生生物和形成富营养化。少数水生生物能适应热水，但是大多数生物不能承受，其结果要么死亡要么迁徙。一些物种对温升极为敏感，如红点鲑鱼和大马哈鱼。许多水生植物和动物不能调节其自身温度。因此，当外界环境发生变化，有机生物的机体温度不能适应新的温度条件时，就会消亡。多数藻类只能生存在有限的温度范围内。而且藻类的最高初级生产力仅有一个最适宜的范围。许多物种按照水体温度来调节生命活动的周期，如繁衍和迁徙。

有些循环水温度的加热可能是有利的。在一定范围内，热附加物能促进鱼类生长，例如临近电厂可能会促进渔业发展。但是，发电厂定期维护的关闭或计划外的停止运行会造成水体温度的突然下降，可能危害原先适应于发电厂附近温暖水域的鱼类。

水温也对浮游植物的生长率、微生物的新陈代谢和微生物对有毒废水的敏感性、寄生生物和疾病产生影响。温度影响有毒物质的溶解度和毒性，通常固体的溶解度随温度增加而增加，气体随温度降低而溶解度增加。随水温增加，两个因素结合将使水生生命很难得到充足的氧。第一个因素是新陈代谢加快，水温每增加10℃，代谢率几乎翻倍，增加了氧的消耗。第二个是溶解氧的减少。由于DO量随水温增加而降低。故温度增加，需氧量增加，而同时DO则降低。

2.3.1 热通量分量

水温是表面热对流和扩散的函数。水体的热收支包括水气热交换、流入流出和生化热反应，其中主要的是水气热交换。此外，边界对热传输也很重要（如河流、热排放和潮汐流）。

水气热交换的形式主要有：

（1）热辐射过程，包括太阳的短波辐射和大气及水面的长波辐射；

（2）湍流热传输，包括蒸发形成的潜热传输，由于水体和大气温差产生的热传输。

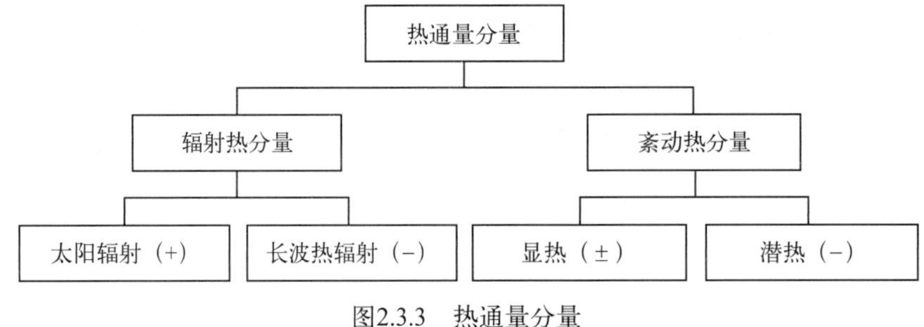

图2.3.3 热通量分量

图2.3.3归纳了四个主要的热传输通量。“+”表示热传入，“−”表示热传出。热传输方向依赖于大气与水面的温度差。在图2.3.3中：

（1）太阳辐射是短波辐射；

（2）长波辐射是大气和水体散发的净长波辐射；

（3）潜热是蒸发产生的热传输；

（4）显热是大气和水体之间的热传导。

净热通量表示为：

$$H_{\text{net}} = H_S + H_L + H_E + H_C \tag{2.3.1}$$

式中，H_{net}为水气界面的热通量；H_S为太阳短波辐射热通量；H_L为大气和水体的长波辐射热通量；H_E为蒸发产生的潜热通量；H_C为对流引起的显热通量。

除了这四个主要的途径外，其他主要热源包括：

（1）生化反应产生的热；

（2）水体和床体的热交换；

（3）摩擦产生的热。

这些次要热源在多数情况下可以忽略。

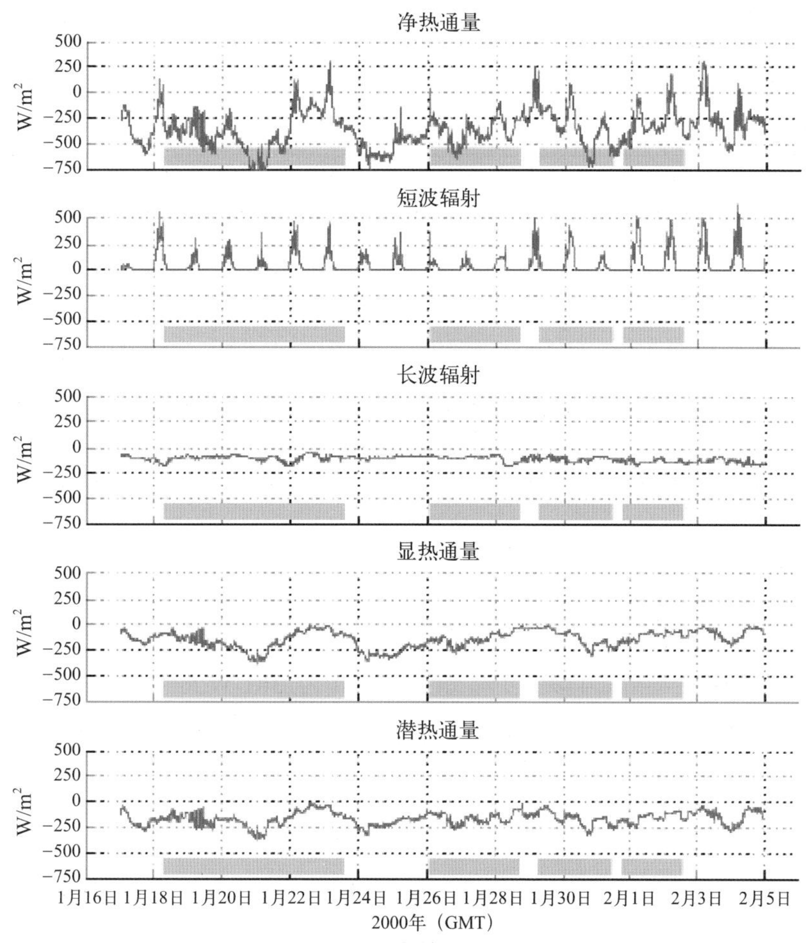

图2.3.4　日本海（40°N，134°E）2000年1月16日到2月5日之间的时均热通量观测值（Lee，2000）

图2.3.4提供了日本海/东海（40°N，134°E）2000年1月16日到2月5日的时均热通量实测值（Lee，2000）。白天，太阳辐射最大，能达到或超过500W/m²。冬季水气的温差较大，潜热和显热的热通量易变，易产生强烈热流失。图2.3.5给出了阿拉伯海（15°30′N，61°30′E）从1994年10月15日到1995年10月20日的日平均热通量分量（单位W/m²）（Dickey，2002）。比较图2.3.4，图2.3.5的热通量是在低纬度测量，经过日平均，延续了四季。日均热通量清楚表明太阳辐射是主要的热源，而潜热是主要的热沉。长波辐射的分量和显热都较小。图2.3.4和图2.3.5提供了这四个热通量分量的典型值和变化范围。两个图的最大区别是，图2.3.4为时平均，图2.3.5为日平均。这解释了为什么前者有较后者大得多的太阳辐射通量。

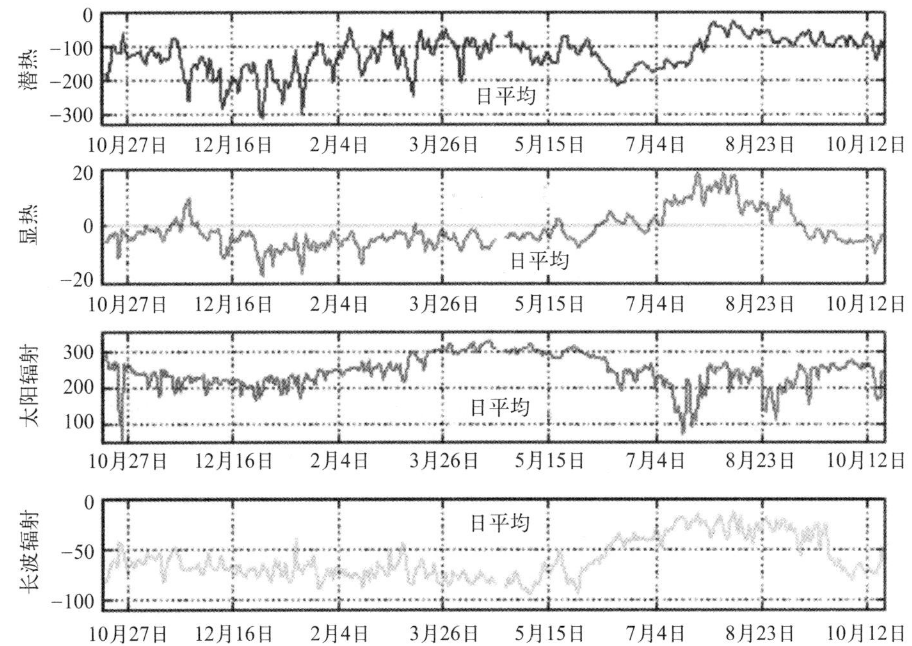

图2.3.5 阿拉伯海（15°30′N，61°30′E）从1994年10月15日到1995年10月20日的日均热通量分量（单位W/m²）（Dickey，2002）

第一张图：潜热；第二张图：显热；第三张图：太阳（短波）辐射；第四张图：长波辐射

2.3.1.1 太阳辐射

在式（2.3.1）的四个热通量分量中，太阳辐射（也称短波辐射）按其量值一般是最重要的一项。在大气层顶部，入射光照强度近似恒定（光照常数约为1361 W/m²）。由于其传播途中的大气分子和粒子的散射和吸收，平均约有25%光照强度被削弱。图2.3.4和图2.3.5给出了太阳辐射的典型值。不像其他热通量分量（长波辐射、潜热和显热）都发生在水面，太阳辐射具有穿透力，其热影响范围明显。

当太阳辐射进入地球大气，一部分能力被散射和吸收。进入水体的热能依赖于：

（1）太阳纬度，对于地球上一个固定点，它按每日和季节发生变换；

（2）由于云层覆盖导致的被大气散射和吸收的抑制效果；

（3）地表水的反射。

大量的经验公式用来估算太阳辐射。许多经验公式用来计算反射、大气的散射和吸收。然而，太阳辐射经常是最重要的热通量分量，这些经验公式的误差都很明显。在模型研究中，常需要考虑太阳辐射值。另一个影响是树和陡峭河岸的阴影，它们会明显减少太阳辐射的面积，导致水温大大低于那些空旷区域。当模拟狭窄的河流和水库时，这些阴影对局部水温的影响是明显的。图2.3.6显示了佛罗里达州奥基乔比湖从1999年10月1日到2000年9月30日实测的净太阳辐射值。可以看出，除了大的逐日变化外，太阳辐射也有大的季节性变化，冬季为600 W/m^2，而夏季超过1 000 W/m^2。

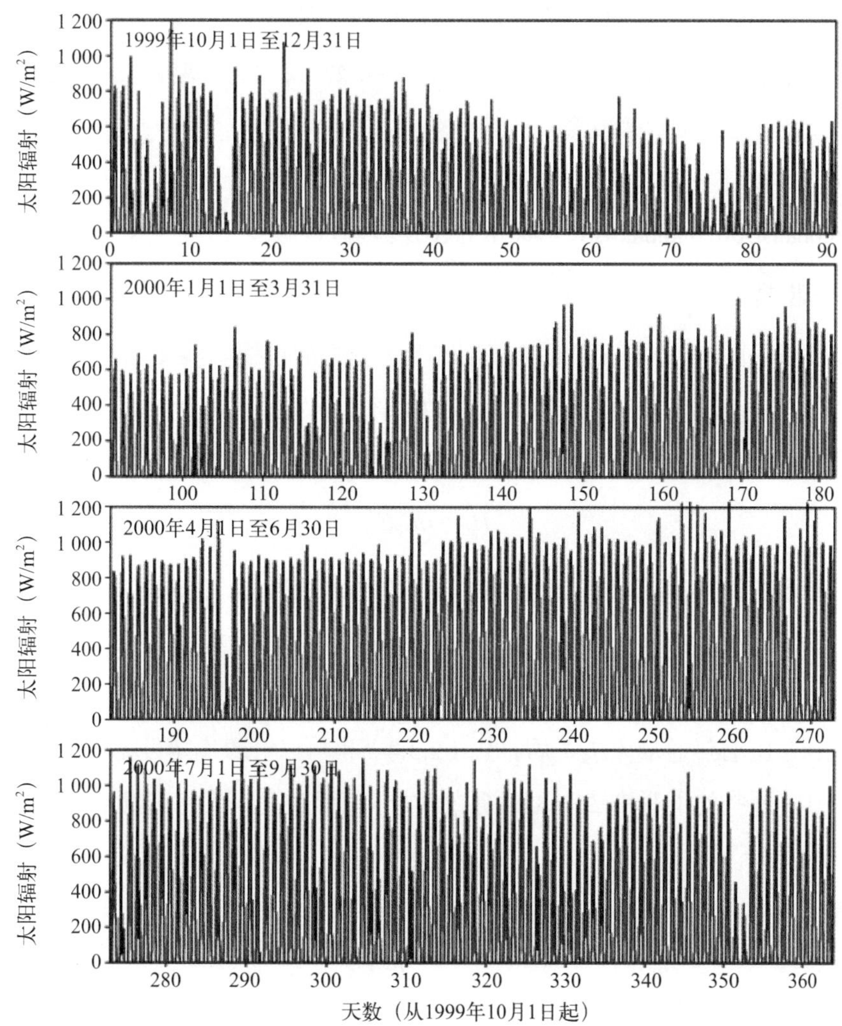

图2.3.6　佛罗里达州奥基乔比湖太阳（短波）辐射实测值

2.3.1.2　长波辐射

长波辐射量与绝对温度的4次方成正比，按Stephan-Boltzmann公式：

$$H_R = \varepsilon \sigma T^4 \tag{2.3.2}$$

式中，H_R为长波辐射热通量，W/m^2；ε 为反射系数，水等于0.97；σ 为Stephan-Boltzmann常数，为5.67×10^{-8} W/(m^2·K^4)；T为开尔文绝对温度，K，为273.15＋摄氏度。

水气界面处的长波辐射来源:

（1）大气向下的辐射；

（2）水面向上的反射。

大气辐射比太阳辐射的波长要长很多，与大气温度、云层厚度和其他大气条件相关。在晚上和云层较厚时，大气辐射是一个明显的热平衡分量，对水温计算影响明显。

长波辐射的典型值如图2.3.4和图2.3.5所示。模型经常采用Swinbank（1963）公式：

$$H_L=\varepsilon\sigma\{[9.37\times10^{-6}(T_a+273.15)^6][1+0.17C^2]-(T+273.15)^4]\} \tag{2.3.3}$$

式中，H_L为净长波辐射，W/m^2；ε为水体反射系数（＝0.97）；T为水温，℃；T_a为大气温度，℃；C 为云层，0为无云，1为完全云层覆盖。

式（2.3.3）右边的第一项代表大气的净长波辐射量，考虑了云层，用来确定整个大气的反射量。第二项是Stephan-Boltzmann公式，考虑水的长波辐射。

2.3.1.3 蒸发和潜热

蒸发是一个冷却过程，是水在水面从液相转变为气相的过程。蒸发产生的潜热是水体的主要热流失，也平衡了太阳（短波）辐射的热输入。为了确定蒸发量，需要准确计算出太阳辐射、大气温度、气压梯度和水温。潜热的典型值如图2.3.4和图2.3.5所示。潜热的计算公式：

$$H_E=\rho L_E E \tag{2.3.4}$$

式中，H_E为蒸发产生的潜热；ρ为水的密度，kg/m^3；L_E为水的潜热，J/kg；E为蒸发率，m/s。

水的潜热是蒸发1g水量的热量，且随盐度和温度有所变化。对2400 J，L_E等于2.4×10^6 J/kg。潜热通量直接来自于水体储存的热量，故蒸发能是相当大的。

从经验公式计算出潜热通量（H_E）后，式（2.3.4）也可以计算出蒸发率E，它也是维持水平衡的重要分量，尤其对那些处于亚热带地区的湖泊，由于气温较高，其水蒸发量也相当高。蒸发带来的水深变化可以用下式计算：

$$\Delta z=E\Delta t=\frac{H_E}{\rho L_E}\Delta t \tag{2.3.5}$$

式中，Δt为时间区间，s；Δz为Δt内的水深变化，m。

考虑降雨，水深增量：

$$\Delta z=R\Delta t \tag{2.3.6}$$

式中，R为降雨速率量，m/s。

分压是混合气体中的单一气体压力。潜热计算的一个重要参数是空气中的实际水蒸气分压，它

可定义为水蒸气施加的分压。相对湿度（R_h）是实际水蒸气压力（e_a）与饱和水蒸气压力（e_s）的比值

$$R_h = \frac{e_a}{e_s} \tag{2.3.7}$$

相对湿度R_h通常用百分数而不是分数来表示。实际水蒸气压力e_a能被表示为：

$$e_a = e_s \frac{R_h(\%)}{100} \tag{2.3.8}$$

饱和水蒸气压力是处于热动力稳定的最大水蒸气压力，它是空气温度的函数，Bolton（1980）给出了计算饱和水蒸气压力的经验公式：

$$e_s = 6.112 \exp\left(\frac{17.67T}{T + 243.5}\right) \tag{2.3.9}$$

式中，T为空气温度，℃；e_s为饱和水蒸气压力，mbar（1 mbar = 1 hPa）。

温度在−35℃到35℃范围内，式（2.3.9）的误差小于0.3%，对大多数水动力模型和水质模型而言，该精度能够满足要求。

水蒸气携带的潜热是克服水分子之间的氢键，由液态转变为气态所吸收的热量。水气间的温差越大，蒸发量越大。大量理论和经验公式用于计算潜热通量。一个通常的方法是关联潜热与①风速；②水面的饱和水蒸气压力和实际水蒸气压力之差（Edinger，1974）。常表示为：

$$H_E = f(w)(e_s - e_a) \tag{2.3.10}$$

式中，H_E为蒸发热通量，W/m^2；$f(w)$ 为风速的函数，W/(m^2·mbar)；w为风速，m/s；e_s为水面处的饱和水蒸气压，mbar；e_a为水面上方的实际水蒸气压（典型水面高度10 m），mbar。

式（2.3.10）表明潜热与饱和水蒸气压和水面上的实际蒸气压的压差成正比。压差越大，蒸发率和潜热通量越高。湍流因子以水面指定高度（通常10 m）的风速作为参数。风速函数有通用格式：

$$f(w) = a_0 + a_1 w + a_2 w^2 \tag{2.3.11}$$

系数a_0，a_1和a_2有较大变化范围（Cole，Buchak，1995）。在湖研究中，Ahsan和Blumberg（1999）用下式

$$f(w) = 6.9 + 0.345 w^2 \tag{2.3.12}$$

因此，知道$f(w)$ 和e_a后，蒸发产生的潜热可用式（2.3.10）计算。蒸发率可用式（2.3.4）计算。

2.3.1.4　显热

如图2.3.3所示，除了潜热以外，显热也是由水气界面的湍流扩散实现热量传输的。典型的显热如图2.3.4和图2.3.5所示。显热交换（和热传导）是水和大气两相间的温度差引起的热传输。这种热

传输是由对流和传导引起，与蒸发无关。这种热交换

（1）热通量可以向上（大气）或向下（水体）；

（2）热交换的范围仅仅发生在水–气界面的很窄区域；

（3）热通量依赖于水和大气的温度差。

显热传递过程有些类似于蒸发，都受到湍流传动和密度分层的影响。显热传输的经验公式与潜热相似。例如，认为热通量随水气间温度差的增加而增加，也随风速的增加而增加。这里的风速作为水气界面湍流传输的一个参数。

直接测量显热和潜热需要长期和细致地监测风速、大气和水体温度以及大气湿度。长期监测极为困难，维护昂贵。热传导是与蒸发相关变量的函数，通常用Bowen 比值（Bowen，1926）将潜热和显热联系起来。Bowen 比值定义为显热与潜热的比值：

$$B=\frac{H_C}{H_E}=C_B\frac{p_a}{p_0}\frac{T-T_a}{e_s-e_a} \tag{2.3.13}$$

式中，B为Bowen比值；H_C为传导显热通量，W/m^2；H_E为蒸发潜热通量，W/m^2；C_B为Bowen系数（=0.62 mbar /℃）；p_a为大气压，mbar；p_0为海平面的参考大气压（=1013 mbar）；T为水温，℃；T_a为大气温度，℃；e_s为水温下的饱和蒸气压，mbar；e_a为空气的实际蒸气压，mbar。

一些研究者建议这两个过程不能简单用Bowen公式计算，然而在修订经验公式方面无法给出准确答案。Bowen比值在水动力学研究中仍然相当精确。

使用Bowen比值，显热通量H_C可计算：

$$H_C=C_B\frac{p_a}{p_0}f(w)(T-T_a) \tag{2.3.14}$$

对于实际目标，比值p_a/p_0一般为1，除非位于高纬度，p_a明显小于p_0。

2.3.2 温度公式

水温很大程度上由外部热通量、流入/流出和水动力过程决定。影响水温的因素包括水深、季节、水平扩散、风应力和潮汐产生的垂向混合、层化、入流带进的温度和人类活动的影响（例如电厂排放的热水和污水处理厂的排放等）。

2.3.2.1 基本方程

Sigma坐标下的温度输运方程式（2.2.26）可写为：

$$\frac{\partial(HT)}{\partial t}+\frac{\partial(HuT)}{\partial x}+\frac{\partial(HvT)}{\partial y}+\frac{\partial(wT)}{\partial z}=\frac{\partial}{\partial z}\left(\frac{A_b}{H}\frac{\partial T}{\partial z}\right)+Q_T \tag{2.3.15}$$

式中，x，y为笛卡儿坐标下的水平坐标；z为垂向的Sigma坐标；H为水深；A_b为垂向湍流动量混合系数；Q_T为水平湍流扩散和外部源/汇，其中包括太阳辐射。

水动力传输项（u, v, w）和湍流混合项A_b在水动力模型给出过。太阳辐射随水深呈指数衰减：

$$I = rI_s \exp\left[-\beta_f H(1-z)\right] + (1-r) I_s \exp\left[-\beta_s H(1-z)\right] \tag{2.3.16}$$

式中，I为水深z处的太阳（短波）辐射强度，W/m^2；I_s为水面处（$z = 1$）辐射强度，W/m^2；β_f 为快速衰减系数，m^{-1}；β_s 为慢衰减系数，m^{-1}；r为0和1之间的分配系数。

对浅水环境，r设置为1，可以消除式（2.3.16）右边的第二项，β_f常在0.2 ~ 4 m^{-1}范围。

Beer定律是式（2.3.16）的简化形式：

$$I(D) = I_s \mathrm{e}^{-K_e D} \tag{2.3.17}$$

式中，$I(D)$为水深D处的太阳辐射强度，W/m^2；I_s为水面处（$D = 0$）的太阳辐射强度，W/m^2；D为水深，m；K_e为消光系数，m^{-1}。

令r=1，β_f=K_e和D=H(1−z)，那么式（2.3.16）和式（2.3.17）就一样了。因此，Beer定律是式（2.3.16）的特例。

穿过水面的太阳（短波）辐射能被水体吸收。这个过程可以加热一定深度的水体，可按式（2.3.15）计算。在大多数情况下，透过水面的太阳（短波）辐射都在前几米处就被完全吸收了。在浅水模型中，太阳（短波）辐射经常置于模型的第一层，这些水体的混浊度较高，太阳（短波）辐射随水深衰减很快。然而，在清澈的湖里，太阳辐射的加热效益可以深达数十米。

水面的短波辐射I_s是空间位置、时间年、日和气象条件及其他因素的函数。消光系数（也称光衰减系数）是测量光强随水深的衰减程度，将在3.2.5节讨论，式（2.3.17）的混浊度和透光度也将在5.2.3节光合作用计算中讨论，那里将描述光照下的藻类生长。

2.3.2.2　水面边界条件

在水面(z = 1)，式（2.3.15）温度传输方程的边界条件是

$$-\frac{\rho\, c_p A_b}{H}\frac{\partial T}{\partial z} = H_L + H_E + H_C \tag{2.3.18}$$

式中，ρ 为水体密度；c_p 为水体比热；A_b 为垂向湍流动量混合系数；H 为水深。

式（2.3.18）中，长波辐射的热通量（H_L）、潜热（H_E）和显热（H_C）分别用式（2.3.3）、式（2.3.10）和式（2.3.14）计算。

基于Rosati和Miyakoda（1998）提出的方法，Hamrick（1992）应用下式作为水面温度边界条件：

$$H_L = \varepsilon\sigma T_s^4 \left(0.39 - 0.05 e_a^{1/2}\right)\left(1 - B_c C\right) + 4\varepsilon\sigma T_s^3 \left(T_s - T_a\right) \tag{2.3.19}$$

$$H_E = c_e \rho_a L_E w\left(e_s - e_a\right)\left(\frac{0.622}{p_a}\right) \tag{2.3.20}$$

$$H_C = c_h \rho_a c_{pa} w\left(T_s - T_a\right) \tag{2.3.21}$$

式中，e_a为实际蒸汽压力；C为云量，0为无云，1为完全云覆盖；B_c为经验常数（= 0.8）；T_s为水面

温度，℃；T_a为大气温度，℃；c_e=c_h为湍流交换系数($= 1.1 \times 10^{-3}$)；r_a为空气密度 ($= 1.2$ kg/m^3)；c_{pa}为空气比热 [$= 1.005 \times 10^3$ J/(kg·K)]；L_E为蒸发潜热 ($=2.501 \times 10^6$ J/kg)；w为风速，m/s。

对比式（2.3.19）和式（2.3.3），式（2.3.20）和式（2.3.10），式（2.3.21）和式（2.3.14），尽管形式相似，但它们的差异还是很明显。

当排放源与环境水体的温度差较大时，排放源可能对环境水体的热力和相应生态系统产生影响。一个典型例子是电厂排放。环境水体的被加热量：

$$H_T = Q_c \rho c_p \Delta T \tag{2.3.22}$$

式中，H_T为热交换率，J/s；Q_c为排放量，m^3/s；ΔT 为排放源与环境水体的温度差，℃。

式（2.3.22）能用做式（2.3.15）的外部热源项 Q_T。

2.3.2.3　与床体的热交换

除了水面的热通量外，水体与底床界面的热交换也会影响水体温度。与床体的热交换通常远小于水气界面的热交换，在模型中经常忽略。然而，为精确模拟垂向温度剖面，这个热交换的影响也需考虑。Tsay（1992）证明湖水层化时，水体与床体的热交换收支也很重要。HydroQual（1995b）也用与床体的热交换来模拟了湖的温度层化现象。

水体-底床界面的热通量随季节性水温变化而变化。热传导方向在夏季从水体进入床体，冬季从床体又进入水体。热传导的大小主要依赖于季节性床体上的水温变化范围，其次则依赖于沙质床体的热力属性。夏季，水体与沙质床体的热交换通量占整个与外界热交换的很小比例，通常在热收支平衡中都很不明显。冬季，特别是湖面上覆盖了冰，水温非常低，沙质床体的热通量则可能明显。

一个描述沙质床体热通量的公式如下，类似显热公式（2.3.14），热通量正比于水体和床体的温差：

$$H_B = -K_B (T - T_b) \tag{2.3.23}$$

式中，H_B为水-沙质床体界面的热通量，W/m^2；K_B为热交换系数，W/(m^2·℃)；T为水温，℃；T_b为沙质床体温度，℃。

Cole和Buchak（1995）报告中指出K_B的值为7×10^{-8} W/(m^2·℃)，几乎是水气界面热交换系数的二阶小量。沙质床体温度典型值可用大气的年平均温度。

在浅水中，太阳短波辐射可能穿透整个水体，透过的辐照度可能被床体所吸收。Jin等（2000）应用一个简单热平衡方程描述床体：

$$\frac{\partial (H_b T_b)}{\partial t} = \frac{I_b}{\rho_b c_{pb}} - c_{hb} \frac{\rho c_p}{\rho_b c_{pb}} \sqrt{u_1^2 + v_1^2} \left(T_b - T_1\right) \tag{2.3.24}$$

式中，I_b为从式（2.3.16）计算的床体辐照度；T_b为床体温度；H_b为床体的热通量厚度；ρ为水体密度；r_b为沙质密度；c_p为水体比热；c_{pb}为水体-沙质床体混合物的比热；c_{hb}为无量纲对流传热系数。

下标1代表水动力模型水底层的速度分量和水温。因此，垂向边界条件（$z=0$）能写为：

$$\frac{A_b}{H}\frac{\partial T}{\partial z}=-c_{hb}\frac{\rho c_p}{\rho_b c_{pb}}\sqrt{u_1^2+v_1^2}\left(T_b-T_1\right) \tag{2.3.25}$$

式中，A_b为垂向湍流动量混合系数；H为水深；z为Sigma 坐标。

式（2.3.24）和式（2.3.25）耦合了沙质床体与水体。

2.4　水动力模拟

模型要应用于水环境系统的研究，只有充分认识模型的局限性和物理过程，并经过足够的模型校准和检验后方才行得通。关于数学模型、统计分析、模型校准和检验的详细讨论将在第7章中进行。本节主要关注水动力模型的几个专题。首先介绍水动力模型的主要参数和数据，然后通过两个案例，来说明模型的实际应用。

水动力传输和混合是水质模拟的基础。一般应用在河流、湖泊、河口和沿海的水动力模型常具有如下特点：

（1）三维空间和随时间变化；

（2）热动力过程；

（3）垂向湍流混合；

（4）有自由面。

此外，采用有限差分法的模型还经常采用：

（1）平面曲线正交坐标；

（2）垂向Sigma坐标。

这些特点的细节已经在本章的前面几节中讨论过了。图2.4.1给出EFDC水动力模型（Hamrick，1992）的框架。其水动力模块包括水动力（水深、三维流场和混合过程）、示踪剂、水温、盐度、近场羽射流和漂浮物轨迹等。

建模时，任何一个微小的、简单的失误可能导致模拟结果相去甚远。故需要特别注意细节，如：

（1）所有的外部驱动力，包括开边界条件、点源和非点源、气候条件等，都应该覆盖整个模拟周期。

（2）气象强迫，如风力、大气温度、太阳辐射和降雨等，都应该注意使用正确的计量单位。

（3）点源、非点源和开边界条件都应在合适的网格单元中指定。

（4）水动力模型中，确定水底剪切力的参数，如式（2.2.31）的水底糙度，通常在模型校准时进行调节。

（5）为保证计算的稳定性，应采用足够小的时间步。

（6）模型的水深不能太小，除非采用干湿点法（例如，Ji等，2001；第10.5.2节）。否则，大风、蒸发或潮汐，可能导致干的格点。负水深会导致计算不稳定。

（7）采用Sigma坐标时，水平格点的分辨率应该足够高。否则，Sigma坐标将会给模型带入附加误差。

（8）Sigma坐标下，水面上下变化，垂向分层的深度也会随时间变化。在沿海区域应特别注意，在用模型与实测数据对比时，每个Sigma层的厚度随时间会发生相当大的变化。

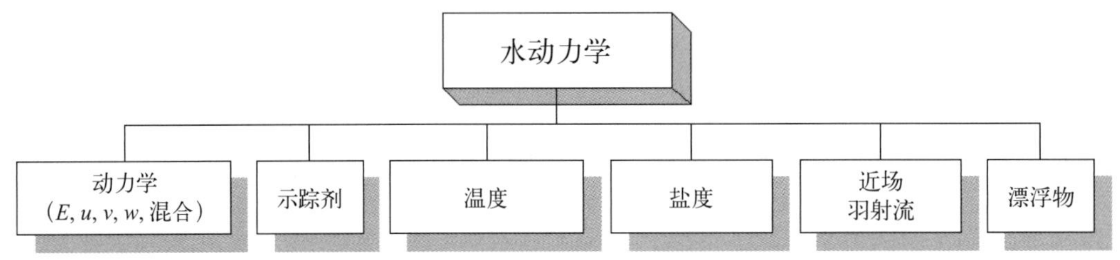

图2.4.1　EFDC水动力模型的框架（Hamrick，1992）

2.4.1　水动力参数和数据要求

本节讨论常用的水动力参数和建模所需的数据。

2.4.1.1　水动力参数

水动力模型参数有数十个，但许多都不需要调整。例如Mellor-Yamada湍流模型（Mellor，Yamada，1982）中的参数。模型的参数值来源一般有：

（1）直接测量；

（2）从其他测量值得到的估计值；

（3）文献资料；

（4）模型校准。

在确定重要参数时，模型校准非常必要，无论参数的初始值是如何获得的。实测数据，特别是站点观测值对参数设置非常关键。通常需要调整的水动力参数包括：

（1）确定水底摩擦的参数，如水底糙度；

（2）水平动量耗散系数。

在模型校准中，式（2.2.31）的水底糙度值z_0^*可能是第一个需要调整的参数。它代表了河床的粗糙程度，一般在0.01～0.1 m之间，通常设为0.02 m。水平动量耗散项（也称为水平涡黏项），式（2.2.7）中的A_H可以预先给定，或者用式（2.2.8）Smagorinsky公式计算。当使用式（2.2.8）时，如2.2节讨论的，经验参数C必须给定。C一般在0.1～0.2之间。水平质量扩散项（也称水平质量传输涡黏项），式（2.2.9）中的A_C同A_H。

许多模型参数的值也依赖于模型如何使用它们。例如，水平动量扩散系数A_H表示了水平湍流混合，其合理的取值与下列因素有关：

（1）模型的空间维数；

（2）模型的网格分辨率；

（3）模型的数值格式。

它们都在数值模型上影响了扩散过程。对同一个水体，一维、二维和三维的模型可能有不同的A_H值。模型网格分辨率越高，导致A_H越小；高耗散的数值格式也会增加模型的扩散项，使模型仅需要小的A_H值。

模型校准过程中，调整模型参数，可以优化模型结果，使之尽量与实测数据相匹配。模型参数的调整过程包括水动力参数，是一个回归过程。可以先根据参考文献和（或）以前模型的研究结果，预估一个比较合理的参数，然后再调整该参数，使模型运行结果与实测数据相比较，尽量吻合，比较方法可以通过作图或统计方法实现。理论上，参数值的范围是由实验室观测或实际测量得到的。事实上，通过实测来获得参数很难，一般都是依靠以前研究结果或制作者的经验。关于模型校准和检验的详细论述将在第7.3节中讨论。

2.4.1.2 数据要求

水动力模型，特别是三维、时间相关的模型，要求有足够的数据用于建模、校准和验证。实测数据用于：

（1）确定模型类型（空间维数、时间相关、状态变量等）；

（2）用于模型输入（如地形、风速、外部负荷、流入和开边界条件等）；

（3）提供校准模型参数（模型校准）的依据；

（4）评估模型是否能充分描述水体特点（模型验证）。

模型需要的数据应尽量准确。有句格言“错进错出”。模型使用的数据很少，那么运行的结果可能就很不确定。数据的局限性会限制模型的应用。这一点如何强调也不过分，除了实测数据外，没有其他方式可以替代。模型需要的数据应该事先设计好。每一个地表水体有其独特性，也有特定的数据要求，这是由水体系统的特点、水动力过程、时间和空间尺度决定的。数据的质量和数量在很大程度上决定了模型应用的质量。而不确定的外部驱动力，如风速和流入速度，将会影响到模型的结果。假如建模和校准所用的数据不可靠，模型结果自然不可靠，而无论该模型在其他地方用得多好。因此，只要可能，模型制作者应尽量熟悉数据测量、使用的仪器类型、数据获得的条件和原始数据的处理。不要认为实测数据是非常完美和准确的，任何情况下都应该检查数据的合理性。

建立水动力模型需要下列数据：

（1）测深和边界线；

（2）流入和流出流量；

（3）气象条件；

（4）开边界的数据。

精准的测深数据和边界线数据是建模首先需要的信息，它们用于建立网格和确定模型区域。模型网格需要足够的水平和垂向分辨率，它关乎模型描述热力梯度的能力。测深是海洋测量学的术语，在希腊语中，测深就是“深度测量”，它实际等同于陆地上描述山川、河谷地形的高程一词。随着泥沙淤积或侵蚀，河床地形会不断发生变化。这种变化在支流口附近或大风暴后，会更加剧烈。水深可能会极大地影响水温的模拟。模型的水深应该与观测值保持一致，这样才能做水温的模型和实测比较。

模型研究往往期望有准确的入流和出流信息，尤其对那些驻留较短或者换水频率较高的水体。它包括上游边界的所有支流、地下水或者径流的侧流、分水口等。如果污水排放量在流量中占明显比例，那么也应该考虑。明显的出流如电厂取用的冷却水，也应该考虑。要估计水量损失，水力模型应确定风暴潮时的入流。蒸发可能是最重要的水量流失，特别对面积大、地处亚热带地区的湖泊。例如佛罗里达州的奥基乔比湖，其蒸发量占水量流失的10%。当渗流明显时，也应考虑。对于浅的溪水流入，当水温不好测量时，大气温度常作为入流温度。

气象数据包括：

（1）风速和风向；

（2）大气温度；

（3）太阳辐射；

（4）降雨；

（5）云层；

（6）湿度；

（7）气压。

理论上，模拟逐日或逐月变化的水体，气象数据应该逐时或更短。例如，水库水体的混合主要由风应力和水气界面的热交换驱动。式（2.1.40）和式（2.1.41）显示风力带入的能量是风速立方的函数。风速做日均后，其值较时均的风速值可能小很多，导致实际风力带入能量少很多。温度值做日均后，也会消除白天和黑夜的温差变化，抑制了水库的温差。气象数据一般来源于气象站。当气象站距离研究区域较远时，气象取值将面临困难。解决的办法可以选用其他站点的数据、取附近几个站点数据做平均或将研究区域分区，分别用各自最近的站点数据（Cole，Wells，2000）。

模型的功能是用图形和定量的方法真实地再现实测。校准的数据用于提供模型的初始化和边界条件，并用于评估模型的性能。验证数据的是另一套实测数据，用于进行独立的模型检验。常用于模型校准和验证的状态参量有：

（1）水位；

（2）流速；

（3）温度；

（4）盐度。

这些变量除了在区域内部需要进行校准和验证外，在开边界处也有数据要求。

水动力模型所需数据可以从基础数据库获得。在美国，大型基础数据库通常由国家政府机构提供支持和维护，包括：

（1）美国环境保护署（EPA）；

（2）美国国家海洋与大气管理局（NOAA）；

（3）美国地质勘查局（USGS）；

（4）美国陆军工程兵团（USACE）；

（5）州和地方政府机构。

搜寻它们的网址可以很方便地获得数据库最新信息。本书不准备讨论这些数据库。

基于获得的模型区域内或开边界处的数据，需要确定作为校准的时间段和验证的时间段。理想的时间段是：

（1）开边界的连续观测数据；

（2）模型研究区域内的好的观测数据，可以用作与模型值进行比较；

（3）不同环境条件，例如旱季作为校准，雨季作为验证；

（4）完整的气象数据。

这里提到的水动力数据是水动力模型研究能用的数据，看起来像个清单。实际上，能获得的数据往往很少。理论和经验方法经常用于弥补数据的欠缺。

2.4.2　案例研究Ⅰ：奥基乔比湖

奥基乔比湖是一个面积大、水浅的亚热带湖泊，位于佛罗里达州（图2.4.2）。湖面积1730 km^2，平均水深3.2 m，最深不过6.5 m。世界上有很多面积超过500 km^2的大湖，37%平均水深小于5 m，52%平均水深小于10 m（Herdendorf，1984），这些大而浅的湖泊受物理力驱动影响明显，例如风波影响。因此研究奥基乔比湖对于理解这类浅而大的湖泊物理过程有非常重要的意义。

对奥基乔比湖的模拟是迄今为止最为全面的EFDC模型应用。经过多年的努力，该模型能够很好地模拟该湖。从目前发表的研究状况看，很少有如此丰富而坚实的研究成果能用于这类浅而大的湖泊。一系列相关论文见诸杂志（Jin，Ji，2001、2004、2005；Ji，Jin，2006，2014；Jin et al.，2000，2002，2007，2014）。与之配套的是一系列观测数据（SFWMD，2002）。这些数据设计清晰，分工明确，分别用于校准、验证和确认。因此，建模、外部负荷、模型校准、验证和确认等工作都用了大量数据进行支撑。经过在模型和场数据两个方面的努力，该模型工作良好，成为认识和管理该湖水资源和生态系统的科学工具。该模型提供了关于水动力、风波、泥沙过程、水质和SAV

方面独特和优秀的例子。

基于这些研究，本书将奥基乔比湖及其模拟作为研究案例，内容覆盖了下面单元和章节。

（1）水动力过程及其模拟（本节）；

（2）风浪模拟（3.6节）；

（3）泥沙模拟（3.7.2节）；

（4）沉水植物（SAV）的长期变化（5.8.4节）；

（5）水质和SAV模拟（5.9.2节）；

（6）统计分析应用（7.2.节）；

（7）湖泊管理应用（9.4.2节）。

这些案例中用到的模拟方法、分析方法和讨论到的物理过程对读者建立类似模型有一定的帮助，这也是本书给出这些案例的一个主要目的。模型包里包括了基于EFDC模型的奥基乔比环境模型（LOEM）的一整套输入输出文件。这些文件也可以作为类似模拟的模板。模型包还包括了LOEM的源代码和可执行文件。

2.4.2.1 背景

关于奥基乔比（Okeechobee）湖的物理、化学和生物特性已经有很多文献（如Aumen，1995；James，1995a，1995b；Havens，1996，2007；Steinman，2002）。这里仅作简单回顾。

奥基乔比湖起源于大概6000年前的海洋回退时期。在印第安的塞米诺尔语中，“Okeechobee”意思是“大水”。这个名字对这个美国境内的第三大湖泊是再恰当不过，排名前两位的是密歇根（Michigan）湖和阿拉斯加的伊利亚姆纳湖。通过湖东面的圣露西运河和西面的克卢萨哈奇河，奥基乔比湖将大西洋与佛罗里达州一侧的墨西哥湾相连接在一起（图2.4.2）。南佛罗里达属亚热带气候，气候潮湿，年均降雨1～1.7 m。半数以上的降雨发生在雨季（6月到9月）。

奥基乔比湖是基西米-奥基乔比-大沼泽地水系的一个重要分支。有许多运河和河流与该湖连接（图2.4.2），水流一般从北面的支流进入湖里，从湖东、西和南面的运河流出。1926年和1928年，风暴潮将南边的堤岸破坏，导致数千人死亡。1930年和1960年重新修建了堤坝，现在有40×10^8 m^3的蓄洪量。今天，美国陆军工程兵团（USACE）和南佛罗里达水资源管理局（SFWMD）承担了保护堤坝，管理运河和水闸，防洪和防止盐水入侵，提供南佛罗里达的农业灌溉和城市居民饮用水等任务。除了钓鱼的溪水，按照USACE洪水控制规划，所有的运河和河流都由水工建筑调节（如闸门、水泵、明渠和船闸等）。

在过去的数十年里，农业灌溉径流带来过量的磷，使奥基乔比湖经历了加速富营养化过程（Havens，1996）。它们中的大多数已经沉积在湖底泥沙上。湖里底泥再悬浮，导致磷物质的循环是湖的富营养化的重要原因（James，1997）。泥沙再悬浮受风循环类型和风波作用的影响严重（Sheng，1991；Mei，1997）。认识水动力过程非常重要。精确地预测循环类型直接影响了磷浓度的预测。循环的类型受风、温度、流入、流场和科氏力的影响。由于湖的面积较大，入流和出流仅在局部地区有影响。像其他大而浅的湖一样，风是主要的驱动力，温度也很重要。湖的水体混合良好，然而，当风力减弱时，还是可以观测到热分层问题的。

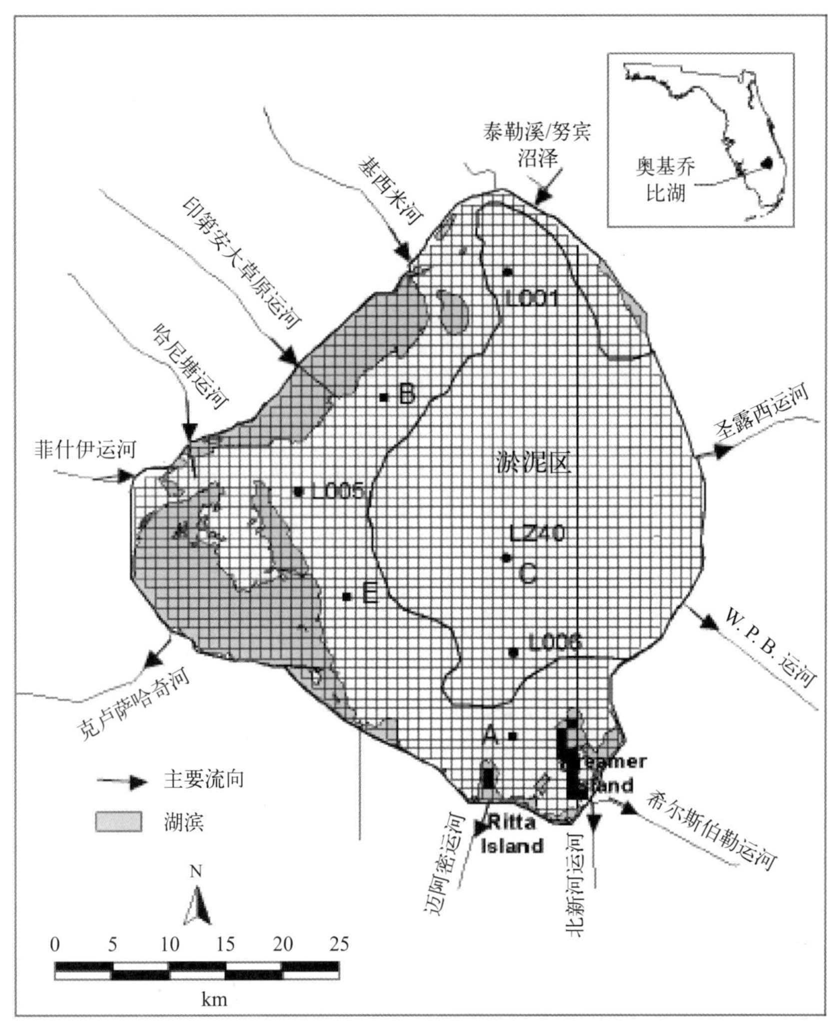

图2.4.2　奥基乔比湖的LOEM模型网格，数据采样站点和主要的流量输入/输出

研究的主要目的是校准和验证LOEM模型的三维水动力模型以及如何利用模型认识湖水动力过程。LOEM模型经过校准，验证和确认时间表为：

（1）校准：1999年10月1日至2000年9月30日；

（2）验证：2000年10月1日至2001年9月30日；

（3）确认：2001年10月1日至2002年10月30日。

为简单起见，这里仅提供模型校准结果。关于模型验证和确认参考已经发表的文章（Jin，Ji，2004，2005；Ji，Jin，2006；Jin，2000，2002）。

2.4.2.2 数据来源

模型需要的数据一般是两类：建模的输入数据和与模型结果对比的数据。水动力模型校准数据覆盖了从1999年10月到2000年9月。模型参数包括：水深、流速和温度。湖底相对平坦（图2.4.3）。中东部区域较深，南、西和西北区域较浅。生物栖息地位于湖的最浅的区域（见图2.4.2）。外部驱动力包括：

（1）风速；

（2）太阳辐射；

（3）降雨；

（4）流入/流出流量；

（5）流入/流场温度；

（6）空气温度；

（7）相对湿度。

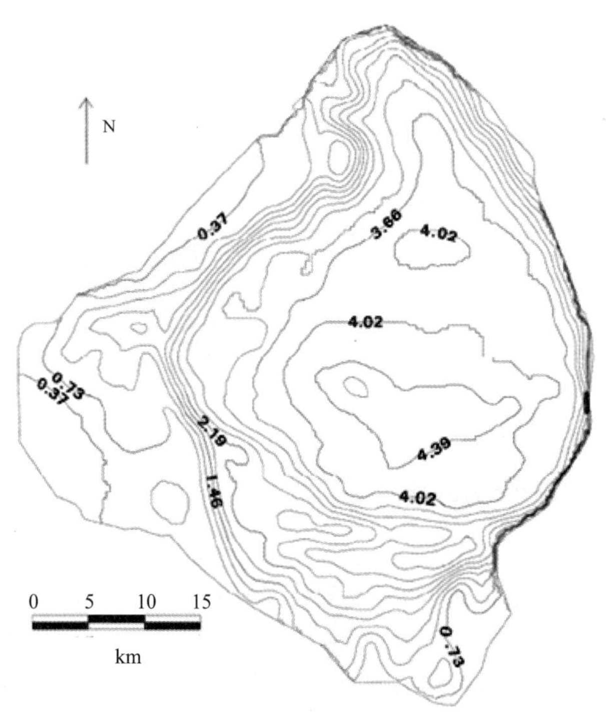

图2.4.3 奥基乔比湖的地形

湖里的4个站点LZ40、L001、L005和L006，每15分钟采样一次降雨、大气温度、相对湿度和太阳辐射数据。LZ40位于湖中央附近，如图2.1.6所示。LOEM模型采用LZ40的时均气象数据。其他三个站点的气象数据与LZ40站点相似。模型敏感性测试表明采用其他三个气象站的数据时，模型结果变化不大。湖的支流有25条，每天的流入和流出量都由USACE和SFWMD负责测量。主要支流见图2.4.2。

LZ40站点从1999年10月1日到2000年9月30日的风速见图2.1.7。相应的大气温度和太阳辐射分别见图2.1.8和图2.3.6。图2.4.4是总的流入流量和流出流量，表明从5月后，湖水消退，流出较多，导致水位下降。

用于模型校准的数据是水位、水温和流速。站点LZ40，L006，L001和L005的水位每15分钟采样一次。4个站点的速度剖面数据采用多普勒超声测速仪观测，每15分钟采样一次，从2000年1月18日到2000年3月5日，持续48天。

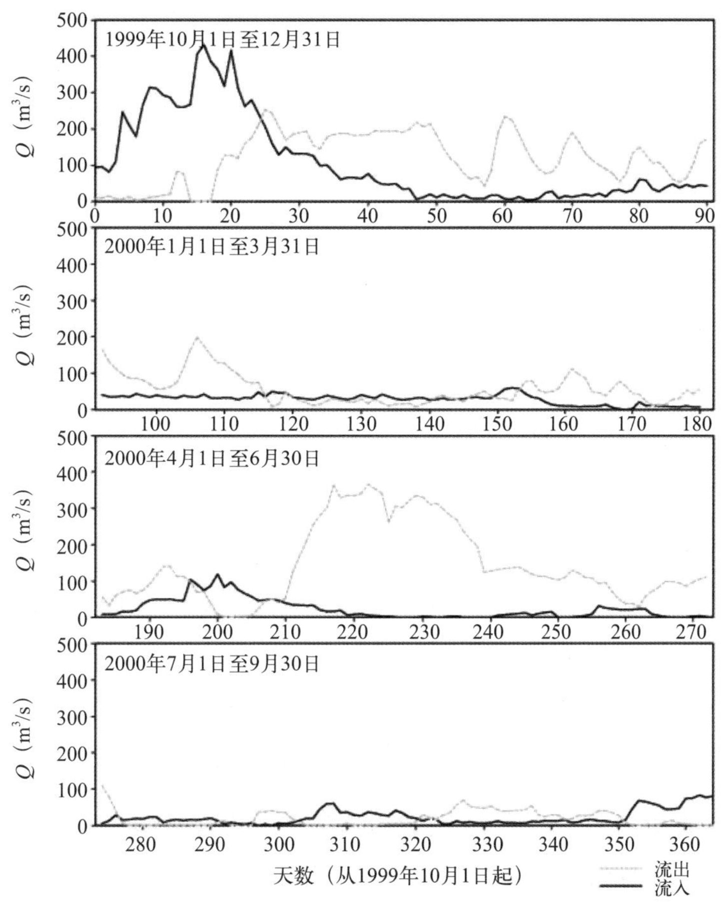

图2.4.4　总的流入流量和流出流量的观测值

2.4.2.3　建模

奥基乔比湖水环境模型（LOEM）基于EFDC（Hamrick，1992）。EFDC的主要理论见前面章节，附加信息见附录A。

尽管EFDC模型可以用正交曲线坐标系，不过这个湖形状相对简单，采用笛卡儿坐标就足够了。计算网格有58×66个水平网格，2 123个格点（图2.4.2）。网格尺寸912 m×923 m。由于湖底平坦，网格布置足够用于求解水动力过程。初始水深从浅水区域的0.2m到中央深水区域的4 m。时间步长采用200 s。采用3.6 GHz的PentiumⅣ的PC机，模拟一年时间需要1个CPU机时。

应用Sigma坐标，对于地形变化剧烈的水体，会产生虚假的流场（Mellor，1998）；然而，奥基乔比湖是一个理想的Sigma坐标应用场合，湖底相当平坦，坡降小于0.001（Jin，2000）。平均水深3.2 m，模拟周期内，湖深在0.5～5.5 m之间变化。数值试验表明对这个浅水湖，垂向等距分5层对于求解湖水垂向结构已经足够。模型敏感性测试表明用10层模型结果与5层模型结果差异不大。除了特别说明，本书所述奥基乔比湖的模型结果均来自5层模型。

初始条件设置初始水深、初始流速、初始水体和床体温度，初始水深基于Richardson和Hamouda（1995）的地形数据，初始速度设为0。水体和床体水温初始为26.7℃。这些值与真实值接近，模型的预热时间仅需几天。敏感性测试表明，这个大而浅的湖达到外力平衡仅需模拟几天时间。

LOEM模型考虑了生物栖息地的植被阻力（图2.4.2）。水底糙度变化依赖于泥沙和植被类型。在湖的西部生物栖息地，水底糙度和植被阻力取值范围为0.02～0.1 m，用于模拟露出水面、淹没于水下的植被和不规则的床体的影响。在湖底为泥沙区域，假定床体为水力光滑，相应的糙度值取为0.02 m（Jin，Ji，2004）

生物栖息区域，糙度计算是基于Moustafa和Hamrick（2000）的研究成果。敏感性测试和分析用于研究糙度取值对水动力结果的影响，结果表明，生物栖息区域的植被阻力较大，流速太小，模型受糙度变化的影响不大（Jin，2000）。

2.4.2.4 模型校准

由于平均水深仅3.2 m，奥基乔比湖的主要驱动力是风应力，环流持续时间长达数天。模型输出包括一系列水位、水平环流、1小时间隔的水温观测值。模型校准周期从1999年10月1日到2000年9月30日，持续1年。

为了定量评估模型预测各变量的精度（包括水位、水温和流速），统计法常用于比较实测值和模拟值的接近程度。统计方法包括平均误差、平均绝对误差、均方根（RMS）误差、最大绝对误差和相对均方根误差（RRE）。统计方法的细节将在第7.2.1节讨论。水深、流速和温度的平均RRE分别是3.07%（表2.4.1）、15.80%（表2.4.2）和9.18%（表2.4.3）。

奥基乔比湖显示，水位的季节性变换主要与降雨、蒸发和USACE的水利调节有关。1999年10月中旬，一级飓风（Irene）穿过南佛罗里达，到达湖面时风速是23 m/s。LZ40站点的水位模拟和观测值显示模型结果与观测值相吻合（图2.4.5）。2000年春，按水利调节计划，降低水位，以增加水下植被和提高水质。图2.4.4显示，2000年5月到6月期间，大量水从湖里排出。这次计划性下调水位之后，紧接着又是严重的干旱。表2.4.1显示模型水深的平均绝对误差在0.028～0.040 m，均方根误差在0.034～0.050 m，平均RRE在3.07%。表2.4.1和图2.4.5都显示，此期间，尽管水位变化极大，模型准确模拟了湖水消退和旱季的水位。

表2.4.1　1999年10月1日到2000年9月30日四个站点的水深的观测值和模型值的误差分析

站点	观测的平均值 (m)	模型的平均值 (m)	平均绝对误差 (m)	RMS误差 (m)	观测值变化范围 (m)	RRE (%)
L006	3.814	3.839	0.039	0.049	1.853	2.624
L001	3.881	3.909	0.040	0.050	1.498	3.306
LZ40	4.500	4.505	0.028	0.034	2.184	1.573
L005	3.379	3.407	0.039	0.045	0.935	4.775

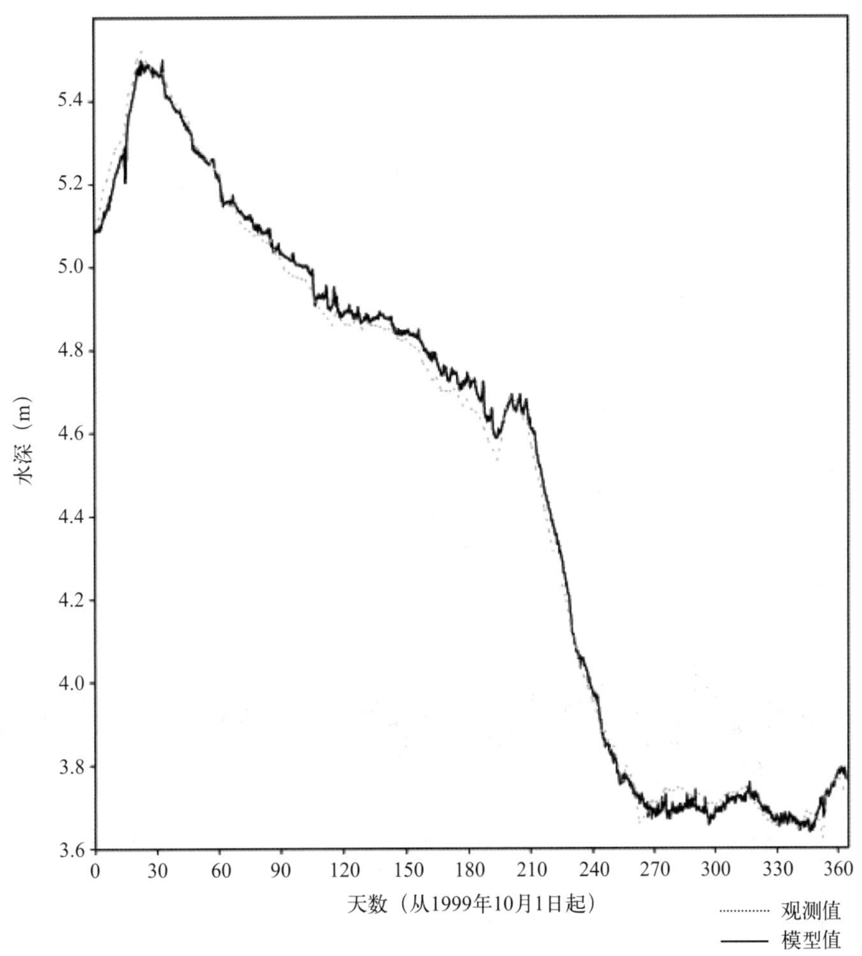

图2.4.5　站点LZ40的水深观测值（虚线）和模型值（实线）

图2.4.6是LZ40站点从2000年1月18日到3月5日，48天的水面流速模拟值和观测值。对应的湖底流速见图2.4.7，统计结果见表2.4.2。图形对比显示模型在站点LZ40的模拟良好。尽管存在小的误差，但是很多波动细节都模拟得很好。总的看来，模拟值与观测值吻合良好。

表2.4.2　2000年1月18日到3月5日的流速u和v方向的观测值与模型值比较的误差分析

	观测的平均值 (cm/s)	模型的平均值 (cm/s)	平均绝对误差 (cm/s)	RMS误差 (cm/s)	观测值变化范围 (cm/s)	RRE (%)
L006_UB	−0.06	0.57	2.66	3.39	17.9	18.95
L006_VB	1.06	0.67	1.93	2.47	21.1	11.71
L006_US	0.34	1.11	3.68	4.57	25.1	18.21
L006_VS	0.33	0.54	2.72	3.50	34.0	10.29
L001_UB	0.24	−0.96	2.00	2.68	15.0	17.88
L001_VB	0.96	0.37	2.14	2.76	19.3	14.29
L001_US	−0.82	−1.79	2.84	3.83	27.9	13.73
L001_VS	−1.04	0.36	3.24	4.54	24.8	18.32
LZ40_UB	−0.12	−1.25	2.34	2.91	22.5	12.95
LZ40_VB	0.44	1.69	2.66	3.33	24.6	13.52
LZ40_US	−1.05	−2.45	2.58	3.30	23.0	14.36
LZ40_VS	−0.33	2.86	4.31	5.17	21.5	24.04
L005_UB	−0.12	−0.26	1.93	2.50	18.4	13.58
L005_VB	0.00	0.57	2.12	2.70	18.2	14.82
L005_US	−0.26	−0.57	2.27	3.02	19.7	15.35
L005_VS	0.09	0.95	3.42	4.22	20.3	20.79

注：底层（B）位于水深的10%，表层（S）位于水深的90%。

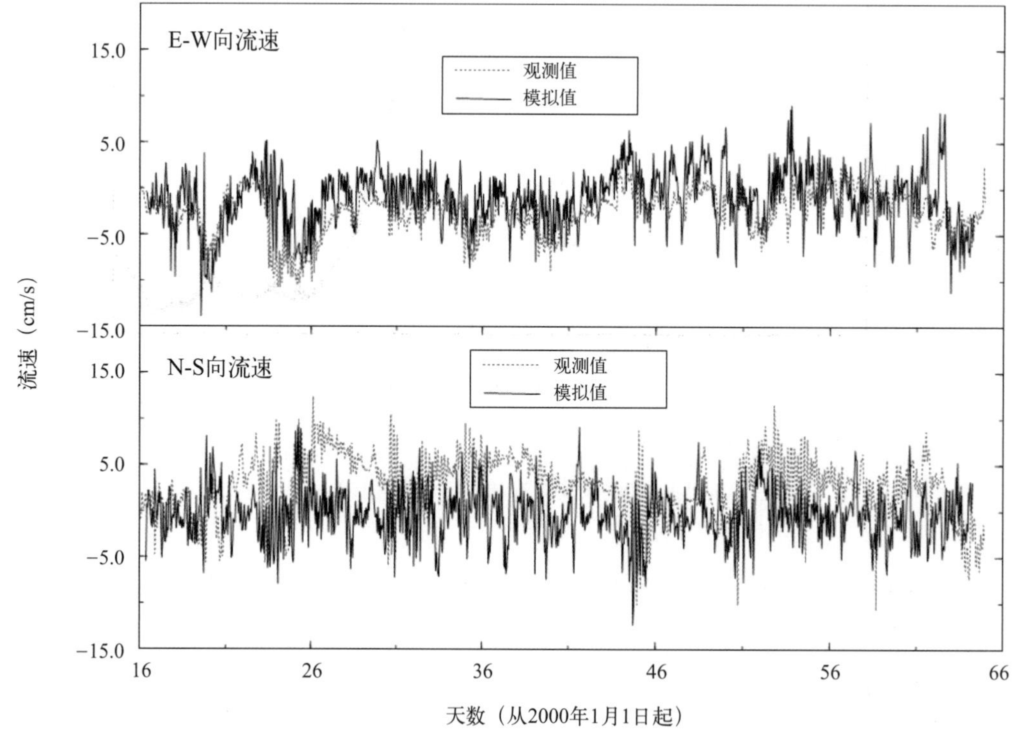

图2.4.6　站点LZ40，从2000年1月18日到3月5日，48天的表面流速观测值和模拟值

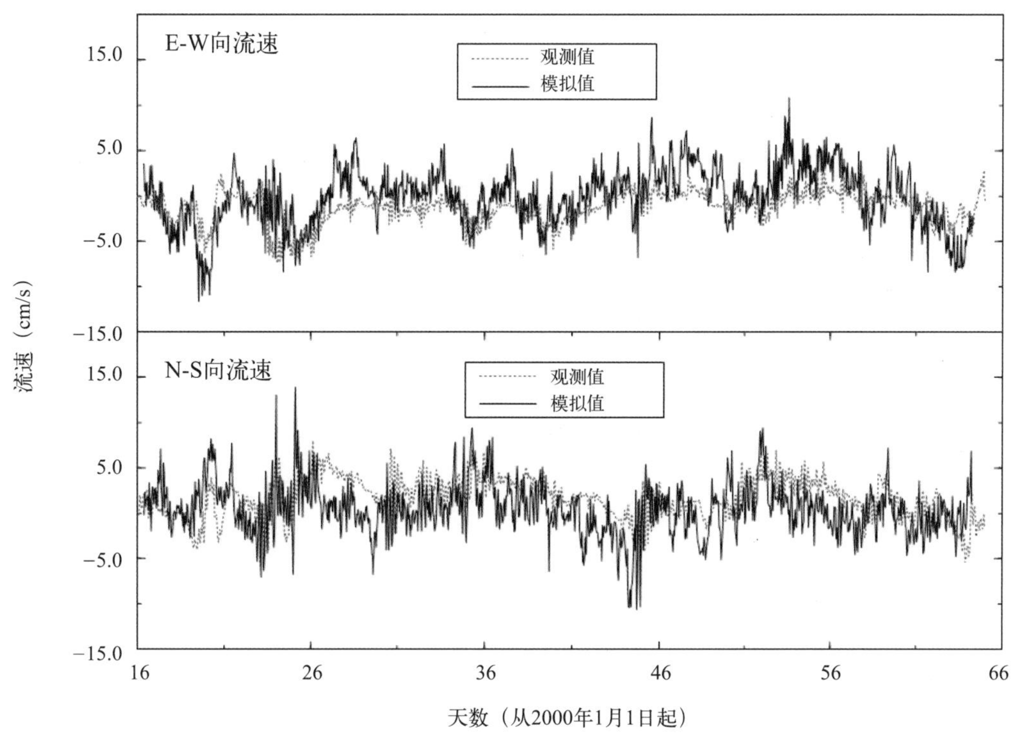

图2.4.7　站点LZ40，从2000年1月18日到3月5日，48天的底层流速观测值和模拟值

图2.4.8给出了LZ40站点从2000年1月18日到3月5日，48天的温度模拟和观测值，模拟周期与流速相同。表2.4.3给出了统计结果。 模型成功模拟了4个站点8个采样深度的水温情况。LOEM成功模拟了湖的水面层和中间层的水温变化情况，如图2.4.8所示。由于传感器失效，站点L001的测量值是从1999年11月19日到2000年5月10日，比其他站点的测量周期都短。L001的平均温度比其他三个站点都要低（见表2.4.3）。总体而言，温度的模拟值和观测值吻合也相当良好。

表 2.4.3　1999年10月1日到2000年9月30日的实测温度与模型温度的误差分析

站点	观测的平均值(℃)	模型的平均值(℃)	平均绝对误差(℃)	RMS误差(℃)	观测值变化范围(℃)	RRE(%)
L006_S	23.68	22.93	1.63	2.09	26.65	7.83
L006_M	23.45	22.88	1.21	1.53	20.79	7.38
L001_S	17.84	18.27	1.05	1.51	14.17	10.67
L001_M	17.49	17.88	1.01	1.31	12.24	10.67
LZ40_S	22.64	22.94	1.74	2.14	24.32	8.79
LZ40_M	23.42	22.87	1.13	1.36	20.86	6.52
L005_S	21.98	22.98	2.47	3.07	29.26	10.49
L005_M	21.47	22.90	1.81	2.23	20.13	11.07

注：表层位于水深的 17%（S，表层），中间层位于水深的40%（M，中间层）。

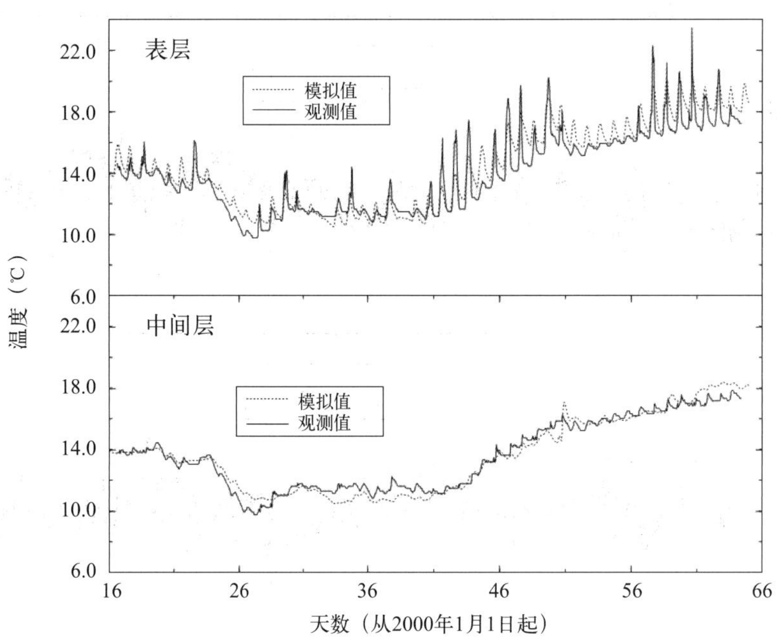

图2.4.8 站点LZ40，从2000年1月18日到2000年3月5日，48天的水底流速观测值和模拟值

图2.4.9给出了2000年1月21日湖面的水位、流速分布图。此时的水位与初始状态有很大不同，初始水位被设为统一值，模型显示，在西南风下，湖面水位相差达到12 cm。模拟的湖底环流与水面相似，但流速较小。图2.4.9显示湖水呈现两个涡旋，一个在北部，一个在南部。两个涡旋的流速大小从小于2 cm/s至30 cm/s。这两个涡旋在水流循环中占据主导地位，对水动力、泥沙输运和水质过程具有重要意义。两个涡旋的统计分析见第7.2.4节，两个涡旋的形成机制将在第9.2.4节中讨论。

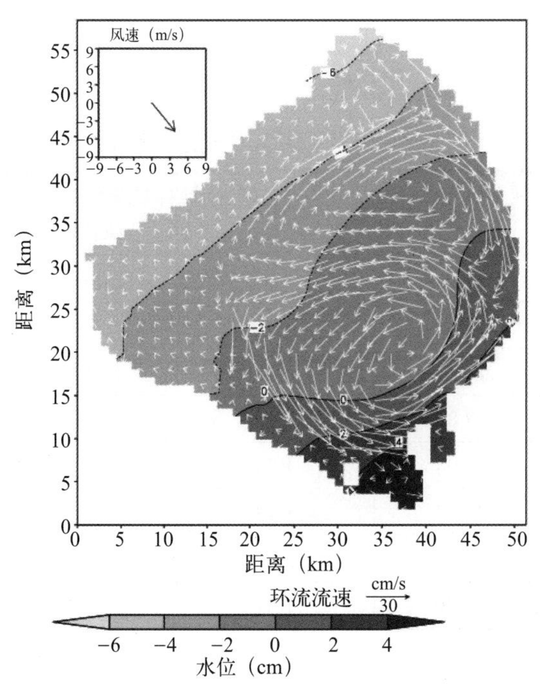

图2.4.9 模拟的2000年1月21日湖面表层流速和水位图

2.4.2.5　湖的水动力过程

LOEM模型经过成功的校准、验证和确认后，该模型应用到奥基乔比湖的水动力过程研究（Jin，Ji，2004，2005；Ji，Jin，2006，2014；Jin et al.，2000，2002）。

风生流

风是驱动湖水循环的主要动力因素。湖的蓄水量达4×10^8 m^3，以平均50 m^3/s的流量，湖水更新时间需要2.5年。这使得流入和流出的影响居于第二位，模型测试验证了这个现象。

在奥基乔比湖，驱动水流循环和产生水位梯度的最重要的驱动力是风应力。在多数气候条件下，风应力决定了湖的水流循环和水位变化。在365天的模型过程中，水位梯度的变换是由风应力引起的。例如，强烈的西北风使得东南角的水位抬高，而西北角的水位降低（如图2.4.9所示）。水位落差达12cm。这个典型的例子证明了风是如何影响水位和水流循环的。

地转流

在浅水湖，影响湖水的动力和混合的主要因素是风力。在风平浪静时，二级驱动力，如科氏力和流入/流出流量，将会影响其水动力过程。奥基乔比湖的一个有趣的流动类型是地转流。湖位于27 °N，空间跨度50 km，面积近1730 km^2，在无风情况下，科氏力成为决定流动类型和水位分布的重要因素。

如第2.1.6节所述，地球地转流是当科氏力与压力梯度达到平衡时形成的，从式（2.1.45）和式（2.1.46）可推导：

$$fv = g\,\partial\eta/\partial x \tag{2.4.1}$$

$$fu = -g\,\partial\eta/\partial y \tag{2.4.2}$$

式中，η为水位；f为科氏系数，在奥基乔比湖等于6.62×10^{-5} s^{-1}。

在2000年1月30日时风速小于0.2 m/s，达到地转平衡（图2.4.10）。湖里形成两个涡旋，一个在南，一个在北。南部涡旋的水位中心为−6.0 cm，形成气旋环流。北部涡旋中心水位相对较高，为−3.7 cm，形成反气旋环流。湖底的环流与水面相似。这两个涡旋持续时间大概2 d。数值计算表明科氏力（fu 和 fv）与压力梯度（$g\,\partial h/\partial x$ 和 $-g\,\partial h/\partial y$）在量级上相同。典型取值如，$v$ = 0.15 m/s，g = 9.8 m/s^2，Δh = 0.024 m和Δx = 24 km，得到$fv = 9.83\times10^{-6}$ m/s^{2}和$g\,\partial\eta/\partial x = 9.80\times10^{-6}$ m/s^2。这意味着在图2.4.10条件下，科氏力项（fv）与水位压力梯度项（$g\,\partial\eta/\partial x$）相等。这两个涡旋清楚表明，在无风条件下，湖里可以形成地转流，科氏力可以对环流形态有显著作用。

应该指出的是，图2.4.10的强流场是之前的风生环流的残余环流。强风或中等风场在湖里引起环流。当风力突然减弱后，残余环流自动调节，与水位梯度达成地转平衡（图2.4.10）。由于湖水较浅，地转流仅能持续几天时间，之后水底摩擦会使环流明显减慢。

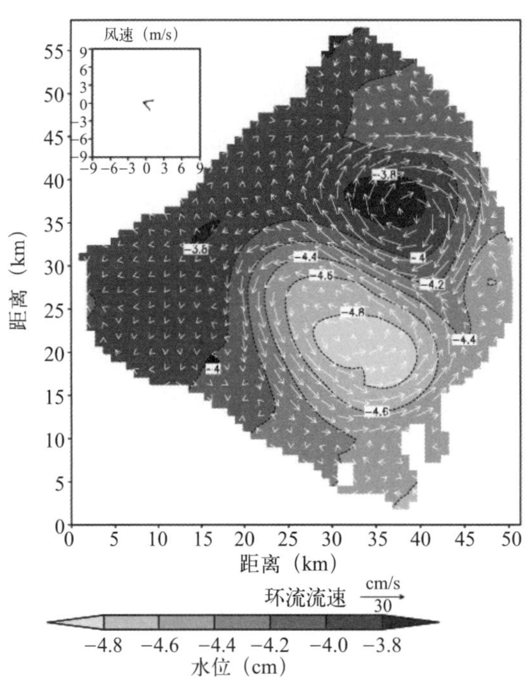

图2.4.10　模拟2000年1月30日的水面流速和水位

热力分层

Jin等（2000，2002）观察到在1989年初夏日间出现较大的热力梯度。同样，明显的热力分层也发生在2000年冬季。微风或无风情况的下午，站点L001的温度梯度最明显，如图2.4.11所示。2000年2月12日下午3点，湖的水面和水底的温度差异达到8.6℃。较强的温度梯度致使湖底和湖面的垂向混合和湍流减弱。下午5点以后，随着风速增加，动量和能量的垂向输运迅速增强，使垂向温度梯度减弱，垂向混合增加。

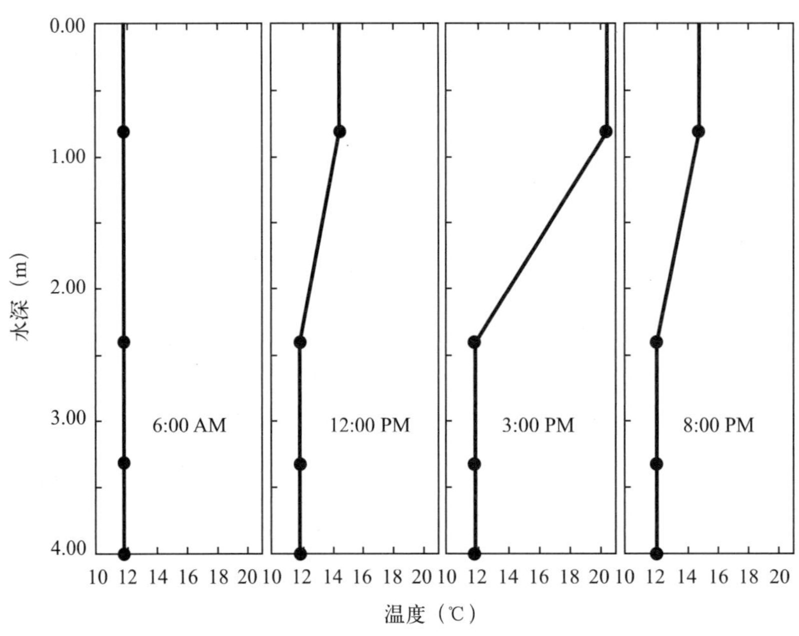

图2.4.11　奥基乔比湖L001站点在2000年2月12日的温度剖面

观测数据显示，在奥基乔比湖的浅的生态栖息区域，垂向混合仍然有限。流速数据显示，随水深减小，水体混合增加。一般当风力减弱，垂向水体混合减少。在湖的深水区域，只有强风下才能达到混合均匀。水体分层现象阻碍了冷、热水体的相互混合，使垂向产生密度梯度，也阻碍了水体的动量和能量交换。

模拟的温度剖面也证明了日间的层化和混合现象。如图2.4.8所示，在站点LZ40，水面和水底的温度差能达到8℃或垂向2.5 ℃/m。无风条件下，明显的温度梯度能产生密度分层，它减少了垂向混合。典型的如早上，水体混合良好，随着时间推移，水面加热，产生温跃层。下午，起初的风力较弱，无法使整个水体混合，随着夜晚降临，风力增加，混合逐渐强烈。除了温度以外，还有第3章将讨论的悬浮颗粒，它会改变水体对光能的吸收和水体密度，所以它也会促使水体产生垂向层化。

干湿过程

准确计算湖水深度和面积是水动力、泥沙和水质模拟的关键。奥基乔比湖的一个重要特征是水深随季节变化很大。在干旱年的夏季，整个湖的一大部分（面积超过1/3）可能变干。LOEM模型能模拟该湖季节性的干湿过程极为重要。例如，2007年夏季，该湖经历了创纪录的干旱，湖水水位降低到历史低位，小于2.71 m。图2.4.12（Ji，Jin，2014）的左图显示了该湖的卫星照片。由于干旱、农业用水和居民用水，LZ40站（图2.4.2）在2007年6月23日的水深为2.67 m，约比历史同期平均水位低1 m。该湖的西部和南部萎缩明显。为便于模拟值与卫星图像数据进行对比，图2.4.12的右图给出了模拟的2007年6月23日的水深图。模拟中水深小于15 cm的格点被认为是干点。LOEM模型准确地模拟了干和湿的区域。模拟的水域与卫星照片数据吻合良好。

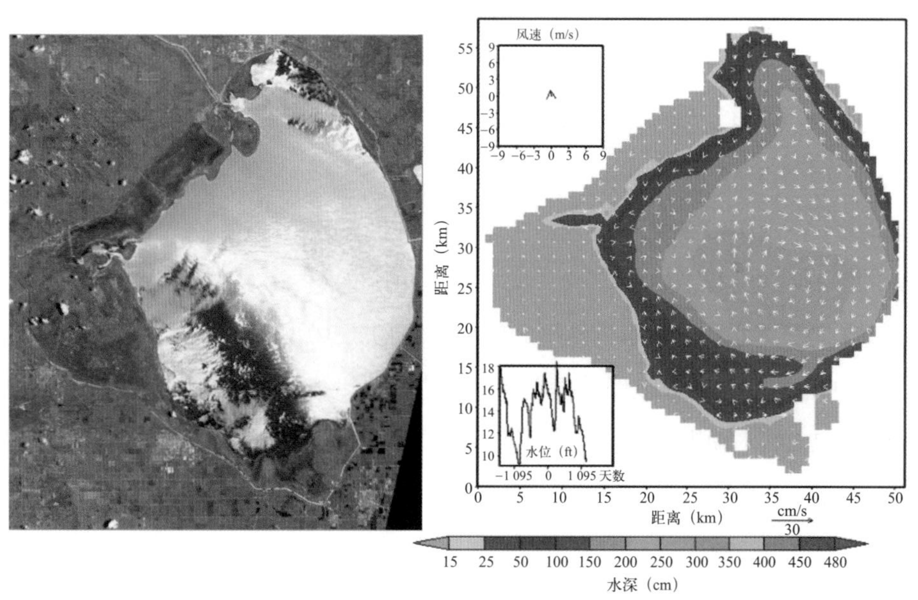

图2.4.12　左图：2007年6月23日奥基乔比湖的卫星照片（来源：NASA/METI/AIST/Japan Space Systems，U.S./Japan ASTER Science Team）。右图：模拟的2007年6月23日的水深和中间水层的环流。LOEM模型中将水深小于15 cm的湖泊水域视为干点

2.4.2.6 讨论和结论

本例讨论了佛罗里达州奥基乔比湖的三维水动力模型。模型研究的结果表明：

（1）LOEM模型能准确模拟水位、流速和温度分布。

（2）由于湖底相对平坦，地形变化不大，使得采用912 m × 923 m的网格分辨率就能很好地描述湖的水动力过程。

（3）与其他大而浅的湖类似，奥基乔比湖主要的驱动力是风应力。风是驱动水流做平面运动和垂向运动的主要因素。大气温度和太阳辐射影响了湖的热力平衡。用于驱动LOEM的气象数据直接从湖里测得，能够代表真实的外力条件。支流的流入流出仅影响局部的水动力过程。

（4）大风条件下，湖的水面和水底循环混合良好。多数情况下，大风削弱了湖的分层现象。在微风或无风条件下，科氏力可以影响水动力过程，产生了北部气旋和南部反气旋涡。

LOEM能用作定量研究湖的水动力传输的工具，并对进一步的泥沙和水质研究、指导数据采集具有重要作用。其他水动力特点，如湖震和湖涡，将在第7.2节用统计工具讨论。它们的形成机制，将在第9.2节湖的水动力过程中讨论。作为案例，奥基乔比湖的泥沙模型将在第3章讨论，水质模型将在第5章讨论，LOEM的应用在第9章讨论。

2.4.3 案例研究Ⅱ：圣露西河口和印第安河潟湖

圣露西（St. Lucie）河口（SLE）位于佛罗里达州的东海岸，是一个河流状的河口（图2.4.13）。SLE和印第安河潟湖（Indian River Lagoon）（IRL）是世界著名的生态多样性水体之一（SFWMD，1999）。在这里，SLE/IRL及其模型用于阐述河口的水动力和水质过程及其模型的应用（Ji et al.，2007；AEE，2006；Wan et al.，2012）。本研究内容包括：

（1）水动力过程和模型（第2.4.3节）；

（2）重金属模型（第4.5.1节）；

（3）水质模型（第5.9.3节）；

（4）SLE的层化（第10.3.2节）；

（5）SLE的冲刷时间（第10.3.4节）；

（6）SLE/IRL的三维水动力和水质模型的应用（第10.5.3节）。

SLE/IRL模型的输入输出文件放到了模型包里，它们可以作为其他河口模型的模板。

本节主要讨论SLE的水动力模型。为了阐明河口的水动力过程，本例还将讨论模型结果的细节和一些新的研究成果。

2.4.3.1 背景

SLE位于IRL的南部末端，它是连接大西洋和圣露西的枢纽（图2.4.13）。除了人工航道外，IRL的水深非常浅，平均深度在1m左右。受峡口局限，潟湖的潮汐较弱。淡水来自于河流、运河、地表径流和地下水渗流。强烈的日照导致蒸发量较大，所以潟湖的盐度值较临近的大西洋要高。

圣露西河全长56 km，有两个主要的支流：北支和南支（图2.4.13）。SLE的上游和下游河口处已经有了较大变迁。历史上，该河口一直是一条淡水河，直到1892年，圣露西的入口被挖通，连接到大海，这样圣露西从河流成为河口。这里产生了明显的海水入侵过程。奥基乔比湖（图2.4.2）位于SLE的西南方。圣露西运河（C-44）的修建就是用于沟通奥基乔比湖、SLE的南支和大西洋。1950年以来，SLE流域已经超过1800 km^2。SLE面积大约29 km^2，水量为6.9×10^7 m^3，平均水深2.4 m。淡水主要来自于5条主要运河和支流，大约总量的75%来自于支流（Morris，1987）。SLE是一个部分混合的河口，在淡水流量大时，会产生层化现象（Morris，1987；Doering，1996）。

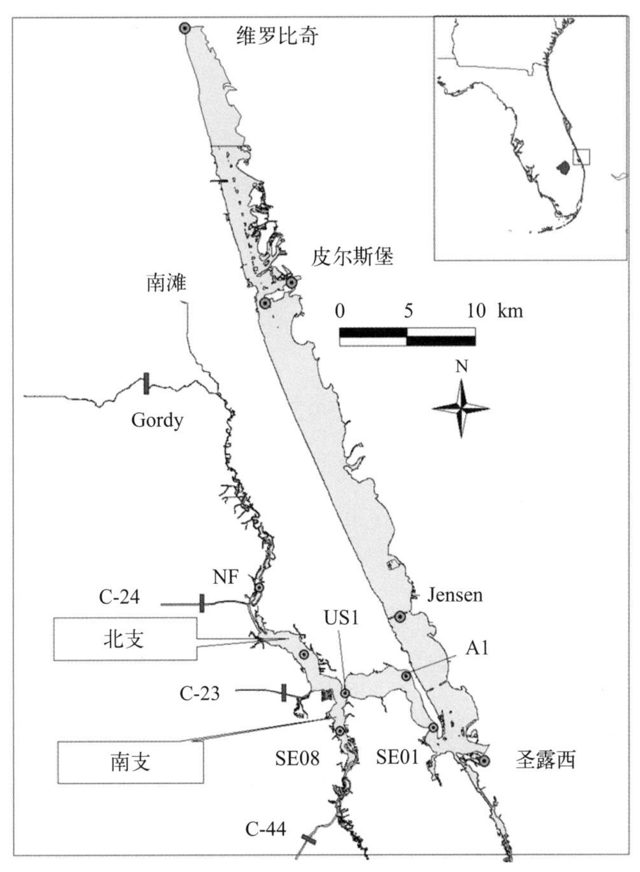

图2.4.13　佛罗里达州圣露西河口和印第安河潟湖

SLE是一个非常复杂的河口，有复杂的地形、航道、多个入流口和浅水分布区域导致独特的河口–潟湖水系统。在这里，两个地表水径流和子河口影响了河口水循环。圣露西河口的脆弱盐度平衡和营养盐平衡是维持河口物种繁衍的关键。河口受径流的影响明显，该地区蓄水能力较弱，导致雨季大量的淡水经过运河进入河口。然而，维系河口地区的生态环境及完整性需要保持一定的盐度。

SLE/IRL的研究目的是确定维护该区域生态系统的营养盐负荷，提供进行水资源环境管理的工具。要完成这个目的，需要提供先进的三维水动力和富营养化模型。模型的校准和确认应该能做到：

（1）将河口的水质与点源和非点源的营养盐负荷相联系；

（2）确定营养盐负荷范围，维护地区生态安全；

（3）模拟河口富营养化和缺氧机制的长期趋势；

（4）有利于制定SLE的污染物排放目标和最大日负荷总量（TMDL）。

先进的模型需要对河口水动力、物质输运、物理化学和生物过程有充分的认识。在过去的几十年里，南佛罗里达水资源管理局（SFWMD）在这方面做了大量努力，收集了大量的水动力和水质数据（Germain，1998）。大量模型应用于淡水对河口地区影响的研究中（Hu，1999；Hu，Unsell，1998）。这些数据和研究促进了对河口特点的基本认识和模型应用。

SLE/IRL地区的三维水动力、泥沙、有毒物质和水质模型的发展与模型校准和验证使用了两个时间段（Ji et al.，2007；AEE，2006；Wan et al.，2012）：

（1）校准：使用1999年的数据；

（2）验证：使用2000年的数据。

本节介绍SLE/IRL水动力模型的发展和校准。泥沙和铜模型结果在第4章讨论。河口的水质研究在第5章介绍，SLE/IRL模型在水环境管理的应用在第10章讨论。

2.4.3.2 模型建立

模型的研究基于EFDC的框架（Hamrick，1992）。网格的制作是建模的第一步，研究的主要目标是模拟该地区的多年（超过10年）过程。设计一套有足够空间分辨率，能反映水动力和水质特点的网格是研究的关键；同时，网格要有一定的计算经济性，模拟10年的水动力过程需要有合理的CPU时间。

SLE/IRL边界复杂。存在复杂的航道和浅水地区。基于地形特点，该模型采用正交曲线网格（图2.4.14）。模型有1161个格点，网格尺寸在SLE从40 m到400 m，在IRL超过900 m。网格东向沿着航道。考虑到模型今后的扩展应用，模型区域一直扩展到IRL的Vero海滩。模型包括SLE的北支、南支和三个主要的运河（Canal 47，Canal 49和Canal 80）。这些支流的上边界一直延伸到大坝或观测站，这样便于确定模型边界。河口的地形测量的分辨率从几十米到100多米。模型网格分辨率与测量分辨率相似，这是选择该网格分辨率的重要原因。

模型垂向分3层。用6层模型做敏感性试验，结果表明，在多数情况下，3层能充分反映研究区域的垂向结构。除了在大量淡水排入该区域的情况下，一般潮汐使该水体垂向混合良好（垂向平均深度2.4 m）。SLE/IRL模型的完整版本包括水动力、泥沙过程、有毒物质和水质。

在Pentium IV 2.4 GHz PC机上运行1年需要9个CPU时，10年运行方案需要3.5天。这个计算时间用于水资源管理应用较为合适。

图2.4.15给出了1999年（实线）和2000年（虚线）的淡水流量。1999年雨季从6月持续到11月。10月份淡水流入最大。年平均淡水流量36.7 m^3/s。相对1999年，2000年是旱季，年平均流量16.5 m^3/s，仅为1999年的44%。这两个不同年份，一个丰水年，一个枯水年，为模型校准和确认提供了理想的测试条件。

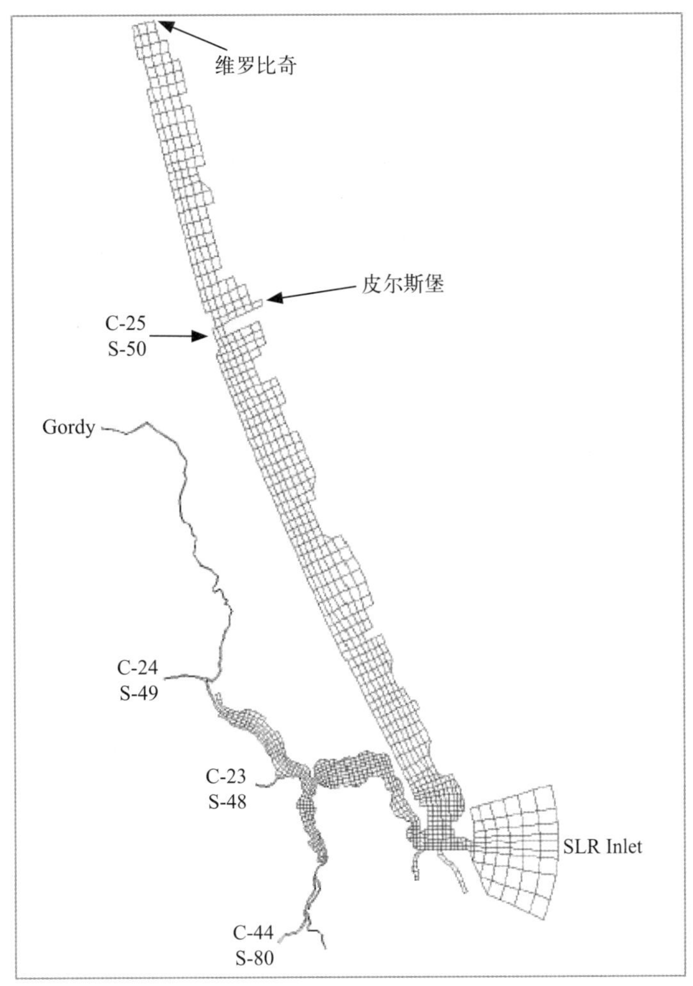

图2.4.14　SLE/IRL模型网格

模型使用的每小时气象数据包括：风速、太阳辐射、大气温度、降雨、湿度和云覆盖。水动力变量包括：潮汐水位、盐度、温度和1999—2000年的环流观测值。开边界采用了圣露西入口、皮尔斯堡（Fort Pierce）和维罗比奇的站点观测数据。

2.4.3.3　SLE/IRL的潮汐和环流

理解潮汐过程是建模的关键。河口潮汐的传播特点可以用天文潮汐因子来量化。第10.2节给出了关于潮汐过程的详细细节。模型采用了10个主要的潮汐因子：M_2，S_2，O_1，K_1，Q_1，P_1，K_2，N_2，MF 和MM。三个开边界的潮汐水位站见图2.4.13。

（1）圣露西入口；

（2）皮尔斯堡；

（3）维罗比奇。

谐波分析将在第10.2.3节讨论。开边界的潮汐因子是基于这些站点1999年和2000年的数据计算得来的。

水动力模型中，调节式（2.2.31）中的水底糙度z_0^*值，将模拟值和观测值的频相差减少到最小。模型用了0.01m的定值。模型值和观测值的振幅和相位的比较结果分别见表2.4.4和表2.4.5。模型和数据显示M_2潮是SLE/IRL最主要的因子，接下来是K_1、N_2和 O_1。M_2的振幅在0.13～0.17 m，远大于其他因子。总的看来，模型结果与观测值吻合良好。SLE的振幅误差小于2 cm，IRL的振幅误差小于4 cm。由于河口区域水平距离较短，潮汐相位几乎一致。

表2.4.4　潮汐调和分量的振幅

单位：m

	A1ASLR		US1		NF		Jensen		南滩	
分潮	观测值	模型值	观测值	模型值	观测值	模型值	观测值	模型值	观测值	模型值
M_2	0.13	0.15	0.15	0.15	0.15	0.16	0.16	0.12	0.21	0.17
S_2	0.02	0.02	0.02	0.01	0.02	0.01	0.02	0.01	0.03	0.02
N_2	0.02	0.03	0.03	0.02	0.02	0.03	0.03	0.02	0.05	0.03
K_1	0.04	0.03	0.03	0.03	0.03	0.03	0.04	0.03	0.04	0.04
O_1	0.03	0.03	0.03	0.03	0.03	0.03	0.03	0.02	0.04	0.03
K_2	0.00	0.01	0.00	0.01	0.00	0.02	0.01	0.01	0.01	0.01
P_1	0.01	0.01	0.02	0.01	0.01	0.01	0.01	0.01	0.02	0.02
Q_1	0.00	0.01	0.01	0.01	0.01	0.01	0.01	0.00	0.01	0.01
MF	0.02	0.02	0.03	0.02	0.04	0.02	0.03	0.02	0.03	0.02
MM	0.01	0.02	0.01	0.02	0.02	0.02	0.01	0.02	0.05	0.01

表2.4.5　潮汐调和分量的相位

单位：h

	A1ASLR		US1		NF		Jensen		南滩	
分潮	观测值	模型值	观测值	模型值	观测值	模型值	观测值	模型值	观测值	模型值
M_2	1.5	1.3	2.0	1.5	2.5	1.7	1.4	1.7	−0.6	−0.6
S_2	4.4	2.3	4.8	2.4	5.8	2.5	4.3	2.4	2.2	1.4
N_2	1.8	1.5	2.4	1.9	2.9	2.0	1.8	2.0	−0.8	−0.5
K_1	−5.2	−5.6	−4.6	−5.3	−4.3	−5.1	−5.8	−5.0	−7.8	−8.0
O_1	−9.8	−10.0	−9.4	−9.7	−9.1	−9.6	−10.1	−9.3	−12.3	−12.7
K_2	8.2	−4.6	8.9	−4.5	6.3	−4.3	−4.0	−4.2	5.8	6.0
P_1	−6.9	−5.9	16.3	−5.6	−6.3	−5.5	−6.7	−5.6	−8.9	−8.8
Q_1	−9.9	−9.1	−7.3	−8.6	−9.0	−8.4	−9.8	−7.9	−12.3	−11.9
MF	−86.1	−87.9	−81.5	−87.5	−68.4	−87.8	−77.9	−78.5	−94.7	−67.4
MM	96.0	−522.5	133.6	−521.3	89.3	−523.0	215.6	−545.5	212.7	−601.2

模型分别用水底糙度0.005 m和0.02 m做了敏感性测试，发现其改变值与改变占优潮汐因子（M_2）小于1.5 cm的效果相同。潮汐相位的变化很小。总体看来，模型振幅和相位对该参数敏感性较小。

图2.4.15是水位在A1站点的模型值与观测值的对比序列图。站点A1位于河口中间，有相对较多的实测数据。A1的温度和盐度时间序列将在后面给出。由于缺乏足够可靠的开边界数据以及SLE的数据较少，图2.4.16仅给出了1999年（9月24日至12月31日）100天的结果，虚线是观测值，实线是模拟值。它表明模型不仅按照天文潮汐修正了水位，而且模拟了因为开边界变化和淡水进入导致的潮位波动。

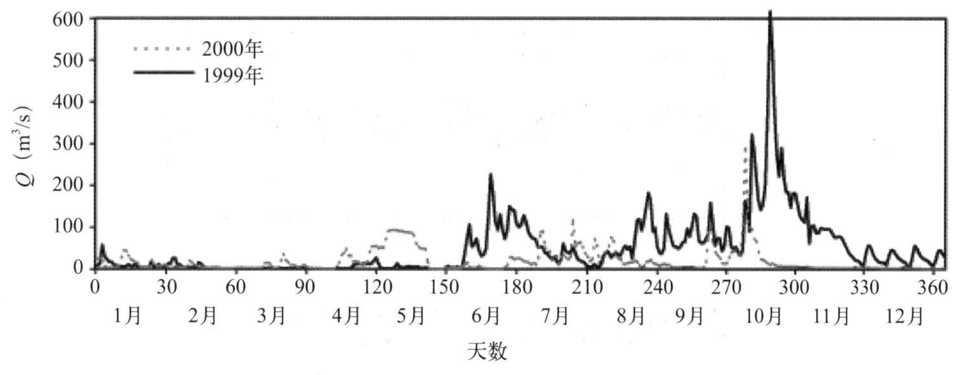

图2.4.15　1999年（实线）、2000年（虚线）的总淡水流入量

表2.4.6给出了三个站点A1，US1和NF的统计值。它显示模型计算潮位较好。相对均方根误差（RRE）的变化范围从A1站点的5.0%到NF站点的10.8%。图2.4.13显示，NF站点位于SLE上游的狭长航道处，受淡水流入和潮汐的双重影响。大量淡水的脉冲式注入可能引起水位的突然变化，像波一样传向下游。河口成为广阔的下游，淡水进入这个广大区域，其影响逐渐减弱。因此，淡水引起的误差在北支较大。这导致模型在NF站的误差较大。另一个可能的原因是在NF河段，模型仅有一个格点，用于表征洪水过程可能不够充分。

表 2.4.6　潮汐水位的相对误差

站点	年份	RRE (%)	RMS 误差（m）	数据变化范围（m）	观测值数量
A1	1999	5.0	0.07	1.40	7225
A1	2000	8.4	0.07	0.83	6257
US1	1999	5.1	0.08	1.57	5670
US1	2000	7.2	0.08	1.11	8261
NF	1999	6.4	0.11	1.72	8019
NF	2000	10.8	0.12	1.11	6195

北支仅有一个站点有从1999—2000年的观测值。图2.4.17是垂向平均流速的模拟值和观测值的对比图。流速东向是主航道，虚线是观测值，实线是模型值。1999年和2000年的RRE值都是14%。RMS误差分别是0.114 m/s和0.112 m/s。总体看来，模型模拟环流是准确可靠的。

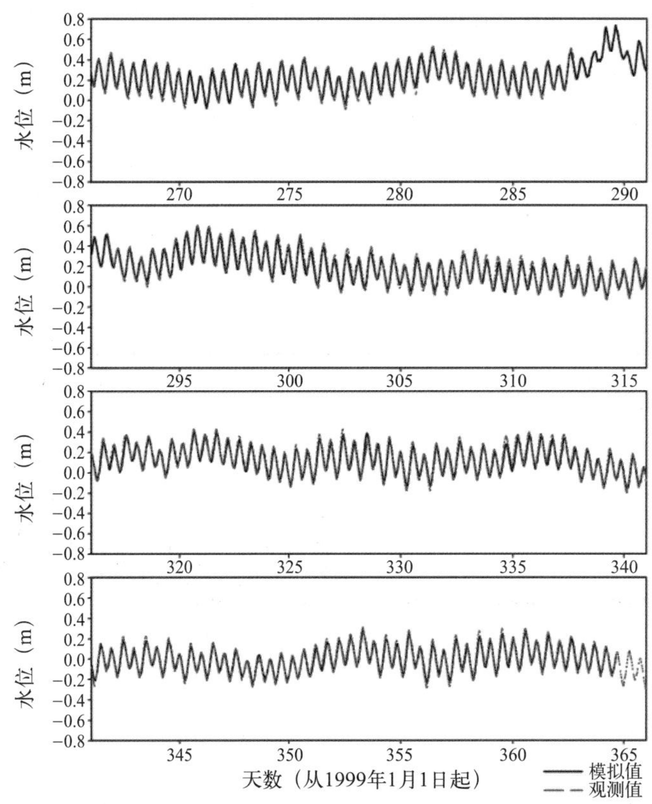

图2.4.16 1999年A1站点的模型潮位（实线）与观测值（虚线）的时间序列

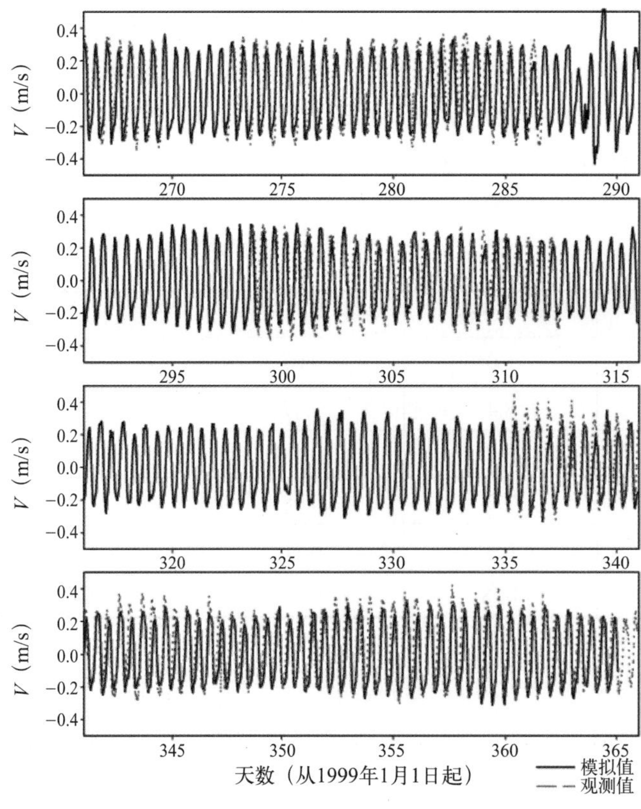

图2.4.17 1999年NF站点的模型流速（实线）与观测值（虚线）的时间序列

2.4.3.4　温度和盐度

模型温度校准和确认数据使用了5个站点：SE01，A1，US1，NF和SE08（图2.4.13）。表2.4.7是模型值与观测值的统计分析。1999年和2000年的平均RRE是11.3%。表2.4.7显示模型很好地模拟了水温。图2.4.18是站点A1的温度时间序列。实线是水面的模型温度值，圆圈是观测值。不像水位、流速和盐度的测量值是每小时间隔，温度测量值则是每月间隔。图2.4.18显示模型较好地模拟了季节变化。

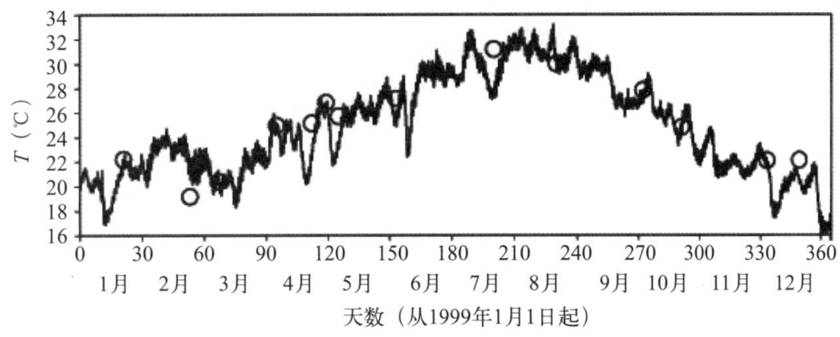

图2.4.18　1999年A1站点的模型温度（实线）和观测值（圆圈）的时间序列

表2.4.8是1999年和2000年的模型和三个站点的盐度值统计分析。图2.4.19是1999年的模型和A1站点的表面盐度值的比较图。表2.4.8表明NF站点误差相对较大，这是NF站点的位置受淡水和潮汐双重影响的结果。淡水流入引起盐度模拟误差的影响明显。尽管受到数据限制，模型模拟盐度输运过程是令人满意的。无论在丰水年或枯水年，模型很好地模拟了季节变化。

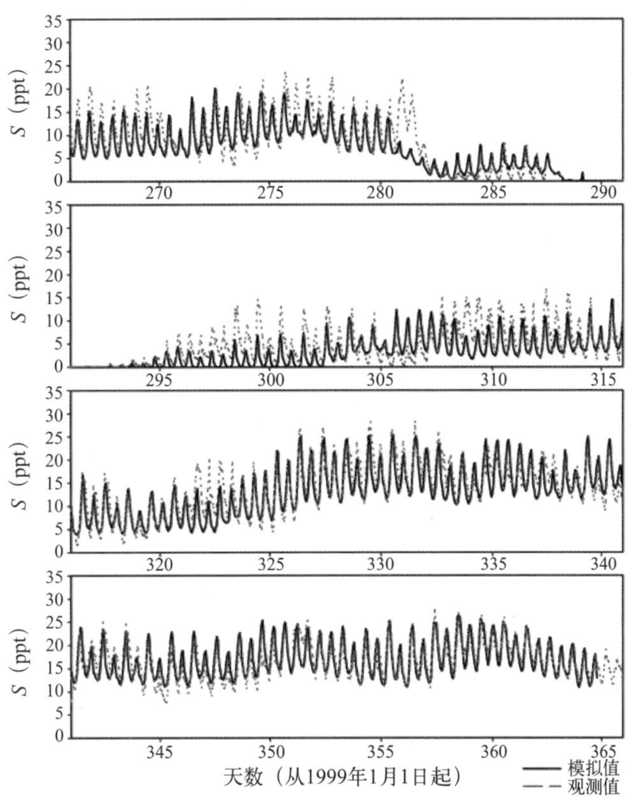

图2.4.19　1999年A1站点的模型盐度（实线）和观测值（虚线）的时间序列

表2.4.7 1999年、2000年的温度模拟值的统计分析

站点	年份	观测平均值(℃)	模型平均值(℃)	RMS误差(℃)	RRE(%)	观测值数量	数据变化范围(℃)
SE01	1999	24.7	24.7	1.3	12.2	12	11.0
A1	1999	24.8	24.8	1.5	12.8	14	11.3
US1	1999	25.0	25.0	1.5	13.6	14	11.0
NF	1999	24.9	24.8	1.5	12.2	12	12.4
SE08	1999	25.5	25.9	1.4	13.1	12	10.8
SE01	2000	25.2	25.5	1.1	10.2	16	10.5
A1	2000	25.5	25.5	0.6	5.4	15	11.4
US1	2000	25.5	25.3	0.6	5.3	15	11.4
NF	2000	24.8	24.0	1.4	12.7	13	10.8
SE08	2000	25.8	25.1	1.5	11.6	13	12.5

表2.4.8 1999年、2000年的盐度模拟值的统计分析

站点	层位置	年份	观测平均值(ppt)	模型平均值(ppt)	RMS误差(ppt)	RRE(%)	观测值变化范围(ppt)	观测值数量	RRE (%)无侧流
A1	表层	1999	12.7	12.9	3.2	9.9	32.3	2952	9.9
	底层	1999	17.2	17.1	4.3	13.0	33.1	2952	12.7
US1	表层	1999	6.2	6.0	1.6	7.7	20.8	2906	9.6
	底层	1999	7.7	7.5	2.5	11.5	21.7	2906	12.4
NF	表层	1999	1.4	1.3	1.5	13.3	11.3	3766	14.2
	底层	1999	1.6	1.7	2.0	17.6	11.4	3766	20.2
A1	表层	2000	21.6	21.5	2.2	8.1	27.2	2709	9.2
	底层	2000	24.7	25.4	2.9	10.5	27.6	2709	10.9
US1	表层	2000	15.2	14.9	1.7	7.4	23.0	3607	10.9
	底层	2000	16.2	17.2	2.5	10.3	24.3	3607	14.0
NF	表层	2000	5.7	8.3	3.8	26.2	14.5	5368	37.2
	底层	2000	6.6	11.6	5.2	32.2	16.1	5368	43.3

图2.4.20给出了模型的1999年1月9日23：00的时均盐度和环流图，用于阐述潮汐输运过程，图中小图显示了圣露西入口的潮汐振幅，它显示在低水位时，水体以每秒几十厘米的速度从河口流出。北支区域的盐度值小于8 ppt，而河口嘴附近超过30 ppt。

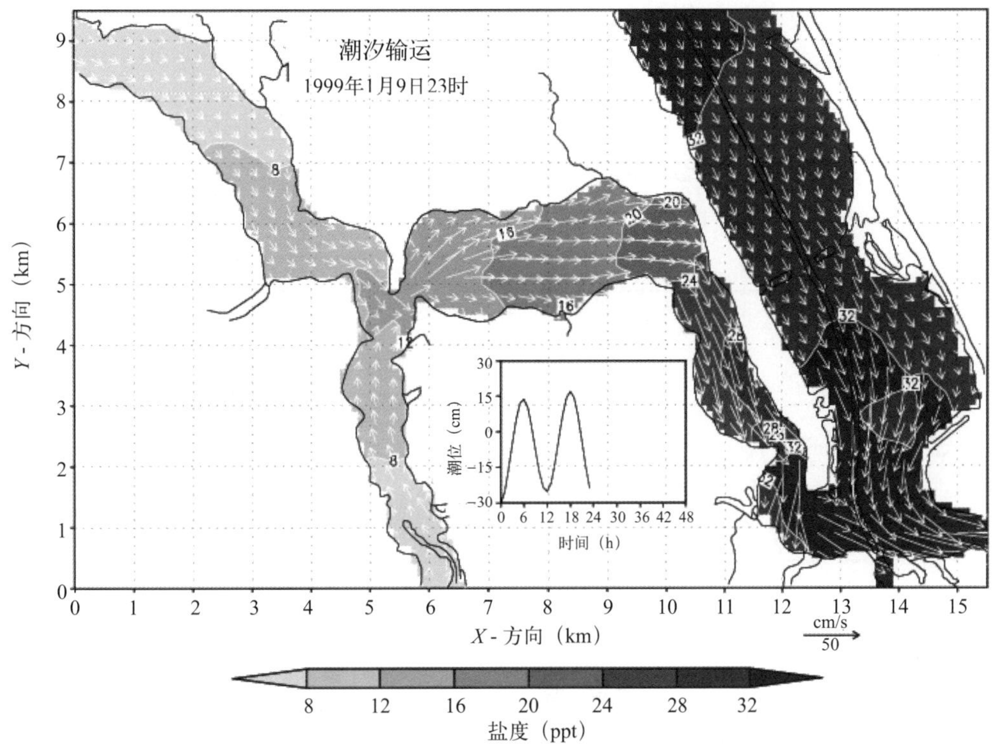

图2.4.20　1999年1月9日23 : 00的时均盐度和流速模拟图，小图表示圣露西入口的潮汐振幅

2.4.3.5　水动力过程讨论

SLE/IRL模型经过校准和确认后，可以用于河口的水动力过程研究。主要集中在四个方面：

（1）河口水体分层；

（2）盐水入侵；

（3）冲刷时间；

（4）侧流入流。

它们是影响河口水动力传输和污染物迁移的关键因素。本节讨论侧流入流的影响。SLE的水体分层和盐水入侵将在第10.3.3节讨论。冲刷时间将在第10.3.4节讨论。

淡水流入量常由位于支流或上游的水尺测得。这些水尺测得的流量用作数值模型的输入量。然而，还有许多流量较小、没有设置水尺的小溪或地表径流量，很难测量，模型研究将其忽略。虽然这类侧流的单独流量很小，但其总量影响明显，SLE就是个典型。

淡水进入SLE的主要来源是四条运河：C-44、C-23、C-24和北支。数据分析和流域模型（Wan，2003）显示这些流量占淡水总流量的65%～70%。其余流量来自于侧流和其他小溪。SLE的侧流在1999年占23%左右，2000年占37%。因此，侧流对河口水动力过程的影响是显而易见的。

侧流对盐度的影响采用了模型试验进行研究，其中所有边界条件和外部驱动力都与模型校准和验证的1999年和2000年相同，仅没有侧流入流进入SLE。图2.4.21给出了A1站点2000年的侧流流量和因此带侧流与不带侧流引起的盐度差异，盐度值是垂向平均值。它表明侧流流量对盐度影响明显，忽略侧流可能导致盐度值增加超过6 ppt。表2.4.8的最后一列给出了模型没有侧流的RRE值。对比模型结果与侧流显示于表2.4.8第7列。没有侧流时，NF站点的RRE值增加明显，可以达到43.3%。因此没有侧流时，模型计算的盐度将偏高。

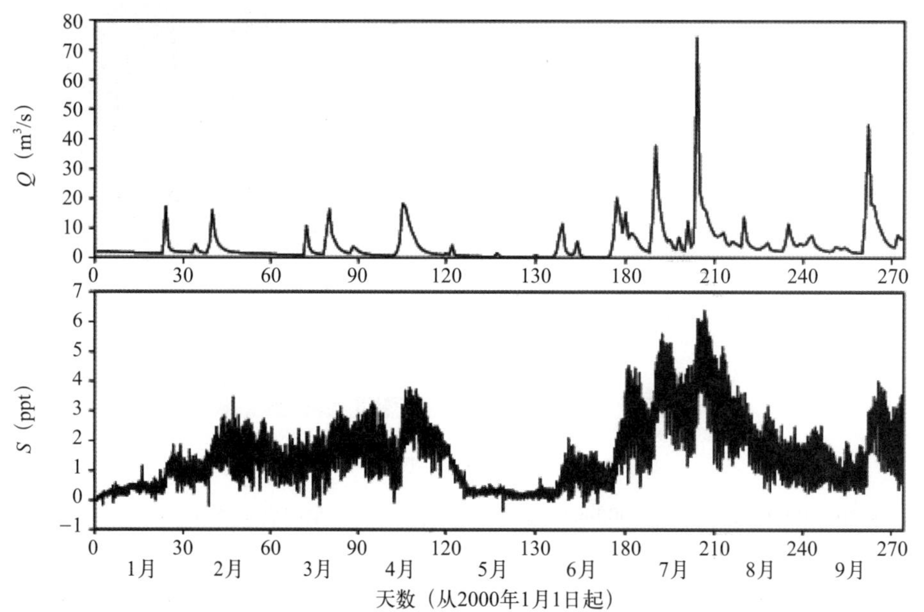

图2.4.21　站点A1在2000年的带侧流和不带侧流形成的盐度差（S）和侧流的总流量（Q）

除了盐度外，侧流对水位的影响也很明显。SLE/IRL模型的结果表明，洪水期，侧流可能导致水位上升10cm，其值可以与潮汐振幅相提并论。平时情况下，侧流的影响将小于0.5cm。

2.4.3.6　结论

本研究建立了SLE/IRL的水动力模型。模型采用了三个开边界：圣露西入口、维罗比奇和皮尔斯堡。其他外部驱动力包括气象数据和支流淡水流量。模型包括10个主要的潮汐因子：M_2，S_2，O_1，K_1，Q_1，P_1，K_2，N_2，MF和MM。河口占优的潮汐因子是M_2。潮汐水位校准采用1999年观测值，模型确认采用2000年观测值。模型模拟的潮汐变化较好，捕捉了丰雨年和干旱年的水位变化。流速模拟也与观测数据吻合良好。1999年和2000年的温度和盐度模拟良好。

淡水流入是模拟水位和盐度的关键因素。侧流能改变航道水位达10 cm，几乎等同于潮汐的振幅。侧流对盐度影响明显，没有侧流时，模型结果盐度能高出6 ppt。SLE/IRL的其他水动力特点如河口环流、盐水入侵和冲刷时间将在第10章讨论。

第3章　泥沙输运

泥沙包括由岩石、生物质生成的各种粒径大小的颗粒，其或悬浮于水体中，或沉降积聚于水体底部。输沙是指在某个地方冲蚀泥沙，将其挟卷在水流中，而后沉积在另一个地方的过程。当沉积床受到的剪切应力超过某一临界值时，冲蚀过程发生。当含沙量超过水流的输运能力时，沉积过程发生。

要了解输沙过程，就必须对水动力过程有一个很好的认识（第2章中已讨论）。本章介绍的输沙过程对污染物的演化、输运（第4章）以及富营养化过程（第5章）也有重要的作用。

本章第3.1节将概述输沙的一般特征；3.2节讨论输沙的基本过程；3.3节重点介绍黏性泥沙；3.4节介绍非黏性泥沙；3.5节将讨论沉积床地质力学；3.6节介绍对浅水泥沙再悬浮和沉积过程至关重要的风浪过程；3.7节介绍泥沙模拟及应用。

3.1　概述

阿尔伯特·爱因斯坦的儿子汉斯·爱因斯坦教授曾经说过："我的父亲早年对泥沙输运和河流力学感兴趣，但经仔细的考虑后，选择了物理学较为简单的方面。"爱因斯坦的考量并不是没有道理的，流体流动和泥沙动力学复杂的相互关系支配了泥沙输运。

泥沙过程是许多科学家和工程师感兴趣的问题。其不仅具有科学上的研究价值，还对认识诸多日益严峻的环境问题有重要的意义，例如富营养化、污染物输运、床面的冲蚀和淤积、废弃物处理等。

总悬浮泥沙（TSS）对水质和富营养化过程具有重要的作用，主要体现在其对密度、入射光强度、养分供应的影响上。TSS的增加将削弱进入水体中的光强，从而影响水温，进而影响到生物和化学反应速率。水体中的太阳辐射强度直接影响着藻类和植物的生长。阳光和养分是控制藻类生长的重要因子，二者的有效性与TSS浓度密切相关。TSS除了本身是一个非常重要的水质参数外，其还通过吸附/解吸附过程，与溶解在水中的化学物质建立了密切的关系。陆地上的营养物质和有毒化学物质可附着在泥沙颗粒上进入地表水中。在水中，这些污染物可随泥沙一起沉降，亦可脱离泥沙颗粒溶解于水中。通过吸附和沉降过程，TSS影响着水体中营养物质和污染物的浓度，这将在介绍污染物的第4章和介绍营养物质的第5章进行讨论。

例如，2012年的飓风Sandy产生了巨大的风浪，加上大西洋很长的风程，引起了历史性的风暴潮和波浪侵蚀，导致美国东北海岸部分地区发生了极端洪水，并在新泽西州和纽约州的堰洲岛产生新的入口。有的海滩在一夜间消失了，沙丘侵蚀后退70 ft[①]（相当于30年的变化），沙丘高度减低

① 1ft = 30.48 cm。——编注

差不多10 ft（USGS，2014）。图3.1.1所示前后两张航空照片显示了飓风Sandy带来的破坏。

图3.1.1　飓风Sandy登陆前后岛屿航空照片的对比图（USGS，2014）

3.1.1　泥沙属性

泥沙或沉积在水体底部或悬浮于水中。悬浮泥沙通常由水或冰来输运。泥沙来自土壤侵蚀或动植物的分解。从这个意义上说，泥沙是自然和人类活动生成物质的末端，也是污染问题的根源所在。

泥沙包含了多种物质，其主要组成部分有以下四种。

（1）孔隙水：体积占比最大的组成部分，填充于泥沙颗粒间的孔隙中；

（2）无机泥沙：无机部分（粉土、黏土等）包括地面物质受自然侵蚀而生成的岩石碎片、贝壳碎片及矿物颗粒等；

（3）有机泥沙：有机部分（藻类，浮游动物，细菌，碎屑等）虽然含量很低，但却是一个非常重要的组成部分，因为它能调节许多污染物的吸附过程和它们的生物活性；

（4）污染物：污染物附着在泥沙上，包括营养物质、PCB及重金属等；其含量很低，但却是研究污染物输运和水质过程的关键所在。

泥沙的平均比重接近于石英（2.65）的比重。总悬浮泥沙或总悬浮固体（TSS）是指悬浮或溶解于水中的物质。含沙量是指单位体积的水沙混合物中干泥沙的重量，通常表示为毫克/升（mg/L）。当水样中的水完全蒸发后，残留在容器中的就是总悬浮泥沙。 悬浮颗粒可被过滤器过滤，溶解态泥沙因太小而无法被过滤。因此，可使用过滤器来区别“颗粒态”和“溶解态”泥沙。传统上使用的是孔径为0.45 μm大小的膜纤维过滤器。根据美国联邦法规（APHA，2000）规定，总溶解固体（TDS）是指能通过0.45 μm膜过滤器的物质。总悬浮泥沙（TSS）是指那些不能通过0.45 μm膜纤维过滤器的物质。总固体物质是所有溶解和悬浮（可过滤和不可过滤）固体的总和。

泥沙的一个最基本的性质是粒径，定义为它们的直径。泥沙粒径通常表示成网目大小恰好允许颗粒通过的筛子的网格尺寸，这也称为颗粒的筛直径。根据粒径大小，泥沙颗粒分为六大类：①黏土；②粉砂；③沙；④砾石；⑤卵石；⑥大石。

由于泥沙分类是人为的，因此不同文献中有不同的分类方案。水质研究中，通常只考虑黏土、粉砂和沙三类泥沙的输运模拟。表3.1.1给出了黏土、粉砂、沙、砾石的粒径范围（USACE，2002）。尽管不同分类方案确定的粒径范围会稍有不同，但表3.1.1给出的粒径范围与工程设计和地质研究中所采用的粒径范围是相对一致的。如表3.1.1所示，泥沙的粒径范围是非常大的，涵盖了几个数量级；砾石是直径介于2.0 ~ 20.0 mm之间的颗粒；沙的直径介于0.06 ~ 2.0 mm之间，这个类别可以进一步分为极粗、粗、中、细、极细等几个子类。实践中，极细沙是肉眼可见的最小颗粒；粉砂是指直径介于0.0039 ~ 0.06 mm之间的颗粒；黏土是粒径小于0.0039 mm的颗粒。

表3.1.1　泥沙颗粒的种类和粒径

类型	粒径范围 (mm)
砾石	2.0 ~ 20.0
沙	0.06 ~ 2.0
粉砂	0.0039 ~ 0.06
黏土	< 0.0039

另一种表示泥沙大小的方式是温氏分级表（Wentworth Scale），其基于单位尺度ϕ，定义为：

$$\phi = -\log_2 d = -3.3219\log_{10} d \tag{3.1.1}$$

式中，d为颗粒直径，mm。

下面的公式将ϕ单位转换成毫米（mm）：

$$d(\text{mm}) = 2^{-\phi} \tag{3.1.2}$$

例如，2ϕ大小的沙质颗粒直径为0.25 mm，9ϕ大小的黏土颗粒直径为0.00195 mm。

在自然水体中，泥沙样本的颗粒大小并不均匀，它们通常有一个粒径分布。但是，通常有必要采用某个典型的颗粒直径作为尺寸分布的度量，以表示样本的特征。在工程实践中，通常采用中值粒径来对泥沙进行分类，记作d_{50}。中值粒径将样本分成质量相等的两部分，即粒径大于中值粒径的样本和粒径小于中值粒径的样本质量相同。例如在奥基乔比湖，不同湖区的泥沙中值粒径d_{50}从0.4 ～15 μm不等（Hwang，Mehta，1989），分别是黏土和粉砂的直径大小（表3.1.1）。也可以用其他类似的参数来表示颗粒的特征，例如，d_{90}表示粒径小于此值的泥沙占总重量的90%。

泥沙也可以分成黏性和非黏性泥沙两类。图3.1.2是一个输沙过程的概念模型，其中给出了黏性泥沙和非黏性泥沙的区别。黏性泥沙中颗粒聚合主要是颗粒间物理化学吸附的结果。与非黏性颗粒不同，黏性颗粒受到颗粒间聚合力的控制，与重力相比，这种聚合力非常大。这些力使黏性泥沙受到絮凝作用的控制。一般来说，粒径越小，表面积–体积比越大，颗粒间的物理化学吸附作用也越强。对受污染的泥沙而言，颗粒间聚合力越大，输运和吸附污染物的能力就越强。黏性泥沙颗粒小，彼此附着在一起形成具有数百甚至数千个颗粒的聚合体，而非黏性泥沙颗粒直径一般较大，这些颗粒很容易分离。图3.1.2也表明，由于泥沙的夯固和压实，床面密度（特别是黏性泥沙）随深度增加而逐渐增大。表3.1.1中，黏土是黏性的，具有较高的吸附能力；沙是非黏性的，基本上没有吸附能力。

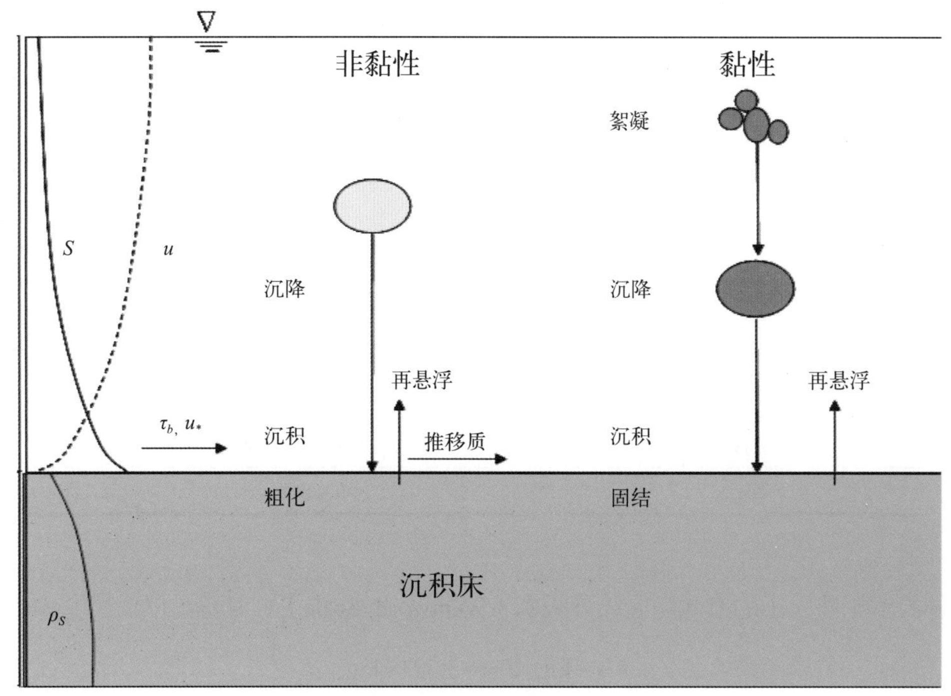

图3.1.2　输沙过程概念图

黏土颗粒小于0.0039 mm。由于其粒径小，相对于体积而言，黏土具有非常大的表面积，因此其对污染物具有很强的吸附能力。沙的粒径介于0.06～2.0 mm之间，对这种大小的颗粒而言，作用于其上的重力远大于颗粒间的表面引力。沙（除极细沙外）是非黏性的，一般是不会黏在一起的。

粉砂颗粒大小介于沙和黏土之间，粉砂颗粒悬浮的时间远超沙颗粒，其能表现出黏性和非黏性两种性质，具体表现哪种性质取决于它们的大小和组成成分。黏土和粉砂的水混合物通常被称为泥，其通常会含有少量沙和有机物质。泥由于颗粒间强大的表面引力而表现出很强的黏性特征，主要颗粒尺寸小于63 μm（Mehta，2002）。

3.1.2　泥沙相关问题

进入地表水的泥沙和污染物的不断增加已经导致了淤积和水质退化。现在，已在江河、湖泊及河口底部的泥沙中发现了许多种营养物质和污染物，这些物质可以通过泥沙的再悬浮和扩散重新回到水体中。

水体中的泥沙会影响浑浊度、热量吸收及富营养化区深度。未污染泥沙和污染泥沙的问题不尽相同。未污染泥沙主要是引起淤积，减少水体可用光。而污染泥沙的主要问题是向水体中释放污染物、生物富集和生物放大。陆地上的泥沙可以将污染物带入地表水中。陆地上的营养物质和有毒化学物质会吸附在泥沙颗粒中，随之进入地表水中，并随泥沙沉降，或溶解于水体中。泥沙浓度增加会造成许多环境问题，其中包括：

（1）沉积在水库、湖泊、港湾造成淤积，降低通航能力，增加维护疏浚费用；

（2）作为载体可以使重金属、农药及其他污染物长期埋藏在底床中，或者使这些污染物随着泥沙输运而输送到非常远的地方；

（3）泥沙阻碍阳光入射，而阳光则是影响植物生长和水温的重要因子；

（4）泥沙影响水体的整体外观，降低景区的旅游观赏价值；

（5）泥沙过多会影响鱼类栖息和产卵区的水生生物种群。

在河流、湖泊、港口及河口地区，由泥沙导致的淤积是一个持续的过程。在低流量情况下，悬浮泥沙会沉降到河流底床，或集聚在水库及河口上游地区，导致淤积。在大流量情况下，比如在暴风雨时，来自流域中的大量泥沙将排放进入受纳水体中，然后沉积在流速相对小的地区。许多的港口航道都受到快速淤积的困扰，迫使管理部门制订昂贵的维修计划，以保障航行。具有更深远影响的因子是那些悬浮于水体或存在于底床中的、数量庞大的、粒径为黏土和粉砂大小的小颗粒。这些细颗粒泥沙可通过影响水温、密度和沉积作用来影响水流。有时，泥沙会通过洪水和溢流被重新输送到陆地。这种侵蚀物质的沉积作用可以有不同的影响，主要取决于这些物质是什么类型的土壤。冲积土壤，无疑是可以提高土地生产率的，比如世界上一些最肥沃高产的土壤。然而，沙和砾石是洪水中最常见的沉积土壤，这会限制土地生产力。

泥沙污染是一个普遍存在的环境问题，其可以对各种水生生态系统产生威胁。悬浮泥沙作为载体，污染物很容易附着其上，从而随之进行沉降、输运和淤积。泥沙能够输运吸附的污染物，如营养物质、杀虫剂、除草剂、多氯联苯（PCB）、多环芳烃（PAH）、重金属以及其他有毒物质。因此，泥沙成为这些化学物质的容器。由于泥沙会在水体中吸附污染物，因此沉积于水体底部的泥沙大都已经被污染。污染泥沙不仅可以直接毒害水生生物，而且还可以作为食物链富集作用的污染物来源。因此，大多数有毒化学品的研究都必须考虑输沙过程，这将是第4章的重点。

受高含沙量影响最明显的水质变量是浑浊度。悬沙浓度将影响光的透射和藻类生产力。细颗粒泥沙沉降速度非常小，因此它们可以很容易地随波浪和水流输送。水体中的这些泥沙颗粒可以影响热量吸收和富营养化区深度。泥沙颗粒通过增强水体中的光衰减作用抑制光合活动、降低藻类制造食物和氧气的能力。这进一步又影响到依赖于植物初级生产力的高等生物。如5.8节所要阐述的，高含沙量造成的光抑制是阻碍沉水植物（SAV）生长的主要因素。

悬浮于水中的泥沙会降低水的透明度，影响休闲活动，降低水体的审美功能。虽然泥沙及其输运是自然发生的，但含沙量和颗粒大小的变化会对水体产生负面影响。细颗粒泥沙可以严重改变海洋生物群落。沉降到底部的细颗粒泥沙会扼杀鱼卵和底栖动物、破坏底栖生物栖息地。泥沙会阻塞和擦伤鱼鳃，使位于水体底部的卵和水生昆虫的幼虫窒息，并填塞底部卵石之间供鱼类产卵之用的孔隙（USEPA，2000e）。

3.2 泥沙过程

输沙是指将泥沙由一个地方冲起，由水流输运，然后沉积到另一个地方的过程。当底床受到的剪应力超过某一临界值时，冲刷发生。当含沙量超过水流的挟沙能力时，沉积过程发生。沉积在底床的泥沙可随时间不断地密实。输沙的四个基本过程是：

（1）床沙的再悬浮过程；

（2）悬移质和推移质的输运；

（3）悬浮泥沙的沉降、沉积过程；

（4）沉积床的压实和固化。

这些过程主要依赖于水动力条件和泥沙特性，如粒径、形状、密度和成分等性质。

沉积床与水体间的泥沙交换（如沉积和再悬浮）是非常复杂的过程，其不仅取决于水体中的各种过程，还取决于底床中泥沙的性质。悬浮泥沙主要经由湍流进行输运。在风浪可以形成的大面积浅水区域，其能量可达到水底，因此风浪也能影响泥沙的再悬浮和沉积过程。泥沙颗粒与水流之间的相互作用也具有重要的作用。如式（2.1.6）所示，高含沙量除改变水体密度外，还会抑制湍流动能的发展。

许多泥沙过程，特别是黏性泥沙过程，尚未被完全认识。所面临的问题不仅是缺乏测量数据，而且对相关的物理过程也缺乏了解。数学模型，包括本章所描述的三维模型，是泥沙研究的必备工具。但是对各种过程的物理理解和数学描述仍然落后于模拟研究的发展，特别是底床附近的泥沙交换过程。

3.2.1　颗粒物沉降

沉降速度是控制水中泥沙颗粒移动的一个基本特征量，它定义为静态水中单个颗粒下沉的最终速度。沉降速度的概念虽然简单，但通常无法对其进行精确计算或测量。沉降速度主要取决于颗粒的大小、形状、密度以及水的黏性和密度。较大的颗粒下降得更快，而细颗粒泥沙可通过湍流扰动很容易地悬浮于水中，并维持这种悬浮状态。

对于泥沙输运模拟而言，颗粒的沉降速度以及沉积后的颗粒对剪切应力作用下的再悬浮过程的阻碍作用都是非常重要的。沉降速度也可用于计算水体中吸附污染物的向下运动。因为水动力条件的影响，不同情况下的颗粒沉降特性会有所不同。水中的泥沙颗粒通过沉降被带到底部，一旦接近底部，沉积过程将控制着它们脱离水体。因此，沉降和沉积有着本质的不同。

水体中某个颗粒的沉降过程由黏性阻力和重力间的平衡决定。如图3.2.1所示，水中颗粒的沉降受重力F_g，向上的浮力F_b，及阻力F_d共同影响。这里有：

$$F_g = \rho_p\left(\frac{\pi}{6d_p^3}\right)g \tag{3.2.1}$$

$$F_b = \rho_w\left(\frac{\pi}{6d_p^3}\right)g \tag{3.2.2}$$

式中，g为重力加速度，cm/s^2；ρ_p为颗粒物密度，g/cm^3；d_p为颗粒直径，cm；ρ_w为水的密度，g/cm^3。阻力是对流过颗粒表面的水流摩擦阻碍的结果。这种阻碍作用的大小取决于颗粒在水体中的下沉速度、颗粒大小及水的黏度。

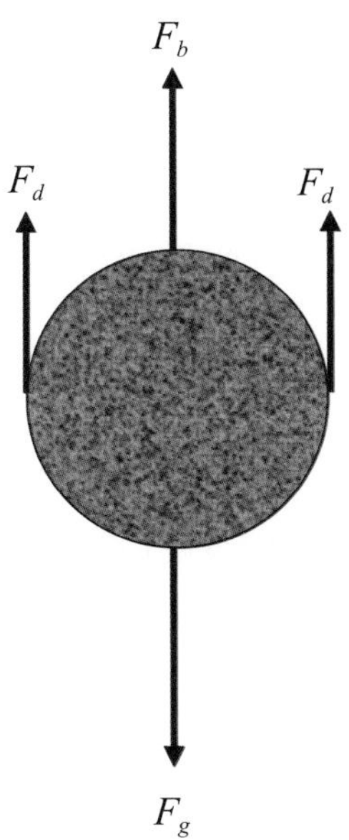

图3.2.1　颗粒沉降过程中的受力情况

雷诺数（Re）被定义为：

$$Re = \rho_w V_s d_p / \mu \tag{3.2.3}$$

式中，μ 为水的绝对黏度，g/(cm·s)；V_s 为颗粒的沉降速度，cm/s。

假定水流是层流，雷诺数小于1，根据斯托克斯定律有：

$$F_d = 3\pi\mu d_p V_s \tag{3.2.4}$$

当颗粒的沉降速度不再改变时，重力等于阻力与浮力之和：

$$F_g = F_b + F_d \tag{3.2.5}$$

利用这个关系，均匀球形颗粒的沉降速度可估算为：

$$V_s = \frac{g(\rho_p - \rho_w)d_p^2}{18\mu} \tag{3.2.6}$$

这是一个用于估算水中颗粒最终沉降速度的基本公式。由于它是基于斯托克斯阻力表达式，因此这个公式通常被称为斯托克斯公式，求解的沉降速度称为斯托克斯速度。式（3.2.6）表明，沉降速度与颗粒和水间的密度差成正比。式（3.2.6）的另一个基本结论是沉降速度与颗粒直径的平方成正比，因此大颗粒的沉降速度远大于小颗粒。这对理解水中的沉降过程是非常有帮助的。

虽然式（3.2.6）是一个经典方程，其给出了与颗粒沉降相关的关键过程，但因为推导公式时所做的假设通常不适用于实际水体（比如假设雷诺数小于1的层流），因此式（3.2.6）的主要作用是理解沉降过程而非计算实际沉降速度，实际上也的确很少用该公式来计算实际的沉降速度。相反，人们提出了许多经验公式来估算沉降速度，尤其是黏性泥沙的沉降速度。这些经验公式非常多，而且没有哪一个公式在普适性方面会优于其他公式。黏性泥沙的沉降通常比非黏性泥沙复杂。悬浮颗粒会随周围水体水平移动，并且垂向以颗粒沉降速度下沉（Chin，2013）。3.3.3小节将给出若干计算黏性泥沙沉降速度的经验公式，3.4.2节将对非黏性泥沙的沉降进行更加详细的讨论。

沉降速度一般通过直接测量进行估算。但是，沉管中测量的沉降速度往往不准确，不能直接用于数值模型中，因为沉管中的湍流往往很弱，甚至不存在。沉管中的湍流条件（以及水流条件）与实际水体会有很大差别。模型中的泥沙沉降速度通常作为调整参数以使结果与实测泥沙数据相符合。此外，许多模型将各种大小的泥沙分成一个或若干个组（或类），这使得泥沙参数（比如颗粒直径、形状及密度）的代表值难以确定，因此就没必要（也不可能）指定这些参数的准确值。更直接简单的应用是将沉降速度作为泥沙模型的校准参数。

沉降速度还部分依赖于模型的类型。比如垂直一层的湖泊模型的输入沉降速度应该比垂直多层模型的值小，因为后者能更好地表征垂直输送过程，比如上翻和垂直湍流混合，这些过程可以明显地降低净沉降速度。

3.2.2　泥沙的水平输运

输沙的主要动力来自水流和风浪。悬浮泥沙通过点源排放、地表径流、河岸侵蚀及底床侵蚀进入水体。水流、风、入流及潮汐（河口和沿海水域）是控制输沙的主要因素。系统中温度、地形和盐度的变化使得所有这些机制的影响变得非常复杂，增加了描述输沙的难度。使用K-ε湍流模型，Ji（1993）以及Ji和Mendoza（1993，1997，1998）研究了在近底床附近，水流的不稳定性与输沙的关系，得出的结论认为：泥沙输运同样受到近底床水流不稳定性的显著影响。

水流所输送的泥沙的尺寸变化非常大，包括溶解物质（直径小于0.45 μm）及悬浮颗粒，如黏土、粉砂和沙（表3.1.1）。这些粒子是泥沙模拟研究中的主要关注对象。总输沙量是悬移质和推移质的总和：

$$\text{总输沙量} = \text{悬移质} + \text{推移质} \tag{3.2.7}$$

泥沙以悬移质和（或）推移质形式移动（如图3.2.2）。悬移质是悬浮在水体中进行输运的那部分泥沙。悬移质包括从底床再悬浮的泥沙和从上游带来的冲泻质。冲泻质是悬移质的一个子集，具有相对细小的、几近永久悬浮的物质，这些物质在系统中进行输运时不发生沉积。冲泻质的颗粒粒径一般要比底床颗粒的粒径小。一旦进入到水流中，冲泻质颗粒在湍流作用下保持悬浮，其沉积或与底床的相互作用可以忽略不计。黏性泥沙仅作为悬移质通过平流（挟卷在水中，随水流）和扩散（从高含沙量地区向低含沙量地区移动）输运。

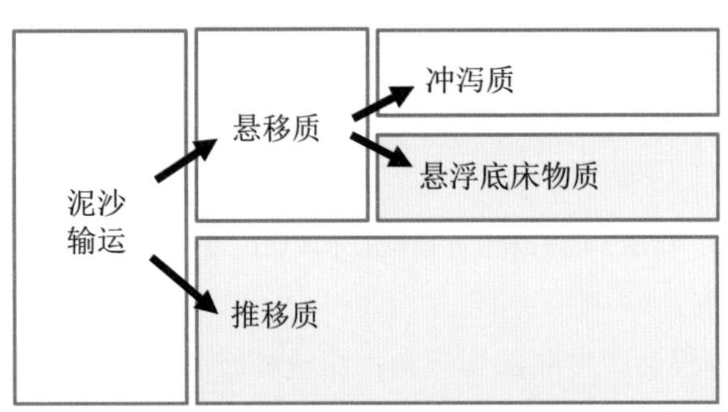

图3.2.2　泥沙输运中的悬移质和推移质

非黏性泥沙可以悬移质和推移质两种形式输送。推移质是指在水流中沿河底跃移、滚动或滑动的泥沙颗粒。推移质运动在一层厚度仅有数个颗粒直径大小的薄层上间歇性发生，这一薄层位于床面之上或与床面紧密接触。跳跃是指单个泥沙颗粒沿床面进行孤立或连续的跃起。跳跃是一个将推移质输运（在床面上间歇性发生）变成悬移质输运（在水体中进行）的转化过程。

尽管在概念上，悬移质和推移质有明显的差别，但在自然水体中往往很难完全区分这两种输沙模式，而且也很难分别单独地测量这两种模式。推移质和悬移质之间的界限划定的不是很清晰，取决于水流条件。在含有混合泥沙颗粒（沙子和砾石）的水流中，底床中的沙子在中等流速下能以推移质行进，并随着流速的增加而开始部分或完全悬浮。即使以悬浮态行进时，这些泥沙中的大部分可能仍然离底床非常近，使得很难对水流中的悬移质进行采样，甚至不能区分推移质和悬移质。但为方便起见，泥沙模型中的每一种输沙模式都有各自独立的方程。另外，在污染物运输的研究中，悬移质通常更能引起人们的兴趣，因为污染物往往吸附在悬浮泥沙中，并随之进行输运。

切应力是水流施于单位面积床面上的摩擦力，它是底床物质运动的重要影响因子。切应力不仅是施于底床的实际应力，而且也是一个描述输沙、侵蚀和沉积过程的有用参数。式（2.2.29）给出了切应力计算公式。当水在沉积床上流动，无论是稳定流还是潮汐和波浪作用下的往复流，水流都会在底床上施加一个切应力。泥沙颗粒运动的能量来自于流动在低速水流之上的高速水流。速度梯度之所以产生，是因为边界水的流动速度要比主体水的流动速度小。高速水的动量将会被传输到较慢的边界水上，此时高速水流会挟卷起低速水：切应力将使泥沙颗粒以滚动的形式向下游移动（图3.2.3）。泥沙是继续留在底床上还是悬浮于水中要取决于切应力的大小。如果切应力大于临界切应力，则一小部分悬浮物质会发生沉积，如果底床切应力小于临界切应力，悬浮泥沙会逐渐沉积在底床上。

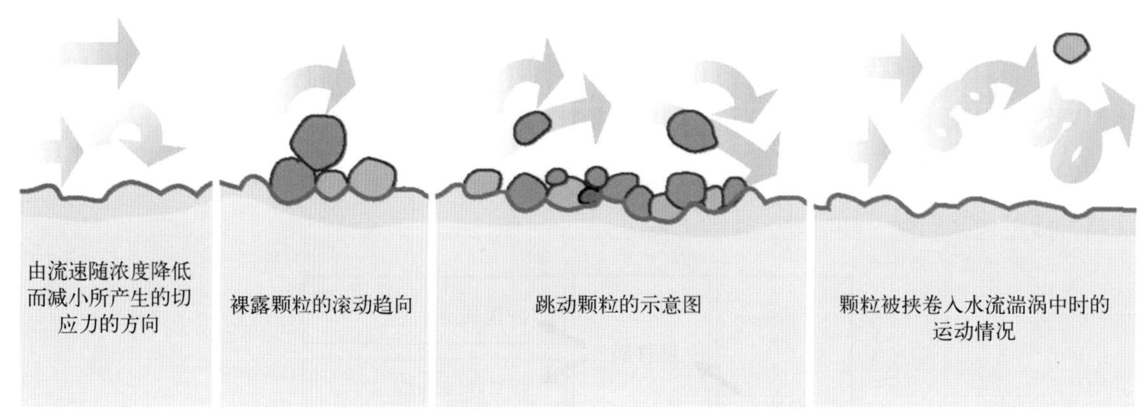

图3.2.3　作用于沉积床附近颗粒的水流切应力（FISRWG，1998）

通常，有两类水动力过程会产生底部切应力：流速和波浪。在河流中，流速是底部切应力的主要影响因子。在湖泊中，风浪是主要的影响因子，尤其是在风暴发生时。在大型浅水湖泊中，比如奥基乔比湖，风浪是影响底部切应力计算的主要因素（Jin，Ji，2004）。在河口，风浪、潮汐波以及平均水流都可以对底部切应力产生重大影响。每个分量相对总切应力的重要性取决于河口的具体特点。

在数学上，综合考虑了流和风浪作用的切应力$\vec{\tau}_{cw}$，可以写成两个分量的矢量和，一个是与流有关的、时间平均的分量$\vec{\tau}_c$，另一个是与风浪有关的最大分量$\vec{\tau}_{ww}$，可以表示为：

$$\vec{\tau}_{cw} = \vec{\tau}_c + \vec{\tau}_{ww} \tag{3.2.8}$$

水流产生的切应力强度τ_c可以用下面的形式表示：

$$\tau_c = C_c \rho_w u^2 \tag{3.2.9}$$

式中，u为近底床的流速，m/s；ρ_w为水密度，kg/m^3；C_c为无量纲的底摩擦系数；τ_c为水流应力，N/m²。水流应力方程式（3.2.9）与风应力方程式（2.1.38）非常相似。

风浪应力强度τ_{ww}可表示为：

$$\tau_{ww} = C_{ww}\rho_w u_{ww}^2 \tag{3.2.10}$$

式中，u_{ww}为底床附近风浪的轨道速度，m/s；C_{ww}为由风浪产生的无量纲底摩擦系数；τ_{ww}为风浪应力，N/m²。底部切应力的计算将在讨论风浪的3.6节做详细介绍。

一旦水流产生的切应力超过了保持颗粒静止的阻力，泥沙颗粒就会被水流挟卷起。对于底床上的静止颗粒，其受到的切应力被重力、颗粒间摩擦力及聚合力所平衡。数学上可用下面的方程来描述侵蚀过程：

$$F_s = F_w + F_f + F_c \tag{3.2.11}$$

式中，F_s为由施于颗粒上的水流切应力产生的再悬浮力；F_w为颗粒重量产生的重力；F_f为由颗粒与底床间的摩擦所产生的再悬浮阻力；F_c为由颗粒与底床间的聚合作用所产生的再悬浮阻力.

随着流速增加，公式左端项将以速度平方的形式递增。单个颗粒是否发生移动要取决于不同的因素，这里既有确定的因素，也有随机因素。如果切应力很小，颗粒不会发生移动，只有切应力达到临界切应力大小时，颗粒才会发生移动。当再悬浮力F_s能够使颗粒悬浮的时候，比如$F_s > (F_w + F_f + F_c)$，泥沙颗粒就会被挟卷起并被带离其原来所在的地方。静止颗粒离开底床开始移动时的切应力大小称为侵蚀临界切应力。临界切应力的大小主要取决于颗粒的大小和密度，其次还受颗粒形状、颗粒间压缩程度及黏性聚合力的影响。一旦切应力下降，导致$F_s < (F_w + F_f + F_c)$，那么颗粒就会沉降到底部。

如图3.2.3中的第一和第二幅图所示（FISRWG，1998），水流产生的切应力将使颗粒向下游滚动。在水流缓慢的区域，泥沙颗粒主要以推移质的形式沿底部移动。移动以滑动或滚动的形式开始，沿着底床向水流方向输运泥沙颗粒。如图3.2.3中第三幅图所示，一些颗粒可以通过跳跃在床面上方移动。这些滚动、滑动及跳跃的移动形式使运动中的颗粒与底床频繁地接触，因此泥沙是作为推移质进行输运的。

随着流速（及切应力）的进一步增加，颗粒开始处于悬浮状态，并受到湍流力的控制。当切应力进一步增大时，向上的湍流扩散超过了重力的影响，使颗粒一直处于悬浮状态，泥沙将作为悬移质进行输运（如图3.2.3中第四幅图所示）。

3.2.3　再悬浮和沉积

众所周知，拍打在沙滩上的平缓波浪能够冲刷海滩上的沙粒，但通常不会移动鹅卵石。在泥沙再悬浮中，湍流强度起着将沙粒从底床上剥落以使它们能够移动的重要作用。与保持已开始运动的颗粒处于悬浮状态相比，克服将颗粒保持在底床上的惯性力总是需要更大的切应力。这类似于飞机在起飞时需要全推力才能脱离地面，然后需要较少的推力来保持空中飞行。

在自然水体中，通常无法区分再悬浮阶段和沉积阶段。但为了进行物理描述和数学模拟，有必要将再悬浮和沉积过程区分开。McNeil等（1996）设计了一个称为SED的水槽来测量高切应力下、不同沉积深度时的侵蚀。他们发现，侵蚀的临界切应力是沉积深度的函数，侵蚀速率是切应力和深度的函数。泥沙侵蚀测量装置的发展（例如，Roberts et al.，2003；Jepsen et al.，2002）促进了输沙模型的发展。

术语“侵蚀”和“再悬浮”通常作为同义词使用。泥沙再悬浮主要受底切应力控制。具体地点的底床性质也是决定侵蚀速率和侵蚀深度的主要因子之一。当底切应力大于临界值时，底床上的泥沙就会被侵蚀、输运。如式（3.2.11）所阐述的，当底切应力已足够克服那些使泥沙保持静止状态的力时，颗粒物就会处于悬浮状态。对于非黏性泥沙，主要的稳定力是颗粒的重力。对于容积密度［由式（3.5.2）定义］接近于水密度的黏性泥沙，主要稳定力是颗粒间的吸附力和有机聚合力。通常，黏性沉积床可按密度进行分层，抗剪强度随深度增加而增加。当通过水流和风浪传到底床的切应力达到再悬浮所需的临界切应力时，泥沙就发生移动，这个临界切应力与将泥沙固定在底床上的抗剪强度相等。

一旦悬浮，泥沙就会以一定的速率沉降，这个速率取决于含沙量、沉降速度及湍流强度。泥沙沉积是悬浮泥沙脱离水体，暂时或永久成为底部泥沙的过程。非黏性泥沙的沉积临界切应力仅比侵蚀临界切应力稍小。一旦切应力太小而无法冲刷泥沙，非黏性泥沙就会沉积到底床，但黏性泥沙絮凝物的沉降则有很大的不同。黏性泥沙的沉积临界切应力可能会远小于侵蚀临界切应力。精确的分析需要进行现场试验以确定临界切应力以及其他控制泥沙输运的参数。

发生沉积的可能性（沉积概率）取决于底切应力、悬浮泥沙粒径以及泥沙的黏度。为了能发生沉积，泥沙颗粒必须克服各种阻力，这些阻力由水中的湍流、界面上的薄黏性子层及泥沙到达底部后发生的生物化学活动产生。沉积速度可以作为沉降速度和沉积概率共同作用的结果进行估算，沉积概率可以取0（湍流强的系统）到1（如平静的池塘）范围内的不同值。底床单位面积上的沉积速率或者单位时间内进入底床的物质通量（D），可以计算成若干级别的沉降通量之和：

$$D = \sum_i p_i w_{si} S_{bi} \tag{3.2.12}$$

式中，w_{si} 为第i级的沉降速度；p_i 为第i级的沉积概率；S_{bi}为底床附近第i级的含沙量。

计算D需要获得w_{si}，p_i以及S_{bi}的相关信息。沉积概率是指落在底床上的颗粒继续留在底床上的概率。黏性和非黏性泥沙的沉降活动在许多方面都不同，这导致了估算沉降速度的方法不相同。沉积概率由泥沙特性和水动力过程决定，因此黏性和非黏性泥沙的沉积概率具有不同的特点。黏性泥沙的沉降将在3.3.3小节进行讨论，非黏性泥沙的沉降将在3.4.2中讨论。

对于小溪和河流，Graf（1971）阐述了泥沙颗粒大小、流速与泥沙沉积和再悬浮的关系（图3.2.4），这可以作为理解输沙、沉积和再悬浮的主要指导理论。例如，直径为0.2 mm的细沙在流速小于1.5 cm/s时发生沉降，当流速大于30 cm/s时发生再悬浮；而直径为0.004 mm的极细粉砂则不会发生沉降。需要说明的是，图3.2.4给出的关系仅仅是初步的估计。若要对泥沙沉积和再悬浮做可靠的估算，必须具有实测站点数据。

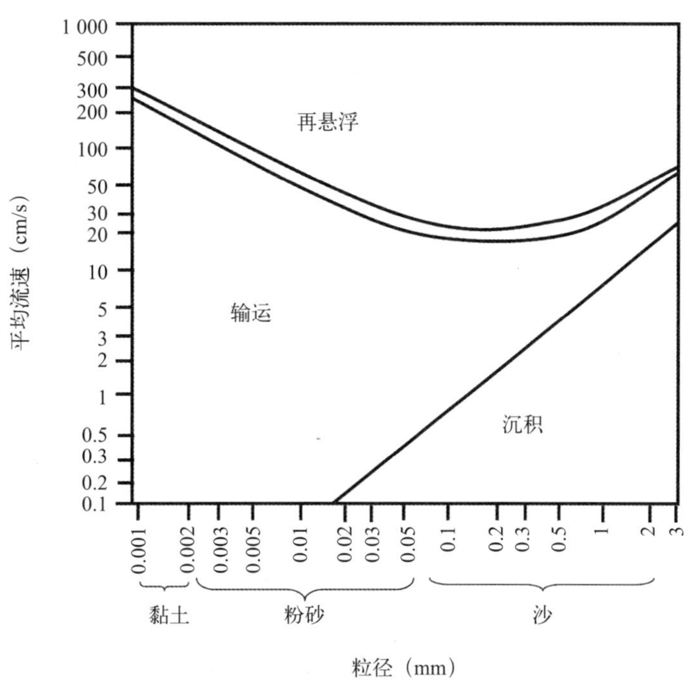

图3.2.4　泥沙发生侵蚀、输运、沉积所需的流速和粒径条件(Graf，1971)

3.2.4　输沙方程

水体中悬浮泥沙浓度随时间和空间的变化受质量守恒方程控制，也称输运方程。水体中，黏性和非黏性颗粒被水流输运的方式相同，因此所有粒径等级的泥沙都使用相同的输运方程来描述其移动。悬浮泥沙浓度S的输运方程可通过式（2.1.10）得到。在笛卡儿坐标系（水平方向）和Sigma坐标系（垂直方向）下，方程形式为：

$$\begin{aligned}&\partial_t(HS)+\partial_x(HuS)+\partial_y(HvS)+\partial_z(wS)-\partial_z(w_sS)\\&=\partial_x(HA_H\partial_xS)+\partial_y(HA_H\partial_yS)+\partial_z\left(\frac{A_v}{H}\partial_zS\right)+Q_s\end{aligned}\tag{3.2.13}$$

式中，H 为水深；u，v 分别为笛卡儿坐标系中x和y方向的水平速度分量；w为Sigma坐标下的垂直速度；w_s 为泥沙沉降速度；S 为含沙量；A_v，A_H 分别为垂直和水平湍流扩散系数；Q_s 为外部源汇项。

式（3.2.13）中不包含衰减项，因为悬浮泥沙可认为是保守量。非黏性泥沙的沉降速度w_s是颗粒大小、密度及形状的函数，通常与含沙量无关。黏性泥沙的垂直速度可能会与含沙量及其他一些因素有关，比如水流切应力。

泥沙输运方程在水面（$z=1$）和底床（$z=0$）处的垂直边界条件如下：

$$-\frac{A_V}{H}\partial_z S - w_s S = 0, \quad 当 \quad z = 1 \quad 时 \tag{3.2.14}$$

$$-\frac{A_V}{H}\partial_z S - w_s S = J_0, \quad 当 \quad z = 0 \quad 时 \tag{3.2.15}$$

式中，$J_0 = J_d + J_r$ 为底床进入水体的净泥沙通量，等于泥沙沉积通量(J_d)和泥沙再悬浮通量(J_r)之和。

式（3.2.14）表明，水面（z=1）的净输运为0，扩散通量$-\dfrac{A_V}{H}\partial_z S$总与$w_s S$相平衡。在沉积床（$z$=0），净泥沙通量$J_0$是泥沙侵蚀通量与沉积通量之和。$J_0$表示了底床与水体间的泥沙交换，它的计算是泥沙模拟中非常困难的一部分内容。

重力沉降通量（$w_s S$）和水–沙床界面上的泥沙净通量（J_0）表示了输沙中的两个重要机制。含沙量分布对侵蚀和沉积的时间变化非常敏感，因为它们代表了总悬浮泥沙的源汇项。净泥沙通量J_0（再悬浮减去沉积）通常由基于实测数据的经验公式确定。

与所有输运方程一样，输沙方程式（3.2.13）与盐度输运方程式（2.2.63）很相似。但式（3.2.13）与式（2.2.63）一个较大的区别是，式（3.2.13）包括了一个泥沙沉降项：$-\partial_z(w_s S)$，这一项表示了由于重力沉降而脱离水体的悬浮泥沙。另一个较大的区别是泥沙在水底的垂直边界条件有垂直通量（J_0），而盐度方程式（2.2.63）通常没有这种垂直边界条件，因为在一般环境下，盐度不会来自于水体的底部。

通常采用泥沙质量输运方程的数值解来对输沙活动做准确的描述，描述的精确度严重依赖于对含沙量垂直剖面结构及泥沙与流场间相互作用的理解。悬浮泥沙浓度的垂直分布依赖于湍流强度和颗粒沉降速度。沉降速度越大，维持输沙所需的湍流就越强。对于没有源汇项（Q_s）、稳定的水平均匀流而言，式（3.2.13）可以简化为一个简单的一维形式：

$$-\frac{A_V}{H}\frac{\mathrm{d}S}{\mathrm{d}z} - w_s S = 0 \tag{3.2.16}$$

这与式（3.2.14）的垂直边界条件类似，在当前的假定条件下，上式适用于整个水体中。式（3.2.16）的解是：

$$S = S_0\,\mathrm{e}^{-\frac{w_s H}{A_V}(z-z_0)} \tag{3.2.17}$$

式中，S_0为z_0处的参考含沙量。

式（3.2.17）所示的简单解析解阐述了悬浮泥沙浓度与泥沙沉降速度、垂直湍流混合及水深间的基本关系。式（3.2.17）及河槽中对应水流的示意图如图3.2.5所示。式（3.2.16）表明：水体中向上的泥沙湍流扩散（$-\dfrac{A_V}{H}\dfrac{\mathrm{d}S}{\mathrm{d}z}$）被泥沙脱离悬浮状态的下降趋势（$w_s S$）所平衡，如式（3.2.17）及图3.2.5所示，这使得距离底床越远，含沙量越低。如果泥沙沉降速度及含沙量足够大，含沙量垂直递减造成的垂直密度梯度就可以使近底床流产生稳定的分层。如式（3.2.17）所示，如果沉降速度太大，就几乎没有泥沙能悬浮于水中，产生的悬浮泥沙不明显。如果沉降速度很小，大量的泥沙将均匀地混合在整个水体中。

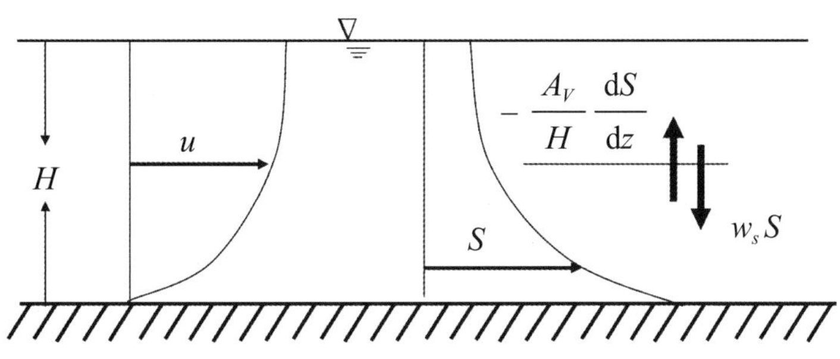

图3.2.5　渠道中悬浮泥沙浓度及相应流速的垂直剖面图

由于更高的沉降速度通常意味着更大的粒径［如式（3.2.6）］，式（3.2.17）也可以用图3.2.6来表示，图中展示了悬浮泥沙浓度和粒径的垂直剖面。从图3.2.6可以看出，水体中悬浮泥沙的浓度和粒径分布一般随着距离底床高度的增大而减小。左图显示，粗沙的垂向浓度变化远大于细砂，因为前者的粒径（和沉降速度）大于后者。沙的粒径较大，水流无法大量挟带进入上层水体。粉砂的粒径很小，容易悬浮，使其具有更均匀的粒径分布。同样，粗沙高浓度地区位于河床附近且随距离底床高度增加而下降的速率比细沙快。细沙很容易悬浮起来，比粗沙在垂直方向上的分布更加均匀。

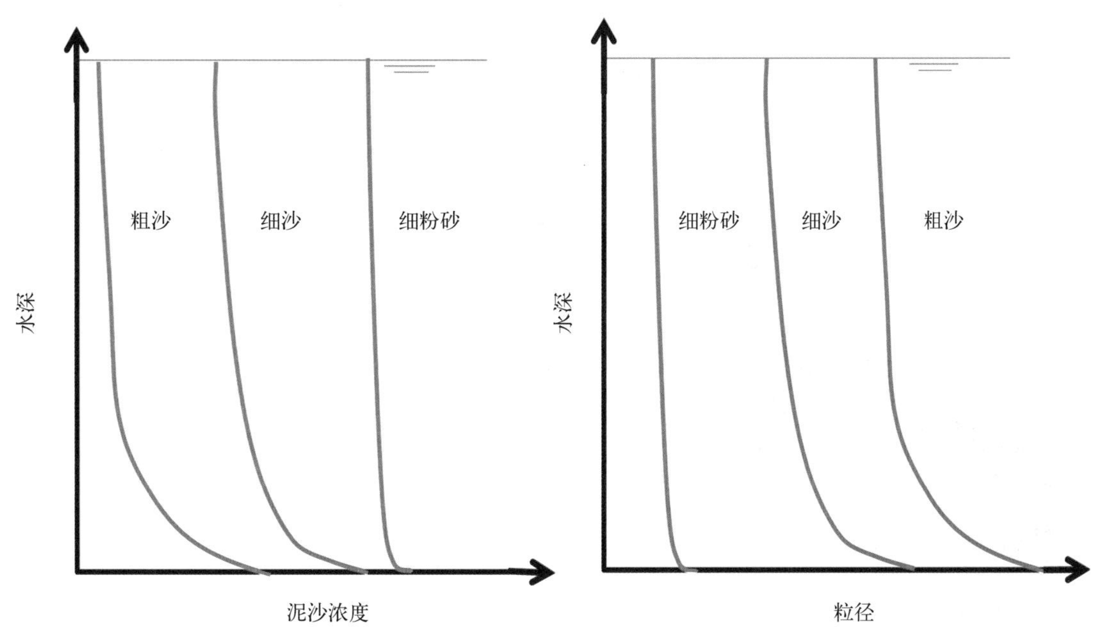

图3.2.6　渠道中悬浮泥沙浓度及粒径的垂直剖面图

3.2.5 浊度和透明度（塞氏盘深度）

浊度是一个衡量水体清澈度（或透明度）的参数：即水中物质对透过水体的光线的阻碍程度。浊度反映水体浑浊的程度。总悬浮泥沙（TSS）越高，水体看起来就越浑浊，浊度值也就越大。在降雨过程中以及降雨之后，浊度（以及TSS）通常会迅速升高。暴雨径流会增加水流流速，增强对河岸及河床的冲蚀。高浑浊水对水质有多方面的影响。如果水体长时间过于浑浊，水体的健康度和生产力就会被严重削弱。

决定浊度的因子有三个：

（1）悬浮泥沙（包括黏土、粉砂及沙）；

（2）微小的浮游有机物（例如藻类、浮游动物）；

（3）有色物质。

疏浚工作、流速增加，甚至许多底栖鱼类的活动都会搅动起底部泥沙，增加浊度。如果浮游动物数量减少，降低了对藻类的捕食，藻类数量的增加也将导致浊度增加。浊度的源项包括：

（1）建设、砍伐或农业活动引起的土壤侵蚀；

（2）浮游动物含量减少、藻类过量繁殖；

（3）污水排放；

（4）城市径流；

（5）海岸侵蚀；

（6）洪水、疏浚、航船及底栖动物引起的底部泥沙再循环；

（7）湿地径流或植物分解引起的水体变色。

透明度（塞氏盘深度）是一个描述水体浊度（或清晰度）的度量。它通过降低水体中的塞氏盘直至不可见为止进行测量，是水质测量中一个最古老、最简单、应用时间最长的测量方法。它由意大利天体物理学家佩特·安吉洛·塞奇（Pietro Angelo Secchi）发明，1865年4月他首先使用若干白盘来测量地中海的海水透明度。常用塞氏盘的半径为20 cm，盘面分成四个象限，黑白两色相间（图3.2.7）。测量时，将塞氏盘浸入水体，直至其不可见，记下深度，然后将盘拉至恰好能看到盘的深度，这两个深度的平均值即为透明度。

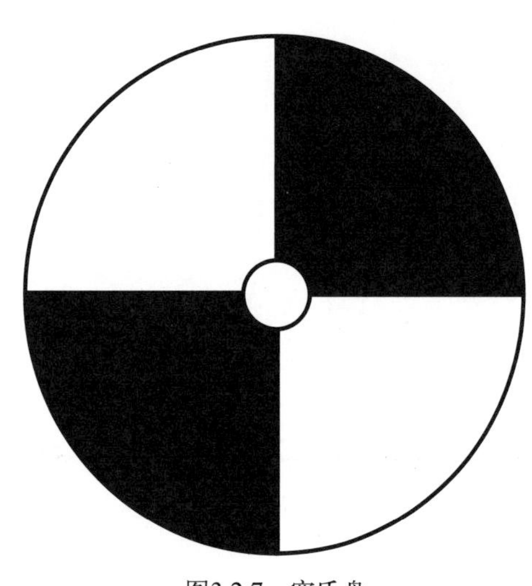

图3.2.7 塞氏盘

塞氏盘是评估水体透明度的有效工具。其能以较低的成本获得大量的水质信息，而其他营养物质，如磷和氮及叶绿素a的测量不仅测量频率低而且成本高。透明度与浊度、生物透光带深度之间有很好的相关性。结合总磷和叶绿素a，透明度经常被用来度量湖泊的营养状态（例如，Carlson，1977）。由于人们可以在某一特定的季节收集大量的塞氏盘观测数据，并能以较低的成本获得多年数据，因此塞氏测量通常都有长时间的历史记录，这为认识水体营养状态的长时间变化趋势提供了基础。

透明度的读取会受到若干因素的影响，例如观测者的视力、观测时刻、塞氏盘的反射系数等。透明度也被用于估算水体中的藻类浓度。但是，要注意在评估有色水体营养状态水平时，透明度并不能充分反映其营养状态，这种情况下总氮和总磷则是评估富营养化的更精确指标。

式（2.3.17）中的消光系数是另一个经常使用的浊度（或透明度）参数。基于在奥基乔比湖42个测站收集到的数据，Jin和Ji（2005）研究了透明度、消光系数以及总悬浮固体物质的特征（图3.2.8及图3.2.9）。图3.2.8是基于奥基乔比湖测量数据的总悬浮固体物-消光系数关系图，图中实线表示的是基于实测数据的经验曲线，其对应公式如下：

$$K_e(\mathrm{m^{-1}}) = 0.121\,89\ \mathrm{TSS\ (mg/L)} + 1.235\,89 \tag{3.2.18}$$

式中，K_e为光衰减系数，$\mathrm{m^{-1}}$；TSS为总悬浮泥沙浓度，mg/L。

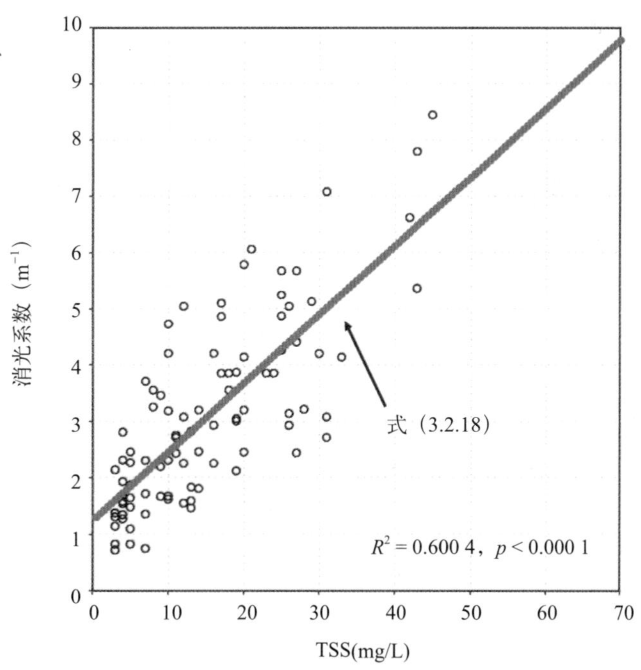

图3.2.8　基于奥基乔比湖实测数据得到的总悬浮固体与消光系数的关系图（Jin，Ji，2005）

过去，人们做了大量水体的透明度测量。Beeton（1958）以及其他学者总结得出了透明度Z_s与消光系数间的经验关系式：

$$K_e = C/Z_s \tag{3.2.19}$$

式中，C是常数，其代表值介于1.7～1.9之间。在奥基乔比湖，基于1999年和2000年的观测数据，我们得出的C值为1.83，这与前人的研究一致。从式（3.2.18）和式（3.2.19）可知，奥基乔比湖的透明度可表示为：

$$Z_s(\mathrm{m}) = \frac{1.83}{0.121\,89\ \mathrm{TSS}\ (\mathrm{mg/L}) + 1.235\,89} \tag{3.2.20}$$

图3.2.9是基于奥基乔比湖的观测数据所得出的总悬浮固体物与透明度间的关系图。实线是由式（3.2.20）得出的经验曲线。

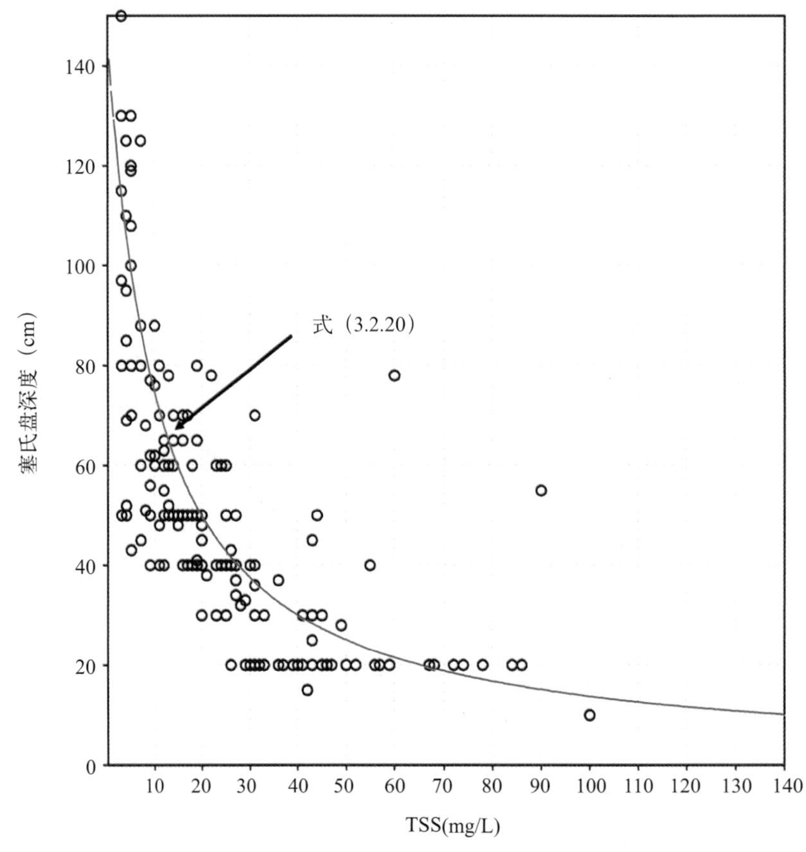

图3.2.9　基于奥基乔比湖实测数据得到的总悬浮固体与透明度的关系图（Jin，Ji，2005）

3.3　黏性泥沙

地表水管理经常需要对黏性泥沙过程有准确细致的理解，以处理不同的环境和工程问题。对于黏性泥沙人们主要关心泥沙淤积和环境污染两个方面。

黏性泥沙在泥沙淤积的相关问题中起着重要的作用，例如水库淤积、航道及码头维护、疏浚及疏浚物的再处置。黏性泥沙对化学组分的强吸附能力使其在相关水质问题中扮演了污染物载体的角色。磷、重金属、PCB等许多污染物都可以吸附于黏性泥沙上，并能随其输运、沉积、再悬浮。沉积在底床的黏性泥沙如果被风浪和强水流等再悬浮力搅动，其就会成为水体中污染物的排放源。奥基乔比湖就是一个典型的例子，该湖泊所表现出的富营养化特征主要就是由水体与底床间增强的内部磷循环所导致的（Jin，Ji，2004）。因此，理解黏性泥沙过程对研究污染物输运（第4章）和富营养化过程（第5章）也有非常重要的作用。

黏性泥沙由细颗粒组成，这些细颗粒可以单独存在，但更多情况下是聚合成絮状聚合体。黏性泥沙粒径小，相对于质量，其具有较大的表面积。描述黏性泥沙的基本特征量有：

（1）粒径；

（2）矿物成分；

（3）有机物质所占比例；

（4）阳离子交换能力。

对于黏性泥沙，聚合物整体特性、颗粒理化活动以及颗粒间吸附决定着黏性泥沙的活动特征。黏性泥沙的特征要比粗颗粒物质复杂，因为黏性泥沙的总体性质依赖于泥沙类型、水体中离子的类型和浓度以及水流条件。

黏性泥沙是指颗粒间吸附力（主要是电化学作用）大于使其沉淀到底床的重力的泥沙。其最重要的特性是颗粒间的黏结和化学活动，因为这些活动使黏性泥沙对水动力强迫做出与非黏性泥沙不同的响应。颗粒间聚合力在黏性泥沙活动中起着非常显著的作用，其使得细小颗粒黏合在一起，形成更大的聚合物。黏性聚合力的强度与颗粒的矿物性质、水体化学性质尤其是盐度有关。因此，大颗粒的粉砂在淡水中可能是非黏性的，但流入河口后就可能成为黏性泥沙。所以，依据理化活动来定义黏性泥沙要比依据粒径容易。

黏性泥沙经常以泥的形态存在于水体中。泥的组成物质很多，因此很难为泥的组成做统一的定义。通常，泥包括黏土、粒径介于黏土和粉砂之间的非黏土矿物质、有机物质，有时也包括少量的细沙。当大量粗颗粒物质如沙、沙砾及贝壳碎屑等与泥同时存在时，不同粒径泥沙间的相互作用变得非常复杂，因此有必要将粗颗粒物质与泥区别开来进行处理。作为一个例子，表3.3.1列出了奥基乔比湖五个站点的泥粒径分布。中值粒径从0.003～0.015 mm不等，这包括了黏土和粉砂的粒径。

表3.3.1　奥基乔比湖五站的细颗粒粒径分布（基于Hwang，Mehta，1989）

站号	d_{75} (mm)	d_{50} (mm)	d_{25} (mm)
1	0.015	0.010	0.002
2	0.024	0.015	0.001
3	0.013	0.007	0.0006
4	0.008	0.004	0.0007
5	0.010	0.003	0.0006

黏性泥沙和非黏性泥沙间的界限没有清晰的定义，通常会随着物质类型的不同而变化。但是，可以近似地认为，随着粒径的减小，颗粒间的黏性聚合力将越来越强于重力。因此，黏土（表3.1.1中，粒径小于0.0039 mm）将表现出比粉砂（0.0039 ~ 0.06 mm）更多的黏性特征。粉砂粒径大小的物质，特别是表3.1.1中列出的粗粉砂通常具有较弱的黏性。对于非黏性泥沙，只要知道粒径、形状、泥沙和水的比重、黏性系数或者水温（或其他物理性质），就可以估算其运动特征。但是，黏性泥沙的运动则要复杂得多。稍后将在本章对此进行介绍。

黏性泥沙的主要过程包括：①悬浮和输运；②絮凝和沉降；③沉积；④沉积泥沙固结；⑤沉积床再悬浮/侵蚀过程。

由于沉降速度小，黏性泥沙很容易被水流输运。黏性泥沙输运过程在波动占主导地位的水系统中非常重要，例如浅水湖和河口，因为在周期外力强迫下，如风浪和天文潮，黏性泥沙会反复地进行沉降、再悬浮过程。悬浮黏性泥沙浓度由水平和垂直泥沙通量及底床内部过程决定。黏性泥沙通常以聚合物（絮凝物）的形态进行输运，而非单个颗粒。悬浮黏土颗粒通过黏性力黏合在一起，形成大质量的聚合物，最终以聚合物（絮凝物）的形态沉降到底床。由于絮凝作用形成了大的颗粒，观测到的沉降速度，其量级要比单个颗粒的斯托克斯速度大。絮凝物的动力过程（包括絮凝、沉降、分解以及固结）将影响到悬浮泥沙的浓度。沉积床中的颗粒黏性增强了再悬浮过程的阻力，其强度与固结时间有关。黏性泥沙运动非常复杂，需要在广泛的领域和理论上进行更深入的研究（Lick，2006；James et al.，2010）。

3.3.1 黏性泥沙浓度的垂直分布

水流和波浪输运悬浮泥沙的能力由水流中有效能量的大小决定。在水体中，悬浮泥沙通常不会充分混合，而是通过沉降发生分层，使得靠近底床的区域泥沙含量非常高。当水流过一个由很细颗粒组成的底床时，最下面的水层是层流，形成一个只有几毫米厚的黏性底层。随着流速增加，该层厚度减小。在低流速下，悬浮颗粒沉降到该层中，并沉积在底床上。在高流速下泥沙颗粒突出黏性底层使其破坏并在底床上形成湍流。

图3.3.1是黏性泥沙浓度$S(z)$ 及相应流速$u(z)$的垂直分布图，图中表明，黏性泥沙有三个明显的区域：

（1）上部大部分区域是一个混合层，含沙量相对较低；

（2）薄薄的浮泥层与混合层间有一个含沙量剧烈变化的区域，称为 “泥跃层”（Parker，Kirby，1982）；

（3）底部区域是浮泥层。

浮泥被定义为细颗粒泥沙的高浓度悬浮液，其沉降过程在很大程度上受到邻近泥沙颗粒和絮凝物的阻碍，但是尚未形成足够强的相互黏结以消除流动的可能性（McAnally et al.，2007）。10 g/L的泥沙浓度通常被认为是浮泥的下限（Kineke et al.，1996）。浮泥与黏性泥沙底床的区别在于，前者是一种流体支撑的颗粒集合体，有效法向应力几乎为零，而后者是充分脱水后形成的完全由颗粒支撑的集合体（Mehta，1991）。浮泥的黏度范围比水大2～4个数量级，这对其动力学有深远的影响（参见Rodriguez，Mehta，1998；Sheremet et al.，2011）。

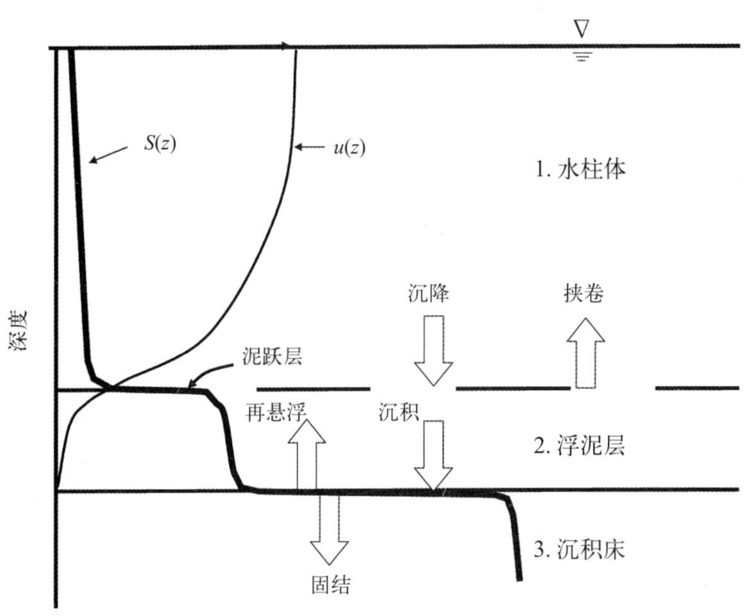

图3.3.1　黏性泥沙含沙量及流速的垂直剖面图

混合层中，垂直湍流扩散强烈，泥沙混合相对充分。泥跃层是黏性泥沙垂直分布图中的一个重要特征，其含沙量梯度非常大。泥跃层以下，是高含沙量的浮泥层。含沙量在底床附近可以比在水面大几个量级。当沉降通量与垂直湍流输运通量达到平衡时，水流的湍流能量使浮泥层得以维持。浮泥层很薄，因此经常无法监测到。沉积可以在两个界面发生：水体与浮泥层之间以及浮泥层与沉积床之间。在浮泥层–底床界面上，浮泥层在因密度过大而无法维持液态的地方发生沉积和固结。

浮泥层或处于静止状态或处于介于悬浮和沉积间的、移动的过渡状态，类似于非黏性泥沙的推移质输运。它的顶层由泥跃层清楚地标出，但与底床的界面较难界定。浮泥层通过重力向下流动，或者通过其上水流切应力的拉动，沿水流方向移动。浮泥层中泥沙和水是以液态进行混合的，其含沙量极高，并且有一个变化剧烈的泥–水界面。浮泥层像一个均匀的高浓度黏性流体，是沉积床和水柱间非常好的界面：底床中的泥沙依然静止而水体中的泥沙则随水流运动。浮泥层密度比水大，比底床小，仍然可以移动，但是流速比环境水流小（USACE，2002）。

流动于高密度淤泥层上的低密度水可能会在界面上引起波动。上层的风浪活动增强了界面波动，将能量从混合层传至浮泥层。浮泥层保持静止直到某一临界切应力被超过。随着垂直流速切变的增加，界面波能量不断增加，直至静止状态被打破，此时界面波将一些浮泥重新悬浮，同时将更清的水注入浮泥层中。浮泥层–水体界面的不稳定以及相关的泥沙颗粒挟卷，有助于黏性泥沙的沉积和再悬浮（USACE，2002）。当水流涡动将浮泥层带入混合层时，挟卷发生，其强度由两层间浓度差异、颗粒沉降及水流条件决定。

由于浮泥层厚度依赖于湍流强度，因此浮泥层厚度可以有显著的变化（Hwang，Mehta，1989）。浮泥层含沙量量级为10 g/L，甚至更高。因此，浮泥层中输运的总泥沙量是相当可观的。当含沙量超过每升几十克的临界值时，颗粒间的相互作用开始改变湍流活动。湍流强度低时，浮泥层泥沙将沉积在泥沙层上。浮泥层的组成、结构及随后的演变，由悬浮泥沙向底床的沉降通量决定。沉降通量则取决于含沙量和沉降速度。目前水流和浮泥层间的相互作用仍然没有得到很好的认识。浮泥层并不在所有地表水体中都能观测到，形成浮泥层的条件需要进一步的研究。

3.3.2 絮凝

絮凝是细悬浮颗粒聚集成较大簇状物（絮凝物）的过程。絮凝物是更细颗粒的集合体，细颗粒通过化学、物理或者生物过程聚合成更大、更易沉降的颗粒。自然界中，黏性泥沙很少作为单个颗粒进行沉降。当颗粒间足够近，其黏性力能够克服水流切应力及重力等使颗粒分离的外力时，颗粒就会黏合在一起。絮凝涉及颗粒的两个过程：聚合和碰撞。

颗粒的碰撞和聚合过程也称为聚集和凝结。絮凝物比单个颗粒大，其沉降速率通常也比单个颗粒的大。由于絮凝物包裹了水，因此其密度要比颗粒的小。絮凝物的沉降速度是其粒径、形状、相对密度的函数。絮凝物的形成依赖于悬浮颗粒的类型和浓度、环境的离子特征、流体切变以及水流的湍流强度。

聚合（颗粒吸引）受泥沙矿物质和水的电化学作用控制。颗粒聚合首先取决于矿物组成、粒径以及泥沙阳离子交换能力。其他影响聚合过程的参数包括盐度、pH值、水温。黏性和非黏性泥沙的界限并不严格。但可以认为，对于相同类型的物质而言，聚合过程随着粒径的减小而增强，例如，黏土的黏性要比粉砂强。湍流可以增强碰撞过程，而盐度则可以增强颗粒间的聚合力。絮凝物的有效密度会与单个颗粒的密度有很大不同，这使得预测沉降速度变得非常困难，并且需要站点实测资料来对模型进行校准。有机物如硅藻的存在，使得泥沙具有生物聚合特性，这可以将泥沙颗粒与生物分泌出的黏液绑定在一起。生物聚合比电化学聚合更难预报，这是使用沉降速度作为黏性泥沙模型校正调节参数的另一个原因。

细黏性颗粒间的碰撞导致了絮凝的发生和絮凝物的生成。碰撞频率通常会随含沙量和速度梯度的增加而增加。但是，如果速度梯度过大，絮凝物会破裂、分散，稍后形成新的絮凝物。颗粒碰撞显著影响絮凝物的大小、沉降速度、强度以及密度。持续的絮凝过程会生成较大的聚合物（絮凝物），这些大的絮凝物具有更高的孔隙率、更强的不规则性、更大的沉降速率，也更容易破碎。控制粒子碰撞的主要因素有三个：①速度梯度；②颗粒间沉降速度的差异；③布朗运动。

这些因子同时起作用，不同水流条件下，其中的某一个过程可能会占据主要地位。布朗运动仅对直径小于1 μm的流动颗粒有显著作用，而速度梯度和沉降速度差异则对直径大于1 μm的颗粒起重要作用（Lick et al.，1993）。速度梯度的作用在强湍流区域占主要地位。悬浮颗粒随水流以不同速度移动，这将导致颗粒间的相互接触。湍流强度影响颗粒间的碰撞。由速度梯度生成的絮凝物相对较强较密。在低含沙量的情况下，小的切应力能够促进小絮凝物聚合成更大的絮凝物，而更大的速度梯度将会使絮凝物分解（USACE，2002）。最容易分解的絮凝物是那些粒径最大、沉降速度最大、质量最大的絮凝物。在高流速条件下，絮凝物会经历连续的絮凝、分解过程，维持一个准平衡状态，此时生成的絮凝物的特性受到聚合颗粒前期变化的影响显著。在实验室中很难模拟这些过程，因为准确模拟自然水流的湍流结构及生物影响尤其困难。

沉降速度差异使得快速沉降的颗粒冲撞位于其下方的慢速沉降颗粒。当水流切变相对较小时，其将成为一个显著的影响因子。尤其是在远离岸线的开阔水域，不同的沉降将成为絮凝作用的主要机制（Lick et al.，1993）。这一机制由颗粒或絮凝物的大小决定：粒径差异越大，絮凝速度越强。这一机制在大絮凝物生成后，将变得更加显著。

布朗运动有时是三个机制中最小的影响机制，此机制中，热力作用导致了细小颗粒的随机运动。布朗扩散引起的输运仅依赖于热力作用，与水流、重力、盐度等因子无关。布朗运动形成杂乱的弱强度絮凝物，其可以很容易地因速度梯度而分解（CSCRMDE，1987）。由于自然水体中的泥沙通常受控于一定大小的、可测量的速度梯度和湍流，因此布朗运动的作用一般可以忽略。但是在湍流很弱的区域，布朗运动可以很显著。当悬浮颗粒浓度很大时，布朗运动也很重要。

Kranenburg（1994）使用下面的公式估算了絮凝物的密度：

$$\Delta\rho_f = \rho_f - \rho_w = (\rho_s - \rho_w)\left(\frac{D_s}{D_f}\right)^{3-n_f} \tag{3.3.1}$$

式中，ρ_f、ρ_s和ρ_w分别为絮凝物、泥沙颗粒和水的密度；D_f和D_s分别为絮凝物和泥沙的粒径；n_f是分形维数，通常在1.7～2.2范围内，平均值为2。

3.3.3　黏性泥沙沉降

沉降是颗粒的向下运动，这种向下运动是由作用于颗粒上的重力、浮力及黏性拖曳力导致的（图3.2.1）。黏性泥沙沉降要比非黏性泥沙更加复杂，其与絮凝作用密切相关，单个颗粒通过絮凝作用聚合成更大的絮凝物。这种聚合导致了絮凝物的沉降特性与单个颗粒有显著的不同。絮凝过程会导致沉降速度提高若干量级。

沉降速度通常是一个比粒径更重要的黏性泥沙参数，是水体中泥沙活动的一个直接度量，而粒径仅仅给出了用于估算沉降速度的参数。如式（3.2.16）所示，当湍流所致的垂直混合等于或大于单个颗粒沉降速率时，泥沙将继续悬浮在移动的水体中。随着速度下降，垂直混合减弱，沉积将逐渐开始发生。

估算黏性泥沙沉降速度的经验公式有很多种。将絮凝物沉降速度参数化是一个描述絮凝和沉降的成功方法，该方法用以下各项计算沉降速度：

（1）黏性有机物质的基本粒子大小，d；

（2）含沙量，S；

（3）水平流速的垂直切变，$\mathrm{d}u/\mathrm{d}z$；

（4）水体中的湍流强度，q。

因此，可以得出：

$$w_s = w_s\left(d,\ S,\ \frac{\mathrm{d}u}{\mathrm{d}z},\ q\right) \tag{3.3.2}$$

例如，使用英国Severn河口泥沙数据的研究（Thorn，Parsons，1980）曾得到如下形式的沉降速度计算公式：

$$w_s = 0.513S^{1.29},\quad 当\quad S < 2\ \mathrm{g/L}\quad 时 \tag{3.3.3}$$

式中，w_s的单位是mm/s。式（3.3.3）是式（3.3.2）的一个特例。它表明随着含沙量增加，颗粒碰撞和絮凝作用增强，沉降速度变大。

一个由Ariathurai和Krone（1976）提出的被广泛使用的经验公式也将有效沉降速度与含沙量联系起来：

$$w_s = w_{so}\left(\frac{S}{S_o}\right)^{\alpha} \tag{3.3.4}$$

下标“o”表示参考值。由于依赖于参考含沙量以及α值，上式中的沉降速度可能随着含沙量增加而变大，也可能随含沙量增加而减小。

基于奥基乔比湖6个站点的沉降观测数据，Hwang和Mehta（1989）提出了如下公式：

$$w_s = \frac{aS^n}{\left(S^2 + b^2\right)^m} \tag{3.3.5}$$

式（3.3.5）并不依赖于水流的特性，但其所依据的数据取自于同时具有水流和风浪的能量场（图3.3.2）。该公式的曲线是一个抛物线，在低含沙量的条件下，沉降速度随着含沙量降低而减小，而高含沙量条件下，沉降速度随着含沙量增加而减小。可以使用最小二乘拟合法来确定式（3.3.5）中的4个参数a，b，m和n。Hwang和Mehta（1989）的估算认为，奥基乔比湖的这4个参数分别为$a = 33.38$，$b = 3.7$，$m = 1.78$及$n = 1.6$，其中w_s的单位是mm/s，S的单位是g/L。

Ziegler等（2000）也提出了一个描述有效沉降速度的公式，其形式如下：

$$w_s = 2.5(SG_1)^{0.12} \tag{3.3.6}$$

G_1是絮凝物形成时水体中的垂直切应力，其计算方式为：

$$G_1 = \sqrt{\tau_{xz}^2 + \tau_{yz}^2} \tag{3.3.7}$$

从式（2.2.24）可知，其有：

$$G_1 = \frac{A_v}{H}\sqrt{\partial_z u^2 + \partial_z v^2} \tag{3.3.8}$$

式中，z是由式（2.2.19）定义的Sigma坐标系。

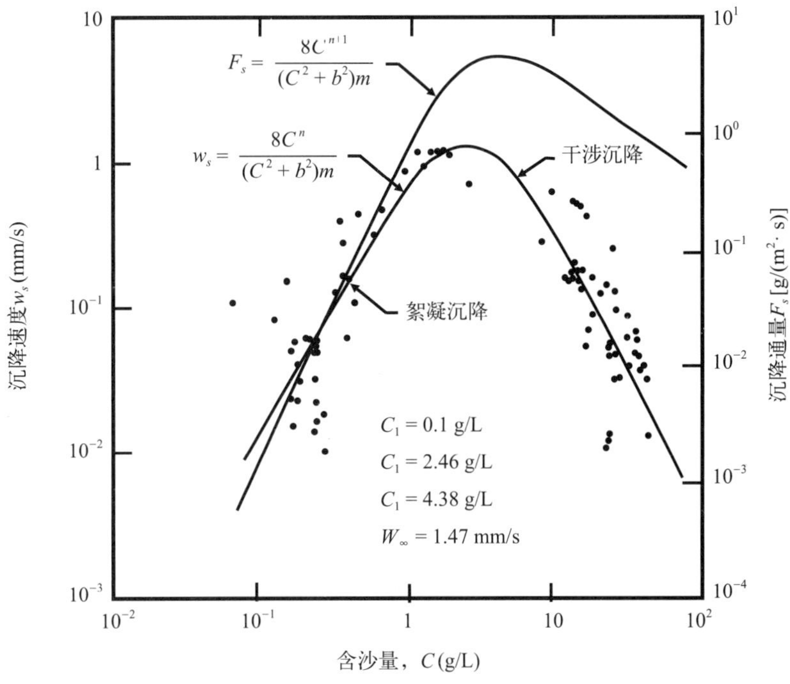

图3.3.2　奥基乔比湖沉降速度和沉降通量随含沙量变化的关系图
（Hwang，Mehta，1989）

Shrestha和Orlob（1996）提出了另一个沉降速度公式，其形式为：

$$w_s = S^{\alpha} \exp(-4.21 + 0.147\, G_2) \tag{3.3.9}$$

式中，

$$\alpha = 0.11 + 0.039\, G_2,\quad G_2 = \sqrt{(\partial_z u)^2 + (\partial_z v)^2} \tag{3.3.10}$$

G_2是水平流速的垂直切力的大小。

Dyer等（2000）使用英国Tamar河口的实测试验数据进行研究，发现沉降速度依赖于湍流强度和含沙量：

$$w_s = -0.243 + 0.000\,567\, S + 0.981\, G_3 - 0.093\,4\, G_3^2 \tag{3.3.11}$$

湍流强度参数G_3为：

$$G_3 = u_* \sqrt{\frac{u}{\nu H}} \tag{3.3.12}$$

式中，S为含沙量，g/L；u_*为剪切速度，m/s；u为流速，m/s；H为水深，m；ν为运动黏性系数，m²/s。

尽管有关黏性泥沙沉降的经验公式已经报道了很多，但由于对絮凝和沉降过程的认识不足，仍然很难准确计算沉降速度。在所有可用的沉降公式中，使用恒定的沉降速度是一个最简单、需要参数最少的方法。在站点应用中，恒定沉降速度如果能在实验室中得到精细的测量，恒定沉降速度就更加有效。在将不同絮凝公式与实测沉降速度进行对比后，Violeau等（2000）发现尽管有些絮凝公式包含更多的物理过程，但它们的准确性却未必很高。最符合站点资料的公式仍是使用恒定沉降速度的公式。因为沉降速度测量有很大的不确定性，因此建议使用最简单的絮凝公式，除非实测沉降速度能够证明，更复杂的模型可以更加有效。事实上，已经有使用恒定沉降速度对输沙进行成功模拟的案例，例如Ji等（2002a）、Jin和Ji（2004）的研究。

沉降速度通常由沉降管测量，但是其测量值与实际值间会有误差。因为：

（1）沉降管中的湍流状况与实际水体中的有显著不同，如前所述，湍流在泥沙絮凝过程中起着非常重要的作用；

（2）由于沉降管中湍流较弱，近底层大絮凝物的分解将被低估；

（3）沉降管的大小（直径和长度）同样会影响絮凝和沉降过程。

3.3.4 黏性泥沙沉积

黏性泥沙的沉积（及再悬浮）过程非常复杂。在过去几十年中，尽管已对其做了大量的研究，黏性泥沙沉积和再悬浮过程仍然有很多的不确定性。其中，难以收集准确实时的数据是一个很大的障碍：

（1）实验室中的泥沙试验无法代表实际情况；

（2）难以测量泥沙沉积再悬浮模式所需的全部参数。

当底部切应力超过床面阻力（如临界切应力）时，侵蚀就会发生。而床面阻力又依赖于其他床面参数，例如泥沙组分、含水量、盐度、底床固结演变情况等。因此，关于沉积床的模型通常都是经验性的，仅适用于某一站点。另一方面，沉积受水动力过程的直接影响，因此其更需要严格的模型。

近底床面的强切应力可以在大絮凝物发生沉降前将其分解，而后，生成的小絮凝物和单个颗粒将发生再悬浮。当沉降中的絮凝物接触到沉积床时，泥沙颗粒的重量使孔隙水排出，絮凝物在底部慢慢坍塌。覆盖于底床之上、固结很弱的絮凝物将很容易被重新悬浮和冲刷直至床面抗剪强度与施于其上的底部切应力达到平衡。由于固结和粗化作用，颗粒重分布会使床面抗剪强度和阻力不断增加，阻碍再悬浮过程。

不断发生的固结作用将增强个体颗粒与絮凝物间的聚合力以及它们抗冲刷的能力。表层的粗化也随着时间而增强，粗化过程分解弱的颗粒聚合物，促进更强的再聚合，使得冲刷发生更加困难。关于固结和粗化过程，我们将在3.5节中进行更详细的介绍。

如式（3.2.12）所描述的那样，沉积通量J_d，正比于沉降速度，它是底床含沙量、沉降速度以及沉积概率的函数。水体−沉积床间的黏性泥沙交换由近底床附近的水流环境和沉积床的地质特性决定。考虑了沉积概率后，有效沉积速度可以通过有效沉降速度估算：

$$w_{\mathrm{de}} = w_s\left(\frac{\tau_{\mathrm{cd}} - \tau_b}{\tau_{\mathrm{cd}}}\right) \quad , \ \tau_b \leqslant \tau_{\mathrm{cd}} \tag{3.3.13}$$

式中：τ_b为床面底部切应力或水流施于底床上的应力；τ_{cd}为临界沉积应力；w_s为沉降速度；w_{de}为有效沉积速度。临界沉积应力通常由实验室或站点观测数据获得。当底部切应力超过临界沉积应力时，沉积便停止。

基于式（3.3.13），沉积通量可以表示为：

$$J_d = \begin{cases} -w_s S_d\left(\dfrac{\tau_{\mathrm{cd}} - \tau_b}{\tau_{\mathrm{cd}}}\right), & \tau_b \leqslant \tau_{\mathrm{cd}} \\ 0\,, & \tau_b \leqslant \tau_{\mathrm{cd}} \end{cases} \tag{3.3.14}$$

式中，$J_d = \mathrm{d}m/\mathrm{d}t$ 为泥沙沉积通量，g/(cm^2·s)；m为单位面积上沉积到底床上的泥沙质量，g/cm^2；τ_b为水流施于底床的应力；τ_{cd}为临界沉积应力；S_d为近底层沉积泥沙浓度。

式（3.3.14）表明，当黏性泥沙床面强度足以承受底部切应力时，黏性泥沙将固结在底床上。该公式为式（3.2.15）的边界条件提供了沉积泥沙通量。

近底床水流条件和底床特性控制着水体–沉积床间的黏性泥沙交换。临界沉积应力τ_{cd}通常由试验数据或站点观测数据获得，其值为0.06 ~ 1.1 N/m^2（例如，Hwang，Mehta，1989；Ziegler，Nesbitt，1994，1995）。鉴于文献中此参数的取值范围很广，在没有站点数据的情况，临界沉积应力通常作为校准调节参数。除了确定侵蚀临界应力比较困难外，底部切应力计算也非常关键，稍后将在本章对此进行详细介绍。

3.3.5　黏性泥沙再悬浮

沉积泥沙的再悬浮（侵蚀）过程是由水流和波浪施加的底部切应力所引起的。当底部切应力等于沉积床表面剪切强度时，侵蚀即发生。黏性沉积床可以由单个颗粒组成，但更多情况下，其是由通过聚合作用而黏合在一起的颗粒簇组成。侵蚀发生在聚合最弱的地方。侵蚀速率以及侵蚀发生的深度强烈依赖于底床剪切强度的分布。由于随着深度增加，固结作用变强，因此剪切强度也随深度增加而增强。当剪切强度无法克服侵蚀外力时，再悬浮发生。

黏性泥沙活动是非常复杂的，不仅依赖于水流条件，同时也依赖于泥沙的电化学特性。影响黏性沉积床侵蚀的因子有多种，例如水动力条件、颗粒大小、植被类型和分布、底床的生物化学特性、沉积床演变历史等。由于聚合作用，固结泥沙需要更大的外力才能移动，因此其更难发生侵蚀。黏性沉积床的侵蚀临界应力通常要比临界沉积应力大。也就是说，一旦颗粒沉积到底床上，颗粒间的黏性聚合力使其难以重新移动。但是，一旦黏性泥沙重新悬浮，其输运所需的流速要比侵蚀所需的流速小得多。

黏性泥沙的再悬浮（侵蚀）可以分为两种方式：表面侵蚀和块侵蚀。当底部切应力超过底床临界应力时，表面侵蚀就会发生，表面侵蚀将单个泥沙颗粒从底床表面剥离。当底床表层以下某一深度内的底床剪切强度无法平衡水流施于底床的切应力时，块侵蚀（或容积侵蚀）发生。这种情况下，悬浮过程以移动大片泥沙的方式发生。

表面侵蚀一般发生在低速至中等流速的水流条件下。表面侵蚀将表面颗粒逐个从底床冲走。其在底部切应力低于表面附近的底床剪切强度（这时块侵蚀不发生）并且大于临界悬浮切应力时发生。表面侵蚀速率随着切应力的增强而变大，直到切应力足以剥离大片底床泥沙，随后发生块侵蚀。在流速和底部切应力不断增加的条件下，通常先发生缓慢的表面侵蚀，而后迅速转变为块侵蚀，随后又变为表面侵蚀。如果底床固结得很好，抗剪强度足够大，则仅发生缓慢的表面侵蚀（Tetra Tech，2002）。Lick等（1987）认为，由于聚合和固结作用的存在，在某一给定切应力下，仅有有限的泥沙会发生再悬浮。被挟卷起的黏性泥沙量的多少是沉积时间、切应力及临界切应力的函数。侵蚀将持续到切应力低于床面剪切强度为止。Lick等（2004）提出了一种描述均匀石英泥沙运动启动的理论。这些泥沙以粗颗粒非黏性的方式活动，但表现出细颗粒的黏性特点。他们报道认为黏性泥沙侵蚀不仅以颗粒侵蚀的方式发生，而且以颗粒块或颗粒簇的形式侵蚀。随着颗粒不断被侵蚀，颗粒簇逐渐暴露，当施于其上的上拉力和拖曳力克服重力后，颗粒簇便也开始被侵蚀。

当底部切应力大于临界切应力时，表面侵蚀发生，可表示为：

$$J_r = \frac{\mathrm{d}m_e}{\mathrm{d}t}\left(\frac{\tau_b - \tau_{\mathrm{ce}}}{\tau_{\mathrm{ce}}}\right)^{\alpha}, \quad \tau_b \geqslant \tau_{\mathrm{ce}} \tag{3.3.15}$$

或者

$$J_r = \frac{\mathrm{d}m_e}{\mathrm{d}t}\exp\left(-\beta\left(\frac{\tau_b - \tau_{\mathrm{ce}}}{\tau_{\mathrm{ce}}}\right)^{\gamma}\right), \quad \tau_b \geqslant \tau_{\mathrm{ce}} \tag{3.3.16}$$

式中，J_r为侵蚀速率；$\frac{\mathrm{d}m_e}{\mathrm{d}t}$为底床单位表面积的表面侵蚀速率；$\tau_b$为波浪和流引起的底部切应力；$\tau_{\mathrm{ce}}$为表面侵蚀或再悬浮的临界应力；$\alpha$，$\beta$，和 γ 为与站点相关的参数。式（3.3.15）更适合于固结的底床，而式（3.3.16）则适合于部分固结的底床（Tetra Tech，2002）。两式中的参数通常由试验数据或站点观测资料确定。

基于试验或外场观测数据，Gailani等（1991）提出了如下估算黏性泥沙侵蚀的公式：

$$E = \frac{a_0}{T_d^{\ m}}\left(\frac{\tau_b - \tau_{\mathrm{cr}}}{\tau_{\mathrm{ce}}}\right)^{n}, \qquad \tau_b > \tau_{\mathrm{ce}} \tag{3.3.17}$$

式中，E为再悬浮潜力，mg/cm^2；a_0为站点参数；T_d为沉积的时间，d；τ_b为浪和流引起的底部切应力；τ_{cr}为有效临界切应力，dyn/cm^2；m为固结参数；n为切应力参数。

再悬浮潜力E是单位表面积上的净再悬浮泥沙质量。实验室研究（Tsai，Lick，1987；MacIntyre et al.，1990）表明，固结7天之后，固结对黏性泥沙再悬浮的影响很小，因此有$T_{d,\max} = 7$ d。参数m

取值范围为0.5 ~ 2，其取决于沉积床是处于高能量的环境（0.5）还是相对静止的水体中（2）。切应力参数n，取决于本地底床性质，其取值范围为2 ~ 3。对不同的站点，常数a_0的量级可以有很大变化。Ziegler和Nesbitt（1994）使用如下参数来研究Pawtuxet河：$m = 0.5$、$n = 2$、$T_{d,\max} = 7$ d、$\tau_{cr} = 1$ dyn/cm^2、$a_0 = 0.638$。

式（3.3.17）决定了净的再悬浮泥沙质量；但是，输沙模型中所需要的边界条件［式（3.2.15）］是再悬浮通量J_r。试验结果表明：泥沙并不是瞬间完成再悬浮的，其侵蚀过程大约需要1个多小时的时间（Tsai，Lick，1987；MacIntyre et al.，1990）。因此，再悬浮通量J_r可表示为：

$$J_r = \begin{cases} \dfrac{E}{T_r} = \dfrac{\alpha_0}{T_r T_d^m}\left(\dfrac{\tau_b - \tau_{cr}}{\tau_{ce}}\right)^{\gamma}, & 0 < t \leqslant T_r \\ 0, & t > T_r \end{cases} \tag{3.3.18}$$

式中：T_r为再悬浮周期的参数，设为3600 s (HydroQual，1995a)。

式（3.3.18）中J_r与底部切应力τ_b间的非线性关系非常重要。式（3.2.9）和式（3.2.10）所表现出的二次应力定律表明，底部切应力随流速和底部轨道速度的平方而增长。因此，对于一个水流占主导地位的环境（如河流），泥沙再悬浮通量J_r是流速的高度非线性函数，其通常与u的4 ~ 6次方成正比。这种对流速的非线性依赖增强了风暴事件对泥沙输运的影响。相似的现象也存在于波浪主导的水体。例如，奥基乔比湖中的风浪在泥沙再悬浮过程中起着主导作用（Jin，Ji，2004）。对比式（3.3.15）和式（3.3.18）可以发现，这两个公式有相同的格式，尽管它们有不同的参数需要通过外场数据来确定。

临界侵蚀应力依赖于泥沙类型和底床的固结状态。泥沙颗粒间的聚合力与颗粒间的距离成反比。距离越小，聚合力就越大，需要更大的切应力才能分开它们。因此将临界切应力与底床密度联系起来是非常方便而且具有逻辑性的。基于观测数据，Miznot（1968）提出了如下关系：

$$\tau_{ce} = c\,\rho_s^d \tag{3.3.19}$$

式中，τ_{ce}为表面侵蚀的临界应力；ρ_s为底床干密度；c, d为站点参数。Hayter（1983）发现式（3.3.19）虽然是近似计算，但在没有更好关系式的情况下，其仍然非常有用。

Hwang和Mehta（1989）提出了如下关系式：

$$\tau_{ce} = \alpha\,(\rho_b - \rho_l)^b + c \tag{3.3.20}$$

式中，τ_{ce}为表面侵蚀临界切应力，N/m^2；ρ_b为底床容积密度，g/cm^3；ρ_l为底床最上层容积密度，g/cm^3；a, b, c为站点参数。Hwang 和Mehta（1989）采用的a, b, c及ρ_l值分别是0.883，0.2，0.05和 1.065。

文献中报道的表面侵蚀速率$\left(\dfrac{\mathrm{d}m_e}{\mathrm{d}t}\right)$取值范围是0.005 ~ 0.1 g/(s · m^2)。它们通常随着容积密度的增加而减小。基于试验观测，Hwang 和Mehta（1989）提出如下关系式：

$$\lg\left(\frac{\mathrm{d}m_e}{\mathrm{d}t}\right)=0.23\exp\left(\frac{0.198}{\rho_b-1.0023}\right) \tag{3.3.21}$$

式中，侵蚀速率的单位为mg/(h·cm^2)，容积密度单位为g/cm^3。

自然界中的块侵蚀过程是非常剧烈的。当水流施加于底床的底部切应力大于剪切强度时，块侵蚀迅速发生。通过块侵蚀进入水体的输运可用如下形式表示（Tetra Tech，2002）：

$$J_r=\begin{cases}0, & \tau_b<\tau_s\\ \dfrac{m_{\mathrm{me}}}{T_{\mathrm{me}}}, & \tau_b\geqslant\tau_s\end{cases} \tag{3.3.22}$$

式中，J_r 为块侵蚀通量；m_{me} 为单位底床面积上的干泥沙质量；t_s 为底床剪切强度；T_{me} 为块侵蚀的转移时间尺度。

Hwang 和Mehta（1989）的研究表明，块侵蚀最大速率为0.6 g/(s·m^2)。黏性沉积床的剪切强度通常是床面容积密度的线性函数，例如：

$$\tau_s=a_s\rho_b+b_s \tag{3.3.23}$$

式中，τ_s 为床面剪切强度，N/m^2；ρ_b 为床面容积密度，g/cm^3；a_s，b_s 为参数。在容积密度大于1.065 g/cm^{3}的地方，Hwang和Mehta (1989) 对a_s和b_s分别取值 9.808、−9.934。

需要指出的是，大部分侵蚀研究都是在实验室水槽中进行的。这些实验室研究不能完全模拟自然水体中的湍流频谱、粒径分布以及泥沙组成。需要做更多的研究来确定侵蚀速率对真实条件下各种参数的依赖性。由于缺乏可靠的技术和实验来精确研究黏性泥沙过程，经验公式就是非常必要的。

3.4 非黏性泥沙

非黏性泥沙，通常指沙和其他粒状物质。对于许多河流、湖泊的底床和河岸研究而言，非黏性泥沙都是非常值得研究的问题。此外，非黏性泥沙也是构成底床整体质量的重要物质，通常是总固体物质输运中的主要成分。非黏性泥沙的主要性质有：①粒径；②形状；③比重。

粒径是非黏性泥沙最显著的性质，通常仅使用粒径这一单独的特征量即可描述非黏性泥沙颗粒。非黏性泥沙一般包括沙砾、沙以及一些粉砂（如表3.1.1所列）。它们通常存在于开阔海岸、潮汐汊道以及河流上游等存在高速水流的地方。非黏性泥沙的活动通常是由水动力过程控制的。

许多关于输沙的经典文献都是研究非黏性泥沙的，其中提出了大量用以定量描述泥沙活动的经验公式，尤其是在估算平衡浓度和推移质输运方面。本节对这些问题将不做详细讨论，仅介绍非黏性泥沙输运方面的一些基本概念。

3.4.1　希尔兹曲线

当流速增加时，施于非黏性泥沙底床的底部切应力也随之增加。如图3.2.3所示，底部切应力增加至某一临界值后，就会引起颗粒运动。一旦开始运动，维持颗粒运动所需的流速要比运动启动所需的临界值小得多。

由于物质形状、大小、粒径分布及水流特征的差异很大，所以描述水流与输沙能力间关系的经验或理论方法也有多种。其中，用希尔兹关系来描述无量纲切应力（或希尔兹数）与边界雷诺数间的关系，是一个很好的方法。侵蚀力（底部切应力）与稳定力（下沉重力）的比值是非黏性泥沙输运的一个基本参数。这个比值称为希尔兹数或无量纲切应力（Shields，1936），其定义为

$$\tau_* = \frac{\tau_s}{(\rho_s - \rho_w)gd_s} = \frac{u_*^2}{g'd_s} \tag{3.4.1}$$

式中，τ_*为希尔兹数（或无量纲底部切应力）；τ_s为底部切应力，N/m^2；ρ_s 为底床泥沙密度，kg/m^3；ρ_w为底床水密度，kg/m^3；g为重力加速度，m/s^2；d_s为泥沙颗粒直径，m；$u_* = \sqrt{\tau_s / \rho_w}$为剪切速度，m/s；$g' = \left(\frac{\rho_s - \rho_w}{\rho_w}\right)g$ 为约化重力加速度，m/s^2。

边界雷诺数定义为：

$$R_* = \frac{u_* d_s}{\nu} \tag{3.4.2}$$

式中，R_*为边界雷诺数；$u_* = \sqrt{\tau_s / \rho_w}$ 为剪切速度，m/s；ρ 为水密度，kg/m^3；d_s 为泥沙颗粒直径，m；ν 为水的运动黏性系数，m^2/s。

希尔兹数以及边界雷诺数都是无量纲数，因此在它们的计算中可以使用任何一致的计量单位。希尔兹数的临界值定义为：

$$\tau_{*cr} = \frac{\tau_{scr}}{(\rho_s - \rho_w)gd_s} = \frac{u_{*cr}^2}{g'd_s} = f(R_*) \tag{3.4.3}$$

式中，τ_{*cr} 为临界希尔兹数；τ_{scr} 为侵蚀临界底部切应力，N/m^2；$u_{*cr} = \sqrt{\tau_{scr} - \rho_w}$ 为剪切速度，m/s；$f(R_*)$ 为从试验数据获得的关于R_*的函数。

图3.4.1所示为希尔兹曲线，描述希尔兹数τ_*与临界雷诺数R_*的关系。希尔兹通过试验获得了τ_*的临界值，他的试验采用均匀底床，在逐渐降低底部切应力的情况下来测量泥沙输运。希尔兹曲线将非黏性泥沙的移动和静止区域分开，描述了式（3.4.3）中τ_{*cr} 与 R_*的关系。可以认为希尔兹曲线表示了泥沙侵蚀的一个“灰色区域”。对于某一粒径的颗粒，当底部切应力小于临界切应力时，其不会发生移动，也就没有输运。当水流条件在$\tau_* \approx \tau_{*cr}$附近时，会零星地发生粒子运动。当底剪切速度超过临界剪切速度，但仍小于沉降速度时，有些非黏性泥沙会以推移质的形式输运。当底剪切速度不仅超过临界剪切速度而且超过沉降速度时，非黏性颗粒将被挟卷入水柱中，以悬移质进行输运。

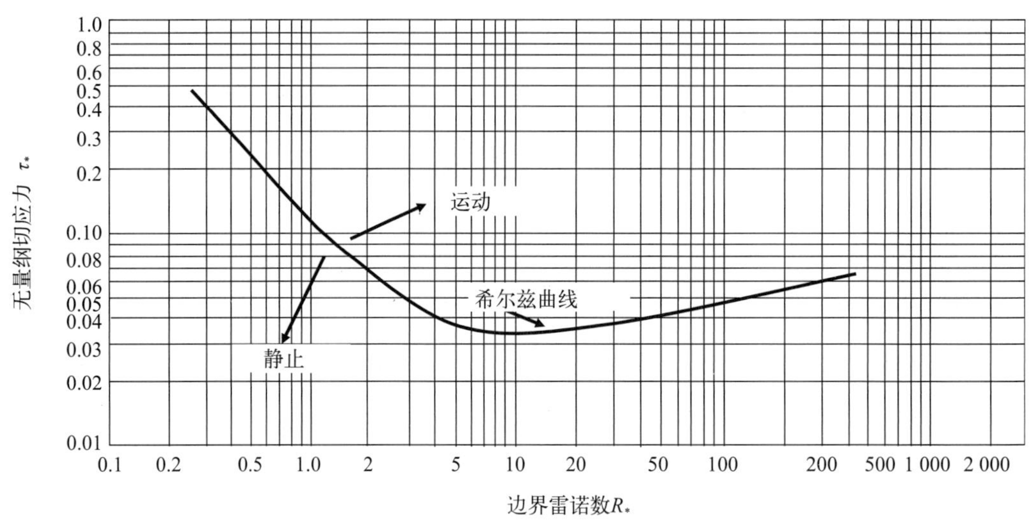

图3.4.1 希尔兹曲线图：无量纲的底切应力（希尔兹参数）与边界雷诺数关系图（Vanoni，1978）

希尔兹曲线用于预测某一给定的底部切应力能否使特定的底床泥沙发生移动。图3.4.1表明，临界希尔兹数τ_{*cr}有：

当$R_* > 100$时，其为近似常数值0.06；

当R_*从10开始逐渐减小时，其从最小值0.035逐渐增加。

尽管希尔兹曲线对理解非黏性泥沙的再悬浮过程非常有用，但其亦有自身的局限性。希尔兹曲线是从均匀泥沙得到的结论，因而无法描述粒径分布的影响。但是，自然中的泥沙往往是非均匀的。对于非均匀泥沙，希尔兹曲线会产生误差。在泥沙粒径非均匀的情况下，较小颗粒在低速条件下就可以运动，而大颗粒则无法运动。这个过程将侵蚀细颗粒层，而使粗颗粒层暴露出来。大颗粒侵蚀要比小颗粒困难，这使得泥沙表层更加难以被侵蚀，这个现象称为粗化。底床形态，例如输沙过程中生成的波纹和沙丘，会影响希尔兹数的计算。式（3.4.3）及图3.4.1给出的希尔兹曲线，有时使用起来会很不方便，因为临界剪切速度(u_{*cr})在R_*和τ_*之中都有包含。希尔兹曲线适用于沙至沙砾性质的底床。细颗粒泥沙在粒径与黏性方面往往更加不均匀。希尔兹曲线同样不考虑黏性泥沙的作用。

3.4.2 沉降和平衡浓度

当水流中的湍流足够强以致能克服颗粒的重力作用后，颗粒就会悬浮。一旦悬浮，颗粒就将以一定速率发生沉降，这一速率由沉降速度和湍流强度决定。如式（3.2.17）的解析解所阐述的那样，沉降速度与湍流强度的相对平衡决定了含沙量的大小。

在低含沙量的条件下，非黏性泥沙作为离散粒子进行沉降。有效沉降速度（W_{se}）等于离散粒子的沉降速度（W_s）：

$$W_{se}=W_s \tag{3.4.4}$$

高含沙量下，阻滞沉降和多相反应起重要作用。有效沉降速度小于离散颗粒的沉降速度，可以表示为

$$W_{se}=\left(1-\frac{S}{\rho_s}\right)^n W_s \tag{3.4.5}$$

式中，ρ_s为泥沙颗粒密度；S为含沙量；n为经验常数，其值为3～4（van Rijn，1984a，1984b）。

Lumley（1978）建议在体积含沙量小于3×10^{-3}的情况下，颗粒间相互作用可以忽略，此时对于比重为2.65的泥沙而言，其质量含沙量为8g/L。因为水体中的最大含沙量通常小于8g/L，因此泥沙模拟研究中，非黏性泥沙颗粒间的相互作用通常可以忽略。

基于Cheng（1997）提出的公式，非黏性泥沙沉降速度与粒径间的关系可用图3.4.2表示。对于粒径介于75 ～500 μm间的颗粒（表3.1.1中的沙），沉降速度在280～ 5 000 m/d间变化。

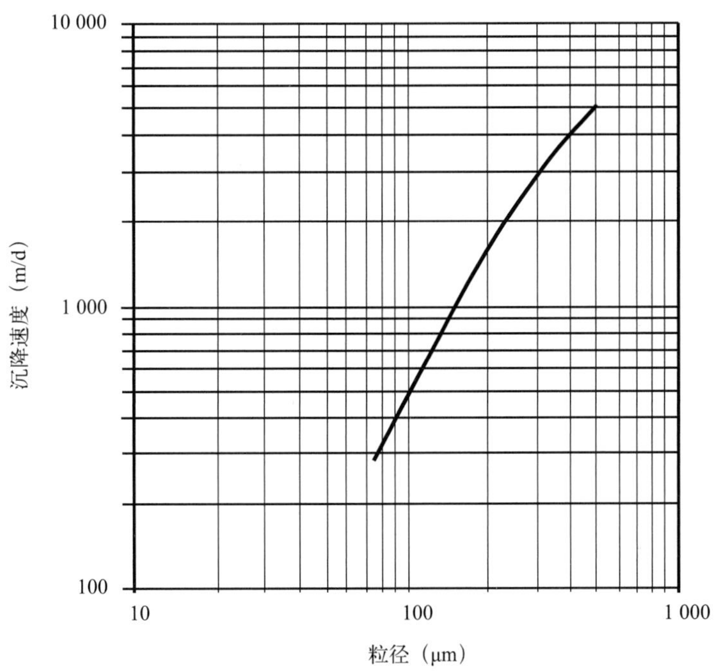

图3.4.2　非黏性泥沙粒径与沉降速度关系图（Cheng，1997）

沉降速度确定之后，对于控制悬浮泥沙浓度的式（3.2.13）而言，其中的所有参数就全部知道。求解此方程，还需要指定边界条件。水表面的边界条件很简单，即没有泥沙输运通过水表面。在泥沙底床（z=0），黏性泥沙边界条件通常表示成通过水体–沉积床界面的净泥沙通量，如式（3.2.15）。但对于非黏性泥沙模拟，更常用的边界条件是底床某一参考高度处的近底床平衡含沙量。

在水体–沉积床界面，非黏性泥沙净通量主要由底部切应力、颗粒大小、颗粒密度决定。在稳定条件下，悬浮泥沙的平衡分布可以通过侵蚀与沉积间的相互抵消达到。底床以上某参考高度处的

平衡含沙量可以用解析解描述。Garcia和Parker（1991）评估了8个经验公式，以确定近底床平衡含沙量。所用公式都用水动力和泥沙参数来计算平衡含沙量（Tetra Tech，2002）：

$$S_{\text{eq}} = S_{\text{eq}}\,(d_s, \rho_s, \rho_w, w_s, u_*, v) \tag{3.4.6}$$

式中，d_s 为泥沙颗粒直径；ρ_s 为泥沙密度；ρ_w 为水密度；u_* 为底剪切速度；w_s 为泥沙沉降速度；v 为水的运动黏性系数。

Garcia和Parker（1991）在用试验数据和外场观测数据进行验证后认为，Smith和 McLean（1977）、van Rijn（1984a，b）以及他们自己提出的平衡含沙量计算公式是比较好的计算方法。

Smith和McLean提出的平衡含沙量公式是

$$S_{\text{eq}} = \rho_s \frac{0.65\gamma_0 T}{1+\gamma_0 T} \tag{3.4.7}$$

式中，γ_0 为常数，其值为 2.4×10^{-3}；T表示为

$$T = \frac{\tau_b - \tau_{\text{cs}}}{\tau_{\text{cs}}} = \frac{u_*^2 - u_{*\text{cs}}^2}{u_{*\text{cs}}^2} \tag{3.4.8}$$

式中，τ_b 为底部切应力；τ_{cs} 为临界希尔兹应力。使用此公式要求对每一粒径等级的泥沙都指定临界希尔兹应力。

van Rijn（1984a，b）提出的公式为

$$S_{\text{eq}} = 0.015\rho_s \frac{d}{z_{\text{eq}}^*} T^{3/2} R_d^{-1/5} \tag{3.4.9}$$

式中，$z*_{\text{eq}}$ 为无量纲参考高度；R_d 为泥沙颗粒雷诺数，定义为

$$R_d = \left[g\left(\frac{\rho_s}{\rho} - 1\right) d_s \right]^{1/2} \frac{d_s}{v} \tag{3.4.10}$$

van Rijn建议将无量纲参考高度设成三个颗粒直径大小。

Garcia和Parker（1991）提出的针对多泥沙粒径等级的通用公式是

$$S_{j\text{eq}} = \rho_s \frac{A\left(\lambda Z_j\right)^5}{\left(1+3.33A\left(\lambda Z\right)^5\right)} \tag{3.4.11}$$

$$Z_j = \frac{u_*}{w_{sj}} R_{dj}^{3/5} F_H \tag{3.4.12}$$

$$F_H = \left(\frac{d_j}{d_{50}}\right)^{1/5} \tag{3.4.13}$$

$$\lambda = 1 + \frac{\sigma_\phi}{\sigma_{\phi_0}}(\lambda_0 - 1) \tag{3.4.14}$$

式中，A 为常数，其值为1.3×10^{-7}；d_{50} 为所有颗粒等级的中值粒径；λ 为应变因子；F_H 为阻碍因子；s_ϕ为泥沙粒径分布的泥沙学ϕ等级标准差；j 为第j类泥沙。

Garcia 和Parker提出的公式描述了多种类泥沙模拟中的粗化作用。当模拟单种类泥沙时，应变因子和阻碍因子设为1。

Madsen（1993）提出了如下公式以估算平衡含沙量：

$$S_{\mathrm{eq}}=\gamma C_b\left(\frac{\tau_b}{\tau_{\mathrm{cs}}}-1\right)\tag{3.4.15}$$

式中，γ为再悬浮参数；C_b为沉积床泥沙的体积含沙量，对于非黏性沉积床，C_b值通常取0.65（Smith，McLean，1977）。式（3.4.15）中的再悬浮参数γ与参考距离的选取密切相关。γ的选取有非常大的不确定性。此文献中选取的γ值仅适用于他们确定的参考距离值。当参考距离是粒径的7倍时，Wikramanayake 和Madsen（1994）对波状底床取 $\gamma=2\times10^{-3}$，对水平底床取$\gamma=2\times10^{-4}$。

3.4.3　推移质输运

如图3.2.3（FISRWG，1998）所示，泥沙颗粒有三种不同的运动方式：

（1）滚动和/或滑动；

（2）跳动或跳跃；

（3）以悬浮态运动。

流动的水会在底床上施加沿水流方向的切应力，水流越快，切应力越大。当水流和泥沙的性质结合在一起产生了大于临界值的希尔兹数时（图3.4.1），泥沙开始运动。当希尔兹数仅稍高于临界值时，泥沙颗粒开始滚动或滑动，但仍与底床保持接触。随着流速和切应力的增加，颗粒开始沿着底床进行一系列近似规则的跳跃。如果底部切应力进一步增大，向上的湍流力能使泥沙颗粒脱离底床，并将它们带入水体。如果这些力大于颗粒的下沉力，颗粒将维持悬浮状态（图3.2.3）。

被输运的泥沙可以分为推移质和悬移质两类（图3.2.2）。底床附近，通过滚动、滑动或跳跃方式进行的颗粒输运称为推移质输运，而以悬浮态进行的输运称为悬移质输运。推移质输运和悬移质输运通常同时发生。与悬移质不同，推移质在运动过程中几乎始终与底床保持接触。推移质输运在靠近底床的薄层内发生，观测表明，推移质颗粒运动的区域仅有10～20个颗粒直径的厚度（Chanson，1999）。两种方式间的转换没有明确定义。推移质输运强烈依赖于水流速度，流速的微小变化可以对推移质输沙率产生很大的影响。

尽管水体中的大部分泥沙是以悬移质进行输运的，但推移质仍是非黏性泥沙输运所必需的。例如，河床的形成通常是以推移质形式发生的，这对河道迁移是非常重要的，并能对大河的航运产生重大的危害。推移质移动能生成不同形态的河床，例如波状、沙丘等，这反过来又会影响水流状况、河岸稳定以及航运条件（Tetra Tech，2002）。

推移质输沙率可以表示成：

$$q_B = hS_0V_s \tag{3.4.16}$$

式中，q_B 为推移质输沙率（沿水流方向，单位时间内通过单位面积的质量）；h 为推移质层平均厚度或平均跳跃高度；S_0 为推移质层的平均含沙量；V_s 为推移质层内的泥沙平均移动速度。

推移质输运是非常重要的过程，其导致了水体中颗粒物的输运、归类和重置。在推移质运动过程中，颗粒以滚动或跳跃的方式紧贴底床表面进行输运。现已提出了许多的推移质输运公式，这些公式有如下通用的半经验关系：

$$\frac{q_B}{\rho_s d_s \sqrt{g' d_s}} = \Phi\left(\tau_*, \tau_{*\mathrm{cr}}\right) \tag{3.4.17}$$

式中，Φ 为希尔兹数 (τ_*)和其临界值 $(\tau_{*\mathrm{cr}})$的函数。学者们已经做了许多尝试以图通过直接测量、经验或理论简化公式来确定推移质输运。但所有这些方法都未能充分地确定推移质输运（Tetra Tech，2002）。

两个使用比较广泛的推移质公式分别是Meyer-Peter和Muller（1948）以及Bagnold（1956）提出的公式以及它们相应的衍化公式。Meyer-Peter和Muller的公式写为

$$\Phi = \phi_1\left(\tau_* - \tau_{*\mathrm{cr}}\right)^{3/2} \tag{3.4.18}$$

式中，ϕ_1为 $(\tau_*-\tau_{*\mathrm{cr}})$的函数。

Bagnold 公式可写为：

$$\Phi = \phi_2\left(\tau_* - \tau_{*\mathrm{cr}}\right)\left(\sqrt{\tau_*} - \gamma\sqrt{\tau_{*\mathrm{cr}}}\right) \tag{3.4.19}$$

式中，γ 为一个参数；ϕ_2为$(\tau_*-\tau_{*\mathrm{cr}})$的函数。基于Bagnold的公式，Ji (1993) 以及 Ji和Mendoza (1997) 使用弱非线性理论研究推移质过程，发现水流的平流过程和扩散过程对推移质输运有着非常重要的作用。

van Rijn（1984a，b）提出的推移质公式为：

$$\Phi = \frac{0.053}{R_d^{1/5}}\left(\frac{\tau_* - \tau_{*\mathrm{cr}}}{\tau_{*\mathrm{cr}}}\right)^{2.1} \tag{3.4.20}$$

式中的泥沙颗粒雷诺数(R_d)由式（3.4.10）确定。

3.5 沉积床

沉积床很重要，原因如下：

（1）它影响水体的流动；

（2）它为泥沙、营养物质和许多污染物提供储存载体；

（3）它支持水系统中的许多生物体；

（4）许多化学和生物转化发生在底床内。

沉积床在输沙、水质组分的输运和变化方面起着重要的作用。通过沉积作用埋藏在底床中的泥沙（及其吸附的污染物）可能经由后面的侵蚀过程释放到水体中。底床性质，主要指粒径分布和颗粒间聚合力，会显著影响黏性沉积床的再悬浮过程。如果泥沙沉积在临界切应力没有被克服或仅刚刚达到的区域，那么该区域的泥沙会慢慢地固结，使得底床密度和强度增大。侵蚀临界应力是底床固结程度或密度的函数。颗粒间的距离越小，黏性聚合力越大，也就越需要更大的切应力才能将它们分开。随着底床密度增加，侵蚀的切应力阈值也增加，泥沙沉积变得更稳定，更难以被自然外力侵蚀。

3.5.1　沉积床特征

沉积床由三相物质组成：固体、水和气体。固相物质包括形成泥沙的矿物质和有机质。土壤孔隙存在于固体颗粒间，其间填充水和气体。孔隙水（或间隙水）存在于土壤颗粒间的孔隙中。沉积床中的气体含量通常较少，在输沙研究中可以忽略。但是也有例外，如：Jepsen等（2000）测量了密歇根的格兰德河七个站点的泥沙侵蚀速率和容积特性。他们发现泥沙中的气体浓度非常高，体积占比高达5%。这将显著影响泥沙的容重和侵蚀速率。

固体颗粒密度ρ_s定义为：

$$\rho_s = \frac{M_s}{V_s} \tag{3.5.1}$$

式中，M_s为固体质量；V_s为固体体积。固体颗粒密度与其矿物组成有关，沙粒的密度通常取为2.65 g/cm^3。式（3.5.1）定义了与单个颗粒自身有关的密度。为了描述泥沙聚合物以及泥沙颗粒周围的空隙，需要引进孔隙度和容重的概念。

容重是描述一簇颗粒的特征量，定义为

$$\rho_b = \frac{M_s}{V} \tag{3.5.2}$$

式中，V为沉积床体积：

$$V = V_s + V_w \tag{3.5.3}$$

式中，V_w为水的体积。

固体和水的体积通过如下公式计算：

$$V_s = (1-\theta)V = \frac{V}{(1+\varepsilon)} = \frac{M_s}{\rho_s} \tag{3.5.4}$$

$$V_w = \theta V = \frac{\varepsilon V}{(1+\varepsilon)} = \frac{M_w}{\rho_w} \tag{3.5.5}$$

式中，r_w 为水的密度；M_w 为水的质量；θ 为孔隙度；ε 为孔隙比。

孔隙度是孔隙空间（或空隙）占泥沙采样总体积的比例。孔隙比是水的体积与固体体积之比。孔隙度与颗粒间的压缩紧密程度有关，因此对于某一泥沙，其值不固定。在泥沙层，孔隙度是总体积中水相体积占的比例。孔隙比(ε)与孔隙度(θ)具有如下关系：

$$\varepsilon = \frac{\theta}{(1-\theta)} = \frac{V_w}{V_s} \tag{3.5.6}$$

$$\theta = \frac{\varepsilon}{(1+\varepsilon)} = \frac{V_w}{V} \tag{3.5.7}$$

在某一底床控制体积内，含沙量或固体浓度S定义为泥沙质量与总体积之比：

$$S = \frac{M_s}{V} = \rho_s(1-\theta) = \rho_s\left(\frac{1}{1+\varepsilon}\right) \tag{3.5.8}$$

例如，在奥基乔比湖（Hwang，Mehta，1989），$\theta = 0.45$，$\rho_s = 2.0\ \text{g/cm}^3$，泥沙层固体含沙量为 1.1 g/cm^3。

Hwang和Mehta（1989）收集了奥基乔比湖31个站点的泥沙岩芯数据。他们描述了每个站点岩芯样本的垂直结构，测量了各自的底床容重和剪切强度。他们报道认为，尽管数据很分散，但泥沙容重与剪切强度间仍有密切的关系。表3.5.1列出了岩芯样本的深度、密度以及剪切强度。图3.5.1给出了相应的图形结果。这些测量数据表明容重随着深度增加而增加。Hwang和Mehta（1989）报道认为沉积床容重不仅与剪切强度有关，而且依赖于泥沙的组分。泥沙密度的典型值介于1.01 ~ 1.25 g/cm^{3}之间，最大值为1.3 g/cm^3。表面泥沙层的剪切强度小，由于风浪和水流的作用，其在中等风速下就很容易发生再悬浮。而更低的泥沙层则很难发生再悬浮，除非在极端气象条件下。

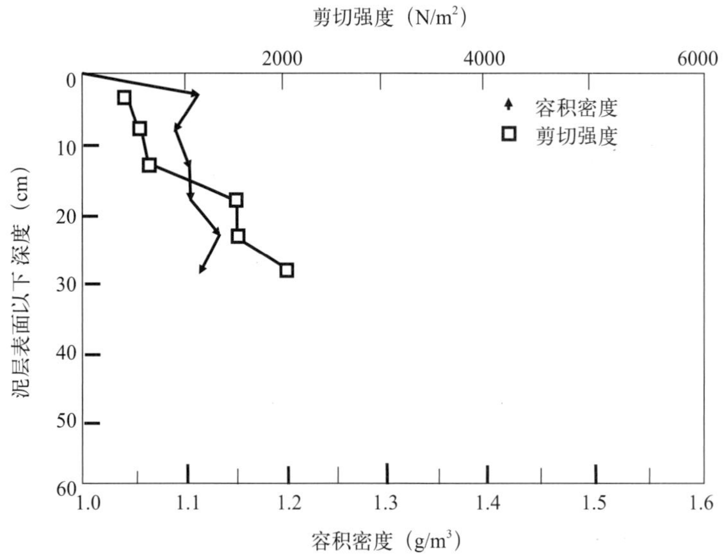

图3.5.1 奥基乔比湖沉积床的容积密度和剪切强度（Hwang，Mehta，1989）

表3.5.1　奥基乔比湖的容重和剪切强度（Hwang，Mehta，1989）

深度(cm)	密度(g/cm^3)	剪切强度(N/m^2)
0 ~ 5	1.106	386
5 ~ 10	1.084	531
10 ~ 15	1.099	627
15 ~ 20	1.102	1448
20 ~ 25	1.131	1448
25 ~ 30	1.112	1979

床面泥沙的再悬浮和沉积反映了施加在床上的流动切应力和底床本身状态之间的动态调整。沉积泥沙的再悬浮取决于泥沙组分、底床的垂向结构、干扰/恢复历史以及栖息在底床上的生物群。当沉积物是砾石、沙和泥的混合物时，通过细颗粒簸选造成底床表面粗化也成为限制可蚀性的重要因素。沙和泥的混合物的侵蚀与单独泥沙类型的不同（Sanford，2008）。

主要携带沙砾或粗颗粒物质的河流和溪流底床，其表面通常要比其下的物质粗糙，这种特征称为粗化。粗化现象广泛存在于山区河流和冲积河流中，这些河流的流速、输沙速率以及沉积床物质的粒径分布都有很大变化。粗化是使非黏性沉积床变粗糙的过程，其不断地将细颗粒从底床中剥离，直到颗粒无法被侵蚀。在河流中，粗糙层控制着泥沙的输运，使其下的细颗粒物质在洪水期不被侵蚀，忽略粗化作用可能会高估某段河流的侵蚀过程。粗化也是一个暂时的过程，高速流能够破坏粗化的表层。

固结是沉积的絮凝物在自身重量和水压的作用下压实的过程。当絮凝物沉降并积聚到底床上时，它们被沉降在其上的絮凝物挤压。随后孔隙水被从絮状物空间中排出。这个过程将导致底床垂向的大变形。Sanford（2008）描述了固结作为一阶松弛对平衡状态的影响。固结一般包括三个阶段。第一阶段是絮凝物的沉降，形成浮泥，这一阶段在沉积的几个小时内发生。第二阶段是孔隙水的排出，本阶段需要一两天。第三阶段是黏土胶凝，可能需要几年的时间才能达到最终状态（Chao和Jia，2011）。

沉积床固结受粒径大小、泥沙组分、沉积层厚度等因素影响。干底床密度随底床层深度变化。Hayter（1983）提出了底床密度与固结时间的关系式：

$$\frac{\overline{\rho}_d}{\overline{\rho}_{d\infty}} = 1 - a\mathrm{e}^{-pt_{dc}/t_{dc\infty}} \tag{3.5.9}$$

式中，$\overline{\rho}_d$为平均河床干密度；$\overline{\rho}_{d\infty}$为最终河床干密度；$t_{dc}$为固结时间；$t_{dc\infty}$为最终固结时间；参数$a$和$p$分别取值0.845和6.576。

Lane和Koelzer（1953）利用下式估算了固结过程中的河床干密度：

$$\rho_d = \rho_{d0} + \beta \lg t_{dc} \tag{3.5.10}$$

式中，ρ_d 为河床干密度；ρ_{d0} 为固结1年后河床干密度；t_{dc} 为固结时间；β 为系数。

固结也改变底床剪切强度和侵蚀率。Nicholson和O'Connor（1986）提出了底床固结作用下侵蚀临界切应力(τ_{ce})计算公式：

$$\tau_{\text{ce}} = \tau_{\text{ce0}} + k_t \left(\rho_d - \rho_{d0}\right)^{n_t} \tag{3.5.11}$$

式中，τ_{ce0}为底床形成初期的临界切应力，临界剪切应力在床层形成初期；ρ_d 为河床干密度；ρ_{d0} 为底床形成初期的河床干密度；k_t 和 n_t 为经验参数，分别取值0.000 37 和1.5。

3.5.2 一个沉积床模型

了解底床物质的特性是非常有必要的，如有多少泥沙可以发生再悬浮？再悬浮的临界切应力是多少？如果有一个可靠的沉积床模型，这些问题就都可以解答。尽管各种描述沉积床的数学模型之间有很大差异，但各模型仍然有许多相似性和共性。这里将讨论在奥基乔比湖（Tetra Tech，2002；Jin，Ji，2004）的研究中所采用的黏性沉积床模型。

沉积床模型与输沙模型耦合，能模拟依赖于水流和沉积床状况的侵蚀和沉积过程。因为沉积床厚度要远小于其水平尺度，沉积床模型中使用的质量守恒方程是垂直一维的。模型中，沉积床被离散成多层（图3.5.2）。这些沉积床层可以分为两类：最上层以及其下各层。沉积发生时，最上层体积增加。当净侵蚀发生时，顶层体积减小。当顶层完全被侵蚀后，其下的一层将被暴露出来，开始被侵蚀。

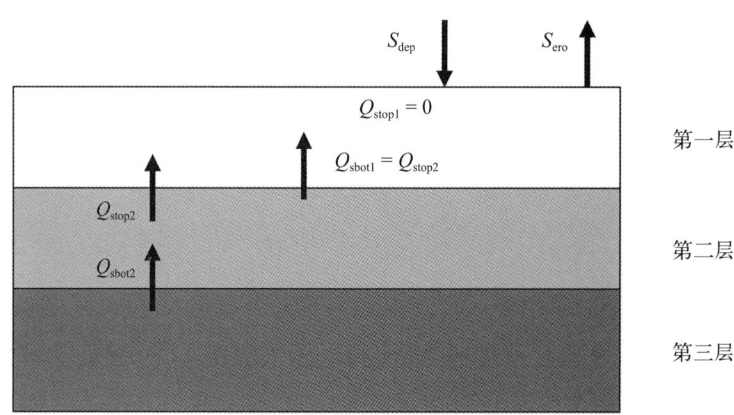

图3.5.2 沉积床分层示意图

河床某一控制单元体积内的泥沙质量守恒可以写为：

$$\frac{\mathrm{d}}{\mathrm{d}t} M_s = \rho_s Q_{\text{sbot}} - \rho_s Q_{\text{stop}} + A W_{\text{de}} S_{\text{dep}} - A W_{\text{ee}} S_{\text{ero}} \tag{3.5.12}$$

式中，M_s为泥沙质量；Q为体积通量（体积/时间）；ρ_s为泥沙密度；A为体积块的面积；W_{de}为泥沙有效沉积速率；W_{ee}为泥沙有效侵蚀速度；S_{dep}为从水体沉降进入体积块中的泥沙浓度；S_{ero}为从沉积床被冲刷进入水体的泥沙浓度；下标stop为从体积块上表面流出的泥沙体积通量；下标sbot为从体积块下表面流入的泥沙体积通量。

式（3.5.12）中，正的体积通量表示向上输运。其右边的第三和第四项表示与水体接触的最上层中的沉积和侵蚀。最上层的体积通量Q_{stop}也设为0。

如图3.5.2所示，最上层（第一层）有沉积和侵蚀通量，第一层上表面的泥沙体积通量Q_{stop1}设为0。第二层（以及其下各层）具有体积通量Q_{stop2} 和 Q_{sbot2}。

类似，沉积床控制体积块内的水质量守恒可以写为：

$$\frac{\mathrm{d}}{\mathrm{d}t}M_w = \rho_w Q_{\mathrm{wbot}} - \rho_w Q_{\mathrm{wtop}} + \varepsilon_d A\frac{\rho_w}{\rho_s}W_{\mathrm{de}}S_{\mathrm{dep}} - \varepsilon A\frac{\rho_w}{\rho_s}W_{\mathrm{ee}}S_{\mathrm{ero}} \tag{3.5.13}$$

式中，M_w为水的质量；Q为体积通量（体积/时间）；ρ_w为水密度；ε为沉积床孔隙比；ε_d为泥沙床附近水体的孔隙比；下标wtop表示从体积块上表面流出的水体积通量；下标wbot表示从体积块下表面流入的水体积通量。

泥沙侵蚀是一个依赖于时间和物质特性的过程。沉积床模型需要跟踪模型中各格点各层的组分和状态，这个过程更像是一个确定的函数而非数值模拟。模拟过程的每一步，都将发生侵蚀或沉积，具体将依赖于底床上的切应力。如果沉积发生，泥沙将沉积到沉积床的顶层。如果底部切应力超过了临界应力，将发生侵蚀。只要每层的切应力都大于临界应力，这个过程就会不断地向下发展。如果侵蚀深度大于顶层的厚度，侵蚀将会在下一沉积层中发生（Tetra Tech，2002）。

沉积层可以用离散层的厚度B_k表示。假定底床泥沙密度和孔隙比不随时间变化，那么顶层（$k=1$）及其下各层（$k>1$）的泥沙质量守恒公式（3.5.12）可以分开写为：

$$S_1\frac{\partial B_1}{\partial t} = J_{1-} - J_0 \qquad \text{第1层} \tag{3.5.14}$$

$$S_k\frac{\partial B_k}{\partial t} = J_{k-} - J_{k+} \qquad \text{第}k\text{层} \tag{3.5.15}$$

式中，S_k为第k层含沙量；J_k为第k层泥沙通量；J_0为沉积床表面净泥沙通量；B_k为第k层厚度；下标+为某层上表面的参数值；下标–为某层下表面的参数值。

根据式（3.5.8），含沙量S_k可以写为：

$$S_k = \frac{\rho_s}{1+\varepsilon_k} \tag{3.5.16}$$

因为，泥沙密度ρ_s，孔隙比ε_k，含沙量S_k是常数。泥沙输运方程式（3.2.13）的边界条件式（3.2.15）还需要沉积层表面的净泥沙通量J_0。J_0是水体–沉积床界面的沉积和再悬浮通量之和。

类似，可以从式（3.5.13）得到相应的水质量守恒方程：

$$\left(\frac{\varepsilon_1}{1+\varepsilon_1}\right)\frac{\partial B_1}{\partial t}=q_{1-}-q_{1+}-\frac{1}{\rho_s}\left[\varepsilon_1\max\left(J_0,0\right)+\varepsilon_d\min\left(J_0,0\right)\right] \quad 第1层 \tag{3.5.17}$$

$$\left(\frac{\varepsilon_k}{1+\varepsilon_k}\right)\frac{\partial B_k}{\partial t}=q_{k-}-q_{k+} \quad 第k层 \tag{3.5.18}$$

当泥沙质量守恒方程式（3.5.14）和式（3.5.15）求解完成后，水质量守恒方程式（3.5.17）和式（3.5.18）就可以成功地向下求解。

为了进一步简化沉积床模型，内部泥沙通量J_k可以设为0。这样，顶层厚度B_1就直接受式（3.5.14）控制。底下各层的厚度将不发生变化，除非顶层被完全侵蚀，其直接暴露在水流之下。在奥基乔比湖的研究中，沉积床模型被提前指定了最大分层数（=3）（Jin，Ji，2004）。模拟开始时，指定具体水平位置上的含沙层数。在沉积持续发生的情况下，如果顶层厚度超过了预定值，那么将生成一个新的泥沙层。如果再悬浮过程持续发生，在当前层的泥沙全部悬浮后，其下层便直接与水体接触，成为新的顶层。

3.6 风浪

之所以在本节中讨论风浪，是因为风浪能显著影响浅水区的泥沙沉积和再悬浮过程，继而影响污染物（如金属）的输运和富营养化过程（如磷的输运）。浅水区是指风浪能量能到达水底的区域，风浪是浅水区底部切应力的主要影响因子。

在深水区，风浪通常无法达到水底，因此很少对泥沙再悬浮产生影响。但在浅水区，风浪与许多过程都有关系，其在泥沙模拟中的作用非常显著。尽管与风生流和潮流引起的质量输运相比，波浪引起的输运可以忽略，但浅水区的风浪能显著增强泥沙再悬浮过程。风浪引起的波动能增强底部切应力，使沉积床变得松软，进而引起泥沙的再悬浮。在水流存在的情况下，波流引起的总切应力非常大，底床泥沙能很容易发生再悬浮，而后随水流输运（Jin，Ji，2004）。

本节将讨论波动过程、风浪、风浪模型、包含风浪与水流的复合流的基本特征以及风浪对泥沙输运的影响，并将奥基乔比湖的风浪模型作为一个学习案例。

3.6.1 波动过程

如图3.6.1所示，描述波动的物理量有以下几项：

（1）波峰：波浪高于平均水平面的最高点；

（2）波谷：波浪低于平均水平面的最低点；

（3）波长（L）：连续两次波峰（或波谷）间的距离；

（4）波高（H_s）：波峰与其紧邻波谷间的垂直距离；

（5）波振幅（A）：波峰（或波谷）与水平面间的垂直距离；

（6）波周期（T_s）：连续两个波峰（或波谷）通过某一点的时间间隔；

（7）波传播方向：波动传播到某点时的走向。

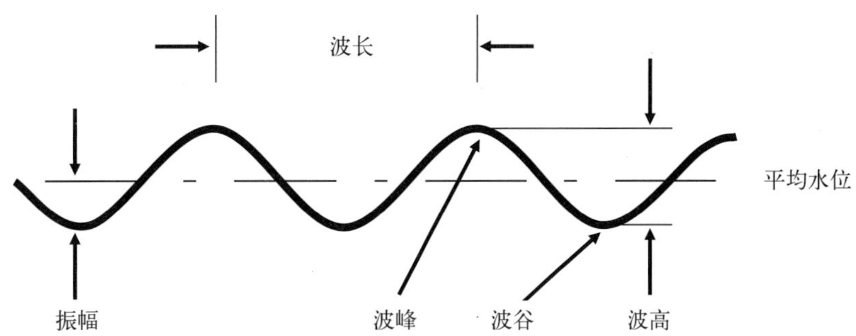

图3.6.1　正弦波概念图

波长与周期有如下关系：

$$L=\frac{2\pi}{k}=\frac{c}{f}=cT_s \tag{3.6.1}$$

式中，k 为波数；c 为波的相速度；f 为波频率。

在一个波动过程中，颗粒的垂直运动是非常显著的，因此应该采用非静力平衡方程。忽略非线性作用、水体黏性、湍流活动以及科氏力后，Navier-Stokes方程式（2.1.19）可以简化为

$$\frac{\partial u}{\partial t}=-\frac{1}{\rho}\frac{\partial p}{\partial x} \tag{3.6.2}$$

$$\frac{\partial v}{\partial t}=-\frac{1}{\rho}\frac{\partial p}{\partial y} \tag{3.6.3}$$

$$\frac{\partial w}{\partial t}=-\frac{1}{\rho}\frac{\partial p}{\partial z}-g \tag{3.6.4}$$

式中，u，v和w分别为笛卡儿坐标系下x，y，z三个方向的速度分量。式（2.2.11）是相应的连续方程。通常使用解析和数值方法来分析波动过程（如：Ji，Chao，1986，1990）。水压强p可以写为：

$$p=p_a-g\rho z+p'(x,y,z,t) \tag{3.6.5}$$

式中，p_a 为大气压强；$p'(x, y, z, t)$ 为水的压强扰动。

水面$(z=\eta)$的垂直边界条件是：

$$\frac{\partial \eta}{\partial t}=w \tag{3.6.6}$$

$$p'(x,y,z,t)=g\rho\eta \tag{3.6.7}$$

水底($z=-H$)的垂直边界条件是：

$$w=0 \tag{3.6.8}$$

在线性波动理论中，上述方程波动解的相速度与波数有如下关系：

$$c=\sqrt{\frac{g}{k}\tanh\ (kH)} \tag{3.6.9}$$

式中，c为相速度；$k=2\pi/L$为波数，L 为波长；H 为平均水深。

式（3.6.9）又称为表面波的频散关系。

依据kH（$=2\pi H/L$）数值的不同，波可以分为如下几类：

（1）短波（或称深水波），$kH>>1$；

（2）长波（或称浅水波），$kH<<1$；

（3）中型波，kH 约为1。

短波与长波的区别与水深无关，由水深与波长的比值决定。实际上，经常有如下定义：

（1）短波（或称深水波），$H>L/2$；

（2）长波（或称浅水波），$H<L/20$；

（3）中型波，$L/20\leqslant H\leqslant L/2$。

需要重点指出的是，仅有长波（浅水波）能显著影响底部切应力，进而影响到泥沙再悬浮。因为波动能量随着深度增加而以指数形式减小，短波（深水波）几乎不对底部切应力施加影响。

线性波动理论认为，水质点的速度在表面最大，随着深度增加而成指数减小。图3.6.2展示了深水中质点的轨道运动，在水中水质点以圆周运动的形式做轨道运动，振幅随深度增加而减小。波动引起的轨道在表面最大，其半径等于波振幅（即波高的一半）。水面以下，质点的轨道半径减小。

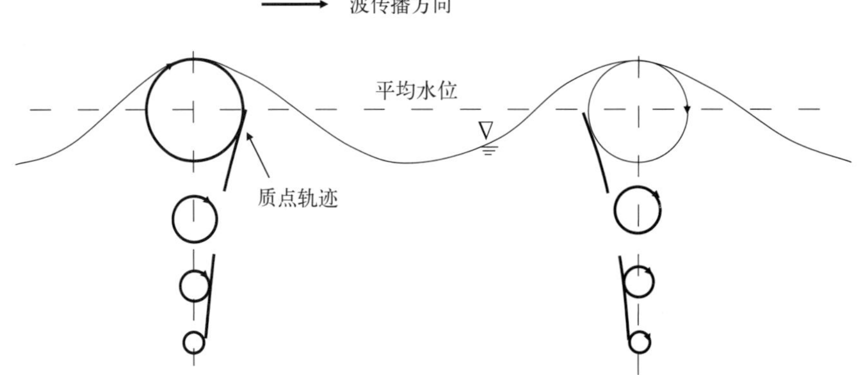

图3.6.2　深水中颗粒的轨道运动

对于短波，其有$kH>>1$，$\tanh kH\approx 1$。式（3.6.9）变为

$$c = \sqrt{\frac{g}{k}} = \sqrt{\frac{gL}{2\pi}} \tag{3.6.10}$$

这表明短波是频散的，其相速度c依赖于波长L。

当波动传入浅水区时，波动开始与水底发生相互作用，影响轨道运动。它们的水平运动分量保持不变，而垂直分量减小。轨道变成扁圆形或椭圆形。当水深介于$L/20 \sim L/2$之间时，波速减慢，此深度范围的波称为中型波。

当波最终进入深度小于$L/20$的区域时，波变成长波（浅水波），其满足$kH << 1$及$\tanh kH \approx kH$，因而式（3.6.9）变为

$$c = \sqrt{gH} \tag{3.6.11}$$

上式表明，长波波速由水深决定。与深水中的周期性圆周运动（图3.6.2）不同，当波进入浅水区时，波轨道变为扁圆形或椭圆形（图3.6.3）。水质点的椭圆形路径逐渐压扁成水平直线，尤其是在没有垂直流的底部。随着轨道被压扁，水质点的运动逐渐变为水平振荡。

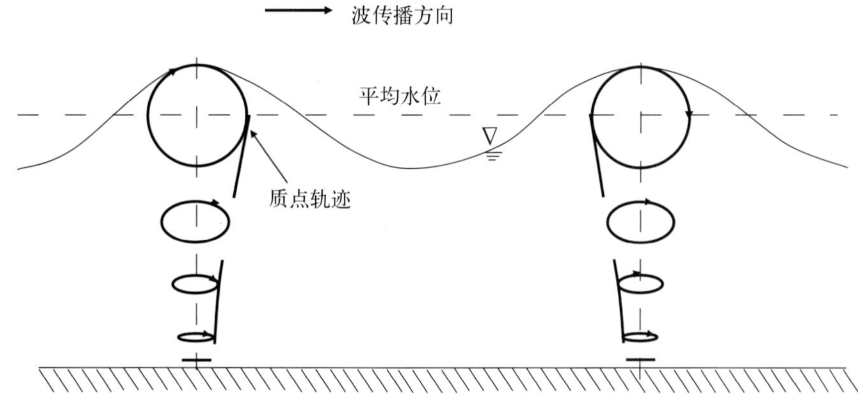

图3.6.3　浅水中颗粒的轨道运动

波长同样可以通过式（3.6.9）计算得到：

$$L = L_0 \tanh\left(\frac{2\pi H}{L}\right) = \frac{gT_s^2}{2\pi} \tanh\left(\frac{2\pi H}{L}\right) \tag{3.6.12}$$

式中：$L_0 = gT_s^2/2\pi$为深水中的波长。对于周期为3 s的风浪，深水中的波长为14 m。已知周期(T_s)和水深(H)的情况下，经常使用一种迭代的方法计算式（3.6.12）中的波长。

底床附近最大的波动轨道速度表示为：

$$u_{\max} = \frac{\pi H_s}{T_s \sinh\left(\dfrac{2\pi H}{L}\right)} \tag{3.6.13}$$

式中，$u_{\max}$为最大轨道速度，m/s；H_s为有效波高，m；T_s为周期，s；H为水深，m；L为波长，m。

式（3.6.13）计算的最大轨道速度是波高、周期、水深及波长的函数。

风浪引起的最大底部切应力τ_b的计算公式为

$$\tau_b = C_f \rho\, u_{\max}^2 \tag{3.6.14}$$

式中，ρ为水密度；C_f为底摩擦系数，其依赖于底床粗糙度及波边界层的水流特征。Chapra (1997) 认为对于水流很小的浅水湖而言，式（3.6.14）可以近似表示成

$$\tau_b = 0.3\, u_{\max}^2 \tag{3.6.15}$$

式中，τ_b为最大底部切应力，dyn/cm^2；$u_{\max}$为最大轨道速度，m/s。

尽管平均而言，波动质点几乎处于相同的位置，但波动能量将使水质点保持不断地运动。地表水质点沿着直径等于波高的轨道运动。表层以下的水质点也以此种方式运动，但随着水质点运动能量的减少，轨道半径将随着深度增加而变得越来越小。当水深等于半波长时，轨道运动几乎减小为0。图3.6.4采用局地速度向量描述了不同波位相下的质点运动。为表示更清晰，此图的垂向尺度做了夸大。

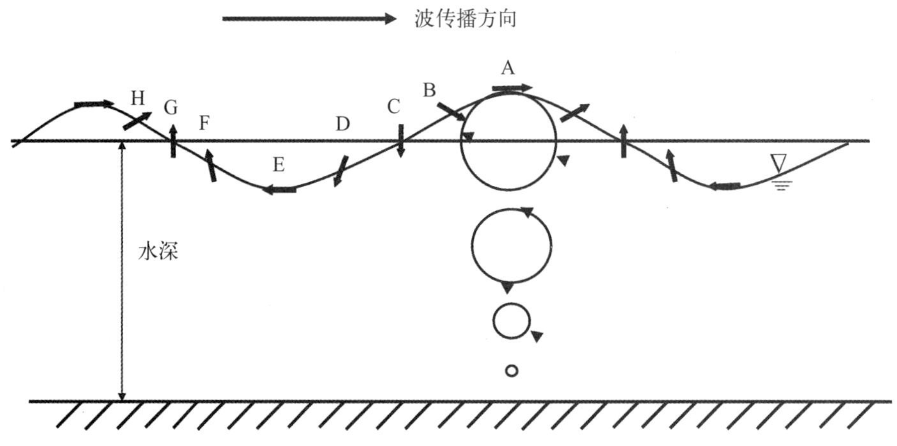

图3.6.4　颗粒在表面波作用下的运动示意图

在波峰（点A），质点运动是水平的，方向沿波传播方向。通过波峰后，质点开始下降，向前的运动减弱（点B）。在波峰与波谷间的中点，质点下降速度最大，向前的速度变为0（点C）。在波谷，质点具有最大的向后运动的速度，既不上升也不下降（点E）。点E的速度与波峰（点A）处的速度大小相等，方向相反。通过波谷之后，质点向后的运动减弱，开始上升（点F）。在波谷与波峰的中点（点G），质点具有最大的向上运动，同时不再向后运动。在靠近波峰时（点H）时，质点保持上升运动，同时开始向前运动。这种周期性运动使得水质点的运动轨迹是个圆周（或轨道）。这种描述是基于线性波动理论的。当存在非线性波动过程时，需要考虑如斯托克斯位移等其他影响。

3.6.2　风浪特征

按照波长从小到大的顺序，水波也可以根据生成它们的外强迫来分类：

（1）气象强迫（风及大气压强）：风浪即属于此类；

（2）地震：生成海啸；

（3）天文强迫：生成潮汐。

这三类波都是重力波，它们都以重力作为恢复力。海啸是由海平面以下的地质构造扰动生成的长周期海洋波动。海啸在外海的传播速度高达800 km/h。虽然其在外海时的波高很小，但当其靠近陆地时，浪高可达10m以上。风浪是本节讨论的重点，对于海啸本书将不对其展开讨论，潮汐波将在第10章与河口一起讨论。

风浪是由风吹过水面而局地产生的。它们也可能从海洋传播到水体（如河口）。局地产生的风浪周期一般为0.5～5 s，而海洋风浪周期可能超过20 s（Shi et al.，2006）。风浪特征体现在不同的波高、周期和波长上。在任意时刻，水体的谐波总有多个。对于许多研究，例如输沙模拟，通常仅考虑最大的波动。有效波高是指在某一采样时间内的所有波动中，波高最大的、占总数1/3的那些波动的平均波高。有效波周期是对应这些波动的平均周期。

风对水波的影响取决于风所能吹到的最大距离。这个距离称为风区，其定义为风在水面持续吹动的水平距离。当沿着盛行方向计算时，风区长度能够很好地指示波高。

当风吹在大面积水域时，风的能量开始传递到水体中。波动能量由风应力产生，而被底摩擦耗散。风的持续时间、发生时刻是决定波高的重要因子。风能量首先被表面波吸收，然后通过波破碎和湍流过程迅速扩散到底层水体中。由于风对波浪的持续推动作用以及风与水面间的剪应力或切应力的存在，使得波动的高度和长度不断增长。随着波动的生成，表面粗糙度增加，使得风很容易地挟卷粗糙水面、增加向水体传送的能量。这个过程增强了空气与水之间的摩擦拖曳。这样风向水体输送的能量增强，水面振荡也越来越强烈。

与周期性的潮汐不同，风浪发生具有不定期性和更短周期。其轨迹运动在浅水区域更有可能穿透到底床上使泥沙再悬浮。在潮汐浅滩地区，由于在底部的风浪轨迹运动随着水深的变化而增加或降低，其引起的泥沙再悬浮会在高潮时刻停止，并在低潮时重新开启。由此可见，水深是风浪产生底部切应力的关键控制因素（Green，Coco，2014）。

图3.6.5给出了奥基乔比湖的观测风速、有效波高及悬浮泥沙浓度的变化图，时间从1989年5月30日到6月2日，共4 d。横轴表示时间，纵轴是标准化的风速、有效波高及含沙量。带“+”的实线表示标准化风速，这里指风速与其最大值（=8.77 m/s）的比值。带“o”的虚线代表有效波高的标准化值，有效波高最大为0.402 m。带实心圆的点线表示悬浮泥沙浓度（最大值为88.5 mg/L）的标准化值。在大约1.7 d，风速、有效波高及含沙量达到了各自的最大值。图3.6.5中的测量数据也用于统计分析。表3.6.1列出了风速，TSS和SWH之间的相关系数（Ji，Jin，2014）。

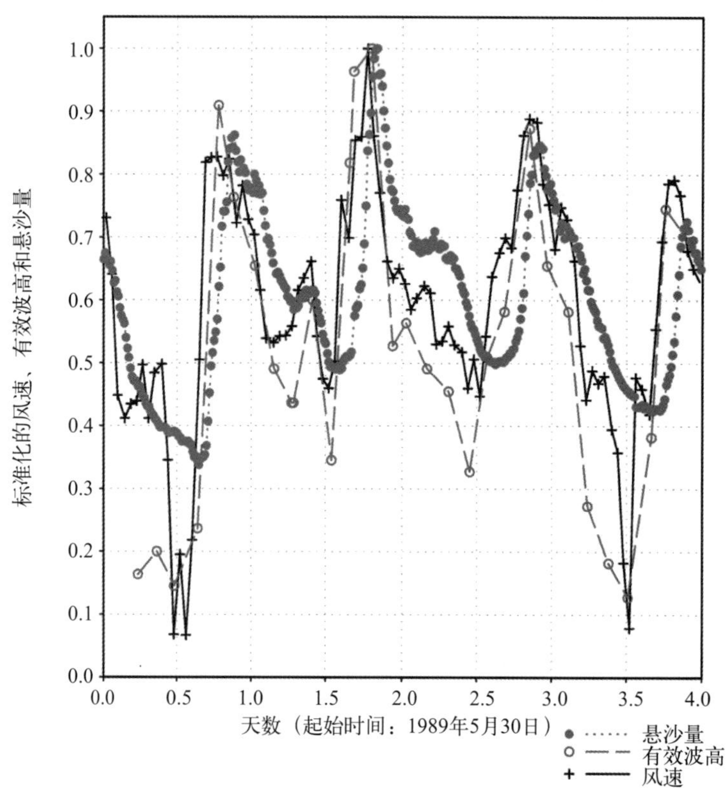

图3.6.5　1989年5月30日至6月2日奥基乔比湖的实测风速、有效波高（H_s）和悬浮泥沙浓度

表3.6.1　风速、总悬浮泥沙（TSS）和有效波高（SWH）三组测量数据之间的相关系数

测量变量	相关系数
风速与SWH	0.91
风速与TSS	0.64
TSS与SWH	0.60

图3.6.5和表3.6.1清楚地表明：风速、有效波高及含沙量之间有密切的联系。风浪（或风生流）可以影响含沙量。当风速增加时，有效波高相应地增加，两者相关系数为0.91。风浪与水流一起增强底部切应力和泥沙再悬浮过程，进而导致水中的含沙量增加。风速与TSS的相关系数为0.64。图3.6.5同样表明，含沙量的变化通常要比风速变化滞后1～2 h。这种滞后相关再次说明，风是使泥沙再悬浮的驱动因子。不论是高风速期，还是低风速期，风速和有效波高的相关性都非常好。而图3.6.5中含沙量与风速的相关性则是高风速期要比低风速期好。这个现象说明风速大的时候，泥沙再悬浮主要受风的影响，而风速低的时候，泥沙沉积和输运也会受到其他机制的影响，例如水流和层结。因此研究大型浅水输沙时，必须考虑风浪的作用。

3.6.3　风浪模型

经验公式或者数值模型经常用来模拟风浪。这里将介绍两个风浪模型，一个是经验的，另一个是数值的。

自从1947年Sverdrup和Munk首次使用经验公式来估算海洋中的有效波高以来，风浪的模拟和预测已经取得了很大的进展。基于奥基乔比湖和墨西哥湾的经验数据，Bretschneider（1958）给出了有效波高、波周期、水深及风区之间的关系图，并发展了一个半经验的波浪预报方法。Ijima和Tang（1966）将这个关系图转换成经验公式。这种类型的经验公式有时称为SMB（Sverdrup，Munk和Bretschneider）模型。Kang等（1982）研究了Erie湖的波浪活动和底部切应力，总结出了一系列的数学公式来描述风浪过程。

SMB浅水波模型是一个基于量纲分析的经验模型：

$$\frac{gH_s}{U^2}=0.283\tanh\left[0.53\left(\frac{gH}{U^2}\right)^{0.75}\right]\tanh\left[\frac{0.0125\left(\frac{gF}{U^2}\right)^{0.42}}{\tanh\left[0.53\left(\frac{gH}{U^2}\right)^{0.75}\right]}\right] \tag{3.6.16}$$

$$\frac{gT_s}{2\pi U}=1.2\tanh\left[0.833\left(\frac{gH}{U^2}\right)^{0.375}\right]\tanh\left[\frac{0.077\left(\frac{gF}{U^2}\right)^{0.25}}{\tanh\left[0.833\left(\frac{gH}{U^2}\right)^{0.375}\right]}\right] \tag{3.6.17}$$

式中，H_s为有效波高，m；T_s为有效波周期，s；U为风速，m/s；F为风区长度，m；H为沿风区的平均水深，m；g为重力加速度，m/s^2。

对于不同的公式，式（3.6.16）和式（3.6.17）中的系数会有少许差异。

为了得到上面两个公式，SMB模型做了如下基本假设：

（1）风沿某一方向吹的时间足够长，以便波浪场有足够的时间与风场达到平衡；

（2）在风区，风速和水深是均匀的。

模型的输入风场通常是1小时内平均风速。Sheng 和Chen（1993）将与式（3.6.16）和式（3.6.17）相似的解应用到奥基乔比湖。他们报道说，如果风向变化小于45°，风速变化小于2.5 m/s，得到的结果是可以满足要求的。在式（3.6.16）和式（3.6.17）中，均匀深度的假设使得浅水区依赖于深度的过程不能得到很好的描述，如折射、浅水作用、波耗散等。这个方法的另一个局限是没有给定波的传播方向。在泥沙模拟中，当同时考虑波浪和流的作用时（3.6.4节），波传播方向是一个必需的信息，这将在稍后进行介绍。尽管有这些局限，但学者们仍然经常采用SMB模型来对风浪进行快速、粗略的估算。

为模拟风强迫、非线性作用及耗散，人们在发展数值模型方面做了大量的工作。目前，在实际工程应用以及科学研究中，已有许多风浪模型可以使用。其中一个广泛使用的风浪模型是SWAN（Simulation WAve Nearshore）模型（SWAN，1998）。SWAN模型包含了波传播过程中的折射、浅水化、阻碍以及由于空间变化引起的频移效应。该模型不包括绕射或反射，因此如果障碍物附近的波浪场的计算精度要求不高，那么该模型是非常合适的。

SWAN是一个有限差分模型，其可以直接使用水动力模型和泥沙模型中的笛卡儿网格或正交网格。SWAN能够计算随时间变化的解，而不仅是一系列稳定状态的解。对于风浪没有足够时间与风强迫达到平衡的情况，SWAN要比其他稳态风浪模型更具优势，例如飓风或其他快速移动的风暴。而风暴和飓风发生期是输沙最重要的时期，准确模拟风暴和飓风发生期间的风浪是泥沙模拟的关键。

在SWAN模型中，有一个单独的控制方程来描述模拟区域的波动转换过程。这个平衡方程包含6项，这6项定义了系统中能量的输入和输出：

$$\frac{\partial}{\partial t}N+\frac{\partial}{\partial x}c_xN+\frac{\partial}{\partial y}c_yN+\frac{\partial}{\partial \sigma}c_\sigma N+\frac{\partial}{\partial \theta}c_\theta N=\frac{S}{\sigma} \tag{3.6.18}$$

式中，σ 为相对频率（在以波作用量传播的速度进行移动的参考坐标系中观测到的频率）；θ 为波传播方向（垂直于每个分谱波峰的方向）；$N(\sigma, \theta)$ 为波作用量密度谱；$S(\sigma, \theta)$ 为波能量源汇项（例如风引起的增长、深度引起的破碎）；c 为波作用传播速度（能量和流）。

式（3.6.18）中，第一项是波作用密度随时间的改变量。第二、第三项表示地理空间中的波传播。第四项表示由深度和流速变化引起的相对频率位移，第五项表示由水深和流生成的折射所引起的波作用量谱的改变量。SWAN模型的详细介绍见文献SWAN（1998）。

3.6.4 风浪和水流的复合流

波动使沉积床松软并使其发生再悬浮。但波动是一个低效的输沙机制，平均而言，波动并不引起水平方向的净泥沙输运。而水流即使速度很小，也能引起净的输运。一个简单的景象是：在浅水区，风浪激起沉积床，而弱的流动则将悬浮泥沙输运走。但是，在紧贴沉积床的区域，波动和水流无法进行区分，更无法监测，而且这两种运动间存在着非线性作用。

波浪和水流是如何与底部进行相互作用以决定底部切应力大小并移动泥沙的呢？过去几十年，学者针对这个问题做了深入的研究。波流相互作用在浅水泥沙输运研究中扮演着重要的角色，其同时影响着泥沙的侵蚀和沉积过程。Grant 和Madsen（1979）将波流相互作用进行了参数化，他们对流边界层和波动边界层分别使用了两个不同的涡动黏性公式。Styles和Glenn（2000）进一步改进了边界层相互作用模型。

波流相互作用与波流边界层的非线性耦合有关（Styles，Glenn，2000）。它将风浪和水流的流动结合在一起，这种复合流控制着泥沙的再悬浮。通常的情况是，一个振荡的波边界层嵌套在一个相对稳定的流边界层中。这种不同时间尺度、不同边界层尺度的流动间的叠加是由波动与缓慢变化的水流之间的非线性作用决定的。在浅水区，风浪引起的底部切应力要远大于流引起的底部切应力。底部切应力合力是瞬时波动与流速的非线性函数。

风浪衰减主要是由淤泥层厚厚的黏性边界层导致的（图3.3.1）。波动能量用于克服黏性切应力，以维持淤泥层的移动。根据式（3.6.13），有效波高0.3m、周期3s的风浪在深度小于4m的区域所引起的近底轨道速度超过0.11 m/s。由于轨道速度的振荡特性，波动底边界层仅在有限的时间内增长（大约半个波周期）。波动底边界层内有很大的速度切变，这能产生强烈的湍流和很大的底部切应力。与波动不同，风生流（或潮流）变化的时间尺度要长得多，长达数小时甚至更长。流导致的速度切变、湍流强度以及底部切应力要比风浪的小很多。

含沙量也会影响边界层内的动力过程。含沙量能导致或稳定、或不稳定的密度层结，进而阻碍或增强垂直方向的湍流混合，这种作用与温度层结类似。泥沙颗粒间的相对运动能直接降低湍流强度。近底床的悬浮泥沙浓度可能会变得非常高，进而形成了一个淤泥层系统，淤泥层内干涉沉降非常重要，流体活动更像是非牛顿流体。

波流相互作用生成了强度和方向都发生变化的剪切应力。波动底边界层中的湍流很强，这使得水流在波动存在的情况下受到的底摩擦要比没有波动时的大很多。总切应力可以计算为

$$\vec{\tau}_{\mathrm{cw}} = \vec{\tau}_c + \vec{\tau}_{\mathrm{ww}} \tag{3.6.19}$$

其中，$\vec{\tau}_{\mathrm{cw}}$ 为最大总切应力；$\vec{\tau}_c$ 为水流的切应力；$\vec{\tau}_{\mathrm{ww}}$为风浪产生的最大切应力。

用各自剪切速度表示的切应力，其强度计算为如下形式（Styles，Glenn，2000）：

$$u_{*\mathrm{cw}}^2 = \sqrt{u_{*c}^4 + 2u_{*c}^2 u_{*\mathrm{ww}}^2 \cos\phi_{\mathrm{cw}} + u_{*\mathrm{ww}}^4} \tag{3.6.20}$$

式中，ϕ_{cw}为波流间的夹角（$0 \leqslant \phi_{\mathrm{cw}} \leqslant \pi/2$）；$u_{*\mathrm{cw}} = \sqrt{\tau_{\mathrm{cw}}/\rho}$ 为总剪切速度；$u_{*c} = \sqrt{\tau_c/\rho}$ 为水流的剪切速度；$u_{*\mathrm{ww}} = \sqrt{\tau_{\mathrm{ww}}/\rho}$ 为风浪最大剪切速度；ρ 为水密度。

在使用风浪模型（如本节讨论的SMB模型和SWAN模型）计算出了最大轨道速度$u_{\max}$以后，就可以利用式（3.6.14）来计算最大风浪切应力$\vec{\tau}_{\mathrm{ww}}$。Styles和Glenn（2000）采用了如下梯度输运关系来计算流的剪切速度：

$$u_{*c}^2 = \lim_{z \to z_0}\left(K\frac{\partial U}{\partial z}\right) \tag{3.6.21}$$

式中，K 为涡动黏性系数；U 为水平流的强度；z 为垂直坐标，从底床向上为正；z_0 为底部粗糙度。

3.6.5　风浪对泥沙输运的影响

本节主要基于Ji和Jin（2014）的工作。

风浪效应和悬浮泥沙的动态行为已经在过去几十年中被研究过。对大型浅水湖泊的调查（如Aalderink等，1984）表明，风浪对泥沙再悬浮过程是至关重要的。Metha（1996）讨论了沿海和湖泊环境中由风浪能量驱动的泥沙和泥土动力学。Churchill等（2004）公布的观测结果显示在苏必利尔湖90 m深处由波浪产生的水流（以下简称波生流）能够超过1.3 m/s，而在强烈风暴期间，波流相互作用主导了底部应力的产生。Hofmann等（2011）研究了大型湖泊沿岸地区的风浪和船舶产生浪波引起的再悬浮，并得出结论认为整个一年中由风浪引起的再悬浮只是零星发生，然而由船舶产生波浪引起的再悬浮却经常发生在夏季白天。Kelderman等（2012）研究了浅水湖泊的风沙动力学，结论显示沉积物再悬浮与平均风速显著相关。Jin等（2011）讨论了飓风对奥基乔比湖泥沙的影响，强调了飓风天气中风浪的重要影响。

风浪通过加强降解，微生物生产和再循环对浅水中养分循环产生重大影响（Danielsson等，2007）。Zhu等（2008）测量了中国太湖中总磷的变化，数据显示由风浪引起的强烈泥沙再悬浮对TP有显著影响。Owens等（2009）指出，颗粒汞的再悬浮和输运与风浪和泥沙运动的动态密切相关。Chung等（2009）研究发现，浅水富营养化湖泊中底床泥沙与水体之间的相互作用对这些水体中营养物质的转化和输运有巨大的影响。因此，需要可靠的再悬浮模型来准确地反映这种现象。

模拟大型浅水体中泥沙输运的基本变量包括有效波高、水深、轨道速度、流速、底部切应力和泥沙浓度。这些变量的空间变化往往是研究区的关键特征。Ji和Jin（2014）利用LOEM模型（Lake Okeechobee Environmental Model）分析了风浪对奥基乔比湖泥沙输运的影响，探讨了风、风浪、水流和泥沙输运的相互关系。

在夏季典型东南风的作用下，由SWAN模型计算的2005年7月9日的日均有效波高达到30 cm以上（如图3.6.6）。奥基乔比湖中泥沙的再悬浮受到表层传递来的能量的影响，传递的能量大小取决于风速和风区。一般来说，随着风区和风量的增加，波高也随之增加。如图3.6.6所示，在东南风的作用下，有效波高由南向北递增，有效波高及其分布规律与风区有关。风速和风向显著影响湖面风浪的振幅和方向。

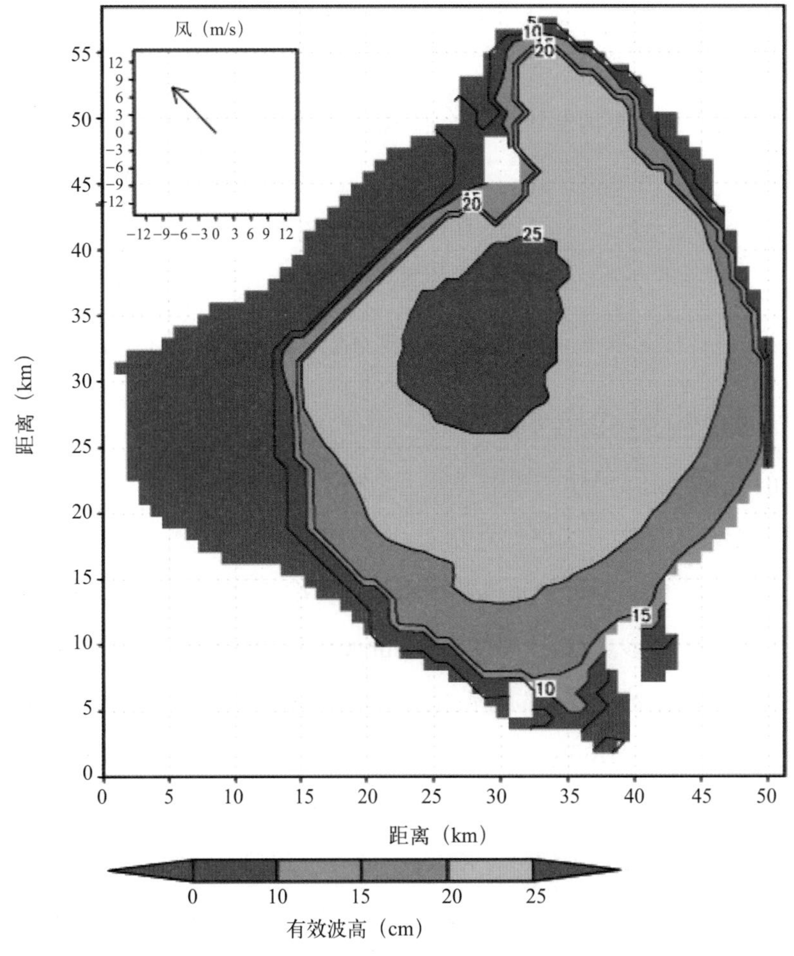

图3.6.6 SWAN模型计算的奥基乔比湖2005年7月9日日均有效波高

根据风浪的轨道速度和LOEM模型的水流速度计算湖底应力。轨道速度是波高，水深和波浪周期的函数。除受风力驱动的水流（风生流）外，与局地风产生的波浪有关的轨道水流可能是底部泥沙再悬浮的诱因之一。图3.6.7给出了模拟的2005年7月9日的轨道速度等值线，图中日均轨道速度可以超过30 cm/s，对于这样一个浅水湖是一个相当大的值。模拟的水深中间处的水流矢量也显示在图3.6.7中，其中水流呈现出典型的双涡旋环流模式（图7.2.5）。东南风驱动水流向着西北方向，平行于沿岸地带，沿着湖东岸运动。湖中形成的两个旋涡一个在湖的西南，另一个在湖的东北。西南旋涡是由反气旋型水流形成的，东北旋涡则由气旋型水流形成。

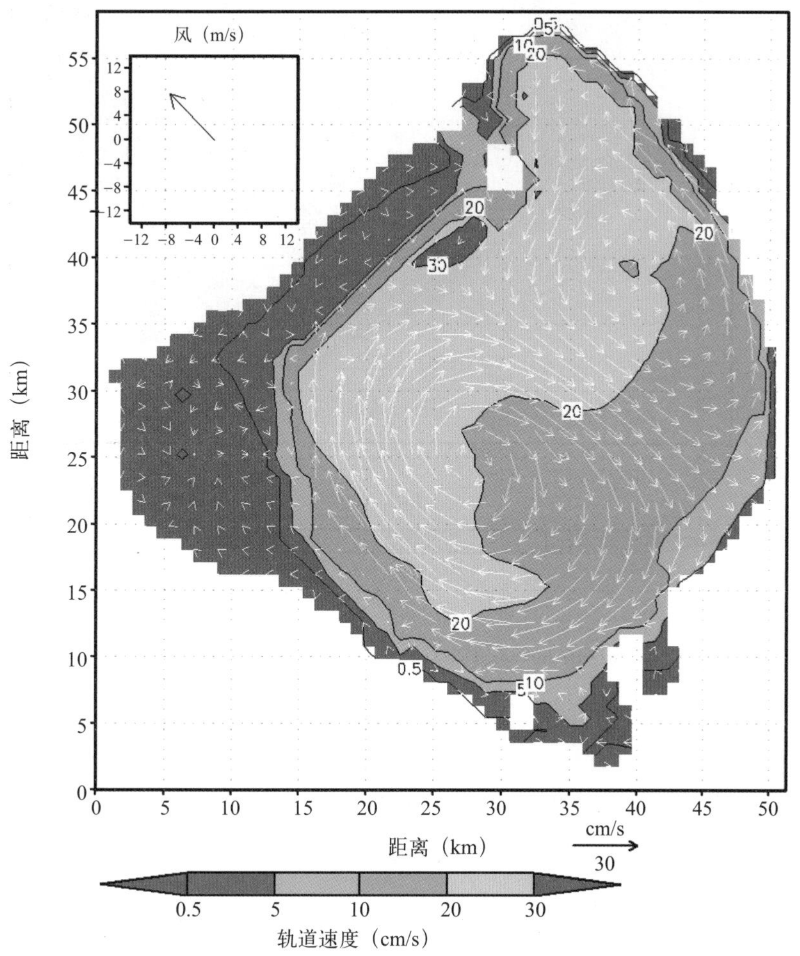

图3.6.7　奥基乔比湖2005年7月9日的轨道速度和流速模拟值的等值线图

底部切应力是决定泥沙再悬浮和沉积的关键参数。在模拟水流和风浪后，基于Styles和Glenn（2000）开发的风浪和水流相互作用模型，可以在LOEM模型中计算底部切应力。图3.6.8给出了模拟的2005年7月9日底部切应力，与图3.6.6和图3.6.7是同一天。湖泊泥沙再悬浮的临界切应力通常在4 dyn/cm^2，当松散沉积床很薄的表层被侵蚀后，临界切应力急剧增加。泥土表面下1厘米至数厘米的临界切应力可以增加到几十（甚至数百）达因/厘米^2（Mehta，1991）。

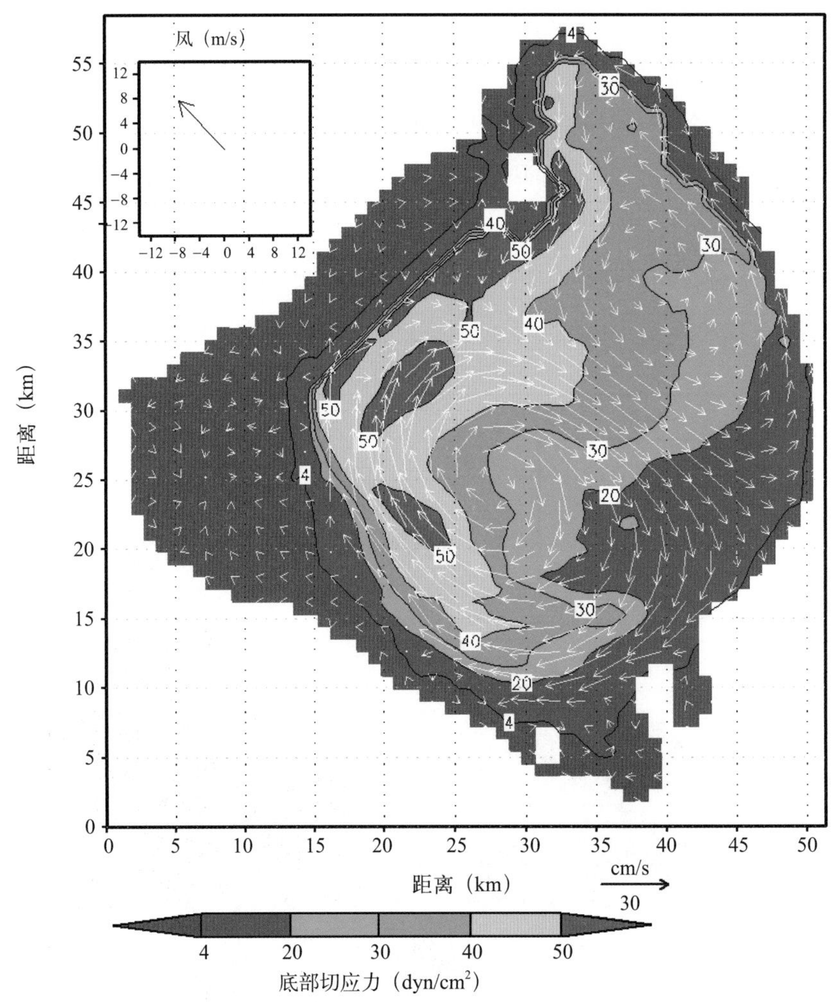

图3.6.8 考虑风浪作用下奥基乔比湖2005年7月9日底部切应力和流速模拟图

比较图3.6.8和图3.6.7，很明显，图3.6.7中的轨道速度对图3.6.8中的底部切应力值有显著贡献。湖泊底部切应力是高频风浪和相对低频水流相互作用的结果（Styles，Glenn，2000）。例如，图3.6.7中的高轨道速度区域（数值超过30 cm/s）与图3.6.8中的高底部切应力区域（数值超过50 dyn/cm^2）非常吻合。图3.6.8中的这个高底部切应力区域却具有相对较小的流速，表明轨道速度是该区域高底部切应力的主要贡献者。

模拟的2005年7月9日的水面TSS浓度和中间水层的水流如图3.6.9所示。图3.6.9中有两个高TSS区域。一个是在基西米河入口处（图2.4.2），是由于河流的高含沙量引起的。另一个位于高轨道速度区（图3.6.7），主要是由风浪造成的。

奥基乔比湖泥沙的再悬浮是由水流和风浪通过底部切应力产生的。再悬浮发生的前提是底部切应力必须超过沉积物的临界切应力。由风浪产生的底部应力是奥基乔比湖泥沙再悬浮的主要原因。从图3.6.9可以看出，由水流速度产生的底部切应力应该是奥基乔比湖泥沙再悬浮的次要原因，因为水流速度一般在1～20 cm/s之间，而轨道速度从数厘米/秒到40 cm/s以上。因此，水流的主要作用是将悬浮的泥沙输送到奥基乔比湖的其他区域。图3.6.6至图3.6.9分别表征了有效波高、轨道速度与水流速度、底部切应力和TSS的空间变化。这些变量的空间变化有助于理解湖泊中泥沙的输移情况。以前发表的论文很少对大型浅水体中的所有这些变量进行全面和详细的分析。

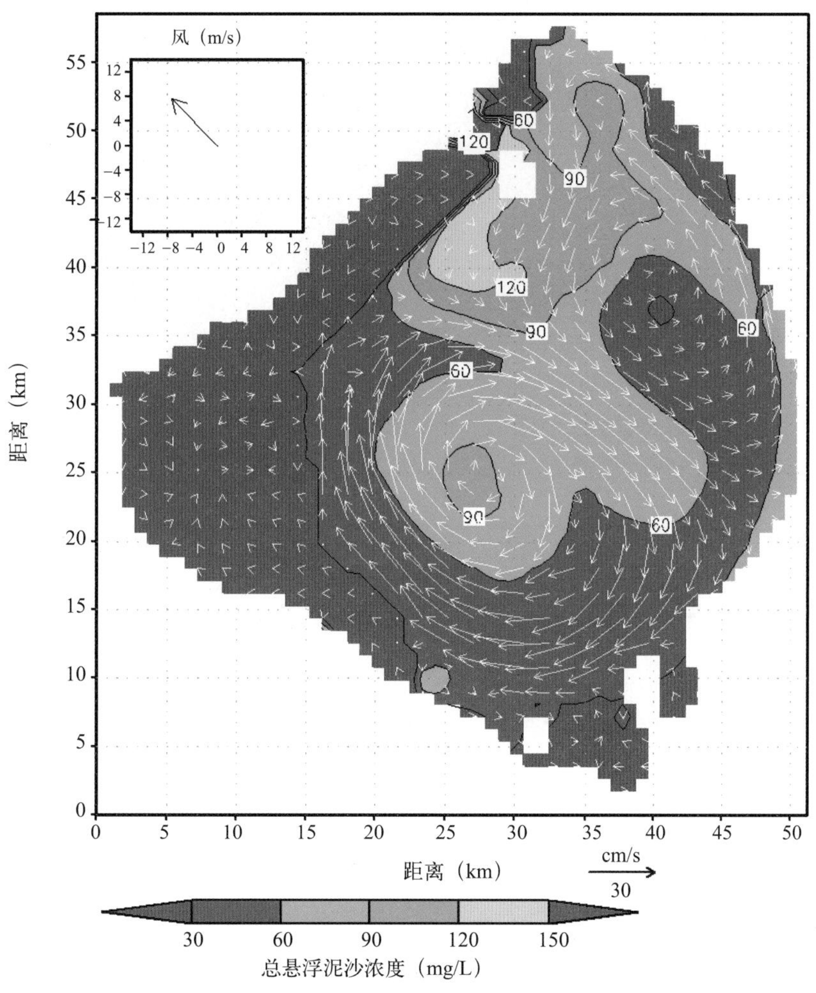

图3.6.9　奥基乔比湖2005年7月9日水面TSS浓度和中间水层的流速模拟图

为了说明风浪作用对泥沙再悬浮的重要性，对有、无风浪的情形进行了比较。图3.6.10与图3.6.8相似，只是去除了风浪作用所产生的底部切应力。图3.6.10显示，如果不考虑风浪，LOEM模型将显著低估底部切应力，特别是在浅水区域。

奥基乔比湖已经富营养化，主要源于过去几十年排入的含磷农业径流。200年前，大部分的湖底被沙子覆盖，而今天，大部分区域已被有机泥覆盖（Brezonik，Engstrom，1998）。据估算，在过去50年里10 cm厚的有机泥表层累积的磷超过30 000 t。奥基乔比湖中磷的总量变化表明，磷在泥沙中的累积速率达每年303 t（Brezonik，Engstrom，1998）。

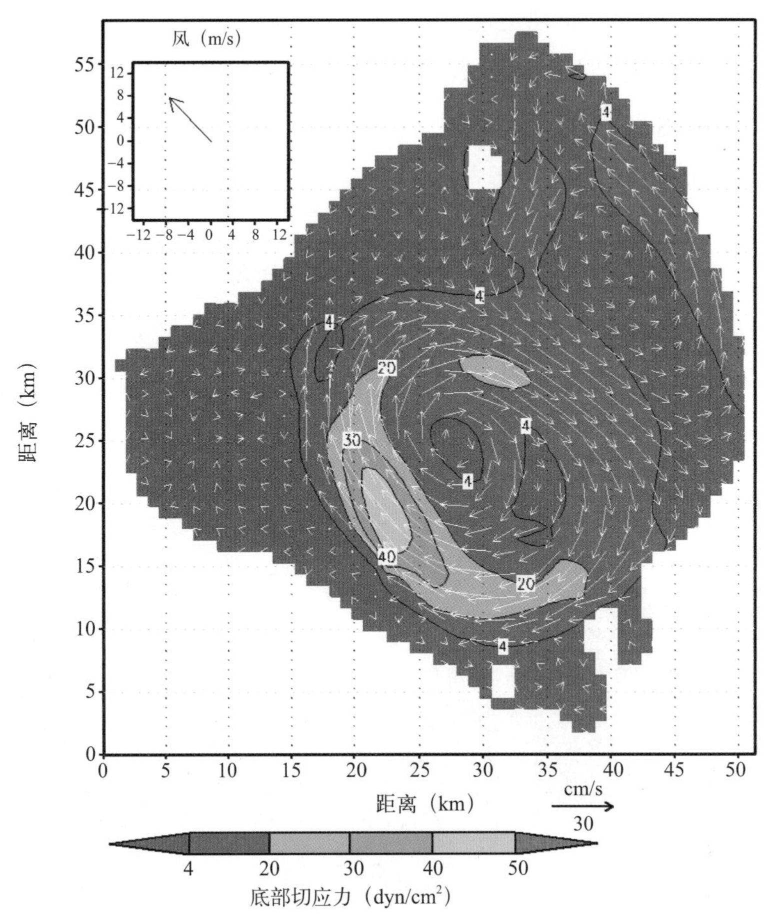

图3.6.10　忽略风浪作用下奥基乔比湖2005年7月9日底部切应力和流速模拟图

图3.6.11中的左图给出了泥沙分区的地图（SFWMD，2002）。泥沙分区是基于泥沙底床表层10 cm的物理描述，被分类为泥、近岸、泥炭、沙或岩石。湖泊的开阔水域主要有三类泥沙分区：泥、沙岩和岩石。泥类分区以粒径小于50 μm的细小泥沙为主；沙类分区以粒径大于50 μm的泥沙为主；岩石类分区中存在很少或没有泥沙。泥沙分区在沉积物输运、磷的总量变化和湖泊富营养化中发挥着关键作用。尽管以前的研究（如，FDEP，2001；Moore et al.，1998；Olila，Reddy，1993）对泥沙分区有所描述，但对泥沙分区形成机理的讨论却非常有限。探索为什么会形成图3.6.11 中左图所示空间格局的泥沙分区是有趣而重要的。

图3.6.6至图3.6.10中展示的结果也在这段时间内。如图3.6.11中的中图所示，多年平均的东北风速为1.34 m/s，这个值很小，通常不能成为底部切应力计算的主要贡献者。图3.6.11中的中图的底部切应力在开阔水域西南部有很高的值（超过7 dyn/cm^2），中等值（5～7 dyn/cm^2）主要分布在湖泊的西部和西北部，相对较低值（小于5 dyn/cm^2）主要分布在湖泊的中部和东部。多年平均底部切应力是底部边界层内高频波浪轨道运动与低频水流相互作用的结果。在一个波浪周期内，联合底部切应力的大小和方向都在变化，是由瞬时风浪和流速产生的非线性函数。波浪和水流的能量相互作用产生一个大小和方向变化的切应力。在很薄的波浪底部边界层内，高湍流导致水流在存在波浪的情

况下受到更大的底部阻力（Styles和Glenn，2000）。

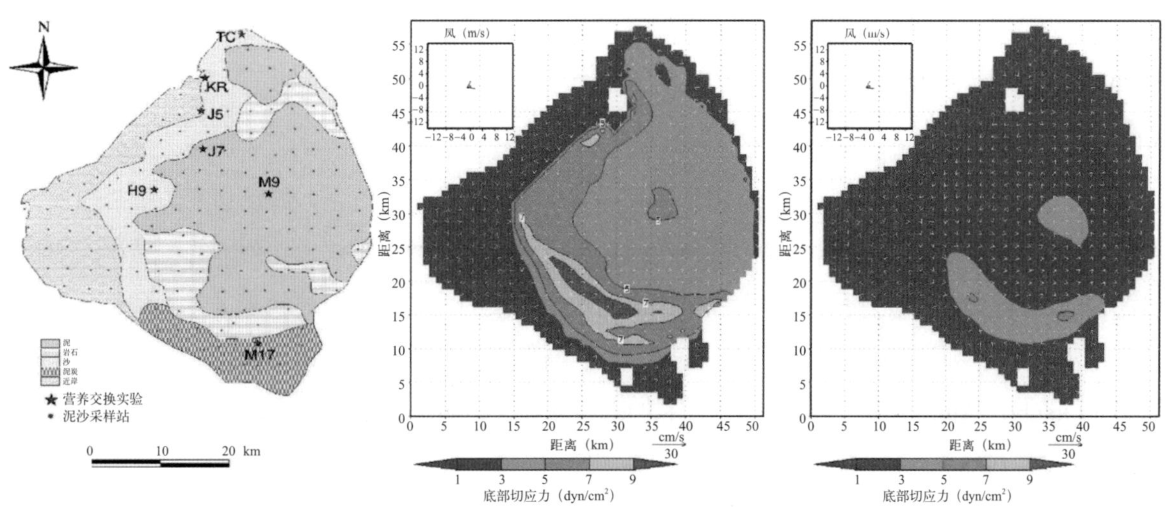

图3.6.11　奥基乔比湖底床泥沙分区图及底部切应力模拟图

左图：观测的湖底床泥沙分区图（SWMD，2002）；中图：模拟的风浪作用下的底部切应力；

右图：模拟的忽略风浪作用下的底部切应力。模拟结果由2004年和2005年两年平均得到

比较泥沙分区（左图）和底部切应力（中图），显然两者在空间分布上有相似之处。西南区域的岩石类分区与高底部切应力区大致吻合；西部和西北区域的沙类分区大体上与中等底部切应力区相吻合；中东部区域泥类分区一般与低底部切应力区相吻合。也有两个区域吻合得不是很好。例如，在北部有一个岩石类分区，底部切应力相对较小。

底部切应力是泥沙沉积和再悬浮的决定因素。细粒泥沙（如泥土）倾向于在底部切应力较低的区域沉降。在底部切应力持续较高的区域，泥沙难以沉降并形成底床沉积层。如图3.6.11中的左图所示，西南区域的岩石类分区将会受到同一区域对应的高底部切应力的影响；中部和东部的泥类分区应该受到同一地区对应的低底部切应力的影响；沙类分区则对应于受到中等底部切应力影响的区域。总之，图3.6.11显示多年平均底部切应力是形成泥沙分区空间格局的关键因素。

图3.6.11中的右图与中图基本相同，只是在底部切应力计算中去除了风浪影响。右图显示没有风浪影响的LOEM模型会显著低估底部切应力，而且底部切应力的空间分布与泥沙分区的空间格局并不匹配。考虑风浪的平均底部切应力为4.7 dyn/cm^2，无风浪的平均底部切应力为1.8 dyn/cm^2。湖泊开阔水域是除近岸区域外的区域（图2.4.2）。近岸区域的风浪总是被植被大大减弱。总的来说，考虑风浪作用的底部切应力是不考虑风浪的大约3倍。强风情况下的差异会更大。例如，LOEM模拟揭示，在2005年10月24日的Wilma 飓风期间，考虑风浪作用的底部切应力可以达到72 dyn/cm^2，而没有风浪的底部切应力只有8 dyn/cm^2，相差8倍。

应该指出的是，在一个大的浅水体（如奥基乔比湖）中泥沙分区的形成是由许多因素决定的。底部切应力只是其中之一。为了充分解释图3.6.11中泥沙分区的空间分布，需要更详细的研究。

3.6.6 案例研究：奥基乔比湖中的风浪模拟

关于奥基乔比湖的特征及其水动力模拟已经在2.4.2节中进行了介绍，本节将主要讨论风浪模拟（Jin，Ji，2001），输沙模拟将在3.7.2节中作为另一个案例研究来进行介绍。

3.6.6.1 背景

奥基乔比湖的泥沙再悬浮过程是由水流和风浪引起的。两种情况下，底部切应力都必须大于泥沙的临界应力才能发生再悬浮。湖中的流速一般小于10cm/s，通常无法引起泥沙的再悬浮。因此，风浪强迫是浅水湖中泥沙再悬浮的主要机制。与风浪相关的能量能很快地从水体传入湖底，当风消失时，水体中由风引起的运动将随时间逐渐耗散。其他湖中也观测到了相似的现象，包括日本的霞浦湖（Otsubo，Muraoka，1987），匈牙利的巴拉顿湖（Luettich et al.，1990）以及日本的琵琶湖（Kumagai，1988）。

3.6.6.2 测量数据和模型设置

模型校准所使用的风和波浪数据是由Sheng（1991）在LZ40站附近的两个站点采集的（图2.4.2）。数据时段从1989年4月27日到5月3日。风数据的采集间隔为15 min，波高则每隔0.5 s采集一次。风数据代表了奥基乔比湖典型的春季风模态（图3.6.12），典型风速约为6m/s，最大风速通常发生在18时至22时，其值为9 ~ 10 m/s。

模型验证所采用的数据是由南佛罗里达水域管理区（SFWMD）采集的1996年3月27日到4月2日间的数据。在这段时间内，测量了另外三个站连续6天的波高和风速数据。风速和风向数据每隔15 min采集一次，波高每隔2 s采集一次。

Sverdrup和Munk（1947）定义的波高是指某一时段内（如1 h），占总数1/3的，波高最大的那部分波动的平均波高。其也可表示成某一时期内，所有波动波高的均方根，其计算公式为

$$H_s = 1.416\sqrt{\frac{\sum_{i=0}^{N} H_i^2}{N}} \tag{3.6.22}$$

式中，H_i 为每个观察数据得到的波高；N 为某一时段内总的样本数。

本研究使用SWAN模型（SWAN，1998）。采用的笛卡儿网格与2.4.2节中介绍的水动力模型相同，有59 × 67 个格点，分辨率为 910 m × 923 m（图2.4.2）。采用SWAN模型的非稳态模式来模拟风浪随时间变化的性质。敏感性试验表明，时间步长不超过10 min时，其结果是一致的，因此本研究中采用10 min的时间步长。

3.6.6.3 模型校准和验证

图3.6.13对比了模型校准期，LZ40（图2.4.2）附近一个站点的模拟有效波高和实测有效波高，校准期为1989年4月27日到5月3日。从运动趋势、有效波高振荡两个方面来看，模型结果都是令人满意的。Jin 和Ji（2001）详细介绍了模拟与实测的对比结果。

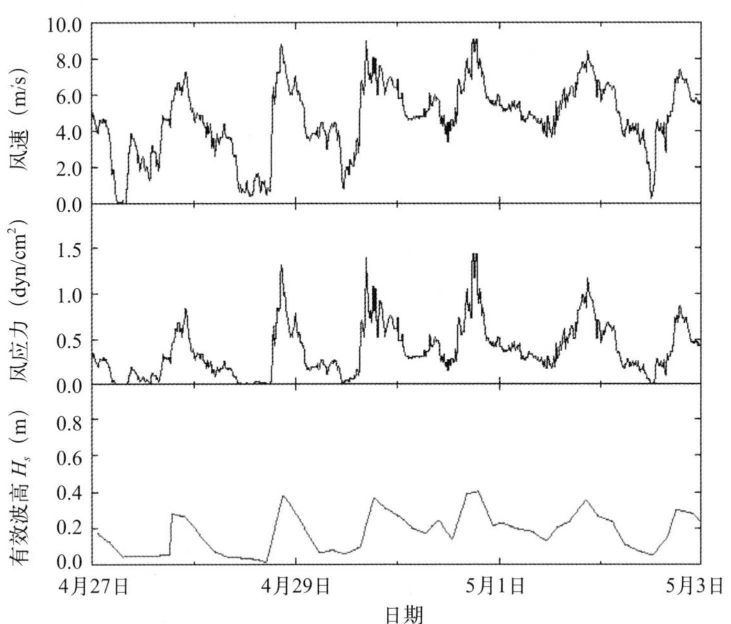

图3.6.12　奥基乔比湖LZ40附近某站点的实测风速、风应力和有效波高

时间从1989年4月27日至5月3日（Jin，Ji，2001）

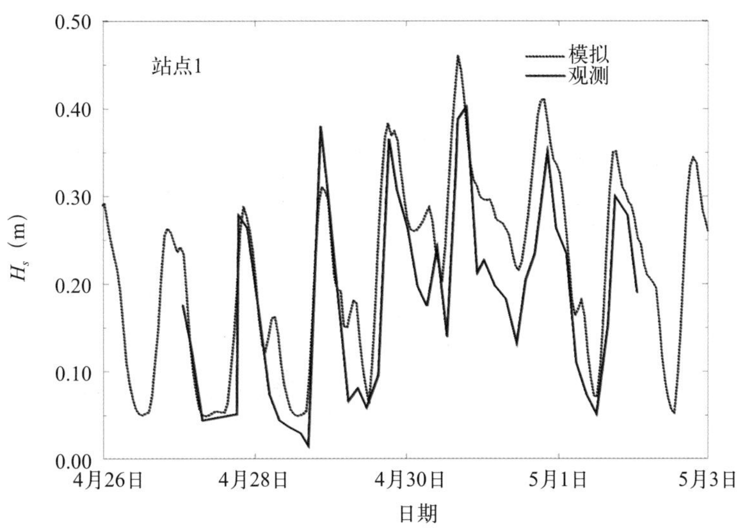

图3.6.13　奥基乔比湖有效波高模拟值与实测值的时间序列对比

时间从1989年4月27日至5月3日（Jin，Ji，2001）

统计分析同样表明，有效波高的模拟值与观测值拟合得很好。表3.6.2中，第一列是站点名，第二列是观测平均值，第三列为模拟平均值，第四列为绝对误差平均值，第五列是观测的变化值，第六列是均方根误差（RMS），第七列是相对均方根误差，第八列是模型校准期（站点1和站点2）与验证期（站点3至站点5）观测值与模拟值的相关系数。表3.6.2表明模拟结果的误差从15%（站点4和站点5）到22%（站点3）不等。由于站点2和站点3靠近湖岸，反射和偏转会影响有效波高。模拟结果与观测数据间的相关系数值为0.79～0.89。总体来说，模型的校准和验证结果是合理的，能够满足要求。

表3.6.2 有效波高观测值和模拟值的误差分析与相关分析

站点	观测平均值(m)	模拟平均值(m)	绝对误差平均值(m)	观测变化量(m)	均方根误差(m)	相对均方根误差(%)	相关系数
1	0.23	0.19	0.06	0.40	0.07	17	0.89
2	0.18	0.14	0.04	0.29	0.06	20	0.87
3	0.17	0.17	0.04	0.27	0.058	22	0.76
4	0.21	0.21	0.06	0.55	0.084	15	0.78
5	0.24	0.21	0.08	0.66	0.10	15	0.79

我们使用经过上述校准和验证后的模型来模拟湖泊的风浪。图3.6.14是模拟的LZ40站的有效波高，时间从1999年10月1日至2000年9月30日。这12个月是LOEM模型的校准时期。当飓风Irene在1999年10月中旬通过南佛罗里达时，奥基乔比湖附近记录的风速为23m/s。飓风期间，LZ40站的有效波高高达1.4 m，如图3.6.14所示。奥基乔比湖的风浪对泥沙再悬浮及输运有显著影响。在典型的冬季风（6 m/s）情况下，每小时平均的有效波高在2000年1月21日23时达到了75 cm，如图3.6.15所示。这些波动结果将在3.7.2节的泥沙模拟中使用。

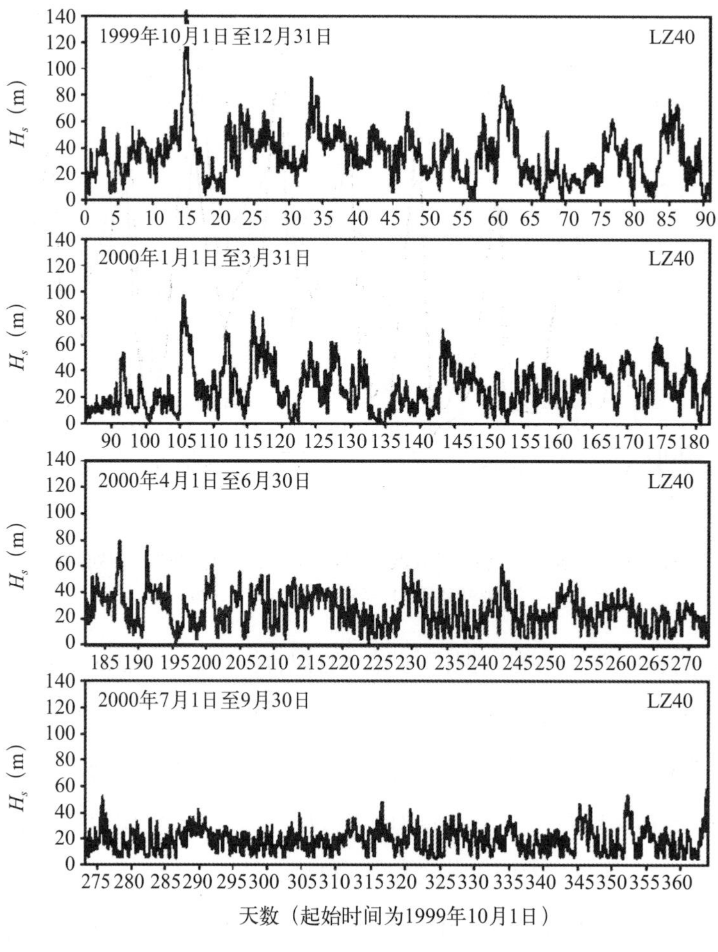

图3.6.14 LZ40站有效波高模拟值

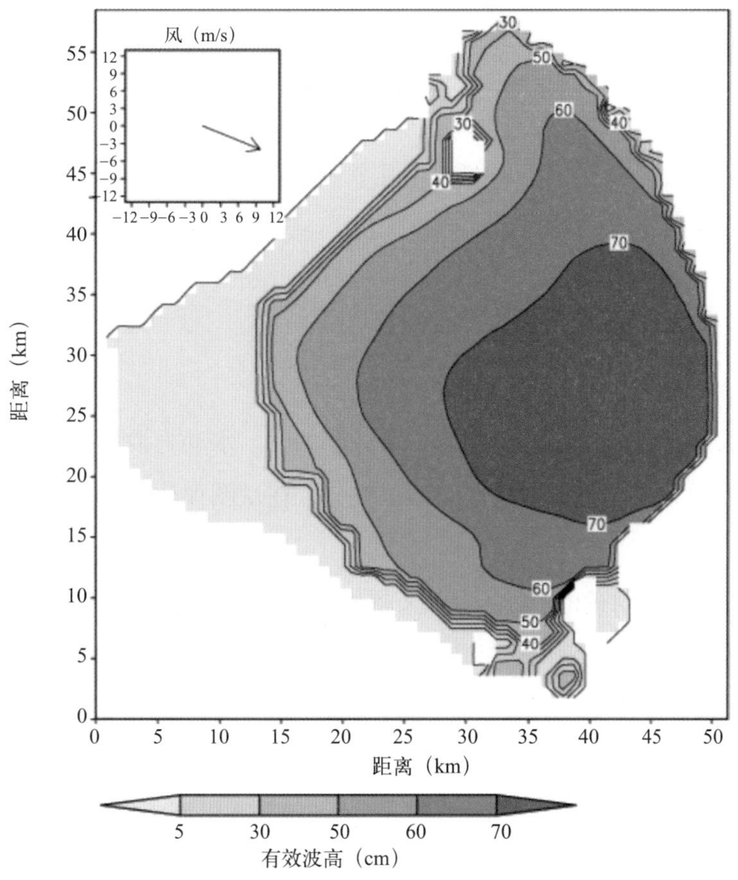

图3.6.15 2000年1月21日23时有效波高的模拟值

3.6.6.4 讨论

奥基乔比湖底部的细泥沙通过波浪和水流的作用再悬浮进入水体中。风浪生成的底部切应力是许多大型浅水湖发生泥沙再悬浮的主要原因。由于奥基乔比湖的水浅，流速也小（1~10cm/s），细泥沙的再悬浮过程主要受风浪的影响（Mei et al.，1997；Sheng，1991）。风浪模型提供随时间和空间变化的波高，以用于计算底部切应力。

奥基乔比湖的泥沙再悬浮由表面传入的能量决定，传入能量的多少由风速和风区长度来决定。通常，随着风区长度和风速的增加，波高也变大。例如，2000年1月21日的西北风使得有效波高从西北到东南沿岸逐渐增大（图3.6.15）。有效波高及它们的分布形态与风区密切相关。风速和风向能显著影响湖中的波浪运动以及表面波的传播。

由于奥基乔比湖的水深较浅，风生表面波生成的底部切应力是泥沙再悬浮的主要原因（James et al.，1997；Jin，Ji，2004）。该风浪模型输出的结果对于驱动奥基乔比湖的泥沙模拟是非常有用的。这个积分模型由于能稳定地模拟风浪过程以及它们对输沙的影响，因而可以显著改进湖泊的水动力和输沙模拟。作为一个案例研究，奥基乔比湖的泥沙模拟将在3.7.2节进行介绍。

3.7 输沙模拟

水资源管理通常需要对输沙过程有准确而细致的理解。输沙模型及其应用是分析输沙物理过程的重要组成部分。综合性泥沙模型通常包括以下几个子模型：

（1）水动力模型；

（2）风浪模型；

（3）波流模型；

（4）输沙模型。

准确模拟水动力过程是应用输沙模型的一个必要条件。水动力模型提供诸如水深、流速、湍流混合及温盐等水动力条件。水动力校准必须很充分，在试图评估泥沙输运前，必须正确掌握流场状况。

风浪模型（如3.6.3节中讨论的SWAN模型）提供有效波高、波周期及波传播方向等要素。波流模型（例如3.6.4节所讨论的那个模型）综合考虑流及风浪的作用，以准确估算底部切应力。风浪模型及波流模型仅在模拟大型浅水区域时才需考虑，在这些地方风浪的作用非常显著。

基于这些模型的输出结果，输沙模型模拟絮凝、沉降、沉积、固结及再悬浮过程，进而计算水体中的含沙量和底床中的泥沙质量。图3.7.1给出了模拟奥基乔比湖（Jin，Ji，2004）时，所采用的输沙模型的结构。模型模拟水体及沉积床中的泥沙过程。根据研究需要，所考虑的泥沙可以是黏性的，也可以是非黏性的，或两者都包括。

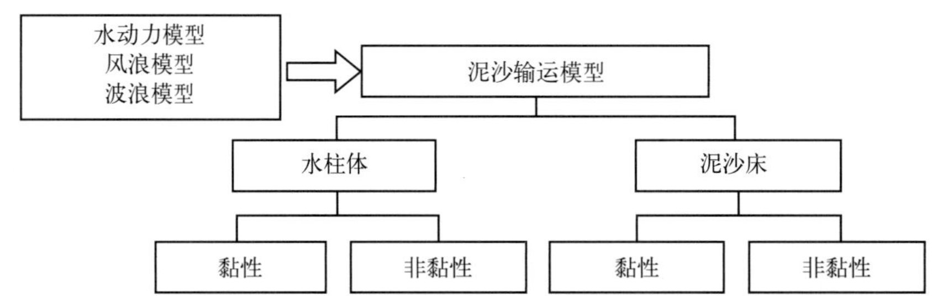

图3.7.1　泥沙模型框架图

3.7.1 泥沙参数和数据要求

输沙是一个与区域环境条件密切相关的现象，其依赖于泥沙组成、沉积床性质及水动力条件。泥沙模型对许多参数都非常敏感，例如沉降速度、临界切应力等。一个可靠的泥沙模型需要针对特定站点进行校准和验证。为了在新的研究区域使用泥沙模型，需要通过实验室或站点测量来收集大量的站点参数和数据，例如：

（1）悬浮泥沙浓度；

（2）沉降速度；

（3）沉积及再悬浮的临界切应力；

（4）泥沙组分及粒径；

（5）沉积床参数。

悬浮泥沙浓度是泥沙模型的主要变量。尽管经常使用SSC来对模拟和观测数据进行对比，但只使用SSC来校准模型是不充分的。例如，在侵蚀和沉积达到稳定平衡的案例中，可有

$$E = \rho w_s S \tag{3.7.1}$$

式中，E为侵蚀速率；$\rho w_s S$ 为式（3.2.12）计算的沉积速率。将式（3.7.1）进行变换，有

$$S = \frac{E}{\rho w_s} \tag{3.7.2}$$

式（3.7.2）表明，只要ρw_s做相应的改变，就可以使用不同的E值计算出观测的S值。这种差异能直接影响污染水体治理措施的选择。例如，高底部切应力下的低侵蚀速率说明污染已经埋藏很久，在高速水流条件下不容易发生再悬浮。因此自然恢复就可能是最好的选择。高底部切应力下的高侵蚀速率则说明高速水流条件下，埋藏的污染物很容易发生再悬浮，进而污染地表水。这时就可能需要采用疏浚或覆盖的修复措施。

沉降速度同样也是输沙过程的重要参数。对于黏性泥沙，如式（3.2.12）所述，模型中的沉降速度实际上是不同大小的颗粒所组成的絮凝物的沉降速度，而非某一颗粒的。沉降速度是水流、单个颗粒、絮凝物间相互作用的结果。沉降速度可以进行直接或间接的测量，如使用沉降管、图像处理技术或者泥沙垂直剖面。这些方法测量的沉降速度之间通常都有很大差异。这是将沉降速度作为校准参数使用的一个主要原因，通过在某一范围内对其进行调节，以使模拟结果更好地拟合实测数据。

实际中的沉积和再悬浮临界应力受许多因子影响，并且随时间和沉积床深度而发生变化。实测临界应力的巨大变化，部分原因是因为无法准确测量临界切应力，尤其是在表层受到侵蚀，底床变的不平滑的情况下。在泥沙模拟中，沉积和再悬浮的临界切应力也经常作为调节参数使用。泥沙组分依赖于矿物源，既可以是无机的，也可以是有机的。沉积床模式中使用的参数变化很大。基本参数包括：孔隙度、泥沙密度以及沉积床中泥沙的总质量。

泥沙研究中的数据收集是非常昂贵的，尤其是发展和校准严格泥沙模型所需的数据。泥沙模型的输入数据通常是进入水体的泥沙量。不同类型的泥沙可以通过多种源进入水体。河岸侵蚀和一般的流域径流都会带来大量的沙、粉砂及黏土。流域径流同样会带来有机物质。海岸过程可以为河口提供大量的沙。作用于沙丘和沙质海岸的风也会为河口及沿海水域带来细颗粒的沙。

长期来看，由河流输运的悬移质是进入河口和海洋的主要泥沙。河流输沙是非常不规律的。许多河流的年输沙量都是在相对短的时间内进行的，大约30 d。因此，对径流量和含沙量进行长期持续的观测非常有必要。例如Lick和Ziegler（1994）研究了伊利（Erie）湖细颗粒泥沙的再悬浮和输

运过程，他们指出说，尽管大风暴发生频率很低，但却影响了大部分的再悬浮和输沙过程。为了估算模型中的输沙量，通常要建立实测入流速度与输沙量的回归关系。如图3.7.2所示，其给出了圣露西河口S49站的总悬浮泥沙（TSS）与流的关系（AEE，2004a）。S49站的位置在图2.4.21中给出。其相应的经验公式如下：

$$\text{TSS Load (kg/d)} = 6.001\,9 \times \text{Flow rate}^{1.097\,1}\ (\text{ft}^3/\text{s}) \tag{3.7.3}$$

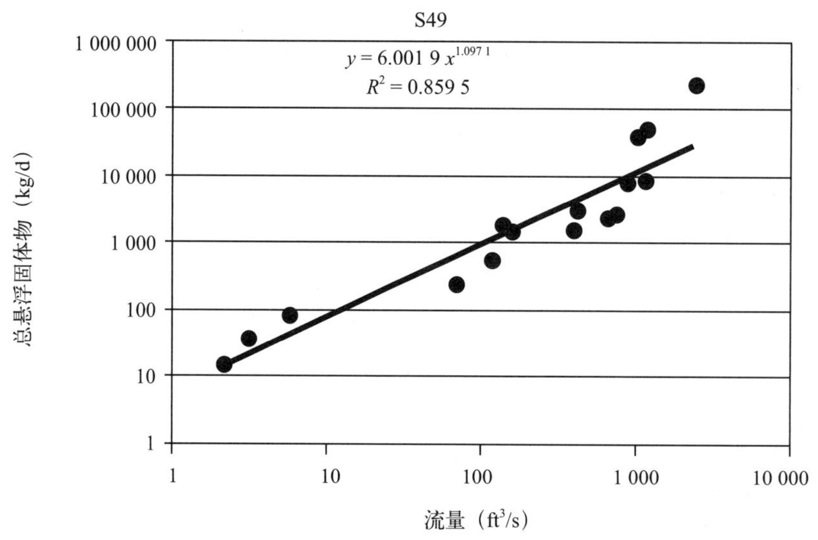

图3.7.2　圣露西河口S49测站的流量与总悬浮固体物的回归关系图

式（3.7.3）和图 3.7.2 表明输沙量随流量的增加而增加。尽管用于建立输沙量关系的数据有限，但整体结果是令人满意的。

3.7.2　案例研究 I：奥基乔比湖

在输沙模拟中，一个很困难的问题是黏性泥沙的模拟，因为细颗粒泥沙沉降慢，很容易被水流输运，且会重复地进行再悬浮和沉降过程。奥基乔比湖是一个理想的案例研究，因为细颗粒泥沙覆盖了湖底总面积的44%（Reddy et al.，1995）。奥基乔比湖环境模型（LOEM）的水动力校准和验证已经在2.4.2节中做了讨论，风浪模型在3.6.6节做了介绍。这两个模型都是成功模拟湖泊泥沙过程所必需的条件。

该案例研究的首要目的是建立LOEM的泥沙子模型，并用其来模拟湖泊的输沙过程（Jin，Ji，2004，2005）。LOEM泥沙模型的输出结果将被用于水质子模型，以分析水动力过程和悬浮泥沙浓度对湖泊富营养化的影响（将在5.9.2节中进行讨论）。LOEM最终将提供不同水文和管理条件下，环流形态、泥沙分布及水质变化的长期变化信息（在9.4.2节中介绍）。

3.7.2.1　背景

浅水区域的泥沙能通过再悬浮和输运过程来影响水体的物理化学性质。悬浮泥沙增加能减少可见光，进而影响藻类和水生植物的生长（Blom et al.，1992）。泥沙悬浮通过对溶解营养物质的吸附和解吸过程来影响营养物质循环（Cerco，Cole，1994）。最后，泥沙再悬浮通过使有机污染物和重金属发生再悬浮来影响水质（Blom et al.，1992；Ji et al.，2002a）。

在大的浅水区域中，泥沙的再悬浮和沉积过程主要由风浪驱动，泥沙输运主要由环流模态控制（Mei et al.，1997）。过去几十年中已经对浅水湖中的悬沙动力活动及风浪作用做了大量的研究。最近的研究表明（Jin，Ji，2004，2005），风浪是奥基乔比湖泥沙再悬浮和沉积的主要驱动力。风速的变化将导致水体透明度和悬浮固体量发生巨大变化。在夏季，当晚上的海风是主要驱动因子时，悬浮泥沙浓度（SSC）有明显的日变化。在冬季，锋面系统会产生连续多天的强风，水体中的悬浮泥沙浓度要比夏季的高。

奥基乔比湖（图2.4.2）面积约为1730 km^2，水深较浅，平均水深2.7 m，最大水深5.5 m。巨大的湖面导致了较长的风区及较强的风浪。水深较浅使得表面风浪的能量能迅速地传递到湖底，进而对底部切应力产生显著的影响。在湖的中心区域，泥沙是细颗粒底床物质的混合物，其有机质含量非常高（图3.7.3）。在湖的浅水区，泥沙是由沙、泥炭及暴露的基石组成的。大约1/5的湖区存在着近岸挺水植物群落。在湖岸区域，水深通常小于1.5m，泥沙有机质含量很高。图3.7.4表明，泥质泥沙所覆盖的湖区面积最大，其最大厚度大约80 cm（Kirby et al.，1989），泥质泥沙区的平均水深4 m。

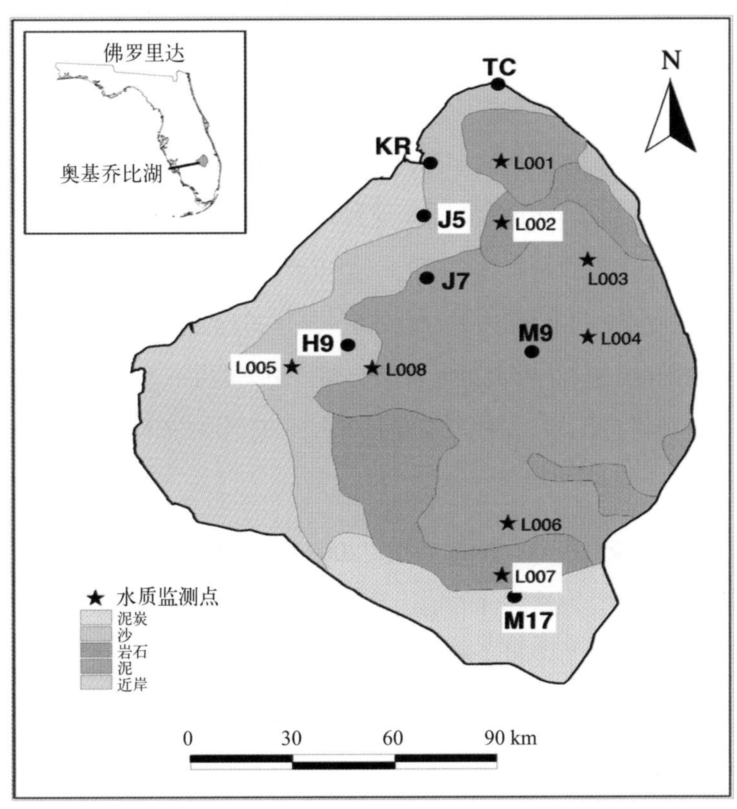

图3.7.3　奥基乔比湖的五个泥沙分区

基于底床泥沙的物理特性，可以将沉积床分为五个主要的区域，图中给出了用于进行泥沙特性和营养物质交换试验的站点（SFWMI，2002）

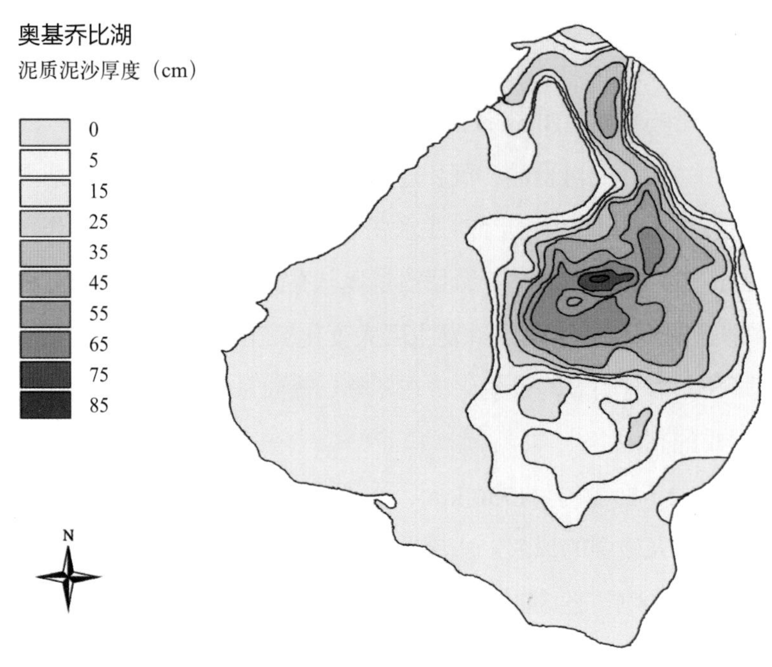

图3.7.4　奥基乔比湖泥质泥沙的厚度（Kirby et al.，1989）

在20世纪，湖中的水质发生了巨大的变化，这主要是由流域内农业活动及其他人类活动排放营养物质造成的（Havens et al.，1996）。在湖区迅速生成大量的富磷泥沙。自80年代早期开始，由于农业径流排放了过量的磷，使得奥基乔比湖的富营养化过程加速。与生态系统恶化密切相关的总磷浓度，自70年代末以来几乎增加了一倍。最近的研究表明：由于营养物质的过量排放，中心湖区的细质泥沙已经积聚了大量的磷（P）。磷循环受到泥沙的影响很大，悬沙通过吸收溶解磷并沉降出水体而成为一个汇。湖中的泥沙是水体中磷的一个重要排放源（Reddy et al.，1995）。在适宜的条件下，例如低溶解氧浓度下，沉积床也可以释放磷。从年平均看，奥基乔比湖的泥沙是无机磷的内部源，其与外部源近似相等。这个内部源能显著影响湖区的藻类生长和水质（Olila，Reddy，1993；Moore et al.，1998）。环流模态及含沙量模拟的准确与否，直接影响着磷浓度预测的准确性。

3.7.2.2　模型配置

基于EFDC模型（Hamrick，1992；Tetra Tech，2002），向LOEM中添加了一个输沙子模型，用于模拟不同粒径等级的黏性和非黏性固体的输运及变化。本案例中给出的模拟结果是关于某单一粒径泥沙（黏性泥沙）的。与2.4.2节中讨论的水动力模型相同，奥基乔比湖泥沙模型的计算格点也是58 × 66，其中有效水点2126个，垂直分5层（图2.4.2）。

对于像奥基乔比湖这样的大型浅水湖，决定近底水流结构的主要物理过程是高频表面波与低频流间的相互作用，以及复合流与可动底床间的相互作用。非线性波-流相互作用是浅水输沙的主要机制，其能显著增加底床的粗糙度以及流产生的底部切应力。通常在浅水系统中，近底波的轨道速度及其产生的底部切应力要比近底流的速度与底部切应力大（或者是同一量级）（Sheng，1991；

Mei et al.，1997；Jin，Ji，2004）。总底部切应力的大小和方向在一个波周期内是变化的，它是瞬时波动及流速的非线性函数。当前研究中，采用波-流模型（Grant，Madsen，1979；Glenn，Grant，1987；Styles，Glenn，2000）来计算波流产生的底部切应力。3.6.4节给出了波-流相互作用的详细介绍。

通常，水中的总悬浮泥沙（TSS）包括黏性与非黏性物质。因为黏性泥沙是湖中的主要成分，奥基乔比湖中收集的数据也没指定TSS的组成，故在本研究中，TSS表示黏性泥沙。泥沙的沉积和再悬浮临界底部切应力是输沙模型的重要参数。Hwang和Mehta（1989）认为，奥基乔比湖中，黏性泥沙的临界切应力在0.125 ~ 0.525 N/m^{2}之间不等，沉降速度为$1.0 \times 10^{-5} \sim 1.0 \times 10^{-3}$ m/s，再悬浮速率介于0.005 ~ 0.1 g/(m^2·s)之间。本研究使用的临界切应力值为0.18 N/m^2。再悬浮临界切应力（= 0.216 N/m^2）通常取为临界沉积应力的1.2倍（Ji et al.，2002a）。为计算方便，同时也是因为缺乏测量数据，黏性泥沙的沉降速度设为常量。文中，黏性细泥沙的沉降速度取为1×10^{-5} m/s，再悬浮速率取0.06 g/(m^2·s)。

3.7.2.3　模型校准和验证

基于可用的测量数据，模型校准期长28 d，从1989年5月16日到6月13日。模拟过程中采用的时间步长为200 s。表3.7.1给出了模型的校准结果。使用的统计量有：平均值、绝对误差平均值、均方根误差（RMSE）以及相对均方根误差（RRE）。7.2.1节中给出了各统计量的定义。站点分布见图2.4.2。表3.7.1中，绝对误差平均值为3.8 ~ 8.9 mg/L，RMSE介于5.1 ~ 11.6 mg/L，RRE的平均值是16.16%。图3.7.5是C站悬浮泥沙浓度模拟值与观测值的时间序列对比图。

表3.7.1　1989年悬浮泥沙浓度观测值与模拟值的误差分析

站点	水体位置	观测平均值 (mg/L)	模拟平均值 (mg/L)	绝对误差平均值(mg/L)	均方根误差 (mg/L)	观测变化量 (mg/L)	相对均方根误差 (%)
A	中层	7.36	4.17	3.77	5.13	19.73	25.99
B	底层	21.60	21.87	4.28	8.46	113.80	7.44
C	底层	57.20	56.99	5.72	7.79	56.69	13.75
C	中层	56.35	56.48	5.65	7.79	59.75	13.03
C	表层	47.35	55.75	8.87	11.60	57.73	20.09
E	底层	32.71	32.78	6.23	8.81	52.94	16.64

平均相对均方根误差（MRRE）使用表3.7.1中的最后一列数据进行计算。本研究中，MRRE被用来评估模型的总体性能，反映模型对参数的敏感度。表3.7.1中计算的MRRE值为16.16%。当泥沙沉降速度增大或减小50%时，MRRE的改变量小于6%。当临界沉积应力增大或减小50%时，MRRE的改变量小于9%。因此模拟结果对模型参数的敏感度不高，沉积（或再悬浮）临界应力对含沙量的影响要大于其他参数。

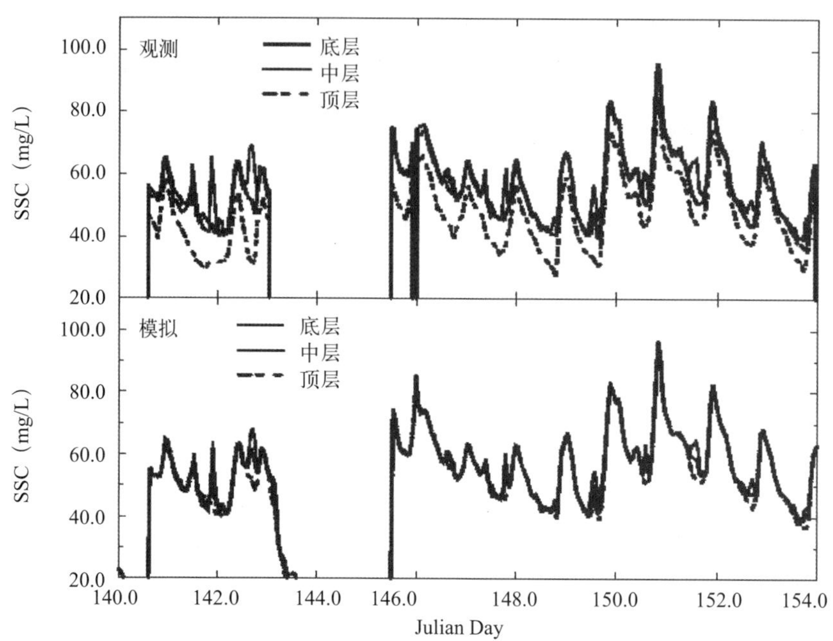

图3.7.5　C站悬沙量的观测值与模拟值
时间从1989年5月16日至6月13日，Julian Day以1989年1月1日为参考点。摘自Jin和Ji（2004）
（在美国土木工程学会许可下重印）

模型的验证期从2000年1月17日到3月3日，结果如表3.7.2所示。表3.7.2表明验证期SSC的模拟值与观测值拟合得很好。平均绝对误差为18.5～33.7 mg/L，均方根误差为25.8～49.4 mg/L，RRE平均值为29.36%。SSC月观测数据的最大变化为192.38 mg/L，发生在LZ40站的底层，RRE值为25.69%。模拟结果同样表明模型能满足SSC的预报需求，可以再现验证期各站点的变化趋势。对于这个验证期，最差的模拟结果发生在L005站（RRE=46.46%）。如下三个因子可能是造成误差的原因：

（1）尽管L005站的模拟结果的均方根误差要比其他三个站点大很多，但观测到的SSC变化则要明显小很多。

（2）SWAN模型模拟整个湖区的风浪，其无法区分近岸水域和开阔水域。当风从西或西北吹来时，这会使得L005站的风区被高估（进而高估底部切应力）。这也可以解释为什么L005站模拟的平均SSC值要高于观测值。

（3）L005站的泥沙粒径通常要大于湖泊的其他区域。而当前模型则采用一种粒径等级的泥沙来表示湖泊的整个沉积床。以后的研究需要采用多粒径等级的泥沙来表示泥沙的粒径分布。

图3.7.6给出了2000年1月21日的日平均表面速度及悬沙量，同一天的风浪以及水位则分别在图3.6.15及图2.4.9中给出。在湖泊顶层和底层，模拟的水流和SSC的模态非常相似，尽管水流速度通常是表层大于底层而SSC则是底层大于表层。西北风使得表面流流向东南，平行于近岸水域并沿着湖泊的东岸。底层流沿着近岸水域和东北湖岸，平行于表面流。这说明湖泊的浅水区混合

很充分。近岸水域的流是非常弱的（小于1 cm/s）。湖中形成了两个环流，一个在南部，另一个在北部。南部的环流是气旋式的，而北部的环流则是典型的反气旋。环流形成的机理将在9.2.4节中讨论。

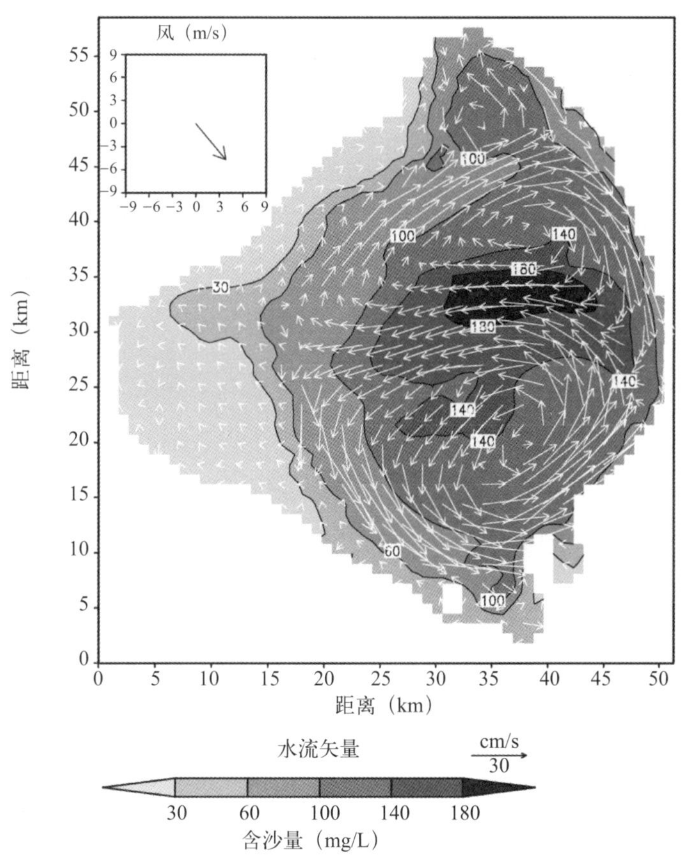

图3.7.6　2000年1月21日水体表面流速和悬浮泥沙浓度的模拟值

表3.7.2　2000年1月18日至3月5日，悬浮泥沙浓度观测值与模拟值的误差分析

站点	观测平均值(mg/L)	模拟平均值(mg/L)	绝对误差平均值(mg/L)	均方根误差(mg/L)	观测变化量(mg/L)	相对均方根误差(%)
L006_M	88.64	86.75	18.54	26.07	158.69	16.43
L006_S	88.66	86.43	18.45	25.83	142.21	18.16
L001_B	73.30	85.90	25.55	31.35	106.81	29.35
L001_M	69.75	84.40	24.12	30.47	105.47	28.89
LZ40_B	116.98	89.34	33.73	49.42	192.38	25.69
LZ40_M	113.34	88.91	30.34	44.00	182.94	24.05
L005_M	62.55	81.86	28.80	34.71	74.71	46.46
L005_S	65.25	81.22	27.43	33.26	72.51	45.87

注：悬浮泥沙浓度观测点位高出湖底的距离分别是总深度的17%（B，底层），40%（M，中层），80%（S，表层）。

3.7.2.4 讨论和结论

本案例研究介绍了LOEM泥沙子模型的校准和验证。水动力模型对泥沙模型而言是非常重要的。缺乏可靠的水动力数据将使泥沙输运和污染物输运的计算存在很大的不确定性。奥基乔比湖的泥沙再悬浮是由流和风浪活动引起的（Sheng，1991；Mei et al.，1997；Jin，Ji，2004）。本研究使用SWAN风浪模型来计算风浪的有效波高和周期。Styles和 Glenn（2000）发展的波流模型被用于计算由流速和风浪引起的总底部切应力。

当风能量传递到水面并产生波浪时，奥基乔比湖的泥沙再悬浮过程就开始发生。当风能从湖面传到湖底时，能量开始耗散，并随深度的增加而减小。传递过程可以用液体质点的运动轨迹来描述，这种轨迹是由垂直方向的波动所引起的（图3.6.3）。流速和泥沙-水界面的轨道速度共同产生了使泥沙重新悬浮进入水体的切应力。

我们做过考虑与不考虑波流相互作用两种情况的对比工作。风浪对泥沙模拟的影响见表3.7.3。表中第二列代表8个深度的平均悬沙量，此时LOEM使用了SWAN模型和Styles-Glenn模型；第三列是没有风浪强迫的情况；第四列代表两种情况的差异。很明显，不考虑风浪强迫时，SSC被明显低估。两种情况间SSC的差异最大可超过34 mg/L。

流速产生的底部切应力是泥沙再悬浮的次要因子，因为流速通常介于1 ~ 10 cm/s之间，而本研究中的轨道速度则可高达40 cm/s。尽管冬季的SSC值更高，但夏季（校准期）和冬季（验证期）的流速值量级几乎是相同的（Jin，Ji，2004）。因此，水流的首要作用是将悬浮泥沙输运到湖的其他区域。

本研究的主要结论包括：

（1）LOEM泥沙模型建立时所依据的水动力模型经过了充分的校准和验证（2.4.2节），这对计算湖泊输沙是非常重要的；

（2）风浪模型（SWAN）同样用观测数据进行了校准（详见3.6.6节），这对模拟湖泊风浪有效波高是非常关键的；

（3）本研究使用的波流模型（Glenn，Grant，1987；Styles，Glenn，2000）提供了波边界和流边界间相互作用的耦合机制，这对准确计算底部切应力来说是非常重要的，而底部切应力则是泥沙模拟的基本参数；

（4）基于以上提到的子模型，建立了LOEM的泥沙子模型，分别使用1989年和2000年的测量数据对其进行了校准和验证。使用该模型来研究此大型浅水湖的独特性质，进而研究了风浪、水流的重要性以及它们与输沙之间的相互作用；

（5）通过使用综合全面的数据来对模型进行校准和验证，LOEM模型被证明是湖泊水资源管理的可靠工具，现在正被用于管理方案的分析中，这是当前研究的首要目标。成功建立泥沙模型也是发展湖泊水质模拟工具所必须的，这将在5.9.2节中进行介绍。

表 3.7.3　2000年1月18日至3月5日，8个水深点位的平均悬浮泥沙浓度(SSC)模拟值比较

站点	有风浪时的SSC (mg/L)	无风浪时的SSC (mg/L)	有、无风浪间SSC差值 (mg/L)
L006_M	86.75	75.44	11.31
L006_S	86.43	73.92	12.51
L001_B	85.90	51.14	34.76
L001_M	84.40	49.83	34.57
LZ40_B	89.34	73.75	15.59
LZ40_M	88.91	72.41	16.5
L005_M	81.86	55.34	26.52
L005_S	81.22	53.49	27.72

注：第二列是由风浪强迫下的SSC。第三列是没有风浪强迫下的SSC。第四列是二、三列之差。

3.7.3　案例研究Ⅱ：黑石河

河流里的输沙过程在许多方面都不同于湖泊。在大型浅水湖（例如奥基乔比湖），风浪在泥沙再悬浮过程中扮演了主要角色。湖泊环流相对较弱，其在泥沙再悬浮过程中扮演次要角色，其首要的作用是输运悬浮泥沙。对于河流，尤其是类似黑石河（Blackstone River）这样的小河流，风浪对泥沙的作用通常是微小的。河流较小的风区限制了风浪的增长。因而泥沙悬浮的主要驱动力是河流流动。

本节将基于Ji等（2002a）的研究来介绍黑石河的泥沙模型。河流中重金属输运的模拟将稍后在8.4.1节中进行介绍。本案例研究也可以作为河流模拟的例子。

3.7.3.1　背景

美国国家环保局（USEPA，1997）的文件表明，许多城市-工业河流、湖泊、港口及河口的底床都受到重金属和有毒物质的大面积污染。EPA强调，非常有必要发展可靠的模拟工具来定量评估点源、非点源及内部过程的影响，以用于审核发放国家污染物排放削减制度（NPDES）的许可证、评估最大日负载总量以及为管理决策提供对治理措施的评估。

能同时对一维、二维、三维环境中的不同类型泥沙进行评估的工具十分关键。污染物模型依赖于水动力模型和输沙模型，因为重金属和有毒化学物质倾向于同水体及底床中的固体发生吸附和解吸作用。高流速的情况，例如风暴，会增加来自流域的固体负载量，增加水流速度，使前期沉积的化学物质通过再悬浮过程重新进入水体中，并将悬浮污染物向下游更远的地方输运，直到它们沉降在沉积区。

黑石河流域（图3.7.7）的面积约为1 657 km^2，其中有30个城镇。黑石河从马萨诸塞州的伍斯特市流向罗得岛的波塔吉特。河流总长77 km，落差133 m，平均每千米下降1.73 m。图3.7.7中标注

距离的起点为Slaters Mill Dam。目前，黑石河主流上有14个水坝和蓄水库，它们可以对河流的水动力和水质过程产生重要影响。图3.7.8是其中的Tupperware Dam。黑石河的主要支流包括：Kettle Brook、Quinsigamond、Mumford、West、Branch以及Mill河。其中Kettle Brook是在黑石河的源头融汇的。

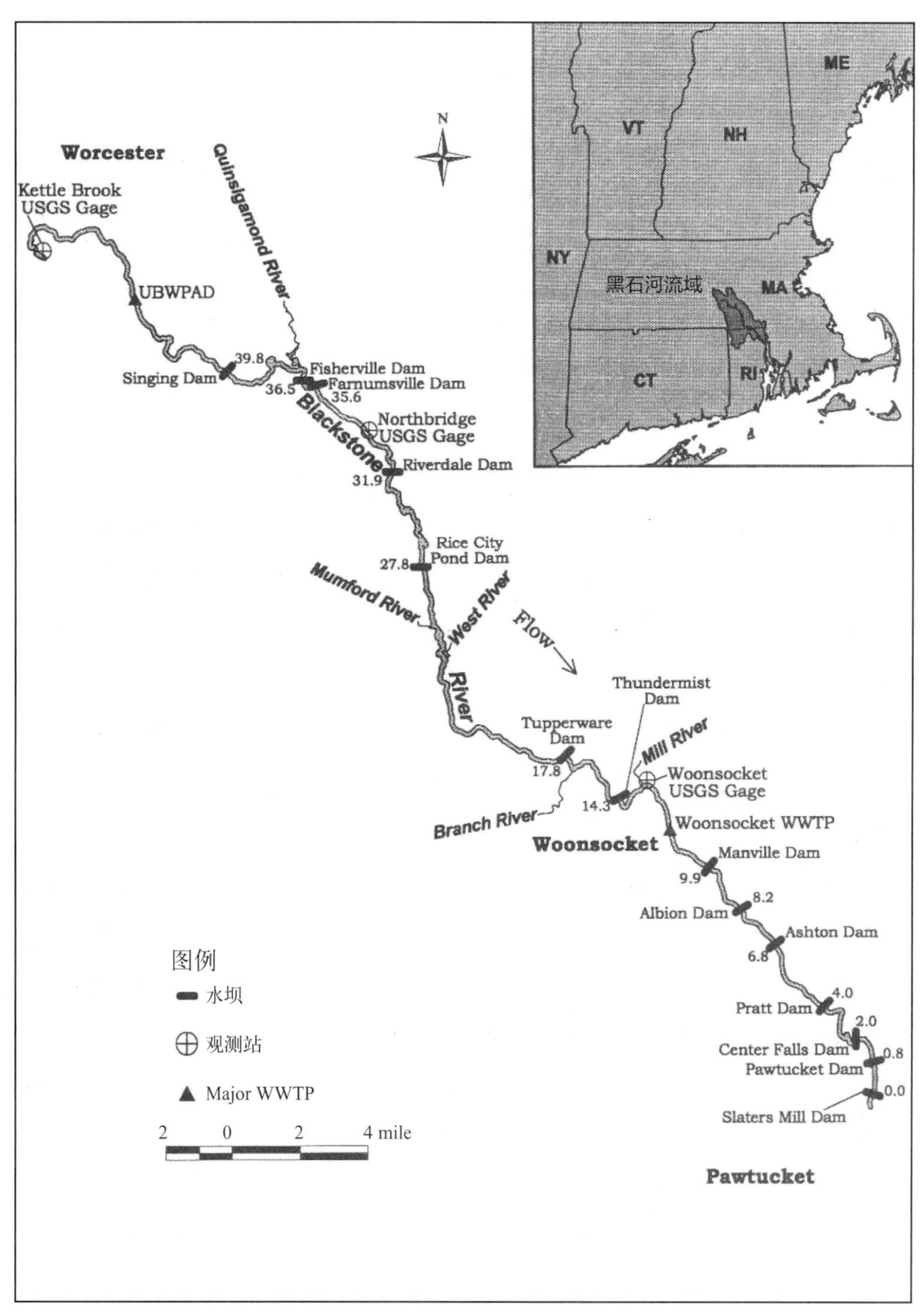

图3.7.7　黑石河研究区域

图中距离表示距离Slaters Mill Dam的英里数

图3.7.8　黑石河上的Tupperware 低坝（来源：季振刚摄于1998年2月3日）

黑石河是赛特湾的主要污染物排放源，主要来自于工业的重金属排放和河流低坝后面的污染泥沙再悬浮。某些河段底床的泥沙和金属可以追溯到200年前的美国工业革命时期（USEPA，1996a），例如Rice City Pond河段（图3.7.7中大约44 km处）。位于伍斯特的黑石河上游水污染消除区（UBWPAD）废水处理设施是马萨诸塞州进入黑石河的最大污染源。黑石河流经伍斯特时是一条小河，因此其难以稀释城市的生活和工业排放。夏季，UBWPAD 2 m^3/s的排放实际上占了总流量的80%。工厂排放进黑石河的镉，铜，铬，镍、锌占马萨诸塞州总排放量的77%～96%。罗得岛同样也向河中排放废弃物。

20世纪90年代，对黑石河进行了两项主要的研究：①美国陆军工程兵团（USACE）进行的黑石河水文观测调查（1997）；②USEPA（1996a）的黑石河行动计划（BRI）。USACE的研究评估了流域的相关问题，对关于黑石河的已有研究做了全面的评述。BRI是由USEPA资助的长时间大投资研究项目。在三个风暴事件中，沿着黑石河及其支流进行了大量的采样，观测站点多达16个，采样间隔为4 h。测量数据包括整条河流内关于泥沙和金属输运的详细数据。当前研究中，BRI数据是使用的主要数据。至今，在已发表的关于泥沙和金属模拟的研究中，几乎没有哪个研究能有如此全面的数据来驱动和校准数值模型（Ji et al.，2002a）。

黑石河研究的目的是为USEPA提供相对简单的例子来说明如何使用复杂模型来评估水深较

浅、宽度较窄的城市工业河流中的点源、非点源及内部输运过程对重金属分布的影响。本研究的目标如下。

（1）将三维数值模型应用于黑石河的一维泥沙和重金属研究中。本研究使用的模型是环境流体动力学代码（EFDC）（Hamrick，1992）。USEPA（1999）已经将EFDC列为水质管理的一个工具。在已有的100多个EFDC研究中，大部分都是三维应用。测试模型的一维、二维、三维通用性，证明模型在不同地表水系统中作为污染物管理工具的有效性是非常关键的。验证模型的通用性是这个USEPA资助研究的首要目标。

（2）校准黑石河模型。BRI提供了全面的数据来详细描述风暴期间泥沙和金属的输运及再悬浮过程。黑石河模型能真实地表示外部负载，有足够的水体含沙量和金属浓度数据用于校准。通过统计分析来定量比较模拟结果和观测数据。

（3）研究河流中泥沙和金属的输运过程及不同污染源的影响。由于河流的几何设置相对简单，因此模型能在其他因子影响最小的情况下模拟出这些过程。其他因子，例如风、模型边界和潮汐等，经常使水系统中的泥沙和金属输运过程变得复杂。经过校准的黑石河模型将被用于分析厘清点源、非点源及再悬浮过程对泥沙和金属浓度的贡献。

3.7.3.2 数据来源和模型设置

在BRI调查（USEPA，1996a）期间，水质数据沿着黑石河及其支流收集，在雨天及晴天两种天气条件下都进行数据收集。与雨天的调查相比，晴天的数据要少很多，无法描述河流中泥沙和金属输运随时间变化的性质。本研究中，使用雨天数据作为主要数据源，其包括流速、总悬浮固体浓度以及5种金属（Ca，Cr，Cu，Ni和 Pb）的密度。3个雨天的调查时段分别是1992年9月22—24日，1992年11月2—6日，1993年10月12—14日。在这3个风暴事件中，资料收集站点多达16个，取样间隔4 h。这个全面的数据序列为模型输入和校准提供了重要的数据源。

除BRI数据外，还使用了如下的数据源：

（1）HEC-2数据。HEC-2（1991）计划计算了河流一维流动的表面图。在美国，HEC-2模型数据是具有河流形态信息最详细的数据。过去几十年，已经进行许多HEC-2的研究。本研究中的地形和水坝高程数据来源于HEC-2数据和USACE的报告（1997）。

（2）许可证信息系统（Permit Compliance System，PCS）的数据。PCS（US Code，1977），是一个全国性的计算机管理信息系统，包括了来自点源的水和污染物排放。PCS数据与BRI数据结合起来，可以为黑石河模型提供输入数据。在UBWPAD排放中，日平均流速在1.0 ~ 2.6 cm/s之间不等，Cd、Cr、Cu、Ni和Pb 5种金属月平均浓度的代表值分别是4 μg/L、15 μg/L、64 μg/L、40 μg/L和5 μg/L。

（3）美国地质调查局（USGS）的数据。图3.7.7表明，黑石河有6条明显的支流汇入其中。USGS日平均流速数据与BRI的支流数据结合在一起作为模型的输入。

EFDC模型最开始是作为3D模型构建的，但也可以通过使用一维或二维的网格将其应用于一维和二维的研究中，而且不用去改变它的代码。黑石河模型是EFDC模型的一个一维应用。以前关于EFDC的研究大都是二维或三维应用。为了验证模型作为水质管理工具的通用性和有效性，当前研究是第一个对EFDC的一维应用进行详细介绍的研究，使用一维模型的原因将在稍后介绍。

根据BRI报告（USEPA，1996a），河流的主流上有14个大坝（图3.7.7），这14个大坝将河流分成14段。黑石河的典型宽度是25m，从上游的不足10 m到下游的超过35 m不等。但Rice City Pond河段（长度小于300 m）是个例外，这里的河段可以超过100 m宽。因为每千米下降1.7 m，所以黑石河是重力驱动的河流。黑石河模型的网格在横向有一个，垂直为一层。沿着河流，有256个网格。这些网格的长度为300 m，而宽度是变化的。

Limno-Tech（1993）使用一个一维稳态模型计算了黑石河的金属，得出结论认为一维模型的结果通常与观测数据一致。本研究采用一维网格的原因包括：

（1）黑石河很小很窄。用一个网格来横跨河道已经能够很好地表示大部分河段。同时也没有观测数据表明需要更多的网格来横跨河道。

（2）重力驱动的河流较浅，典型流速值为0.3 ~ 1.0m/s，垂向混合充分。这使得应用垂直一层的模型是合理的。

（3）我们需要可靠、通用的模型来进行一维、二维、三维的污染物研究，例如USEPA的NPDES许可证。本研究的一个目标是验证三维EFDC模型在一维应用中的有效性。一维黑石河模型能很好地实现这个目的。

3.7.3.3　水动力和泥沙模拟

黑石河模型包括一个水动力模型、一个泥沙模型以及一个有毒物质模型。这三个模型耦合在一起，同时运行。水动力模型模拟流速、水位及湍流混合以用于泥沙模拟。水动力和泥沙模型的输出结果提供给有毒物质模型，用于模拟河流中的5种金属。为了使水动力初始条件的影响降到最低，在进行模拟结果与观测数据的对比之前，模型先运行60 d。模拟过程中采用的时间步长为30 s。在400-Mhz Pentium II的PC上，包含3个风暴事件的168 d模拟需要3 h（CPU小时）。本小节中，将介绍水动力和泥沙模拟。河中金属模拟的结果将在8.4.1节中进行介绍。

本研究中使用以下的参数值：①恒定的沉降速度为0.002 m/s；②临界沉积应力值为0.25 N/m^2；③再悬浮临界应力为0.3 N/m^2。 0.002 m/s的沉降速度处于Hwang和Mehta（1989）所讨论的黏性泥沙的沉降速度取值范围内。考虑到大颗粒泥沙在风暴期间会发生再悬浮，而黑石河模型仅使用一种粒径等级的泥沙来模拟黏性泥沙和非黏性泥沙的混合物，所以0.002 m/s的沉降速度是具有代表性的。本研究中没有临界应力的观测值，Hwang和Mehta（1989）认为黏性泥沙的临界应力值介于0.125 ~ 0.525 N/m^{2}之间，本研究中使用的0.25 N/m^{2}在此范围之内。EFDC模型中，再悬浮临界应力（本研究中取0.3 N/m^2）通常取为临界沉积应力的1.2倍。底部粗糙高度设成0.02 m，这是其他研究中常用的值（例如，Ji等，2001）。参数的敏感性测试将在稍后进行讨论。

底床泥沙在泥沙和金属输运中起着重要的作用。泥沙吸附的金属可以通过沉积过程埋藏在底床中，也可以通过再悬浮过程重新释放到水中。本研究中的底床泥沙模型有一个垂直分层。由于缺少河流中的岩芯数据，我们假定初始沉积床条件是均匀的，并且使用与Limno-Tech（1993）在一维稳态金属模拟中采用的值相一致的初始条件值。底床泥沙密度值为2 kg/L，孔隙度为0.725，这是经科学判断并结合McGinn（1981）报道的黑石河泥沙特性来确定的。所有河段的活跃沉积层深度都设为5 cm。底床5种金属的初始浓度为10 mg/kg。Chapra（1997）报道密歇根湖底的锌浓度是10 mg/kg。Thomann等（1993）报道在哈得孙河底镉的浓度是2.5 ~ 5.0 mg/kg。为将底床初始条件的影响降到最小，本研究的黑石河模型有60 d的启动期。河流的最大流速（一般为0.3 ~ 1.0 m/s）和来自点源和非点源的外部负荷同样降低了初始条件的影响。高的水流速度使底床泥沙沿着河流发生再悬浮，随后在水坝后面的低速区重新沉积。模型敏感度测试表明90 d启动期的模拟结果与60 d的相似。沉积床混合的扩散系数取为10^{-9} m^2/s。这与USEPA（1984）报道的一致。

在每个BRI风暴期间，沿黑石河及其支流的取样站点多达16个，取样间隔4 h，采样时间长达3 d。沿黑石河的12个站的数据被用于进行模拟-观测对比。在风暴一、风暴二、风暴三期间，12个站的观测总记录数分别是120，192，144。

图3.7.9和图3.7.10分别是风暴二期间（1992年11月2—6日），黑石河的流量（Q）和总悬浮泥沙（TSS）的模拟及观测值。三个风暴期间模拟结果的统计分析，将在表8.4.1至表8.4.3中给出。图3.7.9中的12个小图是风暴二调查期间沿黑石河的流量。横轴是时间，从1992年11月2日开始，单位为d；纵轴是流量，单位为m^3/s。站点的距离也在图中给出。黑点表示观测的数据，实线表示模拟结果。从图3.7.9中可以看出，每个站都有16个流量记录，12个站的总记录数是192。图3.7.9中的左上图表明距源头73.5 km处的峰值流量约为7 m^3/s，发生在1.3 d；右下图表明距河尾0.3 km处的峰值流量为25 m^3/s，发生在2.3 d，大约比源头落后了1 d。模型模拟的峰值流量大小和移动速度都非常合理。

本研究中的TSS用EFDC模型中的黏性泥沙表示。图3.7.10是关于TSS的，其他与图3.7.9相同。如这两图所示，无论是模拟结果还是实测数据，高含沙量与高流量同时发生。模型成功模拟出了水坝处的泥沙再悬浮过程，包括Singing Dam（64.0 km处）、Fisherville Dam（58.4 km处）、Riverdale Dam（51.3 km处）以及Rice City Pond Dam（44.7 km处）。37.3 km处的高含沙量是由上游和支流的入流引起的。

水动力与泥沙过程被成功模拟后，黑石河模型也被用于模拟河中的金属（详见8.4.1节）。

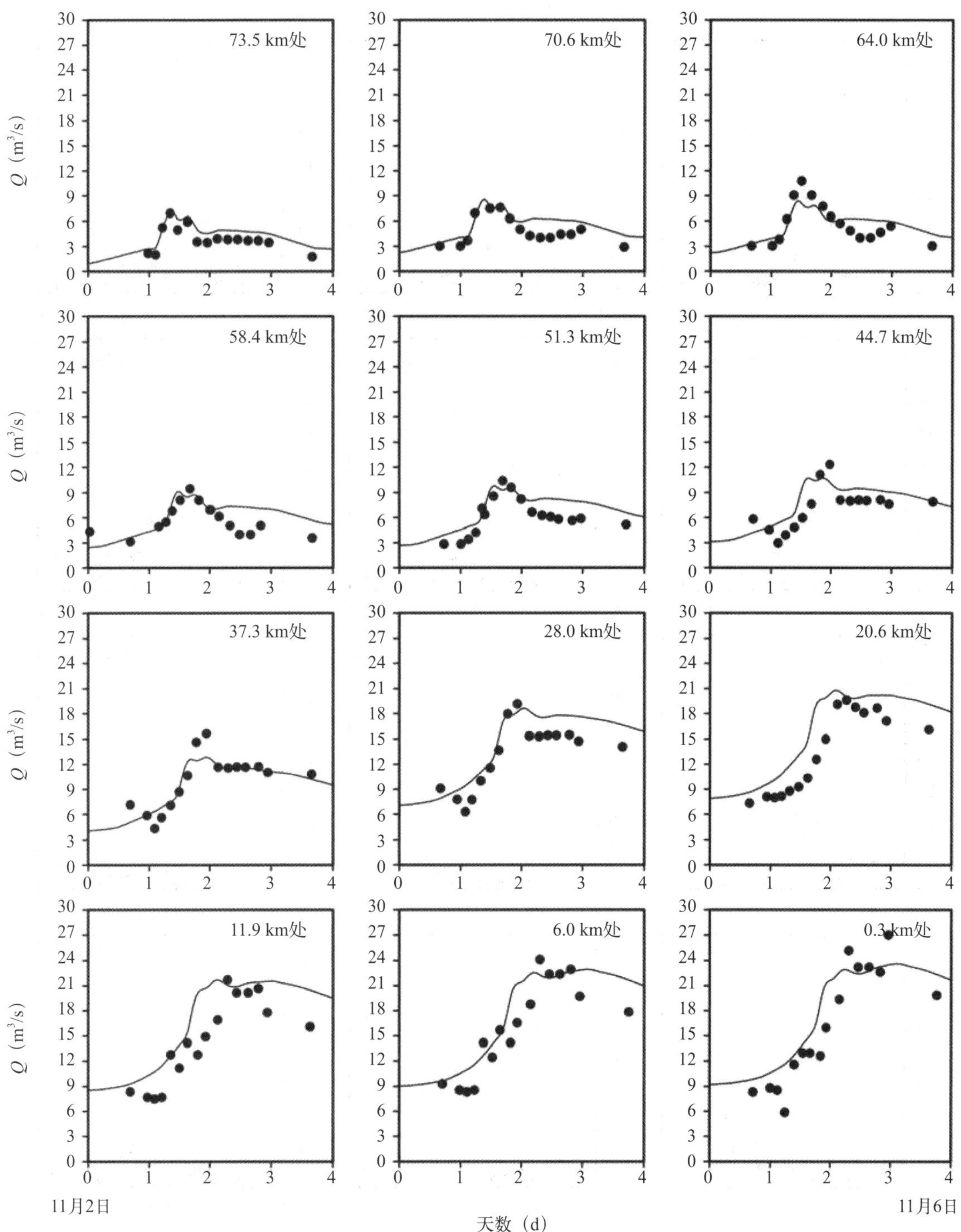

图3.7.9　风暴二期间黑石河流量的观测值与模拟值

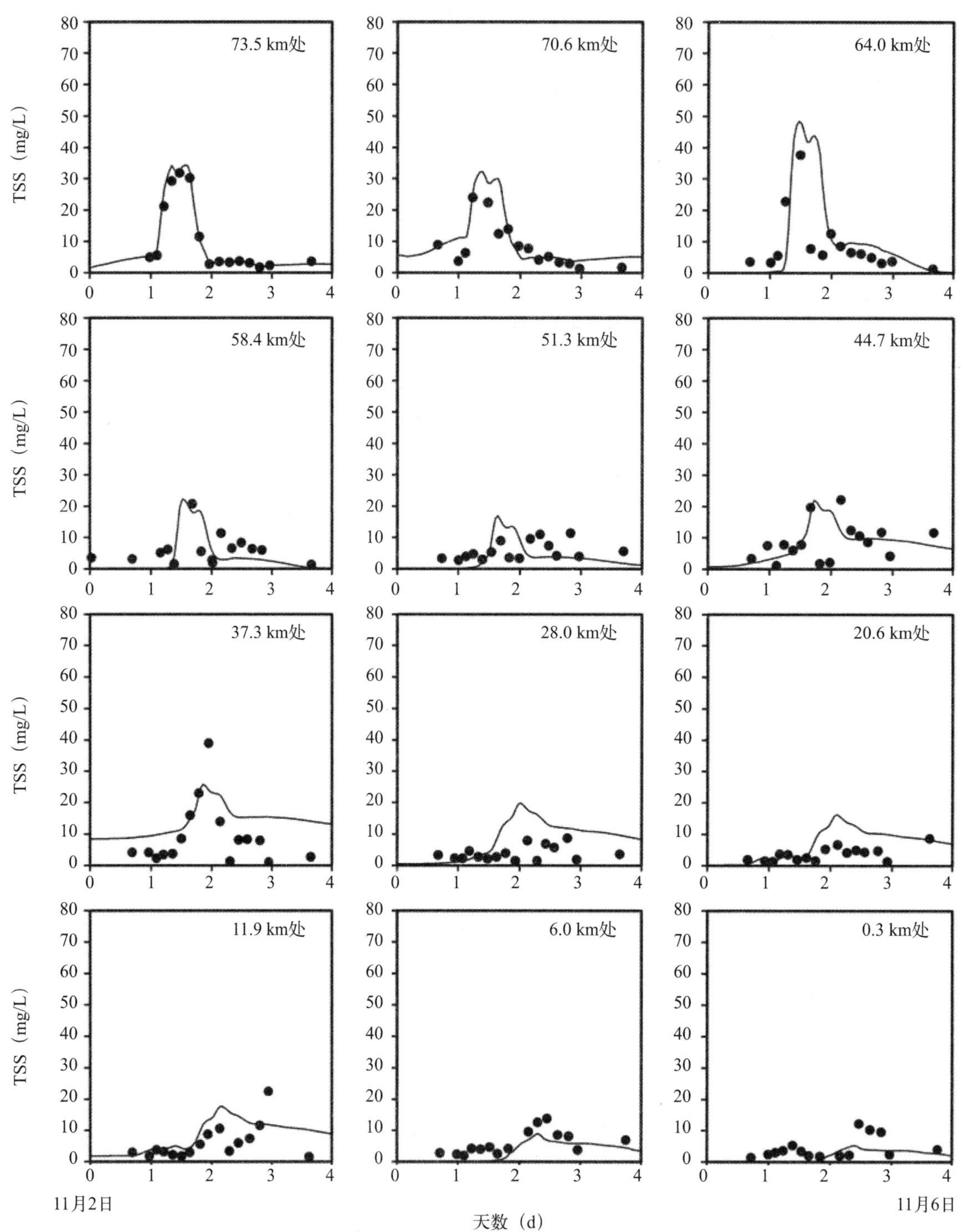

图3.7.10　风暴二期间黑石河总悬浮泥沙浓度的观测值与模拟值

第4章　病原体和有毒物质

病原体是指能引发疾病的微生物，包括细菌、病毒和原生动物。有毒物质是对水体中各种有毒污染物的总称，包括有毒有机化合物（TOC）和有毒金属。

被污染的水体能传播许多传染性疾病。大多数污染物，尤其是有毒物质都与水中沉积物相关。吸附于泥沙是重金属和有机毒素进行输运和转化的最重要途径之一。因此，准确描述水动力过程（第2章）和泥沙（第3章）过程，对于研究病原体和有毒物质的输运和转化十分重要。

本章讨论与病原体和有毒物质有关的各种过程及其数值模拟。其中，4.1节概述污染问题及污染源；4.2节集中讨论病原体；4.3节解释有毒物质，包括有毒有机化合物和金属；4.4节描述与污染物的输运及衰减相关的过程；4.5节阐述对病原体和有毒物质的模拟。

4.1　概述

污染物是指在达到一定浓度后，能对水体的物理、化学及生物属性产生不利影响的化学或生物类物质，包括：病原体，有毒金属，有毒有机化合物和其他有害物质。地表水的污染对水生生态系统和人类健康都造成了严重威胁。水体中的污染物被水生有机体吸收的过程称为生物富集效益；当食物链上一级的动物食用这些被污染的有机体时，毒素会被它们吸收，累积的污染物进入食物链，这一过程被称为生物放大效应。因此，污染物在鱼、贝类和其他食物形成生物积累，会给人类健康造成威胁。

多数污染物或多或少都与自然系统中的悬浮物或沉积物有关。虽然污染物和营养物质能以溶解态形式进入水体，但大部分都被吸附在极小的沉淀颗粒上。在水生系统中，泥沙既是载体又是潜在的污染源。金属与有机毒素在泥沙的吸附是影响其输运、转化和生物可用性的最重要过程之一。污染物可以由悬浮物进行输运、沉积水底或再悬浮，以及由于化学、生物、水动力学作用而进行的转化。因此，泥沙过程的准确描述对解决与泥沙相关的毒素的输运转化至关重要，如重金属和有毒有机化合物等。细散的泥沙与许多毒素有关，它们缓慢的沉降速度说明，在毒素输运、转化研究中，水动力部分的准确模拟十分重要。

被污染的沉积物也许会影响甚或杀死水中的底栖生物，使鱼等较大型动物的食物供应减少。一些污染物可能是多年前排放的，而另一些则是每天仍在排放的。有些污染物直接来自工业和市政垃圾排放，还有些来自于城市和农业区的污染径流。污染物也可由大气沉降而进入湖泊和河流，这可以离污染源很远。即便消除了主要污染源，随泥沙沉入河床的污染物仍可能是未来许多年的一个主要污染源。

一个典型的污染场景通常始于向河流排放污染物，排放出的污染物随其吸附的泥沙被携带至下游，当流速减慢则随泥沙沉淀。在一次暴雨过后，携带污染物的泥沙将再浮起进入水体，对环境造成威胁。因此，消除排放污染源也还不能消除来自沉积床的泥沙污染源。

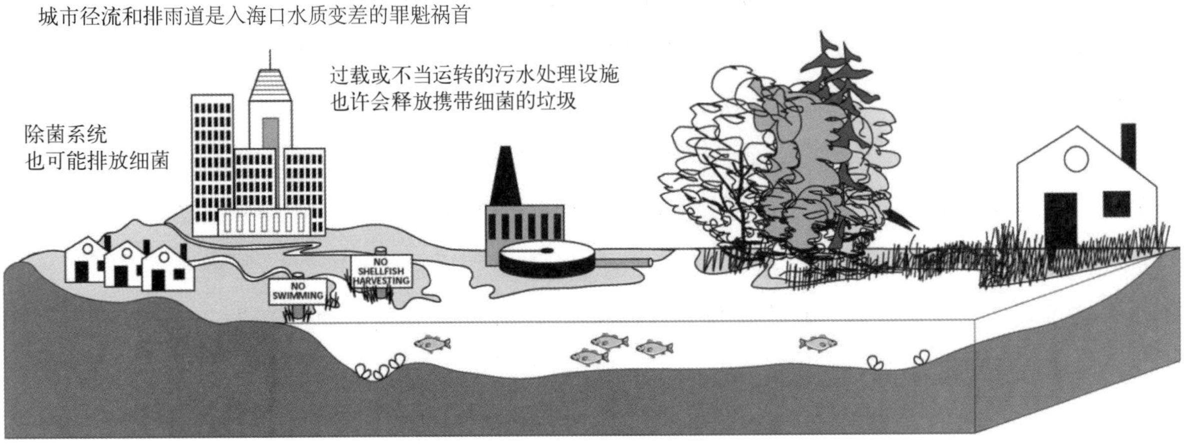

图 4.1.1　污染源（USEPA，2000a）

污染源主要包括污水处理厂、城市径流、下水道、化粪池系统、工业排污和被污染的泥沙等（图4.1.1）。污染物按起源可分为点源污染和非点源污染，前者有明确可识别的来源，比如管道，而后者则很难溯源。点源包括污水处理厂、污水和废水的溢流及工业排污；非点源包括来自城市、农村和采矿区域的径流。一般污染会限于排污点附近，但河流和小溪常常能将泥沙和污染物携带到下游很远的地方，大气沉降又是另一类非点源污染源。非点源污染物占比随时间的变化与流域的水文变化直接相关。大的径流量常伴随高的泥沙负荷，能携带更多的有机污染物和重金属。比如，采矿在一些地区是一个明显的泥沙污染源。农业径流可能带来砷、汞和大量杀虫剂。城市径流是重金属和多环芳烃（PAH）的一个常见污染源。大气沉降可能是砷、铅、汞和一些杀虫剂的重要来源之一。

4.2　病原体

微生物在水体中数量庞大。它们大多有益，作为化学物降解剂，是生物地球化学循环中不可或缺的组成部分。没有降解者，生态系统就不可能维持。这些微生物负责将有机物质转化为无机营养物，以便能被其他生物所利用。它们分解动植物的残余，将有机体固定的营养物重新释放回食物网。例如，细菌将氨转化为亚硝酸盐，然后再转化为硝酸盐。这些营养物被植物利用。处在食物链上层的人和动物，其消化道内的微生物会促进消化过程，并随排泄物大量排泄出来。

人类活动有可能将病原体（致病菌）带入水体。病原体只是我们生存环境内大量微生物物种中能引起人们大大小小各种疾病的一小类。虽然某些病原体确实是自然出现的，但大多数病原体往往还是来源于人类及其他恒温动物的粪便或排泄物。这些微生物可以由多种途径进入水体，比如农业或城市径流、运转失常的化粪池或污水处理厂以及暴雨期间未被处理的排水和厕所复合下水道的溢流。动物也是致病微生物的来源之一。农场动物排泄出含有大量细菌的粪便。水禽和其他鸟类也向环境中排放大肠杆菌。

病原体很小，一旦被释放到环境里，它们很容易随水输运，常能发现它们密集地包裹在悬浮颗粒物上。病原体通常分为三类：细菌，病毒，单细胞动物。

病原体能通过皮肤接触或被污染的饮食感染人类，例如：①细菌性霍乱、伤寒；②病毒性肝炎和呼吸道疾病；③原生类梨形原虫病。除了食用被污染的贝类，人们在污染水体游泳或进行水上运动时也可能被感染。当鱼和贝类的组织富集病原体时，人类在食用后易感染疾病。病原体污染还可能与无机污染一起发生，比如，畜牧区的径流也许不止包含病原体，还有大量营养物质。

由于病原体种类较多且往往浓度较低，直接测量病原体代价昂贵并且不切实际，常用指示剂衡量水体中是否含有对人体有害的病原体。病原体常与排泄物有关，现在常用的四类指示剂是总大肠菌、粪大肠杆菌、大肠杆菌和肠球菌，这些指示剂是分布于恒温动物肠道和粪便内的常见细菌，包括野生动物、家畜、宠物和人类都可能是携带者，但指示菌本身并非病原体。

4.2.1　细菌、病毒和原生动物

细菌是单细胞的微生物，大小在0.5 ~ 10 μm之间。细菌能将无机或有机物质合成为细胞物质。一些细菌能在缺氧环境下生存（厌氧生长），而其他细菌都需要高浓度的氧气来维持生长。地表水中发现的病原体细菌常来源于人类和恒温动物的排泄物。大肠菌群是粪便污染的主要指示细菌，常用于评价水质。然而，值得注意的是，大多数细菌不是病原体，对水质最重要的菌群是那些与疾病扩散有关的。表4.2.1列出了部分水生疾病及其相关的细菌、病毒和原生动物的作用。

病毒是最简单的微生物形态，它们需要一个寄主以供生存，在离开其他活的有机体以后将无法生长。病毒是没有生命性征，被封闭在鞘中的遗传物质粒子，它们不能单独分裂生殖，但它们经由感染宿主机体而大量繁殖。一旦进入寄主，病毒繁殖引发相应的病变。寄主细胞产生更多的病毒颗粒，并将其释放到环境中以便下一轮入侵。病毒可入侵多种细胞，包括细菌、水藻和动物细胞。影响水质和人类健康最大的病毒群起源于被感染动物的胃肠道。像甲型肝炎这类的病毒会随被感染个体的粪便排出。这些肠道病毒对人类健康造成了极大的威胁。已知超过100种病毒会在人的肠道中出现。

单细胞动物也是单细胞微生物，它们通过二次分裂主要在水生环境中进行繁殖。病原性单细胞动物在水中以胞囊状存在。这些胞囊一旦被摄入就会孵化、长大、繁殖，引发相应的疾病。许多疾

病由水体系统的病原体传播。因此，观察水体中是否存在致病性病原体，达到何种程度十分重要。那样我们就可能去评估疾病向公众传播的风险。

表4.2.1 水生病原体（USEPA，1999）

病原体		疾病	不良反应
细菌	大肠杆菌（致肠病）	胃肠道疾病	呕吐，腹泻，易感人群死亡
	嗜肺型军团菌	军团杆菌病	急性呼吸道疾病
	细螺旋体	细螺旋体病	黄疸，发烧（委尔病）
	鼠伤寒沙门氏菌	伤寒症	高烧，腹泻，小肠溃疡
	沙门氏菌	沙门氏菌病	腹泻，脱水
	志贺氏菌	志贺氏菌病	杆菌性痢疾
	霍乱弧菌	霍乱	严重腹泻，脱水
单细胞动物	小肠结肠炎耶尔森氏菌	耶尔森氏鼠疫杆菌肠道病	腹泻
	结肠小袋虫	小袋虫病	腹泻，痢疾
	隐孢子虫	隐孢子虫病	腹泻
	痢疾内变形虫	阿米巴病（变形虫性痢疾）	带血持续性痢疾，肝脏小肠溃疡
	肠兰伯式鞭毛虫	梨形原虫病	不同程度腹泻，恶心，消化不良
	福勒氏耐格里原虫	阿米巴脑膜炎	致死性疾病；脑炎
病毒	腺病毒（31种）	呼吸道疾病	
	肠病毒（67种，如脊髓灰质炎病毒，人肠道孤病毒和柯萨基病毒等）	肠胃炎	心脏不适，髓膜炎
	甲肝病毒	传染性肝炎	黄疸，发烧
	诺沃克因子	肠胃炎	呕吐，腹泻
	呼吸道肠道病毒	肠胃炎	呕吐，腹泻
	轮状病毒	肠胃炎	呕吐，腹泻

4.2.2 病原体指示剂

一旦人们接触或摄入被污染的水和食物，水生病原体就可能对人造成威胁。识别、罗列水体中病原体细菌的分析技术很耗时，需要训练有素的技术人员，通常费用昂贵。常常用指示性有机物来显示潜在的病原体有机物，作为指示剂它们必须具备以下特性：

（1）应能以简单的实验室方法检测；

（2）应与人类活动有关，以便其在水体中的存在能反映人为污染；

（3）不可在自然地表水体中生长；

（4）其浓度应与污染程度直接相关。

实验室环境监测指示性有机体的存在和浓度的方法已经建立起来了，监测到指示性有机体就表明水体可能被污染了。指示性有机体的浓度与病原体的浓度相关。虽然指示性有机体本身可能不会致病，但它们的出现往往意味着某些病原体温床的存在，这些病原体可能引起肝炎、霍乱或肠胃病。因此，当游泳区、水井或扇贝养殖场的指示性有机体浓度超过一定水质标准时，就必须对公众关闭。

四种常用的指示性有机体是：①总大肠菌；②粪大肠杆菌；③大肠杆菌；④肠球菌。这些有机体易于在实验室中培植，在有粪便污染前后，它们会大量生长。总大肠菌包括一系列相对无害的微生物，它们寄居在人类和恒温或冷血动物的肠道内，可以帮助食物消化。总大肠菌中有粪生菌和非粪生菌，其中，粪生菌是总大肠菌最重要的子类。由于它们能在较高温下生长又必须寄生在恒温动物的粪便中，所以它们能从总大肠菌群中分离出来。虽然大肠杆菌常常不是病原体，但是它们的存在意味着粪便污染以及潜在的病原体。

总大肠菌用于衡量娱乐区水体或贝类养殖水体时不是很有效，因为菌族内某些物种在植物或泥土里天然存在，其存在不足以说明有粪便污染。然而，在检测饮用水体，这类泥土和肥料污染可不计的水体时，这项指标仍有效。粪大肠杆菌更是粪便专用指示剂。它广泛用于娱乐区水体的检测；然而即使是这个种群也有非粪源。有研究表明大肠菌族的所有成员都能在自然地表水体中再生长（Gleeson，Gray，1997）。

大肠杆菌是一个粪大肠菌的子群，也用作水体粪污染的一个指示剂。1885年，德国细菌学家Theodor von Escherich在人结肠中发现了这种细菌，并发现某些细菌引起婴儿腹泻和肠胃炎。虽然常有新闻称大肠杆菌是通过水或食物传播的病原体，但大多数大肠杆菌品种本身是无害的，包括常被科学家在实验室中用作指示剂的那几类。肠球菌也是检测地表水体的粪污染程度的一个有用指标，作为病原体指示剂它的一个优势在于对环境的抵抗力，特别是它出色的耐盐度，使它能作为海水检测的指示剂。

EPA（USEPA，1986，2002）推断，对淡水而言，大肠杆菌和肠球菌最适合检测肠胃病的病原体；而对海水而言，肠球菌最合适。美国联邦水污染控制署内务部最初于1967年推荐的粪大肠菌指示剂（USEPA，1999），比起大肠杆菌（在淡水中）和肠球菌（在淡水和海水中），与游泳时易患的肠胃炎相关性要弱。作为指示剂，大肠杆菌较粪大肠菌有一个明显的优点：粪便专用性。不过尽管目前EPA推荐肠球菌或大肠杆菌作为检测娱乐区水体，很多州仍在使用粪大肠菌，部分原因是为了保持数据的连续性——方便后来的数据与历史数据进行对比。另一个原因是经济成本：EPA认定的肠球菌检测法需要使用昂贵的培养介质（Ohreal，Register，2006）。

病原体的水质标准是指示有机体的浓度，该值不能超过确保人体健康不致患病的安全标准。如表4.2.2所示，EPA对娱乐区游泳的水体标准是，淡水中每100 mL水体不超过33个肠球菌，不超过126个大肠杆菌；海水中，每100 mL水体不超过35 个肠球菌（USEPA，1998）。

表4.2.2　游泳（全身接触）娱乐用水的EPA安全指标

淡水	
基于足够的统计样本（通常是超过30天内不少于5个等间隔样本），指示性菌类[a]的空间密度不应超过以下任一指标[a]：	
大肠杆菌：	126/100mL，或
肠球菌：	33/100mL。
所有样本应在单边置信度(C.L.)内；该值的计算遵循如下标准，以各地各自的对数标准偏差为基础：	
指定的海滨浴场	75% C.L.
一般沐浴	82% C.L.
较少沐浴	90% C.L.
低频沐浴	95% C.L.
如果地点数据不足以建立对数标准偏差，则用0.4作为通用值代替	
海水	
基于足够的统计样本（通常是超过30天内不少于5个等间隔样本），肠球菌的空间密度不应超过35/100mL。	
所有样本应在单边致信度(C.L.)内；该值的计算遵循如下标准，以各地各自的对数标准偏差为基础：	
指定的海滨浴场	75% C.L.
一般沐浴	82% C.L.
较少沐浴	90% C.L.
低频沐浴	95% C.L.
如果地点数据不足以建立对数标准偏差，则用0.4作为通用值代替	

[a]管理机构应只选用适合自身情况的一种指示剂。

4.2.3　影响病原体的过程

病原体浓度控制机制一般有两种：水动力过程和降解。减少病原体至低于感染水平的处理技术已得到深入的研究。废水处理厂定期补充工序以完成必要的清除工作。最常见的附加消毒工序是氯化消毒、臭氧氧化和紫外线照射。病原体通常在淡水环境中存活不会超过30 d，在土壤中存活不会超过50 d（Crites，Tchobanoglous，1998）。有许多依赖于特定地点的因素和过程可以增加/减少病原体的生存率。地表水中影响病原体浓度的因素包括：①水动力输运、稀释和沉淀；②阳光；③温度；④盐度；⑤捕食；⑥营养化程度；⑦有毒物质；⑧其他环境因子。

水动力过程输运并稀释排放到水体中的病原体。病原体会缓慢沉降，还常附着于其他快速沉降的聚集物上，由此使水体中的细菌数量明显减少，而溶解和凝絮会影响沉降过程。但是，沉积到水底的病原体可能会危害到贝类。因此，沉降过程实际上是将水体中的病原体转移到水底的过程，水体中病原体的减少也许只是意味着水底病原体的增加。

在清澈的水体中，阳光是消除病原体的一个重要因子。可见光和紫外线（UV）能杀死大肠杆菌。光强和除菌率直接相关，强光会比弱光条件带来更高的大肠菌群衰减率。然而，在浑浊的水中，由于紫外线穿透力较弱，太阳光的杀菌能力也是有限的。

温度是影响衰减率因素中重要的无可比拟的调节项，尤其是在阴暗的淡水区域。水生食物充足和环境适宜的条件下，合适的温度能刺激细菌的增长。海水中，大肠杆菌等的衰减率正比于盐度。在某些条件下，营养物浓度对衰减率的确定也很重要。一些单细胞动物会吞食细菌，已经证实存在数种生物会攻击和消灭大肠杆菌。其他环境因子也能明显影响病原体的衰减率，如酸碱度（pH值）、重金属和有毒物质等。人们发现，粪大肠菌经历从低氧的下水道到富氧的地表水体时，骤增的氧气会造成大肠菌惊人的快速衰减（Kott，1982）。

地表水病原体的研究往往关注指示性有机体，如粪大肠菌、大肠杆菌或肠球菌。指示性有机体活动的模拟常采用一种简单的一阶衰减表达式。粪大肠菌（或其他的指示剂）的转化和衰减可以表述如下：

$$\frac{\mathrm{d}C}{\mathrm{d}t} = k \cdot C \tag{4.2.1}$$

或

$$C = C_0 \mathrm{e}^{-k \cdot t} \tag{4.2.2}$$

式中，C为粪大肠菌浓度，MPN (最大概率数)/100mL或个数/100mL；C_0为初始粪大肠菌群浓度，MPN或个数/100mL；k为衰减率；t为时间。粪大肠菌浓度常常被表达为MPN/100mL。衰减率（或称死亡率）k依赖于特定水体类型（如河、湖或河口），是环境因子的函数，如前所述。

在笛卡儿坐标系下的三维病原体模型方程可以表示如下：

$$\frac{\partial C}{\partial t} + \frac{\partial (uC)}{\partial x} + \frac{\partial (vC)}{\partial y} + \frac{\partial (wC)}{\partial z} = \frac{\partial}{\partial x}\left(K_x \frac{\partial C}{\partial x}\right) + \frac{\partial}{\partial y}\left(K_y \frac{\partial C}{\partial y}\right) + \frac{\partial}{\partial z}\left(K_z \frac{\partial C}{\partial z}\right) + S_C \tag{4.2.3}$$

式中，C为指示性有机体浓度，MPN/100mL或个数/100mL；u，v和w分别为x，y，z方向的速度分量；K_x，K_y和K_z分别为x，y，z方向的湍流扩散系数；S_C为内外部源、汇。

在式（4.2.3）中，等式左边最后3项表示了平流输运，而等式右边前3项表示了扩散输运。水动力输运的这6项与泥沙输运方程式（3.2.13）中的意义相同。等式（4.2.3）最后3项代表动力过程和外部负荷。

指示有机体的动力方程为

$$\frac{\partial C}{\partial t} = S_C \tag{4.2.4}$$

也可以表示为

$$\frac{\partial C}{\partial t} = -k \cdot \theta^{T-20} C + Q \tag{4.2.5}$$

式中，k为20℃时一阶（日）死亡率；θ为温度对除菌率的影响因子；Q为肠菌的外负荷（MPN/100 ml/d）。类似式（4.2.3）和式（4.2.4）的公式还常用于水质和富营养化模拟（第5章）。

4.3 有毒物质

有毒物质是指能对人类健康和环境造成短期或长期危害的物质。摄食、饮水或直接接触是有毒物质传播的主要途径。有毒有机化合物（TOC）和重金属是自然环境中两类主要的有毒物质，像金属、多环芳香碳氢化合物（PAH）、多氯联苯（PCB）和杀虫剂等有毒物质是地表水中的隐患。这些物质通过城市和工厂排放，草地、街道和农田的径流及大气沉降等进入水道。在水流、风浪、潮汐作用下，水底沉积物上吸附的有毒污染物，能通过再悬浮，大量地进入水体。漂浮于空气中的污染物能沉降到水中，最终也会形成水污染。例如，EPA估计苏必利尔（Superior）湖76%～89%的PCB负荷来自空气污染（USPEA，1994a）。

水中的有毒物质能以溶解态和颗粒态存在。前者随水流运动，而后者常常吸附于泥沙（或有机碳颗粒），并随之输运。形成环境危害的主要是溶解态部分。与氮、磷等传统的污染物相比，有毒物质在很低浓度下也能形成危害（低至每升数微克，μg/L）。

重金属和TOC的历史排放会使其富集到沉积床。局部污染常与流域开发状态的特点有关。城市和工厂区域的河流、湖泊和河口中会含有较高水平的金属和有机成分。虽然某些化合物（如，PCB）已经被禁止使用或严格限制，但它们已经历史累积到一定程度，以至于仍会给人类健康和生态系统构成巨大威胁。比如，马萨诸塞州的黑石河富含有毒金属，这些有毒金属甚至能被追溯到200年前的美国工业革命时期（USEPA，1996a）。

生物积累和生物放大是很多有毒物质都会经历的特殊过程；很多像氮、磷这样传统的污染物却与这些过程无关。生物积累是一些持久污染物因为生物捕食而聚集到食物链高层。生物放大是指污染物浓度在食物链的每一层上都被放大。化学污染物的浓度从食物链底层（如浮游植物和浮游动物）到顶层（如水鸟）会逐步增加。生物积累是有毒物质通过水生生物递增达到远超周围环境浓度的过程，这主要归咎于化学物质被生物摄取并残留体内，比如生物直接接触或呼吸、进食被污染的食物或饮用被污染的水源。例如，一个捕食者吃了大量猎物，虽然单个猎物只含少量污染物，捕食者的机体也会被存在于猎物体内的污染物共同污染。通过生物放大，有毒物质在食物网内发生转移，并在食物链的高端动物体内形成富集。经过该过程，某些化学物质，例如汞、PCB或一些杀虫剂，在水体中只有低浓度，但转移到动物体内浓度将达到毒性标准（如，Shen et al.，2012）。事实上，某些动物组织中的PCB浓度可超过周围水体环境的数百上千倍。

水生系统中的很多化学物质在一定浓度后都会具有毒性。发展数学和数值模型用于计算水体安全级别和建立水质标准的需求日益迫切。确定某一物质为有毒物质，需要考虑很多因素，包括：

（1）这些物质进入环境的可能性；

（2）生物体接触这些物质的可能性；

（3）这些接触带来的后果。

有毒污染物可以通过接触、生物积累或生物放大直接或间接进入食物链，进而威胁人类和生态健康。一些化学物质（如汞）极其有害，即使水体中浓度很低，通过生物积累，经很长时间后仍会对动物和人类安全造成威胁。因为对人体而言，只要低浓度的这类化学物质即是剧毒。污染物可以沉淀到水底，产生污染物堆积“热点”。污染物在底栖动物体内累积，随之进入食物链，最终进入人体。

接触到有毒物质后，人们最常提及的后果是急性和慢性中毒。急性中毒是指在很短时间内快速产生毒性效果，通常是96个小时或更短。急性中毒并非是按照死亡率来衡量，任何不利的生理反应都在此类。慢性中毒是指在一个相对较长的期间内，毒性持续存在或反复对人类健康和环境产生不利影响。这些影响包括死亡率、生长减缓和/或减少繁殖。

为了评价有毒物质的副作用，应当明确它们在环境中的输运转化过程，包括：

（1）水动力过程，例如水体中毒素的对流和扩散；

（2）沉淀过程，比如水体中的泥沙输运；毒素吸附于泥沙做沉降和再悬浮；颗粒态毒素的吸附和解吸；

（3）外源，比如污水处理厂的点源，径流和大气沉降的非点源；

（4）衰减和转化过程，比如光解、水解和4.4节中要讨论的生物分解。

由于有毒物质存在易吸附沉积物的特性，准确描述沉积物浓度对研究有毒物质十分重要。沉积物的质量平衡的改变将最终影响到总的毒素质量平衡。除了沉积物，有毒物质也许还吸附在有机碳颗粒上。研究中，沉积物和有机碳都应该在有毒物质模型中体现。

水系统中的有毒物质不一定是守恒的。将有毒物质带离水系统的过程包括：

（1）沉淀和深埋在沉积层，将使毒素离开水系统；

（2）将毒素转化为无毒或难溶物质的化学反应——溶解态的毒素更可能直接带来副作用；

（3）通过水生植物等来吸收毒素，使之脱离系统。

4.3.1 有毒有机化合物（TOC）

有毒的有机化合物质是含碳的人工化合物。历史的TOC排放遗留下富含污染物的沉积物。在一些沉积物中，这些污染已经积累到一定浓度，它们将给人类健康和生态带来威胁。这些TOC长期存在于环境中并在食物网中生物积累和放大。按它们的用途和化学类别（CEQ，1978）可将TOC分类，常见的引起环境污染的有毒有机化合物包括：①PCB（多氯联苯）；②PAH（多环芳烃）；③杀虫剂；④二噁英和呋喃。

在现代社会生产中，TOC被大量合成、使用、处理。人们认为很多TOC是难分解的，会在环境中存留很长时间。许多TOC难以治理，化学物质难以降解，并残留在环境中持续很长时间。这些TOC倾向于在环境中残留和累积，不容易从自然系统中分解。一些有毒的TOC，比如DDT（某杀虫剂）和PCB，已经被禁止使用几十年了，但仍在引发环境问题。例如，有充分证据表明DDT通过食物链逐步积累，并对生态系统造成严重破坏。

PCB是一簇人工合成有机化学物质，曾作为电气设备上的冷却剂和润滑剂被大量生产， 直到

20世纪70年代被禁止使用。PCB不易被生物和化学方式降解，能在环境中残留数十年。它们在水生有机体内累积，当动物吃掉被PCB污染的有机体后在食物链中被生物放大，这些高残留化学物质现在仍然可以在老的电气设备和工业废水点被发现。PCB带来的问题包括癌症、不育症和神经损伤等。

PAH是多种有机化合物的一类复杂混合物，化石燃料及其燃烧产物都属此类。它们通常是石油燃烧的副产品。人们通常是通过吸烟、吸入汽车尾气或呼吸其他燃烧等过程，与之发生接触。它们能带来呼吸困难，是一种致癌物质。很多PAH能在微生物有机体作用下，在几周或几月后内进行分解。

杀虫剂是另一种主要的有毒物质。它们用于控制或消除有害的有机体，比如昆虫，真菌或其他造成农作物减产、影响家畜健康的有机体。很多杀虫剂在使用后几天内能分解为无毒的化学物质，然而其中一些很难分解，还可能附在沉积物上或在食物链中生物积累，对人类和野生动物的健康造成潜在威胁。比如，DDT就是一种剧毒物质，能杀死许多不同物种，在20世纪的40—60年代作为杀虫剂广泛应用。1972年美国已禁止使用，但它在沉积物和水生动物的组织中仍能被发现。

二噁英和呋喃是同一族的化学物质，存在于燃烧排放物中，是已知的对人类和野生动物都有剧毒的化学物质。它们主要经由两种方式作为副产品产生：①物质低温燃烧；②制造某些产品的附带产物。它们一旦进入环境，能残留相当长一段时间。

4.3.2 金属

金属可以根据其物理属性来定义，比如导电性、反射率及强度。从广义上说，一种元素如果失去一个以上的电子后能在水中生成正离子的，被称为金属。重金属常指那些原子量为21～84的元素。然而，从水质研究的角度看，重金属则是指那些有毒金属。当浓度超过水质安全标准，重金属是一项严重的污染问题（Sheoran，Sheoran，2006）。

一些金属元素在痕量时是动植物必需的，比如铁、铬、铜、锰、钼、镍、硒、锡、锌等；但其中的一些金属在高浓度时却是有毒的。此外，有些金属易于被生物放大，在食物链高层累积。

与TOC相比，重金属污染物更普遍和持久（Caruso et al.，2008）。它们常常来源于岩石和矿物的溶解，具有自然背景源。重金属可能以溶解态和颗粒状存在。溶解态金属可在水体中自由输送，而颗粒状的金属常常吸附于泥沙并随泥沙输运。在颗粒状和溶解态金属之间的交换通过吸附–解吸附机制进行。在沉积床中，沉积物孔隙水中的金属离子能扩散到上覆水，反之亦然，这取决于浓度梯度。另外，挥发性金属（如：汞）从工厂的烟气排放出来或可以直接沉淀到地表水中。

重金属的特性包括：①可生物积累和生物放大；②衰减周期较长；③自然形成；④毒性与可溶性密切相关；⑤多化学态。经常提到的重金属包括铅、镉、汞和其他等。由于环境中的重金属具有毒性、化学性能活跃，在水中易流动等原因，常能引起人们的关注。一些金属能在环境中滞留很长时间，足以由生物过程纳入食物链实现生物放大作用。虽然污水排放的金属浓度可能很低，水体中的有机体会将它们扩大很多倍。一些重金属对植物和动物健康非常重要，然而，当其浓度超过维持生存所必需的参考浓度后，生物将中毒。高浓度的金属经常被报道出现在鱼的机体中而非水体中，这正是由于生物积累，高的金属浓度发生在食物链上层的捕食者体内。

在引起环境的当前和今后危害中，铅和汞污染位居首位。它们能转化成毒害人体神经的甲基汞和甲基铅。铅对儿童和胎儿发育尤为有害。目前，随着禁止将铅作为汽油添加剂，环境中的铅含量正在逐步降低。长期以来，人们认识到汞有毒，会残留很久，能被生物积累，还可随空气传播很远。它主要危害是抑制大脑和神经系统的发育。当汞沉淀到水体中，它能在鱼的机体内累积到远高于环境浓度。在美国和加拿大，汞是鱼体内最常见的污染物。

金属的衰减周期与TOC的很不一样。TOC的毒性由它的结构决定，一旦结构被破坏，毒性也就消失了。然而金属能以一种形态或者另一种形态存在，从这个角度讲，金属比TOC对环境构成的危害更长远。由于金属衰减常被忽略，金属污染模拟可能比TOC污染模拟相对简单。

不同于人造的TOC，有毒金属能从岩石和矿物溶解中自然产生。人类活动，比如工业活动和采矿，改变了环境中的金属分布。金属可能存在于城市污水处理厂、工业污水、垃圾场渗漏和非点源径流中。此外，很多老工业区的土壤含有高浓度的重金属，是过去工业活动（如采矿）的遗留。被废弃的矿区依旧是很多溪流中有毒金属的来源。

金属中溶解态部分才是有机体中毒的罪魁祸首。溶解态金属是指能通过0.45 μm滤网的那部分金属，而颗粒态金属量等于金属总量减去溶解态金属量。比起金属总量，金属的溶解态部分更好地代表了具生物活性的金属。这不是说颗粒态金属无毒，只是它们的毒性与溶解态金属相比微不足道了。EPA（USEPA，1996b）推荐在水质标准中，使用溶解态金属的浓度替代全部金属的浓度。因为溶解态金属量比金属总量更接近生物可用金属量。沉积物在调节自然水体中的溶解态金属方面扮演了重要角色。 重金属常常大量以生物非可用的形式存在并吸附在沉积物颗粒。环境状况，比如pH，温度和盐度，都会显著影响金属的可溶解性。通常，比起酸性或碱性水体，中性水体中的金属溶解度更低。

一种金属能有很多种化学形态。由于水中金属存在大量相互作用，金属浓度应当包括金属的所有这些形态。因此，在重金属的采样和模拟过程中应考虑金属的总浓度，而非只考虑一种或几种特殊的金属形态。

4.3.3　吸附和解吸附

吸附是最重要的污染物消除机制之一，会导致几类污染物短期或者长期的滞留。被污染的沉积物是污染的主要来源之一。它们能沉积在水底，并包含一定浓度的有毒物质，足以对人类健康和环境产生危害。很多有毒物质紧紧吸附在颗粒上。吸附–解吸附过程影响了污染物的浓度分布。自然水体中，有毒化学物吸附于泥沙是其输运的一条主要途径。由于与颗粒物质存在交互作用，污染物的分布受泥沙的输运、沉淀和再悬浮影响明显。溶解态有毒物质直接与环境破坏相关。而相应的颗粒态有毒物质常被认为不具有生物可用活性，因此它们也不会直接构成严重的水质问题。除了金属和有毒有机化合物，营养物质（如：磷）也能吸附在沉积物上随之输运，这在第5章涉及富营养化过程时会展开讨论。

吸附是物质由水基态转为固态的过程。解吸附是物质从颗粒物中被释放回水中的过程。这两种过程往往有不同的时间尺度。吸附代表着污染物与某固体的相互作用，可进一步分为附着和吸收。附着是物质粘在颗粒物表面，而吸收是物质进入了颗粒物的结构中。然而，在大多数情况下，区别二者并没有什么意义，因为常常没有具体和足够的信息去区分二者。故而“吸附”一词通常泛指“吸”和“附”两种现象：吸附可能是附着也可能是吸收，又或者二者兼有。吸附会引起污染物在水底泥沙中的积累或鱼的生物积累。

更细小的那些物质碎片（如：黏土，泥沙及有机腐殖质）对有毒物的输运尤其重要。这些细小的颗粒物的特征表现在尺寸、形状、密度、表面积和表面的物理和化学性质等。通常，颗粒尺寸越小，表面积与体积比值（比表面积）就越大，吸污染物进行输运的能力就越强。黏土有很强的吸附能力，而沙石几乎没有吸附能力。颗粒表面积也影响着污染物与颗粒态交互的能力。由于颗粒越小，其比表面积更大，所以更小的颗粒物（淤泥和黏土）对污染物作用更有影响力。更小的颗粒物也更容易被水流和波浪挟带。

图4.3.1给出了决定有毒物质输运转化的关键因素，包括：①入流与出流；②水体中颗粒物的沉淀；③在水体与沉积床发生的吸附与解吸附；④水体和沉积床之间由于沉淀/再悬浮、扩散及生物扰动实现的物质交换；⑤通过掩埋和挥发的损失；⑥生物积累和转化。

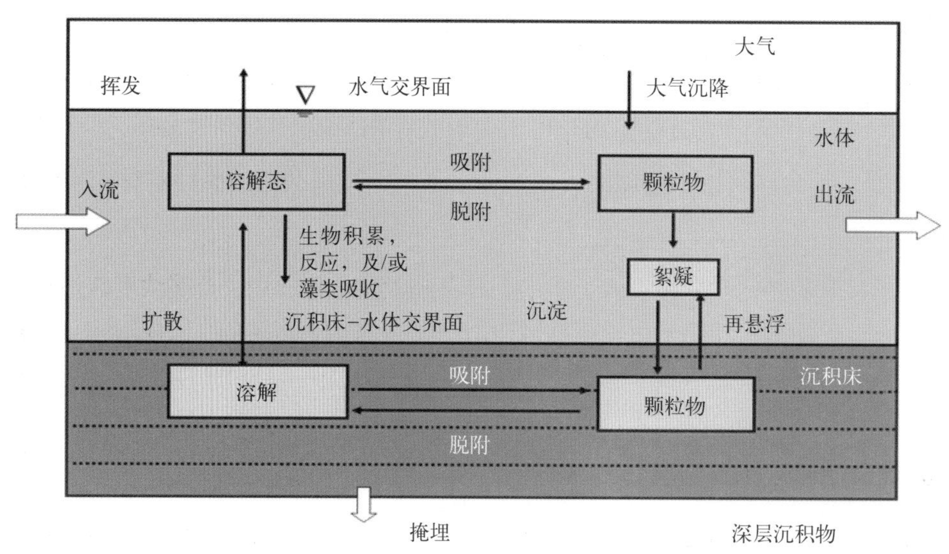

图4.3.1　有毒物质的输运转化过程

有毒物质，比如重金属，能以颗粒状沉积于河床或溶解态游离于水体。悬浮的金属在水体中存在对流和扩散作用，通过入流和出流进行输运。在水体和沉积床中，溶解态金属和颗粒态金属分别通过吸附/解吸附进行交换。沉积床里的沉积物被冲刷进入水体中，而悬浮的沉积物能沉淀和堆积到床面。重金属可能从大气中沉降到水体中。溶解态金属能从沉积床的间隙水中扩散到上覆水，反之亦然，这取决于二者中的浓度差。生物积累和化学转化能将重金属移出水体系统，重金属也能掩埋在水底深处，从而长期离开水体系统。哪种过程占主导作用，取决于污染物的属性。不过具体到每一种有毒物质，并非图4.3.1所示的所有物理、化学和生物反应都很重要。

与其他的环境过程相对比，吸附–解吸附过程通常很快，比如模型积分的时间步之于衰减的时间尺度。因此，溶解态和颗粒态物质间的吸附交互作用可处理为瞬时平衡，即认为有毒物质的溶解态和颗粒态之间瞬时达到平衡。这时，物质的溶解性可按其溶度积衡量。溶度积是溶解离子浓度的乘积，在给定环境下，这个乘积是常数。重金属有如下关系式：

$$M_mA_a \rightarrow mM + aA \tag{4.3.1}$$

溶度积定义为：

$$k_s = [M]^m[A]^a \tag{4.3.2}$$

式中，k_s为溶度积；$[M]$ 为金属离子的摩尔浓度；$[A]$ 为相应化学组分的摩尔浓度。

正如上文讨论的，某有毒物质的浓度由溶解态成分C_d和颗粒态成分C_p组成：

$$C = C_d + C_p \tag{4.3.3}$$

颗粒态成分能表示为固态有毒物质的浓度r和沉积物浓度S的乘积：

$$C_p = r \cdot S \tag{4.3.4}$$

固态毒素的浓度r可表示为固态干重。对于给定体积的样本水，固态毒素的浓度定义为

$$r = \frac{\text{吸附在沉积物中毒素的质量（μg/mg）}}{\text{沉积物的质量（mg/g）}} \tag{4.3.5}$$

假定物质的溶解态和颗粒态存在平衡——这在毒素模拟研究中是合理的，二者的分配系数P定义为

$$P = \frac{\text{吸附在沉积物上的毒素（毒素/沉积物的质量）}}{\text{溶解毒素（毒素质量/水体积）}} = \frac{r}{C_d} \tag{4.3.6}$$

式（4.3.6）表示的分配系数是颗粒态有毒物质（吸附到沉积物上的）和溶解态有毒物质之比。该系数的单位常用升每克（L/g）或升每毫克（L/mg）。给定物质的分配系数值受很多因素的影响。一些实验证据表明分配系数与沉积物浓度成反比，也有人认为分配系数与沉积物浓度无关（O’Connor，1988；Ji et al.，2002a）。为了准确计算溶解态和颗粒态物质，推荐用实测数据来估算P的值。

对实测数据，分配系数按下式估算：

$$P = \frac{C_p}{C_d}\frac{1}{S} \tag{4.3.7}$$

式（4.3.7）中P的意义表明：分配系数是每单位浓度的悬浮固体中颗粒态浓度与溶解态浓度的比值。例如，马萨诸塞州黑石河的测量数据表明金属的分配系数从0.1～1.0 L/mg不等（Ji et al.，

2002a）。图4.3.2给出了黑石河中镉的分配系数，它是沉积物浓度的函数（Tetra Tech，1999b）。

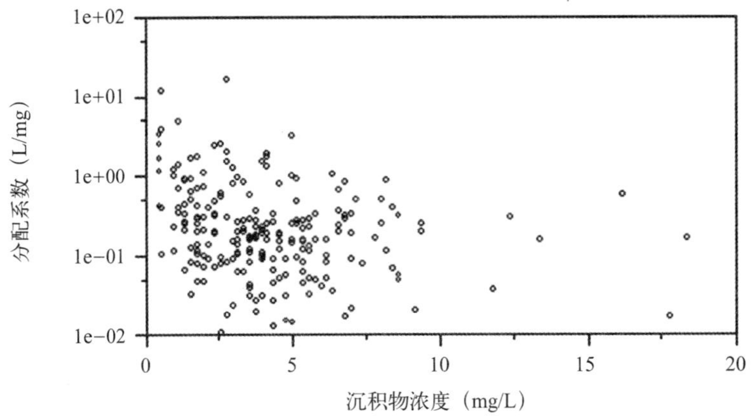

图4.3.2　镉的分配系数与黑石河中沉积物浓度的函数

毒素的颗粒态部分（f_p）和溶解态部分（f_p）定义为：

$$f_p = \frac{C_p}{C} = \frac{PS}{\theta + PS} \tag{4.3.8}$$

$$f_d = \frac{C_d}{C} = \frac{\theta}{\theta + PS} = 1 - f_p \tag{4.3.9}$$

式中，θ为孔隙率（在水体中约为1）。乘积$P \cdot S$是一个无量纲参数。有毒物质在溶解态和颗粒状之间的分布决定于分配参数和沉积物浓度。对一种简单的金属元素，可能会有大量的化合物。然而，在大多数测量和模型模拟中，集合所有溶解态金属化合物的自由离子统计总的溶解态金属浓度，集合所有被吸附颗粒态金属化合物统计总的颗粒态金属浓度。

有毒化学物模型中用二相分配或三相分配来表征有毒物质。二相分配将有毒物质溶解态和颗粒态分量之和作为总的浓度，正如式（4.3.3）所示。如式（4.3.8）和式（4.3.9）那样假定溶解态和颗粒态处于平衡分配，这是描述吸附-解吸附过程的最简单方法之一，但绝非通用方法。比如，一个三相模型将有毒物质划分为三种形式：实际溶解相（生物可用），溶解有机碳相（DOC）（生物不可用）和颗粒有机碳相。三相模型耦合了毒素的溶解有机碳DOC。对其中有相当比例有机物是由内部生物过程生产而非外部供给的水体而言，三相模型十分有效。

4.4　转化过程和输运过程

水系统中的污染物包括营养物质、有机毒素重金属和病原体。如果自然界没有降解反应的发生，历史排放的任一污染物将仍然污染环境。所幸的是自然净化过程稀释、搬运、移除和降解了污染物。因此认识反应物的动力学过程，并用数学方法进行描述就很重要了。这部分总结了污染物的衰减和输运及其数学表达式。

污染物的输运转化过程由两个因子控制：反应和水动力输运。反应包括：①化学过程；②生态过程；③生物摄取。水动力输运包括三种主要的输运过程：①水流的平流；②水体中的扩散和湍流混合；③水体和沉积床交界面上的沉淀和再悬浮。

4.4.1　数学公式

污染物在水体中能残留多久取决于化合物的性质。大多化学物质会经历化学或生物衰变。一些化学物质具有保守性，并不进行这类反应，当然真正保守的化学物质在自然界中也很难发现。当某种物质反应率很低时，就被认为是稳定的。很多TOC，比如PCB和DDT，很多年都不会分解，并且能积聚到沉积物和当地水生动物组织体内。人类在食用这些被污染的水生动物后，会危害健康。非保守物质会发生化学和生物反应。这些输运和衰减过程包括挥发、水解、光解和生物降解。

污染物的输运和衰减代表着环境中该物质的递减，它是各种汇过程的结果，包括化学和生态转换、或损耗/沉淀到其他的环境系统中。污染物不同，其输运衰减过程也不同。然而它们有着相当的动力学机理，可以采用相似的方程。基于质量守恒定理，污染物的浓度变化能用质量平衡方程计算出来。

虽然水系统中反应的动力学可用很多种方式表示，可是某一反应物的形式通常表示为：

$$\frac{\mathrm{d}C}{\mathrm{d}t} = R = -kC^{m} \tag{4.4.1}$$

式中，m为反应的级数；k为m级反应的比例常数。自然水体中，式（4.4.1）中的m常取0、1、2。

零级反应。一个零级反应（$m=0$）代表了与反应物浓度无关的不可逆降解。式（4.4.1）的解为：

$$C = C_0 - kt \tag{4.4.2}$$

其中，C_0为$t = 0$时刻浓度值，即初值。这时，浓度–时间图呈现为斜率为k的直线，如图4.4.1中（a）图所示。零级反应物的反应率是由其他因素而不是反应物浓度来决定。甲烷类产物和厌氧沉积物的光解产物都是零级反应的例子（Schnoor，1996）。

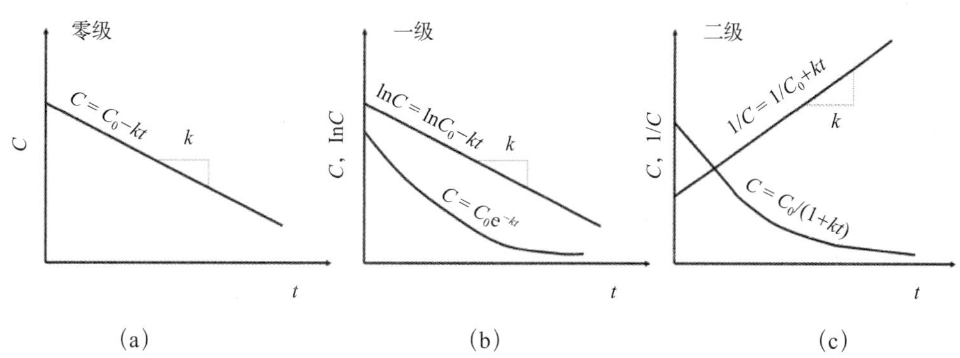

图4.4.1　(a) 零级反应的浓度–时间关系；(b) 一级反应的浓度和对数浓度–时间关系；(c) 二级反应的浓度和浓度的倒数–时间关系

一级反应。一级反应（$m = 1$）的反应率与反应物的浓度成正比，并常用于表示化学和生物反应。对于一级反应，式（4.4.1）的解为：

$$C = C_0 e^{-kt} \tag{4.4.3}$$

式（4.4.3）表明对于一级反应，反应浓度随时间呈指数降低。这时，对数浓度–时间图呈现为斜率为k的直线，如图4.4.1中（b）图所示。环境中的大多数反应能很容易用一级反应近似地表示。一级反映的例子包括地表水的生化需氧量、细菌的死亡和呼吸率及水藻的生产反应（Thomann，Mueller，1987）。应注意的是虽然很多动力方程由一级反应参数化，反应率常数k仍需大量数据来确定。

二级反应。对于二级反应（$m = 2$），式（4.4.1）的解为

$$\frac{1}{C} = \frac{1}{C_0} + kt \tag{4.4.4}$$

因此，如果一个反应的确是二级反应，则浓度C的倒数（$1/C$）–时间图呈斜率为k的直线［见图4.4.1中（c）图］。式（4.4.4）还能表示为

$$C = \frac{C_0}{1 + kC_0 t} \tag{4.4.5}$$

这表示，与一级反应相似，二级反应的浓度随时间而降低并最终趋于0。二级反应描述的过程包括大气中的气体反应和浮游动物的死亡率。

描述金属和TOC等有毒物质的数学方程都是相似的。三维有毒物质总浓度C（溶解态加颗粒态）的传输方程是：

$$\begin{aligned} &\partial_t(HC) + \partial_x(HuC) + \partial_y(HvC) + \partial_z(wC) - \partial_z(w_s f_p C) \\ &= \partial_x(HK_H \partial_x C) + \partial_y(HK_H \partial_y C) + \partial_z\left(\frac{K_v}{H}\partial_z C\right) + R + Q_c \end{aligned} \tag{4.4.6}$$

式中，w_s为沉积物的沉淀速度；R为化学和生态过程的反应率；Q_c为毒素的外部源汇；x和y为笛卡儿坐标系的水平坐标；z为σ坐标的垂直坐标，定义见式（2.2.19）。

对比式（4.4.6）和病原体方程式（4.2.3）发现，二者主要的区别在于前者包括了沉积物的沉淀项$-\partial_z(w_s f_p C)$。在式（4.4.6）中，模型采用了总的毒素浓度C，而并非分别计算溶解态和颗粒态毒素浓度。已知C和颗粒态分量f_p后，式（4.3.8）和式（4.3.9）计算C_d和C_p。正是颗粒态分量（f_p）和沉淀速度（w_s）将毒素与悬移质泥沙浓度联系起来。如式（4.3.8），泥沙浓度影响了水中颗粒态含量，进而影响了毒素的沉淀和传输，如式（4.4.6）描述。在重金属模拟过程中，常常忽略金属的转化和衰减机制，如式（2.1.33）中的反应项。从这个角度来说，金属的模拟比TOC的略简单些。

传输方程式（4.4.6）的垂直边界条件如下：

$$-\frac{K_v}{H}\partial_z C - w_s f_p C = F_0，\quad 在水-沉积床交界面(z\approx 0)$$

$$-\frac{K_v}{H}\partial_z C - w_s f_p C = 0，\quad 在水面(z=1) \tag{4.4.7}$$

有毒物质从沉积床到水体的净通量F_0可表示为

$$F_0 = \max(J_0, 0)\left(\frac{f_b^p}{S^b} + \varepsilon_r \frac{\rho_w}{\rho_s} f_d^b\right) C^b + \min(J_0, 0)\left(\frac{f_p^w}{S^w} + \varepsilon_d \frac{\rho_w}{\rho_s} f_d^w\right) C^w \tag{4.4.8}$$

式中，上标w和b分别为水柱体和沉积床交界面二者各自的条件；ρ_s为沉积物密度；ρ_w为水的密度；ε_r和ε_d分别为悬浮和沉淀条件下沉积床的孔隙率。参数J_0是从沉积床到水体的沉积物净通量。这种净通量形式描述了水体挟带和派出溶解态有毒物质的输入与排出以及因沉积物的再悬浮和沉淀带来的向沉积床的毒素输入输出（Tetra Tech，2002；Ji et al.，2002a）。

4.4.2　影响输运衰减的过程

有毒物质的输运衰减是物理、化学及生物反应造成的。除了吸附和解吸附，影响输运衰减的过程还包括：①矿化和分解；②水解；③光解；④生物降解；⑤生物富集；⑥挥发。

转化过程是那些在水系统中基本不可逆转地破坏、改变或消除有毒物质的过程。这些转化过程常被表达成式（4.4.1）的形式。大多衰减过程被描述为一级反应。各个反应的一级衰减系数是可累加的，能线性组合成一个净衰减系数：

$$k_d = k_m + k_h + k_p + k_{\mathrm{bd}} + k_{\mathrm{bc}} + k_v \tag{4.4.9}$$

式中，k_d为净衰减系数；k_m为矿化系数；k_h为水解系数；k_p为光解系数；k_{bd}为生物降解系数；k_{bc}为生物富集系数；k_v为挥发系数。

在模拟研究中，净分解系数或个体系数都可以确定。在第5章讨论水质和富营养化过程时，将再次讨论这些过程，并细致描述它们的数学表达式。本部分介绍了这些过程的基本概念。

4.4.2.1　*矿化和分解*

矿化是溶解的有机物质转化为溶解的无机物的过程。矿化能产生营养物质，如氮、磷，供植物在下一轮生长周期利用。分解是将有机物通过微生物作用分解为简单的有机物或无机物。

细菌分解有机物质以获得生长所需能量。植物残骸被分解为葡萄糖然后转化为能量：

$$C_6H_{12}O_6 + O_2 \xrightarrow{\text{能量释放}} CO_2 + H_2O \tag{4.4.10}$$

在水质模型中，“矿化”一词往往代表将溶解有机物转化为无机形式的过程。这包括异氧呼吸溶解有机碳、矿化溶解有机磷和氮（Cerco，Cole，1994）。矿化是第5章讨论的水质模型的关键过程。

4.4.2.2 水解

水解是某化学物与水的反应，反应将化学物的分子键破坏，在氢离子（H^+）或氢氧根（OH^-）与水分子间形成新的键。该过程涉及水的离子化和水解成分的分离：

$$RX + H_2O \rightarrow ROH + HX \tag{4.4.11}$$

从本质上看，水挤入分子的一极，使一个H^+加入一部分分子基，同时一个OH^-加入另一部分分子基。然后两部分分离。氢和氢氧根原子的浓度，或者pH值，是评价水解力的一个重要参数。水解是分解很多有毒有机物的主要途径。光解产品与原化合物相比也都带有或多或少的毒性。

光解是水体中最重要的输运衰减过程之一。在水质模型中，光解用于表示颗粒有机物质转化为溶解有机形式的过程（Cerco，Cole，1994；Park et al.，1995）。模拟光解的数学表达式在第5章中讨论水质和富营养化时列出。

4.4.2.3 光解

光解是将那些直接吸收光能的化合物转化的过程。吸收太阳光能使化合物获得足够的能量去进行化学反应。一些光化学反应导致了物质的分解和转化。

光的能量与其波长成反比。长波能量不足以破坏化学键，而短波（X和γ射线）是极具破坏性的。幸运的是，这类辐射大部分在高空就被屏蔽在地球之外了。接近可见光谱的光到达地表还能破坏很多有机化合物的分子键，它们对水系统中的有机化合物的衰减十分重要。

光解的基本特性如下：

（1）按能量吸收方式，光解分为两类：直接光解和间接光解。直接光解是有毒化学分子直接吸收阳光的结果。间接光解是能量从一些吸收阳光的分子中转移到有毒化学物上以后发生的反应。

（2）光解是受光刺激的化合物被破坏的不可逆过程。

（3）光解产品可能仍是有毒的，所以光解过程不一定能为系统解毒。

（4）式（4.4.9）中的光解系数常常是入射光数量和波长分布、化合物的光吸附性、光化学反应促成效率的函数。

4.4.2.4 生物降解

生物降解是指主要由细菌及真菌完成触酶转化时造成的化合物分解。虽然这些生物转化能解毒或矿化毒素，但是它们也可能激活潜在的毒素。生物降解很快，这意味着它是水中最重要的转化途径之一。

虽然生物降解主要是由细菌调节，但是细菌的生长动力学仍十分复杂，也尚未明确。因此，毒素模型常常假设一个衰减率常数而不是直接为细菌的活动模拟。普遍使用的是一级衰减率。生物降解率受水温影响，可以表示为一个阿累尼乌斯方程（Arrhenius function）：

$$k_b = k_{b20}\theta^{(T-20)} \tag{4.4.12}$$

式中，k_b为生物降解率；k_{b20}为20℃时生物降解率；T为以℃为单位的水温；θ为温度校正因子。阿累尼乌斯方程表明更高的温度将引起更快的化学反应，它给出了二者间的量化关系。生物降解率还与污染物浓度有关，能用一个典型的米曼氏方程（Michaelis-Menten formulation）表示：

$$k_b = k_{\text{bmax}} \frac{c}{c + c_{1/2}} \tag{4.4.13}$$

式中，k_{bmax}为最大的生物降解率；c为污染物浓度；$c_{1/2}$为半饱和（Michaelis）常数。对于低值$c<<c_{1/2}$，这是一个一级反应；对于高值$c>>c_{1/2}$，这是个零级反应。Michaelis-Menten公式将在5.1.5.3节进一步讨论。

以上两式联立可得：

$$k_b = k_{\max} \theta^{(T-20)} \frac{c}{c + c_{1/2}} \tag{4.4.14}$$

式中，$k_{\max}$为生物降解引起的最大衰减率。式（4.4.14）将污染物浓度和水温对生物降解的影响结合起来。正如5.1.5节中所言，阿累尼乌斯方程和米曼氏方程常用于水质模型。

4.4.2.5　挥发

挥发是指一种化学物质通过蒸发从水中进入大气，它常被认为是不可逆的损耗过程，因为它与这类衰减过程的数学形式十分相似。然而，挥发实际上是可逆的，水中的溶解物浓度与其在整个大气中的气态浓度试图达到某种平衡。当水中化合物的分压等于大气中该化学物的分压，则达到平衡。

亨利法则（Henry’s law）表明，在一定温度下一种气体的溶解度与水上该气体的气压成正比。对挥发的处理常与表面氧气交换类似，挥发通量正比于水中化学物的浓度和饱和浓度：

$$F_v = k_v\left(c_w - c_{\text{ws}}\right) \tag{4.4.15}$$

式中，F_v为挥发通量；k_v为转化率；c_w为水中化学物的溶解浓度；c_{ws}为水中化学物的饱和溶解浓度。

式（4.4.15）表示当水中化学物未饱和（$c_w<c_{\text{ws}}$）化学物进入水中，而当水中化学物过饱和（$c_w>c_{\text{ws}}$）时，（从水中挥发的）化学物将离开水面。饱和浓度取决于大气分压和亨利法则的化学常数。转化率k_v取决于化学物的属性以及水体和大气的特性，比如化学物在水中及大气中的分子扩散系数、温度、风速及流速、水深等。有利于挥发的条件包括高水汽压、高扩散率、低气体溶度等。经验公式中常将转化率与风速、水密度、水黏度等物理参数直接关联。

对许多化学物（当然除了氧气），大气分压是可以忽略的，饱和溶解浓度（c_{ws}）远低于溶解浓度（c_w），这时候，式（4.4.15）降为

$$F_v = f_v k_v c_w \tag{4.4.16}$$

式中，f_v为校正因子。

4.4.2.6 pH

水质模型（例如，Cerco，Cole，1994；Park et al.，1995）往往不模拟无机碳和相关的pH和碱性变量。呼吸产生二氧化碳（和总无机碳），水藻生长消耗这些碳物质，而大气交换又重新补充它们。这个无机碳系统对很多化学反应都十分重要。化学反应率可能随pH值的改变有很大变化。很多化学物的溶解力和生物可用性都决定于pH值（Hofmann et al.，2009）。很多生态过程，比如繁殖，不能在过酸或过碱的环境下发生。重金属在酸性条件下更易溶解。通过释放贮存在沉积物之上的有毒化学物，这种现象加剧了有毒污染问题。一般酸的来源包括矿山排水、尾矿径流、大气沉降等。

pH是“氢指数”的首字母简写，是一种测量氢离子浓度的指标。它反映了一种水体的酸度或碱度。pH值定义为以10为底表示氢离子浓度时的指数：

$$pH = -\lg[H^+] \tag{4.4.17}$$

式中，$[H^+]$为氢离子的摩尔浓度。

pH量纲大小用于确定水的酸碱性。它的阈值为0～14，pH ＝0表示酸性最大，pH＝7表示是中性，pH＝14表示碱性最大。纯水是pH 7的中性水。pH每改变1.0，酸碱度则改变10倍。比如，pH 5的酸度是pH 6的10倍，pH 7的100倍。pH值越低，液体的酸度越大。碱水的pH>7，氢离子浓度较低。

水体的pH是H^+与OH^-的比值。自然条件下，水中的pH总是取决于碳酸平衡。当大气中的CO_2进入水体，会有少量碳酸形成，CO_2与水反应产生氢离子：

$$H_2O + CO_2 \rightarrow H^+ + HCO_3^- \tag{4.4.18}$$

这个反应增加了氢离子浓度，因此降低了pH值。由于CO_2存在于大气中且水中水藻的生长也能生成CO_2，它与水的反应是水系统中影响pH值常见的反应。在pH值和CO_2间有反比关系。当水生植物通过光合作用将水中的CO_2合成有机物时，pH值增加。

溶解态氧化钙（石灰石）在水中很常见。当某酸与石灰石相互作用会发生如下反应：

$$H^+ + CaCO_3 \rightarrow Ca^{2+} + HCO_3^- \tag{4.4.19}$$

与降低pH值的式（4.4.18）不同，这个反应消耗了氢离子，增加了pH值。

水生植物的生长能引起pH值日变化。白天，水藻光合作用消耗CO_2并释放出溶解氧。CO_2的消耗导致氢原子的减少，pH值的增加。随着水深增加，穿透的光减少而水藻的光合作用率降低。在深湖中，表层水中大规模水藻的光合作用降低CO_2浓度，导致pH值增加。然而在水的更深处，水藻的呼吸作用是最主要的生物过程，这导致CO_2的增加和pH值的减少。因此，在下午表层水的pH（CO_2）往往比深层水高（低）。富营养的湖中表层水和底层水的pH（CO_2）可能表现出极大差异。

4.5　污染物模拟

污染物的输运转化是包括物理搬运和化学及生态动力作用的复杂的过程。水体中的污染物可能是过去或现在投放垃圾的后果。关闭污染源不是总能解决问题（如：DDT能残留多年）。因此，准确可靠的污染物评估数值模型十分必要。在过去的几十年里，人们在数值模拟能力、数据收集和计算机的软硬件水平方面都取得了长足发展。这使得数值模型已成为环境管理和科技应用中可靠的工具。

有毒物质常由两种形态组成：溶解态和颗粒态。一个典型的毒素模型应该包括：

（1）一个提供了传输和沉淀信息的水动力学和沉积物模型；

（2）溶解毒素和颗粒有毒物之间的吸附–解吸附作用；

（3）沉积床和整层水体间的交换和相互作用；

（4）毒素的传输、输运和衰减；

（5）系统的外部加载。

图4.5.1给出了一个典型毒素模型的结构（Tetra Tech，2002；Ji et al.，2002a）。成功模拟毒素输运的前提是适当描述水动力学和沉积物的输运。一个基本完备的水动力学和沉积物传输模型与一个毒素模型的耦合是毒素模拟的关键部分。首先，水动力测量应该合理，还应该正确理解流场，因为水动力模型要提供水流、湍流混合和水深等信息。其次，黏性沉积物输运的模拟应该切合实际，因为黏性沉积物常常是有毒物颗粒的携带物。最后，基于这些模型输出，毒素输运模型计算毒素浓度时，既要包含溶解的部分也要包含颗粒状的部分，既要考虑水体也要考虑沉积床中毒素的含量。

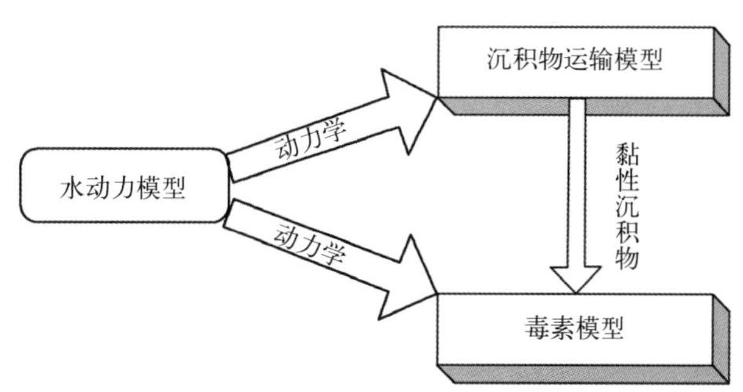

图4.5.1　一个典型的毒素模型的结构

当吸附–解吸附过程相对于污染物模型（如：大肠杆菌的死亡）比较次要时，可采用一个简单的一级衰减模型，而泥沙传输过程也许在随后的输运过程中会被忽略。

除了水动力学和沉积物参数，毒素输运常要求调整以下参数：

（1）分配参数（在有毒金属和TOC输运中大多要调整）；

（2）衰减率（在病原体和TOC输运中大多要调整）。

对不同的污染物，比如病原体、TOC或金属，这些参数的值差别明显，还常常是温度的函数。

应当尽可能基于从站点研究中得到的实测数据估计这些参数，因为它们通常有局域性，且不同污染物间的差异巨大。对实测数据不可用的地区，参数估计可以将从文献回顾中得到的值作为参考。关于这个课题有很多的出版物，如Bowie等（1985）、Thomann和Mueller（1987）、Chapra（1997）和Schooner（1996）。

毒素模型中使用的数据应包括：

（1）水体中的污染物浓度（病原体、金属或TOC）。对于金属和TOC，溶解和颗粒的浓度应分开；

（2）沉积床中的污染物浓度；

（3）外部加载给水体的毒素。

4.5.1　案例研究Ⅰ：圣露西河口和印第安河潟湖

一个应用于佛罗里达州圣露西河口和印第安河潟湖（SLE/IRL）的水动力学、沉积物、毒素和水质模型已经开发完毕（Ji et al.，2007；Wan et al.，2012）。SLE/IRL的水动力模拟在2.4.3节中已经作为案例介绍。水质模拟作为另一个案例在5.9.3节展开讨论，该节着眼于当地铜的模拟。

由于重金属在水系统中的毒性、活性和流动性使之成为众矢之的。Tetra Tech（1998a，1999c，2000a）在南圣弗朗西斯科湾低洼区作了一系列关于铜和镍的研究，包括金属源特征、功能破坏评估和最大日负荷（TMDL）的计算等。这些研究共同用于评价南湾区的重金属浓度。Tetra Tech提出的这套概念模型对铜和镍行为和控制生态圈中金属的循环和毒理过程作出了总结。

此前的研究指出SLE/IRL的生物圈已不能承受过量的重金属和有毒化学物（Haunert，1988）。残留杀虫剂和来源于流域的重金属往往积累在沉积物上，还可能进入食物链。Haunert（1988）公布了杀虫剂和重金属浓度，特别是铜的浓度，在能量低、相对深的水底环境中泥质沉积物上最高。铜在农业中常用作柑类植物的微量金属肥。硫酸铜作为杀真菌剂用于抑制运河和渠道的水生杂草。铜的这些农业用途可解释C-24区（见图2.4.13）铜浓度较高的原因。此外，船身的防污漆将铜淋溶进水中，这被认为是海中沉积物上铜的主要来源。为了理解重金属的输运，一个能模拟有毒物质输运的数值模型将提供一个低成本的管理工具。

4.5.1.1　铜数据分析

1982年在SLE做的铜浓度调查（Haunert，1988）结果见图4.5.2。铜浓度的单位是微克/克（μg/g），即每克沉积物中有多少微克铜（μg Cu/g沉积物）。图4.5.2显示在1982年，南北支及河口中部有铜的沉淀。在河口的入口区，沉积床中的铜的浓度相对小，这可能是由于该地区强烈的冲刷作用导致的（Ji et al.，2007）。

另一组铜的数据由Hameedi和Johnson（2005）提供。这个NOAA数据集（图4.5.3）包括2002年沉积床中的铜浓度，这比Haunert的数据晚了20年。对比图4.5.2和图4.5.3，很容易发现这20年里北支的铜浓度增加了100%～200%；在南支，铜浓度增加约为100%；在河口中心，铜浓度20年间略有增加，河口入口区铜浓度几乎不变。

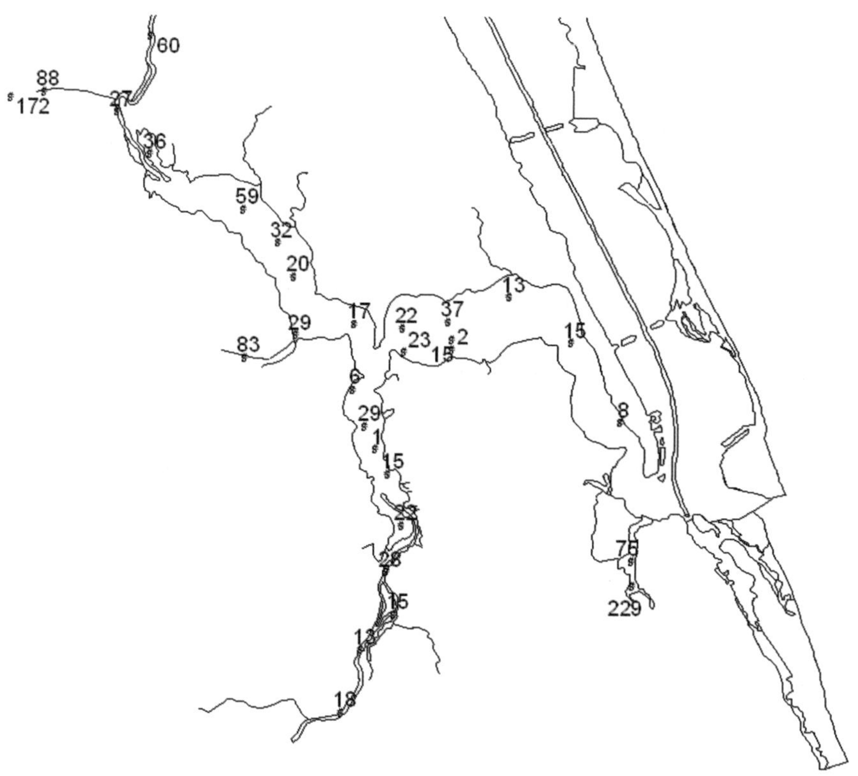

图4.5.2　1982年SLE/IRL沉积床中测得的铜浓度（μg/g）

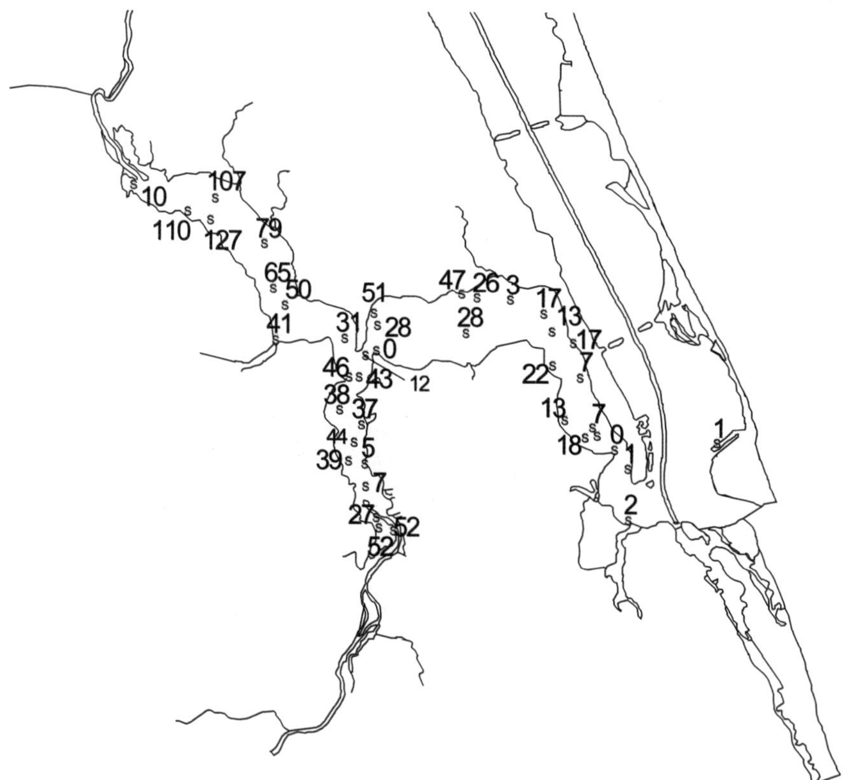

图4.5.3　2002年SLE/IRL沉积床中测得的铜浓度（μg/g）

除了环境外部加载条件，这种铜沉淀应该和河口的冲刷特性紧密相关（Ji et al.，2007；10.3.4节）。北支的冲刷较弱，因此有最高的沉淀率。南支从奥基乔比湖频繁获得大量的淡水，减少了南支和河口的铜沉淀率。这也许就解释了为什么后两者的铜沉淀量比北支少。在河口入口的强冲刷限制了铜沉淀，使得这里的铜浓度20年不变。

图4.5.4给出了测出的水体中2002年铜浓度数据。该图显示南北支的铜浓度通常比河口中心及入口要高。铜浓度的起伏变化意味着外部负载和内部循环过程应该有明显的时间变化。高的铜浓度最可能是因为大量的淡水流入SLE使铜从沉积床重新浮起。在北支地区测得高达99 μg/L和69.3 μg/L的铜浓度。这与图4.5.3所示的铜分布形势一致：图中北支的沉积床中铜浓度也是大值。

4.5.1.2 沉积物和铜模拟结果

在这次研究中，选取EFDC（Hamrick，1992）完善SLE/IRL重金属模型的框架。用以下两个时期的数据可校准和核实SLE/IRL的三维水动力模型（Ji et al.，2007；2.4.3节）：

（1）校准：1999年数据；

（2）核实：2000年数据。

沉积物和金属模型有1161个水平格点并分为3层，这和水动力模型格点（图2.4.14）划分一样。6层模型的敏感性试验佐证3层模型足以表征该地区大多时候的垂直结构（Ji et al.，2007）。SLE/IRL铜模型由4个相互关联的部分组成：①SLE/IRL的铜源；②水动力传输；③沉积物的传输、沉淀和再悬浮；④水体和沉积床之间的铜循环。

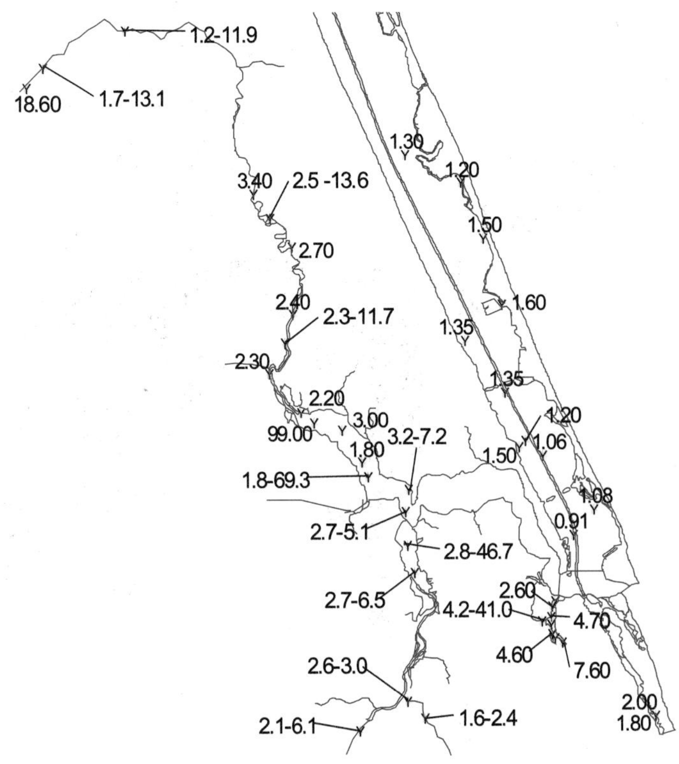

图4.5.4 2002年SLE/IRL水体中测得的铜浓度（μg/L）

为了建立沉积物模型，在底层设一个6cm厚的沉积层作为初始条件。孔隙率设为0.5。缺少观测数据，初始条件就无法给出很好的定义。此前，模型要训练一年以达到模型平衡。基于1999年的水流条件校准沉积物模型；基于历史沉积物数据估计负荷。对比图4.5.5所示1999年SE01站点的模型结果和观测值，其中，SE01站点的位置在图2.4.13中标明。通常，模型能抓住主要特点并合理描述TSS（总悬浮物）变量。表4.5.1列出了对SLE的TSS统计误差分析。其中，绝对误差从SE05的5.98 mg/L到SE04的8.12 mg/L； RMS（均方根误差）从SE06的7.11 mg/L到SE03的14.67 mg/L；相对均方根误差（RRE）从SE04的16.92%到SE02的66.62%。MRRE（平均相对均方根误差）定义为表中最后一列的平均，用作整个模型表现的指标。如表4.5.1所示，1999年的平均相对均方根误差为44.48%。使用2000年的沉积物数据核实沉积物模型。表4.5.2列出了TSS的统计分析。2000年的平均相对均方根误差为32.88%。

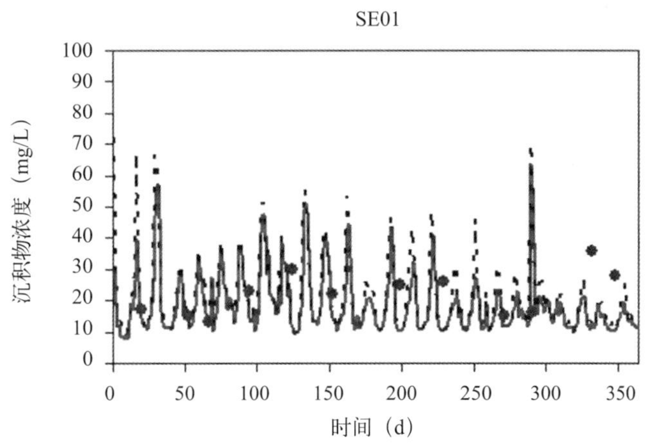

图4.5.5 对比1999年悬浮沉积物浓度

虚线代表中层，实线代表表层，点代表实测数据

表4.5.1 1999年观测和模型中悬浮沉积物浓度的数据分析

站号	数据量	观测平均（mg/L）	模型平均（mg/L）	绝对误差（mg/L）	均方根误差（mg/L）	观测变化（mg/L）	相对均方根误差（%）
SE01	12	22.17	21.16	7.96	12.76	23	55.47
SE02	13	15.31	19.72	6.54	11.99	18	66.62
SE03	14	16.07	18	7.98	14.67	40	36.66
SE04	12	20.08	19.16	8.12	13.03	77	16.92
SE05	14	11.36	15.4	5.98	8.68	18	48.2
SE06	12	8.12	12.62	6.17	7.11	17.5	40.65
SE07	10	9.10	13.66	7.2	7.67	33.5	22.89
SE08	14	12.07	17.35	6.03	9.51	15	63.4
SE09	12	9.46	15.9	7.02	11.42	21.5	53.1
SE10	13	9.85	16.07	7.96	10.44	25.5	40.92

表4.5.2　2000年观测和模型中悬浮沉积物浓度的数据分析

站号	数据量	观测平均（mg/L）	模型平均（mg/L）	绝对误差（mg/L）	均方根误差（mg/L）	观测变化（mg/L）	相对均方根误差（%）
SE01	13	14.98	17.12	6.97	8.34	35.2	23.69
SE02	13	17.56	17.64	11.09	12.76	38.4	33.23
SE03	12	16.31	17.13	8.12	10.82	37.4	28.92
SE04	13	11.45	16.81	10.25	11.58	34	34.06
SE05	13	10.76	16.73	8.04	9.45	20	47.26
SE06	10	10.80	12.11	4.01	5.16	13.5	38.25
SE07	13	8.80	13.41	6.3	7.35	16	45.92
SE08	10	24.25	17.95	8.94	10.95	41.2	26.58
SE09	10	15.93	15.12	4.74	7.96	36.5	21.82
SE10	13	31.34	16.72	21.49	43.85	150.8	29.08

一个重要的模型参数是分配系数，基于Trefry等1983年研究公布的IRL地区数据来看，分配系数可以用粒子态与溶解态的铜浓度比值来估算，其值大约为0.036 L/mg。图4.5.2中将1982年测得的铜浓度插值到模式格点中作为河沉积床的初始场，图4.5.6给出了沉积床铜浓度到1999年年底与初始场之间的差别。由于奥基乔比湖这些年的大体量入流，大量泥沙（裹挟铜）被搬运到SLE地区，进而造成铜沉降以及南支铜浓度的增加，上限可达20 μg/g。北支铜浓度在三角洲的中部地区以及入流区域也有所增加。到2000年的观测数据也表现出类似的铜沉降模态，但需要注意的是图4.5.6表现出的一般年变化趋势与年代尺度的长期变化趋势是有很大不同的，图4.5.2和图4.5.3呈现了超过20年的铜浓度长期变化，而图4.5.6描绘的是铜浓度在1999年的年变化情况。

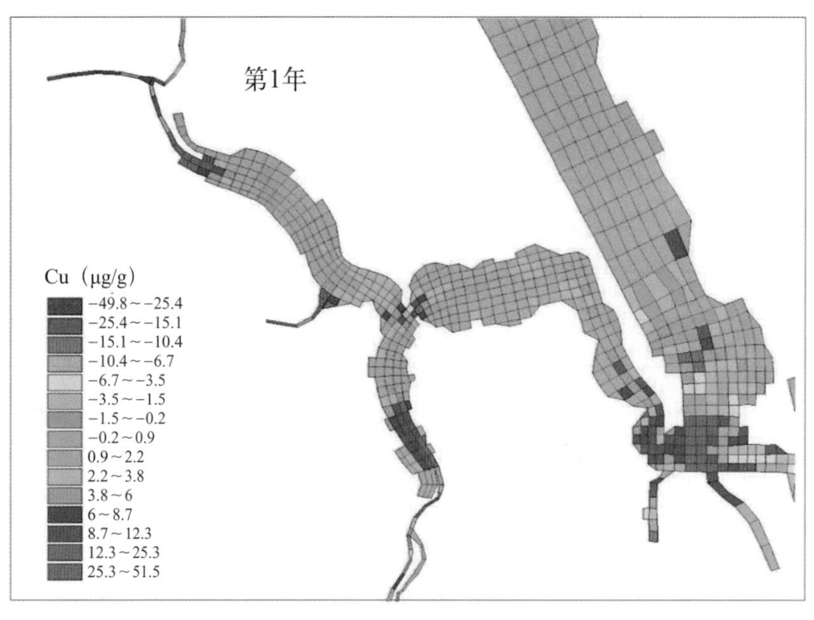

图4.5.6　第一年（1999年）与初始态沉积床中铜浓度（μg/g）的区别

图4.5.7和图4.5.8分别给出了1999年模型在SE01和SE02的水中铜浓度。虚线（实线）表示中层（表层）铜浓度。这个结果是日平均，M_2潮汐信号被平滑掉了。图4.5.7和图4.5.8中的模型结果与图4.5.4所示的测量值在同一个变动范围内。图4.5.7还描述了一个15 d左右的大小潮周期变化。在SE01（图2.4.13），潮是铜输运、沉淀和再悬浮的一个主要驱动力。由于SE01接近河口入口，潮的振幅和相位变化极大影响了水柱体中的铜浓度。图4.5.8却还表现出更弱的大小潮信号。入流起了更重要的作用。比如，大约在第289天，铜浓度的大幅增加主要是这个时期的强入流引起的。

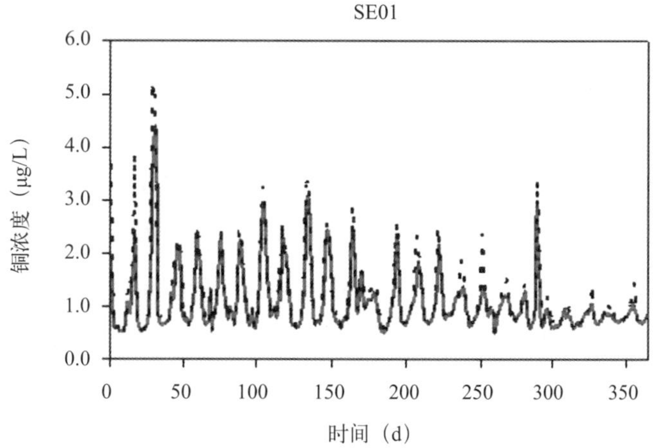

图4.5.7　1999年SE01站点的模型中铜浓度（μg/L）

虚线代表中层，实线代表表层

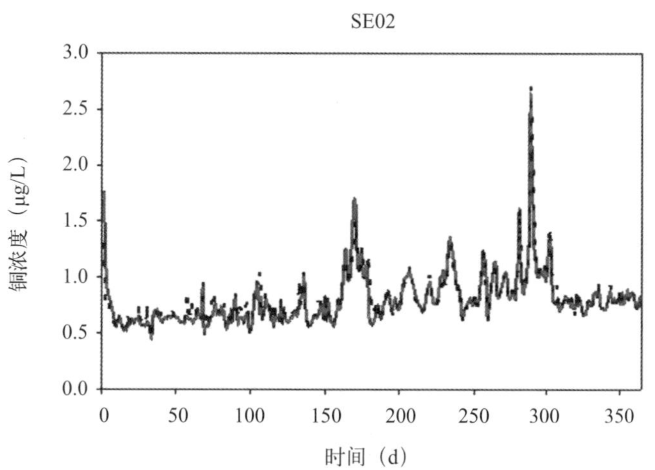

图4.5.8　1999年SE02站点的模型中铜浓度（μg/L）

虚线代表中层，实线代表表层

图4.5.7和图4.5.8显示了铜浓度可能有垂直分层。比如在图4.5.7中，约在第260天时，模型结果清楚显示铜浓度垂直分层。图4.5.8约在第170天时显示中层铜浓度有时也能比表层浓度高。这个现象主要由两个因素导致：大的外部铜负荷和强垂直分层。当大量淡水进入SLE时，引起了盐度分层

并带入大量的铜。由于河口环流（Ji et al.，2007a），携带高浓度铜的更淡的水留在底层，所以在图4.5.8中，中层铜浓度有时可能比表层铜浓度更低。这也表明了使用三维模型模拟浅河口系统的重要性。

4.5.1.3 总结与讨论

用数据分析和三维数值模拟调查了圣露西河口沉积物与铜的相关过程。从河口沉积床采集的1982年和2002年数据用于分析SLE地区这20年里铜沉淀形势分布特征。

尽管过去几十年里关于金属的研究有了一定的进展，但关于采用三维水动力、沉积物和金属耦合模型对河口金属相关过程模拟的课题，仍几乎没有发表什么论文。基于SLE/IRL的三维水动力和水质模型（Ji et al.，2007；Wan et al.，2012），这次研究展示了河口沉积物和铜相关过程模拟。这个成熟的模型用于模拟河口的铜。模拟结果从质量上看与实测铜数据一致。

模型结果的不确定性源于多个因子，包括参数误差、负荷误差以及未计入的外部污染源。模型还运行了一系列的测试用于检验模型的敏感度。外部加载和分配系数是控制系统铜浓度的两个关键因子。对于沉积物模型的校准最重要的是具有适当时间分辨率的实测值，以便沉积物悬浮、沉淀和输运的动力行为可以合理表现。SLE/IRL地区受一日两次的潮过程影响。本研究使用沉积物数据的时间步长约两周或更久，这已经满足沉积物模型校准的目的。校准沉积物模型必须有每小时的沉积物数据。

以下过程对于SLE/IRL地区铜相关的过程研究很重要，且应该是未来研究的重点：①沉积物沉淀和再悬浮；②铜吸附、解吸附和内部循环；③水体和沉积床中沉积物和铜的实测数据；④点源和非点源；⑤铜形态和酸碱度。

4.5.2 案例研究Ⅱ：罗克福德湖

本案例来自内布拉斯加州的一个项目（Tetra Tech，1999d）。这次研究的重点是内布拉斯加州的罗克福德湖的病原体。本书中大多案例研究是关于复杂水系统建模，并采用了模型建立和校准的综合数据集。然而本案例证明复杂的三维模型也可以在有限的数据支持下很方便地应用于一个小而简单的水体。

4.5.2.1 背景

罗克福德湖流域位于内布拉斯加州（图4.5.9）。流域的土地利用主要包括农业和牧场。罗克福德湖位于流域以西，于1968年修建土坝时形成，这里能控制洪水，还设立了一个多功能娱乐场所。表4.5.3总结了罗克福德湖的特征。湖的表面积大于0.6 km^2。在正常蓄水位时，湖的总储水量为2.2×10^6 m^3。其流域约为34.8 km^2，最大深度为10.4 m，平均深度3.7 m。和许多水库一样，罗克福德湖的平均深度约为最大深度的1/3，这意味着水库有近似圆锥形或V形的坡面。

图4.5.9　罗克福德湖及其流域

表4.5.3　罗克福德湖的特性

物理属性	值
表面积（km^2）	0.6
流域面积（km^2）	34.8
长度（km）	1.90
平均宽度（km）	0.31
最大深度（m）	10.4
平均深度（m）	3.7
体积（m^3）	2.2×10^6
平均深度/最大深度	0.36
流域面积/表面积	58
纵横比（长度/宽度）	6.13

罗克福德湖的流域面积与表面积之比（DA/SA）约为58：1，这证实了流域的污染负荷可能对水库的水质影响深远；DA/SA<10：1意味着可能是海岸线和近滨地带的活动决定水库的水质；DA/SA>50：1则意味着可能是流域活动决定水库的水质。纵横比揭示了水体中纵横梯度的相对重要性；纵横比>4.0意味着纵向梯度比横向梯度更重要。罗克福德湖的纵横比为6.13，因此分析本系统时应该考虑纵向梯度。

内布拉斯加环境质量部门（NDEQ）将罗克福德湖列入了一份黑名单，指其不符合内布拉斯加一级水上娱乐区的水中病原体标准。水上娱乐项目用水最值得担心的就是病原体。人们可能通过游泳和滑水等活动直接接触污染水，在娱乐中健康会受到威胁。由于粪大肠菌很常见，且易于被检测到，其浓度通常用作潜在病原体污染的指标。

水质标准是水质管理项目的基石。它定义了水体的用途，还描述了实现相应用途具体的水质标准。由于分析并检测如此多可能出现的病原有机体十分困难，包括用粪大肠菌、粪球菌和大肠杆菌在内的粪居细菌的浓度作病原体污染的主要指标。内布拉斯加的水质标准描述了地表水中粪大肠菌的测量标准（NDEQ，1996）：

保证地表水的一级水上娱乐用途的细菌安全标准

粪大肠菌群中的细菌数的几何平均不应当超过200/100 mL，且在>10%的样本中的细菌数不能大于等于400/100 mL。这些标准必须基于30天内至少5个样本的观测基础上。这还包括基于污水引导下的粪大肠菌极值。

如果某水体的粪大肠菌在5月初到9月底这段娱乐高峰期间超标，且该水体用作一级水上娱乐，按NDEQ的定义则该水体退化。罗克福德湖是一个娱乐水库，水质测量表明它的水质已经超标。

4.5.2.2 数据源和模拟

罗克福德湖流域粪大肠菌并没有高频监测数据。罗克福德湖可用的水质信息主要来自：

（1）内布拉斯加娱乐和公园管理委员会（GPC）收集的粪大肠菌样本；

（2）从美国环保署水质数据存储系统（STORET）抽取的环境水质监测数据（USEPA，2004）。

GPC收集的粪大肠菌。1986—1988年及1991—1997年，GPC在罗克福德湖做了抽样以评估是否该湖还能提供一级水上娱乐。在指定的娱乐月（5—9月）收集5个样本的数据。两个阶段总共收集了102个样本。GPC的抽样站位置见图4.5.9。

STORET的环境水质监测数据。通过检索STORET数据库，获得了罗克福德湖流域参考粪大肠菌的水质资料。这个数据库包含了NEDQ、USGS（美国地质调查局）、USACE（美国陆军工程部）和EPA收集的数据。结果发现1991—1992年该流域只有一个站点（USEPA LGAROC01）数据受限。该站点位置见图4.5.9。

为了模拟罗克福德湖中与粪大肠菌有关的重要条件，发展了链式模型组合理论。这种模型包括一个与三维湖体水动力和水质模型有关的综合流域模型。罗克福德湖流域模型是在HSPF模型基础上发展的（USEPA，1996c）。流域模型提供所有进入该湖的水流和污染物负荷信息。4条象征流域贡献的入流以日平均流和日粪大肠菌总负荷表示。

EFDC模型（Hamrick，1992）用于模拟粪大肠菌在罗克福德湖的输运。本书的附录A给出了EFDC模型的一个简单描述。由于该研究的重点在于粪大肠菌的输运转化，因而认为湖中粪大肠菌和沉积物间的相互作用是次要的，而湖中的沉积物过程没有模型。采用一级衰减过程作为替代用于描述粪大肠菌的死亡。EFDC的建立要求评估水的物理化学特性，如测量海深、入流、出流和水质等变量。EFDC模型结构包括罗克福德湖的水平格点的生成及EFDC输入文件的完善。

作为湖模型开发的一部分，研究地区被划分为一系列离散的网格（图4.5.10）。图4.5.10中的网格不是按实际标度绘制的计算（*I*，*J*）格点。在狭窄的入流处的单个格点代表了一个横跨溪流的单元。嵌套网格可取得较高的湖上分辨率。网格的宽度按入流河湖的宽度调整。这个数值网格水平有65个格点而垂直为单层。采用单层是因为该湖很浅，平均深度仅3.7m。一个典型的格点*x*方向统一为80m，*y*方向120m。这样的格点设计是为了分辨速度切变，同时保证时间步长适合高效计算。水动力学的分辨率采用96 s的时间步长。如同本书介绍的案例，在模拟研究中，与图4.5.10相似的网格图对建模者建立模型或调试分析模型结果有帮助。

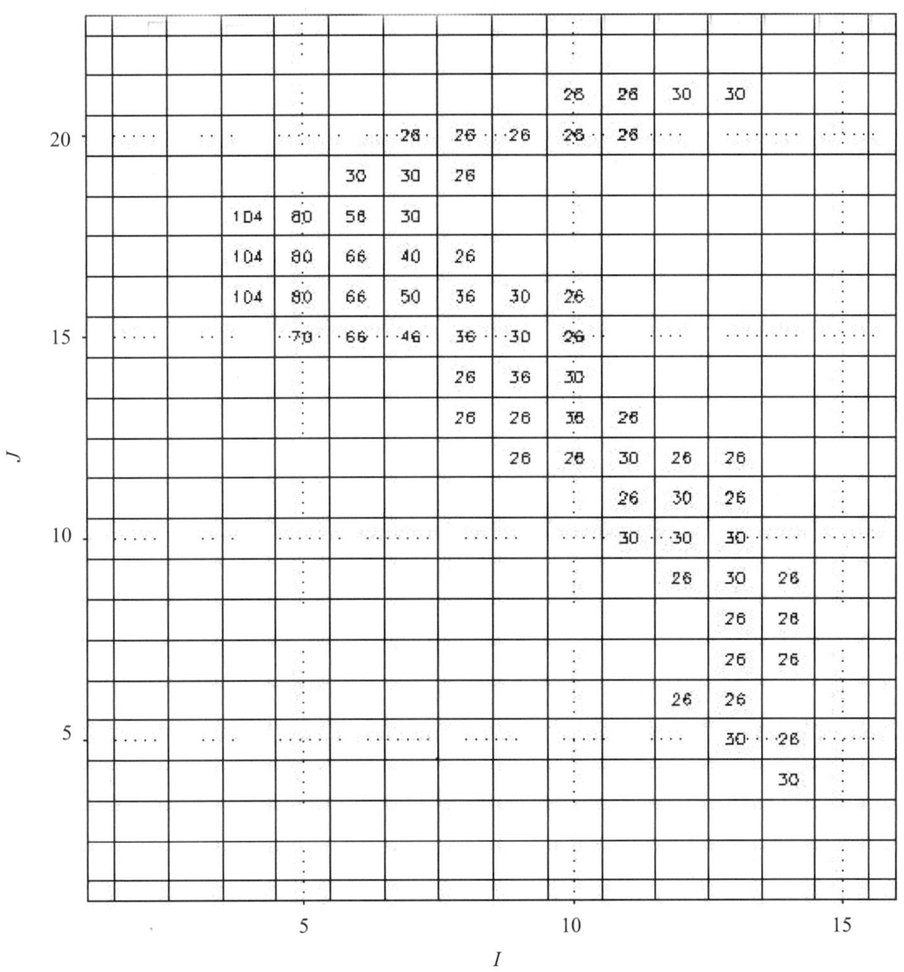

图4.5.10　罗克福德湖的计算格点（*I*，*J*）和典型水深（dm）

图4.5.11总结了病原体模拟过程。该过程的第一部分是使用HSPF模型在全流域中标出病原体的点源和非点源，并设定湖的负荷率。第二部分是使用EFDC模型计算输运转化过程并估计湖中病原体的分布。第三部分是中断模型输出确认是否病原体浓度违反了水质标准并相应地完善TMDL。Tetra Tech（1999d）描述了TMDL的发展，这里不再赘述。

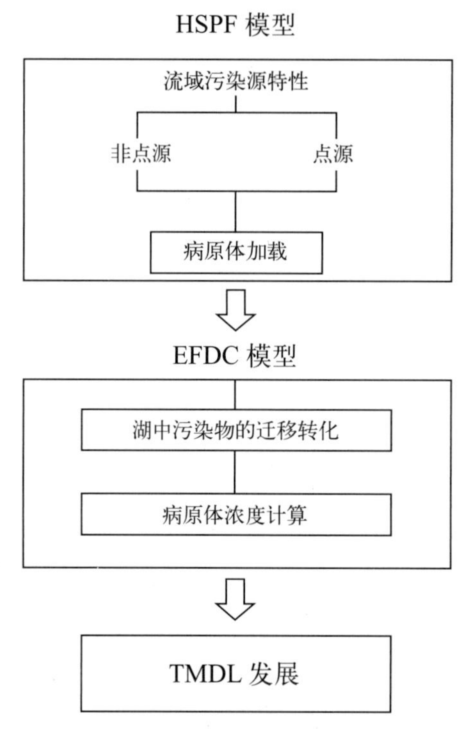

图4.5.11　罗克福德湖病原体模型的组成

4.5.2.3　模型结果

对于细菌分析和模拟，具有相同量级数据的模型结果常被认为是足够准确的（USEPA，1990）。EPA从涉及淡水和咸水的研究中编录了细菌衰减率（USEPA，1990）。它们能用作某一研究选择初始速率的向导。通常，大肠杆菌衰减率的量级为1/d，但在出海口可达48/d。在选好初始衰减率后，为使预测结果匹配观测结果，应当反复摸索调整测量。

如图4.5.9所示，从流域内的小溪而来有4条分流入湖。HSPF模型输出数据用于表示从这些小溪来的流量。由于水动力数据不能用于模型校准，EFDC模型使用了默认参数。这些默认值已经经过测验并在其他模拟中广泛运用。为了确保取得近似的模拟，取了4年（1993—1996年）的模拟期进行质量平衡（湖中流入流出）检验。这4年的平均入流约为0.2 m^3/s并有128 d的滞留时间。

基于湖中粪大肠菌资料的有效性，可选取1993—1996年作为校准期，通过对比粪大肠菌的EFDC模型结果和GPC抽样的实测值来完成模型校准。主要的模型参数调整是粪大肠菌的衰减率，取值0.4/d 在可接受范围内（Bowie et al.，1985）。图4.5.12列出对数尺度上的模型结果和观测值。

实线代表模型化的日粪大肠菌浓度，点代表观测值。如图4.5.12，模型能合理模拟湖中粪大肠菌条件。观测值和模型都表明高浓度的粪大肠菌往往发生在夏季。

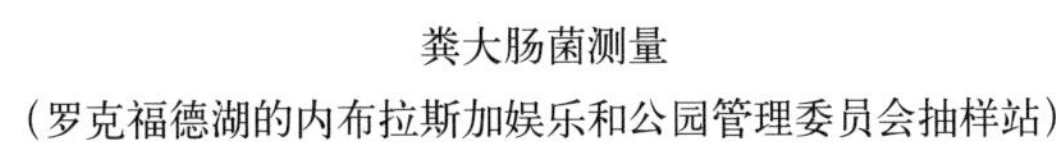

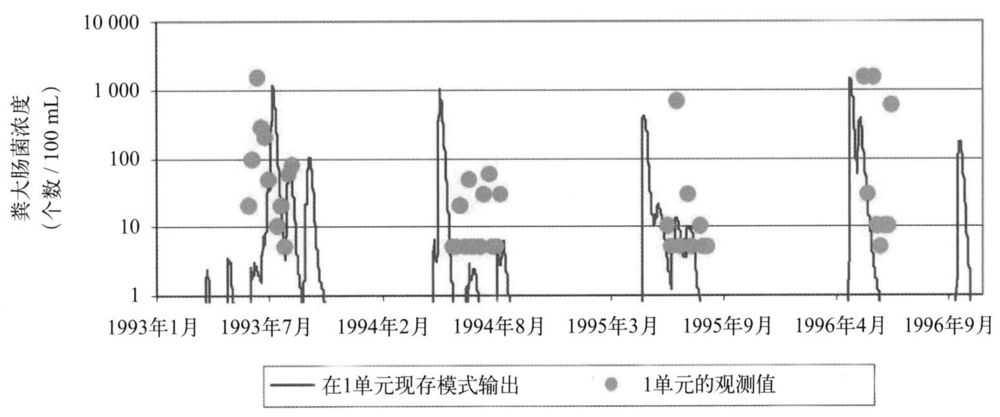

图4.5.12　在罗克福德湖GPC抽样站模型输出和观测的粪大肠菌浓度

然而，请注意这里只给出了初步的结果。缺乏水动力数据和病原体数据等实测数据限制了对罗克福德湖模型的进一步验证。

第5章　水质和富营养化

水质标志着水的物理、化学和生物特征，可用于衡量水体对社会的可用性。富营养化是指富营养水体中的营养物导致藻类和水草等生物加速生长的过程。富营养化的症状包括：藻类水华、水体透明度下降和氧耗竭。在建模研究中，有时水质问题和富营养化的概念可互换，用于代表水体营养物质富集的过程。

在水体中，水动力过程控制藻类、营养物质和溶解氧的输运。营养物质，例如磷，能够吸附到沉积物上。磷对沉积物的吸附和解吸作用影响磷的输运和吸收过程。准确的水动力过程（第2章）和泥沙过程（第3章）描述，对于水质过程的模拟非常重要。第4章所描述的吸附/解吸作用和转化过程对理解营养物质循环和水体富营养化是非常重要的。

本章涵盖了水质、富营养化过程及它们的数值模拟，主要关注藻类、营养物质、溶解氧、沉积成岩过程和沉水植物（SAV）。因为这些过程是相互紧密联系的，因此单独讨论其中的一个是不可能的（Ji，2005a，b）。5.1节给出了水质过程的总体概述和基本概念，引领了以下各节关于富营养化过程的讨论；5.2节描述了藻类及相关的内容；5.3节着重介绍有机碳；5.4节介绍磷的过程；5.5节阐述氮的过程；5.6节讨论溶解氧；5.7节讨论沉积床的沉积成岩过程；5.8节讨论沉水植物；最后一节5.9节，阐述了地表水的水质过程模拟。

5.1　概述

藻类、营养物质和溶解氧之间是紧密联系的。水体的水质不仅受水体系统的几何形状和内部特征及过程的影响，还受到流域和区域气候的影响。气象强迫、内部过程、入流和出流是高度动态的，并能够成为决定水质的主要因素。预防（或者降低）富营养化的一个基本挑战在于理解这一系列因素及其影响背后隐藏的复杂关联。在后面几节详细描述它们以前，本节先引入藻类、营养物质和溶解氧的基本概念，水质模拟的控制方程以及参数化水质过程中经常用到的经验公式。

5.1.1　富营养化

富营养化（希腊语里意为“营养充足的”）是一个自然过程，但是人类活动能够通过增加水体负荷的营养物质来加速这一过程。自然界的富营养化过程是千年时间尺度的，而人类活动引起的人为富营养化则只需要几十年（甚至几年）的时间。本书主要讨论人为富营养化（简称富营养化）。富营养化是最主要的环境问题之一，它导致开阔水域中的藻类、水体底部的固着生物（底栖藻类）和浅水区的大型水生植物（大型根茎植物，通常称为水草）等植物过度生长（Smith，Schindler，2009）。

基于生物生产力和营养条件，水体一般被分为寡营养、中营养和富营养三类：

（1）“寡营养”是指水体有偏低的生物活动性和优良的水质。因为水体的营养物质和藻类浓度比较低，严格限制了初级生产和生物量。

（2）“中营养”是指水体有中等程度的生物活动性和较好的水质。

（3）“富营养”是指水体有过度的生物活动性和偏差的水质，水体中有丰富的营养物质和高的初级生产率，经常导致底层水氧耗竭。

如图5.1.1所示，一个营养物质含量低的系统称为寡营养系统。一个寡营养湖泊具有偏低的营养供给，只能维持少量植物的生长。因此，生物活动性通常比较低，水质清澈，水体溶解氧长年充足。随着营养物质供给的增加，系统相继过渡到中营养和富营养。如果营养物质增加不多，将只促进初级生产而不会严重破坏生态系统，但是随着营养物质负荷的进一步增加，水质和沉积物将受到严重的影响。中营养的湖泊为植物提供适度的营养物质，植物有节制地生长。当变为富营养时，湖水为植物提供丰富的营养物质，植物过度生长。因此水中的生物生产率普遍偏高，水体变得混浊，而最深层的水中会呈现较低的溶解氧浓度。富营养化湖泊底部经常存在厚厚的富含有机物的沉积层。

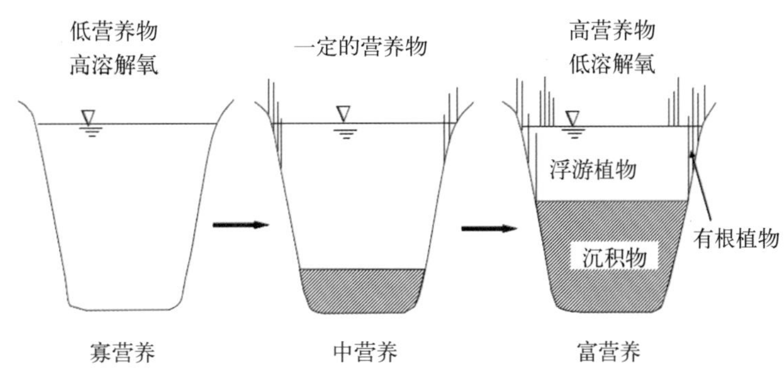

图5.1.1　富营养化过程：寡营养通过中营养到富营养的发展过程

水体的营养状态主要受来自点源和非点源的营养物质负荷、气候条件（如日照、气温、降水、入流量）和水体形状（如水深、体积、表面积）控制。由于地理和气候条件的不同，衡量河、湖和河口的水质状况没有通用的量化标准，不同的区域会有不同的营养物质背景和大气降水量。通常情况下代表水质营养状态的变量为：总磷、总氮、叶绿素和透明度（或者其他表征浊度的参数）。因为富营养化主要是由过多的氮、磷，或者是两者的化合物产生的，总氮和总磷经常作为因变量，叶绿素和透明度作为初始响应变量，其他变量，如溶解氧在描述水体富营养化状态时也是有用的。

一个关键性的概念是富营养化代表着整个环境在发生重大变化。当富营养化发生时，生态系统作为一个整体将随着环境的变化而发生一致响应，形成可耐受富营养化的物种群落。寡营养盐物种可在低营养盐环境下生长良好，在富营养环境中却不能。那些能适应环境变化并超越其他物种生长的物种将生长旺盛，而那些不能适应新环境的物种将会被取代，在富营养化过程后形成一个不同的生态系统。

营养物质来源包括点源和非点源，例如污水排放、工业废水、农业灌溉和城市排污。当富营养化发生时，水体中包含过多的营养物质，如氮、磷。过多的营养物质产生了超过水体所能承受的浮游植物/植被，这种生产过剩可以导致一系列的问题，包括：①低溶解氧，特别是接近水体的底层；②高浓度的悬浮固体通常包含丰富的有机物；③高营养物质浓度；④高藻类浓度；⑤低透光性和透明度；⑥来自藻类或厌氧物质的臭味；⑦物种组成的变化。

藻类的分解过程消耗溶解氧。营养物质富集会导致藻类水华，而这些藻类最终又会死亡和分解。它们的分解会消耗水中的氧。在夏季，当水温比较高，垂直层结比较大的时候，溶解氧的浓度通常是最低的；当分解速率比较高的时候，溶解氧的浓度减少，以致影响其他的需氧生物的生存，例如导致鱼类死亡。植物过量生长带来的光合和呼吸作用以及微生物降解死亡植物都会使溶解氧的水平发生很大的波动。人们经常通过浮游植物浓度的增加来判别水质的退化程度，因为它们产生的影响比较容易判别，如鱼类的死亡和强烈的臭味。藻类水华使光无法投射入水，阻止沉水植物进行光合作用。当可耐受富营养化的物种取代了消亡于富营养化的物种时，生态系统便会发生剧烈的变化。

富营养化研究需要关于物理、化学、地质和生物过程的知识，在水体中影响富营养化过程的重要因素有：

（1）水体的几何形状，包括水深、宽度、表面积和体积；

（2）流速和湍流混合；

（3）水温和太阳辐射；

（4）总固体悬浮颗粒物；

（5）藻类；

（6）磷、氮和硅等营养物质；

（7）溶解氧。

前面的4个要素在之前的章节中已介绍过。后面3个水质变量——藻类、营养物质和溶解氧（及相应过程），将在本章中讨论。

5.1.2 藻类

藻类是一类包含叶绿素并且依靠光合作用生长的水生植物。大多数藻类都拥有叶绿素，并将其作为固碳的最主要色素。藻类从水中或海底的沉积物中摄取营养物质，包括磷酸盐、铵盐、硝酸盐、硅酸盐和二氧化碳，并向水中释放氧气。藻类可以自由漂浮或扎根于水体底部。大多数自由漂浮的藻类是肉眼无法识别的。过多的藻类被认为是水体富营养化。

浮游生物的名字起源于希腊语planktos，意思是“游荡”，是一类生活在水中并且被动地漂浮在水体中或者拥有微弱自主游动能力的微小植物或者动物。浮游生物通常漂浮在水体中，受到波浪和水流的影响。浮游生物包括浮游植物和浮游动物。一些浮游植物可以在水柱中短距离地向上和向下迁移以适应昼夜引起的太阳辐射的变化。在水质模拟研究中，浮游植物是指（自由漂浮的）藻类。浮游植物是最主要的生产者，也是水生生态系统食物网的基础。通过光合作用，它们将太阳能转移到植物体内，并且为下一个营养级的生物体提供食物。小的水生动物以藻类为食，随后又被大一些的动物吃掉，这些动物又会被鱼类所捕食。因此，能量和营养物质起源于浮游植物，并贯穿整个食物网。大多数情况下，在生态系统的基本食物生产中，浮游植物比固着植物更为重要。在水生生态系统中，浮游植物是最具生物活性的植物，而且通常对水质的影响比其他植物更大。

浮游植物有多种形态，而且几乎生存在所有类型的环境中。基于单一物种水平来模拟藻类水华不大可能成功，采用藻类类群更为合适。从模拟的角度来看，藻类通常以其对环境状况，例如温度、光照和营养条件的适应性来分类。藻类类群包括：①蓝藻（蓝绿藻）；②绿藻；③硅藻。

除了具有作为光合作用基础的叶绿素，蓝藻实际上是细菌。在淡水和海水中，它们都是非常重要的初级生产者。在大量的群体聚集或者发生水华时，这些藻类会使水体呈现蓝色-绿色的变色。蓝藻的很多子类是不受欢迎的。它们在水中大量生长，释放对动物和人类都有害的化学物质，在水面形成浮渣，导致饮用水的气味和口感变差。蓝藻以释放溶解性有机残留物质引起水质问题而出名，人们通常认为高浓度的蓝藻是有害的。因此，蓝藻被大量地研究，并成为环境管理的重点。

蓝藻的几种特性使其可以成为优势种并制造麻烦或有害的状况。它们特别能够忍受环境胁迫。一些蓝藻可以根据光照情况和营养物质的供给漂流或下沉，这使得它们可以控制其在水柱中的位置并具备了强于其他藻类的优势。取决于日照、风速和垂直混合状况（如 Ganf，1974），蓝藻的正浮力使其可以在水面上大量富集。蓝藻产生的浮渣会极大减少水面下的水生植物（例如沉水植物，SAV）可利用的阳光。一些蓝藻可以固定氮气（N_2），它们将大气或者溶解在水中的氮气作为氮源。这种固氮方法使得蓝藻在其他藻类极度氮饥饿的环境下仍可继续生长，蓝藻的固氮能力也使得蓝藻在严酷、低营养物质的环境下生长良好。

绿藻呈现出不同的尺寸、形状和生长形态。它们依靠水柱的垂直混合在透光层区域生长繁殖。硅藻是一种利用硅作为其细胞壁结构成分的浮游植物。它们依靠水体湍流来维持悬浮状态。硅藻通常是支持较高营养水平的首选浮游植物类群。在天然水体中，一些藻类旺盛一段时间后将让位于其他更适应环境变化（如温度、日照、和/或营养物质浓度）的藻类。最具代表性的是，在早春时节最先快速增长的藻类往往是硅藻（图5.1.2），随后是绿藻，最后为蓝藻。在秋季，随着温度层结的消失，其他藻类也会出现水华；在冬季，藻类的密度会降到最低。虽然大致的季节生长变化模态经常可以观察到，但是就特定水体的特性而言，也会有很多表现出明显差异的变体（USEPA，2000b）。

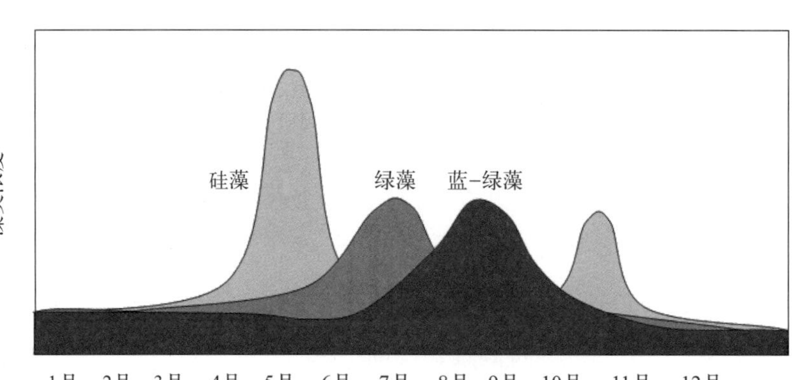

图5.1.2 藻类密度代表性的季节变化

按照Liebig的“最小因子定律”，任何一种基本营养物质的缺乏都能限制藻类的生长。然而，在大多数水体中，磷和氮最有可能成为限制营养物质。为了藻类的生长，氮和磷两者都必须存在。在河流、湖泊和其他淡水系统，磷的浓度往往比较低，从而限制了藻类的生长。因此，增加的氮负荷通常不会引起藻类的大量繁殖。例如，如果一个湖泊水体中除了磷之外，其余营养物质都供给充足，那么，水体中藻类的生长就受到磷的浓度的控制。如果磷被加入到水体中，藻类将会增长。另一方面，在河口和沿岸水域，磷含量一般更加丰富，氮也许会成为限制藻类生长的因素。随着氮输入的增加，在这些系统中藻类的浓度将增加，将有可能暴发水华。

5.1.3 营养物质

营养物质是有机生物体生长所必需的化学元素或者化合物。氮、磷、二氧化碳和硅是藻类生长和存活所必需的基本营养物质。硅只是对硅藻非常重要，它构成了其骨骼结构的基础。除了这些营养物质，藻类的生长还需要许多其他微量元素，例如铁、锰、钾、钠、铜、锌和钼等。在水质模型中通常不会考虑这些微量营养物质，因为对它们的需要量非常少，而且它们的浓度通常足以满足藻类生长的需求。

虽然对于藻类而言，营养物质是必不可少的要素，但是过量的营养物质水平将危害生态系统。当高浓度的营养物质引起富营养化和对水生野草和藻类的生长的过度刺激时，营养物质将被视为污染物质。同沉积物的淤积和病原体一样，营养物质也是引起水质损害的主要原因之一。除了导致富营养化，营养物质还可以导致人类的健康问题。例如，饮用水中硝酸盐的水平如果超过10 mg/L，当婴儿摄取了这种水后，会引起潜在致命的低血氧水平。营养物质富集的水体将会增加饮用水处理成本。

营养物质可以存在不同形式：

（1）在水体中呈现为溶解性营养物质和颗粒营养物质；

（2）在沉积里，以颗粒状态吸附在沉积物上，在间隙水中呈现为溶解状态；

（3）包含在藻类、鱼类和其他有机生物体中的形态。

在大多数的研究中，磷和氮的形态基于可利用的分析方法进行定义。如在3.1.1节讨论的那样，颗粒和溶解形态的不同取决于用于区分两者的滤膜的小孔直径。普遍使用小孔直径为0.45 μm的滤膜来区分颗粒状态和溶解状态。

了解营养物质形态和它们的生物可用性之间的关系是非常重要的。营养物质同样分为有机和无机两种。生物可利用的营养物质表现为溶解状态、自由吸附或者其他复杂状态，它们很容易被植物吸收（吸附）。尽管一些藻类可以利用有机形态，但直接可利用形态主要是无机物（Darley，1982）。最主要的两种营养物质是氮和磷，其溶解性无机物形态包括铵（NH_4^+）、亚硝酸盐（NO_2^-）、硝酸盐（NO_3^-）和磷酸盐（PO_4^{3-}）。

除了内部再循环，营养物质可以通过点源和非点源进入水体中，例如污水处理厂排放、城市和农业用地的径流、化粪池系统渗漏到地下水和大气沉降。氮还可以通过大气交换以氮气的形式进入和离开水体，一些种类的蓝藻可以通过固氮过程从大气中获得氮。

水体的营养状况基于总的营养物质浓度，例如总氮（TN）和总磷（TP），而不仅是溶解性无机氮（DIN）和溶解性无机磷（DIP）。水体中的无机营养物质可以被耗尽，又能迅速再生，因此大多数监测计划更关注总营养物质浓度，而不仅是溶解的那小部分。和DIN和DIP相比，TN和TP更能反映水体的营养状况，因为藻类的生长可以显著地影响溶解性无机盐。在藻类的生长季节，藻类可以直接利用DIP和DIN，并且能消耗它们。因此，适当的DIN或DIP的低水平并不一定导致低藻类浓度。水体中从氮和磷转换来的DIN和DIP可以提供充足的供给。例如，图5.1.3显示了佛罗里达州的奥基乔比湖从标准数据计算的N/P的比率。它显示1999年春季和夏季藻类生长明显地降低了DIN（和DIN/DIP比率），然而，TN/TP的比率整年都保持恒定。相对于DIN/DIP，TN/TP可以更好地反映这个湖泊整体的营养状况。

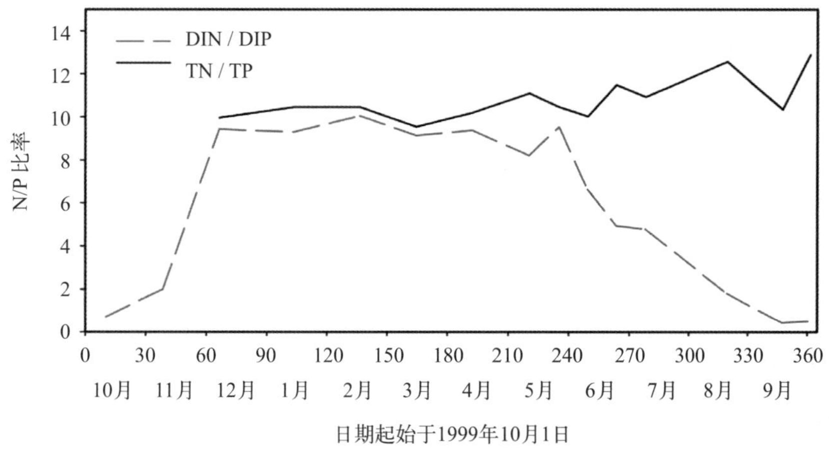

图5.1.3　实测数据计算所得佛罗里达州的奥基乔比湖LZ40的N/P比率

$DIN = NH_4^+ + NO_2^- + NO_3^-$和DIP=溶解性无机磷

营养物质很难控制，因为它们在整个生态系统中循环。营养物质在水体、藻类和底部沉积物之间上下循环，而不会脱离水体。因此，不断输入营养物质将引起水体中营养物质的积聚。例如，营养物质被藻类吸收，藻类沉降和藻类的死亡导致营养物质输送到沉积床。夏天，由于温度的升高，藻类的分解和矿化使得营养物质回到了水体中。底床释放出的营养物质将引起夏天藻类水华。水质模型应该能够很好地描绘这些关键的循环过程。

影响营养物质浓度和循环的主要过程包括：①藻类吸收；②水解作用将颗粒有机营养物质转化为溶解性有机营养物质；③溶解性有机营养物质的矿化和分解；④营养物质的化学转换；⑤沉淀物的吸附作用和解吸作用；⑥颗粒物的沉降；⑦来自沉积物的营养物质通量；⑧外部营养物质负荷。本章将详细讨论这些过程和它们的数学表述。

5.1.3.1 氮循环

氮是地球上含量最为丰富的元素之一，占据地球大气体积的78%（大概占大气质量的75%）。氮被植物和动物用于合成蛋白质。它是蛋白质的主要成分，是所有活的生物体的细胞的基础，并且被植物和动物不断地循环。氮以几种化学形态进入生态系统。

有机氮是氮复合在有机化合物上的一种形态。无机氮存在形态包括氮气、硝酸盐、亚硝酸盐和氨。硝酸盐是溶解在水体中的最主要的氮的形态，也是藻类生长所利用的主要氮的形式。由于亚硝酸盐的浓度很小，在水质模型中，硝酸盐的浓度经常用亚硝酸盐加上硝酸盐的总和（$NO_2^-+NO_3^-$）来表示。

氨是氮的一种溶解性无机形态，不像硝酸盐那样常见。总氨包括铵离子（NH_4^+）和未电离的氨（NH_3）。铵离子的浓度通常要比氨高很多（5.5.2.3节），这就是为什么在研究中经常用铵离子来代表总氨。铵离子、亚硝酸盐和硝酸盐都可以被藻类吸收。虽然铵离子是藻类生长所需氮的首选形态，但是当铵离子被耗尽后，藻类同样可利用亚硝酸盐和硝酸盐进行生长。在特定的温度和pH值状态下，未电离的氨对水生生命体是有毒的，而且毒性随着pH值（或温度）的升高而升高。目前世界上生产的氨主要用作肥料。尿素和蛋白质的分解也会产生氨，氨经常存在于生活废水中。

所有藻类生长所需的营养物质，例如氮、磷、碳和硅，在无机和有机形态之间循环的过程中，总量是恒定的。营养物质的循环表现为在生态系统内一种营养物质形态转化为另一种营养物质形态的这种自然的循环过程。了解营养物质循环是学习富营养化过程的基础。在水柱、空气和底床中，氮循环包含几种形态。因为对沉积物没有很强的吸附力，氮可以轻易地在底床和水体间移动，并不断循环。图5.1.4显示了在水生环境中氮循环的概况。它包括以下几个状态：

（1）有机氮（ON）；

（2）氨（NH_3）和铵（NH_4^+）；

（3）亚硝酸盐和硝酸盐（$NO_2^-+NO_3^-$）；

（4）氮气（N_2）；

（5）藻类和植物；

（6）浮游动物和水生动物。

氮循环的主要组成包括有机氮、氨和硝酸盐。有机氮是外源氮负荷的最主要形态之一。经过细菌的分解后有机氮被矿化为氨（图 5.1.4）。

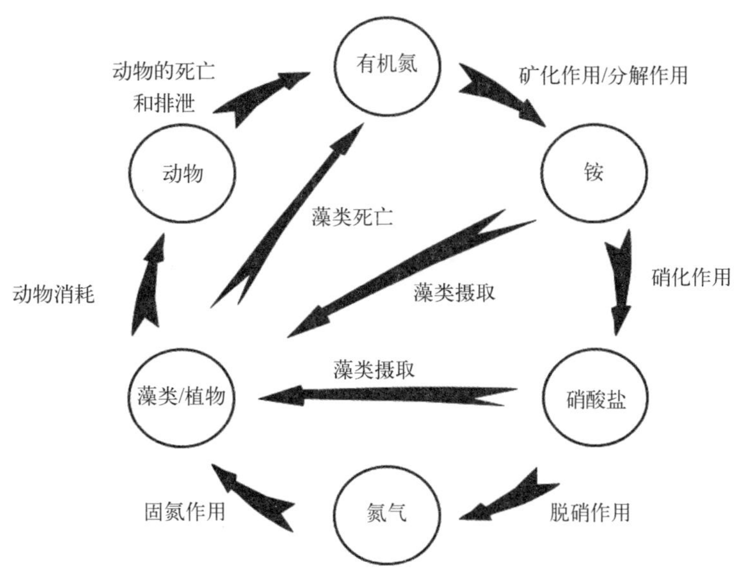

图 5.1.4 水生系统中氮循环过程

硝化作用是通过细菌将铵盐氧化为亚硝酸盐，更进一步将亚硝酸盐氧化成硝酸盐的过程。在硝化细菌和氧气存在的情况下，通过硝化作用，氨可以快速地转化为亚硝酸盐随后转化为硝酸盐。在低溶解氧条件下，硝酸盐可以通过脱硝作用转化为氮气。产生的氮气离开水生系统而进入大气。脱硝作用发生在例如湖泊等水体的底部，是主要的氮流失机制。氮固定是一种藻类吸收大气中的氮气并将其转化为有机氮的生物过程。如本章前面介绍的那样，当硝酸盐和氨不容易获得时，某些蓝藻可以直接从大气中固氮。这使得很难用氮作为限制营养物质来控制藻类生长。

藻类和水生植物通过光合作用从水体中获得铵和硝酸盐，并将它们融入食物链。水生动物通过食用藻类和水生植物获得氮。动物的排泄物和它们的死亡又提供了新的有机氮源。水中的溶解性无机氮来源于颗粒有机氮的水解和溶解有机氮的矿化作用。图5.1.4描绘了这一完整的氮循环。

5.1.3.2 磷循环

磷（P）是藻类生长所必需的营养物质，并且是将阳光转化为可用能量的关键成分。然而，过多的磷将导致藻类的过度生长从而引发富营养化问题。在许多淡水系统中，磷是限制性营养物质。磷是一种活性很强的元素。它可以和多种阳离子发生反应，例如铁和钙，并且容易吸附在水体中的悬浮固体上，降低被藻类吸收的可能性。总磷由颗粒态磷和溶解态磷构成。溶解性磷酸盐和颗粒态有机磷是总磷的主要成分。磷不存在气相。除磷技术通常比除氮技术更高级而且费用低。

磷酸盐是藻类吸收的磷的最主要形态。与硝酸盐这种藻类吸收的氮的最主要形态相比，磷酸盐溶解没有那么容易，而且更倾向于吸附在沉积物颗粒上。磷存在3种形式。

（1）正磷酸盐，通常用来表示溶解态活性磷（SRP），它是包含PO_4^{-3}形式磷的一种盐。它是唯一一种不需要进一步分解就能被藻类生长所利用的含磷化合物，并且可衡量植物生长直接可用的磷的量。磷酸盐中正磷酸盐占多数，其主要受废水、农田和草地径流等人为排放源的影响。因此，在未受污染的水体中正磷酸盐的浓度很低。

（2）多磷酸盐（或偏磷酸盐）常作为硬水软化剂和清洁剂使用。在水中，多磷酸盐可以转化为正磷酸盐并被藻类吸收。

（3）有机磷通常存在于植物组织、固体废弃物或其他有机物质中。它们以颗粒或者松散的碎屑的形式存在于溶液中，或者存在于水生有机体内。分解后，它们可以转化为正磷酸盐。

在磷通过沉降或者流出的方式最终离开水生系统之前，它会在水生系统内经历持续的转换和反复循环，有利于增加生物活动性。磷循环包括物理的、化学的以及生物的相互作用。其包含以下几种主要形态（图 5.1.5）：①有机磷；②磷酸盐（主要是正磷酸盐）；③藻类和植物；④浮游动物和水生动物。

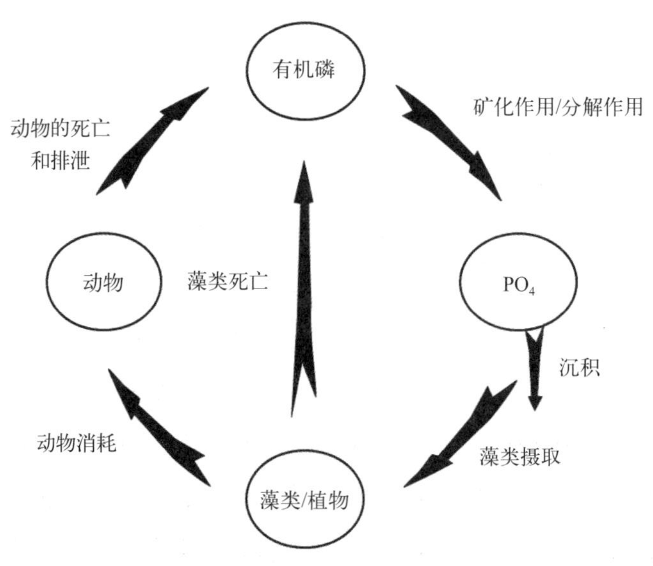

图 5.1.5　水生系统中磷循环过程

磷循环过程在很多方面与氮循环很相似。有机形态的磷由藻类的死亡产生，然后经矿化作用转化为磷酸盐。颗粒态磷酸盐吸附在沉积物上并沉降到底床上。溶解性磷酸盐（主要是正磷酸盐）被藻类和植物吸收，吸收进入食物链，最后以有机磷的形态回到水体中。这一完整的循环过程如图5.1.5所示。

氮和磷具有不同的化学性质，因此其循环过程也不尽相同。氮循环和磷循环之间的主要区别如下：

（1）和氮循环不同，磷循环中不含转为气相这种水生系统中重要的营养物质流失机制。

（2）无机氮容易溶解在水中，而磷酸盐更容易吸附到沉积物上。因此，磷酸盐可以与固体沉积物一起沉到水体底部，并作为以后水体中的磷源。在许多水体中，当外部的磷源供应中断后，其底部沉积物中仍还有足够的磷以加速富营养化过程。

5.1.3.3　限制性营养物质

除了氮和磷，藻类的生长还受光照、水温和一些微量营养物质的影响，这些在自然水体中很难控制。由于一些控制手段会影响氮和磷的浓度，所以许多重要研究都将氮和磷作为限制性营养物质，使得水体中富营养化可被控制。

藻类按照固定的化学计量比消耗营养物质，而且这个比例是相对稳定的。营养物质供应比例的差距往往导致一种营养物质耗尽（营养物质赤字），而其他的营养物质仍然可用。这一藻类生长所需的最少含量的营养物质被称为限制性营养物质。当限制性营养物质被耗尽，按照Liebig的“最小因子定律”，藻类的浓度将停止增长，富营养化过程缓慢甚至发生逆转。

限制性营养物质的概念是许多富营养化过程控制方法的基础。提出这个概念主要是希望通过确认和减少限制性营养物质的供给，来控制藻类和富营养化过程。碳很少出现供不应求的状况，因此往往不是限制性营养物质。硅在水质管理中很少受到重视，因为在自然界中它大量存在并很难控制。在大多数水生系统中，限制性营养物质是磷，在个别的情况下是氮。这些营养物质的供给可以通过控制点源和非点源的负荷而改变。控制水体中的富营养作用的本质问题如下（FISRWG，1998）：

（1）这里存在限制性营养物质吗？

（2）哪种营养物质是限制性的？

（3）在整个关注周期内，只有一种营养物质是限制性的吗？

（4）可以控制某种营养物质使其成为限制性的吗？

一般情况下，海水中氮是限制性营养物质，淡水中磷是限制性营养物质。与磷相比，氮更难控制，因为要想控制氮在空气和水之间的交换几乎是不可能的。同时，一些蓝藻可以直接从大气中固定氮，这使得它们不受氮限制。在淡水中，磷一般为限制性元素。降低磷负荷（和浓度）能控制水体系统中的富营养化。例如，在一个小池塘中要控制藻类的生长，可以使用化学沉淀方法，如将明矾加入池塘中除去水体中的磷。这种处理方法可以在其他营养物质仍保持充足的情况下有效地降低磷的浓度，进而降低藻类浓度。

在水生系统中，氮磷比（N/P）具有指示藻类生长限制情况的作用。为了帮助说明藻类生长所需的氮和磷相对量的关系，下面的化学方程式常用于表示藻类的光合作用（Stumm，Morgan，1981）：

$$106CO_2 + 16NO_3^- + HPO_4^{2-} + 122H_2O + 18H^+ \rightarrow C_{106}H_{263}O_{110}N_{16}P + 138O_2 \tag{5.1.1}$$

因此，在藻类中N/P的质量比为：

$$\frac{\mathrm{N}}{\mathrm{P}}=\frac{16\times 14}{1\times 31}=7.2 \tag{5.1.2}$$

式（5.1.1）和式（5.1.2）显示：藻类吸收的氮和磷的比值大致是一个常数，即每吸收一个原子的磷就要吸收16个原子的氮，或者表示为两者质量比为7.2：1。对于一级近似而言，要产生一定数量的藻类，需要氮大概是磷的7倍。在实际中，这个比值的范围在10～20之间。当水中N/P比小于10时，意味着对于藻类的吸收氮处于缺乏状态，氮就限制了植物的生长。当N/P比大于20时，情况相反，磷成了藻类生长的限制性营养物质。图5.1.6显示了在1973—2000年间，奥基乔比湖年平均TN/TP比值。在20世纪70年代早期湖中藻类受磷限制，但是在以后的多年内，由于磷负荷的增加和氮负荷的成功减少使湖中藻类成为氮（和光照）限制。该湖的TN/TP比值从1973年的29转变为2000年的13。

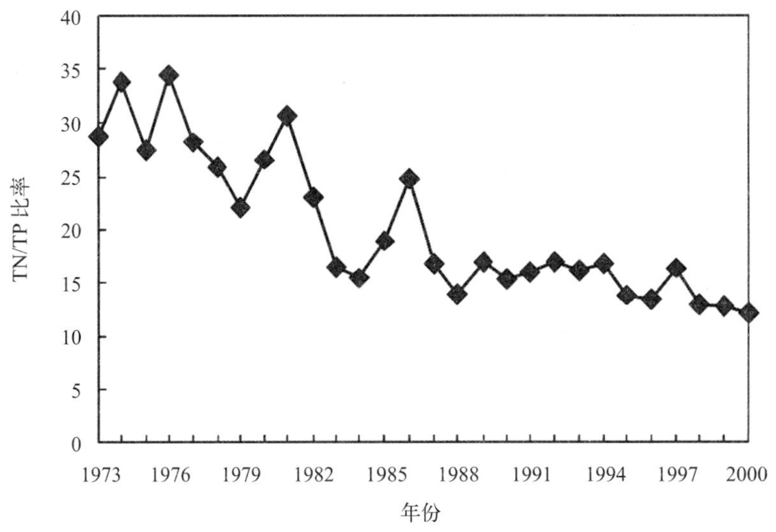

图 5.1.6 奥基乔比湖年平均总氮对总磷的比值（SFWMD，2002）

同样，碳磷比（C/P）为：

$$\frac{\mathrm{C}}{\mathrm{P}}=\frac{106\times 12}{1\times 31}=41 \tag{5.1.3}$$

式（5.1.2）和式（5.1.3）表明对于同样的藻类，三者重量比值约为1P：7N：41C。

Liebig的“最小因子定律”指出，控制富营养化最有效的途径就是降低限制性营养物质的浓度。降低其他营养物质浓度不能有效控制富营养化，除非该营养物质浓度降低到它成为限制性营养物质的程度。虽然对于大多数的湖泊和水库，磷都是限制性要素，但是在某些磷来源丰富的区域，氮实际上是限制性营养物质。在氮是限制性营养物质的湖泊中，降低磷负荷不会有太明显的效果。某些蓝藻是例外，因为它们可以从大气中直接固定氮，因此不存在氮限制。因此，无论最初磷是否为限制性营养物质，磷限制被视为是控制可进行氮固定的蓝藻的唯一方法。

基于一项持续37年的全生态系统的实验，Schindler等（2008）认为湖泊的富营养化不能通过减少氮输入来控制。作为浮游植物群落应对极端的季节性氮限制的响应，减少氮输入会越来越使固氮蓝藻受益。即使在极端氮限制季节，在合适的N/P比下，固氮作用仍将促进生物量的产生，湖泊仍将处于富营养状态。降低水体的富营养化，管理的重点在于减少磷的输入（Schindler et al.，2008；Schindler，2012）。但是Conley等（2009）也指出，改善诸多淡水水体和大多数海岸带海洋生态环境需要同时减少氮和磷的输入。对于这些水体，磷可以迅速在沉积物与水体之间循环，被非固氮菌控制的浮游植物可以垂直迁移，在沉积物-水界面消耗过量的磷，然后上升至水面形成水华。

除了营养物质，藻类的生长还需要阳光。在一个特定的水体中，如果氮和磷的供给是充分的，那么光照就成了限制性因素。藻类生长的限制性因素可以是很多种的。奥基乔比湖是一个很好的例子。该湖中限制性因素呈现出季节性和区域性的变化（SFWMD，2002）。氮和光照都可以成为限制性因素。由于高浓度的悬浮颗粒和藻类生长，该湖的透明度（secchi depth）非常小。因此，只有在湖水的表层，通常是小于20cm以内的区域，才有可供藻类生长的充足阳光。关于这个问题的详细讨论请参阅5.9.2节，届时将把奥基乔比湖的水质模型作为一个案例研究。

5.1.4　溶解氧

溶解氧（dissolved oxygen，DO）是溶解在水中的氧气的总量，它以微小的氧气气泡的形式混合在水中。溶解氧是一个非常重要的水质指标，用来衡量水中可供生物活动的氧气的总量。

溶解氧是健康水生系统所必需的。大多数的鱼类和水生昆虫都需要溶解氧维持生存。鱼类，特别是幼虫，在溶解氧水平过低的情况下将会死亡。低溶解氧水平是水体可能受到污染的一个信号。当水体中溶解氧水平低于5.0 mg/L时，水生生命体将受到胁迫。溶解氧浓度越低，胁迫越严重。当氧气浓度低于2 mg/L时被认为处于缺氧状态。在一些情况下，水体将会丢失掉所有的氧气处于无氧状态。当缺氧状态维持一段时间后，会引起鱼类大量死亡。

有机碳的氧化、硝化作用和呼吸作用消耗溶解氧，水面交换和光合作用补充溶解氧。氧气通过来自大气的复氧作用和植物的光合作用进入水体，在自然状态下水体中的氧浓度会发生波动，但是严重的氧衰减通常是由于人为污染引起的。细菌利用氧来分解有机物。在被污染的水体中，细菌消耗氧气的速度将迅速超过通过大气和光合作用补充氧气的速度。这种消耗会导致溶解氧赤字，使得溶解氧浓度降低。例如，位于墨西哥湾（得克萨斯州—路易斯安那州）陆架外部的一大片缺氧区（DO<2 mg/L）（6000 ~7000 m^2），主要由从密西西比河排泄至海湾的过量营养物质和河流淡水与海湾中海流相互作用引起的（Bianchi et al.，2010）。缺氧将使生活在河床底部而不能离开缺氧区域的生命体面临威胁甚至死亡。事实上溶解氧的损耗将会导致缺氧区域内生物活动的消失（USEPA，2000c）。

可利用的阳光随着深度的增加而减少，使得藻类光合作用的速率也随深度降低。因此，白天，在某一水深以上呈现溶解氧的净增长，而在该水深以下出现净减少。由于光合作用的降低和从表层向下混合的减少，表层海水中溶解氧的浓度明显高于深层海水。天气同样影响溶解氧浓度。晴天时，充足的阳光使得光合作用的速率增加，溶解氧的浓度通常在午后较高。如果是阴天，光照的不足会限制光合作用，溶解氧浓度也随之降低。

藻类生长会产生氧气，与此同时呼吸作用又会消耗氧气。由于氧气在高温水体中的溶解度低于在低温水体中的溶解度，持续的高温天气会耗尽氧气从而引起鱼类的死亡。高温会刺激细菌的活动并且使得底层沉积物氧需求增加，导致氧消耗加速。在这种情况下，有机物污染的轻微增加也会导致水体中溶解氧水平的急剧下降。

图5.1.7显示了1992年11月至1994年6月这20个月期间，俄克拉何马州威斯特湖溶解氧测量数据（OWRB，1996）。该湖相应水温如图2.3.2所示。该湖的溶解氧浓度表现出强的季节变化。在冬季（11月、12月和1月），该湖的溶解氧浓度较高，约10 mg/L，而且垂直混合非常好。夏季，溶解氧产生分层，湖水底层（深度在9～18 m之间）溶解氧浓度低于1.0 mg/L，而在表层溶解氧浓度仍为8 mg/L甚至更高。垂直方向上溶解氧的剧烈变化是由湖水温度层结、水体的生化过程和底床对氧气的消耗造成的。对这些过程的讨论将贯穿本章，特别是在5.6节。

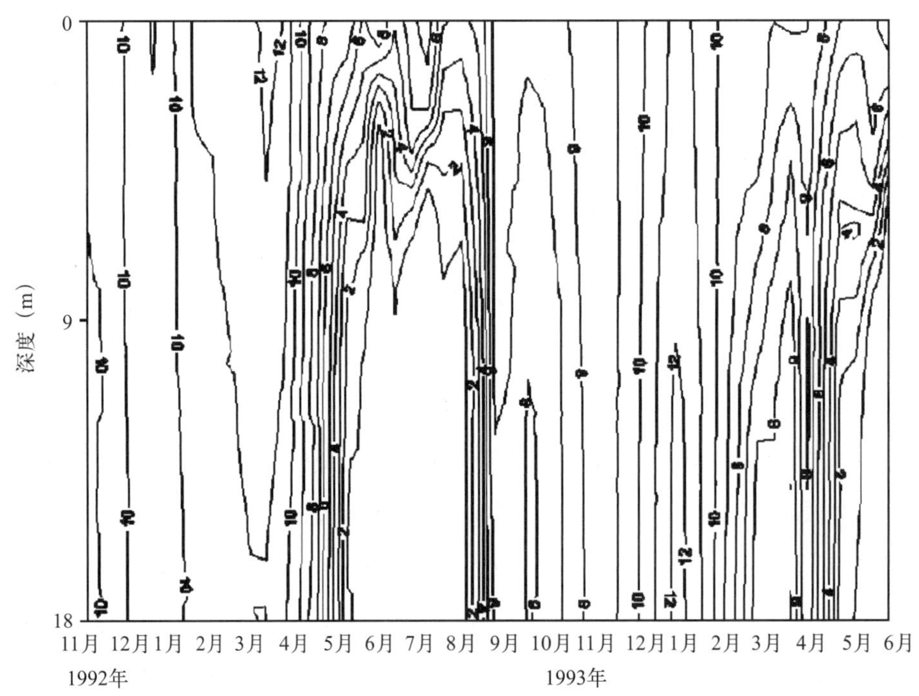

图 5.1.7 威斯特湖溶解氧浓度（单位：mg/L）（OWRB，1996）

5.1.5 水质过程的控制方程

同第2章中讨论的一样，水动力模型通常包含以下几个控制方程：①动量方程组-3；②连续方程-1；③温度方程-1；④盐度方程-1；⑤湍流方程组-2。这些方程（一共8个）是构成水动力模型的基本要素，另外，水质模型基于质量平衡方程（又被称为质量守恒方程）。

水动力模型和泥沙模型为水质模型提供所需的信息，包括水深、水流、湍流混合、温度、盐度和泥沙含量。水质模型基于以下内容建立：

（1）物质守恒；

（2）控制化学、生物化学和生物学过程的定律；

（3）边界条件和初始条件。

本章将着重讲解这些原理。

图4.3.1用于解释有毒物质的输运，同样也可以用来刻画影响水生系统水质的过程：

（1）物理（或者水动力）输送：在水柱中，营养物质被平流输送和扩散。通过入流进入这个系统，通过出流离开这个系统。

（2）与大气交换。大气沉降可以将营养物质输送到水体中，气态营养物质通过挥发离开水体。大气复氧作用可以增加水体中的溶解氧。

（3）吸附作用和解吸作用。对于一些营养物质（例如磷），其颗粒态与溶解态之间的交换可以近似由平衡分配过程来表示，这个过程受总固体悬浮颗粒浓度和分配系数影响。

（4）反应与藻类吸收。生物化学反应转化营养物质，而藻类的吸收可以降低溶解性营养物质的浓度。

（5）底床−水界面的交换。溶解性营养物质通过扩散过程在底床与水体间交换。取决于水流状态，颗粒态营养物质停留在底床上，或者离开底床处于悬浮状态。

（6）沉积成岩作用。在底床上，沉积成岩作用（或者衰变）是决定水体中营养物质循环和氧气平衡的重要因素。

并不是所有图4.3.1所示的过程对每种营养物质都是有意义的。例如挥发作用对于磷酸盐的循环可以忽略，吸附作用和解吸作用对于氮的转换也没有本质的意义。

为了用数学方法表示这些过程，水质变量，例如藻类、营养物质和溶解氧都使用耦合的质量守恒方程组进行描述。质量守恒，正如式（2.1.10）所提到的，用于说明物质进入或者离开水体，物质在水体内的输运以及物质的物理、化学和生物转化过程。因此，所有水质过程控制方程有相似的形式（Cerco，Cole，1994；Park et al.，1995，2005）：

$$\frac{\partial C}{\partial t}+\frac{\partial (uC)}{\partial x}+\frac{\partial (vC)}{\partial y}+\frac{\partial (wC)}{\partial z}=\frac{\partial}{\partial x}\left(K_x\frac{\partial C}{\partial x}\right)+\frac{\partial}{\partial y}\left(K_y\frac{\partial C}{\partial y}\right)+\frac{\partial}{\partial z}\left(K_z\frac{\partial C}{\partial z}\right)+S_C \tag{5.1.4}$$

式中，C为水质状态变量浓度；u，v，w分别为x，y和z方向的速度分量；K_x，K_y，K_z分别为x，y和z方向的湍流扩散系数；S_C为每单位体积内部和外部的源和汇。

式（5.1.4）合并了由水平对流和扩散，外部污染物输入以及水质变量间的动力学相互作用引起的输运过程。式（5.1.4）左端的最后3项用于计算平流输运，右端前面的3项用于计算扩散输运。这里用于表示物理输运的6项与水动力学模型［如温度方程式（2.3.15）］中温度和盐度的质量平衡方程相同。式（5.1.4）的最后1项代表每个状态变量的动力学过程和外部负荷。

一些水质模型将动力过程（由S_C表示）与物理输运过程分离（Cerco，Cole，1994；Park et al.，1995，2005）。因此，物理输运方程与盐度方程具有相同的形式。

$$\frac{\partial C}{\partial t}+\frac{\partial (uC)}{\partial x}+\frac{\partial (vC)}{\partial y}+\frac{\partial (wC)}{\partial z}=\frac{\partial}{\partial x}\left(K_x\frac{\partial C}{\partial x}\right)+\frac{\partial}{\partial y}\left(K_y\frac{\partial C}{\partial y}\right)+\frac{\partial}{\partial z}\left(K_z\frac{\partial C}{\partial z}\right) \tag{5.1.5}$$

这个公式代表了水流的物理输运和湍流活动。描述动力过程和外部负荷的公式，被称为动力方程，表示如下：

$$\frac{\partial C}{\partial t}=S_C \tag{5.1.6}$$

公式（5.1.6）用于描述水体的动力学过程。动力学这个术语是指依赖于时间变化的各种动力过程的数学描述，动力学过程包括物理过程（例如吸附和大气沉降）、化学过程（例如硝化作用）或者生物过程（例如藻类生长和吸收）。一阶动力学，基于S_C对C的线性化，用于大多数的水质模型中：

$$\frac{\partial C}{\partial t}=k\cdot C+R \tag{5.1.7}$$

式中，k为动力学速率；R是由于外部负荷和/或内部反应［质量/（体积×时间）］引起的源/汇项。

控制方程式（5.1.5）和式（5.1.7）被广泛地应用于水质模型的研究中。对于水质模型，最重要的任务是明确公式（5.1.7）中的k和R值，这样实际的水质过程才能正确地表现出来。水质和富营养化过程都非常复杂。虽然所有的动力学方程均基于相同的质量守恒方程，但我们仍然用各种经验公式来近似指定模型中的参数（例如k和R）。因此，相同的水质过程常被各种不同的方法描述，各种水质模型之间的主要不同如下：

（1）如何指定动力方程式（5.1.7）；

（2）模拟多少种营养物质；

（3）描述每种营养物质循环包括多少种状态变量。

本章的重点在于详细说明藻类、碳、氮、磷、硅和溶解氧的式（5.1.7），这些水质变量可以使用数学方式描述并且在水质模型中进行数值计算。在本章中，水质模型的讨论主要基于Cerco和Cole（1994）以及Park 等（1995）的报告。这里采用Park等（1995）提出的水质变量符号的规定，是为了方便了解EFDC模型中符号编码来源，因为模型直接采用这些公式编码而成，并采用了相似的符号规定。

这里要强调的是，本章中描述的方程，原理和模型并非为“最好”的。水质模型之间有差异（例如，Brown，Barnwell，1987；Wool 等，2002；HydroQual，1995c）。本书不评论模型，也不推荐所谓“最好”的用于模拟地表水的模型。关于模型详细的评论和模型比较有专门的报告（例如，Tetra Tech，2001；Imhoff 等，2004，HydroGeoLogic，1999）。

5.1.5.1 水动力作用

水质过程显著地受复杂的水动力过程的影响。入流、水温、风和光照等因素通过影响水平输运、垂直混合、沉降和初级生产力过程调节藻类生长。这些作用力的时间变化尺度从每小时（或更短）风的变化，12.42 h的潮汐周期、24 h的日照周期、几天的天气事件到日照和温度的季节变化。水动力输运描绘了化学和生物物质如何从一个地方转移到另一个地方。其他因素（例如盐度、温度和日照）影响动力过程。例如，温度控制有机物的衰变速率，光照的可用性是控制藻类光合作用的关键因素。

在富营养化过程中，温度的角色为物理和生物两方面的。水温强烈地影响藻类的生长速率、营养物质的再循环和生物分解。温度影响溶解氧的溶解性，盐度也能起一定的作用。水中温度和盐度的差别能够引起水体中溶解氧的空间和时间上的梯度。温度和盐度同样影响水密度，是影响水动力环流的重要因素。水体中密度的层结能够导致水底部低溶解氧，因为层结降低了表面富氧水和底部寡氧水之间的垂直混合。高度层结系统比垂直混合系统更倾向于缺氧，因为层结限制了来自大气复氧作用的向下氧输送。相反，密度层结可以通过捕获湖泊温跃层下方的富营养水来限制藻类生长。

水体滞留时间能够影响水中藻类总量。流速快的水体（滞留时间短）向下游输出营养物质的速度也快，导致水体中的营养物质浓度低。另外，在营养物质限制藻类生长的环境下，藻类不能达到一定浓度，所以如果水体滞留时间小于藻细胞分裂时间，能够抑制藻类水华的形成。

5.1.5.2　温度作用

大多数水质过程都依赖于温度。温度对营养物质转化的动力学速率影响十分显著，化学反应速率随着温度的升高而增加。在式（5.1.7）中，动力学速率k通常与水温联系在一起。动力学方程通常使用温度修正的动力学速率来描述反应速率，被称为阿累尼乌斯方程：

$$k = k_{20}\theta^{(T-20)} \tag{5.1.8}$$

式中，k为基于温度T的动力学速率，L/单位时间；T为温度，°C；k_{20}为20°C时的动力学速率，L/单位时间；q为温度效应常数，无单位，值通常稍大于1。阿累尼乌斯方程在4.4.2.4节中已经讨论过。

藻类生长速率受温度、水体运动、营养物质和光照控制。藻类生长随着温度升高而增长，直到达到一个最适宜的温度，如果温度继续升高将会限制藻类生长。最适宜温度值的范围与藻类的种类、光照和营养物质有关。温度作用可以表示为：

$$f_3(T) = \begin{cases} \mathrm{e}^{-KTG1_x(T-TM1_x)^2}, & \text{当}\ T < TM1_x \\ 1.0, & \text{当}\ TM1_x \leqslant T \leqslant TM2_x \\ \mathrm{e}^{-KTG2_x(T-TM2_x)^2}, & \text{当}\ T > TM2_x \end{cases} \tag{5.1.9}$$

式中，$f_3(T)$为藻类生长函数；$TM1_x$为对于藻类群体x的藻类生长最适宜温度范围的下限；$TM2_x$为对于藻类群体x的藻类生长最适宜温度范围的上限；$KTG1_x$为温度低于$TM1_x$时对藻类群体x生长的影响；$KTG2_x$为温度高于$TM2_x$时对藻类群体x生长的影响；下标x为c代表蓝藻，x为d代表硅藻，x为g代表绿藻。

式（5.1.9）给出了综合两个指数函数的最适宜温度曲线。其中一个描述了低于最适宜温度的曲线上升支，另一个描述了高于最适宜温度的曲线下降支。使用不同的$KTG1_x$和$KTG2_x$值，可以得到不对称的生长曲线。$TM1_x$和$TM2_x$表示最适合温度范围，比采用单一最适合温度值更合适。当$TM1_x = 20℃$，$TM2_x = 24℃$，$KTG1_x = KTG2_x = 0.008\ ℃^{-2}$，时，曲线如图5.1.8所示。当温度处于最适合温度范围之间（$TM1_x \leqslant T \leqslant TM2_x$），藻类生长达到最大值（=1）。超出这个范围，生长速率逐渐下降。

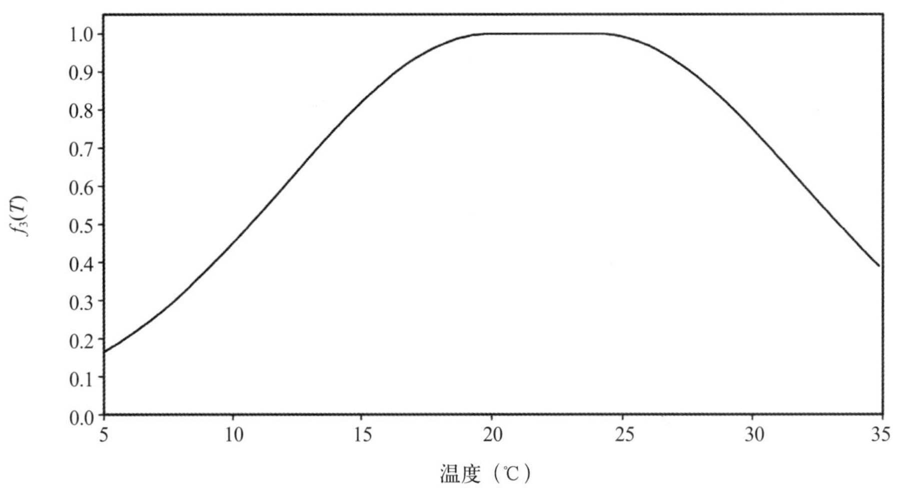

图 5.1.8　藻类生长的温度限制函数$f_3(T)$

温度变化是引起各种藻类群体（蓝藻、绿藻和硅藻等）季节变化（和优势种变化）的主要因素之一。藻类生长通常在一个特定的温度范围内变得旺盛。在这个范围以外藻类的长势会明显降低。不同种类藻类具有不同的生长最佳温度。如图5.1.2所示，一般情况下，蓝藻的最佳温度比绿藻的要高，而绿藻的最佳温度比硅藻的要高。由于最佳温度不同，藻类的种类将呈现季节变化，春季温度较低此时硅藻占统治地位，夏季温度较高，绿藻和蓝藻会占统治地位。图5.1.8所示的最佳温度曲线通常比线性公式或者简单指数公式更合理。这种方法允许在不同的季节中不同的藻类占统治地位，这是藻类模型的一个重要特征。

5.1.5.3　Michaelis-Menten模型

营养物质浓度对藻类生长的影响是非常复杂的。Michaelis-Menten模型也被称为Monod模型（Monod，1949），被广泛用于描述藻类生长和其他反应。它表示为

$$k_c = k_{\max} \frac{C}{C_H + C} \tag{5.1.10}$$

式中，k_c为藻类生长速率，L/单位时间；$k_{\max}$为最大藻类生长速率，L/单位时间；C为营养物质浓度，mg/L；C_H为半饱和浓度，mg/L。

半饱和浓度是当生长速率为最大生长速率一半时的营养物质浓度，它用于说明不同藻类的营养物质吸收特性。低的半饱和浓度显示这个藻类群体在低营养物质浓度状态下旺盛生长的能力。

Michaelis-Menten米曼氏方程在4.4.2.4节中已经讨论过。

式（5.1.10）可以被修正为

$$k_c = k_{\max} \frac{C/C_H}{1+C/C_H} = k_{\max} f(c) \tag{5.1.11}$$

这里Michaelis-Menten模型中$f(c)$定义为

$$f(c) = \frac{C/C_H}{1+C/C_H} = \frac{c}{1+c} \tag{5.1.12}$$

式中，营养物质浓度用半饱和浓度来标准化。在图5.1.9中绘制了相对于标准化营养物质浓度（$c = C/C_H$）的$f(c)$的值。标准化营养物质浓度c和Michaelis-Menten模型$f(c)$之间的关系如下：

（1）当$c = 1$时，$f(c) = 0.5$；

（2）当$c = 10$时，$f(c) = 0.9$；

（3）当$c >> 1$时，$f(c) \rightarrow 1.0$。

按照式（5.1.10），在零营养物质浓度时藻类不增长。在低营养物质浓度时藻类生长速率和营养物质浓度呈线性正比。随着营养物质水平继续增加并处于高浓度状态（$C >> C_H$），藻类生长速率达到饱和。此时，营养物质不再成为限制，因此外部营养物质供给的进一步增加对藻类生长没有影响。

如4.4.1节中讨论的，动力学反应可以描述为零阶、一阶、二阶等。Michaelis-Menten模型实际上是零阶（$m = 0$）和一阶（$m = 1$）式（5. 1.12）和式（4.4.1）的组合。

$$\frac{\mathrm{d}c}{\mathrm{d}t} = -k_0 \frac{c}{1+c} c^m \tag{5.1.13}$$

式中，k_0为一个常数。

当$m = 0$ 且$c \leqslant 0.1$，式（5. 1.13）可简化为

$$\frac{\mathrm{d}c}{\mathrm{d}t} = -k_0 c(1-c) \approx -k_0 c \tag{5.1.14}$$

由于c^2非常小可以忽略不计，此式非常近似于一阶动力学。

当$m = 0$ 且$c \geqslant 10$时，式（5.1.13）可简化为

$$\frac{\mathrm{d}c}{\mathrm{d}t} = -k_0 \left(1 - \frac{1}{c}\right) \approx -k_0 \tag{5.1.15}$$

此式很好地表示了零阶动力学。

图5.1.9显示了以式（5.1.12）提供的标准化浓度为函数的特定生长速率。图5.1.9说明在营养物质浓度达到饱和值之前，藻类生长速率为营养物质浓度的函数；当达到饱和值以上，藻类生长速率近似为一个常数（$= k_{\max}$）。藻类生长速率大致可分为三个区间：

（1）在第一个区间（$0 < c \leqslant 0.1$），Michaelis-Menten模型接近一阶动力学，随着c增大，$f(c)$也

相应按比例增大，如式（5.1.14）所描述。

（2）在第二个区间（0.1 < c < 10），模型为一阶和零阶动力学组合。

（3）在第三个区间（c ≥10），模型表现为零阶动力学，当c变化时，$f(c)$基本保持不变，如式（5.1.15）所示。

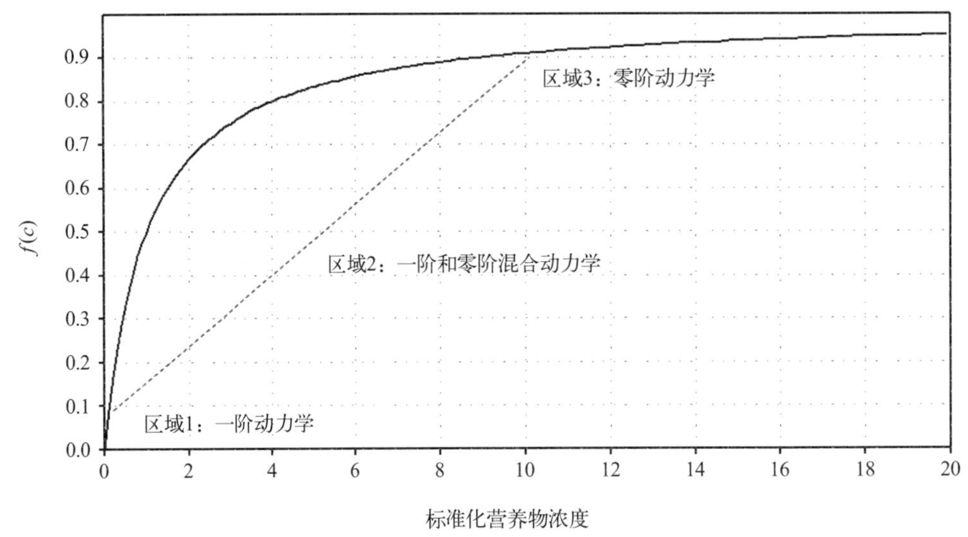

图5. 1.9　Michaelis-Menten模型示意图

所有藻类物种都需要氮和磷，而硅只有硅藻需要。Liebig最低量法则指出藻类的生长受供给最少的营养物质控制。如果考虑到一种以上营养物质，藻类生长速率可使用下面的公式计算：

$$k_c = k_{\max}\min\left(\frac{C_{\mathrm{N}}}{C_{\mathrm{HN}}+C_{\mathrm{N}}};\frac{C_{\mathrm{P}}}{C_{\mathrm{HP}}+C_{\mathrm{P}}};\frac{C_{\mathrm{Si}}}{C_{\mathrm{HSi}}+C_{\mathrm{Si}}}\right) \tag{5.1.16}$$

式中，C_{N}，C_{P}，C_{Si}为可用无机氮（包括氨、硝酸盐和亚硝酸盐）、正磷酸盐和可用硅；C_{HN}，C_{HP}，C_{HSi}为氮、磷和硅的半饱和浓度。

5.1.5.4　水质模型的状态变量

为了模拟水生系统中富营养化过程，水质模型需要大量的状态变量。可选的状态变量为可用于评估水体富营养状态且可测量的水质变量。水质模型中代表性的水质变量组为：①藻类；②有机碳；③磷；④氮；⑤硅；⑥其他水质变量。

每组变量由几个不同的状态变量组成。例如，营养物质可分为溶解性、颗粒态、难溶的或者活性的。无机物质包括所有不含有碳氢结合体的化合物。有机物是含有碳氢结合体的化合物。不同水质模型每组中具体变量可能会发生变化，但是在许多方面是相同的（例如，Brown，Barnwell，1987；Park 等，1995；Cerco，Cole，1994；Hydro Qual，1995c）。例如，EFDC水质模型中有22个状态变量（表5.1.1）。图5.1.10给出了22个状态变量之间关系的示意图。EFDC水质模型所包含的动力过程主要来自切萨皮克湾CE-QUAL-ICM（Cerco，Cole，1994）水质模型。

表5.1.1　EFDC水质模型状态变量（来源：Park et al.，1995）

水质变量组	数量和名称
藻类	（1）蓝藻（蓝–绿藻）（B_c）
	（2）硅藻（B_d）
	（3）绿藻（B_g）
	（4）大型藻类（B_m）[a]
有机碳	（5）难溶颗粒有机碳（RPOC）
	（6）活性颗粒有机碳（LPOC）
	（7）溶解有机碳（DOC）
磷	（8）难溶颗粒有机磷（RPOP）
	（9）活性颗粒有机磷（LPOP）
	（10）溶解有机磷（DOP）
	（11）总磷酸盐（PO_4t）
氮	（12）难溶颗粒有机氮（RPON）
	（13）活性颗粒有机氮（LPON）
	（14）溶解有机氮（DON）
	（15）氨氮（NH_4）
	（16）硝酸盐（NO_3）
硅	（17）颗粒生物硅（SU）
	（18）可用硅（SA）
其他	（19）化学需氧量（COD）
	（20）溶解氧（DO）
	（21）总活性金属（TAM）[b]
	（22）粪大肠菌群（Feb）[c]

注：a. 大型藻类变量是后来加入EFDC水质模型中的。

b. 总活性金属原是为了表现磷酸盐和硅酸盐的吸附和解吸作用而引进水质模型的（Cerco，Cole，1994）。因为更容易获得沉积物测量数据，所以利用沉积物来表现吸附和解吸更现实，总活性金属在本章中不进行讨论。

c. 第4章中已对粪大肠菌群进行了讨论。

这些水质状态变量的特征为（Cerco，Cole，1994；Park et al.，1995）：

藻类：在EFDC模型中，藻类被描述为4个状态变量：蓝藻、绿藻、硅藻和大型藻类。这种分组基于每种藻类的不同特性，同时基于其在生态系统中扮演的重要角色。蓝藻，也叫蓝–绿藻，是一种可以固定大气中氮的特殊种类。硅藻的特点在于其需要硅作为构成细胞壁的营养物质。不属于前两组的浮游植物集中到了绿藻类中。纳入水质模型的大型藻类主要为固着于底床的水生植物。

有机碳：共有3种有机碳状态变量：溶解性、活性颗粒和难溶颗粒。活性和难溶的区别在于分解的时间尺度。活性有机碳分解的时间尺度为几天到几个星期，而难溶有机碳则需要更长的时间。活性有机碳在水体或沉积物中迅速分解。难溶有机碳主要存在于沉积物中，其分解缓慢，而且沉积后数年内仍会对沉积耗氧量有贡献。

氮：氮首先分为有机和无机两部分。有机氮状态变量为：溶解性有机氮、活性颗粒有机氮和难溶颗粒有机氮。无机氮有两个形态——铵和硝酸盐，这两个都是藻类生长所需的。铵可以被硝化细菌氧化为硝酸盐，这种氧化作用是水体和沉积床中重要的氧汇。亚硝酸盐浓度通常要比硝酸盐的浓度低得多，而且为描述方便，在模型中与硝酸盐一起来考虑。因此，硝酸盐状态变量实际上是亚硝酸盐加上硝酸盐的总和。

磷：与碳和氮一样，有机磷分为3个状态：溶解性、活性颗粒态和难溶颗粒态。在模型中，只考虑一种无机形态——总磷酸盐。用分配系数来划分总磷酸盐中的溶解性磷酸盐和颗粒磷酸盐。

硅：硅被分为可用硅和颗粒生物硅两个状态变量。可用硅首先被溶解然后被硅藻所利用，颗粒生物硅不能被利用。在模型中，颗粒生物硅通过硅藻死亡产生。颗粒生物硅可分解为可用硅或者沉降到底沉积物中。

化学需氧量：在EFDC水质模型中，COD为通过无机方法可被氧化的物质减少的浓度。在咸水中，COD的主要组成为从沉积物中释放的硫化物。硫化物氧化成硫酸盐可以消耗水体中大量的溶解氧。在淡水中主要的COD为甲烷（CH_4）。

溶解氧：溶解氧是水质模型中的主要成分。

总活性金属：磷酸盐和溶解性硅吸附在无机物固体上，特别是铁和锰。吸附和沉淀是从水柱体中移除磷酸盐和硅的一个途径。因此，铁和锰的浓度和输运在模型中被描述为总活性金属（TAM）。其通过氧依赖性分配系数区别颗粒态和溶解态。

粪大肠菌群：粪大肠菌群用于指示水体中的病原体。在数据监测计划中，总营养物质通常涵盖了水中营养物质的所有形态，包括生物体（大部分藻类生物量）内的有机营养物质。但是，在水质模型中，有机营养物质的状态变量通常不包括藻类所含的营养物质。例如，表5.1.1中ON = RPON+LPON+DON。相对于观测数据，模拟的总氮（TN）应该包括模拟的藻类生物量的有机氮（ON）。同样的概念也适宜模型模拟的总磷、总有机碳和总硅。

除了在表5.1.1中列出的22个状态变量之外，下面3个变量在水质模拟中同样重要。

温度：温度是生化反应速率最重要的决定因素。反应率的增加是温度的函数，极端温度条件会导致生物体的死亡。温度在水动力模型中计算。

盐度：盐度是一个守恒示踪物，为模型输运量提供校核，并有助于检验物质守恒。盐度影响溶解氧的饱和浓度，而且可以用作确定盐水和淡水中不同的动力学常数。盐度同样可以影响特定种类藻的死亡率。盐度在水动力模型中模拟。

总悬浮固体：当模拟沉积过程时，颗粒磷酸盐和颗粒硅被认为吸附在总悬浮固体上（TSS）（或悬浮黏性沉积物上），并被水流输运到TSS周围。因此，在水质模拟中不用总活性金属的状态变量。相对于TAM，使用TSS对于颗粒营养物质的模拟更为合适，因为TSS观测数据更容易获得，而且使用沉积模型模拟沉积过程更为可靠。

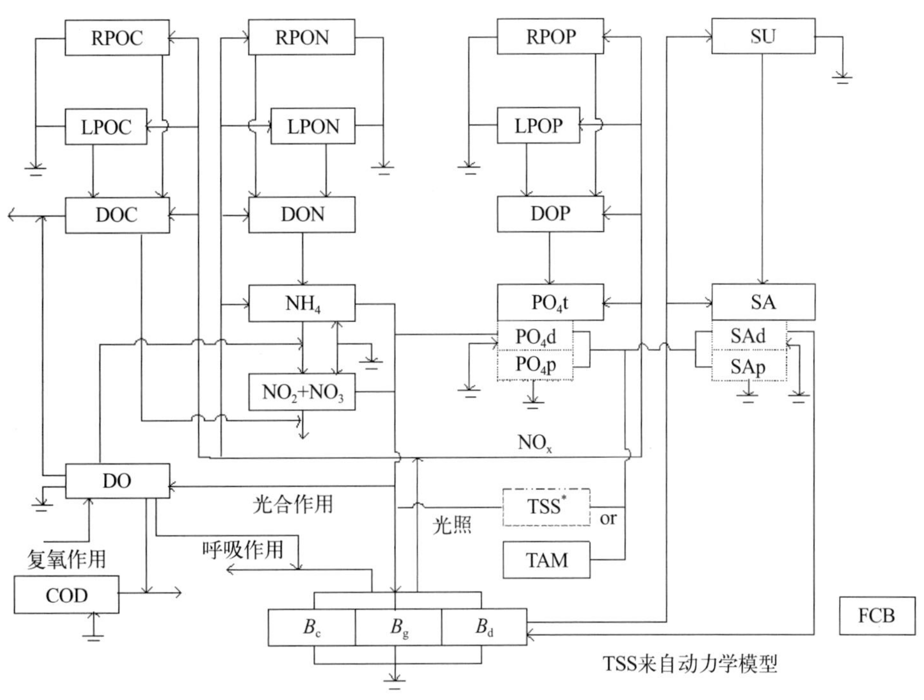

图 5. 1.10 EFDC水质模型示意图

5.2　藻类

浮游植物（自由漂浮藻类）和水生植物（大型植物）是两种地表水中主要的初级生产者。初级生产者能够利用阳光、二氧化碳和营养物质合成新的有机物质。藻类在富营养化过程中扮演关键角色，是水质模型中的基本要素。藻类对营养物质的吸收和藻类的死亡会影响氮循环、磷循环、溶解氧平衡和食物链，因此藻类的生长和死亡使它们形成营养物质循环的一部分。

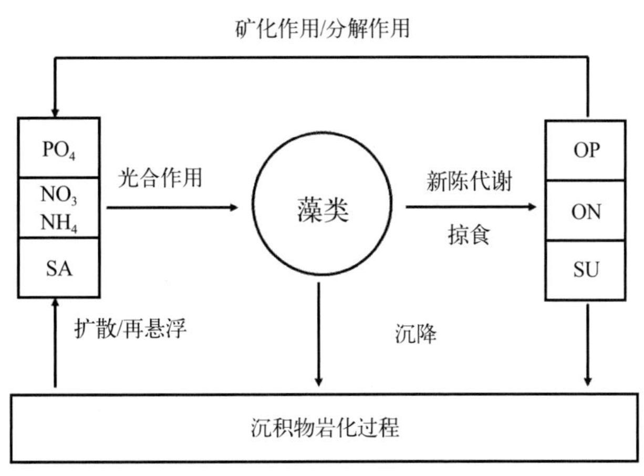

图 5.2.1　藻类动力学

如图5.2.1所示，在光合作用过程中藻类吸收溶解性无机营养物质（PO_4、NO_3、NH_4和 SA）并使营养物质以有机磷（OP）、有机氮（ON）和难利用硅（颗粒态生化硅）（SU）等形态进行再循环。沉降过程将这些颗粒物质转移到底床。通过在底床上的沉积物成岩作用和在水柱中的矿化和分解作用，颗粒营养物质被转化为无机态，可为下一轮的藻类吸收所利用。这就完成了一个藻类循环。

在水质模型中，藻类和其他水质变量间的主要联系为：

（1）营养物质动力学与藻类动力学联系紧密。营养物质循环的一个主要组成部分是与藻类生长相关联的营养物质吸收，藻类生长是从水体除去溶解性营养物质的主要过程。藻类的呼吸和腐解作用向营养物质循环提供有机营养物质。藻类生长需要无机营养物质和光照。藻类的新陈代谢往往控制天然水体中的氮和磷的浓度。

（2）藻类的生物过程可以明显影响溶解氧的日变化和季变化。白天，藻类通过光合作用增加溶解氧浓度。晚上，藻类通过呼吸作用降低溶解氧浓度。在层结水体中，例如水库，藻类生产力还可以影响溶解氧的季节变化，因为这些来源于藻类的有机物沉降到底床，接下来（特别是在夏季）会成为主要的氧气消耗源。

除了营养物质循环和溶解氧变化，藻类生长可以显著地改变pH值。白天，藻类生长消耗溶解的CO_2，pH值将随之上升。夜间，藻类在进行呼吸作用时释放CO_2，水中pH值随之下降。Cerco和Noel（2013a）也模拟了藻华过程，他们将藻类视为可通过浮力调节机制等行为实现自运输能力的离散颗粒。

5.2.1 藻类生物量和叶绿素

生物量的定义为：生态系统的特定的体积或者区域内，一个生物种类或者多个生物种类集合的总数，通常的衡量单位有湿重、干重、生物体积或氮含量。这一生物量度指的是生物群体，而非个体的数量。在水质模型中，藻类浓度通常以每单位体积的碳量（mg/L）表示其生物量。对于一个特定体积的水样，藻类生物体积和以碳表示的藻类生物量间的关系可以通过Strathmann（1967）提出的公式进行估算。对于硅藻，公式为

$$\lg C = -0.422 + 0.758 \lg V \tag{5.2.1}$$

对于其他藻类，公式为

$$\lg C = -0.460 + 0.866 \lg V \tag{5.2.2}$$

式中，C为以碳表示的藻类生物量，10^{-12} g；V为藻类生物体积，10^{-6} m^3。

水生系统中藻类的种类具有多样性。对于大部分监测项目而言，用显微镜来计数所有的藻类非常昂贵，并且在技术上也很难操作。实际上，总藻类生物量通常用叶绿素a来表示，叶绿素a非常容易测量，而且提供了藻类生物量的合理估算。叶绿素a还被用来表示湖泊的营养状况（Carlson，1977）并被设为水质标准。例如，俄勒冈州规定10 μg/L作为有热层结和15 μg/L作为没有热层结的天然湖泊的水质标准（NALMS，1992）。类似地，北卡罗来纳州用40 μg/L和15 μg/L分别作为暖水

和冷水的水质标准（NALMS，1992）。

叶绿素是一组绿色素，包括叶绿素a、叶绿素b、叶绿素c和叶绿素d，主要存在于许多植物和一些细菌细胞内。色素是一种化合物，它可以反射特定波长可见光并使其呈现出“色彩”。叶绿素通过光合作用将光能转化为化学能。一共存在7种叶绿素。因为在光合作用中扮演着主要角色，叶绿素a经常被用于测量天然水体中藻类生物量。测量叶绿素a要将水样通过精细的玻璃纤维滤膜过滤，收集到尺寸大于1 mm的颗粒物质。物质中的叶绿素a要使用溶剂萃取并使用分光光度计或者荧光计定量。因此，叶绿素a只用于间接测量所有藻类的总数而不能区别藻的类群（例如硅藻和蓝藻）。

为了模拟富营养化过程，水质模型常常用碳表示藻类生物量。使用固定或者可变的碳与叶绿素比例，模拟的藻类浓度（用碳表示）就可以换算成以叶绿素a表示的藻类浓度，因此，模拟和实测的藻类浓度（两者均以叶绿素a表示）就可以进行比较了。叶绿素a可以用下面的公式转变为藻类生物量：

$$B = \alpha\, Chl \tag{5.2.3}$$

式中，B为用碳表示的藻类生物量浓度（以碳计），mg /L；Chl为叶绿素a浓度，mg /L；α为碳对叶绿素比例，mg /mg。

α值的变化主要取决于藻类种群的组成，代表性的取值范围从15～100（Bowie et al., 1985，表 6.4）。当可以获得Chl和B的观测数据时，α的值可以通过计算获得。然而在许多应用中，最初设定的α值基于文献估值，然后作为一个模型校准的调整参数。使用叶绿素a描述藻类生物量的缺点在于每个藻类细胞中的叶绿素a总数差别很大，这是由藻类种类组成、光照条件和营养物质可利用性的季节或年度变化引起的。Laws和Chalup（1990）指出，藻类中的叶绿素与碳的比值最大相差可以达5倍，当使用叶绿素a指示水体中的藻类时要谨慎。另外，使用显微镜监测藻类群落同样重要，因为种类组成可以影响水质管理决策。Steinman和Lamberti（1996）及 Stevenson（1996）提出了测定藻类生物量的常规方法。

营养物质吸收动力学是模拟藻类生长模型的主要方法。化学计量比提供了营养物质和藻类之间的定量关系。大多数的水质模型假设藻类细胞的营养成分和化学计量比是恒量。在这个假设下，营养物质吸收率可以用下列公式估算：

$$V_s = \alpha_s \mu B \tag{5.2.4}$$

式中，V_s为特定营养物质的吸收率，营养物质质量 /（体积×时间）；α_s为藻类细胞的营养物质含量（化学计量比），营养物质质量/藻类质量；μ为藻类生长速率，L/时间；B为藻类浓度，藻类质量/体积。

5.2.2　藻类过程方程

控制藻类浓度的因素包括物理输运［式（5.1.5）所描述］和藻类动力学［如式（5.1.7）所描述］。藻类的物理输运与其他水动力和水质变量类似，不是本章重点。本章将着重讨论动力学。

水质模型通常不会模拟特定种类的藻。藻类会被集合为一个类群（例如总藻或叶绿素a）或者是几个类群（例如蓝藻、硅藻和绿藻）。对于用于短期模拟（几天到几周）的水质模型，单一群组的方法可以更好地表现藻类变化，因为在模拟周期内单一群组的藻类很有可能占据优势。然而对于长期模拟（几个季度或者几年），由于水质过程通常在不同的季节与不同类型的藻类相关，这就意味着在水质模拟中需要一个以上的藻类群组。为了真实地描述营养动力学和藻类动力学，需要包含这些藻的类群。由于大多数水质研究需要考虑季节（和年）变化，所以通常需要包含多种藻类的水质模型（如表5.1.1所示）

藻类动力学受下面的过程支配：①藻类生长；②新陈代谢，包括呼吸与排泄；③捕食；④沉降；⑤外源。囊括这些过程的通用公式可以表示为

$$\text{净藻类生产} = \text{藻类生长} - \text{新陈代谢} - \text{捕食} - \text{沉淀} + \text{外源} \tag{5.2.5}$$

式（5.2.5）构成了几乎所有藻类模型的基础，在这些模型中净藻类生产（生长）表示为生长、死亡（新陈代谢和捕食）、沉淀和外源等过程的差。在不同藻类模型之间最主要的差别在于所研究的藻类群数量和在式（5.2.5）中对于每项（过程）所采用的特定经验公式。由于这些差别，在选择模型参数、从一个模型中提取参数值并将其应用于其他模型中和/或使用测量数据与模型结果比较时，了解特定模型的假设非常重要。

动力学方程式（5.2.5）可用于描述藻类（Park et al.，1995），具体形式如下

$$\frac{\partial B_x}{\partial t} = (P_x - BM_x - PR_x)B_x + \frac{\partial}{\partial z}(WS_x \cdot B_x) + \frac{WB_x}{V} \tag{5.2.6}$$

式中，B_x为藻类群x的藻类生物量（以碳计），g/m^3；t为时间，d；P_x为藻类群x的生产速率，d^{-1}；BM_x为藻类群x的基础新陈代谢速率，d^{-1}；PR_x为藻类群x的被捕食速率，d^{-1}；WS_x为藻类群x的沉淀速率，m/d；WB_x为藻类群x外部负载量（以碳计），g/d；V为体积，m^3；下标x为c, d, g。

如表5. 1. 1中所列出，藻类群组分为3个模型状态变量：蓝藻（蓝–绿藻）、硅藻和绿藻。藻类生物量B_x用碳（C）表示。下标x用于表示3个种藻类群体：c表示蓝藻，d表示硅藻，g表示绿藻。因此，藻类动力学方程式（5.2.6）对于3个藻类群组表达形式相同，但是包含不同参数值以表示藻类群组之间的差异。体积V由模型网格体积表示。

在式（5.2.6）中，藻类生产速率P_x是一个营养物质浓度、水温和光照的复杂函数。藻类生物量通过基础新陈代谢和捕食过程得以减少。式（5.2.6）中的基础新陈代谢是所有减少藻类生物量的内部过程的总和，主要包括两部分：呼吸和排泄。沉降作用从水体中移除藻类并将其堆积在水体底部。外部负载包括来自支流、地表径流、地下水和大气沉降的点源和非点源。式（5.2.6）中右边项将在后面的章节中详细讨论。

5.2.3 藻类生长

藻类生长是藻类模拟中最重要的过程。藻类生长速率是温度、光照和营养物质的复杂函数，同

时也是式（5.2.5）和式（5.2.6）中净藻类生产的决定因素。

初级生产力决定藻类生长速率。初级生产者能够利用阳光、二氧化碳和营养物质合成新的有机物质。它们代表了新有机物质通过初级生产者的光合作用形成和富集的这个过程。初级生产力速率通过测量植物释放的氧气和吸收的二氧化碳的总量进行评估。初级生产者，例如藻类，转化太阳能和营养物质组成植物组织的有机物质。在生态系统中，初级生产者是食物链的基础并作为更高级的生物体的食物来源。藻类是地表水体中的两个主要初级生产者之一。另外一个为固着和漂浮水生植物（大型水生植物），一般限于浅水湖泊。在大多数情况下，在食物生产中藻类比固着水生植物更重要。

当营养物质、光照和水温等条件适合时，藻类水华就有可能发生。藻类将持续水华状态直到一个或者多个促进藻类生长的关键因素不再适宜时，一个（多个）条件“受限”时，藻类的持续水华状态才会终止。也就是说，光照、营养物质或者其他因素的缺乏限制了藻类生长。这些过程的影响被视为倍增的关系，并可以使用数学形式表示为如下的通用形式：

$$P_x = PM_x \cdot f_1(N) \cdot f_2(I) \cdot f_3(T) \tag{5.2.7}$$

式中，PM_x为藻类群组x的最大生长速率，d^{-1}；$f_1(N)$为营养物质的生长限制函数（$0 \leqslant f_1 \leqslant 1$）；$f_2(I)$ 为光强度的生长限制函数（$0 \leqslant f_2 \leqslant 1$）；$f_3(T)$为温度的生长限制函数（$0 \leqslant f_3 \leqslant 1$）。

在河口，来自上游的淡水藻类会迅速在盐水中死亡。淡水生物死亡率的升高可以通过生长方程中保留盐度毒性项来描述：

$$P_x = PM_x \cdot f_1(N) \cdot f_2(I) \cdot f_3(T) \cdot f_4(S) \tag{5.2.8}$$

式中，$f_4(S)$ 为盐度的生长限制函数（$0 \leqslant f_4 \leqslant 1$）。

在模拟研究中，最大生长速率值（PM_x）初始估值基于先前的研究和文献值（如，Bowie 等，1985），随后在模型校准和校验过程中要调整参数。在式（5.2.7）和式（5.2.8）中每个生长限制函数的变化范围为0～1，1表示不限制生长，0表示严重限制生长以至生长完全停止。

温度是控制藻类生长的最重要的因素之一。每个藻类群组拥有其生长的最佳温度范围。$f_3(T)$ 是藻类生长对温度的依赖函数，在式（5.1.9）中已给出。f_1和f_2的公式将在本节随后讨论。

在生物学上，河口是河流系统完全不同的部分。来自上游河流的淡水藻类由于盐度毒性会迅速死去，因此，淡水蓝藻在盐水中的生长会受到限制（Cerco，Cole，1994），表现为：

$$f_4(S) = \frac{STOX^2}{STOX^2 + S^2} \tag{5.2.9}$$

式中，$STOX$为藻类生长速度减半的盐度；S为水柱中盐度。

5.2.3.1　藻类生长所需的营养物质

藻类生长的主要限制性营养物质为磷和氮，对于硅藻还包括硅。在藻类生长计算中大多数水质模型只包括这些营养物质。碳同样也是藻类生长所需的主要营养物质。然而，相对磷与氮，碳通常处于过量状态，因此通常在藻类生长公式中排除掉碳限制。

当水体含有高浓度磷，或者处于河口和沿海区域，氮可以成为藻类生长的限制性营养物质。在光合作用期间，藻类利用氨（NH_4）、硝酸盐和亚硝酸盐（NO_2+NO_3）组成蛋白质。某些蓝藻可以固定大气中的氮进行光合作用，因此在一些自然系统中氮很难成为限制性营养物质。对于藻类生长，磷是主要限制营养物质。在许多淡水中，磷是限制营养物质，正磷酸盐是磷的无机形态，可以直接被藻类消耗，溶解性硅用来构成硅藻的硅质壳可以被硅藻消耗并成为硅藻生长的限制性营养物质，与磷相似，硅能够吸附在悬浮物上，它的浓度与分配系数和总悬浮物浓度有关。

大多数藻类模型直接通过固定的化学计量学联系藻类生长和营养物质吸收。这些模型使用Michaelis-Menten方程描述营养物质的生长限制函数，并假设藻类细胞的营养物质保持为一个常数。在这种条件下，藻类的生长速率受外部水体中的营养物质浓度控制。然而，在天然水体中，营养物质吸收和藻类生长实际上是两个独立的过程。营养物质吸收依赖于细胞内部的营养物质水平和细胞外部水体中营养物质浓度。相对于外部水体中营养物质浓度，藻类生长实际上主要由细胞内部营养物质水平决定。藻类内部化学计量学随着外部营养物质浓度改变而变化。如果要在两个步骤中分别描述这两个过程，模型需要更复杂的公式（更多模型参数），而不仅是固定化学计量学。因此在本书中，只用固定化学计量学方法描述藻类生长的营养物质吸收。

固定化学计量学方法为每种营养物质建立一个生长限制函数，然后将这些函数在式（5.2.7）中联合在一起形成生长限制函数$f_1(N)$。基于在5.1.5节中讨论的Michaelis-Menten动力学，营养物质的生长限制函数可以描述为

$$f_1(NH_4+NO_3)=\frac{NH_4+NO_3}{KHN+NH_4+NO_3} \tag{5.2.10}$$

$$f_1(PO_4)=\frac{PO_4}{KHP+PO_4} \tag{5.2.11}$$

$$f_1(SAd)=\frac{SAd}{KHS+SAd} \tag{5.2.12}$$

式中，NH_4+NO_3为氨和硝酸盐浓度，质量/体积；PO_4为正磷酸盐浓度，质量/体积；SAd为可用溶解性硅浓度，质量/体积；KHN是氮半饱和度常数，质量/体积；KHP为磷半饱和度常数，质量/体积；KHS为硅半饱和度常数，质量/体积。

早期的研究结果中给出了半饱和度常数的值，例如Bowie等（1985）的报告中表6-10，其中该值变化范围非常大，达3个数量级。不同的限制公式（乘法，最小量和调和平均）通常导致不同的半饱和常数值。式（5.2.7）和式（5.2.8）为乘法公式。

在水质模型中，确定藻类生长所需哪些具体种类的营养物质取决于所研究的藻和水生系统。磷和氮是两类最常使用的营养物质。按照Liebig的最小因子率，藻类生长状态由最少供应量的营养物质所决定。蓝藻和绿藻的营养物质限制表示如下：

$$f_1(N) = \min\left(\frac{NH_4 + NO_3}{KHN_x + NH_4 + NO_3}, \frac{PO_4\,d}{KHP_x + PO_4\,d}\right) \tag{5.2.13}$$

式中，KHN_x为对于藻类群x的氮半饱和常数，质量/体积；KHP_x 为对于藻类群x的磷半饱和常数，质量/体积；下标x为c和g，分别代表蓝藻和绿藻，质量/体积。

对于固氮蓝藻（蓝-绿藻），式（5.2.13）中的氮限制项应该被忽略，虽然这种藻类的氮动力学仍应包括在模型中，用于描述氮循环。例如，James等（2005）模拟奥基乔比湖中藻类生长，假设溶解性无机氮（DIN）的浓度低于100 mg/L时，蓝藻的生长不再受氮限制，而且溶解性无机氮不再从水柱中被移除。

当考虑硅藻时，硅限制项将被加入，式（5.2.13）将被修正为

$$f_1(N) = \min\left(\frac{NH_4 + NO_3}{KHN_d + NH_4 + NO_3}, \frac{PO_4\,d}{KHP_d + PO_4\,d}, \frac{SAd}{KHS + SAd}\right) \tag{5.2.14}$$

式中，KHN_d为硅藻的氮半饱和浓度，质量/体积；KHP_d为硅藻的磷半饱和浓度，质量/体积。

5.2.3.2　藻类生长和光合作用所需的阳光

生态系统最终都是由太阳能推动的。阳光是水体的主要热源，而且在水生初级生产力中发挥基础作用。对阳光的竞争会引起富营养化后植物多样性的缺失（Hautier et al.，2009），绿色植物和藻类的独特之处在于它们具备利用太阳能生产自身食物的能力，即可以进行光合作用。光合作用过程中关键组分是藻类叶绿体及更高植物茎叶中的叶绿素，但叶绿素不参与其中的化学反应，只作为吸取太阳光能的催化剂。

光合作用是植物利用光作为能量来源将二氧化碳（CO_2）和水（H_2O）转变为碳化合物和氧气的新陈代谢过程。光合作用是浮游植物和沉水植物初级生产力的本质。在光合作用中，植物捕获太阳能并将其作为化学能储存在有机化合物中。光合作用相反的化学过程为呼吸作用，碳化合物的“燃烧”为新陈代谢提供动力。

光合作用主要有两个阶段。第一阶段需要阳光，叶绿素捕获太阳能将水分子分离，氢原子继续留在叶绿体内，而氧原子被释放出来；第二阶段，氢原子与CO_2结合生成一个新的葡萄糖分子，葡萄糖分子存储的化学能在呼吸作用时会被释放。光合作用是一系列复杂的反应。这个化学反应的简单形式是利用水、二氧化碳和光能生产单糖（葡萄糖）和氧气。控制光合作用的方程为

$$6CO_2 + 6H_2O + \text{光能} \xrightarrow[\text{色素}]{\text{无机营养物}} C_6H_{12}O_6 + 6O_2 \tag{5.2.15}$$

式中的葡萄糖（$C_6H_{12}O_6$）表示植物中的任意有机质。利用太阳能创造化学能并将其存储在细胞组织中的植物被称为初级生产者，因为它们可以从无机形态创造有机质。式（5.2.15）表示阳光是光合作用的主要驱动力。因此，地理位置、季节和昼长都影响入射光，它们都是天然水体中富营养化过程的重要因素。

藻类能生长的最大水深由光照水平决定。透光层是水体上部的一部分，其中有充足的阳光（超过1%的入射光）保证光合作用的发生。根据一般经验，这个深度大约为Secchi深度的2～3倍。透光层随着光衰减系数的增加而减小。生长活跃的藻类存在于透光层。在水表和近水表区域，光合作用由于光线强烈而处于或接近最大速率，而在透光层下方，由于光照不足光合作用将会停止。

水体的透明度影响阳光穿透进水体中的范围，降低水体透明度会降低透光层。水体对光线的吸收和减弱作用是控制光合作用的重要因素。入射光会被水体本身和溶解在水体中的有色物质吸收。颗粒物质会反射光线，形成散射效应。这些因素的最终结果导致光线强度随着深度的增加而减弱。入射光穿透的水体越深，光合作用能发生的地方就越深。水体中的光线强度（或者太阳辐射）可以使用比尔定律进行计算，如式（2.3.17）所示，其表述为光线随着深度成指数下降并且可以表示为一个负指数方程：

$$I(D) = I_s e^{-K_e D} \tag{5.2.16}$$

式中，$I(D)$为水面下深度为D处光线强度（或者太阳辐射），W/m^2；I_s是水面太阳辐射（$D = 0$），W/m^2；D为水深，m；K_e为消光系数，m^{-1}。

式（5.2.16）中关键参数是消光系数K_e，由水体的透明度（或者浊度）决定。消光系数是用来度量水体的垂直光线减弱、总悬浮物（例如藻类、有机碎屑和无机沉积物）消光和透明度降低的系数。也有可能是高浓度的光吸收溶解性物质。计算K_e的方法有很多。当模拟时间短而且水体浊度变化很小的情况下，消光函数可以取为一个常数。对于季节和年度模拟，水体浊度随着TSS浓度和藻类浓度的变化而发生明显改变。消光系数随着总悬浮固体和藻类浓度的增加而增加，并可以通过下面的方程进行计算：

$$K_e = K_0 + K_1 \cdot TSS + K_2 \cdot B \tag{5.2.17}$$

式中，K_0为除了TSS和藻类之外所有吸光成分的消光系数（与深度成反比，1/深度）；TSS为总悬浮固体浓度，质量/体积；K_1为TSS 的消光系数因子，体积 /（质量 × 长度）；B为总藻浓度，质量/体积；K_2为藻类的消光系数因子，体积 /（质量 × 长度）。

水色影响包括在K_0中。当TSS未知时，TSS的浑浊影响将统一包括在K_0中。总藻浓度B为水体中所有藻类总和，可以按表5.1.1中规定那样描述为$B_c + B_d + B_g$。遮蔽可以阻止光线到达进行光合作用的有机体。藻类的消光系数因子K_2，同时也被称为自我遮蔽因子，反映了藻类本身的生长会增加水体的浊度并同时减少未来藻类生长的可用光。

使用式（5.2.16）和式（5.2.17）计算光线强度（I）之后，光线强度的生长限制函数$f_2(I)$（Steele，1962）给出如下：

$$f_2(I) = \frac{I}{I_k} \exp\left(1 - \frac{I}{I_k}\right) \tag{5.2.18}$$

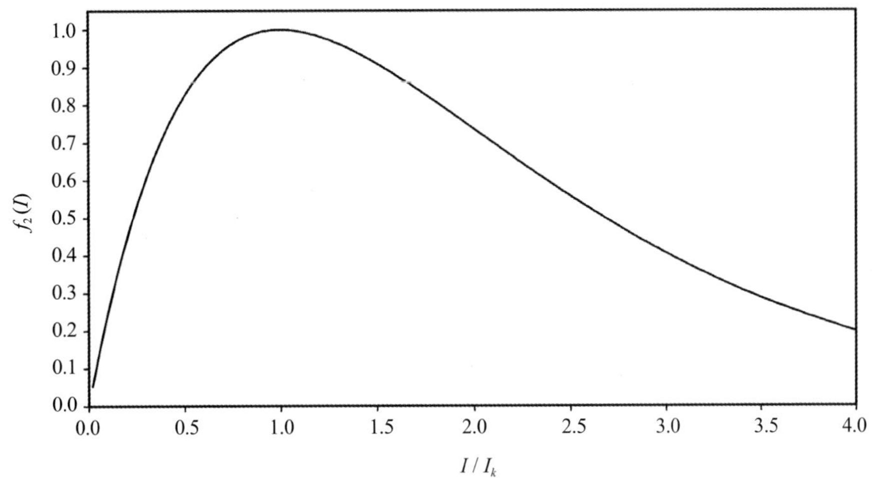

图 5.2.2　藻类成长的光线强度限制函数

式中，I_k为最适宜光线强度。如图5.2.2所示，当$I = I_k$时，$f_2(I)$达到最大值(= 1)。

由于光线随着时间连续变化，一些模型积分24 h的光线限制函数得到一天的平均值。Cerco和Cole（1994）及Park等（1995）在水质模型中用每日和每层积分的$f_2(I)$：

$$f_2(I) = \frac{2.718 \cdot FD}{Kess \cdot \Delta z}\left(e^{-\alpha_B} - e^{-\alpha_T}\right) \tag{5.2.19}$$

这里

$$\alpha_B = \frac{I_0}{FD \cdot (I_s)_x} \cdot \exp\left(-Kess[H_T + \Delta z]\right) \tag{5.2.20}$$

$$\alpha_T = \frac{I_0}{FD \cdot (I_s)_x} \cdot \exp\left(-Kess \cdot H_T\right) \tag{5.2.21}$$

式中，FD为日长分数（$0 \leqslant FD \leqslant 1$），$Kess$等于$K_e$，是总消光系数，$m^{-1}$，$\Delta z$为层厚度，m，$I_0$为水表每日总光线强度，兰利/d（注：1兰利 = 41 840.00 J/m^2）；$(I_s)_x$ 为藻类群x的最佳光强，兰利/d；H_T为从游离面到该层顶部的深度，m。

总消光系数$Kess$如下：

$$Kess = Ke_b + Ke_{TSS} \cdot TSS + Ke_{Chl} \cdot \sum_{x=c,d,g}\left(\frac{B_x}{CChl_x}\right) \tag{5.2.22}$$

式中，Ke_b为背景消光，m^{-1}；Ke_{TSS}为总悬浮固体的消光系数，$m^{-1}/(mg/m^3)$；TSS为水动力模型提供的总悬浮固体浓度，g/m^3；Ke_{Chl}为叶绿素a的消光系数，$m^{-1}/(mg/m^3)$；$CChl_x$为藻类群x中碳对叶绿素的比例，g/mg。

式（5.2.22）与式（5.2.17）类似。光合作用的最适合光强(I_s)可以表示为

$$(I_s)_x = \min\left[(I_0)_{avg} \cdot e^{-Kess \cdot (D_{opt})_x}, (I_s)_{min}\right] \tag{5.2.23}$$

式中，$(D_{opt})_x$是藻类群组x的最大藻类生长深度，m；$(I_0)_{avg}$为修正表面光强，兰利/d。

式（5.2.23）中的最小光强$(I_s)_{min}$，定义为藻类无法存活的极端低光线水平。修正表面光强$(I_0)_{avg}$，使用如下公式估算：

$$(I_0)_{avg} = CI_a \cdot I_0 + CI_b \cdot I_1 + CI_c \cdot I_2 \tag{5.2.24}$$

式中，I_1为模拟日前一天的每日光强，兰利/d；I_2为模拟日前两天的每日光强，兰利/d；CI_a，CI_b和CI_c分别为I_0、I_1和I_2的权重因子（$CI_a + CI_b + CI_c = 1$）。

5.2.4 藻类减少

藻类浓度由生长和减少速率之差决定。前面的章节中已经介绍了藻类生长，在本节中将介绍由式（5.2.6）表示的基础新陈代谢、捕食和沉降引起的藻类减少。

5.2.4.1 基础新陈代谢

基础新陈代谢通指发生在生物体内的生化过程，并为其提供生命过程和活动所需的能量。在式（5.2.6）中，基础新陈代谢项（$-BM_xB_x$）包含了由于呼吸和排泄引起的藻类减少。

所有的生物体需要持续的能量供给以维持它们的生命。在有氧条件下，生物体可以通过呼吸作用来维持能量供给。呼吸作用是一种将有机碳氧化为二氧化碳和水并有净能量释放的新陈代谢过程。植物和藻类通过储存这些能量来维持新陈代谢过程，或将能量传递给水体系统中以植物为食的动物。藻类昼夜都进行连续的呼吸，而且藻类的有氧呼吸需要氧气。在呼吸作用期间，消耗氧气释放二氧化碳。植物残渣被分解为葡萄糖，然后转换成能量。这个化学反应可以使用下面简单的方程进行描述：

$$C_6H_{12}O_6 + 6O_2 \rightarrow 6CO_2 + 6H_2O + \text{释放能量} \tag{5.2.25}$$

比较式（5.2.25）和式（5.2.15），可以轻易地发现，呼吸作用是光合作用的相反过程并且会导致藻类生物量的减少。

排泄是将废物和当前过剩物质去除的过程。藻类和浮游动物的营养物质排泄是营养物质循环的主要组成部分之一。如式（5.2.6），在模式中呼吸和排泄通常合并作为一个项，其包括所有新陈代谢损失和排泄过程。

大多数模型将基础新陈代谢表示为恒量损失项或者是温度的函数，通用表示方法如下：

$$BM_x = BMR_x \cdot f_{BM}(T - TR_x) \tag{5.2.26}$$

式中，BMR_x为藻类群x在TR_x温度下的基础新陈代谢速率，时间$^{-1}$；$f_{BM}(T)$为基础代谢的温度函数，无量纲；TR_x为藻类群x的基础新陈代谢参考温度，℃。

式（5.2.26）的常用形式为阿累尼乌斯方程，参考温度为20℃。与式（5. 1.8）相似，它的形式如下：

$$BM_x = BMR_x \cdot \theta^{(T-20)} \tag{5.2.27}$$

式中，θ为温度效应常数，无量纲。

Cerco和Cole（1994）指出基础新陈代谢是温度的指数递增函数：

$$BM_x = BMR_x \cdot e^{KTB_x\ (T-20)} \tag{5.2.28}$$

式中，KTB_x为温度对藻类群x新陈代谢的影响，℃$^{-1}$。

这里需要提一下，如果参数取自文献的通常值，式（5.2.27）和式（5.2.28）实际给出相近的BM_x值。例如，式（5.2.27）中$\theta = 1.045$（Di Toro，Matystik，1980），式（5.2.28）中$KTB_x = 0.04$℃$^{-1}$，对于基础新陈代谢的这两个温度函数，$\theta^{(T-20)}$和$e^{KTB_x(T-20)}$，有非常接近的值（图5.2.3）。

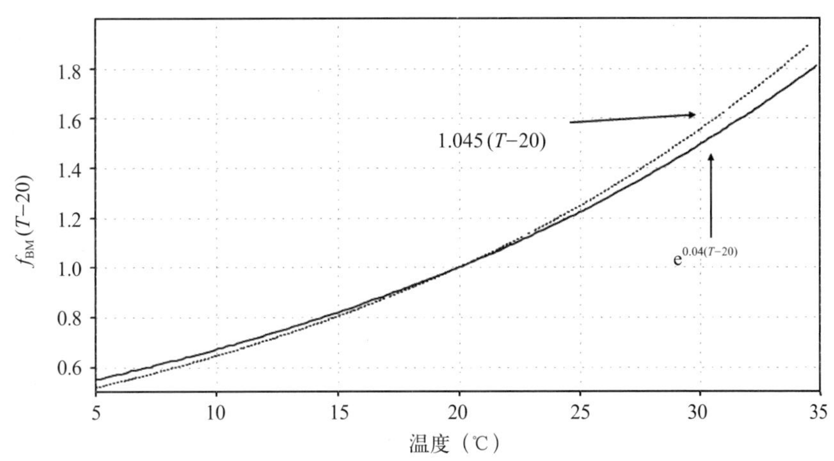

图5.2.3　基础新陈代谢的温度函数

5.2.4.2　藻类捕食

浮游动物是由动物生命组成的浮游生物，随着水流飘动。它包括成年大型生物体（例如蟹和鱼）的幼体和从来不超过几毫米长的小动物。浮游动物消耗藻类、细菌、碎屑或其他浮游动物，而最后被小鱼吃掉。藻类捕食指的是藻类被浮游动物或其他水生生物所消费。

浮游动物构成了食物网中一个重要纽带。依据时节、浮游动物种群和浮游动物捕食速率的变化，浮游动物的捕食可以成为藻类损耗的关键原因。这些生物过滤周围的水并食用其中的藻类。这个过滤速率与水温和藻类浓度紧密相连。一些浮游植物种类被浮游动物偏好更容易被捕食。例如，单细胞硅藻和绿藻容易被消耗，而一些蓝藻却可幸免。即使营养物质水平高，高密度的浮游动物（和其他藻类消耗者）也会导致藻类生物量过低。在这种情况下，水体中的特点可表现为：溶解性营养物质增加、浊度降低以及大型植物茂盛。

一些模型包含了考虑浮游动物的方程以计算藻类捕食。然而，有关浮游动物的资料有限，使得模式无法包含计算浮游动物群体的具体公式。作为代替，式（5.2.6）中浮游动物捕食速率通常用常数代替：

$$PR_x = 常数 \tag{5.2.29}$$

式中，PR_x为藻类群x的捕食速率，d^{-1}。

另外一种描述藻类捕食速率而不用直接模拟浮游动物的方法是把 PR_x和温度、藻类生物量联系起来。与基础新陈代谢的方程式（5.2.28）类似，下面的方程可以用于藻类捕食（Tetra Tech，2006）：

$$PR_x = PRR_x \left(\frac{B_x}{B_{xP}} \right)^{\alpha_P} e^{KTB_x(T-TR_x)} \tag{5.2.30}$$

式中，PRR_x为对于群组x在参考温度TR_x下的捕食速率TR_x，d^{-1}；B_{xP}为捕食的参考藻类浓度（以碳计），g /m^3；α_P为指数相关因子。

式（5.2.30）的好处在于当藻类浓度B_x与参考藻类浓度B_{xP}相比大很多时（或者小很多），捕食速率将非常小（或者非常大）。这有效地减少了模型中的藻类浓度波动。

虽然如式（5.2.28）和式（5.2.30）中描述的基础新陈代谢和藻类捕食有相似的公式，但是这两个过程有不同的终产物（如有机碳、氮、磷和硅）分布。藻类捕食的最终产物主要为颗粒有机质，而基础新陈代谢最终产物主要为溶解性有机物和溶解性无机物。

5.2.4.3 藻类沉降

除基础新陈代谢和藻类捕食之外，藻类沉降是另外一个从水体中物理去除藻类的重要机制。在藻类动力学方程式（5.2.6）中，藻类沉淀表示为$\frac{\partial}{\partial z}(WS_x \cdot B_x)$。藻类比水略微重一些，因此，尽管藻类和水之间的密度差很小，沉降仍然发生。这个过程使得藻类从透光层移除。在有强垂直混合的水体中，藻类沉淀通常很微弱，但是仍然引起藻类的减少。

在天然水体中的藻类沉淀是一个复杂的现象并取决于诸多因素，例如：

（1）藻类的密度、尺寸和外形；

（2）水体的密度、速度、湍流强度和黏性。

藻类的沉降速率还取决于所使用的模型。在一层（或者垂直平均）模型中，藻类沉降表现为藻类生物量转移到沉积物，因此对于这个水体是一个汇项。对于一个拥有多个垂直层的模型，藻类沉降表现为藻类颗粒向下较低层的垂直位移，因此对于较高层是一个汇项，同时对于较低层是一个源项。因此，沉降速率的定义是不同的，其主要取决于模型的垂直分辨率。另外，只有一层的水质模型不能充分地解决垂直传输过程，例如上升流和垂直环流。为了弥补这个不足，单层模型可能还需要指定与多层模型不同的沉降速度。在水质模型中计算藻的沉降速度是不现实的。大多数模型规定藻类沉降速度作为模型参数，例如在式（5.2.6）中，WS_c、WS_d 和 WS_g分别代表3个藻类群组中的1种。已发表的藻类沉降速度相差达几个数量级，典型范围为0.05 ~ 15 m/d（Bowie et al.，1985，表 6-19）。

沉降的藻可以成为沉积床的主要营养物质来源，并在沉积物成岩作用过程中扮演重要角色。在底床上沉降后的藻生物量经历细菌和生化作用，然后释放营养物质回到水体中。5.7节中讨论的沉积成岩过程将建立沉积床中的藻类和营养物质与水中物质的联系机制。

5.2.5　硅和硅藻

只有当考虑硅藻时水质模型中才包括硅。

硅（Si）是一种非金属元素并且是地壳中含量最为丰富的元素之一。硅可以迅速地与氧和水发生反应，所以硅在自然界中通常没有纯的形态。硅主要以硅酸盐形态（在岩石中）存在。大多数硅由于其不溶解特性而不能被藻类吸收。当与水结合，硅酸盐能转变为原硅酸，这种形态可以直接被硅藻吸收。在富营养化研究中，二氧化硅（SiO_2）通常用作表示硅藻生长需要的硅。

水体中的二氧化硅主要来源于陆地上岩石的风化和侵蚀作用。表面径流携带它进入小溪和河流，然后进入湖泊和河口。来自上游河流的二氧化硅是河口硅的主要外部来源。来自人类活动的二氧化硅来源通常较小，包括废水处理厂（来自家庭清洁剂）和造纸业。因为二氧化硅主要来源于自然界，所以通常不会挑选它作为承担藻类生长控制和富营养化管理的营养盐因子。

但二氧化硅可以作为硅藻生长限制营养物质。所有藻类，例如蓝藻和绿藻，需要磷和氮作为营养物质，只有硅藻为了生长同时需要二氧化硅。硅藻聚集硅作为其细胞壁的结构元素。营养物质的比例，氮：硅：磷（N：Si：P），会影响何种藻类成为水体中的优势类群。Malone等（1996）报告指出当可用营养物质（硅：磷）比值在100～300的范围内时，切萨皮克湾表现出强的硅限制。

如果存在充足的可用营养物质（硅、磷和氮），硅藻会迅速生长。在天然水体中，由于有大量的硅通过地表径流进入水体，硅藻通常在春季成为主要藻类。当水中的可用硅消耗殆尽并存储在硅藻内后，硅藻水华结束。这种营养物质的耗尽会引起硅藻浓度的急剧下降和其他藻类（非硅藻）的生长。硅藻沉降在水体底部，它们缓慢溶解，然后释放硅回到水体中。硅和硅藻在水体和底床中的循环受其他营养物质（磷和氮）浓度的影响。由人类活动引起的磷和氮负荷增加将导致硅藻的增加和水体中硅的迅速吸收。硅藻的沉降将硅从水体中转移到沉积物上，导致水体中硅的供给降低，并改变了N：Si和P：Si的比例。结果使可供硅藻生长利用的硅更为有限。

如表5.1.1中所示，硅可以被描述为两个状态变量：颗粒生物硅（SU）和可用硅（SA）。SU代表硅藻生长难以利用的硅。SA拥有两个形态：溶解态和颗粒态。溶解性可用硅（Sad）代表可以被硅藻直接利用吸收的硅。式（5.2.6）中的硅藻方程与蓝藻和绿藻的方程一样。营养物质限制函数$f_1(N)$，需要采用式（5.2.14）将硅包括进来。SU包含以下的源和汇（Cerco，Cole，1994）：①硅藻基础新陈代谢（BM_d）和捕食（PR_d）；②分解为可用硅；③沉降；④外部负荷。相应的动力学方程为：

$$\frac{\partial SU}{\partial t}=(FSP_{\mathrm{d}}\cdot BM_{\mathrm{d}}+FSPP\cdot PR_{\mathrm{d}})ASC_{\mathrm{d}}\cdot B_{\mathrm{d}}-K_{\mathrm{SUA}}\cdot SU+\frac{\partial}{\partial z}(w_s\cdot SU)+\frac{WSU}{V} \tag{5.2.31}$$

式中，SU为颗粒生物硅浓度（以硅计），g/m^3；FSP_{d}为由硅藻代谢的硅中所生成的颗粒生物硅部分；$FSPP$为被硅藻摄取的硅中所生成的颗粒生物硅部分；ASC_{d}为硅藻中硅对碳比率，g/g；K_{SUA}为颗粒生物硅的分解速率，d^{-1}；w_s为黏性泥沙沉降速度，m/s；WSU为颗粒生物硅的外部负载量（以硅计），g/d。

SA包括以下的源和汇：①硅藻的基础新陈代谢（BM_d）、捕食（PR_d）和吸收（P_d）；②吸附性（颗粒）可用硅的沉降；③颗粒生物硅的溶解；④底层溶解性硅在沉积物和水之间的交换；⑤外部负荷。描述这些过程的动力学方程为：

$$\frac{\partial SA}{\partial t}=(FSI_d\cdot BM_d+FSIP\cdot PR_d-P_d)ASC_d\cdot B_d+K_{SUA}\cdot SU+\frac{\partial}{\partial z}(w_s\cdot SAp)+\frac{BFSAd}{\Delta z}+\frac{WSA}{V} \tag{5.2.32}$$

式中，SA为可用硅浓度，g/m^3；SAd为溶解性可用硅，g/m^3；SAp为颗粒（吸附性）可用硅，g/m^3；FSI_d为由硅藻代谢的硅中所生成的可用硅部分；$FSIP$为被硅藻捕食的硅中所生成的可用硅部分；$BFSAd$为可用硅沉淀和水之间的交换通量，g/(m^2·d)，只用于底部层；Δz为模型中底层厚度；WSA为可用硅的外部负荷量，g/d。

可用硅包括溶解态（SAd）和颗粒态（SAp）：

$$SA=SAd+SAp \tag{5.2.33}$$

在式（5.2.31）和式（5.2.32）中，这项表示为硅藻生物量函数（B_d），描述硅藻对硅的影响，包括基本新陈代谢和捕食。FSP_d，FSI_d，$FSPP$和$FSIP$等组分总计为基础新陈代谢和捕食两者释放的硅，而且它们必须满足对于基础新陈代谢，$FSP_d+FSI_d=1$；而对于捕食，$FSPP+FSIP=1$。

这两个方程的其他特征包括：

（1）可用硅（SA）被硅藻生长（P_d）所消耗，而难利用硅（SU）不被消耗。

（2）SU分解（K_{SUA}）转变为SA。

（3）总可用硅（SA）中只有颗粒可用硅（SAp）可以沉降。

（4）总可用硅（SA）中只有在底床中由沉积成岩过程产生的溶解性可用硅（SAd）在沉积物和底床水界面之间交换。

可用硅吸附在黏性沉积物上，而且受到吸附和解吸过程影响。与毒素方程式（4.3.8）和式（4.3.9）类似，可用硅与沉积物有以下关系：

$$SAp=\frac{K_{SAp}\cdot S}{1+K_{SAp}\cdot S}SA \tag{5.2.34}$$

$$SAd=\frac{1}{1+K_{SAp}\cdot S}SA=SA-SAp \tag{5.2.35}$$

式中，K_{SAp}为可用硅的分配系数，g/m^3；S为沉积物浓度，g/m^3。

分解速率K_{SUA}，表现为温度的指数函数：

$$K_{SUA}=K_{SU}\cdot e^{KT_{SUA}(T-TR_{SUA})} \tag{5.2.36}$$

式中，K_{SU}为TR_{SUA}下颗粒生物硅的分解速率，d^{-1}；KT_{SUA}为温度对颗粒生物硅分解的影响，$°C^{-1}$；TR_{SUA}为颗粒生物硅分解的参考温度，°C。式（5.2.36）与式（5.2.28）中的基础新陈代谢项和式（5.2.30）中的捕食项有类似的形式。

5.2.6　底栖生物

底栖生物是一个附着在基底（例如岩石、大植物，或者水体底部）的生物群体。这些生物包括藻类、真菌、细菌和原生动物。底栖藻类是底栖生物的一个最重要的群体，并通常是底栖生物研究的焦点。长在植物上的底栖生物常被称为附着植物群落。当大量的底栖生物消耗水体中的营养物质时，会降低藻类水华的危险。底栖生物同时也是无脊椎动物和鱼类的重要食物来源。底栖生物和其他自由漂浮藻类（如：蓝藻，硅藻，绿藻）最典型的不同在于底栖生物依附在水体底部而停留在固定位置，而其他藻类可以在水体自由漂浮。

底栖生物通常可以依附在漂浮的大型植物或沉积物–水界面底层。底栖附着生物利用的磷来自沉积物或者水体，而附着生物群落获取的磷主要来源于水体。漂浮的底栖生物获取的磷大多来源于水体（Reddy et al.，1999）。在大量底栖生物活动的水体，多数的磷是被系统中底栖生物再循环使用，只有少数被水体中大型植物吸收。此外，沉积物到表层水体的磷的通量受界面底栖生物影响，因为底栖生物自身会吸收大量磷（Carton，Wetzel，1988；Wetzel，1990）。底栖生物通常存在于浅的硬质底部环境中，并能影响营养物质吸收和氧气的日变化。底栖生物可以作为激流水体水质的敏感指示生物。Quinn在1991提出底栖生物过度生长导致：

（1）由于脱落物使得水体浑浊、水色改变并且出现漂浮的席状物；

（2）大的pH和DO的日变化能够抑制或消除敏感物种；

（3）进水口的拦网和过滤器的堵塞；

（4）底床的密集垫层减少了内部砾石循环及底栖无脊椎动物和鱼类产卵的栖息地；

（5）由于景观变差，游泳和其他水体娱乐方式受限或者欣赏价值下降。

底栖生物与其他藻类（蓝–绿藻，硅藻和绿藻）有类似的生长需求，而且受生长、基础新陈代谢和捕食等一些基础过程的影响。根据式（5.2.6），其表现为下面形式：

$$\frac{\partial B_m}{\partial t} = (P_m - BM_m - PR_m)B_m \tag{5.2.37}$$

式中，B_m为底栖生物的藻生物量（以碳计），g/m^2；t为时间，d；P_m为底栖生物的生产率，d^{-1}；BM_m为底栖生物基础代谢速率，d^{-1}；PR_m为底栖生物的捕食速率，d^{-1}。

式（5.2.6）中的沉降丢失项和外部负荷项在这里被忽略掉了。底栖生物数量被视为一个类群，并用碳表示藻生物量。由于特点不同，模拟底栖生物的技术和其他自由漂浮藻类不同，包括：

（1）水平输送：底栖生物由于附着在底床所以不进行水动力输送；

（2）流速：底栖生物的营养物质可利用性受流速的影响；

（3）垂直沉降：底栖生物没有沉降，相反，却有脱落和冲刷引起的额外损失；

（4）单位：底栖生物采用面密度描述而不是体积浓度；

（5）底部基质的可利用性：由于底栖生物通常生活在浅的硬底环境中，所以底部基质的特性通常限制底栖生物的生长。

底栖生物的生产速率P_m，可以表示为（Warwick et al.，1997；USEPA，2000d）：

$$P_m = PM_m \cdot f_1(N) \cdot f_2(I) \cdot f_3(T) \cdot f_4(V) \cdot f_5(B_m) \tag{5.2.38}$$

式中，PM_m为底栖生物最大生长速率，d^{-1}；$f_1(N)$为关于营养物质的生长限制函数（$0 \leqslant f_1 \leqslant 1$）；$f_2(I)$为关于光强的生长限制函数（$0 \leqslant f_2 \leqslant 1$）；$f_3(T)$为关于温度的生长限制函数（$0 \leqslant f_3 \leqslant 1$）；$f_4(V)$为关于速度的生长限制函数（$0 \leqslant f_4 \leqslant 1$）；$f_5(B_m)$为关于底栖生物生物量的生长限制函数（$0 \leqslant f_5 \leqslant 1$）。

式（5.2.38）中，最前面的3个限函数，f_1，f_2和f_3，描述的过程与式（5.2.7）中给出的相同。对底栖生物生长来说，生长限制函数f_4和f_5是外加的。流速对底栖生物生长具有双重效应。水流混合上覆水和细胞周边的营养匮乏水，并减少了水与底栖生物之间界面的营养物质浓度衰减薄层的厚度，从而促进底栖生物的生长（Whitford，Schumacher，1964）。底栖生物与上覆水之间的营养物质交换的增加会促进底栖生物的生长。水流总是连续地冲刷着底栖生物的基质。Horner等（1990）指出，在一定流速内，底栖生物生长与流速正相关。超过这一流速，冲刷和脱落会降低生物量的生长。

简而言之，对于速度$f_4(V)$，生长限制函数，可以使用Michaelis-Menten方程描述：

$$f_4(V) = \begin{cases} \dfrac{V}{KMV + V}, & V \geqslant V_{\min} \\ \dfrac{V_{\min}}{KMV + V_{\min}}, & V < V_{\min} \end{cases} \tag{5.2.39}$$

式中，V为流速，m/s；$V_{\min}$为参考最小流速，m/s；KMV为半饱和流速，m/s。

Michaelis-Menten方程在低流速时限制底栖生物生长。半饱和流速KMV是指处于最大生长速率一半时的流速。这个方法类似于在章节5.2.3中讨论的营养物质限制。然而，Michaelis-Menten方程在低流速下过分的限制底栖生物的生长，并且会导致在静止水中底栖生物消失。为了避免这个问题，在式（5.2.39）中，当V非常小时（小于$V_{\min}$），设置$f_4(V)$为一个常数$\left(= \dfrac{V_{\min}}{KMV + V_{\min}}\right)$。

当流速非常大时，式（5.2.39）不包括冲刷影响。公式类似于温度影响式（5.1.9）。可以表示为

$$f_4(V) = \begin{cases} \mathrm{e}^{-KVM1 \cdot (V - V_1)^2}, & \text{当} \quad V < V_1 \quad \text{时} \\ 1.0, & \text{当} \quad V_1 \leqslant V \leqslant V_1 \quad \text{时} \\ \mathrm{e}^{-KVM2 \cdot (V - V_2)^2}, & \text{当} \quad V > V_2 \quad \text{时} \end{cases} \tag{5.2.40}$$

式中，V_1为底栖生物生长最适合速度范围最低值；V_2为底栖生物生长最适合速度范围最高值；

$KVM1$为低于V_1的流速对底栖生物生长的影响；$KVM2$为高于V_2的流速对底栖生物生长的影响。式（5.2.40）反映了高流速可能引起冲刷和底栖生物减少的现象。式（5.2.40）的曲线与图5.1.8中温度对应的曲线相似。

底栖生物生长同样受到水底底质适用性的影响，并且高底栖生物密度会限制底栖生物生产力。Michaelis-Menten方程可以用于表示这种关系：

$$f_5(B_m) = \frac{KMB}{KMB + B_m} \tag{5.2.41}$$

式中，KMB为底栖生物生物量的半饱和常数（以碳计），g/m^2；B_m为底栖生物的藻类生物量（以碳计），g/m^2。式（5.2.41）指出，当底床上没有底栖生物时（$B_m = 0$），底栖生物密度的限制函数等于1.0，对底栖生物生长没有限制。当B_m等于半饱和常数KMB时，生长速率为最大生长速率的一半。Caupp等（1991）对于加利福尼亚境内的河流采用的KMB值（以碳计）为5.0 g/m^2。

5.3　有机碳

碳是生命物质中最为丰富的元素之一，也是有机物质的基本成分。总碳由有机和无机两种形态组成，每种形态又分为溶解态和颗粒态两种相态。光合作用可以将无机碳转化为有机碳。由于藻类生长需要阳光，光合作用只发生在水体上层有充足阳光的地方。正如第4章中论述的一样，无机碳直接影响水体中pH值。因为可利用的无机碳总是过量的，所以富营养化模型通常不考虑无机碳（如，Cerco，Cole，1994），除非包含pH值的模拟。

有机碳的生产是富营养化作用研究中的关键过程。有机碳循环由光合作用、呼吸作用和分解作用组成。由于有机碳衰变有快有慢，可以分为较快的衰变（活性）和较慢的衰变（难溶）。在水质模型中，有机碳可以分为（表5.1.1，图5.3.1）：难溶颗粒态有机碳（RPOC），活性颗粒态有机碳（LPOC）和溶解有机碳（DOC）。总有机碳（TOC）为所有有机碳化合物的总和，可以表示为

$$TOC = RPOC + LPOC + DOC \tag{5.3.1}$$

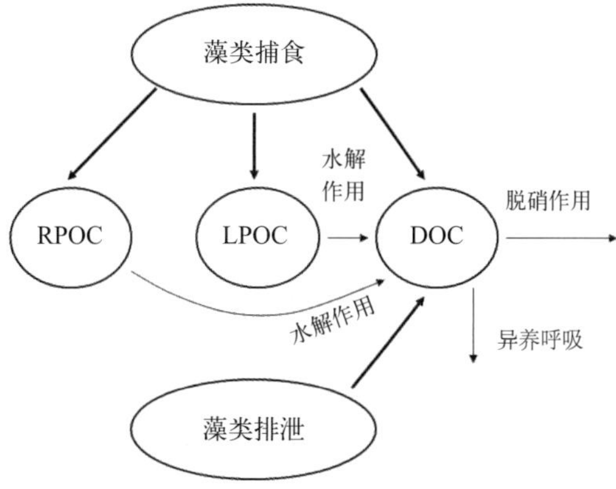

图 5.3.1　有机碳状态变化和转化过程

活性颗粒态有机碳的分解时间尺度为几天到几周，在水体中和沉积床都可以迅速衰变。难溶颗粒态有机碳沉淀到沉积床以后才会分解，分解的时间尺度为几个月至几个季度。通过沉积成岩作用，这些沉积的RPOC可以在很长时间内（几个季度或者几年）影响水体的水质。有机碳的来源包括动植物的排泄物、生物体（如藻类）的死亡和外部负荷（图5.3.1）。点源（如废水处理厂）排放的有机物可能是有机碳的主要来源，它们将引起水体的溶解氧严重亏损甚至超过水质标准；来自流域植被的有机物中一般少活性颗粒态有机碳而多难溶颗粒态有机碳；而来自化肥和市政污水的有机物通常具有高的活性颗粒态有机碳含量。

有机碳的转化以级联方法表示（图5.3.1）：

（1）藻类捕食和藻类排泄对RPOC，LPOC和 DOC的贡献；

（2）水解作用将RPOC和 LPOC转化为DOC；

（3）脱硝作用和异养呼吸作用除去DOC。

5.3.1　有机碳的降解

细菌通过分解有机物质以获得生长所需能量。细菌将有机物质破碎成更简单的有机成分，最终将其转变为无机物。这种降解施加氧耗而从水体中去除溶解氧。这种降解作用的简化表达式与呼吸作用方程式（5.2.25）相同，表示为

$$C_6H_{12}O_6 + O_2 \xrightarrow{\text{能量释放}} CO_2 + H_2O \tag{5.3.2}$$

这里葡萄糖（$C_6H_{12}O_6$）代表有机化合物。通过葡萄糖转化为二氧化碳和水释放化学能，应用于多种细胞过程。式（5.3.2）描绘的反应与式（5.2.15）所描绘的光合作用相对立。式（5.3.2）显示氧化有机质需要氧气，而这正是水生系统内氧耗的主要来源。碳和氧的动力学是密切相关的。产生氧的时候会生产有机碳，而氧的消耗伴随着有机碳降解。

经过长时间氧耗，在厌氧状态下，一些细菌会利用硝酸盐代替氧气，但是这些细菌只存在于底床和层结水体的底部。当可用氧不足时，会由完全不同的微生物进行厌氧降解。它们的最终产物可能非常令人厌烦，包括硫化氢（H_2S）、氨（NH_3）和甲烷（CH_4）。厌氧降解过程可以用下面的公式表示：

$$\text{有机物} \xrightarrow{\text{微生物}} CO_2 + CH_4 + \text{新细胞} + \text{不稳定产物} \tag{5.3.3}$$

5.3.2　有机碳方程

为简单起见，本书中讨论的所有形式的碳均以碳元素浓度表示。例如，碳溶解性有机碳的浓度为10 mg/L是指在1 L水中以溶解性有机碳形式存在的碳元素有10 mg。

除了降解的时间尺度，活性颗粒有机碳（LPOC）和难溶性颗粒有机碳（RPOC）有类似的特性，而且主要受以下的过程控制（图5.3.1）：①藻类捕食；②水解溶解性有机碳；③沉降；④外部

负荷。因此，颗粒有机碳（POC）的控制方程表示为如下形式：

$$\text{POC的净变化} = \text{藻类捕食} - \text{水解} - \text{沉降} + \text{外部负荷} \tag{5.3.4}$$

在式（5.3.4）中，藻类捕食所有种类的藻，包括蓝藻（蓝–绿藻）、硅藻和绿藻。从数学方面讲，式（5.3.4）对于RPOC和LPOC可以写成（Cerco，Cole，1994）

$$\frac{\partial RPOC}{\partial t} = \sum_{x=\mathrm{c,d,g}} FCRP \cdot PR_x \cdot B_x - K_{\mathrm{RPOC}} \cdot RPOC + \frac{\partial}{\partial z}(WS_{\mathrm{RP}} \cdot RPOC) + \frac{WRPOC}{V} \tag{5.3.5}$$

和

$$\frac{\partial LPOC}{\partial t} = \sum_{x=\mathrm{c,d,g}} FCLP \cdot PR_x \cdot B_x - K_{\mathrm{LPOC}} \cdot LPOC + \frac{\partial}{\partial z}(WS_{\mathrm{LP}} \cdot LPOC) + \frac{WLPOC}{V} \tag{5.3.6}$$

式中，$RPOC$为难溶性颗粒有机碳浓度（以碳计），g/m^3；$LPOC$为活性颗粒有机碳浓度（以碳计），g/m^3；$FCRP$为被捕食的碳中所生成的难溶性颗粒有机碳部分；$FCLP$为被捕食的碳中所生成的活性颗粒有机碳部分；K_{RPOC}为难溶性颗粒有机碳水解速率，d^{-1}；K_{LPOC}为活性颗粒有机碳水解速率，d^{-1}；WS_{RP}为难溶性颗粒有机碳沉降速度，m/d；WS_{LP}为活性颗粒有机碳沉降速度，m/d；$WRPOC$为难溶性颗粒有机碳外部负荷量（以碳计），g/d；$WLPOC$为活性颗粒有机碳外部负荷量（以碳计），g/d。

DOC的过程要比RPOC和 LPOC更复杂，如图5.3.1所示。它们包括：①藻类排泄；②藻类捕食；③RPOC的水解；④LPOC的水解；⑤DOC的异养呼吸作用；⑥脱硝作用；⑦外部负荷。表示为

$$\begin{aligned} DOC\text{净变化} &= \text{藻类排泄} + \text{藻类捕食} + RPOC\text{水解} + LPOC\text{水解} \\ &\quad - DOC\text{异养呼吸} - \text{脱硝作用} + \text{外部负荷} \end{aligned} \tag{5.3.7}$$

这七个过程控制DOC浓度的变化，引出的DOC控制方程如下：

$$\begin{aligned} \frac{\partial DOC}{\partial t} &= \sum_{x=\mathrm{c,d,g}} \left[FCD_x + (1 - FCD_x) \frac{KHR_x}{KHR_x + DO} \right] BM_x \cdot B_x + \sum_{x=\mathrm{c,d,g}} FCDP \cdot PR_x \cdot B_x \\ &\quad + K_{\mathrm{RPOC}} \cdot RPOC + K_{\mathrm{LPOC}} \cdot LPOC - K_{\mathrm{HR}} \cdot DOC - Denit \cdot DOC + \frac{WDOC}{V} \end{aligned} \tag{5.3.8}$$

式中，DOC为溶解性有机碳浓度（以碳计），g/m^3；FCD_x为藻类群x的常数（$0 < FCD_x < 1$）；KHR_x为类群x的藻类溶解性有机碳排泄物的溶解氧半饱和常数（以氧计），g/m^3；DO为溶解氧浓度（以氧计），g/m^3；$FCDP$为被捕食碳产生的溶解有机碳部分；K_{HR}为溶解性有机碳的异养呼吸速率，d^{-1}；$Denit$为式（5.5.31）给定的反硝化作用速率，d^{-1}；$WDOC$为溶解性有机碳的外部负荷量（以碳计），g/d。

两个藻类过程影响有机碳浓度：藻类排泄和浮游动物的藻类捕食。这两个过程可以用式（5.3.5）、式（5.3.6）和式（5.3.8）中的求和项（$\sum\limits_{x=\mathrm{c,d,g}}$）表示。藻类的控制方程式（5.2.6）中基础新陈代谢项（$-BM_x \cdot B_x$）实际上包括两个独立过程：藻类排泄和呼吸作用。虽然这两个过程都降

低藻类浓度，但它们的最终有机碳产物不同。

呼吸作用制造二氧化碳，同时排泄主要生产溶解性有机碳。呼吸作用制造的CO_2是无机形式，通常排除在富营养化模拟之外（如，Cerco，Cole，1994）。排泄产生的DOC包含于式（5.3.8）右端的第一项。浮游动物消耗藻类并将碳以RPOC，LPOC和 DOC形态再循环至水体中。因为模型中不直接模拟浮游动物，3个经验参数，FCRP、FCLP 和FCDP用于分配RPOC、LPOC和DOC之间藻碳的比例，它们的总和等于1.0，如下：

$$FCRP + FCLP + FCDP = 1.0 \tag{5.3.9}$$

5.3.3 异养呼吸和降解作用

式（5.3.8）右端第5项，$-K_{\mathrm{HR}} \cdot DOC$，描述了将DOC转变为$CO_2$的异养呼吸作用。异养呼吸作用需要氧。Michaelis-Menten函数用于描述异养呼吸率K_{HR}对溶解氧的依赖性。它的形式为

$$K_{\mathrm{HR}} = \frac{DO}{KHOR_{\mathrm{DO}} + DO} K_{\mathrm{DOC}} \tag{5.3.10}$$

式中，$KHOR_{\mathrm{DO}}$为有氧呼吸溶解氧的半饱和常数（以氧计），g/m^3；K_{DOC}为在充足的溶解氧浓度下溶解性有机碳的异养呼吸速率，d^{-1}。

RPOC和LPOC的降解速率以及DOC的异养呼吸速率K_{RPOC}、K_{LPOC}和 K_{DOC}，可以使用如下方程详细描述：

$$K_{\mathrm{RPOC}} = \left(K_{\mathrm{RC}} + K_{\mathrm{RCalg}} \sum_{x=\mathrm{c,d,g}} B_x\right) \mathrm{e}^{KT_{\mathrm{HDR}}(T - TR_{\mathrm{HDR}})} \tag{5.3.11}$$

$$K_{\mathrm{LPOC}} = \left(K_{\mathrm{LC}} + K_{\mathrm{LCalg}} \sum_{x=\mathrm{c,d,g}} B_x\right) \mathrm{e}^{KT_{\mathrm{HDR}}(T - TR_{\mathrm{HDR}})} \tag{5.3.12}$$

$$K_{\mathrm{DOC}} = \left(K_{\mathrm{DC}} + K_{\mathrm{DCalg}} \sum_{x=\mathrm{c,d,g}} B_x\right) \mathrm{e}^{KT_{\mathrm{MNL}}(T - TR_{\mathrm{MNL}})} \tag{5.3.13}$$

式中，K_{RC}为难溶颗粒有机碳的最小溶解速率，d^{-1}；K_{LC}为活性颗粒有机碳的最小溶解速率，d^{-1}；K_{DC}为溶解性有机碳最小呼吸速率，d^{-1}；K_{RCalg}和K_{LCalg}分别为与藻类生物量的难溶性和活性颗粒有机碳的降解有关的常数，d^{-1}/(g·m^3)（质量以碳计）；K_{DCalg}为与藻类生物量的呼吸作用有关的常数，d^{-1}/(g·m^3)（质量以碳计）；KT_{HDR}为温度对颗粒有机物水解的影响，℃$^{-1}$；TR_{HDR}为颗粒有机物水解的参考温度，℃；KT_{MNL}为温度对溶解性有机物矿化的影响，℃$^{-1}$；TR_{MNL}为溶解性有机物矿化的参考温度，℃。

式（5.3.11）至式（5.3.13）显示了RPOC和LPOC通过水解过程转变为DOC，同时DOC通过矿化作用转变为CO_2。水解和矿化作用在4.4节中已经讨论，它们同样可以应用在本章中描述有机磷和有机氮的转化。

5.4　磷

磷（P）是藻类生长所需的重要营养物质之一。与易溶的氮不同，磷的溶解度小，而且能够强烈地吸附在悬浮固体上通过沉降而脱离水体。这种沉降会引起底床上磷的富集。氮拥有气态（N_2），而磷没有。虽然藻类消耗磷的量要远小于氮，但磷仍然在藻类生长中扮演着关键的角色。磷经常作为限制性营养物质，特别是在淡水中。在原始地区（不受人类活动影响）河流中的磷浓度通常很小。63个相对未受影响区域的河流样本显示总磷浓度的中间值为0.016 mg/L（Alexander et al.，1996）。磷不是一种有毒的元素，除非其呈现非常高的浓度。水体中过高的磷浓度通常会引起水生植物的过度生长和富营养化。水生植物的快速生长和/或藻类数量的迅速增加对生态系统是有害的，将引起藻类水华、水生大型植物的过度生长，进而降低透明度，耗竭氧气。

磷的主要自然源是难溶的矿物质。这些矿物质的陆源侵蚀以及地表径流是新的磷的重要来源。在全面禁止洗涤剂使用磷酸盐之前，地表水获得的相当大部分的磷来自于洗涤剂。禁令降低了主要水域磷的浓度。磷的点源包括污水处理厂和工业排污；非点源包括岩石和矿物质的自然风化、地表径流、大气沉降和动物的直接输入。在原始天然水体中，磷的主要来源是流域的径流和沉积床的通量，磷的大气沉降相对较小。用于农业、工业和其他人类活动中的磷导致其受纳水域的磷负荷增加。过度的磷负荷将导致藻类水华或水生植物的疯长。因此，限制磷的点源和非点源是控制富营养化所必需的。

大多数含磷化合物在不同水体和不同季节会发生变化。跟氮不一样，氮可以以氮气的形态从生态系统中被去除，而磷不能以气体形式清除，只能脱离出水体固化到沉积床。因此，严格来讲，去除磷并不意味着从系统中永久消除了磷，其实只是固化了磷，它仍留在系统中。磷在水体中的去除/固留机制主要有三个：①藻类和植物摄取；②悬浮沉积物的吸附作用；③难溶残留物的迁移和储存（埋藏）。前两项机制（摄取和吸附作用）保留磷的能力是有限的，而第三项埋藏机制（也称堆积）是一项长时间尺度的持续过程。摄取和吸附作用会逐渐饱和，到达其极限承载力后将无法继续去除磷。沉积物吸收在初期可以去除磷，但这个可逆的过程最终也将趋于饱和。藻类和水生植物摄取磷的过程是快速有效的，但仅仅是一个短期的存储和迁移，因为大多数的磷化合物会在藻类、植物、微生物死后重新释放返回水体。只有埋藏机制可以持续、长期、无限量地储存和去除磷。

磷存在于有机和无机形态。这两个形态又包括颗粒态和溶解相态。总磷（TP）用于衡量磷的所有形态，被广泛地作为营养状态的标准。如表5.1.1和图5.4.1所示，水质模型中TP可以分成如下的状态变量：①难溶颗粒态有机磷；②活性颗粒态有机磷；③溶解性有机磷；④总磷酸盐。

每种形态的相对比例取决于这些矿物质的性质和来源。无机磷化合物可以与铁、铝、钙和其他元素形态结合在一起。有机磷形态通常与生物体联系在一起，包括可降解磷化合物（LPOP）和难降解磷化合物（RPOP）。无机磷被统称为总磷酸盐（PO_4t），包括磷酸盐的溶液态和颗粒态两种。颗粒磷酸盐（PO_4p）被假设通过分配过程与溶解性磷酸盐（PO_4d）处于平衡状态。溶解性磷酸盐（PO_4d）可以表示被藻类直接吸收的磷，虽然在磷缺乏的时候，部分有机磷也会被吸收。溶解态活性磷（SRP）是一种溶解性无机物和有机物的混合物，可以用APHA（2000）介绍的方法进行测量。溶解态活性磷（SRP）代表被藻类和水生植物容易利用的磷。在水质模型的研究中，模型的PO_4d经常与测量的SRP相比。SRP可能高估了PO_4d的浓度，因为SRP实际上是亚磷酸盐和低分子量有机磷的组合。低分子量有机磷组分会迅速地循环最终被藻类所吸收，因此，SRP仍然是一种被广泛接受的衡量溶解性生物可利用磷的指标（Sheng，Chen，1993）。

图5.4.1描述了磷的状态变量间的转变过程。磷的主要内部来源是藻类的新陈代谢和浮游动物对藻类的捕食。藻类被浮游动物捕食，营养物质主要是以有机形态，通过浮游动物的死亡回到系统。颗粒有机磷代表有生命和无生命的颗粒物质，例如藻类和碎屑。溶解性有机磷包括有机体排泄的有机磷和可溶性磷化合物。溶解性磷酸盐和颗粒磷酸盐通过吸附–解吸机制互相作用。溶解性磷酸盐被藻类吸收并成为藻类生物量的一部分。水质模型中（如，Cerco，Cole，1994），有机形态要经历水解和矿化或细菌分解成为无机磷才能被藻类摄取。

磷转变过程能够被表述为一种级联方式（图5.4.1）：①RPOP 和LPOP水解为DOP；②DOP矿化为PO_4t；③藻类吸收PO_4t用于生长。

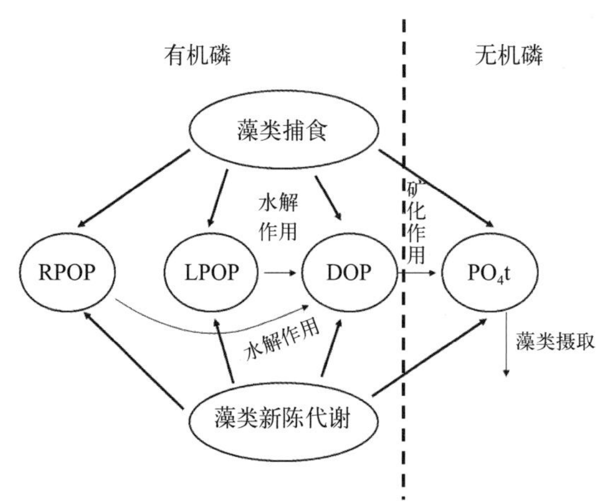

图 5.4.1　磷的状态变化及其转化过程

磷酸盐的转化和传输过程受到沉降过程的强烈影响。图4.3.1描述了有毒物质的转化和传输过程，也同样有助于阐明决定磷酸盐转化和传输的关键因素，但磷酸盐不会经历图4.3.1中的生物体内的积累。沉积床上和水体中的总磷酸盐包括颗粒态和溶解态。大气层通过大气沉降将磷酸盐加入到水柱中，而且这些磷酸盐能够埋入深的沉积层从而永远脱离水体。藻类同样消耗溶解性磷酸盐用于生长。关键过程包括：

（1）入流和出流；

（2）水体中颗粒磷的沉降；

（3）水体和底床的吸附和解吸作用；

（4）水体和底床间通过沉积、悬浮和扩散作用的交换；

（5）埋藏的损耗；

（6）藻类吸收和新陈代谢。

磷和悬浮的泥沙在水体中平流输送和扩散，在有氧条件下溶解态磷吸附在沉积颗粒上。随后，悬浮沉积物和吸附态磷的沉降提供了磷从水体到沉积床最重要的损耗机制。在水体和沉积床中，溶解性磷和颗粒磷之间通过吸附和解吸作用进行交换。底床上的沉积物可以通过冲刷作用进入水体，而水体中悬浮的可以通过沉降作用沉积至底床上。在贫氧条件下，吸附在沉积颗粒上的磷可以重新被溶解进而为生物利用。这种再吸收是生长和腐败循环的关键组成部分。沉积床的孔隙水中的溶解性磷可以扩散至上层水体，反之亦然，这取决于两者间的浓度差。

上述的磷酸盐过程与4.3节中描述的有毒物质在许多方面相似。两者间的差别包括：

- 有毒物可以通过生物体内积累和转化离开水体，而溶解性磷酸盐被藻类吸收用于生长。
- 一些有毒物可以转变为气态通过挥发作用进入大气，而磷酸盐不能。

磷过程与泥沙过程紧密相连，特别是在大型的浅水体中。磷过程被真实地模拟的前提是很好地描述泥沙过程。例如，奥基乔比湖的磷就受到特别的关注（SFWMD，2002；Ji，Jin，2005）。磷年均浓度从1973年的55 μg/L显著地增加到2000年的110 μg/L。由风引起的泥沙再悬浮所输运至水体中的磷估计是扩散通量所输运至水体中的磷的6～18倍，也可高达外部负荷磷总量的6倍。图5.4.2是奥基乔比湖TSS和TP浓度关系图（SFWMD，2015），TSS和TP呈现很强的线性相关。

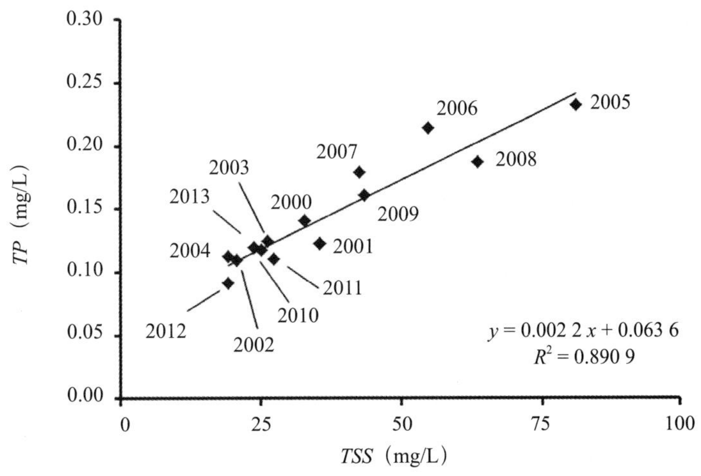

图5.4.2　奥基乔比湖TSS和TP浓度（SFWMD，2015）

5.4.1　磷状态变量方程

为了方便起见，本书中任何形式的磷均采用磷浓度表示。例如，10 mg/L正磷酸盐浓度表示正磷酸盐中磷元素的浓度为10 mg/L。如表5.1.1和图5.4.1列出，EFDC模式中使用4个磷的状态变量：3个有机形式（难溶颗粒态、活性颗粒态和溶解态）和1个无机形式（总磷酸盐）。

5.4.1.1 颗粒有机磷

如图5.1.5和图5.4.1所描述，颗粒有机磷（POP）主要由以下决定：①藻类新陈代谢；②藻类捕食；③POP水解为溶解性有机磷；④沉降；⑤外部负荷。

$$\text{POP 的交换} = \text{藻类基础新陈代谢} + \text{藻类捕食} - \text{POP 水解} - \text{沉降} + \text{外部来源} \tag{5.4.1}$$

因此，RPOP和 LPOP的动力方程（Cerco，Cole，1994；Park et al.，1995）为

$$\frac{\partial RPOP}{\partial t} = \sum_{x=\mathrm{c,d,g}} (FPR_x \cdot BM_x + FPRP \cdot PR_x) APC \cdot B_x - K_{\mathrm{RPOP}} \cdot RPOP + \frac{\partial}{\partial z}(WS_{\mathrm{RP}} \cdot RPOP) + \frac{WRPOP}{V} \tag{5.4.2}$$

和

$$\frac{\partial LPOP}{\partial t} = \sum_{x=\mathrm{c,d,g}} (FPL_x \cdot BM_x + FPLP \cdot PR_x) APC \cdot B_x - K_{\mathrm{LPOP}} \cdot LPOP + \frac{\partial}{\partial z}(WS_{\mathrm{LP}} \cdot LPOP) + \frac{WLPOP}{V} \tag{5.4.3}$$

式中，$RPOP$为难溶颗粒有机磷浓度（以磷计），g/m^3；$LPOP$为活性颗粒有机磷浓度（以磷计），g/m^3；FPR_x为藻类群x生产的新陈代谢的磷作为难溶颗粒有机磷的部分；FPL_x为藻类群x生产的新陈代谢的磷作为活性颗粒有机磷的部分；$FPRP$为被捕食的磷中所生成的难溶性颗粒有机磷部分；$FPLP$为被捕食的磷中所生成的活性颗粒有机磷部分；APC为所有藻类群的平均磷对碳的比例，g/g；K_{RPOP}为难溶颗粒有机磷水解率，d^{-1}；K_{LPOP}为活性颗粒有机磷水解率，d^{-1}；$WRPOP$为难溶颗粒有机磷外部负荷量（以磷计），g/d；$WLPOP$为活性颗粒有机磷外部负荷量（以磷计），g/d。

5.4.1.2 溶解性有机磷

影响溶解性有机磷的主要过程为（图5. 1.5和图5.4.1）：①藻类新陈代谢；②藻类捕食；③RPOP 的 LPOP水解；④矿化为磷酸盐；⑤外部负荷。

这些过程可以描述为

$$\text{DOP变化} = \text{藻类基础新陈代谢} + \text{藻类捕食} + \text{POP 水解} - \text{矿化} + \text{外部来源} \tag{5.4.4}$$

相应的动力学方程为

$$\frac{\partial DOP}{\partial t} = \sum_{x=\mathrm{c,d,g}} (FPD_x \cdot BM_x + FPDP \cdot PR_x) APC \cdot B_x + K_{\mathrm{RPOP}} \cdot RPOP + K_{\mathrm{LPOP}} \cdot LPOP - K_{\mathrm{DOP}} \cdot DOP + \frac{WDOP}{V} \tag{5.4.5}$$

式中，DOP为溶解性磷酸盐浓度（以磷计），g/m^3；FPD_x为由藻类群x代谢的磷中所生成的溶解性有机磷部分；$FPDP$为被捕食的磷中所生成的溶解性有机磷部分；K_{DOP}为溶解性有机磷的矿化速率，d^{-1}；$WDOP$为溶解性有机磷的外部负荷（以磷计），g/d。

比较有机磷相关方程式（5.4.2）、式（5.4.3）和式（5.4.5）与有机碳相关方程式（5.3.5）、式（5.3.6）和式（5.3.8），显示这两组动力学方程数学形式非常类似。

5.4.1.3　总磷酸盐

总磷酸盐（PO_4t）包括溶解态磷酸盐（PO_4d）和颗粒态磷酸盐（PO_4p）：

$$PO_4t = PO_4d + PO_4p \tag{5.4.6}$$

水体中总磷酸盐总量依赖于：

（1）藻类新陈代谢，捕食和吸收；

（2）溶解性有机物矿化；

（3）吸附磷酸盐沉降；

（4）溶解性磷酸盐在沉积床和水体界面间的交换；

（5）外部负荷。

相应的动力方程为

$$\begin{aligned}\frac{\partial PO_4 t}{\partial t} = &\sum_{x=\mathrm{c,d,g}} (FPI_x \cdot BM_x + FPIP \cdot PR_x - P_x) APC \cdot B_x + K_{\mathrm{DOP}} \cdot DOP \\ &+ \frac{\partial}{\partial z}(WS_{\mathrm{TSS}} \cdot PO_4 p) + \frac{BFPO_4 d}{\Delta z} + \frac{WPO_4 t}{V}\end{aligned} \tag{5.4.7}$$

式中，PO_4t为总磷酸盐（以磷计），g/m^3；PO_4p为颗粒（吸附）磷酸盐（以磷计），g/m^3；FPI_x为藻类群x新陈代谢磷生产的无机磷部分；$FPIP$为被捕食的磷中所生成的无机磷部分；WS_{TSS}为悬浮泥沙的沉降速率，m/d，由沉降模型提供；$BFPO_4d$为泥沙–水体磷酸盐交换通量（以磷计），g/(m^2·d)，只应用于底层；WPO_4t为总磷酸盐外部负荷量（以磷计），g/d。

5.4.2　磷过程

本节讨论以下对磷浓度产生影响的过程：

（1）磷酸盐对泥沙颗粒的吸附作用和解吸作用；

（2）藻类新陈代谢和藻类捕食；

（3）矿化和水解。

5.4.2.1　磷酸盐的吸附作用和解吸作用

在有氧条件下，溶解性磷酸盐与悬浮颗粒结合。这些颗粒最终沉降到沉积床，并且暂时离开循环过程。悬浮固体和吸附态磷的沉降可以提供磷从水体到底床的一个重要磷损失机制。

吸附能力取决于悬浮颗粒物中铁、铝、钙、镁等离子的存在形式，磷酸盐通过与这些离子反应生成沉淀从水体中清除。在有氧并且中性或酸性环境下，磷可与铁（铝）离子发生反应生成稳定混合物。如果是厌氧环境，铁离子的吸附作用会减弱，并引起磷酸盐的释放。钙（镁）离子的吸附作用发生在中性水体环境，外源输入可能改变水体pH以及溶解氧、磷的含量，进而影响水体磷的生物利用度。藻类光合作用的增强引起pH升高，在富含钙的系统里，会导致磷酸盐混合物沉降并随之沉积、掩埋磷（Benner et al.，2006）。吸附作用具有可逆性并随pH条件发生变化。沉积颗粒也具有一定的吸附能力，该能力取决于其饱和度。如果之前吸附的磷发生了沉淀作用，拥有吸附能力的地方将重新具有吸附性（Nichols，1983；Faulkner，Richardson，1989；Verhoeven，Meulemen，1999）。

磷酸盐的吸附和解吸过程的数学描述与4.3.3节中有毒物质的吸附和解吸作用的数学描述类似。磷酸盐的吸附和解吸过程比这些生物动力学过程要快很多。前者以分钟为单位，后者以天为单位。这种差异允许对于磷酸盐计算的瞬时平衡假设成立。在水质模型中溶解性磷酸盐和颗粒（吸附）磷酸盐可以处理成为单一的状态变量。与4.3.3节中有毒物的讨论类似，溶解性磷酸盐和颗粒磷酸盐可以表示为：

$$PO_4p = \frac{K_{\mathrm{PO_4p}} \cdot S}{1 + K_{\mathrm{PO_4p}} \cdot S} PO_4t \tag{5.4.8}$$

$$PO_4d = \frac{1}{1 + K_{\mathrm{PO_4p}} \cdot S} PO_4t \tag{5.4.9}$$

式中，$K_{\mathrm{PO_4p}}$为磷酸盐分配系数，$\mathrm{m^3/g}$；S为沉积物浓度，$\mathrm{g/m^3}$。

磷酸盐相关方程式（5.4.8）和式（5.4.9）与有毒物质相关方程式（4.3.8）和式（4.3.9）是相似的。磷酸盐非常容易吸附到黏性沉积物上。当黏性沉积物和非黏性沉积物的浓度都充裕时，黏性沉积物浓度（不是总沉积物浓度）将用于式（5.4.8）和式（5.4.9）中。为了真实地模拟水质和富营养化过程，必须详细地描述沉积物过程。

用式（5.4.8）除以式（5.4.9）得到：

$$K_{\mathrm{PO_4p}} = \frac{PO_4p}{PO_4d}\frac{1}{S} \tag{5.4.10}$$

$K_{\mathrm{PO_4p}}$的含义在式（5.4.10）中非常明显：这个分配系数为每单位浓度的悬浮固体中颗粒态浓度与溶解态浓度的比率。当PO_4p，PO_4d和S的值可知时，可以使用式（5.4.10）计算$K_{\mathrm{PO_4p}}$。在文献资料中列出了非常广的磷分配系数范围，具有代表性值的范围为0.01～0.11 $\mathrm{m^3/g}$（Cerco，Cole，1994；Park et al.，1995）。

5.4.2.2 藻类对磷的影响

随着藻类的生长，溶解性无机磷（$\mathrm{PO_4d}$）被吸收、储存并成为藻类生物量的一部分。活的藻细胞是水体总磷库的一个重要组成部分。藻类沉降至底部沉积物是磷从水体中丢失的主要途径。随着藻类的呼吸和死亡，藻类生物量（以及磷）重新转化为无生命的有机和无机物质。藻类的作用在式（5.4.2）、式（5.4.3）、式（5.4.5）和式（5.4.7）中使用总和项（$\sum\limits_{x=\mathrm{c,d,g}}$）描述并且通过图5.4.1来说明。通过基础新陈代谢的总藻类丢失，也就是式（5.2.6）中的$BM_x B_x$项，用配分系数FPR_x、FPL_x、FPD_x和FPI_x，分解成为各项，它们要满足：

$$FPR_x + FPL_x + FPD_x + FPI_x = 1 \tag{5.4.11}$$

式中，x为c、d和g，分别代表蓝藻（蓝–绿藻）、硅藻和绿藻。

藻类捕食用与PR_x（藻类群x的捕食速率）有关的项计算。通过捕食的总损失，式（5.2.6）中的$PR_x \cdot B_x$项，可以用$FPRP$，$FPLP$，$FPDP$和$FPIP$等分配系数分解，这里：

$$FPRP + FPLP + FPDP + FPIP = 1 \tag{5.4.12}$$

藻类生长要消耗溶解性磷酸盐，藻类对磷酸盐的吸收在式（5.4.7）中用（$-P_x \cdot APC \cdot B_x$）项描述。在水质模型中，藻类生物量通常使用每单位体积水体中碳的量来表示。为了估算藻类生物量包含的营养物质，应该知道磷对碳的比例（APC）。

藻类组成随着营养物质的供应情况和对周围磷浓度的适应而变化。当可利用磷和氮的浓度很低时，藻类会调整其组成，以便只需要较少的营养物质就可以生产碳生物量（Di Toro，1980）。当周围磷浓度较高时，藻类的磷含量也较高；反之，当周围磷浓度较低时，藻类的磷含量也较低。基于实测数据，Cerco 和Cole（1994）指出藻类磷对碳的比率变化很大，使用以下的经验公式可以估算藻类磷对碳的比率：

$$APC = \frac{1}{CP_{\text{prm1}} + CP_{\text{prm2}} \cdot e^{-CP_{\text{prm3}} \cdot PO_4 d}} \tag{5.4.13}$$

式中，CP_{prm1}为最低碳对磷比率，g/g；CP_{prm2}为最小与最大碳对磷比率之差，g/g；CP_{prm3}为溶解性磷酸盐对碳对磷比率的影响，gP/m^3。

5.4.2.3　矿化和水解

在被藻类消耗之前，有机营养物质首先要经过水解和矿化作用转变为无机营养物质。颗粒有机磷的水解使用式（5.4.2）中的K_{RPOP}项和式（5.4.3）中的K_{LPOP}项表示。式（5.4.5）中的K_{DOP}表示溶解性有机磷的矿化作用。水解和矿化速率的公式如下（Park et al.，1995）：

$$K_{\text{RPOP}} = \left(K_{\text{RP}} + \frac{KHP}{KHP + PO_4 d} K_{\text{RPalg}} \sum_{x=\text{c,d,g}} B_x\right) e^{KT_{\text{HDR}}(T - TR_{\text{HDR}})} \tag{5.4.14}$$

$$K_{\text{LPOP}} = \left(K_{\text{LP}} + \frac{KHP}{KHP + PO_4 d} K_{\text{LPalg}} \sum_{x=\text{c,d,g}} B_x\right) e^{KT_{\text{HDR}}(T - TR_{\text{HDR}})} \tag{5.4.15}$$

$$K_{\text{DOP}} = \left(K_{\text{DP}} + \frac{KHP}{KHP + PO_4 d} K_{\text{DPalg}} \sum_{x=\text{c,d,g}} B_x\right) e^{KT_{\text{MNL}}(T - TR_{\text{MNL}})} \tag{5.4.16}$$

式中，K_{RP}为难溶颗粒有机磷最小水解速率；K_{LP}为活性颗粒有机磷的最小水解速率，d^{-1}；K_{DP}为溶解性有机磷的最小矿化速率，d^{-1}；K_{RPalg}和K_{LPalg}为与藻生物量有关的难溶和活性颗粒有机磷常数，d^{-1}/(g·m^3)；K_{DPalg}为与藻生物量有关的矿化常数，d^{-1}/(g·m^3)；KHP为藻类磷吸收的平均半饱和常数（以磷计），g/m^3。

藻类磷吸收的平均半饱和常数KHP，用以下公式计算：

$$KHP = \frac{1}{3} \sum_{x=\text{c,d,g}} KHP_x \tag{5.4.17}$$

式（5.4.14）至式（5.4.16）显示这些速率是水温和溶解性磷酸盐的函数，而且它们的值随着水温呈指数增长。

5.5 氮

氮对植物和动物组织的生产非常重要。它是有机物关键的组成部分，主要用于植物和动物合成蛋白质。蛋白质中平均16%为氮。虽然氮是水生植物生长不可缺少的营养物质，但是过量的氮对生态环境是有害的。氮存在于几种化学形态中而且氮循环很复杂（图5.1.4）。一些细菌和蓝-绿藻通过固氮作用可以从大气中提取氮气并将其转化为有机氮。其他细菌则通过脱氮过程释放氮气返回大气中。

氮气约占大气的78%，却能够限制藻类生长，这看似不可思议，其实是因为只有少量的生命形态（例如蓝-绿藻）有能力直接从大气中固定氮气。大多数藻类物种只能利用无机或者溶解状态的氮，例如NH_4 或者NO_3。一个氮限制系统通常比一个磷限制系统存在更大的问题。在一些富营养水体中，藻类水华主要由可以直接固定大气中氮的蓝-绿藻引起的。因此，限制人造氮源对改善这些水体中的富营养状态的效果很有限。

氮除了是藻类生长的必要营养物质之外，同样在其他水质过程中扮演重要的角色，并且由于自身特性而带来隐患。例如：

（1）硝化过程中氨（NH_4）和硝酸盐（NO_3）的氧化将消耗氧气，这会引起水体中的氧耗减。

（2）高浓度未电离氨对水生生物具有毒性。

（3）在水体中，氮的通常形态为硝酸盐（NO_3），其本身并不具有毒性。但是，婴儿肠道内的细菌能将硝酸盐转变为高活性的亚硝酸盐（NO_2），它会引起所谓的“蓝婴综合症”并窒息而死。因此作为饮用水，有严格的规章控制其硝酸盐的总量。

氮和磷都是水生系统重要的营养物质。但是两者间存在如下重大的差别：

（1）固定：一些细菌和蓝-绿藻可以从大气中以氮气形态固定氮，而磷不能。因此，控制氮源比控制磷源难。

（2）氧消耗：氮过程能通过氨氧化成为硝酸盐（硝化作用）消耗溶解氧，而磷过程是通过磷的一种形态转化为另一种形态且不吸收溶解氧。

（3）毒性：氮的一种形式，氨气（NH_3），对鱼类和其他水生生物有毒，而水生系统中的磷通常没有毒性。

（4）反硝化作用：亚硝酸盐和硝酸盐可以转变为氮气（N_2）并离开水体进入大气，而磷不能。反硝化作用是氮减少的主要机制。

（5）沉降：氮的各种形态不存在对悬浮沉积物的强烈的吸附作用，因此不会随着悬浮沉积物沉降至沉积床；而磷能够吸附到悬浮固体，因此总磷浓度会受到吸附/解吸作用和沉积物沉降的显著影响。

这些差别说明这两种营养物质在富营养化过程中的行为不同，而且对于富营养化控制和水质管理的途径也存在差别。当可用磷酸盐耗尽并且其成为限制性营养盐时，没有来自大气的可用磷的额外供给。而氮可以通过蓝-绿藻和一些细菌直接从大气中固定，这使得氮源的控制非常困难。在许多天然水体，特别是淡水中，氮通常是不会像磷那样限制植物的生长。因此，大多数水质富营养化管理都努力致力于磷控制。

5.5.1 氮构成

氮存在于多种化学形态（化合物或者单质），分为有机和无机两种。它拥有气态、溶解态和颗粒态。有机氮与碳相关联，而无机氮与碳之外的其他元素相关联。无机形态有更高的流动性和生物可利用性。有机形态在成为藻类可利用之前需要矿化。

在一个氧化反应中，一个元素丢失一个或多个电子使其氧化态增加。相反，在一个还原反应中，一个元素获得一个或多个电子使其氧化态降低。氮的氧化/还原反应受到生物、化学和物理因素的调节。例如，硝化的第一阶段为：

$$2NH_4^+ + 3O_2 \rightarrow 2NO_2^- + 2H_2O + 4H^+ \quad (5.5.1)$$

氧化反应总是伴随着还原反应，这两种反应同时发生。同时伴有氧化和还原的反应通常称为氧化还原反应。

氮是一种非常活跃的元素。氮的多数形态是氮的相对其他元素得到和失去电子能力的结果。原子失去电子其氧化态为正的，原子得到电子其氧化态为负的。氮改变其氧化态的能力使它具有非常高的活性。了解氮在不同氧化态之间的转变是氮过程研究的关键。表5.5.1列出了几种氮的形态和其氧化态。氮的大多数还原态存在于铵和一些有机氮形态中。同硝酸盐一样，铵可以立即被水生植物所吸收，但是有机体吸收硝酸盐相对于铵需要更多的能量。这就是为什么大多数藻类更偏向于利用铵盐而不是硝酸盐。

表5.5.1 氮形态和其氧化态

氮形态	名称	氧化态	注释
HNO_3，NO_3^-	硝酸，硝酸根离子	+5	最高氧化态，可被藻类吸收
NO_2	二氧化氮	+4	
HNO_2，NO_2^-	亚硝酸，亚硝酸根离子	+3	不稳定
NO	一氧化氮（氧化氮）	+2	
N_2O	一氧化二氮（笑气）	+1	
N_2	氮气或氮元素	0	通过固氮作用可被藻类吸收
NH_2OH	羟胺	−1	
N_2H_4	肼	−2	
NH_3，NH_4^+	未电离氨，铵离子	−3	最高还原态，更容易被藻吸收

在天然水体中，氮的主要形态包括：

（1）硝酸根离子（NO_3^-）；

（2）亚硝酸根离子（NO_2^-）；

（3）溶解性氮气（N_2）；

（4）溶解性氨气（NH_3）和铵离子（NH_4^+）；

（5）有机氮（ON）。

测量有机氮、氨、硝酸盐和亚硝酸盐相对简单，这是这些氮形态在水质模型中进行了详细归类的原因之一（在表5. 1.1中有5个状态变量）。溶解性氨气（NH_3）和铵离子通常在水质模型中被归为一组。

总氮（TN）是氮的所有形态之和，可以表示为：

$$TN = NO_2 + NO_3 + NH_3/NH_4 + ON \tag{5.5.2}$$

有机氮（ON）存在相当大的比例并占总氮的大多数。硝酸盐是在水体中无机氮的常见形态。亚硝酸盐在水中通常不稳定，因此对总氮的贡献很小。铵离子、亚硝酸盐和硝酸盐容易被藻类吸收，并直接影响藻类生长和富营养化过程。在数据采集和监测时，TN通常覆盖了水体中氮的所有形态，包括生命有机体（主要是藻类生物量）中的ON。然而，在水质模型中ON通常不包括藻类中的氮。例如，表5.1.1中，ON = RPON+LPON+DON。当与实测数据相比时，模拟的TN必须包括模拟的藻类生物量中的ON，这点至关重要。同理，这适用于模拟TP、TOC和总硅。

总凯氏氮（TKN）检测包括消解法和蒸馏法，用于测定水样中的有机氮和氨。它的组成如下：

$$TKN = NH_3/NH_4 + ON = TN - NO_2 - NO_3 \tag{5.5.3}$$

在水质模型中，氮的形态可归纳如下（Cerco，Cole，1994）：

（1）难溶颗粒有机氮（RPON）；

（2）活性颗粒有机氮（LPON）；

（3）溶解性有机氮（DON）；

（4）铵（NH_4）；

（5）硝酸盐和亚硝酸盐（NO_3）。

这5个变量归纳在表5.1.1中，并在图5.5.1中有相应说明。无机形态的两个氮状态变量：NH_4和NO_3。而另外3个为有机形态：难溶的、活性的和溶解性的。3个主要的营养物质碳、磷和氮，都有类似的有机形态分组。如图5.5.1中说明的一样，氮的转化被描述为级联方式：①RPON和LPON转化为DON；②DON矿化为NH_4；③NH_4硝化为NO_3；④藻类吸收NH_4和NO_3进行生长；⑤NO_3通过反硝化作用离开水生系统。

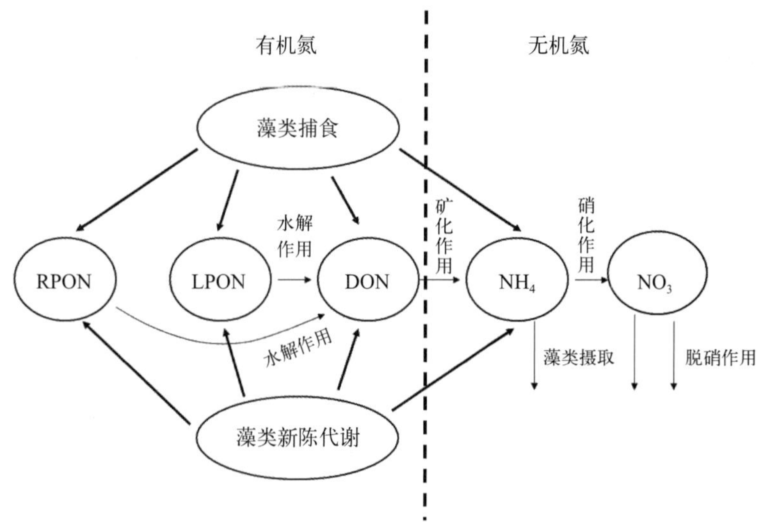

图5.5.1 氮的几种形态和转化过程

5.5.2 氮状态变量方程

为了方便起见，在本书中讨论的所有氮的形态都表示为氮的浓度。例如，氨的浓度表示为10 mg/L，是指以氮形式存在的氨的浓度为10 mg/L。

5.5.2.1 颗粒有机氮

有机氮（ON）包括所有存在的氮碳键的物质。包括溶解性和颗粒两种形态。颗粒有机氮（PON）包括小的有机体（藻和细菌等）（无论活的还是死的），或者是有机体的碎片。溶解性有机氮（DON）主要来源于有机体分泌的废物或PON的水解。颗粒有机氮包括RPON和LPON，有以下的源和汇（图5.1.4和图5.5.1）：①藻类基础代谢；②藻类捕食；③水解为DON；④沉降；⑤外部负荷。

其相应的质量平衡方程可以描述为

$$\text{PON的变化} = \text{藻类基础代谢} + \text{藻类捕食} - \text{PON水解} - \text{沉降} + \text{外部来源} \tag{5.5.4}$$

因此，RPON和LPON的动力学方程为（Park et al.，1995）：

$$\begin{aligned}\frac{\partial RPON}{\partial t} = &\sum_{x=\mathrm{c,d,g}} (FNR_x \cdot BM_x + FNRP \cdot PR_x) ANC_x \cdot B_x - K_{\mathrm{RPON}} \cdot RPON \\ &+ \frac{\partial}{\partial z}(WS_{\mathrm{RP}} \cdot RPON) + \frac{WRPON}{V}\end{aligned} \tag{5.5.5}$$

和

$$\begin{aligned}\frac{\partial LPON}{\partial t} = &\sum_{x=\mathrm{c,d,g}} (FNL_x \cdot BM_x + FNLP \cdot PR_x) ANC_x \cdot B_x - K_{\mathrm{LPON}} \cdot LPON \\ &+ \frac{\partial}{\partial z}(WS_{\mathrm{LP}} \cdot LPON) + \frac{WLPON}{V}\end{aligned} \tag{5.5.6}$$

式中，$RPON$为难溶颗粒有机氮的浓度，g/m^3；$LPON$为活性颗粒有机氮的浓度，g/m^3；FNR_x为由藻类群x代谢的氮中所生成的难溶性颗粒有机氮部分；FNL_x为由藻类群x代谢的氮中所生成的活性颗粒有机氮部分；$FNRP$为被捕食的氮中所生成的难溶性颗粒有机氮部分；$FNLP$为被捕食的氮中所生成的难溶性颗粒有机氮部分；ANC_x为藻类群x中氮对碳的比例（氮的克数比碳的克数）；K_{RPON}为难溶性颗粒有机氮的水解速率，d^{-1}；K_{LPON}为活性颗粒有机氮的水解速率，d^{-1}；$WRPON$为难溶性颗粒有机氮外部负荷量（以氮计），g/d；$WLPON$为活性颗粒有机氮外部负荷量（以氮计），g/d。

根据切萨皮克湾的野外观测资料，Cerco 和Cole（1994）指出氮对碳的化学计量比变化非常小，因此藻类氮对碳的比例被视为常数ANC_x。在本章中，所有难溶有机物质，包括碳、磷和氮，有相同的WS_{RP}沉降速率，并且所有易溶有机物质有相同的WS_{LP}沉降速度。

5.5.2.2 溶解性有机氮

溶解有机氮的源汇主要包括（见图5.1.4和图5.5.1）：①藻类基础代谢；②藻类捕食；③RPON和LPON的水解；④矿化为铵；⑤外部负荷。

这些源和汇与溶解性有机磷（DOP）的相似。表示这些过程的动力学方程为

$$\begin{aligned}\frac{\partial DON}{\partial t}=&\sum_{x=\mathrm{c,d,g}}(FND_x\cdot BM_x+FNDP\cdot PR_x)ANC_x\cdot B_x\\&+K_{\mathrm{RPON}}\cdot RPON+K_{\mathrm{LPON}}\cdot LPON-K_{\mathrm{DON}}\cdot DON+\frac{WDON}{V}\end{aligned}\tag{5.5.7}$$

式中，DON为溶解性有机氮的浓度（以氮计），g/m^3；FND_x为由藻类群x代谢的氮中所生成的溶解性有机氮部分；$FNDP$为被捕食的氮中所生成的溶解性有机氮部分；K_{DON}为溶解性有机氮的矿化速率，d^{-1}；$WDON$为溶解性有机氮的外部负荷量（以氮计），g/d。

5.5.2.3 氨氮

在天然水体中，氨存在两种形态：未电离（NH_3）和电离的（NH_4^+）。这两者之间的平衡关系由下面的可逆方程决定：

$$\mathrm{NO_2+NH_3\rightleftarrows NH_3^++ON^-}\tag{5.5.8}$$

氨（NH_3）是一种无色但是有强烈刺激性气味的气体，极易溶于水并对水生生物具有毒性。氨来源于蛋白质分解、粪便、水生动物死亡和植物腐解。有机物质的矿化（和分解）会引起氨的释放和积累。氨在硝化细菌和氧气存在的条件下，可以被氧化为亚硝酸盐和硝酸盐（硝化作用）。在厌氧状态下，氨至硝酸盐的硝化过程停止导致氨开始聚集，这通常发生在分层水体（例如深湖）的底部。

铵（NH_4^+）是由氨和水之间的反应形成的，具有很小的毒性。有多少NH_3 转化为 NH_4^+取决于水的温度和pH水平。温度（或pH）越高，越少的NH_3转化为NH_4^+。因此，氨的有毒水平依赖于pH和温度这两者。毒性随着温度（或pH）的增加而增加。

NH_3和NH_4^+浓度的平衡由pH和温度决定，表现为下列方程：

$$K_e = \frac{[NH_3][H^+]}{[NH_4^+]} \tag{5.5.9}$$

式中，K_e为氨平衡常数，mol/L；$[NH_3]$为NH_3 浓度，mol/L；$[NH_4^+]$为NH_4^+ 浓度，mol/L；$[H^+]$为H^+浓度，mol/L。

氨平衡常数K_e是一个温度的函数（Wright et al.，1961）：

$$\lg K_e = 0.297\,6 - 0.001\,225 \cdot T - \frac{2\,835.76}{T + 273.15} \tag{5.5.10}$$

式中，T为水温，°C。25 °C时K_e的值为5.7×10^{-10}。

总氨$[TA]$浓度单位为mol/L，其组成为

$$[TA] = [NH_3] + [NH_4^+] \tag{5.5.11}$$

式（5.5.9），式（5.5.11）和式（4.4.17）生成：

$$\frac{[NH_4^+]}{[TA]} = \frac{[H^+]}{K_e + [H^+]} = \frac{10^{-pH}}{K_e + 10^{-pH}} \tag{5.5.12}$$

$$\frac{[NH_3]}{[TA]} = \frac{K_e}{K_e + [H^+]} = \frac{K_e}{K_e + 10^{-pH}} \tag{5.5.13}$$

式（5.5.12）给出了氨离子形态的比例。式（5.5.13）给出了氨未电离形态的比例并显示未电离氨的比例由水的温度和pH值决定。高pH值和高温度会提升氨毒性。随着pH和温度的增加，未电离氨的比例和毒性通常也会增加。基于式（5.5.12）和式（5.5.13），图5.5.2显示了在25℃时，NH_4^+和NH_3 的浓度是如何随着pH值变化的。图5.5.2指出，当pH值为7时，未电离形态（NH_3）几乎为零。在pH值为9时，未电离形态大约占总氨的40%，显示对水生生命存在更大的潜在威胁。氨浓度（包括NH_3和NH_4^+）精细的模拟依赖于pH值的模拟。然而，如果pH值的变化不显著，不模拟pH值而只模拟氨浓度也是可以的。这种方法将在本章中讨论。图5.5.2同样指出大多数天然水体的pH值范围（即pH值介于7～8），NH_4^+是主要的形态，并通常比NH_3高很多倍。因此，通常在各种水质模型中只有NH_4^+ 浓度被模拟。

氨氮的主要源和汇包括（图5.1.4和图5.5.1）：①藻类基础代谢，捕食和吸收；②溶解性有机氮的矿化；③硝化为硝酸盐；④沉积床和水柱界面的交换；⑤外部负荷。

NH_4的平衡方程可以描述为

NH_4变化＝藻类贡献＋DON矿化作用 − 硝化作用＋NH_4的底部通量＋外部来源　　(5.5.14)

因此，铵的数学方程为

$$\frac{\partial NH_4}{\partial t}=\sum_{x=c,d,g}(FNI_x\cdot BM_x+FNIP\cdot E_x-PN_x\cdot P_x)ANC_x\cdot B_x+K_{DON}\cdot DON \\ -Nit\cdot NH_4+\frac{BFNH_4}{\Delta z}+\frac{WNH_4}{V} \tag{5.5.15}$$

式中，FNI_x为由藻类群x代谢的氮中所生成的无机氮部分；$FNIP$为被捕食的氮中所生成的无机氮部分；PN_x为藻类群x的铵吸收偏好（$0 < PN_x < 1$），由式（5.5.20）给出；Nit为式（5.5.28）中给出的硝化率，d^{-1}；$BFNH_4$为沉积物–水的铵交换通量（以氮计），$g/(m^2 \cdot d)$，只出现于底层；WNH_4为铵的外部负荷量（以氮计），g/d。

藻可以吸收氨与硝酸盐，但是，氨是藻类生长首选的氮形态，这个特点体现为参数PN_x，这将在后面的式（5.5.20）中给出。来自沉积床的NH_4 通量$BFNH_4$，可以基于实测资料或者沉积物岩化过程（5.7节）模拟的计算来确定。

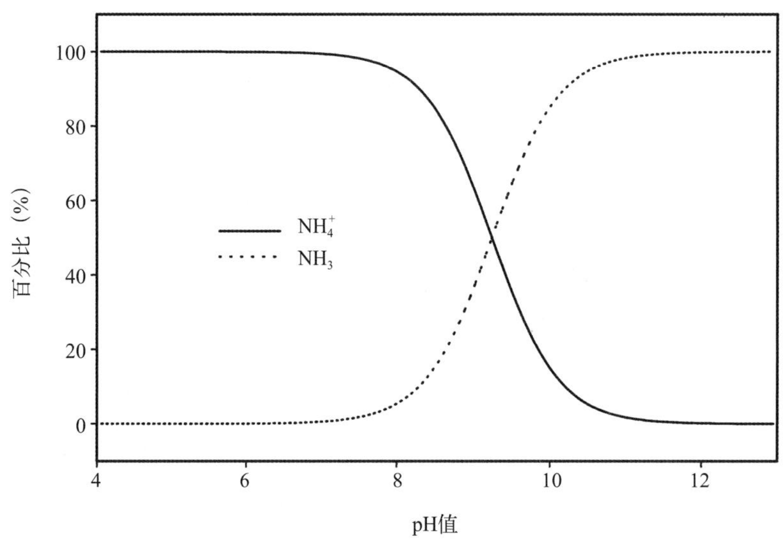

图 5.5.2　25 °C时，NH_4^+和NH_3 的浓度的百分比关于pH的函数

5.5.2.4　硝酸盐氮

氮氧化物（NO_x）表示包含氮和氧这两者的无机化合物，包括NO_2、NO_3和其他。硝酸盐（NO_3^-）溶解性很高并能还原为亚硝酸盐（NO_2^-）。微生物通过硝化过程将氨转换为硝酸盐。这个氧化过程只发生在好氧状态。虽然这个过程有两个阶段，亚硝酸盐不稳定并能氧化为硝酸盐。在天然水体中，亚硝酸盐的含量很低。大部分氧化氮为硝酸盐氮的形态，并且在水质模型中，硝酸盐通常用于同时代表亚硝酸盐和硝酸盐，如表5. 1.1中所示。

硝酸盐氮的主要源和汇包括（图5. 1.4和图5.5.1）：①藻类吸收；②铵的硝化作用；③反硝化作用形成氮气；④沉积床–水柱界面的NO_3 通量；⑤外部源。

用于描述这些过程的NO_3动力学方程可以表示为

$$NO_3变化 = -藻类吸收 + 硝化作用 - 反硝化作用 + 底部NO_3通量 + 外部源 \tag{5.5.16}$$

数学形式表示为

$$\frac{\partial NO_3}{\partial t} = -\sum_{x=c,d,g}(1-PN_x)P_x \cdot ANC_x \cdot B_x + Nit \cdot NH_4 - ANDC \cdot Denit \cdot DOC + \frac{BFNO_3}{\Delta z} + \frac{WNO_3}{V} \tag{5.5.17}$$

式中，$ANDC$为每氧化单位质量的溶解性有机碳减少的硝酸盐氮的质量（每克碳中0.933g氮）；$BFNO_3$为沉积物-水的硝酸盐交换通量（以氮计），g/(m^2·d)，只适用于底层；WNO_3为硝酸盐的外部负荷负荷量（以氮计），g/d。

来自沉积床的NO_3通量$BFNO_3$，可以基于实测数据或者沉积物岩化过程模拟的精确计算来确定，将在5.7节中讨论。

5.5.3　氮过程

影响氮浓度的过程包括：

（1）藻类吸收：藻类通过光合作用消耗NH_4和NO_3用于生长；

（2）矿化和水解：颗粒有机氮通过水解降解为DON，进而DON通过矿化作用转变为NH_4；

（3）硝化作用：氨通过硝化作用氧化为亚硝酸盐（NO_2^-）和硝酸盐（NO_3^-）；

（4）反硝化作用：在厌氧状态下，硝酸盐还原为氮气（N_2）并离开水生系统；

（5）固氮：一些蓝-绿藻能直接从大气中固氮。这个过程是水体重要的外部源并显著地影响氮动力学。然而，NH_4 和NO_3是藻类摄取氮的首选形式。

这些过程和它们的数学表述将在本节中讨论。

5.5.3.1　藻类影响

在式（5.5.5），式（5.5.6），式（5.5.7），式（5.5.15）和式（5.5.17）中的求和项$\left(\sum_{x=c,d,g}\right)$代表藻类对氮的影响。同氮动力学方程和图5.5.1中的描述，藻类能提供以下途径影响氮过程：①藻死亡；②藻生长；③相对硝酸盐而言藻对铵的偏好；④固氮。

图5.5.1说明，通过藻类新陈代谢和藻类捕食，藻类生物量的氮能够再循环为有机氮和无机氮，并通过分配系数来代表。藻类基础代谢为

$$FNR_x + FNL_x + FND_x + FNI_x = 1 \tag{5.5.18}$$

藻类捕食为

$$FNRP + FNLP + FNDP + FNIP = 1 \tag{5.5.19}$$

氮的两个形态，铵（NH_4）和硝酸盐（NO_3），用于藻类吸收和生长期间，相对于NO_3藻类生长更喜欢的氮的形态为NH_4。式（5.5.15）和式（5.5.17）中，铵偏好因子的值PN_x，为铵和硝酸盐浓度的一个函数，其表示为

$$PN_x = NH_4 \frac{NO_3}{(KHN_x+NH_4)\,(KHN_x+NO_3)} + NH_4 \frac{KHN_x}{(NH_4+NO_3)\,(KHN_x+NO_3)} \tag{5.5.20}$$

式（5.5.20）与在本章中用于描述限制函数的Michaelis-Menten方程有些类似。半饱和常数KHN_x在式（5.2.13）中第一次被引入，用于营养物质的生长限制函数$f_1(N)$。PN_x分隔开铵和硝酸盐之间的氮的吸收，其值的范围为0～1。铵的偏爱因子在硝酸盐不存在时为1，在氨不存在时为0。当$PN_x=1$时，NO_3为0，藻类只吸收以NH_4形态存在的氮；当$PN_x=0$时，NH_4为0，藻类只吸收以NO_3形态存在的氮。这种方式通常用于水质模型中（如，Cerco，Cole，1994；Park et al.，1995）。当KHN_x = 10 μg/L时，PN_x的值（图5.5.3）显示，在NH_4和NO_3的值较低时，PN_x非常敏感。当NO_3浓度大于20 μg/L时，对于给定的NH_4浓度，PN_x几乎为常数。

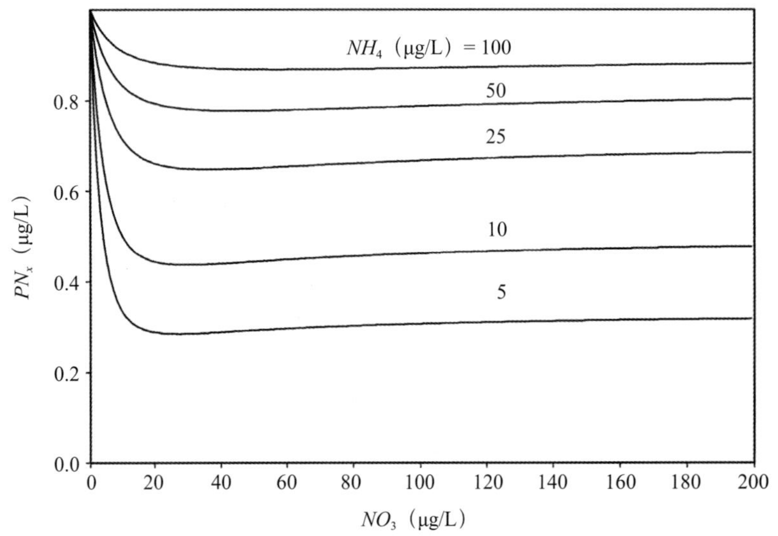

图 5.5.3　当KHN_x = 10 μg/L时，氨吸收百分比（PN_x）对于NO_3的函数

5.5.3.2　矿化和水解

有机残渣的分解和藻类的死亡可以释放溶解性有机营养物质和溶解性无机营养物质到水中。在被藻类吸收之前，有机氮经过细菌的分解成为氨氮。如图5.5.1中描述，水解转变颗粒有机氮为溶解性有机氮，氮有机物质矿化后会释放NH_3/NH_4^+。

颗粒有机氮的水解通过式（5.5.5）中的K_{RPON}项和式（5.5.6）中的K_{LPON}项表示。溶解性有机氮的矿化过程用式（5.5.7）中的K_{DON}项描述。与磷过程方程相似，式（5.4.14）至式（5.4.16），这3个参数，K_{RPON}，K_{LPON}和K_{DON}，表示为：

$$K_{RPON} = \left(K_{RN} + \frac{KHN}{KHN+NH_4+NO_3} K_{RNalg} \sum_{x=c,d,g} B_x\right) e^{KT_{HDR}(T-TR_{HDR})} \tag{5.5.21}$$

$$K_{\text{LPON}} = \left(K_{\text{LN}} + \frac{KHN}{KHN + NH_4 + NO_3} K_{\text{LNalg}} \sum_{x=\text{c,d,g}} B_x\right) \mathrm{e}^{KT_{\text{HDR}}(T - TR_{\text{HDR}})} \tag{5.5.22}$$

$$K_{\text{DON}} = \left(K_{\text{DN}} + \frac{KHN}{KHN + NH_4 + NO_3} K_{\text{DNalg}} \sum_{x=\text{c,d,g}} B_x\right) \mathrm{e}^{KT_{\text{MNL}}(T - TR_{\text{MNL}})} \tag{5.5.23}$$

式中，K_{RN}为难溶颗粒有机氮最小水解速率，d^{-1}；K_{LN}为活性颗粒有机氮最小水解速率，d^{-1}；K_{DN}为溶解性有机氮最小矿化速率，d^{-1}；K_{RNalg}和K_{LNalg}为与藻类生物量的水解有关的难溶和活性颗粒有机氮常数，$\mathrm{d}^{-1}/(\mathrm{g \cdot m^3})$（质量以碳计）；$K_{\text{DNalg}}$为与藻类生物量有关的矿化常数，$\mathrm{d}^{-1}/(\mathrm{g \cdot m^3})$（质量以碳计）；$KHN$为平均藻类氮吸收半饱和常数（以氮计），$\mathrm{g/m^3}$。

其形式如下：

$$KHN = \frac{1}{3} \sum_{x=\text{c,d,g}} KHN_x \tag{5.5.24}$$

5.5.3.3　硝化作用

硝化作用是铵离子（NH_4^+）被氧化成为亚硝酸盐（NO_2^-）然后再氧化为硝酸盐的过程（NO_3^-）。天然水体中的硝化过程是复杂的，主要依靠以下条件：①溶解氧浓度；②氮浓度；③水温；④硝化细菌；⑤pH水平。

硝化分两阶段过程。第一阶段通过硝化细菌（亚硝化单胞菌，Nitrosomonas）的介入将铵氧化为亚硝酸盐（NO_2^-）。第二阶段通过硝化细菌（硝化杆菌，Nitrobacter）的介入将亚硝酸盐氧化为硝酸盐（NO_3^-）。它们可以表示为

阶段1：

$$2NH_4^+ + 3O_2 \rightarrow 2NO_2^- + 2H_2O + 4H^+ \quad \text{（亚硝化单胞菌）} \tag{5.5.25}$$

阶段 2：

$$2NO_2^- + O_2 \rightarrow 2NO_3^- \quad \text{（硝化杆菌）} \tag{5.5.26}$$

综合阶段1和阶段2为

$$NH_4^+ + 2O_2 \rightarrow NO_3^- + H_2O + 2H^+ \tag{5.5.27}$$

亚硝酸盐不稳定，其通常是氮转化过程中的一个中间产物。为了减少水质模型中需要的状态变量的数量，亚硝酸盐和硝酸盐通常结合在一起作为一个单独状态变量（NO_2+NO_3），如表5.1.1中所示。

硝化细菌常见于天然水体中并需要溶解氧维持生存。硝化只发生在有氧存在的情况下。因此，好氧条件是式（5.5.25）和式（5.5.26）描述的反应的基础。硝化作用对去除水体中大量的氧有潜在的作用。该反应的化学计量学指出，将1mol铵硝化为硝酸盐需要2mol的氧：在式（5.5.25）中，铵转化为亚硝酸盐为每克氮3.43（= 1.5×32/14）g 氧气；式（5.5.26）中亚硝酸盐转化为硝酸盐为每克氮1.14（= 0.5×32/14）g 氧气。因此，每氧化1 g氨氮需要消耗4.57（= 2 × 32/14）g氧。然而，

Wezernak和 Gannon（1968）报道说，由于硝化细菌的作用，每摩尔铵的硝化过程实际消耗的氧小于2 mol，氧化1.0 g氨氮需要总共4.33 g氧。这解释了为什么在DO方程，即式（5.6.9）中，*AONT*的值为每克氮4.33 g（取代了4.57）氧气。

硝化过程通常被描述为一阶动力学，如同式（5.5.15）中的（$-Nit \cdot NH_4$）项。硝化率可以表示为一个关于铵、溶解氧和温度的函数：

$$Nit = \frac{DO}{KHNit_{\mathrm{DO}} + DO} \frac{NH_4}{KHNit_{\mathrm{N}} + NH_4} Nit_{\mathrm{m}} \cdot f_{\mathrm{Nit}}(T) \tag{5.5.28}$$

和

$$f_{Nit}(T) = \begin{cases} \mathrm{e}^{-KNit1 \cdot (T - TNit)^2}, & T \leqslant TNit \\ \mathrm{e}^{-KNit2 \cdot (TNit - T)^2}, & T > TNit \end{cases} \tag{5.5.29}$$

式中，$KHNit_{\mathrm{DO}}$为溶解氧的硝化半饱和常数（以氧计），g /m^3；$KHNit_{\mathrm{N}}$为铵的硝化半饱和常数（以氮计），g/m^3；Nit_{m}为*TNit*的最小硝化率，d^{-1}；*TNit*为硝化最适温度，℃；*KNit*1为低于*TNit*的温度对硝化率的影响，℃$^{-2}$；*KNit*2为高于*TNit*的温度对硝化率的影响，℃$^{-2}$。式（5.5.28）显示，硝化过程能被DO和NH_4的低浓度所限制。

5.5.3.4 反硝化作用

反硝化作用是通过细菌将硝酸盐还原为亚硝酸盐进而还原为氮气的过程。反硝化作用的必要条件包括氧消耗和有充分可用的硝酸盐和亚硝酸盐。由于通常在氧缺乏的情况下，好氧呼吸的细菌使用结合在硝酸盐中的氧，并将氧移出硝酸盐，将硝酸盐还原为亚硝酸盐。亚硝酸盐进一步还原为氮气，并释放到大气中。反硝化作用能引起水体中氮的显著降低。

因此，通过反硝化作用，氮从水生系统中的氮循环中丢失（图5.1.4和图5.5.1）。一些科学家假设，贯穿整个地质历史的硝化微生物的持续活动，正是氮成为地球大气重要组成成分的原因（Stevenson，1972）。反硝化是一个厌氧过程，在这个过程中使用硝酸盐代替氧用于氧化有机碳化合物并产生能量（呼吸）。净反硝化反应使用下面的方程描述：

$$5CH_2O + 4NO_3^- + 4H^+ \rightarrow 5CO_2 + 2N_2 + 7H_2O \tag{5.5.30}$$

在水柱中，反硝化作用通常对氮流失贡献很小。然而，在沉积床中的厌氧条件下或者在水柱中极端缺氧状况下，反硝化作用非常重要并能通过转化硝酸盐和亚硝酸盐变为氮气以去除水体中大部分的氮。反硝化作用氧化溶解性有机碳（DOC）并将硝酸盐（NO_3）和亚硝酸盐（NO_2）转变为氮气（N_2）。

反硝化作用同时去除系统中的溶解性有机碳和硝酸盐，分别用式（5.3.8）中的（$-Denit \cdot DOC$）项和式（5.5.17）中的（$-ANDC \cdot Denit \cdot DOC$）项表示。*Denit*用Michaelis-Menten函数表示反硝化率：

$$Denit = \frac{KHOR_{\mathrm{DO}}}{KHOR_{\mathrm{DO}} + DO} \frac{NO_3}{KHDN_{\mathrm{N}} + NO_3} AANOX \cdot K_{\mathrm{DOC}} \tag{5.5.31}$$

式中，$KHDN_N$为硝酸盐反硝化半饱和常数（以氮计），g/m^3；$AANOX$为反硝化率和好氧溶解性有机碳呼吸率的比例。

式（5.5.31）中，$AANOX$为常数（= 0.5）（Park et al.，1995），这使得厌氧呼吸慢于好氧呼吸。K_{DOC}在式（5.3.13）中给出。$KHOR_{DO}$通常用于计算非自养呼吸率K_{HR}，在式（5.3.10）中。修正过的Michaelis-Menten项用于抑制存在少量氧时的反应。式（5.5.31）包括3个很大程度上控制反硝化过程的因子：

（1）溶解氧。当DO水平高于0时反硝化率降低。

（2）NO_3浓度。标准Michaelis-Menten公式用于描述NO_3对反硝化作用的影响。

（3）温度。在式（5.3.13）中K_{DOC}与温度相关。

5.5.3.5　固氮

氮气为相对惰性的气体并很难反应。只有在高温高压条件下或者有特定微生物作为介质时氮才能与其他元素结合。固氮是将氮气转化为生物可利用铵（NH_4）和硝酸盐（NO_3^-）的过程。由细菌或由闪电完成都是一种自然过程，而工业过程需要大量的能源，例如化肥的生产。这个反应可以描述为

$$H_2 + 2N_2 \rightarrow 2NH_3\text{（氨气）；或}4NH_4^+\text{（铵离子）} \tag{5.5.32}$$

固氮是通过多种有机物进行的；然而，在天然水体中承担大部分固氮责任的是蓝–绿藻的某些种类。虽然所有水生植物需要氮化合物，但是只有非常少的种类可以利用氮气。蓝–绿藻固氮能力反复被提到的一个原因是在大多数湖泊中，是磷而非氮被认定为限制性营养物质。

由于固氮作用在营养物质丰富的水体中会很显著，水体的氮含量就会随之增加。在许多海洋和淡水生态系统中，已确定了营养物质收支中的固氮作用对于初级生产力的潜在重要性。固氮率可能会受到对湖泊的氮供给、氮与磷的比率和其他化学和物理因素的影响。对湖泊的研究揭示了许多浮游植物生产力的氮限制的原因。例如，在奥基乔比湖中的固氮可能是该湖氮收支的最主要贡献因素，同时解决了在建模工作中氮的缺失源（Phlips，Ihnat，1995）问题。固氮可以看做氮外部负荷的一个源。没有固氮率和影响这些比率的环境因素的知识，固氮的详细描述和模拟不能成为模型的一部分。

5.6　溶解氧

正如5.1.4节所述，溶解氧是水生系统中最为重要的水质变量之一。溶解氧是一个健康的水生生态系统所必需的，是水体能否维持生态系统平衡的一个重要指标。鱼类和水生昆虫的生存需要溶解氧。当溶解氧水平较低时，水生生命将受到影响并出现高死亡率。溶解氧浓度可能是天然水体中唯一能提供诸多水质状况信息的状态变量。因此，制定溶解氧的水质标准需要满足大多数水体的特定用途。

水生系统中的溶解氧条件通常分为以下三类：好氧、低氧和厌氧。

（1）好氧（或有氧）状态表示有氧气存在。好氧也通常用来描述有氧气参与的生物或化学过程。

（2）低氧表示溶解氧浓度低到产生生物学影响的环境条件。EPA定义低氧水体为溶解氧浓度小于等于2 mg/L的水体（USEPA，2000b）。

（3）厌氧（或缺氧）状态表示氧气水平为零。字面上厌氧意味着没有氧气，实际上在水质研究中通常和缺氧同义，表示环境条件中很少或没有氧气。厌氧通常也用来描述没有氧气参与的生物或化学过程。

在自然条件下溶解氧浓度是有波动的，但是受人类活动的影响会出现剧烈下降，例如倒入大量的耗氧垃圾或富营养化。这些垃圾在受纳水体中氧化，消耗大量的可用溶解氧。当大量的营养物质（如磷或氮）排放到水体中，植物和藻类快速生长。当这一情况发生，随之会出现植物和藻类的大量死亡。这些有机物在水中的分解增加了溶解氧的消耗。因此，富营养化通常导致表层水中产生过多的氧气（某些情况下甚至出现溶解氧过饱和）而在深层水出现低氧甚至缺氧。

当底层水变得缺氧时，反硝化作用将成为分解层结水体底部硝酸盐的主要机制。厌氧条件还改变金属的溶解性，例如硝酸盐的存在将抑制锰的减少。伴随着硝酸盐的反硝化作用，分布在沉积床上的难溶态锰将变为溶解态，并扩散到上覆水体中。在厌氧条件下，吸附在沉积颗粒上的磷酸盐可以迅速地得到解放并释放回水柱。因此在厌氧条件下沉积物可能是磷的主要来源。

低溶解氧浓度促使厌氧菌产生有害气体或臭味。当溶解氧浓度降低时，异常的气味、味道和颜色将影响水体的使用。发酵是在厌氧条件下由微生物将有机物质分解转化成新的有机物质、二氧化碳和能量的过程。低或零溶解氧造成厌氧条件并使发酵成为能量产生的主要机制。发酵过程最容易在沉积床中发生，向水柱释放如甲烷和硫化氢等气体。碳转化成甲烷而不是二氧化碳，硫转化为硫化氢。这些气体不仅影响水体的味道，还具有毒性，会给生态系统造成严重的后果。

在低溶解氧条件下，鱼类与其他水生生物能存活一段时间，当溶解氧浓度持续偏低时会引起生态系统的急剧变化。当溶解氧水平降低时，水生生命受到威胁，在极端情况下会出现死亡。长期处于低氧环境会使鱼类窒息或因窒息而停止捕食，以致被饿死。大部分游钓鱼类（如鳟鱼和鲑鱼）在溶解氧浓度低于3 ~ 4 mg/L时出现不适。仔稚鱼类则更为敏感，需要更高的溶解氧浓度5 ~ 8 mg/L。

溶解氧具有较大的日变化，主要是由阳光的日变化引起，更为直接的是由如下两种机制竞争引起：

（1）藻类和水生植物的光合作用及呼吸作用；

（2）水温的日变化。

光合作用通常是决定溶解氧日变化的主要过程，特别是在富营养化的水体中，而水温的影响通常是次要的。这两种机制具有相反的变化位相。例如，图5.6.1给出了从1999年8月24日开始测量的奥基乔比湖72 h溶解氧变化，相应时段的水温已经在图2.3.1中给出。白天，光合作用利用二氧化碳并释放溶解氧，因此溶解氧浓度增加。这解释了为什么溶解氧浓度通常在下午黄昏之前达到日最大值。晚上，光合作用停止，呼吸作用将使溶解氧浓度降低。水生动物通常主要受最低溶解氧浓度而不是日平均溶解氧浓度的影响，因此水质监测应包含日最低溶解氧浓度。

水温的日循环和受藻类光合作用控制的溶解氧日循环是一致的。比较图5.6.1中的溶解氧浓度和图2.3.1中的水温可知两者明显相关：都受太阳辐射日变化的控制。水中溶解氧的可溶性和水温直接相关，高水温导致低溶解氧浓度。除此之外，氧气消耗反应如有机物质的分解，也受水温的影响。高水温通常导致高溶解氧消耗率和低溶解氧浓度。因此水温的日变化通常导致下午出现低溶解氧而黎明出现高溶解氧，正好和光合作用的位相相反。不过和水温相比，光合作用能引起更大的溶解氧变化，因此图5.6.1所给出的溶解氧日变化主要是由藻类光合作用引起的。

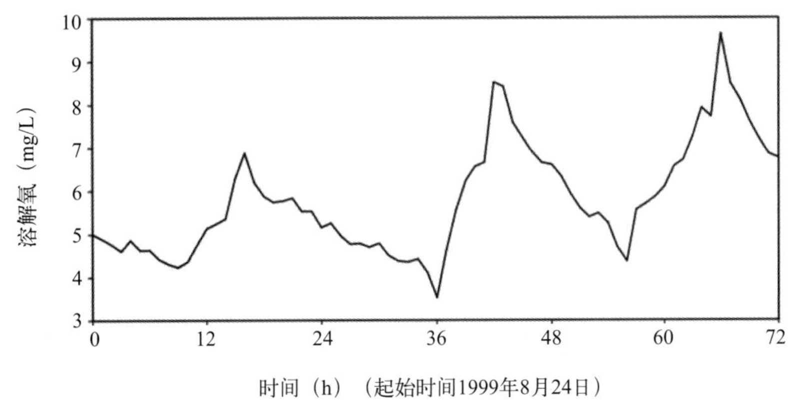

图5.6.1　奥基乔比湖从1999年8月24日午夜开始的72 h溶解氧观测值

5.6.1　生化需氧量

生化需氧量是指在一定温度下指定时间内生物或化学作用所消耗水中溶解氧的总量。这给出了有机物质降解和无机物质氧化所需的总溶解氧浓度。微生物需要氧气来分解有机物质，氧气的减少也可能由需氧化学反应引起，如5.5.3节所讨论的硝化过程。总之，生化需氧量是一个指标而不是物理或化学物质。

由于废水的生化需氧量通常较高，并且溶解氧浓度是水生系统的一个主要指标，生化需氧量被广泛地用来测量水质污染并通常作为有机污染的重要参数。由于种种原因，生化需氧量作为一个水质测量指标的正确性常常受到质疑，然而它仍是一个重要的污水处理厂排放指标。

生化需氧量是由一个多年来并无实质变化的标准测试来确定的。进行生化需氧量测定，要先往瓶子里放些待测样品，然后装满水稀释，记录初始溶解氧浓度。瓶子需要放在避光处以防止藻类光合作用产生氧气，还需将瓶子密闭防止外界空气补充因生物降解而减少的溶解氧。将样品放于最佳温度20℃下一段时间，通常是5 d，过后再次测量溶解氧浓度。生化需氧量由如下公式来得到：

$$BOD = (DO_i - DO_f)\frac{V_b}{V_s} \tag{5.6.1}$$

式中，DO_i 为初始溶解氧浓度；DO_f为最终溶解氧浓度；V_b 是瓶子体积；V_s 表示放入瓶中的样品体积。

在生化需氧量检测实验中，生化需氧量由式（5.6.1）计算得到。生化需氧量通常指标准的5日生化需氧量。5日生化需氧量或生化需氧量是前5天总的氧气消耗量。监管部门通常将5日生化需氧量作为废水排放许可标准（如，USEPA，1993）。

氧化过程通常分两步进行，碳质和氮质氧化过程（硝化过程）。碳素物生化需氧量包括5.3节讨论过的有机碳化合物分解过程。氮素生化需氧量包括5.5.3节所给出的氨氧化为硝酸盐的过程。碳质氧化作用和硝化作用之间有时间滞后，两个过程具有不同的衰减率。生活废水中碳素物生化需氧量通常发生在氮素生化需氧量之前，产生著名的二段生化需氧量曲线（图5.6.2）。在利用生化需氧量的前一阶段，细菌负责分解有机物质（碳素物生化需氧量），七八天后氨的氧化才开始占主导。这是将生化需氧量测定限制在5d的一个原因。然而在天然水体中，两个过程可以同时进行。生化需氧量实验中也可以施加硝化抑制剂，从而只测量含碳物质的氧化，结果可以作为碳素物生化需氧量。

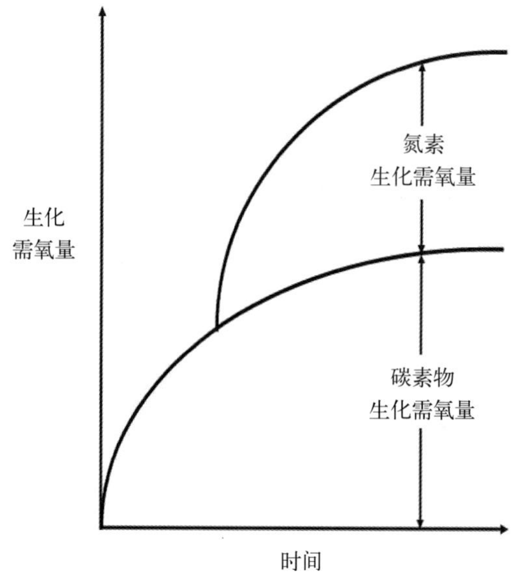

图5.6.2　由碳素物生化需氧量和氮素生化需氧量引起的典型两阶段溶解氧吸收简图

水体中氧的消耗量随有机物的浓度及其他因素如细菌密度、水温、有机物的种类及细菌类型而变。简单起见，在实际应用中通常假定有机物的分解速度正比于有机物的总量，并用一级反应动力学来描述：

$$\frac{dL}{dt} = -k\,L \tag{5.6.2}$$

式中，L为用氧表示的有机物质浓度（以氧计），mg/L；k为生化需氧量反应速度，d^{-1}；t为时间，d。

式（5.6.2）表明氧气消耗率dL/dt正比于可降解生物有机物质和可氧化化学物质的浓度。对这一表达式进行积分得到

$$L = BOD_u \cdot e^{-k \cdot t} \tag{5.6.3}$$

式中，BOD_u为最大生化需氧量，这是好氧微生物从水体中移除的总氧量的度量值。式（5.6.3）中L代表t时刻后水体中剩余生化需氧量的值，BOD_u代表$t = 0$时刻水中的生化需氧量。

在t时刻析出的生化需氧量BOD_t，等于最大生化需氧量（BOD_u）和t时刻生化需氧量之差。

$$BOD_t = BOD_u - L = BOD_u (1 - e^{-kt}) \tag{5.6.4}$$

k值变化范围很大，为0.05～0.4d^{-1}。生化需氧量值、生化需氧量反应速率（k）和BOD_u可以用式（5.6.4）求得。图5.6.3中的曲线描绘了式（5.6.3）和式（5.6.4），实线为从水体中移除的BOD的百分比（$= BOD_t / BOD_u$），虚线为剩余BOD的百分比（$= L / BOD_u$）。由图5.6.3可见当$k = 0.23$ d^{-1}时，大约3d就可以消耗掉水中总BOD的一半。

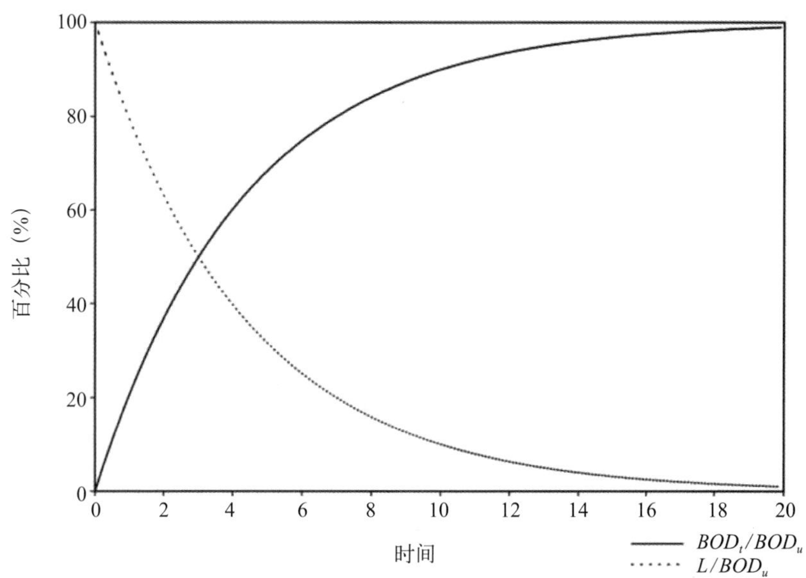

图5.6.3　当$k = 0.23$ d^{-1}时，水体中消耗的溶解氧百分比（实线）与残留在水体中溶解氧百分比（虚线）

温度对BOD反应的影响非常大，当温度增加时生物降解速度也增快。温度调节方程类似于其他细菌温度方程，例如式（5.1.8）：

$$k = k_{20} \cdot \theta^{(T-20)} \tag{5.6.5}$$

式中，k_{20}为20℃时BOD的反应速度；θ为一常数，通常取为1.047。

生化需氧量将几个耗氧过程的效应合并为一个变量（如图5.6.2所示），这对于水质模拟研究来说通常过于简化。一个更为接近实际的办法是将氧气消耗分解为几个分量，如有机物质分解需氧量，硝化需氧量和其他物质氧化需氧量。这种方法普遍地应用于水质模型中（如，Ambrose等，

1993；Cerco，Cole，1994；Park 等，1995）。生化需氧量是废水排放的重要参数，有常规测量和报告。通常需要联系BOD和有机物质的经验公式，以便在水质模拟中使用实测的BOD数据。在研究纽约市市政废水排放时，HydroQual（1991b）采用了下面的BOD_5和总有机碳关系公式：

$$TOC = 18 + 0.7 BOD_5 \tag{5.6.6}$$

式中，TOC为总有机碳，mg/L；BOD_5为5日生化需氧量，mg/L。

一些水质模型并不直接将BOD作为一个状态变量进行模拟。为了利用实测BOD数据来进行模型-数据对比，需要将水质模型的状态变量（如表5.1.1中所列）模拟结果转换成BOD，以便和实测BOD直接比较。采用长岛海湾研究（HydroQual，1991b）中所用方法，基于表5.1.1中所列出的状态变量（Tetra Tech，1999e），下面的公式可用来近似计算BOD_5：

$$\begin{aligned} BOD_5 = 2.67 \cdot [LPOC \cdot (1 - \mathrm{e}^{-5K_{\mathrm{LPOC}}}) + DOC \cdot (1 - \mathrm{e}^{-5K_{\mathrm{HR}}}) + COD \cdot (1 - \mathrm{e}^{-5K_{\mathrm{COD}}}) \\ + \sum_{x=\mathrm{c,d,g}} B_x \ (1 - \mathrm{e}^{-5BM_x})] + 4.33 \ NH_4 \ (1 - \mathrm{e}^{-5Nit}) \end{aligned} \tag{5.6.7}$$

式中，K_{COD}为化学需氧量的氧化率，d^{-1}，可以由式（5.6.21）得到。参数K_{LPOC}，K_{HR}，BM_x和 Nit已分别在式（5.3.12）、式（5.3.10）、式（5.2.28）和式（5.5.28）中给出。

5.6.2 溶解氧过程及方程

溶解氧浓度是控制溶解氧的溶解性、输运、生产及消耗的物理和化学过程的函数。氧气和营养物质由一个吸收、释放的循环所连接。由于表面复氧和光合作用，溶解氧浓度通常在表层水中最高。氧气和营养物质的垂直输运取决于水柱中的扰动扩散。氧气浓度通常随深度增加而减小。

总悬浮固体（和水体混浊度）通过以下几个途径影响溶解氧浓度：①可用光；②水温；③溶解氧消耗。高的总悬浮固体增加了光的衰减系数，减少了可用于光合作用的部分，从而减少溶解氧的产量。悬浮颗粒吸收热量引起水温升高，而水体容纳溶解氧的能力受温度和盐度的影响。与冷水相比，暖水能容纳的溶解氧较少，当温度升高时溶解氧浓度就会降低。总悬浮固体通常包含大量的悬浮有机物，它们的分解也消耗氧气。

图5.6.4总结了溶解氧的主要源汇项。如果溶解氧源的贡献小于溶解氧汇的总和，水体中的溶解氧将出现赤字。主要的溶解氧源包括：①复氧；②光合作用；③外部负载。

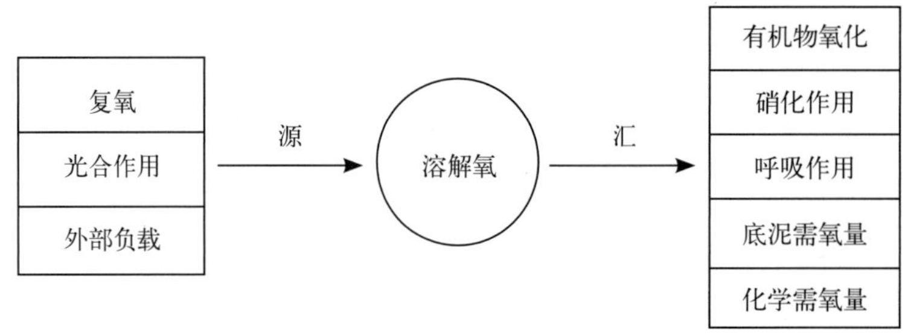

图5.6.4 溶解氧的主要源和汇

水体通过复氧直接从大气中获取氧气，也可以通过植物的光合作用获得。表层和底层水之间的垂直混合将溶解氧向下层传输。大气复氧正比于水体中溶解氧的不饱和度。溶解氧不饱和度为饱和溶解氧浓度和水体中现有溶解氧浓度之差。当光照充足时，藻类和水生植物通过光合作用消耗营养物质并产生溶解氧。在光合作用速率非常高的水层，例如水华暴发期间，水体有可能过饱和，即水体中氧气含量超过溶解氧的饱和浓度。当出现强的层结时，如果光线能够穿透到底层，则光合作用是深层水的唯一潜在溶解氧来源。外负荷可能是受纳水体的溶解氧源（增加溶解氧浓度）或汇（减小溶解氧浓度），这取决于入流水体溶解氧的浓度。

主要的溶解氧汇包括：①有机物氧化；②硝化作用；③呼吸作用；④底床沉积成岩过程中底泥需氧量；⑤由于沉积床物质释放减少而导致的化学需氧量。

正如5.3.1节所述，有机物的氧化和分解消耗氧气。硝化过程吸收氧气先将铵离子（NH_4^+）氧化成亚硝酸盐（NO_2^-），再氧化为硝酸盐（NO_3^-）（5.5.3节）。藻类的呼吸作用需要氧气来将有机碳转化为二氧化碳和水（5.2.4节）。沉积床中的化学和生物过程通常从水柱中吸收氧气。沉积有机体的呼吸作用和底部有机物质的分解消耗氧气，这两者或许是水体中总氧气消耗的重要部分。底泥需氧量用来表示由底部反应消耗的氧气，这是底部沉积物施加于上覆水体的氧气消耗率。硫化物和甲烷产生额外的氧气消耗。微生物的活跃性随温度增高而增大。层结阻止表层溶解氧到达底部。因此在夏季低流量条件（河流）或高层结条件（深湖）下，底部效应会特别显著。本章的下一节将详细讨论底泥需氧量并介绍沉积成岩过程。

Streeter和Phelps（1925）的开创性工作使得溶解氧成为人们几十年来的模拟对象。许多经充分检验的模型能够计算溶解氧。如图5.6.4所示，溶解氧浓度的变化取决于溶解氧源、汇项之和，即

$$\begin{aligned}\text{溶解氧净变化} &= \text{光合作用} - \text{呼吸作用} - \text{硝化作用} - \text{有机物分解}\\ &\quad - \text{化学需氧量} + \text{复氧} - \text{底泥需氧量} + \text{外负荷}\end{aligned} \tag{5.6.8}$$

相应的溶解氧动力学方程为

$$\begin{aligned}\frac{\partial DO}{\partial t} &= \sum_{x=\mathrm{c,d,g}}\left((1.3-0.3\,PN_x)P_x-(1-FCD_x)\frac{DO}{KHR_x+DO}BM_x\right)AOCR\cdot B_x\\ &\quad - AONT\cdot Nit\cdot NH_4 - AOCR\cdot K_{\mathrm{HR}}\cdot DOC-\frac{DO}{KH_{\mathrm{COD}}+DO}KCOD\cdot COD\\ &\quad + K_r(DO_s-DO)+\frac{SOD}{\Delta z}+\frac{WDO}{V}\end{aligned} \tag{5.6.9}$$

式中，PN_x为x类藻对铵的吸收偏好（$0\leqslant PN_x\leqslant 1$），由式（5.5.20）和图5.5.3给出；$AONT$为单位质量的铵离子硝化所需溶解氧（1 gN需要4.33 g O_2；见5.5.3节讨论的硝化作用）；$AOCR$为呼吸作用中的溶解氧与碳之比（2.67 g O_2/g C）；K_r为复氧系数，d^{-1}，只适用于表层；DO_s为溶解氧饱和浓度（以氧计），g/m^3；SOD为底泥需氧量（以氧计），g/(m^2·d)，只适用于底层，朝向水柱为正；WDO为溶解氧外负荷（以氧计），g /d。

5.6.3 光合作用与呼吸作用的影响

5.2.3节和5.2.4节已经分别详细地讨论了光合作用和呼吸作用。这一部分重点讲述光合作用和呼吸作用对水体中溶解氧的影响，也就是式（5.6.9）中右端的前两项。氧气是水生植物光合作用的副产品。浮游植物、水生附着生物和固着水生植物通过光合作用和呼吸作用能够显著地影响水体中溶解氧的水平并对溶解氧的日变化和逐日变化产生深远影响。在日平均下，水生植物通过光合作用给水体带来溶解氧净增加，而呼吸作用能在夜间导致低溶解氧水平，从而影响水生生物的生存。

在水质模拟中，呼吸作用和光合作用被看作相同的反应，但朝着相反的方向进行。光合作用只发生在白天，而呼吸作用和分解每时每刻都在进行，且不依赖太阳能。这些反应可以用下面的简化公式来表示：

$$6CO_2 + 6H_2O \underset{\text{呼吸作用}}{\overset{\text{光合作用}}{\rightleftharpoons}} C_6H_{12}O_6 + 6O_2 \tag{5.6.10}$$

葡萄糖（$C_6H_{12}O_6$）代表植物中的有机化合物。在这一反应中，光合作用将二氧化碳和水转化成葡萄糖和氧气，水体中的溶解氧增加。相反，呼吸作用将葡萄糖和氧气转化成二氧化碳和水，水体中的溶解氧减少。植物通常能生产出超过自身所需的有机物质和氧气。

日最大溶解氧值通常出现在午后，此时光合作用是主要机制（图5.6.1）。日最小溶解氧值通常出现在黎明，此时呼吸作用和分解对溶解氧有重要影响，且不存在光合作用。因此大量的藻类生长会产生大的溶解氧日变化，这可能会给水生生态系统带来危害，并违反溶解氧标准。光合作用也可能导致溶解氧过饱和，即水中溶解氧浓度超过饱和浓度的现象。过饱和现象发生在溶解氧源（图5.6.4）向水体提供的溶解氧超过溶解氧汇所吸收的溶解氧的情况下。一次大的藻华可以将氧气含量提升至15~20 mg/L，是溶解氧饱和浓度的2倍多（Schwegler，1978）。

由于藻类生长需要阳光和营养物质，因此想要定量化光合作用的氧气生产力，需要了解藻类营养动力学。式（5.6.9）中与B_x相关的右端项可以计算藻类对溶解氧的影响。藻类的光合作用产生氧气（P_x项），呼吸作用消耗氧气（BM_x项）。溶解氧的生产量还取决于藻类生长所利用的氮的形式。Morel（1983）给出了下面的溶解氧生产公式：

$$106CO_2 + 16NH_4^+ + H_2PO_4^- + 106H_2O \rightarrow \text{原生质} + 106O_2 + 15H^+ \tag{5.6.11}$$

$$106CO_2 + 16NO_3^- + H_2PO_4^- + 122H_2O + 17H^+ \rightarrow \text{原生质} + 138O_2 \tag{5.6.12}$$

原生质是藻类细胞的活性物质，它是悬浮于水中的蛋白质、脂肪和许多其他复杂物质的活性化学混合物。

式（5.6.11）表明当氨为氮源时，每摩尔二氧化碳固定产生1 mol氧气。式（5.6.12）表明当硝酸盐作为氮源时，每摩尔二氧化碳固定产生1.3（138/106）mol氧气。这两个公式反映在式（5.6.9）

右端第一项的（1.3−0.3 PN_x），两者是光合作用率，表示每摩尔二氧化碳固定所产生的氧气摩尔数。当所有的氮源均为氨时（氨系数$PN_x = 1$），氧气摩尔数为1.0；当所有的氮源均来自硝酸盐时（$PN_x = 0$），氧气摩尔数为1.3。

氧气生产率（营养物质吸收）正比于藻类生长速率。式（5.6.10）表示伴随每克光合作用产生的藻碳，同时生成32/12（约为2.67）g氧气。反之，呼吸作用消耗1 g藻碳，同时消耗32/12 g氧气。因此式（5.6.9）中的溶解氧/碳之比应为$AOCR = 2.67\ \mathrm{g\ O_2/g\ C}$。

5.6.4　复氧

复氧是一个氧气通过水气界面进行转移的过程，通常导致向水体的净氧气输送。氧气占空气总体积的21%，且易溶于水。复氧是氧气进入水体表层最主要的途径。藻类光合作用只能在白天增加水体中的溶解氧，而复氧全天都可以为水体提供溶解氧。自然或人为复氧能够使溶解氧水平达到饱和。自然过程如风和波浪能提高氧气转移速率。人为搅拌也能增加水体中的溶解氧。例如，搅拌将空气带到水库下层，形成气泡并通过水柱上升，空气中的氧气溶解到水中补充溶解氧。上升的气泡还可以使底层水上升到表层，在这里可以从大气中获得更多的氧气。

复氧速率正比于溶解氧的不饱和度，即饱和溶解氧值和溶解氧浓度之差。式（5.6.9）右端的K_r项，$K_r\,(DO_s - DO)$ 是复氧过程的数学表达式。此式表明溶解氧水平越低，复氧速率越快。大气和水体条件决定复氧速率K_r。溶解氧不饱和度是一个有用的水质参数，受温度、盐度和气压的影响。

由于天然水体中溶解氧水平通常低于饱和值，因此一般氧气从大气进入水体。然而当光合作用造成溶解氧过饱和时（如午后富营养化的水库中），可能会出现从水体向大气的净氧气输送。

复氧通过氧气从大气向水体的扩散（当溶解氧不饱和时）及水体和空气的湍流混合来进行。天然水体中的复氧速率取决于：①水流速度和风速；②水温和盐度；③水深。

大的流速和风速在大气和水体中产生强的湍流活动。湍流和混合增加复氧，而静止、停滞的状态则减少复氧。例如，相比于快速流动的河水，由于湍流较少且与大气间的溶解氧交换较弱，缓慢运动的湖水呈现出大的溶解氧日变化。在高温条件下，水体的饱和溶解氧值降低，导致可用溶解氧减少。除此之外，随温度的增高生物体的新陈代谢率增加，导致更多的氧气消耗。深水更容易产生强的层结，从而导致表层从大气中获得的溶解氧难以输送到底层。水系修复方法通常利用这些关系，如安装人造小瀑布来增加复氧。

研究人员提出了许多经验公式来估计复氧速率。排除风的影响，复氧速率系数的经验公式只取决于速度和深度：

$$K_r\,(20℃) = A\,\frac{V^B}{D^C} \tag{5.6.13}$$

式中，$K_r\,(20℃)$为20℃时复氧速率，$\mathrm{d^{-1}}$；V为流速，m/s；D为水深，m；A、B和C为经验参数。

当式（5.6.13）用于多层模型时，水深D应该用顶层厚度Δz来代替。式（5.6.13）表明高流速和浅水深对应高复氧系数。表5.6.1中给出了3个常用公式中A、B和C的值。O'Connor和Dobbins（1958）所给的公式适用于缓慢的深水河流；Churchill 等（1962）的公式适用于中等深度的高速溪流，Owens 等（1964）的公式适用于浅流。

表5.6.1　复氧系数的经验参数值

公式	A	B	C	适用水体
O'Connor和Dobbins（1958）	3.93	0.50	1.50	流速缓慢的深水河流
Churchill等（1962）	5.026	0.969	1.673	中等深度的高速溪流
Owens等（1964）	5.34	0.67	1.85	浅溪

式（5.6.13）和表5.6.1适用于20℃时的复氧速率。水温对复氧速率的影响由下式给出：

$$K_r = K_r(20℃) \times 1.024^{(T-20)} \tag{5.6.14}$$

式中，K_r为T℃时的复氧速率；T为水温，℃。

还有许多关系式考虑了风引起的复氧，例如Banks和Herrera（1977）采用了下面的关系式：

$$K_r = \left(K_{ro}\sqrt{\frac{u_{eq}}{h_{eq}}} + W_{rea} \right) \frac{1}{\Delta z} KT_r^{T-20} \tag{5.6.15}$$

式中，K_{ro}为比例常数，为3.933（MKS）；u_{eq}为横截面上的权重速度，m/s；h_{eq}为横截面上的权重深度，m；W_{rea}为风引起的复氧，m/d；KT_r为溶解氧复氧速率的温度调节常数；Δz为数值模型表层厚度。

风引起的复氧可以表示为

$$W_{rea} = 0.728 U_w^{1/2} - 0.317 U_w + 0.0372 U_w^2 \tag{5.6.16}$$

式中，U_w为10 m风速，m/s。

对于能够分辨垂直层结的多层模型，其模拟的溶解氧浓度不会对复氧速率经验公式过于敏感。经验公式只用在上层，无论用何种经验公式，溶解氧浓度通常接近饱和状态。Ji等（2004a）发现，在一个强层结水库中，当底层溶解氧接近于零时，表层溶解氧仍可处于临界饱和状态。这表明模拟的溶解氧浓度对复氧速率不敏感。

水温影响溶解氧饱和浓度，低水温对应高的饱和溶解氧浓度。饱和溶解氧浓度经验地表示为关于温度和盐度的函数（APHA，2000）：

$$DO_s = \exp\left[-139.344\,1 + \frac{1.575\,701\times10^5}{T_k} - \frac{6.642\,3\times10^7}{T_k^2} + \frac{1.243\,8\times10^{10}}{T_k^3} - \frac{8.621\,949\times10^{11}}{T_k^4} - S\left(1.767\,4\times10^{-2} - \frac{1.075\,4\times10^1}{T_k} + \frac{2.140\,7\times10^3}{T_k^2}\right)\right] \tag{5.6.17}$$

式中，T_k为开氏温度，K（273.15+摄氏度）；S为盐度。

通过对观测数据的二阶多项式曲线拟合，Chapra和Canale（1998）得到了饱和溶解氧的回归方程：

$$DO_s = 0.003\,5\,T^2 - 0.336\,9\,T + 14.407 \tag{5.6.18}$$

式中，T为摄氏水温，℃。式（5.6.18）给出的溶解氧饱和浓度非常接近于式（5.6.17）在$S = 0.0$时的结果。尽管式（5.6.18）比式（5.6.17）简单许多，但当水温在0～40℃之间时，两者的均方根之差只有0.08 mg/L。图5.6.5给出了式（5.6.17）在S为0，15 ppt和35 ppt时饱和溶解氧值。图5.6.5揭示出当温度（或盐度）增加时水体能容纳的氧气量大大减少。例如，10℃时淡水的饱和溶解氧浓度是11.29 mg/L，而盐度为35 ppt的盐水则是9.02 mg/L。在30℃时，淡水饱和溶解氧浓度是7.56 mg/L，而S=35 ppt时则只有6.24 mg/L。

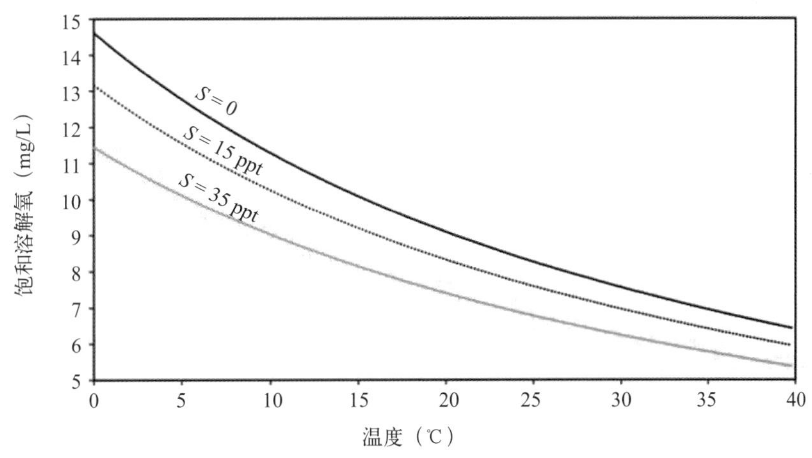

图5.6.5 盐度为0，15 ppt和35 ppt时关于温度（℃）的饱和溶解氧浓度（mg/L）函数

Hyer等（1971）通过加入盐度效应导出了饱和溶解氧的另一个经验公式：

$$DO_s = 14.624\,4 - 0.367\,134\,T + 0.004\,497\,2\,T^2 + S(-0.096\,6 + 0.002\,05\,T + 0.000\,273\,9\,S) \tag{5.6.19}$$

5.6.5 化学需氧量

化学需氧量有很多定义，通常化学需氧量表示由化学反应引起的溶解氧减少。化学需氧量被广泛地用于表示废水中有机污染物的总体水平。化学需氧量值越大，废水排放需要消耗受纳水域越多的溶解氧。然而在一些水质模型中（如Cerco，Cole，1994；Park 等，1995），化学需氧量被用来表示由物质减少引起的氧气消耗，如咸水中的硫化物或淡水中的甲烷。硫化物和甲烷以氧气需求来量化并用相同的动力学公式表示。化学需氧量源自沉积床的沉积成岩过程，其动力学方程如下：

$$\frac{\partial COD}{\partial t}=-\frac{DO}{KH_{\mathrm{COD}}+DO}KCOD\cdot COD+\frac{BFCOD}{\Delta z}+\frac{WCOD}{V} \tag{5.6.20}$$

式中，COD为化学需氧量浓度，与以氧计的单位g/m^{3}等效；KH_{COD}为COD氧化所需溶解氧的半饱和常数（以氧计），g /m^3；$KCOD$为COD氧化速率，d^{-1}；$BFCOD$为COD沉积通量，与以氧计的单位g/(m^2·d)等效，只适用于底层，5.7节给出了估计值；$WCOD$为COD外负荷，与以氧计的单位g/d等效。

外负荷$WCOD$通常为零。用一个指数函数来描述温度对COD氧化速率的影响：

$$KCOD=K_{\mathrm{CD}}\cdot \mathrm{e}^{KT_{\mathrm{COD}}(T-TR_{\mathrm{COD}})} \tag{5.6.21}$$

式中，K_{CD}为在TR_{COD}时COD的氧化速率，d^{-1}；KT_{COD}为温度对COD氧化的影响，℃$^{-1}$；TR_{COD}为COD氧化参考温度，℃。

5.7 沉积物通量

如第3、4章所述，沉积物不仅影响水体浊度，还携带化学物质，如营养物质和有毒物质，从而影响水质。颗粒态有机物沉淀到沉积床，然后经过分解或矿化的过程被称为成岩过程。沉积床的溶解态无机营养物质能够以沉积物通量的形式再循环回到水体。即使外源大为减少，沉积床释放出的营养物质及底泥需氧量对富营养化问题也有着重要作用。因此，刻画沉积床的沉积物成岩过程，并估计底床释放出的沉积物通量是水质模拟，特别是长周期模拟的一个重要方面。

本章所讨论的沉积物成岩过程不同于第3章介绍的泥沙过程，后者主要讨论黏性和非黏性泥沙。本质上，两章介绍的是水体的同一沉积床，然而第3章侧重于泥沙的输运、沉积及再悬浮，本章侧重于影响富营养化过程的成岩过程和沉积物通量。历史上，泥沙输运模拟（第3章）和水质模拟（本章）分别是由两组应用目的不同的研究者开展的，这两类模型通常没有多大关联。例如，沉积物成岩模型没有体现泥沙沉积和再悬浮引起的底床厚度变化（如，Cerco，Cole，1994）。泥沙过程与水质过程的联系一般在于磷和硅对悬浮泥沙的吸附和解吸（Park et al.，1995）。因此，将泥沙模型和水质模型中的底部过程直接联系起来十分必要。5.7.6节将讨论沉积床的沉积物再悬浮如何影响营养挟带。

颗粒态有机物质如藻类，沉淀到水体的底部并通过有氧或厌氧过程进行分解。沉积物中高浓度有机物的分解将产生大量的底泥耗氧。分解有机物质将减少水体氧浓度，导致（或维持）缺氧状况。孔隙水和底层水中的营养物质浓度，特别是氨和磷酸盐，可能累积到较高水平。缺氧水体和沉积床中的硝酸盐可能会出现脱氮反应。在有氧条件下，沉积物中释放出的氨直接转化成硝酸盐（硝化作用）。沉积床通常是水体中磷的主要存储器。在缺氧条件下，沉积物释放到上覆水中的磷增加。沉积通量还取决于沉积床的特征。由于沙粒松散并缺乏营养物质，沙质底床包含较少沉积物成岩过程所需的有机物质。泥质底床通常包含丰富的营养源。

即便外负荷减少，内部来自沉积床的氮和磷的再循环仍能维持长期的富营养化条件。长期接受富营养入流的浅湖易于维持高速率的内部再循环。这些内部负荷通过扩散和沉积物再悬浮从底床进入水柱。因此通过减少外负荷来修复湖水系统需要几十年的时间（Rossi，Premazzi，1991）。例如奥基乔比湖，水很浅，平均深度只有3.2 m，磷的内负荷近似等于外负荷。内负荷是由于几十年来过度的磷排放所致（Havens et al.，1996）。尽管近20年（1979—1998年）来，总磷和总氮的外负荷持续减少，但湖水水质的改善并不明显。水柱中总磷对磷的外负荷减少的反应不明显，部分原因在于内部沉积物的磷负荷（James et al.，1995a，b）。

本节所给出的沉积物成岩模型主要基于由Di Toro和Fitzpatrick（1993）发展的切萨皮克湾沉积通量模型，此模型当前在水质模拟中被广泛地接受和采用（如Cerco，Cole，1994；Park 等，1995；HydroQual，1995c）。完整的模型文档见 Di Toro和Fitzpatrick（1993）及Di Toro（2001）。本章的许多讨论和公式来自Park等（1995）的报告。

5.7.1　沉积物成岩模型

底栖环境是指水生系统的底部环境。成岩作用是包括所有活跃于沉积床的物理和生物地球化学过程的净效应。在沉积物成岩模型中，成岩作用用于表示有机物的衰变过程（Di Toro，Fitzpatrick，1993）。成岩作用的一个例子是颗粒态有机氮在有氧条件下变为氨气。

由于成岩反应所导致的底床沉积物通量能够成为重要的营养源或氧气汇。底部沉积物中有机物质的分解需要消耗大量的氧气，这必须由上覆水柱体来供给。这一底泥需氧量包含了水生系统总耗氧量中相当大的一部分。缺氧情况的出现（部分原因是由于底泥需氧量）能明显增加某种营养物质通量。在一个较长的时间尺度上（如几十年），对于从水体中移除的营养物质和其他物质，底部沉积物扮演着汇的角色。沉积营养物质的一部分，如氮、磷和硅，埋入较深的沉积层，永久性地从水生系统中移除。然而在月和季的时间尺度上，特别是在夏季，底部沉积物能够作为其上覆水体的重要营养源。暖水能引起沉积物中较强的化学和生物过程，并伴有大量的溶解营养物质释放回上覆水体中。

水质模型中引进沉积物通量的方法包括：

（1）基于实测数据和文献指定的通量值，将通量值作为模型校准参数进行调整。

（2）计算沉积物成岩模型的通量，并耦合到上覆水的水质模型中。

第一种方法通常用于不需要模拟底部动力过程的水质模型（如Brown，Barnwell，1987）。溶解态营养物和底泥需氧量的空间变化通量是预先给定的，同时也可用时间函数来反映季节变化。沉积物通量在指定站点给定，并主要由使模拟结果和观测数据相吻合的模型校准过程来确定。采用这种方法不能预报未来条件下的底泥需氧量，如水资源管理中的废水负荷减少情景。因此这种方法不能可靠估计底部通量，并在以水质模型作为预测和管理工具时，引入较大的不确定性。

为了能够真实地模拟成岩反应和沉积物通量，人们做了大量工作。沉积物成岩模型描述了控制沉积物中的营养物质迁移的沉积物过程。这些模型在评估沉积物对外界营养物质负荷改变的响应以及预测穿过泥沙-水体界面的营养物通量方面非常有用。由于沉积物通量能够显著影响上覆水的水质过程，因此有必要将沉积物成岩模型耦合到水质模型中，特别是对于长周期（多季或多年）模拟。

如同水质模型，沉积物成岩模型（Di Toro，Fitzpatrick，1993）基于质量守恒原理。底部沉积物接收来自水柱的颗粒有机碳、颗粒有机氮、颗粒有机磷、硅粒子和藻类通量（见图5.7.1）。当藻类和有机碎屑沉降到底部时，底部沉积物中的颗粒有机物含量增加；当有机物分解时，含量减少。沉积物经历的衰变过程和水柱中是一样的，只是衰变产物进入孔隙水而不是上覆水体中。这些衰变产物能在有氧和厌氧层中发生反应。孔隙水中的营养物质能够扩散到上覆水体中，扩散速率取决于孔隙水和上覆水体的营养物质浓度差。模型还包括营养物质向更深沉积层的埋藏，这将营养物质彻底从水生系统中移除。

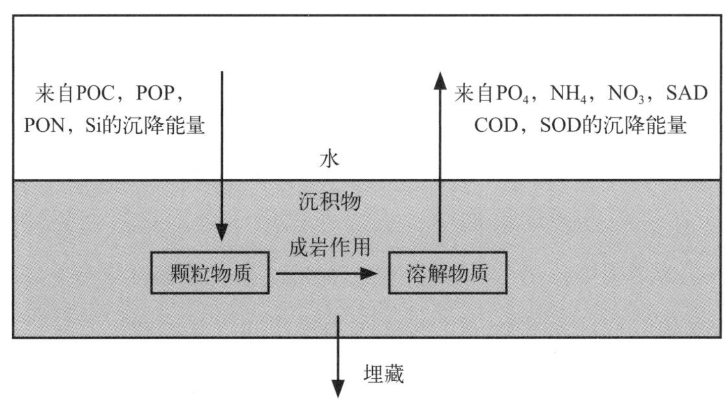

图5.7.1　沉积物成岩模型构成

沉积物成岩模型的主要特征如下（Di Toro，Fitzpatrick，1993）：

（1）三类通量：模型描述从水柱向底床的颗粒态物质沉降通量，底床颗粒态物质的成岩作用（衰变）通量，溶解态营养物从底床返回上覆水的沉积物通量。

（2）底床的两层结构：上层较薄且通常是有氧的，下层则始终是厌氧的（图5.7.2）。

（3）底部沉积物的三个G类：颗粒有机物依据衰变速率分为三组分（G类）。

本节将介绍这些特征。

5.7.1.1　沉积物成岩模型的三类通量

沉积物成岩模型大致能够用以下三个主要通量（分量）来表示：

（1）颗粒物质的沉降使其从水体沉淀到沉积床；

（2）底床成岩作用（衰变）过程将颗粒态物质转化为溶解态物质；

（3）沉积物通量将溶解物质从底床输运到上覆水中及将溶解态和颗粒态有机物质埋藏到更深的沉积层。

首先，沉积床接收上覆水中颗粒有机碳（POC）、颗粒有机磷（POP）、颗粒有机氮（PON）和颗粒硅（Si）的沉降通量（图5.7.1）。这四种沉降通量可作为底部沉积物的外源。对于一个两层结构的沉积物成岩模型（图5.7.2），上层是有氧且薄，下层厌氧。由于上层厚度可以忽略不计，沉降可以处理为直接从水柱到下层。

其次，成岩作用过程在下层将沉降的颗粒态物质转化为溶解态物质，并形成成岩作用通量。颗粒有机物的矿化产生溶解有机物质，颗粒态硅水解为溶解硅。成岩作用通量也是沉积通量的源。

第三，溶解物质在沉积床上的有氧和厌氧层中发生反应。底层成岩作用产生的溶解物质或者输送到上层随后以沉积通量的形式进入上覆水体，或者埋藏到更深底层。沉积物成岩模型包括6个沉积通量：磷酸盐（PO_4）、铵离子（NH_4）、硝酸盐（NO_3）、可用硅（SAD）、化学需氧量（COD）和底泥需氧量（SOD）（图5.7.1）。这些沉积物通量由水柱和沉积床之间的扩散作用引起。当底部切应力较大时，第3章所讨论的泥沙再悬浮能从沉积床挟带大量的泥沙和颗粒有机物到水柱中。5.7.6节将讨论这种营养物质输运机制。

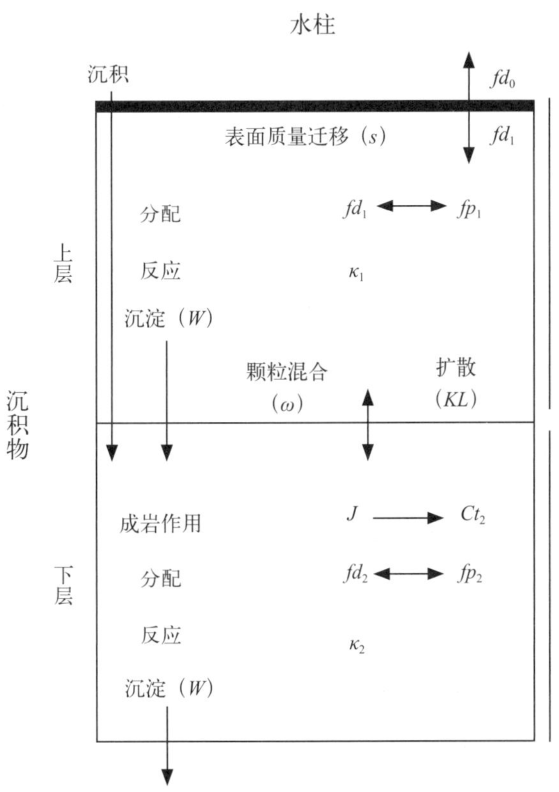

图5.7.2　沉积物成岩模型中所含的沉积层及其过程

（Di Toro，Fitzpatrick，1993）

5.7.1.2 底部沉积物的两层结构

图5.7.2给出了一个沉积物成岩模型的两层结构（随后将对图中的其他过程进行讨论）。上层是一个和水柱相连的薄层，可以是好氧的或厌氧的，取决于上覆水的溶解氧浓度。这一薄层的厚度由沉积物上覆水体的溶解氧浓度及沉积物的氧气消耗率决定。下层则总是厌氧的，其典型厚度为5 ~ 15cm。由于上层厚度可以忽略不计，所以可认为水柱中的颗粒物质直接沉降到厌氧的下层。沉积的有机物质在有氧的上层被氧化，但在厌氧的下层则被还原。一部分沉积物经过淤积被埋藏到更深层，从而彻底离开水生系统。

上部、好氧层的厚度由氧气在沉积物中的渗透力决定，并且只占总厚度的一小部分。其具有如下形式：

$$H = H_1 + H_2 \approx H_2 \tag{5.7.1}$$

式中，H为总深度（通常为10 cm）；H_1是上层深度（通常为0.1 cm）；H_2为下层深度。

底部沉积物的总深度H是沉积物成岩模型中的一个重要参数。它代表了底栖生物混合的活跃深度，并决定厌氧层的体积。据报道，河口区的活跃深度为5 ~ 15 cm。10 cm的深度较为适中（Di Toro，Fitzpatrick，1993）。此深度下的沉积物很难再循环到活跃层，并可认为永久性地从水生系统移除。在研究疏水有机化学物质的沉积物-水界面通量时，Lick（2006）认为充分混合的底部沉积床通常并不存在，即使存在其形成也是缓慢的，其深度很难定义更难加以量化。

沉积床的记忆远远长于水柱。H（或H_2）的幅度控制着底床的长期响应时间。活跃沉积层的厚度应能反映上覆水体的影响并有合理的记忆时间。如果H太小，模型将记忆或受发生在最近一两年的沉积物的影响。如果H太大，模型结果将会在相当长的一段时间内被平均，不能反映外部负荷当前的变化。如污水治理厂的营养物质负荷减少。沉淀物的沉降速率也影响沉积物成岩模型的记忆。比较理想的办法是用实测数据来估计活跃沉积厚度。然而在没有观测数据可用的事件中（这是大多数模拟研究中会遇到的情况），有必要掌握底沉积厚度、沉降速率，提供给具有多年记忆的沉积床。例如在康涅狄格州诺沃克港的研究中，Lung（2001）选择的沉积层深度和沉降速率，对应的沉积床记忆大约为10 a。

5.7.1.3 3G类沉积有机物

颗粒态有机物沉淀到水体底部后，将以不同的衰变速率历经成岩过程。易降解的颗粒态有机物很快便消耗，而比较难降解的物质则残留下来。采用几种不同衰变速率的成岩模型始于Berner（1964）早期的工作，被称为G类模型（当这个符号用以区别不同类的颗粒态有机物后），模拟结果获得成功，与实测数据吻合良好（Westrich，Berner，1984）。

3G类（或分量）通常用于水质模型（如，Di Toro，Fitzpatrick，1993）。它们来源于底床沉积物中不同形式的有机物质，可分为快速降解、中等降解和不可降解（难降解），分别用G_1，G_2和G_3来标记。每一类代表一部分以特定速率衰变的有机物质。每个G类有自己的质量守恒方程。每一个类的衰变速率约比前一类小一个量级：

（1）G_1类的半衰期为20 d；

（2）G_2类的半衰期为200 d；

（3）G_3类在埋入深的、不活跃的沉积物之前没有明显的衰变。

G类衰变速率控制着成岩作用通量和沉积通量的产生速率。如果大部分的沉淀颗粒有机物属于G_1类，成岩通量会对沉降通量做出快速反应，矿化作用只造成很短的时间滞后，随后沉积通量也会迅速增加。

5.7.1.4　沉积物成岩模型的状态变量

Di Toro和Fitzpatrick（1993）发展的沉积物成岩模型已经被耦合到地表水质模型中（如，Cerco，Cole，1994；HydroQual，1995c）。在EFDC模型中（Park et al.，1995），沉积成岩子模型包含27个状态变量/通量（表5.7.1）。全部颗粒态有机物包括颗粒态有机碳、颗粒态有机氮和颗粒态有机磷，分为3G类，由于它们直接从水柱沉降到下层，其只存在于第二层（图5.7.2）。出于同样的原因，颗粒生物硅（表5.7.1中的第10个状态变量）也只存在于第二层。

表5.7.1　EFDC沉积物成岩模型的状态变量和通量（Park 等，1995）

（1）第二层的G_1类颗粒有机碳	（15）第一层的硝酸氮
（2）第二层的G_2类颗粒有机碳	（16）第二层的硝酸氮
（3）第二层的G_3类颗粒有机碳	（17）第一层的磷酸盐
（4）第二层的G_1类颗粒有机氮	（18）第二层的磷酸盐
（5）第二层的G_2类颗粒有机氮	（19）第一层的可用硅
（6）第二层的G_3类颗粒有机氮	（20）第二层的可用硅
（7）第二层的G_1类颗粒有机磷	（21）铵离子通量
（8）第二层的G_2类颗粒有机磷	（22）硝酸氮通量
（9）第二层的G_3类颗粒有机磷	（23）磷酸盐通量
（10）第二层的颗粒生物硅	（24）硅通量
（11）第一层的硫化物/甲烷	（25）底泥需氧量
（12）第二层的硫化物/甲烷	（26）化学需氧量的释放
（13）第一层的铵离子	（27）沉积物温度
（14）第二层的铵离子	

表5.7.1中的第11～20个状态变量代表第二层中的5种无机物质（硫化物/甲烷、铵离子、硝酸氮、磷酸盐和可用硅）。这些物质主要是水柱的沉淀颗粒物质成岩过程的产物。硝酸盐的状态变量（15、16和22）为硝酸氮（NO_3）和亚硝酸氮（NO_2）之和。第21～26个状态变量是反馈回上覆水体的6个沉积物通量，其中4个通量（铵离子、硝酸氮、磷酸盐和可用硅）为水柱提供营养物质，其余两个（底泥需氧量和化学需氧量）摄取水柱中的氧气。当水质模型中不包含沉积成岩子模块时，

这6个沉积通量要作为模型输入参数加以指定。当耦合到水质模型中时，沉积物成岩模型模拟每一时间步上水泥界面的营养物质交换，因而能够提供系统真实的动力表述（Park et al.，1995）。

沉积物温度（第27个状态变量）基于底床和水柱之间的热扩散进行计算：

$$\frac{\partial T}{\partial t}=\frac{D_T}{H^2}(T_W-T) \tag{5.7.2}$$

式中，T为底沉积温度，℃；T_W是上覆水柱体温度，℃，在水动力模型中计算；D_T为水柱和沉积物之间的热扩散系数（$=1.8\times10^{-7}$ m^2/s）。

5.7.2 沉降通量

水体中的底部沉积物主要有两个来源：

（1）外部负荷提供无机颗粒和一些有机物，这些物质在受纳区形成粗糙的沉积物并在离受纳区较远处形成较细颗粒。

（2）水体中死亡水生生物体碎屑沉淀到底部，形成颗粒物“雨”，这些颗粒往往堆积在深水区域。而在浅水区，持续混合使它们再循环回水柱。

沉降是耦合水柱水质模型和沉积物成岩模型的关键过程。在本章的前半部分，所有的颗粒物质的动力学方程中都存在沉淀项，包括藻类、颗粒有机碳、颗粒有机磷、颗粒有机氮和硅［例如藻类公式（5.2.6）］，其一般形式为

$$\frac{\partial PM}{\partial t}=\text{动力学因素}+\frac{\partial}{\partial z}(WS_{\mathrm{PM}}\cdot PM)+\text{负荷} \tag{5.7.3}$$

式中，PM为颗粒物浓度；WS_{PM}为颗粒物的沉淀速度。

沉淀速度WS_{PM}代表了向下的沉降通量和向上的再悬浮通量之差产生的到沉积床的净沉降。它代表了颗粒有机物沉淀的长期平均值，不能反映由沉积物再悬浮和沉降引起的短期波动。沉淀通量（$WS_{\mathrm{PM}}\cdot PM$）表示离开水柱，沉淀到沉积床，成为沉积物成岩模型中的沉降通量。

在水质模型中，沉降通量由下面的状态变量组成：

（1）三类藻：蓝绿藻、硅藻和绿藻［式（5.2.6）］。

（2）难降解和活性颗粒有机碳［式（5.3.5）和式（5.3.6）］。

（3）难降解和活性颗粒有机磷［式（5.4.2）和式（5.4.3）］和颗粒磷酸盐［式（5.4.7）］。

（4）难降解和活性颗粒有机氮［式（5.5.5）和式（5.5.6）］。

（5）颗粒态生化硅［式（5.2.31）］和吸附态可用硅［式（5.2.32）］。

沉积物成岩模型以相似的处理方式纳入颗粒有机碳、颗粒有机氮、颗粒有机磷和颗粒生化硅的沉降通量。沉积物模型采用3G类颗粒有机物，那么第G_i类（$i=1$，2，3）的沉降通量表示如下：

$$J_{\mathrm{POC},i}=FCLP_i\cdot WS_{\mathrm{LP}}\cdot LPOC+FCRP_i\cdot WS_{\mathrm{RP}}\cdot RPOC+\sum_{x=\mathrm{c,d,g}}FCB_{x,i}\cdot WS_x\cdot B_x \tag{5.7.4}$$

$$J_{\mathrm{PON},i} = FNLP_i \cdot WS_{\mathrm{LP}} \cdot LPON + FNRP_i \cdot WS_{\mathrm{RP}} \cdot RPON + \sum_{x=\mathrm{c,d,g}} FNB_{x,i} \cdot ANC_x \cdot WS_x \cdot B_x \tag{5.7.5}$$

$$J_{\mathrm{POP},i} = FPLP_i \cdot WS_{\mathrm{LP}} \cdot LPOP + FPRP_i \cdot WS_{\mathrm{RP}} \cdot RPOP + \sum_{x=\mathrm{c,d,g}} FPB_{x,i} \cdot APC \cdot WS_x \cdot B_x + \gamma_i \cdot WS_{\mathrm{TSS}} \cdot PO_4 p \tag{5.7.6}$$

$$J_{\mathrm{PSi}} = WS_d \cdot SU + ASC_d \cdot WS_d \cdot B_d + WS_{\mathrm{TSS}} \cdot SAp \tag{5.7.7}$$

式中，$J_{\mathrm{POM},i}$为第G_i类的颗粒有机物（碳、氮或磷）沉降通量，g /(m^2·d)；J_{PSi}为颗粒生化硅的沉降通量（以硅计），g/(m^2·d)；$FCLP_i$，$FNLP_i$和$FPLP_i$分别为归入沉积物第G_i类的水柱中活性颗粒有机碳、颗粒有机氮和颗粒有机磷部分。$FCRP_i$，$FNRP_i$和$FPRP_i$为归入沉积物第G_i类的水柱中难降解颗粒有机碳、颗粒有机氮和颗粒有机磷部分。$FCB_{x,i}$，$FNB_{x,i}$和$FPB_{x,i}$为归入沉积物第G_i类的藻类x =（c, d, g）中的颗粒有机碳、颗粒有机氮和颗粒有机磷部分。γ_i为标记。

式（5.7.4）至式（5.7.7）给出了共计10个（= 3 × 3 + 1）从水柱到底床的沉降通量，对应于表5.7.1中的前10个变量。沉降速度WS_{LP}，WS_{RP}和WS_x为净沉降速度。

在式（5.7.6）中颗粒态磷酸盐的沉降由第3章所讨论的泥沙模型中总悬浮固体的沉降速率WS_{TSS}决定。标记γ_i的形式如下：

$$\gamma_i = \begin{cases} 1, & i = 1 \\ 0, & i = 2 \text{ 或 } i = 3 \end{cases} \tag{5.7.8}$$

这意味着所有的颗粒有机磷酸盐PO_4p划归G_1类。

在式（5.7.4）至式（5.7.6）中，水柱中的颗粒有机物通量按照分配系数可分为三部分分量（G类）。例如$FCLP_1$代表水柱中活性颗粒有机磷被分为G_1类的部分，$FCB_{c,3}$代表蓝绿藻中划入G_3类的颗粒有机碳部分。硅酸盐不服从成岩过程规律，因而没分为G类。溶解作用使颗粒态硅酸盐转化为溶解态，使其返回上覆水体中。

分配系数之和应该为1：

对活性有机物
$$\sum_{i=1}^{3} FCLP_i = \sum_{i=1}^{3} FNLP_i = \sum_{i=1}^{3} FPLP_i = 1 \tag{5.7.9}$$

对难降解有机物
$$\sum_{i=1}^{3} FCRP_i = \sum_{i=1}^{3} FNRP_i = \sum_{i=1}^{3} FPRP_i = 1 \tag{5.7.10}$$

对藻类
$$\sum_{i=1}^{3} FCB_{x,i} = \sum_{i=1}^{3} FNB_{x,i} = \sum_{i=1}^{3} FPB_{x,i} = 1 \tag{5.7.11}$$

5.7.3　成岩作用通量

沉积床中颗粒有机物的动力方程源自质量守恒方程：

$$\text{净的颗粒有机物变化} = -\text{颗粒有机物衰变} - \text{埋藏量} + \text{沉降通量} \tag{5.7.12}$$

由于上层厚度可以忽略不计［式（5.7.1）］，沉降通量可以视做直接进入下层，成岩作用也发生在下层。对于颗粒有机碳，颗粒有机氮和颗粒有机磷以及不同G类，其动力学方程是类似的。在厌氧的下层，对于第i（$i=1$，2或3）的G类，动力学方程为

$$H_2\frac{\partial G_{\mathrm{POM},i}}{\partial t}=-K_{\mathrm{POM},i}\cdot\theta_{\mathrm{POM},i}^{\mathrm{T}-20}\cdot G_{\mathrm{POM},i}\cdot H_2-W\cdot G_{\mathrm{POM},i}+J_{\mathrm{POM},i} \tag{5.7.13}$$

式中，$G_{\mathrm{POM},i}$为第二层中第G_i类颗粒有机物（碳、氮或磷）的浓度，g/m^3；$K_{\mathrm{POM},i}$为20℃下第二层中第G_i类颗粒有机物的衰变速率，d^{-1}；$\theta_{\mathrm{POM},i}$为$K_{\mathrm{POM},i}$的温度调节常数；T为沉积温度，℃；W为埋藏速率，m/d。

式（5.7.13）中G_3类被视做惰性的且$K_{\mathrm{POM},3}=0$。沉积过程将一部分颗粒有机物埋藏到更深的沉积层并将其从水生系统中彻底移除。沉降通量$J_{\mathrm{POM},i}$是驱动沉降过程的源项。

颗粒有机物沉降到底床上，增加了沉积物的总厚度。式（5.7.1）中的总深度H在模型中给定为常数，因此随总深度的增加，活跃层上移。活跃层的垂向上移速度通常称为埋藏速率。这一机制导致沉积物永久性地从活跃层（沉积物成岩模型）移除（或掩埋）。单位面积的日埋藏量为$W\cdot G_{\mathrm{POM},i}$。

式（5.7.13）中惰性类（G3）不产生成岩作用通量。两个反应G类的衰变产生的成岩作用通量：

$$J_M=\sum_{i=1}^{2}K_{\mathrm{POM},i}\cdot\theta_{\mathrm{POM},i}^{T-20}\cdot G_{\mathrm{POM},i}\cdot H_2 \tag{5.7.14}$$

式中，J_M为碳（$M=\mathrm{C}$）、氮（$M=\mathrm{N}$）和磷（$M=\mathrm{P}$）的成岩作用通量，g/(m^2·d)。

5.7.4 沉积物通量

正如前两节所述，沉降通量和成岩作用通量的计算相对较简单和直接。然而在沉积物成岩模型中，沉积物通量的计算则比较复杂。颗粒有机物的成岩作用产生可溶性的中间产物，在式（5.7.14）中用成岩作用通量来计量。这些中间产物在有氧的上层和厌氧的下层发生反应，部分最终产物以沉积物通量的形式返回上覆水体。这一节给出铵、硝酸盐、磷酸盐、硫化物/甲烷和底泥需氧量的沉积通量的计算方法。硅的沉积通量将在5.7.5节进行讨论。

水柱中溶解营养物质和溶解氧的动力学方程通常表示为

$$\frac{\partial DM}{\partial t}=\text{动力学因素}+\frac{BFlux}{\Delta z}+\text{负荷} \tag{5.7.15}$$

式中，DM为溶解态物质浓度；$BFlux$为溶解态物质的沉积物通量；Δz为水柱模型底层厚度。

沉积物通量（BFlux）可成为总营养（或SOD）源的重要组成部分。在层化水体处于高温状态时，这个分量尤其明显。例如，由于水体底部有机物质的分解和硝化作用导致溶解氧的严重消耗，底泥需氧量会明显增大。

影响沉积通量的过程通常包括（图5.7.2）：

（1）底层的成岩作用；

（2）整层的反应；

（3）两层中颗粒和溶解部分的分配；

（4）从上层向下层及从下层向深的非活跃层的沉降；

（5）两层之间的颗粒混合；

（6）两层之间的扩散；

（7）上层和水柱之间的质量转移。

例如，表5.7.2给出了奥基乔比湖（Fisher et al.，2005）实测的沉积通量。当进行模型–数据比较时，观测的溶解态活性磷通常视作式（5.4.9）中定义的PO_4d。表5.7.2表明溶解态活性磷、铵离子和底泥需氧量的平均沉积通量分别为0.78 mg/(m^2·d)，18.8 mg/(m^2·d)，718 mg/(m^2·d)。

表5.7.2　奥基乔比湖中溶解态活性磷、铵离子和底泥需氧量的平均沉积物通量

站点	溶解态活性磷［mg/(m^2·d)］	铵离子［mg/(m^2·d)］	底泥需氧量［mg/(m^2·d)］
泰勒溪	0.39 (±0.23)	40.1 (±5.7)	863 (±202)
基西米河	0.58 (±0.05)	21.1 (±2.4)	652 (±159)
J5	0.37 (±0.36)	12.2 (±4.4)	471 (±159)
J7	0.62 (±0.29)	26.8 (±4.4)	891 (±117)
M9	1.01 (±0.03)	5.2 (±2.8)	718 (±55)
H9	0.51 (±0.39)	10.7 (±9.3)	539 (±118)
M17	2.12 (±1.16)	15.9 (±10.3)	893 (±223)
平均值	0.78 (±0.58)	18.8 (±11.7)	718 (±173)

注：括号中为标准差（Fisher et al.，2005）。

5.7.4.1　基本方程

在水体底部，营养物质在沉积床和上覆水体之间不断地进行交换。这种交换主要是扩散过程，并受控于上覆水体和沉积床之间营养物质浓度差，营养物质从高浓度区向低浓度区扩散。菲克原理表明扩散引起的营养物质迁移速率反比于其浓度梯度：

$$J=-D\frac{\partial C}{\partial z} \tag{5.7.16}$$

式中，J为营养物质通量，$ML^{-2}T^{-1}$；C为营养物质浓度，ML^{-3}；D为扩散系数，L^2T^{-1}；z为垂直距离，L。

在富营养化系统中，沉积床的营养物质浓度通常高于上覆水体，这种差异引起从底床向上覆水

体净的营养物质通量（图5.7.3）。底床的溶解氧浓度通常低于水柱，这将引起从水柱向底床净的溶解氧通量（或者可以表述为从底床向水柱的底泥需氧量通量）。水流（湍流）也影响沉积床和上覆水体之间的扩散。水流物理搅拌沉积物从而加大扩散效率。水流产生的冲刷机制维持上覆水体中低的营养物质浓度，同时防止浓度梯度的降低。在沉积床中，营养物质和底泥需氧量的输运通常在沉积物上部5～15 cm由扩散和混合完成（Di Toro，2001）。

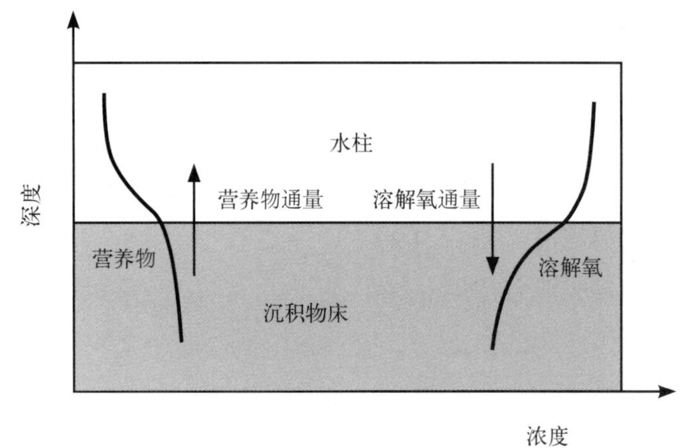

图5.7.3　沉积床和上覆水体中营养物质和溶解氧浓度随深度的变化

在沉积物成岩模型中，菲克定律计算沉积床和上覆水体之间的沉积通量如下式：

$$J = s \cdot (C_1 - C_0) \tag{5.7.17}$$

式中，s为表面传质系数，LT^{-1}；C_1为第一层中溶解营养物质浓度，ML^{-3}；C_0为上覆水体中的溶解营养物质浓度，ML^{-3}。

计算沉积通量，需要知道表面传质系数s和第一层的营养物质浓度C_1；上覆水体中的溶解营养物质浓度C_0由水质模型提供。

其他对沉积通量有直接或间接影响的因素有：①沉积物温度；②底部有机体；③沉积物的组织和物理特征；④沉积物上的水流速度；⑤孔隙水的化学性质。这些因素也可能相互关联。例如温度和可用氧浓度变化可以由水体的输运过程或沉积床的生化过程影响，在计算沉积物通量时，需要考虑这些过程。

沉积床的营养物质可以用质量守恒方程来描述。在上层即有氧层，需要包含下面几个过程（图5.7.2）：

（1）第一层和上覆水体之间营养物溶解态部分的交换；

（2）第一层、第二层之间溶解态部分的扩散交换；

（3）第一层和第二层之间的颗粒态部分的颗粒混合交换；

（4）向第二层的沉降；

（5）化学反应的去除；

（6）内源。

由于上层非常薄（H_1约为0.1 cm），表面传质系数（s）量级为0.1 m/d，因此上层停留时间H_1/s的量级为10^{-2} d，这比底部过程的典型时间尺度短得多。因此上层适宜采取稳定状态近似，时间差分项设为零。上层铵、硝酸盐、磷酸盐或硫化物/甲烷的质量守恒方程可以通过考虑以上6个过程得出：

$$
\begin{aligned}
H_1\frac{\partial Ct_1}{\partial t} &= s(fd_0\cdot Ct_0 - fd_1\cdot Ct_1) + KL(fd_2\cdot Ct_2 - fd_1\cdot Ct_1) \\
&+\omega(fp_2\cdot Ct_2 - fp_1\cdot Ct_1) - W\cdot Ct_1 - \frac{\kappa_1^2}{s}Ct_1 + J_1 = 0
\end{aligned}
\tag{5.7.18}
$$

式中，Ct_1和Ct_2分别为第一、第二层中的总浓度，g/m^3；Ct_0为上覆水体中的总浓度，g/m^3；s为表面传质系数，m/d；KL为两层间溶解部分的扩散速度，m/d；ω为两层之间的颗粒混合速度，m/d；fd_o为上覆水体总物质的溶解部分（$0 \leqslant fd_o \leqslant 1$）；$fd_1$为第一层总物质的溶解部分（$0 \leqslant fd_1 \leqslant 1$）；$fp_1$为第一层总物质的颗粒部分（$= 1-fd_1$）；$fd_2$为第二层总物质的溶解部分（$0 \leqslant fd_2 \leqslant 1$）；$fp_2$为第二层总物质的颗粒部分（$= 1-fd_2$）；$W$为沉积速率，m/d，$\kappa_1$为第一层的反应速率，m/d；$J_1$为第一层所有内源之和，g /(m^2·d)。

在式（5.7.18）中成岩作用通量作为内源项加以考虑，可提供浓度改变的源，包括类似硫化物氧化产生底泥需氧量的反应。式（5.7.18）右端第一项代表通过泥水界面的交换。从第一层向上覆水体的沉积通量（J_{aq}），联合沉积模型和水体模型耦合起来，可以写成：

$$J_{aq} = s(fd_1\cdot Ct_1 - fd_0\cdot Ct_0) \tag{5.7.19}$$

式（5.7.19）遵循惯例，取沉积层向上覆水体的通量迁移为正。此式表明营养物质通量是由上覆水体和沉积物孔隙水之间的营养物质浓度梯度造成的。

溶解和颗粒部分有如下关系：

$$fd_0 + fp_0 = 1 \tag{5.7.20}$$

$$fd_1 + fp_1 = 1 \tag{5.7.21}$$

$$fd_2 + fp_2 = 1 \tag{5.7.22}$$

沉积床的营养物质可以呈现溶解相或颗粒相。吸附和解吸过程控制着两者的比例，类似于第4章讨论过的有毒物质的吸附和解吸过程。从式（4.3.8）和式（4.3.9）得到溶解和颗粒部分的计算公式如下：

$$fd_1 = \frac{1}{1+m_1\cdot\pi_1},\qquad fp_1 = \frac{m_1\pi}{1+m_1\cdot\pi_1} \tag{5.7.23}$$

$$fd_2 = \frac{1}{1+m_2\cdot\pi_2},\qquad fp_2 = \frac{m_2\pi}{1+m_2\cdot\pi_2} \tag{5.7.24}$$

式中，m_1和m_2为两层各自的固体浓度，kg/L；π_1和π_2为两层各自的配分系数，kg /L。

在下部厌氧层，质量守恒方程式（5.7.2）所包含的过程如下：

（1）两层之间溶解部分的扩散交换；

（2）两层之间颗粒部分的粒子混合交换；

（3）来自第一层的沉积及向深非活跃层的埋藏；

（4）化学反应去除；

（5）内源。

下层铵、硝酸盐、磷酸盐或硫化物/甲烷的质量守恒方程：

$$H_2\frac{\partial Ct_2}{\partial t}=-KL(fd_2\cdot Ct_2-fd_1\cdot Ct_1)-\omega(fp_2\cdot Ct_2-fp_1\cdot Ct_1)\\+W(Ct_1-Ct_2)-\kappa_2\cdot Ct_2+J_2 \tag{5.7.25}$$

式中，κ_2为第二层的反应速率，m/d；J_2为第二层所有内源包括成岩作用之和，g/(m^2·d)。

对于不同的状态变量，在式（5.7.18）和式（5.7.25）中，除反应速度（第一层中的κ_1和第二层中的κ_2）和内源（第一层中的J_1和第二层中的J_2）有不同的数学表达式外，其余所有参数是相同的。成岩过程中没有包含硅，我们将在5.7.5节对其进行讨论。

如图5.7.4所示，给出了1999年7月奥基乔比湖两个测站铵离子和溶解态活性磷的垂向轮廓线（Fisher et al.，2005）。在M9测站（中部泥区），溶解态活性磷的浓度从上覆湖水中的0.02 mg/L增加到泥水界面下5 cm处沉积孔隙水中的1.5 mg/L，相应的平均磷通量为0.83 mg/(m^2·d)。泥水柱中铵离子从水柱中的0.03 mg/L增加到沉积孔隙水中的2 mg/L。铵离子的扩散通量约为3.1 mg/(m^2·d)。在M17测站（南部泥炭区域），湖水中溶解态活性磷和铵离子的平均浓度分别为0.02 mg/L和0.03 mg/L。泥水界面下10 cm处的孔隙水中的溶解态活性磷和铵离子的平均浓度分别增加到0.5 mg/L和1 mg/L。

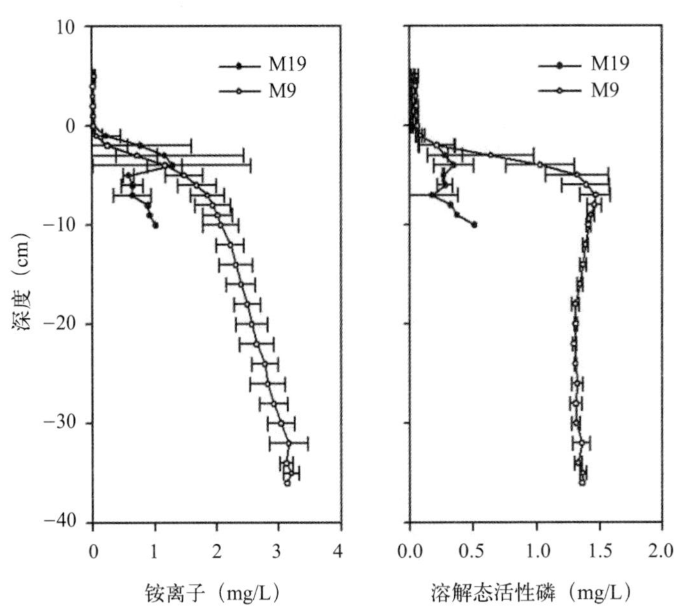

图5.7.4　1999年7月M9和M17测站的溶解态活性磷和铵离子的沉积孔隙水浓度

5.7.4.2 沉积物通量参数

质量守恒方程式（5.7.18）和式（5.7.25）总共需要13个参数：W，H_2，m_1， m_2，π_1，π_2，s，ω，KL，κ_1，κ_2，J_1和J_2，这些参数可以分为如下四类：

（1）用作输入的4个指定的通用参数：W，H_2，m_1和m_2；

（2）用作输入的2个指定的特定变量分配系数：π_1和π_2；

（3）模型计算的3个通用参数：s，ω和KL；

（4）模型计算的4个特定变量参数：κ_1，κ_2，J_1和 J_2。

第一组参数W，H_2，m_1和m_2在沉积物成岩模型中作为输入条件加以指定，且对所有变量是相同的。前面章节已经讨论了埋藏率（W）和下层厚度（H_2），还讨论了两层结构的底床。分配系数π_1和π_2是特定的，也作为输入参数加以指定。第三组参数代表第一层和上覆水体之间（s）及两层之间（ω和KL）的垂直混合交换率，其对所有状态变量是通用的。第四组参数κ_1，κ_2，J_1和J_2，对于不同的状态变量取不同值。沉积物成岩模型中的这些参数需要通过现场数据和模型校准来进行估量。切萨皮克湾所采用的参数（Cerco，Cole，1994）可以作为模型的初始参数。Park 等（1995）也仔细讨论了这些参数。

A. 表面传质系数（s）

Di Toro等（1990）指出表面传质系数s与底泥需氧量相关并可用下式来计算：

$$s = \frac{D_1}{H_1} = \frac{SOD}{DO_0} \tag{5.7.26}$$

式中，D_1为第一层的扩散系数，m^2/d。

B. 颗粒混合速率ω

底部有机体是产生颗粒混合的主要机制。底部沉积物的物理性质受底栖动物（如无脊椎动物）掘穴、颗粒堆砌及建管活动的影响。这些活动可能会改变沉积床的密度、水分、切应力和混合。生物扰动作用是由生物转移引起的沉积物扰动。例如由生物（蠕虫、昆虫幼虫和十足类）挖穴增加和上覆水体的营养物质交换而引起的底栖环境生物扰动作用。鱼类在泥水界面觅食及鸟类在浅水域的跋涉也对生物扰动作用有贡献。如图5.7.3所示，颗粒混合将营养物质向上覆水体输送而溶解氧向孔隙水输送。生物扰动作用的深度受可用氧的限制。大部分掘穴生物生活在沉积物上层几厘米处。计算颗粒混合速率需要考虑影响生物扰动作用的因素。

在沉积物成岩模型中，假定第一、第二层之间的颗粒混合速度正比于底部生物量，并在很大程度上受生物扰动作用的控制。两层之间的颗粒混合速度ω的参数化形式为

$$\omega = \frac{Dp \cdot \theta_{\mathrm{Dp}}^{T-20}}{H_2} \frac{G_{\mathrm{POC},1}}{G_{\mathrm{POC},R}} \frac{DO_0}{KM_{\mathrm{Dp}} + DO_0} f(ST) + \frac{Dp_{\min}}{H_2} \tag{5.7.27}$$

式中，Dp为颗粒混合的表观扩散系数，m^2/d；θ_{Dp}为Dp的温度调节常数；$G_{\mathrm{POC},R}$为$G_{\mathrm{POC},1}$的参考浓度

（以碳计），g/m³；KM_{Dp}是氧气的颗粒混合半饱和常数（以氧计），g/m³，ST 为累积底应力，d；$f(ST)$为底应力函数（无量纲），$0 \leqslant f(ST) \leqslant 1$；$Dp_{\min}$为颗粒混合最小扩散系数，m²/d。

在式（5.7.27）中：

（1）H_2代表底床厚度效应；

（2）Dp代表生物扰动作用；

（3）$\theta_{\mathrm{Dp}}^{T-20}$为温度效应；

（4）$\dfrac{G_{\mathrm{POC},1}}{G_{\mathrm{POC},R}}$假定颗粒混合正比于与底栖生物量成正比关系的活性颗粒有机碳（$G_{\mathrm{POC},1}$）；

（5）$\rho = f(T, S, C)$为Michaelis-Menten 类型的氧气依赖度，代表底栖生物量的氧气依赖度；

（6）$f(ST)$为底栖生物量缺氧效应的函数；

（7）$Dp_{\min}$为颗粒混合的最小（背景）扩散。

底层水含氧量和底栖生物量之间存在迟滞（或滞后）现象。例如层结湖泊中的底栖生物量随夏日而增加，而缺氧现象的出现使得底栖生物量急剧减少，并给底栖活动产生胁迫。在秋季，底层水中氧浓度会增加，但生物量（及颗粒混合速度）并不随之增加。缺氧后底栖生物量的恢复由多种因素决定，包括：长期而严重的缺氧，物种组成和盐度（Diaz，Rosenberg，1995）。底应力函数$f(ST)$用来表示这种现象。其意味着上覆水的低溶解氧对底栖种群产生胁迫，从而引起底应力的增加，减少了颗粒混合。累积底应力的方程为

$$\frac{\partial ST}{\partial t}=\begin{cases}-K_{\mathrm{ST}}\cdot ST+\left(1-\dfrac{DO_0}{KM_{\mathrm{Dp}}}\right), & \text{当 } DO_0 < KM_{\mathrm{Dp}} \text{ 时}\\ -K_{\mathrm{ST}}\cdot ST, & \text{当 } DO_0 > KM_{\mathrm{Dp}} \text{ 时}\end{cases} \tag{5.7.28}$$

式中，ST为累积底应力，d；K_{ST}为累积底应力的一阶衰减率，d^{-1}。底应力函数$f(ST)$可以表示为（Park et al.，1995）：

$$f(ST) = 1 - K_{\mathrm{ST}} \cdot ST \tag{5.7.29}$$

DO_0取常数时，式（5.7.28）的解析解为：

$$ST=\begin{cases}\dfrac{1}{K_{\mathrm{ST}}}\left(1-\dfrac{DO_0}{KM_{\mathrm{Dp}}}\right)+\left[ST_0-\dfrac{1}{K_{\mathrm{ST}}}\left(1-\dfrac{DO_0}{KM_{\mathrm{Dp}}}\right)\right]\mathrm{e}^{-K_{\mathrm{ST}}\cdot t}, & \text{当 } DO_0 < KM_{\mathrm{Dp}} \text{ 时}\\ ST_0\cdot \mathrm{e}^{-K_{\mathrm{ST}}\cdot t}, & \text{当 } DO_0 > KM_{\mathrm{Dp}} \text{ 时}\end{cases} \tag{5.7.30}$$

式中，ST_0为 $t = 0$ 时刻的初始底应力。

式（5.7.30）给出了不考虑滞后效应，当上覆水体中溶解氧为定常值时的底应力。在沉积物成岩模型中，底应力$f(ST)$引起的颗粒混合减少可以用下面的方法（图5.7.5）来进行估算：

（1）底应力ST用式（5.7.28）来计算。

（2）一旦溶解氧（DO_0）降到临界浓度（$DO_{\mathrm{ST},c}$）以下，连续NC_{hypoxia} d或更久，底应力不

会减少直到持续DO_0大于$DO_{ST,c}$后t_{MBS} d。这意味着当上覆水体经历的缺氧天数超过临界缺氧天数（$NC_{hypoxia}$），无论DO_0如何，最大底应力将保持一段时间（t_{MBS} d）。

（3）如果DO_0不低于$DO_{ST,c}$或者缺氧时间小于$NC_{hypoxia}$ d，滞后现象不会出现。当采用t_{MBS} d的最大应力时，随后的缺氧天数不包含在t_{MBS}中。$DO_{ST,c}$通常设为3 mg/L。

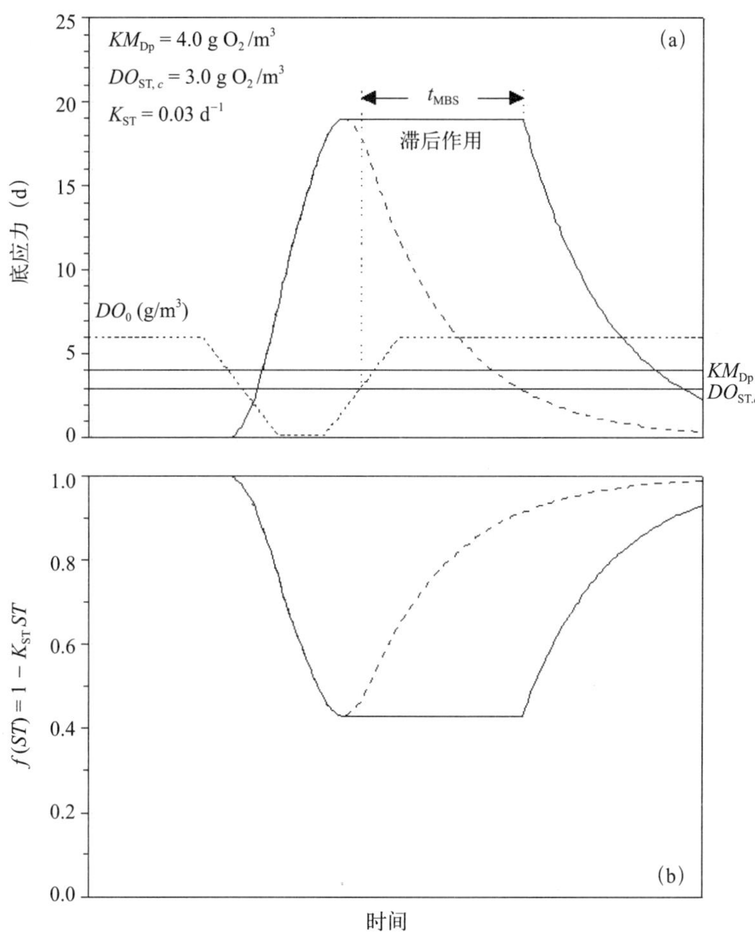

图5.7.5　作为上覆水柱体中溶解氧浓度函数的底应力（a）及其对颗粒混合影响（b）（Park et al.，1995）

与滞后现象有关的3个参数$DO_{ST,c}$，$NC_{hypoxia}$和t_{MBS}由站点指定。临界上覆氧浓度$DO_{ST,c}$还取决于水体中DO_0的计算方式和它与底床之间的垂直距离。临界缺氧天数$NC_{hypoxia}$取决于底栖生物对缺氧的耐受程度。在高盐度条件下，缺氧之后底栖生物量恢复的滞后时间t_{MBS}将会延长。

C.扩散速度（*KL*）

颗粒混合速度（ω）由式（5.7.27）决定后，第一、第二层之间溶解态部分的扩散速度KL能参数化为包含分子扩散和底栖生物灌溉的方程：

$$KL = \frac{Dd \cdot \theta_{Dd}^{T-20}}{H_2} + R_{BI,BT} \cdot \omega \tag{5.7.31}$$

式中，Dd为孔隙水中的扩散系数，m²/d；θ_{Dd}为Dd的温度调整常数；$R_{BI,BT}$为生物灌溉与生物扰动作用之比。式（5.7.31）最后一项表示由生物活动引起的混合增强。

5.7.4.3 铵离子通量

本节给出式（5.7.18）及式（5.7.25）中氨/铵离子的反应速率κ_1，κ_2和内源J_1，J_2。图5.1.4所描述的氮循环可用来解释底沉积中氮的转化。

如图5.7.2所示，沉积物成岩模型分为两层。假定成岩作用由于上层厚度太小而不能发生。沉积床唯一的氨源来自底层的成岩作用，因此式（5.7.18）和式（5.7.25）中的内源J_1和J_2可以表示为

$$J_{1,\mathrm{NH_4}} = 0 \tag{5.7.32}$$

$$J_{2,\mathrm{NH_4}} = J_\mathrm{N} \tag{5.7.33}$$

式中，$J_{1,\mathrm{NH_4}}$为第一层NH_4的内源；$J_{2,\mathrm{NH_4}}$为第二层NH_4的内源；J_N为式（5.7.14）给出的氮的成岩作用通量。

底沉积中氨通过硝化作用发生反应（或损失）。氨在有氧条件下硝化成硝酸盐，这主要取决于溶解氧浓度、氨浓度及温度。用Michaelis-Menten 方程式来表示硝化作用率对氨及氧气浓度的依赖。温度依赖采用类似于式（5.1.8）的方程。因此上有氧层中氨的反应速率表示为：

$$\kappa_{1,\mathrm{NH_4}}^2 = \frac{DO_0}{2 \cdot KM_{\mathrm{NH_4,O_2}} + DO_0} \frac{KM_{\mathrm{NH_4}}}{KM_{\mathrm{NH_4}} + NH_{41}} \kappa_{\mathrm{NH_4}}^2 \cdot \theta_{\mathrm{NH_4}}^{T-20} \tag{5.7.34}$$

式中，$KM_{\mathrm{NH_4,O_2}}$为溶解氧的硝化半饱和常数（以氧计），g/m³；NH_{41}是第一层的总铵离子浓度（以氮计），g/m³；$KM_{\mathrm{NH_4}}$为氨的硝化半饱和常数（以氮计），g/m³；$\kappa_{\mathrm{NH_4}}$为20°C时的最优硝化反应速率，m/d；$\theta_{\mathrm{NH_4}}$为$\kappa_{\mathrm{NH_4}}$的温度调节常数。

因此式（5.7.18）右端第5项给出了硝化通量：

$$J_{\mathrm{Nit}} = \frac{\kappa_{1,\mathrm{NH_4}}^2}{s} \cdot NH_{41} \tag{5.7.35}$$

式中，J_{Nit}为硝化通量（以氮计），g /(m²·d)。

由于当前底沉积中的铵盐为溶解态，因此

$$\pi_{1,\mathrm{NH_4}} = \pi_{2,\mathrm{NH_4}} = 0 \tag{5.7.36a}$$

$$fd_{1,\mathrm{NH_4}} = fd_{2,\mathrm{NH_4}} = 1 \tag{5.7.36b}$$

$$\omega = 0 \tag{5.7.36c}$$

下厌氧层没有硝化作用：

$$\kappa_{2,\mathrm{NH_4}} = 0 \tag{5.7.37}$$

当求解式（5.7.18）得 到NH_{41}后，氨向上覆水体的沉积通量$J_{aq,\mathrm{NH_4}}$可以通过式（5.7.19）来计算。

5.7.4.4　硝酸氮通量

这里给出式（5.7.18）和式（5.7.25）中硝酸盐的反应速率κ_1，κ_2和内源J_1，J_2。

在任一沉积层中均没有硝酸盐的成岩源。上有氧层硝化作用通量J_{Nit}，由式（5.7.35）给出，这是底沉积中唯一的硝酸盐源：

$$J_{1,\mathrm{NO_3}} = J_{\mathrm{Nit}} \tag{5.7.38}$$

和

$$J_{2,\mathrm{NO_3}} = 0 \tag{5.7.39}$$

由于硝酸盐在底沉积中仅以溶解态出现：

$$\pi_{1,\mathrm{NO_3}} = \pi_{2,\mathrm{NO_3}} = 0 \tag{5.7.40a}$$

$$fd_{1,\mathrm{NO_3}} = fd_{2,\mathrm{NO_3}} = 1 \tag{5.7.40b}$$

$$\omega = 0 \tag{5.7.41}$$

反硝化作用以如下反应速率移除两层中的硝酸盐

$$\kappa_{1,\mathrm{NO_3}}^2 = \kappa_{\mathrm{NO_3},1}^2 \cdot \theta_{\mathrm{NO_3}}^{T-20} \tag{5.7.42}$$

$$\kappa_{2,\mathrm{NO_3}}^2 = \kappa_{\mathrm{NO_3},2}^2 \cdot \theta_{\mathrm{NO_3}}^{T-20} \tag{5.7.43}$$

式中，$\kappa_{\mathrm{NO_3},1}$为20°C时第一层中反硝化作用反应速率，m/d；$\kappa_{\mathrm{NO_3},2}$为在20°C时第二层中反硝化作用反应速率，m/d；$\theta_{\mathrm{NO_3}}$为$\kappa_{\mathrm{NO_3},1}$和$\kappa_{\mathrm{NO_3},2}$的温度调节常数。

根据式（5.7.18）右端第5项和式（5.7.25）右端第4项，以氮气形式脱离沉积物的反硝化作用通量为

$$J_{\mathrm{N_2(g)}} = \frac{\kappa_{1,\mathrm{NO_3}}^2}{s} NO_{31} + \kappa_{2,\mathrm{NO_3}} \cdot NO_{32} \tag{5.7.44}$$

式中，$J_{\mathrm{N_2(g)}}$为反硝化作用通量（以氮计），g/(m^2·d)；NO_{31}是第一层总硝酸氮浓度（以氮计），g/m^3；NO_{32}为第二层总硝酸氮浓度（以氮计），g/m^3。

一旦从式（5.7.18）和式（5.7.25）中求解出NO_{31}和NO_{32}，硝酸盐向上覆水体的沉积通量$J_{\mathrm{aq,NO_3}}$可以用公式（5.7.19）来计算。

如式（5.7.44）给出的反硝化作用通量是从水生系统中移除氮的重要方法。如式（5.7.38）所示，反硝化作用的主要氮源来自以前硝化的氨。在氧气充足的条件下，沉积物中产生的大部分氨硝化为硝酸盐，而在下部厌氧层则脱氮为氮气。这一过程从水生系统中移除氮而使释放回水柱的铵盐减少。水柱中铵盐浓度的减少可能会使藻类生产力向沉积床的碳供应量及氧气消耗减少。这一机制表明底床附近溶解氧浓度的少量增加可以触发正反馈反应。

另一方面当沉积物中不含氧气时，反硝化作用受限于由水柱扩散给予的硝酸盐供给速率。在低氧条件下，硝化作用减少，用于反硝化作用的亚硝酸盐减少。在这种情形下，沉积床产生的大部分氨气释放到上覆水体中。垂直混合将氨气带到进行光合作用的表层，在此氨气可以被藻类吸收。藻

类产生的碳沉降到底层消耗氧气，进一步使反硝化作用减少。因此厌氧条件可能会产生正反馈促进水生系统中氨气释放和藻类生产力（富营养化）。

5.7.4.5 磷酸盐通量

和氮相比，底沉积中的磷主要有以下两个不同特征：

（1）吸附和解吸作用：不同于氨和硝酸盐很少吸附到固体上，磷极易附着在沉积物上。吸附和解吸过程对溶解磷的浓度影响很大。

（2）无去除反应：硝酸盐可以脱硝为氮气释放回大气中，而磷不能通过生化反应去除。埋藏到深的不活跃的沉积层是唯一的去除机制。

磷的这两个特征对水质模拟和富营养化管理具有重要意义。磷的吸附和解吸作用影响孔隙水的浓度，并由此改变磷通量。上覆水体的溶解氧浓度影响溶解和颗粒态磷的划分，是磷通量计算的重要因子。在厌氧条件下磷通量增大。当没有可移除磷的化学反应时，底沉积中所沉淀的磷可以在底部停留很长时间，比如说很多年，随后被释放回水体引起富营养化问题。这是引起许多湖泊中富营养化的主要机制，这一情况甚至出现在外源显著减少很长一段时间之后。

在沉积床上，藻类碎屑分解产生有机和无机磷。一部分最终产物，溶解无机磷残留在孔隙水中，并不吸附到固体底部。溶解磷和上覆水柱体的交换类似于氨、硝酸盐和溶解氧，将磷酸盐转移到水柱中。在沉积物成岩模型中，上层没有磷内源，磷酸盐由下层颗粒态有机磷的成岩破碎产生。因此式（5.7.18）和式（5.7.25）最后一项为

$$J_{1,\mathrm{PO_4}}=0 \tag{5.7.45}$$

$$J_{2,\mathrm{PO_4}}=J_P \tag{5.7.46}$$

式中，J_P为式（5.7.14）给定的磷的成岩作用通量。

一部分磷酸盐保持溶解状态，另一部分变为颗粒态，这取决于式（5.7.23）和式（5.7.24）中的分配系数$\pi_{1,\mathrm{PO_4}}$和$\pi_{2,\mathrm{PO_4}}$。分配系数及磷酸盐通量主要受上覆水体中溶解氧浓度的影响。当溶解氧浓度接近于零时，分配系数减小，磷酸盐沉积通量增加。

$$\pi_{1,\mathrm{PO_4}}=\begin{cases}\pi_{2,\mathrm{PO_4}}\cdot(\Delta\pi_{\mathrm{PO_4},1}), & DO_0<(DO_0)_{\mathrm{crit,PO_4}}\\ \pi_{2,\mathrm{PO_4}}\cdot(\Delta\pi_{\mathrm{PO_4},1})^{\frac{DO_0}{(DO_0)_{\mathrm{crit,PO_4}}}}, & DO_0\leqslant(DO_0)_{\mathrm{crit,PO_4}}\end{cases} \tag{5.7.47}$$

式中，$\pi_{1,\mathrm{PO_4}}$和$\pi_{2,\mathrm{PO_4}}$分别为PO_4在第一、第二层的分配系数，kg/L；$\Delta\pi_{\mathrm{PO_4},1}$为第一层中加强$PO_4$吸附作用的因素（>1.0）；$(DO_0)_{\mathrm{crit,\,PO_4}}$为$PO_4$吸附作用的临界溶解氧浓度，mg/L。

小的分配系数对应于式（5.7.23）中较高的溶解部分及式（5.7.19）中较高的PO_4通量。式（5.7.47）使得上有氧层中的$\pi_{1,\mathrm{PO_4}}$大于下厌氧层的$\pi_{2,\mathrm{PO_4}}$。当溶解氧浓度超过PO_4吸附的临界溶解氧浓度$(DO_0)_{\mathrm{crit,\,PO_4}}$时，上层吸附作用增大为$\Delta\pi_{\mathrm{PO_4},1}$倍。当溶解氧浓度低于$(DO_0)_{\mathrm{crit,\,PO_4}}$时，随着溶解氧浓度降低为零，上层吸附作用逐渐减小到$\pi_{2,\mathrm{PO_4}}$。

各层均没有磷酸盐移除反应：

$$\kappa_{1,PO_4} = \kappa_{2,PO_4} = 0 \tag{5.7.48}$$

一旦由式（5.7.18）和式（5.7.25）解出PO_{41}和PO_{42}，磷酸盐向上覆水体的沉积通量J_{aq,PO_4}可由式（5.7.19）求得。

5.7.4.6　化学需氧量和底泥需氧量

如5.6.5节所述，化学需氧量是水体的氧气消耗参数。在沉积物成岩模型中，化学需氧量代表海水沉积床产生的硫化气体（或淡水中的甲烷气体）的氧气需求量。

底泥需氧量代表底沉积中有机物质氧化所需氧气量。沉积物成岩模型中的底泥需氧量包括两部分：①硫化物氧化的碳素底泥需氧量（CSOD）；②硝化作用产生的氮质底泥需氧量（NSOD）。底泥需氧量是水体中总氧气消耗的重要组成部分。类似于生化需氧量，化学需氧量和底泥需氧量均为氧气等价物，它们只是指标而非实际的物理或化学物质。与化学耗氧通量相比，在影响上覆水体的溶解氧浓度方面底泥耗氧通量通常起更重要的作用。

A. 硫化物（H_2S）

在海水中，硫化物用来计算底沉积的化学需氧量。模型上层没有硫化物的内源。在下面的厌氧层，硫化物由颗粒有机碳成岩破碎产生，并被反硝化作用中的有机碳消耗。因此式（5.7.18）和式（5.7.25）中最后一项为

$$J_{1,H_2S} = 0 \tag{5.7.49}$$

$$J_{2,H_2S} = a_{O_2,C} \cdot J_C - a_{O_2,NO_3} \cdot J_{N_2(g)} \tag{5.7.50}$$

式中，$a_{O_2,C}$为硫化物氧化消耗的碳成岩理想化系数（2.6667 g O_2，相当于1 g C）；a_{O_2,NO_3}为反硝化作用消耗的碳成岩理想化系数（2.8571 g O_2，相当于1 g N）；J_C为式（5.7.14）给出的碳成岩作用通量，$g/(m^2 \cdot d)$；$J_{N_2(g)}$为式（5.7.44）给出的反硝化作用通量（以氮计），$g/(m^2 \cdot d)$。

硫化物氧化及底床和上覆水体之间的硫化物通量可以消除沉积床上的硫化物。硫化物的氧化作用只发生在上有氧层，在此溶解态硫化物和颗粒态硫化物被氧化，同时消耗掉氧气。硫化物的氧化作用不会发生在底部厌氧层，因此，式（5.7.18）和式（5.7.25）中的反应速率可表达为：

$$\kappa_{1,H_2S}^2 = \left(\kappa_{H_2S,d1}^2 \cdot fd_{1,H_2S} + \kappa_{H_2S,p1}^2 \cdot fp_{1,H_2S}\right) \theta_{H_2S}^{T-20} \frac{DO_0}{2KM_{H_2S,O_2}} \tag{5.7.51}$$

$$\kappa_{2,H_2S} = 0 \tag{5.7.52}$$

式中，$\kappa_{H_2S,d1}$为20℃下第一层中溶解态硫化物的反应速率，m/d；$\kappa_{H_2S,p1}$为20℃下第一层中颗粒态硫化物的反应速率，m/d；θ_{H_2S}为$\kappa_{H_2S,d1}$和$\kappa_{H_2S,d1}$的温度调节常数；KM_{H_2S,O_2}为氧气的硫化物氧化速率归一化常数（以氧计），g/m^3。

常数KM_{H_2S,O_2}用于度量上覆水体中溶解氧的浓度。当$DO_0 = KM_{H_2S,O_2}$时，硫化物氧化速度以标称值进行。

上有氧层的氧化反应消耗氧气导致向沉积物的氧气输送通量。在沉积物成岩模型中，CSOD可以用硫化物氧化过程中的氧气利用率来计算。如式（5.7.18）右端第五项。NSOD的计算基于式（5.7.35）给出的硝化作用通量。依照惯例，底泥需氧量为正且表示为：

$$SOD = CSOD + NSOD = \frac{\kappa_{1,H_2S}^2}{s} H_2S_1 + a_{O_2,NH_4} \cdot J_{Nit} \tag{5.7.53}$$

式中，H_2S_1为第一层的总硫化物浓度（以氧计），g/m^3；a_{O_2,NH_4}为硝化作用耗氧理想化系数（4.33 g O_2/g N）。

对于底泥需氧量而言式（5.7.53）是非线性的，由于右端项包含s（$= SOD/DO_0$），因此SOD出现在公式两端。此外式（5.7.35）给出的硝化作用通量（J_{Nit}）也是s的函数。

当上覆水体中的溶解氧浓度值较低时，上层硫化物不能完全氧化，残留的硫化物可以扩散到上覆水体中。这一硫化物沉积通量对水柱中的化学需氧量有贡献，并可由式（5.7.19）求得：

$$J_{aq,H_2S} = s\,(fd_{1,H_2S} \cdot H_2S_1 - COD) \tag{5.7.54}$$

在氧气充足的情况下，沉积物中释放出的硫化物会在水柱中发生快速反应，低氧条件下则会在水柱中积聚。如式（5.6.20）所示，水柱模型中化学需氧量的唯一来源，是沉积化学需氧通量。硫化物被量化为氧气的等价物来表示水柱中的化学需氧量。

B. 甲烷

在淡水中甲烷取代硫化物被用来计算化学需氧量。类似于海水中的硫化物，甲烷由碳成岩过程产生，并随下层反硝化作用消耗的有机碳的减少而减少（Park et al.，1995）。上层不存在甲烷的成岩产物，因此式（5.7.18）和式（5.7.25）与硫化物方程式（5.7.49）和式（5.7.50）的最后一项相同。

$$J_{1,CH_4} = 0 \tag{5.7.55}$$

$$J_{2,CH_4} = a_{O_2,C} \cdot J_C - a_{O_2,NP_3} \cdot J_{N_2(g)} \tag{5.7.56}$$

溶解态甲烷的生成途径有两种：①有氧上层中的氧化作用产生CSOD；②以液态或气态通量的形式从沉积物中析出。

$$J_{2,CH_4} = CSOD + J_{aq,CH_4} + J_{CH_4(g)} \tag{5.7.57}$$

式中，J_{aq,CH_4}为液态甲烷通量（以氧计），g/(m^2·d)；$J_{CH_4(g)}$为气态甲烷通量（以氧计），g/(m^2·d)。

一部分缺氧层产生的液态甲烷扩散到有氧层，并被氧化。甲烷氧化在淡水沉积物中产生CSOD（Di Toro et al.，1990），并可由下式求得：

$$CSOD = CSOD_{max} \cdot \left(1 - \operatorname{sech}\left[\frac{\kappa_{CH_4} \cdot \theta_{CH_4}^{T-20}}{s}\right]\right) \tag{5.7.58}$$

$$CSOD_{max} = \min\left\{\sqrt{2 \cdot KL \cdot CH_{4sat} \cdot J_{2,CH_4}},\, J_{2,CH_4}\right\} \tag{5.7.59}$$

$$CH_{4\mathrm{sat}} = 100\left(1 + \frac{h + H_2}{10}\right) \times 1.024^{20-T} \tag{5.7.60}$$

式中，$CSOD_{\max}$为当所有溶解态甲烷输送到有氧层并被氧化时的最大CSOD产生量；$\kappa_{\mathrm{CH_4}}$为20℃下第一层中溶解态甲烷的氧化速率，m/d；$\theta_{\mathrm{CH_4}}$为$\kappa_{\mathrm{CH_4}}$的温度调节常数；$CH_{4\mathrm{sat}}$为孔隙水中的甲烷饱和浓度（以氧计），g/m^3。

双曲正割函数sech(x)定义为：

$$\mathrm{sech}(x) = \frac{2}{\mathrm{e}^x + \mathrm{e}^{-x}} \tag{5.7.61}$$

当上覆水体中的氧气含量较低时，未完全氧化的甲烷可以气态或液态通量的形式从沉积物进入上覆水体。对水柱中化学需氧量有贡献的液态甲烷通量可用下式来模拟（Di Toro et al.，1990）：

$$J_{\mathrm{aq,CH_4}} = CSOD_{\max} - CSOD = CSOD_{\max} \cdot \mathrm{sech}\left[\frac{\kappa_{\mathrm{CH_4}} \cdot \theta_{\mathrm{CH_4}}^{T-20}}{s}\right] \tag{5.7.62}$$

甲烷微溶于水，当孔隙水中的甲烷浓度超过式（5.7.60）所给定的饱和浓度$CH_{4\mathrm{sat}}$时，甲烷形成气相并以气泡的形式逃逸。气态甲烷通量$J_{\mathrm{CH_4(g)}}$可以用式（5.7.57）来求得，这需要用到式（5.7.56）中的$J_{2,\mathrm{CH_4}}$，式（5.7.58）中的$CSOD$ 及式（5.7.62）中的$J_{\mathrm{aq,CH_4}}$（Di Toro et al.，1990）。

5.7.5　硅

只有当考虑硅藻时，水质模型中才需考虑硅。硅在沉积床中的形成与碳、氮及磷有所不同，前者是颗粒态生化硅的分解并视为独立于细菌分解，后者则是细菌对颗粒有机物的矿化过程。

尽管硅和颗粒有机物在底沉积中经历不同的过程，但在沉积物成岩模型中它们有类似的描述公式，更具体地说类似于磷。沉积床上硅（PSi）的动力方程可以基于质量守恒方程导出：

$$\text{净的PSi变化} = -\text{硅分解} - \text{埋藏量} + \text{沉积通量} + \text{碎屑通量} \tag{5.7.63}$$

下层相应的动力方程为

$$H_2 \frac{\partial PSi}{\partial t} = -H_2 \cdot S_{\mathrm{Si}} - W \cdot PSi + J_{\mathrm{PSi}} + J_{\mathrm{DSi}} \tag{5.7.64}$$

式中，PSi为沉积物中颗粒态生化硅的浓度（以硅计），g/m^3；S_{Si}为第二层中PSi的分解速率（以硅计），g/(m^3·d)；J_{PSi}为式（5.7.7）给出的PSi的沉降通量（以硅计），g/(m^3·d)；J_{DSi}为排除生化硅藻类通量外PSi碎屑通量［以硅计，g/(m^3·d)］占沉降到底部的PSi的比例。

在数学上，式（5.7.64）类似于颗粒有机物的成岩方程式（5.7.13）。分解速率S_{Si}，具有以下形式：

$$S_{\mathrm{Si}} = K_{\mathrm{Si}} \cdot \theta_{\mathrm{Si}}^{T-20} \frac{PSi}{PSi + KM_{\mathrm{PSi}}} (Si_{\mathrm{sat}} - fd_{2,\mathrm{Si}} \cdot Si_2) \tag{5.7.65}$$

式中，K_{Si}为20℃下第二层中PSi的分解速率，d^{-1}；θ_{Si}为K_{Si}的温度调节常数；KM_{PSi}为PSi硅溶解半饱

和常数（以硅计），g/m^3；Si_{sat}为孔隙水中的硅饱和浓度（以硅计），g/m^3。

在式（5.7.65）中，分解速率正比于溶解度不足，（$Si_{sat} - fd_{2,Si} \cdot Si_2$），并和PSi 浓度存在Michaelis-Menten 函数关系。

矿化硅的质量守恒方程可以用式（5.7.18）和式（5.7.25）来描述。上层不存在源汇项及反应：

$$J_{1,Si} = \kappa_{1,Si} = 0 \tag{5.7.66}$$

在下层，硅由颗粒态生化硅的溶解产生并可用式（5.7.64）来模拟。式（5.7.64）中的两项对应于式（5.7.25）中的源项和反应项：

$$J_{2,Si} = K_{Si} \cdot \theta_{Si}^{T-20} \frac{PSi}{PSi + KM_{PSi}} Si_{sat} \cdot H_2 \tag{5.7.67}$$

$$\kappa_{2,Si} = K_{Si} \cdot \theta_{Si}^{T-20} \frac{PSi}{PSi + KM_{PSi}} f_{d2,Si} \cdot H_2 \tag{5.7.68}$$

颗粒态硅溶解产生的硅有两种存在形式：一种吸附到固体上，另一种以溶解态存在。式（5.7.23）和式（5.7.24）中的分配系数$\pi_{1,Si}$和$\pi_{2,Si}$控制着两者的比例。类似于磷酸盐，上层的硅具有如下配比系数：

$$\pi_{1,Si} = \begin{cases} \pi_{2,Si} \cdot (\Delta\pi_{Si,1}), & DO_0 < (DO_0)_{crit,Si} \\ \pi_{2,Si} \cdot (\Delta\pi_{Si,1})^{\frac{DO_0}{(DO_0)_{crit,Si}}}, & DO_0 \leqslant (DO_0)_{crit,Si} \end{cases} \tag{5.7.69}$$

式中，$\pi_{1,Si}$和$\pi_{2,Si}$分别为硅在第一、第二层的配比系数（per kg /L）；$\Delta\pi_{Si,1}$为第一层中提高硅吸附的因子（> 1.0）；$(DO_0)_{crit,Si}$为硅吸附作用的临界溶解氧浓度，mg/L。

一旦式（5.7.18）和式（5.7.25）求解出Si_1和Si_2，硅向上覆水体的沉积通量$J_{aq,Si}$即可由式（5.7.19）求得。

5.7.6 与沉积物再悬浮的耦合

沉积床和上覆水之间的界面往往很难清楚地区分。各式营养物质的交换过程发生在该界面，包括沉积、挟卷、再悬浮、风驱动混合以及生物扰动等。在这种情况下，溶解态营养物质在界面的传输可以用沉积物岩化模型来表达，该部分内容在前面章节已经讨论过。

营养物质（如氮、磷）的携带发生在水流去除沉积床中溶解态和颗粒态营养物质过程中。溶解态营养物质的携带可以通过沉积床的扩散实现。当上覆水营养物质含量较低时，流动的水体会产生较大的浓度梯度来增加沉积床营养物质扩散通量。而颗粒态营养盐则可以直接通过流动水体产生的切应力挟带走（Sharpley et al.，1981；Svendsen，Kronvang，1993）。

在深水域，如切萨皮克湾（Cerco，Cole，1994）和十侠湖（Ji et al.，2004b），沉积床的营养物质主要以溶解态的形式通过扩散释放。扩散通量即沉积物成岩模型中描述的沉积通量（Di Toro，Fitzpatrick，1993）。在这些深水域，沉积物再悬浮对总营养物质收支是次要的。

浅水域的一个重要特征是水柱与沉积床的紧密耦合及沉积物再悬浮在营养物质收支中占重要地位。除了扩散通量，水体和沉积床之间的联接还可以通过颗粒物的沉降和再悬浮来实现。底部营养物质可以在大风事件中进入水柱，此时底部沉积物在水中再悬浮。在再悬浮沉积物沉降回底部之前，吸附到沉积颗粒上的营养物质可以释放到水柱中从而对水柱中总营养物质收支起作用。

奥基乔比湖是一个较好的例子，表明沉积物的再悬浮如何影响水体中营养物的循环。在奥基乔比湖环境模型（LOEM）中，AEE（2005）考虑了沉积物再悬浮对营养物质收支的影响。LOEM的沉积物输移子模型和水质子模型耦合在一起。在LOEM中，扩散和沉积物再悬浮将沉积床的营养物质带到水柱中。例如，难降解颗粒有机氮的沉积物–水体交换通量直接和沉积物再悬浮通量连接（AEE，2005）：

$$BFRPON = C_{\mathrm{NS}} \cdot J_r \tag{5.7.70}$$

式中，$BFRPON$为难降解颗粒有机氮的沉积物–水体交换通量（以氮计），g/(m^2·d)；C_{NS}为沉积床上颗粒有机氮浓度和固体浓度之比（以每千克固体含氮的克数计量）；J_r为沉积物模型求得的沉积物再悬浮通量（以每天每平方米悬浮固体千克数计量）。

在底沉积的三G类中，G_1部分是不稳定的，并在沉积床快速衰变，而G_3部分是惰性的，没有明显衰变。G_3部分再悬浮进入水柱类似于沉积固体，在悬浮营养物质沉降回底床之前对营养供应影响不大。在此情况下，为简单起见，在奥基乔比湖模拟研究中（AEE，2005），G_2部分用于计算营养物质再悬浮通量。再悬浮的颗粒有机氮和沉积物近似用第二层G_2类颗粒有机氮（$G_{\mathrm{PON},2}$）来表示，比率C_{NS}具有如下形式：

$$C_{\mathrm{NS}} = \frac{G_{\mathrm{PON},2}}{m_2} \tag{5.7.71}$$

式中，m_2为式（5.7.24）中所取第二层的固体浓度。

增加沉积物–水交换通量，难降解颗粒有机氮的方程式（5.5.5）改进为

$$\begin{aligned} \frac{\partial RPON}{\partial t} = & \sum_{x=\mathrm{c,d,g}} (FNR_x \cdot BM_x + FNRP \cdot PR_x) ANC_x \cdot B_x - K_{\mathrm{RPON}} \cdot RPON \\ & + \frac{\partial}{\partial z}(WS_{\mathbf{RP}} \cdot RPON) + \frac{WRPON}{V} + \frac{BFRPON}{\Delta z} \end{aligned} \tag{5.7.72}$$

式中，$BFRPON$项只适用于底部。

为了计算由于沉积物再悬浮导致的沉积床颗粒有机氮损失，关于$G_{\mathrm{PON},2}$的式（5.7.13）也要改进为：

$$H_2 \frac{\partial G_{\mathrm{PON},2}}{\partial t} = -K_{\mathrm{PON},2} \cdot \theta_{\mathrm{PON},2}^{\mathrm{T}-20} \cdot G_{\mathrm{PON},2} \cdot H_2 - W \cdot G_{\mathrm{PON},2} + J_{\mathrm{PON},2} - BFRPON \tag{5.7.73}$$

这样一来，$BFRPON$用来调整沉积通量$J_{\mathrm{PON},2}$。类似的方法用于颗粒有机磷、颗粒有机碳和PSi来计算沉积物再悬浮对营养收支的贡献（AEE，2005）。

关于浅湖内部营养物质再循环的进一步讨论见9.3.4节。

5.8 沉水植物

水生植物数以千计，大型植物是指用肉眼能够直接观察到的水生植物，可以分为以下四类：①漂浮型；②浮叶型；③挺水型；④沉水型。

这四类大型水生植物是用它们和水体基底的关系来定义的（图5.8.1）。漂浮型植物通常浮在水面或水面以下，其根部悬浮于水柱中，它们完全吸收来自水体的营养物。浮叶型植物扎根于水底，而叶片漂浮水面，其在水面以下也可有叶片（图5.8.2）。挺水型植物常生长于水堤附近（水深小于1 m处），它们根部浸没于水中，茎暴露在空气中（图5.8.2）。

沉水植物（SAV）也称水下水生植物，是一类植物体完全（大部分）沉没于水体的植物。一部分SAV的花露出水面。在淡水和海洋生境中有数百种SAV。SAV的定义通常排除了藻类、浮游植物和生长于水面以上的植物。

一个独立的SAV模型通常包含三组状态变量：①SAV变量，包括茎、根和附生植物；②营养物质；③藻类。本章前面已经讨论了营养物质和藻类，因此本节的重点将放在SAV的变量和过程上。本节给出的SAV理论和算法主要源自奥基乔比湖（Hamrick，2004；AEE，2005）和佛罗里达湾（Cerco 等，2002）的SAV模拟。

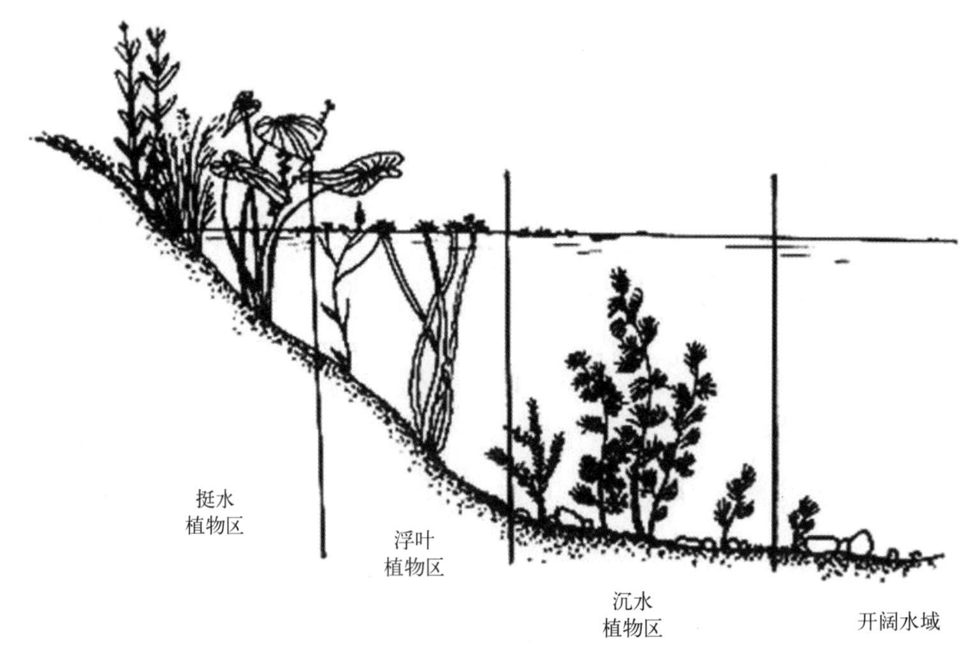

图5.8.1 近海海域的大型植物（据Caduto，1990重绘）

图5.8.2　浮叶植物和挺水植物（来源：季振刚摄）

5.8.1　引言

大部分水体中存在的SAV通常是生态系统的重要组成部分，并被公认为是水体健康的晴雨表（如，Orth等，2010）。管理的目标是确保SAV持续存在。SAV是构成自然栖息地和生物群落间的关键环节（图5.8.3）。SAV能够：①吸收及释放营养物质；②降低河底剪切力并保护床面；③增加流动的总阻力、抑制波浪；④提供一个健康的生态系统以支持鱼类和鸟类种群。

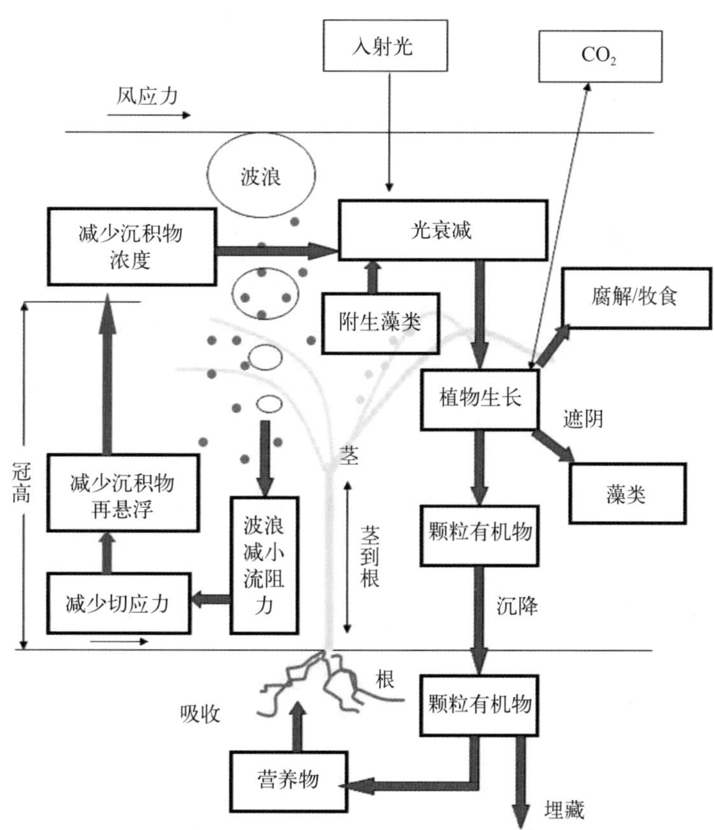

图5.8.3　SAV过程和模拟方法

在许多水体中，SAV对总初级生产力和营养物质循环起着重要作用。SAV能够通过竞争营养物质抑制浮游植物生长。在SAV的生长期（春、夏）消耗大量的营养物质，这些营养物质在整个暖季存储于SAV的生命体中。在秋冬季节，当SAV死亡、腐解时缓慢向水体中释放出营养物质，此时藻类生长一般不会造成太多问题。通过初级生产力和呼吸作用，SAV影响水体中溶解氧和二氧化碳浓度、碱性和pH。

SAV将沉积物固着在床体，从而稳定沉积床，如没有SAV，沉积物容易再悬浮。SAV通过阻滞水流，使得沉积物沉淀并提高水体透明度。如果没有SAV固化沉积床，沉积物和营养物质容易从底部再悬浮，阻挡SAV光合作用所需的光线并增加藻类暴发生长所需营养物质。SAV通常能保护海岸线，并抑制入射波的能量以减少侵蚀。SAV为鱼类、涉水水鸟和其他野生生物提供重要的栖息地。除此之外SAV通过光合作用在水柱低层产生氧气，这有利于水生生物特别是底栖生物的生长。

并非所有健康的地表水系统都具有供养SAV所必需的物理和化学属性。控制SAV生长的关键因素包括（图5.8.4）：①可用光；②营养物质；③基底特性；④温度。

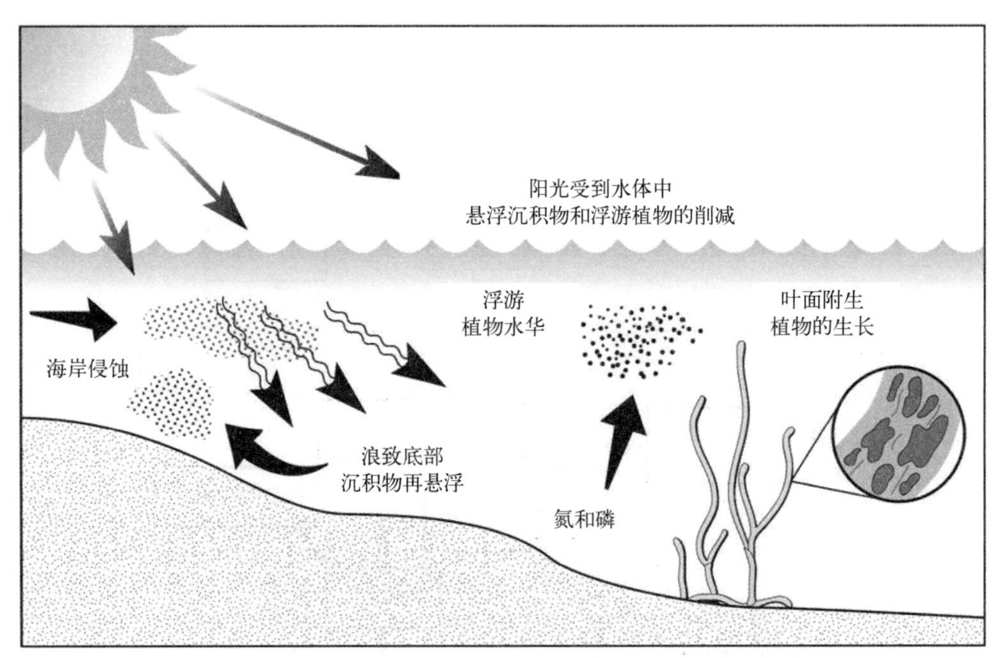

图5.8.4　影响到达SAV光照的因素示意图（USEPA，2006）
沉积物、营养物质、藻华和附生植物生长能够影响到达植物的阳光

可用光通常是控制SAV生长的首要因素。SAV只能在足够浅且清的水域生长，因为在此才能接收足够的阳光来进行光合作用。如式（5.2.16）所示，随水深增加和水体透明度降低，光合作用所需的光线减少。SAV需要约20%的日入射光来维持生存，而浮游植物只需要1%（Dennison et al.，1993；Kenworthy，Haunert，1991），这一光线要求限制了SAV的最大生长深度只能有1～2 m。

水柱中总固体悬浮颗粒物、营养物质和藻类的总量影响水体透明度并在控制SAV生长中起重要作用。如图5.8.4所示，由于藻类和/或植物表面的附生植物会遮蔽SAV，因此当藻类密度较高时SAV

的密度将受到抑制。反之，当SAV密集时，藻类生长将受到限制（Scheffer，1989；Scheffer et al.，1993）。过多的营养物质刺激藻类旺盛，遮蔽水柱，降低水体透明度。营养物质还可能触发附生植物的大量生长从而阻止阳光到达SAV叶面。当可用光减少时，SAV密度降低，消耗的营养物质减少，藻华暴发的可能性增加。因此荫凉处、浑浊及深水中SAV较少。

SAV从沉积床和水体中汲取营养物质，并和藻类竞争营养物质。当SAV的组织腐解时，其吸收的营养物质释放到上覆水体中，成为营养物质内源。SAV主要生长在长期被淹没的水域。一些种类可以耐受低水位期暴露于水面上（如低潮）。但在大潮期间（如大于2m）可能导致SAV暴露的时间相对较长从而出现脱水和/或冰冻。基底的物理性质对SAV的生长也很重要，一些过于坚固或沙质的底部将使得植物很难固着。除此之外沙质基底不能为SAV的生长提供充足的营养。强浪和深水区也不适宜SAV的生长。如同其他藻类和植物，SAV的生长也受水温的影响。

5.8.2　沉水植物的模型方程

SAV生长的模拟需要三部分内容（图5.8.2和图5.8.3）：第一部分是描述SAV生长和腐解的模型；第二部分是水质模型，为SAV模型提供光照、温度、营养物质和其他强迫函数；第三部分是将水质模型连接到SAV模型的耦合算法。本章前面已经讨论了水质模型，因此这里将讨论SAV模型及其与水质模型的耦合。

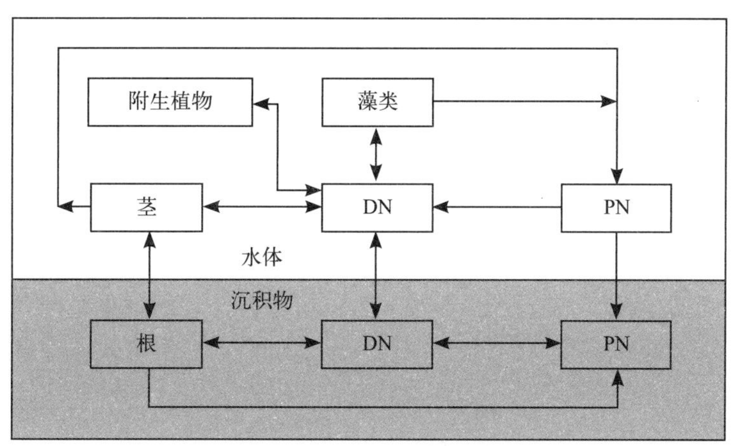

图5.8.5　SAV模型状态变量（方框）和质量流（箭头）

DN为溶解营养物质；PN为颗粒营养物质

SAV模型（图5.8.5）包含3个状态变量：①茎（水中的生物量）；②根（沉积床中的生物量）；③附生植物（生长于SAV叶表面的植物）。茎消耗水体中的营养物质，并通过根消耗沉积物中的营养物质；附生植物吸收水体中的营养物质；根与沉积床交换营养物质。根植物的茎、根和茎部附生植物的动力学质量守恒方程（Hamrick，2004；Cerco et al.，2002）为

$$\frac{\partial(RPS)}{\partial t}=\left[(1-F_{\mathrm{PRPR}})\cdot P_{\mathrm{RPS}}-R_{\mathrm{RPS}}-L_{\mathrm{RPS}}\right]RPS+JRP_{\mathrm{RS}} \tag{5.8.1}$$

$$\frac{\partial (RPR)}{\partial t}=F_{\mathrm{PRPR}}\cdot P_{\mathrm{RPS}}\cdot RPS-(R_{\mathrm{RPR}}+L_{\mathrm{RPR}})RPR-JRP_{\mathrm{RS}} \tag{5.8.2}$$

$$\frac{\partial (RPE)}{\partial t}=(P_{\mathrm{RPE}}-R_{\mathrm{RPE}}-L_{\mathrm{RPE}})RPE \tag{5.8.3}$$

式中，t为时间，d；RPS为根植物茎生物量（以碳计），g/m^2；F_{PRPR}为直接转移到根部的产物（$0<F_{\mathrm{PRPR}}<1$）；P_{RPS}为植物茎的生长率，d^{-1}；R_{PRS}为植物茎的呼吸率，d^{-1}；L_{RPS}为植物茎的非呼吸损失率，d^{-1}；JRP_{RS}为根向茎的正的碳输送（以碳计），g/(m^2·d)；RPR为根植物的根生物量（以碳计），g/m^2；R_{RPR}为植物根系的呼吸率，d^{-1}；L_{RPR}为根的非呼吸损失率，d^{-1}；RPE为根植物上的附生植物生物量（以碳计），g/m^2；P_{RPE}为附生植物生产率，d^{-1}；R_{PRE}为附生植物呼吸率，d^{-1}；L_{RPE}为附生植物非呼吸损失率，d^{-1}。

茎的控制方程式（5.8.1）建立了水柱中SAV生物量源与汇的平衡关系；根的控制方程式（5.8.2）建立了沉积床中SAV生物量源与汇的平衡关系。图5.8.5给出了各状态变量之间的质量流及相互作用。

另外一个附加的状态变量用来计算水柱底部茎碎屑：

$$\frac{\partial (RPD)}{\partial t}=F_{\mathrm{RPSD}}\cdot L_{\mathrm{RPS}}\cdot RPS-L_{\mathrm{RPD}}\cdot RPD \tag{5.8.4}$$

式中，RPD为根植物茎碎屑的生物量（以碳计），g/m^2；F_{RPSD}为茎向碎屑的损失分量（$0<F_{\mathrm{RPSD}}<1$）；L_{RPD}为碎屑腐解率，d^{-1}，假定为常数。

上面SAV模型公式具有如下通式：

$$\frac{\mathrm{d}C}{\mathrm{d}t}=a\cdot C+b \tag{5.8.5}$$

式中，C为浓度；a，b均为常数。

这一公式可以用下面的隐式格式来计算

$$\frac{C^{n+1}-C^{n}}{\Delta t}=a\cdot C^{n+1}+b \tag{5.8.6}$$

式中，n为第n时间步。

式（5.8.6）也可以写成：

$$C^{n+1}=\frac{1}{1-a\cdot \Delta t}(C^{n}+\Delta t\cdot b) \tag{5.8.7}$$

上式给出了用于求解SAV模型微分方程的通式。

5.8.2.1 茎的生产和呼吸作用

SAV的生长受光照、温度、水柱营养物质、沉积营养物质和盐度（如果是在海水水域）的限制。如果这些资源供应不足，则可以视其为SAV生长的限制因素。可用光通常在SAV的生长中起重要作用。高浓度的悬浮沉积物、藻类或浮游水生植物不利于SAV的生长。

植物茎的生产或生长速率可以表示为

$$P_{\mathrm{RPS}} = PM_{\mathrm{RPS}} \cdot f_1(N) \cdot f_2(I) \cdot f_3(T) \cdot f_4(S) \cdot f_5(RPS) \tag{5.8.8}$$

式中，PM_{RPS}为植物茎在最优条件下的最大生长速率，d^{-1}；$f_1(N)$为营养物质浓度不足的影响（$0 \leqslant f_1 \leqslant 1$）；$f_2(I)$为光照强度不足的影响（$0 \leqslant f_2 \leqslant 1$）；$f_3(T)$为水温的影响（$0 \leqslant f_3 \leqslant 1$）；$f_4(S)$为盐度对淡水植物茎生长的影响（$0 \leqslant f_4 \leqslant 1$）；$f_5(RPS)$ 为茎的自遮蔽对茎生长的影响（$0 \leqslant f_5 \leqslant 1$）。

营养物质限制决定于水柱和底床中营养物质的水平：

$$f_1(N) = \min \left(\begin{array}{l} \dfrac{(NH_4 + NO_3)_{\mathrm{w}} + \dfrac{KHN_{\mathrm{RPS}}}{KHN_{\mathrm{RPR}}}(NH_4 + NO_3)_{\mathrm{b}}}{KHN_{\mathrm{RPS}} + (NH_4 + NO_3)_{\mathrm{w}} + \dfrac{KHN_{\mathrm{RPS}}}{KHN_{\mathrm{RPR}}}(NH_4 + NO_3)_{\mathrm{b}}}, \\ \dfrac{PO_4 d_{\mathrm{w}} + \dfrac{KHP_{\mathrm{RPS}}}{KHP_{\mathrm{RPR}}} PO_4 d_{\mathrm{b}}}{KHP_{\mathrm{RPS}} + PO_4 d_{\mathrm{w}} + \dfrac{KHP_{\mathrm{RPS}}}{KHP_{\mathrm{RPR}}} PO_4 d_{\mathrm{b}}} \end{array} \right) \tag{5.8.9}$$

式中，NH_4为铵离子浓度（以氮计），$\mathrm{g/m^3}$；NO_3为硝态氮和亚硝态氮浓度（以氮计），$\mathrm{g/m^3}$；KHN_{RPS}为从水柱中吸收氮的半饱和常数（以氮计），$\mathrm{g/m^3}$；KHN_{RPR}为从底床中吸收氮的半饱和常数（以氮计），$\mathrm{g/m^3}$；PO_4d为溶解磷酸盐浓度（以磷计），$\mathrm{g/m^3}$；KHP_{RPS}为从水柱中吸收磷的半饱和常数（以磷计），$\mathrm{g/m^3}$；KHP_{RPR}为从底床中吸收磷的半饱和常数（以磷计），$\mathrm{g/m^3}$；下标 w、b 分别表示水柱、底床。

SAV可以从沉积物或水柱中吸收营养物质。式（5.8.9）指出氮或磷可能是SAV生物量累积的限制营养物质，这取决于营养化状态。SAV可以从沉积物或水柱吸收氮和磷，水柱中测定的营养物质浓度通常并不能代表SAV的生长潜力，而沉积物孔隙水中营养物质浓度显著地影响SAV的生长。由于沉积物中营养物质浓度通常高于水柱，因此沉积物是SAV生长的一个重要营养物质来源。

茎和附生植物可用光的计算采用和水质模型一样的算法。Steele方程式（5.2.18）给出了光对生长的影响。通过对从底床向上到植物茎的平均顶部的水体的一段时间的积分得到如下公式：

$$f_2(I) = \frac{2.718 \cdot FD}{Kess \cdot H_{\mathrm{RPS}}} \left[\exp(-\alpha_B) - \exp(-\alpha_T) \right] \tag{5.8.10}$$

$$\alpha_B = \frac{I_0}{FD \cdot I_{\mathrm{SSO}}} \cdot \exp(-Kess \cdot H) \tag{5.8.11}$$

$$\alpha_T = \frac{I_0}{FD \cdot I_{\mathrm{SSO}}} \cdot \exp\left[-Kess \cdot (H - H_{\mathrm{RPS}}) \right] \tag{5.8.12}$$

式中，$FD = 1$为瞬时太阳辐射或日平均太阳辐射的日分量（$0 \leqslant FD \leqslant 1$）；$Kess$为总消光系数，$\mathrm{m}^{-1}$；$I_0$为瞬时太阳辐射（$FD = 1$），或白天水面平均太阳辐射（$FD < 1$）（兰利/d）；$I_{\mathrm{SSO}}$为固着植

物生长的茎顶最优光强，兰利/d；H为水柱深度，m；H_{RPS}为底床以上平均茎高，m。

总消光系数为

$$Kess = Ke_b + Ke_{\mathrm{TSS}} \cdot TSS + Ke_{\mathrm{RPE}}\left(\frac{RPE}{CChl_{\mathrm{RPE}}}\right) + Ke_{\mathrm{Chl}}\sum_{m=1}^{M}\left(\frac{B_m}{CChl_m}\right) \tag{5.8.13}$$

式中，Ke_b为背景消光，m^{-1}；Ke_{TSS}为总固体悬浮颗粒物消光系数，$\mathrm{m}^{-1}/\mathrm{g/m}^{-3}$；$TSS$为水动力模型提供的总固体悬浮颗粒物浓度，$\mathrm{g/m}^3$；$Ke_{\mathrm{RPE}}$为附生植物叶绿素的消光系数，$\mathrm{m}^{-1}/\mathrm{mg\ Chl/m}^3$；$CChl_{\mathrm{RPE}}$为附生植物的碳/叶绿素，gC/mg Chl；$Ke_{\mathrm{Chl}}$为藻类叶绿素消光系数，$\mathrm{m}^{-1}/\mathrm{mg\ Chl/m}^3$；$B_m$为$m$类藻的浓度（以碳计），$\mathrm{g/m}^3$；$CChl_m$为$m$类藻的碳/叶绿素，gC/mg Chl。

有利于茎生长的最优光强度是：

$$I_{\mathrm{SSO}} = \min\left(I_0 \cdot \mathrm{e}^{-Kess\,(H_{\mathrm{opt}} - 0.5\,H_{\mathrm{RPS}})}, I_{\mathrm{SSOM}}\right) \tag{5.8.14}$$

式中，H_{opt}为固着水生植物最大生长速度的最优水深，m；I_{SSOM}为生长最优太阳辐射的最大值，兰利/d。

在一些用到日平均太阳辐射的应用中，需要用式（5.2.24）来计算当前和前几天的平均水面辐射。式（5.8.10）至式（5.8.14）类似于5.2.3节描述的关于光对藻类生长和光合作用的影响。

与式（5.1.9）相似，温度对茎生长的影响可以表示为

$$f_3(T) = \begin{cases} \exp\left(-KTP1_{\mathrm{RPS}}\left[T - TP1_{\mathrm{RPS}}\right]^2\right), & T \leqslant TP1_{\mathrm{RPS}} \\ 1, & TP1_{\mathrm{RPS}} < T < TP2_{\mathrm{RPS}} \\ \exp\left(-KTP2_{\mathrm{RPS}}\left[T - TP2_{\mathrm{RPS}}\right]^2\right), & T \geqslant TP2_{\mathrm{RPS}} \end{cases} \tag{5.8.15}$$

式中，T为水动力模型给出的温度，℃；$TP1_{\mathrm{RPS}} < T < TP2_{\mathrm{RPS}}$为有利茎生长的最优温度范围，℃；$KTP1_{\mathrm{RPS}}$为温度低于$TP1_{\mathrm{RPS}}$（$℃^{-2}$）时对茎生长的影响；$KTP2_{\mathrm{RPS}}$为温度高于$TP2_{\mathrm{RPS}}$（$℃^{-2}$）时对茎生长的影响。

类似于式（5.2.9）盐度对淡水植物茎生长的影响可以表示为

$$f_4(S) = \frac{STOXS^2}{STOXS^2 + S^2} \tag{5.8.16}$$

式中，$STOXS$为生长减半时的盐度（ppt)。

由于茎的丰度最终由SAV可利用光所限制，表征茎引起的自遮蔽需在模型中引入密度限制函数。茎的自遮蔽对茎生长的影响可以表示为（AEE，2005）：

$$f_5(RPS) = \mathrm{e}^{-K_{\mathrm{SH}} \cdot RPS} \tag{5.8.17}$$

式中，K_{SH}为茎自遮蔽引起的衰减，m^2/g。

植物茎的呼吸率假定取决于温度，对于藻类采用类似于式（5.2.28）的公式：

$$R_{\mathrm{RPS}} = RM_{\mathrm{RPS}} \cdot \exp\left(KTR_{\mathrm{RPS}}\left[T - TR_{\mathrm{RPS}}\right]\right) \tag{5.8.18}$$

式中，TR_{RPS}为茎呼吸的参考温度，℃；RM_{RPS}为在TR_{RPS}下茎呼吸率，1/单位时间；KTR_{RPS}为温度对茎呼吸的影响，$℃^{-1}$；假定茎的非呼吸损失率L_{RPS}为常数。

5.8.2.2　碳输送和根的呼吸作用

根向茎部的碳输送定义为正输送。有两个不同的公式可以利用，第一个基于观测到的茎/根生物量比率：

$$JRP_{RS} = KRPO_{RS} \cdot (ROSR \cdot RPR - RPS) \tag{5.8.19}$$

式中，$KRPO_{RS}$为观测的茎根转换率，d^{-1}；$ROSR$为观测到的茎系碳与根系碳之比（无量纲）。

第二个公式给出了根部在不利的光线条件下根系碳向茎系碳的转移：

$$JRP_{RS} = KRP_{RS}\left(\frac{I_{SS}}{I_{SS} + I_{SSS}}\right)RPR \tag{5.8.20}$$

式中，KRP_{RS}为茎向根输送速率，d^{-1}；I_{SS}为茎表面的太阳辐射，兰利/d；I_{SSS}为茎表面的半饱和太阳辐射，兰利/d。

假定植物根系的呼吸率是温度的函数：

$$R_{RPR} = RM_{RPR} \cdot \exp\left[KTR_{RPR}(T - TR_{RPR})\right] \tag{5.8.21}$$

式中，TR_{RPR}为根呼吸的参考温度，℃；RM_{RPR}为在TR_{RPR}下根呼吸率，d^{-1}；KTR_{RPR}为温度对根呼吸的影响，$℃^{-1}$；假定根的非呼吸损失率 L_{RPR}为常数。

5.8.2.3　附生植物生产和呼吸

营养物质的富集可以促进附生植物在SAV叶表的生长，这将限制SAV光合作用所需的可用光。附生植物在植物茎上的生产力或生长率可以表示为

$$P_{RPE} = PM_{RPE} \cdot f_1(N) \cdot f_2(I) \cdot f_3(T) \cdot f_4(S) \cdot f_5(RPS) \tag{5.8.22}$$

式中，PM_{RPE}为附生植物在最优条件下的最大生长率，d^{-1}；$f_1(N)$ 为水柱中营养物质浓度次优条件的影响（$0 \leqslant f_1 \leqslant 1$）；$f_2(I)$ 为光强次优条件的影响（$0 \leqslant f_2 \leqslant 1$）；$f_3(T)$ 为温度次优条件的影响（$0 \leqslant f_3 \leqslant 1$）；$f_4(S)$ 为盐度对淡水性附生植物生长的影响（$0 \leqslant f_4 \leqslant 1$）；$f_5(RPS)$ 为茎对附生植物生长的影响（$0 \leqslant f_5 \leqslant 1$）。

附生植物的营养物质限制为：

$$f_1(N) = \min\left(\frac{NH_4 + NO_3}{KHN_{RPE} + NH_4 + NO_3}, \frac{PO_4 d}{KHP_{RPE} + PO_4 d}\right) \tag{5.8.23}$$

式中，KHN_{RPE}为附生植物的氮吸收半饱和常数（以氮计），g/m^3；KHP_{RPE}为附生植物磷吸收的半饱和常数（以磷计），g/m^3。

光限制表示为

$$f_2(I) = \frac{2.718 \cdot FD}{Kesse \cdot H_{RPS}}\left[\exp(-\alpha_B) - \exp(-\alpha_T)\right] \tag{5.8.24}$$

$$\alpha_B = \frac{I_O}{FD \cdot I_{\text{SSOE}}} \cdot \exp(-Kesse \cdot H) \tag{5.8.25}$$

$$\alpha_T = \frac{I_O}{FD \cdot I_{\text{SSOE}}} \cdot \exp\left[-Kesse \cdot (H - H_{\text{RPS}})\right] \tag{5.8.26}$$

式中，$Kesse$为附生植物的总消光系数，m^{-1}；I_{SSOE}为附生植物生长的最优光强，兰利/d。

$$Kesse = Ke_b + Ke_{\text{TSS}} \cdot TSS + Ke_{\text{Chl}} \sum_{m=1}^{M} \left(\frac{B_m}{CChl_m} \right) \tag{5.8.27}$$

附生植物生长的最优光强给定为

$$I_{\text{SSOE}} = \min\left(I_O \cdot e^{-Kesse \cdot (H_{\text{opt}} - 0.5 H_{\text{RPS}})}, I_{\text{SSOEM}} \right) \tag{5.8.28}$$

式中，I_{SSOEM}为附生植物生长最优光强的最大值，兰利/d。

在一些需要用到白天平均太阳辐射的例子中，需要用式（5.2.24）来求水表目前和之前一段时间的平均辐射。

温度对附生植物生长的影响如下：

$$f_3(T) = \begin{cases} \exp\left(-KTP1_{\text{RPE}} \left[T - TP1_{\text{RPE}}\right]^2\right), & T \leqslant TP1_{\text{RPE}} \\ 1, & TP1_{\text{RPE}} < T < TP2_{\text{RPE}} \\ \exp\left(-KTP2_{\text{RPE}} \left[T - TP2_{\text{RPE}}\right]^2\right), & T \geqslant TP2_{\text{RPE}} \end{cases} \tag{5.8.29}$$

式中，$TP1_{\text{RPE}} < T < TP2_{\text{RPE}}$为附生植物生长的最优温度范围，℃；$KTP1_{\text{RPE}}$为温度低于$TP1_{\text{RPE}}$（℃）时对附生植物的影响；$KTP2_{\text{RPE}}$为温度高于$TP2_{\text{RPE}}$（℃）时对附生植物的影响。

盐度对淡水附生植物生长的影响如下：

$$f_4(S) = \frac{STOXE^2}{STOXE^2 + S^2} \tag{5.8.30}$$

式中，$STOXE$为生长速度减半时的盐度（ppt）。

由于附生植物生长在茎部，茎的表面积影响附生植物的生长，其表达式如下：

$$f_5(RPS) = \frac{RPS}{RPSH + RPS} \tag{5.8.31}$$

式中，$RPSH$为长速减半的RPS浓度（以碳计），g/m^2。

假定附生植物的呼吸率取决于温度，采用类似于式（5.2.28）的公式：

$$R_{\text{RPE}} = RM_{\text{RPE}} \cdot \exp\left[KTR_{\text{RPE}} (T - TR_{\text{RPE}})\right] \tag{5.8.32}$$

式中，TR_{RPE}为附生植物呼吸作用的参考温度，℃；RM_{RPE}为在TR_{RPE}时附生植物呼吸率，1/单位时间；KTR_{RPE}为温度对附生植物呼吸作用的影响，$℃^{-1}$；附生植物的非呼吸作用损失率L_{RPE}假定为常数。

5.8.3 与水质模型的耦合

假定SAV有固定的营养成分，SAV生物量中的氮和磷用碳质生物量来表示。SAV呼吸作用将营养物质释放回沉积床和水柱。如图5.8.2和图5.8.3所示，SAV模型与水质模型直接连接：

（1）SAV的生长和腐解与水质模型的养分库有关；

（2）SAV的光合作用和呼吸作用与溶解氧动力过程相关；

（3）颗粒有机物的沉降和营养物质吸收影响水柱和沉积床的营养物质；

（4）茎碎屑（RPD）处于水柱底部且仅与底层水质模型有关。

当SAV模型集成到水质模型中时，其与水柱中的水质模型及沉积床的泥沙成岩模型能够完全耦合在一起。所有的状态变量在每一时间步，都将进行计算，以提供真实的系统动力描述（AEE，2005）。

5.8.3.1 有机碳的耦合

SAV模型和水质模型之间的有机碳相互作用设定为

$$\frac{\partial RPOC_{\mathrm{W}}}{\partial t}=\frac{1}{H}\left[FCR_{\mathrm{RPS}}\cdot R_{\mathrm{RPS}}+\left(1-F_{\mathrm{RPSD}}\right)\cdot FCRL_{\mathrm{RPS}}\cdot L_{\mathrm{RPS}}\right]RPS+\frac{1}{H}\left(FCR_{\mathrm{RPE}}\cdot R_{\mathrm{RPE}}+FCRL_{\mathrm{RPE}}\cdot L_{\mathrm{RPE}}\right)RPE+\frac{1}{\Delta z}FCRL_{\mathrm{RPD}}\cdot L_{\mathrm{RPD}}\cdot RPD \tag{5.8.33}$$

$$\frac{\partial RPOC_{\mathrm{B}}}{\partial t}=\frac{1}{B}\left(FCR_{\mathrm{RPR}}\cdot R_{\mathrm{RPR}}+FCRL_{\mathrm{RPR}}\cdot L_{\mathrm{RPR}}\right)RPR \tag{5.8.34}$$

$$\frac{\partial LPOC_{\mathrm{W}}}{\partial t}=\frac{1}{H}\left[FCL_{\mathrm{RPS}}\cdot R_{\mathrm{RPS}}+\left(1-F_{\mathrm{RPSD}}\right)\cdot FCLL_{\mathrm{RPS}}\cdot L_{\mathrm{RPS}}\right]RPS+\frac{1}{H}\left(FCL_{\mathrm{RPE}}\cdot R_{\mathrm{RPE}}+FCLL_{\mathrm{RPE}}\cdot L_{\mathrm{RPE}}\right)RPE+\frac{1}{\Delta z}FCLL_{\mathrm{RPD}}\cdot L_{\mathrm{RPD}}\cdot RPD \tag{5.8.35}$$

$$\frac{\partial LPOC_{\mathrm{B}}}{\partial t}=\frac{1}{B}\left(FCL_{\mathrm{RPR}}\cdot R_{\mathrm{RPR}}+FCLL_{\mathrm{RPR}}\cdot L_{\mathrm{RPR}}\right)RPR \tag{5.8.36}$$

$$\frac{\partial DOC_{\mathrm{W}}}{\partial t}=\frac{1}{H}\left[FCD_{\mathrm{RPS}}\cdot R_{\mathrm{RPS}}+\left(1-F_{\mathrm{RPSD}}\right)\cdot FCDL_{\mathrm{RPS}}\cdot L_{\mathrm{RPS}}\right]RPS+\frac{1}{H}\left(FCD_{\mathrm{RPE}}\cdot R_{\mathrm{RPE}}+FCDL_{\mathrm{RPE}}\cdot L_{\mathrm{RPE}}\right)RPE+\frac{1}{\Delta z}FCDL_{\mathrm{RPD}}\cdot L_{\mathrm{RPD}}\cdot RPD \tag{5.8.37}$$

$$\frac{\partial DOC_{\mathrm{B}}}{\partial t}=\frac{1}{B}\left(FCD_{\mathrm{RPR}}\cdot R_{\mathrm{RPR}}+FCDL_{\mathrm{RPR}}\cdot L_{\mathrm{RPR}}\right)RPR \tag{5.8.38}$$

式中，$RPOC$为难降解颗粒态有机碳浓度（以碳计），g/m^3；$LPOC$为活性颗粒态有机碳浓度（以碳计），g/m^3；DOC 为溶解有机碳浓度（以碳计），g/m^3；FCR为呼吸产生的难降解颗粒态有机碳组分；FCL为呼吸产生的活性颗粒态有机碳组分；FCD为呼吸产生的溶解颗粒态有机碳组分；$FCRL$为非呼吸作用引起的难降解颗粒态有机碳损失组分；$FCLL$为非呼吸作用引起的活性颗粒态有机碳损失组分；$FCDL$为非呼吸作用引起的溶解颗粒态有机碳损失组分；H为水柱深度；B为底床深度，

Δz为底层厚度；下标W、B分别为水柱、底床。

碎屑（RPD）的相关项只适用于水质模型的底层。式（5.8.33）至式（5.8.38）代表了类似的机制：由于茎、根、附生植物和/或茎碎屑的呼吸和非呼吸作用损失，水柱（W）和底床（B）中的有机碳（RPOC，LPOC和DOC）增加。

5.8.3.2 溶解氧的耦合

固着植物和附生植物与溶解氧之间的相互作用关系为

$$\frac{\partial DO_{\mathrm{W}}}{\partial t}=\frac{1}{H}\left[(P_{\mathrm{RPS}}-R_{\mathrm{RPS}})\cdot RPSOC\cdot RPS+(P_{\mathrm{RPE}}-R_{\mathrm{RPE}})\cdot RPEOC\cdot RPE\right] \tag{5.8.39}$$

式中，DO为溶解氧浓度（以氧计），g/m^3；$RPSOC$为植茎的氧碳比（以氧的克数与碳的克数比计量）；$RPEOC$为附生植物的氧碳比（以氧的克数与碳的克数比计量）。式（5.8.39）表明茎和附生植物的生长增加水柱中的溶解氧，茎和附生植物的呼吸作用则减少水柱中的溶解氧。

5.8.3.3 磷耦合

固着植物和附生植物与磷的相互作用关系为

$$\begin{aligned}\frac{\partial RPOP_{\mathrm{W}}}{\partial t}=&\frac{1}{H}\left[FPR_{\mathrm{RPS}}\cdot R_{\mathrm{RPS}}+\left(1-F_{\mathrm{RPSD}}\right)\cdot FPRL_{\mathrm{RPS}}\cdot L_{\mathrm{RPS}}\right]\cdot RPSPC\cdot RPS\\&+\frac{1}{H}\left(FPR_{\mathrm{RPE}}\cdot R_{\mathrm{RPE}}+FPRL_{\mathrm{RPE}}\cdot L_{\mathrm{RPE}}\right)\cdot RPEPC\cdot RPE\\&+\frac{1}{\Delta z}FPRL_{\mathrm{RPD}}\cdot L_{\mathrm{RPD}}\cdot RPSPC\cdot RPD\end{aligned} \tag{5.8.40}$$

$$\frac{\partial RPOP_{\mathrm{B}}}{\partial t}=\frac{1}{B}\left(FPR_{\mathrm{RPR}}\cdot R_{\mathrm{RPR}}+FPRL_{\mathrm{RPR}}\cdot L_{\mathrm{RPR}}\right)RPRPC\cdot RPR \tag{5.8.41}$$

$$\begin{aligned}\frac{\partial LPOP_{\mathrm{W}}}{\partial t}=&\frac{1}{H}\left[FPL_{\mathrm{RPS}}\cdot R_{\mathrm{RPS}}+\left(1-F_{\mathrm{RPSD}}\right)\cdot FPLL_{\mathrm{RPS}}\cdot L_{\mathrm{RPS}}\right]RPSPC\cdot RPS\\&+\frac{1}{H}\left(FPL_{\mathrm{RPE}}\cdot R_{\mathrm{RPE}}+FPLL_{\mathrm{RPE}}\cdot L_{\mathrm{RPE}}\right)RPEPC\cdot RPE\\&+\frac{1}{\Delta z}FPLL_{\mathrm{RPD}}\cdot L_{\mathrm{RPD}}\cdot RPSPC\cdot RPD\end{aligned} \tag{5.8.42}$$

$$\frac{\partial LPOP_{\mathrm{B}}}{\partial t}=\frac{1}{B}\left(FPL_{\mathrm{RPR}}\cdot R_{\mathrm{RPR}}+FPLL_{\mathrm{RPR}}\cdot L_{\mathrm{RPR}}\right)RPRPC\cdot RPR \tag{5.8.43}$$

$$\begin{aligned}\frac{\partial DOP_{\mathrm{W}}}{\partial t}=&\frac{1}{H}\left[FPD_{\mathrm{RPS}}\cdot R_{\mathrm{RPS}}+\left(1-F_{\mathrm{RPSD}}\right)\cdot FPDL_{\mathrm{RPS}}\cdot L_{\mathrm{RPS}}\right]RPSPC\cdot RPS\\&+\frac{1}{H}\left(FPD_{\mathrm{RPE}}\cdot R_{\mathrm{RPE}}+FPDL_{\mathrm{RPE}}\cdot L_{\mathrm{RPE}}\right)RPEPC\cdot RPE\\&+\frac{1}{\Delta z}FCDL_{\mathrm{RPD}}\cdot L_{\mathrm{RPD}}\cdot RPSPC\cdot RPD\end{aligned} \tag{5.8.44}$$

$$\frac{\partial DOP_{\mathrm{B}}}{\partial t}=\frac{1}{B}\left(FPD_{\mathrm{RPR}}\cdot R_{\mathrm{RPR}}+FPDL_{\mathrm{RPR}}\cdot L_{\mathrm{RPR}}\right)RPRPC\cdot RPR \tag{5.8.45}$$

$$\frac{\partial PO_4t_{\mathrm{W}}}{\partial t}=\frac{1}{H}\left[FPI_{\mathrm{RPS}}\cdot R_{\mathrm{RPS}}+\left(1-F_{\mathrm{RPSD}}\right)\cdot FPIL_{\mathrm{RPS}}\cdot L_{\mathrm{RPS}}\right]RPSPC\cdot RPS$$
$$+\frac{1}{H}\left(FPI_{\mathrm{RPE}}\cdot R_{\mathrm{RPE}}+FPIL_{\mathrm{RPE}}\cdot L_{\mathrm{RPE}}\right)RPEPC\cdot RPE$$
$$+\frac{1}{\Delta z}FPIL_{\mathrm{RPD}}\cdot L_{\mathrm{RPD}}\cdot RPSPC\cdot RPD$$
$$-\frac{1}{H}F_{\mathrm{RPSPW}}\cdot P_{\mathrm{RPS}}\cdot RPSPC\cdot RPS-\frac{1}{H}P_{\mathrm{RPE}}\cdot RPEPC\cdot RPE \tag{5.8.46}$$

$$\frac{\partial PO_4t_{\mathrm{B}}}{\partial t}=\frac{1}{B}\left(FPI_{\mathrm{RPR}}\cdot R_{\mathrm{RPR}}+FPIL_{\mathrm{RPR}}\cdot L_{\mathrm{RPR}}\right)RPRPC\cdot RPR$$
$$-\frac{1}{H}\left(1-F_{\mathrm{RPSPW}}\right)P_{\mathrm{RPS}}\cdot RPRPC\cdot RPS \tag{5.8.47}$$

$$F_{\mathrm{RPSPW}}=\frac{KHP_{\mathrm{RPR}}PO_4\,d_w}{KHP_{\mathrm{RPR}}PO_4\,d_w+KHP_{\mathrm{RPS}}PO_4\,d_b} \tag{5.8.48}$$

式中，$RPOP$为难降解颗粒态有机磷浓度（以碳计），g/m^3；$LPOP$为活性颗粒态有机磷浓度（以碳计），g/m^3；DOP为溶解有机磷浓度（以碳计），g/m^3；PO_4t为总磷（以磷计（，g/m^3（$=PO_4d+PO_4p$）；PO_4d为溶解磷 （以磷计），g/m^3；PO_4p为颗粒态（吸附）磷（以磷计），g/m^3；FPR为呼吸作用产生的难降解颗粒态有机磷组分；FPL为呼吸作用产生的活性颗粒态有机磷组分；FPD为呼吸作用产生的溶解有机磷组分；FPI为呼吸作用产生的总磷组分；$FPRL$为非呼吸作用产生的难降解颗粒态有机磷组分；$FPLL$为非呼吸作用产生的活性颗粒态有机磷组分；$FPDL$为非呼吸作用产生的溶解有机磷组分；$FPIL$为非呼吸作用产生的总磷；$RPSPC$为植物茎部磷碳比（以碳数与碳的克数比计量）；$RPRPC$为植物根部磷碳比（以碳数与碳的克数比计量）；$RPEPC$为附生植物磷碳比（以碳数与碳的克数比计量）；F_{RPSPW}为从水柱吸收的PO_4d组分；KHP_{RPS}为从水体吸收的磷的半饱和常数（以磷计），g/m^3；KHP_{RPR}为从底床吸收的磷的半饱和常数（以磷计），g/m^3。

与碎屑（RPD）相关的项只适用于水质模型底部。式（5.8.40）至式（5.8.45）代表了非常类似的机制：由于茎、根、附生植物和/或茎碎屑的呼吸和非呼吸作用损失，水体和底床的有机磷组分（RPOP，LPOP和DOP）增加。式（5.8.46）和式（5.8.47）描述RPS、RPR、RPE和RPD对水柱和底床中总磷PO_4t的影响。结果表明RPS能够从水柱和底床吸收PO_4，而RPE只能消耗水柱中的PO_4。式（5.8.46）和式（5.8.47）代表了在SAV生长季节，其与浮游植物竞争磷的主要机制。

5.8.3.4　氮耦合

SAV模型和水质模型之间氮的耦合关系给定为

$$\frac{\partial RPON_{\mathrm{W}}}{\partial t}=\frac{1}{H}\left[FNR_{\mathrm{RPS}}\cdot R_{\mathrm{RPS}}+\left(1-F_{\mathrm{RPSD}}\right)\cdot FNRL_{\mathrm{RPS}}\cdot L_{\mathrm{RPS}}\right]\cdot RPSNC\cdot RPS$$
$$+\frac{1}{H}\left(FNR_{\mathrm{RPE}}\cdot R_{\mathrm{RPE}}+FNRL_{\mathrm{RPE}}\cdot L_{\mathrm{RPE}}\right)\cdot RPENC\cdot RPE$$
$$+\frac{1}{\Delta z}FNRL_{\mathrm{RPD}}\cdot L_{\mathrm{RPD}}\cdot RPSNC\cdot RPD \tag{5.8.49}$$

$$\frac{\partial RPON_{\mathrm{B}}}{\partial t}=\frac{1}{B}\left(FNR_{\mathrm{RPR}}\cdot R_{\mathrm{RPR}}+FNRL_{\mathrm{RPR}}\cdot L_{\mathrm{RPR}}\right)RPRNC\cdot RPR \tag{5.8.50}$$

$$\begin{aligned}\frac{\partial LPON_{\mathrm{W}}}{\partial t}=&\frac{1}{H}\left[FNL_{\mathrm{RPS}}\cdot R_{\mathrm{RPS}}+\left(1-F_{\mathrm{RPSD}}\right)\cdot FNLL_{\mathrm{RPS}}\cdot L_{\mathrm{RPS}}\right]RPSNC\cdot RPS\\&+\frac{1}{H}\left(FNL_{\mathrm{RPE}}\cdot R_{\mathrm{RPE}}+FNLL_{\mathrm{RPE}}\cdot L_{\mathrm{RPE}}\right)RPENC\cdot RPE\\&+\frac{1}{\Delta z}FNLL_{\mathrm{RPD}}\cdot L_{\mathrm{RPD}}\cdot RPSNC\cdot RPD\end{aligned} \tag{5.8.51}$$

$$\frac{\partial LPON_{\mathrm{B}}}{\partial t}=\frac{1}{B}\left(FNL_{\mathrm{RPR}}\cdot R_{\mathrm{RPR}}+FNLL_{\mathrm{RPR}}\cdot L_{\mathrm{RPR}}\right)RPRNC\cdot RPR \tag{5.8.52}$$

$$\begin{aligned}\frac{\partial DON_{\mathrm{W}}}{\partial t}=&\frac{1}{H}\left[FND_{\mathrm{RPS}}\cdot R_{\mathrm{RPS}}+\left(1-F_{\mathrm{RPSD}}\right)\cdot FNDL_{\mathrm{RPS}}\cdot L_{\mathrm{RPS}}\right]RPSNC\cdot RPS\\&+\frac{1}{H}\left(FND_{\mathrm{RPE}}\cdot R_{\mathrm{RPE}}+FNDL_{\mathrm{RPE}}\cdot L_{\mathrm{RPE}}\right)RPENC\cdot RPE\\&+\frac{1}{\Delta z}FNDL_{\mathrm{RPD}}\cdot L_{\mathrm{RPD}}\cdot RPSNC\cdot RPD\end{aligned} \tag{5.8.53}$$

$$\frac{\partial DON_{\mathrm{B}}}{\partial t}=\frac{1}{B}\left(FND_{\mathrm{RPR}}\cdot R_{\mathrm{RPR}}+FNDL_{\mathrm{RPR}}\cdot L_{\mathrm{RPR}}\right)RPRNC\cdot RPR \tag{5.8.54}$$

$$\begin{aligned}\frac{\partial NH_{4\mathrm{W}}}{\partial t}=&\frac{1}{H}\left[FNI_{\mathrm{RPS}}\cdot R_{\mathrm{RPS}}+\left(1-F_{\mathrm{RPSD}}\right)\cdot FNIL_{\mathrm{RPS}}\cdot L_{\mathrm{RPS}}\right]RPSNC\cdot RPS\\&+\frac{1}{H}\left(FNI_{\mathrm{RPE}}\cdot R_{\mathrm{RPE}}+FNIL_{\mathrm{RPE}}\cdot L_{\mathrm{RPE}}\right)RPENC\cdot RPE\\&+\frac{1}{\Delta z}FPRL_{\mathrm{RPD}}\cdot L_{\mathrm{RPD}}\cdot RPSNC\cdot RPD\\&-\frac{1}{H}PN_{\mathrm{RPSw}}\cdot F_{\mathrm{RPSNW}}\cdot P_{\mathrm{RPS}}\cdot RPSNC\cdot RPS-\frac{1}{H}PN_{\mathrm{RPE}}\cdot P_{\mathrm{RPE}}\cdot RPENC\cdot RPE\end{aligned} \tag{5.8.55}$$

$$\begin{aligned}\frac{\partial NH_{4\mathrm{B}}}{\partial t}=&\frac{1}{B}\left(FNI_{\mathrm{RPR}}\cdot R_{\mathrm{RPR}}+FNIL_{\mathrm{RPR}}\cdot L_{\mathrm{RPR}}\right)RPRNC\cdot RPR\\&-\frac{1}{H}PN_{\mathrm{RPSb}}\left(1-F_{\mathrm{RPSNW}}\right)P_{\mathrm{RPS}}\cdot RPSNC\cdot RPS\end{aligned} \tag{5.8.56}$$

$$\begin{aligned}\frac{\partial NO_{3\mathrm{W}}}{\partial t}=&-\frac{1}{H}\left(1-PN_{\mathrm{RPSw}}\right)F_{\mathrm{RPSNW}}\cdot P_{\mathrm{RPS}}\cdot RPSNC\cdot RPS\\&-\frac{1}{H}\left(1-PN_{\mathrm{RPE}}\right)P_{\mathrm{RPE}}\cdot RPENC\cdot RPE\end{aligned} \tag{5.8.57}$$

$$\frac{\partial NO_{3\mathrm{B}}}{\partial t}=-\frac{1}{H}\left(1-PN_{\mathrm{RPSb}}\right)\left(1-F_{\mathrm{RPSNW}}\right)P_{\mathrm{RPS}}\cdot RPSNC\cdot RPS \tag{5.8.58}$$

$$\begin{aligned}PN_{\mathrm{RPSw}}=&\frac{NH_{4\mathrm{W}}\cdot NO_{3\mathrm{W}}}{\left(KHNP_{\mathrm{RPS}}+NH_{4\mathrm{W}}\right)\left(KHNP_{\mathrm{RPS}}+NO_{3\mathrm{W}}\right)}\\&+\frac{NH_{4\mathrm{W}}\cdot KHNP_{\mathrm{RPS}}}{\left(NH_{4\mathrm{W}}+NO_{3\mathrm{W}}\right)\left(KHNP_{\mathrm{RPS}}+NO_{3\mathrm{W}}\right)}\end{aligned} \tag{5.8.59}$$

$$PN_{\mathrm{RPSb}}=\frac{NH_{4\mathrm{B}}\cdot NO_{3\mathrm{B}}}{\left(KHNP_{\mathrm{RPS}}+NH_{4\mathrm{B}}\right)\left(KHNP_{\mathrm{RPS}}+NO_{3\mathrm{B}}\right)}+\frac{NH_{4\mathrm{B}}\cdot KHNP_{\mathrm{RPS}}}{\left(NH_{4\mathrm{B}}+NO_{3\mathrm{B}}\right)\left(KHNP_{\mathrm{RPS}}+NO_{3\mathrm{B}}\right)} \tag{5.8.60}$$

$$PN_{\mathrm{RPE}}=\frac{NH_{4}\cdot NO_{3}}{\left(KHNP_{\mathrm{RPE}}+NH_{4}\right)\left(KHNP_{\mathrm{RPE}}+NO_{3}\right)}+\frac{NH_{4}\cdot KHNP_{\mathrm{RPS}}}{\left(NH_{4}+NO_{3}\right)\left(KHNP_{\mathrm{RPE}}+NO_{3}\right)} \tag{5.8.61}$$

$$F_{\mathrm{RPSNW}}=\frac{KHN_{\mathrm{RPR}}\left(NH_{4}+NO_{3}\right)_{w}}{KHN_{\mathrm{RPR}}\left(NH_{4}+NO_{3}\right)_{w}+KHN_{\mathrm{RPS}}\left(NH_{4}+NO_{3}\right)_{b}} \tag{5.8.62}$$

式中，$RPON$为难降解颗粒态有机氮浓度（以氮计），g/m^3；$LPON$为活性颗粒态有机氮浓度（以氮计），g/m^3；DON为溶解有机氮浓度（以氮计），g/m^3；NH_4为氨（以氮计），g/m^3；NO_3为硝态氮+亚硝态氮（以氮计），g/m^3；FNR为呼吸作用产生的难降解颗粒态有机氮组分；FNL为呼吸作用产生的活性颗粒态有机氮组分；FND为呼吸作用产生的溶解有机氮组分；FNI为呼吸作用产生的氨组分；$FNRL$为非呼吸作用产生的难降解颗粒态有机氮组分；$FNLL$为非呼吸作用产生的活性颗粒态有机氮组分；$FNDL$为非呼吸作用产生的溶解有机氮组分；$FNIL$为非呼吸作用产生的氨组分；$RPSNC$为植物茎部氮碳比（氮与碳的质量比）；$RPRNC$为植物根部氮碳比（氮与碳的质量比）；F_{RPSNW}为植物茎从水柱吸收的NH_4和NO_3组分；PN_{RPS}为植茎对铵离子的偏好性分数；$KHNP_{\mathrm{RPS}}$为植茎对铵离子的偏好饱和系数（氮与碳的质量比）；PN_{RPE}为附生植物对铵离子的偏好分数；$KHNP_{\mathrm{RPE}}$为附生植物对铵离子偏好饱和系数（氮与碳的质量比）；KHN_{RPS}为从水体中吸收氨的半饱和系数（以氮计），g/m^3；KHN_{RPR}为从底床吸收氨的半饱和系数（以氮计），g/m^3。

与碎屑（RPD）相关的项只适用于水质模型底层。式（5.8.49）至式（5.8.54）描述了非常类似的机制：由于茎、根、附生植物和/或茎碎屑的呼吸和非呼吸作用损失，水体和底床中的有机氮组分（RPON、LPON和 DON）增加。式（5.8.55）至式（5.8.58）描述了水体和底床RPS、RPR、RPE和RPD 对溶解无机氮（NH_4和NO_3）的影响。结果显示RPS 可以从水柱和底床吸收NH_4和NO_3，而RPE只能消耗水柱中的NH_4和NO_3。式（5.8.55）至式（5.8.58）描述了在SAV生长季节，其与浮游植物氮竞争的关键机制。

5.8.3.5　总固体悬浮颗粒物的耦合

SAV对TSS的抑制作用在之前的研究中已经有过报道（Ward et al.，1984；Carter et al.，1988；James et al.，2004；Cerco et al.，2013）。SAV对沉积床稳定性的影响可以包含到泥沙模型中。一个简单的方法是修改总固体悬浮颗粒物的沉降速率。随沉降速度增加，总固体悬浮颗粒物将减少（Cerco et al.，2002），具有如下形式：

$$\frac{\partial TSS}{\partial t} = 净运输 - \frac{1}{\mathrm{H}}\left(W_s + W_{\mathrm{SAV}} \cdot RPS\right) TSS \tag{5.8.63}$$

式中，W_s为总固体悬浮颗粒物沉降速度；W_{SAV}为水柱中代表SAV对降低总固体悬浮颗粒物浓度影响的参数；RPS为固着植物茎生物量（以碳计），g/m^2。

Cerco等（2013）将底部切应力直接和SAV密度联系起来：

$$\tau_{\mathrm{SAV}}=\tau \cdot \exp^{-k \cdot SAV} \tag{5.8.64}$$

式中，τ_{SAV}为受SAV影响的切应力，N/m^2；τ为底部没有植物的切应力，N/m^2；SAV为沉水植物密度（以碳计），g/m^2；k为切应力和SAV密度的经验常数，m^2/gC。在式（5.8.64）中，SAV的存在会直接对底部切应力产生抑制。Cerco等（2013）在切萨皮克湾的研究中使用k = 0.015 m^2/gC。

5.8.4 沉水植物的长期变化

关于沉水植物（SAV）长期变化和数值模拟的相关文献很少，本节内容主要基于Jin和Ji（2013）的工作。

5.8.4.1 背景信息

SAV密集的地表水一般比较清澈，浮游植物生物量较小。如果这些植物消失，即使在风速很小的时候水体也会变得非常浑浊（Scheffer，1989，1998；Scheffer et al.，1994），奥基乔比湖就是如此（Phlips et al.，1993；Havens et al.，2004b）。湖泊的近岸区域，当水位从低到高变化时，水体将从SAV/清澈水体变为浮游植物/浑浊水体，最终SAV的面积将会显著减小（Havens et al.，1995，2001，2004a，b；Havens，Walker，2002；Havens，2003）。

一系列的飓风在2004—2005年间摧毁了奥基乔比湖近岸水域大多数的SAV。接下来的几年，飓风使水体的TSS、浊度和TP明显升高（James et al.，2008）。在飓风发生期间以及之后的一段时间，湖中再悬浮沉积物增加，进而使得松散沉积层的厚度升高。松散沉积层即使在微风条件下也容易发生再悬浮，导致水体长期维持高TSS、高浓度营养物质、低透明度状态（Jin et al.，2011）。在飓风之后的3年里，降低的透光度长期使SAV生物量和面积减少，直到2007—2009年的历史性旱灾。干旱期间水很浅，即使水比较浑浊，阳光仍可以直接到达湖底，这使得SAV的种子可以发芽，SAV在近岸区域逐渐恢复（Jin et al.，2011）。

SAV是奥基乔比湖生态系统中重要的组成部分，可以影响水体中关键的动物群以及水质。由于SAV深受水体透明度的影响，而后者则受沉积物、营养盐、藻类数量的影响，因此SAV是一个估量湖泊生态状况的重要指标。生长良好的SAV和挺水植物群落可以为鱼类和涉水鸟类提供良好的栖息地，并使湖泊近岸水域的水质保持好的状态。湖泊恢复的长期目标包括维持理想的水深范围来保证SAV群落的良好生长。SAV将水体中的营养盐去除，为鱼类提供栖息地，并且是近岸食物链的重要贡献者。SAV在近岸水体的覆盖面积应该超过40 000 acre（英亩）（约占湖面的9%），且维管植物占到SAV的50%（SFWMD，2015）。

5.8.4.2　沉水植物模型

想了解SAV对湖泊生态系统的影响，需要知道空间尺度上详细的水动力、沉积物、水质和SAV模型。目前，很少有SAV模型被开发并用于环境方面的研究。其中一个重要原因是缺少数据来校正模型，另一个原因是SAV模型不能单独运行。一个完整的水动力、沉积物、水质模式需要用来提供水动力条件、营养盐和沉积物浓度以及光线衰减和其他环境参数。著名的切萨皮克湾SAV模型耦合了切萨皮克湾三维富营养化模型（Cerco，Moore，2001）。Sheng等（2001，2003）在佛罗里达州印第安河潟湖开发了一个曲线网格水动力综合模拟系统（CH3D-IMS）。这两个SAV模型都用于河口海岸区域。

SFWMD的数据用于校正LOEM，基于模拟结果来给出长期的水动力状况、营养盐状况以及在不同水资源管理状况下的湖泊环境影响（Jin，Ji，2004）。LOEM模型的开发和应用在本书多处作为案例来研究。本研究的目标主要有：①验证SAV模型；②将该模型应用于长期SAV模型；③研究SAV生长的基本过程；④找出在不同管理情况下（高/低水位，飓风，底泥疏浚/管理）SAV受影响最大的区域。

LOEM的SAV理论主要源于佛罗里达湾的SAV模型（Cerco et al.，2002）以及Hamrick（1992，2004）所做的工作，LOEM的SAV模型还包含了下面的一些改进。

（1）包含了风暴事件（以及飓风）对光衰减和SAV生长的影响。飓风会使大量沉积物再悬浮并增加水体的TSS含量，还能导致大量水进入湖泊引起湖泊水位上升。高浓度的TSS和高水位会降低光对SAV的照射并影响其生长。

（2）模型包含了自遮荫效应的影响。效应会减少光的有效照射，进而影响SAV的生长。

（3）考虑了SAV的呼吸作用和生产作用的影响，并把这些影响加入到了数值模型中。SAV茎和附生植物的生产作用会增加水体溶解氧的含量，而它们的呼吸作用则会降低溶解氧的含量。

关于SAV理论和用于LOEM的公式在5.8.1节至5.8.3节已经有了详细的描述。

5.8.4.3　水动力和水质模型结果

水的流入流出对于湖泊的质量平衡起着关键作用。基于实测数据使得模型具有适当的流入和流出。水的蒸发在质量平衡中也非常重要。LOEM基于实测的气温、相对湿度、气压、风速和模拟的水温计算水的蒸发速率。图5.8.6是LZ40站位水深的模拟值和实测值的对比结果。该站位于湖泊中央（图5.8.7），图中点线图代表了测量值，而实线图表示模型模拟的值。LZ40的RRE值为4.6%，其他三个站位（L001，L005，L006）的RRE值为4.6%～5.2%（Jin et al.，2011；AEE，2012）。这表明该模型可以很好地模拟湖泊深度变化。

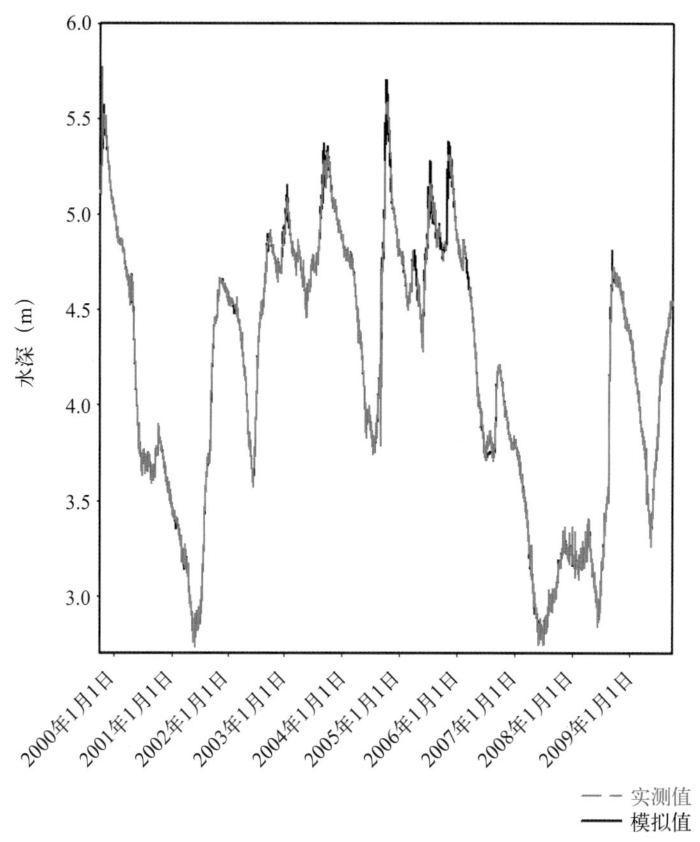

图5.8.6　LZ40站位水深变化的模拟值和实测值（1999年10月1日至2009年12月31日）

图5.8.7　水质数据采样站位

由于TSS在水体密度、透光性、养分供给等方面的影响，TSS是水质变化和富营养化过程的重要环节。TSS的增加会降低水体的透光率，影响到水温，反过来影响生物化学反应速率。水体的光照可用性会直接影响藻类和植物的生长。营养盐浓度亦会通过TSS的吸附作用和迁移作用得到调节。概括起来，与TSS浓度密切相关的光照和养分可用性，很大程度上控制着藻类和SAV的生长。

LOEM沉积物模型分别用2000年、2001年和2002年的沉积物数据来校正、验证和证实（Jin，Ji，2004，2005）。理论分析和模式敏感性实验都表明SAV的生长主要受光照和营养盐的控制（AEE，2012）。为了校正SAV模型，一些关键变量，如TSS和营养盐（SRP，TP等），应该与实测数据进行比较。1999年1月10日至2009年12月31日10年间的沉积物和水质模拟是基于15个站位（图5.8.7）实测数据来进行模拟和比较的。模拟结果和观测结果的对比主要包括8个水质变量：溶解氧、叶绿素、总磷、溶解态活性磷、总固体悬浮颗粒物、总凯氏氮、硝氮（NO_2+NO_3）和水温。作为一个例子，1999—2009年LZ40站位观测数据和模拟结果的误差分析见表5.8.1。表格最后一列RRE值为17.14%。在溶解氧RRE值计算中，传统上用的是溶解氧的平均值而不是溶解氧的变化范围（如Martin，McCucheon，1999；USEPA，1999）。

表5.8.1　LZ40站位1999—2009年观测数据和模型结果误差分析

参数	数据个数	实测均值	模拟均值	均方根误差	观测值变化范围	相对均方根误差(%)
DO (mg/L)	121	8.081	8.663	0.945	8.730	11.696
CHLA (μg/L)	122	16.179	17.321	31.419	342.700	9.168
TP (mg/L)	127	0.188	0.130	0.146	1.272	11.443
SRP (mg/L)	126	0.056	0.070	0.030	0.104	28.503
TKN (mg/L)	127	1.486	1.298	0.897	9.000	9.961
NO_x (mg/L)	117	0.292	0.047	0.335	0.829	40.461
TSS (mg/L)	127	51.324	39.315	43.717	269.000	16.252
T (℃)	126	24.263	24.592	1.781	18.460	9.647
平均值						17.14

15个站位全部模拟结果的统计资料被制成表5.8.2，并给出了1999—2009年间站位平均的相对均方根误差（RRE）值。分析了每个站位的8个变量，它们分别是溶解氧、叶绿素、总磷、溶解态活性磷、总固体悬浮颗粒物、总凯氏氮、硝氮（NO_2+NO_3）和水温，表5.8.2给出的所有15个站位8个变量的RRE均值为22.6%。

表5.8.2　1999—2009年间站位平均的RRE值

站位号	站位名	相对均方根误差 (%)
1	L006	21.8
2	L001	23.2
3	LZ40	17.1
4	L005	22.7
7	L002	23.0
8	L003	21.1
10	L007	22.4
14	LZ30	21.1
15	LZ42	20.4
16	LZ42N	26.2
17	PALMOUT	24.9
18	PELMID	24.3
19	PLN2OUT	24.0
24	STAKEOUT	23.3
25	TREEOUT	22.3
	平均值	22.6

5.8.4.4　沉水植物的长期变化和飓风影响

SAV实测数据兼具时间性和空间性的特征。每月分别在南部、西部和北部的16个断面从近岸区往深水区进行SAV采样。这些区域通常适合SAV生长。更多详细的关于SAV测量的讨论在后面的5.9.2节描述（图5.9.7）。2000—2009年2个季节SAV生物量数据见图5.8.8：夏季代表从4月到9月，而冬季代表从10月到翌年3月。

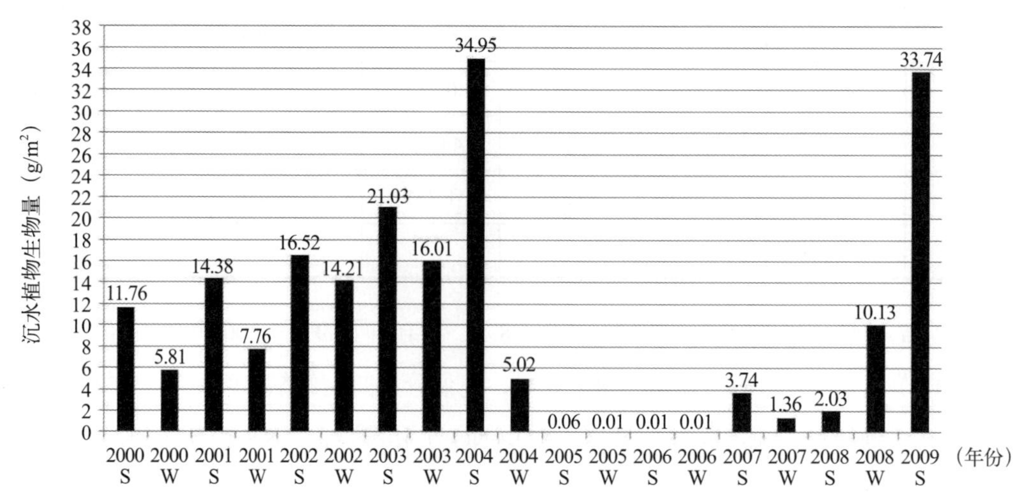

图5.8.8　2000年1月至2009年12月SAV季节平均生物量（S代表夏季，W代表冬季）

在2004年飓风发生前的几个月，SAV生物量的范围为19.1～35.6 g/m^2（图5.8.8）。在2004年两个飓风经过该湖之后，受风浪（Jin，Wang，1998）、剧烈湖震和湖泊水深的直接影响，湖中SAV生物量降至约5.4 g/m^2。更大幅度SAV生物量的下降发生在2005年Wilma飓风过境之后，平均生物量低于0.1 g/m^2。整个2006年到2007年初，生物量均值仍处于较低的水平。SAV的恢复开始于2007年，一场持久的干旱引起湖泊水位处于历史性低位。在此期间，即使水体仍处于浑浊状态，阳光可以到达湖泊底部，有助于SAV种子发芽生长（Jin et al.，2011；Rodusky et al.，2005）。整个恢复过程持续了2年，并于2009年夏天完全恢复。

每年（通常在8月份），整个SAV群落被映射在网格分辨率为1000 m×1000 m的地图上，用来测量SAV生物量的空间分布。图5.8.9给出了10年间（2000—2009年）SAV分布面积。如图5.8.9所示，飓风对于SAV的毁坏是显而易见的。SAV的面积由2004年夏天（飓风Frances和Jeanne之前）的54 875 acre降至2005年夏天（飓风Frances和Jeanne之后）的10 872 acre。飓风Wilma过后的2006年夏天，SAV面积更是减少至3000 acre以下。湖泊在2006年5月至2007年4月期间经历了严重的干旱，湖泊的低水位条件改善了光照条件，扩大了SAV面积和湿地栖息地面积。此后，SAV生物量在2007年晚夏和秋季缓慢增加，并于10月份到达9.1 g/m^{2}的峰值。SAV的面积于2007年增加至28 180 acre（图5.8.9），并于2009年得以完全恢复。

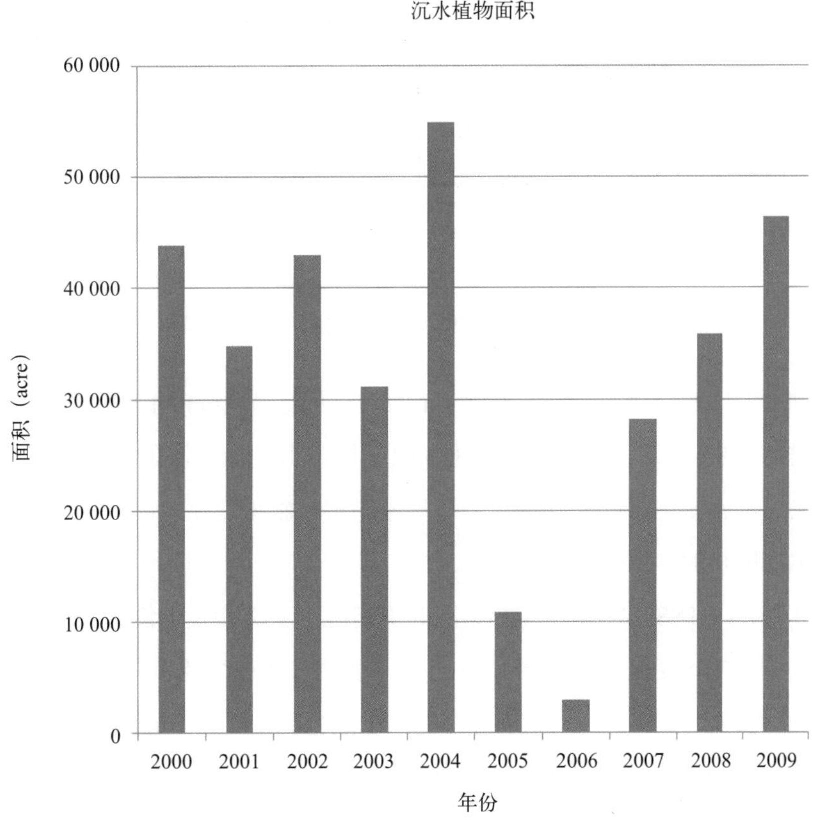

图5.8.9　2000—2009年SAV总面积

图5.8.10（a）给出了2009年8月SAV的空间分布观测值。在SAV模型中，将近岸水域网格化［网格区域见图5.8.10（a）］，并在这些网格上对SAV进行数值模拟。LOEM中的水深、TSS和藻类数据用于模型中计算影响SAV生长的光照效率。图5.8.10（b）给出了2009年8月15日的SAV模拟结果。显然，模型能够较好地模拟SAV空间变化。图5.8.10还显示出湖中SAV的分布是不均匀的。SAV的空间分布至少受3个因素影响：能够容许SAV生长的区域；SAV生长条件（水深、水体透明度、营养盐等）；热带风暴和飓风。例如，2005年的Wilma飓风显著增加了TP的含量和水体浊度（AEE，2012）。图5.8.10中SAV的分布大体上反映了光照衰减的分布。

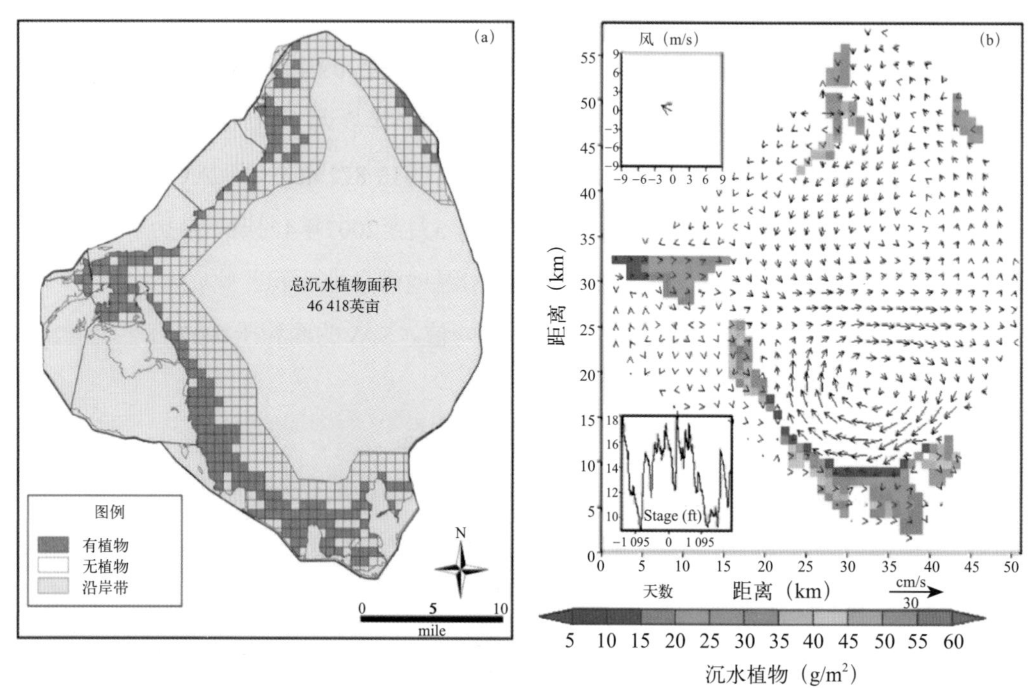

图5.8.10 奥基乔比湖沉水植物分布

（a）2009年8月调查结果；（b）2009年8月15日模拟结果

SAV模型结果如图5.8.11所示。图5.8.11（a）给出了近岸区域PALMOUT站（图5.8.7）模拟的水深变化。根据图5.8.6可知，LOEM模式可以很好地模拟湖泊水深的变化，因此，可以推测在PALMOUT站模拟的水深变化可以很好地代表该站位的实际水深变化。图5.8.11（a）的水深变化将被用于解释SAV生物量和SAV面积的季节变化。

图5.8.11（b）给出了TSS在2000—2009年间的实测值（点）和模拟值（实线）。在2004—2005年发生飓风之前，夏季TSS变化范围为10～30 mg/L，而冬季TSS变化范围为40～60 mg/L。总共95个实测点的平均值为23.094 mg/L，而对应的模拟平均值为23.429 mg/L，均方根误差为40.383 mg/L，相对均方根误差为28.08%。图5.8.11（c）中的点代表了每半年调查的湖平均SAV生物量值，模拟的结果（实线）与实测值的变化一致。图5.8.11（d）展示了每年调查的湖的总SAV面积（点）和模拟的面积（实线），模拟值无论在数值还是变化趋势方面都与实测值吻合很好。

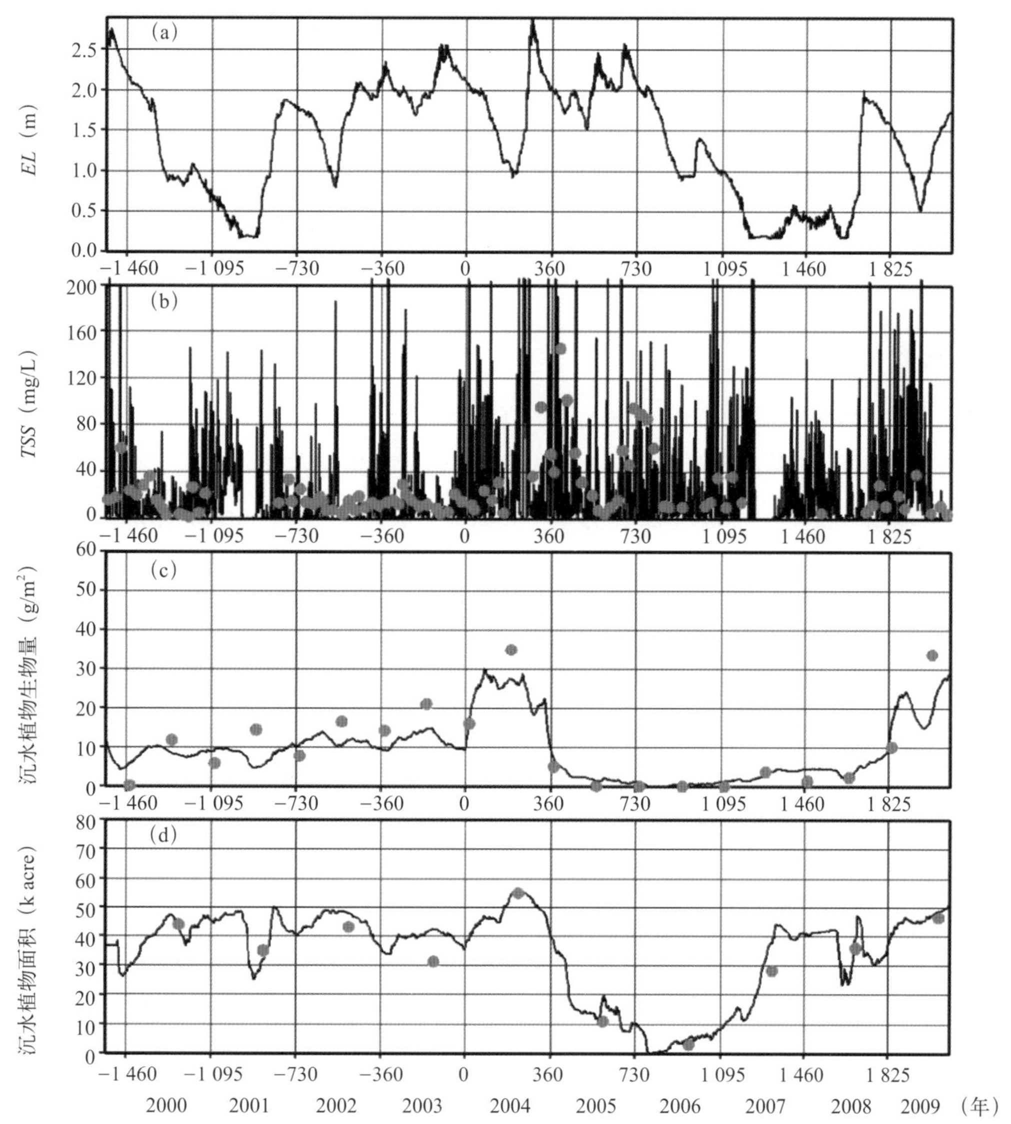

图5.8.11　1999年10月1日至2009年9月30日期间奥基乔比湖PALMOUT站水深（EL）、PALMOUT站TSS、湖的平均SAV生物量和湖的总SAV面积（实线表示模拟结果，点表示观测值）

图5.8.11表明：在2000年初，湖泊水位较高，SAV生物量［图5.8.11（c）］和面积［图5.8.11（d）］较低。但是在2001年，极低的水位使SAV生物量和面积逐渐恢复。奥基乔比湖岸边区域在中低水位的年份，可以支撑大面积的SAV生长，但是在飓风事件后，该区域的SAV面积几乎降至为0。在2005年和2006年，主要受2004年和2005年的两次特大飓风影响，SAV生物量很低。SAV面积［图5.8.11（d）］降至只有数百英亩，SAV生物量［图5.8.11（c）］降至0.01 mg/L。如图5.8.11所示，模拟值和实测值均表明低水位可以逐渐使湖泊SAV恢复。

TSS引起的光线衰减是另一个影响近岸SAV生长的主要驱动因素（Otsubo，Muraoka，1987；Jin，Sun，2007；Haven，James，1997）。在飓风发生前，SAV生物量平均值为10～20 mg/L，但在2004年Frances飓风和Jeanne飓风之后的数年，SAV生物量大幅下降，且在2009年之前一直没有恢复至以前的水平。2004年和2005年的飓风使近岸区域TSS浓度增加并降低了光照透明度（James et al.，2008；Haven，James，2005）。低的光照可用性限制了SAV和浮游植物的生长。

在2007—2008年特大干旱中，开阔水域TSS、浊度和总磷持续高于正常值（Havens，James，1997）。但如图5.8.11（a）所示，相应的水位显著降低，使得足够的阳光可以直接到达湖底，SAV种子得以发芽并在浅水区域再次生长。在2004年和2005年飓风后减少的SAV面积在此次干旱中逐渐恢复。综上所述，图5.8.11结果表明SAV模型可以很好地描述季节和年际变化趋势。

5.8.4.5 讨论和总结

理论分析和模型敏感性测试表明，SAV生长主要受光照和营养物控制（AEE，2012），光照可用性对于SAV的生长随水深逐渐降低。图5.8.11表明SAV生长区域的水深是控制SAV生物量和面积的重要因素。一般而言，除了2004年和2005年特大飓风之后的两年（2005年和2006年），水越深，SAV生物量和面积越低。在本研究中，水深数据来源于LOEM水动力模型，而浊度主要受TSS浓度和藻类浓度影响。在过去的10年间，LOEM的动力学模型、沉积物模型、风浪模型、有毒物质模型和水质模型已经被校准、验证和核证。这些大量的模拟工作为本研究的SAV模型的建立提供了很好的基础。改进的LOEM模型可以作为工具用来估算在不同管理方案下的水质、SAV和其他参数的变化。

SAV在水系统（尤其在浅水系统）中具有多重功能，可以稳固沉积物、去除水体营养物质以及为鱼类、涉水鸟类和其他野生动植物提供栖息地。SAV面积在水系统中与水体透明度直接相关，并与水深呈负相关。水中的TSS、营养物和藻类含量直接影响水体透明度，并控制SAV生长。SAV覆盖范围通常是衡量生态系统中营养盐去除和水质管理是否成功的重要指标。

5.9 水质模拟

科学可靠的数值模型可以通过辅助评价管理策略来加强水资源管理能力。然而由于存在大量随时间变化的化学、生物和生化过程、反应速率及外源输入，地表水富营养化的动态模拟是一个异常复杂和计算量巨大的过程。水质模型是水体水质过程的一种数学表达。一般包括一组或几组藻类，无机和有机营养物质（氮，磷，碳）和溶解氧。模型模拟的水质过程包括：河流、湖泊及河口的外源输入、营养物质再循环和藻类生长。其经常引入的特征包括：环流和混合、点源和非点源、光合作用、水温、溶解氧动力学、各种营养物质的行为、大气负荷效应及底泥需氧量。如图5.9.1给出了EFDC水质模型的结构（Park et al.，1995），这里水质模型和水动力、泥沙及SAV模型直接耦合在一起（AEE，2005，2012）。

水质的数值模拟极富挑战，并要求综合多个学科（Ambrose et al.，2009；Robson，2014）。由于藻类生物的复杂性，营养物质和水生植物的非线性交互及沉积床与水柱的相互作用，同水动力和泥沙输运相比，水质模拟通常更为困难。如本章前面所述，水质模型通常需考虑三个要素：水动力输运、外源输入及系统内的化学和生物反应。水质模型需要考虑温度、氧气、营养物质和藻类等过程及其之间的相互作用，底床的泥沙通量也在考虑范围。水质模型依赖于水动力学来描述水流运动和混合。当需指定外部负荷和气-水界面条件时，还需用到水文、气象和大气物理的知识。模型还利用了化学动力学和生物化学来确定溶解和颗粒营养物质的迁移转化。

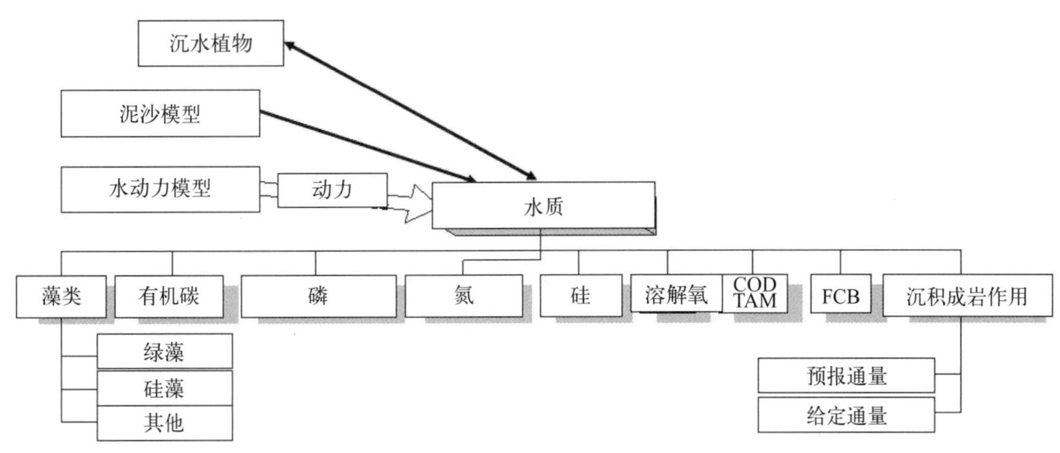

图5.9.1　EFDC水质模型结构

水动力模型为水质模型提供基本信息包括：平流、扩散、垂直混合、温度和盐度。水质模型可以直接或间接耦合到水动力模型。当直接耦合时，水动力输运和水质过程的模拟同时进行，即水动力和水质公式包含在同一计算代码中并同时运行（如Park 等，1995）。当间接耦合时，水动力模拟单独运行，其运算结果作为水质模型的输入（如HydroQual，1995c）。水动力结果可能需要进行时间和空间均化处理，以便时空分辨率较粗的水质模型使用。当然时间和空间均化可能会带来问题，重要的平流和扩散信息可能在时空平均过程中丢失。在模拟切萨皮克湾时，Cerco等（2002）指出水质模型中的动力学计算仍存在许多不确定性。特别是，他们发现能够模拟出类似的盐度场的不同水动力计算结果，可能模拟出完全不同的溶解氧和其他水质参数分布。他们总结道，水动力模型不能进行孤立校准，而后用于水质模型的驱动。相反，为得到较为满意的输运过程和水质计算结果，水动力和水质模型必须一同校准。

5.9.1　模型参数和数据需求

本节涵盖了河流、湖泊和河口水质模拟的参数和数据信息。

5.9.1.1　水质参数

水质模型基于质量守恒原理，为便于数学方法描述水质过程，其采用了远多于水动力模型和泥沙模型的经验公式和参数。例如，EFDC水质模型（Park et al.，1995）有6组，130多个模型参数。其中1组代表沉积物成岩模型参数，其余5组分别表示：藻类、有机碳、磷、氮和水柱中的氧气循环。这些参数的确定是水质模型校准的重要步骤。

众多的水质参数所造成的主要后果是需要大量的精力来调试参数和校准水质模型。例如，式（5.2.6）中的净藻类生产量，取决于藻类生长、新陈代谢、捕食、沉降和外源。人们总是希望能获取水质参数的实测值。然而实际上，许多参数值通常是通过模型校准确定的，由于参数是随环境条件而变的，如温度、光照和营养物质浓度，且这些参数随时间不断变化，所以这样做十分必要。由于水质过程相互关联，一个参数的调整可能影响多个过程，所包含过程之间相互作用的复杂性需要具有足够的专业知识才能调整水质模型中的参数。为了很好地模拟一个系统，理解所模拟的过程及系统的控制因素至关重要。

水质参数的确定是一个反复的过程。文献值可用于确定合理的参数范围（如Bowie 等，1984）。通常参数的初始值设置来源于文献，随后进行修改以便提高模型结果和实测数据的一致性。最终选择最优的参数以使模型结果和实测数据达到一致。理想情况下，可用值的范围由测量数据来确定。然而一些参数没有可用的观测值，因此可行办法是采用相似模型所使用的参数值或模拟者的判断来确定范围（Cerco，Cole，1994）。

例如，HydroQual（1995c）指出在马萨诸塞湾的模拟中，在此模型研究中，尽管设置的潜在可调参数超过100个，实际上仅对一小部分参数进行了调整。说明在类似于马萨诸塞湾的河口和海岸生态系统，许多模型系数都是通用的。这一套模型参数子集还成功地应用于其他研究中的富营养化模型。如切萨皮克湾（Cerco，Cole，1994）模拟中建立的参数集可以作为美国东部河口模拟的一个起点。

水质模型之间的主要区别包括：所考虑的藻类和营养物质群组数量及每一项（过程）所采用的特定经验公式。由于存在这些差异，当选择模型参数，从一个模型中提取参数值用于另外一个模型和/或比较模型结果和观测数据时，理解特定模型的假设条件非常关键。关于水质模型参数的详细讨论超出本书的范围，读者可以参考其他文献。

当对一个特定水体进行模拟研究时，关于水质参数的更多信息通常来源于：

（1）关于模型参数的技术报告和文章。这些文档提供参数值及其范围的一般性讨论（如Bowie 等，1985）。

（2）研究中所用模型的手册和报告。这些文档通常给出与特定模型有关和可用的参数值。

（3）关于水体的研究技术报告和文章。这些文档通常提供适用于该研究地点的参数值。

5.9.1.2 对数据的要求

数值模型只是量化物理、化学和生物过程的工具。由于用于水质模型的数学公式存在的经验主义本质，充足的数据是模型建立、校准和验证的关键。模型结果可靠性，在很大程度上，是通过比较模拟和观测数据的一致性来判定的。可靠的初始和时间变化边界条件对水质模型非常重要。如果对营养物质外负荷的描述不充分，水质模型就不能精确地再现富营养化过程。这些点源和非点源通常由观测数据、流域模型和/或回归分析来确定。

例如，回归分析可用来研究强降水事件，因为这些事件通常给水体带来最大负荷。通常采用建立观测入流量和营养物质负荷间的回归关系方法。如图5.9.2所示，给出了佛罗里达湾TT151站的总磷（*TP*，kg/d）和流量（*Q*，m^3/s）之间的关系。其具有如下形式：

$$TP\ \text{Load (kg/d)} = -1.46 + 3.95\ Q - 0.118\ Q^2 - 0.002\ 47\ Q^3 \tag{5.9.1}$$

式（5.9.1）和图5.9.2表明当流量增加时，负荷增大。尽管建立负荷关系只用了有限的数据，但总体结果是令人满意的，R^2为0.93。更多关于回归分析的讨论在7.2.2节给出。

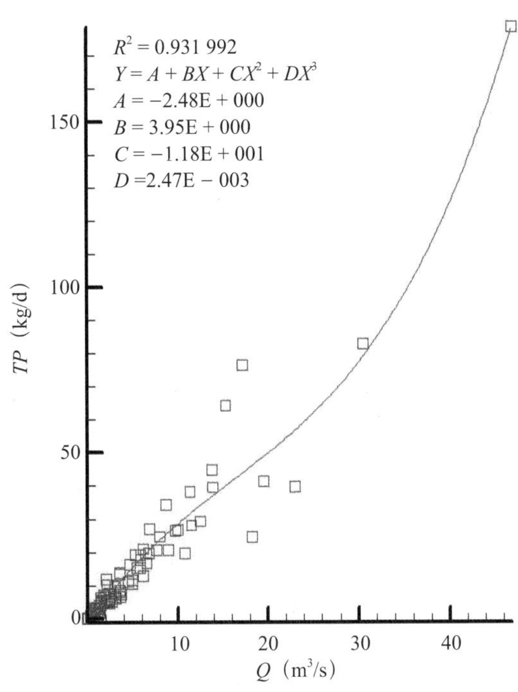

图5.9.2　佛罗里达湾TT151站的流量和总磷回归结果

文献资料有助于获得对水体系统过程的初步理解，并获得基础数据信息。综述性文献可能还有助于突出影响水质过程的关键因素并减少数据需求。例如，文献数据指出某些支流源对营养物收支不太可能有大的贡献，那么，可以免去在此支流取样，而赋文献值。

除了从新的取样过程收集数据，水质数据还存储于诸多数据库中。EPA报告（USEPA，2000b，2000c，2001）给出了相关数据库的列表。在这些数据库中EPA的国家数据库水质和生物数据STORET可能是水质研究中应用最为广泛的（USEPA，1994b）。STORET 是一个联邦、州和地方政府支撑的用于环境评估的数据存储和获取系统。STORET包含了从20世纪60年代开始连续进行的遍及全美的水体物理、化学和生物观测数据。感兴趣的人员可以通过网络来了解此数据库（http://www.epa.gov/storet/）。

水质数据需求的类型、数量和质量取决于一些因素，如使用何种状态变量及包含什么样的水质过程。在决定数据需求时，应充分考虑水体研究的物理、化学和生物特征。一个需要考虑的实际问题通常是该研究的资金量。另外一个需要考虑的是营养物质负荷和水体响应之间的本质关系。例如作为湖清洁计划（USEPA，2000b）的一部分，EPA给出了1年所需最少的湖泊数据需求。

5.9.2 案例研究Ⅰ：奥基乔比湖

2.4.2节讨论了奥基乔比湖的水动力模拟。3.7.2节给出了该湖的沉积物输运模拟。此外，Jin 和Ji（2004，2005）也详细讨论了此湖的水动力和沉积物模拟。作为案例研究，这一部分讨论湖泊中水质和SAV的模拟（Jin 等，2007；AEE，2005）。水质模型和SAV模型是LOEM的两个子模型。本案例研究着重于以下几方面的工作：

（1）LOEM水质模型校准：1999年10月至2000年9月；

（2）LOEM 水质模型验证：2000年10月至2001年9月；

（3）LOEM 水质模型确认：2001年10月至2002年10月；

（4）湖泊中SAV模拟：1999年10月至2002年10月。

LOEM 的应用将作为另外一个研究案例在9.4.2 节给出。

5.9.2.1 背景

在奥基乔比湖模拟中，Jin和Ji（2004，2005）明确地给出了湖泊的三维特征并指出三维模拟的重要性。他们指出：无风条件的湖泊可以出现强的垂直层结。Ji等（2004b）采用一个三维水动力、泥沙和水质模型模拟了一个水库的水质和富营养化作用，并阐明三维水质模拟的重要性。他们证实无论用二维侧向平均或垂向平均模型都不能给出水库的溶解氧和温度廓线，因此这一研究中必须采用三维模型（9.4.1节）。

奥基乔比湖是北美最大的亚热带湖泊。这一浅水湖泊（面积为1730 km^2，平均水深3.2 m）包含一个占湖面面积20%的沿岸栖息地（图2.4.2）。该湖是南佛罗里达一个大型互联水生生态系统的中央部分。奥基乔比湖以游钓而闻名，还是迁徙水鸟、涉水禽类和联邦濒危的湿地蜗鸢的家园。湖区周围的农业活动包括：养牛场、牛奶场、蔗糖种植、冬播蔬菜及柑橘。奥基乔比湖藻类的季节变化与热带和亚热带湖泊相似，不属于典型温带湖泊的春季暴发、冬季消亡的模式，全年都能观测到藻类暴发（Havens et al.，1995）。冬季无冰及太阳辐射和气温季节间变化的减少在湖泊的水质过程中起着重要作用。风是湖泊的主要驱动力（Ji，Jin，2006）。与温带一般的淡水系统磷限制相比，奥基乔比湖更常见的是氮限制和光限制（Aldridge et al.，1995）。

在过去几十年里，该湖的水质发生了显著的变化，主要是由该流域农业和其他人类活动产生的营养物质输入所致。由于过量的磷负荷，奥基乔比湖已经从20世纪70年代的磷限制系统转变为20世纪90年代的氮限制系统（Havens et al.，1996）。流域高速率涌入的外部磷负荷及湖泊沉积床悬浮的内部磷负荷是其高浓度含磷的主要成因。总磷浓度从20世纪70年代早期的42×10^{-9}显著增加到2000年的120×10^{-9}（Havens，James，2005）。中央区域的含磷泥沙在风场作用下再悬浮起，被输送到生态敏感的沿岸区域，特别是在丰水期（James，Havens，2005）。

沉水和挺水植物约占据湖区面积的20%，植被的磷吸收在湖的磷循环中占据一席之地。SAV可以通过一系列过程包括减少再悬浮、吸收磷及钙与磷的共沉淀来减少水柱中的磷浓度。在低水位年，湖泊可以支持大范围的SAV分布（Havens et al.，2004a）；在高水位年，由水深和高浊度导致的光限制将抑制SAV的生长。

5.9.2.2　模型设置和数据源

LOEM模型是在环境流体动力学代码（EFDC）的框架下发展起来的。（Hamrick，1992；Park et al.，1995）。研究所采用的模型参数类似于Peconic湾（Tetra Tech，1999e）、克里斯蒂娜河（Tetra Tech，2000b）、长岛海湾（HydroQual，1991b）、马萨诸塞湾（HydroQual，1995c）及奥基乔比湖（James et al.，2005）。Di Toro（2001）指出沉积物成岩模型中所用参数非常类似于Cerco和Cole（1994），HydroQual（1991b）以及HydroQual（1995c）研究中所用参数。表5.9.1列出了研究中所用到的主要水质参数。

表 5.9.1　主要水质参数

参数	值
PMc = 蓝藻的最大生长率 (d^{-1})	2.5
KHNc = 蓝藻的半饱和氮 (mg/L)	0.01
KHPc = 蓝藻的半饱和磷 (mg/L)	0.001
BMRc = 蓝藻的基础代谢率 (d^{-1})	0.01
WSc = 蓝藻的沉降速度(m/d)	0.25
WSrp = 难溶颗粒有机物的沉降速度(m/d)	0.8
WSlp =活性颗粒有机物的沉降速度(m/d)	0.8
KRP = 难溶颗粒态有机磷的最小水解率(d^{-1})	0.005
KLP =活性颗粒态有机磷的最小水解率(d^{-1})	0.075
KDP = 溶解有机磷的最小水解率(d^{-1})	0.1
KRN = 难溶有机氮的最小水解率(d^{-1})	0.005
KLN =活性颗粒态有机氮的最小水解率(d^{-1})	0.075
KDN =溶解有机氮的最小水解率(d^{-1})	0.02
Nit_m = 最大硝化率(d^{-1})	0.07

这项研究可采用的水质数据包括：在2000水文年、2001水文年和2002水文年（10月至翌年9月）从25个湖泊站收集到的8个逐月水质变量。所含要素包括：溶解氧、叶绿素a、总磷、溶解态活性磷、总凯氏氮、氨氮、硝氮（NO_2+NO_3）和硅。水质模型还模拟了湖泊中的氯化物以检验模型的质量守恒性。图5.9.3给出了水质测站的位置，值得注意的是25个测站全部位于开阔水域，无一处于沿岸带。沿岸带实测水质数据的缺乏将影响该区域模型的校准。这里不强调沿岸带还因为它更多地代表湿地而不是湖泊生态系统。这些观测数据可以从南佛罗里达水管理部门的DBHYDRO数据库（http://www.sfwmd.gov/org/ema/dbhydro/index.html）获取。此数据库提供依照James等（1995a）的

方法计算的逐月营养物质和颗粒物外部负荷。肯尼迪航天中心（FL99站）的大气沉降数据来源于国家大气计划（http://nadp.sws.uiuc.edu/nadpdata/）。可用的湖区沉积通量数据很有限，不足以用来直接进行模型-数据比较。

奥基乔比湖模型格点

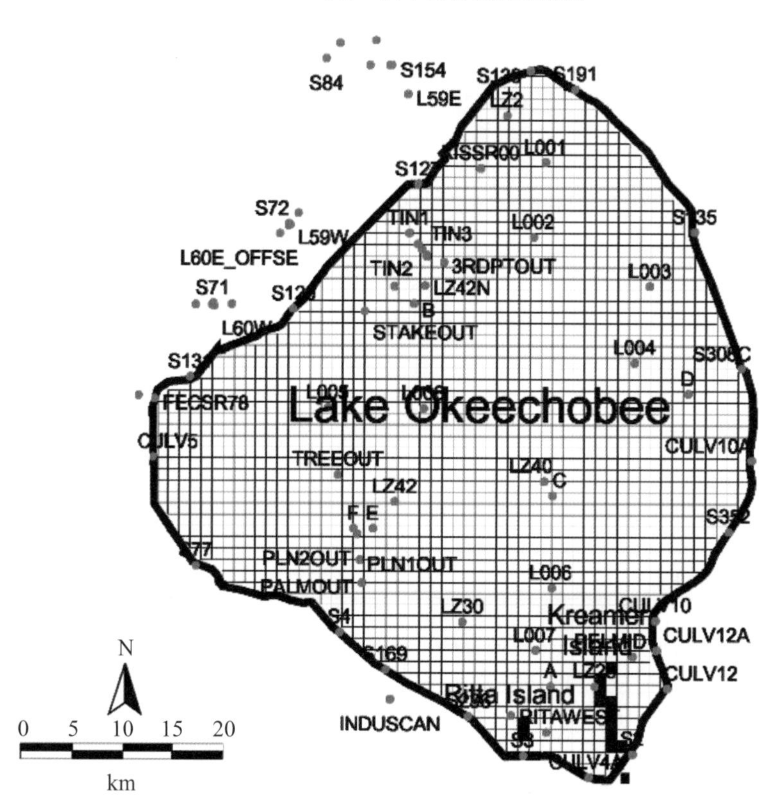

图5.9.3 水质数据站点位置（SFWMD，2002）

5.9.2.3 水质模拟结果

水质模型利用水动力子模型的网格，包含2121个水平网格（图2.4.2）和5个垂直分层。积分时间步为200 s。三维模型结果以日平均的形式保存。在CPU为3GHz的PC机上模拟一年所需时间约为6 h。在本研究中，三个独立的数据集：2000水文年、2001水文年和2002水文年用来校准、验证和确认LOEM模型。模型校准、验证和确认的论述将在7.3节给出。

水质模型采用了2000水文年的数据来进行校准（1999年10月1日至2000年9月30日）。对8个实测水质变量进行了模型结果和观测之间的对比。一些取样站在2000水文年的观测数据很少，不足以用来进行统计分析。只有具有逐月采样频率的观测数据（如总数据量大于12）才用来进行统计分析。以往研究中，水质模拟结果通常以时间和空间平均的形式给出。例如切萨皮克湾模型（Cerco，Cole，1994），比较了月平均及区域平均的模拟结果和观测值。本研究中，水质数据不进行任何时间或空间的平均而直接和模拟结果进行比较。25个测站的所有可用数据都用来进行模型-数据比较。不进行任何额外处理而直接比较是一种更为严格的检验模型表现的方法。详细的校准和验证结果在位于湖泊北部中央区域的L002站给出（图 2.4.2）。其他站点的数据以同样的方式与模型结果进行了比较。

在L002站溶解氧的相对均方根误差为11.95%，总凯氏氮为32.88%（表5.9.2）。相对均方根误差（RRE）定义为均方根误差与观测到的变化之比，通常用于水动力和水质模拟（如Blumberg 等，1999；Jin，Ji，2004，2005）。在溶解氧误差计算中，传统上用平均溶解氧代替溶解氧变化来计算相对误差（如Martin，McCutcheon，1999；USEPA，1990），本研究也遵循这一方法。氨氮和硅的观测数据不足以用来进行统计分析。在校准时段，评估的L002站6个参数的平均相对均方根误差为22.6%。衡量模型结果相对误差的另外一种方式是相对绝对误差（RAE），即用绝对误差除以观测平均。这里还给出了绝对误差和相对绝对误差（RAE），结果显示模型通常有类似的相对均方根误差和相对绝对误差，尽管平均相对绝对误差略高于平均相对均方根误差。

表5.9.2　L002站点观测和模拟水质数据的误差分析（1999年10月1日至2000年9月30日）

变量	观测数	平均观测值(mg/L)	平均模拟值(mg/L)	均方根误差(mg/L)	绝对均方根误差(mg/L)	观测到的变化(mg/L)	相对均方根误差(%)	相对绝对均方根误差(%)
溶解氧	13	8.474	8.159	1.013	0.732	1.630	11.95	8.64
叶绿素(μg/L)	15	28.193	18.275	18.636	12.836	76.800	24.27	45.52
总磷	15	0.130	0.130	0.033	0.025	0.205	16.16	19.50
溶解态活性磷	14	0.035	0.043	0.016	0.012	0.065	24.57	35.10
总凯氏氮	15	1.343	1.371	0.369	0.295	1.122	32.88	21.97
硝酸根	14	0.271	0.276	0.160	0.106	0.596	26.83	39.07
氯	14	52.960	53.250	3.483	2.936	16.240	21.45	8.64
平均值							22.60	25.1

表5.9.3给出了各站每水文年的相对均方根误差。举一个例子，由表5.9.2可见2000水文年L002站的平均相对均方根误差为22.6%。奥基乔比湖25个测站的平均相对均方根误差，从湖泊南部中心区L008站较低的22.5%到东南部PELMID的36.1%（图5.9.3，表5.9.3）。位于湖中心附近站点的相对均方根误差一般较小。校准期间总的平均相对均方根误差为27.8%，这表明模型能合理地模拟湖泊中水质变化。

表5.9.4给出了观测和模拟水质变量的平均值。例如2000水文年观测到的平均溶解氧浓度为8.357 mg/L，这是1999年10月1日到2000年9月30日，25个站点的平均溶解氧，这包括了大约25（站点数）× 14（2000水文年各站观测数）个溶解氧观测值。相应的模拟溶解氧平均值8.328 mg/L，是由同观测一致的位置和时间段的数据计算得到的。显然模型能很好地模拟出观测平均值。

表5.9.3　2000—2002水文年，站点平均相对均方根误差（RRE）一览

	相对均方根误差（%）		
站名	2000水文年	2001水文年	2002水文年
3RDPTOUT	29.2		38.6
L001	26.5	32.5	27.6
L002	22.6	33.1	33.6
L003	24.1	28.5	31
L004	23.9	32.2	33
L005	24.5	34	34.8
L006	28.6	33.8	39.8
L007	26.2		48.3
L008	22.5	31.7	26.4
LZ2			31.9
LZ30	32.4	32.9	45.6
LZ40	25	36.3	32.6
LZ42	28.6	35.1	37.3
LZ42N	27.5		28.2
PALMOUT	31.1		32.7
PELMID	36.1		36.6
PLN2OUT	28.3		44.6
POLE3S	35.8		35.5
POLESOUT	28.3		28.8
RITAEAST	28.2		
RITAWEST	28.7		33.2
STAKEOUT	24.4		29.9
TREEOUT	28.9		32
平均值	27.78	33.01	34.55

在站点L002［图5.9.4（a）和图5.9.4（b）］，由于大部分模型结果与观测数据一致，观测数据（圆圈）和模型模拟（实线）的时间序列图显示出很好的吻合度，观测数据取自水体表面以下1m处。由于奥基乔比湖水体的溶解氧廓线很少表现出低氧和缺氧特征，因而通常被认为是溶解氧充分混合的。模型在时间和振幅上再现了春季暴发的显著特征［图5.9.4中的（a2）］，但低估了2000年9月份的藻类浓度。

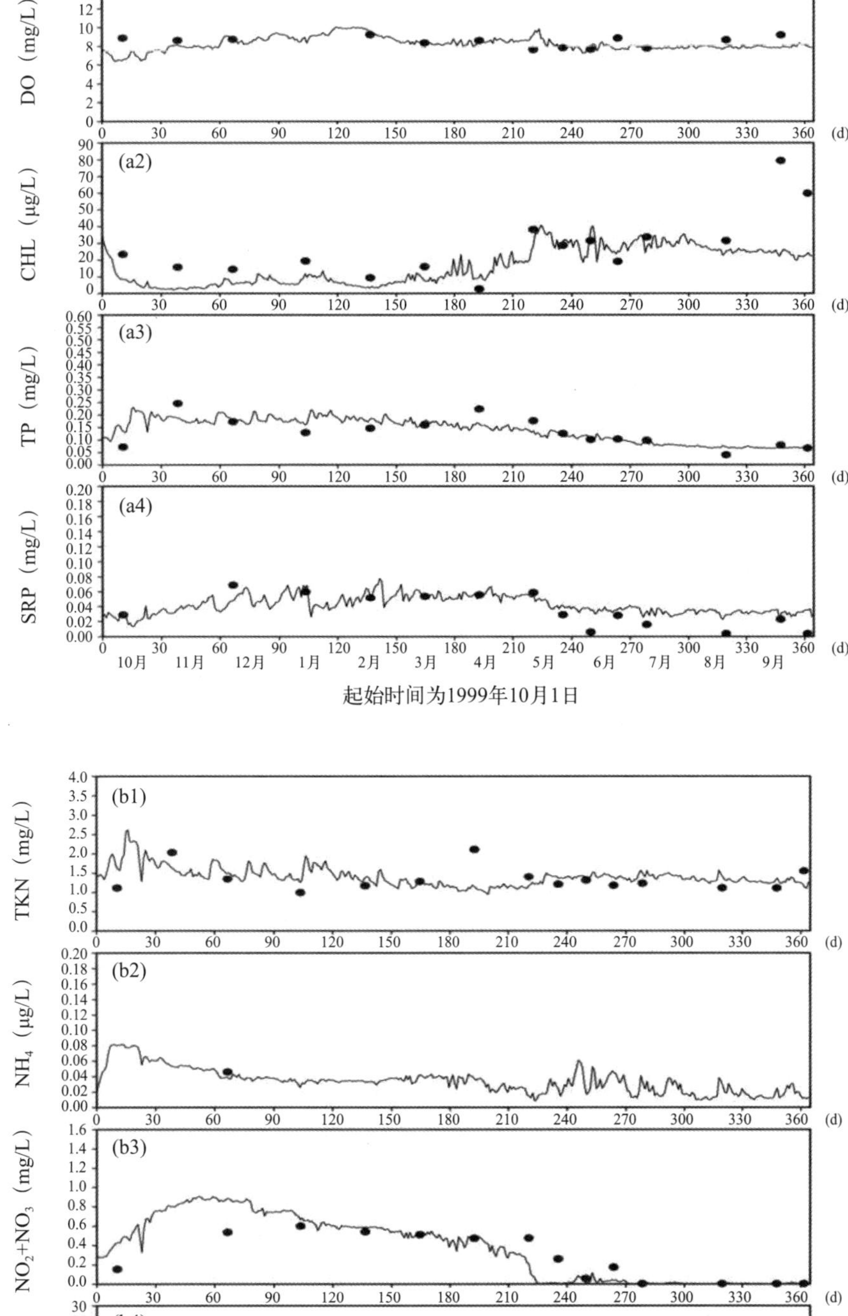

图5.9.4　（a）1999年10月1日至2000年9月30日之间L002站的水质变量时间序列；（b）1999年10月1日至2000年9月30日之间L002站的水质变量时间序列

实心圆为观测值，实线为模拟结果

湖中共有25个站点，类似的高藻类浓度存在于L002站及其西北部2个以上的站点，如在湖西北角（基西米河入流区及其邻近沿岸带）。这些高藻类浓度仅在2000年秋季发生且只出现在这一小区域。以往的研究工作（图2.4.8和表2.4.3）指出LOEM模型能很好地模拟出水温。小的水温模拟误差不太可能引起如此大的藻类模拟误差。高藻类浓度可能和来自基西米河的入流区及其邻近沿岸带活动有关，沿岸带大部分为挺水植物所覆盖。

LOEM 模型没有专门用来描述沿岸带挺水植物的子模型。尽管沿岸带包含相对孤立的区域，并大部分被密集的挺水植物分割开来，沿岸带仍能对附近区域的水质产生影响。此外，全部25个水质站点分布在开阔水域，没有一个位于沿岸带，因此沿岸带的模拟误差可能影响沿岸带邻近区域的模拟结果。模型对靠近湖泊中心而远离沿岸带的区域的模拟较少受沿岸带误差的影响。这部分解释了为什么靠近湖泊中心站点的相对均方根误差比较小。我们希望对沿岸带挺水植物更加真实的描述能提高LOEM的结果。

对于营养物质，计算结果和观测数据比较一致，模型再现了春季藻华暴发时营养物质显著的下降。模型还重现了相应的硝氮（NO_x）消耗［图5.9.4中（b3）］。藻类生长导致总磷和溶解态活性磷减少。在藻类生长季节，由于藻类吸收的增加，总磷和溶解态活性磷浓度相对较低。在此期间，小的风速导致沉积再悬浮的减少，这对总磷和溶解态活性磷减少有利。在夏季月份，硝氮和氨氮显著减少，氮成为藻类生长的限制营养物质［图5.9.4（b）］。图5.9.4中的（b4）说明硅浓度有大幅度的扰动（James et al.，2005）。

表5.9.4　2000—2002水文年观测和模拟水质变量的平均值

变量	2000水文年		2001水文年		2002水文年	
	观测平均值(mg/L)	模拟平均值(mg/L)	观测平均值(mg/L)	模拟平均值(mg/L)	观测平均值(mg/L)	模拟平均值(mg/L)
溶解氧	8.357	8.328	8.061	7.960	8.242	8.379
叶绿素（μg/L）	21.371	20.556	21.243	19.379	30.058	27.486
总磷	0.099	0.119	0.117	0.081	0.093	0.123
溶解态活性磷	0.038	0.043	0.025	0.026	0.029	0.024
总凯氏氮	1.338	1.344	1.538	1.487	1.447	1.572
硝氮	0.265	0.268	0.117	0.066	0.083	0.028
氯	54.412	52.958	78.135	76.486	72.282	72.443

图5.9.5给出了模拟的2000年6月22日的叶绿素a浓度和流场。左上角的小箭头表示当天的风速和风向。叶绿素a代表的浮游植物生物量呈现显著的空间变化。在开阔水域，典型的叶绿素a浓度处于15～35 μg/L范围内，这和观测数据一致。

用2001水文年的观测数据对LOEM水质模型进行了验证。模型验证的目的是测试不同环境条件下校准模型的表现。在2000年10月1日至2001年9月30日期间，出现了干旱情景。湖面在2001年6月下降到一个低记录值。由于干旱，在2001年一些测站只有部分观测数据，不足以用来进行统计分析。平均相对均方根误差为33.01%（表5.9.3）。总的来说模型结果和实测数据是一致的（表5.9.4，图5.9.6）。用2002水文年（2000年10月1日至2002年9月30日）的数据（表5.9.3）对经校准和验证的LOEM模型进行了进一步的确认。模型结果总体上和观测数据一致（表5.9.4），平均相对均方根误差为34.55%。

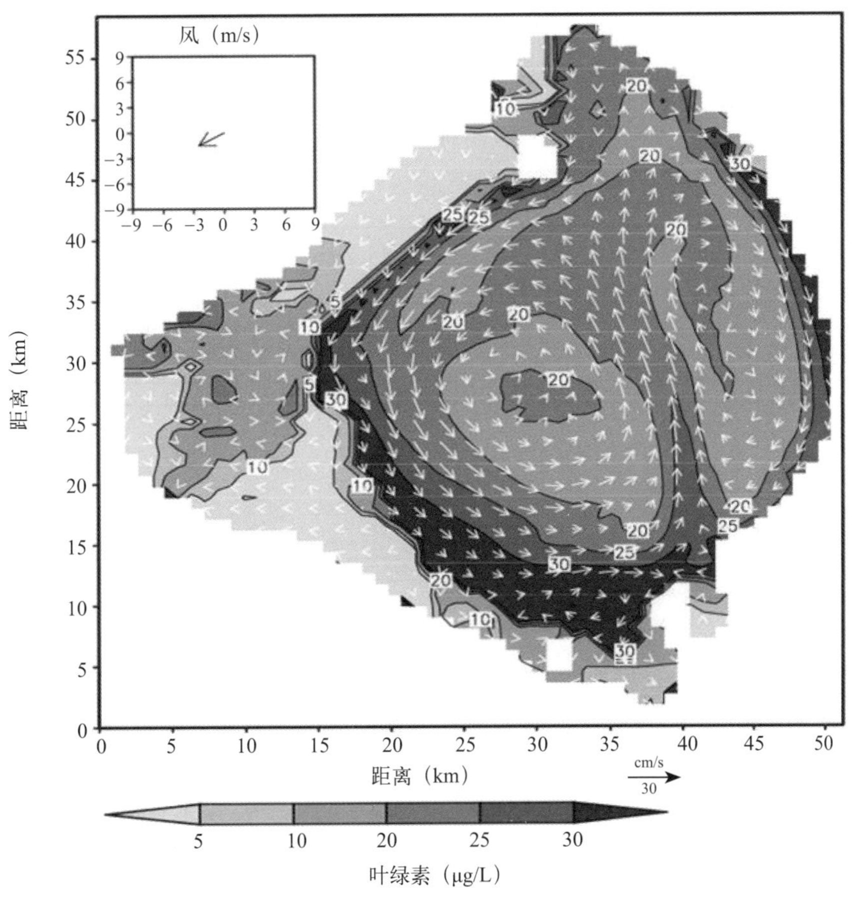

图5.9.5　模拟的表面叶绿素a浓度及流场（2000年6月2日）

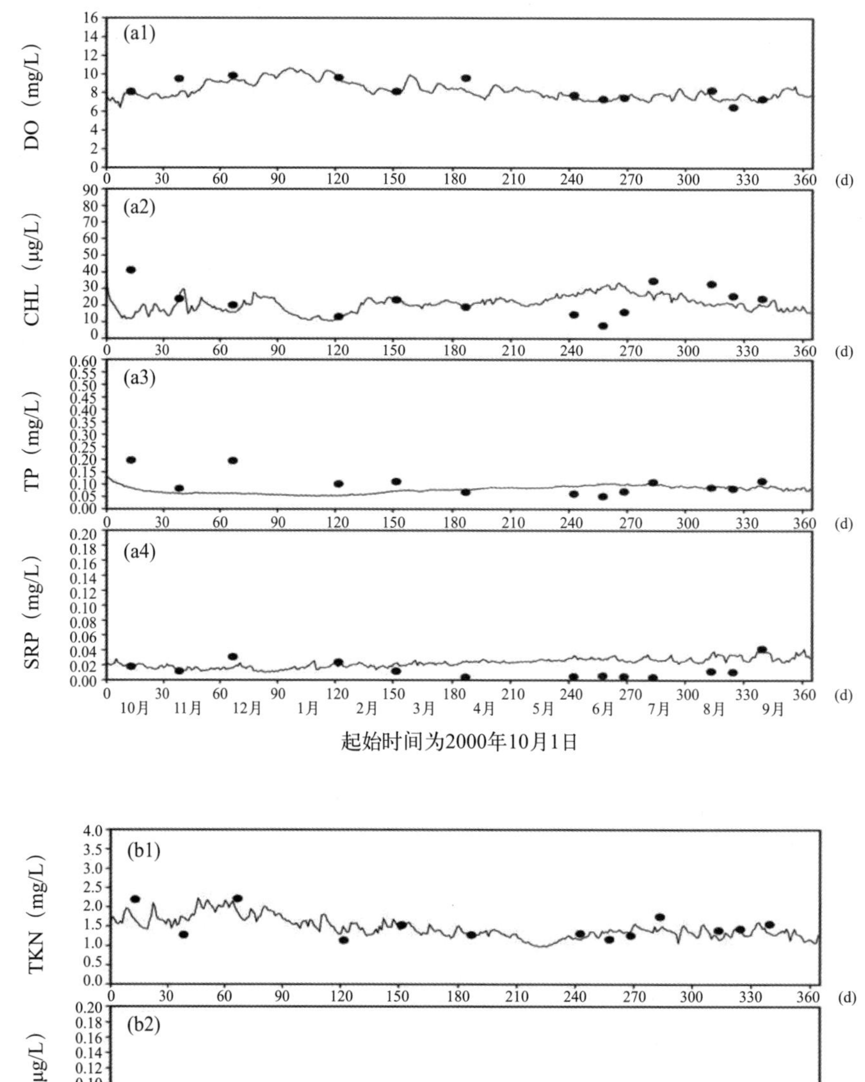

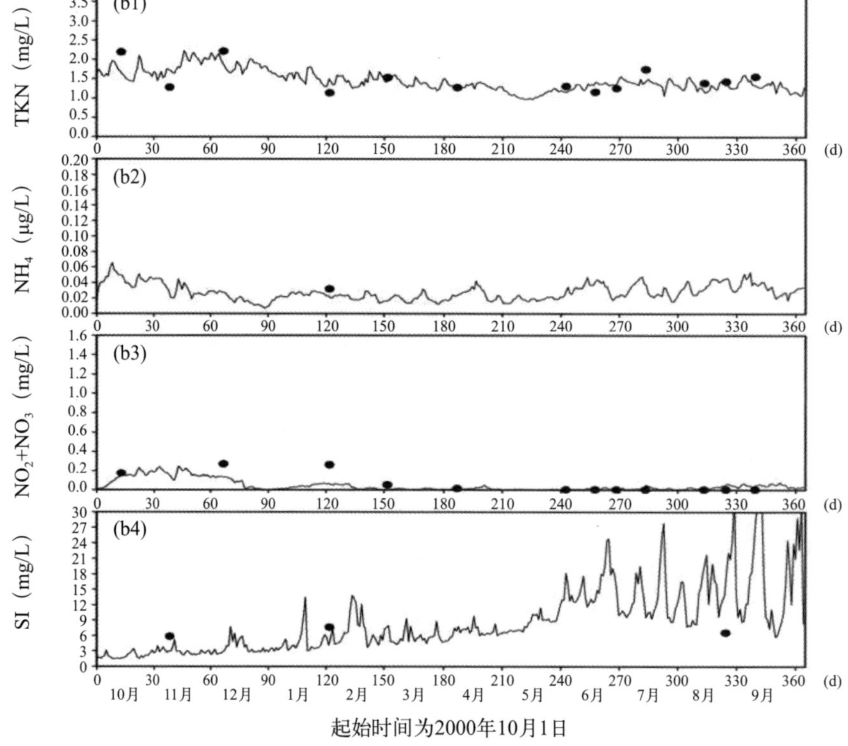

图5.9.6 （a）2000年10月1日至2001年9月30日之间L002站的水质变量时间序列；（b）2000年10月1日至2001年9月30日之间L002站的水质变量时间序列
实心圆为观测值，实线为模拟结果

5.9.2.4　沉水植物模拟结果

在沿岸带和开阔深水区之间，SAV是湖泊近岸浅水域的关键组成部分（图2.4.2）。SAV在固定沉积物、维护去除水中可用营养物质的附着藻类及为鱼类、涉水鸟类和其他野生生物提供栖息地等方面起关键作用（Havens et al.，2005）。以两个不同的空间和时间尺度对湖泊中的SAV群落进行监测。按季度对16个固定位置（图5.9.7）的沿岸断面的生物量进行评估。从岸线朝湖心的方向直到到达没有植物的站点（Havens et al.，2005），沿每个断面对植物进行取样。当SAV生物量的密度干重超过5 g/m^{2}时，认为该取样区域覆盖了SAV。整个SAV群落，每年以1000 m ×1000 m的分辨率进行一次绘图（Havens et al.，2005）。收集这些SAV数据是一个巨大的耗时耗力的工作，幸运的是这些数据可以为本研究所用。2000年8—9月的调查表明湖泊中有43 845 acre的SAV（图5.9.8）。

图5.9.7　奥基乔比湖取样断面位置

奥基乔比湖的地图给出了用于定量评估每季沉水水生植物生物量、分类结构和水体透明度的16个断面的位置。从岸线开始，沿每个站点的断面取样，直到没有植物的地方为止（SFWMD，2002）。

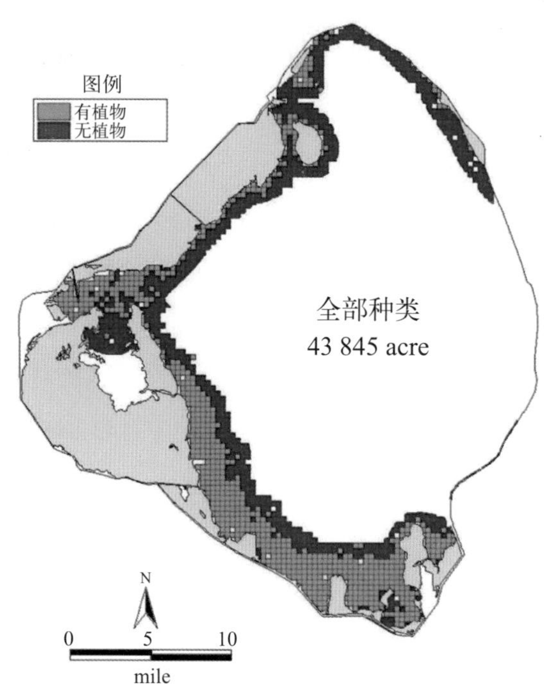

图5.9.8 奥基乔比湖2000年8月和9月SAV的主要调查结果

图5.9.9给出了2000年、2001年和2002年P站点（图2.4.2）模拟的水位（EL），观测的SAV覆盖率和SAV面积。SAV分布图是SAV断面调查（图5.9.7）的成果总结，给出了有SAV的调查区所占百分比。例如SAV分布图表明在1999年10月约20%的断面区域有SAV。尽管SAV分布图不测量总SAV面积，但显示了湖泊中SAV良好的生长趋势和覆盖率。

低水位为SAV生长提供更多的可用光，有利于SAV生长范围的扩大，高水位则限制SAV生长。统计分析表明湖泊中SAV范围与水深密切相关。当SAV图中的SAV时间序列落后于水位图中水位79d时，两者间有−0.72的相关系数。当没有时间滞后时，两者的相关系数减少为−0.35。在2000年初，湖泊水位很高，SAV面积很小（图5.9.9）。2002年也有类似的负相关趋势。在2001年，极低水位导致湖床大范围裸露，这解释了为什么在2001年前半年两者间没有强的负相关。

图5.9.9（c）给出了模拟的SAV面积（单位为1000 acre，虚线）和观测的以g/m^{2}计的SAV生物密度（实线）。三个点给出了2000年、2001年和2002年夏季测量的SAV面积。SAV模型很好地模拟出季节和年变化。模拟和实测一致表明在低水位时，奥基乔比湖SAV面积增加（Havens et al.，2005；Havens et al.，2004a；James，Havens，2005）。

模型预测的2002年9月SAV空间分布类似于2002年8—9月SAV的观测图（图5.9.8和图5.9.10）。对模型结果的进一步分析还表明湖中SAV的分布主要反映了光衰减的分布。总之，SAV模型能够很好地反映湖中SAV的空间和时间变化。

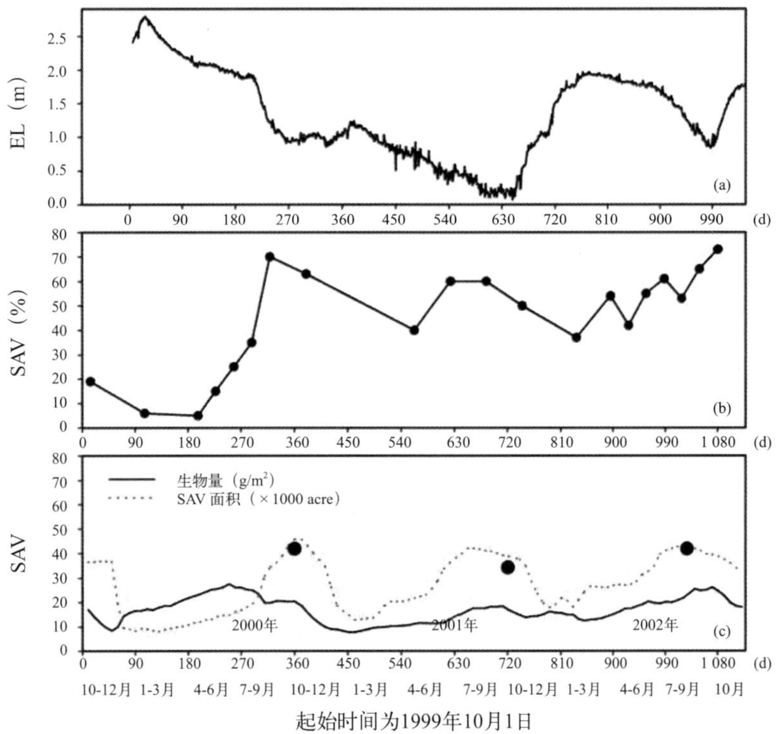

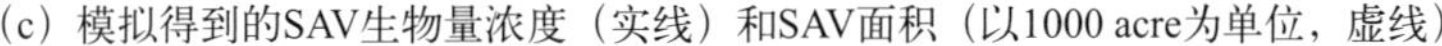

图5.9.9　1999年10月1日至2002年9月30日之间的水深及SAV浓度

（a）在站点PALMOUT附近的近岸区域的模拟水深；（b）观测得到的SAV面积；（c）模拟得到的SAV生物量浓度（实线）和SAV面积（以1000 acre为单位，虚线）

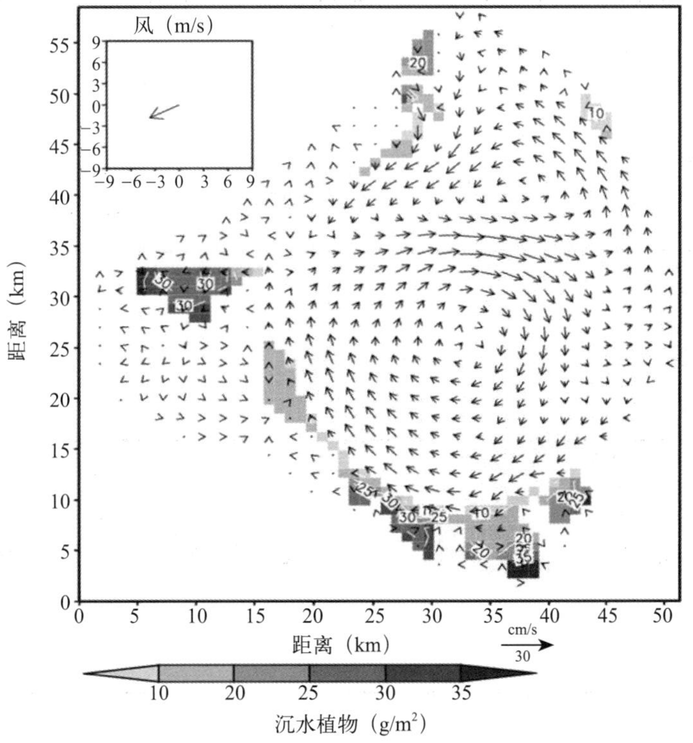

图5.9.10　模拟的SAV面积（2000年9月19日）

5.9.2.5 Irene飓风的影响

20世纪，佛罗里达半岛平均每年有一个热带风暴登陆，每2～3年有一次飓风（风速＞120 km/h）登陆，每5～6年遭遇一次特大飓风（风速＞180 km/h）（Jin，Ji，2005）。奥基乔比湖所在位置受飓风影响概率很高。

强热带风暴（飓风或气旋）对湖泊的水动力环境、沉积物迁移和水质变化有重要影响。由于飓风发生的时间和路径很难预测，其影响通常也没有很好记录。此外，飓风发生前后大量相关数据的缺失、野外仪器的损坏以及观测者的风险都使得制订数据观测的计划变得困难，而LOEM模型正好可以成为调查飓风影响的替代工具。

一级飓风Irena在1999年10月中旬经过奥基乔比湖。为研究Irena飓风对湖泊水质的影响，LOME模式模拟了假设1999年10月没发生飓风的情况，模式中用1989年10月15—17日的风速代替1999年10月15—17日的风速，该时间段风速为每秒几米。

图5.9.11给出了在发生飓风（实线）和未发生飓风（虚线）不同情况下LZ40（图2.4.2）沉积物含量的模拟数据，如图5.9.11所示：在10月16号前后，Irena飓风使湖泊底部大量沉积物发生再悬浮，水体中沉积物含量达到450 mg/L，高浓度状态持续了60多天。图5.9.12给出了LZ40站位在发生飓风（实线）和未发生飓风（虚线）情况下模拟的TP含量，如图5.9.12所示：在10月16日前后，再悬浮沉积物携带大量颗粒态磷从湖底进入水体，TP含量最高升至0.28 mg/L，TP高浓度状态也持续了60多天。

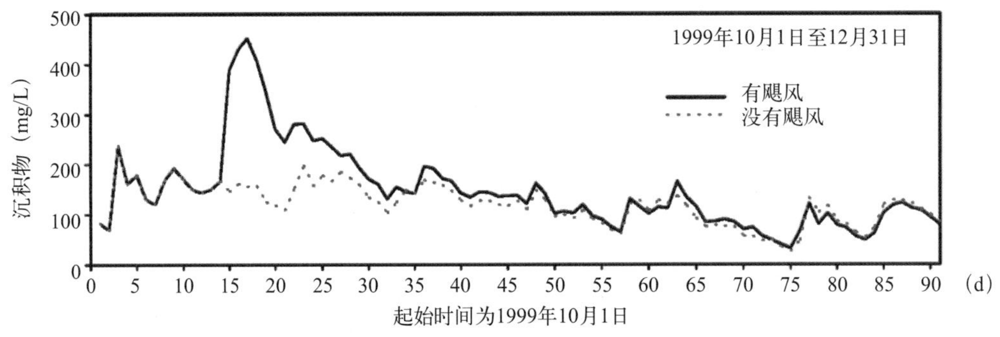

图5.9.11 Irena飓风影响下模拟的沉积物含量（实线代表飓风影响；虚线代表未受飓风影响）

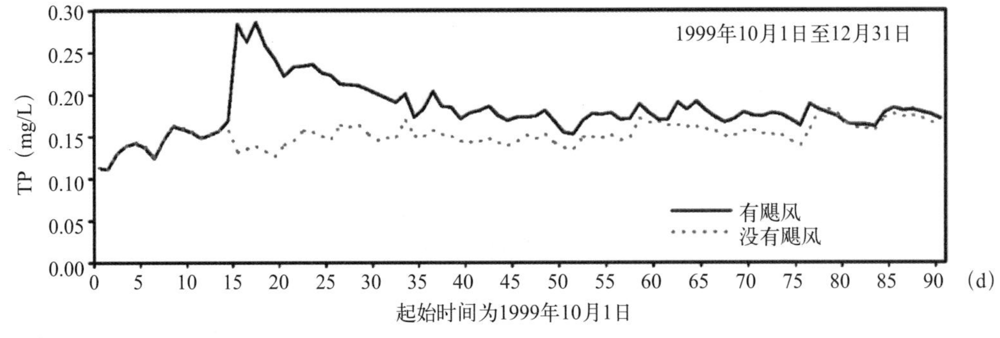

图5.9.12 Irena飓风影响下模拟的总磷浓度（实线代表飓风影响；虚线代表未受飓风影响）

图5.9.13给出了LZ40站位在发生飓风（实线）和未发生飓风（虚线）情况下模拟的SRP浓度。SRP在LOEM模型中用式（5.4.9）计算的PO_4d表示。SRP浓度在飓风发生后显著降低。SRP下降的主要原因是水体中悬浮沉积物浓度太高。如式（5.4.9）所示，TSS浓度的升高会使SRP浓度降低。

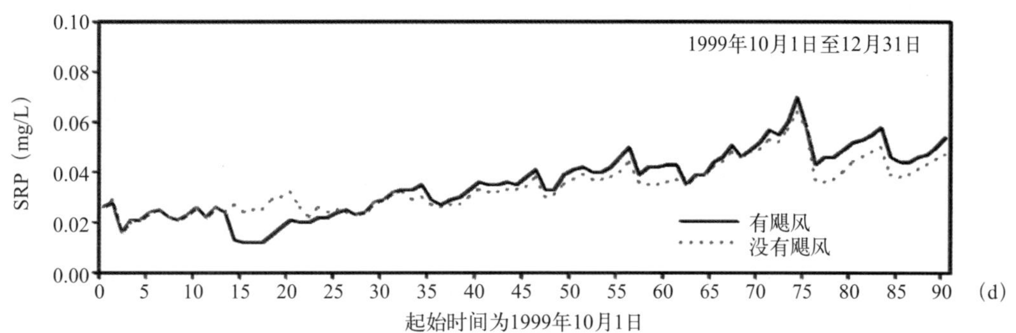

图5.9.13　Irena飓风影响下模拟的SRP浓度（实线代表飓风影响；虚线代表未受飓风影响）

这里要说明一下，图5.9.11至图5.9.13所示模拟结果的沉积物模型不包括沉积物床固结机制，该过程会影响沉积床对飓风强迫的响应。

5.9.2.6　沉水植物对营养物质浓度的影响

为了分析奥基乔比湖SAV对湖泊水质的影响，通过将LOEM模型的SAV子模型关闭，测试了没有SAV情况下的水质状况，该实验命名为“关闭SAV模块”，2000年，在打开SAV子模式情况下运行校验模型并与之前的实验进行了比较，该实验命名为“打开SAV模块”。

SAV可以显著有效地影响湖泊营养物质含量，尤其在SAV生物量较大并且与开阔水域交换有限的区域。在SAV生长季节，营养物质被SAV大量消耗，进而减少了水体中藻类生长所需的营养物质。表5.9.5给出了在SAV水域或附近水域（图5.9.8）6个站位（图5.9.3）模拟的叶绿素浓度。结果表明，在所有的6个站位中，模型中打开SAV模块均降低了水体中叶绿素浓度。SAV的生长消耗了SRP并降低了SRP的浓度。例如在TREEOUT站，叶绿素观测值的平均浓度为21.89 μg/L，模型模拟的平均浓度为23.34 μg/L，相对均方根误差为38.33%。在没有SAV的模型中，模型模拟的叶绿素浓度均值上升至24.69 μg/L，相对均方根误差升至41.03%。从表5.9.5中的平均值可知，在LOEM模式中包括SAV的情况下，叶绿素浓度降低了1.25 μg/L，且模型的相对均方根误差降低了3.68%。

在SAV对湖泊水体水质影响的研究中，需注意以下几点。

（1）水流携带营养物质从其他水域进入SAV水域，降低了SAV生长对湖泊中营养物质浓度的影响。

（2）与其他湖泊相比，奥基乔比湖SAV密度较低（Havens，2003），平均只有约20 g/m^2，该现象也降低了SAV对湖泊营养物质浓度的影响。

（3）SAV面积只有湖面积的百分之几，因而对该湖水质的影响较小。

（4）SAV的生长消耗营养物质。这些营养物质部分被埋藏于湖底，并被认为永远从湖泊系统中清除。但是被SAV消耗的大部分营养物质通过有氧作用和厌氧消耗最终释放返回水体。这样的话，SAV只是在其生长过程中再循环了大部分所消耗的营养物质。

表 5.9.5　2000年有无SAV影响下模型模拟的叶绿素a浓度

站位	观测平均值 (μg/L)	打开SAV模块		关闭SAV模块	
		模拟平均值 (μg/L)	相对均方根误差 (%)	模拟平均值 (μg/L)	相对均方根误差 (%)
PELMID	14.70	24.83	62.82	25.91	67.83
POLE3S	12.85	25.70	60.88	26.59	64.96
RITAWEST	23.77	24.47	25.15	25.17	26.46
RITAEAST	19.74	27.10	33.61	29.38	41.02
TREEOUT	21.89	23.34	38.33	24.69	41.03
PALMOUT	19.79	23.14	43.77	24.31	45.33
平均	18.79	24.76	44.09	26.01	47.77

5.9.2.7　讨论和总结

本研究提供了一个佛罗里达州奥基乔比湖的三维水动力、泥沙、水质和SAV模型。在经过很好校准和验证的水动力和泥沙模型基础上，LOEM模型得到了进一步加强（Jin，Ji，2001，2004，2005；Ji，Jin，2006；Jin et al.，2000，2002），这对于水质模型和SAV模型很重要。利用3年的观测数据，校准、验证和确认了LOEM水质和SAV模型。不需要借助于大量的特定站点参数调节，模型就能够再现湖泊的关键水质特征。这使该模型能够较好地模拟出湖中藻类、营养物质和溶解氧的内部相互关系。

本案例研究的主要成果包括：

（1）基于EFDC模型，LOEM扩展包含了水质子模型来模拟湖泊中的富营养化过程。模型合理地模拟了湖泊中藻类、溶解氧和营养物质过程。

（2）LOEM模型增加了一个SAV子模型来表示湖泊中的SAV过程。用湖泊中观测到的SAV数据对SAV模型进行了校准。收集SAV数据是一个庞大的耗时耗力的工作。幸运的是本研究可以利用这些数据。SAV模型能够很好地描绘出湖中SAV的时空变化。到目前为止，几乎没有发表过模型–数据比较如此详细的湖泊SAV模拟研究。

本研究中的重要因素包括：

（1）LOEM是在EFDC模型（Hamrick，1992；Park et al.，1995）框架下发展起来的。EFDC模型中的物理过程和数值方案已经过100多项应用的检验和改进，这有利于LOEM的发展和应用。

（2）有足够的观测水质和SAV数据来进行模型–数据比较。

（3）奥基乔比湖浅且主要受风驱动。用于驱动LOEM的气象数据直接在湖上测得并能提供真实的强迫条件。湖在开阔水域具有相对均匀的水深，局地水深不规则程度很小，这使得LOEM能较好地代表水动力过程。

（4）近些年对湖泊开展了大量的研究工作（Jin，Ji，2001，2004，2005；Ji，Jin，2006；Jin et al.，2000，2002），这些研究详细揭示了该湖的特征，这对于本模拟工作非常重要。

然而，没有足够的沉积成岩作用通量数据来进行模型–数据比较。水柱和沉积床之间的内部净通量是由于：①颗粒态营养物质沉淀；②水柱和沉积床之间的扩散；③沉积固体再悬浮和沉淀。这一内部净通量是三个分量的残差并远小于每一分量。观测数据不足通常是水质模拟的一个挑战。对这些复杂的内部交换需要进行进一步的诊断和分析。

5.9.3　案例研究Ⅱ：圣露西河口和印第安河潟湖

作为案例研究，2.4.3节已经讨论了圣露西河口和印第安河潟湖（SLE/IRL）的水动力模拟。本节描述SLE/IRL水质模型（Wan et al.，2012）的设置、校准和验证。SLE/IRL模型的应用将作为另外一个研究案例在10.5.3节进行介绍。

5.9.3.1　介绍

河口富营养化过程的数值模拟是一项复杂、计算量相当大的工作，因为其包含大量随时间变化的化学、生物、生物化学过程。我们对于河口水动力和水质的认知多数来源于大的河口系统的研究，如切萨皮克湾（例如，Cerco，Cole，1994；Cerco，Noel，2013b；Shen et al.，2013）和圣弗朗西斯科湾（例如，Cheng et al.，1993）。对小而浅的河口开展水动力和富营养化的研究相对较少。Park等（2005）将一个三维水动力和水质模型应用于韩国光阳湾。Pastres和Ciavatta（2005）研究了一个三维水质模型的参数和强迫函数的不确定性，描述了威尼斯潟湖溶解态氮和磷以及浮游植物和浮游动物群落的季节变化。Lopes等（2009）模拟了葡萄牙阿威罗近岸水域水温和浮游植物的分布，并证实物理过程在浮游植物群落的形成和过量繁殖过程中发挥了关键作用。

圣露西河口（SLE）是一个位于南佛罗里达东海岸的亚热带河口（图5.9.14），并最终汇入印第安河潟湖（IRL）南端，该区域经圣露西入口与大西洋相通。SLE/IRL系统是北美生物多样性最为丰富的生态系统之一（Swain et al.，1995）。SLE总面积约29 km^2，除人工挖掘的航道外，整个河口区域水深较浅，平均水深约2.4m。河口的大多数淡水输入来源于两条天然的支流（北分支和南分支）和三条人工运河（C-23，C-24和C-44）。复杂的水深分布且拥有人工航道和多重入口，构成了独特的河口–潟湖系统。该区域地表入流和潮汐作用对于河口的循环均有显著影响。由于与外海的连接受限，SLE潮差相对较小，因此河口水动力主要受风和入流淡水影响。SLE盐度和营养物质微妙的平衡对于维持该区域水体生物群落的健康具有关键作用（Doering，1996；Haunert，Starzman，1985）。

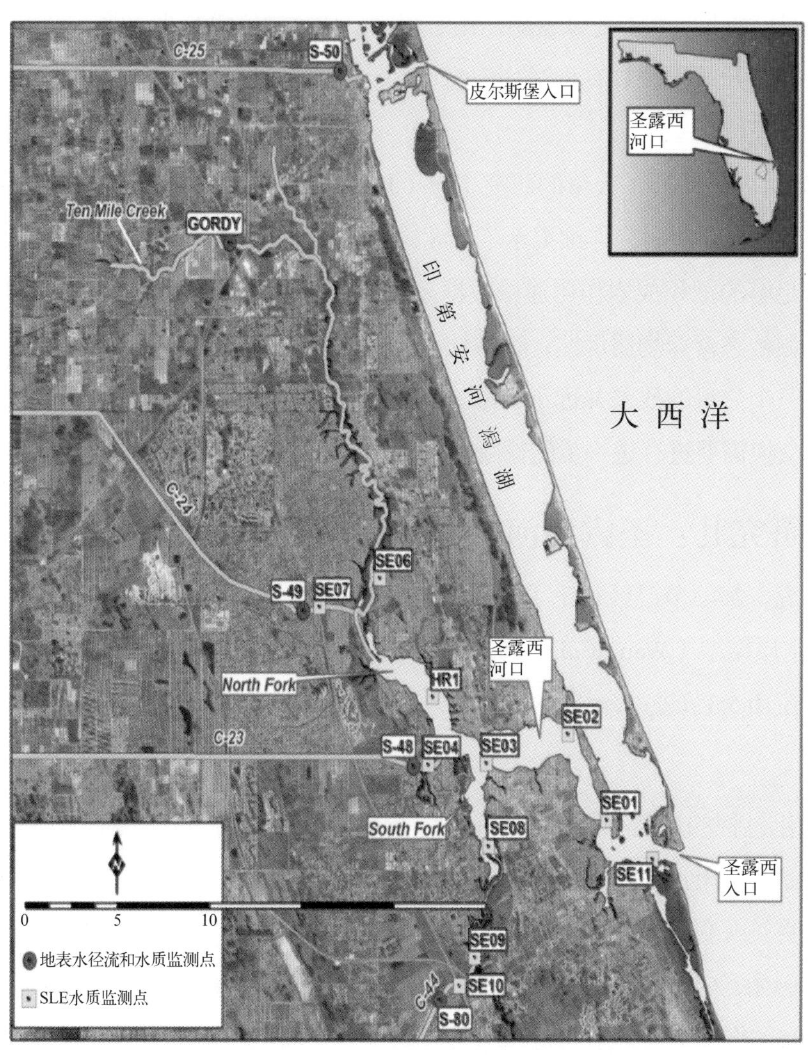

图5.9.14 水质监测站位以及圣露西河口和印第安河潟湖南部

近100多年以来，由于土地使用、排水系统和雨水水质等因素的显著变化，SLE/IRL系统遭受了淡水排放形式改变和水质降低的影响（Grave et al.，2004；Wan et al.，2006）。奥基乔比湖的排水以及流域过量的雨水流入河口，使河口区域这一独特的生态系统受到压力。河口区域曾经生长繁盛的海草和牡蛎现在几乎绝迹（Haunert，Startzman，1980，1985）。如今SLE是一个以浮游植物为主的生态系统，水体叶绿素a浓度较高（观测值最高超过了50 μg/L）且底部水体缺氧（Chamberlain，Hyward，1996；Doering，1996）。佛罗里达州环保局（FDEP）的一项水质评估报告指出：与河口区域水质变差有关的主要参数是溶解氧和营养物质（FDEP，2004）。

为解决这个问题，SFWMD和USACE提出了一项10亿美元预算的综合恢复计划，用于在流域修建水库和湿地（称之为雨水处理区），给枯竭的湿地补充水量和清除河口淤泥沉积物（USACE，SFWMD，2004）。同时，FDEP用河口中部的总磷和总氮浓度为河口制定了最大日负荷总量（TMDL），根据水质目标分配负荷（FDEP，2008）。佛罗里达州议会还委托SFWMD协同FDEP

和佛罗里达州农业与消费者服务局制订并实施了一项流域保护计划，用于降低进入SLE的营养物负荷（SFWMD，2009）。

一个具有模拟河口水动力、再悬浮沉积物传输和富营养化过程的三维水动力和水质模型对于协助上述计划具有重要作用。SLE/IRL水动力模式的校验使用的是1999年和2000年的实测数据，在文献中有详细的讨论（Ji et al.，2007），在本书2.4.3节也有提及。本研究的目的是基于同期（1999年和2000年）测量的水质参数来校验SLE/IRL水质模型，并探讨河口水域一些关键的水质过程（Wan et al.，2012）。

5.9.3.2　模型设置

SLE/IRL模型是在EFDC的基础上发展起来的（Hamrick，1992）。EFDC是一个用途广泛的三维模型，可用于模拟河流、湖泊、河口、水库、湿地和近岸区域的水流、物质传输和生物化学过程。EFDC模式已经在100多项建模研究中被论证并使用（例如：Ji等，2001，2002；Jin等，2007；Shen等，1999；Negusse，Bowen，2010）。EFDC模式的原理和应用在本书中已有详细介绍。

SLE/IRL区域用一组离散网格来表示，为了更好地模拟复杂的地形，网格使用了曲线坐标。水质模型和SLE/IRL水动力模型有同样的网格，水平1161个格点，垂向分为3层（图2.4.14）。SLE/IRL水质模型的时间步长为2 min。水质模型在水体中有22个状态变量（Park et al.，1995）。

研究区域获取的每小时风场和太阳辐射数据用于温度和富营养化模拟的气象强迫。观测的位于Gordy、S-80、S-48、S-49和S-50的每日淡水流量作为上游淡水排入的边界条件（图2.4.14）。模式三个开边界分别为：圣露西入口、皮尔斯堡入口和维罗海滩。强迫参数包括潮汐、盐度、温度和水质变量。将圣露西入口处水质变量浓度的月平均观测值作为开边界条件。模型的敏感性试验显示相比于开边界，河口区域水质对上游的营养物质负荷更为敏感（AEE，2004a）。由于缺乏实测的颗粒态和溶解态的氮和磷，将总有机氮和磷拆分为难溶、易溶和溶解成分。起初是基于切萨皮克湾模型，然后通过模式校验，最后得到的权重系数分别为0.3、0.3和0.4。采用0.05（g/μg）的碳和叶绿素之比来将藻类浓度转换为碳。由于硅藻叶绿素占总叶绿素的90%以上，而微浮游生物蓝藻只占了不到6%（Millie et al.，2004），因此，所有的藻类被归为了一类。

准确的量化营养物质负荷是发展水质模型所需的重要工作。SLE的营养物质来源主要有：主水渠、侧向入流、大气沉降和内循环。上游负荷穿过三个主要的水渠和北分支（图5.9.14中的C-24、C-23、C-44及Gordy）贡献65%～75%的总营养物质负荷（Wan et al.，2003）。这4个站有逐日的淡水入流和月平均的营养物质数据可用。在湿季，大量没有被监测的营养物质进入SLE（图5.9.14）。逐日总氮和总磷的非点源负荷采用Wan等（2003）开发的流域模型来计算。

沉积成岩模型有27个状态变量（Di Toro，Fitzpatrick，1993），与水质模型耦合用于模拟沉积物-水体界面的营养物质交换。沉积成岩模型利用1999年的营养物质负荷重复运行5年，第5年末的模型结果作为模拟的初始条件。经过5年的反复模拟，沉积床的水质浓度达到了动态平衡。

水质模型共有6组模式参数，第一组参数用于沉积成岩模型中模拟河口底床，其他5组参数包括水体中的藻类、有机碳、磷、氮、化学需氧量和溶解氧。本研究使用的模式参数与Peconic湾（Tetra Tech，1999e）、克里斯蒂娜河（Tetra Tech，2000b）、长岛海峡（HydroQual，1991b）和马萨诸塞湾（HydroQual，1995c）中的研究类似。这些模式参数源自切萨皮克湾水质模型（Cerco，Cole，1994；Park et al.，1995）并被引用于诸多其他研究（HydroQual，1995c；Ji et al.，2004b；Tetra Tech，1999e，2000b）。Di Toro（2001）表明沉积成岩模式中使用的参数与Cerco和Cole（1994）及HydroQual（1991b，1995c）所用参数也是类似的。

在本研究中，模型使用一组典型的参数值作为初始设置。通过一系列敏感性测试来更好地理解模型的运行和潜在误差来源。本研究中使用的大多数水质模型参数都未经调整，少量关键的模型参数在模型校正过程中经过进一步校正。文献中的值用来作为参考，使得校正后的参数位于可接受范围之内。本研究使用的主要水质参数值列于表5.9.6。

表5.9.6　模型中使用的主要水质参数

模型参数	定义	单位	值
PMg	藻类的最大生长速率	d^{-1}	3.6
BMRg	藻类的基础代谢速率	d^{-1}	0.05
PRRg	捕食藻类速率	d^{-1}	0.18
KHNg	藻类的半饱和氮	mg/L	0.01
KHPg	藻类的半饱和磷	mg/L	0.001
WSc	藻类沉降速率	m/d	0.8
WSrp	难溶颗粒有机物沉降速率	m/d	0.8
WSlp	活性颗粒有机物沉降速率	m/d	0.8
KRP	难溶颗粒态有机磷最小水解速率	d^{-1}	0.005
KLP	活性颗粒有机磷最小水解速率	d^{-1}	0.05
KDP	溶解态有机磷最小水解速率	d^{-1}	0.04
KRN	难溶有机氮最小水解速率	d^{-1}	0.005
KLN	活性颗粒有机氮最小水解速率	d^{-1}	0.01
KDN	溶解态有机氮最小水解速率	d^{-1}	0.02
rNitM	最大硝化速率	$g\ N/(m^3 \cdot d)$	0.07

5.9.3.3　水质模型校准和验证

模型校准是指通过在合理、可接受范围内调整模型参数值，使模拟结果和实测数据偏差最小，且结果处于可接受的准确范围内。模型验证是指随后用第二组数据对已校准的模型进行测试，通常在不同的外部条件下，进一步检验模型模拟现实水体的能力。2.4.3节已经讨论了SLE/IRL水动力模型的校准和验证，本节将主要讨论SLE/IRL水质模型的校准和验证。

实测的水质数据表明，SLE/IRL的浮游植物和营养物质分布具有强的季节变化（如，Doering，

1996）。想要获取其季节变化规律，至少需要1年的实测数据来校准和验证SLE/IRL水质模型。本研究中，1999年的水质数据被用来进行模型校准，2000年的水质数据用来进行模型验证。1999年的年平均淡水入流为36.7 m³/s。相比于1999年，2000年是一个枯水年，年平均入流为16.5 m³/s，只有1999年的45%。这两个十分不同的年份，一湿一枯，提供了模型校准和验证的理想时段。图5.9.15给出了1999年和2000年的总入流量和总磷、正磷酸盐、总氮和氨氮负荷。图5.9.15显示营养物质负荷与河口的淡水入流量是密切相关的。

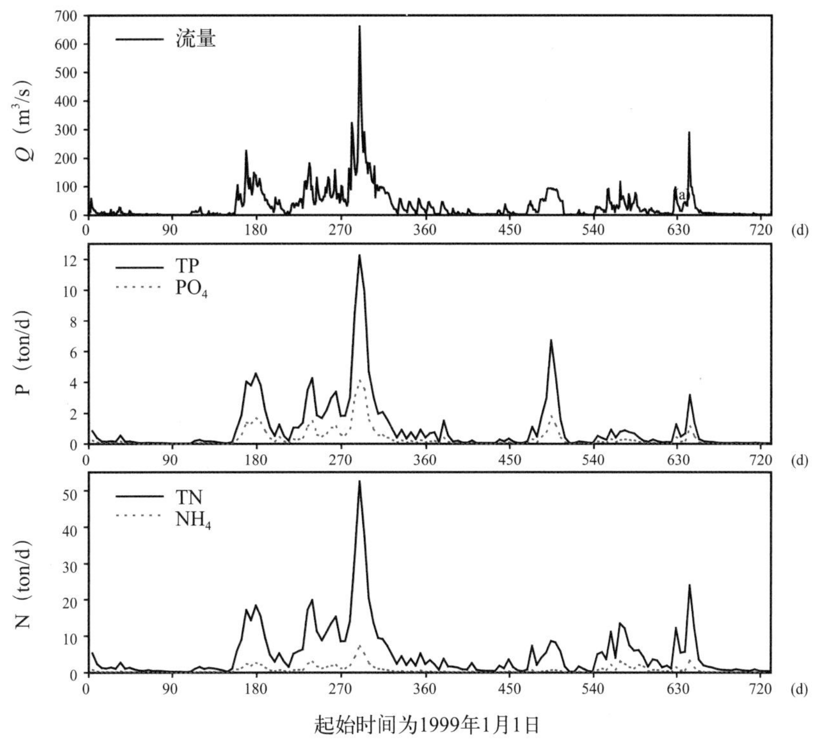

图5.9.15　1999年和2000年总入流量、磷负荷和氮负荷

对6个水质变量的模拟结果和观测值进行了对比：11个站位（图5.9.14）的藻类浓度（叶绿素a）、总磷、正磷酸盐、总凯氏氮、氨氮、硝氮和溶解氧。观测数据取自水面以下约0.5m处（详见Chamberlain和Hyward，1996；Dering，1996）。将表层模式结果与观测数据进行比较，通过计算各站位每个状态变量的4个统计学参数，包括均方根误差（RMSE）、相对均方根误差（RRE）、偏差（Bias）和模式技能（Skill），来评价模式运行状况。统计学参数的计算公式如下：

$$RMSE = \sqrt{\frac{\sum_{i=1}^{n}(O_i - P_i)^2}{n}} \tag{5.9.1}$$

$$RRE = \frac{\sqrt{\frac{\sum_{i=1}^{n}(O_i - P_i)^2}{n}}}{(O_{\max} - O_{\min})} \times 100 \tag{5.9.2}$$

$$Bias = \frac{\sum_{i=1}^{n}(O_i - P_i)}{n} \tag{5.9.3}$$

$$Skill = 1 - \frac{\sum_{i=1}^{n}(O_i - P_i)^2}{\sum_{i=1}^{n}\left[|P_i - \overline{O}| + |O_i - \overline{O}|\right]^2} \tag{5.9.4}$$

式中，n为评估期间观测数据个数；O_i为观测数据；P_i为相应的模拟数据；$\overline{O}$为观测数据平均值；O_{max}为观测数据最大值；O_{min}为观测数据最小值。

这些统计参数通常被用于水动力和水质模拟（如，Blumberg等，1999；Bong，Shen，2012；Jin，Ji，2004，2005；Ji，2008；Willmott，1981，1982；Kim，Park，2012）。式（5.9.3）定义的偏差也称为平均误差，与式（7.2.1）定义的一样。Maréchal（2004）指出：$Skill$>0.65时，模型模拟水平为极好；$Skill$值在0.5～0.65之间为很好；在0.2～0.5之间为较好；低于0.2则称之为差。Tetra Tech（1999e）对比了12个不同的水质模型研究结果的RRE值，这些模式的RRE值基本在25%～75%之间。

根据站位的分布，将模型校准结果的统计数据进行平均并分成两组：河口内站位（包括SE01、SE02、SE03、HR、SE06和SE08）和上游站位（包括SE04、SE07、SE09和SE10）（表5.9.7），这些状态变量校准后的RRE值范围为21.5%～34.3%。与Tetra Tech（1999e）的结果相比，本研究的RRE值表明模型校准结果是相当好的。除硝氮以外，河口内站位和上游站位的RRE值没有显著差别。但是，河口内站位Skill值（0.30～0.91）普遍大于上游流入边界站位（0.13～0.47）。由于受入流影响很大，边界站位的模拟结果普遍不理想。一般而言，模型中溶解氧、总磷、总凯氏氮和硝氮的Skill值优于氨氮、正磷酸盐和藻类的Skill值。

表5.9.7　基于1999年数据模型校准结果统计误差概况

状态变量	SLE内						SLE上游					
	相对均方根误差	均方根误差	偏差	模式技能	观测平均值	模拟平均值	相对均方根误差	均方根误差	偏差	模式技能	观测平均值	模拟平均值
藻类(μg/L)	34.3%	6.35	−0.71	0.30	7.79	12.27	31.1%	5.66	−3.19	0.13	8.17	12.09
总磷(mg/L)	23.5%	0.09	0.00	0.91	0.20	0.15	22.6%	0.11	−0.11	0.44	0.25	0.27
磷酸盐(mg/L)	31.6%	0.04	−0.08	0.34	0.06	0.07	29.9%	0.06	−0.14	0.14	0.09	0.10
总凯氏氮(mg/L)	27.9%	0.32	−0.04	0.63	0.69	0.54	26.8%	0.40	−0.39	0.14	0.89	0.84
氨氮(mg/L)	32.3%	0.06	−0.04	0.33	0.06	0.04	28.2%	0.06	−0.16	0.15	0.08	0.08
溶解氧(mg/L)	21.5%	1.57	−0.98	0.63	5.88	7.02	27.1%	2.51	−0.49	0.38	5.74	6.19
硝氮(mg/L)	27.2%	0.13	−0.06	0.49	0.08	0.12	41.9%	0.29	−0.11	0.47	0.1	0.2

图5.9.16和图5.9.17分别给出了1999年SE02站位和SE08站位测量数据和模拟结果对比图。总体而言，模拟的河口水质结果合理准确。湿季期间（6—10月），SE08站位短期水质变化比SE02站位更活跃，很可能是由于SE08站位距离流域和C-44运河的S-80站位更近，因此该站位的水质相对于河口中间的站位（如SE02）更容易受淡水输入的影响。观测结果和模拟结果均表明在1999年未发生明显的藻华过程。限制浮游植物生长的因素可能是大量淡水注入引起的强冲刷作用（Phlips et al., 2012）。模拟结果也表明，1999年大多数时间SLE水体垂直混合很好。

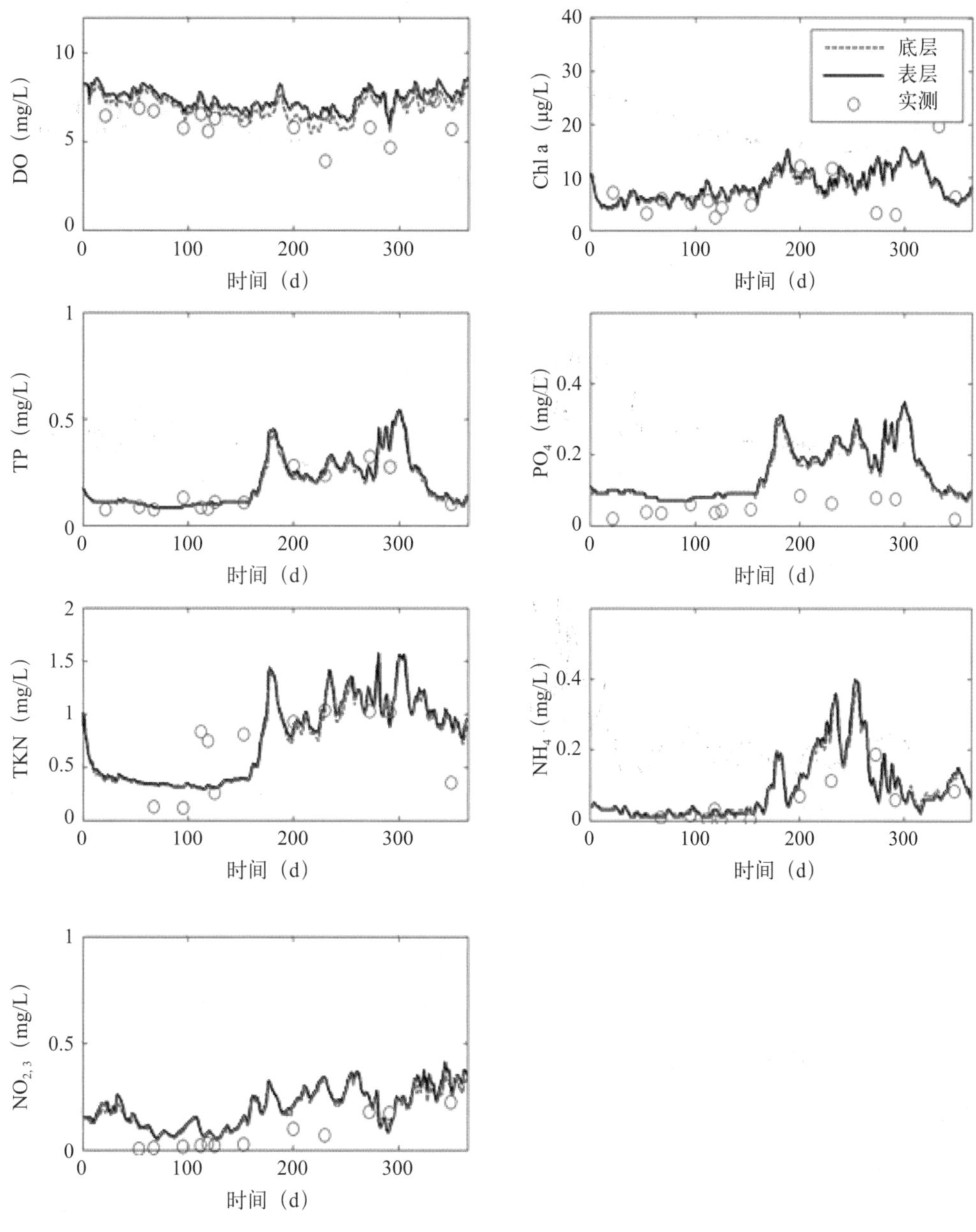

图5.9.16　1999年SE02站位模拟结果（线）和观测值（圆圈）对比

模式模拟的表层和底层结果分布用实线和虚线表示

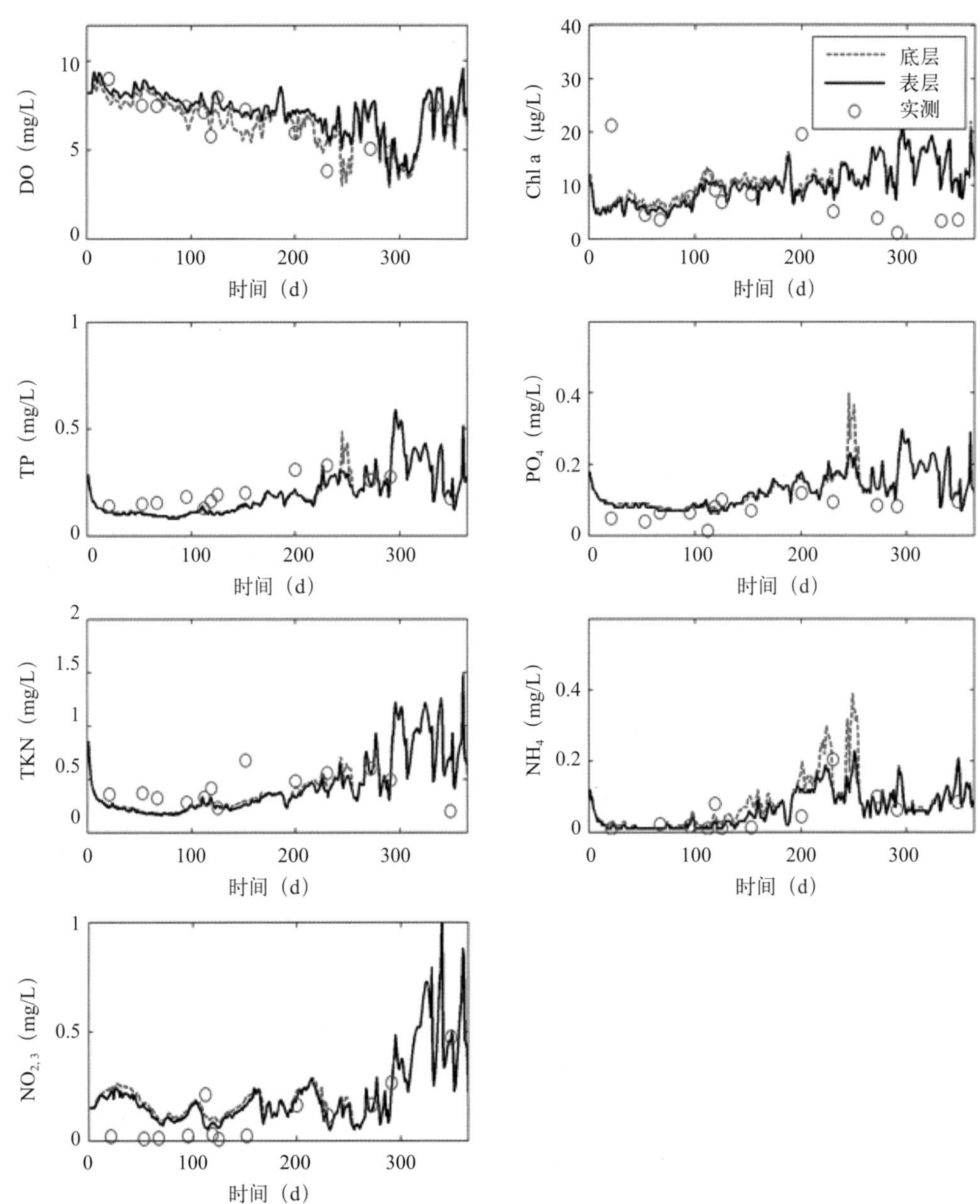

图5.9.17 1999年SE08站位模拟结果（线）和观测值（圆圈）对比
模式模拟的表层和底层结果分别用实线和虚线表示

水质模型是基于2000年数据（表5.9.8）进行验证的。河口内站位的RRE值介于15%～38.4%之间，与模式校准值的RRE值接近（表5.9.7）。上游站位的RRE值，除总磷（39%）、正磷酸盐（51%）和硝氮（41%）远高于模式校准值外，其余与校准值接近，且河口内站位Skill值仍高于上游站位Skill值。注意到SE08站位（图5.9.18）的模式模拟的氨氮浓度明显高于观测数据，可能是在本研究中使用了估算非点源负荷的方法而引入的人为假象，因为日负荷是基于每月营养物质实测数据的回归方法估算获得，该方法可能会使S-80位置估算的氨氮负荷偏高。由于其他营养物质种类校准结果较好且合理，因此并未对2000年SE08站位的氨氮进行调节校准。氨氮模拟结果偏高也说明模型可以被进一步优化，以更好地模拟河口非点源负荷和营养物质循环过程。

表5.9.8　基于2000年数据模式验证结果统计误差概况

状态变量	SLE内						SLE上游					
	相对均方根误差（%）	均方根误差	偏差	模式技能	观测平均值	模拟平均值	相对均方根误差（%）	均方根误差	偏差	模式技能	观测平均值	模拟平均值
藻类(μg/L)	28.7	11.96	0.63	0.63	13.66	9.59	22.2	8.52	2.05	0.14	18.57	15.96
总磷(mg/L)	30.7	0.08	−0.03	0.52	0.17	0.16	39.4	0.16	−0.27	0.11	0.24	0.32
磷酸盐(mg/L)	31.4	0.06	0.06	0.10	0.10	0.11	51.3	0.09	−0.21	0.10	0.11	0.16
总凯氏氮(mg/L)	34.6	0.46	−0.1	0.65	0.73	0.46	25.0	0.77	−0.27	0.14	1.14	1.25
氨氮(mg/L)	33.3	0.07	0.05	0.27	0.06	0.03	19.5	0.13	−0.18	0.10	0.13	0.19
溶解氧(mg/L)	15.0	1.31	1.00	0.59	6.35	6.53	23.2	2.01	−1.16	0.20	4.92	4.57
硝氮(mg/L)	38.4	0.2	−0.10	0.38	0.07	0.12	41.0	0.24	−0.02	−1.02	0.13	0.15

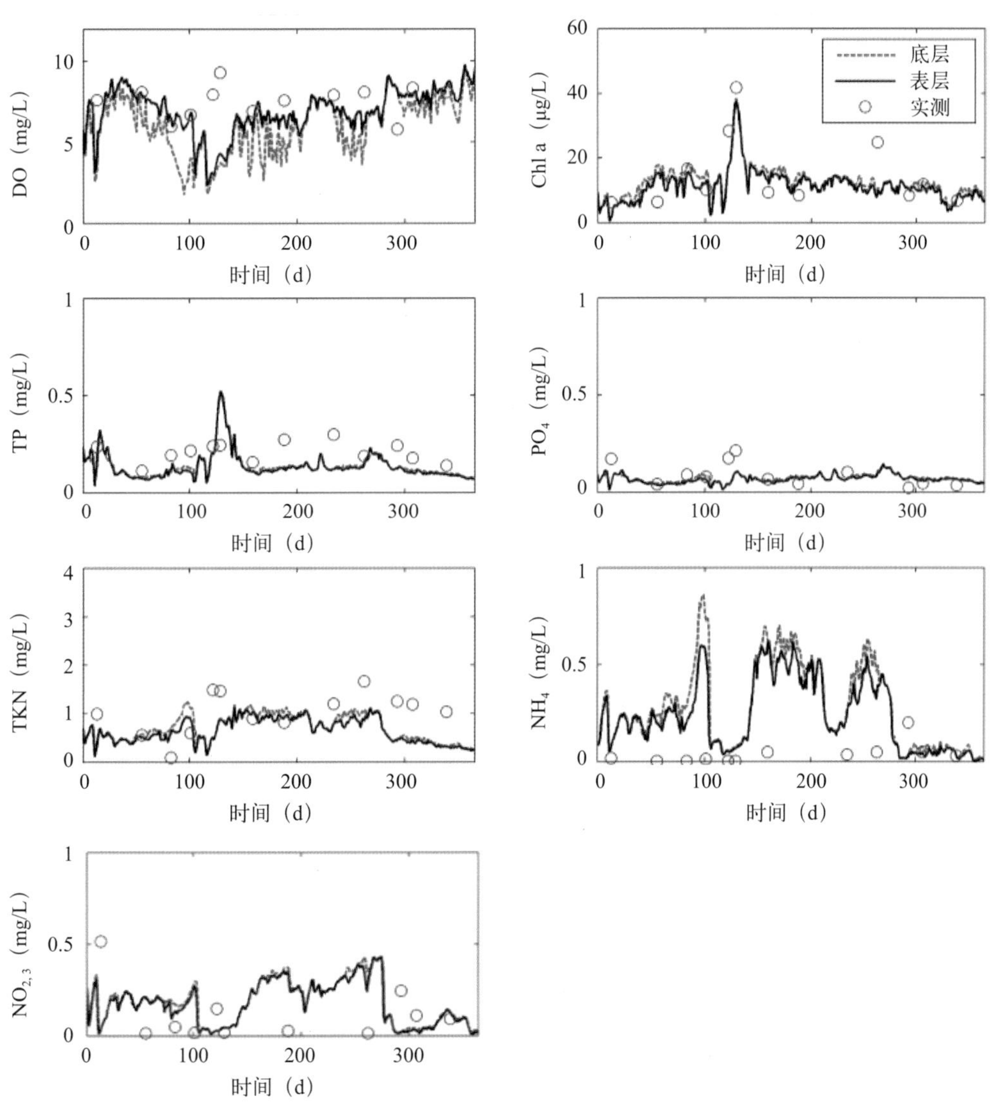

图5.9.18　2000年SE08站位模拟结果（线）和观测值（圆圈）对比

模式模拟的表层和底层结果分别用实线和虚线表示

5.9.3.4 水动力和水质过程

经校准和验证的SLE/IRL水质模型可用于研究该区域淡水输送、水动力和水质过程。以1999年10月22日（第293天）和2000年5月10日（第130天）的模式输出为例，这两天代表了该河口不同的淡水输入和水动力条件。1999年10月代表了典型的湿季，流域支流大量淡水进入河口，而2000年5月旱季已接近尾声，只有奥基乔比湖有明显的淡水由C-44进入河口。通过该水质模型探讨淡水输入、水体循环、分层、藻类生长及溶解氧变化之间的相互作用过程。

SLE有个重要特征是其经由C−44渠与奥基乔比湖相连，汛期会依据管理计划释放大量淡水进入SLE南分支。该计划由USACE和SFWMD制订并实施（SFWMD et al.，2010）。奥基乔比湖营养物质丰富，易于蓝藻暴发（Havens et al.，1996）。与SLE流域其他淡水来源不同，奥基乔比湖水进入SLE会使水体氮浓度升高（Qian et al.，2007）。2000年5月当奥基乔比湖排水时，SLE发生了一次藻华，SLE/IRL水质模型很好地模拟了此次藻华发生的时间及区域。模式结果和实测数据均表明，在2000年5月10日（第130天）期间叶绿素浓度超过40 μg/L（图5.9.18），模式结果表明此次藻华事件持续了大约2周，与奥基乔比湖淡水排放数据吻合。2000年4—5月，奥基乔比湖排放大量淡水进入SLE，使SLE营养物质浓度和藻类负荷显著升高，而流域其他支流淡水输入低于总淡水输入量的5%。

Philips等（2012）报道了由于奥基乔比湖大量淡水排放引起SLE外来藻类的暴发。图5.9.19给出了SLE/IRL 2000年5月10日的日平均表层水体叶绿素浓度和表层流速的空间分布，淡水流入变化图见图5.9.19中的小图。模式结果表明，大多数藻华发生于南分支，高峰期间可以渗透穿过南北分支汇合的SE03区域，而北分支的叶绿素浓度仍相对较低。根据河口区域流速分布可知，南分支和河口中部的流速是远大于北分支的（图5.9.19）。根据流场空间分布推测，SLE藻华的发生是外来的，因为较高的流速会限制本地浮游植物生物量的增加（Phlips et al.，2012）。奥基乔比湖常规水质采样结果也表明，在进入C-44渠的上游附近区域，2000年5月8日观测到的叶绿素浓度高达52 μg/L。

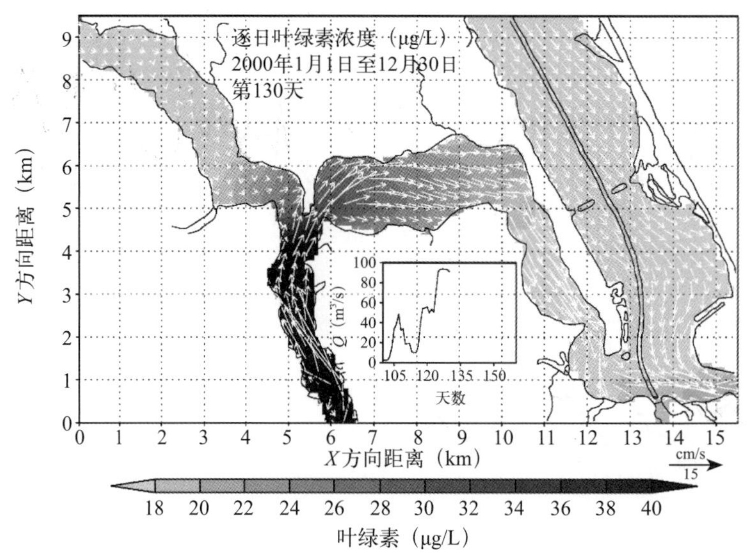

图5.9.19 2000年5月10日表层水体叶绿素和表层流速日平均分布（图中插入的小图为淡水入流量）

为了进一步阐明水体中藻类、营养物质和溶解氧之间的相互作用，进行了一系列模型敏感性试验，如在模型中降低藻类生长速率、呼吸速率和死亡速率20%以及增加沉降速率20%。SE03站位1999年和2000年的试验结果见表5.9.9。总的来说，氨氮是所有模式变量中最敏感的，很可能是因为藻类对氨氮比较“偏爱”。当模式参数改变时，溶解氧浓度变化不显著。例如当藻类生长速率降低20%时，叶绿素浓度降低了9.9%，而溶解氧浓度只降低了2.6%；当呼吸速率降低20%时，叶绿素浓度增加了2.6%，而溶解氧浓度只增加了0.5%。溶解氧浓度对藻类参数变化的不敏感响应，表明需要进一步分析河口区域溶解氧变化过程及主控因子。

表5.9.9　SE03站主要模式参数值变化时各状态变量的浓度变化（%）

参数	参数变化（%）	Chl	TP	PO_4	TN	NH_4	DO
生长速率 (d^{-1})	−20	−9.9	2.0	6.4	0.2	100.3	−2.6
呼吸速率 (d^{-1})	−20	2.6	0.0	−0.2	−0.3	−6.4	0.5
死亡率 (d^{-1})	−20	11.7	−1.6	−3.2	0.5	−18.2	0.4
沉降速率(m/d)	+20	−5.7	−5.1	−2.7	−5.7	10.0	0.8

模式结果显示，藻华期间高叶绿素浓度伴随着较低的溶解氧浓度（图5.9.18），但是测量的溶解氧浓度高达10 mg/L。出现这样的不同很有可能是因为实测的溶解氧值是在一天中某个时刻的采样结果（每个月进行一次采样），而图5.9.18中模拟的溶解氧值代表的是日平均值。藻华事件可以使溶解氧的日变化范围很广，白天由于光合作用增强，溶解氧含量较高（如图5.9.18所示的溶解氧测量值），而夜间在强烈的呼吸作用和底泥耗氧的作用下，溶解氧含量变得很低。SLE水质模型在藻华期间并未捕捉到白天溶解氧的过饱和现象。需要用更多的实测数据来进一步研究溶解氧变化与藻华时空分布的关系。

统计分析显示，SLE底部水体观测的溶解氧浓度和叶绿素浓度与盐度层结之间呈现负相关关系。SLE/IRL模型再现了这一现象。图5.9.20给出了2000年SE08站位盐度层结、底泥耗氧量和表底层溶解氧的模拟结果。底泥耗氧量的值大多为1～3 g/（m^2·d），与Buzzelli等（2013）报道的该河口底泥耗氧量数据一致，底泥耗氧量的峰值在第150天左右，在藻华暴发之后约20天，可能是由于藻华发生后的藻类生物量沉降所引起的。因此，表层和底层水体的溶解氧［图5.9.20（c）]浓度表现出了显著差别，在第150天至第200天期间尤为明显。图5.9.20所示的南分支水体盐度主要受淡水流入影响，会周期性发生盐度层结现象（垂向盐度变化最大可达10）。表层和底层溶解氧的差异与盐度层结是对应的，尤其在第70天至第100天期间。当盐度层结持续时间较长时会使底层水体溶解氧含量较低［图5.9.20（c）]。

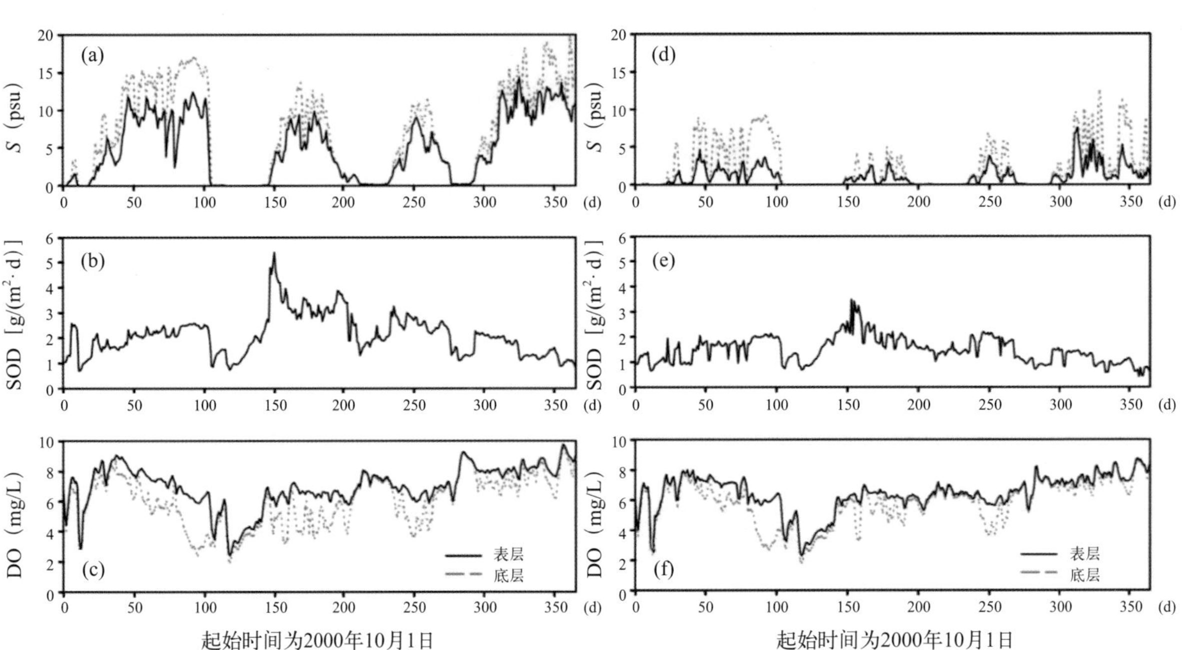

图5.9.20 2000年SE08站位模拟的盐度层结［(a) 和 (d)］、底泥耗氧量［(b) 和 (e)］和溶解氧［(c) 和 (f)］结果
(d) 至 (f) 为S-80站增加50%入流量的假设方案下的模拟结果。模拟的表层盐度和溶解氧用实线表示，底层用虚线表示

为了阐明淡水输入对层结和溶解氧变化的影响，模式模拟了增加2000年淡水输入的情况。2000年是相对干旱的年份，其年平均入流量只有16.5 m^3/s。将模式中南分支位于S-80的入流量增加8.25 m^3/s（年平均值的50%），模式结果如图5.9.20（d）至（f）所示。根据图5.9.20（d）结果可知，由于增加了淡水输入，盐度随之降低，盐度层结相对减弱（尤其在第160天至第190天期间）。底泥耗氧量也随之降低［图5.9.20（e）］，因为增强的冲刷效应降低了有机物（藻类和颗粒有机碳）的沉降。因此，水体底部的溶解氧浓度［图5.9.20（f）］显著升高（尤其在第160天至第190天期间）。在第150天至第200天期间，水体底部溶解氧浓度大多数时间超过了4 mg/L［图5.9.20（f）］。

Millie等（2004）报告，SLE的北分支底层水低氧出现在最暖的夏季月份，与叶绿素浓度的升高以及盐度层结并无关联。1999年夏季由于淡水大量输入和冲刷速率较快，河口水体盐度很低且叶绿素含量较低。SLE/IRL模型模拟了北分支水体缺氧过程。图5.9.21给出了1999年10月20日（第293天）该区域流速及表层和底层溶解氧浓度。这天正好是全年入流量最大（661 m^3/s）日之后的几天。当天的总入流量仍然很大（222 m^3/s），使得南分支的流向都一致朝向大海。南分支的溶解氧含量超过6 mg/L。但是北分支则表现出复杂的水流运动，其表层水流一致朝向大海，而底层水几乎停滞不动。虽然水体几乎完全是淡水，但是复杂的环流仍然是引起溶解氧浓度垂直方向差异的主要因素。北分支大部分底层水体是低氧（DO<2 mg/L）甚至是缺氧（DO接近0 mg/L）。现场也实测了1999年10月18日底层溶解氧含量（如SE06站位为1.9 mg/L、HR1站位为3.8 mg/L）。北分支交换缓慢的底层水反映了其独特的地貌特征、潮汐和南分支大量入流之间复杂的相互作用。这意味着进

入南分支的入流（主要由奥基乔比湖排放）可以显著影响河口区域水质状况，不仅可以改变河口水体环流，还能携带营养物质和有机质进入北分支。

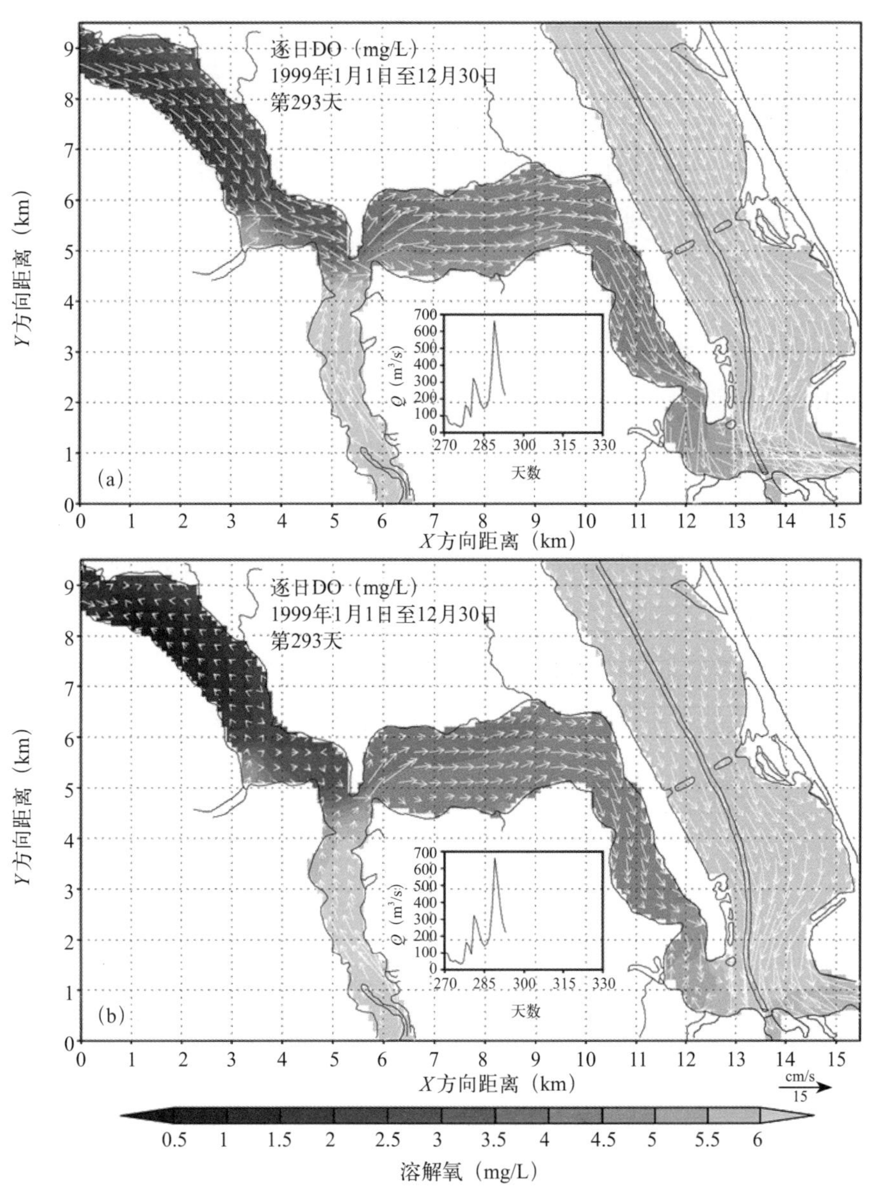

图5.9.21 1999年10月20日表层（a）和底层（b）平均水流和溶解氧浓度
图中插入的小图为淡水入流量

本研究模式分析显示，SLE溶解氧含量受几个物理和生物因素相互作用的影响，而淡水入流的大小和分布很可能是最重要的一个影响因素。因为其很大程度上决定了藻类生长、冲刷速率以及河口水体层结（Ji et al.，2007；Phlips et al.，2012）。藻华过后，颗粒有机物的沉降会引起底泥耗氧量升高，进而降低底层水溶解氧含量（Cloern，2001）。SLE/IRL模拟结果也验证了Millie等（2004）的分析结果：层结和水体环流是解释SLE低氧状况的另一个主要因素。水体层结和氧气消耗在其他浅河口系统也有相应报道（如，Stanley，Nixon，1992；Turner et al.，1987）。水体层结一旦形成将抑制垂直混合并减少底层水的氧气浓度。此外在浅河口底层水更易于出现低氧，因为它们的溶解氧储存量较少，比深河口更易于耗尽。

SLE/IRL水动力模型表明SLE在淡水入流量变大时，经过几个潮周期，可由分层结构迅速变为混合均匀的水体（Ji et al.，2007）。因此，SLE水质管理部门应该进行综合研究，采取有效的水体管理措施降低营养物质负荷。一个可行的水体管理选项是，通过调整淡水入流量，以脉冲式排放淡水的形式来减少水体层结。SLE/IRL水动力和水质模型可以作为一个管理工具，用于设计减少营养物质负荷方案、评估水资源管理措施。

5.9.3.5 结论

水资源管理需要科学可靠的数值模型来评估其管理措施。本节论述了基于1999年和2000年观测数据开发的SLE/IRL水质模型。经校准和验证的模型很好地模拟了现场观测到的关键水质现象，如藻华的发生及频率以及受淡水入流影响的溶解氧变化（Millie et al.，2004；Phlips et al.，2012）。2000年5月发生的藻华事件与奥基乔比湖的大量淡水注入是一致的。模型准确模拟了藻华的发生以及藻类浓度的峰值。模拟结果与Phlips等（2012）报告的由过量营养物质和湖泊入流引发的藻华的观测结果一致。在营养物质增加和藻类进入促使藻华发生的同时，会引起底层水溶解氧含量降低（Cloern，2001）。本研究也证实了Millie等（2004）关于河口水体层结和水动力条件对底层水低氧的影响研究。校准后的模型可被应用于定量研究入流变化和降低营养物质负荷方案的效率，并在进一步开展水质研究和现场数据采集项目中也可以有广泛应用。

第6章　外源和最大日负载总量

进入水体系统的外源污染物是地表水体模拟要处理的重要因素之一。随着水质管理问题变得日益复杂，地表水体研究感兴趣的领域扩展到了流域径流、大气沉降和地下水渗流等各种途径的污染物负载。这一章主要讨论外源污染物以及相关过程，最后一节讨论最大日负载总量（TMDL）的概念，它是水质管理中一个有用的工具。

6.1　点源和非点源

地表水体中的污染物浓度，比如营养物和有毒物浓度，主要由系统外源和内部过程控制。如前面章节所述，内部过程包括沉积物的再悬浮、来自沉积床的营养物通量以及固氮作用和其他作用。污染物的外部来源则包括市政和工业排放、大气沉降、地表径流、地下水渗流及地表水体系统周围的其他来源（图6.1.1）。地表水体模拟的重要目标之一是描述外来源并评估与其相关的污染物负荷。这些外源可以被具体的区分为点源和非点源，它们由不同的机制分别控制并对水体产生不同的影响。

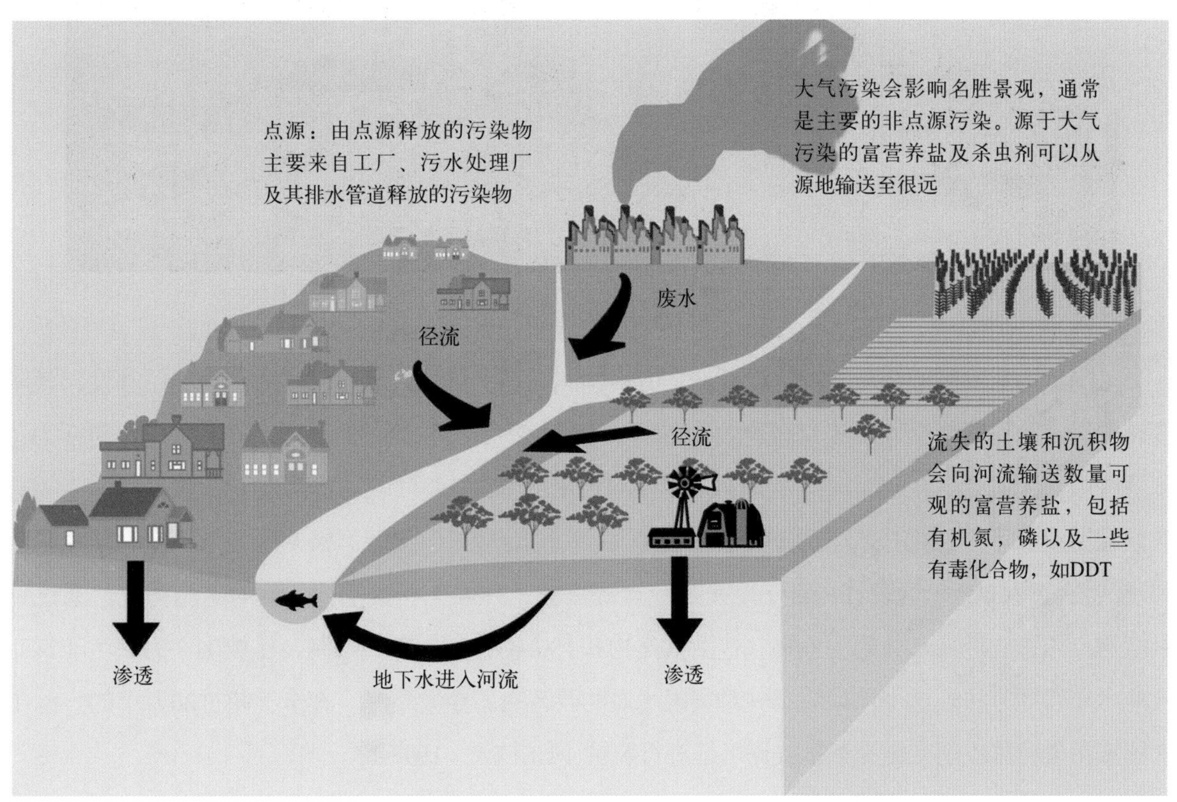

图6.1.1　地表水的主要外部来源（USGS，1999）

点源是指可以归结为由一个具体物理地点排放的污染源，因通常从一个“管子”集中排放，故容易被确认，比如污水处理厂、工厂、生活设施等。图6.1.2展示的是一个典型的点源，位于中国江西新余的炼钢厂正在向袁河排污。在美国点源由国家水质管理局和环境保护局（EPA）进行管理。点源排放满足相关法规（USEPA，1993）时，美国国家环保局（USEPA）才会根据《国家污染物排放削减制度》签发排放许可证。允许排放的点源负荷是由州或美国国家环保局（USEPA）的排放监测报告（DMP）决定。大多数排放监测报告都包括了常见的污染物，如生化需氧量（BOD）、氨根（NH_4）、总凯氏氮（TKN）、悬浮颗粒物、大肠杆菌等。点源污染物也包括进入水体的主要支流所携带的污染物。

图6.1.2　从炼钢厂排放到袁河的点源（来源：季振刚摄）

《国家污染物排放削减制度》许可证是由美国国家环保局或者州政府水质管理部门颁发，该制度设置了市政排放或企业排放允许进入受纳水体的污染物种类和数量的具体限额。其中也包括为达到这些限额所需遵守的时间表。之所以被称为NPDES是因为许可证过程是建立在《国家污染物排放削减制度》下。NPDES是美国国家环保局在联邦水清洁法（CWA）相关规定下实施的项目。联邦水清洁法（CWA）通过许可证制度来规范点源排放，并强化相关法律条款的实施情况。通过该制度对点源排放进入水体的污染物，包括营养物和有毒物进行控制、限制，已被确立为一个非常有效的水质管理方法。这个项目的实施对美国水质的改善有着重要贡献。在全美超过20万个的点源由《国家污染物排放削减制度》排放许可证进行监管（USEPA，1993）。

与点源不同，非点源分布范围很广，没有清晰源头，但它们长年累月持续地威胁水质和自然生态系统。非点源可以被泛泛地认为“不是点源的其他源”，例如农林牧业与建筑业废水、草坪护理、停车场废水及源自城市其他来源的废水（图6.1.1）。非点源也可能源自大气，如酸雨。农田中淋滤冲洗出化肥也是非点源的一种。单一种类的非点源不是严重的威胁；但整体而言非点源会严重地危害受纳水体。

《国家污染物排放削减制度》项目的实施极大地改善了许多受纳水体的水质，然而，即使排放标准日益严格，很多其他水体依旧不满足水质标准。20世纪60年代末以来，人们逐渐认识到：许多水体的主要污染源其实是非点源，而不是诸如废水处理厂之类的点源。相较于点源，非点源通常是水污染更主要的因素，使当前管理中面临的挑战也更为严峻、复杂。

主要的非点源包括（图6.1.1）：①来自于农田的径流（沉积物、营养物、细菌、杀虫剂）；②来自于城市的径流（油污、油脂、有毒化合物、重金属、病原体、沉积物）；③大气沉降（有毒化合物、重金属、营养物、酸性物质）；④地下水渗流（营养物类、有毒物）。

在美国，非点源污染物最重要的来源是农业（USEPA，2000a）。尤其是来自城市的径流，正危害着由大部分人使用并惠及大量人口的水体；而来自大气沉降的污染物通过沉降作用直接到达受纳水体或者先沉降到地面随后再进入地表径流；降雨和融雪携带污染物经过地面，径流随后会带走污染物并把它沉降到受纳水体；有毒化学物质、营养物、重金属在城市地区会以很有效的速率沉降；地下水会将营养物带到水体并造成总营养物的累积，这些都正对水体造成污染。

非点源在时空分布上与点源大不相同。通常，非点源涉及复杂的土壤、水和空气输送途径，比点源分布范围更广且更难以确认。因此，非点源解决方案的制定也更加困难。表6.1.1总结出了两者之间的不同点。相对于流量基本稳定的点源，非点源的流量变幅很大，横跨多个数量级。低水量期间，点源对受纳水体的影响经常更加重要，而非点源的影响则会在暴雨期间或之后达到最大。对非点源影响的评估也经常更加复杂。因为大多数非点源直接或间接地由降水驱动，所以非点源负载与自然的动力条件内在地连接在一起。当水流经过流域，污染物的携带者是水（也可能是沉积物），因此非点源的描述亟须了解流域过程的细节。由于这些不确定性，非点源是不能被精确预测的。除此之外，在美国，点源一般受《国家污染物排放削减制度》的管制，而对非点源则不需要相应的许可证。点源和非点源的污染物浓度也相差很大，表6.1.2列出了来自于点源和非点源总氮（TN）和总磷（TP）的典型值。

表6.1.1　点源与非点源的主要差别

特征	点源	非点源
随时间变化	相对稳定	变化很大
流量	变化小于一个数量级	变化可达几个数量级
影响	低流量期内有严重影响	风暴期内或之后严重影响
可预测性	基本可预测	很难预测
许可	需满足NPDES	不需要

表6.1.2 来自点源与非点源的总氮（TN）和总磷（TP）浓度[a]

源	总氮（mg/L）	总磷（mg/L）
城市径流	3 ~ 10	0.2 ~ 1.7
畜牧业	6 ~ 800	4 ~ 5
大气（湿沉降）	0.9	0.015
森林覆盖率90%区域	0.06 ~ 0.19	0.006 ~ 0.012
森林覆盖率50%区域	0.18 ~ 0.34	0.013 ~ 0.015
农田覆盖率90%区域	0.77 ~ 5.34	0.085 ~ 0.104
未处理废水	35	10
已处理废水	30	10

a. FISRWG，1998。

从模拟的观点来看，当外源在研究中不被直接模拟时，进入受纳水体的排放物都可以认为是点源，例如支流对于河，溪流对于湖，河流对于河口。这样，点源和非点源就可以用相似的方法引入数值模式中。对某一个研究区域来说，在一个计算网格被建立之后，所有的点源与非点源都被指定到网格单元。例如，在模拟一条河流时，一条支流可以被处理为一个点源，并被指定为有入流的特定网格单元。源于径流的非点源则被分解为许多小的入流，并被假定为许多沿着河岸的网格单元，从而被离散化为小的点源（例如，Ji 等，2002a）。

6.2 大气沉降

当大气中的污染物碰撞地球表面（地面或水面）并停留时，就是所谓的大气沉降。大气中的污染物沉降包括干沉降和湿沉降，大气中的污染物被雨雪冲洗出大气的情形称为湿沉降；当沉降与降水无关时则称为干沉降，即部分物质在重力作用下的“沉降”。湿沉降发生在部分物质通过降水作用从大气中被移除时，并与降水中易溶解的物质有关。降水中的营养物一般是可溶的，而干沉降的部分一般是不可溶的。干湿沉降的观测是可行的（如国家大气沉降观测计划 http//:nadp.sws.uiuc.edu/nadpdata/）。例如，表6.2.1列出了Peconic 河口模型（Tetra Tech，1999e）中所用的大气湿沉降浓度，相关的干沉降率见表6.2.2。

人们逐渐意识到大气沉降是地表水体一个重要的外来污染物源。来自大气的污染物可被直接沉降进入水体并影响这些系统的水质。污染物可以被直接或间接地输送到水体表面。直接沉降发生在污染物被直接沉降到水体表面；而在水气界面上，雨天或非雨天天气条件下的气态、液态或固态的交换分别称之为湿沉降或干沉降。当污染物先撞击地面然后被水冲洗进入水体则是非直接的沉降。污染物由大气到水体的非直接输送由陆面污染物的输送、转化、存储过程来描述。存储过程会导致在污染物到达地面和在水体中出现之间有相当长的时间延迟。例如，雪的存在就意味着出现污染的时间延迟，因为附着在雪上的污染物在来年春天才会被释放到表层水体。

表6.2.1　Peconic 河口模型中来自大气湿沉降的相关物浓度[a]

参数	浓度（mg/L）	参数	浓度（mg/L）
稳定部分有机碳	0.325	稳定部分有机氮	0.0
不稳定部分有机碳	0.325	不稳定部分有机氮	0.0
溶解态有机碳	0.650	溶解态有机氮	0.648
溶解态有机磷	0.045	氨态氮	0.18
正磷酸盐	0.016	硝酸盐+硝态氮	0.33
可用硅	0.0		

a. Tetra Tech，1999a。

表6.2.2　用于Peconic 河口模型中的大气干沉降率[a]

参数	沉降率［$g/(m^2·d)$］	参数	沉降率［$g/(m^2·d)$］
稳定部分有机碳	0.000 387	稳定部分有机氮	0.000 530
不稳定部分有机碳	0.000 387	不稳定部分有机氮	0.000 530
溶解态有机碳	0.000 773	溶解态有机氮	0.000 771
溶解态有机磷	0.000 054	氨态氮	0.000 214
正磷酸盐	0.000 019	硝酸盐+硝态氮	0.000 393
可用硅	0.000 247		

a. Tetra Tech，1999a。

风力会将大气中的污染物带到一个相当远的距离。例如，在某些条件下，来自墨西哥湾、美洲中部或南美的DDT污染物可以由南到北横跨整个美国。研究指出，进入五大湖区中的苏必利尔湖（Lake Superior）的80%有毒化合物是源于大气沉降而不是废水排放（EHC，1998）。氮化物可以从大气被直接沉降入一个水体中，也可以被沉降到水域然后被输送到水体中。对水质造成重大潜在危害的物质可分为五类（USEPA，2000a）：①氮类，氮化物；②汞；③其他重金属；④燃烧烟尘排放物；⑤杀虫剂。

这些类别是基于排放方法及污染物的特征做出的分类，它们都会进入水体并破坏生态系统和公共健康。氮化物被单独列出是因为它对生态系统的作用与其他燃烧排放物相比有很大不同。同样的，汞在环境中的表现与其他金属相比也有很大不同。燃烧排放和杀虫剂都是人为的，而其他三类成分则既可能源于自然也可能源于人为源。

大气沉降通常是水体生态系统中汞、PCB、PAH的一个主要来源。举例来说，进入休伦湖（Lake Huron）的PCB约63%是源于直接的大气沉降，另有15%来源于间接大气沉降，先沉降入其上游的苏必利尔湖（Lake Superior）和密歇根（Michigen）湖的上游支流，随后再流入该湖，其余的22%则源自其他源（USEPA，2000a）。Bricker（1993）指出在进入罗得岛的纳拉甘西特湾（Narragansett Bay）的沉降物中，大气沉降贡献了其中33%的铅，2%的铜和锌。

表6.2.3　美国部分河口及流域估计的以大气沉降方式进入的总氮[a]

北卡罗来纳阿尔伯马尔-帕姆利科海湾（Albemarle-Pamlico Sounds，NC）	38%
切萨皮克湾（Chesapeake Bay）	21%
特拉华湾（Delaware Bay）	15%
长岛海湾（Long Island Sound）	20%
纳拉甘西特湾（Narragansett Bay）	4%～12%
纽约拜特港（New York Bight）	38%
马萨诸塞海湾沃阔伊特湾（Waquoit Bay， MA）	29%
特拉华内陆海湾（Delaware Inland Bays）	21%
纽约佛兰德湾（Flanders Bay， NY）	7%
得克萨斯瓜达卢普河口（Guadalupe Estuary，TX）	2%～8%
马萨诸塞海湾（Massachusetts Bays）	5%～27%
纽波特河沿岸水（Newport River Coastal Waters）	NC > 35%
马里兰州波托马克河（Potomac River，MD）	5%
佛罗里达萨拉索塔湾（Sarasota Bay， FL）	26%
佛罗里达坦帕湾（Tampa Bay， FL）	28%

a. USEPA，2000a。

以NO_x，NH_3和其他有机形式存在的氮是大气的自然组成部分。人类活动增加了它们的浓度并对某些水体造成了危害。在北美，工厂、电厂、汽车等产生的化石燃烧（煤、石油、天然气）贡献了大气中大部分的NO_x。NH_3的最大排放源是化肥的使用和圈养的动物（猪、鸡、牛）。关于人为产生的有机氮源还需要更多的研究。随着人为排放至大气的氮化物源的增加，氮的大气沉降对地表水体影响的重要性也在增加。大气沉降造成的过多的氮可能是水体富营养化的一个主要贡献者，它会增加初级生产，造成藻类的暴发性增长和水体缺氧以及鱼类和贝类死亡，改变藻类的群落组成。在某些情况下，氮污染还会造成水体酸化。

在某些地区的氮负荷中，大气沉降所包含的氮可能占了很大的比例。表6.2.3显示了某些美国的河口估计的以大气沉降形式进入水体的氮在总氮中所占的比例（USEPA，2002a）。举例来说，北卡罗来纳阿尔伯马尔–帕姆利科海湾（Albemarle-Pamlico Sound）总氮的38%源于大气沉降。营养物的富集则是切萨皮克湾水质下降的一个主要原因。估算表明进入切萨皮克湾的氮约有21%是来自于大气，包括直接沉降入湾内的和先沉降进入上游水域后被径流输送到湾内的。

空气中自发形成的氮氧化物（NO_x）和硫氧化物（SO_x）与水、氧气及其他成分相互作用会形成硝酸和硫酸。酸雨这个概念用来描述一种特殊的湿沉降方式——雨雪中含有大量的硝酸和硫酸或其他酸性污染物。大气酸沉降对水体有着广泛影响，这取决于沉降的酸的数量、水体中已经含有的数量以及水体吸收中和的能力。海水有很强的中和酸的能力，所以在海岸和河口不会发生严重的酸化，而一些淡水系统则可能对大气输入的酸性化合物非常敏感（USEPA，2000a）。

除了氮之外，大气也可能是微量金属、有毒有机化合物的重要来源。有毒的汞化合物可能来自于人为过程和自然过程。它奇特的化学特性极大地影响了其在环境中的行为，并将之与其他金属区分开。虽然它也可能会自然发生，但人为活动却极大地增加了它在环境中的浓度，在世界范围内约占到了75%（USEPA，2000a）。汞在大气中能传输很长的距离。对汞的主要担心在于它会富集在野生动物和人体组织中。鱼类及贝类组织中富集的浓度可能是水体中的数万倍。除汞之外，人为过程也导致了其他金属浓度的增加，比如铅、镉、镍、铜、锌等。

也可以测量到大气向地表水沉降的磷（P）。根据环流条件、空气污染状况与所在位置，降水中磷的浓度是不同的，典型的浓度范围为10～50 μg/L（Kadlec，Knight，2009）。这些典型值可用于估算局地降水中磷的湿沉降。磷年平均的大气沉降总量通常为2～80 $mg/(m^2 \cdot a)$。因此，大气沉降对于磷总的收支估算来说可以忽略不计。

当今人们使用的杀虫剂有数万种之多。一旦杀虫剂被释放入环境，它们分解后就会产生许多衍生物。许多杀虫剂的自然降解很慢，因此杀虫剂及其衍生物可以在土壤、空气或水中保留几十年。一些衍生物可能是无毒的，而另一些则不然。

6.3　地下水

本节讨论地下水的基本特性。

地表水体是在陆地表面的水体，包括河水、湖水、河口水体和地表流动的径流。地下水是指完全充斥在地下石缝及土壤间隙的水，就像水充满海绵一样。由于地下水的水质较好且容易利用，地下水被广泛用作生活用水及其他水源。水主要是通过渗透的方式进入地下水储藏层的，当水在土壤间渗透时，会携带一些来自于地面的有毒化合物或盐类物质。地下水在含水层间移动，甚至会在很远距离之后重新在河水、湖水、沼泽透出地表，或者被人类从地下抽出。

地下水是水资源管理的重要组成部分，美国国家环保局（USEPA，2000a）报告了如下情况：

（1）近40%的河流靠地下水维持；

（2）约50%的美国人靠地下水维持生活用水；

（3）近95%的农村居民以地下水作为饮水供应；

（4）约50%的农业用水来自于地下水。

地表之下的水存在于两个区域之中：未饱和层与饱和层。土壤、沙子、岩石间缝隙和空间都被水充满的地方称为饱和层，其上表面称为潜水面；未饱和层则处在地表和潜水面之间。潜水面的高低与升降取决于很多因素。它可能离地表小于1 m，也可能在地表下几百米。降雨和融雪会补充地下水，大量的降水与融雪会使潜水面上升；而一个持续很长时间的干旱天气则会使其下降。

地下水在各处都存在，也是水循环的一个内在部分。如同1.1节中所讨论的那样，水循环始于落在地面的降水，当雨水落在地面之后，就开始不停地流动，一些汇入河流、湖泊、河口，一些则渗透过未饱和层流入地下。地下水在由土壤、沙子和石块构成的含水层中储存时，流动速度非常缓慢。在重力作用下水在饱和层中持续地流动，从潜水面高的地方流到潜水面低的地方。地下水也会侧向流动，如果在流动中由地面释放出来，就成为地表水体。在这种情况下，地下水就会影响到地表水的水量和水质（图6.3.1）。

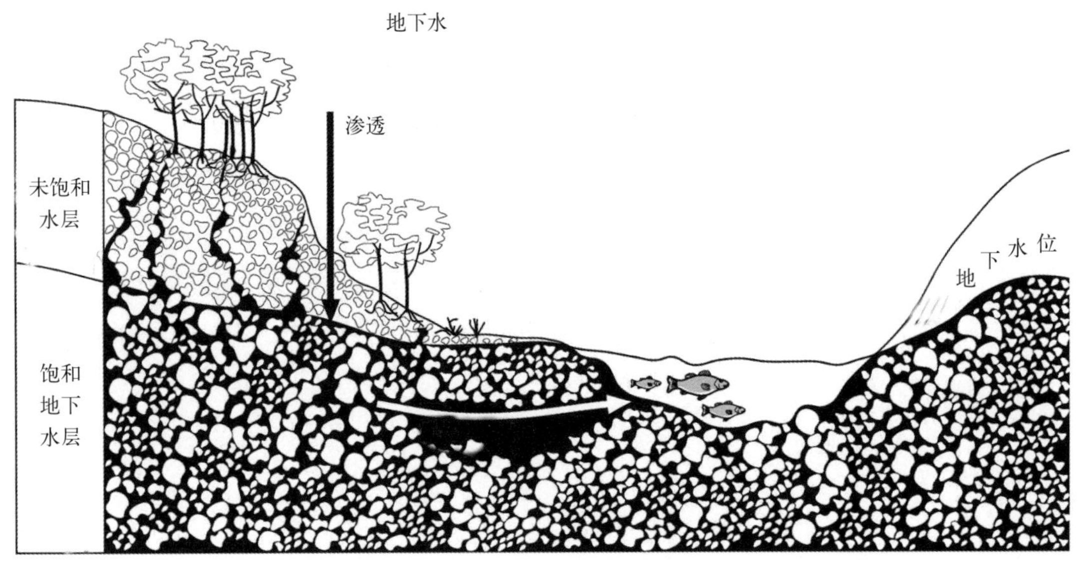

图6.3.1　饱和层与未饱和层图解（USEPA，2000a）

地下水对污染是敏感而脆弱的。当在地表水中溶解的污染物被带到地下含水层时，就会发生地下水污染。地下水会受到人类活动与自然过程的不利影响。除了受污染的水被直接注入含水层，如深水井（图6.3.2），基本上所有的污染物都是从地表进入地下水体中的。地下水常由如下途径被污染（图6.3.2）：①垃圾填埋场；②化粪池；③渗漏的地下储水池；④化肥与杀虫剂；⑤工业设施；⑥道路用盐及其他化合物。

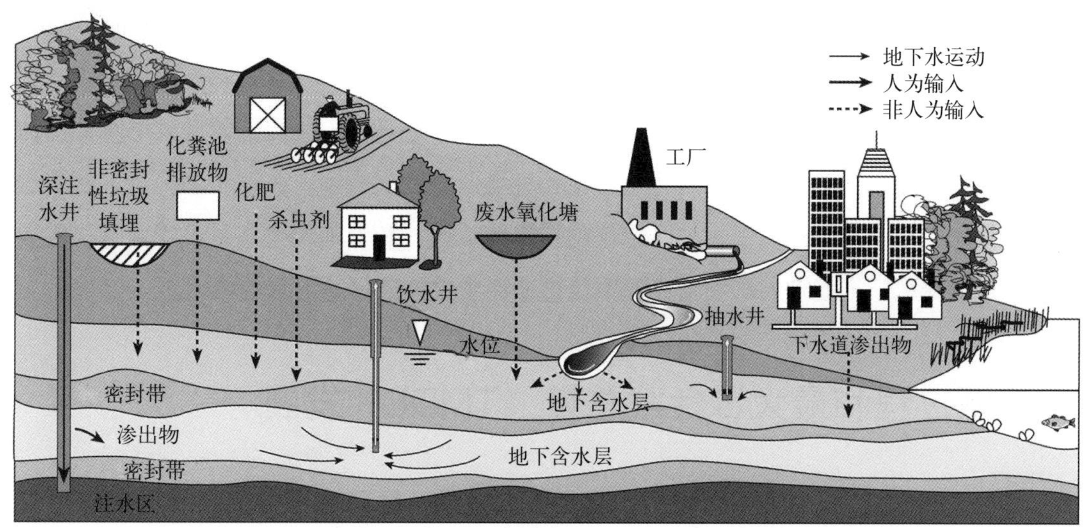

图6.3.2　地下水污染图解（USEPA，2000A）

一般来说，含水层以上的污染物数量与属性以及土壤属性是决定是否会造成含水层污染的主要因素。最严重的影响经常来自于老的垃圾填埋场，它们会泄漏出很多高浓度的化学物质。因此垃圾填埋场常会有一个保护性的底层以阻止污染物进入地下水体。但是如果没有该底层或是底层破损，泄漏出的污染物就会进入地下水中（USEPA，2000a）。住宅化粪池系统用来减慢生活废水向地下水的排放，并使其保持在一个无害水平。但是发生故障的化粪池系统往往会向地下水中泄漏很多营养物、病菌和其他污染物。储蓄罐的泄漏也可能是一个重要的地下水污染物源。农业活动则增加了进入地下水的营养物和杀虫剂。工业活动会加入有机化合物及重金属。而在冬季广泛用于融化道路冰雪的盐类，当冰雪融化，这些盐就会被冲离路面并很可能会最终进入地下水。

地表水和地下水很容易被认为是相互独立的水体，然而它们却是存在相互联系的。地表水会影响到地下水的水质和水量。同样的，释出的地下水也会明显影响到地表水的水质和水量，特别是小河在流量小的季节就更为明显。例如，纽约州Peconic海湾的模拟表明，来自地下水的营养物对湾中水体的富营养化有重要影响（Tetra Tech，1999e）。

地表水体，如河流、湖泊和河口，是直接可以看见的，但是地下水则是不可见的。地下水通常比地表水的流动缓慢得多。这是因为地下水通过地下土石间隙时要克服更大的摩擦力。地表水与地下水之间的区别好像很简单，然而它们之间又是可以相互转化的，即地表水会变成地下水；反之，地下水也会变成地表水。

地下水通常在总体水量平衡方面作用甚小，其渗透作用通常也很难测量。在大多数应用中，地下水的流入及流出被假定为可以忽略，然而这种假设有可能是有问题的。从营养物交换的观点来看，地下水输送可能是重要的，特别是在封闭和半封闭的地表水体中（如湖泊）。当研究已经被污染了的地下水时，地下水向地表水体的渗透会是一个重点关注的问题。地下水模式可以用于模拟从地下进入地表水的污染物通量（Tetra Tech，1999e；Guo，Langevin，2002）。

地表水与地下水的交换可能会非常重要。例如，河流经常开始于一个小小的溪流，随着向下游的流动而逐渐变大。在这个过程中它们得到的水通常就源于地下水。含水层以渗透的方式释放水进入河流和湖泊，为其补充水量。地下水要流入一个河流，在其进入河流的附近其潜水面海拔应该高于河流水面的海拔（图8.2.2）。河流也有可能补充地下水而失去水。在这种情况下，河流通过河床渗透来给含水层补水（图8.2.2）。地下水在维持河流、湖泊和湿地的生态系统方面有很重要的作用，这也就是为什么一个成功的水资源管理项目总是特别关注毗邻地下水的原因。

6.4 流域过程和最大日负载总量（TMDL）发展

关于流域过程与最大日负载总量（TMDL）的发展，已经有许多出版的论文与报告（如Shoemaker 等，1997； Haith，Shoemaker，1987； Lahlou 等，1998）。本节介绍地表水系统中流域过程与TMDL的基本概念。

6.4.1 流域过程

从技术上说，流域（watershed）是指把一个集水区域与另一个集水区域分开的分水岭（Chow，1964）。流域的概念现在经常用于指这样一片陆地地区，它将水、沉积物与溶解物质通过一个共同出口排出，而这个共同出口常常是河流、湖泊、地下含水层、河口或者海洋（图1.1.2）。流域（Watershed）的概念有时也与集水区域（drainage basin）和集水处（catchment）彼此混用（Dunne，Leopold，1978）。流域形式相差很大，这与气候、形态学、土壤和植被在内的许多因素有关。因此流域跨越了多个尺度，流域内还可以包含子流域。它们从一些很大的河流流域，如密西西比河流域，密苏里河流域，哥伦比亚河流域，到一些只有几英亩大小尺度的、非常小的溪流流域。一般比较高的山脊形成了流域的自然边界。在这些边界上，落在一侧的降雨会流向该流域中较低的地方，同样的情况也会发生在边界的另外一边。

流域正日益广泛地被人们认可，并被作为水质管理最合适的地理单元。地表水体及其相应流域之间关系的重要性怎么强调也不过分。在过去的数十年，由点源排放的营养物一直相当稳定并受到《国家污染物排放消减制度》的管理（6.1节）。相对于点源持续地对环境造成威胁，近几十年来非点源输入的增加也非常明显，而且在很多水体系统中已经造成了水质的下降。比如，除了工业和市政排放源，地表水体也会受到城市、农业等其他形式污染径流的威胁。当一个水体（如湖泊）主要是由森林、草地和/或湿地环绕时，几乎没有氮和磷能够由此进入水体。这些营养物大都被自然植被就地吸收或者固定住了。而现在，大部分的森林和湿地已经被农田、城市和郊区所取代了，结果造成进入湖水中的营养物的数量有了极大的增加。被侵蚀的土壤和沉积物会给湖水输送相当可观数量的营养物。因此，保护地表水体不受非点源累积效应的影响极为重要。流域方法已经成为在环境、经济和社会学意义上进行水资源管理最常用的逻辑基础。

最佳管理实践（BMP）是一个术语，用来描述水污染控制的一种类型方法。BMP方法利用土壤和植物吸附、细菌分解、植物吸收和沉积沉降，控制来自土壤或其他物理渗透的污染物数量，减少径流中的污染物浓度和负荷（Komor，1999；Kalin，Hantush，2003）。有各种BMP方法用于流域尺度的泥沙拦截和营养盐控制（图6.4.1）。

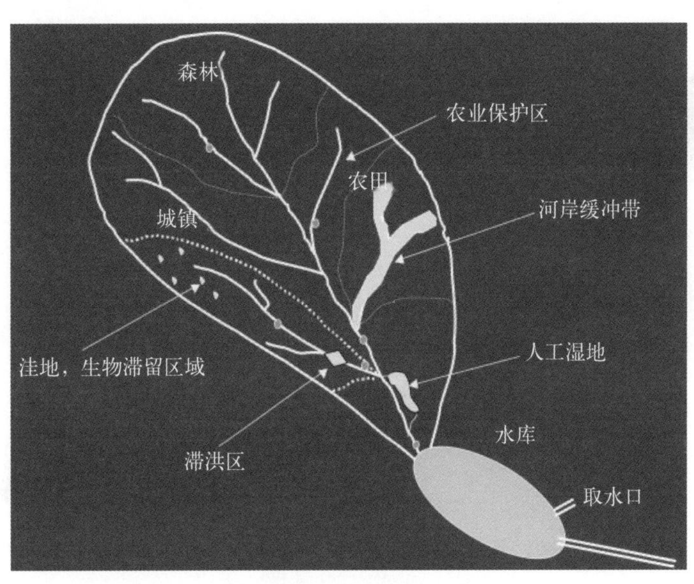

图6.4.1　流域尺度下的各种BMP（Kalin，Hantush，2003）

当降雨（或融雪）没有完全蒸发或渗透入地下时，就会形成径流，流向相邻的陆地或水体。陆地地表状况在径流产生的过程中扮演了一个重要角色，并影响着进入受纳水体的水质和水量。影响径流过程的因素包括气候、地理、地形、土壤特性以及植被等。植被良好的地区能有效地拦截降水。当降水（融雪）率超过渗透的能力时，多余的水汇集起来就成为径流。如图6.4.2所示，在不同的地表径流流量相差很大。在城市地区，大部分地面是不透水的，从而阻止了降水向土壤渗透并增加了径流的流量。短时间内的大流量会加速地表侵蚀并会给受纳水体带来大量的沉积物与营养物。

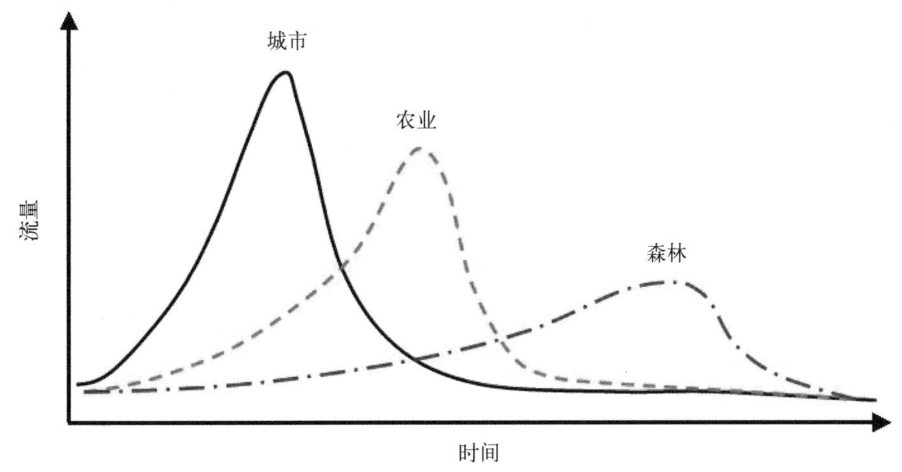

图6.4.2　不同地表的径流流量

有三种基本类型的径流（图6.4.3）：地表径流、潜流、饱和地表径流（FISRWG，1998）。每种径流形式可以单独发生，也可以同时出现。当降水率高于渗透率时，地表凹陷开始充满水，土壤变得更加湿润，渗透率也会逐渐降低。如果降水率持续地高于渗透率，径流就发生。

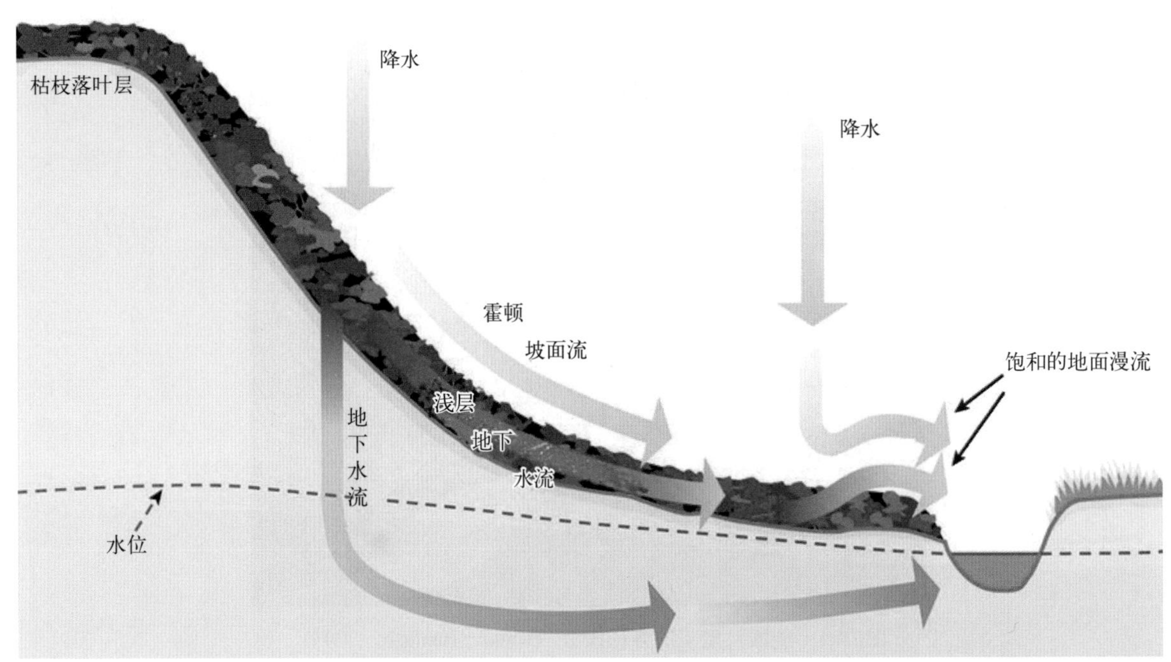

图6.4.3　径流的三种基本类型：地表径流、潜流、饱和地表径流（FISRWG，1998）

一个地表水体经常是其流域以及流域内所发生行为的反映。举例说，一个湖泊发生了水体富营养化，通常问题的原因与流域内的污染有关。一般说来，水质下降往往伴随着流域面积与水体面积之比的上升（特别是对湖泊来说）。这是因为一个相对更大的流域经常意味着进入水体的更大的径流量。流域中的土地利用状况决定了进入水体的营养物的数量。流域内的状况对湖泊的水文学有极大的影响，流域内的扰动变化是湖水变化一个敏感的早期预警信号。如果湖泊相对于其对应的流域面积越小，它发生淤积或富营养化的可能性就越大。另一方面，如果流域内有很多根系牢固的植被，它们就会像海绵一样吸收水分，截留土壤，因此，也理所当然地会减轻侵蚀。

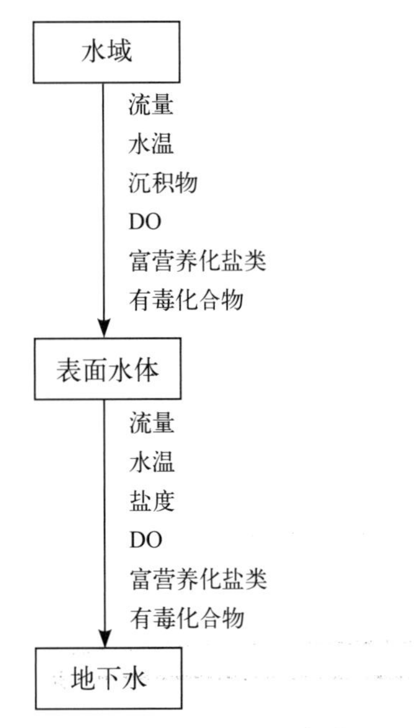

图6.4.4　地表水与流域及地下水之间的关系

图6.4.4显示了地表水体和流域及地下水的关系，来自流域内的径流流量、水温、沉积物浓度、DO、有毒化合物和营养物通常被作为一个地表水体

模式的输入量。这些输入量可以来自于测量数据或模型计算结果。也可以用同样的方式描述地下水与地表水体间的相互作用（图6.4.4）。在地表水体模型中，这些来自于流域（和地下水）的非点源依据网格点尺度大小被按比例分配到每一个格点上。

6.4.2　最大日负载总量

适当的水资源管理需要一个综合的管理计划。该计划应当提供改善及保护水体水质的总体战略规划。传统的控制点源的努力只是在降低水体污染上取得了有限程度的成功，特别是在非点源是水体污染主要原因的地方。最近几十年的情况已经逐渐表明，相比于在单个受纳水体水平上，许多水质问题在流域的尺度上能够得到更好的解决。为了管理水体与满足水质标准，保护流域的方法是必须的。彻底了解周围的水域如何影响水质以及水体内部的物理、化学及生物间如何相互作用对进一步调节水质是十分重要的。

州或联邦的法律法规所规定的水质标准主要包括：①水体的设计用途；②为保护水体用途所必需的量化标准与定性标准；③抗水质退化政策。水质标准是为了达到联邦水清洁法（USEPA，1994b）的目标，提高水质，保卫公共健康。量化标准是美国国家环保局（USEPA）和各州颁布的为保护人类健康和水生生物而制定的各种污染物环境浓度标准，而定性标准则是希望达到的水质目标的描述。

最大日负载总量（TMDL）是基于污染源和水体水质状况之间关系，实施水质标准的一个工具。同化能力（负载能力）是指污染物负载可以被排放进入一个水体而不超过水质标准的最大负载量（例如总磷）。同化能力代表了水体自然吸收、利用污染物而不致违反水质标准的能力。通过计算水体的同化能力并鉴别来源，可以得到水体能够承载且不至于造成危害性后果的最大负载。最大日负载总量（TMDL）是点源的个别污染物负载分配（WLA）和非点源的负载分配（LA）之和，所以水体的同化能力不会超出TMDL。这些点源和非点源可能是现有的或是将来可能出现的。用安全边际（MOS）代表分析中的不确定性。不确定性可能是由不充足的或是低质量的数据、缺乏污染影响的知识和/或估计水体承载能力时存在失误造成的。TMDL可以被表示为

$$TMDL = WLA + LA + MOS \tag{6.4.1}$$

其中，制定具体的TMDL标准时，MOS也可以合并入保守估计的WLA或LA中。举例说，如果一个受纳水体仅有一个点源，TMDL就是点源的WLA、非点源的LA与MOS之和，包括来自地下水渗透、大气沉降、土壤、岩石风化的自然背景源。这些来源通常是很难控制的。大气沉降会发生在地区或是国家的尺度上，并且在流域的尺度上是不可能被控制的。岩石与土壤的风化与分解过程也是自然机制，也属于不可控制的部分。

制定TMDL的一个关键因素是决定一个受纳水体的负载能力。对负载能力恰当、科学可信的分析对TMDL的制定来说是必须的，其目的是回答最基本的问题：某一特定污染物最多可以排放多少

进入一个受纳水体，而不至于违反水质标准？通常需要建立数值模型来回答这个问题（Wool 等，2003a，2003b）。

流域模型模拟释放入受纳水体的点源或非点源的污染物负载。本书中广泛讨论的这类受纳水体模型，模拟了污染物在河流、湖泊、河口以及沿岸水体的运动和转化。这些模型在污染源和受纳水体间建立了一个具体的数量关系。举例来说，在十侠湖的TMDL制定中（Tetra Tech，2000c），受纳水体模型就用来确定可使湖泊免于快速富营养化的磷的负载能力（Ji et al.，2004b）。流域模型被用于确定总磷负载的来源，数量的多少以及在各种管理措施下可能会有的降低。基本上，流域模式和湖泊模式用于确定最适宜的污染物负载组合以保护湖水水质。9.4.1节将十侠湖的模拟作为一个研究案例。

除了外源之外，污染物可以通过再悬浮作用由水底重新进入水体。由于水体内部营养物的循环，营养物的控制变得更加复杂。理解营养物负载与水体反应及水体内部过程之间的关系，是做出可靠的总负载能力估计的关键。自然环境条件，如流速、水深、温度、营养物浓度和底泥耗氧量，都会影响水体的负载能力。

TMDL的制定涉及为了达到经济与水质目标而对所采取的不同管理措施的认证和评价。模型不仅能用于决定污染物负载与水质反应之间的关系，也是预估未来的水质条件所必须的。模型可以帮助制订和评价水域管理计划的不同组成部分，因此也有助于达到经济与水质目标。经济目标经常用成本效率、成本分配来描述，而水质目标则经常是以水质标准的观念来表达。非点源的多样性决定了管理措施会影响到更多的人，因此，这也成了模拟者和决策者额外的顾虑。不可信的模型可能会误导人们作出不明智的决定，造成严重的经济损失。由于TMDL项目实施降低负载的措施经常会带来重大的经济影响，所以模型的计算结果必须要有坚实的科学依据。在用于将受纳水体临界水质条件和外源负载联系起来之前，模型要很好地进行校准和验证。

对接收有机负载的河流来说，低流速与高水温通常是临界条件。举例来说，分析溪流时经常假设一个建立在夏季高温条件下的低流速条件：7Q10（10年间最低7天流量）。在雨天的水流情况下，7Q10的假设就不合适了，这时就应该将非点源的影响考虑进去了。而对湖泊来说，垂直层结常常是确定湖水TMDL临界条件的重要参数。

对于河口和沿岸水体来说，临界条件的定义就没有那么直接了。河口与沿岸水体是复杂的系统，这为定义其临界条件提出了一个挑战。淡水输入、潮汐、风、沉积物输送以及其他因素，对决定临界条件来说都可能重要。定义临界条件的目的在于当河口与沿岸水体对污染源最为敏感时，能够估算出不造成污染的最大负载总量。举例来说，一个主要受点源营养物影响的浅河口，由于冲刷过程受限，低淡水入流期也许可作为其临界条件。如果是一个有很强层结性的深河口，其临界条件更多地是由水华、富营养化程度与缺氧状况相结合来确定。

如图6.4.5所示，一个用于确定TMDL的模型预测了特定外源负载条件下，包括点源、非点源、自然背景源在内的水质状况。将外源负载输入模型，然后预测相应的水质条件，这个过程反复进行。如果预测出来的水质条件满足该类水体的水质标准，TMDL的计算就算是结束了。一般来说，第一次计算包括对当前负载进行模型模拟，将模拟结果与水质标准进行比较。如果当前的负载会导致违反水质标准，就需要降低外源负载继续进行模拟，直到满足水质标准。上述方法的结果也受模拟时段所选取年份的影响。时段的选择应当代表临界或是最坏的条件。模拟分析的总体意图是决定外源负载，以确保水体能够满足既定的水质标准。

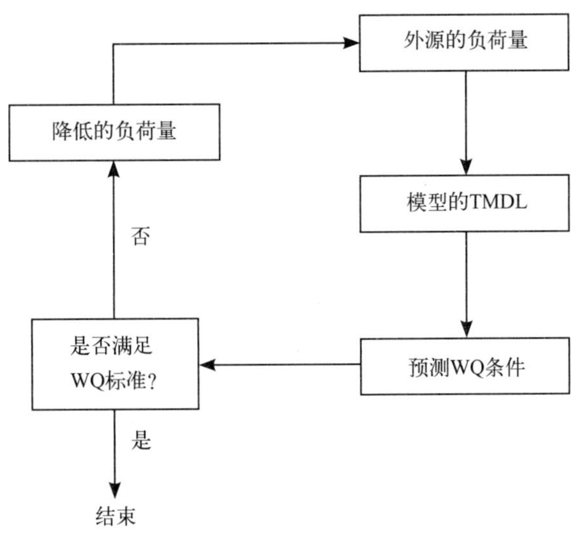

图6.4.5　模式用于确定TMDL

第7章　数学模拟与统计分析

本章介绍在地表水系统研究中经常使用的数学模拟与统计分析方法。

本章的三节涵盖了模拟中三个基本而又相对独立的部分。7.1节讨论数学模型、数值模型以及如何选择地表水系统模拟中的模型。7.2节介绍了水动力和水质研究中常用的统计分析方法。7.3节着重于模型校准、验证和敏感性分析。

7.1　数学模型

"所有的模型都是错误的，只是有些模型有些用处"（Box，Draper，1987）。所有的模型都是错误的，是指模型往往是对真实世界的简化。然而模型又是有用的，可以帮助人们解释、预测和理解真实世界。尽管并不完美代表所模拟对象，模型仍可以提供有益的洞见。

用于地表水研究的模型可以分为两大类：物理模型和数学模型。物理模型按特定尺度建立，使水流（或其他流体）产生可以测量、并与实际水体系统相关联的比例流动。而数学模型则是用一组方程组来表示水流及其他过程，并往往需要用计算机数值求解。两种模型各有所长。严格来说，因为地表水系统非常复杂以至于很难准确模拟，没有哪一种模型可以获得完全成功。

数学模型通常基于基本的物理、生物与化学原理，描述水系统的空间和时间变化。数学模型只是尝试纳入那些与研究最为相关的问题，而不会试图去表现实际环境的所有方面。模型里的参数可以进行调整，以使其能切实地表现具有某些特征的地表水系统。如前所述，水动力和水质模型中的数学模型往往是耦合的非线性偏微分方程组。没有哪两个水系统是完全相似的，所以，需要调整数学模型的参数，以适应当地的具体情况。有时甚至需要添加新的参数或机制来恰当地表示相应的水体系统。

数学模型有许多形式。它可能是在经验基础上绘出的统计关系图，或是由物质守恒定律得出的方程，或两者兼而有之。每种模型均有其优点和局限性。根据其特点，数学模型可分为不同的种类，如：①统计性的（即经验性的）或机理性的；②确定性的或随机性的；③有解析解的或只能数值求解的。这些特征代表了数学模型的不同侧面。例如，大多数（如果不是全部的话）三维水动力模型（如，Blumberg，Mellor，1987；Hamrick，1992）是机理性的、确定性的数值求解模型。

统计（经验）模型和机理性模型

统计模型（或经验模型）通常是从观测数据中拟合出来的简单数学关系。例如，一个湖泊中叶绿素和磷的观测数据间的线性回归关系，就是一个非常简单的统计（经验）模型，其中叶绿素和磷之间的关系用一个代数方程来表示。经验模型通常很容易使用，只需要很少的精力和观测数据。

它的弱点之一是往往有较大的系统预测误差，特别是在没有足够的站点数据来校准模型时。但是当有一系列的观测数据用于构建经验模型时，它的结果可以是相当可靠的。而大家也都知道，由统计（经验）模型数据的外推结果带有不确定性。

相比之下，机理性模型是建立在控制水体系统的物理、生物与化学机制上的，经过适当的校准和验证，机理性模型能够解决更多水动力与水质过程的细节问题。机理性模型中解析型的方程包含了直接定义或观测而来的参数。机理性模型往往能更好地代表被研究水体的物理生化过程。因此相比统计模型，通常我们对机理性模型外推所得出的结论抱有更大的信心。

然而在水动力和水质模型中，机理性模型往往也需要由经验公式来表示其中的某些过程。例如，虽然应用于湍流的水动力模型是机理性的，但是2.2.3节中描述的湍流模型也主要是基于经验公式的基础上。第5章中，水质模型所用的很多公式是由观测资料拟合出的统计性方程。因此，统计（经验）模型和机理性模型在地表水系统中经常一起使用。

确定性模型和随机性模型

一个确定性模型不包含随机的因素。模型的每个因子和模型的输入都是由数学方程完全确定的。每个变量的行为完全由初始状态及控制方程决定。一个给定的输入产生确定的输出，而不会出现随机变化。相比之下，随机模型包含随机性因素或输入。模型允许在两个或两个以上变量间存在随机或概率的因素。一个给定的输入会产生一个随机输出，由统计变量的分布表示。

随机模型侧重于复现水体的某些统计特征。例如，一个河流的随机模型可以用概率分布、均值、方差等统计量来定性地刻画其流量特征。但是，这样模型就不能给出特定时间的流量。相比之下，确定性模型则能够复现河流的某些过程。通过计算所有流入到河里的外部来源，确定性模型能够得到特定时间的流量。一般来说，确定性模型可以实现水体的一些内部物理过程，因而能够解决一系列无法由随机性模型处理的问题。

随机因素往往也是确定性模型校准和验证的重要组成部分。例如，要校准确定性模型，有

$$f_{\mathrm{obs}} = f_{\mathrm{model}} + error \tag{7.1.1}$$

式中，f_{obs}为观测值；f_{model}为模型结果；$error$为模型误差。

通常观测值是不同时间不同测站测值的集合。那么式（7.1.1）可以表示为

$$\sum f_{\mathrm{obs}} = \sum f_{\mathrm{model}} + \sum error \tag{7.1.2}$$

其中$\sum$表示对所有值的求和。

模型校准和验证的目的是为了尽量减少误差项$\sum error$，使模型结果尽可能地符合观测数据。由于$\sum error$误差项代表模型和数据之间所有的累积误差，它有许多可能的影响因素，比如模型的准确性和数据样本误差。从这个意义上说，误差项$\sum error$可以被看作一个随机因子，而确定性模型校正的目的则是尽量减少随机误差$\sum error$。因此，即使是在确定性模型中，随机因素也始终都发挥着很重要的作用（如，Ji 等，2002b，2004b）。

解析模型和数值模型

数学模型可以是解析的或数值的。解析模型是指描写水体过程的微分方程组具有精确的数学解。解析模型通常用于预测稳定状态下定常参数的一维问题（如，Ji，Chao，1989，1991），仅在相当限制的条件下才适用。由于必须满足严格的假设，解析模型经常被用在：①检查复杂数值模型的准确性（如，Ji 等，2003）；②提供相对简单系统的一阶估计；③用来理解水体中的水动力和水质过程。

著名的Streeter-Phelps（1925）方程，即式（8.3.4），是估计DO浓度沿河分布的一个解析模型例子。而沉积物浓度垂直分布的廓线方程，即式（3.2.17），是另一个简化的例子，但是它仍然给出了水中含沙量浓度垂直分布变化的主要特征。式（3.2.17）阐明了在垂直方向泥沙沉降速度、垂直扩散与水的深度对泥沙沉积分布的影响。这也是一种普遍的做法，即通过比较数值模型与解析模型的结果，以此来检查数值模型的准确性。例如，Ji 等（2003）从线性的Navier-Stokes方程得到了一个解析解，并用这个解来描述墨西哥湾中粒子轨迹。

解析模型通常会有一些局限性，因为为了得到这些解析解，往往做了很多的假设。地表水系统的大多数模型往往过于复杂而无法获取解析解，对这些模型来说，数值求解就是必不可少的。

数值模型先是对数学方程，如描述水体过程的连续性方程和动量方程，进行离散化。方程离散化后再转换成计算机代码（计算机模型）。把相应的数据和模型参数输入计算机，就可以计算出模型的数值解。计算机模拟其实就是利用计算机模型来复现水系统。给定适当的数据，计算机模型会执行运算并产生数学模型的近似解。

7.1.1 数值模型

数值模拟就是用数值模型来模仿水体对特定外加强迫条件的响应。经校准和验证后，模型可用来预测一个水系统在强迫条件下的变化。数值模型可根据以下条件分类：

（1）数值方法：有限差分、有限元、有限体积、谱模型等；

（2）网格类型：笛卡儿网格、曲线网格、非结构网格等；

（3）时间差分格式：显式、隐式、半隐式等；

（4）空间差分格式：迎风格式、中央差分格式、通量校正等。

例如，EFDC模型采用有限差分、曲线网格、半隐式格式、通量校正输送（Hamrick，1992）。

依据模型对时间和空间的代表性，数值模型也可归类为：①定常状态的或者时间动态的；②零维、一维、二维或三维。模型的时间特性包括该模型是否为定常态的（输入和输出不随时间改变）或时间动态的，这取决于如何对待控制方程中含有时间的项。定常意味着系统中的变量值不随时间改变。定常态模型假设时间项为零，输入常数值的变量，产生的结果不随时间变化。当模型的输入和输出都进行很长一段时间而不变的时候，就会出现这种定常态的情况。定常态的模型更容易应用，要求的资源也大大少于动态模型。定常态模型通常只适用于少数水体，例如流量、泥沙和污染物负载在年际时间尺度上变化不大的河流。定常态模型在初始阶段的模拟中有一定的用途。

与定常模型相反，一个非定常模型的控制方程中包含了时间项，并描述了水体随时间的变化。该模型模拟在各种外部负载、边界条件和气象条件下水体内部过程的时空变化。

数值模型的空间特征包括模拟的空间维数和分辨率。模拟浅的小河流时经常使用一维模型，因为它们在垂直方向和横向水平方向的梯度一般很小。例如，在3.7.3节和8.4.1节中作为案例研究的马萨诸塞州的黑石河就是由Ji等（2002a）用一维模型来模拟的。对于大型湖泊和港湾，因为它们普遍存在垂直与水平方向上的梯度，比较合适的是二维或三维模型，例如本书中描写的其他案例。

三维模型模拟了三个空间维度上的梯度分布，给出了最接近实际的近似。目前在地表水模拟中有一些三维、非定常、自由面水动力模型可供使用（如，Blumberg，Mellor，1987；Hamrick，1992；Casulli，Cheng，1992）。虽然这些模型都是求解相同的三维Navier-Stokes方程式（2.1.19），但它们在湍流闭合方案、数值方法、网格类型和具体的算法上还是有很大不同。

水系统的数值模型发展可分为两个阶段：①通用模型发展；②具体水域站点模型发展。

通用模型是一个结合了流体动力学和水质一般理论，但不包括任何特定具体地点水域信息的数值模型。如图7.1.1所示，通用模型往往按下面的步骤发展：

（1）发展基本理论并用微分方程表示；

（2）微分方程离散化为差分（或有限元）方程，然后使用数值算法求解；

（3）基于有限差分方程和数值算法进行程序开发，并通过运行模型得出相应的解。

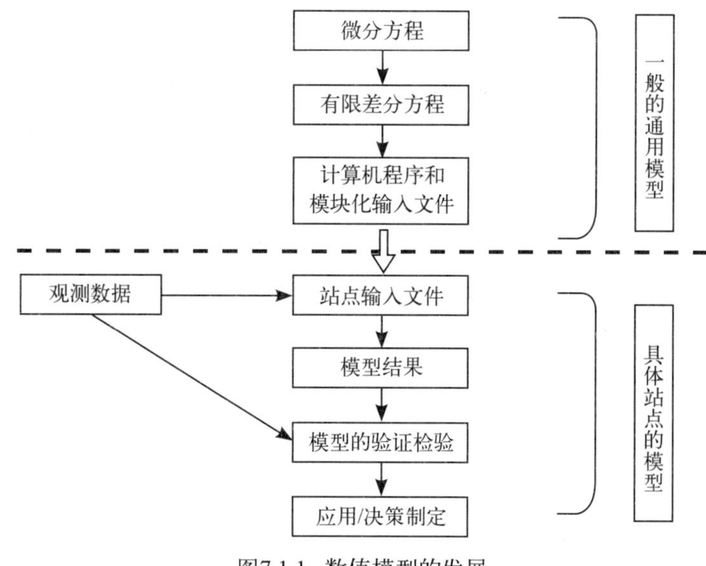

图7.1.1　数值模型的发展

输入文件模板往往是随计算机程序一起开发，以使计算机代码可以通过一致性检查和测试。在这一阶段，通用模型并不与任何具体的研究领域相关，只针对一般水体，即假设与模型研究目的相关的过程都有相同类型的问题。例如，EFDC模型（Hamrick，1992）就是一个通用的模型，适用于河流、湖泊、河口和沿海水域。

相反，具体水域的模型是专为某个特定水系统的研究而设计的，有着独特的设置。站点水域模型是该地具体站点水域信息，如地形、模型参数和边界条件与通用模型相结合产生的。如图7.1.1所示，为将通用模型应用到特定水域，应该将测量数据纳入模型中用于建立输入文件和模型的校准与验证。

正如在前面的章节所述，一个特定水域模型的输入文件数据，例如奥基乔比湖环境模型（LOEM）（Jin，Ji，2005），应该来源于所研究的水域。设定输入文件后，该水域的模型就可以在计算机上运行并产生结果。将模型结果与测量数据相比较以便校准和验证模型。最后，校准和验证后的模型可以开始应用并用于支持相关决策。很明显，一个通用模型的计算机代码（如EFDC模型）很容易从一个水域移植到另一个，而一个为特定水域设计的模型（例如，LOEM模型），则是专门用于该水域。

不同于解析模型难于处理复杂的问题，数值模型能够较真实地模拟复杂的水系统。20世纪90年代以来三维水动力和水质模型已经从一个课题研究走向成熟的实际分析技术。计算机技术的迅速发展提供了强大的数值模拟能力。在过去的20年间，三维模型对计算机的要求已经大大降低，从必须使用超级计算机或高端工作站，到现在个人计算机即可满足要求。

通过实验室和实地观测得到的研究数据被用于深入了解水动力和水质过程。但是，这些数据的获得可能会困难且代价高昂。测量数据的空间和时间分辨率往往也不足以全面描述一个水体。在理解和分析观测数据方面，数值模型可以发挥出关键的作用。如果一个数值模型可以准确地模拟出水体的观测数据，就应该对该模型的进一步应用抱有信心。数值模型可用于观测资料之间的插值并指导未来的数据采样工作。通过将观测值纳入数值模拟，如数据同化，可以使数值模型得出更为可靠的结果。数据同化正在成为水动力和水质模拟中一个强有力的工具。因此，数值模型不仅是理解水动力与水质过程必不可少的工具，而且也是发展水资源与环境管理计划的有用工具。

数值模型总是基于一些假设和过程描述，是真实系统或多或少的简化。能够用数学公式进而用数值模型对水系统进行描述的能力，并不意味着人们对水体过程能完全理解。虽然数值模型能够比解析模型处理更为复杂的问题，但它仍不可能包容水系统实际存在的所有过程与机制。事实上，数值模型做出的很多近似可能会导致许多模型误差。近似中所用拟合出的经验系数往往增加了模拟结果的不确定性。另外，数值模型的结果在很大程度上依赖于外部强迫值，而这些值或者来自从研究区域所收集到的数据，或者来自于另一种模型得出的值。外部强迫值中的误差会损害模型的准确度。例如，Ji等（2007）报告说，在圣露西河口的模拟中，注入淡水通量的误差有时会导致模拟的盐度出现严重的误差。

7.1.2 模型选择

爱因斯坦曾经说过："凡事应尽可能简单化，而又不能过度简单化"。模型选择是模拟应用中的第一步。即便有很多种模型可用于流体力学和水质的研究，选择最符合研究需求的一个模型仍然是一件复杂的任务。模型选择的目标是使选择的模型能够满足所有（或大多数）的研究目标。

从定义上说，所有的模型都是对实际过程的复现。各种假设用于在简化实际系统，但同时也限制了模型的应用。因此，在选择模型前必须要熟悉模型的前提假设。选择一个适当的模型需要考虑：①研究目的；②所需的时间和资源，包括可用的数据、专业特长和项目成本。

选择适当的模型应该基于研究目的、水体特点、可用数据、模型特点、文献资料以及在该地区的经验。模型选择也应在各种需求之间取得平衡。在某种程度上，由于时间和资源永远都是有限的，选择的目标应当是从模型中选出最有用的，确保可以应对所有影响水体的重要过程。选择一个过于简单的模型会导致缺乏决策所需要的精确性和确定性，而选择过于复杂的模型可能会导致资源分配不当，延误研究，增加成本。

在模型选择过程中，很重要的是要考虑一个模型的性能、熟悉程度、资料质量、技术支撑以及专业认可和接受的程度。模型研究人员的技术专长在确定模型参数和严格评估模型结果方面是非常有用的。如果以后有很多潜在的项目都需要使用某个特定的模型，那么即使这个模型对当前的应用来说并不是最简单的，选择使用这一模型也是最为有利的。选择一个可以满足大部分应用需求，能从研发人员及其他用户那里获得持续支持的模型是很有必要的。专注于一种模型而不是随研究项目的不同而更替模型，可能是更为有益的做法。比起适应一个全新的模型，选择不需要"热身时间"的模型往往具有很大的优势。一个有良好记录的并能适用于各种情况的模型也是很有利的。模型的配置应该具有模块化和一致性，便于更新和升级。这样如果一个模型在模拟研究中被广泛使用，就更容易建立模拟研究的可信度，并且可以更方便地解释其结果。

没有一个单一的模型能解决所有的水动力和水质问题。每个模型都有其固有的假设与相应的限制。必须在模型选择、应用与对结果的解释中将之考虑进去。筛选阶段的模型模拟要设计得尽量简单，只有少数几个状态变量和有限的几个关键过程。这些模型是用来提供水质条件的初步估计的。因为每一个水体都是独一无二的，使用前可能就需要修改模型。对水体特征的了解和建立明确的研究目标对模型修正是至关重要的。最重要的是要使用最有利于研究的模型，而并不一定是研究者最熟悉的模型。熟悉的模型在模型选择时是重要的，但是不能因此将更好的模型排除在外。在选择模型前先弄清下列问题是很有用的：

（1）有哪些主要的流体动力学过程？

（2）最关心的水质问题是什么？

（3）解决这些过程最合适的时空尺度是什么样？

（4）如何应用模型以支持管理决策？

人们也许会期望选择一个简单的模型以用于某一特定的研究。然而，实际运作起来，综合模型往往由于各种原因而比简单模型更受欢迎，特别是在模拟大型复杂系统时。综合模型的典型特征包括：①三维和时间动态；②湍流垂直混合结构；③考虑了水动力学、热力学、泥沙、有毒化合物和富营养化过程。

一般来说，综合的模型应该（并不总是）比简单的模型在数学、物理、化学及生物相互作用方面对水系统有更好的表现能力。综合模型可以应用于不同的细节程度。在许多情况下，更为有利的做法是采用一个具有更多细节的模型以应对各种科学和工程应用问题，而不是在研究项目的不同阶段或项目之间更换模型（Nix，1990）。

在模拟大型、复杂的水系统时，综合模型往往优于简单模型，这是因为：①对水体渐近深入的认识；②管理的需要；③计算成本的逐渐降低；④模型开发人员。

随着研究取得进展，对水体的认识也会更加深入。研究结束后通常可以得到水体系统的全面认识。因此，有时在研究开始阶段，很难确切地知道哪个简单的模型就能够充分地描述该系统。因此，一个有最大能力（或潜力）描述系统重要特征（已知或未知的）的模型是很有用的。即便后来才发现综合模型没有包括水体中的某个重要机制，模型此时也有了一个良好的基本框架来加入这种新的机制，因为一个综合模型一般能够比简单的模型更好地表现水动力与水质情况。模型选择的指导思想是找到一个最适合手头问题并对进一步的强化研究也有着足够灵活性的模型。其中很重要的一个原则是，综合模型一般的可以适用于简单的系统，但简单模型不能轻易扩展到比它本身更为复杂的系统。

管理决策的需求可能会经常变动，难以预见，例如出于政策原因的变动。因此选择的模型要能满足这些“额外”的需要。为解决当前问题并满足未来需要，综合模型往往是更具有成本效益的选择。而使用一个简单的模型，当后来发现不足时，就必须彻底地更换。

计算机技术的进步大大降低了计算成本，也使综合模型得到了更广泛的应用。许多综合模型现在都可以在个人计算机上运行。例如，本书中的案例都是如此。与其他工作花费相比，如现场数据采样和模拟的人力成本，现在的计算费用往往微不足道。计算机能力的极大提升也使得综合模型在实际应用中变得更加切实可行。

毕竟，模拟研究是由模拟研究人员来做的。模拟研究人员常常需要研究不同水体的水动力、泥沙、有毒化合物和水质条件，需要模型和工具足够的“多才多艺”以应付这些不同的应用需求。一个研究人员在同一时间研究多个水体并用数年时间来完成数十个模拟项目十分普遍。因此，就可以理解研究人员为什么会使用（并完全了解）其中的几个模型（有时只用一个），并将它们应用到大多数模型研究中。研究人员往往更喜欢完全了解一些（甚至一个）综合模型，一直使用它们，并应用其解决大多数的模拟需要。而不是为了不同研究需要，学习使用很多个模型。坚持使用一个（或有限的几个）模型，并为模型的应用提供高效的人力与经济条件，并一直致力于模型的科学发展，这样做才是符合成本效益的。

使用综合模型需要研究人员进行很多培训，拥有足够的技能和经验。研究人员对模型的假设与限制必须有充分的了解和应对措施。否则就是在使用一个（完全不了解的）“黑匣子”模型。综合模型应用的主要障碍包括：

（1）专长。综合模型需要训练有素、经验丰富的人员操作，以使模型可以恰当使用，其结果可以正确解读。

（2）观测数据。综合模型通常比简单模型需要更多的测量数据来校准和验证。数据采集可能会是很昂贵的，历史数据也可能不够充分。

（3）成本。使用综合模型比使用简单的模型通常需要更多的人力。综合模型相对较长的计算时间也额外增加了研究的成本。例如，本书中的大多数模拟案例，一个水域在一年时间中的模拟，常常需要花费数个小时。

所以简单模型仍有其重要作用，因为它们实施方便，只需要很少的数据就能提供有用的决策依据。不过，综合模型往往在模拟大型复杂的水系统更为有效。计算机技术的进步、测量数据的丰富、综合模型本身的增强和决策制定需要的增长都指明了这个方向。

奥基乔比湖的研究就是个例子，开始的时候模型相对简单，继而才发展出了更复杂的动力学和时空细节。管理决策需要模型研究的支持，这就决定了研究中不断增长的模型复杂性。Walker和Havens（1995）的统计模型提供了有关湖泊的统计分析。后来James等（1997）发展的模型能够描绘湖中的空间变化。三维和时间变化的LOEM模型（Jin，Ji，2001，2004，2005，2013；Ji，Jin，2006，2014；Jin et al.，2000，2002，2007），能够描述这个湖的时空变化和细节问题，并满足管理需要。

一个模型必须不断更新，绝不应停滞不前。综合模型需要大量的资源来维持、更新和改进。因此，开源、由公共组织提供支持、通用途的综合模型，更有可能获得长期的竞争优势。为支持管理决策，一个单一模型可能无法代表所有感兴趣的水质因素，也可能无法解释所有关心的复杂水质过程。在这种情况下，综合使用多个模型是很有必要的。

7.1.3　空间分辨率和时间分辨率

空间和时间分辨率是数值模型的重要特征。它们彼此关联，也影响着模型网格的设计与构建。如果空间分辨率变化，时间分辨率（模型时间步长）也应作相应调整，以实现计算的稳定性、准确性和高效性。

空间分辨率的选择，需要良好的判断和经验。其中的两个关键因素是：①空间梯度的变化范围；②从管理的角度看这些梯度变化需要在多大程度上予以考虑。必须在相互竞争的因素，如精密度和成本，之间取得平衡。水动力与水质过程模拟所需的空间和时间分辨率有很大的不同，这取决于所研究的水系统与所涉及的过程。经验性的规则如下。

（1）高分辨率能降低模型数值误差。但如果分辨率太高的话，会增加不必要的研究成本，而模型结果并不会随之显著改善。

（2）较低的分辨率可以降低研究成本。但如果分辨率太过粗糙的话，就会使模型精度和结果大打折扣。

虽然一个真实的水系统总是三维的，它也可以按照系统特点用一维、二维或三维模型来描述。如果系统在某个维度的变化不大，或者可以用平均值代表，那么这个空间维度就可以从模型中忽略掉。作为一个基本的过滤手段，平均总是不可避免地会导致某些信息的丢失。关键是要有足够的分辨率，可以模拟得到水体的空间变化。例如，一维河流模型只是描述沿着河流的空间变化，忽略掉横截面和垂直的变化。这种一维模型能很好地表现狭窄的小河流，如3.7.3节和8.4.1节所提到的黑石河。在河口研究中，除了在纵向的变化，那些沿垂直方向的变化也往往重要，因为咸水和淡水通常会导致垂直分层。而对于在横截面上也有显著变化的河口来说，三维模型就很需要了。

当合适的空间分辨率被确定之后，就需要确定模型的时间分辨率了。选择时间分辨率没有正式的确定性指导原则。时间动态模型的模拟持续时间相差很大，通常从几周到几年不等。这取决于以下因素：①研究区域的大小；②流动状况和水的输送特点；③感兴趣的水质过程；④可用的测量数据；⑤决策的需要。

一个基本的要求是，模拟的时间应该足够长以使模拟结果不受初始条件的影响。即模拟要达到一个稳定状态，以确保在初始条件中的误差不会明显影响到模拟结果。如2.2.5节中讨论的，如果模拟时间足够长，初始条件中的误差就可以被“忘记”。水体的冲刷时间则是另一个确定最短模拟时段的参考量。如果考虑日照、温度或其他外部条件的季节与年际变化的话，对水质模拟的时间范围可能会从季节到年。

通常水动力过程也控制着模型时间步长的选择。为确保计算的稳定性和收敛性，模型的时间步长应该足够小，通常要把时间步长减少到几分钟或几秒钟的量级。水动力过程的模拟要求如此之小的时间步长，因此模型的时间分辨率大都足够用来复现水体中的其他过程，如泥沙输送和其他水质过程。

7.2 统计分析

统计分析可用于设定模型的输入和评估模型的性能，并帮助理解水体中的过程。

模拟研究中，使用的模型能够真实地复现水系统十分关键。模型校准通常是通过不断地主观尝试和模型参数的调整，直到模拟结果与数据完好地吻合起来才最终完成的。研究者的经验与判断是准确有效地进行模型校准的重要因素。一般有两种方法比较模拟结果与实测数据：①定性比较；②定量（或统计）比较。

定性比较通常是从视觉上比较某些状态变量的模拟结果与实测数据的时间序列及空间分布，并判断模型是否能复现观测到的时空变化。一位经验丰富的研究人员会评估结果图，并对模型校准与验证的好坏在经验基础上形成判断。

另一方面，定量（或统计）比较，利用统计分析来定量地给出模型结果在多大程度上符合实际数据。统计分析提供了一个不同角度的模型与实测结果对比，用具体的数字量化模型的校准/验证状态（有时称为模型技巧评估）。这两种方法都各有其优点和缺点。相比较而言，在表现模型结果的时间和空间的分布上，定性比较是较有优势的。但是它容易受研究者主观经验的影响而显得主观化。定量比较可为模型性能提供更加客观的标准，但是难以给出模型在整体性能上的可视化评价。定量比较也会受到位置、时间以及数据处理的影响。将定性（可视化）比较和定量（统计）比较相结合才是评估模型性能更好的方法（Spaulding et al.，2000；Krause et al.，2005；Moriasi et al.，2007；Fitzpatrick，2009）。

7.2.1　用于评估模型性能的统计变量

虽然有很多的方法来分析和总结模型的性能表现，却并没有一个评估模型性能的标准办法。下面这些统计变量在模拟与实测结果对比以及模型校准和验证中很有用：①平均误差（ME）；②绝对平均误差（MAE）；③均方根（RMS）；④相对误差（RE）；⑤均方根误差（RMSE）。

平均误差（ME）是观测值与预测值之差的平均：

$$ME = \frac{1}{N}\sum_{n=1}^{N}\left(O^n - P^n\right) \tag{7.2.1}$$

式中，N为观测值与预测值的对数；O^n为第n个观测值，P^n为第n个预测值。

理想情况下$ME = 0$，非零值表明了模型的结果可能高于或低于观测的值。正值表明，平均而言该模型预测小于观测值，模型可能低估了观测值。负值表明，平均而言该模型的预测高于观测值，模型可能过高地预报了观测值。

仅使用平均误差作为模型的性能衡量，可能会造成虚假的理想零值（或接近零），并产生误导，因为如果正的平均误差约等于负的平均误差，它们就会互相抵消，使计算结果接近于零。由于存在这种可能，仅靠这一个统计量来衡量模型性能就不是一个好的办法。因此还需要其他统计量。

绝对平均误差（MAE）被定义为观测值与预测值差的绝对值的平均：

$$MAE = \frac{1}{N}\sum_{n=1}^{N}\left|O^n - P^n\right| \tag{7.2.2}$$

虽然绝对平均误差（MAE）不能显示预测值是高于还是低于观测值，但是它消除了正负误差之间的抵消效应，可以作为观测值与预报结果之间是否符合的一个更明确的标准。与平均误差

（ME）不同，绝对平均误差（MAE）不会给出误导性的零值。$MAE = 0$意味着预报值与观测值完美地吻合在了一起。

均方根误差（RMSE），也称为标准差，是观测值与预测值差的平方和求平均后再开根号：

$$RMSE = \sqrt{\frac{1}{N}\sum_{n=1}^{N}\left(O^n - P^n\right)^2} \tag{7.2.3}$$

均方根误差（RMSE）广泛用于评估模型的性能。均方根误差理想情况下应为零。均方根误差$RMSE$可以代替绝对平均误差MAE（通常$RMSE$比MAE要大），是对一个模型性能更严格的一个衡量标准。它相当于一个加权后的MAE，如果模型预报值与观测值相差较大，那么它给出的结果也更大。

上述三个统计量，即平均误差（ME）、绝对平均误差（MAE）和均方根误差（RMSE），都给出了观测值与预测值之间差异的具体大小。但是，在水动力和水质模型中，还使用百分比来表示这种衡量模型性能的差异。相对误差（RE）被定义为绝对平均误差（MAE）与观测平均值的百分比，表示为

$$RE = \frac{\frac{1}{N}\sum_{n=1}^{N}\left|O^n - P^n\right|}{\overline{O}} \times 100\% \tag{7.2.4}$$

式中，$\overline{O}$为观测值的平均。

相对误差给出了平均的预测值在多大程度上与平均的观测值一致。但是在地表水模拟中，有些状态变量可能会有非常大的平均值，以至于相对误差很小，这就造成了模型预测是非常准确的错误假象，即使预测误差实际上可能是不可接受的。例如，如果平均水温31℃，绝对平均误差（MAE）是3℃，则相对误差仅为9.7%，看起来是可以接受的。而实际上，在大多数水动力与水质模拟中，3℃的绝对平均误差（MAE）是不可接受的。在模拟十侠湖时（Ji et al.，2004b），如9.4.1节中所述，在大坝处湖水平均水深为41 m，即使预测的湖面高度相差3 m，相对误差也只有7.3%，然而3 m的绝对平均误差是绝对不可接受的。

为了克服这一缺点，在水动力和水质模型中还经常使用相对均方根误差（RRE）：

$$RRE = \frac{\sqrt{\frac{1}{N}\sum_{n=1}^{N}\left(O^n - P^n\right)^2}}{O_{max} - O_{min}} \times 100\% \tag{7.2.5}$$

式中，O_{max}为最大观测值；O_{min}为最小观测值。

相对均方根误差（RRE）在模拟河流（Ji et al.，2002a）、湖泊（Jin，Ji，2004，2005；Ji et al.，2004b）、河口（Blumberg et al.，1999；Ji et al.，2001，2007）和湿地（Jin，Ji，2015；Ji，Jin，2016）时是一个很有用的衡量标准。本书中的案例研究也广泛地使用了RRE。

模型技能（Skill）定义为

$$Skill = 1 - \frac{\sum_{n=1}^{N}\left(O^n - P^n\right)^2}{\sum_{n=1}^{N}\left(\left|P^n - \overline{O}\right| + \left|O^n - \overline{O}\right|\right)^2} \tag{7.2.6}$$

模型技能为模型-数据的一致性提供了一个指标：1表明完全一致，0则表明完全不一致。Maréchal（2004）指出：*Skill*>0.65时，模式模拟水平为极好；*Skill*在0.5～0.65之间为很好；*Skill* 在0.2～0.5之间为较好；*Skill*低于0.2则称之为差。在本书5.9.3节的案例研究，Skill用于评估SLE/IRL模型的表现（Wan et al.，2012）。

7.2.2　相关分析与回归分析

研究中往往需要知道两个变量之间的关系，如汇入一个湖泊的支流其水量与泥沙含量之间的关系。相关分析与回归分析就是在统计学意义上表明了这种关系（Ji，Chao，1987）。

一个变量的方差是其值与平均值之差的平方和的平均，表示为

$$s^2 = \frac{1}{N}\sum_{n=1}^{N}\left(O^n - \overline{O}\right)^2 \tag{7.2.7}$$

它衡量的是变量的变化，也就是说变量值相对于其平均值的散布范围。而标准差s被定义为

$$s = \sqrt{\frac{1}{N}\sum_{n=1}^{N}\left(O^n - \overline{O}\right)^2} \tag{7.2.8}$$

它给出了变量相对于其平均值的散布大小。

相关系数用来定量表达两个变量之间的关系，定义为

$$r = \frac{\sum_{n=1}^{N}\left(O^n - \overline{O}\right)\left(P^n - \overline{P}\right)}{\sqrt{\frac{1}{N}\sum_{n=1}^{N}\left(O^n - \overline{O}\right)^2}\sqrt{\frac{1}{N}\sum_{n=1}^{N}\left(P^n - \overline{P}\right)^2}} \tag{7.2.9}$$

式中，r为相关系数，无量纲量；$\overline{P} = \frac{1}{N}\sum_{n=1}^{N} P^n$ 为平均预测值。

在模拟结果与实测数据进行比较时，相关系数是预测值能在多大程度上切合观测值的一个衡量标准。相关系数从0（完全的随机关系）至1（完美的线性关系）或-1（完美的负线性关系）。如果预测结果与观测值没有关系，相关系数就为0或很小。随着预测值与观测值之间相关性的增加，相关系数的值就越来越接近1。式（7.2.9）是线性相关关系。非线性相关与显著性检验请参考其他资料（如Press 等，1992）。

例如，Wang等（2003b）计算了奥基乔比湖上四个站点的风速和悬浮泥沙浓度（SSC）的相关系数（表7.2.1）。四个站点的位置如图2.4.2所示。结果清楚地表明，湖上的风对悬浮泥沙浓度（SSC）的变化有着强烈的影响，在站点LZ40上其相关系数可达0.756。

表7.2.1 风速与SSC和风应力与SSC在站点LZ40，L006，L001和L005上的相关系数[a]

站点	风速与底部SSC	风应力与底部SSC	风速与中部SSC	风应力与中部SSC	风速与表面SSC[b]	风应力与表面SSC
LZ40	0.715	0.691	0.756	0.744	N/A	N/A
L006	0.733	0.710	0.726	0.698	0.733	0.704
L001	0.700	0.705	0.683	0.680	N/A	N/A
L005	0.527	0.423	0.493	0.401	N/A	N/A

a. Wang 等，2003b；

b. N/A表示SSC数据不足以计算出相关系数。

回归分析采用最佳拟合的方式来建立两个变量之间的数学关系。在地表水的研究中，回归分析经常用来建立两组测量数据之间的简单的回归关系式。根据该表达式，由一个变量的值可以计算出另一个的值。例如，一条支流的流量与营养物负载之间的关系。这两个变量之间是正相关的。建立回归方程后，流量通常可以用来预测营养物负载。

通常假设两个变量之间的关系是线性的，回归方程就可以表示为：

$$y = a \cdot x + b \tag{7.2.10}$$

式中，x为已知的变量；y为要计算的变量；a为回归直线的斜率或相关系数；b为截距。

用观测数据来确定a和b，使式（7.2.10）可以以最小误差来拟合测量数据y。为了衡量这两个变量之间关系的回归方程的好坏，需要计算式（7.2.10）给出的y值与观测y值之间的相关系数。相关系数的平方，即R^2，经常被用作线性回归关系契合程度的一个指标。

最小二乘法可用来确定式（7.2.10）中两个未知参数，即斜率a和截距b的值。对于一组数据，(x_i, y_i)，其中 $i = 1, 2, 3, \cdots, N$，用最小二乘法确定a与b的值，使回归方程能最好地拟合观测值。这就意味着，观测值与回归直线之间的差，即下式的值要达到最小：

$$error = \sum_{n=1}^{N}\left[y_i - \left(a \cdot x_i + b\right)\right]^2 \tag{7.2.11}$$

在数学上经过一定的处理和运算可以得到系数的值。经过处理，有

$$a\sum_{n=1}^{N} x_i^2 + b\sum_{n=1}^{N} y_i^2 = \sum_{n=1}^{N} x_i y_i \tag{7.2.12}$$

$$a\sum_{n=1}^{N} x_i + bN = \sum_{n=1}^{N} y_i \tag{7.2.13}$$

解这两个方程就能得到a和b的值。这就是最基本的最小二乘法。

在模拟研究中，回归方程常常被用来建立两个变量之间的关系，如提供水质模型中的负载关系。例如，在圣露西河口（St. Lucie）的研究中（AEE，2004a），支流流入河口的营养物浓度通常每月测量1～2次。由营养物浓度和流量就可以计算出流入河口的营养物负载。问题是每月1～2次的

营养物数据采样频率对水质模型来说是不够的。因此需要建立流量与营养物负载之间的回归关系，而不是直接使用由测量值计算出来的营养物负载。有了河口每天的流量观测值，利用回归方程，就可以计算出每天河口的营养物负载，然后就可以作为模型的输入。图7.2.1给出了在圣露西河口的Gordy站点的回归分析结果（AEE，2004a）。类似的回归表达式也经常被用来估计地表水中的沉淀物和有毒物负载。

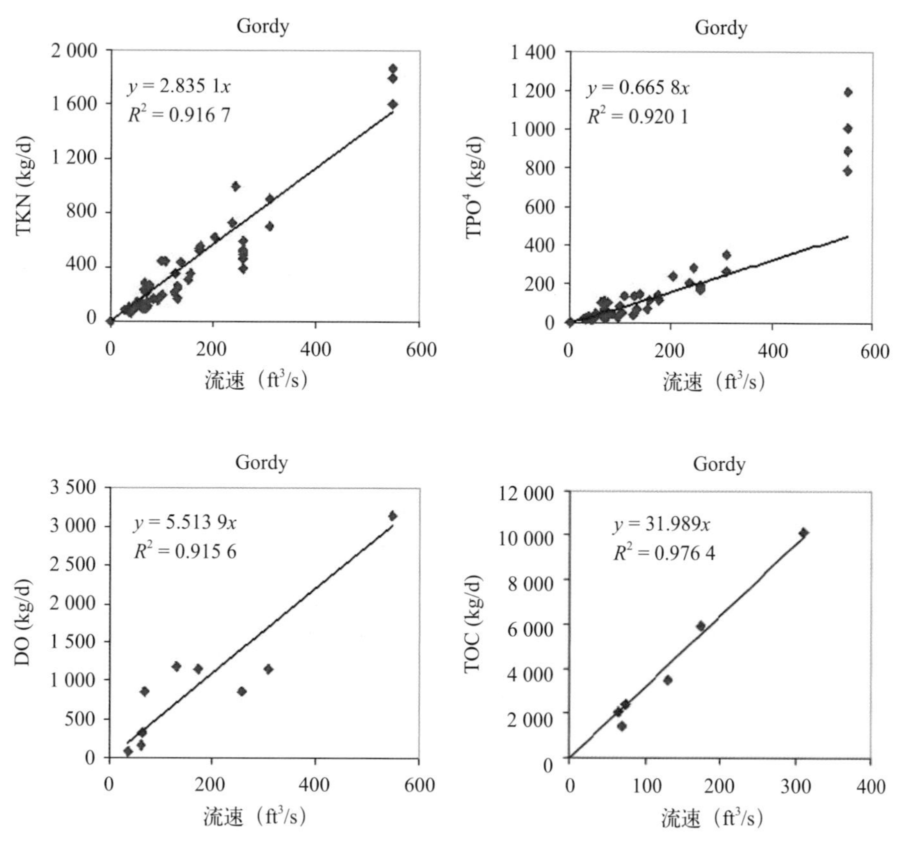

图7.2.1　在Gordy站点的营养物负载回归结果

7.2.3　谱分析

地表水常常有周期现象，如水温与DO浓度的昼夜与年变化。河口的潮汐运动和湖面波动在时间上也是周期性的。

谱分析是一个研究时空周期变化的有用工具。一个变量的时间序列，如温度和水面高度，可以看作不同频率周期成分的合成。通过分析这些成分对时间序列的贡献，主要的频率（或周期）就可以被识别出来，这对了解水体的特点很有帮助。一个时间序列可以分解成周期成分、长期趋势和随机扰动。谱分析的关键步骤是将周期成分与长期趋势和随机扰动分离，并确定与周期成分相关的能量。

傅里叶分析是一种常用的谱分析方法。它能从一个看起来“噪声”很大的时间或者空间序列中提取出周期性信号。对于时间序列，$\eta(t)$在$t_n = t_1, t_2, \cdots, t_{2N}$时刻共有$2N$个值。时间序列可近似表示为正弦和余弦函数的组合：

$$\eta\left(t_n\right) = a_0 + \sum_{k=1}^{N}\left[a_k\cos(\omega_k t_n) + b_k\sin(\omega_k t_n)\right] + \eta_0(t) \tag{7.2.14}$$

式中，t为时间；a_0为$\eta(t)$的平均值；a_k和b_k为常数（傅里叶系数）；ω_k为第k个周期的角频率；N为式（7.2.14）中所含的频率的个数；$\eta_0(t)$为周期成分之外的残差。

角频率ω_k被定义为

$$\omega_k = \frac{2\pi k}{T} \tag{7.2.15}$$

式中，$T = 2N \times \mathrm{d}t$，为时间序列的持续时间，$\mathrm{d}t$为时间序列的时间间隔。

式（7.2.14）表示指定的频率为基频$\frac{2\pi}{T}$的整数倍。傅里叶系数a_k和b_k确定了频率为ω_k的周期波动对时间序列相对贡献的大小。与ω_k相关的T_k为

$$T_k = \frac{T}{k} = \frac{2N \cdot \mathrm{d}t}{k} \tag{7.2.16}$$

式（7.2.14）也可以表示为

$$\eta\left(t_n\right) = a_0 + \sum_{k=1}^{N} A_k \cos\left[\frac{2\pi k}{T}t_n - \phi_k\right] + \eta_0\left(t\right) \tag{7.2.17}$$

式中，A_k为第k个周期成分的振幅；ϕ_k为第k个周期成分的位相。

结果是：

$$A_k^{\ 2} = a_k^{\ 2} + b_k^{\ 2} \tag{7.2.18}$$

和

$$\phi_k = \arctan\left(\frac{b_k}{a_k}\right) \tag{7.2.19}$$

傅里叶变换方程式（7.2.14）描述了在频域的时间序列。A_k显示出哪些周期成分具有的振幅（或能量）最大，因此是时间序列的主要贡献者。一个常用的傅里叶变换方法是快速傅里叶变换（FFT），它是一种确定a_k和b_k值的快速数值算法（Press et al.，1992）。

对于时间间隔为$\mathrm{d}t$，持续时间为$T = 2N \times \mathrm{d}t$的时间序列来说，式（7.2.15）可以导出一个临界频率f_c：

$$f_c = \frac{\omega_c}{2\pi} = \frac{1}{2\mathrm{d}t} \tag{7.2.20}$$

式中，$\omega_c = \pi/\mathrm{d}t = \omega_N$，为式（7.2.14）的最高频率。式（7.2.20）表明谱分析可以代表的最高频率为每周期两个采样点。高于f_c的频率会导致失真，应视为噪声处理。

奥基乔比湖水面高度的谱分析是一个很好的例子（Ji，Jin，2006）。奥基乔比湖（图2.4.2）大而浅（超过50 km长，只有数米深）。湖中几个小时周期的湖震应该会显著。测量的水面高度的时间间隔为15 min，以使数小时周期的运动可以得到很好的体现。共有2048个样本（T = 512 h）被用于进行FFT。图7.2.2中横轴是以小时为单位的时间谐波时期，纵轴是谐波振幅的平方，如式（7.2.18）所定义。图7.2.2的主要特征是，周期约5 h的谐波成分最强，是由湖震造成的。关于湖震的详情见9.2.5节。

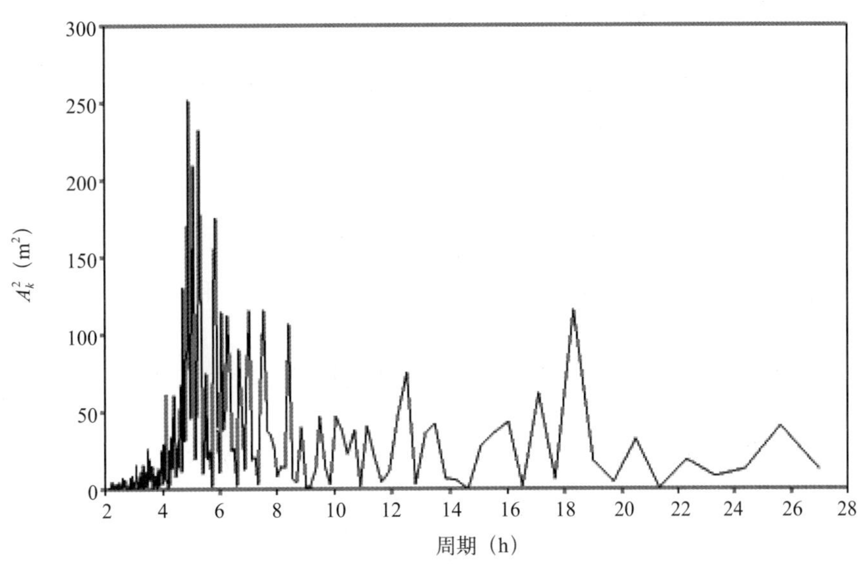

图7.2.2　奥基乔比湖水面高度的谱分析

傅里叶变换也可用于过滤不需要的频率，使我们感兴趣的谐波分量可以更清楚地显示出来。这种方法首先将时间序列进行傅里叶变换，然后将对应的不需要的频率的傅里叶系数设为零。最后，重新组合修改后的傅里叶系数就可以得到想要的结果。例如，要研究水温月份和季节变化，可以通过将日变化的傅里叶系数设置为零来去除其日变化。

7.2.4　经验正交函数

数据分析中一个关键问题是如何表示随时间和空间变化的数据，使水动力和水质过程能最好地呈现出来。经验正交函数分析（EOF）方法，也称为主成分分析，是一种有助于达到此目的的工具。经验正交函数分析可在时间和空间上降低数据样本的复杂程度，更好更清楚地呈现出其主要特点。经验正交函数分析方法：①以正交函数的形式简洁描述数据样本；②找出变量的空间型态（模态）和时间变化；③给出每个模态重要性的衡量。这些模态在空间和时间上是正交的，第一个模态具有最大方差（或能量）。通常，一个数据集方差的大部分都集中在前几个主要的模态，它们可能与水动力或水质过程相关。

经验正交函数分析在一些方面类似于7.2.3节中的傅里叶分析，是一种数据变换处理方法。这两种分析都是将原始数据投影到某个正交函数的集合，尽管具体的正交函数有所不同。两种分析的目的都是要找出系统的主要振动模态。对于傅里叶分析，正交函数是不同频率的正弦和余弦函数。对于由空间变量 x 与时间变量 t 构成的数据集合 $\psi(x,t)$ ，傅里叶分析得出：

$$\psi(x,t)=\sum_{n=0}^{N}\left[a_n(t)\cos\left(\frac{2\pi n}{L}x\right)+b_n(t)\sin\left(\frac{2\pi n}{L}x\right)\right] \tag{7.2.21}$$

其中$0\leqslant x\leqslant L$。式（7.2.21）类似于式（7.2.14），只是前者是投影到傅里叶空间序列上，而后者则投影到时间序列上。现在，数据样本（函数）$\psi(x,t)$ 被表示为不同空间波长的正弦和余弦函数，而不再是表示为一个空间和时间的函数。随时间变化部分作为$\cos\left(\frac{2\pi n}{L}\right)$和$\sin\left(\frac{2\pi n}{L}\right)$的振幅由系数$a_n(t)$与$b_n(t)$表示。

经验正交函数分析也是以类似的方式建立的。不同的是，空间函数在傅里叶分析中用三角函数来表示，但在经验正交函数分析中不是事前选定的，而是由需要分析的数据本身决定。在经验正交函数分析中，函数 $\psi(x,t)$ 在地点x，表示为N个空间正交函数$\phi_i(x)$之和：

$$\psi(x,t)\approx\sum_{i=1}^{N}PC_i(t)\phi_i(x)=PC_1(t)\phi_1(x)+PC_2(t)\phi_2(x)+\cdots+PC_N(t)\phi_N(x) \tag{7.2.22}$$

式中，$\phi_i(x)$为第i个EOF，无量纲量；$PC_i(t)$为第i个主分量，与 $\psi(x,t)$ 同量纲；N为EOF模态的个数。

经验正交函数分析把数据样本的时空场分解为相互独立的空间函数部分与时间函数部分。空间函数部分$\phi_i(x)$被称为经验正交函数（EOF）。时间函数部分$PC_i(t)$被称为主分量（幅度）。$PC_i(t)$描述了空间函数场$\phi_i(x)$随时间的变化，并显示了空间场随时间的振荡。$PC_i(t)$和$\phi_i(x)$是由式（7.2.22）右边与左边的最佳拟合来确定的，即要使两者之间的差最小。很多文章（例如，Preisendorfer 等，1988）都提供了如何计算$PC_i(t)$和$\phi_i(x)$的细节问题。用于经验正交函数分析的空间站点的数量通常远多于EOF所需要的模态数量，这就是为什么式（7.2.22）只给出 $\psi(x,t)$ 的近似值。同时要记住，经验正交函数分析是一种数学分析，x和t实际上可以代表任何变量。只是为了方便讨论，我们在这里设定x代表空间变量，t代表时间变量。

傅里叶分析和EOF分析的主要区别在于正交函数的选择。“经验”两字表明，EOF分析中正交函数依不同的数据集而相差很大，并不是预先确定的。在经验正交函数分析中，空间正交函数函数$\phi_i(x)$是根据数据样本而来，是为了使函数在其上的“投影”达到最大；而在傅里叶分析中，正交函数是预先确定的正弦和余弦函数。

经验正交函数所用的函数彼此间是相互正交的，因此有

$$\sum_{k=1}^{N}\left[\phi_i(x_k)\phi_j(x_k)\right]=\delta_{ij} \tag{7.2.23}$$

式中，Kronecker符号δ_{ij}定义为

$$\delta_{ij}=\begin{cases}1, & i=j\\0, & i\neq j\end{cases} \tag{7.2.24}$$

主分量$PC_i(t)$彼此之间也是正交的：

$$\sum_{m=1}^{M}\left[PC_i(t_m)PC_i(t_m)\right]=\lambda_i\delta_{ij} \tag{7.2.25}$$

式中，M为某个站点观测的时间序列中数据的个数；λ_i为第i个EOF分量的方差。

函数的总方差（能量）可以表示为

$$总方差=\sum_{i=1}^{TN}\lambda_i \tag{7.2.26}$$

式中，TN为EOF 分量的总数。

EOF模式中第i个分量的方差在总体中所占的比例是：

$$方差\%=\frac{\lambda_i}{\sum_{i=1}^{TN}\lambda_i}\times100\% \tag{7.2.27}$$

另外，前N个分量的总方差在总体中所占的比例是：

$$前N个方差\ \%=\frac{\sum_{i=1}^{N}\lambda_i}{\sum_{i=1}^{TN}\lambda_i}\times100\% \tag{7.2.28}$$

它代表了前N个分量在总方差（能量）中所占的百分比。一个有用的经验正交函数分析应该能够将整个数据样本进行分解，并且使总方差的大部分只由少数几个分量表示。

经验正交函数分析把一个数据集分解为正交函数（模）。一个模对应一个无量纲量，即方差λ_i，代表空间场的$\phi_i(x)$以及有量纲的时间序列部分［或主分量，$PC_i(t)$］。与每个模态对应的能量（方差）根据与EOF的相关性从大到小排列。第一个分量在总方差中比例最高，代表了最常出现的空间场。第二个分量解释了余下的方差中的最大的那部分，类似于第一个，它解释了在第一个之后最常出现的空间场，余下的以此类推。

经验正交函数分析是一种分析数据样本的有效方式，有助于理解并确定与水动力或水质过程相关的模态。由于EOF是随着方差的减少而排列，排在前几个的方差往往就解释了大部分的总方差。经验正交函数分析也经常作为过滤手段，去除某些不需要的尺度运动的干扰。比如说，在式（7.2.22）中前几个方差足够大，占到了总方差相当大的比例，我们可以在这前几个比较大的方差的基础上建立一个新的简化的函数，其余的项均视为随机噪声而被略去。在这个意义上说，经验正交函数分析类似于傅里叶分析，都可以滤掉不想要的那些尺度的运动。

应当指出，虽然经验正交函数分析是一种分解数据的有效方法，经验正交函数分析的分量却并不一定对应于任何真实的水动力和水质进程。正如在本书的前几章所讨论的那样，水动力和水质过程受质量守恒及其他定律的约束，经验正交函数分析只是一个统计分析的结果。这些分量是否有具体物理意义要看不同的解释。除此之外，一个物理过程可能需要多个经验正交函数分量来刻画，而有时候同样一个经验正交函数分量可能表示着多个物理过程。

7.2.5　EOF案例研究

本节介绍奥基乔比湖研究中的经验正交函数应用的案例（Ji，Jin，2006）。在前面的章节讨论过了奥基乔比湖以及使用LOEM对奥基乔比湖的模拟。在本节中，经验正交函数用于分析1999年10月1日至2000年9月30日期间的每日平均速度场。观测数据共有2121个点（网格单元）和365 d的时间记录，也就是说式（7.2.25）中M = 365。模拟的湖表层流场的经验正交函数分析结果在本节给出。由于湖水在大多数时间垂直混合很均匀，因此EOF对低层流场的分析也得出类似的结果。

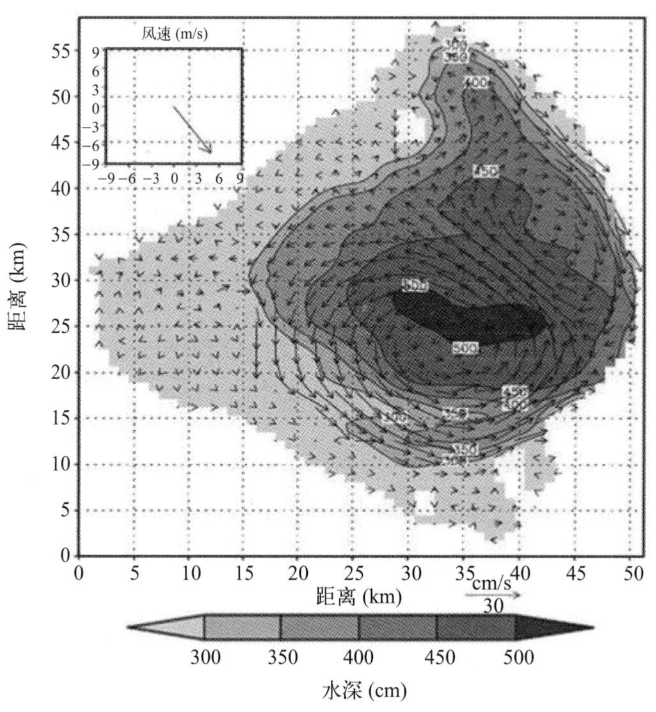

图7.2.3　模拟的1999年12月25日湖水的表层流场及湖水深度

奥基乔比湖的一个显著特征是湖中的两个涡旋。图7.2.3显示了LOEM模拟的1999年12月25日日平均的湖水表层流场以及湖水深度。图中左上角给出了每日平均风速。该地区在冬季典型的西北风（=8m/s）作用下，湖面上出现两个不同环流：气旋环流（在湖西南的逆时针旋转环流）和反气旋环流（在湖东北的顺时针旋转环流）。

图7.2.4给出了湖平均环流，通过将模拟的表层流场进行为期一年的平均而得到，即从1999年10月1日至2000年9月30日。图7.2.4显示，平均的湖水环流也表现出两个环流型，类似图7.2.3所示的冬季环流型。但图7.2.4中所示的平均环流速度远小于图7.2.3中的速度，前者的典型速度每秒只有数厘米，而后者则大于25 cm/s。

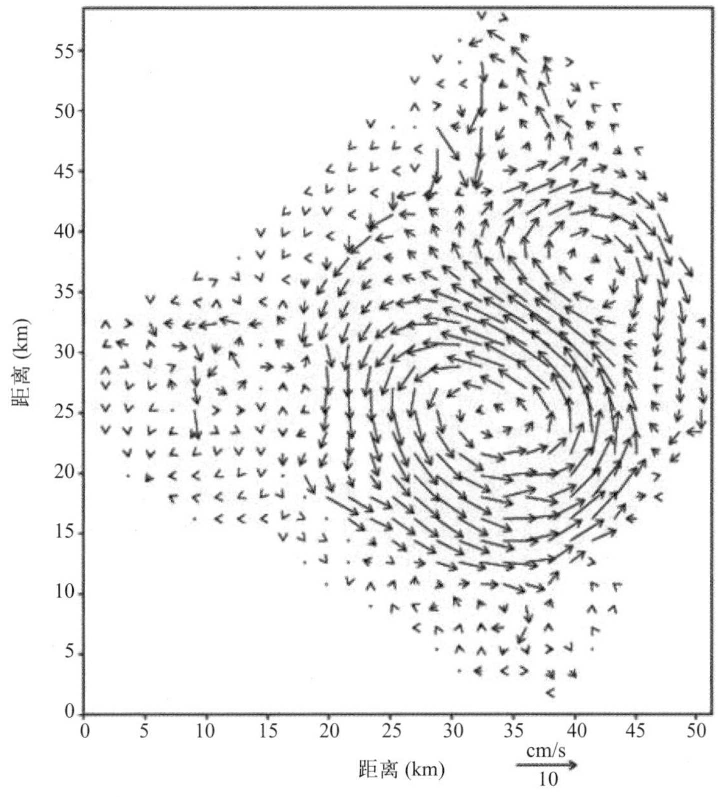

图7.2.4　模拟的365 d湖表面平均环流（1999年10月1日至2000年9月30日）

表7.2.2　奥基乔比湖EOF分析前7个模态的方差

EOF模	方差（%）	方差和（%）
1	54.4	54.4
2	27.6	82.0
3	5.1	87.2
4	3.4	90.5
5	2.2	92.8
6	1.6	94.3
7	1.1	95.5

为了刻画湖的主要变化形式，对模拟速度场进行经验正交函数分析。在进行经验正交函数分析前先删除了平均流场（图7.2.4）。表7.2.2中，方差是用式（7.2.27）计算的，而方差和则是用式（7.2.28）计算的。前7项方差之和（见表7.2.2）在总方差（或能量）中占了95.5%。而前两项的方差（EOF1和EOF2）加起来则解释了超过82%的总方差，它们分别解释了总方差的54.4%和27.6%。由于平均速度场（图7.2.4）远小于湖水的典型速度，特别在冬季更是如此（例如，图7.2.3），所以前两个方差在解释湖泊环流方面有着非常重要的作用。

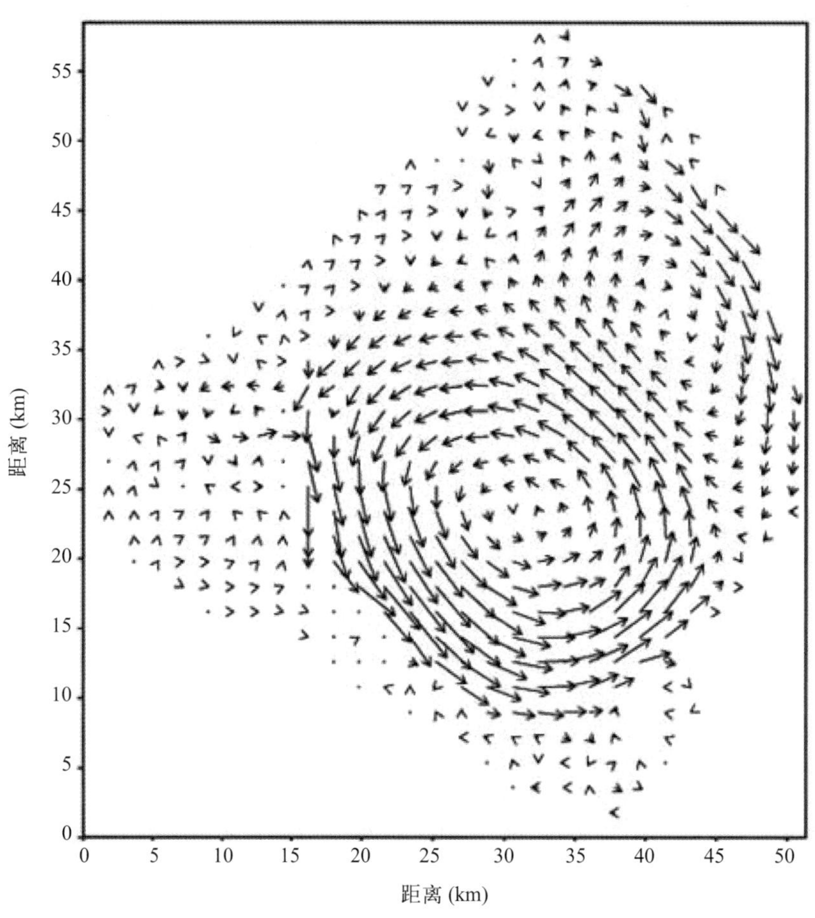

图7.2.5 表面流场第一个模态（EOF1)的空间分布

第一个模态（EOF1），如图7.2.5所示，呈现出两个环流型态，沿西北—东南方向排列，占总方差（能量）的54.4%。这种流型在与平均环流同相位时会加强平均环流（图7.2.3），在反相位时则会削弱甚至扭转平均环流流型。需要指出的是，即使图7.2.3所表现的环流流型类似于图7.2.5，实际上这两者代表着两个十分不同的变化量。图7.2.3给出了湖在1999年12月25日的日平均流场，而图7.2.5则是从1999年10月1日至2000年9月30日期间的第一EOF模态。这两张图显示了相似的型态意味着：①图7.2.3所示的1999年12月25日流场，是湖水在冬季的典型流场；②图7.2.5所显示的由EOF分析所导出的两个涡旋型态，很好地抓住了湖水流场的主要特征。

双涡旋流型是该湖最重要的水动力过程之一。图7.2.3和图7.2.4所示的双涡旋主要是由该地区的西北风和东南风引起的。平均的环流型（图7.2.3）很弱，所以第一个分量（EOF1）在形成湖泊双涡旋流型中扮演着重要作用，它解释了超过一半（54.4%）的总能量。第二个分量（EOF2）（图7.2.6）则占了总能量的27.6%，并也形成了两个涡旋。在模拟中，这两个涡旋沿西南—东北方向，近似与EOF1形成的两个涡旋正交（有90°的角度差）。EOF2形成的两个涡旋主要是由该地区的东北风和西南风引起的。关于湖涡旋的形成机制将在后面的9.2.4节讨论。

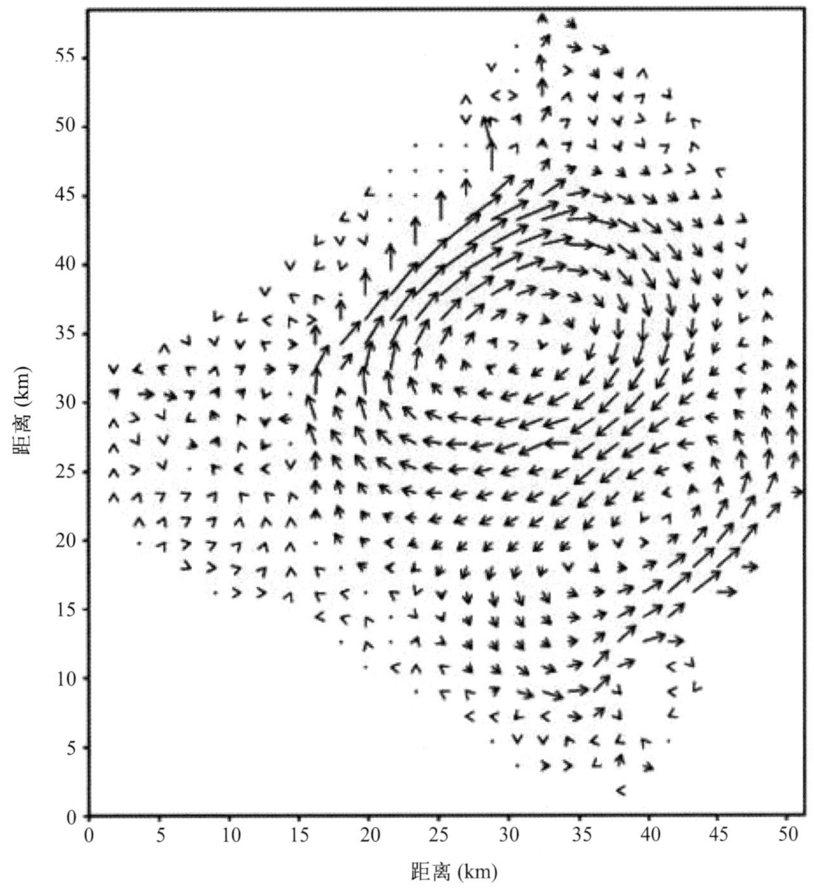

图7.2.6　表面流场第二个模态（EOF2)的空间分布

图7.2.5和图7.2.6显示了模拟速度场的空间分布。为了描述特定时间的流场分布，振幅的时间序列，即主分量PC，也应该加以考虑。图7.2.7给出了湖表面环流第一个模态（实线）和第二个模态（虚线）对应的主分量的时间序列。它们的振幅经过了总方差平方根的归一化处理。图7.2.7显示，湖水环流存在着几天时间的变化。与实测风速（图2.1.7）对比，双涡旋流型与风应力强迫密切相关。例如在图7.2.7中，第15天很大的PC值对应了在此期间的飓风事件（图2.1.7）。由于主分量PC的值是正的，图7.2.5就代表了湖真实的双涡旋流型，即在湖的西南部为气旋，在东北部为反气旋。第260天PC1很大的负值表明，双涡旋流型与图7.2.5所示的相反，即反气旋在西南部而气旋在东北部。

第二个主分量提供了对第一个主分量的修正，也就是说，是对EOF1所描述的环流流型的小订正。例如，第107天，对应着又一个强风事件，第一个主分量（PC1）的值是正的，而第二个主分量（PC2）的值是负的。PC1和PC2在夏秋季相位往往是不同的（图7.2.7）。它们结合在一起，形成了湖中复杂的环流流型。

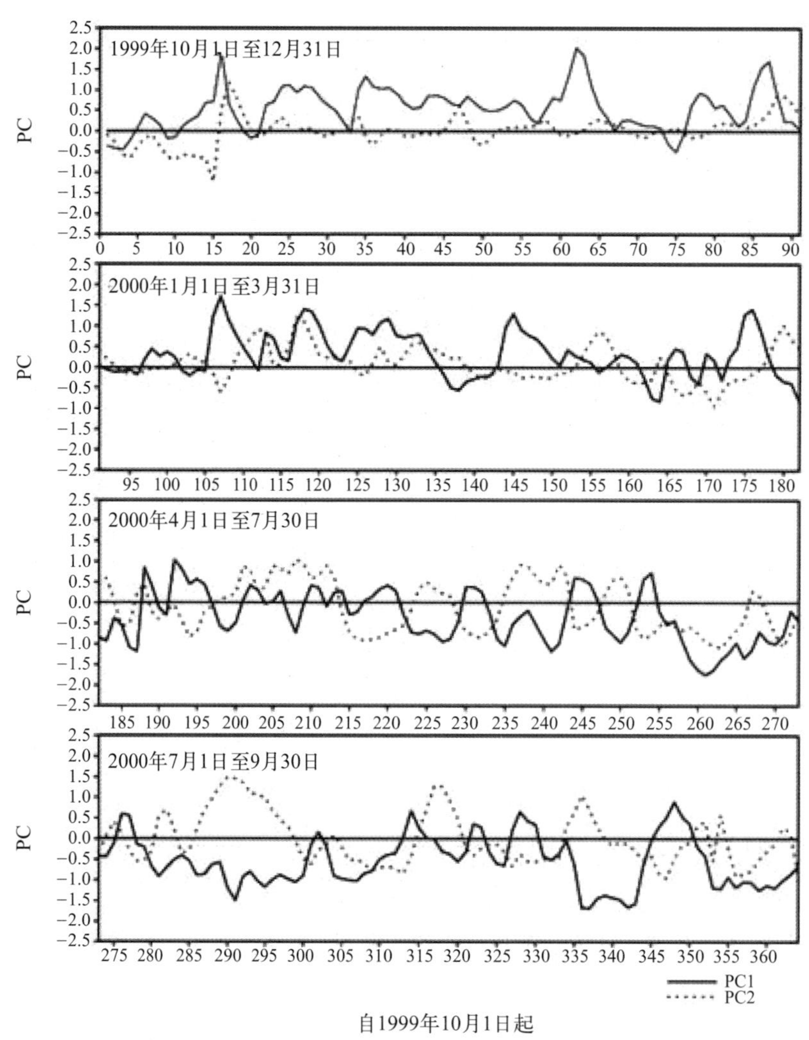

图7.2.7 表面环流第一个模态主分量（实线）和第二个模态主分量（虚线）的时间序列
振幅已经用总方差的平方根进行过归一化处理

图7.2.7显示湖泊环流强烈的季节性变化。在第0日和第132日之间（1999年10月1日至2000年2月10日），第一个主分量（PC1）在整个冬季除少数时期外大都为正值，而同时期PC2几乎为零值。这种差异强烈地表明，在冬季EOF1是主导的型态，EOF2明显次要得多，图7.2.5所示的环流流型是主要的形式。而在夏季PC1和PC2都有很大的变化，这表明EOF1和EOF2对夏季的环流流型都有着重要作用。

7.3 模型校准和验证

将模拟结果与测量数据进行对比是必不可少的模型评估步骤。测量数据不是来自实验室就是来自现场观测。目的是以观测数据来校准模型，所用的参数值取自观测数据或者文献所给的范围。如

图7.3.1所示，通过比较模型输出与测量数据，使模型得以校准、验证和核证。

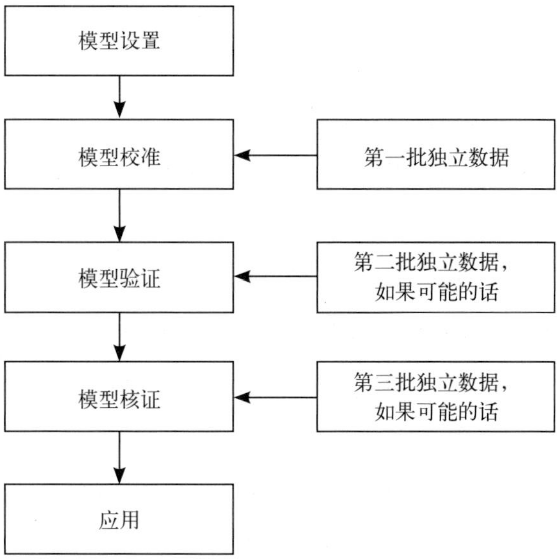

模型设置

模型校准 ← 第一批独立数据

模型验证 ← 第二批独立数据，如果可能的话

模型核证 ← 第三批独立数据，如果可能的话

应用

图7.3.1　模型校准、验证和核证过程

模拟过程的一个关键步骤是如何确定模型参数以及如何用模型结果来解释水体中的物理、化学和生物过程。若是对模型不够了解，使用一个“黑匣子模型”，往往研究离最终失败也就不远了。没有任何一个模型是不需要校准、简单“即插即用”型的。在最初模拟时，模拟结果与测量数据之间可能有很大差异。不应该只是将有问题的数据简单地输入模型，然后采用相应的输出，而缺乏对物理过程以及模型性能和限制的基本了解。常说的错进错出（GIGO）法则特别适用于地表水的模拟。GIGO（Garbage in，garbage out）法则是在资料处理上十分著名的理论。这个理论强调，计算机系统只能处理有意义的输入资料并产生输出。无论计算机的能力有多强，假如输入计算机当中的资料是无用、错误的，则输出的也必定是没用的结果。也就是说，假如输入一堆错误的数据到数值模型里，那么结果也必定是错误、毫无意义的。

除了适量的测量数据，模型校准的成功还得依靠研究人员的经验和技巧。这种必须的结合是数值模拟有时候也被称为一门艺术的主要原因。如图7.3.1所示，一个模型研究通常需要以下几个步骤：建立模型、模型校准、模型验证、模型核证和模型应用。这些步骤与某个特定区域的模型发展相关。这些步骤是通用的，可以根据可用的数据和水体的复杂性而修正。所需的数据取决于研究的目标和选择的模型。建立一个模型时，要花费很多的精力去收集、处理用于模型输入和比较的数据。

模型校准就是在一个合理、可接受的范围内调整模型参数值，使该模型结果与实测数据的偏差达到最小化，而精确度达到可以接受的范围。偏差经常用统计量如式（7.2.3）定义的RMSE和式（7.2.5）定义的RRE来表示。模型校准用的观测数据应该是独立的、没有用于模型设置。从技术上说，校准后的模型只适用于特定的场景和数据集。

模型验证是接下来将校准后的模型再用第二批独立的数据进行再测试，通常根据不同的外部条件，进一步检测模型实际复现水体的能力。其过程是运行经过参数校准的模型以及将产生的结果与这第二批独立的数据比较。在一些文献中，模型验证也称为模型确认。

模型校准和验证提供必要的资料来改善模型结果的准确性与可靠性。当有第三批独立的数据可用时，可以再行核证模型以进一步提高其实际代表水体的可靠性（Jin，Ji，2005；AEE 2005）。然后开发的模型就可以用于各种业务运行和管理方案。当模型应用于校证、验证和核证范围以外时，仍然要特别小心。

传统上，通常使用两组测量数据进行模型校准和验证，特别是当这两组数据在时间上不连续时。例如，在夏季（或枯水年）获得的数据用于校准，而在冬季（或丰水年）获得的数据用于验证。当有多年观测数据时，研究人员可以进行整个时段的连续模拟，以覆盖整个观测数据周期。此时模型使用同一组参数模拟所有的年份。

例如，Jin和Ji（2015）与Ji和Jin（2016）在第11章的案例研究中，使用6年的观测数据进行模型校准和验证。技术上讲，6年可以人为分成两个阶段:前3年用于校准而后3年用于验证，然后两组结果可以单独分析。但由于都使用同一组参数，因此在研究上没有特别的好处。没有必要人为在第3年底停止模拟，随后重启再运行3年，然后牵强地称之为模型校准和模型验证。

7.3.1 模型校准

本节泛泛地讨论模型校准。校准模型的具体步骤会在本书的案例研究中提到。通常发展数学模型用于解决水体中广泛存在的各种问题，然而很难给出模型校准的一般程序。经验是模型校准时的基本要素。每个模拟研究都是独特的，需要调查掌握研究对象的具体知识。

由于水动力和水质模型都是半经验性质的，模型校正很有必要。这些模型普遍适用于不同的水体，因为它们通常都建立在基本规律或定律的基础上，如2.1.2节中描述的质量守恒和动量守恒。然而，一些关键过程，如水动力模型描写的水体底部摩擦和模型中的水质动力学，都是经验公式性质的。这些经验公式中的参数或者无法直接测量，或者在某个特定的水体研究中缺乏必要的观测数据。模型校准的其中一步是，调整模型参数（在合理的范围），以使模型再现观测数据（在可接受的精确度范围）。如果说模型公式涉及的数学方程更多地体现了其科学性的一面，那么模型校准则更多地体现了其艺术性的一面。模型能够模拟水体的能力往往取决于能否很好地进行模型校准。总体目标是，使用与观测数据一致的模型参数以及文献给出的一般范围的观测资料，将模型校准到和观测数据一致。

模型校准的第一阶段是用专门的、没用做模型设置的观测数据进行模型调整。模型校准也是设定模型参数的过程。当有相应的观测数据时，模型参数也可以使用曲线拟合的办法估计出来。模型参数也可由一系列的测试运行来得出。比较模拟结果和实测数据的图形和统计结果，以此进行性能评估。通过反复的试验、误差调整来选择合适的参数值，以使其达到可以接受的程度。这个过程不断持续，直到模型能合理地描述观测数据或没有进一步改善的余地为止。除非有具体的数据或资料显示了其他的可能性，模型参数应该在时间和空间上保持一致。仅仅为了迁就模型结果与观测数据的一致性，就在模型网格之间将模型参数设置得大为不同是很不明智的做法。物理、化学与生物过程，也都应该在空间和时间上保持一致。

水质模型的校准通常更加花费时间。如第5章所述，涉及藻类生长和营养元素循环的参数，即使不是不可能，也是很难由观测数据来确定的。确定它们的实际过程还要依靠文献值，模型校准和敏感性分析。也就是说，要从文献中选取参数，最好是根据以往的相类似的研究中来设置。随后运行模型进行参数微调，以使模型结果符合观测数据。将在7.3.3节中提到的敏感性分析，是为了进一步证明模型的可靠性。

在模型校准和验证中，最令人困惑的问题之一是“模型到底表现如何？”这个问题通常是要将模型结果与测量数据比较来处理，常用以下两种方法：图形化比较和统计学比较。实际上不存在一个衡量模型结果确定并被普遍接受的标准。模型的性能依赖于研究目标、研究成果对模型结果的敏感性以及测量数据的可靠性。正如7.2.1节所述，以下这些统计量是有用的模型校准和验证指标：①平均误差（ME）；②绝对平均误差（MAE）；③均方根误差（RMSE）；④相对误差（RE）；⑤相对均方根误差（RRE）。

如果模型不能校准到可以接受的精确度，那么可能的原因有：

（1）模型被滥用了或模型没有正确设置；

（2）模型本身不足以应付这种类型的应用；

（3）没有描述水体的足够数据；

（4）测量数据不可靠。

模型是对水体的数字化近似表示。模型配置的参数应在使用中不断相对于测量数据进行调试。如果模型配置的参数不足以描述想要的过程，就应当修改或是发展一个新的。例如，使用静力平衡近似（2.2.1节）的模型就不能用来模拟废水排放扩散形成的对流羽流现象。模型在竖直方向必须有足够的分层来描写垂直层结，而在水平方向必须要有足够的网格以描述水平环流（Ji et al., 2004b）。模型通常需就两种藻类以复现一年内会发生的两次藻华。如果在富营养化过程中沉水植物有重要作用的话，水质模型就也应该包括这种机制。如果pH值对有毒的金属化合物有重要影响的话，那么这个机制也应包括在模型中。模型设置是否恰当，需要由有经验的研究人员来决定。

模型错误较大的另一个可能原因是缺乏能充分描述水体的数据。例如，水深数据不够准确，或系统的营养物负载数据不够完整等。风应力对垂直层结有重要的作用，但是研究地区可能没有可用的准确风应力数据。虽然没有或很少有人明确指出，但是模型校准暗含着一个重要假设，即观测数据不会出现错误或没有不确定性。然而事实并非如此。由仪器故障或人为错误造成的观测数据错误，可能会导致模拟结果与数据间很大的差异。这些类型的错误可以根据基本物理原理、模拟经验或与附近站点的数据比较来进行确认。例如，在夏季，水体表面的温度大部分时间一般应高于底部温度，表层泥沙浓度一般应低于底部泥沙浓度。这种类型的数据错误得到确认后，在进行模型结果与观测数据比较前，应将其剔除。

水动力和水质模型经常被用来作为水资源管理的工具，所关心问题的空间尺度通常要远大于模型的网格尺度，而在时间尺度上往往是季节性的或更长。一个模型可能无法给出短期变化的精确模拟，但仍然可以给出水体系统的长期变化趋势。此时，在确定系统的长期变化并提供有意义的支持决策上，模型仍然是很有用的。

7.3.2 模型验证

模型校准后并不意味着模型就具备了相应的预测能力。单独的校准并不足以确定一个模型模拟水体的能力。模型可能包含着不正确的机制，模型结果与实测数据的一致性，也可能是并不切合实际的参数的结果。在模型校准后的参数设置，在外部负载或边界条件改变时可能并不合适。此外，在将来可能条件下很重要的某些机制，可能也没有包含在模型中。

如果模型用于模拟一个观测数据不足的水体，那模拟结果就有可能只是推测性的并缺少足够的可信度。如果再用一批独立的数据来将模型调整到可接受的精度范围，模型结果会更加可靠。模型验证就是确认校准后的模型在更大范围的水体条件仍然是有用的。因此，要保证用于校准和验证的数据涵盖范围大于水体模型预测所涉及的条件，这是至关重要的。

模型验证使用一批独立的数据（第二批数据，没有用于模型设置，如图7.3.1所示）。模型验证过程有助于我们对模型预测系统未来情况的能力建立更大的信心。模型校准后的参数值在模型验证阶段不作调整，并使用与模型校准相同的方法对模拟结果进行图形和统计学评估，只是所用的观测数据不同。一个可接受的验证结果应该是，模型在各种不同的外部条件下都能很好地模拟水体。

经过验证的模型仍然会受到限制，这是由校准和验证时所用的观测数据所涉及的那些外部条件决定的。不在这些条件范围内的模型预测仍然是不确定的。为了提高模型的可信性，如果可能的话，应该再用第三批独立的数据来核证模型（图7.3.1）。例如，LOEM校准用了2000年的资料，验证用了2001年的数据，核证用了2002年的数据（AEE，2005）。LOEM的结果请参考本书其他的一些章节。

严格地说，模型验证意味着用校准后的参数，通过再次运行模型，将输出结果与第二批独立的数据相对比。然而在某些情况下，参数值可能需要细微的调整，以使结果与验证模型所用的数据保持一致。例如，有些水质参数是在冬季（或枯水年）的条件下校准获得的，就需要在验证时在夏季（或丰水年）条件下进行再次校准。这种情况下，参数的变化要一致、合理、有科学依据。如果模型参数在验证阶段更改，那么更改后的参数就应该返回到上次校准时所用的数据再校准一遍。

模型的事后审计在模型评价中往往被忽略了。一般来说，一个模型经过校准、验证和核证后，就可以实际应用，如计算最大日负载总量和支持管理决策等。这往往也是模拟研究的结束。很少有在实施决定之后再进行模型研究，来检查模型计算结果是否准确以及管理决定是否恰当。然而，如果没有事后模型审计，往往不能准确评估模拟研究是否总体成功（或失败）（USEPA，1990）。

7.3.3　敏感性分析

模型对参数变化的敏感性是模型的一个重要特征。敏感性分析用于研究当参数改变时模拟结果会如何变化，并确定对模拟结果精度有最大影响的参数（如，Price 等，2004）。自然水域内在的复杂性、随机性与非线性过程不能由数学方程准确地反映。模型的参数配置是现实水体与数字化近似之间的折中妥协。模型的输出精度受到来自观测数据、模型设定以及模型参数等多个不确定性因素的影响。敏感性分析是阐明参数值和模型结果之间不确定性关系的有用工具（Beck，1987）。敏感性分析是地表水模型中不可或缺的组成部分。

敏感性分析能定量地确定在模型参数变化时输出结果变化的大小。通常情况下，敏感性分析是通过一次只改变一个模型参数并评估该变化对模拟结果的影响。参数和输入数据逐个变化，以分别确定哪个参数或初始条件以及边界条件会在改变时引起模拟结果最大程度的变化。对于只有几个参数的简单模型，敏感性分析一般也较为简单。然而，对于复杂的模型，因为可能涉及非线性相互作用，敏感性分析会很复杂。如果某个模型参数的变化引起了结果很大的变化，模型就被视为对该参数敏感。

敏感性分析说明了模型参数变化对结果变化的相对贡献大小。它能帮助我们确认是否需要进行额外的数据收集来改进某些负载物、初始条件或反应速率的估计。举例来说，通过确认SOD、外源负载、有机物（碳）、光合作用以及硝化作用和复氧作用，就可以得出并确认低DO浓度的原因。在这种情况下，对它们进行排名可以得出哪些对结果精度有更大的影响。如果DO浓度对SOD敏感，那么模型中使用的SOD数据就应给予特别对待，并针对观测数据进行仔细的调整和验证，使得模型中由SOD造成的误差减小到最低程度。

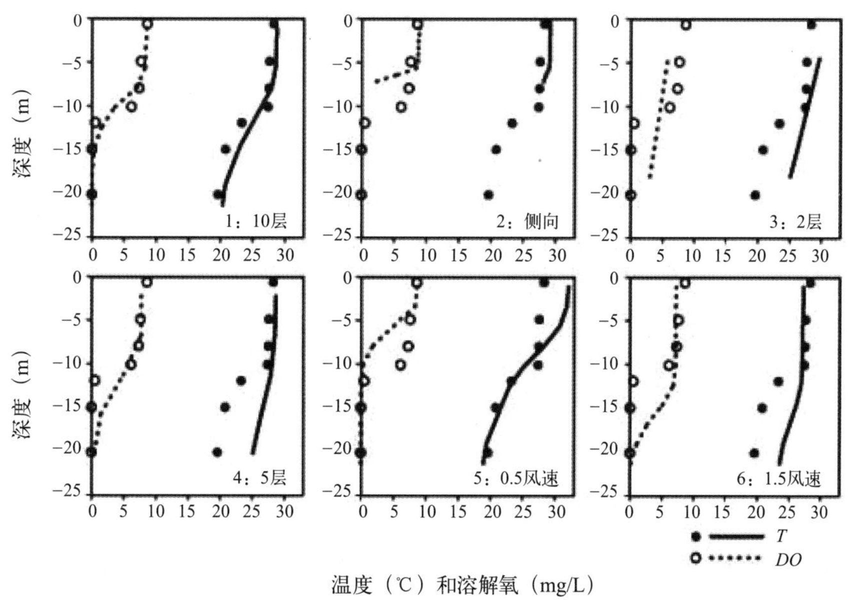

图7.3.2　1986年8月12日OKN0165点上水温（T）和溶解氧（DO）在六种不同情况下的垂直廓线

图7.3.2显示了十侠湖模型的空间分辨率和风应力强迫的敏感性分析结果（Ji et al.，2004b）。它给出了水温（*T*）和*DO*之间关系在6种不同的情况下的垂直剖线：

（1）10层模型的基准结果；

（2）侧向网格上的*T*和*DO*；

（3）2层模型上的*T*和*DO*；

（4）5层模型上的*T*和*DO*；

（5）风速降低50%时的*T*和*DO*；

（6）风速增加50%时的*T*与*DO*。

这些敏感性试验的主要结果是：①一个三维模型对十侠湖模拟来说是至关重要的；②湖的垂直层结对风应力非常敏感。9.4.1节将给出十侠湖模拟研究的更多结果。

第8章　河　流

河流是流向海洋、湖泊或另一条河流的一种天然流动水体。较小的河流也叫溪流。

水动力、泥沙输运、病原体与有毒物质以及水质的一般理论与过程，已经在第2章到第5章进行了阐述。本章主要描述河流的特征与河流中的水动力、泥沙和水质过程，随后通过两个案例来介绍河流的数值模拟。

8.1　河流的特征

与湖泊和河口相比，河流最显著的特征是河水向下游流动。湖泊的流速通常比河流小得多。虽然河口与河流的流速大小相当，但是受潮汐的影响，河口的水可以向上游流动也可以向下游流动。河流是复杂和动态的，其水体健康与周围流域的水体健康直接相关。如果周围流域的水质情况恶化，河流的水质也会恶化。

河流的常见功能包括水生生物支持、给水和休闲活动（比如游泳、钓鱼与划船）。河流经常在社会发展中起到重要作用。比如，古埃及文明发源于埃及尼罗河。2000多年前，埃及人建造了尼罗河水位监测井（Nilometer），用于测量尼罗河水深，并在考姆翁布（Kom Ombo）神庙预测来年的收成。该井由托勒密十二世建于公元前47年至公元前44年（图8.1.1）。

图8.1.1　用于测量尼罗河水深，并预测来年收成的尼罗河水位监测井

该井由托勒密十二世建于公元前47年至公元前44年（来源：季振刚摄）

河流经常作为沿岸排放的污染物的汇，比如来自污水处理厂的污水，这些污水向河流排放出营养物、重金属和/或病原体（Benedini，Tsakiris，2013）。在流域中，河流可以作为汇，也有可能作为源，这取决于时间与河段位置。比如200年前堆积在黑石河水坝后的泥沙与重金属，在发洪水时仍可以释放回水体，从而成为重要的污染源（Ji et al.，2002a；Ji，2012）。

支流是流入一个更大的水体（另一个河流、湖泊或河口）的河流或者溪流。流域指的是河流的干流和支流所流过的整个区域。河流及相应的支流，通常只占据总流域较小的一部分，它们是江河流域的沟渠。它们就像排水系统一样向下游输运着水、营养物、泥沙和有毒物质（通常流向河口或一个大湖）。通过河流，来自点源与非点源的污染物可以传输几百甚至几千千米，在远离污染源的水体中引发环境问题。

随着时间推移，河流的特征会随着人类活动、气候和水文条件的变化发生显著的改变。其中，河流可能在形态、水动力与生态学特性上变化巨大，包括：

（1）河流坡度、宽度和深度；

（2）流量与流速；

（3）水温；

（4）泥沙输运与污染物沉积；

（5）流入的营养物与富营养化过程。

河流形态各异，既有深而缓的密西西比河，也有浅而急的落基山涧。河流的坡度是河流两点之间的高度差除以这两点之间的河流长度。如图8.1.2所示，一条河流的纵剖面可以分为三个区域（Schumm，1977；Miller，1990；FISRWG，1998）：上游源头区域、传输区域以及沉积区域。

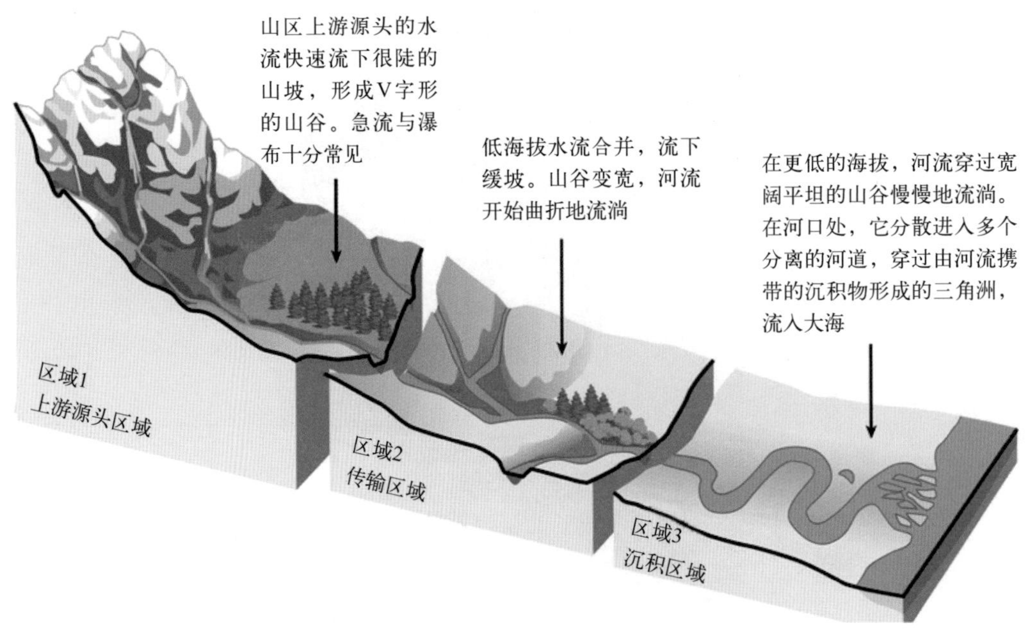

图8.1.2　河流的纵剖面（FISRWG，1998）

河流通常发源于天然形成的泉水或者融雪水（如冰川），上游源头区域属于河流的前期阶段，其通常位于流动着冷水的陡峭山区。上游源头区域的垂直侵蚀和风化作用强烈，从而形成V字形的山谷、坑塘、瀑布、急流和峡谷等。上游源头的支流流入河流时，集合了来自上游流域的水与泥沙。山区河流，有时候也称为鳟鱼河流，有陡峭的坡度和湍急的水流。山区河流中的水流与空气混合充分，而且水温较低。山区河流的河床通常由岩石和卵石组成，有时由沙和碎石组成。图8.1.3为秘鲁奥扬泰坦博地区的乌鲁班巴河（山区河流）。

图8.1.3　位于秘鲁奥扬泰坦博地区的乌鲁班巴河（来源：季振刚摄）

当河流继续沿着河道流动时，周围的地形变平并且河流变宽。传输区域汇集到一些来自上游源头区域的被侵蚀物质和营养物，以更宽的漫滩和缓慢流动的河水为特点。河流在传输区域开始曲折地流动。传输区域的特征主要有不对称的河道、漫滩、迂回曲折的流动和两侧的悬崖峭壁。

大多数的河流在流入海洋、湖泊或者另一条河流时，就走向了终结。河流的末端叫做河口。沉积区域的特点表现为坡度更低、泥沙更多、漫滩更宽以及流量更大。河流穿过宽阔平坦的山谷缓慢曲折地流动。缓慢的河水和宽阔的漫滩使植被与生物群落生长旺盛。河流产生的泥沙在河口处沉积，形成一个宽大的淤积区域。这片新土地通常是三角形的，所以叫做三角洲（来源于形状像三角形的希腊字母Δ）。在河口处，河流会分成很多分散的河道，穿过三角洲，流入大海（FISRWG，1998）。

河流的横剖面描述了河水所流的沟渠的形状。河流的横剖区域指的是垂直于河流流向的湿润区域。即使对于不同类型的河流，上游源头到河口都具有横剖面的一般特征。如图8.1.4所示，大多数河流的横剖面有两个主要部分：主河道与漫滩。主河道是一年中大部分时间河流所流过的沟渠。由于流域与流量的增加，河道的宽度与深度向下游逐渐增加。河流的水与泥沙可以影响河道的构成与演变。漫滩是在主河道一边或者两边多变的区域。一年中的大部分时间里它是干涸的，当河流处在高水位时，它被洪水所淹没。漫滩常被季节性淹没，上面生长有植物，比如沼泽湿地和漫滩森林。在河流模型中，水流通常在主河道中输运。漫滩的季节性淹没在能描绘干湿变化的模型中能逼真地模拟出来（如，Ji 等，2001）。

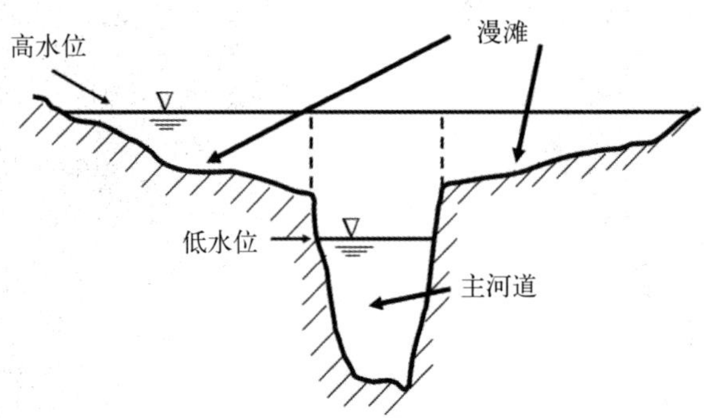

图8.1.4　河流的典型横剖面

点源与非点源污染已经造成大范围的河流水质问题与生态环境的恶化。在美国，最主要的污染物与压力因子包括病原体、泥沙、栖息地的改变、耗氧物质、营养物、热量的改变、有毒重金属和水流的改变（USEPA，2000a；USEPA，2013）。表8.1.1列出了世界上10条受到威胁的河流（Wong et al.，2007）。

表8.1.1　世界上10条受到威胁的河流

流域	相应的威胁
萨尔温江—怒江	基础设施——大坝
多瑙河	基础设施——航运
拉普拉塔河	基础设施——大坝和航运
格兰德河—北布拉沃河	过度用水——抽水
恒河	过度用水——抽水
印度河	气候变化
尼罗河—维多利亚湖	气候变化
墨累河—达令河	物种入侵
湄公河—澜沧江	过度捕捞
长江	污染

病原体是影响美国河流和溪流的最常见污染物。细菌被用来作为是否存在粪便性污染的指标，以判断河流用于游泳与饮用是否安全。病原体污染常引起严重的公共健康问题，特别是其发生在用于供水的河水及河流和河口里捕获的食用鱼类与贝类时。侵入地表水系的细菌一般来自没有充分处理过的污水、野生动物的排泄物以及来自牧区、养殖场与城市的径流。

泥沙是水体中的沉积物与堆积物。在美国，泥沙是河流中分布最广泛的污染问题（USEPA，2000a）。下水道、雨水道与非点源排放的悬浮物质改变了河流中的泥沙状况，影响了底栖植物与动物的生存状况。如图8.1.5所示，泥沙改变了水生环境，使鱼卵和河底生物窒息。悬浮的泥沙阻挡了阳光，阻碍了有益水生植物的生长。过多的泥沙也会对饮用水处理过程和河流的休闲功能造成负面影响。从长远看，未加抑制的泥沙会改变生活环境，并对水生生物造成深远的有害影响。主要的泥沙源包括了农田、林业生产区与城市地区的径流。

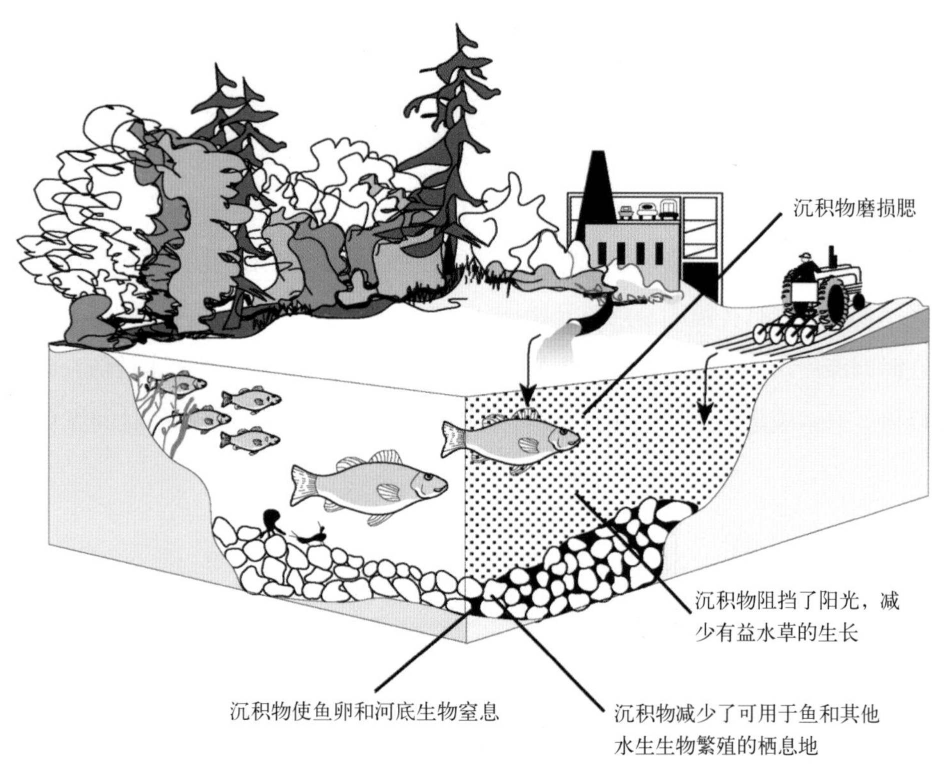

图8.1.5　泥沙在河流中的影响（USEPA，2000a）

通常，多种污染物和压力因子会对单一河段产生影响。比如，栖息地的改变使河流变得不适合栖息。城市地区的发展加剧了侵蚀，导致了更多的泥沙径流。来自发电站的冷却水会提高河流的水温，对河流的生态系统造成严重的影响。来自污水处理厂的排放会提高河流中有毒化学物质与重金属的含量。过多的氮与磷会在河流中引发富营养化，消耗鱼与有益植物所需的溶解氧。河流中的污染物会进一步流入湖泊与河口，并破坏这些水体的水质。

8.2 河流中的水动力过程

河流有与湖泊、河口截然不同的水动力学特征。本节的主要内容为：河流中的水流和曼宁方程、河流中的平流和扩散过程、坝顶溢流。

8.2.1 河流中的水流与曼宁方程

河流的流量是在单位时间内流过河流横剖面的水的体积，它的计算公式为

$$Q = AV \tag{8.2.1}$$

式中，Q为流量；m^3/s或ft^3/s；A为水流过的面积，m^2或ft^2；V为向着下游方向的平均流速，m/s或ft/s。

河流中的水流一般能分成两部分：基底流与暴雨流。基底流大多数由地下水排放形成，维持干季河流中的水流。暴雨流来自降水时或之后不久产生的径流。如1.1节所描述的水循环，水流的根本来源是降水。基底流的水是渗透到地下的降水，它经过很长的过程缓慢地进入河流，而暴雨流的水是在降水之后不久经过径流直接流入河流的水。除了来自地下水的基底流与来自径流的暴雨流之外，还有点源流，比如污水处理厂流入河流的水，也对河流中的水流有贡献。

水位图描绘了河流的流量或者水位随时间变化的曲线。如图8.2.1所示，河流是由基底流与暴雨流组成。在降水初期，来自径流的暴雨流开始增加，并在降水峰值之后一段时间达到流量峰值，两个峰值间存在时间滞后。涨水段是水位图中暴雨流峰值左端的部分，它给出了河流在降水后多长时间达到流量峰值。退水段是水位图中峰值右端的部分，它显示出河流经过多长时间恢复为基底流。

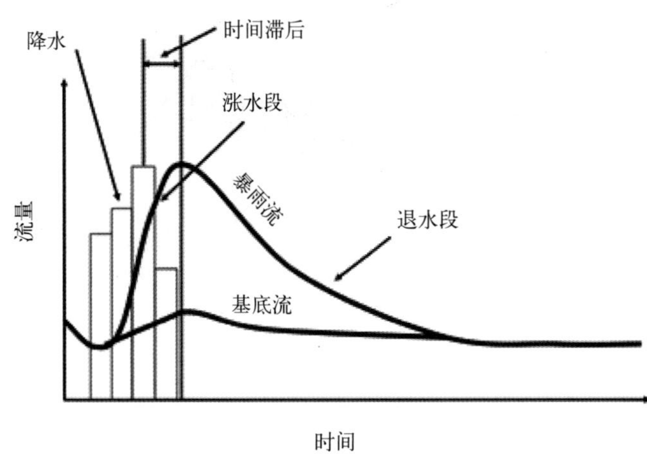

图8.2.1 河流的暴雨过程线图

地下水与河流的相互作用在整个流域中是变化着的。地下水位是蓄水层饱和部分的水面顶端。在图8.2.2（a）中，地下水位比河流的水位高，河流接收来自地下水的水。在这种情况下，地下水补充了基底流。当地下水位比河流的水位低时，河流的水流向蓄水层［图8.2.2（b）］。

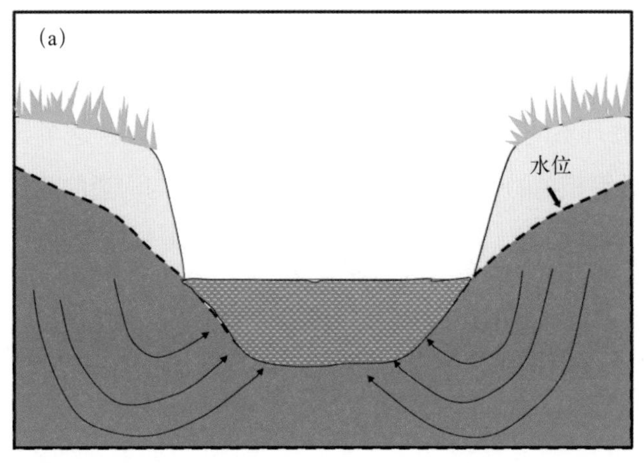

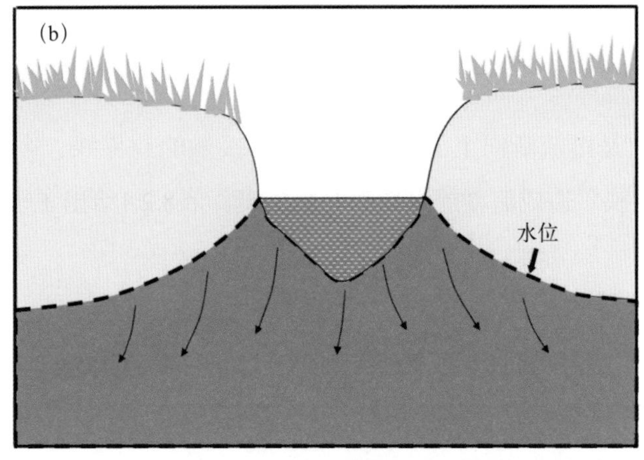

图8.2.2　地下水与河流的相互作用

(a) 河流从蓄水层中得到水；(b) 河流的水流向蓄水层

河流的极端高低流量事件常被进行统计性的描述。流量频率给出了某一给定年最大流量或高于这个流量的事件发生的平均时间间隔，表明了任何一年超过某一给定流量的可能性。比如，如果河流中以100年为间隔发生的洪水流量为1 000 m^3/s，那么这个量级或者更大量级的洪水平均来说是100年1次，这意味着，在任何一年河流的年度洪水量有1%的概率或者0.01的可能性超过这个百年一遇的洪水。

除了洪水事件之外，低流量也是一条河流的重要特征。当没有降水形成暴雨流，而且来自地下水的基底流也很少时，河流处在低流量状态。低流量状态下，较少的水用以稀释来自点源的污染物，导致河流中污染物浓度升高。因此，在低流量状态期间，点源排放的污染物对河流的水质产生很重要的影响，此时点源排放在河流中的占比更大。例如，在夏季，排放到黑石河的废水能占总流量的80%以上（Ji et al.，2002a）。

描述低流量状态的一个常用参数是7Q10流，它是10年间最低的7天平均流量。这种基于可能性的统计经常用于评估点源对水质的影响。比如，美国国家污染物排放削减制度（USEPA，1993）就大多数基于7Q10流制定。除了7Q10流外，其他类型的水流量也可以从水文记录中估算得出，比如一年中最小的7天平均流量（7Q1），或者给定月份或者季节的最小平均流量。

如第2章所描述的，一个基于动量与连续性方程的水动力模型经常用于计算一个水体的流速、流量和深度。计算这些物理量的一个简单方法就是利用曼宁方程，这个与河流流速（流量）、深度、坡度与河道粗糙系数等相关的经验公式。曼宁方程由河流与河道的数据拟合得出。方程为：

$$V=\frac{Q}{A}=\frac{R^{2/3}S^{1/2}}{n} \tag{8.2.2}$$

式中，V为平均流速，m/s；Q为流量，m^3/s；A为横剖面的面积，m^2；R为水力半径，m；S为河床的坡度，m/m；n为曼宁粗糙系数。

水力半径定义为

$$R=\frac{A}{P} \tag{8.2.3}$$

式中，P为湿周，m，它是过流断面上流体与固体壁面接触的周界线，在与水流垂直的方向上测量。曼宁粗糙系数n，反映了造成流动能量耗散的粗糙度。表8.2.1给出了一系列不同河道与河流的粗糙系数。

表8.2.1　不同河道与河流的曼宁粗糙系数n的值（Chow，1964）

河道的种类	曼宁粗糙系数
平坦的混凝土	0.012
普通的混凝土涂层	0.013
最优条件下的泥土河道	0.017
直的未衬砌的泥土河道	0.020
天然的河流与河道	0.020 ~ 0.035
河床遍布岩石的山间溪流，河道多变与沿岸有植物的河流	0.040 ~ 0.050
没有植物的淤积河道	0.011 ~ 0.035

最初在19世纪80年代时，曼宁方程是为了描述在恒定的河道坡度、水深与水力半径条件下的均匀水流而发展的。曼宁方程只有一个系数n，综合考虑了坡度和河道几何特征的影响，有利于理解明渠流体的物理特性。现在，曼宁方程还广泛应用于具有适当精度的水力计算中。曼宁方程经常用于计算在给定流量情况下河流的水面高程，或者在给定河流水面高程的情况下得出河流的流速。在水动力模型中，曼宁方程可以给出一条河流流动状况的快速估计。但是，曼宁方程只是一个经验公式，不可能完全反映河流的真实状况。由曼宁方程得到的结果对曼宁粗糙系数敏感，而在一个复杂的天然河流中很难准确估计出粗糙系数的大小。

8.2.2　河流中的平流和扩散过程

如2.1.3节所讨论，平流是水的属性（如温度和营养物浓度）的水平输运，而扩散过程是水的各种属性的混合过程。天然河流与均匀的矩形河道有以下几方面的不同：天然河流的深度变化没有规律，河道很可能是弯曲的，河岸的变化也可能没有规律。河道的无规律性是河流横向扩散的主要影响因素。一般来说，河道越不规则，横向混合过程就越快。

河流的一个显著特征是纵向传输，即来自点源的污染物向下游的输运与扩散。当一个示踪物放入河流中，两个不同的过程控制示踪物的输运：①平流带着示踪物离开释放点；②湍流扩散使示踪物扩散，稀释示踪物。

上述两个过程分别由式（2.1.33）右端的第一项与第二项进行描述。平流导致污染物向下游流动，纵向混合导致纵向上的扩散。而横向与垂直混合过程决定了污染物在河流中完全混合所需的时间。河流中最主要的输运过程是由河流引起的平流。流速决定了河流的迁移时间——粒子流过某段河流所需要的时间。流速、温度以及河流的其他特性，决定了河流水质的变化。河流中的扩散过程，通常对污染物的输运来说不那么重要。在分析河流中持续性的污染负荷时，扩散效应可以被忽略。另一方面，当分析降水期间由暴雨引起的负荷运输时，必须考虑纵向扩散过程，因为污染负荷此时是一个单一的“脉冲”输入，而不是持续性的负荷。图8.2.3是某条河道中的流速垂直廓线。然而，在小河流底部摩擦所产生的湍流很强，而且深度通常很小，导致河流在垂直方向上是均匀混合的。

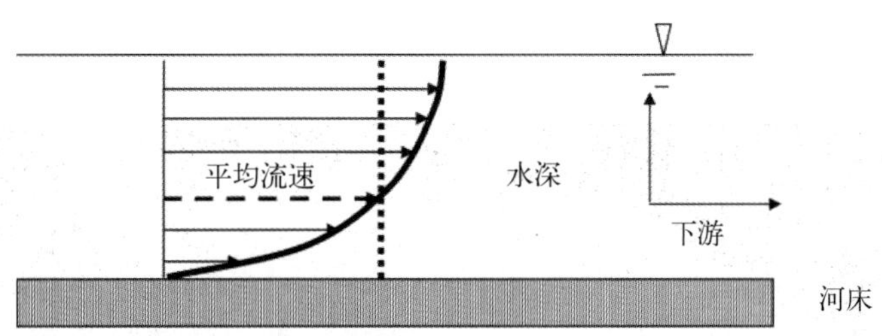

图8.2.3　河道中的流速垂直廓线

为了说明河流中的纵向扩散过程，图8.2.4给出了理想染料释放实验的结果。其中，图8.2.4（a）为河流中染料输运的平面图，图8.2.4（b）为沿着河流方向染料的横向平均浓度。在河流中，t=0时刻，定常的染料线源瞬间释放，而纵向流速呈抛物线分布。如图8.2.4（a）所示，平流过程将染料向下游输运，而扩散过程使染料散开，降低了染料的最大浓度。染料在河中间向下游输运比在两岸快，结果，在t=0时刻释放的线源，在$t=t_1$和$t=t_2$时刻，变成接近于抛物线的形状。图8.2.4（a）中，t_1和t_2时刻的浓度分布也反映了河流中湍流活动的随机涨落。由于河中流速的不同，染料在横向与纵向上均由于扩散作用而散开。图8.2.4（b）中染料的横向平均浓度也指出，流速切变与湍流扩散对沿着河流方向的染料扩散均有影响。

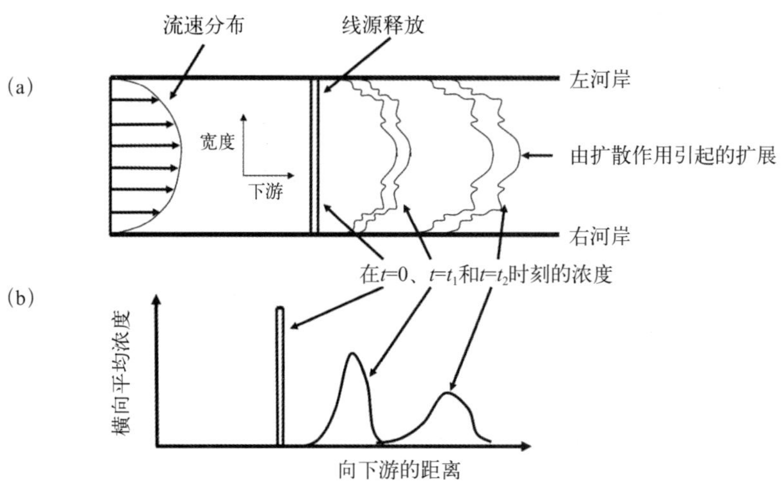

图8.2.4　河流中的平流与扩散

（a）河流中染料输运的平面图；（b）沿着河流方向染料的横向平均浓度

8.2.3　坝顶溢流

水坝是拦截河流或者其他水道水流的挡水建筑物，它能截流，形成水池、湖泊或水库。水坝通常有设备用于控制这些贮存水的释放。在河流中修建水坝有各种目的，比如给水、抑洪、航运及发电等。除了对河流水动力过程的影响外，水坝也会极大地影响泥沙和水质过程。水坝会降低河流的自然流速，使得悬浮的泥沙在水坝的后面沉积起来。过坝的水流能加强复氧过程，大大减少溶解氧的不足。作为一个例子，图8.2.5所示的是中国贵州苗寨附近的一个水坝。

图8.2.5　中国贵州苗寨附近的水坝（来源：季振刚摄）

当河流中有水坝时，河流实际上被水坝分成不同的区域。为模拟河流过程，在坝区的水流状况需要进行适当的表达。对于坝顶溢流（图8.2.6），河流的能量方程可以写成

$$\frac{V^2}{2g}+H+B=\frac{V_c^{\,2}}{2g}+H_c+E_c \tag{8.2.4}$$

式中，V为上游流速；H为上游水深；B为上游河床海拔；V_c为坝顶的流速；H_c为坝顶水深；E_c为坝顶海拔。海拔高度是相对于平均海平面或者其他参考面的距离。式（8.2.4）表明，上游总的河流能量与坝顶总的河流能量相等。在水动力模型中，式（8.2.4）的左端能在上游靠近水坝的河流网格中计算得出。坝顶的流速为临界值，其表达式为

$$V_c = \sqrt{gH_c} \tag{8.2.5}$$

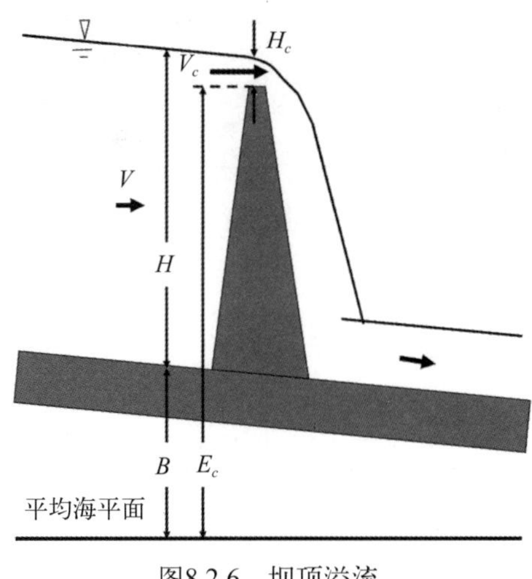

图8.2.6　坝顶溢流

由于当水流靠近水坝时，流速大大降低，所以可以假定

$$\frac{V^2}{2g} \ll H + B \tag{8.2.6}$$

因此，联立式（8.2.4）至式（8.2.6）：

$$H_c = \frac{2}{3}(H + B - E_c) \tag{8.2.7}$$

坝顶的流量为：

$$Q = WH_cV_c = W\sqrt{g}H_c^{3/2} = \left(\frac{2}{3}\right)^{3/2}\sqrt{g}W(H + B - E_c)^{3/2} \tag{8.2.8}$$

式中，W为河流的宽度。

式（8.2.8）通常以单位河流宽度的水流量的形式表示：

$$\frac{Q}{W} = \left(\frac{2}{3}\right)^{3/2}\sqrt{g}(H + B - E_c)^{3/2} \tag{8.2.9}$$

由于B与E_c通常已知，式（8.2.9）建立了流量Q与上游网格深度H的关系，这表明H对于确定河流的水动力状况是十分有用的。Ji等（2002a）使用式（8.2.9）计算了马萨诸塞州黑石河的坝顶溢流（图8.2.7）。

图8.2.7　黑石河上的过流坝（来源：季振刚摄）

8.3　河流中的泥沙与水质过程

河流在以下几个变量间保持着微妙的平衡：来自流域的入流、水的深度与流速、河流的宽度和坡度、泥沙的颗粒大小与浓度、营养物与藻类。更为重要的是，这一平衡是动态的而不是静态的。河流能够作为水、泥沙和营养物的汇。当营养物促进藻类生长时，会对河流原有的功能，比如休闲、给水、栖息地功能产生不利的影响。除了营养物之外，其他因素（如阳光、泥沙负荷、捕食）也会影响河流的水质。

8.3.1　河流中的泥沙与污染物

泥沙淤积是河流的主要环境问题之一。由泥沙导致的河道、海港、河口淤塞给社会带来了巨大的损失。河流流域的状况对输送到河流的泥沙量有很大的影响。不同河流的泥沙源不同，即使同一条河流，每年的泥沙来源也有变化。不同地区河流的泥沙源地也有显著区别。山区河流常被不连续地注入粗泥沙，比如山体滑坡；而低地的河流则接收来自四面八方的细泥沙，比如周围的水域和河流的上游。极端事件，比如飓风，会极大地改变输送到河流中的泥沙的量与种类。河流与泥沙、污染物的问题是一个与上游水流、沿岸土地利用和土地管理都有关系的复杂问题。

如第3章所讨论的，河流中（或者其他水体）的泥沙经历三个主要过程：

（1）侵蚀：河床上泥沙的分离；

（2）输运：在流动的水中泥沙的输运；

（3）沉积：泥沙向河床沉积。

河流中河床的侵蚀、泥沙的输运与沉积由水流和泥沙负荷所控制。河流中泥沙的排放是高度偶发性的。在流域中，年度总泥沙负荷量的不均衡性与高速流和极端事件有关。大多数的泥沙是在全年10%的时间内（36 d）被排放到河流中的，而剩下90%的时间内只有少量的泥沙被排放

（CSCRMDE，1987）。低流量通常导致净淤积，而高流量可能引起上游段的净侵蚀与下游段或者河口的净淤积。另外，在某个特定河段，侵蚀过程可能发生在水位的涨水段（图8.2.2），而沉积过程可能发生在退水段。

河床的侵蚀可能导致很多问题。河床受到侵蚀失去泥沙，高度下降。下降的河床会提高河岸的相对高度，反过来导致河岸垮塌。河床高度的下降也可能威胁上流和下流的结构。另一方面，泥沙的排放和沉积会增加河床的高度，引起各种环境问题。

图8.3.1总结了泥沙输运机制相关的不同粒径。如表3.3.1和图8.3.1所示，黏土的颗粒大小小于0.06 mm，沙的颗粒大小在0.06 ~ 2.0 mm之间，而砾石的颗粒大小大于2.0 mm。在很多的河流中，小于等于1/8 mm的颗粒倾向于以悬移质中冲泻质的形式进行传输，大于等于8 mm的颗粒倾向于以推移质的形式进行传输，而大小位于两者之间的颗粒以推移质或者冲泻质的形式进行传输，取决于水流的状况（Wilcock et al.，2009）。将泥沙输送分成几类是有用的，因为这有助于提高对泥沙输运的过程和机制的理解。同时，还需注意的是，颗粒大小的临界值并不绝对，它们取决于水流的状况。

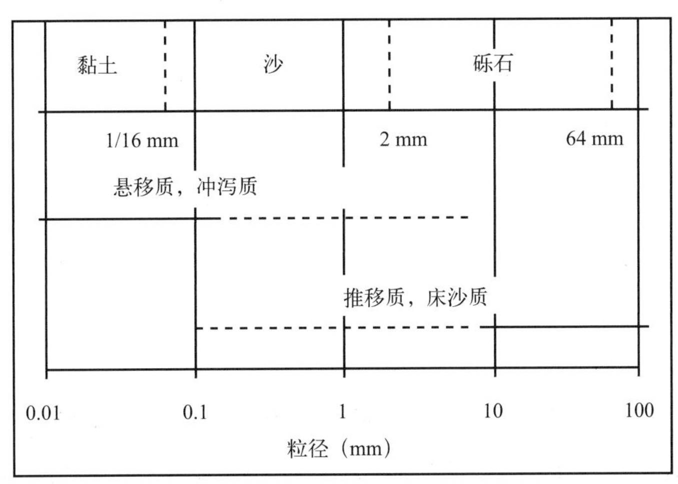

图8.3.1　底沙、底床负荷、悬移质和冲刷泥沙的粒径
（来源：采纳Wilcock等，2009）

很多河流都有水坝，从而形成水池、湖泊或者水库。蓄水能在坝后沉淀泥沙、有毒物质与营养物，从而净化向下游的河水。水坝在处理泥沙与水质方面既有有利的影响，也有不利的影响。蓄水能通过沉淀作用除去杀虫剂与重金属。但是，这些有毒物质在它们沉淀到水坝后面时，并不是变得完全无害。在偶然发生的高流量事件时，它们会重新悬浮起来，将其中的化学物质再次放入水体。相关过程的实例将在8.4.1节讲述黑石河里泥沙与重金属时进行阐述（Ji et al.，2002a）。

在河流研究中，经常使用一维定常态模型（如，Brown，Barnwell，1987）。当非点源作为主要外部负荷源时，需要使用随时间变化的动态模型。三维的泥沙输运方程式（3.2.13）可以简化成一维的形式（Ji，2002a）：

$$\partial_t(HS)+\partial_x(HuS)=\partial_x(HK_H\partial_x S)+Q_s+J_0 \tag{8.3.1}$$

式中，H为水的深度；u为笛卡儿水平坐标x方向上的速度分量；S为泥沙浓度；K_H为水平湍流扩散系数；Q_s为外部点源与非点源；J_0为从河床到水柱体总的净泥沙通量（沉积通量+再悬浮通量）。

有毒物质总浓度C（溶解状态+颗粒状态）的一维输运方程，与泥沙输运方程式（8.3.1）相似，可以从式（4.4.6）中推导出来：

$$\partial_t(HC)+\partial_x(HuC)=\partial_x(HK_H\partial_x C)+Q_c+F_0 \tag{8.3.2}$$

式中，Q_c为外部的点源重金属与非点源重金属；F_0为从沉积床到水柱体有毒物质净通量，可以由式（4.4.8）给出。

如果河流足够宽，有很大的横向变化，或者足够深，形成垂直分层，可能需要二维（甚至三维）模型来模拟河流中泥沙与有毒物质的输运。比如，曲折的河流中泥沙输运是非常复杂的，其在外岸的速度比较快，在内岸的速度比较慢。横向速度的不同直接影响泥沙的输运。沿着外岸可能发生侵蚀，而内岸可能发生沉淀。使用一维模型来描述河流就相当于将河流横向的泥沙输运看做是相同的，忽略河流曲折对泥沙输运与垂直分层的影响，即将整个河流的横剖面看作是净沉积或净侵蚀。

8.3.2 水流对水质的影响

水质过程很大程度上取决于河流的水流状态。污染物在河流某一段停留的时间叫做滞留时间，这个概念与在湖泊研究中经常使用的驻留时间很相似。流速与河段的长度决定了滞留时间。河流的水流通过以下几种方式影响水质。

（1）稀释：大量的水流稀释了排放到河流中的污染物浓度；

（2）滞留时间：高流速降低滞留时间，影响河段中产生或者降解的物质数量；

（3）混合：高流速增强了河流中的混合，加强了河流的同化能力，降低了污染物的浓度梯度；

（4）侵蚀：高流速水流能侵蚀河床，使底栖环境不稳定。

污染物负荷对河流的影响很大程度上取决于负荷的量和河流的流量。高流量水流使污染物快速输运，导致滞留时间短暂，常引起极小的水质问题。相反地，低流量水流使污染物缓慢输运，导致滞留时间很长，能引起严重的水质问题，比如氧气耗减与富营养化。在给定降水总量的情况下，河道与流域的改变会导致反常的高流量水流，增强洪水效应。流域状态的改变也有可能增强沉淀，危害河流中的水生生物群。

在温带区域，季节性的高流量通常发生在初春雪融化与春雨的时候，而季节性的低流量发生在夏季与初秋。流量影响水质变量的浓度与分布。一般来说，点源在低流量（干季）时，对河流有较大的影响，这是由于用于稀释的水较少。河流中的低溶解氧浓度与藻类的大量繁殖通常发生在低流量与炎热的天气状态期间。低流量，最低程度的稀释与高温的结合，通常使夏季与初秋成为评估点源（如污水处理厂）影响的关键时期。

相反，非点源在高流量水流状况下（湿季），会从流域将大量的污染物带进河流。在高流量与低流量状况下评估点源或非点源都是非常重要的。营养物点源通常在低流量水流状况下引起水华，而非点源可能增加湿季期间河流的营养物浓度与混浊程度。市政排放、农业径流与城市径流是河流的常见危害源。因此，水质管理需要建立基于当地季节性水文与气候型的管理策略。

比如，在对黑石河的研究中，Ji等（2002a）报告说来自污水处理厂的排放物是污染物的主要点源，它对河流中的泥沙、污染物有重要的影响。然而，单单考虑这种点源不足以说明河流中总重金属的浓度。非点源、泥沙沉淀与再悬浮过程也是控制泥沙与有毒重金属浓度的重要因子。更多关于黑石河模型模拟的讨论请见3.7.3节与8.4.1节。

8.3.3 河流中的富营养化与水生附着生物

藻类需要有充足的阳光与营养物才能生长。在河边湿地的植物，比如树与草，能过滤来自径流的污染物，减少表层侵蚀。河边的树能减少可用于光合作用的光，使水温适中。反过来，河流的水温会影响水柱体中鱼和其他水生生物所需要的溶解氧。

如第5章所讨论的，藻类对于支撑食物链是必要的，而营养物对藻类的生长乃至支撑一个健康的水生生态系统是十分需要的。然而，过量的营养物会造成藻华与低溶解氧浓度，通过富营养化过程造成水质的恶化。因此，营养物是河流功能受损的主要原因。氮与磷（尤其是磷）是最主要的导致富营养化的营养物。磷通常是全世界淡水中决定藻类生长的关键营养物。在低氮磷比的情况下，氮也变得重要起来。当磷或者氮被限制时，藻类的生长也会被限制。营养物的限制是河流管理中需要考虑的一个重要因素。

富营养化经常是损害河流有益功能（如钓鱼、游泳与给水）的主要因素之一。过多的藻类生长会阻塞进水口，导致低的溶解氧浓度，损害河流的固有功能。过多有机物的分解与藻类植物的呼吸作用会严重降低溶解氧浓度。

河流富营养化的一个独特特征是水生附着生物的作用（附着藻类）。如5.2.6节所讨论的那样，水生附着生物经常大量存在于流水系统中，比如以砾石/卵石为河床的快速流动的溪流，而其他藻类则可存在于流水或非流动水体中，比如湖泊与河口。浮游植物（自由浮动的藻类）通常是湖泊中的主要藻类成分，而水生附着生物则在河流的富营养化过程中扮演重要的角色。克里斯蒂娜河（特拉华州）富营养化过程的模型研究表明了水生附着生物对于模拟溶解氧的日变化的重要性（USEPA，2000d）。在快速流动的河流中，大多数的营养物位于水柱体中，而大多数的叶绿素a位于河床。因此，就如表8.3.1所示，基于河底的叶绿素a浓度对河流的营养状况进行分级通常是较为合适的（USEPA，2000c）。

（1）寡营养：平均叶绿素a浓度<20 mg/m^2；

（2）中营养：平均叶绿素a浓度<70 mg/m^2；

（3）富营养：平均叶绿素a浓度≥70 mg/m^2。

表8.3.1　河流营养分级的分界线（USEPA，2000c）

变量	寡营养–中营养分界线	中营养–富营养分界线
平均河底叶绿素(mg/m^2)	20	70
最大河底叶绿素(mg/m^2)	60	200
总氮量(μg/L)	700	1500
总磷量(μg/L)	25	75

在快流速河流中水生附着生物生长的控制过程与湖泊或者慢流速河流中浮游植物生长的控制过程是不同的。在小溪流中，浮游植物通常不是主要的藻类。流速快而浅的水流有利于水生附着生物在河床的生长。河流的富营养化在慢流速与高水温的条件下会导致过量的藻类生长和氧气消耗。水生附着生物需要砾石/卵石质的河床以大量繁殖，而河流能加强植物细胞表面的营养物交换。河流中水生附着生物量是用单位面积的叶绿素a来描述的，而不是用单位体积的叶绿素a。表8.3.2总结了影响水生附着生物与浮游植物数量水平的因素。

表8.3.2　在适当至高营养提供与无毒条件下河流中影响水生附着生物与浮游植物数量水平的地质、物理、生物环境因素（USEPA，2000c，源自不同文献）

浮游植物占支配地位的河流	水生附着生物占支配地位的河流
高浮游植物数量水平 • 低水流流速（<10 cm/s） • 长滞留时间（>10 d） • 低混浊度/色度 • 空旷，无遮盖 • 水深较深 • 深宽比较大	高水生附着生物数量水平 • 高水流流速（>10cm/s） • 低混浊度/色度 • 空旷，无遮盖 • 水深较浅 • 最小限度的冲刷 • 有限的大型无脊椎动物捕食 • 砾石或者较大的底土 • 深宽比较小
低浮游植物数量水平 • 高水流流速（>10 cm/s） • 短滞留时间（<10 d） • 高混浊度/色度 • 不空旷，有遮盖 • 水深较浅	低水生附着生物数量水平 • 低水流流速（<10 cm/s） • 高混浊度/色度 • 不空旷，有遮盖 • 水深较深 • 高程度的冲刷 • 多大型无脊椎动物捕食 • 沙地或者小块的底土

注意：只要一个因素就足以限制浮游植物或者水生附着生物的数量。

8.3.4　河流中的溶解氧

溶解氧对生态系统来说是必不可少的。5.6节详述了水体中的溶解氧过程。浅的河流通常有充足的溶解氧，这是由于它有着较大的宽深比与充足的流量，有利于整个水柱体的混合与复氧。5 mg/L或者6 mg/L的溶解氧浓度对于支持健康水质条件通常是必需的。在3.0 mg/L或者更低的溶解氧水平下，水生生物可能会发生数量上的锐减。溶解氧浓度小于2 mg/L的情况被称为缺氧，在这种水平下许多种生物很可能会死亡。

河流中决定溶解氧空间分布的包括以下几个方面：

（1）BOD的氧化：如5.6.1节所讨论的那样，BOD是用来代表所有溶解氧的汇，比如碳质物与氮质物的氧化，河底生物氧气需求和藻类植物呼吸作用；

（2）大气复氧：除了大气的复氧外，光合作用产生的溶解氧与入流中包含的溶解氧也是主要氧气源；

（3）水流的输运作用：平流与扩散过程加强了河流中溶解氧的混合与复氧。

Streeter与Phelps（1925）所作的开创性工作，对于理解河流中的溶解氧过程是非常有用的，他们开发了第一个用于描述俄亥俄河中氧消耗的水质模型。模型能用一级反应方程描述：

$$U\frac{\mathrm{d}C}{\mathrm{d}x} = -k_d B + k_a(C_s - C) \tag{8.3.3}$$

式中，x为距离；U为x方向上的平流速度；C为溶解氧浓度；B为BOD浓度；C_s为饱和溶解氧浓度；k_d为BOD的脱氧率常数；k_a为溶解氧的一级复氧率常数。

假定BOD发生一级降解反应，k_r为降解速率常数，式（8.3.3）的解就是著名的Streeter-Phelps方程：

$$C = C_s - \frac{k_d L_0}{k_a - k_r}(\mathrm{e}^{-k_r x/U} - \mathrm{e}^{-k_a x/U}) - (C_s - C_0)\mathrm{e}^{-k_a x/U} \tag{8.3.4}$$

Streeter-Phelps方程的示意图如图8.3.2所示，它描述了河流中溶解氧的下垂曲线。溶解氧下垂曲线给出了在一个BOD负荷排放到受纳河流中后，随着氧气的消耗与恢复，溶解氧的纵向变化。在排放点（$x = 0$）和临界点（$x=x_c$）之间，由于高的BOD浓度与少量DO不足（C_s-C），氧化作用超过复氧作用［$k_dB > k_a(C_s-C)$］，河流中氧气的消耗比氧气的再供给快。河流中的溶解氧浓度在临界点x_c时（$t_c = x_c/U$），下降到最小值$C_{\min}$。这个位置是最低的溶解氧浓度发生的临界位置，这里氧化率与复氧率相等。在经过临界位置后，由于低的BOD浓度与高溶解氧差额，复氧作用超过氧化作用［$k_dB < k_a(C_s-C)$］。因此，河流中的氧气逐渐增加。在更远的下游，氧气的提供率超过使用率，导致溶解氧的全面恢复。

上述的讨论是BOD/DO模型分析的简单阐述，它基于下列的假设：

（1）有机分解与复氧是影响溶解氧浓度的主要过程；

（2）其他过程没有包括在上述讨论中，比如硝化作用与沉积物氧气需求，它们也可能会显著影响河流中溶解氧浓度；

（3）没有考虑可能显著降低溶解氧浓度的非点源；

（4）河流被简化成一维的直河道，复杂的河流几何结构被排除在讨论外。

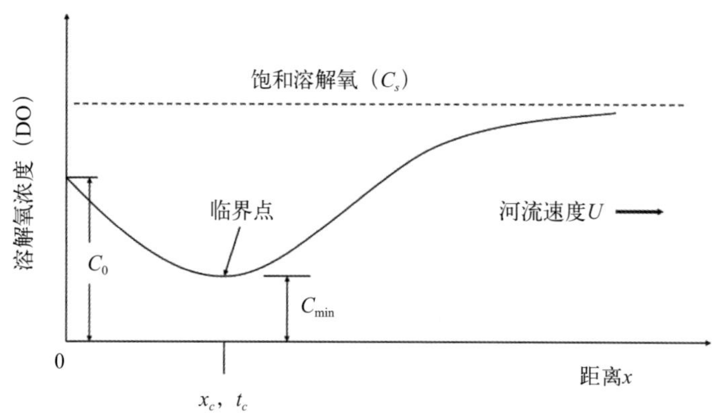

图8.3.2 河流中溶解氧的下垂曲线

8.4 河流模拟

模拟地表水体所需要的数据和参数分别在2.4.1节（水动力）、3.7.1节（泥沙输运）、4.5节（有毒物质）及5.9.1节（水质和富营养化）大致讨论过。模拟地表水系统数值模型的选取在7.1.2节讨论过。这一节集中讨论与河流模拟直接相关的问题。这一节以马萨诸塞州的黑石河（Ji et al.，2002a）与马里兰州的萨斯奎汉纳河（Hamrick，Mills，2001）的模拟作为案例研究。

河流中的输运通常由平流和扩散过程决定。一维、二维乃至三维模型已经被开发用于描述这些过程。研究目的、河流特征与数据有效性是决定模型适用性的主要因素。2.2.2节提供了一维、二维和三维的模型方程。一维模型通常用于模拟小而浅的河流。关于流速和流向的具体分析需要对河流进行二维，有时候甚至是三维的模拟。当横向变化（或者垂直层化）是河流的重要特征时，需要具有二维变化的模型进行模拟。对于大河流，特别是对于直接流入河口的河流，可能就需要用三维模型，以精确描述河流过程。

一维模型，比如广泛使用的QUAL2E模型（Brown，Barnwell，1987），常用于河流模拟。对于大多数小而浅的河流，这些一维模型通常足够模拟水动力与水质过程。在一维模型中，水面高程、流速与排放只在纵向上变化，而在横向上是不变的。这种近似提供了河流水流的简化数学描述。

带有陡峭河底斜坡的河流通常流速较大，水深较浅，其河床以砾石、卵石与岩石为特征。粗糙的河沙以及细小的颗粒被高流速的水流冲走。水质成分的主要梯度在沿着河流的方向上。因此，横向与垂直平均的一维模型用于描述水流与泥沙、有毒物质的输运是合适的。带有中等河底斜坡的河流流速较低，通常以由细小黏性颗粒和细沙混合物组成的沉积河床为特征。在这种河流中，水质成分的主要梯度是在水流的方向上，一维模型可能还够用。一维模型抓住自然河流复杂性的能力是有限的，河流在垂直和横向上均匀分布的假设对宽而深的河流是不恰当的。在这种情况下，一维近似可能不足以描述河流中的过程，这些河流中的输运过程在横向或者垂直方向上可以有显著的梯度。既然这样，就需要用二维或者三维模型对河流进行更好的描述。

河流模型的边界条件通常由如下边界的流量时间序列或者分段时间序列来指定：

（1）上游边界：上游边界提供河流的入流条件，通常用流量或者水面高程来指定；

（2）下游边界：水面高程或者水位流量关系曲线通常在下游边界上指定；

（3）侧边界：侧向的入流可能来自沿着河岸有测量或没有测量的区域。

上游边界或者下游边界通常被设立在有水流水质数据，或者有水坝的地方，这样使得入流和边界条件容易确定。当河流中的一段没有被测量时，可能会通过流域模型，用流域的特征来估计入流条件。由于逆向水流的存在，感潮河可能有更为复杂的边界条件。

8.4.1　案例研究Ⅰ：黑石河

马萨诸塞州黑石河的水动力与泥沙模拟已经在3.7.3节讨论过（图3.7.7）。作为一个续篇，本节将叙述河流中重金属的模拟（Ji et al.，2002a）。

8.4.1.1　模拟黑石河中的重金属

如3.7.3节所讨论的那样，黑石河研究计划的3次调查都测量了5种重金属（镉、铬、铜、镍、铅）和总悬浮固体的总浓度与溶解浓度（USEPA，1996a）。利用这些测量数据，分配系数P能用式（4.3.7）估计出来。基于黑石河研究计划的数据，Tetra Tech（1999b）指出，虽然它们有很大的变率，但是可以较为合理地把黑石河中5种重金属镉（Cd）、铬（Cr）、铜（Cu）、镍（Ni）与铅（Pb）的分配系数分别设为0.2 L/mg、1.0 L/mg、0.2 L/mg、0.1 L/mg和1.0 L/mg。Thomann等（1993）将镉的分配系数调整为0.1 L/mg。USEPA（1984）报告说，弗林特河（密歇根州）镉的分配系数的变化范围为0.05～0.45 L/mg，铜的分配系数的变化范围为0.02～0.1 L/mg，这些数据与本研究中所用的数值相若。参数的敏感度测试将在以后的章节中讲述。

在黑石河研究计划的每一次暴雨事件中，均在黑石河及其支流沿岸至少16个站点进行取样，取样时间间隔为4 h，并持续3 d以上。其中，黑石河沿岸12个站点的数据用来与模式数据进行比较。这12个站点对于暴雨一、暴雨二和暴雨三分别有总量为120个、192个和144个的数据记录。为了进行统计分析，模拟结果以12个站点在精确的取样时间点上的形式保存，所以模拟结果可以与在相同站点、相同时间点上的数据进行比较。表8.4.1至表8.4.3分别总结了暴雨一、暴雨二和暴雨三中7个观测与模拟的变量的误差分析，包括流量（Q）、总悬浮固体（TSS）、镉、铬、铜、镍与铅。这些表格给出了观测平均值、模拟平均值、绝对平均误差、均方根误差、观测值变化范围与相对均方根误差（以百分数为单位）。大体上来说，模拟的Q、TSS、镉、铬、铜、镍、铅与观测数据很一致。比如，表8.4.2表明，与来自12个站点的192个观测数据相比，暴雨二模拟的相对均方根误差的变化范围为从Q的6.17%到TSS的17.27%，而5种重金属的相对均方根误差不超过15.03%。表8.4.1至表8.4.3指出，从统计学上来看，黑石河模型在3次暴雨事件中，都很好地模拟了水动力、泥沙与重金属的输运过程。

图8.4.1至图8.4.5给出了在暴雨二中（1992年11月2—6日）黑石河沿岸模拟与观测到的镉、铬、铜、镍与铅的时间序列图。图8.4.1中的12张子图是在暴雨二观测期间黑石河沿岸镉的浓度。横轴是从1992年11月2日起的天数，纵轴的单位是μg/L，每个图片中给出了站点的河流里程数。黑点代表观测的镉浓度，实线代表模型模拟的结果。

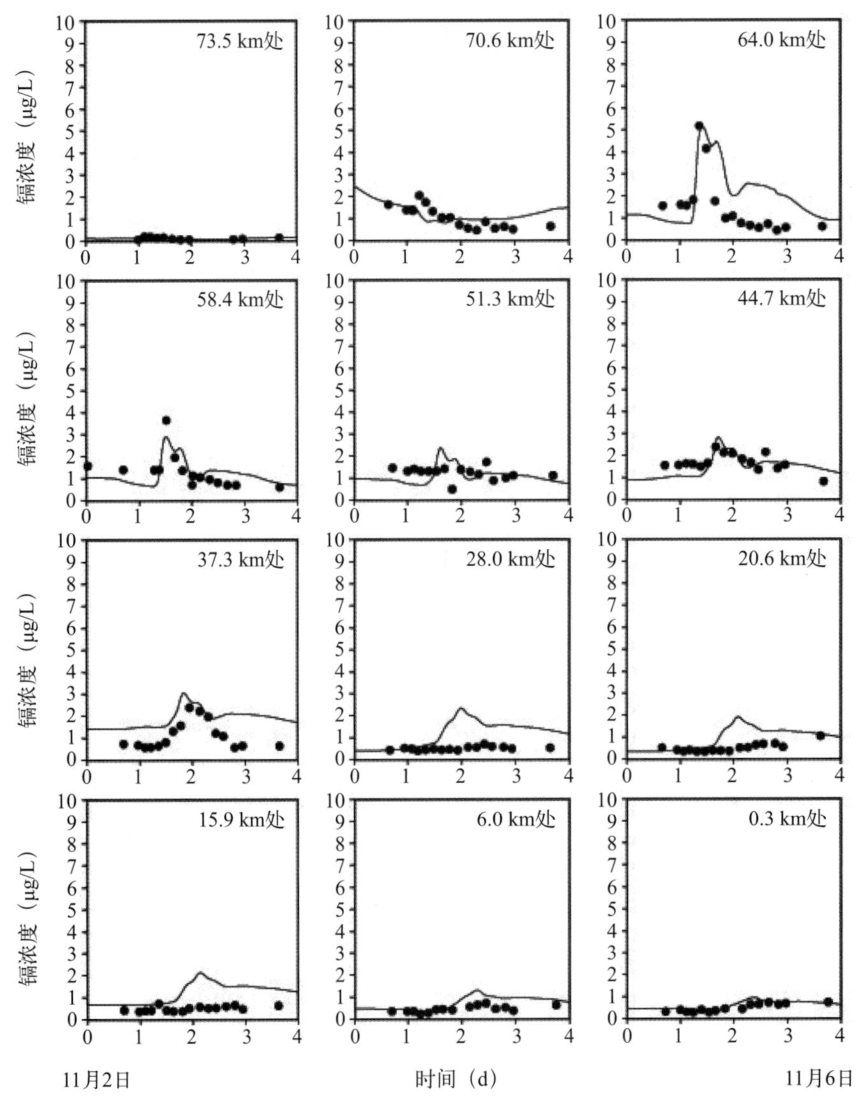

图8.4.1　暴雨二中黑石河沿岸观测与模拟的镉浓度

由图8.4.1看出，在70.6 km处，镉的浓度大大增加，这是由位于71.4 km处的黑石河上游水污染消除区排放造成的。在暴雨二的高峰期（大约1.3 d），由于高速水流引起的稀释作用，70.6 km处镉的浓度轻微下降。这个现象明确地指出，与来自黑石河流域的非点源相比，黑石河上游水污染消除区是镉的更为主要的源。在64.0 km处（Singing坝），镉的浓度由于坝附近泥沙的再悬浮而猛增。观测数据与模型模拟皆显示出镉浓度达到峰值5.2 μg/L。在其他的坝（58.4 km、51.3 km及44.7 km处），镉的浓度随着总悬浮固体浓度的增长相应地增加（图3.7.10）。图3.7.10与图8.4.1表明，模型能真实地描述出稀释过程与泥沙、重金属的再悬浮过程。

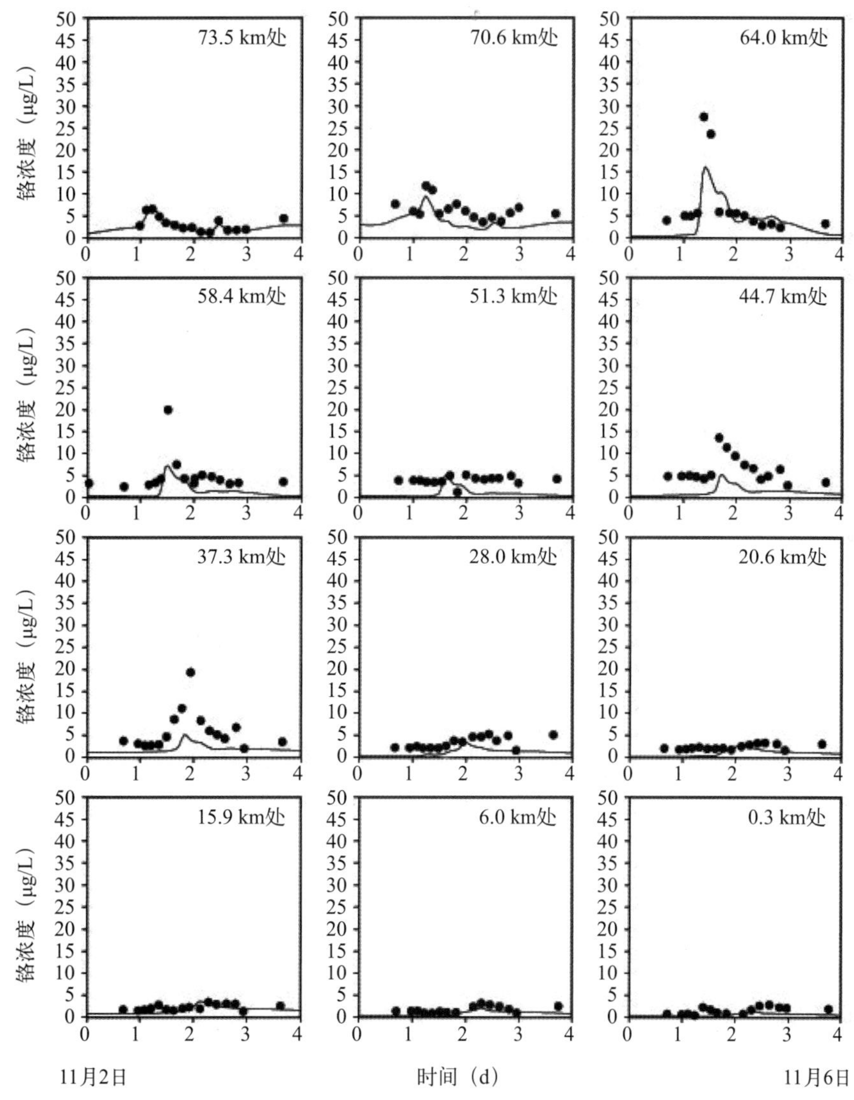

图8.4.2　暴雨二中黑石河沿岸观测与模拟的铬浓度

图8.4.2至图8.4.5与图8.4.1相类，显示的是其他4种重金属（铬、铜、镍、铅），这4种重金属具有与图8.4.1相似的特征。比如，图8.4.2至图8.4.5中64.0 km处（Singing坝）的重金属浓度由于高流量与泥沙的再悬浮而大大增加。更为有趣的是，处于高速水流段的70.6 km处（黑石河上游水污染消除区的下游），铅的浓度随时间大大增加（图8.4.5），而其他4种重金属（镉、铬、铜、镍）没有显著增加。这个发现表明，其他4种重金属大部分来自黑石河上游水污染消除区，与之不同，来自非点源（流域）的铅对黑石河有很大的影响。稍后关于污染源的讨论也将支持这个发现。

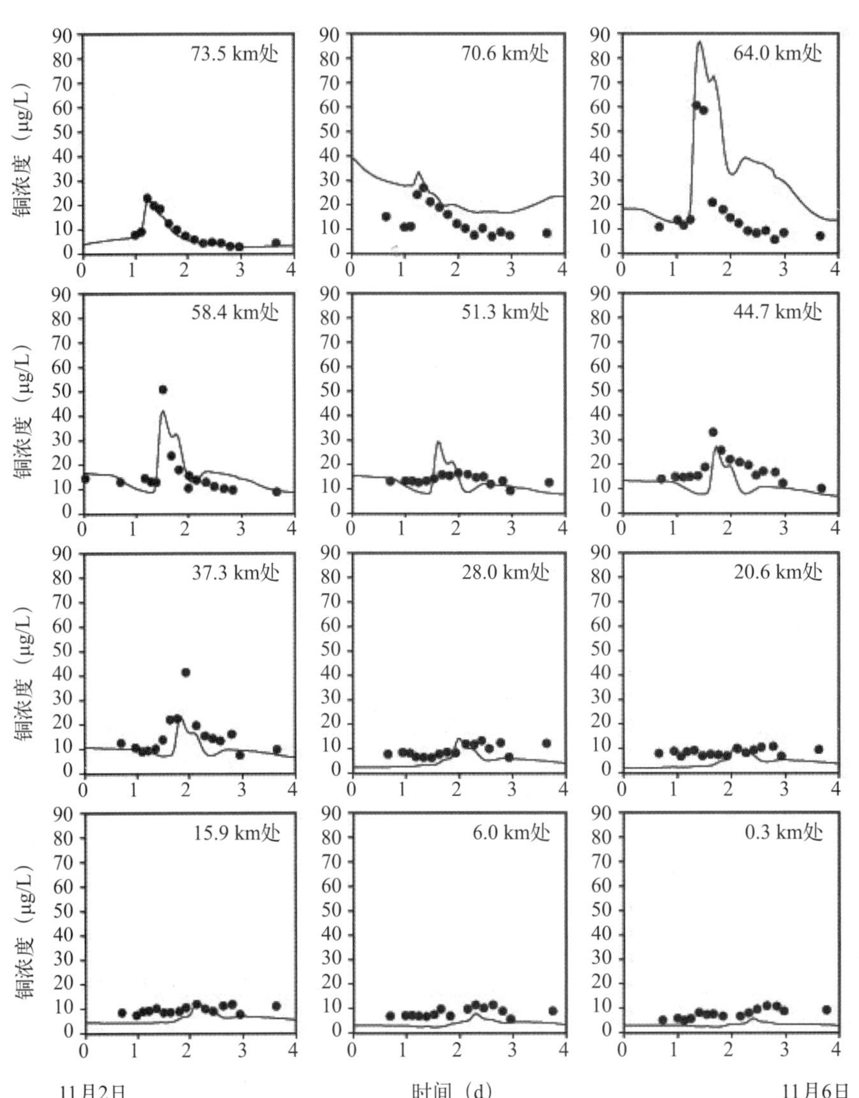

图8.4.3 暴雨二中黑石河沿岸观测与模拟的铜浓度

表8.4.1 观测与模拟的流量（Q）、总悬浮固体（TSS）、镉（Cd）、铬（Cr）、铜（Cu）、镍（Ni）与铅（Pb）在暴雨一中的误差分析

变量	观测平均值	模拟平均值	绝对平均误差	均方根误差	观测值变化范围	相对均方根误差(%)
Q (m^3/s)	4.56	4.93	1.03	1.43	8.45	16.88
TSS (mg/L)	6.23	2.60	4.83	7.22	34.60	20.86
Cd (μg/L)	0.66	0.89	0.37	0.54	2.52	21.56
Cr (μg/L)	4.83	0.97	3.86	4.89	17.50	27.95
Cu (μg/L)	18.05	10.27	10.39	13.02	67.80	19.21
Ni (μg/L)	10.88	8.26	4.11	5.48	29.50	18.57
Pb (μg/L)	7.61	2.13	5.63	7.33	30.90	23.71

表8.4.2 观测与模拟的流量（Q）、总悬浮固体（TSS）、镉（Cd）、铬（Cr）、铜（Cu）、镍（Ni）与铅（Pb）在暴雨二中的误差分析

变量	观测平均值	模拟平均值	绝对平均误差	均方根误差	观测值变化范围	相对均方根误差 (%)
Q (m^3/s)	9.53	10.95	1.86	3.42	55.39	6.17
TSS (mg/L)	6.80	8.20	4.54	6.53	37.80	17.27
Cd (μg/L)	0.88	1.22	0.52	0.71	5.12	13.95
Cr (μg/L)	4.08	1.99	2.27	3.17	27.08	11.71
Cu (μg/L)	12.27	12.09	5.77	8.69	57.80	15.03
Ni (μg/L)	7.92	7.73	2.31	3.52	25.70	13.68
Pb (μg/L)	7.52	4.57	4.00	5.43	37.80	14.38

表8.4.3 观测与模拟的流量（Q）、总悬浮固体（TSS）、镉（Cd）、铬（Cr）、铜（Cu）、镍（Ni）与铅（Pb）在暴雨三中的误差分析

变量	观测平均值	模拟平均值	绝对平均误差	均方根误差	观测值变化范围	相对均方根误差 (%)
Q (m^3/s)	5.20	9.68	6.18	11.87	50.88	23.33
TSS (mg/L)	11.52	8.40	7.30	11.25	128.70	8.74
Cd (μg/L)	0.40	1.28	0.92	1.84	5.12	35.90
Cr (μg/L)	3.38	2.05	2.20	4.86	47.30	10.28
Cu (μg/L)	14.01	15.53	9.12	14.51	95.80	15.14
Ni (μg/L)	7.99	6.78	3.63	5.75	20.80	27.62
Pb (μg/L)	11.12	6.38	7.80	12.44	66.80	18.63

模型参数对于这个案例研究是十分重要的，这些参数包括泥沙沉淀速度、临界沉积切应力、临界再悬浮切应力与5种重金属的分配系数。每一次暴雨模拟的平均相对均方根误差能用表8.4.1至表8.4.3的最后一列计算出来。在这个案例研究中，平均相对均方根误差可以用来评价整个模型的运行状况，揭示模型对于参数的敏感度。比如，表8.4.2中暴雨二模拟的平均相对均方根误差是13.17%。当分配系数变化±50%时，平均相对均方根误差变化<1.5%。当泥沙沉淀速度变化±50%时，平均相对均方根误差变化<4%。当临界沉积切应力变化±50%时，平均相对均方根误差变化<10%。

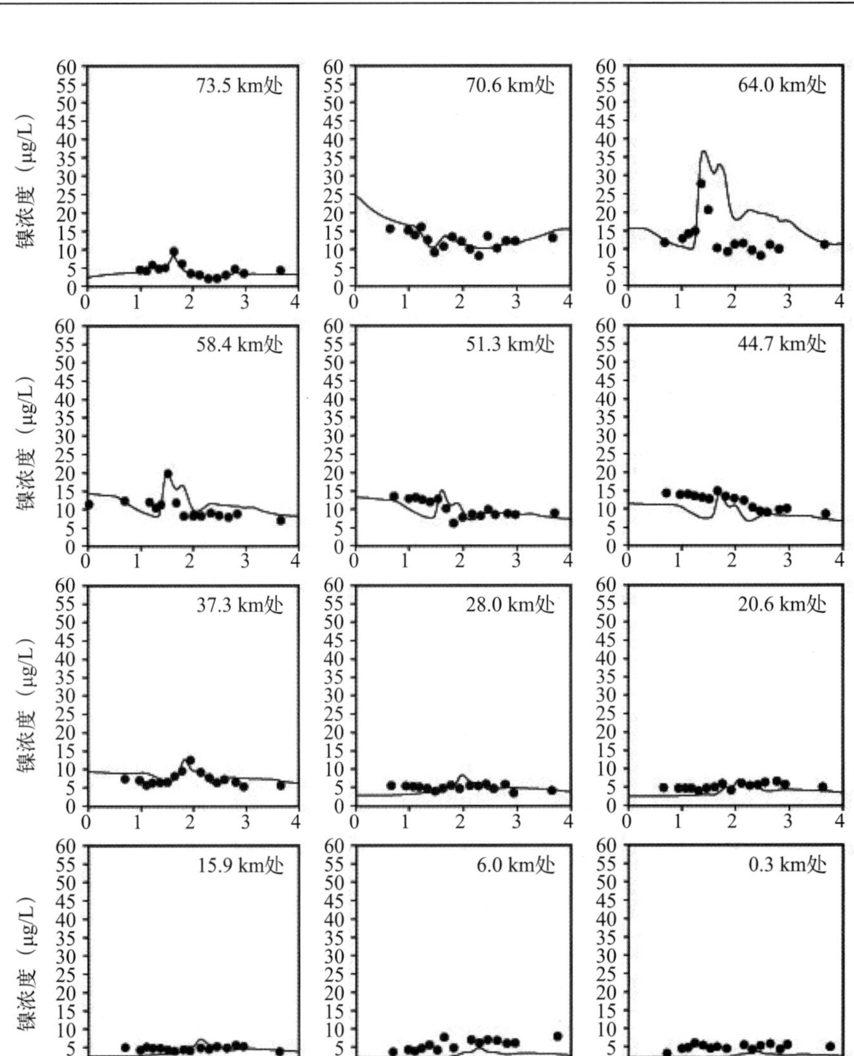

图8.4.4 暴雨二中黑石河沿岸观测与模拟的镍浓度

总的来说，模型结果对于模型参数不是十分敏感，而临界沉积切应力、临界再悬浮切应力与其他参数相比对结果影响较大。在高速水流的情况下，暴雨事件中泥沙的再悬浮过程在计算泥沙与重金属过程中比泥沙沉淀速度起到更为重要的作用。这就是在模拟暴雨事件时，模型结果对沉淀速度变化不是很敏感的一个主要原因。

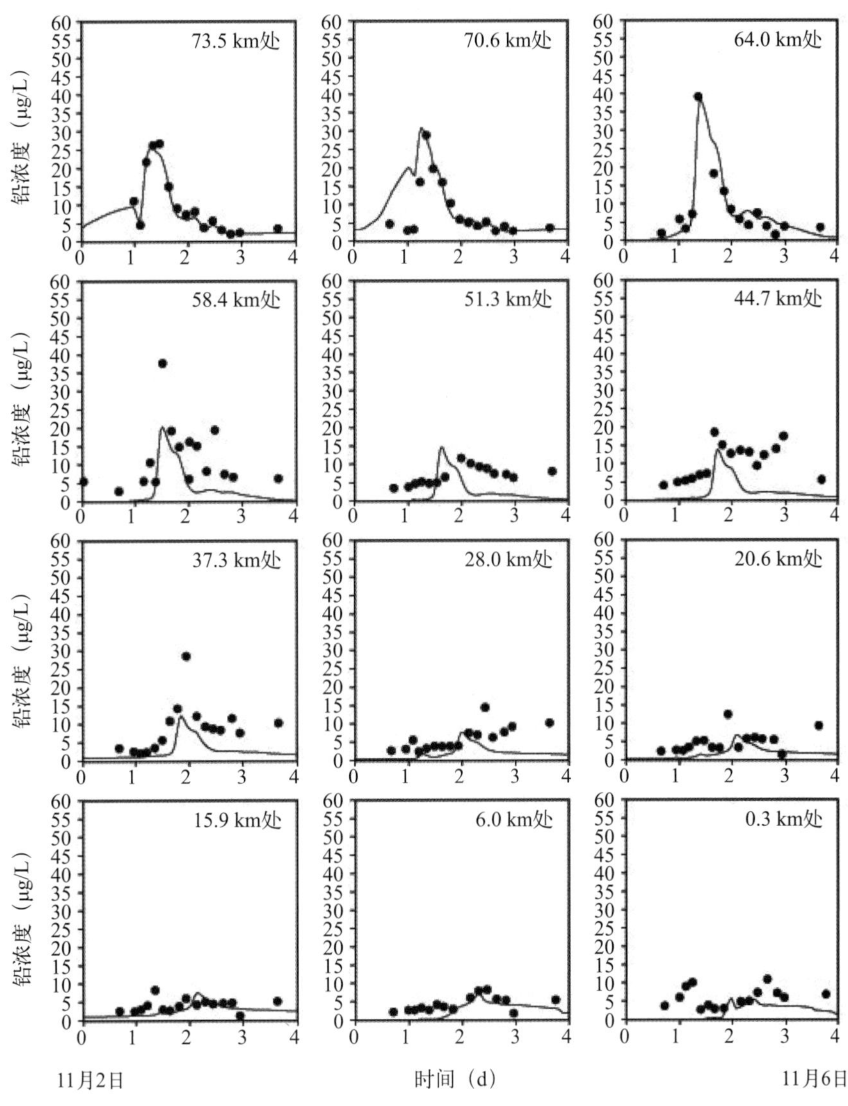

图8.4.5　暴雨二中黑石河沿岸观测与模拟的铅浓度

8.4.1.2　泥沙与重金属源的影响

在用黑石河研究计划的数据校准后，黑石河模型能用来分析河流点源排放、非点源排放与再悬浮过程的影响。Singing坝（图3.7.7，64.0 km处）被选为分析的地点。在相同的入流量与水动力条件下，我们研究4种具有不同泥沙、重金属负荷与再悬浮过程的情景。

（1）单一点源排放：在这种情况下，除了来自71.4 km处的黑石河上游水污染消除区外，所有源头的泥沙与重金属都被去掉了。为了消去河床的再悬浮的影响，将临界再悬浮切应力设为一个很大的值，从而关掉泥沙的再悬浮过程。

（2）非点源排放：用河流源头附近（73.5 km处）收集的泥沙与重金属的数据来描述来自上游流域非点源的入流。在这种情况下，除了73.5 km处，所有泥沙与重金属的来源被关掉，泥沙的再悬浮过程也被关掉。

（3）河床的再悬浮：为了研究将泥沙与重金属从河床带回水柱体的再悬浮过程，将所有流入河流的泥沙与重金属负荷关掉。在这种情况下，泥沙与重金属的唯一源来自河床。

（4）全过程：在这种情况下，所有上述的过程都包括在模型里，结果在图3.7.9、图3.7.10与图8.4.1至图8.4.5中给出。

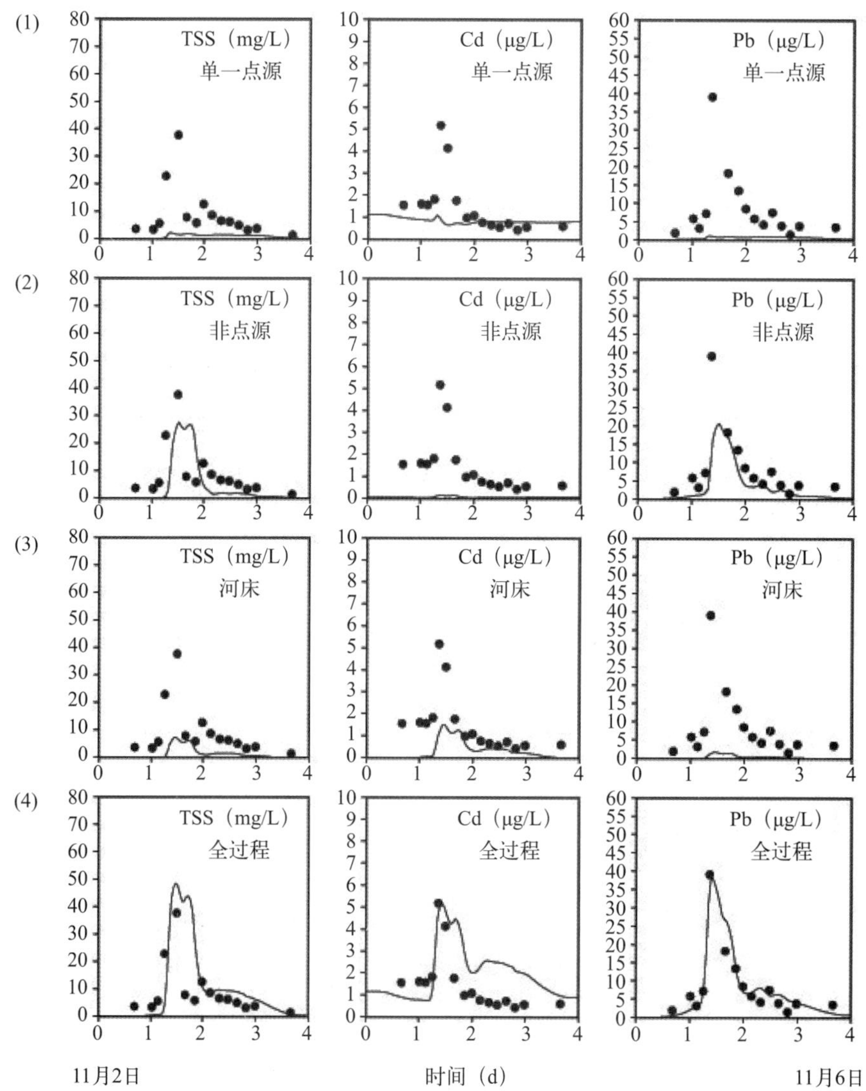

图8.4.6 暴雨二中Singing坝（64.0 km处）的泥沙，镉与铅浓度

（1）单一点源排放；（2）非点源排放；（3）河床的再悬浮过程；（4）全过程

图8.4.6给出了Singing坝（64.0 km处）在暴雨二中的TSS、镉与铅浓度。在图8.4.6中，图8.4.6(1)区是单一点源排放的情况，图8.4.6(2)区是非点源排放的情况，图8.4.6(3)区是河床的再悬浮的情况，图8.4.6(4)区是全过程的情况。图8.4.6的第一列表明，Singing坝的总悬浮固体主要来自上游的非点源［图8.4.6(2)区］与河床的再悬浮［图8.4.6(3)区］。来自黑石河上游水污染消除区的单一点源［图8.4.6(1)区］对Singing坝的泥沙浓度所起作用很小。注意到，泥沙输运、沉淀与再悬浮过程是非线性过程，图8.4.6(1)区、图8.4.6(2)区和图8.4.6(3)区中泥沙浓度的线性叠加可能与图8.4.6(4)区并不相等。

图8.4.6第二列表明，Singing坝的镉浓度大部分来自黑石河上游水污染消除区与河床的再悬浮。上游的非点源只带了少量的镉到Singing坝。图8.4.6也指出Singing坝主要铅源是来自上游的非点源。在这里，黑石河上游水污染消除区与河床的再悬浮都没有对铅的浓度起到很大的作用。这个发现与之前图8.4.5的讨论一致。

对暴雨一与暴雨三进行类似的分析，也得到了相似的结果。结果表明，在浅的河流中泥沙与重金属的输运是复杂的，没有一个单一过程或者单一源能起到主导作用。为了描述泥沙过程与重金属的输运转化，所有主要的源都应该考虑，包括点源、非点源与河床的再悬浮。目前，《国家污染物排放削减制度标准》的制定，就是主要基于点源排放的。我们亟需一种包括非点源与泥沙再悬浮的水质管理工具。

8.4.1.3 讨论与总结

黑石河研究计划（USEPA，1996a）在1991—1993年间开展了黑石河的调查。这个持续多年、花费了几百万美元的项目对河流中水质、泥沙和重金属进行了全面广泛的调查，给目前的模拟研究提供了原始数据。黑石河模型模拟黑石河研究计划的3次暴雨事件，模型在振幅与相位方面都很好地模拟了河流的流量，泥沙的输运与再悬浮过程在模型中也得到良好的描述，总悬浮颗粒物与5种重金属的浓度也模拟得非常好。

这个案例研究的结果如下（Ji et al.，2002a）。

（1）目前为止，已发表的关于河流泥沙与重金属输运的模式研究中，很少有达到小时分辨率的暴雨事件模拟，也很少将综合数据集进行模式输入和模式校准的。利用黑石河研究计划的数据与其他数据源，这项研究能够具体地模拟出泥沙与重金属的输运过程。统计分析与图解展示表明模型结果与数据相当一致。

（2）对于像黑石河一样浅而窄的河流，一维的EFDC模型在大多数的河段能够合理地表现出水动力、泥沙与重金属过程。在特定的河段，比如Rice City池塘段（长度<300 m），这一河段的模拟可能需要一个以上的横向网格。

（3）黑石河上游水污染消除区是污染物的主要点源。它对河流中的沉积污染物有显著的影响。同时，模型结果也指出单独来自黑石河上游水污染消除区的排放物不足以说明河流中总的重金属浓度。

（4）非点源和泥沙沉淀、再悬浮过程也是影响泥沙与重金属浓度的重要因素。由于河流的几何特征相对简单，其他水动力过程的干扰很小，所以能直接研究泥沙与相关重金属的输运、再悬浮过程。来自点源与非点源的污染物都排放入河流中，向下游输运，沉淀在河床上（特别在坝后），在暴雨事件发生时，这些污染物会再次悬浮起来。

有两个因素阻碍了河床上泥沙与重金属的详细模拟：①缺少泥芯数据来量化泥沙的深度和沿河岸的分布状况；②河床上泥沙与污染物的积聚是一个时间范围为月、年甚至10年的长期过程。在这个案例中使用的黑石河研究计划数据，包括3次调查，每一次只持续了几天时间。因此，黑石河研究计划的数据不能用来回答河床上泥沙沉淀与污染物积聚长期过程的相关问题。正如研究中指出的那样，非点源在沉积污染物过程中扮演一个重要的角色。我们需要采取野外取样与模拟研究来量化非点源的影响。模型中使用了一种黏性泥沙分类方法来区分总悬浮固体。河流中的总悬浮固体包括黏性物质、非黏性物质、有机物质与无机物质，在泥沙与重金属模拟中将总悬浮固体分成黏性物质与非黏性物质是有帮助的。

8.4.2 案例研究Ⅱ：萨斯奎汉纳河

这个案例研究基于Hamrick与Mills（2001）及Tetra Tech（1998b）的工作。

水动力与输运模型现在普遍应用于预测发电站在设定条件下的热力效果。预测来自循环冷水系统的排放物的行为已经成为发电站许可批准中必备的一部分。为了了解热水排放在水生环境中的行为，必须理解控制热水与周围水体运动与混合的水动力输运过程。气象事件与环流的改变对热力过程有很大的影响。为了将热力污染减到最少，规定发电站要控制排出物的温度。数值模型也用来提供发电站设计与运行的相关信息。这个案例阐述了科纳温戈池中与桃花谷核电站排放物相关的热力输运的模拟研究。

8.4.2.1 背景

萨斯奎汉纳河流经宾夕法尼亚州与马里兰州，流入切萨皮克湾。科纳温戈池位于萨斯奎汉纳河中，并且作为桃花谷核电站的冷却池。如图8.4.7所示，池的北边界为霍尔特伍德坝，南边界为科纳温戈坝。科纳温戈池的几何特征为：①容量：3×10^8 m^3；②长度：2.3 km；③宽度：800～2400 m；④平均深度：7 m。

Tetra Tech（1998b）总结分析了1996年和1997年夏季期间收集的科纳温戈池历史水流与热力数据。其中从1997年5月到9月中旬的145 d，选作模型模拟时段。我们建造了一个由954个格点构成的水平正交曲线网格来表示科纳温戈池（图8.4.7）。桃花谷核电站的进水口与排放地点也在图中标出。水平网格分辨率从桃花谷核电站附近的大约100 m到上游或下游坝附近的2 km。网格的等深数据是从科纳温戈池的地图中数字化得到的。模型在垂直方向上使用σ坐标，并分成八层进行模拟。模型中的水文与流场强迫，包括霍尔特伍德坝流入科纳温戈池的入流、科纳温戈坝的出流（图8.4.8）、直接降水与模型计算出的蒸发。桃花谷核电站的冷却水从9月1日之前的94.6 m^3/s到之后的78.2 m³/s，这是由于冷却水从进水口离开水池，然后由排放口回到水池（图8.4.7）。

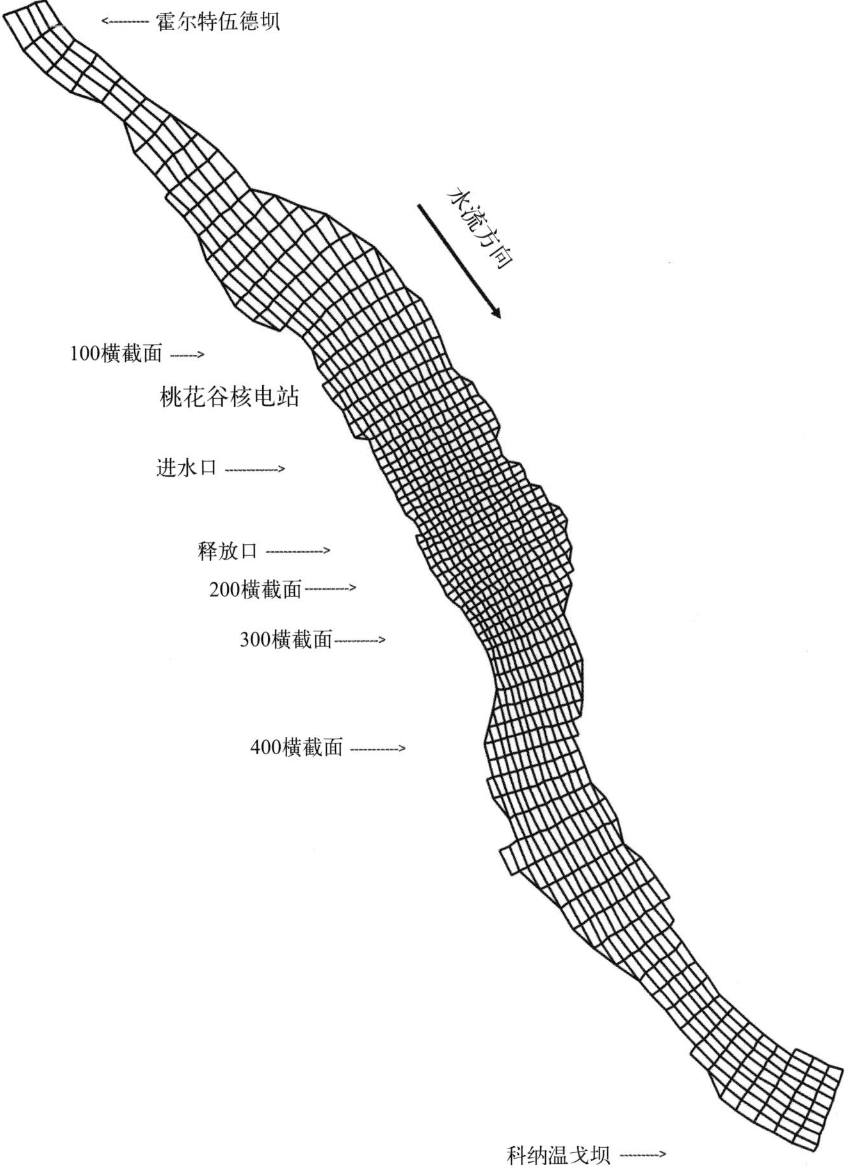

图8.4.7 科纳温戈池的水平正交曲线网格（Tetra Tech，1998b）

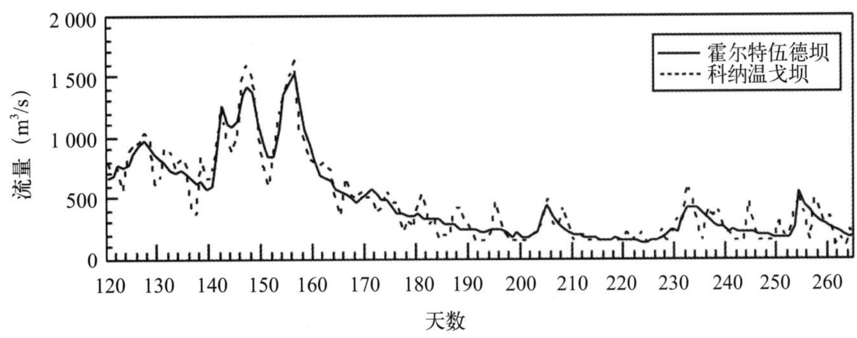

图8.4.8 霍尔特伍德坝与科纳温戈坝的流量（Tetra Tech，1998b）

模型的热力强迫包括霍尔特伍德坝的入流水温、通过桃花谷核电站冷凝器后的温度增长（图8.4.9）以及与大气的热力交换。热力模拟需要用到大气数据，包括气温、气压、相对湿度、直接降水、风速与风向，这些数据可以从位于威尔明顿市的国家气候数据中心与特拉华州机场（最近的综合观测站）得到。

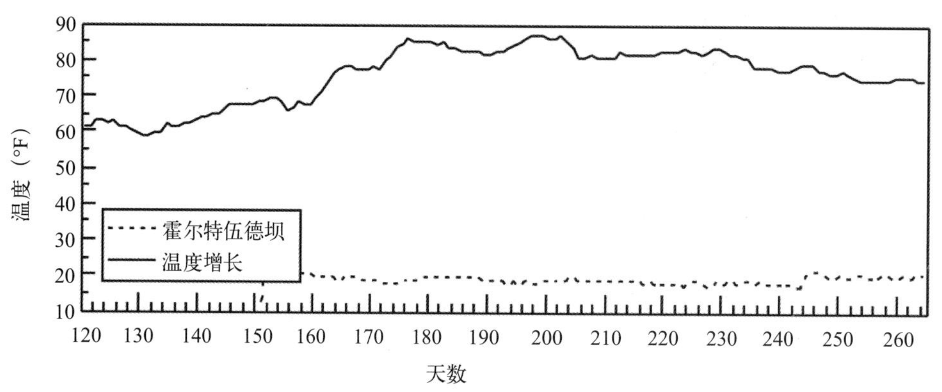

图8.4.9　霍尔特伍德坝的入流水温与桃花谷核电站冷凝器后的温度增长（Tetra Tech，1998b）

8.4.2.2　模型应用

使用EFDC模型（Hamrick，1992）来模拟1997年夏季科纳温戈池的热力输运与温度分布。模型模拟从5月1日开始，初值统一为57 ℉。由于5月期间水温对高速水流的快速响应，模拟状况与57 ℉初值无关。模型的热力校准主要包括感热与潜热传输系数的调整。

初步的模型性能是通过比较桃花谷核电站观测和预测的冷却水进水温度曲线与池中16个观测站点观测和预测的温度曲线来判断的。图8.4.10给出了冷却水的进水温度。模型的预测值趋向于比观测值略高，但是表现出相同的变化趋势。图8.4.11给出了102观测站的预测与观测温度，该站位于冷却水进水口西北方向大约3 km的100横截面上，而且位于水池的横向中点。这个站的温度主要对霍尔特伍德坝的入流与当地的热力强迫作出响应。图8.4.12给出了201观测站模型预测与观测的温度，该站位于冷却水出水口东南方向大约500 m的200横截面上，而且位于水池的西岸。这个观测站的水温显著受到热水排放的影响。这个观测站的模型预测值较为合理，模拟结果显示出总体比观测低的温度与强的垂直分层。图8.4.13给出了301观测站模型预测与观测的温度，该站位于冷却水排放口东南方向大约1 km的300横截面上。虽然预测温度比观测温度略低，但是模型在预测热力分层方面表现得很好。1997年夏季取样期间最高的观测温度发生在7月16日。图8.4.14给出了这天16时的表面温度分布图。从图8.4.14中，可以看出，桃花谷核电站排放水对水池的影响明显。上游靠近霍尔特伍德坝的水温为87 ℉。在排放区域，表层水温上升至94 ℉，比上游的水温高了7 ℉。甚至在靠近科纳温戈坝，在桃花谷核电站下游10 km的地方，表层水温仍然为89 ℉。

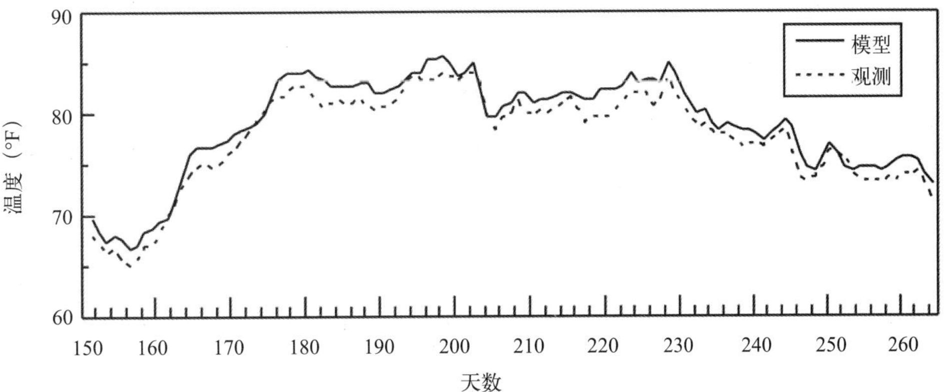

图8.4.10 桃花谷核电站冷却水的模型预测与观测进水温度（Tetra Tech，1998b）

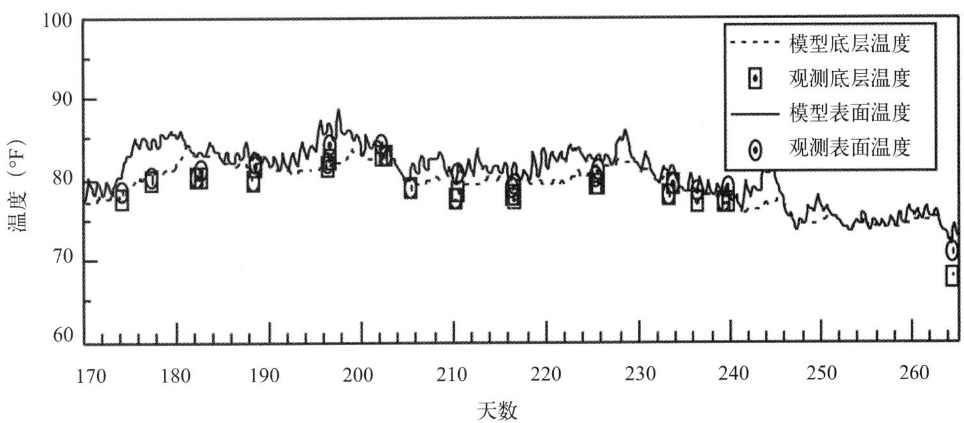

图8.4.11 102观测站模型预测与观测的温度（Tetra Tech，1998b）

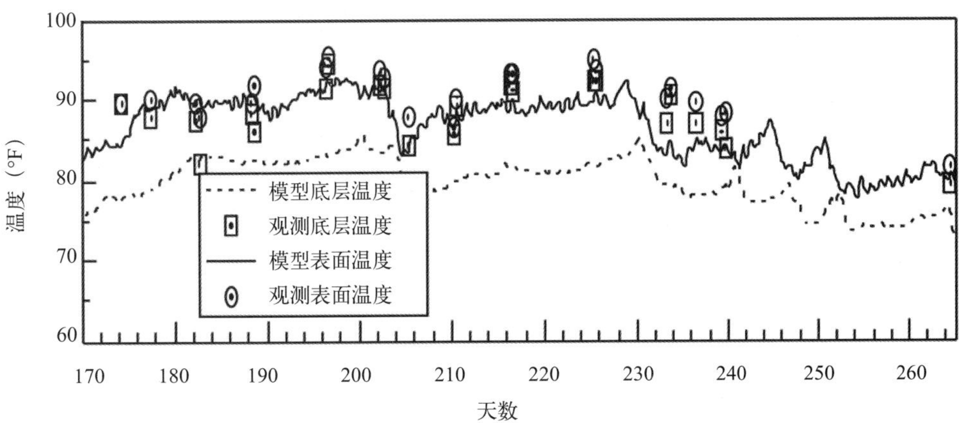

图8.4.12 201观测站模型预测与观测的温度（Tetra Tech，1998b）

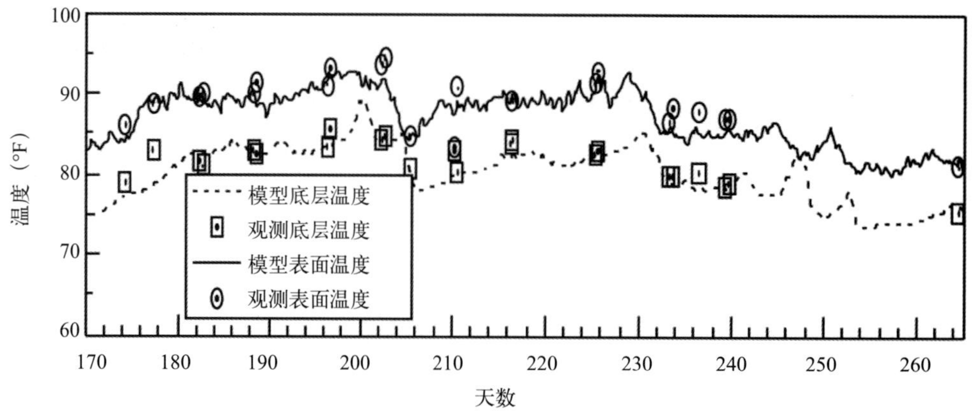

图8.4.13　301观测站模型预测与观测的温度（Tetra Tech，1998b）

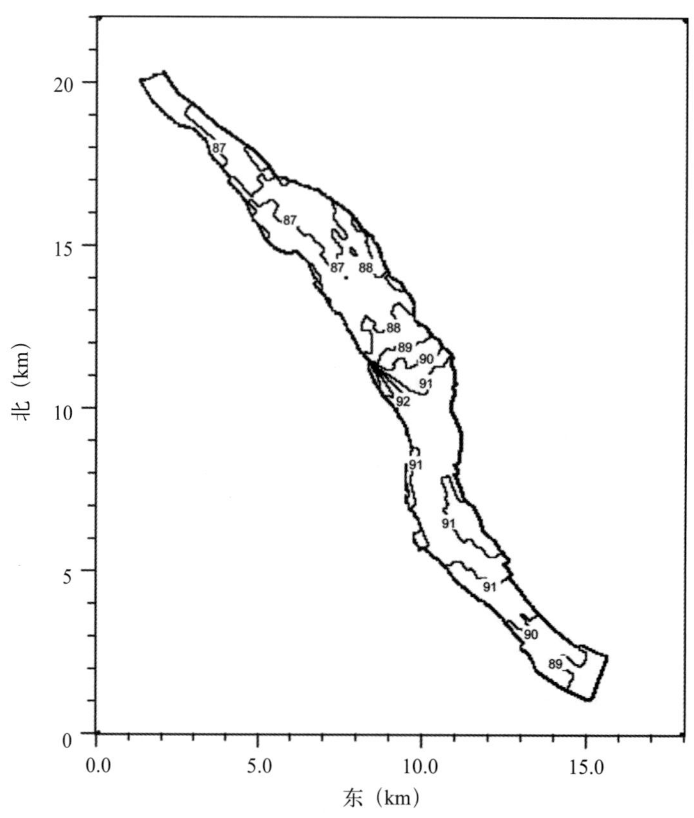

图8.4.14　1997年7月16日16时模型预测的水表温（Tetra Tech，1998b）

8.4.2.3　讨论

这个案例模拟了桃花谷核电站排放的冷却水对科纳温戈池的影响。模型结果与1997年夏季野外观测结果的比较表明，模型能够胜任季节与年时间尺度预测性热力模拟。在400MHz的个人计算机上，145天的模拟只用了将近12 h，因此模型的运行是十分经济的。模型一旦实现了发电站排放物对水体系统影响的热力模拟，就可以扩展用于处理生物与富营养化的问题以及吸附性重金属和有毒有机污染物的输运转化问题。

第9章　湖泊和水库

虽然湖泊和水库这两个词有时可以互换使用，但是湖泊一般指的是由于地质过程如冰川后退、火山暴发和地震等形成的天然水体。而水库通常是指由用于防洪、航运、娱乐、发电和/或供水的水坝以及其他工程建筑而形成的人工水系。

第2章至第5章已经分别就水动力学、泥沙输运、病原体和有毒物质及水质的一般理论和过程进行了叙述。本章主要讲述湖泊和水库的特性，其水动力、淤积和水质过程以及湖泊和水库模拟的案例研究。

9.1　湖泊和水库的特征

湖泊分布范围很广，高纬度地区居多，尤其是在冰川活动过的地区。例如北欧的湖泊面积几乎占陆地总面积的10%，但是在中国湖泊面积只占陆地面积的不到1%（Hutchinson，1957；Jørgensen et al.，2005）。湖泊及其流域对于人类和自然界都是重要的生态系统。地球上90%以上可利用的液态地表淡水都在湖泊中。湖泊生态系统一般包括其岸边的湿地和其开阔水域。湖泊周围的民众在很大程度上依赖湖泊获得水源、食物和生活方式。

湖泊为很多植物、鱼类以及依靠湖泊生存的水鸟提供了栖息地。湖泊主要作用有：①提供饮用水、灌溉及工业用水；②娱乐，比如游泳、钓鱼和划船；③防洪；④发电；⑤航运。例如纳赛尔湖（湖泊面积6 216 km²；湖体积156.9 km³；流域面积2.88×10^6 km²；最大深度130 m；平均深度25.2 m；主要入流是尼罗河）是一座建在非洲的位于埃及和苏丹的水库（图9.1.1）。这个湖的形成是由于1970年埃及的阿斯旺大坝的建成，它是世界上最大的一个人工湖之一。从尼罗河流入纳赛尔湖的大约1/4的水被蒸发或者渗透（Kar，2013）。

图9.1.1　纳赛尔湖是1970年埃及的阿斯旺大坝建成后形成的水库，是世界上最大的人工湖之一（来源：季振刚摄）

与河流及河口相比，湖泊具有以下特性：①相对缓慢的流速；②相对较低的入流量和出流量；③垂向分层；④作为来自点源和非点源的营养物质、泥沙、有毒物质以及其他物质的汇。

湖泊和河流最主要的区别是水流的速度不同。湖泊中水流的速度比河流小很多。因此在河流中，式（2.1.33）右端第一项（水平平流项）比第二项（扩散项）大很多。但是在湖泊中第一项（水平平流项）与第二项（扩散项）量级相当甚至更小。河流的快速流动性导致了垂向和横向混合均匀的剖面和向下游的快速输运，但是湖泊中相对较深、流速较慢的水则会有垂向分层和横向变化。湖泊区别于河口的另一个特点是没有与海洋的交换，不受潮汐的影响。

由于其相对较大的流速，河流通常被视为一维的，特别是浅且窄的河流。相比之下，受湖泊形状、垂向分层、水动力、气象条件的影响，湖泊有更为复杂的环流形式和混合过程。湖泊和水库倾向于季节性及年际性蓄水。水体长时间的停留使得湖水及淤积床的内部化学生物过程变得重要，而这些过程在流速较快的河流中也许可以忽略。

9.1.1 湖泊的主要控制因素

本节介绍影响湖泊水质的主要因素。了解一个湖泊的历史和形成对认识其特点非常重要，Hutchinson（1957，1967，1975）根据湖泊的不同起源把湖泊分为76种类型。湖泊的性质取决于很多因素，包括：①历史及形成；②过去的人类活动；③气候；④流域的形状和大小；⑤物理特征。

湖泊与其流域关系密切。其流域特征，比如流域的土地使用、气候、大小和形状，都直接或间接地影响湖泊的水动力特征和水质状况。湖泊流域面积（DA）与其水体表面积（SA）的比值较大，通常显示了潜在高沉积物及营养物负荷。

湖泊的水动力受多种因素的影响，包括：①深度、长度、宽度、体积和表面积；②入流量和出流量；③水力停留时间；④湖水的分层。

湖泊的几何形状主要由湖泊的深度、长度、宽度、体积和表面积来表示。水深及水力停留时间是表征湖泊物理特征的两个重要参数。湖泊的平均深度（Z）等于其体积（V）除以表面积（A）：

$$Z = \frac{V}{A} \tag{9.1.1}$$

湖泊一般被分为浅水湖（< 7 m）和深水湖（> 7 m），或者根据水力停留时间又可分为短停留时间（< 1 a）和长停留时间（> 1 a）（Chapra，1997；Hutchinson，1957；Wetzel，1975）。一般湖泊平均深度与其生物产量（藻类和杂草）成反比。平均深度深的湖泊比浅的湖泊生产力小。

通过出流完全排空湖水所需的平均时间称为水力停留时间，被定义为湖水的体积与流出速率（Q）的比值：

$$\tau = \frac{V}{Q} \tag{9.1.2}$$

式中，τ为水力停留时间。

水力停留时间表示了一个湖泊中水体的平均停留时间，范围从小型蓄水池的几天到大型湖泊的几年。入流为湖泊提供营养物。水力停留时间对湖泊的富营养化有显著影响。短的水力停留时间会减少生物生长的时间，从而减少了生物量的累积。长的水力停留时间则有利于营养物质的再循环和保持。例如，如果一个湖泊的体积很小，而且其出流速度很快，那么它的水力停留时间就比较短，这种情况造成湖泊中营养物质的快速流失。相反，如果湖泊的水力停留时间较长，那么营养物质就会在湖水中停留较长的时间，藻类也会有较长的时间生长。Kimmel 等（1990）认为当水力停留时间少于7 d时，藻类就不会累积。

9.1.2　垂直分层

温度引起的密度分层是影响水质垂直梯度的一个重要因素。太阳辐射对表面的加热和垂直方向的不充分混合导致湖水密度不均。夏季，浮力的作用使暖水停留在近表层。这种垂直结构会因为每年的太阳加热、风、入流量的不同而发生变化。只有几米深的湖泊也会出现分层（如Jin，Ji，2004）。图9.1.2是典型的夏季湖泊温度廓线图，该图表明湖泊因为物理特性不同可分为三层，分别是：①表水层；②温跃层；③均温层。

表水层是水体的最上层，水温在该层的垂向上相对均匀。由于风的作用至少一天中某段时间表层水充分混合，并且这层水是湖水中密度较小、较暖的水。

表水层下面的温跃层（或者说变温层），是表层暖水向底层冷水过渡的中间层。这层中温度随深度递减率最大，垂直混合作用很小。虽然温跃层经常与变温层作为同义词使用，但它实际上代表了变温层中最大温度递减率的面。温跃层的一个重要特征是限制了由湖面风或湖底摩擦引起的湍流动能的垂直交换。因为湖水向下的动量传输被严重抑制，水柱上层很容易受水面的风应力驱动。

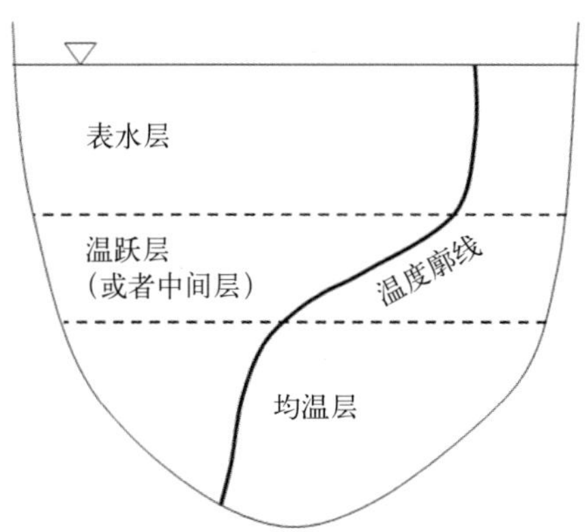

图9.1.2　湖泊的垂直分层和温度廓线

均温层从温跃层下面一直延伸到湖泊的底部，该层的水温稳步下降。与表层水相比，均温层的水要冷很多。均温层在夏季是最冷的一层水，基本不受风混合作用的干扰，缺少光照而使得大多数植物无法进行光合作用。温跃层的密度梯度起到一个物理屏障的作用，在夏季阻挡了表层水与均温层水的垂直混合。

湖水的垂直温度廓线随季节变化。在冬末，受冬季气象条件（例如低温，大风和弱太阳辐射）的影响，湖水从表层到底层充分混合。湖水的分层从春季开始，并在夏末达到顶峰。表层水的温度从夏末开始逐渐下降，经过一个冬天，最终湖泊上下层水温达到一致。图9.1.3是湖泊分层以及随季节变化的一个很好的例子，它显示了十侠湖的水温及溶解氧的季节变化（Ji et al.，2004b）。十侠湖的模拟将作为案例，在9.4.1节进行详细的讨论。

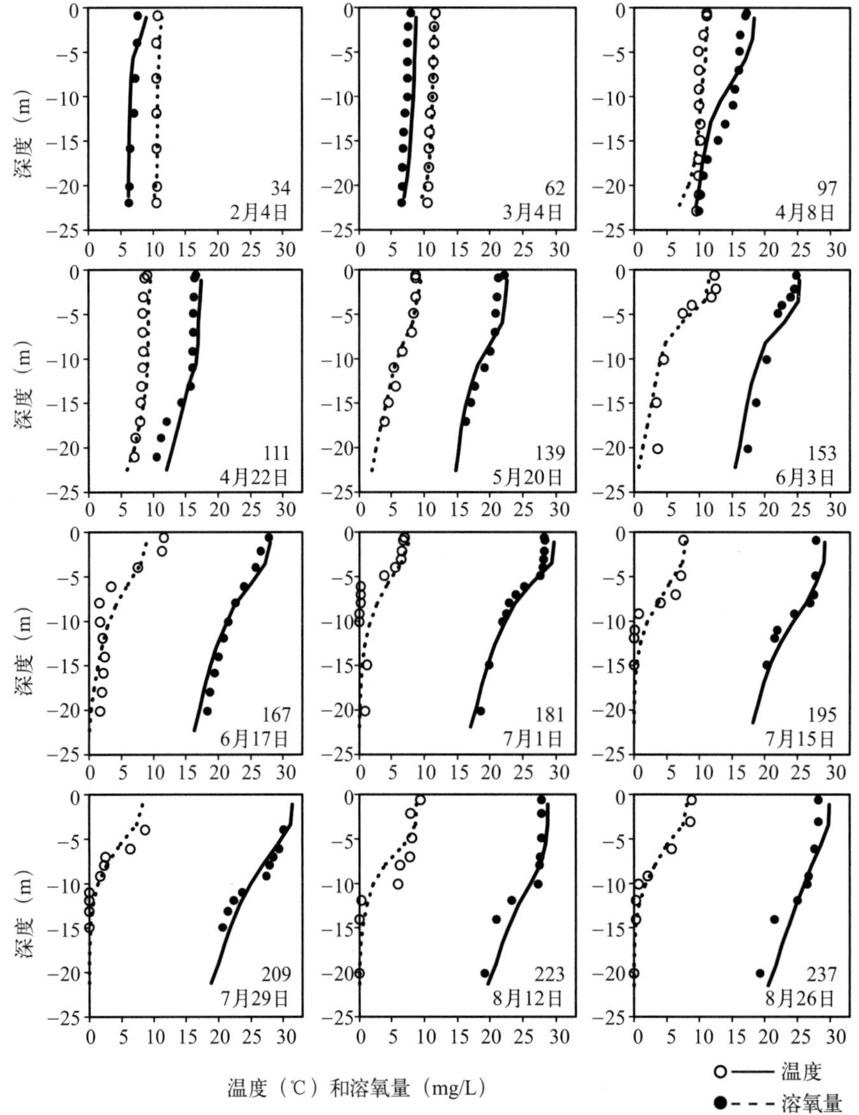

图9.1.3 十侠湖在OKN0166点的水温以及溶解氧的廓线

相应的日期以及儒略日显示在每幅图的右下角。实线表示模拟的温度，实心圆表示观测的温度，虚线表示模拟的溶解氧，空心圆表示观测的溶解氧（Ji et al.，2004 b）

湖泊和水库的热力性质对水质过程及其工程应用有重要影响，比如湖泊管理、电厂设置的考虑、发电站排放对生态系统的热力作用。温度层化是密度层化中最常见的一种类型，但是其他因素也可以引起密度的层化。例如，高悬浮物浓度增加水的密度，减少混合。接近水柱底部悬浮泥沙浓度大，会引起密度分层，并且阻碍底部水与其上层水发生混合。

9.1.3　湖泊中的生物带

正如前面章节讨论的，基于其温度廓线，湖泊垂向可以分为三层：表水层、温跃层和均温层。根据湖水中的生物群落，湖水又可以分为三个生物带：①湖岸带；②浮游带；③底栖带。

湖岸带是湖岸沿线独特的生物栖息地，阳光穿透湖水直达湖底，为固着和漂浮水生植物（大型水生植物）的生长提供可能。在湖岸带大概有1%或者更多的水面光照能够到达淤积床促使大型水生植物生长。在湖岸带有大量的挺水植物、沉水植物和浮水植物。除了作为食物来源，水生植物还为鱼类、无脊椎动物和其他生物提供栖息地。湖岸带的湖水在夏季温度变得非常高，在冬季表面又可能结冰，导致该区域湖水比深层水冷很多。表面风以及湖泊附近水的入流也会强烈地影响湖岸带。如图2.4.2所示是奥基乔比湖的湖岸带。

浮游带（亦称湖心敞水带）一般指阳光不能直接穿透湖水到达湖底的区域。真光层（图9.1.4）是指从水表面往下到能接收到1%表层阳光的湖水区域，它是能接收到足够阳光以供水生植物光合作用和生长的最上层湖水。真光层以下的无光层阳光太少不能发生光合作用。对于大部分湖泊，真光层存在于表层水中。但是在透明清澈的湖泊中，阳光能穿过温跃层，真光层（光合作用）甚至能存在于均温层。

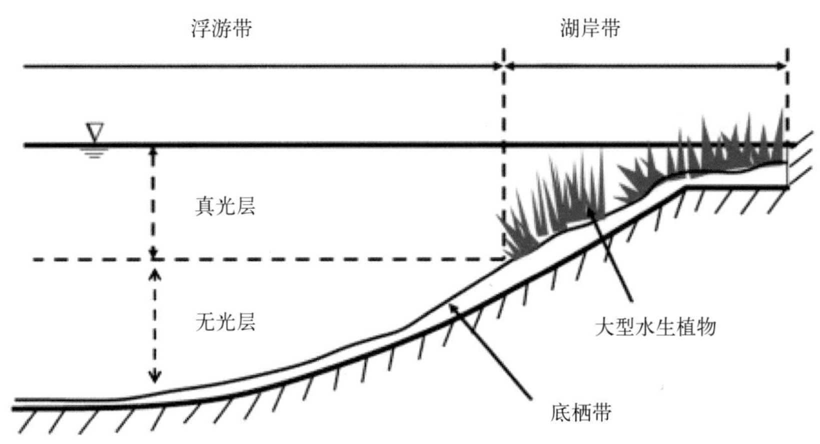

图9.1.4　湖泊的湖岸带、浮游带、底栖带和大型水生植物

真光层的深度可以用塞氏盘法测定透明度Z_s来推算，Z_s可以由式（2.3.17）和式（3.2.19）计算：

$$D=-\ln\left(\frac{I(D)}{I_s}\right)\frac{Z_s}{C} \tag{9.1.3}$$

令$\frac{I(D)}{I_s}$=0.01，C=1.83，在奥基乔比湖中由式（3.2.20）给出，真光层的深度D_E可以用以下公式来推算：

$$D_E = 2.52Z_s \tag{9.1.4}$$

式（9.1.4）表明一般来说真光层深度是塞氏盘深度的2～3倍。

底栖带是湖底较薄的淤积层（如图9.1.4所示）。它一般只有几厘米厚，并且有大量的底栖生物，大部分是无脊椎动物。湖底底栖生物的数量和物种组成很大程度上受底栖带含氧量的影响。底栖生物的生物扰动作用可以用式（5.7.27）中颗粒混合速率来量化。

虽然湖岸带、浮游带和底栖带分别有不同的生物活动，但是水动力输运和生物体运动将三者联系起来。在深水湖中，大型水生植物对生物群落的影响相对较小，因为水生植物的生长被限制在一个相对狭小的有限空间里。由于淤积河床与水柱的强烈相互作用和广阔的湖岸带中大量的水生植物，浅水湖的水质过程在很多方面都不同于深水湖。

9.1.4 水库的特征

水库的一个主要功能是通过调节流向下游的水量以保证水流稳定。水库为各种不同的目的而建造，包括：

（1）防洪：水库在汛期蓄水，为以后放水做准备，以此来控制洪水。它们减弱洪峰的强度，但使大排水量的时间延长。

（2）航运：水库可以提供足够的水量以维持足够的航行水深。

（3）供水：水库在汛期蓄水，以供随后的旱季使用。

（4）发电：水库可以利用水流驱动涡轮发电。

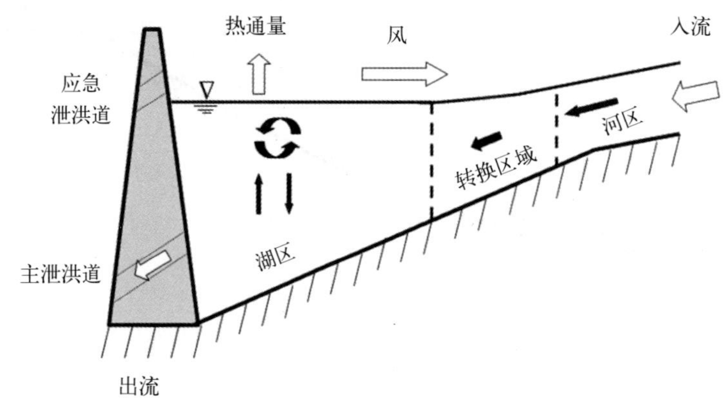

图9.1.5 水库的河区、转换区域和湖区

水库在形态、水文特征和管理目标方面千差万别。它们可以是小而浅的水池，大而深的水库，或者通航水库。目前对水库没有一个普遍认可的分类方法。因为水库的一个基本功能是蓄水，水力停留时间（定义为储水量除以出流量）是水库的最重要参数之一。如果水力停留时间长，那么内部过程，比如分层和湖底的养分通量等，就会显著影响水库的水质。如果水力停留时间短，水库的水质可能受入流控制。

水库的主泄洪道（图9.1.5）是为了调节水位而设计的，用于一般的入流和洪水。紧急泄洪道是次要泄洪道，用来转移超过主泄洪道容量的水。它确保暴雨入流在水位超过大坝高度前得以释放。

正如本节前面所讨论的，天然的湖泊通常有三个不同的生物学区域：湖岸带、浮游带和底栖带。湖岸带在天然湖泊中扮演着重要角色。然而，在流域的主要通道上用大坝建立起来的水库，一般有很陡峭的斜坡，因此沿岸带即便有也非常狭窄。水库兼有河流和湖泊的特征，并且有自己独特的物理特性。与可以是任意形状的天然湖泊相比，水库往往显得长而狭窄。水库在主要支流入水处的源头看起来像河流，而在大坝附近更像湖泊。除了前面讨论的垂直分层之外，水库在水动力和水质特性上也表现出明显的纵向变化。水库有一个或多个入水口及一个出水口，因此其水质在水平方向上有明显的梯度。例如典型的十侠湖水库（图9.4.1），有远离大坝的主源头、支流和出水口，通常可以分为三个明显不同的区域（图9.1.5）：河区、转换区域和湖区。

河区经常是狭窄的并且充分混合的。在一条河里，由于水面倾斜导致的重力作用引起了水的流动和输送。当河流流入河区（图9.1.5），倾斜度减少最终在湖区变得近乎平坦。在河区，虽然流速减小了，但是看起来像河流的“流动”状态依然占主要地位。在输送方程式（2.1.33）中，第一项（水平平流）远远大于第二项（垂直混合），流动依然输运大量的悬浮颗粒。结果造成浑浊度相对高而透光度低。

转换区域的特征介于类河流和类湖泊条件之间，水面趋于平坦。由于该区域水面倾斜度减小，导致水流速度降低和悬浮颗粒的沉淀，透光度随之增加。在转换区域中，入流密度和湖水密度之间差异产生的浮力强迫起着重要作用。

湖区具有类湖泊条件，特别是在紧靠水坝的上水段。在湖区，浮力作用主导水流类型。由于流速低、水深深，悬浮颗粒的浓度逐渐降低，透射的光线足以促进藻类生长。

与一般只释放表面水的天然湖泊不同，水库在不同深度都有出水口，因此放水量和水质可以控制。分层或未分层的状况可以显著地影响水库水质及其释放的水量。分层的水库可以根据需要通过分别释放表水层、温跃层或均温层的水来控制排放水体温度。通过不同深度的出水口，比如，冷的底部水可以释放出来养鱼，而温暖的表层水可以释放出来灌溉。

水库的动力特性和水质在空间上变化很大。例如，水库中的沉淀物明显按照粒径尺寸纵向排序。水坝改变了水流状况，影响泥沙的输运和淤积。随着深度的增加，水的流速降低，那么泥沙的输运能力也降低。粗糙的大颗粒首先在上游淤积，在水库入口处形成一个三角洲。细小的颗粒悬浮时间较长并沉淀在水库的下游。一般情况下水流慢会导致沉淀。而在高入流时，冲刷作用使泥沙更容易被输送到水库下游，甚至一部分颗粒物被输运出水库。

河流藻类可以停留在水库的上部，但更多的集中在水深最深的地方。伴随悬浮物质纵向沉淀，透光性在水库里逐渐增加。图9.1.6的衰减曲线显示了水库纵向减弱的一般形式，而递增曲线显示了水库纵向增加的一般形式。根据图9.1.6所给出的衰减曲线，以下变量向下游递减：①速度；②悬浮颗粒；③藻类可利用的营养物质。而根据图9.1.6所给出的增加曲线形态，以下变量向下游递增：

①透光性；②内部营养循环；③垂直分层。

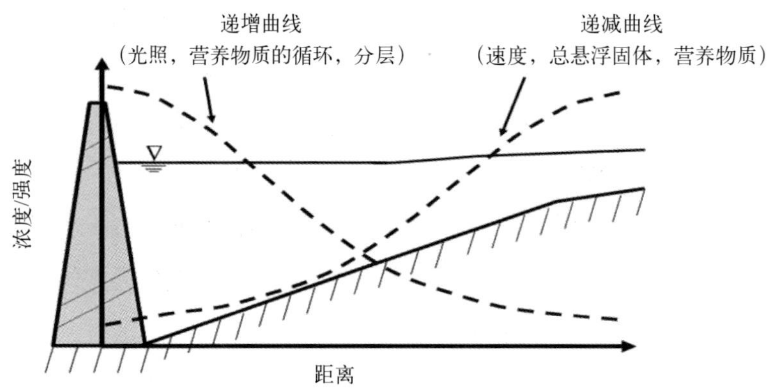

图9.1.6　水库的水动力和水质变量径向分布的示意图

当透光性增加时，藻类有了足够的阳光进行光合作用并消耗更多的营养物，这将造成表层可用营养物的减少。水库深水区的泥沙颗粒在淤积床上发生淤积成岩作用。结果，营养物最终从底床里释放回水中。这个内部营养物循环过程也极大地影响了底层的溶解氧水平，河床的底泥耗氧量可能导致底层水缺氧。

天然湖泊和人造水库主要的不同点包括以下几方面：①形态；②生物带；③外部负荷；④管理目标。天然湖泊和水库的最重要的区别之一在于水体的形状，这会极大地影响水动力、沉淀物和水质过程。天然湖泊最深处经常位于水体的中心附近，湖泊底部向中心倾斜，比如奥基乔比湖（图2.4.3）。大型水库，比如十侠湖（图9.4.1），是淹没了的河谷，因此更深、更长。水库的最深处一般在水坝附近，水库底部向水坝逐渐降低。

典型的水库有比天然湖泊更广阔的流域。水库的流域面积与表面积之比一般比天然湖泊大得多。因此，水库通常有更大的泥沙负荷、营养物负荷以及入流量的季节变化。由于有更大的泥沙负荷和营养物负荷，多数水库比天然湖泊淤积率大，更浑浊。一般情况下湖泊只在表层有入流和出流，但是水库从水面到水底的任意深度都能放水。

水库一般都位于天然湖泊较少或者没有天然湖泊的地方，为了特殊的目的而建立和管理，例如防洪、航运、供水和发电。水库蓄水和放水的调控是为了获取最佳效益。水库的管理包括极端水位的涨落和排水深度的控制，会显著地影响输运和混合的方式，从而影响水库的水质。大多数天然湖泊在控制水深以及排水深度方面能力有限。

9.1.5　湖泊的污染和富营养化

湖泊和水库是可以长期蓄水的水体，因为有很长的水力停留时间和相对较小的换水率，湖泊很容易拦截来自点源及非点源的污染。因此，湖泊的状况对人类活动造成的污染很敏感，这使湖泊生态系统超负荷并且加速富营养化。过多的水藻生长和低溶解氧水平是湖泊中加速富营养化的普遍表现。常见的影响湖泊的污染物包括：①营养物质；②金属和有毒化学品；③泥沙。

湖泊的富营养化是由过多的营养负荷引起的，健康的湖泊生态系统包含少量的天然的营养物质（比如氮和磷）。而过多的营养物质输入会打破湖泊生态平衡并可能导致藻类暴发，水生植物的过度生长，造成氧气枯竭（图9.1.7），最终会导致很多环境问题。比如：有毒的水生植物阻塞了湖岸并且使人们不方便进入该湖泊。大量的水生植物最终导致大量的水生植物死亡并淤积到湖泊底部。细菌分解这些死亡的植物并消耗水中的氧气，这个过程剥夺了鱼类和其他需氧生物的氧气，并且破坏了水质。氧气的枯竭会导致鱼类死亡和难闻的气味。营养物质，比如磷，也会通过淤积颗粒带入湖泊，堆积在湖泊底部，并会在以后再次悬浮持续引发水质问题（Brett，Benjamin，2008）。金属和其他有机化学物质，比如汞和多氯化联苯（见第4章的讨论），污染了泥沙、鱼类和贝类，它们是湖泊受损的最主要原因。来自环境的过剩的沉淀物可能充满湖泊，减小水库生物的生存范围，破坏植物和其他动物的栖息地。

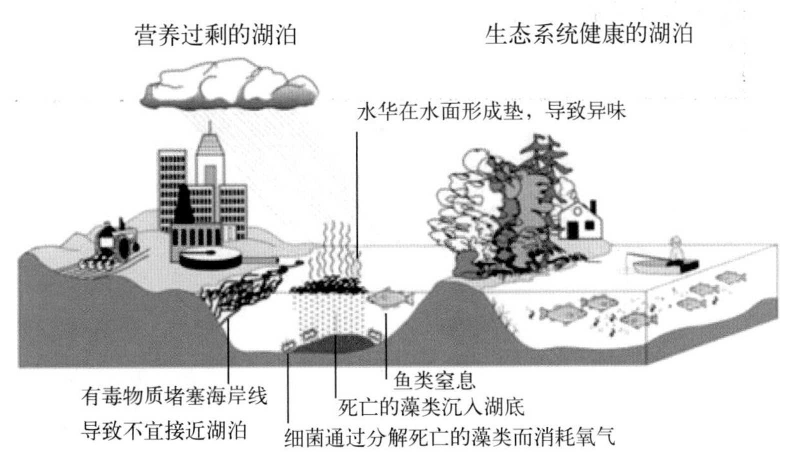

图9.1.7　生态系统健康的湖泊与营养过剩的湖泊的比较（USEPA，2000a）

湖泊和水库的富营养化主要来自于农业径流和未经处理的工业和城市排放。比如：破坏沿岸的植被可能导致水土流失和过多的营养物流入湖泊。在美国，大多数民用废水直接排放的问题已经被成功减少。现在调控焦点放在难以控制的非点源的营养污染，比如农业径流。湖泊富营养化的防治需要对与之关联的流域进行计划和管理（USEPA，2000a），这需要对湖泊中营养物质的来源和富营养化过程的相对关系有一个很好的理解。

湖泊的营养状态是湖泊生物状况的描述。湖泊和水库有以下三种不同的营养状态（图5.1.1）：

（1）贫营养状态（低营养/低生长率）；

（2）中营养状态（中等营养/中等生长率）；

（3）富营养状态（高营养/高生长率）。

营养状况是一个对湖泊进行分类和描述湖泊系统生产力的方法。一个湖泊通常会经历以上三种状态，贫营养状态通常在深水湖，它的底层水温度很低并且常年具有较高的溶解氧水平。这种湖泊具有较低的营养物浓度和植物生长率，淤积床只有少量的有机质，浮游植物、沉水植物和鱼的生物生产率都很低。这样的湖泊水质通常都很好。

中营养状态标志着中间水平的营养浓度和生物生长率，底部的溶解氧水平比较低。水质通常向着富营养状态恶化。但它依然适合大多数用途。

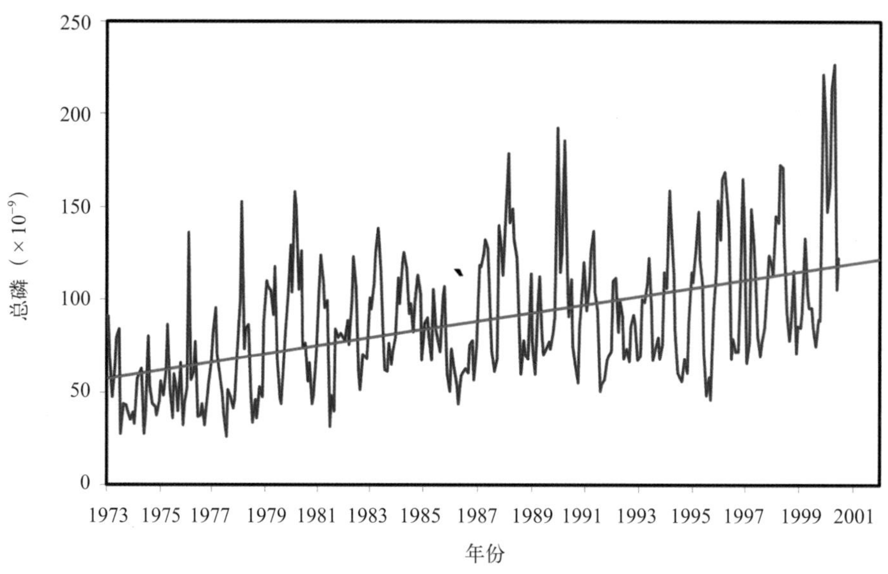

图9.1.8　1973—2000年期间奥基乔比湖中总磷浓度
直线表示含磷水平增长的大致趋势（SFWMD，2002）

富营养状态有以下特征：①高浓度的营养物；②高的生物生产力；③高浓度的藻类；④低溶解氧浓度（特别是近底部）；⑤具有大量有机质的淤积床。在富营养化的极端案例中，湖泊底部的溶解氧水平可能在夏季达到零，水质通常很差，并可能不适合于预定的用途。

控制湖泊和水库富营养化的途径主要有：①水动力过程，特别是入流和出流以及垂直方向上的混合；②泥沙过程，比如在较浅的湖泊里泥沙的再悬浮和磷的输运；③化学和生物过程。湖泊的富营养化模拟涉及以上所有的过程（相关过程的描述参见第2章、第3章和第5章）。湖泊特有的藻类生长、营养物质循环以及溶解氧分层的特征将会在本章讨论。

作为一个湖泊富营养化的范例，图9.1.8给出了奥基乔比湖在1973—2000年的总磷浓度（SFWMD，2002）。直线表示了磷浓度的增长趋势。相应的年度TN/TP比值也已经在图5.1.6中给出。图9.1.8说明：

（1）该湖泊具有很强的季节性变化；

（2）在不到30年的时间里，年平均磷浓度快速增加，从1973年的55 μg/L增加到2000年的大于110 μg/L。

9.2　湖泊的水动力过程

本节重点讲述水动力过程：①入流和出流；②风驱动和垂直环流；③热力层结的季节变化；

④涡旋；⑤湖面波动。这些过程很普遍，并且在湖泊与水库中有着重要的作用，但是它们并不仅限于湖泊与水库中。这些过程也存在于其他水体中，比如河流与河口。

9.2.1　入流、出流以及水收支

湖泊和水库的入流包括河流、流域径流、地表水的流入、污水处理厂的排水。流入湖中的水换置了原来的湖水。如果流入的水与原来湖水的密度相同，那么两者将会快速地混合。但是如果两者存在密度差，湖泊的湍流混合就会受到影响，流入的水将会以表层流、内部流或者底部流的形式成为密度流［图 9.2.1(a)至(c)］。密度流是流过更大体积的水体时，因为其密度差异而依然保持原来特性的水流。如2.1.1节所述，温度、盐度和悬浮的泥沙是决定水体密度的三个主要参数。

当河水温度比湖水温度高时，流入的水易于以表层流的形式散布在湖水的表面［图9.2.1(a)］，当湖水与河水的温差减少时，混合增强。当表层水冷却，河水一般会比湖水更冷，入流将下沉到湖面下一定深度，这个深度的湖水的密度与入流水的密度相同。结果，入流就形成了一支在表层暖水下，底部冷水以上的密度流［图9.2.1(b)所示内部流］，或者它一直沉入湖底形成一支底部流［图9.2.1(c)］。Yang 等（2000）研究了俄勒冈湖中的温度和密度驱动环流，成功地模拟了湖泊中的3种水流（表层流、内部流和底部流）。

下沉点就是高密度入流开始下降到水面下并且形成一支密度流的位置。如图9.2.1(b)和图9.2.1(c)所示，入流在下沉点下降成为一支底部流或者内部流。由于底部流与上面湖水的速度切变，一部分湖水被向下拖动，在湖水的上层中形成了一支相应的逆流。由此湖泊表层流场形态，导致湖表面下沉点经常为漂浮的垃圾所标志。

如2.1.1节所讨论的，湖水的密度随温度、溶解和悬浮物质的浓度而变化。相同的温度差，在高温情况下比低温情况下能引起更大的密度差。例如1℃的温度变化，在20℃时引起的密度变化比在5℃时大3倍。因此在温度高的水中（比如夏季）即使很小的温度变化也能显著地影响湍流混合，进而形成密度流。这种现象是热带和副热带水域经常发生浑水异重流的一个重要原因。

流入有利于湖水的混合，并且是泥沙和营养物质的重要来源。如图9.2.1(a)至(c)所示，入流量及入流水与原湖水的密度差控制了流入的泥沙和营养物质的分布。相对于湖泊季节性分层，营养负荷进入位置也能影响营养物质的分布。例如，在夏季入流以底部流的形式流入一个分层的湖水中［图9.2.1(a)］，营养物负荷直接倾入已经富含营养物的湖底。这些新增的营养物质不会直接造成真光层的富营养化过程（图9.1.4），因此不会对水生植物的生长立刻产生作用。另一方面，如果入流以表层流的形式流入一个分层的湖水中［图9.2.1(c)］，营养物质会分散在真光层，这里水生植物因为缺乏某种营养物（例如磷）生长受到了限制，流进来的营养物质（磷）可以立刻引起湖水水华。在夏季，必须要考虑入流的层次以及湖水的分层。这些事件的可能顺序也说明了为什么需要一个全面的模型来详细模拟其空间和季节变化（如，Ji等，2004b）。

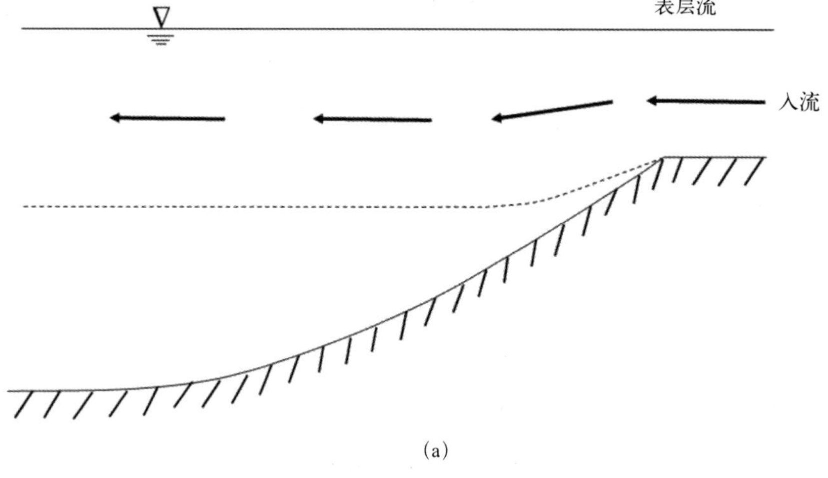

(a)

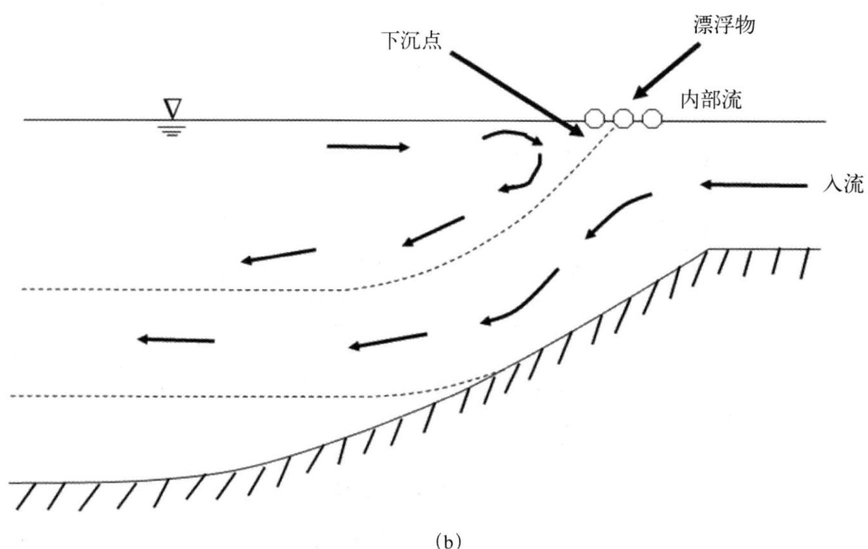

(b)

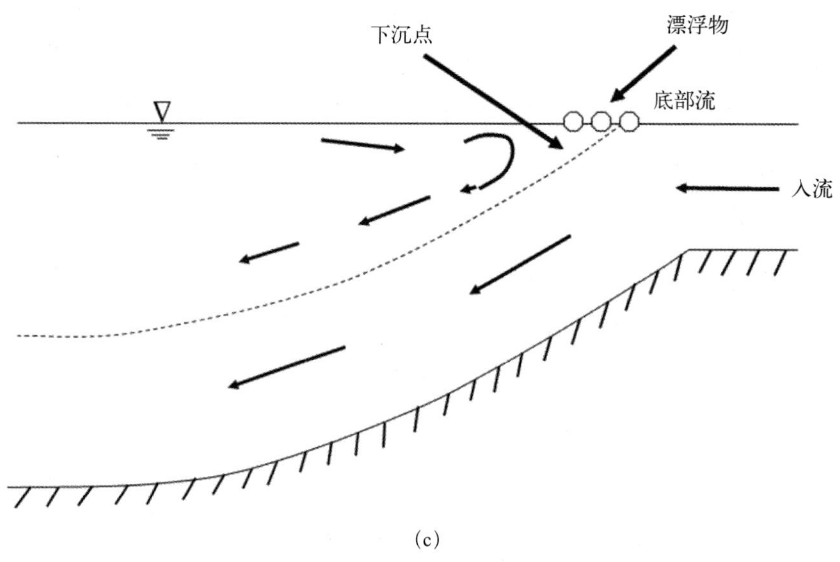

(c)

图9.2.1　湖泊和水库的密度流和混合过程

(a) 表层流；(b) 内部流；(c) 底部流

出流包括从湖水中自然流出的水和水库排水。自然形成的湖泊一般从湖泊表面排水。但是，水库排水一般都要通过大坝的控制结构来管制。当水库放水时，势能转化成动能。混合是能量转化的结果，混合的程度随着排水口位置的变化而变化。底部排水能够增加垂直混合和底部物质的耗散。而表面排水对底部物质的影响最小。

湖泊与水库的水平衡是该水体收入与支出的结果。入流与出流影响湖水表面的高度、表面积及湖水的体积。发电、灌溉或者其他用途导致湖水水位的快速升降会破坏湖泊的自然生态，特别是在湖岸边的区域。这可能导致在年、季、日甚至小时的尺度上严重影响湖水水质。数学上，湖水的收支看似非常简单：收入等于损失量加上储量变化。但是实际上要测量收入和损失量非常麻烦。一个湖泊的水量收支等于：

$$\Delta V = V_{\text{new}} - V_{\text{old}} = V_{\text{inflow}} + V_{\text{prec}} + V_{\text{ground}} - V_{\text{outflow}} - V_{\text{evap}} \tag{9.2.1}$$

式中，ΔV为湖水体积的变化；V_{new}为新的湖水体积；V_{old}为旧的湖水体积；V_{inflow}为入流量；V_{prec}为降水量；V_{ground}为地面渗水量；V_{outflow}为出流量；V_{evap}为蒸发量。

湖水与水文系统的所有组成成分都有相互作用：大气中的水，地表水和地下水。如式（9.2.1）所示，蓄水量的变化是收入与损失量的函数。收入由几部分组成，分别是：支流的汇入、流域径流、点源的排放、降水及地下水。湖水的损失主要通过排放、对地下水的补充和渗透以及水分蒸发蒸腾损失总量。水分蒸发蒸腾损失总量是蒸发和植物代谢过程中蒸腾的水分的和，它代表湖水表面水分的蒸发以及水生植物的蒸腾作用。例如奥基乔比湖是一个大的浅亚热带湖。降水是其主要的水来源，占湖水收入总量的54%。水分蒸发蒸腾损失总量占整个湖水损失量的70%（SFWMD，2002）。

9.2.2　风驱动和垂直环流

如图9.1.5所示，三种外部作用对湖泊和水库的水动力过程非常重要，分别是：①热通量的交换和热力驱动；②入流和出流；③风应力驱动。2.3节讨论了热通量的交换和热力驱动。入流和出流已在9.2.1节叙述。本节主要讲述湖泊中的风驱动和垂直环流。

风应力是决定湖水垂直环流的重要因素，也是湖水发生垂直混合的主要的能量来源。就像在本书奥基乔比湖和十侠湖案例中表述的那样，这种作用在大湖中更加显著。当风吹过湖面时（图9.2.2）：

（1）在水表面施加了一个切应力；

（2）空气的动量传送给湖水；

（3）在湖水表面产生风生流。

风能转化为表层的湍流，然后通过湍流扩散转移到温跃层的下部，直到能量被温度梯度耗尽。湖水的湍流混合有一个垂直的分层结构，因为水流的运动主要限制在表水层，而均温层水流很弱。

因此湍流穿透的深度受到限制。在浅水湖（如奥基乔比湖）中，风引起的湍流可以发生在整个深度，因此可以显著加强来自淤积床的挟带作用。在深水湖（如十侠湖，在随后的9.4.1节进行讨论）中风引起的湍流无法到达除了湖岸周围以外的湖底。在这样一个深水湖中，泥沙的再悬浮力很弱，营养物质易于积累在湖的底部。

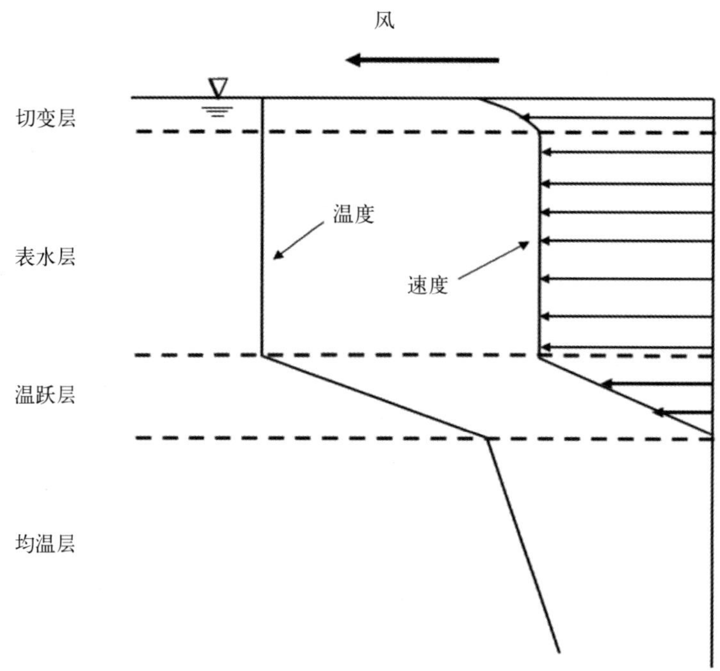

图9.2.2　湖泊中的风驱动过程

风驱动力的另外一个作用是升高或降低水面的高度，这种响应可以由下面的公式定量表示：

$$\frac{\partial \eta}{\partial x}=\frac{\tau_x-\tau_b}{\rho g H} \tag{9.2.2}$$

式中，$H = h + \eta$为湖水总的深度；h为特征水深；η为湖水表面扰动；τ_x为风应力在x方向的分量；τ_b为底部切应力在x方向的分量。

上述公式由式（2.2.7）简化得到。从式（9.2.2）可以看到水面高度的坡度与风向一致。因为风使水在下风向堆积，风向为负将产生负的水面坡度。在浅水中，用式（9.2.2）计算水表面的坡度，底部摩擦力τ_b的作用变得显著。

当风吹过湖面，风应力的作用导致表水层水的运动，从而使水面发生倾斜（图9.2.3）。由于河床上泥沙、水生植物和其他一些底部摩擦力的影响，湖表面沿风向的水的运动比返回的潜流的速度快，从而下风向水面高度升高。倾斜的水面最终使流体静压力梯度力与风应力相平衡。与表层水的运动相平衡，在湖水下层也产生了一支逆流（图9.2.3）。这样的运动能够在表层水和湖水下层同时产生显著的水平向及垂直向的输运。垂直环流的建立时间是与湖水的振动周期成比例的。关于振动波的讨论放在9.2.4节。

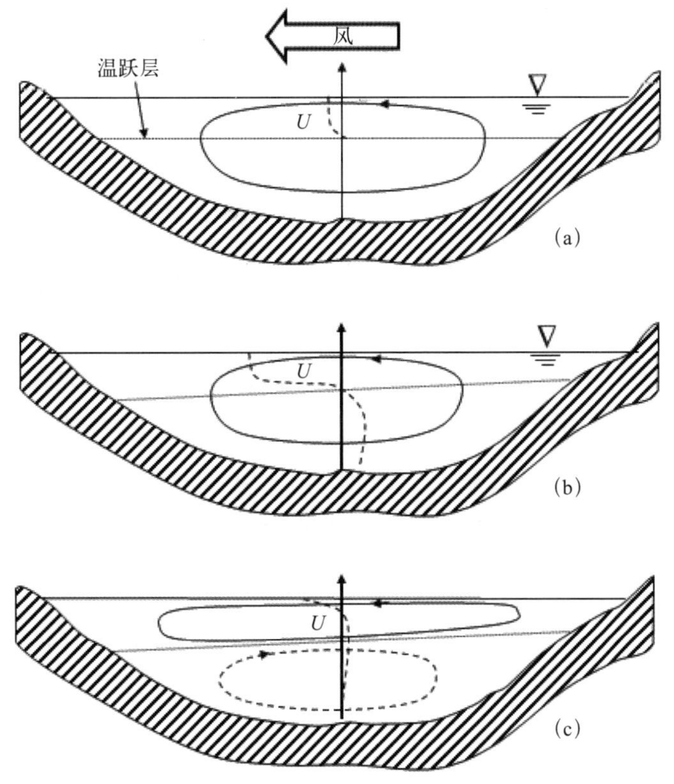

图9.2.3　一个湖泊垂直环流的形成（基于USEPA，1983）

(a) 运动开始的状态；(b) 温跃层中压力切变最大的位置；(c) 垂直环流的稳定状态

除环流以外，风应力还可以产生风浪，风浪对于湍流混合和泥沙的再悬浮有重要作用。风浪的运动，特别是当其被破坏后能够在表水层产生湍流动能。如3.6节所述，风波的轨道速度对于浅水湖中的泥沙再悬浮有至关重要的作用。

9.2.3　层结的季节变化

除了水平方向的变化外，湖泊的垂向变化也很大，特别是在夏季。如9.1.2节所讨论的，湖水的层结是由湖水的物理、化学和生物特性的不同形成的，例如密度和温度。除了9.2.1节讨论的入流与出流外，控制湖水层化的因素还有：①太阳辐射；②风应力；③水深；④湖泊表面积。

层结一般是由于水面的太阳辐射与风的相互作用形成的。热通量和水深是决定湖水热力结构的两个重要因素。如2.3.1节讨论的，热量收入与支出的差决定了湖水表面是加热还是冷却。春季和夏季的加热作用导致湖水的分层。小湖风区短，风浪弱，表水层浅，因此更有可能出现分层。大湖风区长，风浪强，表水层深，因此只有深水区易于出现分层。对于很浅的湖水很难出现层化，因为由风产生的湍流运动很强以至于整层的湖水发生混合。

湖水翻转是一种垂直混合过程，是由于湖水表面的冷却引起密度不稳定，进而产生的混合。当湖水表面变冷，表层水密度变大，下沉与底部湖水发生混合。春季和秋季气温的季节变化会引起湖水的翻转和上下混合。一般储存在湖底的营养物质会被激起并且输送到湖水表层，供藻类生长吸收。双季对流混合湖一年发生两次混合，分别在春季和秋季。在夏季和冬季（湖面被冰覆盖），湖水存在温度层结，垂直混合被削弱。春季翻转-夏季层结-秋季翻转-冬季层结，这是温带湖泊的典型模式。

温度层结的年变化已经很好理解，它代表了一个湖泊中发生的最重要的水动力过程。当忽略湖水的流入流出（它们的影响已在9.2.1节讨论），这里给出对湖水分层的季节变化的一个简要的描述。虽然这些讨论是针对俄克拉何马州的威斯特湖，但是描述的过程却是典型的，能够适用于其他很多湖泊。

在温带气候条件下，湖水在冬季可能结冰，湖水表面的温度接近0℃，底部水温通常为4℃左右。因为水在4℃时的密度最大，湖泊的上部水较轻（0℃），下部水较重（4℃左右），使得水柱形成稳定的层结。当气候变暖，冰融化，表面水温升高并且达到湖底的水温，结果是几乎没有温度层结去限制湖中的垂直混和。这个湖水温度均匀的时期称做春季翻转。

图9.2.4所示的是俄克拉何马州威斯特湖一个简单的年循环，虽然它冬季表面没有结冰并且也没有层结，但是湖水有明显的季节变化，可以作为一个很好的例子。1993年2月的温度层结（表面是大约10℃，底部是大约8℃）是由于当地的异常暖天气。在早春（1993年3月）表层水的温度（密度）与底部水相同，非常小的风能就能使湖水发生完全的混合，湖水温度均匀，接近8℃。表面水继续加热，风继续搅拌水柱，使热量传播到水柱的底层，导致整个水柱的温度升高，在1993年5月初达到17℃。随着太阳辐射的加强，湖水表层与底部间的密度梯度增大。表层水变得比底部的水轻，最终风驱动已不足以使湖水发生完全的混合。结果湖水的温度层结在1993年5—6月份建立起来。表面的暖水变得足够轻，阻挡了垂直混合的充分发生。

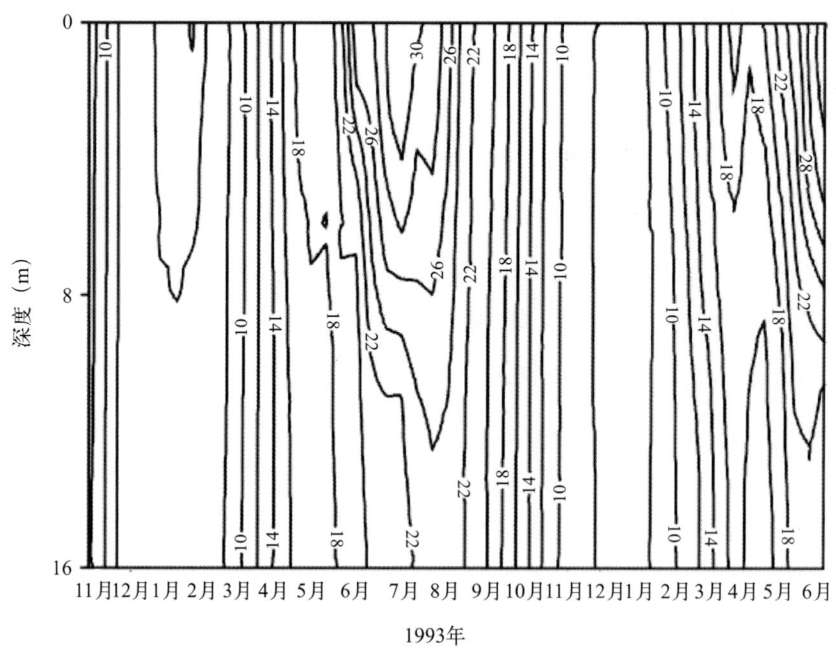

图9.2.4 威斯特湖中观测的温度廓线

夏季太阳辐射的强度最大，湖水被分为明显的3层：表水层，温跃层，均温层（图9.1.2）。如图9.2.4所示，温跃层把暖的表水层与下面冷的均温层分开。均温层的水最冷，并且全年温度变化很小。例如，表层水温度变化一年能够达到23℃，从8℃到31℃，而底层水温度变化只有14℃，从8℃到22℃（图9.2.4）。表层水强烈的垂直混合对于维持藻类悬浮和使其维持在真光层有重要作用。温跃层是一个非常稳定的区域，表水层与均温层的垂直输送被限制。在余后的夏季加热季节，湖水继续从太阳辐射得到热量。一部分热量通过蒸发和感热的形式流失到空气中，一部分被储存在表水层中。

夏末，通过蒸发和感热流失的热量超过了太阳辐射的输入，湖水开始变冷。在秋季，太阳辐射减少，气温导致了湖水上层的强烈冷却，冷却使表层水密度变大，下沉与深层水发生混合，进而导致表层水与均温层密度差减小。随着秋季的冷却过程，风使湖水的混合发生到湖水的更深层，最终表层水与底部水达到相同的密度与温度。这样的现象被称为秋季翻转。湖水继续通过蒸发与感热向空气中散发热量，水温继续降低。

冬季，水柱在垂直方向继续混合（除非表层水结冰，冰盖阻止了风的搅拌作用并且冰的下面发生层结，这种情况不会发生在Wister湖）。如图9.2.4所示，1993年冬季，Wister湖的水温均在7℃以上，湖面没有结冰。从11月到次年的1月，表层水不断冷却，密度变大下沉。由于对风搅拌作用的阻力很小，湖水的垂直混合一直持续到来年春季，从而完成一年的分层循环。

虽然各湖泊所处的位置与气候条件不同，但上述湖水热力分层是普遍适用的。然而在最常见的现象中，依然存在着例外。例如很多浅水湖夏季不会产生分层，或者只有很短的时间会产生分层。奥基乔比湖是一个很好的例子，湖水可能在下午产生分层，晚上发生垂直混合，如图2.4.11所示。除了热力分层之外，水体还会因为溶解与悬浮的物质浓度不同而分层，例如盐度与悬浮的泥沙。

9.2.4　涡旋

涡旋是一种环形的旋转环流，由风或者其他物理强迫产生。除了在大湖中存在，涡旋在河口和外海也存在（Fischer et al.，1979）。

很多研究已经对涡旋进行了观测、分析和模拟。Schwab 等（2000）发表的密歇根湖中风生环流形式，包括两个反向旋转的涡旋：一个位于风向右边的逆时针旋转的涡旋和一个位于风向左边的顺时针旋转的涡旋。涡旋被沿着产生离岸流的顺风海岸的辐合区和沿着伴随向岸流的迎风海岸辐散区分割开来。基于观测数据，Lemmin和D’Adamo（1996）分析了大气强迫与日内瓦湖、瑞士湖中大尺度涡旋的关系。他们的结论是季节性持续存在的涡旋是由风引起的并且受周围地形的影响。日本的琵琶湖中的三个由风与热力对流引起的涡旋，已经被详细研究了很多年（如，Kumagai等，1998）。Ishikawa等（2002）研究了琵琶湖中毒蓝藻的旺发，强调涡旋在营养物质和藻类输运中的重要作用。他们表明涡旋对于蓝藻在湖中分布有重要作用。Yamashiki等（2003）使用声学多普勒流速剖面仪同样在琵琶湖中观测到3个涡旋的形成过程。他们报道说表面的热量传输过程是琵琶湖中涡旋形成的一个重要的驱动力。Pan 等（2002）将三维模型应用于以色列的太巴列湖，研究显示日平均风涡度场造成了湖中3个涡旋的生成。

本节以奥基乔比湖为例讨论涡旋的形成机制（Ji，Jin，2006）。如2.4.2节和7.2.5节描述的那样，奥基乔比湖的一个显著特征就是湖中存在两个涡旋。图7.2.3给出了1999年12月25日湖水日平均的水流和水深。在8 m/s的西北风——这个地区冬季典型的风场的驱动下，湖中有两个显著的涡旋——西北部的气旋式涡旋和东北部的反气旋式涡旋。

为了解释湖中的涡旋，图9.2.5简要地勾勒出风应力与湖泊环流的关系。风是湖泊环流的一个重要的驱动力。当风向一致的风吹过一个右边较浅、左边较深的大而浅的湖泊时，风作用线通过水面的质心。因为左边水深较深含有更多的水，水的重心偏向水较深的一边，即重心线偏左。因此重心与质心线不重合，产生扭矩。扭转力使湖水翻转，右边流进，左边流出。箭头的头部⊙表示速度的方向是流出纸面，箭头的尾部⊗表示速度的方向是流入纸面。

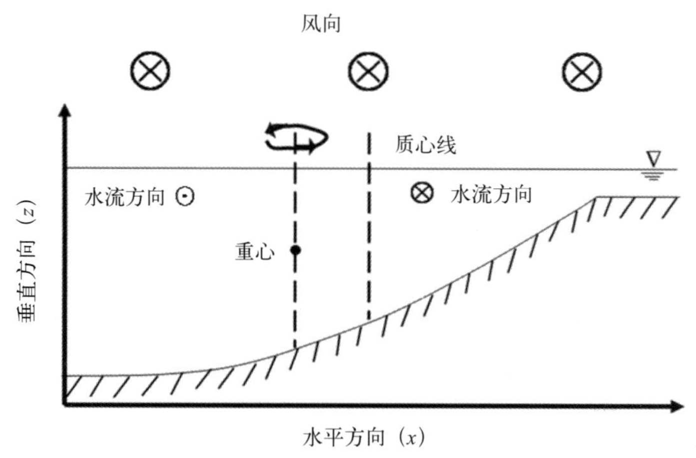

图9.2.5　由风应力驱动的环流形成的示意图
⊙表示流出纸面的方向；⊗表示流入纸面的方向

图9.2.5表明，当定常风吹过一个深浅不一的湖泊时，就会产生侧向变化的表面流，在浅水区水流沿着风的方向，在深水区产生一支逆风向回流。在方向一致朝纸面内的风的作用下会产生一支逆时针的旋转环流（气旋）。在湖水浅的部分水流是沿着风的方向，深的部分是逆着风的方向。奥基乔比湖中间的水最深（图7.2.3），因此，在风向一致的情况下，湖岸的水流与风向相同，而在深水区水流方向与风向相反，如同图7.2.3中的双涡旋环流形式。当风减小，两个涡旋会再持续几天并且形成地转流，如同图2.4.10所示（Jin et al.，2002）。

9.2.5　湖面波动

湖面波动（seiche，也译为湖震）是封闭或半封闭水体如湖泊、河口和海港水面上的一种驻波（或者周期性振荡）。长时间的风力强迫会使湖面水位产生表面梯度，下风向水位上升。当风应力突然减小或者改变方向就会产生振荡。由于湖泊的固体边界能反射波动，入射波和折射波叠加形成驻波，称为湖面波动，这是封闭水体的一个重要特征。

涡旋主要在水平方向输运泥沙、营养物质和藻类。而波动有利于垂直向的混合。气象事件既可以产生涡旋也可以产生波动。湖泊的动力响应取决于风的强度、风区长度、周围的层结以及湖泊的形状。波动可以由很多外部扰动引起。强气象事件，例如飓风，可以引起湖面大的波动。除了风之外，气压的变化、水库排水也可以激起波动。例如，水库的一次大的排水过程导致水向水坝的净流动。当排水过程突然停止，水位梯度和水体动量使水继续流动并在大坝上堆积，这就可能在水库中产生波动。湖面波动可能在均温层产生水平流，进而导致湍流混合（Ostrovsky et al.，1996）。在深湖中，波动会引起温跃层位置随空间和时间变化，但是不足以增加穿过温跃层的垂向输运。Ji等（2004b）模拟了十侠湖的水动力与水质过程，这将作为案例研究在9.4.1节详细讨论，他们在湖泊中发现了一个周期为2.36 h的波动。

假设湖水深度恒定不变，忽略底部摩擦力并且处于稳定的条件下，式（2.2.7）的一维运动方程可以简化如下：

$$0 = -\rho g H \frac{\partial \eta}{\partial x} + \tau_x \tag{9.2.3}$$

式中，r为水的密度，kg/m^3；g=9.8m/s^2；h为水的平均深度，m；η为水位偏差，m；x为水平方向的距离；t_x为表面的风应力，N/m^2。

表面的风应力可以由式（2.1.38）估算，因此对于一个尺度为L的湖泊，在稳定并且一致的风应力的条件下，水表面的高度差$\Delta\eta$可以表示为

$$\Delta \eta = \frac{\tau_x L}{\rho g H} = \frac{C_D \rho_A U^2 L}{\rho g H} \tag{9.2.4}$$

式中，C_D可以由式（2.1.39）求得。

对于奥基乔比湖，令ρ_A = 1.3 km/m^3，U = 6.5 m/s，L = 50 km，ρ = 1 000 kg/m^3，H = 3.2 m，则得到$\Delta\eta$ = 10。因此在6.5 m/s的风速下，奥基乔比湖的湖水在一边堆积可以使水面上升10 cm。风向的突然转变可能会引起水位的振动从而触发湖面的波动。如图9.2.8所示，观测到的波动振幅达到了10 cm，与理论估计值非常接近。

湖面波的产生机制实际上与许多其他自由振动一样，系统受到一个外力的扰动偏离平衡状态就会产生振荡。当惯性运动使得系统偏离平衡状态，系统的恢复力会努力重新建立平衡。如果引起初始扰动的外强迫消失，那么振荡也会由于摩擦力而逐渐减弱。钟摆的自由振动是一个很好的例子。在一个湖面波动的例子中，湖泊就是一个系统，平衡条件是表面水位，恢复力是重力，外强迫是风。

在一个狭窄水道的自由振荡，可以由式（2.2.6）和式（2.2.7）推出的浅水方程来描述：

$$\frac{\partial \eta}{\partial t} = -H \frac{\partial u}{\partial x} \tag{9.2.5}$$

$$\frac{\partial u}{\partial t}=-g\frac{\partial \eta}{\partial x} \tag{9.2.6}$$

这个可以应用于有垂直壁和均匀深度的一维封闭的矩形渠。由式（9.2.5）与式（9.2.6）得到波动方程：

$$\frac{\partial^2 u}{\partial t^2}-gH\frac{\partial^2 u}{\partial x^2}=0 \tag{9.2.7}$$

式（9.2.7）的一般波动解是：

$$u = u_0\, \mathrm{e}^{i(kx-\omega t)} \tag{9.2.8}$$

式中，u_0为波振幅；ω为波频率，$\omega = \dfrac{2\pi}{\lambda}$；$T$为波周期；$k$为波数，$k = \dfrac{2\pi}{\lambda}$；$\lambda$为波长。

将式（9.2.8）代入式（9.2.7），得到了如下频散关系：

$$\omega=\sqrt{gH}\,k \tag{9.2.9}$$

相速度为：

$$c=\sqrt{gH} \tag{9.2.10}$$

对于一个长度为L的渠道，速度在两边应该满足以下两个边界条件：

$$u\,(0,t)=u\,(L,t)=0 \tag{9.2.11}$$

满足上述边界条件式（9.2.11）的特定的波解是：

$$u=u_0\cos\omega t\sin k_n x \tag{9.2.12}$$

上式中波数必须是下列的离散值：

$$k_n=\frac{n\pi}{L},\quad n=1,2,\cdots \tag{9.2.13}$$

因此，在渠道中应该有具有如下周期的驻波（湖面波动）离散模型：

$$T_n=\frac{2\pi}{\omega}=\frac{2\pi}{\sqrt{gH}k}=\frac{2L}{n\sqrt{gH}} \tag{9.2.14}$$

式（9.2.14）是基于一个平底的矩形水池的假定，并提供一个实用的波动周期的一级近似。基本模态（$n=1$）的周期最长：

$$T_1=\frac{2L}{\sqrt{gH}} \tag{9.2.15}$$

相应的波长$\lambda=2L$。

从式（9.2.16）和式（9.2.6）求得水位为：

$$\eta=\eta_0\sin\omega t\cos k_n x \tag{9.2.16}$$

式中，η_0为水面高度的波振幅。

基于式（9.2.12）和式（9.2.16），图9.2.6和图9.2.7分别给出了波速和波振幅的空间分布。从图9.2.6和图9.2.7可以看出基本模态（n=1）在渠道中间有最大的波速振荡和最小的水面高度变化。

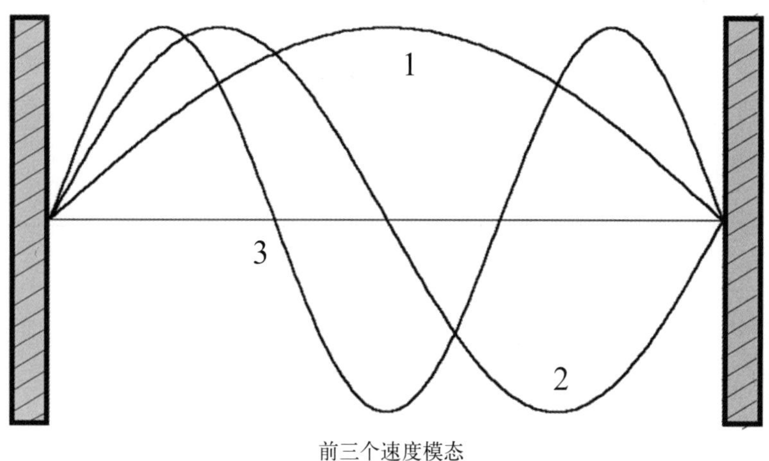

前三个速度模态

图9.2.6　水道中湖面波动的前三个速度模态

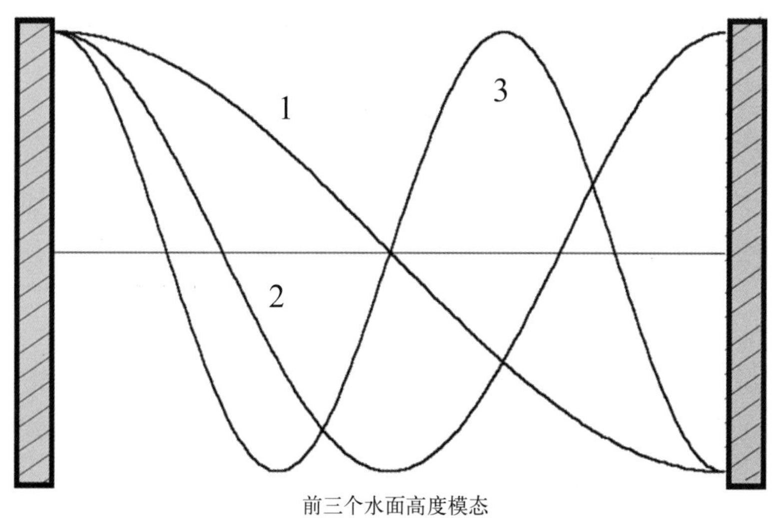

前三个水面高度模态

图9.2.7　水道中湖面波动的前三个水面高度模态

如前所述，奥基乔比湖长约50 km，平均水深3.2 m（Ji，Jin，2006）。因此根据式（9.2.15）湖中波动的基本模型应该是：

$$T_1 = \frac{2L}{\sqrt{gH}} = \frac{2\times 50\times 10^3}{\sqrt{9.8\times 3.2}} = 5\ (\text{h}) \tag{9.2.17}$$

预计湖面波动的周期约为5 h。Sheng和Lee（1991）也指出奥基乔比湖的湖面波动周期可能约5 h。

这里用7.2.3节讨论的波谱解析方法研究了4个测站L006，L001，LZ40和L005（图2.4.2）实测的水位。高度数据的时间间隔是15 min，足以分辨周期为5 h的波动。图9.2.8给出了从2009年9月25日零点开始，模拟和观测的L001站点的水深时间序列。实线表示模拟的水深，虚线表示实际测量的数据。在48 h内模拟与观测的水位经历了9次循环，这与式（9.2.17）给出的5 h周期相符。模拟与实际观测的波动范围都是10 cm，与式（9.2.4）给出的理论值非常接近。图9.2.9模拟的L001站V分量的时间序列与图9.2.8的时间段相同。这段时间没有实测的数据。从图9.2.9可以看出模拟流也有很强的波动信号，周期约为5 h。

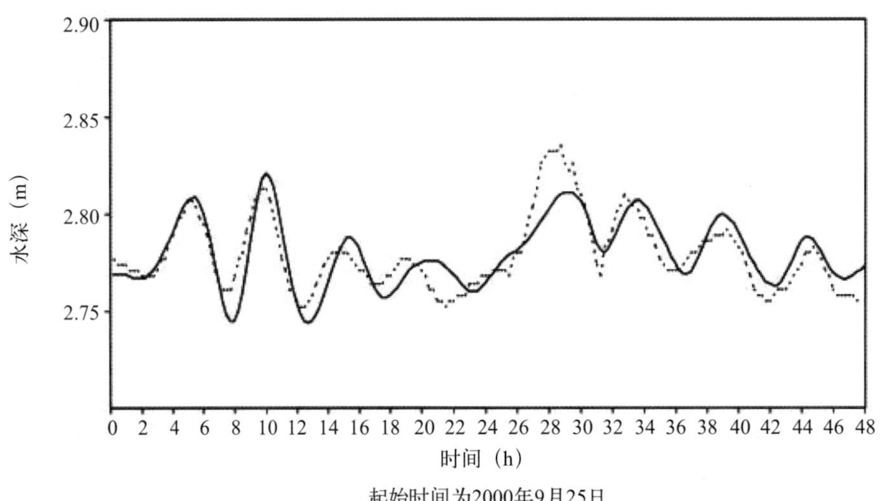

图9.2.8　奥基乔比湖L001站点水深的时间序列

实线表示模拟模型的结果，虚线表示观测的结果

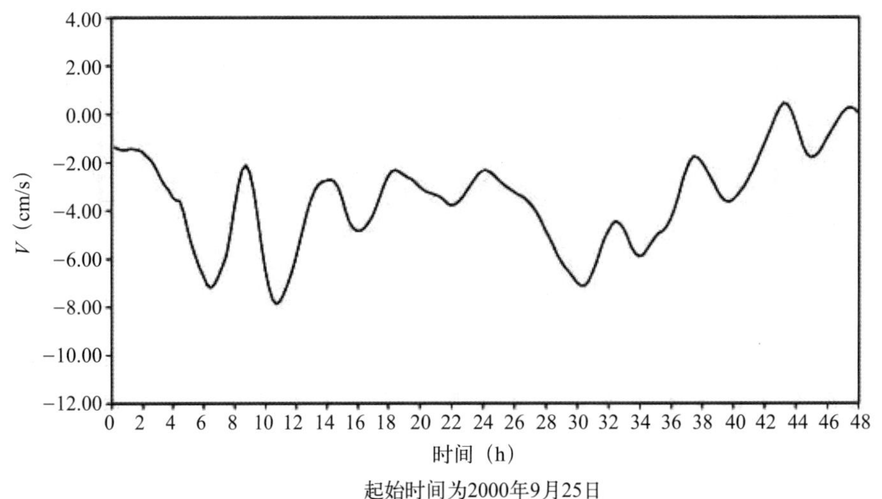

图9.2.9　模拟的奥基乔比湖L001站径向速度的时间序列

图9.2.10给出了2000年LOEM 模拟的L001站的水面高度能量谱。相应的测量数据能量谱的分析已经在图7.2.2中给出。图7.2.2中的测量数据和图9.2.10中的模型结果均显示在低于28 h的周期内，最强

的信号是4.9 h，与理论估计的5 h周期非常接近。通过分析4个站（L006、L001、LZ40和 L005）测量与模拟的水位发现4个站的水位波动周期都是大约5 h，L001站的波动信号是4个站中最强的。

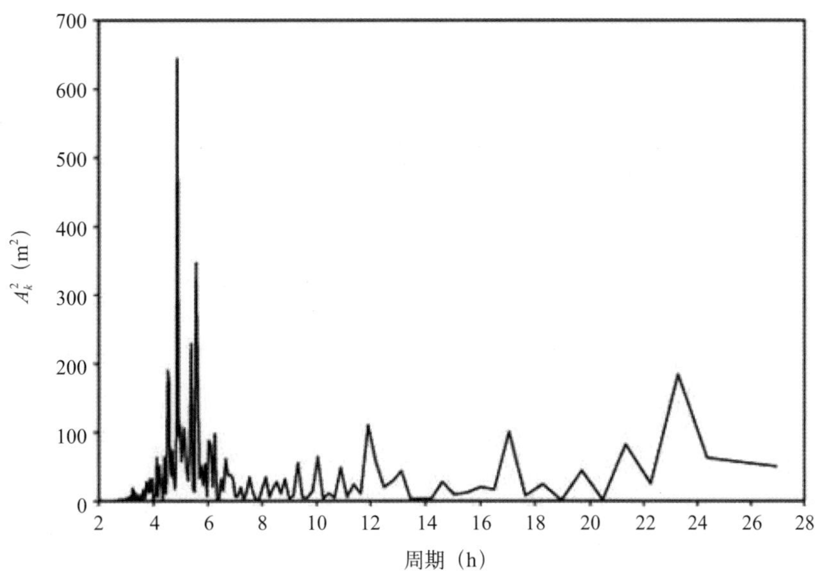

图9.2.10　模拟的奥基乔比湖L001站水位能量谱的时间序列

如图2.4.2所示，奥基乔比湖西部湖岸线大部分被湖岸带包围，在这里波动信号被消耗。这就解释了为什么与L001相比，L006和L005站点的波动信号较弱，因为L001站没有湖岸带（和植被）来减弱南北向振荡的湖面波动。L001站周围相对较窄的区域也有助于放大波动的信号。LZ40站大致处于湖中心。图9.2.7显示基本模态（n = 1）在湖中心周围的高度振荡最小，这解释了为什么LZ40站点的波动信号在4个站点中最弱。

总之，奥基乔比湖在夏季表现出最强的波信号，周期约5 h，振幅约10 cm。由式（9.2.4）和式（9.2.17）推出的理论值、观测数据以及模拟结果都支持这个发现。如图9.2.8所示，湖的波动范围通常都是10 cm，有时会超过20 cm。在一个平均深度只有3.2 m的湖中，湖面波动是影响湖泊的水动力和水质过程的重要因素。在浅水区域，如L001站点周围的平均深度只有2.7 m，湖面波动的影响更加显著。要弄清楚湖面波动对湖泊动力学的水质过程的影响还需要进一步的研究。

LOEM原本是开发用于湖泊的水动力和水质过程的多年模拟模型。模型的一个主要应用是用于年际时间尺度或者年代际时间尺度的水质管理，令人吃惊的是该模型也能很好地模拟出几小时时间尺度的过程。

9.3　湖泊中的泥沙和水质过程

湖泊、水库通常作为水体、泥沙和营养物质的汇，它们也有独特的泥沙和营养物质内部循环机制。本节主要讨论湖泊和水库的泥沙和水质过程。

9.3.1 湖泊和水库中的泥沙淤积

由于泥沙淤积，世界上的水库平均每年减少2%～3%的库容（Bettes，2008），这代表了一大笔经济损失。水库可以拦截泥沙，导致下游泥沙减少。湖泊（或水库）的拦沙效率代表了入流泥沙沉入湖中的比例（t/a），定义为：

$$\text{拦沙效率} = \frac{\text{流入沉积物} - \text{流出沉积物}}{\text{流入沉积物}} \tag{9.3.1}$$

拦沙效率是度量湖泊对流入水体中的泥沙保存能力的一个有用参数。深水湖和水库通常有较高的泥沙拦截效率，只有非常少的流入泥沙（以及吸收的污染物）能离开水库。

河流携带泥沙在水柱体中是悬浮负荷，沿着河床则作为底床负荷。悬浮泥沙的大小通常从沙子到淤泥再到黏土（表3.1.1）。在河流中，悬浮泥沙往往在河床上沉淀，然而湍流混合阻碍了重力沉淀并使得一部分泥沙处于悬浮状态。但是当河流进入水库（或湖泊）时，流速和湍流混合都会明显减弱，与此同时，泥沙开始在水库中沉淀。水库中典型的泥沙沉降形式如图9.3.1所示。

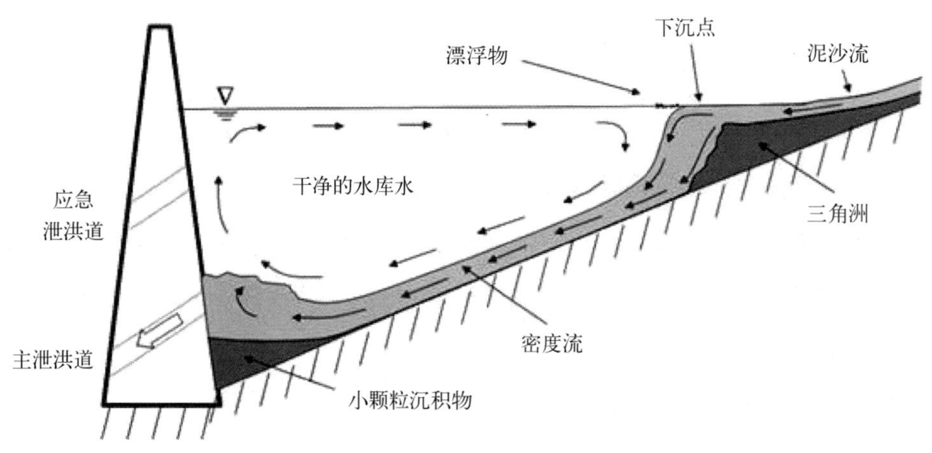

图9.3.1 水库的典型泥沙淤积形式

较大的悬浮颗粒（砾石、泥沙和颗粒较大的沉积物）以及河床的大多数负荷都淤积在水库的源头，形成了水库的三角洲。三角洲就是河流流入一个稳定水体的淤积区，如水库、湖泊或海洋。颗粒较大的沉积物通常淤积在水库的源头；颗粒较小的沉积物被携带着向下游流动，然后淤积在深水中。淤积率在源头最高，愈向深处流，淤积率显著减小。在高流速事件时，三角洲处的沉积物可能会再次悬浮，并被搬运到更深处。

这种淤积形式导致悬浮沉积物按其粒径尺寸纵向分布。颗粒较大的在水库的上游首先淤积下来；颗粒较小的保持悬浮状态，直到较远的地方才淤积；极小的颗粒也许会长时间悬浮，甚至会随着水流流出水库。这种沉积物的淤积和输运机制使得水库源头形成三角洲，大量的细颗粒沉积物在大坝附近淤积（图9.3.1）。沉积物按其粒径尺寸纵向分类淤积，因此可能会导致与沉积物有关的水质的纵向梯度（图9.1.6）。

表9.3.1　水库淤积泥沙的典型分布(USACE，1987)

粒径类别	入口处（%）	水库中部（%）	出口处（%）
泥沙	5	<1	0
淤泥	76	61	51
黏土	19	38	49

水库中泥沙典型分布如表9.3.1所示，它给出了泥沙在水库中不同地方的百分比。表3.1.1给出了泥沙、淤泥和黏土的粒径范围。表9.3.1中，泥沙最有可能在水库三角洲地带（入口处）淤积下来，然而黏土却最可能在大坝区域（出口处）淤积下来。比起在出口处，淤泥更有可能在入口处淤积。泥沙的淤积形态是极其复杂的，是水动力、泥沙输运和水质过程共同的结果。人类活动也会显著地影响这一形态，如疏浚、倾倒挖掘的物质以及泥沙的注入。

泥沙通常在水流和风浪较弱的低能量区淤积下来。泥沙颗粒愈小，能量越低。浅水区的水流和湖底的轨道速度通常比深水区更大。这使得颗粒较大的泥沙在浅水区积累，颗粒较小的泥沙在深水区积聚。结果就是，颗粒较小的和富含有机质的泥沙在湖的中心（和较深的区域）形成淤积带。这一现象即“聚焦”（focusing）过程，在湖泊的水质过程中起着重要作用。一个很好的例子就是奥基乔比湖。图3.7.3和图3.7.4表明湖泊的淤泥带位于深水区，而淤沙带则位于浅水区和流动性大的地区。

9.3.2　藻类和营养物分层

正如9.1.2节和9.2.3节所讨论的，垂直分层是湖泊和水库最明显的特征之一。垂直热力分层的年循环在水质过程中起着极其重要的作用。热力分层的暴发、持续、加强和翻转控制着水质状况。表水层的强烈混合对保持水体中藻类悬浮是很重要的。在温跃层中，表水层和均温层之间的垂直交换受限。在一个分层的湖泊中，不同深度释放出的水体的营养物质及溶解氧浓度大不相同。例如，厌氧的均温层释放出的氮、磷的浓度比表水层中要高得多。这些释放物带着大量农业需要的营养物质。

湖泊和水库中主要的营养源为：①来自点源和非点源的外部营养物负荷；②水底的内部营养循环。主要的点源包括支流和废水处理厂排出的水。主要的非点源包括地表径流和大气沉降物。降雨和降雪（湿沉降）以及灰尘沉降（干沉降）可以是营养物的主要来源。通常很难准确地量化这些来源。正如5.7节所讨论的，最难以量化的营养源是由扩散、再悬浮和地下水渗透造成的底层沉积物通量。在深水湖中，富含营养物的底层水是表层水营养物质的主要来源之一。在层化期间，营养物质可以通过底床有机质分解，从淤积床释放到底层水中。富含营养物的底层水可被挟带至表层，供藻类生长。在湖水翻转期间，水体充分混合，富含营养物的底层水混合至整个水柱体。正是这些营养物质维持了藻类在下一个生长期的生长。

富营养化造成的过量的藻类可对整个水体造成危害。由于湖泊水的停滞时间较长，因此更易受到过量营养物的影响。与其他污染物相比，营养物通常被认为是造成湖泊污染的主要原因。由于各种物理、化学和生物的因素，营养物负荷和富营养化的关系十分复杂。湖泊富营养化现象包括：水华、表层起沫、过多大型植物的生长和溶解氧浓度的降低。过多藻类的生长以及夏季水体强烈的垂直分层使得溶解氧浓度显著减小，导致湖泊底层的低氧甚至缺氧。磷和氮是藻类生长所必需的营养物质。这两种营养物中，磷通量常被认为是控制湖泊中藻类数量的营养物，并被用来评估湖泊的营养状况。Vollenweider（1968）定义湖泊营养状态如下：

（1）贫营养，$P < 10$ μg/L；

（2）中等营养，10 μg/L$\leqslant P <$20 μg/L；

（3）富营养，$P \geqslant$ 20 μg/L。

垂直混合影响水体和淤积床中营养物的分布和再循环。锋面过境时造成的内部波动或风混合也许会造成均温层的一部分富营养水体进入表水层。水库运行，如从均温层抽水，同样会加强垂直混合并且将泥沙从底部携带到表层。

在冬季，当表面没有结冰时，湖泊发生垂直混合（或者在春末翻转），导致水质变量（营养物质、藻类、溶解氧等）的垂直混合。在冷水中生物的产量较低，消耗的营养物质较少，营养物质的含量通常比较高。高的营养物质水平随后会引起春季藻类水华。

春季翻转引起的垂直混合和融雪导致的径流通常为藻类的生长提供大量的营养物质。藻类影响湖泊中的营养物质水平，同时湖泊中的营养物质水平也影响藻类生长。藻类在能发生光合作用的真光层吸收营养物质（图9.1.4）。在生长季节，藻类吸收溶解营养物质，随后自表水层沉降或被食物链中较高的营养级吸收。除较轻的藻类可以悬浮在表水层以外，营养物质从表水层向均温层或湖床有净下沉运动。通过这种方式，随着死亡的藻类下沉到底床并分解，营养物质也从上层重新分布到底床。

在夏季，湖水发生热力分层（图9.1.2）。水温和水质变量在上部（表水层）混合均匀，在中部（温跃层）有较大的梯度。温跃层就像屏障一样阻挡垂直混合，并且把底层水（均温层）与表层水分开，极大地阻碍水质变量（如溶解氧）的垂直交换。表水层中生物活动产生的颗粒物质沉入湖泊底部，一旦颗粒物质沉入分层的湖泊中，它们一般不会再悬浮回水体表面。而沉入湖底的营养物质一般都会以溶解的形态通过扩散释放回水柱体。因此，均温层经常由于高的营养物水平和低的溶解氧浓度而水质很差，特别是在夏末和秋初时节。但是在浅水湖中，沉入湖底的营养物质能够再次悬浮到水柱体中，在富营养化过程中起重要作用，这将在9.3.4节进行讨论。

作为一个案例，图9.3.2给出了十侠湖水质变量的观测和模拟值（Ji et al.，2004b）。曲线是模型的结果，空心圆和加号分别代表了水表面和较低层的观测数据。图9.3.2显示，过了6月份藻类的快速生长期后，表层水营养物质浓度降低。这是由于藻类吸收营养物质、死亡并最终沉入湖底。与此同时，底层水维持高的营养物浓度。因此，在夏季层化期间，任何额外的营养物质进入表层，都可能触发一个新的藻华。关于十侠湖模拟的更多细节将在9.4.1节给出。

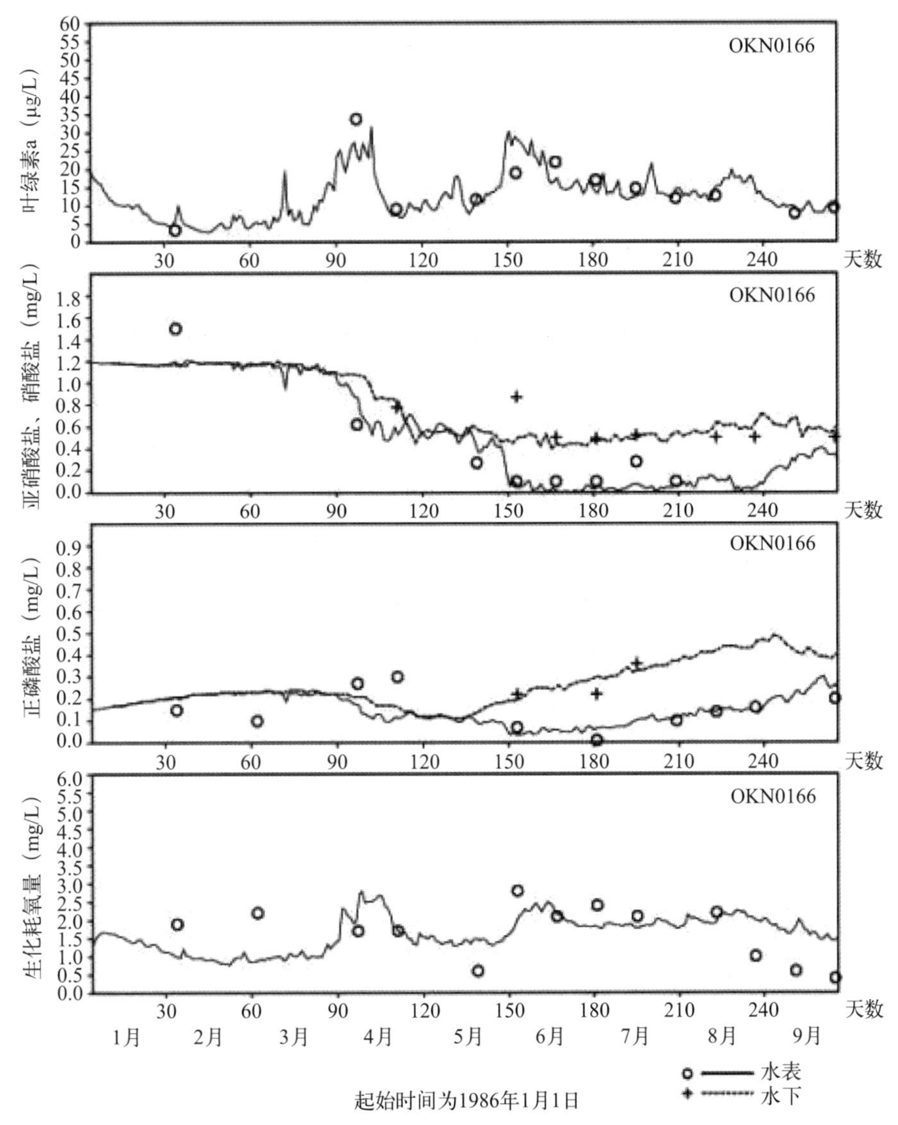

图9.3.2　OKN0166站262 d水质变量的模型-数据比较

（a）叶绿素a；（b）亚硝酸盐和硝酸盐；（c）正磷酸盐；（d）5日生化耗氧量。实线表示表层的模型模拟结果，空心圆表示水表（水表面下1 m处）的观测结果，虚线表示水下层的模型模拟结果，加号表示低层（水表面下10 m处）的观测结果

9.3.3　溶解氧分层

溶解氧是水体生态系统健康的一个综合指标。大气复氧是湖泊溶解氧主要的来源。它将氧气带到湖水的表面，然后通过垂直混合将溶解氧转移到下层。水体的氧气需求包括两个独立的但又高度相关的部分：底泥需氧量（SOD）和水柱体的氧气需求。与水面被藻类吸收的营养物质相比（例如，图9.3.2），溶解氧的关注重点主要是底部的浓度。由于复氧作用，一般溶解氧含量在水表面比较高。但是当水柱分层时，均温层获得的溶解氧会减少甚至耗尽。

溶解氧廓线和温度廓线是表征一个湖泊是否适合鱼类和其他水生生物生长的重要标志。深水湖的表水层有暖水鱼，均温层有冷水鱼。例如鲑鱼需要冷的、富氧的水体，主要生活在贫营养湖泊的均温层。在那些夏季分层的富营养湖中，暖水鱼可以生活在表水层并且高产，而冷水鱼则可能被迫离开底部的冷水区，进入暖的、富氧的水体中。均温层溶解氧的枯竭会导致水生生物的死亡。

补偿深度就是净氧气产生量为零的水深。这个深度上由复氧和光合作用产生的氧气与呼吸作用消耗的氧气相当。在这个深度之下，溶解氧净损失，之上有净收入。补偿深度是湖泊缺氧条件的一个有用的指标，特别是夏季分层的时候。真光层（图9.1.4）是指从水表面一直到阳光衰减为表面阳光的1%的深度。在富营养湖中，补偿深度与真光层的深度大致相当，这个深度可以由式（9.1.3）估计出。在分层湖泊的均温层中，唯一的氧气来源是光合作用，其只有当湖水足够干净使得真光层一直延伸到温跃层下面时才会发生。因此一个清澈而且贫营养的湖在均温层可能也有氧气来源，这是富营养湖所不具有的。

当补偿深度上升到温跃层以上，湖泊中藻类的群落会发生突然改变。强的垂直热力层结阻挡表层溶解氧向底部的挟带作用，并且底部的光合作用很弱而不足以补充氧气的损耗。在这种情况下，光合作用产生氧气只能出现在很浅的水中，在深水中硝化和随后的反硝化作用降低，氨气的持续增加，从底床释放出的磷增加。由此而导致的缺氧，对湖泊的水质和生态系统有深远的影响。需要指明的是，由于夏季的层化，均温层低氧甚至缺氧是很多深水湖的普遍特征，这并不一定表明这个湖泊富营养化。

富营养湖在水质特征上表现出很大的季节变化。它们富含营养物质和有机质。藻类在这类湖泊中旺发、死亡，最终又沉降到湖底。这种“有机质雨”导致底部水体的氧需求增加和氧气的消耗。湖泊的分层阻止大气中的氧气进入湖泊底部，并且一般湖泊底部光线太少无法进行光合作用，结果在均温层中没有氧气来源补充氧化作用消耗的氧气。因此，均温层中氧气产生量少并且分解又需要更多的氧气，这就导致了夏季温跃层以下溶解氧的完全丧失（例如，图5.1.7的威斯特湖和图9.1.3的十侠湖）。

图9.1.3给出了一个分层湖泊典型的温度和溶解氧的季节分布型。冬季，如图9.1.3所示的第一幅图（2月4日，第34天）中所显示，由于湍流强，湖水上下混合较好，具有均匀的水温和溶解氧。当水温比较低时水体保持溶解氧的能力比较强，并且有机质氧化消耗的氧气比较少，这些因素加上较强的风应力导致了冬季溶解氧的浓度大于10mg/L。

如果冬季发生结冰（十侠湖冬季无冰），富营养湖可能会发生溶解氧分层。由于冰盖阻挡了阳光并且阻止了复氧，湖水会缺少光照而无法发生光合作用，并且也不能从大气中得到氧气。这样，复氧和光合作用停止向湖水提供氧气，底部有机质的氧化和来自底床的底泥耗氧量不停地消耗氧气，可能会耗尽可溶解氧。这种机制可能会引起冬季鱼类的死亡，称之为冬季杀手，即由于氧气枯竭或者有害的化学物质（如氨和硫化氢）引起的鱼类突然、大量的死亡。底部低的溶解氧可能会引起营养物质从淤积床释放，被释放的营养物质先储存在湖水底部，之后通过春季的翻转被带到湖水表面以提供给春季藻类的生长。

在夏季月份（图9.1.3中1986年的6月、7月和8月），形成温跃层。由于强的层结，表水层与均温层之间几乎不会发生交换。由于光合作用和大气的扩散，整个夏季表层水的溶解氧的浓度都很大。在表层水中生成的有机颗粒物质的沉淀和氧化作用引起水体底部的低溶解氧水平。均温层被有效地切除了一切氧气来源，但是有机体继续呼吸并消耗氧气。湖水中部的溶解氧被耗尽。溶解氧垂直廓线与温度廓线相似，其浓度最大梯度的深度与温跃层相一致。

在图9.1.3中发现一个有趣的现象，图6月17日（第167天）中溶解氧有两个最小的浓度：一个是在温跃层附近，大约8 m深处，另一个接近底部。一个可能的解释是：从表层水来的有机质在温跃层沉降比较慢，因为其较低的温度而导致黏度较大。又因为有机物在温跃层停留时间较长，持续分解消耗氧气，而导致溶解氧的极小值。此外，温跃层丰富的营养物质引起较高的生物生产力，也对该层的低溶解氧有作用。

缺氧现象通常出现在均温层，但是也可能在温跃层出现。随着富营养化的增强，透明度的降低，补偿深度上升。下沉到温跃层的有机物的分解与呼吸作用会使温跃层缺氧。图9.1.3中的图7月1日（181天）显示缺氧现象出现于水面下仅6 m处，正好在温跃层中部。

在秋季翻转期间，湖泊再次充分混合。表水层的氧气转移到缺氧的均温层，底部的营养物质散布到整个水柱体。这就完成了湖水温度、溶解氧、营养物质的季节循环。

9.3.4　浅水湖的内部循环和限制函数

世界上湖泊的深度从超过1000 m到0 m。35%的大湖（>500 km^2）平均深度小于5 m（Havens et al.，2004）。这些大而浅的湖泊强烈地受风应力的影响（Ji，Jin，2006），并且有独特的内部营养物质循环特征。此外，所有的深水湖也都有浅水区域。

浅水湖一般不会经历长时间持续的热力分层。湖泊太浅，风应力可以保持水柱持久混合。这种现象对于湖泊的生态系统和功能具有深远影响。一个湖泊是不是一个功能性浅湖，不仅取决于湖水深度，还取决于其面积和湖水暴露给风的程度。

如本节之前所讨论的，深水湖通常有典型的季节和年际的变化模式：藻类在真光层消耗营养物质，死亡后沉入湖底。磷也可以吸附在悬浮的泥沙上从水柱中转移到底床上。一般来说，从表水层向均温层有营养物质的净下沉运动。在一个分层的深水湖中，固态悬浮物一旦下沉，就很难再回到水柱体中。营养物质从淤积床回到水柱体中的机制是以溶解态的形式通过扩散实现的。在热力分层期间，温跃层的作用就像是栅栏一样阻挡营养物质向上传输到表水层。只有在春季和秋季翻转时，底部的营养物质才能混合到整个水柱体中，向真光层中的藻类提供营养物质。

与深水湖相比，大而浅的湖泊具有以下特点：

（1）水柱体与淤积床之间经常发生显著的物理、化学和生物过程的相互作用；

（2）有不规则的季节和年际尺度的变化规律；

（3）一般都是生产力很强；

（4）易于受强事件（例如暴风雨）的影响，并可能出现完全不同的状态（清澈或浑浊）；

（5）受风浪的影响；

（6）缺少稳定的夏季分层期，但是仍然可以在水柱中产生垂直温度梯度；

（7）对外部营养负荷的减少并不总是很敏感。

在大而浅的湖泊中，淤积床与水柱的相互作用对营养物质的浓度、混浊度、藻类的生长起主要作用。主要的相互作用包括以下几点：

（1）由水流和风引起的泥沙再悬浮（3.3.5节）；

（2）再悬浮泥沙中营养物质的吸附和解吸附作用（5.4.2节）；

（3）营养物质（沉积物通量）的扩散交换（5.7.4节）；

（4）湖底的沉水植物和固着生物对营养物质的吸收和释放（5.8.3节）。

水柱体中营养物质的水平由生产和减少的速率控制。例如，大而浅的湖泊中磷的产量主要受底床的再悬浮和悬浮泥沙的解吸附作用控制（Havens et al.，2004）。磷的减少主要是由藻类的吸收、悬浮泥沙的吸附作用及向湖底的沉淀这几个因素决定。由风浪产生的向上通量比其他过程产生的通量大得多，例如扩散、生物扰动作用、外部负荷。与那些受风影响较小的湖泊（例如更短的风程、更深的水深或者更密实的淤积床）相比，这些向上通量在浅水湖中变得更加重要。在受风的影响较大的湖泊中，泥沙的淤积和再悬浮通常是控制磷浓度的主要机制（如，James等，1997）。

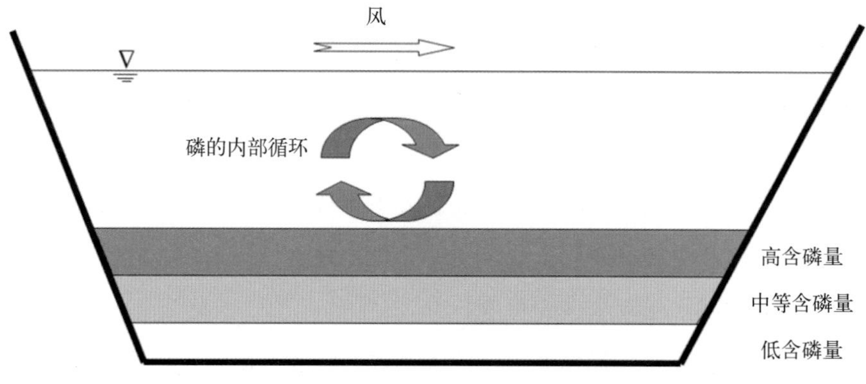

图9.3.3　湖泊内部磷循环示意图

湖泊淤积床在湖水富营养化的过程中逐渐积聚更多的营养物质（磷）。如图9.3.3所示，深层的含磷较低的淤积层反映了过去的贫营养状况；中间层中等的含磷量记录了湖泊的中营养水平；顶层的高含磷量是湖泊当前富营养状态的结果。在风应力的作用下，磷的内部循环在湖水的富营养化过程中起着重要作用。

大而浅的湖泊的营养物浓度经常显示出高度不规则的季节或年际变化，大部分由气象事件驱动。浅水湖的生产力比深水湖高很多，一部分原因是浅水湖混合较好，因此使营养物质保持悬浮状态且易于被藻类吸收。表水层可能完全取代均温层，因此湖水常年都是相对混合的。与深水湖相比，内部的磷负荷通常是浅水湖的一个严重威胁。因此，相对于深水湖，浅水湖通常在更大程度上表现出富营养状态。

如3.6节所讨论的，大而浅的湖泊更易于受风强迫影响。相同的风速情况下，湖水面积越大，风程越长，风浪也就越强。这个关系表明大而浅的湖泊沉在底床的泥沙更容易受风浪侵蚀。Havens等（2004）指出风速的变化导致水柱透明度、悬浮泥沙和总磷的显著变化。风是磷动力学在小时、日、季节时间尺度上的主要驱动力。在夏季，当傍晚的海陆风起主要驱动作用时，总磷会有很强的日变化。在冬季，锋面系统连续几天产生强风，相对于夏季条件，水柱体的总磷保持相当高的浓度。飓风会引起水柱体中连续几个月较高的泥沙和总磷浓度（如，Jin，Ji，2005）。湖水局部的水深可以通过影响底部的切变力、泥沙颗粒的水平分布及沉水植物的生长来影响风的作用。

由于大湖风程长，即使是在不太强的风应力作用下，大湖中也可能形成强风浪。如果湖水很浅，风浪能量可以传播到湖底，引起泥沙的再悬浮（3.6节）。在风浪和水流的驱动下泥沙（和吸附磷）可以被轻易地再悬浮到水柱体中。风浪、水流和湖面波动影响表水层和均温层的热量交换。当底床释放出大量的营养物时，它们还可以使营养物质从均温层返回表水层。

受外部和/或内部强迫驱动，浅的富营养化湖可以表现出两种截然不同的状态：清澈或浑浊。清澈的湖泊一般具有较高密度的沉水植物和低浓度的泥沙，在浑浊的湖泊中刚好相反。在受到强烈的外部或内部驱动时，比如说水位的剧烈变化、主要的排水事件和/或外部负荷的急剧增加等，浅水湖会由清澈状态转为浑浊。在受飓风影响的区域，强风事件也可以把一个湖泊从清澈转为浑浊状态（Havens et al.，2004）。

大而浅的湖泊在有阳光的白天会发生分层，但在夜晚又会恢复到均匀状态。在白天风力较弱的情况下，浅水湖整个水柱在垂直方向上可能会产生陡的温度梯度（如图2.4.11所示）。在这些条件下，通过水柱的氧气输运将大量地减少。随着淤积床中有机物质分解的增加，会导致浅水湖底部的淤积缺氧。

由于营养物质的内部循环，浅水湖对外部营养物负荷减少的响应较弱。因为大量的湖内营养物（特别是磷）储存在淤积床上，外部营养物负荷的减少不会立刻引起湖水水质的提高。湖水中磷动力学会受到从小时尺度到几十年尺度的泥沙再悬浮的强烈影响（如，Jin，Ji，2005）。外部营养物负荷减少时，高度富营养化的泥沙可以使湖水长时间维持富营养化，从而延迟了湖泊水质的恢复。从管理的角度，这意味着湖泊对于外界负荷减少的反应有一个长时间的延迟。当一个大而浅的湖泊富营养化后，恢复湖水的水质将是一个艰巨的任务。当外部磷负荷变化时，内部磷的负荷使得湖泊生态系统对于磷浓度的变化有很强的适应力。即使当外部负荷急剧减少时，湖泊泥沙就像磷的储存库一样，不停地将磷释放到水柱中。当有风时，这些泥沙会再悬浮到湖水中，储存在泥沙中的磷被释放到水柱中从而影响水质（James et al.，1997）。

如5.2.3节讨论的，藻类生长是温度、光照和营养物的函数。这些过程的影响是相乘的并可以用式（5.2.7）的一般形式来表示，用于计算藻类的限制函数（范围0.0～1.0）。当其值是1.0时，藻类的生长不受此参数限制。当其值接近零时，藻类的生长显著地受到此参数的影响。在一个高磷浓度的湖泊中，磷很难成为限制性营养物。因此根据式（5.2.13），潜在的营养限制实际上由湖泊中营养物的水平决定。在这样的湖泊中，某些可以固定大气中氮气的特定的蓝绿藻类有明显的竞争优势，经常成为优势种。当有效辐照度不足以使藻类生长时，光照就成为一种限制。高浓度的悬浮泥沙会引起透明度的降低和光照的减少，这是很多大型浅水湖的一个显著特点。光照的限制在冬季很普遍，因为在冬季受大风影响泥沙浓度变高，光照穿透减少。但是在夏季入射辐照度最大，上述情况并不常见。

例如，图9.3.4给出了奥基乔比湖1999年10月1日到2000年9月30日的关于氮（N）、辐照度（I）和温度（T）的生长限制函数，这个函数是由奥基乔比湖环境模型（LOEM）的表层结果计算出来的（Jin et al.，2007）。实线是式（5.2.10）定义的关于氮［$f(N)$］的限制函数。虚线是由式（5.2.18）定义的关于辐照度［$f(I)$］的限制函数。点线是由式（5.1.9）定义的关于温度［$f(T)$］的限制函数。磷的生长限制函数始终在1附近（图未给出）。因为湖泊大部分时间塞克盘深度较小（Jin，Ji，2005），辐照度［$f(I)$］随着水深迅速减少，从而导致了湖面以下很少藻类生长。冬季温度可以限制藻类生长。当辐照度的日平均函数小于0.5时，光照是奥基乔比湖中藻类生长的主要限制因素。在夏季，当供藻类生长的光照充足且湖内氮（NH_4和NO_x）耗尽时，氮也成为一个限制因素。这一现象解释了$f(N)$和$f(I)$在夏季的负相关。当$f(I)$较高时，有足够的光照供藻类生长，这样就会消耗氮（和磷），使湖泊中氮含量降低到限制水平。当$f(I)$较低时，藻类生长受限，氮的消耗减少，导致了较高的氮浓度和较大的$f(N)$值。

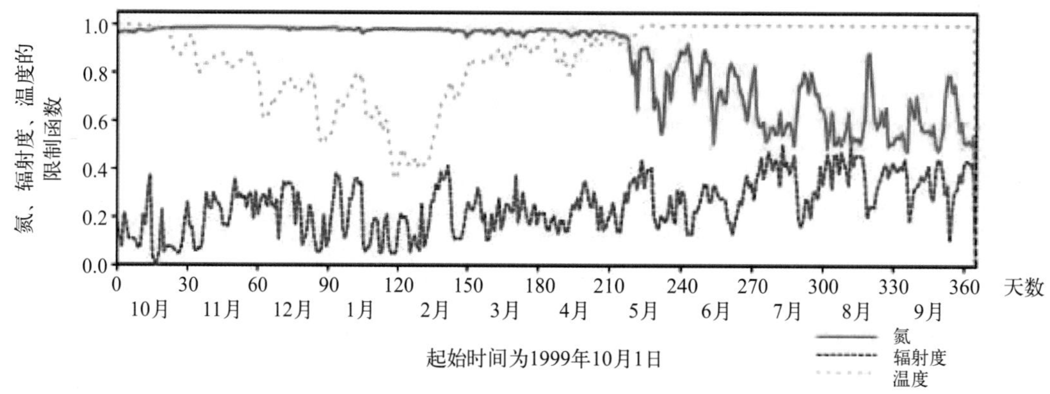

图9.3.4 奥基乔比湖中氮(N)、辐照度(I)和温度(T)生长限制函数

9.4 湖泊模拟

湖泊和水库的模拟在很多方面与河流和河口的模拟不同。由于它们较长的水力停留时间，一般湖泊和水库对水体富营养化敏感程度比河流和河口大得多。对湖泊和水库的研究通常注重藻类的生长和营养物。湖泊模型经常需要用多个垂向分层来分辨温度、藻类、溶解氧和营养物质的层结。

地表水体模拟所需的数据和参数已分别在2.4.1节的水动力学，3.7.1节的泥沙输运，4.3节中的有毒物质及5.9.1节的水质和富营养化中进行了讨论。7.1.2节讨论了模拟地表水体系统的数值模型的选择模型。本节给出两个模拟案例研究：①深的水库——十侠湖；②大而浅的湖泊——奥基乔比湖。这两个截然不同的水体系统分别作为典型案例来解释如何用三维模型来进行湖泊和水库的模拟。

9.4.1　案例研究Ⅰ：十侠湖

本案例主要基于Ji等（2004b）的研究。

9.4.1.1　引论

尽管三维水动力、水质和沉积物成岩模型取得进步，并成功应用于河口、海湾（Cerco，1999），但关于湖泊、水库的富营养化三维模拟的研究发表较少，大多是二维模型研究的水质过程。例如W2模型（Cole，Wells，2000）已经被广泛地应用于二维横向平均的湖泊和水库的水质研究。在模拟研究中（如，Chung，Gu，1997； Tufford，McKllar，1999），人们逐渐意识到湖泊和水库三维模拟的重要性。在模拟河流与水库中水动力学及泥沙输运中，Ziegler和Nisbet（1994，1995）也指出了侧向平均模型的局限性，强调了三维模拟的必要性。

十侠湖位于美国伊利诺伊河流域，横跨俄克拉何马州和阿肯色州边界，面积4170 km^2（如图1.1.1所示）。伊利诺伊河从阿肯色州流到俄克拉何马州，流入阿肯色河之前，先经过十侠湖。十侠湖坐落在盆地的西南角。十侠湖的主要支流包括伊利诺伊河、 Baron支流、Tahlequah湾、Flint湾和凯尼河。图1.1.1给出了伊利诺伊河流域的位置、十侠湖的排水区、十侠湖以及其主要的支流。表9.4.1概括了十侠湖的主要物理性质。该湖长48 km，最宽3 km，面积70 km^2。水深从大坝附近的45 m变到上游的10 m。湖水的滞留时间为1.76 a。湖面宽度达3 km，并且横向水深梯度很大，因此认为水库的三维变化很大。用三维模型模拟水动力学过程和水质过程很重要，只有这样才能更详细地描述湖水水质的参数，才能提出和评估有成本效益的水质管理方法。

表9.4.1　十侠湖的物理特性

物理性质	数值
表面积	70 km^2
流域面积	4170 km^2
长度	48 km
岸线长度	209 km
宽度	0.8 ~ 3 km
最大深度	46.3 m
平均深度	14 m
体积	810 000 ~ 1 520 000 m^3
滞留时间	1.76 a
平均深度/最大深度	0.33
流域/表面积	59.6

美国陆军工兵部队1947年建造了十侠湖，用于防洪、给水、调水和蓄水。十侠湖设计用途还包括渔业和娱乐活动。十侠湖的流域/表面积之比约为59.6，符合流域的污染负荷显著影响水库水质的假定。十侠湖被俄克拉何马州环境质量部定为最大日负荷总量发展的优先考虑目标。水质问题主要包括营养过剩、富营养化、下部均温层溶解氧的消耗。

研究的目标有以下几个：

（1）建立一个十侠湖的三维水动力和水质模型；

（2）用测量的数据以图形和统计的方法校准十侠湖模型；

（3）应用模型去研究湖泊的水动力和水质过程（Ji et al.，2004b；Tetra Tech，2000c）。

9.4.1.2 数据来源和模型建立

USACE（1988）于1986年2—9月对湖中14个站进行监测，每月两次，收集的数据包括温度、溶解氧、叶绿素a、BOD_5生物耗氧量、磷酸盐（PO_4）和硝酸盐（NO_2+NO_3）。如图9.4.1显示了除OKN0169站点（不在湖区）之外的14个水质监测站。站点OKN0177和站点OKN0175分别代表伊利诺伊河与凯尼河的支流负荷。图9.4.1中其余的11个站点被用于模型数据的比较和模型的校准。

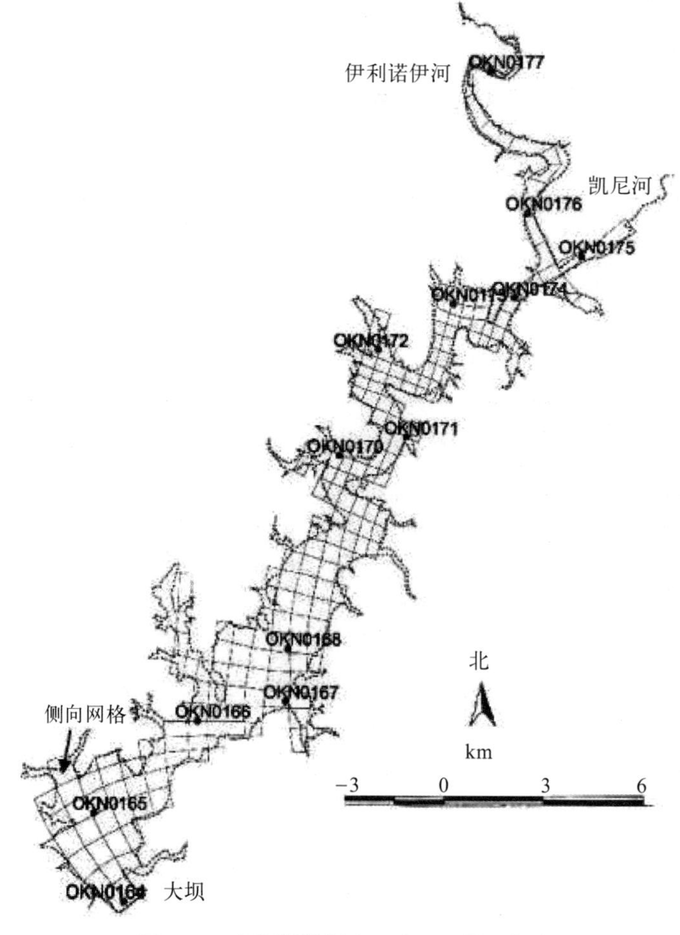

图9.4.1　十侠湖的研究区域以及模型格点

水动力的输入包括气象强迫和湖泊的入流、出流。阿肯色州费耶特维尔的日气象数据包括风速、风向、气温、太阳辐射、降水、相对湿度和云量。湖泊的逐时入流和出流数据由USACE提供（Miller，1999）。大气营养物质的沉降率是基于国家大气沉降计划提供的数据（http：//nadp.sws.uiuc.edu /nadpdata/）。

十侠湖模型是在EFDC的框架下发展起来的（Hamrick，1992；Park et al.，1995）。特定区域模型建立一般包括以下几个步骤：①收集和分析数据用于输入和模型的比较；②建立模型网格；③指定模型参数、边界条件和外强迫力；④建立图形和统计包；⑤根据观测数据校正模型；⑥分析水体的水动力和水质过程。十侠湖模型的建立遵循以上的步骤。

研究区域被划分为离散的网格单元。图9.4.1显示了覆盖十侠湖的模型网格。水深由美国勘测局勘测的十侠湖的数据内插值得到。如图9.4.1所示，入流（凯尼河和伊利诺伊河）分别用横跨溪流的一个网格来表示。为了获得足够的分辨率，横向采用多个网格。数值网格水平向包括198个格点，垂直向包括10个Sigma层。敏感性试验表明，为了刻画湖泊的垂向温度和溶解氧廓线，垂向分为10层是非常必要和重要的（Ji et al.，2004b）。

用90 s的时间步长来求解水动力和水质过程。十侠湖模型的校准时间是262 d（1986年1月5日到9月24日），处于USACE的湖内监测期。在2.4 GHz的奔腾4计算机上，262 d的模拟，需要5 h的CPU时间。为了减小初始条件对模型结果的影响，用1986年的入流条件，模型预运行2年达到平衡态，2年后的结果用作262 d模拟的初始条件。

9.4.1.3　水动力模拟

十侠湖模型的水动力变量包括水位、水温、流速和湍流混合。为了恰当地刻画湖内水流的本质、行为、形式，必须进行水动力校准。强的垂直温度分层及其对垂直混合的影响对于富营养化过程和水质的模拟也是很重要的。

图9.4.2给出了OKN0164站日平均水深的观测和模拟，图中的水平坐标代表天数，从1986年1月1日开始；垂直坐标代表水深。虚线代表模拟的水深，实线代表观测的水深。显然，模拟的水深非常接近观测值。在7.2.1节讨论的数据统计方法经常用于模型模拟与抽样观测的比较。OKN0164站的平均水深是40.9 m，均方根误差是0.09 m，相对均方根误差是3.5%。

温度也是水动力行为的一个重要指标。图9.1.3中的12幅图显示了站点OKN0166溶解氧和温度的垂直廓线。在图9.1.3中，水平坐标代表水温（单位：℃；或者溶解氧浓度，单位：mg/L），垂直坐标代表水深（m）。实线代表模拟的水温，实心圆代表观测的水温。虚线代表模拟的溶解氧，空心圆代表观测的溶解氧。相应的儒略日和日期在每幅图的右下角。在图9.1.3中，模拟结果和实测数据均显示湖水的温度经历了4个不同的阶段：

（1）冬季的完全混合（2月4日和3月4日）；

（2）春季开始层化（4月8日和4月22日）；

（3）夏季高度层化（7月1日，7月15日和7月29日）；

（4）8月份层结开始减弱（8月26日）。

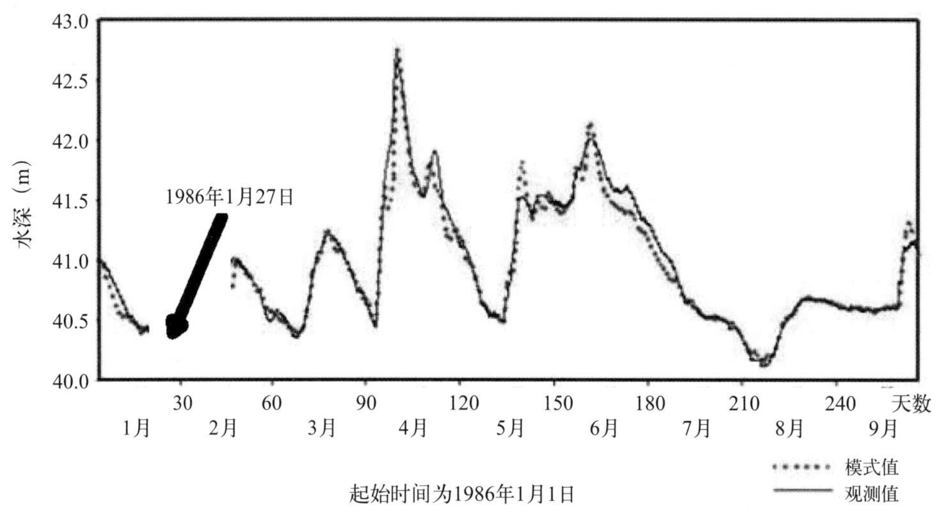

图9.4.2 OKN0164站点262 d水面高度的模型数据比较
实线表示观测数据，虚线表示模拟值

最强的垂直分层发生在夏季，此时表层与底部的温差大于10℃。总之，模型能很好地模拟温度分层及季节变化。

为了进行统计分析，保存11个站点同一段时间的模拟温度，并收集了观测水深数据。表9.4.2总结了11个站点的观测气温和模拟气温的统计分析结果。观测气温数据的个数由OKN0173的42个到OKN0164和OKN0168的122个。模拟水温在站点OKN0172的相对均方根误差最小（4.58%），在站点OKN0164的相对均方根误差最大（7.97%）。均方根误差由OKN0174的1.11℃变化到OKN0164的1.81℃。总之，模型能很好地模拟水温廓线，11个站的平均相对误差是5.85%。由于溶解氧模拟和富营养化过程与水温的关系密切，因此水温的准确模拟对成功模拟水质过程至关重要。

没有流速的观测数据可用于模型-数据比较。因为其滞留时间长达1.76 a，湖泊的入流和出流对湖泊的环流形式影响相对较小。湖泊中水流主要由风驱动，通常模拟的表层流速是风速的2%～4%。

表9.4.2 图9.4.1中11个站点的温度的观测值和模拟值的统计分析

站名	观测数据个数	观测的平均值（℃）	模拟的平均值（℃）	平均绝对误差（℃）	均方根误差（℃）	观测值的变化（℃）	相对均方根误差（%）
OKN0164	122	19.09	20.47	1.47	1.81	22.7	7.97
OKN0165	113	18.32	19.09	1.18	1.41	22.5	6.25
OKN0166	120	19.13	19.99	1.17	1.40	23.9	5.86
OKN0167	97	20.63	21.68	1.33	1.58	23.7	6.69
OKN0168	122	19.73	20.62	1.14	1.38	23.8	5.79

续表

站名	观测数据个数	观测的平均值（℃）	模拟的平均值（℃）	平均绝对误差（℃）	均方根误差（℃）	观测值的变化（℃）	相对均方根误差（%）
OKN0170	112	20.47	21.07	0.91	1.20	24.7	4.85
OKN0171	94	21.26	22.15	1.23	1.65	24.0	6.88
OKN0172	94	21.97	22.74	0.94	1.13	24.7	4.58
OKN0173	42	22.14	23.28	1.14	1.26	23.4	5.37
OKN0174	77	22.28	22.71	0.92	1.11	23.0	4.83
OKN0176	63	24.23	25.16	1.00	1.15	21.7	5.30

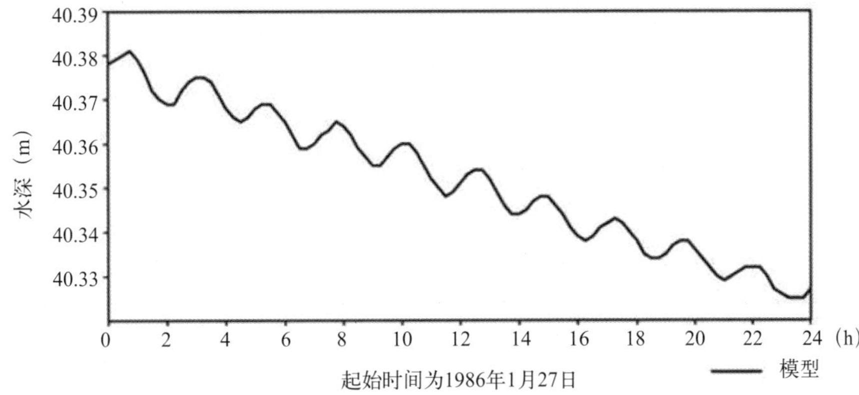

图9.4.3　模拟的OKN0164站1986年1月27日24 h的水面高度

十侠湖长约48 km，平均水深14 m，湖面波动的基本模式可以用式（9.2.15）来推算：

$$T_1 = \frac{2L}{\sqrt{gH}} = \frac{2\times48\times10^3}{\sqrt{9.8\times14}} = 2.36\ (\mathrm{h}) \tag{9.4.1}$$

由此计算得到的湖泊波动周期大约2.36 h。图9.4.2给出了湖水深度的逐日观测值，不足以分辨周期为几个小时的事件。另一方面，模拟的水深应该能够分辨波动的信号。通过15 min保留一次模拟结果，图9.4.3给出1986年1月27日的模拟水深，与图9.4.2有相同的时间序列。如图9.4.3所示，湖水深度表现出明显的周期性，24 h约循环10次，与式（9.4.1）的估计一致。在图9.4.2的其他时间序列中也发现了类似的周期信号。7.2.3节所讨论的谱分析技术被用于分析水位的周期信号，发现最强的信号在2.36 h，与式（9.4.1）估计的理论值相同。

9.4.1.4　水质模拟

溶解氧是水质模拟中模型表现的一个重要指标。图9.1.3中的12幅小图给出了OKN0166站模拟与观测的溶解氧垂直廓线。溶解氧在冬季发生垂直混合，在夏季发生分层。例如，1986年7月29日，模型和数据均显示溶解氧在水面下11 m处几乎减少到0。如图9.1.3所示，十侠湖的溶解氧动力学是一个湖泊系统的典型代表：一旦温度层结建立，湖水下层的含氧量降低。因为沉积成岩作用需要较多的氧气，这一情形始于水体与淤泥的交界处。这一过程在淤积床和分层的底层水之间传输营养物，并穿过均温层向上传播。均温层缺氧发生在水柱分层之后，并一直持续到9月份。

虽然模型大部分时间都能较好地模拟溶解氧的廓线，但是模型没有模拟好1986年7月1日的溶解氧分层。溶解氧在水面下仅6 m处便降低为0，像这种极端层结情况下需要更多的垂直分层。风应力的误差也有可能引起当天的过度混合。Ji等（2004）的研究表明湖泊的分层对风应力很敏感。更精确的气象数据能够提高风应力精度和模型的垂直混合。

表9.4.3给出了11个站观测和模拟的溶解氧的统计分析。相对均方根误差的平均值是16.34%，从OKN0170站的10.86%变化到OKN0176站的28.26%。OKN0166站模拟的溶解氧廓线（图9.1.3）的均方根误差是1.41 mg/L，相对均方根误差是11.25%。总之，如图9.1.3和表9.4.3所示，模型模拟的溶解氧符合要求。在河流流入的地方，水库的深度较浅（<10m）。从河流中带来的营养物质引起这个区域的藻类旺发，溶解氧在下午达到过饱和。EFDC水质模型缺少描述过饱和过程的机制，因此不能模拟上述水柱中溶解氧的大幅度变化。这能部分地解释水库较浅地方具有较大的相对均方根误差，例如站点OKN0173、OKN0174、OKN0176。

表9.4.3　图9.4.1中11个站点的溶解氧的观测值和模拟值的统计分析

站名	观测数据个数	观测的平均值（mg/L）	模拟的平均值（mg/L）	平均绝对误差（mg/L）	均方根误差（mg/L）	观测值的变化（mg/L）	相对均方根误差（%）
OKN0164	122	6.73	8.28	1.79	2.65	12.6	21.07
OKN0165	113	6.92	7.52	0.96	1.41	12.3	11.50
OKN0166	120	6.46	6.89	1.00	1.41	12.5	11.25
OKN0167	97	6.50	7.26	1.31	1.85	12.4	14.93
OKN0168	122	6.26	6.34	1.08	1.46	13.0	11.26
OKN0170	112	6.48	6.20	1.20	1.56	14.4	10.86
OKN0171	94	6.69	6.08	1.28	1.89	15.7	12.05
OKN0172	94	6.92	6.26	1.47	2.02	16.3	12.37
OKN0173	42	10.05	8.09	2.18	2.63	10.2	25.79
OKN0174	77	8.19	5.74	2.74	3.14	15.4	20.36
OKN0176	63	8.60	6.20	2.83	3.39	12.0	28.26

USACE（1988）的数据包括叶绿素a、硝酸盐、正磷酸盐和生化需氧量，但是这些数据在数量和质量上不能满足垂直方向上的模型-数据比较。图9.3.2的4幅小图分别表示了站点OKN0166的叶绿素a、硝酸盐、正磷酸盐、生化需氧量的模拟值与观测值，图9.1.3则给出了温度和溶解氧。图9.3.2中，空心圆表示水面的观测数据，十字表示水面以下10 m的观测数据。实线和虚线分别代表相应的模拟结果。在第一幅小图中，模型实际上包括了藻类的两个生长期，一个在春季，一个在夏

季，藻类浓度从冬季的不到5 μg/L，变到春季的大于30 μg/L。在第二幅小图中，模型以及观测数据都显示在夏季由于热力分层（图9.1.3）和藻类摄入，NO_2+NO_3的浓度会产生严重分层。第三幅小图中PO_4的浓度在夏季也产生分层。在第四幅小图中模型和数据都显示BOD_5在0.5～2.5 mg/L的范围内变化。总之，图9.3.2所示的模型结果与观测结果一致，能够较合理地代表季节变化。

图9.4.4中的4幅小图分别代表NH_4，NO_3，PO_4，SOD的模拟通量。在这个研究中，没有可用的沉积物通量观测数据来对沉积成岩作用模型进行校准。如图9.4.4所示，十侠湖沉积成岩作用模型模拟淤积床与上覆水之间沉积物通量的季节变化。正值代表沉积物通量由淤积床向上覆水体输运。相对于海湾与河口的研究，关于淡水系统的实测沉积物通量的报告很有限，特别是在深水湖和水库中。Di Toro（2001）详细叙述了北美的一大淡水系统尚普兰湖的沉积物通量数据及模拟。尚普兰湖的平均水深为22.8 m，与十侠湖的水深接近。尚普兰湖（Di Toro，2001，图15.21）深水中NH_4，NO_3，PO_4，SOD的观测值和模拟结果的大小与图9.4.4所示十分相似。一个例外是十侠湖模型夏季由于湖底缺氧产生更大的PO_4通量，而尚普兰湖没有均温层缺氧现象。因为沉积物通量在水质过程和富营养化过程中的重要作用，水质模型结果的误差一部分是由于缺少数据来校准沉积物成岩模型造成的。

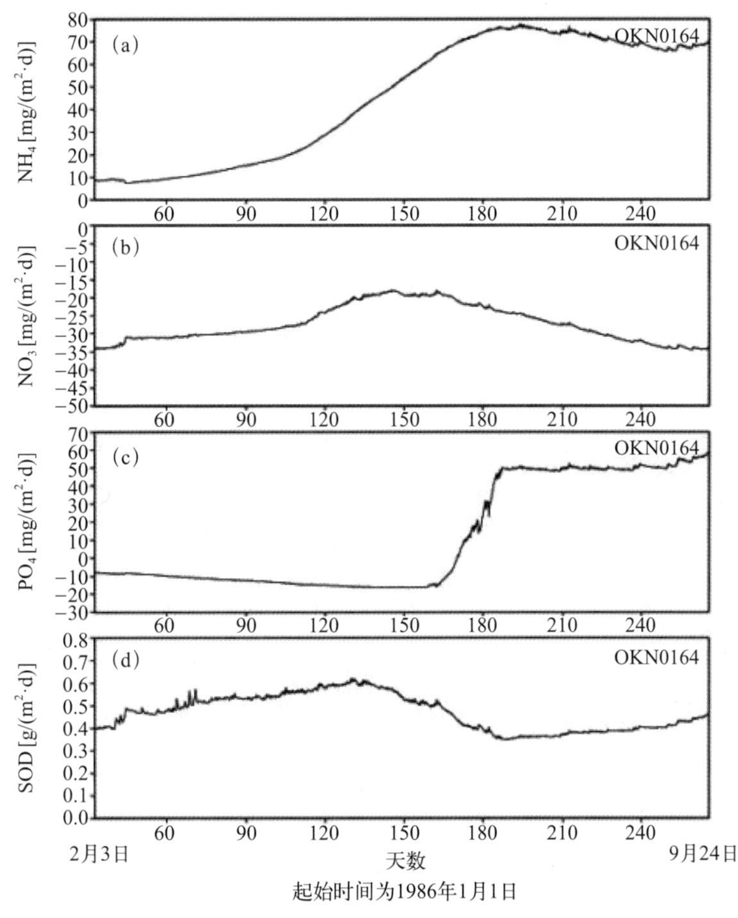

图9.4.4　模拟的OKN0164站沉积物通量

(a)NH_4；(b)NO_3；(c)PO_4；(d)SOD

9.4.1.5 讨论与结论

建立十侠湖模型的主要目的是将该模型作为一个工具，建议和测试一个旨在限制该湖富营养化的负荷管理策略（Tetra Tech，2000c）。用1986年的数据对模型进行校准，表明模型能很好地代表该湖现有的水动力和水质过程。除了与观测数据在图形上的比较，还对模拟的结果进行了较好的统计分析。这种分析提供了一种不同的模型-数据比较的方法，即用数值量化模型校准状态。

该模拟研究结论如下：

（1）虽然在三维的水动力、水质、沉积成岩模型上有很多进展，并且成功地应用于河口和海湾，但是很少有关于湖泊和水库的富营养化的三维模拟研究出版。本研究发展了三维的水动力和水质模型，并且应用在俄克拉何马州十侠湖上。关于湖泊水动力和富营养化过程的三维模拟的重要性已经得到很多测试案例的详细讨论和证明（7.3.3节）。

（2）该模型用观测数据进行校准，并特别关注了湖泊温度、藻类、营养物质的季节变化的模拟。对于所有的参数，模拟的结果与观测值都比较接近。T、DO、Chl a、 NO_2+NO_3、 PO_4和 BOD_5的季节变化都能被很好地模拟。

（3）尽管模拟的沉积物通量与Di Toro（2001）发表的值在大小与季节变化上类似，但是在本研究没有观测数据对沉积成岩模型校准，这应该是水质模拟的一个误差来源。

十侠湖模型可作为一种工具用于提出和评估水资源管理方案（Tetra Tech，2000c）。

9.4.2 案例研究Ⅱ：奥基乔比湖

本案例研究基于Jin等（2014）的工作。

9.4.2.1 引言

奥基乔比湖的水动力、泥沙、水质模型已经在前面的章节中做了讨论。经过多年的努力，我们可以有信心地用LOEM模拟奥基乔比湖（Jin，Ji，2001，2004，2005，2006， 2013；Ji，Jin，2006，2014；Jin et al.，2000，2002，2007，2014）。迄今为止，在已发表的研究中，很少有一个模型在模拟一个大而浅的湖泊方面取得如此坚实的进展。

综合湿地恢复项目（CERP）包括一个含水层储存和恢复（ASR）研究（USACE，1999；Mirecki，2004；CERP，2014）。CERP最初的概念是： 200口ASR井能够从奥基乔比湖及其周边流域（图9.4.5）中储存和恢复多达每天10×10^8 gal[①]（= 43.81 m^3/s）的水。根据ASR恢复水的水质特点，发现其对奥基乔比湖中动植物有各种潜在影响（Havens，Gawlik，2005；Havens，James，1997；Havens et al.，1995，1996，2001）。由于自然生态系统的复杂性，必须考虑ASR水对奥基乔比湖环境的影响。这不仅是因为不同的生态系统区，而且因为不同水源多样的原生生物（Aldridge et al.，1995；Havens et al.，1999）。

① 1 gal = 3.785 L。——编注

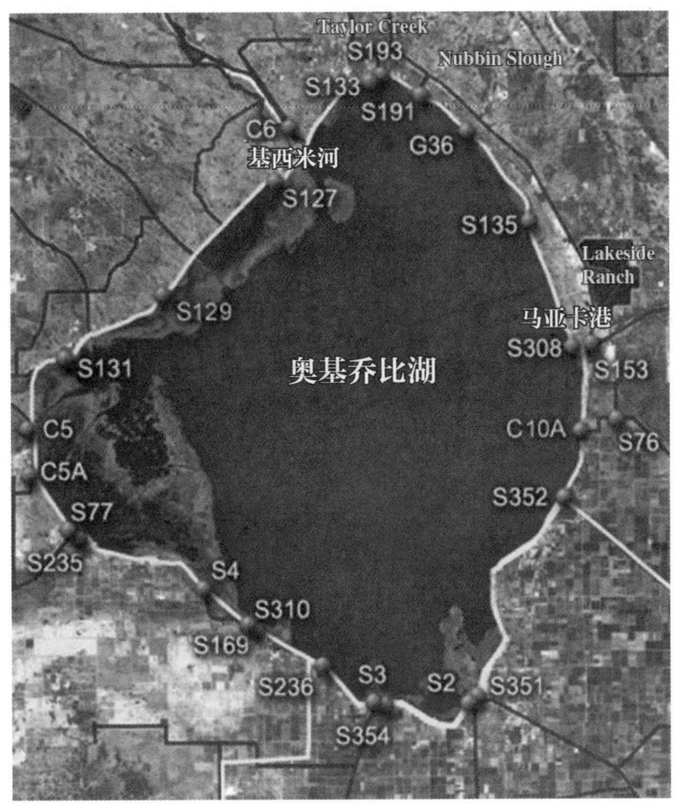

图9.4.5　奥基乔比湖采集数据点的分布

钙（Ca）、氯（Cl）和硫酸盐（SO_4）过高会导致水体在化学或环境条件上产生副作用。它们与悬浮物质在不同程度上是互相关联的。尽管钙、氯和硫酸盐可以以溶解的形式在水体中输送，钙、氯和硫酸盐粒子也可以吸附到细泥沙颗粒。泥沙粒子即是钙、氯和硫酸盐的载体，也是水生系统中钙、氯和硫酸盐的源。因此非常有必要发展一个用于评估钙、氯和硫酸盐在不同情况下对环境影响的工具。

本案例研究介绍了LOEM模型中钙、氯和硫酸盐模块的校准、验证和核证。这个模块模拟了1999年10月1日到2009年9月30日10年间钙、氯和硫酸盐的浓度。在本研究中，使用第4章中描述有毒物质的过程以及数学公式来研究钙、氯和硫酸盐。泥沙对于钙、氯和硫酸盐的吸附作用是影响它们输运的一个重要过程。水动力过程和淤积过程的准确描述对于钙、氯和硫酸盐的沉淀和传输过程至关重要（Vermaat et al.，2000）。改进的LOEM模型用于估计不同的管理情况下的ASR井排放钙、氯和硫酸盐对水质的影响。

为了研究湖中钙、氯和硫酸盐浓度的长期变化，分析了30多年的观测数据（SFWMD，2011）。图9.4.6给出了37年（1972—2009年）间L002点上氯的浓度。在过去的40年，湖中氯的浓度呈现下降的趋势，1970年浓度是大约90 mg/L，而2000年浓度是大约40 mg/L，平均浓度减少了大约一半。图9.4.6也给出了1974—2009年35年间L002点上硫酸盐的浓度，与氯同样呈现出递减的趋势，在过去的40年从55 mg/L降低到22 mg/L，降低了一半。图9.4.6还给出了1972—2009年37年间

L002点上钙浓度的变化，过去40年平均浓度也降低了（James，McCormick，2012）。

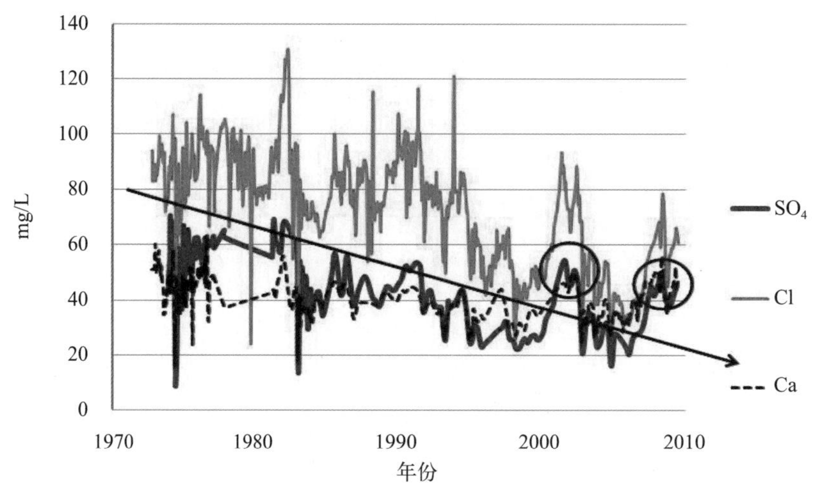

图9.4.6　1970—2010年测量的钙（Ca）、氯（Cl）和硫酸盐（SO_4）的浓度

9.4.2.2　模型设置

钙、氯和硫酸盐的衰变和传输由两个因素决定：它们的反应和输运。反应包括化学、生物和生物摄取过程。水动力传输包括平流、扩散和湍流混合。水和底床界面上的淤积和再悬浮也应包括在内。描述钙、氯和硫酸盐的数学公式与第4章中描述重金属和TOC的公式一样。

LOEM模型的水动力过程以及钙、氯和硫酸盐模型的主要外部驱动力包括风速、太阳辐射、降雨、湖水流入流出、入流温度、空气温度、相对湿度、钙、氯和硫酸盐的入流浓度。降雨量、气温、相对湿度和太阳辐射数据来自湖中4个站点：LZ40，L001，L005，L006，每15 min采集一次（图2.4.2）。站LZ40坐落在湖的中心附近。LOEM模型使用了LZ40的逐小时气象数据。支流包括20个流入和流出（Jin et al.，2007）。这些支流的日流量由USACE和SFWMD测量。

LOEM模型整个运行过程中只初始化一次。边界条件和负荷每天更新。积分时间步长是180 s。模型输出为每日存储。使用Xeon 3.2 GHz的计算机进行10年模拟，CPU需要大约40 h。

9.4.2.3　模型结果

水动力模型中，湖中水的流入和流出需要保证质量平衡。每天的流量数据作为模型驱动的边界条件。蒸发也是湖水平衡的一个重要因素。LOEM根据实测的空气温度、相对湿度、气压、风速和模拟的水温来计算蒸发率。LOEM泥沙模型使用2000年、2001年和2002年的泥沙数据（Jin，Ji，2004，2005；Ji，Jin，2006）来对模型进行校准、校核和验证。这些研究也讨论了模型参数值以及模型敏感性实验。

图5.8.6已经给出了一个LZ40的模拟水深和测量水深的比较。虚线代表测量数据，实线代表模拟的结果。RRE是4.6%。结果表明模型可以很好地模拟湖泊深度。

湖中有25个站（图5.9.3）定期监测水质，包括T、TSS、钙、氯和硫酸盐（Phlip et al.，1993；

Murphy et al.，1983）。这些站的数据用于模拟结果比较，进而评估模型的性能。作为一个例子，图9.4.7 给出了LZ40点处钙、氯、硫酸盐和TSS时间序列的比较。黑色的点是测量数据，实线是基准运行的模拟结果。很明显LOEM模型可以很好地模拟这些变量。

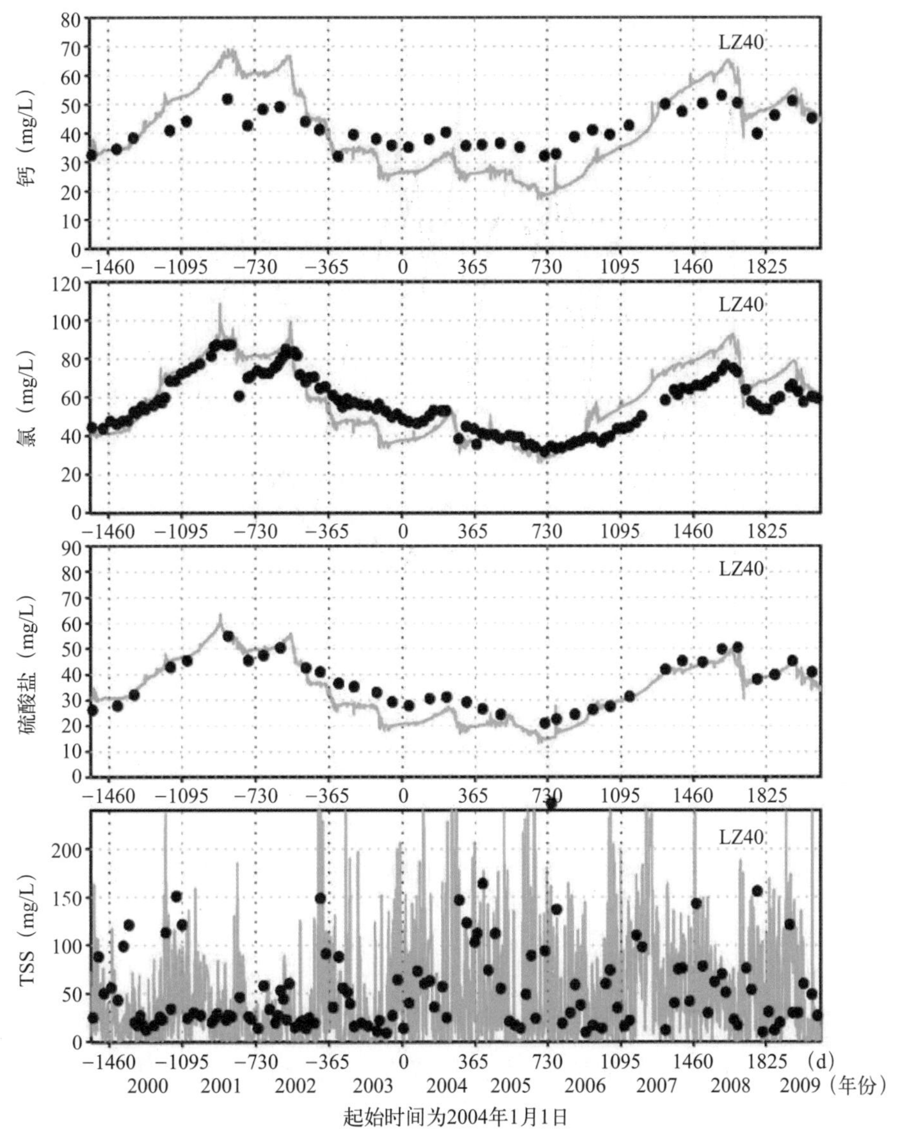

图9.4.7　LZ40点处从1999年10月1日 到 2009年9月30日钙、氯、硫酸盐、TSS时间序列的比较

黑色的点是测量数据，实线是基准运行的模型结果

从1999年10月1日 到 2009年9月30日，3653 d 25个站的T、TSS、 钙、氯和硫酸盐的统计结果分别总结见表9.4.4至表9.4.8。RRE的值分别是：*T*为9.5%，TSS为26.5%，氯为17.4%，钙为34.1%和硫酸盐为18.9%。总的来说，LOEM可以较好地模拟T、TSS、钙、氯和硫酸盐。

湖泊在2007年和2008年经历了长时间的干旱，这两年中水位很低（图5.8.6）。测量到高浓度的钙、氯、硫酸盐，LOEM也准确地捕捉到这点（图9.4.7）。2002年秋天，LZ40点的观测数据在钙、氯、硫酸盐浓度上表现出大的波动，湖水大量流入导致其浓度降低（图9.4.7）。大量的入流稀释了湖中钙、氯、硫酸盐的浓度。模型的敏感性实验表明，氯浓度在本质上是由湖水的温度和蒸发决定的。在夏天和秋天，湖水中氯浓度高主要是由于大量的湖表面蒸发。入流对局地氯浓度变化也有影响。浅的湖水和强蒸发导致高氯浓度。同样，钙和硫酸盐的变化也很大程度上由湖泊的水深和蒸发控制。

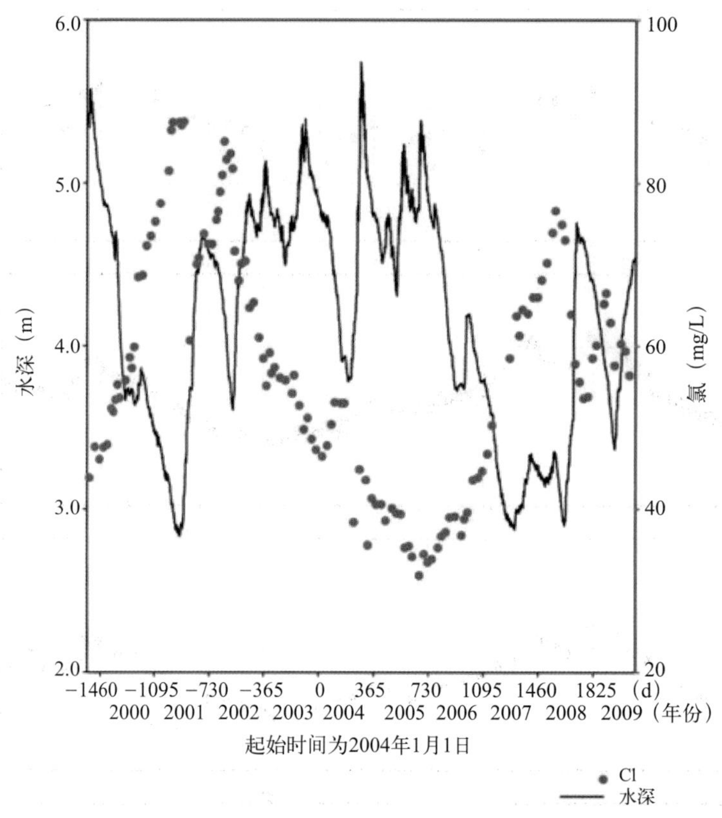

图9.4.8 站点LZ40从1999年10月1日到2009年9月30日的水深和氯浓度

LZ40站点上水深与氯、硫酸盐和钙浓度具有负相关性（图9.4.8至图9.4.10）。氯、硫酸盐和钙浓度变化落后于水深变化。图9.4.8至图9.4.10中氯、硫酸盐和钙的时间序列被平移了51 d。例如，氯浓度的时间减去了51 d以更好地对齐氯和EL的峰值。这将氯的峰值浓度向左移了51 d。图9.4.8表明，当湖很浅、体积很小时，氯浓度就高。当湖较深时，氯浓度就相对低。因此，湖体积与氯浓度有很大关联。蒸发控制湖水的收支。大约70%的湖水通过蒸发损失（James，McCormick，2012）。强烈蒸发导致湖水体积（水深）减少以及氯浓度增加。这种机制解释了为什么湖的体积小会导致氯浓度高。与图9.4.8一样，图9.4.9展示了硫酸盐的变化，图9.4.10展示了钙浓度的变化。硫酸盐和钙的变化与氯相似。

表9.4.9给出了LZ40处水深与观测的氯、钙和硫酸盐浓度之间的相关系数。使用了1999年10月1日到2009年9月30日这10年的数据。表9.4.9显示，钙的浓度滞后于水深51 d，滞后相关系数为−0.83，表明两者之间有很强的相关性。表9.4.9还表明氯和硫酸盐的浓度与水深之间存在负相关性，说明氯和硫酸盐浓度的变化也很大程度上由湖泊蒸发控制。

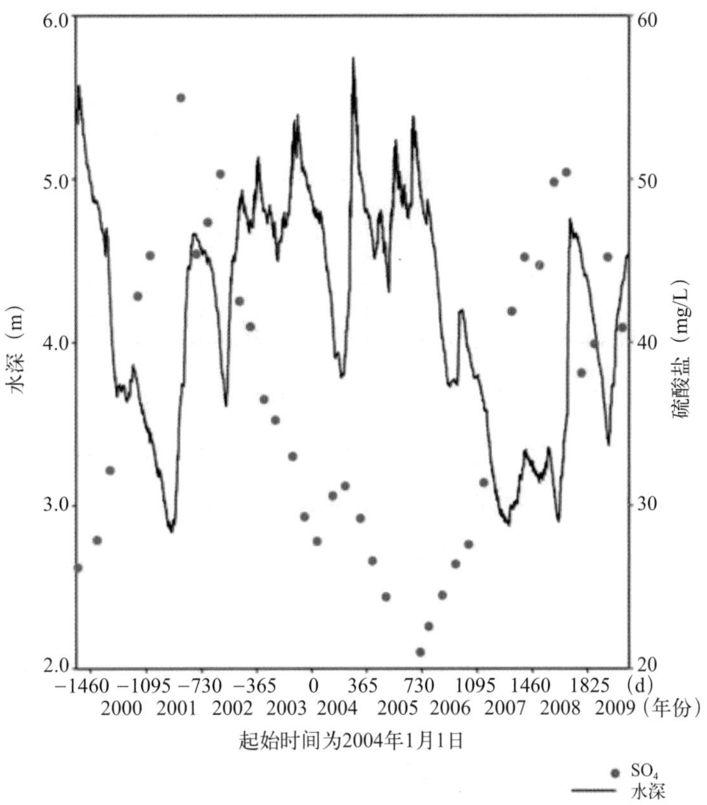

图9.4.9　站点LZ40从1999年10月1日到2009年9月30日的水深和硫酸盐浓度

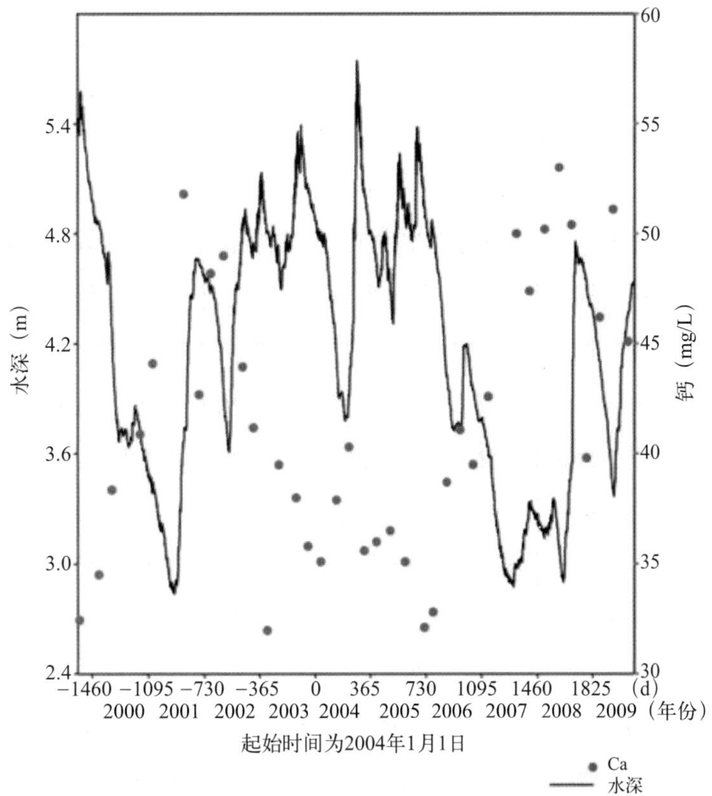

图9.4.10　站点LZ40从1999年10月1日到2009年9月30日的水深和钙度

9.4.2.4 含水层储存和回收（ASR）应用

ASR是一种水管理技术和策略，它使用地下的含水层来存储雨季的地表水，然后在旱季将其回收来增加水源的供给量。综合湿地恢复计划（USACE，1999）设想在南佛罗里达建设330口ASR存储井，其中200口位于奥基乔比湖流域（USACE，1999）。每口井容量估计为每天500×10^4 gal（$= 0.219$ m^3/s）。LOEM模型应用于评估钙、氯和硫酸盐负荷对于湖的潜在影响，因为高浓度的钙、氯和硫酸盐离子对环境有害。

用1999年10月1日到2009年9月30日这10年的数据对LOEM模型进行校准和验证后（Ji，Jin，2006；Jin et al.，2007），将其应用于评估各种假设的ASR管理方案。提出的ASR入流（出流）的入口（出口）在5个不同的地方是：基西米河，Nubbin Slough，Taylor Creek，Lakeside Ranch和 马亚卡港（Port Mayaca）（图9.4.5）。评估了下列 ASR 运行10年的情况：200号，100号和50号ASR井。基于CERP介绍的湖泊管理规则和ASR运行方案（USACE，1999），生成了这三种情况下的ASR入流量/出流量的时间序列。

LOEM模型也需要ASR排放的水质边界条件。ASR排放的化学成分的浓度取决于储存在含水层中的表面水体积、存储水恢复的百分比和蓄水层中地下水和地表水的水质。随着存储水提取的增多，ASR恢复水的质量也发生变化。对于ASR排放最保守的假设、预测到最坏的情况是恢复水的质量与佛罗里达含水层周边的地下水的水质相同。因为对于关键水质成分，例如氯与硫酸盐，周边地下水的浓度明显超过了周边地表水的浓度。由于这个原因，ASR排放的水质边界条件被保守地估计为周边地下水的浓度。此外，基于实际操作和生态考虑，如果观测到预先设定的物质浓度，ASR井的恢复可以被终止。例如，恢复水中氯的浓度显示100 mg/L或者硫酸盐的浓度达到60 mg/L，则恢复工作终止（USACE，1999；Mirecki，2004；CERP，2014）。

图9.4.11给出了LZ40站点钙、氯、硫酸盐和TSS模型结果与实测数据的比较。黑色的点是测量数据。4条曲线分别为基准测试或者说历史运行（Hist），200 ASR井，100 ASR井和50 ASR井。经过10年的ASR操作，LOEM预测钙浓度没有显著增加。这主要是因为ASR流入的钙的浓度与湖中环境的浓度相接近，这样增加了ASR流入负荷不会显著地改变钙浓度。相比之下，氯和硫酸盐的结果与基准运行显著不同。 2008年的夏天非常干旱。如果运行200 ASR井，LOEM预计氯浓度会超过基准运行浓度100 mg/L（从50 mg/L增加到150～200 mg /L）。同期，硫酸盐浓度比基准运行增加了50 mg/L。浓度升高的主要原因是：①假定的ASR井中氯和硫酸盐的浓度来自于佛罗里达州蓄水层，比湖中氯和硫酸盐的浓度高很多；②干旱时期水位很低。相比氯和硫酸盐，经过10年ASR操作的TSS浓度没有明显改变（图9.4.11）。这是因为ASR排放的TSS浓度较低。

图9.4.12展示了ASR对湖中SAV的影响。模型水深（EL）在PALMOUT站点通常在0.5～2.5 m之间。模拟的基准运行（HIST）的SAV生物量与测量数据一致，模拟的SAV面积也是如此。在2001年的夏天，200 ASR水深增加了约0.3 m，水深增加导致SAV生物量和面积增加。2001年7月4日200ASR中SAV总面积为39 531 acre，比基准运行增长60%。在2007年和2008年的夏天，模型也有类似的结

果。100号和50号井的情况类似，但变化幅度较小（结果未展示）。因此，当湖水太浅不适宜SAV生长时，ASR可以维持更深的水深以利于SAV增长（Jin et al.，2011）。在评估回收水对湖水质存在潜在的负面影响时，由ASR导致的SAV生物量增加的有益作用也需要考虑。

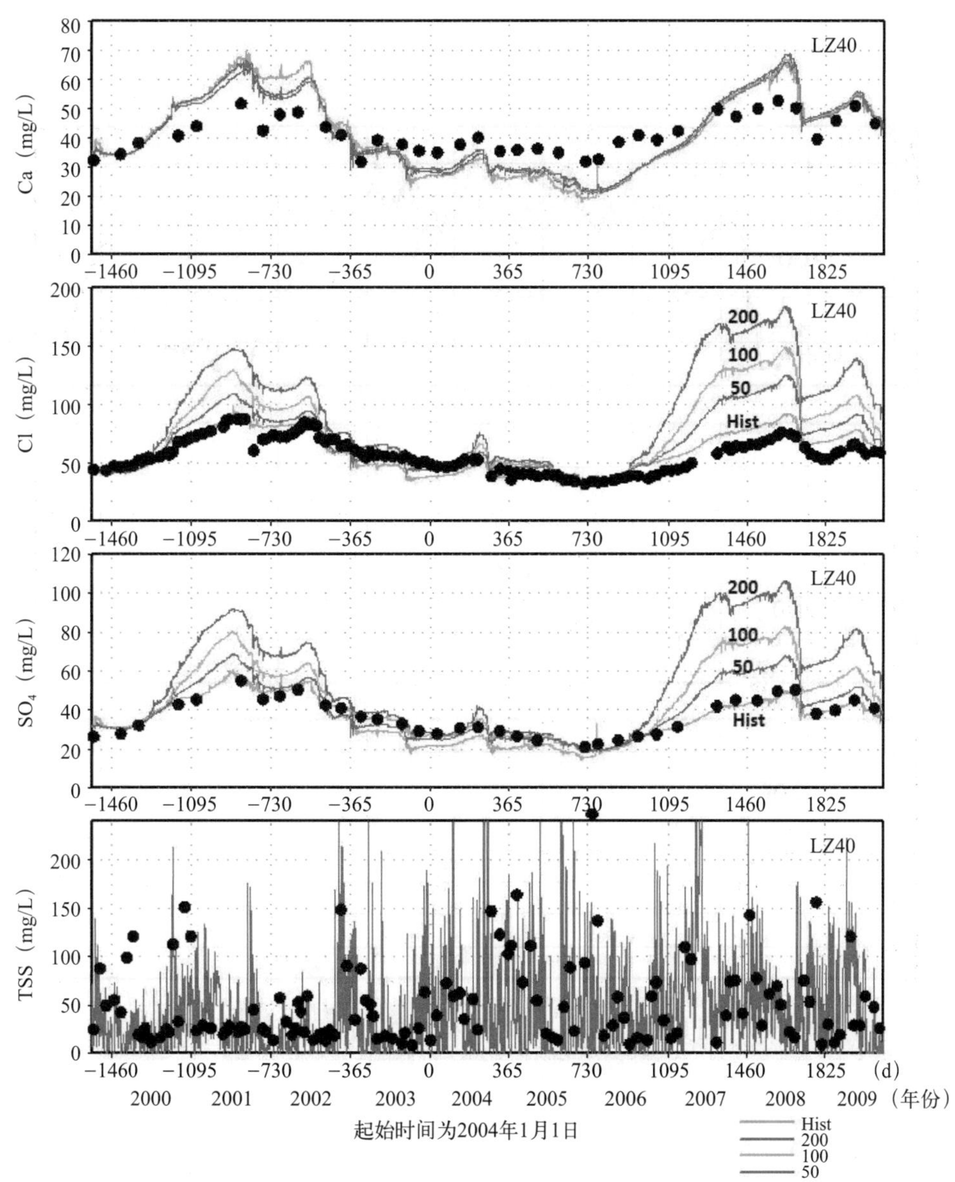

图9.4.11　站点LZ40从1999年10月1日至2009年9月30日的钙，氯，硫酸盐和TSS的模拟值和实测值比较

4个案例均包括：基准值（Hist），200号井，100号井和50号井

对三种假设的ASR管理场景的水质模拟结果也做了研究，并与基准运行结果比较。在LZ40站点这10年（1999年10月1日至2009年9月30日）间，实测的数据量从TP的127到SO_4的36（表9.4.10）。为了模型-数据的比较也为了一致性，用相应数据测量时间下的模拟结果计算平均值。4种不同情况下Chl a、TP、 SRP、TKN、 NO_2+NO_3、TSS和T变化不大。其他站的统计分析和图形比较也得到相

似的结论（数据没有展示）。可以认为ASR操作对水质变量改变不明显。两个因素导致以下结论：

（1）ASR入流的营养物浓度和TSS浓度与湖中环境浓度相似。ASR入流对湖的营养负荷不大（USACE，SFWMD，2013）。

（2）水体和底床之间有很强的内部营养循环。从底床到湖水再循环的营养物质通常是最重要的源，比外部流入营养物质更多，尤其是在飓风季节。

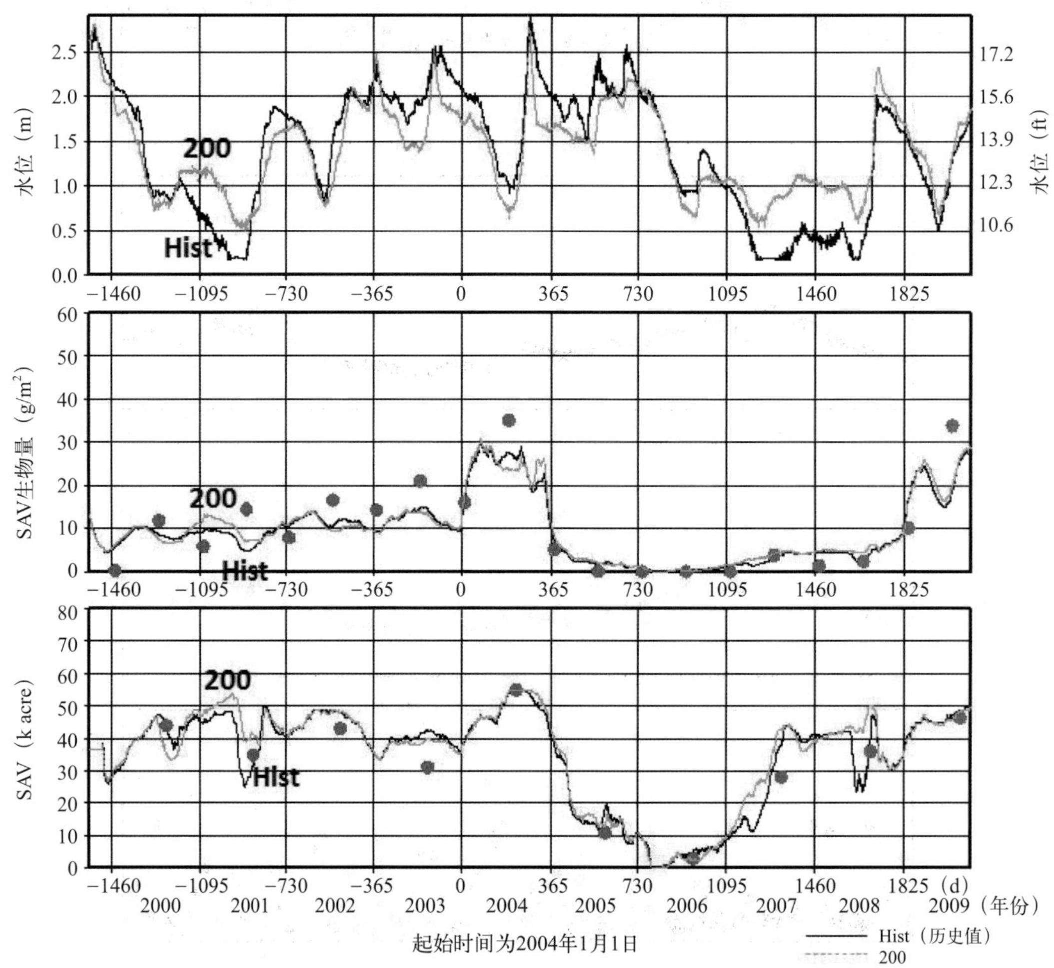

图9.4.12 (a)在PALMOUT的模拟水深；(b)模拟和实测的SAV生物量；(c)模拟和实测的SAV面积
时间周期为1999年10月1日至2009年9月30日；包括两个案例：基准/历史值和200号井

9.4.2.5 总结

本研究展示了LOEM模型模拟从1999年10月1日到2009年9月30日3653 d的ASR操作结果（Jin，Ji，2004，2005；Jin et al.，2011）。校准和验证后的LOEM用于研究3个不同的ASR管理场景下的水质和SAV增长情况（50 ASR井，100 ASR井和 200 ASR井）。这项研究的主要结论包括：

（1）由于湖泊蒸发，水深降低和体积减小的湖泊会导致氯、钙和硫酸盐浓度升高。水深与氯、钙和硫酸盐度之间的相关系数分别是−0.57，−0.83和−0.66。浓度的变化滞后水深的变化51 d。

（2）当湖水水位低于理想的湖管理所需的水位时，ASR井可以提供水。在旱季，水深的增加有利于SAV增长（Jin et al.，2013）。

（3）与富营养化相关的变量，如Chl a、TP、TKN和DO，与ASR操作关系不大。

（4）在假设的ASR运行的10年（1999—2009年），湖中钙的浓度与基准运行浓度没有太大差别。在夏天，氯浓度可以增加100 mg/L以上，硫酸盐浓度可以增加 50 mg/L。这主要是由于在干旱时期，假设的ASR流入湖中的氯和硫酸盐浓度高，而且湖水体积显著减少。

表9.4.4　1999—2009年25个站水温的观测和模拟结果的误差分析

站点号	站点名称	实测值数量	实测均值(°C)	模拟均值(°C)	均方根误差(°C)	实测值范围(°C)	RRE(%)
1	L006	74	24.7	25.3	1.7	20.7	8.6
2	L001	70	24.9	25.5	1.9	18.7	10.5
3	LZ40	72	24.4	24.9	1.7	17.6	9.9
4	L005	72	25.4	25.5	1.7	17.2	10.1
5	3RDPTOUT	60	25.2	24.5	1.8	17.5	10.7
6	KBAROUT	43	24.2	24.0	2.1	19.3	11.0
7	L002	68	25.3	25.1	1.6	17.9	9.3
8	L003	73	24.4	24.8	1.6	19.2	8.5
9	L004	71	24.2	24.8	2.0	18.4	11.3
10	L007	63	24.6	24.3	1.4	20.7	7.1
11	L008	72	24.9	25.1	1.6	16.4	9.9
12	LZ2	63	25.4	25.3	2.3	18.8	12.2
13	LZ25	55	24.8	23.9	1.8	18.8	9.6
14	LZ30	73	24.9	24.9	1.5	19.3	7.9
15	LZ42	72	24.8	25.1	1.5	19.7	7.8
16	LZ42N	65	25.3	24.6	1.7	18.0	9.4
17	PALMOUT	61	24.9	24.7	1.6	16.9	9.7
18	PELMID	61	24.9	24.1	1.5	19.1	8.1
19	PLN2OUT	70	25.2	25.3	1.7	17.5	9.9
20	POLE3S	65	25.2	24.6	1.5	17.7	8.8
21	POLESOUT	61	25.6	24.7	2.0	18.9	10.7
22	RITAEAST	69	25.6	25.0	1.7	18.2	9.3
23	RITAWEST	65	25.3	24.6	1.6	18.6	8.9
24	STAKEOUT	62	25.4	24.6	1.8	18.3	10.0
25	TREEOUT	63	24.6	24.6	1.4	20.5	7.0
	总均值		25.0	24.8	1.7	18.5	9.5

表9.4.5 1999—2009年25个站总悬浮颗粒物(TSS)的观测和模拟结果的误差分析

站点号	站点名称	数据量	实测均值(mg/L)	模拟均值(mg/L)	均方根误差(mg/L)	实测值范围(mg/L)	RRE(%)
1	L006	74	30.8	15.5	33.0	226.5	14.5
2	L001	71	27.1	10.2	31.7	154.0	20.6
3	LZ40	73	44.9	14.1	42.9	142.0	30.2
4	L005	73	18.2	15.1	20.4	67.2	30.4
5	3RDPTOUT	62	18.5	21.9	34.3	68.0	50.5
6	KBAROUT	44	12.4	47.9	71.2	100.6	70.8
7	L002	69	26.3	17.5	28.9	152.0	19.0
8	L003	73	38.3	15.7	33.9	177.3	19.1
9	L004	70	40.2	15.4	52.2	391.4	13.3
10	L007	63	21.6	20.9	22.6	173.2	13.0
11	L008	73	40.6	18.4	41.2	207.4	19.8
12	LZ2	63	15.2	9.5	24.6	147.5	16.7
13	LZ25	55	19.8	11.6	23.7	123.7	19.1
14	LZ30	73	22.2	19.4	23.6	170.5	13.8
15	LZ42	73	34.1	19.4	46.2	336.5	13.7
16	LZ42N	66	17.8	18.8	24.4	65.0	37.5
17	PALMOUT	61	16.9	16.7	21.0	93.8	22.4
18	PELMID	61	12.8	10.0	13.7	64.5	21.3
19	PLN2OUT	71	15.8	17.4	23.3	82.8	28.1
20	POLE3S	66	13.9	13.7	18.0	84.5	21.3
21	POLESOUT	62	14.6	17.7	28.3	46.0	61.7
22	RITAEAST	69	13.7	5.9	18.3	96.5	18.9
23	RITAWEST	65	15.0	14.2	19.7	122.5	16.1
24	STAKEOUT	64	15.9	18.3	26.2	63.2	41.5
25	TREEOUT	64	18.3	18.7	26.6	95.0	28.0
	总均值		22.6	17.0	30.0	138.0	26.5

表 9.4.6　1999—2009年25个站氯(Cl)的观测和模拟结果的误差分析

站点号	站点名称	数据量	实测均值 (mg/L)	模拟均值 (mg/L)	均方根误差 (mg/L)	实测值范围 (mg/L)	RRE (%)
1	L006	74	62.8	65.2	9.0	51.5	17.4
2	L001	71	56.7	63.6	15.6	92.7	16.8
3	LZ40	73	62.8	64.8	8.7	49.1	17.8
4	L005	73	60.7	64.1	10.8	63.9	16.9
5	3RDPTOUT	62	56.2	57.5	12.4	67.3	18.4
6	KBAROUT	44	47.8	38.8	19.2	79.4	24.2
7	L002	69	61.0	63.4	10.4	66.0	15.8
8	L003	73	61.5	64.4	9.9	70.7	14.0
9	L004	70	63.1	65.1	8.0	56.5	14.2
10	L007	63	59.3	61.6	14.9	92.7	16.1
11	L008	73	62.8	65.0	8.4	53.6	15.8
12	LZ2	63	51.2	65.7	23.9	82.3	29.1
13	LZ25	55	63.3	62.9	10.9	42.9	25.5
14	LZ30	73	63.0	64.7	8.5	59.9	14.2
15	LZ42	73	62.8	64.8	8.5	56.2	15.2
16	LZ42N	66	56.5	60.7	12.3	75.7	16.2
17	PALMOUT	61	59.5	59.9	9.3	49.4	18.8
18	PELMID	61	65.3	64.3	9.7	69.8	13.9
19	PLN2OUT	71	62.3	64.3	10.6	65.2	16.2
20	POLE3S	66	64.4	63.2	10.6	54.1	19.7
21	POLESOUT	62	55.2	57.7	13.0	73.0	17.9
22	RITAEAST	69	67.5	66.8	10.8	62.3	17.3
23	RITAWEST	65	66.1	63.1	9.9	59.6	16.7
24	STAKEOUT	64	55.8	59.6	12.3	76.7	16.0
25	TREEOUT	64	60.4	60.3	11.6	118.0	9.8
	总均值		60.3	62.1	11.6	67.5	17.4

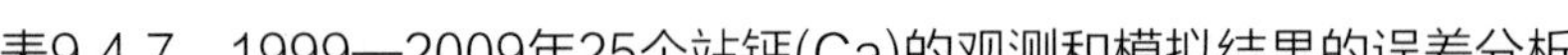

表9.4.7 1999—2009年25个站钙(Ca)的观测和模拟结果的误差分析

站点号	站点名称	数据量	实测均值 (mg/L)	模拟均值 (mg/L)	均方根误差 (mg/L)	实测值范围 (mg/L)	RRE (%)
1	L006	74	41.5	39.8	8.7	30.7	28.4
2	L001	71	34.2	38.5	12.8	40.5	31.6
3	LZ40	73	40.0	43.7	8.6	19.8	43.6
4	L005	73	38.5	39.3	7.6	41.6	18.3
5	3RDPTOUT	62	36.1	37.6	10.3	28.1	36.6
6	KBAROUT	44	30.6	29.4	11.4	27.5	41.5
7	L002	69	37.0	38.5	8.8	25.7	34.2
8	L003	73	39.3	39.2	9.7	41.7	23.3
9	L004	70	41.2	39.5	9.8	44.9	21.8
10	L007	63	40.6	38.8	8.2	19.5	42.4
11	L008	73	41.1	39.6	8.9	36.3	24.7
12	LZ2	63	30.8	42.8	17.2	24.3	71.1
13	LZ25	55	42.8	43.7	8.5	20.6	41.6
14	LZ30	73	41.5	43.4	8.6	23.8	36.2
15	LZ42	73	40.7	39.9	9.1	41.2	22.1
16	LZ42N	66	35.0	37.5	9.3	33.8	27.6
17	PALMOUT	61	38.0	42.0	10.2	25.3	40.4
18	PELMID	61	42.3	43.7	7.9	19.9	39.9
19	PLN2OUT	71	39.5	43.3	10.6	52.0	20.5
20	POLE3S	66	42.9	42.8	9.0	31.3	28.8
21	POLESOUT	62	36.8	39.2	9.6	21.0	45.8
22	RITAEAST	69	42.9	46.4	10.0	41.3	24.2
23	RITAWEST	65	41.2	43.4	9.6	33.0	29.3
24	STAKEOUT	64	36.7	40.2	9.8	25.6	38.3
25	TREEOUT	64	37.6	41.5	9.6	24.6	39.0
	总均值		38.8	40.6	9.8	30.9	34.1

表9.4.8　1999—2009年25个站硫酸盐(SO_4)的实测值和模拟值的误差分析

站点号	站点名称	数据量	实测均值 (mg/L)	模拟均值 (mg/L)	均方根误差 (mg/L)	实测值范围 (mg/L)	RRE (%)
1	L006	74	38.0	35.7	4.0	27.2	14.8
2	L001	71	31.9	35.4	10.5	44.7	23.6
3	LZ40	73	37.2	35.6	3.8	28.7	13.5
4	L005	73	34.6	35.2	4.2	40.6	10.4
5	3RDPTOUT	62	32.0	30.2	9.1	39.3	23.1
6	KBAROUT	44	34.5	35.1	6.5	38.2	17.2
7	L002	69	35.6	34.9	4.4	28.4	15.4
8	L003	73	36.8	34.9	5.5	31.8	17.5
9	L004	70	36.8	34.3	4.8	23.8	20.2
10	L007	63	36.5	35.7	4.0	29.1	13.9
11	L008	73	26.0	34.3	12.7	31.3	40.5
12	LZ2	63	41.7	36.2	8.7	31.7	27.4
13	LZ25	55	38.0	35.5	5.2	36.7	14.1
14	LZ30	73	37.2	35.8	4.7	33.8	13.9
15	LZ42	73	32.6	33.2	6.9	39.5	17.6
16	LZ42N	66	35.3	34.1	4.6	26.4	17.5
17	PALMOUT	61	39.8	36.8	4.9	24.2	20.4
18	PELMID	61	36.1	35.3	4.6	37.1	12.4
19	PLN2OUT	71	40.6	35.2	9.7	41.8	23.2
20	POLE3S	66	33.2	31.5	7.6	37.2	20.6
21	POLESOUT	62	45.7	38.5	18.6	111.0	16.8
22	RITAEAST	69	39.6	35.8	5.6	25.1	22.2
23	RITAWEST	65	32.1	32.4	6.9	38.5	17.9
24	STAKEOUT	64	34.0	33.7	4.2	22.5	18.9
25	TREEOUT	64	38.0	35.7	4.0	27.2	14.8
	总均值		36.1	34.8	6.7	36.2	18.9

表 9.4.9　站点LZ40在1999—2009年的水深与氯、钙和硫酸盐之间的相关系数（浓度滞后水深51天）

变量	滞后天数	相关系数
Cl	51	−0.57
Ca	51	−0.83
SO_4	51	−0.66

表 9.4.10　站点LZ40在1999—2009年的平均实测值和模拟值

参数名称	实测数量	实测均值	模拟均值（历史值）	模拟均值（200号井）	模拟均值（100号井）	模拟均值（50号井）
DO (mg/L)	121	8.081	8.663	8.665	8.658	8.649
Chl a (μg/L)	122	16.179	17.321	19.231	19.004	18.894
TP (mg/L)	127	0.188	0.130	0.129	0.131	0.131
SRP (mg/L)	126	0.056	0.070	0.065	0.065	0.065
TKN (mg/L)	127	1.486	1.298	1.419	1.432	1.438
NO_2+NO_3 (mg/L)	117	0.292	0.047	0.038	0.042	0.044
TSS (mg/L)	127	51.324	39.315	29.302	31.012	32.694
T (°C)	126	24.263	24.592	24.650	24.655	24.640
Cl (mg/L)	125	57.577	59.104	88.888	76.528	68.430
Ca (mg/L)	37	41.322	40.951	40.994	41.668	41.859
SO_4 (mg/L)	36	36.369	33.880	52.482	44.249	39.265

数据包括基准值（历史值）、ASR 200号井、ASR 100号井和ASR 50号井。

第10章　河口和沿岸海域

河口被定义为一个半封闭式沿海水体，与外海自由相通，其中的海水被陆地来的淡水冲淡（Prichard，1967）。这一经典定义已经引申为包括有河流流入的内陆湖的某些区域。例如，北美洲五大湖的回水河段也被认为是河口，因为湖水会在此处逆流进入河段。沿岸海域通常指的是邻近陆地并且明显受陆地影响的海域。简单来说，河口是河流与海洋交汇的地方，沿岸海域是陆地与海洋交汇的地方。

水动力学、泥沙输运、病原体与有毒物及水质的概括性理论和过程已在第2章至第5章分别做过介绍。本章将介绍河口的特征和河口、沿岸海域的水动力、沉积物和水质过程。在本章的最后，我们将提供案例研究作为建模样板。

10.1　引言

沿岸海域是有着丰富的生物多样性和自然资源等特征的复杂环境。随着沿海地区人口增加，沿岸海域环境恶化已经成为一个严峻的问题。河口指的是河流与海洋交汇并且河流淡水与海洋盐水混合的沿岸海域，是河流、海洋、大气和泥沙河床的交汇处。河口的盐度变化很大以至于会明显影响平均环流。河口经常被称为港湾、港口、海峡、水湾和潟湖等，尽管并不是所有具有这些称呼的水体都是河口。河口的重要特征是淡水和盐水的混合。美国一些熟知的河口包括切萨皮克湾、纽约港、长岛海峡、库克湾和印第安河潟湖。

美国1972年制定的《联邦水清洁法》（CWA）是地表水水质保护的基石。该法规采用了很多强制和非强制手段以迅速削减直接排放的污染物进入水道，投资建立城市污水处理设施，并管理污染径流。在《联邦水清洁法》中，河口有其法律上的定义：全部或部分河流、支流或者其他水体的出口，和外海有自由的天然连通，并且其中的海水被陆地来水显著稀释。《联邦水清洁法》中对河口的定义也考虑了相关的水生生态系统以及流入河口的支流达到溯河性鱼类迁徙的或者潮汐影响的历史位置。溯河性鱼类一般是指生活在海洋里但返回淡水中产卵的鱼类，例如鲱鱼和鲑鱼。河口在科学领域中的定义不同于《联邦水清洁法》中法律上的定义。

河口在水动力、化学及生物学方面与河流、湖泊不同。与河、湖相比，河口独有的特征包括以下四个方面：①潮汐是一个主要的驱动力；②盐度及其变化通常在水动力及水质过程中起重要的作用；③两个定向净流动——表层水向外海流动和底层水向陆地流动，通常控制了污染物的长期输送；④在数值模拟时必须满足开边界条件。

河口输送过程的主要控制因素是潮汐和淡水入流。风应力对大型河口也有重要影响。大多数河口是狭长的，类似于河渠（图10.1.1）。河流是河口淡水的主要来源，河口入流淡水随着潮位的涨落与盐水发生混合。典型的河口大部分淡水来自河口的上游，且河口和沿岸海域之间有一个过渡带（挨着河口）。淡水向海洋的输送被环绕的岛屿、半岛或礁岛阻断。如图10.1.1所示，河流淡水向下游输送。感潮河段尽管有逆流发生，海水仍然不能穿过这个区域，潮水仍然是淡水（或者半咸水）。河口有逆流和盐水。

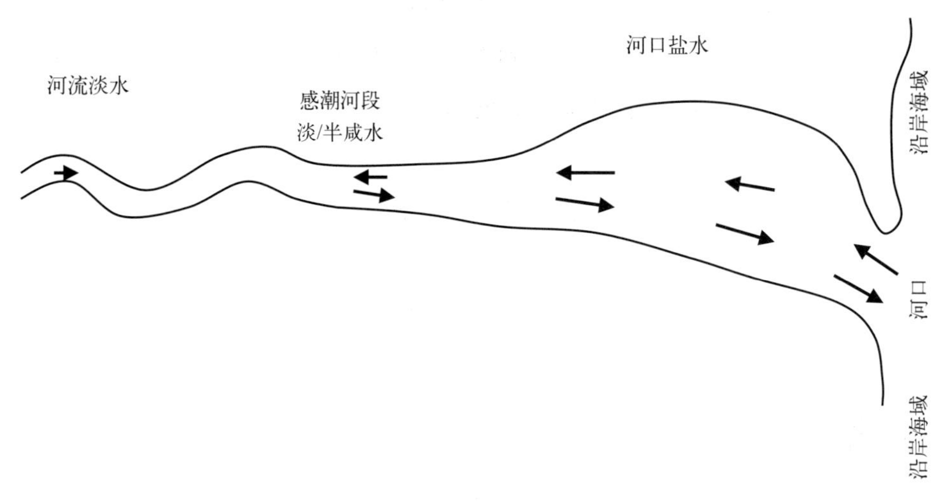

图10.1.1 河口系统图示

沿岸海域的主要特征包括明显的水平和垂直盐度梯度、其他的水动力和水质指标。沿岸海域开边界条件将在10.5.1节讨论，其在数学模型中通常被分为三种情况：①与开阔海洋相邻的近海开边界条件；②上游区的开边界条件；③下游区的开边界条件。

极大的盐度梯度是流入淡水及与开阔海洋盐水混合的结果。水平盐度和密度梯度与水深廓线趋于平行。风应力及引起的沿岸海水上翻和下沉同样影响盐度、温度和其他水质指标的梯度。

沿岸海域及河口给世界提供了有形及无形的效益。人类的很多休闲活动、生活、社会及经济福利均依赖于沿岸海域及河口。沿岸海域仅占整个海洋面积的10%，但世界多达95%的渔业产量来自沿岸海域（Walsh，1988）。美国拥有超过152 000 km的海岸线，超过一半的人生活在沿海地区，预计其人口还将继续增长（NRC，2000）。美国有约850个河口（NRC，1983）。河口仅占世界上地表水很小比例，却是自然界最富饶的生态系统。河水流入河口，带来陆地上的营养物质。植物利用这些营养物质以及太阳辐射、二氧化碳和水合成食物。这些水体为商业鱼类和贝类养殖的不同阶段提供了重要的生活环境，并且为人类提供了诸多休闲活动的场所。淡水和盐水的混合产生了独特的环境，那里生活着各种各样的生物，如鸟类、哺乳动物、鱼类及其他野生生物。

大部分河流污染物最终流入河口。疏浚物、城市排放和工业废水是河口主要的点源污染。城市径流和农业活动通常为非点源污染。很多河口面临着相似的污染问题：富营养化、病菌污染、有毒化学物质及淡水入流的变化。这些问题导致了水华、鱼类死亡、海滩和贝类养殖场的关闭、水生植物消失以及其他多种环境问题。过量的营养物质导致低溶解氧和水生植物减少。病菌浓度升高致使海滩关闭是海洋污染最明显的表现之一。

河口的特征各不相同。按照其独特的特点和环流形式，河口可被划分为不同类型。人们通过地形分类方案了解河口环流形势。以其地形特征为基础，河口被划分为四大类（Pritchard，1967；Dyer，1973；Tomczak，Godfrey，1994）：①沿海平原河口（溺谷型河口）；②潟湖（沙坝河口）；③峡湾；④构造河口和其他。

沿海平原河口（或溺谷型河口）是由于最近一次冰河期末期海平面上升，海水淹没古河口而成。典型的沿海平原河口例子是切萨皮克湾，它是由于海平面上升，海水入侵地势较低的古河口而成。这些河口几乎没有沉降并且仍然保持古河谷的地貌。它们一般宽而浅（深度通常小于30 m），并且大部分位于温带地区。河谷底部的坡度平缓，其深度统一向着河口方向增加。沿海平原河口的特征是有高度发达的纵向盐度梯度。这种河口通常是分层的，并且很易受风影响。美国大多数河口属沿海平原型。

潟湖（沙坝河口）的形成是由于地质时期海平面上升，沙洲（沙坝）被破坏且其后面的区域被海水淹没。这种特征的河口形成于最近一次冰河期。如图2.4.13中的印第安河潟湖所示，潟湖有很开阔的区域并且非常浅（通常深度小于2 m）。通常平行于海岸线的沙坝将潟湖和海洋分开。沙坝使得潟湖免受海浪的冲击，并会因海岸线演变及人类活动改变位置和形状。珊瑚礁也能将潟湖与海洋分开，如沿着伯利兹海岸由中美洲珊瑚礁体系产生的中美洲潟湖（Ezer et al.，2005）。潟湖通过水湾与海洋的交换有限，因为连接海洋和潟湖的水湾是短小、狭窄的水道。大部分潟湖主要受风驱动且通常垂直向均匀混合。一些潟湖可能会垂直分层，尤其在航道中。这里的水体主要受风驱动，而不是潮汐，并且不会像河流一样从上游源头流到河口。浅水加强了水体与泥沙河床之间营养物质的交换。相对于其他河口，由于高度蒸发、与海洋有限的交换和少量的淡水入流，潟湖通常有较高的盐度。潟湖分布在各大洲，尤其在亚热带及热带地区。在美国，潟湖主要分布于沿墨西哥海湾及大西洋低纬度区域。

峡湾是淹没的冰川山谷，由最近一次冰河期的移动冰川而成（图10.1.2）。河谷的侵蚀形成很深的河口。与沿海平原河口及潟湖相比，峡湾是狭长、水深、两岸陡峭的海湾，水深通常达数百米。即使峡湾的宽度并不比沿海平原河口、潟湖的窄，宽度与深度很小的比率意味着海峡相对很窄。浅的海底山脊位于峡湾口，在冰川消退时由冰川前段岩石堆积而成（图10.1.2）。海底山脊一般的深度是40～150 m，但也有4 m的（Tomczak，Godfrey，1994）。海底山脊越高，山脊后的峡湾底部的水越易被隔离。海底山脊限制了深层水的循环和混合，极大地阻碍冲刷，仅仅使表层水受到潮汐力的影响。峡湾深层水通常有明显的分层、低氧（甚至缺氧）。峡湾通常在高纬度地区。典型的峡湾个例是华盛顿皮吉特湾。

表10.1.1总结了沿海平原河口、潟湖和峡湾的基本特征。这里需要注意不是所有的河口都精确地符合表10.1.1所列的特征，它是一个概念而不是对真实河口的描述。不同河口的对比清楚地显示了每类河口的特征，这对理解河口演变过程及开展模拟研究是有帮助的。

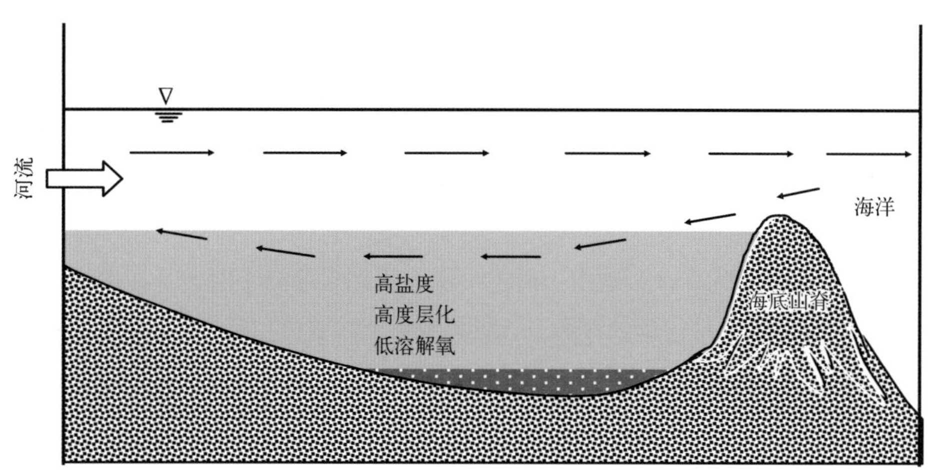

图10.1.2　峡湾的图示

表 10.1.1　沿海平原河口、潟湖和峡湾的基本特征

河口类型	宽度	深度	位置	层化	潮汐	个例
沿海平原河口	宽	浅（< 30 m）	温带	中度	强	切萨皮克湾
潟湖	宽	非常浅（< 2 m）	副热带及热带	弱	弱	佛罗里达印第安河潟湖
峡湾	窄	深（> 200 m）	高纬度	强	深水区域弱	华盛顿皮吉特湾

除了以上三种类型，地质构造活动、火山喷发或者滑坡也可能形成河口。海水涌入地壳运动形成的裂纹或者断层，形成构造河口。它们的地貌特征迥异，可能与沿海平原河口、潟湖或者峡湾相似。圣弗朗西斯科湾就是典型的构造河口。

10.2　潮汐过程

“潮汐是海洋的心跳，每一次的脉动都能被全世界感知”（Defant，1985）。本节将对潮汐、潮流及潮汐分析作简单介绍，重点介绍在河口水动力、泥沙及水质处理过程中起重要作用的方面。潮汐及潮汐动力的详细情况，在有关潮汐专题的书或报告（如，Pugh，1987）中有详细讲述，本节不讨论。

10.2.1　潮汐

潮汐是由地球、太阳及月球之间的万有引力造成的水位周期性涨落。潮流是相应水体的水平运动。潮流有规律地改变速度和方向，是世界海洋中最强烈的运动之一。河口高潮时，水表坡面驱使水进入河口。低潮时，反向的坡面驱使水流出河口。潮汐和潮流在河口及沿岸海域的水动力、泥沙输送及水质处理过程中起重要作用。

在3.6节中讨论的潮汐和风浪都是重力波，即重力是它们的回复力，在研究河口及沿岸海域中两者都很重要。两种波主要的不同点包括：①波长；②波动周期；③起源。

潮汐波是长波，开阔海洋上波长跨越数千千米，河口处最短的波长也超过数百千米；但风浪典型的波长为十几（或数十）米。因此，潮汐波都是浅水波；而随着水深不同，风浪波既可以是浅水波（图3.6.5）又可以是深水波（图3.6.4）。潮汐周期分为全日型（每天一次高潮、低潮）、半日型（每天两次高潮、低潮）和混合型（两次不同高度的高潮和低潮）；相比之下，风浪只有几秒或更短的周期。主要的潮汐周期通常是12 h 25 min。潮汐受作用于地球、太阳和月球之间的重力引力，起源于深海盆地然后传播到沿岸海域及河口；风浪是由风吹水面形成的。

在河口、沿岸海域及潮汐河流中潮汐过程很重要，而风浪在大且浅的水体里对泥沙再悬浮及有毒物质输送是很重要的。潮汐也可以是重要的能源（Yang et al.，2013）。这也是本章介绍潮汐、在泥沙运输的章节（第3章）中介绍风浪的主要原因。由于引潮力是全球尺度的，仅较大的海洋能受到引潮力产生潮汐。起源于深海的潮汐通过海洋强迫河口。如满足以下情况，风浪在侵蚀产沙过程中会起到重要作用：①水体表面积足够大使得风区足够长；②水体足够浅以至风浪能量能传播到水底。

因为这两种形式的波在许多方面都不一样，通常用不同的模型来模拟它们。2.2节的水动力学方程能很好地描述河口潮位及潮流。3.6.3节中的风浪模型能很好地模拟风浪。

太阳和月球的引力产生潮汐，潮位不等引发潮流。除了月球和太阳，其他天体对潮汐也很重要。牛顿定律指出两个天体之间的万有引力与两个天体的质量成正比，与它们之间距离的平方呈反比：

$$F = G\frac{m_1 m_2}{r^2} \tag{10.2.1}$$

式中，F为两天体之间的引力；r为两个天体重心间的距离；m_1为天体1的质量；m_2为天体2的质量；G为重力常数（$= 6.67 \times 10^{-11}\ \mathrm{Nm^2/kg^2}$）。

与其他天体相比，月球离地球最近，对潮汐作用最强（图10.2.1）。太阳及地球间较长的距离产生的引潮力约为月球的46%，其他天体因为距离地球太远不能对潮汐产生重要影响。

除了万有引力，地球自转产生的离心力同样影响着潮汐。两力之间的平衡控制着深海的潮汐。如图10.2.1中的第一幅图所示，地球靠近月球的一边，万有引力较强。远离月球的一边，万有引力较弱。这种引力差异导致朝向月球的一边（由于此处月球引力较强）及背离月球的一边（由于此处离心力较强）出现高潮，这使得地球在对立的两边海洋突起。相应的低潮（凹陷）产生在万有引力或离心力没有净差额的区域。

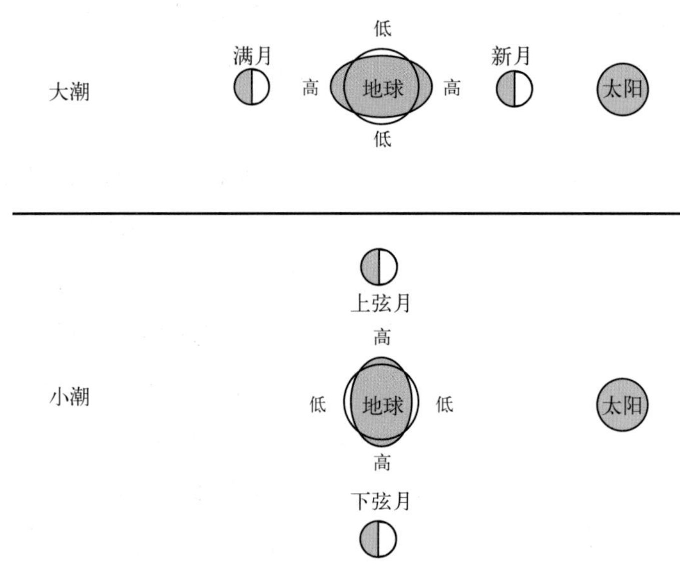

图10.2.1　大潮和小潮产生的示意图

随着月球绕地球运动，这种突起和凹陷沿着海洋移动。水位垂直起伏产生潮流形式的水平流动。由于月球每24.84 h经过地球上相同地点上空（称为一个潮汐日或太阴日），每天大约有两个高潮及低潮，这叫作半日潮（或者M_2潮汐）。如式（10.2.1）所示，万有引力与天体的质量成正比，只有地球上的大型水体，如太平洋、大西洋和印度洋有潮汐运动。例如，月球引力能引起大西洋半米高的凸起。这种凸起及相应的凹陷导致潮汐波的传播。洋盆及河口地形显著地改变了潮汐的振幅及位相，且在一些区域产生极大的潮汐，如缅因州海湾的芬迪港湾及阿拉斯加州海湾的库克内湾（如，Oey et al.，2007）。

半日潮的振幅随着月球、太阳相对位置的改变而改变。如图10.2.1所示，大潮是大约每两周发生一次的异常高潮，其发生在地球、太阳及月球排成一条直线并且月潮与太阳潮同位相的朔望时期。小潮是大约每两周一次的异常低潮，其发生在上弦、下弦月时期月球1/4、3/4位相，地球、太阳及月球相互呈直角并且月潮和日潮异相。大、小潮包络线周期约14.77 d。如图10.2.2(a)所示的加利福尼亚莫罗湾，其潮位（Ji et al.，2001）在1988年3月12日到4月11日共31 d中有两个振幅包络线。潮位表现为强的日变化及约15 d的大小潮变化。潮位控制着潮汐速度［图10.2.2(b)］，因而控制着河口物质的输送，如图10.2.2(d)所示的盐度时间序列。

潮汐代表总的潮汐组成波。每一个组成波为谐波，并且有各自的振幅、周期、位相，我们用10.2.3节描述的谐波分析能从实测潮汐数据中得到这些谐波。潮汐有数百个组成波，但大部分的振幅非常小，所以在潮汐分析中它们通常被忽略。表10.2.1列出了主要的潮汐组成波及它们的周期。这些潮汐组成波是潮汐的组成单元。表10.2.1潮汐符号的下标显示了每24 h的近似周期数。全日型的组成波大约每天发生一次，下标为1。下标为2的组成波是半日型组成波并且每天大约发生两次。

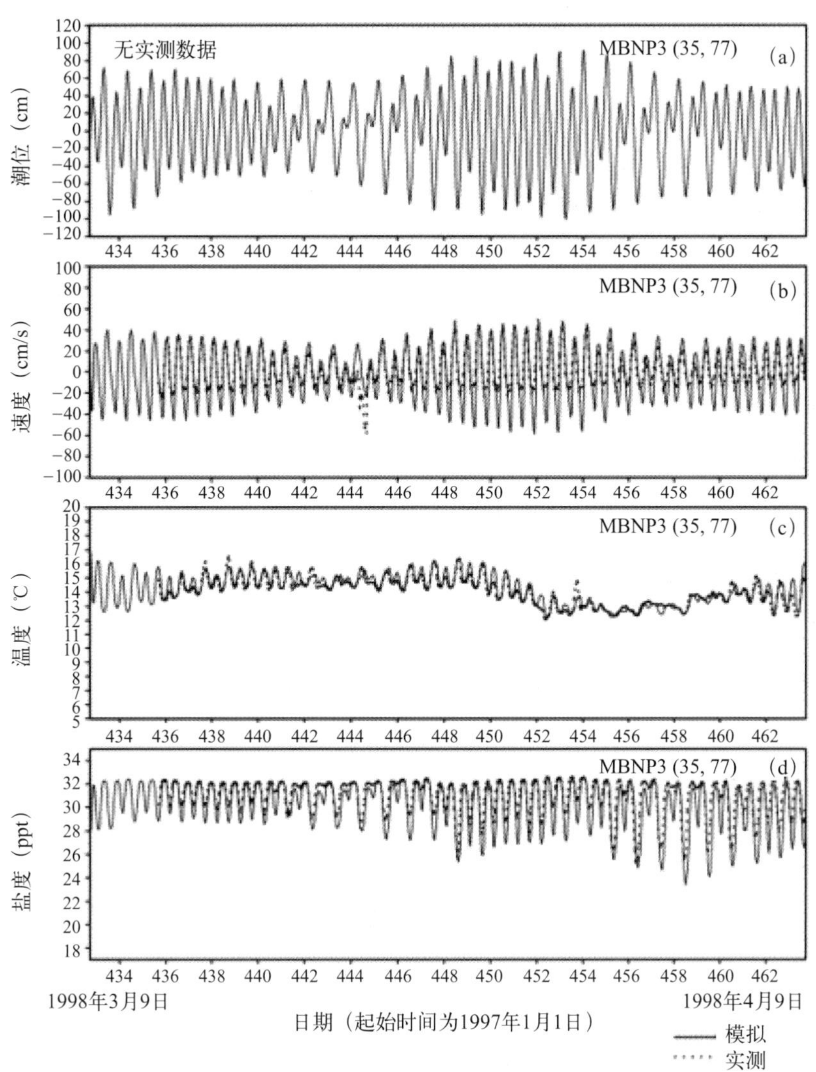

图10.2.2　加利福尼亚莫罗湾的MBNP3测站的模拟（实线）及实测（虚线）值（Ji et al.，2001）

（a）潮位；（b）速度；（c）温度；（d）盐度

表10.2.1　主要的潮汐组成波及其周期

潮汐符号	引潮力	周期（h）
M_2	月球	12.421
S_2	太阳	12.000
O_1	月球	25.819
K_1	月球、太阳	23.935
N_2	月球	12.659
P_1	太阳	24.067
K_2	月球、太阳	11.967

前5个组成波M_2、S_2、O_1、K_1及N_2是最重要的潮汐组成波。即使官方潮汐预报会用到100多种的潮汐组成波，这5种波在潮汐分析中通常已足够。如果M_2、S_2及N_2的振幅比O_1及K_1的振幅大，那这个区域的潮汐是半日型的。如果O_1及K_1的振幅比M_2、S_2及N_2的大，那么潮汐是全日型的。图10.2.1显示的大潮和小潮是由于M_2及S_2潮汐的周期差异引起的。S_2潮汐的周期是12.000 h，比M_2潮汐的12.421 h 短一些。这种周期差异使得两个组成波可能同相及异相。当M_2及S_2同相时形成大潮，两个组成波同时达到高峰，引起大的潮汐振幅。M_2及S_2异相形成小潮并且两者互相抵消，减小潮汐振幅。

10.2.2 潮流

潮流来回流动是河口最明显的特征。潮汐和潮流对河口很重要，原因包括：①潮汐普遍存在且通常是这个体系主要的驱动力；②潮汐是控制大多数河口冲刷时间的主要因素；③潮流对河口混合有很大作用；④潮流能产生影响污染物长期输送的余流。

如图10.2.3所示，低潮（低水位）是落潮时达到的最低水位。高潮（高水位）是涨潮时达到的最高水位。潮差指的是高水位和低水位之间的水位差，是潮汐振幅的两倍。退潮（落潮）是高潮到随后低潮的过渡时期。退潮时，河口驱动水向海洋流动，河口水位降低。相应的水流（称为落潮流）移向海洋。涨潮是低潮到随后高潮的过渡时期，水从海洋流向河口并且水位升高。相应的水流（称为涨潮流）移向陆地。平潮期是潮汐速度最小的时期，此时潮流改变方向且其速度近似为零。

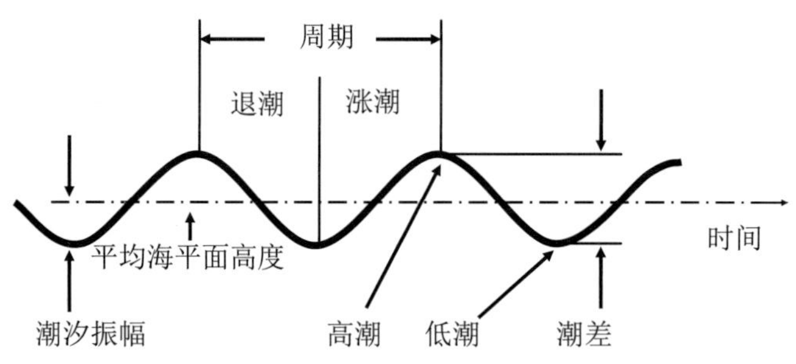

图10.2.3 潮汐示意图

影响潮汐传播及振幅的主要因素包括：①底摩擦力；②水深及海岸线；③科里奥利力。潮流与这些因子的相互作用可能产生对污染物输送有重要作用的余流。余流通过平均潮周期中的潮汐速度获得。25 h的平均时间通常用来排除半日潮（M_2分潮）。

潮流与底部的相互作用导致垂直切变，切变减少了垂直层结。由于底部摩擦，潮流在近底部比水体内部弱。这种摩擦效应使得近底部的水流比水体内部在响应潮位改变上更快。因此，近底部潮汐位相改变先于水体内部或近表面，引起潮流垂直位相不同。这种位相差异在平潮时最显著。

由于地球的自转，科里奥利力使水流在北半球向右偏、南半球向左偏。这种偏转力使河口退潮流和涨潮流沿不同的路径并且导致空间不对称余流形势：北半球逆时针余环流。这种环流形势可能极大地影响长期输送（如盐度和泥沙）。例如，这种环流可用来解释为什么切萨皮克湾平均盐度在东海岸通常高于西海岸，因为逆时针环流给东海岸河口带来更多的盐。

水道狭窄的河口，其潮流经常是双向的并且仅仅沿着水道来回流动。在开阔地区，潮汐周期中科里奥利力不断地改变潮流方向（0°~360°）。潮流被投影到潮流分量有最大振幅的主轴和与主轴垂直（或正交）的次轴上。次轴上潮流分量有最小的振幅。这个方法经常用于潮流分析及模型、实测数据比较。例如，图10.2.2速度图显示了投影到主轴上之后的实测及模拟水流之间的比较。

潮程是颗粒物从低水位到高水位或高水位到低水位的距离。这个参数在河口潮汐周期中描述污染物移动很有用。由于淡水向海洋的净入流，退潮程通常比涨潮程大。

潮流（如M_2潮汐）分量的表达式为：

$$u = u_0 \sin(kx - \omega t) = u_0 \sin\left(\frac{2\pi}{L}x - \frac{2\pi}{T}t\right) \tag{10.2.2}$$

式中，u为潮汐速度；u_0为最大潮汐速度；k为波数；ω为潮汐角频率；L为潮汐波长；T为潮汐周期（M_2潮汐周期为12.42 h）。

式（10.2.2）用来估算潮程。潮程比潮汐波长小很多。前者大约10 km（或者更少），而后者超过数百（甚至数千）千米。用固定位置（x=0）的潮汐速度计算潮程是合理的，因为潮汐速度很大程度上由时间决定并且在具体时间计算的潮程相对固定。所以，潮汐速度在x=0处被写为

$$u = u_0 \sin\left(\frac{2\pi}{T}t\right) \tag{10.2.3}$$

为简单起见，式（10.2.2）中的负号在式（10.2.3）中被省略。潮程L_{TE}通过对速度进行1/2周期的积分得到：

$$L_{TE} = \int_0^{T/2} u\,\mathrm{d}t = \frac{T}{\pi}u_0 \tag{10.2.4}$$

淡水入流使得水体通过潮汐循环向海洋净输送。所以，退潮潮程比涨潮的稍大。对于一个典型的最大潮汐速度1 m/s且周期12.42 h的M_2，潮程L_{TE}为14.2km，确实比潮汐波长小很多。式（10.2.4）对估算与退潮或涨潮相联系的水平传输距离是有用的。

潮汐高度的增长或降低以长波的形式沿河口传播。潮汐高度和潮流位相关系随水深而不同。潮汐波在浅水中的传播速度是$c = \sqrt{gH}$，这意味着水越深，传播越快。当潮汐向上游传播时，河口宽度（和水深）通常减小，潮汐波动增强。

当潮汐波向河口上游传播时，它到达河口起点（如坝）然后被反射。反射波干扰了河口的入射波。当反射波和入射波位相相同时，可能产生驻波。驻波不会在水平方向传播。它们是静止的并且在一个固定位置来回摆动。图10.2.4表明了潮位和潮流的位相关系：第一幅图是潮汐高度，第二幅是驻波速度。在河口末端，潮位有最大的振幅，潮流最小。距离河口1/4的波长处，潮位不随时间

改变，并且潮汐速度最大。

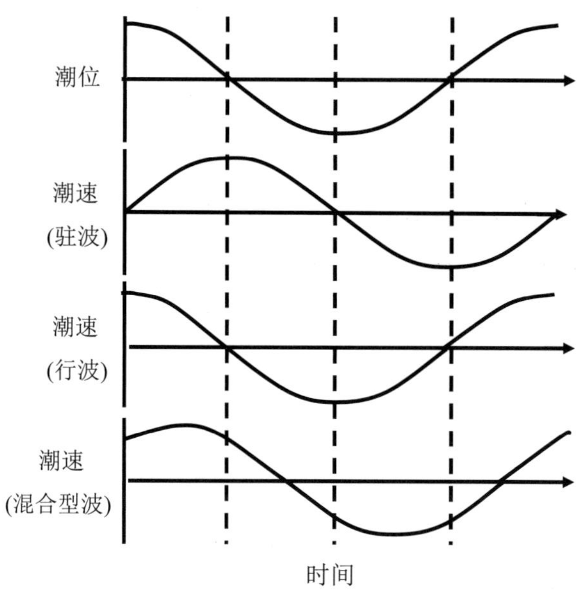

图10.2.4 潮汐高度和潮流的位相关系

如果河口很长，摩擦损耗了入射波的能量，反射波就不会产生。这种情况下，河口有行波。如图10.2.4所示，行波的潮位和潮汐速度同位相。最大的潮流出现在高潮或低潮时。河口的潮汐通常是行波及驻波的混合，如图10.2.4 最下方图所示。

在某些河口，共振效应加大了上游区域的潮差。河口潮汐的产生是由于开阔海洋的引潮力。当河口自然振动周期与主要的潮汐周期一致时，发生潮汐共振（如M_2潮汐）。潮汐共振的振幅由河口自然振动周期与某一个潮汐周期的紧密程度及开阔海洋上的潮汐周期决定。河口的自然振动周期主要由河口的深度和长度决定，它指的是潮汐波从河口到对岸，然后反射，之后再传播到河口所消耗的时间。因为波速为$\sqrt{gH}$，且距离为$2L$，振动周期为

$$T = \frac{2L}{\sqrt{gH}} \tag{10.2.5}$$

式中，T为河口自然振动周期；L为河口长度；H为河口平均深度。

式（10.2.5）自然振动周期与式（9.2.15）给出的湖面波动基本模态的周期相似，两个公式都是针对封闭或半封闭水体里的驻波。正如父亲推秋千上的女儿，当潮汐强迫与自然振动周期共振时，开阔海洋上中度振幅的潮汐可能被放大成极大的振荡。上游河口宽度的窄化也促使潮汐增强。最大潮差经常发生在河口末端。这种现象如图10.2.4所示，且与9.2.5节中讨论的湖面波动动力（图9.2.7）相似。

世界上最大的潮汐发生在加拿大大西洋的芬迪湾，那里平均潮差为12 m，有时会超过16 m。巨大潮汐产生的主要原因是港湾与来自大西洋潮汐的共振。港湾有一个自然振动周期约13 h，与M_2潮

汐周期12.42 h很接近。浅水中较强的潮汐产生较强的涡流，使水体很充分地混合、营养物质及泥沙悬浮。混合对保持生态环境及食物链很重要，同时这些水体通常是富产鱼类的地方。

10.2.3　谐波分析

谐波分析是确定一组潮汐组成波时间序列中振幅及位相的数学统计方法。时间序列可被分解为：①一系列周期分量；②长期平均值；③随机扰动。

河口最明显的特征是包含半日潮、全日潮或者两者混合的正弦振荡。为了识别谐波振荡（或者潮汐组成波），有必要将谐波（周期）振荡与平均值和随机扰动分离，并找出与这些振荡关联的振幅及位相。

7.2.3节介绍的傅里叶分析是研究周期变化很有用的工具。以式（7.2.15）给出的基频ω_1的整数倍数确定的相等的空间频率间隔为基础，采用傅里叶分析得到其振幅。式（7.2.14）的傅里叶变换针对的时间序列具有相等时间间隔（= dt）和由式（7.2.15）给出的相等频率间隔。然而，当时间序列的特定频率不包含在式（7.2.15）的离散频率时，傅里叶分析就派不上用场。在潮汐运动中，表10.2.1所列的潮汐频率（或者周期）是在天体引力的基础上预先确定的，并且没有相同的频率间隔。因此，用式（7.2.14）的傅里叶变换分析潮汐运动既不方便也没有效率。

谐波分析的基本原理是潮汐能被分解成简单正弦函数的集合，如表10.2.1所列的潮汐组成波。潮汐时间序列能被表示成一小组频率分量之和。尽管所研究的频率（周期）已知，但是相应的振幅和位相是未知的，并且将由谐波分析确定。与傅里叶分析相似，时间序列$\eta(t)$在谐波分析中能近似地表示成正弦及余弦函数的组合：

$$\eta(t)=a_0+\sum_{k=1}^{N}\left[a_k\cos(\omega_k t)+b_k\sin(\omega_k t)\right]+\eta_0(t) \tag{10.2.6}$$

式中，t为时间；a_0为$\eta(t)$的平均值；a_k及b_k为常数；ω_k为第k个潮汐组成波的角频率；N为式（10.2.6）所包含的潮汐组成波的个数；$\eta_0(t)$为除了周期分量外的剩余信号。

时间序列$\eta(t)$既可以是潮汐高度，又可以是速度分量。角频率ω_k为

$$\omega_k=\frac{2\pi}{T_k} \tag{10.2.7}$$

式中，T_k为第k个潮汐组成波的周期。表10.2.1列出了主要的潮汐周期。

谐波分析与傅里叶分析主要的不同在于角频率ω_k。式（10.2.6）中角频率ω_k由表10.2.1预先确定并且为不规则的频率间隔，而式（7.2.14）中角频率ω_k由式（7.2.15）计算并且频率间隔相等。

式（10.2.6）也可被表示为：

$$\eta(t)=a_0+\sum_{k=1}^{N}A_k\cos\left[\frac{2\pi}{T_k}t-\phi_k\right]+\eta_0(t) \tag{10.2.8}$$

式中，A_k为第k个潮汐组成波的振幅；ϕ_k为第k个潮汐组成波的位相。

有

$$A_k^2 = a_k^2 + b_k^2 \tag{10.2.9}$$

且

$$\phi_k = \arctan\left(\frac{b_k}{a_k}\right) \tag{10.2.10}$$

在式（10.2.8）中，有限数量的组成波（N）被用在潮汐信号的重建。特定变量值a_0、A_k、ϕ_k及$\eta_0(t)$由实测的时间序列数据计算，通常用最小二乘法。

谐波分析产生每个余弦波振幅和位相，各自代表了由它们的周期和速度（=360°/周期）确定的潮汐组成波。一旦这些变量被确定，它们可用来重建原来的时间序列，并且预测当地潮汐。从原始记录中减去重建的潮汐信号会产生剩余分量的时间序列，代表了式（10.2.8）中a_0及$\eta_0(t)$之和。该剩余分量通常被称为次潮信号，代表着风生环流或平均环流。

谐波分析用来估算预定周期下的周期性运动的振幅，如潮汐周期，并且被用来找到时间序列与给定频率下正弦函数之间的最优系数。因为实测数据数比预定的频率个数多，最小二乘法用来获得每个周期性（谐波）分量的振幅和位相。给定的时间序列谐波分量组成的时间序列之间的总误差被定义为

$$E = \sum_{m=1}^{M}\left[\eta(t_n) - a_0 - \sum_{k=1}^{N}\left[a_k\cos(\omega_k t_n) + b_k\sin(\omega_k t_n)\right]\right]^2 \tag{10.2.11}$$

式中，t_n为实测数据的时间，n=1，2，…，M；N为事先确定的谐波分量个数；M为实测数据个数；E为总误差。为简单起见，式（10.2.8）中a_0及$\eta_0(t)$由a_0代表。

对于N个预定频率，共有2N+1个谐波系数。实测数据（M）的个数远大于预先确定的谐波分量个数，即$M >> 2N+1$。最小二乘法谐波分析被用来确定a_k及b_k的值，使总误差E最小化。不同于式（7.2.14）中的傅里叶变换，式（10.2.11）中的时间序列$\eta(t_n)$可以有数据缺失，因为式（10.2.11）中时间t_n不要求均匀分隔。最小二乘法的这种特点在潮汐分析中非常方便。在确定最主要的潮汐组成波时，29天逐时的时间序列通常是足够长的。

关于未知量a_k及b_k，对式（10.2.11）部分求导，然后结果设为零，即对于2N+1个系数a_k（k = 0, 1, …, N）及b_k（k = 1, 2, …, N）有2N+1个线性等式。这个方法以最小二乘法为基础，选择由式（10.2.6）中使得实测值与估算值之间的平方差最小的a_k及b_k的组合。最小二乘法谐波分析的详细信息可参见Emery和Thomson（2001）。

最小二乘法谐波分析的个例是加利福尼亚莫罗湾（Ji et al.，2001）。来自模型的5个主要组合波（M_2、S_2、N_2、K_1及O_1）及两个测站实地数据的振幅及位相列在表10.2.2中，两个测站的位置如图10.5.1所示。模拟结果及实测数据表明除了半日潮M_2，全日潮K_1是莫罗湾第二个最重要的潮汐分量。这个结果对于解释港湾干湿过程强的日变化很有帮助（10.5.2节）。

表10.2.2　加利福尼亚莫罗湾实测数据及模拟结果的谐波分析（Ji et al.，2001）

	MBNT测站		MBST测站	
组合波　变量	振幅（cm）	位相（°）	振幅（cm）	位相（°）
M_2—实地资料	51.1	352.289	52.4	351.193
M_2—模型结果	50.4	352.736	47.2	356.305
差值	0.7	−0.447	5.2	−5.112
S_2—实地资料	17.9	304.599	18.4	305.756
S_2—模型结果	17.7	307.445	16.1	314.344
差值	0.2	−2.846	2.3	−8.588
N_2—实地资料	13.4	272.976	14.1	271.901
N_2—模型结果	13.9	271.495	12.6	277.110
差值	−0.5	1.481	1.5	−5.209
K_1—实地资料	21.4	95.710	21.1	94.000
K_1—模型结果	20.8	95.421	19.3	98.885
差值	0.6	0.289	1.8	−4.885
O_1—实地资料	18.5	138.117	18.3	139.571
O_1—模型结果	18.2	139.373	16.8	142.319
差值	0.3	−1.256	1.5	−2.748

10.3　河口的水动力过程

从沿岸平原河口到窄而深的峡湾，河口形式多样，但它们共有的特征为陆地到海洋、淡水到盐水的过渡区域。潮汐及潮流使河口过程进一步复杂化。第2章已经概括性地介绍了水动力原理、方程及过程。本节主要讲述河口及沿岸海域常见的水动力过程。

控制河口水动力过程的主要因素有：①来自开阔边界的潮汐及其他强迫；②淡水入流；③风、蒸发/降水和与大气的热通量交换；④河口的形状及地貌特征。河口环境的特征是来回的潮汐流动引起相当大的纵向混合。因为潮汐是确定的现象，且以固定周期发生，从实测数据中我们容易观测和分析它们对河口环流的影响。其他来自开边界的外界强迫，如低频水位变化，同样也可以影响河口环流。

河流及地表径流是河口淡水的主要来源。潮汐和淡水入流很大程度上控制河口盐度的分布。淡水入流在河口层化及净冲刷中扮演重要角色。增加淡水入流可使河口从充分混合到部分混合或层化。淡水入流主要随季节变化，但强风暴能使大量淡水在很短的时间内进入河口。大量的河水入流或者弱的潮汐混合会导致垂向层化，使淡水流在盐水的上面。河流中污染物的冲刷主要受水平对流驱动。然而在河口中，对流和扩散都应该考虑。

除了潮汐和河流淡水入流，河口的输送及混合过程也可以受风驱动。风生环流短暂易变，且受河口地形作用产生各种各样的环流形态。在浅水河口，风应力可以控制输送，产生使水体垂直混合的能量。如式（2.1.40）及式（2.1.41）所示，该能量与风速的立方成正比。潮汐引发的垂直混合由底摩擦产生，并向上传播；而风生垂直混合产生于大气–水体界面，然后向下传播。在持续性强风作用及弱层化情况下，风应力能完全使水体混合。在开阔海洋中风应力引起的海平面高度变化可以由河口入口传入到河口内。这种来自远方的非潮汐变化可以在河口低频及非潮汐变化中起主要作用。3.6节介绍的风浪对泥沙再悬浮起很大作用。蒸发、降水及与大气的热通量交换同样影响环流形势及水温。

河口与开阔海洋的连接往往有限。河口的几何形状及地貌影响水动力输送。开阔海洋与河口地貌的结合很大程度上影响内部环流。正如10.2节所讨论的，河口长度影响潮流与潮汐高度之间的位相。河口深度决定潮汐波传播的速度。浅河口经常发生垂直混合，而深河口通常分层并且有大量海水逆流入侵。峡湾里近入口的浅海底山脊（图10.1.2）限制了底层水的环流及冲刷。许多河口有深航行河渠，相对于宽、浅的潮汐滩地，它们对潮流产生更小的摩擦。这个差异导致通过河渠的潮汐流动比浅滩更强。河渠可被层化，同时它也是盐度及其他水质变量的传输路径。所以，河口模拟通常需要三维模型。

10.3.1 盐度

盐度是水体中含盐浓度的度量。高盐度表示有更多的溶解盐。盐度作为海洋学术语出现，没有一个明确的化学定义。影响盐度的主要元素在世界范围内都相似，但是各种离子的精确比例在不同水体并不同。盐度通常表示为千分比（ppt或者‰），即每升水约含的盐的克数。河口盐度从0到33 ppt不等，开阔海洋中约35 ppt。联合国教科文组织1978年的盐度通用标准（UNESCO，1981）重新定义通用盐度单位（psu）：海水样品的传导率。这个比率没有单位，所以35 psu不等于每升水中35 g盐。

水中溶解的固体浓度能表示成质量比：

$$\text{固体浓度} = \frac{\text{溶解固体质量}}{\text{水体质量}} \tag{10.3.1}$$

盐度浓度单位ppt是：

$$\text{ppt} = 0.001 \times \text{mg/L} \tag{10.3.2}$$

盐度浓度在河口用ppt表示，通常也代表湖水中每升水中氯化物的浓度。对于近淡水，式（10.3.2）代表ppt和mg/L之间近似的转化。在奥基乔比湖，典型的氯化物浓度75 mg/L（AEE，2005）等于0.075 ppt，这与其他河口的值相比是非常小的。

按重量计算，35 ppt的海水只有96.5%的水。余下的3.5%是溶解的固体。因为溶解的固体比淡水重，所以盐水的密度比淡水的大并且随盐度和温度而不同。当温度为20℃时，海水的密度约1026 kg/m^3，而淡水密度为1000 kg/m^3。这种密度上的微小差别可以在很大程度上影响河口环流。

水的密度随盐度增加、温度减小而增加。这个关系解释了为什么低盐度的水趋于浮在更冷、盐度更大的水上面。就密度变化而言，盐度每增加1 ppt近似等于水温降低4℃。所以，在改变河口层化上，盐度变化比温度变化更有效。

潮汐是河口主要的强迫因子，与淡水入流一起控制着盐度的垂直及水平分布。在垂直方向，高潮导致强的垂直混合及弱的层化，而低潮则不能够破坏垂直向的分层。在水平方向，盐度较小的潮汐混合河口在一次潮汐循环中能完全从淡水变为盐水，而盐度较大的河口很大程度上受季节性淡水入流控制。风应力也能影响大型河口的垂直混合。

对于海洋生物，河口盐度变化很大可能会产生一个艰难的生存环境。淡水及盐水之间平衡的改变能导致对这种平衡敏感的物种消失。底栖生物面对更大的挑战，因为它们在每个潮汐循环中同时面临淡水及盐水。上流河流中的淡水水藻由于盐水毒性能很快死亡，如式（5.2.9）所示。所以河口有自己的生态体系，体系内的生物特点是对盐度变化具有较高的耐受力。

10.3.2　河口环流

本节介绍描述河口特征的几个很有用的概念及参数。纳潮量是高潮高度及低潮高度之间（即图10.2.3中的潮差）包含在河口的水的体积。如果河口表面积在高潮及低潮时没有很大的差别，纳潮量可以近似表示为

$$纳潮量 = 潮差 \times 面积 = 2 \times 潮汐振幅 \times 面积 \tag{10.3.3}$$

式（10.3.3）中，潮差及潮汐振幅是在河口面积上的平均值。式（10.3.3）被用来估算纳潮量的数量级，但不能被用来做精确的计算。落潮（涨潮）纳潮量是落潮（涨潮）时通过河口固定横截面水的总体积，淡水入流除外。平均而言，落潮纳潮量和涨潮纳潮量都等于纳潮量，即纳潮量是河口在落潮时的流出量，又是涨潮时河口的流入量。

淡水入流及潮流是河口主要的驱动力。两驱动力的平衡由流量比定量表示。假设R是落潮（涨潮）时流入河口的淡水总体积，且V是纳潮量，流量比定义为

$$流量比 = \frac{R}{V} \tag{10.3.4}$$

流量比可影响水平对流、垂直混合、盐度分布及分层。我们在每一个潮汐周期中，计算流量比并用它来表征平均流量的特征。当蒸发和降水相对较小时，流量比是很有用的参数，它显示河口属于哪一种层化及混合类型：高度层化、中度层化或垂直混合。需要指出的是，流量比控制河口层化及混合，而不是总的落潮（涨潮）时流入河口的淡水总体积或纳潮量。即便河口落潮（涨潮）时流入河口的淡水总体积和纳潮量相差很大，只要它们有相近的流量比，仍有相似层化类型。

河口层化能直接地由盐度比计算，它定义为上、下层盐度之差（dS）与垂直向平均盐度（S）之比：

$$盐度比 = \frac{dS}{S} \tag{10.3.5}$$

由于测量盐度比落潮（涨潮）时流入河口的淡水总体积和纳潮量更容易，因此盐度比在河口实际应用中更容易估算。盐度比及流量比在描述环流型及河口层化方面是很有用的两个参数。

河口的一个主要特征是垂直向两层净流动的潮汐平均环流，称为河口环流（或重力环流）。这种环流形式表征了将物质冲刷出河口的平均流动，并且影响河口水质的分布。图10.3.1所示为一个潮汐周期平均的典型河口净环流，表层向海洋净输送，同时底层向陆地净输送。表层流的盐度比底层流小，并且密度较小的淡水有在河口水上面流动的趋势。两层的速度切变引起垂直混合及夹卷作用。夹卷作用增强了水从底部到表层混合。尽管两层流量的数值比淡水入流大很多，但这两层流量的总和应等于净的淡水入流。图10.3.1也将用于10.4.2节对泥沙输送的讨论。

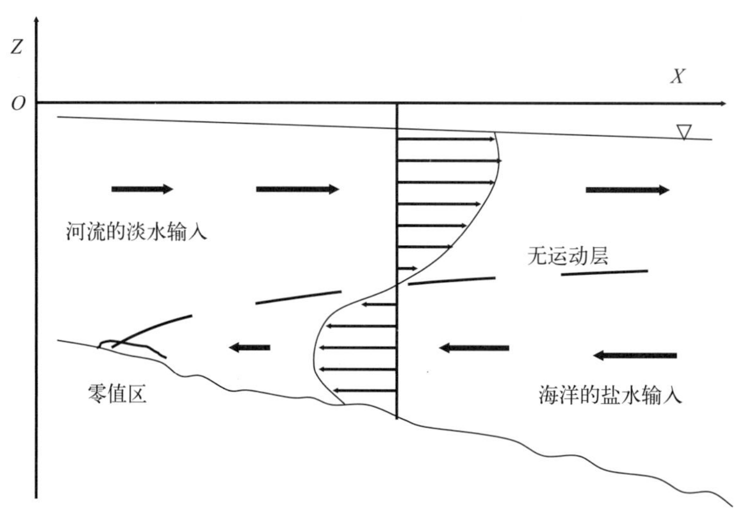

图10.3.1　河口环流的示意图

以垂直两层的方式描述河口对讨论河口污染物长期输送很方便。河口环流是一个平均（或者定常）态并且是一个理想化概念，它不能被瞬时观测到。河口净（潮汐平均）速度是瞬时流的一小部分。然而，由于它的定常性质，净输送使得物质流出河口，这对长期输送过程很重要。例如图5.9.21(a)给出了圣露西河口（SLE）日平均表层环流，在北分支显示出流向下游的特征。图5.9.21(b)给出了相应的底层流，它表明在北分支地区为逆流（向陆流）。这两幅图清楚地表征了在北分支的两层河口环流。

10.3.3　河口的分层

10.1节中河口以它们的地貌为基础分类。由于河口的一个重要特征是其河水被来自河流及径流的淡水稀释，因此河口同样能按照层化及混合类型分类：①高度层化；②中度层化；③垂直混合。

这种分类方法是以水动力为基础（表10.3.1），将相似环流及混合类型的河口归为一类。河口的类型主要取决于河流及潮流的相对大小和河盆的几何形状。这些因素中任何一个因素的变化都会改变混合及河口环流。混合的强弱导致不同的河口类型。一种是河流控制型、弱混合（高度层化）盐水楔河口，另一种是垂直混合、侧向均匀混合型河口。两者之间，是一个中度层化的河口。

河口层化也受大潮及小潮的影响。河口层化在大潮时比小潮时弱，因为大潮的潮流更强，可以提供更多能量来混合水体（图10.3.2）。因此，小潮时的垂直盐度梯度比大潮更强。

表10.3.1　依据层化类型的河口分类

层化类型	流量比	盐度差	垂直夹卷
高度层化河口	≥ 1.0	很大	很强
中度层化河口	< 1.0 且 ≥ 0.01	中度	中度
垂直混合河口	< 0.01	很小	无

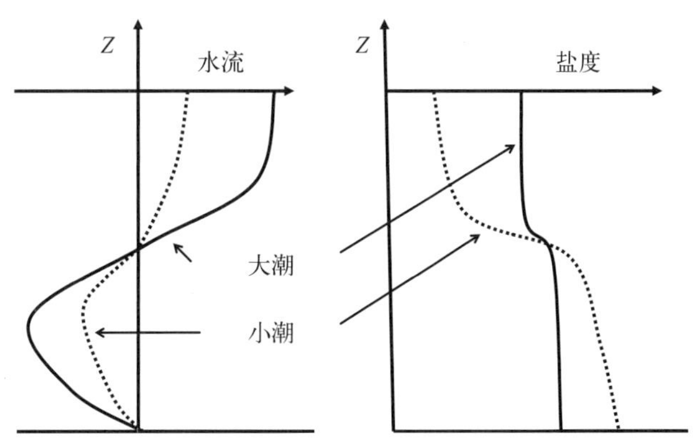

图10.3.2　大潮（实线）和小潮（虚线）环流及盐度的垂直剖面图

10.3.3.1　高度层化河口

河口层化由一些重要因子表示其特征，包括流量比、垂直盐度差及海水从底部到表层的垂直夹卷。一般而言，高度层化河口有以下特征：①流量比：大于等于1.0；②盐度差：很大；③垂直夹卷：很强。

如表10.3.1所总结的，高度层化的河口流量比大于1.0（或更大）。在这些河口，河流径流支配潮汐运动并且控制环流类型，而且淡水在较深层密度大的海水上面流动。如图10.3.3所示，高度层化系统的一个特征是强的密度梯度在很大程度上抑制了垂直湍流，因此减少了表面与深层水的混合。上层逆流的强淡水入流产生很大的水流切变。切变可能引起内部波动及两层过渡面的不稳定，导致底层海水向上输送。海水向上夹卷作用通常很强并且将高盐度海水带进低盐度的表层。与双向交换水的湍流混合作用不同，夹卷作用仅仅在一个方向将小部分的底层水带到表层。夹卷作用导致表层水盐度增加，而底层水未受到干扰的部分则没有盐度的变化。

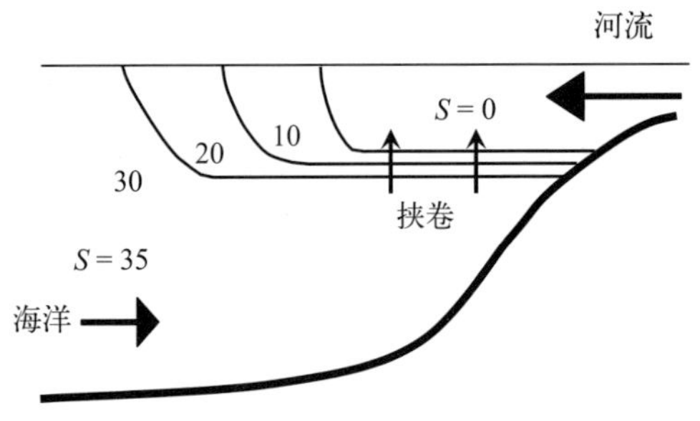

图10.3.3 高度层化河口示意图

高度层化河口的特点是在近底层有高盐度水舌（或盐水楔）存在，上面有淡水层。盐水楔从河口延伸出来并随潮汐移动。河水径流影响环流并且使海水回到原处。两层之间有一个急剧过渡和弱的混合。在弱潮汐及减缓的垂直混合下，盐水楔能逆流穿过很长的距离。美国密西西比河和哥伦比亚河是大型盐水楔河口的例子。

另一种高度层化河口是峡湾。正如10.1节所述，峡湾的特征包括有深海盆和将海盆与海洋分开的浅海底山脊。通常峡湾河流输入量大和潮汐混合量小。截然不同的两个水层（图10.1.2）的温度和盐度差导致两层密度显著不同。

10.3.3.2 中度层化河口

中度层化河口（图10.3.4）一般有如下特征：①流量比：小于1.0并且大于等于0.01；②盐度差：中度；③垂直夹卷：中度。中度层化河口介于高度层化河口与垂直混合河口之间。它们的层化作用也很显著，但没有高度层化河口那么大。强的潮流及大的河水流量产生湍流混合和夹卷作用。混合导致两层两个方向上的垂直交换。

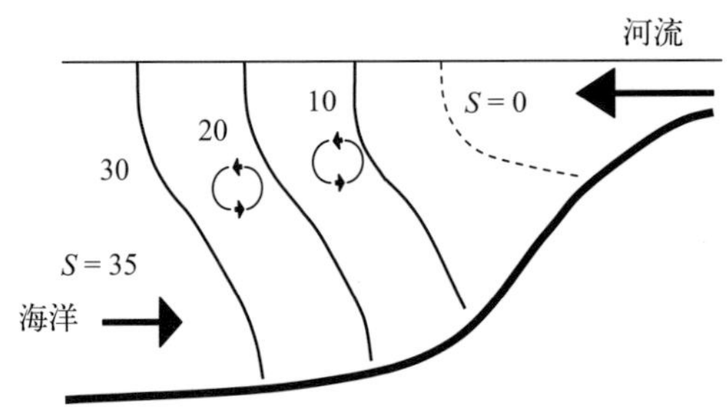

图10.3.4 中度层化河口示意图

如图10.3.4所示，盐度在水体中不断变化，上层水体和下层水体之间没有明确的界面。海水被带到上层，淡水被混合到底层。垂直向的盐度差小至1 ppt，大至12 ppt。水平向上的盐度朝向海洋增加。这种类型的河口在世界上广泛分布。圣弗朗西斯科湾是中度层化河口的一个例子。

10.3.3.3　垂直混合河口

垂直混合河口（图10.3.5）通常具有如下的特征：流量比：①小于0.01；②盐度差：很小；③垂直挟卷：无。垂直混合河口有很强的潮汐流、很弱的河流。它们通常浅而大，在任何深度都有净的向海流。混合很彻底以至垂直盐度在各深度基本一致。盐度从海洋向河流递减。特拉华湾是垂直混合河口的一个例子。

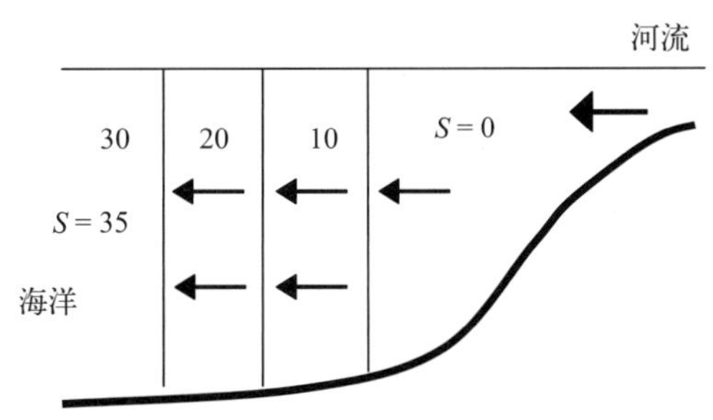

图10.3.5　垂直混合河口示意图

需要强调的是，真实的河口不符合以上理想化的分类。河口的三种分类是概念化的，不是对真实河口的描述。河口纳潮量每年相对固定，但是淡水入流量变化较大，从干季到湿季多达几个数量级。另外，大潮和小潮也能明显地改变纳潮量并且影响流量比，因此，河口流量比可以产生几个数量级的变化。河口层化也会发生巨大变化，从高度层化到中度层化甚至到垂直混合。本节后面的内容将解释为什么相同流量比下河口有不同的层化类型（Ji et al.，2007）。不同类型的河口表现不同的盐度输送和垂直混合。虽然河口可能随季节变化类型发生改变，但利用这些类型了解河口过程很有用。

10.3.3.4　河口层化案例

在Ji等（2007）文献中用圣露西河口来举例说明河口层化过程。

图10.3.6（a）所示为实测的淡水入流量（Q）；图10.3.6（b）所示为流量比；图10.3.6（c）所示为盐度比；图10.3.6（d）所示为10 ppt等盐度线到河口的距离（图2.4.13显示的圣露西测站）。等盐度线是具有相同盐度的等值线。除了图10.3.6（a），其他三幅来自于2.4.3节圣露西河口/印第安河潟湖（SLE/IRL）模型结果。模拟的流量比及盐度比是涨潮及落潮时M_2潮汐1/2周期的平均值。因为淡水入流随时间有很大变化，河口在不同时间表现为不同类型。当淡水入流极小时，河口会充分混合；在多雨时期，最常见的则是中度混合情况；在洪水期，河口将发生强的层化作用。

图10.3.6（c）显示通常盐度比随着流量比增加而增加，但是当图10.3.6（b）中流量比一直为相对较长的时间（120 d到140 d）的大值时，河口在几个潮周期中突然从高度层化变化为垂直混合，盐度比几乎减小到0。这种情况下，大量淡水入流使得来自外海的海水在底层的输送变得困难。持续的大量入流将盐水冲到大西洋，分层效果崩溃。图10.3.6显示了流量比对河口层化有很好的指示

作用，但是其他因素也在很大程度上影响河口环流。

淡水流入是限制河口海水入侵的重要因素。图10.3.6（d）展示了伴随大规模淡水流入带来的快速向下游冲刷现象。潮流能有效地将盐水输送到上游。洪水顺流冲刷盐水，洪水过后，潮流能相对快速将盐水逆流输送到河口（140～170 d）。河口处，洪水过后河口恢复原来的盐度需要大约30 d，同时潮流要向上游将盐分推进30 km或更远。在102～125 d之间，流量从2.8 m^3/s增加到93.3 m^3/s。流量增加使得10 ppt等盐度线向下游移30 km。

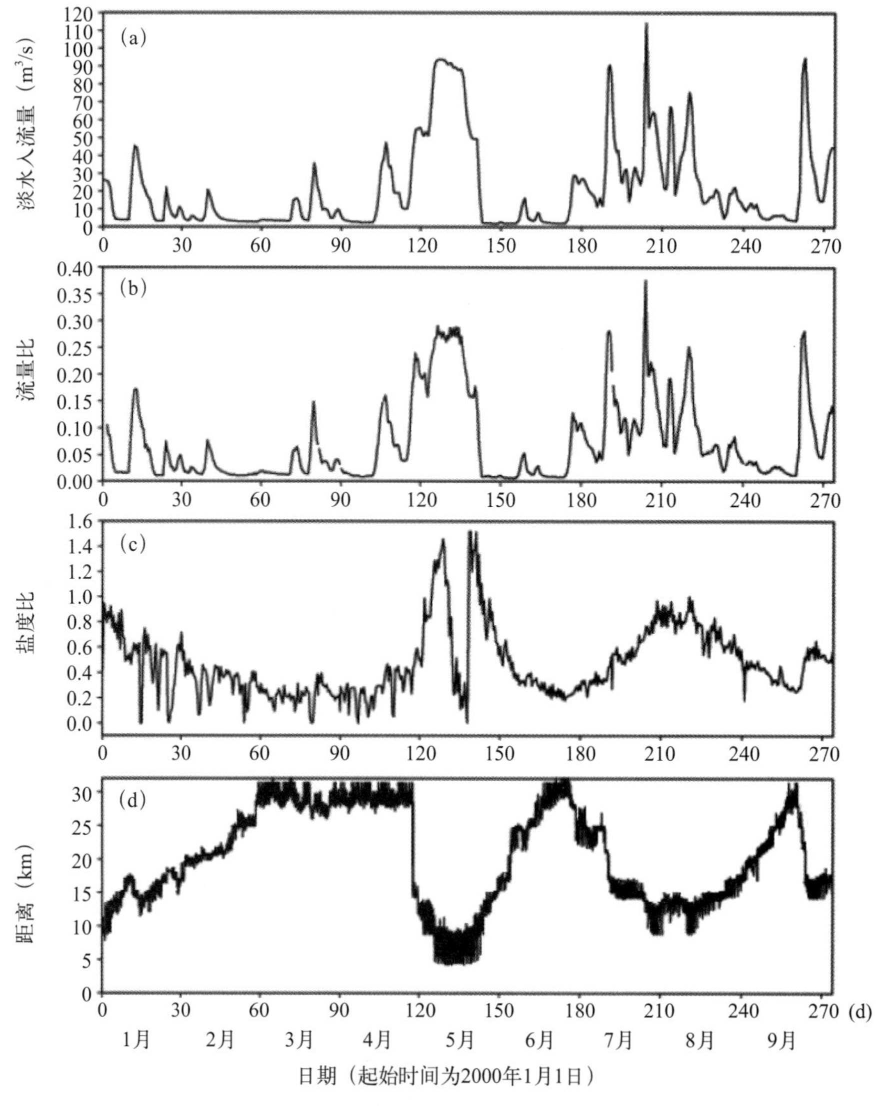

图10.3.6　2000年淡水入流量、流量比、盐度比及从河口到10 ppt等盐度线的距离

如10.2.2节所述，潮程是涨潮或落潮期间水质点运动的总距离。图10.3.6（d）中的“噪声”反映了河口处的潮程，显示典型的河口潮程约为5km或更小。图2.4.17表明圣露西河口典型的潮汐速度约为35 cm/s。对于最大的潮汐速度35 cm/s，式（10.2.4）得出5 km的潮程，与图10.3.6所示的结果一致。

10.3.4　冲刷时间

在河口管理中，冲刷时间是很有用的概念。污染物的不良影响通常与其浓度有关。多种术语，如冲刷时间、滞留时间、通过时间、转运时间，都用来描述进入水体的物质输入及移出的时间尺度。冲刷时间（或者滞留时间）用来表示从河口排出物质（尤其污染物）的时间尺度。冲刷时间越短，河口的冲刷性越好。在低流动情况下，典型冲刷时间变化范围从小型河口的几天到大型河口的几月不等。冲刷时间在字面上有许多不同的定义，这些定义有时相互矛盾并且不精确。我们必须明确所用含义，避免曲解或者数据的错误比较。

河口冲刷时间通常被定义为以河流径流速度更新河口中淡水（淡水体积）所需的时间（Dyer，1973）。它代表了一个淡水水团（或者守恒示踪物）从河口上游到达海洋所需要的平均时间。因为污染物负载通常与淡水入流相联系，冲刷时间被用来描述河口整体特征及分析河口污染物输送。

河口冲刷时间与湖水中的水力滞留时间不同，尽管两者在想法上接近：都表示淡水体积与淡水流量的比值。如9.1.1节所述，湖中水力滞留时间是以出流流量完全清空湖水所需的平均时间。因为河口不断地与海洋交换并且不可能被清空，冲刷时间的重点在于河口的淡水及其输送。

河口淡水体积V_f通过对河口容积的积分得到：

$$V_f=\int\frac{S_0-S}{S_0}\mathrm{d}V=V\left(1-\frac{S_m}{S_0}\right) \tag{10.3.6}$$

式中，S_0为海水盐度（或者河口外的参考盐度）；S为河口盐度；S_m为河口平均盐度；V为河口容积。

河口平均盐度为

$$S_m=\frac{1}{V}\int S\mathrm{d}V \tag{10.3.7}$$

由式（10.3.6）得出：

（1）当$S_m=S_0$，淡水体积为0，即河口没有淡水；

（2）当$S_m=S_0/2$，淡水体积是河口容积的1/2；

（3）当$S_m=0$，淡水体积等于河口容积，即整个河口只有淡水。

所以，根据定义，河口冲刷时间T_f有如下计算：

$$T_f=\frac{V_f}{R}=\frac{V}{R}\left(1-\frac{S_m}{S_0}\right) \tag{10.3.8}$$

式中，R为淡水流入量。

需要注意的是，在式（10.3.8）中冲刷时间与淡水入流量并不成反比，因为淡水入流也改变平均盐度S_m，而盐度是由河口复杂水动力过程决定的。

冲刷时间对响应外部负载的水动力、泥沙、有毒物质及水质处理过程存在广泛影响。冲刷时间用于表示对河口的溶解且不反应的污染物模拟的最短时间，并且计算河口在其生态环境受到严重影响前能承受的潜在有害物质的量。冲刷时间很短的河口不太可能有藻华，因为水藻在大量生长之前已被冲出了河口。有毒物质及营养物质，例如重金属和磷，与海底泥沙密切相互作用。它们需要的模拟时间远远超过冲刷时间，因为其过程很大程度上受水体与泥沙床之间的交换控制。

就像对湖泊一样，冲刷时间是河口响应外部负载的主要参数。然而，河口的冲刷过程比湖的更复杂，它不仅包括淡水入流量，还有河口与海洋的潮汐交换。涨潮时，外部的海水流入河口与其中的水混合。接下来退潮时，一部分海水与淡水的混合流出河口。净效果是一些河口水与海水交换。控制河口冲刷的因素包括淡水入流、潮差及风应力。以上所有因素都是时间变量。所以，冲刷时间的时间尺度在一定范围内变化。长期（一个季度或一年）的平均冲刷时间在反映河口特征上更为重要。

河口冲刷很大程度上被两个过程控制：淡水入流引起的水平对流和潮汐作用引起的纵向扩散。大量淡水入流及强的潮汐产生短的冲刷时间。流量比量化了淡水入流和潮汐作用的相对重要性。控制河口和海洋交换的参数包括潮差、潮汐频率（全日、半日型）和水深。冲刷时间也随着大潮、小潮周期而变化，然而河口纳潮量很大时，这并不意味着河口的冲刷时间就会很短并能很充分地被冲刷，因为纳潮量部分的水输运主要是振荡变化。冲刷时间对淡水入流量很敏感，当较大的入流量伴随较短的冲刷时间，如图10.3.7所示的圣露西河口。2000年的前9个月，总淡水入流量从1.8 m^3/s变化到94 m^3/s（图10.3.6），相应的冲刷时间范围为230 d到5.2 d（图10.3.7）。

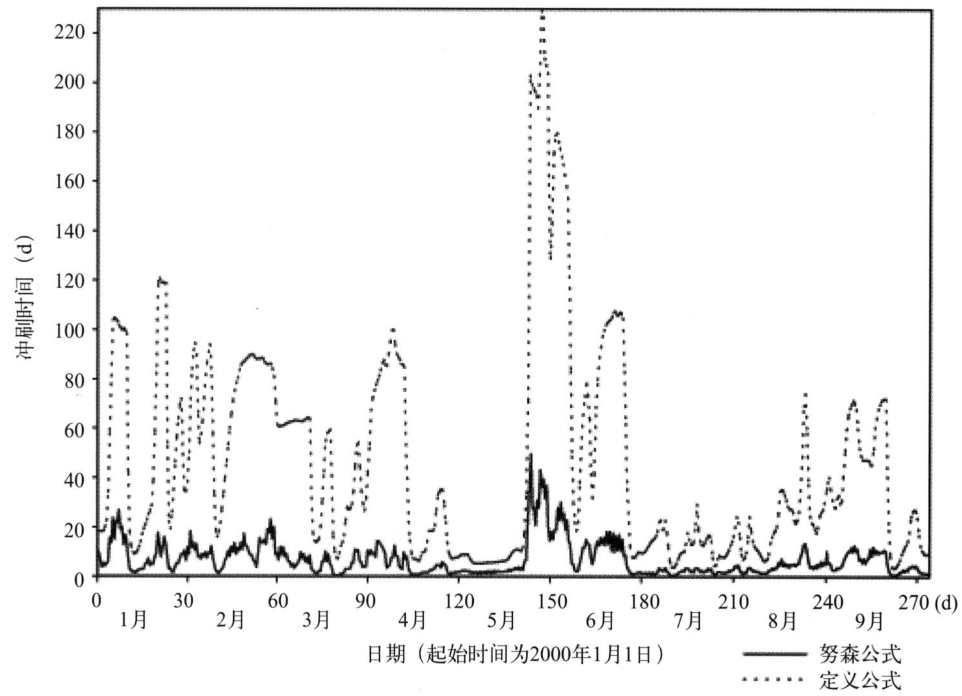

图10.3.7　2000年圣露西河口的冲刷时间

实线结果来自努森准则，式（10.3.10）；虚线结果来自式（10.3.8）

风应力也可能影响河口环流及冲刷时间，大而浅的河口更易受风应力的影响。水平风生环流可能会导致河口垂直环流并且影响冲刷，然而与淡水入流和潮汐作用造成的环流相比，风生的环流和冲刷通常是次要的。

冲刷时间可由经验公式、数值模型、物理模型和（或）实测研究计算得到。这些结果的组合通常是计算冲刷时间最有效的方法。一些经验公式用来计算冲刷时间，包括纳潮量公式和努森公式（Knudsen，1900）。冲刷时间通常是在平均潮差及忽略风效应基础上计算得到的。这些经验公式仅仅是筛选计算，因而不能被认为很精确。由实测数据校准的数值模型给出了对冲刷时间更真实的计算结果。

纳潮量公式提供了计算河口冲刷时间下限的简单方法。公式如下：

$$T_f = \frac{V}{V_{\mathrm{tp}}} T \tag{10.3.9}$$

式中，V为河口容积；V_{tp}为纳潮量；T为潮汐周期（M_2潮汐为12.42 h）。

假定在涨潮时流进河口的海水与河入流淡水完全混合，并且混合水体在落潮时完全流出河口，我们就得到了纳潮量公式。这种假设与真实河口的状况并不完全符合，并且会由于不完全混合的存在而低估冲刷时间。河口的淡水不会在一个潮汐周期内完全流出，落潮时流出河口的水在涨潮时又部分回流。低估冲刷时间意味着实际污染物停留时间长于纳潮量公式的估算。纳潮量公式式（10.3.9）给出了冲刷时间的下限，也即是污染物从河口排出的最短时间。纳潮量与其他变量（如淡水入流和盐度）相比，相对不变。所以纳潮量公式给出了固定的冲刷时间，而忽略了作为河口主要驱动力的淡水入流量，这是纳潮量公式的主要缺点。

从式（10.3.8）给出的对冲刷时间的定义可以看出，计算冲刷时间的主要因素是河口平均盐度。在河口充分混合的假定下，通过考虑水体连续性和盐度连续性可得到努森公式。得到努森公式的更直接的假设条件如下：

（1）河口有强的两层环流（图10.3.1）；

（2）由于这个强环流，河口出口的底部盐度（S_b）等于河口外的参考盐度（S_0），即$S_b = S_0$；

（3）河口出口的表层盐度（S_s）等于河口平均盐度（S_m），即$S_s = S_m$。

这些假设下，努森公式可以由式（10.3.8）的定义直接得到：

$$T_f = \frac{V}{R}\left(1 - \frac{S_s}{S_b}\right) \tag{10.3.10}$$

式中，河口盐度S_s和S_b由实测数据获得。

在真实的河口中，河口出口的底部盐度一般小于河口外的参考盐度（也即是$S_b < S_0$）并且河口出口的表面盐度通常大于河口平均盐度（也即是$S_s > S_m$）。结果与纳潮量公式类似，努森式（10.3.10）可能也低估了冲刷时间。

作为案例研究，分别采用纳潮量公式式（10.3.9）、努森公式式（10.3.10）和冲刷时间的定义公式式（10.3.8）计算圣露西河口的冲刷时间。河口主体（图2.4.13）平均体积为5.5×10^7 m^3（$=V$），纳潮量为8.9×10^6 m^3（$=V_{tp}$）。所以，纳潮量公式式（10.3.9）得出冲刷时间为3.2 d。

对于式（10.3.8）和式（10.3.10），没有足够的实测盐度数据。这里所用的盐度是圣露西河口/印第安河潟湖模型模拟得到的。图10.3.7中，实线是由努森公式得出的，虚线是由定义式得出的。河口相应的状况显示在图10.3.6中，这些量分别是2000年圣露西河口的淡水入流量、流量比、盐度比及10 ppt等盐度线到河口的距离。

图10.3.7中，由努森公式式（10.3.10）得到平均冲刷时间为7 d，定义公式式（10.3.8）得出平均的冲刷时间为47 d。虽然图10.3.7中两个曲线有相似的波动形势，努森公式低估了冲刷时间6倍或7倍。在第120天到第140天的丰水期（图10.3.6），努森公式和定义公式得到的冲刷时间减小到几天。在接下来的第150天左右的干旱期，总的流入量仅为每秒数立方米。低流入时期导致冲刷时间显著增加，可达到230 d。这种情况下，式（10.3.8）得到的冲刷时间是纳潮量公式式（10.3.9）计算的约72倍。图10.3.7清楚地说明了流入淡水是决定河口冲刷时间的主要驱动力。

河口冲刷本质上是扩散过程。真实的河口中对原淡水（污染物）被完全移走的情况没有明确的界定。所以，估计河口冲刷的另外一种方法是定义移走百分率，如50%、75%或95%。Ji等（2001）用水动力模型研究加利福尼亚莫罗湾的冲刷过程。10.5.2节将给出对这个河口模拟案例研究的细节。

莫罗湾模型用来估算冲刷半衰期，定义为单位浓度的物质减小到原先值的一半所需要的时间（也即是去除50%）。在这个分析中，将包括从1998年3月9日到4月9日31天的潮汐和气象条件输入模型，模型校准也用同样的时间段。模拟初期，模型中对每个网格以染料浓度为1进行初始化。海洋边界和淡水入流的染料浓度设定为0。

冲刷试验的目的是确定莫罗湾哪个区域冲刷较弱。在莫罗湾，稀释和冲刷海湾水有两个途径。主要的途径为通过开边界在莫罗湾入口与太平洋（埃斯特罗湾）的交换（图10.5.1）。莫罗湾的水在落潮时从入口退至埃斯特罗湾，涨潮时干净水流入。在海湾入口处，随着落潮、涨潮的变化，一部分水发生反复循环。为了近似模拟这种现象，在开边界处从落潮转为涨潮之后的30 min，入流浓度设为等于出流浓度。30 min后，流入开边界的水的染料浓度设定为0。第二种稀释机制是乔罗河和卢斯奥斯斯河两条溪流的淡水入流。淡水入流冲淡了海湾污染物。

图10.3.8给出了模拟的冲刷半衰期（以天为单位）。正如预料，最弱的冲刷发生在海湾的西南部，冲刷半衰期为10～16 d。另一个弱冲刷地区是怀特伯恩特码头，冲刷半衰期时间从5～9 d不等。冲刷分析显示，从乔罗河和卢斯奥斯斯河的淡水入流对莫罗湾的冲刷有很大影响。海湾在局部区域容易发生污染物累积，其中海湾的西南部和怀特伯恩特码头最明显。

检测冲刷模拟结果的另一种方法是计算海湾平均冲刷半衰期。用平均潮位时各模型网格单元水的体积乘以计算的各个网格点的冲刷半衰期，然后除以总海湾水体积，得到体积加权平均的冲刷率。海湾平均冲刷半衰期是3.2 d。

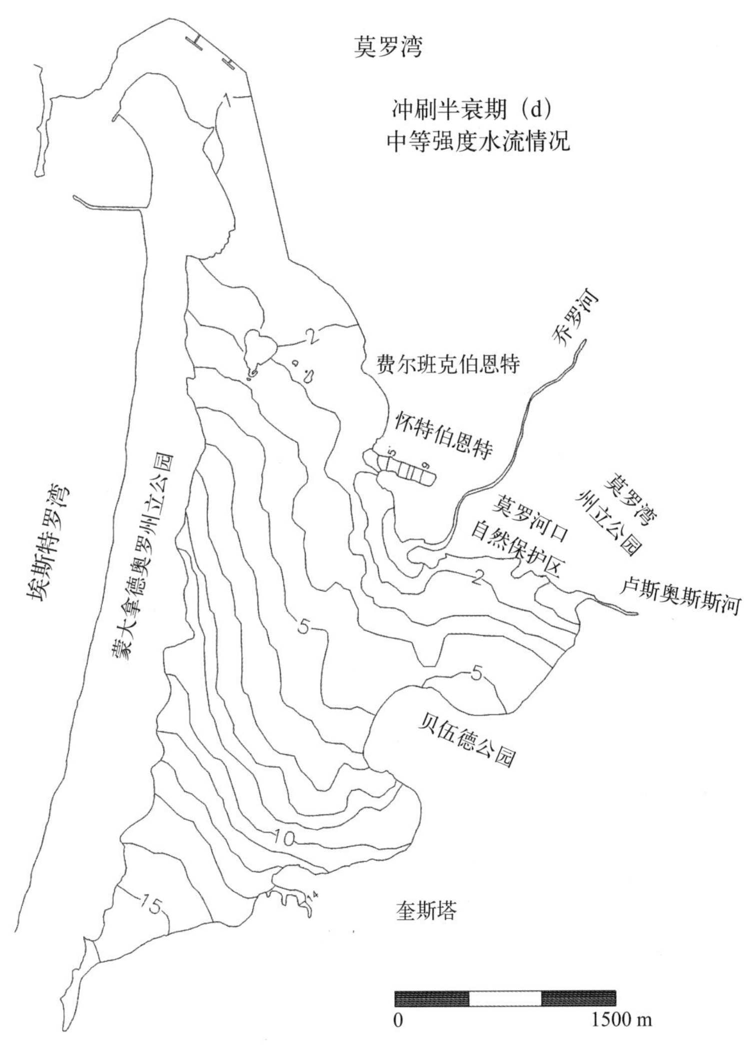

图10.3.8　莫罗湾的冲刷分析

10.4　河口泥沙及水质处理过程

两种生态环境交汇处物种最具有多样性。河口是河流、海洋交汇处，形成了世界上最多产的生态系统之一。河口的泥沙和水质处理过程与淡水湖不同，因为淡水与盐水有不同的化学特性。与泥沙输送和水质相关的理论、过程和公式已在第3章至第5章大致介绍了，本节重点介绍通常发生在河口的过程。

10.4.1　潮汐作用下的泥沙输送

与河流、湖泊相比，河口在影响泥沙过程方面有独特的机制，包括：①潮汐作用；②盐度变化造成的细泥沙絮状化和沉淀；③河口环流及拦沙。泥沙过程在河口很复杂（如图2.2.8），河流流量、潮流、气象事件、生物过程及化学反应都会影响其侵蚀、输送和沉积。潮汐作用为悬浮泥沙提供湍流混合能量。细泥沙发生絮凝，河口环流截获悬沙。在大而浅的河口，风浪可能也影响沉积物再悬浮。

河口泥沙来源广泛：河流、地表径流、局部侵蚀、大气沉降物和海洋。海洋中悬浮泥沙的浓度通常很低，所以，流域是比海洋更重要的泥沙源地。河口泥沙一般由细微颗粒组成，这些微粒比粗颗粒更易吸附有毒物质（Hayter，Mehta，1983），它们是造成渠道、海港和航道阻塞的主要原因。这些微粒增加了水的浑浊度并且吸收了磷酸盐和有毒污染物，它们携带了流入河口的大部分有害金属和有机化合物。所以泥沙输送是河口营养物质和有毒物质输送的重要机制。

河流输沙量占流入河口泥沙量的大部分。河流对河口的影响始于远离河口的上游位置。上游变化能引起输送至河口（和海洋）的泥沙及水的变动。洪水期较大的河流流量是河口泥沙被冲刷出去的重要原因。在洪水时期，淡水入流比潮流更强，向下游输送大量的泥沙。

裸露沙丘的风作用能输送相当多的泥沙到河口。加利福尼亚莫罗湾就是典型的案例（Tetra Tech，1999a）。风浪影响沉积物再悬浮及运动。在窄的河口，风浪很小。然而，当主导风向持续与河口一段开阔水域一致时，风导致风浪的产生，能使沉积物再悬浮。

在潮汐作用下，泥沙过程的特点是沉积及再悬浮的周期性循环。除了在滞水阶段，湍流混合使得泥沙在潮汐期间悬浮。在滞水中，单个或成团的颗粒沉降在水底。下个潮汐时期流动增强时，侵蚀再次发生并且移走部分或全部刚刚沉淀的沉积物。这种侵蚀–沉积循环受到来回的潮流驱动，导致侵蚀地的沉积物几乎没有净输送。

10.4.2 黏性泥沙的絮凝和拦沙

如3.3.2节所述，絮凝是通过悬浮细颗粒泥沙集合成大团的过程（称为絮状物或者凝聚体）。当黏性泥沙反复碰撞时，形成凝絮体。细泥沙在流域中被侵蚀，并且被河流和地表径流载入河口，在河口盐水中泥沙相互碰撞并易形成大的凝絮体。

当河口盐度达到几个千分比（ppt）时，黏土沉积物在进入河口下游之前就变得有黏性。河流输送的泥沙到达河口并且接触到海水，泥沙颗粒表层在海水中被离子包围。这个过程破坏了颗粒的稳定性，产生对凝聚有利的环境。这些不稳定颗粒相互吸引并开始凝聚。两个颗粒碰撞，产生凝聚，这个过程会持续达到平衡状态，形成可能由数百个最初颗粒组成的大颗粒（凝聚体）。如3.3节所述，大颗粒比单独颗粒有大的沉降速度，更易沉降。盐水中黏性泥沙的絮凝反过来会影响沉降速度、输送、再悬浮和河口泥沙沉积。

河口扮演着陆地和海洋中间的过滤器，本质上是对大量泥沙、营养物质及有毒物质的截获、储存及再循环。河口过程极大地改变了河口从陆地和海洋接收的信号强度和形式。流域的泥沙（及污染物）被河流和径流载入河口并在那里堆积，因此河口承载了大量的沉积泥沙。当河流接近海洋时，河口扩宽且流速降低，减少了河口冲刷并留住了泥沙及污染物。在短期的大量输沙过程中，大量泥沙可能沉积在河口。通过黏性泥沙的絮凝，海水进一步增强对泥沙沉降的影响。当堆积到一定程度，沉积泥沙固化并且发生各种物理和化学变化。沿上游河流建造的防洪及蓄水坝使得流入河口及沿岸海域的泥沙量减少。然而，泥沙的缺乏可能导致沿岸海域出现侵蚀。

中度层化河口的一个重要特征是最大混浊带。河口环流（图10.3.1）显示底层有从顺流到逆流变化的区域（即零值区）。这是底层有向上的垂直速度的会合区域，提供促使悬浮泥沙堆积的场所，即最大混浊带。这个过程产生一个泥沙浓度比远离河口的上游或河口下游都高的区域，该区域通常位于邻近零值区的海水入侵前方（图10.3.1）。零值区形成有利于悬浮颗粒碰撞和聚合的速度梯度。表层水把泥沙顺流输送到河口中部，然后泥沙沉降到底层，并在底部的余流中再度被逆向输送。最大泥沙浓度出现在零值区附近的底部。高浓度也引起这个区域有快速沉积。沉降位置沿着河口随潮汐而来回移动。河流流量增加会使其平均位置朝海洋方向移动。因此，泥沙会沉积在很长的一段区域。结果是河口环流导致河口净泥沙堆积。河口环流的强度和特征控制着最大混浊带的位置，并在一定程度上控制着它的强度，这是维持河口最大混浊带的主要机制。

拦沙机制对泥沙和污染物输送有深远影响。这个区域高泥沙浓度为溶解物质和颗粒物之间的物理、化学及生物反应和微粒之间的相互作用提供主要的场所。因而河口是去除溶解物质和颗粒的过滤器。一般说来，中度层化的河口有最强的河口环流，并且截获悬浮物质最有效。截获效率随淡水入流增加而快速减少。在较大的洪水期，洪流足以把泥沙完全冲到海洋。

为阐明河口环流和最大混浊带，可设立理想化的河渠，并用环境流体动力学模型（EFDC）进行数值模拟。用笛卡儿模型网格代表160 km长、12.5 km宽及10 m深的河渠。网格沿着河渠方向有64个单元，横向有5个单元。网格单元尺寸是2500 m × 2500 m。模型有8个垂直层。图10.4.1给出了设计的网格。开边界在东边，且淡水入流来自西边的河渠顶端。

河渠网格

河口

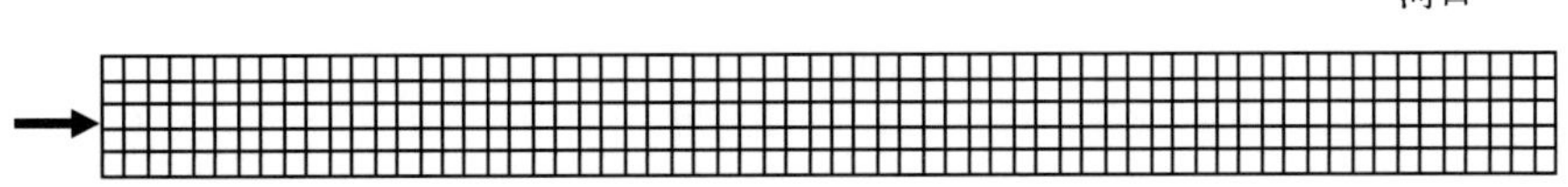

范围：长 = 160 km，宽 = 12.5 km，深 = 10 m

网络 = 64 × 5 × 8

X、*Y*轴风格距 = 2500 m，*Z*轴风格距 = 1.25 m

图10.4.1　理想化河渠的模型网格

水动力模型受迫于河口振幅为0.5 m的M_2潮汐。输入流量为4000 m^3/s的淡水被不断输入河渠。

为了说明河口层化作用，表层和底层盐度分别被设定为32 ppt和34 ppt。开边界内部的盐度被用来计算流出盐度。当水流由流出变为流进时，流入盐度用临近外流盐度和开边界的预设盐度的线性插值来获得。插值被用在潮汐方向改变后的第一个小时。一旦进水时间比1 h长，预设盐度被用来作为边界条件。盐度的最初条件从河头部到河口以线性增加的方式被确定。为了最小化初始条件的影响，模型运行300 d以达到动力平衡。

图10.4.2给出了盐度（a）、剩余速度（b）、泥沙浓度（c）和有毒物质浓度（d）的垂直廓线图，这些廓线图沿着河渠中部。模型结果代表了典型的部分层化河口。盐度（a）向下游逐渐增加，分层明显，尤其在河渠口。两层环流（b）在底部有逆流余流，表层有顺流余流。

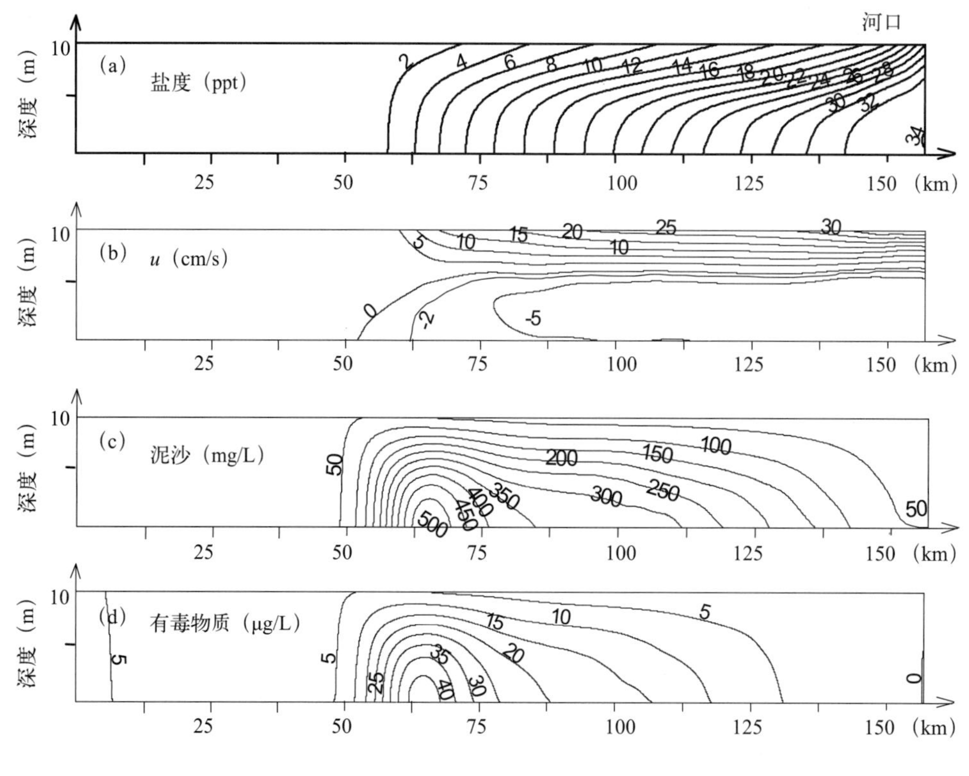

图10.4.2 沿河渠模型结果的垂直廓线图

（a）盐度（ppt）；（b）u速度分量（cm/s）；（c）泥沙浓度（mg/L）；（d）有毒物质浓度（μg/L）

水体的初始泥沙浓度设定为10 mg/L，淡水入流的泥沙浓度为60 mg/L。河口泥沙浓度在表层为25 mg/L，在底层为50 mg/L。开边界条件对悬浮泥沙的处理与对盐度的处理一样。图10.4.2（c）显示了沿着河渠中部的垂直泥沙分布。底部泥沙浓度较高、近表层浓度较低。受河口环流影响，最大泥沙浓度区在河口中部。

本次试验中，淡水有毒物质浓度为10 μg/L。在水体和底部泥沙中的初始浓度为10 μg/L。河口开边界处有毒物质浓度设为0。图10.4.2（d）给出了有毒物质浓度的垂直分布。其中有毒物质高浓度与图10.4.2（c）中泥沙高浓度密切相关。当混浊区悬浮泥沙增加且凝聚时，有毒物质的浓度也相应增加。

10.4.3　河口的富营养化

如先前所述，河口通过拦截点源和非点源的营养物质和其他污染物起到过滤器的作用。下层泥沙能储存和改变污染物，或随后将污染物释放到水体或永久地埋藏它们。富营养化是河口水质恶化的主要原因之一。河口富营养化会导致鱼类死亡、褐潮、水华、低溶解氧和其他水质恶化现象。

河口营养载荷的急剧减少同样会引起环境和生态问题。例如，埃及阿斯旺修建的高坝极大地减少了随尼罗河河流进入河口的有机物和无机物的总量，导致了地中海东部依赖营养物质的沙丁鱼渔业崩溃（Day et al.，2012）。所以，了解河口如何响应营养负载是成功管理这些系统的关键所在。

淡水入流是河流主导河口生态特征的主要驱动力。藻类生长和生物数量的累积与河流携带的营养物质输入有直接关系。除了改变盐度，淡水入流提供的营养物质和泥沙对河口的总生产力很重要。淡水入流的载荷是流量和物质浓度的函数。高河流流量年份标志着高的藻类数量。流入量的变化对流入河口的水质有重要影响。因为它影响河口物质的冲刷时间，流入量大小也影响确定营养物质浓度的外部负载和内部循环的相对作用。

叶绿素a的浓度变化很大。若浓度值超过12 ~ 15 μg/L，则可能引起海草严重遮光。夏季富营养化河口的浓度值范围为20 ~ 40 μg/L。相比之下，在冬季富营养化的美国温带河口减少到1 ~ 5 μg/L。赤（和褐）潮是指由于过量藻类引起的有明显红色、褐色、绿色或黄色的水体。这些藻类减少水的透明度，且会耗尽溶解在水里的氧。降低的水体透明度也会导致沉水植物的减少（USEPA，2001）。

溶解氧是评估河口富营养化的主要参数之一。河口的密度分层影响垂直混合，限制底部水复氧，造成溶解氧分层。密度分层极大地影响底部水的缺氧程度。即使中度潮汐强迫下的相对较浅的河口，仍有低氧水域（如航运通道）。除了季节变化，河口的溶解氧层化有与流量及气象条件相联系的年际变化。盐度也引起水体含氧量的减少（图5.6.5）。例如，在10℃时，饱和溶解氧在淡水中是11.29 mg/L，但是在35 ppt盐度的水体中仅为9.02 mg/L。在30℃时，饱和溶解氧在盐度等于0.0时为11.29 mg/L，在盐度等于35 ppt时为6.24 mg/L。

如5.6节所述，低氧是一个溶解氧浓度低至足以产生生物效应的环境条件。当底部腐败的有机物大量消耗氧气而层化作用阻碍了空气中氧气的补充时，低氧情况可能发生，导致鱼类及贝类缺氧。美国国家环保署定义缺氧的水为氧气浓度为2 mg/L或更小（USEPA，2000a）。溶解氧2 mg/L的浓度通常被作为支撑大部分生物生存及繁殖的最小值。低氧发生在世界上的许多河口。墨西哥南部海湾的密西西比三角洲区域（图10.4.3）有大西洋西部最大的低氧底部水之一。这个经常被称为“死水区”的低氧水区域，在一年的某些时段（主要在夏季），覆盖面积高达7000 $mile^2$[①]。这个区域会缺乏足够氧气维持鱼类及贝类的正常数量。死水区的原因很复杂，然而来自密西西比河的过量

① 1 $mile^2$ = 2.59 km^2。——编注

营养物质是一个重要因素（NSC，1998）。

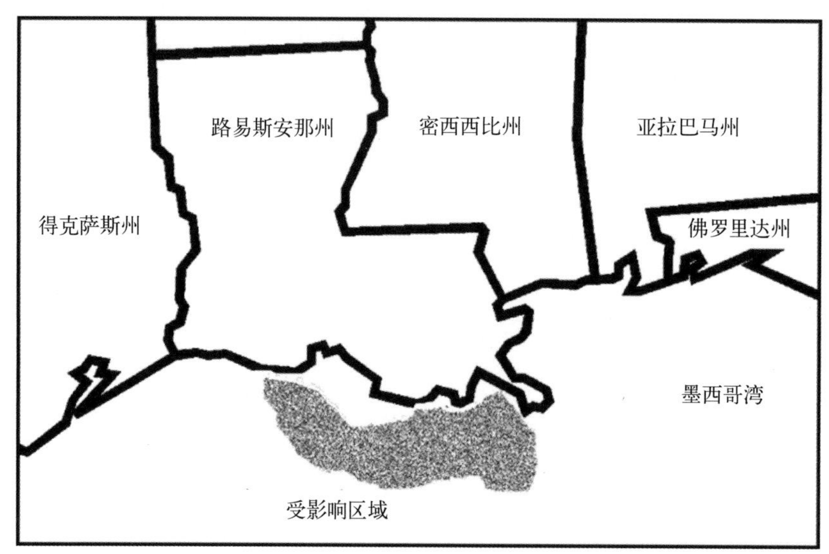

图10.4.3 墨西哥湾的低氧水域（NSC，1998）

氮和磷是富营养化的主要原因。二氧化硅在相对高浓度的氮及磷背景下限制硅藻生长。通常来说，磷是限制淡水富营养化的营养物质，相比之下大部分河口及沿岸海域的富营养化主要受氮限制，但也有一些例外。许多温带河口营养含量限制呈现季节性变化，其中在冬季、春季磷含量受限，夏季、秋季氮含量受限。同时，也有氮限制及磷限制同时存在的个例。因此控制氮、磷输入很有必要。

如5.1.3节所述，氮磷比是指示是否为氮限制或磷限制的关键参数。当氮磷比低时水体经常是氮限制，当氮磷比高时水体是磷限制。氮限制在河口和沿岸海域比在湖泊更常见的可能原因包括：①临近海洋的低氮磷比；②由于人类活动导致的淡水入流的低氮磷比；③盐水比淡水低效的固氮作用；④来自盐水河床的更多磷释放；⑤脱氮作用。

湖泊接收来自流域及大气的营养物质，而河口除了这些营养物来源外，也接收来自氮磷比率较低的外海的营养物质。因此，河口与湖泊相比更可能是氮限制。人类活动可能导致大量的磷通过河流及地表径流进入流域，并且最终进入河口，使得河口磷的浓度较高、氮磷比较低，磷的输入导致河口氮限制。另外河口的氮固化效果比淡水体系中更弱（Howarth，1988），这会导致更低的氮浓度及氮磷比。

河口经常扮演过滤器拦截营养物质的角色。它们相对较浅，仅有几米或十几米深，产生强烈的沉积物-水体交换。磷在淡水比在盐水中更能牢固地吸附在泥沙上（Caraco et al.，1990）。所以，附着在底部沉积物上的磷在河口比在湖水中更易释放到水体里。

脱氮作用是河口主要的氮吸收汇。脱氮作用的必要条件包括缺氧及自由可用的硝酸根或亚硝酸根。深河口可以产生缺氧环境，同时产生脱氮作用，是氮气离开河口进入大气的主要渠道。

例如，纽约皮科尼克湾主要是受氮限制（Tetra Tech，1999e）。长期数据分析显示冬季、春季

1—4月的无机氮磷比在6～8的范围内。夏季、秋季（6—11月）长期无机氮磷比变化范围在0.6～2.1之间，这很清楚地表明了在夏季藻类生产率最大时期是一个氮限制体系。一般规律是小于10的氮磷比表示氮限制，大于20表示磷限制。图10.4.4给出了28个河口的氮磷比（USEPA，2001）。水平线表示氮磷比的年变化范围，实心三角形代表最高生产率时的比率，垂直带代表藻类组成比率典型的变化范围。

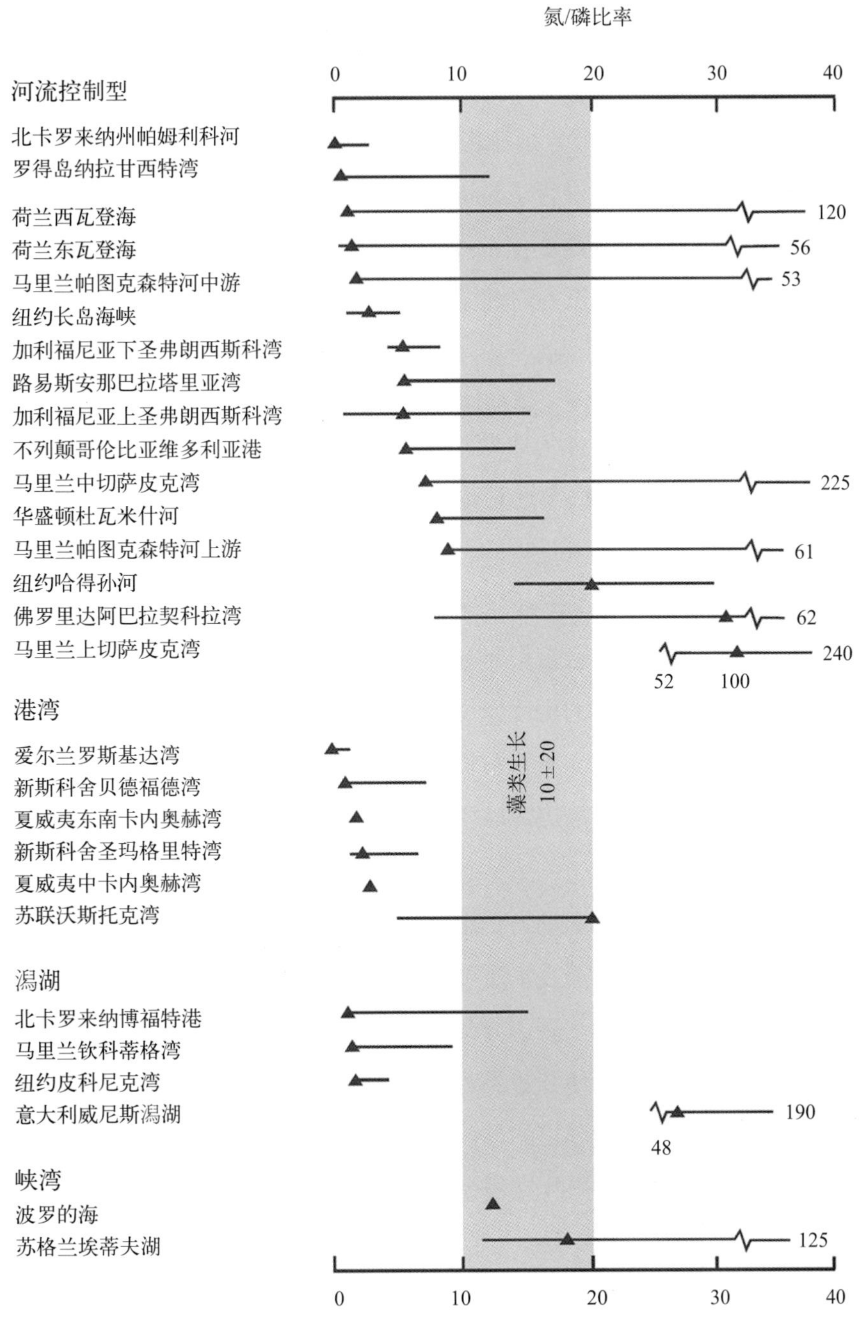

图10.4.4　28个河口氮磷比

水平线显示了氮磷比的年变化范围，实心三角形代表了最大生产能力时期的比率

10.5 河口及沿岸海域模拟

河口及沿岸海域的模拟在许多方面不同于河流和湖泊。河口水流受到潮汐、淡水入流、风及密度梯度（与温度、盐度及泥沙密度相联系）的驱动。因此，河口环流很复杂，通常是三维的、湍流的而且不定常的。除了极浅的河口，其他河口的环流、温度、盐度和泥沙含量有显著的垂直变化。河口及沿岸模型的另外一个重要特点是需要设定连接水体与海洋的开边界条件。10.5.1节将专门讨论开边界条件。

2.4.1节、3.7.1节、4.5节及5.9.1节分别在水动力学、泥沙输送、有毒物质及水质和富营养化方面对地表水体模拟所需的数据及参数进行了讨论。地表水模拟的数值模型选择已在7.1.2节讨论。本节讨论的两个模拟案例为：①有大潮汐变化、浅且垂向混合的河口（加利福尼亚莫罗湾）；②中度层化河口（圣露西河口及佛罗里达印第安河潟湖）。

10.5.1 开边界条件

如图2.2.7和图2.2.8所示，边界条件包括垂直边界条件及水平边界条件。2.2.2节讨论了垂直边界条件，水平方向的固体边界条件在2.2.5节已讨论。本节重点讨论水平开边界条件（OBC）。

全球海洋、沿岸海域和河口是相互连接的，在理论上是一个系统中的各个部分。然而当研究局部河口或沿岸海域时，要模拟整个系统是不切实际的（也没有必要）。通常的方法是用人工边界划定研究区域，然后在限定的区域内进行模拟研究。在建立限定区域时，需要指定不是以陆地为边界的各侧的边界条件。限定区域与外部的相互作用必须作为开边界条件反映在模型中。理论上，开边界条件必须能精确地反映边界的响应，不管它们是来自模型区域内部还是外部的过程。实际上，设定开边界条件本身是个问题。例如，沿岸海域模型中，准确地设定离岸、上游及下游开边界的海表面高度空间变化就是一个难题。

河口及沿岸海域在多种尺度下的水动力和水质相互作用现象很普遍。通常情况下，水面高度确定了开边界条件。但盐度、温度、水流及水质等变量在边界处仍然需要指定。理想的开边界条件对产生在模型区域的扰动来说是透明的。开边界条件使产生在研究区域的现象在通过边界时不会严重失真，并且不影响内部结果。宗旨是使开边界对内生运动是透明的，同时也设定背景低频驱动（如潮汐、平均洋流）。开边界条件的主要目的是：①允许产生在模型区域内的波浪及扰动（如海平面或流速），自由地离开区域；②允许产生在模型区域外部的波浪及扰动（尤其是低频驱动）自由地进入区域。

模拟区域的选择常常是出于成本考虑（取小范围）和出于真实性考虑（取大范围）的折中。当使用和解释模拟结果时，需要注意的是靠近开边界的结果可能会有问题。因此好的做法是将研究区域放在模拟区域的内部并且远离开边界。为了使开边界条件产生的误差影响最小化，通常是开边界距离研究区域越远，开边界条件误差对模型结果影响越小。因此在划定模型区域时，开边界应设在离内部区域足够远的地方，这样开边界条件误差就不影响内部区域的结果。总的来说，开边界应该设置在评估排水量影响的范围之外，并且应该设在水流、潮汐和（或）水质变量能被有效监测的地方。如果可能的话，潮汐测量仪器应该放在模型边界作为监测项目的一部分。河口模型的上游边界最好设在河坝或水文站。下游边界应该设在河口出口，甚至延伸至外海。图2.4.13及图10.5.1分别给出了两个开边界的位置。

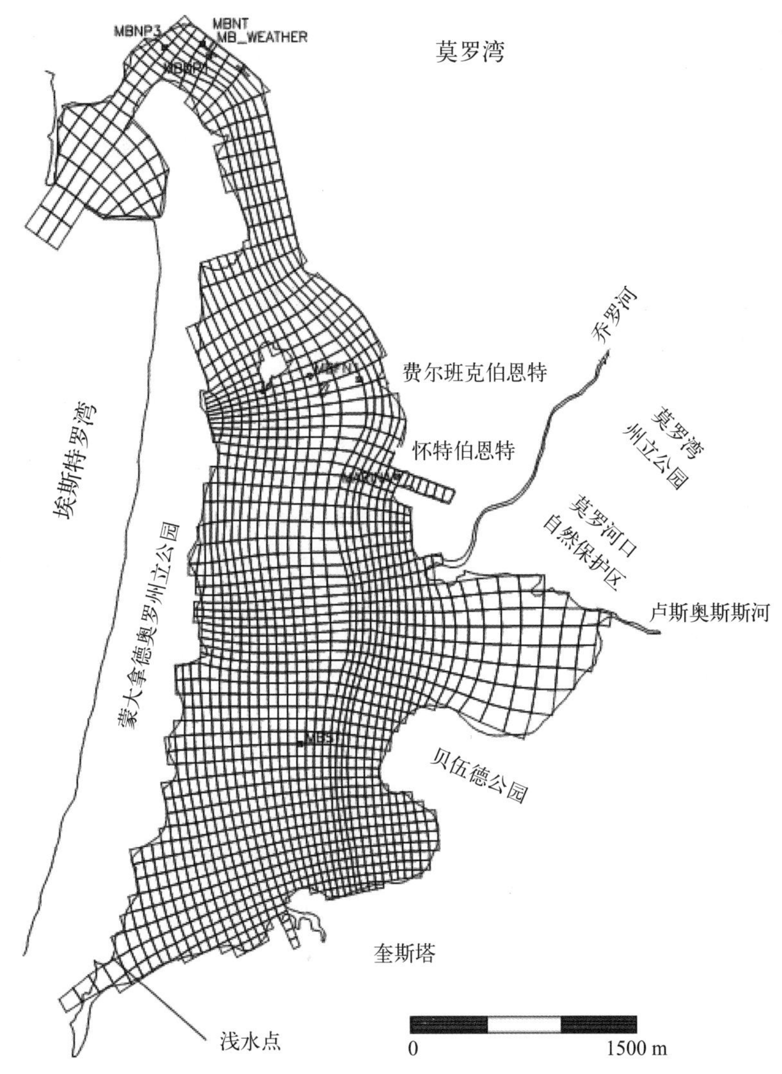

图10.5.1　莫罗湾模型网格及监测站

由于开边界条件没有统一的标准，为明确边界条件必须使用外推法、近似法及/或假设法。文献（如Palma，Matano，1998，2000）中提出了多种开边界条件，有些以线性化的动量方程为基础，另一些是在特定区域内使模型变量恢复到参考态的张弛方案。边界条件的例子如下。

（1）辐射边界条件：应用最广泛的开边界条件源于Sommerfeld（1949）的辐射平衡，它提供内部结果简单且可靠的外推法。Sommerfeld辐射条件要求接近边界的内部扰动应该以波的形式穿过。

（2）固定（或指定）边界条件：开边界的边界条件可以用许多方法固定（或指定）。可用观测数据的时间序列。边界也能设定为常值、气候平均值，或从月平均值内插得到。

（3）海绵边界条件：这个条件的思路是吸收向外传播的波动及扰动，使它们不能反射回模型区域。数值模型中，在研究区域外增加一套网格点用以设定海绵边界条件。

（4）嵌套网格：区域较大的模型网格点上的值作为更小网格模型的开边界条件。

（5）周期边界条件：这些类型的条件通常适用于渠道流。基于从一端流出去然后在另一端流进的思路，该条件经常被用来对照已知解析解来检验模型。Connolly等（1999）也用周期边界条件模拟夏威夷瓦胡岛的沿岸海域潮流及病菌。

最简单且最常用的开边界条件是辐射边界条件，最初由Sommerfeld（1949）提出：

$$\frac{\partial \phi}{\partial t}+C\cdot\frac{\partial \phi}{\partial x}=0 \tag{10.5.1}$$

式中，ϕ为任何变量；C为波的位相速度；x为垂直于开边界的坐标。

这种被动的开边界条件的开边界变量由内部环流确定。当开边界的环流是未知数或是整个问题的一部分时，这种边界条件很有效。这里主要难点是将波浪的位相速度正确地公式化。由Orlanski（1976）提出的辐射方法能很好地建立被动的边界条件，允许扰动传播出计算区域，因此辐射条件很稳定。然而，运用没有固定外部数据的单一的辐射条件有时无法维持稳定性，模型结果可能有偏移，并最终导致长期数值模拟结果不可靠。位相速度值的选择也有争议。通常选择式（3.6.11）描述的非离散浅水波速。

固定边界条件通常用来确定沿着开边界随时间变化的表层高度或流速的边界值。实测表层高度可直接确定边界的水层高度或用来计算流速。与开边界条件相垂直的平均流速具体为

$$U=\pm\eta_F\left(g/D\right)^{1/2} \tag{10.5.2}$$

式中，η_F为随时间变化的表层高度；D为水深。对于开边界在x和y正方向时表达式为负，但在x和y负方向时表达式为正。式（10.5.2）用表层高度η_F给出了沿着开边界的平均流速。因为表层高度在任何给定时刻都是确定的，平均流速值也确定（固定）。固定边界条件主要的缺点是从模型区域的内部到开边界长波能量不能通过。当强加的边界条件不能精确地匹配自然分类系统响应时，固定边界条件会导致边界和内部流动发生不真实的相互作用，且波浪在模型开边界有反射假象。合格的开边界条件应该是可被穿过的，允许模拟区域内的波状扰动外流，且不会被虚假反射回模型区域。

一些模拟技术提出通过应用“部分固定”边界条件来减少此类问题，即辐射边界条件与固定边界条件的组合，目的是建立一个不影响向外瞬流，并且还可以设定及维持背景潮汐和平均高度的边界条件。Blumberg和Kantha（1985）提出如下形式的Sommerfeld（1949）辐射条件的修订版本：

$$\frac{\partial \eta}{\partial t}+C\frac{\partial \eta}{\partial x}=-\frac{\left(\eta-\eta_F\right)}{T} \tag{10.5.3}$$

式中，t为时间；η为模拟的潮汐高度；η_F为实测表层高度；C为波位相速度$(gD)^{1/2}$；T为特征时间尺度。

除潮汐高度η之外，式（10.5.3）描述的开边界条件也可以用在与开边界相垂直的平均流速U或相平行的平均流速V。通过将式（10.5.3）应用于中大西洋湾，Blumberg和Kantha（1985）发现4 h的特征时间尺度最优值。它大致上相当于瞬变扰动横穿整个陆架所耗费的时间。Blumberg和Kantha公式的右端项将自由波解固定到实测数据。对于大的特征时间尺度，公式接近纯辐射边界条件。对于小的特征时间尺度，公式左边部分可忽略，公式接近固定边界条件。部分固定边界条件是很好的折中方法，它允许能量可从模型内部穿过开边界的同时，又可确保模型结果不随时间出现偏移。

Marchesiello等（2001）用辐射边界条件确定开边界是被动的（向外传播）或主动的（向内传播）。当边界是被动的，辐射条件被应用，允许信息从内部传播到开边界而没有过度反射。对于主动的边界情况，当动力方程需要外部信息，结果就采用外部数据而不会引起过度确定的问题。

海绵边界条件在临近开边界使用一个水平黏度增加的区域。该方法在数值模拟中取得了一些成效。这个方法能够吸收扰动并抑制与辐射条件相关的计算"噪声"（Palma，Matano，1998），尤其是对向外的频散波。然而，当边界黏度发生极大变化时，该边界会产生一些反射，而且该方法会费废很多靠近边界的网格点。

目前水动力及水质应用中没有确定开边界条件的统一方法。对开边界条件问题的深入探讨也超出了本书的范围。在模拟研究中，应当准确说明所有物理或数值边界条件，以显示对开边界的具体处理。

10.5.2　案例研究Ⅰ：莫罗湾

本案例主要基于Ji等（2000，2001）的工作。

10.5.2.1　引言

很多地表水系统，如河口和湿地，由于地表水位变化而产生干、湿过程。数值模型应该尽可能少地依赖经验和调整来有效模拟干、湿过程。在有限差方、有限体积和有限元数值模型中，可以采用很多方法来描述自由表面流的干、湿过程。Flather和Hubbert（1990）回顾了用来表示潮汐和风暴潮模型干湿过程的多种方法。他们还定义了两种物理分类适用于湖泊、河口、沿海和湿地环境的干、湿过程。第一种与平缓变化的地形相关，第二种与局地地形剧烈变化相关。平缓变化的地形一般沿着湖泊、河口和湿地的岸线。局地剧烈变化的地形通常具有界限分明的沟渠穿过相对均匀的地形。这些系统中准确的干、湿过程模拟与模型对更深、更小尺度的沟渠系统和更浅、更大尺度区域的模拟能力紧密联系。

Casulli和Cheng（1992）发展并应用一种干、湿方案模拟圣弗朗西斯科湾和意大利威尼斯潟湖的潮汐过程。Moustafa和Hamrick（2000）应用一种干、湿模型研究了美国大沼泽地的湿地过程。Oey（2005，2006）发展了用于普林斯顿海洋模型的干、湿方案，用于模拟阿拉斯加州库克海湾水动力过程。在应用这些（以及其他）干、湿方案的模拟过程中，共同的问题是缺少详细的实测资料来校准模型及验证干、湿方案。为了克服实测资料的匮乏，Oey等（2007）用卫星观测数据验证阿拉斯加州库克海湾的干、湿模型。

莫罗湾是位于加利福尼亚中心海岸的天然港湾（图10.5.1）。它是一个浅的潟湖，南北方向长度约6.5 km，东西方向最大宽度约2.8 km。由于泥沙沉积，这个海湾容积在近100年里减少了超过1/4。低潮时，峡湾多于60%的面积露出水面并干涸。水质问题包括过量的细菌、营养物质及重金属。莫罗湾的测深结果充分展现了Flather和Hubbert（1990）划分的两种地形的特点。峡湾入口的航道沿东海岸线延伸到海峡南部，表现为局部剧烈的地形变化，深度变化在4～9 m之间。峡湾其余部分很平且浅，平均水深范围在1 m到小于0.5 m，表现为平缓变化地形。由于高潮和低潮的潮差在峡湾入口大于2 m，大部分峡湾区域的干湿状况在每个M_2潮汐周期（12.42 h）中会变化。为了模拟莫罗湾的水动力过程，数值模型必须要能真实地模拟干、湿过程。

莫罗湾以上的特征使这个海湾成为研究河口干、湿过程及检验数值模型的干、湿方案的理想场所。有足够可用的实测数据集对于详细描述干、湿过程非常重要。这项研究中，全面的实地观测用以收集不同类型的数据，包括水深、高潮水位线、低潮水位线、潮汐高度、温度、盐度、气象数据和水文数据。这项研究的目的是发展能够描述浅河口干、湿过程的水动力模型及应用这个模型真实地模拟莫罗湾的水动力过程。

10.5.2.2　现场数据测量

本研究在莫罗湾有6个现场取样站（图10.5.1）。样本周期为1998年3月9日到1998年4月9日，共31 d。在为期31 d的模拟周期中，MBNP1测站仅有最初2.8 d的观测数据，不足以用于统计分析。所以MBNP1测站的数据仅仅作为模型初始条件的参考。如图10.5.1所示，Marina测站位于小而浅的河渠中。在Tetra Tech（1999a）的报告中，河渠中有无记录的小量淡水入流，会影响局部水动力过程，如河渠的盐度。因为这项研究着重在远大于这个河渠的空间尺度的过程，并且小河渠对峡湾的影响极小，所以Marina测站的数据不包括在模型校准里。在这项研究中，以下实测数据可用于模型的外部强迫或模型数据的比较。

（1）潮汐测量仪器安装在两个测站——靠近莫罗湾入口的MBNT和海湾最南端的MBST（图10.5.1）。潮汐高度数据是整个周期中每间隔10 min的平均值。

（2）两个站的流速数据可用——MBNP3和MBFN1测站。

（3）3个测站的水温数据可用——MBNT、MBNP3和MBST测站。

（4）盐度值由一个测站测量的电导率和温度确定——MBNP3测站。

（5）MB_WEATHER气象数据包括每小时1次的空气温度、相对湿度、太阳辐射、风速和风向、云覆盖量和雨量。

（6）每小时1次的流量测量来自于Canet Road的测量仪器，测站位于乔罗河口上游约5.5 km。

（7）莫罗湾的海岸线根据一些资料确定，包括1：100000比例尺的美国地质调查数字线形图形数据和由Philip Williams和Associates（1988）制作的莫罗湾的AutoCAD图型。海岸线被用来确定水动力模型的空间范围。

在校准阶段，对数据进行处理为水动力模型提供连续且同步的边界条件。开边界设定在莫罗湾河口，并向埃斯特罗湾延伸一小段距离。流入这个海湾的两个淡水源为乔罗河和卢斯奥斯斯河。

深水、低潮水位线、高潮水位线等系统的实测数据对研究河口干、湿过程很重要，也是发展模型网格和验证模型的关键。莫罗湾的水深观测研究从1998年3月11—16日。预先设定的观测线以9.4 m为间隔，记录了4500多个水深数据。水深测量的仪器精度为9 cm，当测量船的活动被考虑在内时总精度为15 cm。连同测量水深，整个海湾用GPS系统及航空摄像来测量高水位和低水位。Tetra Tech（1999a）的报告中有测量的细节。

这个系统的淡水入流包括乔罗河和卢斯奥斯斯河两个支流的流入量及直接降水。乔罗河流域面积约111 km^2，卢斯奥斯斯河流域面积约60 km^2。基于乔罗河Canet Road测量的逐小时流入量Q_{Canet}，乔罗河及卢斯奥斯斯河河口的淡水流入量$Q_{\text{ChrroMouth}}$和$Q_{\text{LosOsosMouth}}$可分别通过以下公式（Tetra Tech，1999a）计算得到：

$$Q_{\text{ChrroMouth}} = 0.8845 Q_{\text{Canet}}^{1.094} \tag{10.5.4}$$

$$Q_{\text{LosOsosMouth}} = 0.007427 Q_{\text{Canet}}^{1.559} \tag{10.5.5}$$

Canet Road水文站的历史纪录显示乔罗河是一条流量变化极大的河流，流量在几小时的时段内有显著变化是很常见的。所以，为保持风暴潮时期的高分辨率，采用了逐时入流量的时间序列。与两条河流的入流量相比，地下水影响很小，在水动力模型研究中忽略不计。

10.5.2.3　模型建立

莫罗湾的水动力模型是基于环境流体动力学代码（EFDC）发展起来的（Hamrick，1992）。模型网格（图10.5.1）包含1 609个水平曲线网格单元和一个垂直层。如图10.5.1所示，有6个测站测量潮汐、速度、温度和/或盐度。典型的网格尺寸在X（东、西）方向范围为50～80 m，Y（南、北）方向为50～110 m。因为潮差可大于2 m且水深仅为几米或更小，莫罗湾表现为垂直混合，并且能相当好地表示为垂直向一层。模型由大气强迫场（风、热通量、降水和蒸发）、支流流入水量和开边界条件驱动。开边界条件包括MBNT测站的潮汐高度数据，这些数据也被用来表示莫罗湾入口的强迫条件。MBNP1和MBNP3测站的盐度和温度数据应用到了开边界。

10.5.2.4　干、湿方法

研究人员开发了多个用于模拟干湿过程的数值方案。在采用有限差分和有限体积的模式里，若沿着网格界面的平均深度小于某个预定值（即干网格界面深度，下同），干过程的习惯表述法是把网格界面封锁使经过的流动为0。封锁网格界面的一般方法是在经过一个时间步长之后水面高度或水面深度发生变化时，需要先检查所有与干网格面深度相关的网格深度。封锁网格界面确定之后，下一个时间步长经过该网格界面的流动就强制为0（Casulli，Cheng，1992）。

较早期可以避免在网格中心出现负深度的干湿数值方案是由Leendertse和Gritton（1971）设计的。他们的方案也是基于类似的做法，即在水面高度初次变化之后，若是网格界面深度低于某个干网格界面深度，就封锁经过网格界面的水流。不同于在下一个时间步长才封锁网格的作法，他们的方案在当前时间步长结束时就对该步长强制封锁网格界面，也因此获得了更高的动力学稳定性。在这些方案里，每个时间步长上的迭代都在前一次迭代结束并检查网格界面深度后执行。Leendertse和Gritton通过水面高度交替方向隐式差分方法实施这一方案，因为表面高度沿着水平坐标的两个方向变化，这种差分方法需要进行大量的干迭代。事实上，他们指出将变化后的表面高度场进行迭代的最终结果仍然可以是不协调的，需要另外进行人为调整。

作为以上湿方案的替代，Hamrick（1994）采用了一个干、湿方案，不需要直接逻辑选择来决定干网格面是否变湿。这个方案可以认为是Casulli和Cheng（1992）及Leendertse和Gritton（1971）方案的结合。这个方案的本质是假设水面高度和水平速度场更新后，所有网格面在下一个更新或时间步长后流动开放。照这样，判断网格面是干还是湿的任务转到了干方案中。简单说来，干、湿方案仅仅基于判定网格面是否为干，且以动态一致的方式使干网格无流动态作为表面高度和水平速度场更新的一部分。这个方案被证明是稳定的且被成功地运用到大沼泽地的湿地三维模拟中（Moustafa，Hamrick，2000）。由Hamrick（1994）及Moustafa和Hamrick（2000）提出的方案用在了莫罗湾研究中。干、湿方案的细节和臃长的有限差公式，这里不再做介绍。

10.5.2.5 湿网格映射

三维数值模型实际上有两种网格：水平方向上曲线正交且在垂直方向上拉伸的实际空间中的网格（如图10.5.1所示）和计算机空间中相对应的单位体积网格（如图4.5.10所示）。两种网格单元通常由（I, J, K）标识。然而，当模拟极其不规则的区域时，如果使用三维数组储存方法，物理及计算机空间的许多水平坐标（I, J）会包含陆地干网格，实际上导致存储空间的浪费。在莫罗湾模型中，使用湿网格映射技术，使湿网格从水平坐标（I, J）映射到坐标（L）。这样，模型网格排除了总是干的陆地单元，仅包含模拟时的可能会湿的单元。这样的L标识非常有效率，坐标（$I-1, J$）及（$I+1, J$）分别相当于坐标（$L-1$）及（$L+1$），坐标（$I, J-1$）及（$I, J+1$）分别通过查表与LS(L)及LN(L)相对应。

对于一个大小为（IM, JM, KM）的三维数组，循环数量从$IM \times JM \times KM$变化到$LM \times KM$，其中LM为湿单元个数加2。对于莫罗湾模型，IM=56、JM=81、KM=1且LM=1161。与传统坐标（I, J, K）相比，用在莫罗湾模型中的湿网格映射技术有以下优点：

（1）存储空间减少：湿单元映射后三维数组的大小仅仅是最初三维数组的35.5%［=1161/（56×81）］。

（2）计算效率：计算量因此减小到原来（I, J）循环的35.5%。

（3）向量化：湿网格映射使向量处理机上模型向量化增加，这能使最内部的DO循环矢量化。莫罗湾模型中，若用传统坐标，从外到内依次的K、J、I 循环的矢量循环长度为56；若是水平向的单一坐标，外*K*、内*L*的循环将会得到长度为1161非常有效率的矢量内循环。

（4）网格生成：湿网格映射仅湿网格数量与数值计算有关，并且*IM*及*JM*尺度对CPU时间极少影响。不限制*IM*及*JM*尺度使网格与极其不规则区域相配更有效。

10.5.2.6　莫罗湾的水动力过程

10.5.2.6.1　模型校准

以可用的实测数据为基础，模拟–实测数据对比时间为1998年3月9日到4月9日的31 d。模型结果与实测数据以表格、时间序列集散点图的形式比照。表10.5.1列出了模拟及实测数据潮汐高度（*E*）、主要潮汐方向的速度（*V*）、水温（*T*）及盐度（*S*）对比的统计资料。第一列给出了站点名称、变量及其单位；第二列给出了平均实测数据值；第三列给出了模拟结果的平均值；第四列给出了实测和模拟值之间的平均绝对误差；第五列给出了均方根（RMS）误差；第六列给出了实测数据的变化范围。第二列到第六列的变量单位列在第一列。表10.5.1最后一列以百分比形式显示了相对均方根误差（RRE），它是均方根误差除以实测值变化的结果。表10.5.1显示了莫罗湾模型恰当地模拟了潮汐高度、潮汐速度、水温及盐度。

表10.5.1　模拟及实测数据潮汐高度（*E*）、主要潮汐方向的速度（*V*）、水温（*T*）及盐度（*S*）对比的统计资料

测站	变量					
	实测平均	模拟平均	平均绝对误差	均方根误差	实测变化	相对均方根误差（%）
MBNT: *E* (cm)	−0.2	0.0	4.7	5.6	194.7	2.85
MBST: *E* (cm)	0.0	0.0	11.0	13.8	201.5	6.84
MBNP3: *V*(cm/s)	2.59	−0.82	13.66	17.52	107.41	16.31
MBFN1: *V*(cm/s)	5.78	2.66	11.06	13.09	169.45	7.72
MBNT: *T* (℃)	14.28	14.19	0.30	0.40	4.30	9.39
MBNP3: *T* (℃)	14.04	14.18	0.34	0.46	4.52	10.24
MBST: *T* (℃)	15.34	15.06	0.95	1.11	6.41	17.27
MBNP3: *S* (ppt)	31.03	30.43	0.84	1.19	7.31	16.29

来自模拟结果谐波分析的5个主要组成波（M_2、S_2、N_2、K_1及O_1）的振幅及位相与实测数据值的比较见表10.2.2。模拟结果和实测数据表明除半日潮M_2外，全日潮K_1是莫罗湾第二重要的潮汐分量。这个发现将对随后解释海湾干、湿过程中强的日变化很有帮助。模拟结果与实测数据的差在5个组成波的振幅上小于5.2 cm，在位相上小于9°。1°的位相差相当于半日潮2 min的时间差或全日潮4 min的时间差。

图10.2.2给出了MBNT测站的模拟及实测数据比较的时间序列。如图10.2.2所示，模拟的潮汐高度（实线）与实测数据（点线）几乎完全一致，模拟的温度与观测也一致。MBNT测站没有实测速度，模拟的速度振幅为40 cm/s。模式精确地模拟了由潮汐引起的半日型温度变化。MBNT测站没有

实测盐度数据，模型模拟出强的半日型盐度变化，其范围为24～32 ppt。

由于潮汐速度是影响泥沙输送及水质过程的主要因素之一，仔细检验并比较模型与实测速度是很有必要的。图10.5.2所示为MBNF1测站模拟速度与实测数据对比的散点图。速度旋转到主要潮汐轴方向以获得最大v分量和最小u分量。仅模拟及实测数据的最大v分量显示在图10.5.2上。除了一些极端流动情况之外，我们能清楚地看到模型通常能很好地模拟向外流速度和向内流速度的振幅。模型的结果只是在一个垂直层上得到，不能展示海湾垂直环流形势。多个模型层会更好地展现莫罗湾地区潮汐速度。模型和实测数据的潮流差异是由局部水深的不确定性引起的，若不采取极小的网格单元，局部水深在模型中便不能很好地模拟。与潮汐高度相比，模拟潮流是更困难的工作，潮流对水深更敏感，实地测量中引起更大的不确定性。MBNP3测站速度的散点图也显示了模拟速度与实测速度的一致性。总之，模型能很合理地模拟潮汐速度。

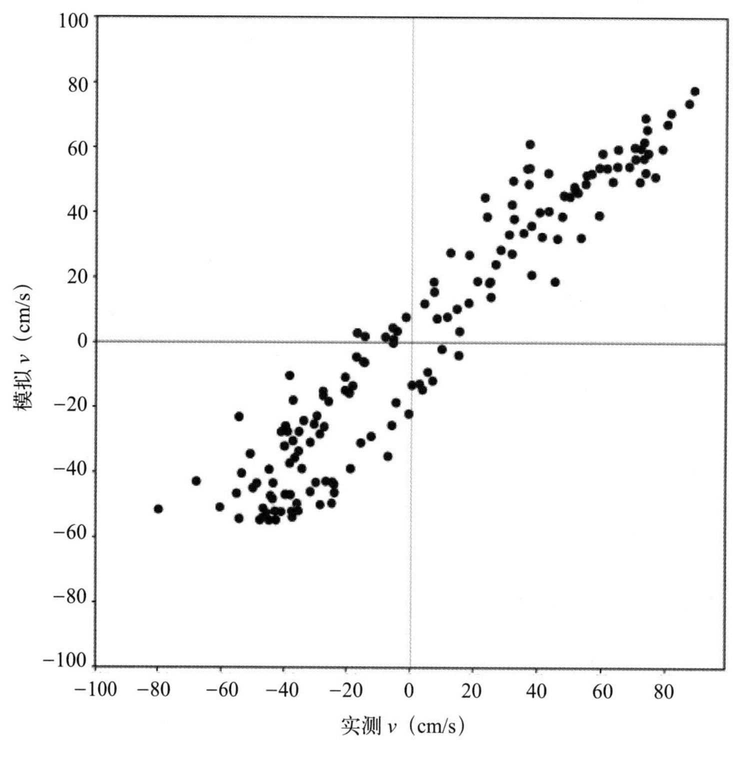

图10.5.2　MBFN1测站实测速度和模拟速度

10.5.2.6.2　莫罗湾的干、湿过程

干、湿过程是莫罗湾的显著特征。图10.5.3给出了低潮时30 min平均水深。黑色圆点代表从航空图片中获得的低潮线。右上角的小图给出了海湾出口的潮汐表面高度（单位：cm），即整个海湾的潮汐驱动力。小图底部x轴上的时间从1998年3月31日0时开始。大图下面的比例尺显示了水深范围小于20 cm并大于700 cm。考虑到莫罗湾的水深测量误差是15cm（Tetra Tech，1999a），当水深小于17 cm的临界水深时莫罗湾模型的网格单元转变为“干”，而当水深大于17 cm时变为“湿”。基于这个干、湿方案，图10.5.3中水深小于20 cm的区域被认为是干的。模拟结果对临界水深的灵敏

度随后将被讨论。图10.5.3清楚地显示了海湾大部分（64.5%）在低潮时变干，仅仅在主要的沟渠区域为湿，水深范围从在南部小于1 m到海湾入口大于7 m。通过对比模拟结果与实测低水线，除了图10.5.3由黑色圆点显示的小的沟渠不能由模型网格描述之外，我们可清楚地看到模型能很好地模拟干、湿区域。

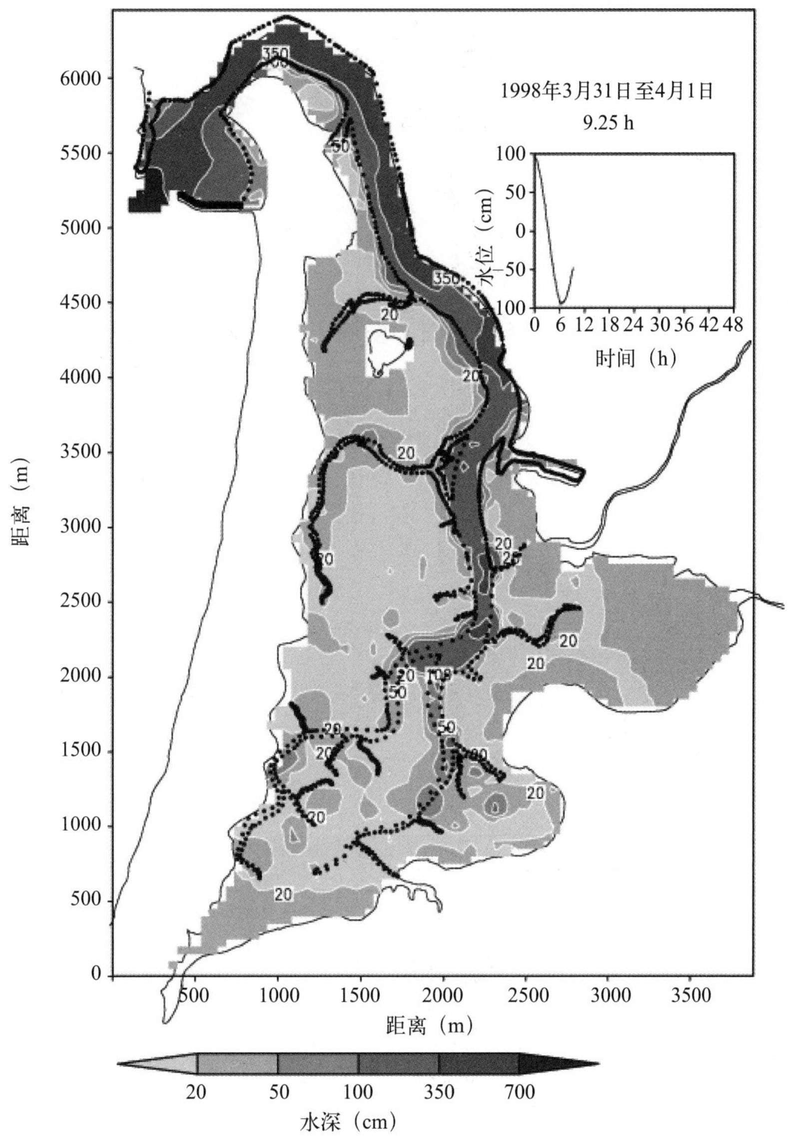

图10.5.3　低潮时的水深（30 min平均）

图10.5.4给出了高潮时模拟的水深，它显示了整个海湾充满水，最小水深大于80 cm。图10.5.4中黑色圆点代表实测高水位线，它是以航空图片为基础画的。模拟结果与观测一致。图10.5.4中，模拟的速度由箭头表示，箭头比例在图的底部给出。在27.25 h，海水在浅、平区域流出海湾，而沿着深的沟渠流入海湾。

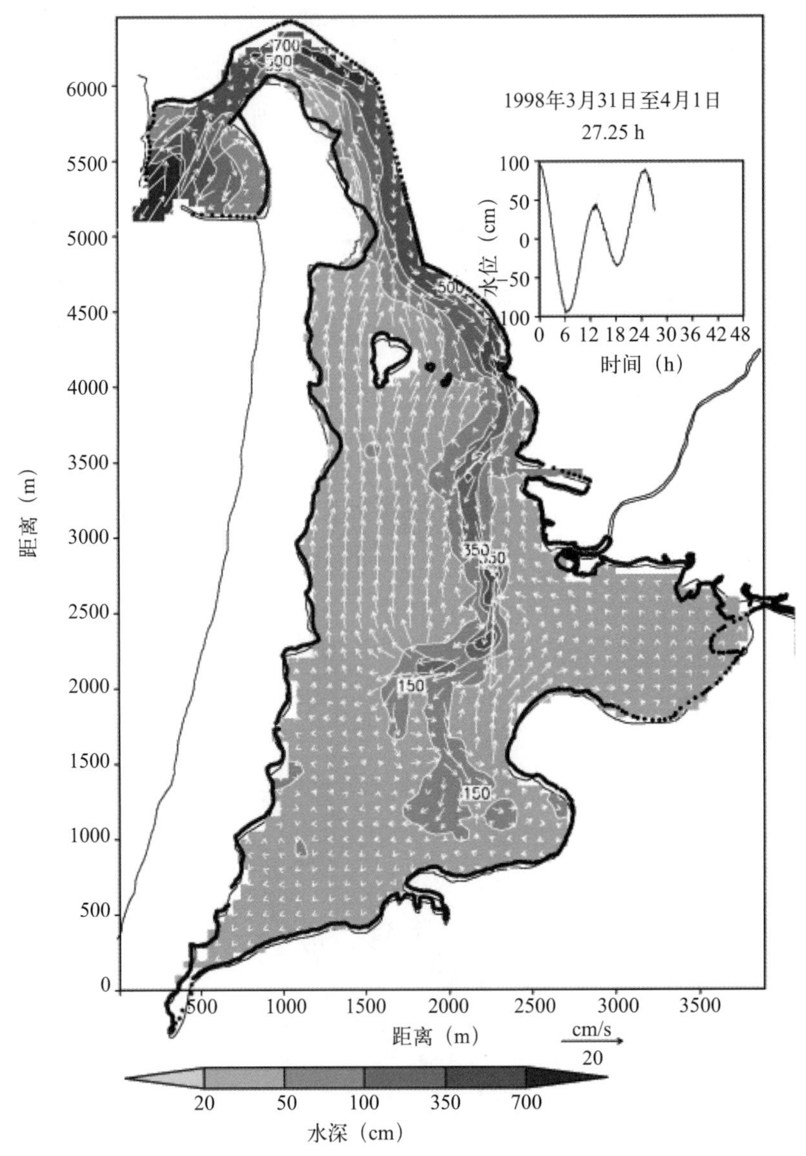

图10.5.4　高潮时的水深（30 min平均）

为了阐明水面高度在干、湿环流中的变化特征，图10.5.5给出了莫罗湾西南角一个浅水点模拟的水深。这个浅水网格单元平均水深46 cm，它的位置如图10.5.1所示。当水深大于17 cm时，网格单元与其他湿网格类似。当水深小于17 cm时，这个网格单元变“干”，不列入计算中，如图10.5.5所示。

高潮时，如图10.5.1所示的模型网格总的湿面积为8.5 km^2。低潮时，湿面积可能会减少60%以上。为了说明干、湿过程引起的如此大面积改变，图10.5.6给出了1998年3月31日至4月1日48 h的湿面积百分比，与图10.5.3和图10.5.4分析的时段相同。在9.25 h，图10.5.3与图10.5.6显示只有35.5%的海湾面积是湿的，其他的变干了。高潮时（如图10.5.4及图10.5.6所示的27.25 h），整个海湾变湿。

非常有趣的是图10.5.6所示的大面积变干每天发生一次，而非半天一次。这种现象表明全日潮对莫罗湾也很重要。这种现象与表10.2.2结果一致，这说明了除M_2潮汐外，全日潮K_1是莫罗湾第二个最重要的分量。

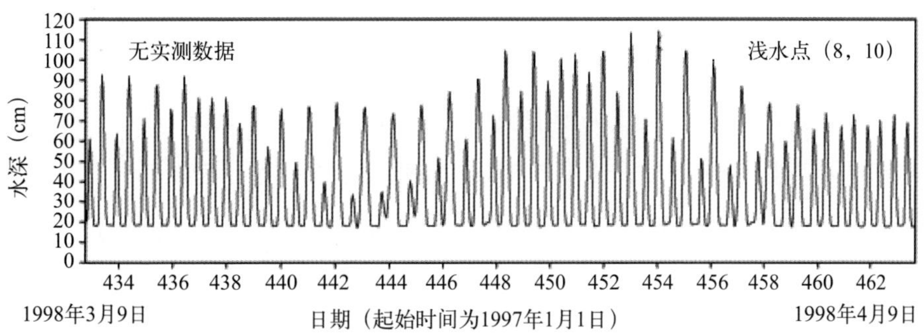

图10.5.5　浅水点（8，10）的模拟海表水深

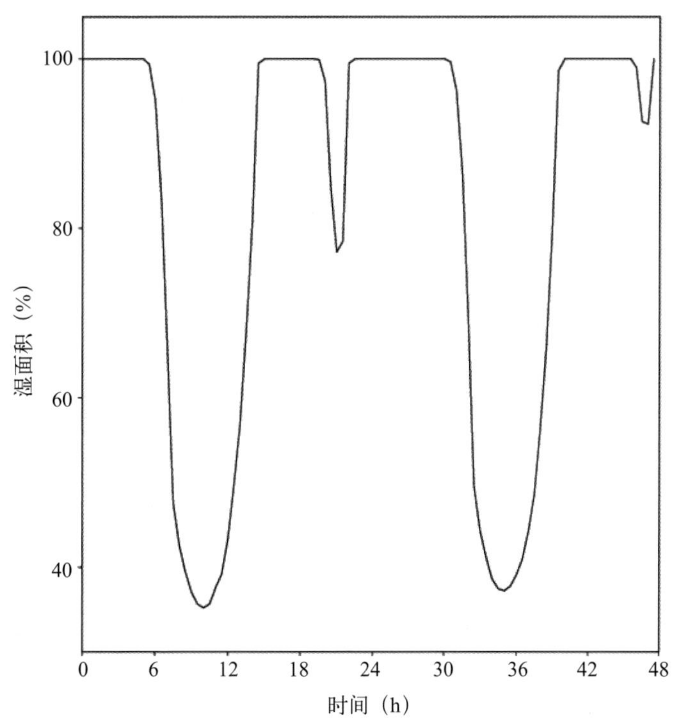

图10.5.6　莫罗湾1998年3月31日至4月1日48 h的模拟湿面积

如图10.5.3所示，莫罗湾有个从海湾入口延伸到海湾南部的航运道。低潮时，水深变化范围从海湾入口的大于7 m到海湾南部小于1 m。海湾区域剩下的部分平且浅，并且大部分在低潮时变“干”。莫罗湾的这两个特征很好地代表了Flather和Hubbert（1990）划分的两种地形特征。考虑到该地区复杂的水深地形，莫罗湾模型也能准确地模拟干、湿过程，说明模型采用的干、湿方案稳定可靠。

在数值模拟中，进行模型的敏感性分析很重要，这样可以检验模型参数对模型结果的影响。

EFDC模型中采用的大部分参数相对于早前的EFDC应用几乎没有变化。例如，与Mellor-Yamada湍流模型（Mellor，Yamada，1982；Galperin et al，1988）相关的参数被看做常量，且它们的值与其他水动力模型的相同，例如普林斯顿海洋模式（Mellor，1998）和海口海岸及海洋模式（HydroQual，1991a）。水动力模型中频繁校正的参数是底部粗糙系数，它有一个典型值0.02 m（HydroQual，1991a；Hamrick，1992）。在这个研究中，底部粗糙系数的缺省值为0.02 m。将其从0.02改成0.01，然后再改为0.03，莫罗湾模型模拟结果略有变化。表10.5.1最后一列的潮位、温度和盐度的相对均方根误差变化小于1%，速度的相对均方根误差变化小于7%。

这个研究中另外一个重要的参数是临界水深，用来确定网格单元在数值计算中是干还是湿。考虑到水深测量误差为15 cm（Tetra Tech，1999a），莫罗湾模型的临界水深设定为17 cm。敏感性试验用来检验临界水深的影响。临界水深从17 cm调整到15 cm，再到20 cm，对水动力结果的影响不明显。例如，当临界水深设定为15 cm或20 cm时，图10.5.6所示的湿区变化小于3%。

莫罗湾水动力环流模型的成功校准表明模型能应用到研究河口水动力的过程中。莫罗湾模型还用来模拟半衰期，结果已在10.3.4节中给出。

10.5.2.7 总结及结论

为了模拟河口干、湿过程，本节介绍了EFDC模型中的干、湿水动力模型。模拟莫罗湾的水动力过程相对困难，因为在低潮时大面积区域变成“干”泥滩。但是使用Hamrick（1994）和Moustafa及Hamrick（2000）建立的数值方案，可利用这个模型模拟干、湿过程。

莫罗湾有局部地形快速变化的航运通道，而其他地区的地形平且浅。它很好地代表了由Flather和Hubbert（1990）划分的两个干、湿体系。为了本模拟研究，对干、湿过程进行了全面的实测采样。校准模型的实测数据包含了1998年3月9日到4月9日31天莫罗湾6个测站的潮汐高度、潮流、水温及盐度。观测了低水位线及高水位线用以展示海表潮汐高度的变化特征。主要的模型水动力强迫力包含开边界潮汐高度、太阳辐射、海表风应力和从乔罗河及卢斯奥斯斯河的淡水入流。

潮汐高度、潮流速度、盐度及温度的模拟结果与观测值相当一致，模型也真实地模拟了莫罗湾干、湿变化。结果表明模型中的干、湿方案很稳定并且适用于对浅河口及湿地的研究。校准后的莫罗湾模型也应用在研究河口冲刷过程及识别弱冲刷区域。

了解潮汐系统的水动力过程对环境研究极其重要。如果没有对水如何随潮汐运动的细致描述，任何水质问题的分析都是不完整的。本案例研究中介绍的模型是量化水动力特征、检验浅河口输送过程、进一步帮助水动力及水质研究和指导实测数据收集项目的工具。

10.5.3 案例研究Ⅱ：圣露西河口和印第安河潟湖

基于EFDC模型建立了佛罗里达州的圣露西河口和印第安河潟湖的三维水质模型。利用1999年和2000年的观测数据（Ji et al.，2007b；Wan et al.，2012）对该水质模型进行了校准及验证。作为案例研究，本书对圣露西河口/印第安河潟湖的模拟进行了广泛地讨论：

（1）水动力模拟（2.4.3节）；

（2）重金属模拟（4.5.1节）；

（3）水质模拟（5.9.3节）；

（4）河口层化（10.3.2节）；

（5）冲刷时间（10.3.4节）。

提供这些案例研究的主要目的是示范如何针对环境管理的需要来模拟河口。本节着重于圣露西河口/印第安河潟湖模型的应用，介绍两种情景（AEE，2004b）：①1991—2000年的10年模拟；②海平面上升对圣露西河口水质条件的影响。

10.5.3.1　10年模拟

对于水质过程的长期模拟来说，计算资源可能是一个问题。圣露西河口/印第安河潟湖模型包含1 159个水平网格单元和3个垂直分层，总共3477个网格单元。状态变量包括水位、温度、水流、盐度、悬浮泥沙及21个水质变量。采用的时间步长是60 s。计算机内存不低于380 MB。一年的模拟需要占用1.6 GHz奔腾4计算机10 h的CPU时间。模型结果以每日一次的频率储存在硬盘驱动器上，这样一年的结果需要200 MB的硬盘空间。

由于圣露西河口/印第安河潟湖模型以1999—2000年数据为基础进行校准及验证，对于长期模拟的模型能力需要进一步检验。1991—2000年这10年的模拟用于诊断模型的工作性能。从附近测站获得的实时气象数据包括温度、风速、风向和太阳辐射。因为1991—1998年开边界条件下实时潮汐强迫数据不能用，所以用从实时数据谐波分析获得的潮汐组成波来产生逐时潮汐作为边界条件。主要支流的实测日流量作为淡水入流量。磷和氮的总侧向入流量从水域模型（Wan et al., 2003）获得。

由于上游的实时营养载荷难以测得，用两个方法来计算1991—2000年的营养载荷：①回归法；②实测水质数据的线性插值法。回归法源于从实测数据获得的流量与载荷的关系，它最初用于产生21个水质载荷状态变量。通过仔细分析由回归方程产生的营养物载荷，可以发现在一些关键时期营养物量不是被高估就是被低估。公式适用于1999—2000年，但是不适用于1991—1998年。载荷在高流入情况下被高估。来自奥基乔比湖的载荷计算结果不一致的情况经常发生。因为湖水流量受控于湖水管理计划，通过回归法获得的流量与载荷之间的关系是不准确的。如果载荷由自然径流支配，回归法通常更合适。

另一个估算系统载荷的方法是对在边界上实测水质数据进行线性插值。水坝、水文观测站及支流处的水质数据用来估算负荷。这个方法为支流的营养载荷提供了更真实的季节及年际变化。在本研究中，将边界处观测数据进行线性插值用来计算1991—1998年的日载荷。1999年及2000年的载荷与用在模型校准和验证中的一样。

图10.5.7给出了1991—2000年流入圣露西河口的平均流量：它表明1994年、1995年及1998年是湿年，而1997年及2000年是干年。图10.5.8给出了1991—2000年US1测站（如图2.4.13所示）的模拟

盐度百分比，描述了平均盐度变化。例如，它表明US1测站的盐度在小于2%的时间内大于27 ppt，在22%的时间内小于2 ppt。

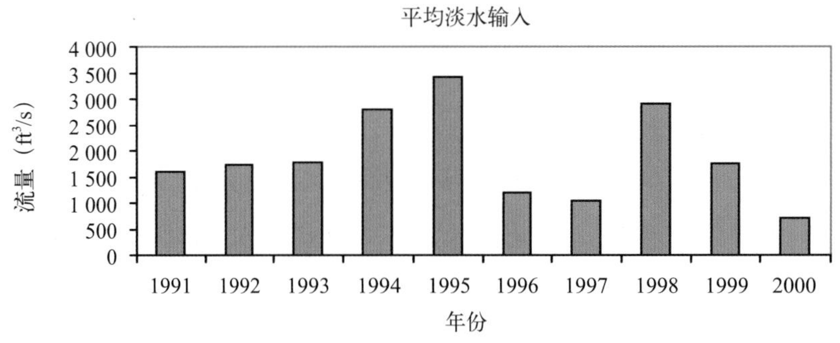

图10.5.7　1991—2000年间的平均淡水入流量

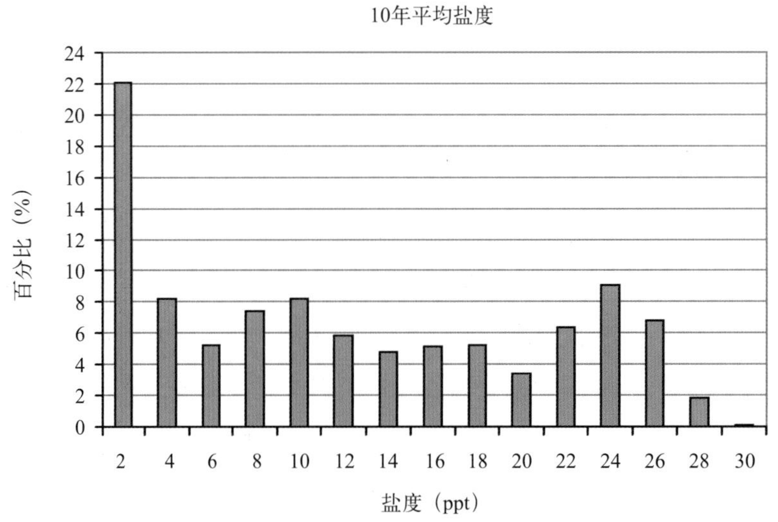

图10.5.8　1991—2000年间US1测站的模拟盐度百分比

6个水质测站（图2.4.13的SE01，A1，US1，SE08，北支及NF）有适量的数据用于模型-实测数据对比。本节没有给出6个测站在1991—2000年详细的统计表格（类似于表5.9.7）和图（类似于图5.9.16），在技术报告里（AEE，2004b）。表10.5.2总结了6个测站的模拟结果的相对均方根误差。平均的相对均方根误差从1999年的24%到1994年的44%不等。虽然1991—1998年（除了1994 年和1997年）平均的相对均方根误差值稍高于1999年及2000年的值（也是因为1999年及2000年是模型校准和验证的时期），但总的来说，模拟结果在这10年中有类似的相对均方根误差。

例如，图10.5.9及图10.5.10分别给出了A1站在1994年和1997年（图2.4.13）观测数据与模拟结果时间序列的对比图。总的来说，模型能很好地模拟河口水质变化。模型抓住了圣露西河口水质状况的季节及年变化。然而，模型在某些年份似乎高估了磷酸盐并低估了总凯氏氮。持续的高估或低估很可能是模型中的载荷误差导致的。

表10.5.2　模拟的各变量相对均方根误差（%）

变量	1991年	1992年	1993年	1994年	1995年	1996年	1997年	1998年	1999年	2000年	平均
水藻		52	49	58	32	47	68	28	33	25	44
总磷（TP）	25	16	27	25	22	35	29	28	23	35	27
磷酸盐（PO_4）	66	38	32	87	53	32	40	24	31	41	44
总凯氏氮（TKN）	23	20	20	23	22	26	29	28	27	30	25
氨氮（NH_4）	58	28	32	43	30	44	60	23	31	26	38
溶解氧	24	32	31	30	21	32	33	27	2	19	25
平均	39	31	32	44	30	36	43	26	24	29	34

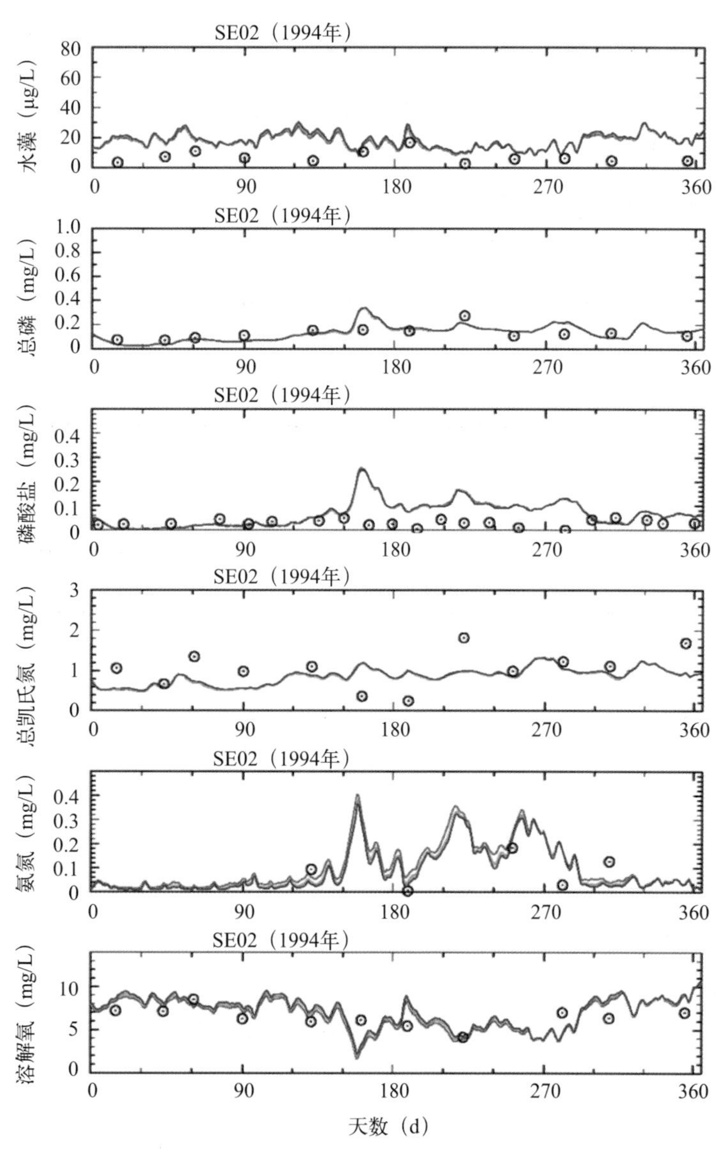

图10.5.9　SE02测站在1994年的水藻、总磷、磷酸盐、总凯氏氮、氨氮及溶解氧的模拟、观测结果对比

氨氮图中，位于下面的线是模拟的表层氨氮浓度，位于上面的线是模拟的底层氨氮浓度；溶解氧图中，位于下面的线是模拟的底层溶解氧浓度，位于上面的线是模拟的表层溶解氧浓度

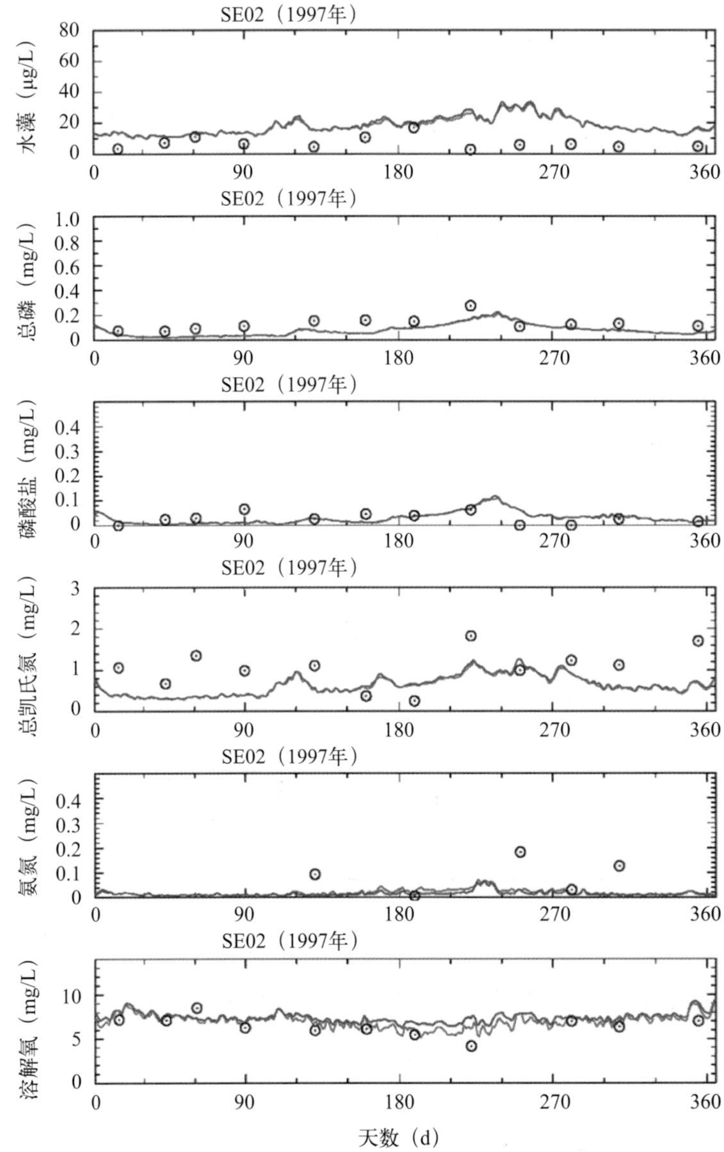

图10.5.10　SE02站在1997年的水藻、总磷、磷酸盐、总凯氏氮、氨氮及溶解氧浓度的模拟、观测结果对比

氨氮图中，位于下面的线是模拟的表层氨氮，位于上面的线是模拟的底层氨氮；溶解氧图中，位于下面的是模拟的底层溶解氧浓度，位于上面的线是模拟的表层溶解氧浓度

能否正确地预测水质变量（例如溶解氧），取决于许多因素，包括层化、碳输入、SOD及水藻。层化取决于淡水入流量及河口外的水面高度波动。圣露西峡湾外海（图2.4.13）的低频海平面波动介于−0.4～0.3 m之间（AEE，2004a）。这个波动是广阔海洋对外部风应力响应，它影响层化进而影响溶解氧浓度。然而，这个波动不包括在1991—1998年的圣露西河口/印第安河潟湖模型，因为模型用谐波分析的方式模拟这个时期开边界上的潮汐。碳载荷同样不足，尤其是来自湿地的碳输入。溶解氧动力模拟能力将随着更多精确的边界条件及外部负载而提高。

总的来说，用1999年的数据校准及用2000年的数据验证的圣露西河口/印第安河潟湖模型能很好地模拟系统的长期变化。1991—2000年的10年模拟结果显示模型能很好地模拟水质状况的季节及年变化。

10.5.3.2　海平面上升对水质的影响

两个长期模拟结果用来分析圣露西河口处海平面上升对水质条件的影响（AEE，2004a）。第一个模拟海平面上升0.8 ft（24.4 cm），第二个模拟海平面上升1.2 ft（36.6 cm）。除了3个开边界中平均海平面分别上升0.8 ft和1.2 ft（图2.4.13），这两个模拟的其他模式配置与基准模拟（10.5.3.1节中的10年模拟）一样，如外部负载、底部通量及淡水流量等控制因子都不变。因此，这两个模拟的海平面上升在很大程度上与水深增加相同。

统计分析与图表结果表明基准模拟结果与边界条件为0.8 ft海平面上升的模拟结果差距相对较小。表10.5.3列出了边界条件中1.2 ft海平面上升的平均模拟结果相对于基准模拟结果的差值。表10.5.3中，负值意味着海平面上升1.2 ft背景下变量平均浓度减少。除了1995年及1996年之外的大多数年，平均水藻浓度随海平面上升而减少。平均的溶解氧浓度也随海平面上升而减少。较高的海平面导致水深增加及更强烈的分层，即导致低溶解氧和影响底部藻类生长的可用光的减少。藻类浓度减少也导致产生的溶解氧减少。随着藻类浓度减少，营养物摄取减少，这个系统中营养物质浓度轻微增加。需要强调的是，即使变量的年平均变化不是很大，但其在某一特定时期的变化也会很显著。例如，表10.5.3列出了1994年年平均溶解氧降低了0.49 mg/L。1994年夏季SE05测站的溶解氧浓度减少超过4 mg/L（AEE，2004b）。

表10.5.3　海平面高度上升1.2 ft与基准模拟的平均模拟结果差

年份	变量	均差	年份	变量	均差
1991	叶绿素a	−0.65	1992	叶绿素a	−0.11
	磷酸盐	0.01		磷酸盐	0.00
	总磷	0.01		总磷	0.00
	总氮	0.00		总氮	−0.01
	氨氮	0.03		氨氮	0.00
	溶解氧	−0.33		溶解氧	−0.01
1993	叶绿素a	−0.94	1994	叶绿素a	−0.69
	磷酸盐	0.00		磷酸盐	0.01
	总磷	0.00		总磷	0.01
	总氮	−0.04		总氮	−0.01
	氨氮	0.00		氨氮	0.01
	溶解氧	−0.18		溶解氧	−0.49

续表

年份	变量	均差	年份	变量	均差
1995	叶绿素a	1.05	1996	叶绿素a	0.37
	磷酸盐	0.00		磷酸盐	0.00
	总磷	0.00		总磷	0.00
	总氮	0.02		总氮	0.01
	氨氮	0.00		氨氮	0.00
	溶解氧	−0.04		溶解氧	−0.08
1997	叶绿素a	−0.28	1998	叶绿素a	−0.18
	磷酸盐	0.00		磷酸盐	0.01
	总磷	0.00		总磷	0.01
	总氮	−0.02		总氮	0.01
	氨氮	0.00		氨氮	0.01
	溶解氧	−0.07		溶解氧	−0.11
1999	叶绿素a	−0.27	2000	叶绿素a	−0.22
	磷酸盐	0.00		磷酸盐	0.01
	总磷	0.00		总磷	0.01
	总氮	0.00		总氮	−0.02
	氨氮	0.01		氨氮	0.00
	溶解氧	−0.17		溶解氧	−0.23

表10.5.4 基准条件与海平面上升条件的平均盐度差

	1995年		1996年		2000年	
测站	0.8 ft	1.2 ft	0.8 ft	1.2 ft	0.8 ft	1.2 ft
SE01	2.5	3.1	0.8	1.1	0.5	0.8
SE02	1.7	2.2	1.3	1.9	1.0	1.4
SE03	1.0	1.5	1.8	2.6	1.2	1.8

圣露西河口的盐度也受海平面上升的影响。表10.5.4列出了具有代表性的3年用以说明海平面上升的影响：1995年（湿年）、1996年（平均年）及2000年（干年）。表10.5.4表明SE01测站在1995年海平面上升1.2 ft，平均盐度增加了3.1 ppt。

通过这两个10年模拟发现，海平面上升对圣露西河口/印第安河潟湖的水质条件有不利影响，如减少溶解氧浓度及增加盐度浓度。统计分析表明海平面上升0.8 ft，不利的影响相对较小。海平面上升1.2 ft，平均溶解氧浓度降低0.49 mg/L、盐度浓度增加了3 ppt以上。更好、更精确的边界条件及营养载荷需要更多实测数据的支撑。与流域模式的直接耦合将为建立圣露西河口/印第安河潟湖模型及进行长期模拟提供更多可靠的信息。

第11章　湿　地

湿地是介于水陆之间的过渡区域。其潜水面达到（或接近）其陆地表面，或者其陆地表面被永久性的、季节性的或潮汐状态下的浅水所淹没。湿地与陆地（或水体）之间的界线并不总是很清晰。“湿地”一词包含了大范围的陆地区域，水是湿地环境和相关生物的控制因子。湿地的类型包括木本沼泽、碱沼泽地、芦苇丛、草本沼泽、苔藓沼泽、洪泛湿地、泥炭沼泽、荒野湿地和泥炭湿地等。简单地说，湿地就是陆地和水体的交会区域。

本章重点讨论湿地的浅水过程及基于地表水模型的数值模拟。关于水动力学、泥沙输运、病原体及有毒物质、水质等基础理论及物理过程已经在第2章至第5章分别介绍。本章重点介绍湿地特征、湿地浅水动力学、泥沙和水质过程，最后介绍两个湿地模拟的研究案例。

11.1　湿地的特征

湿地是全球最具生态功能和经济效益的重要资源之一，为鱼类、生物和人类提供大量物质资源。与其他类型地区相比，湿地富集了更多的动植物群落。直到20世纪70年代人们才逐渐认识其价值。“湿地”一词也是20世纪中叶才逐渐为人们所通用（Shaw，Fredine，1956）。此前，湿地在许多常用术语中涉及，如草本沼泽、木本沼泽、苔藓沼泽、泥炭沼泽等。湿地对地球生命繁衍意义重大，例如供水、蛋白质生产、净化水、能源、饲料、生物多样性、防洪、水运、娱乐和科学研究等。湿地也被称为“地球之肾”，承担了接纳自然界和人类排放的污水和污染物的功能（如图11.1.1所示）。

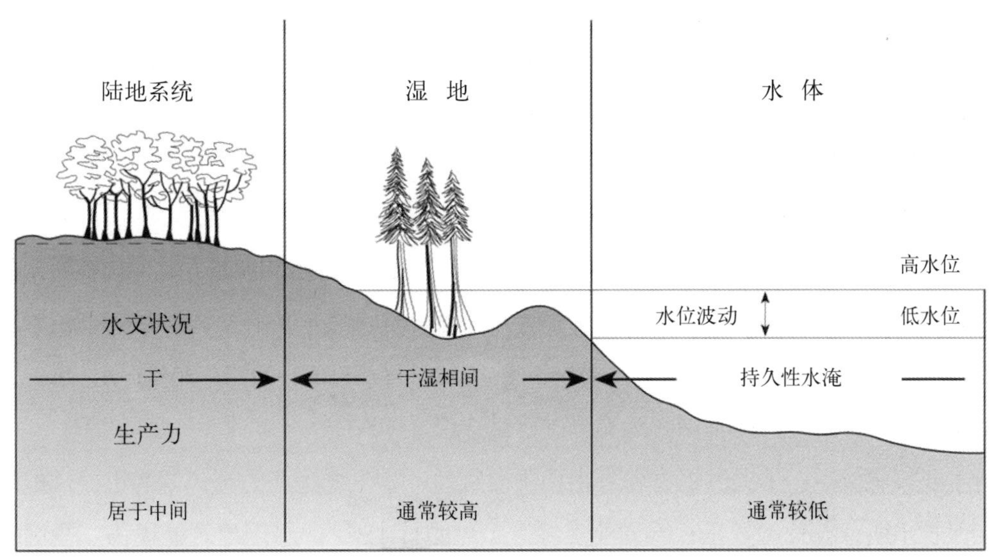

图11.1.1　湿地的描述（USEPA，2000a）

湿地的陆地表面长期或季节性地被地表水覆盖或被地下水浸湿。湿地饱和含水状况是影响土壤特征和湿地植物群落的主要因素。湿地处于水体与陆地之间，形成了水体和陆地之间的过渡区域，其土壤长期性或间歇性地被水浸湿。在这个过渡区域内，水流、营养物质循环和光照联合造就了一个独特的生态系统。湿地常处于干的陆生系统（如森林和草原）与永久性湿的水生系统（如河流、湖泊、河口和近海）的交界处。从热带到冻土带，无论何种气候条件，除南极大陆外，其他大陆都存在湿地。据估计，全球湿地面积有$7\times10^6\sim9\times10^6$ km^2，占陆地面积的4%～6%。（Maltby，Turner，1983；Matthews，Fung，1987；Kar，2013）。

世界上关于湿地的定义有很多，包括生态和法律层面的定义。按照《美国清洁水法》的监管目标，"湿地"一词是指"那些以一定频率或长期地淹没于地表水或浸湿于地下水的区域。在正常情况下，优势植物通常适应其饱和土壤条件。湿地通常包括湿林地、湿草地、酸沼地以及类似区域"。Cowardin等（1979）指出，湿地是陆地生态系统和水生生态系统的过渡区域，其潜水面达到或接近陆地表面，或陆地由浅水淹没。为便于分类，湿地必定具有下列一个或多个特性：①陆地周期性地支持优势水生植物生长；②基质主要是排水不良的底质；③基质是非土质，在每年植物生长季节的部分时间会被水浸或水淹。非土质基质不支持维管束植物的生长。把非土质纳入定义，该分类系统就涵盖了沙滩沙石和海滩岩石地区。这类水文条件符合湿地特征，但可能没有湿地植物或水成土。

11.1.1 湿地的价值

人们已逐渐认识到了湿地各种重要的生态功能。单个湿地与其他相连湿地、临近的陆生系统和水生系统形成一个复杂的、综合性系统，能作为一个整体为人类、鱼类、野生生物和自然环境提供广泛服务。湿地也广受钓鱼、打猎、徒步旅行、划船和野外观察等人士的欢迎。

除自然湿地外，人工湿地（CW）在近几十年也逐渐发展起来。人工湿地是一个仿自然湿地的物理、化学和生物过程而建成的人工系统，以获得最佳水质或栖息地为目的。人工湿地常设计成由水体、基质和维管植物等构成的盆地。这些组成由人为规划和管理。而其他重要组成则自然繁衍，例如微生物和水生无脊椎动物群落等。人工湿地通常包括：①为弥补农业和城镇开发造成自然湿地的减少而建造的人工栖息湿地；②为改善水质而建造的废水处理湿地；③为防洪而建造的洪泛湿地；④为食物和纤维供给而建造的水产养殖湿地（Kadlec，Wallace，2009）。例如，在南佛罗里达，建造了6个大规模废水处理湿地被称为雨水处理区（STA），用于处理农业排水和奥基乔比湖出流带来的磷含量（见图11.1.2）。这种人工湿地在规模大小、资金投入和科学研究方面带来了前所未有的挑战。这6块STA占地近230 km^2，投入超过10亿美元（Juston et al.，2013；SFER，2012，2013；Ji，Jin，2016），关于STA的更多细节将在第11.5节中作为案例进行讨论。

湿地主要效益包括：①提供植物和野生动物栖息地；②生物生产力高；③水土侵蚀控制和供给水源；④保护水质；⑤休闲娱乐；⑥渔业资源等（见图11.1.3）。水工建筑能模仿一些湿地功能，但往往不能提供最佳的环境和生态功能。例如，混凝土墙能保护河堤不受侵蚀，却不具备如净化水质和鱼类栖息的生态效益。

图11.1.2　南佛罗里达的人工湿地（来源：季振刚摄）

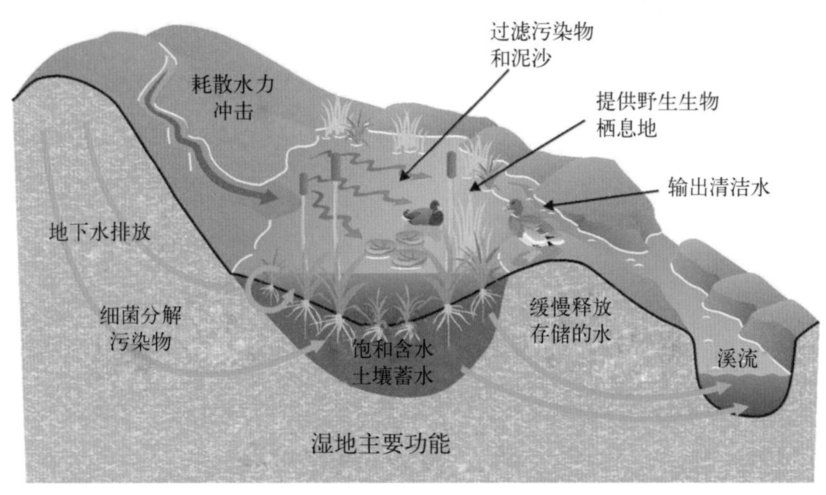

图11.1.3　湿地功能的描述（基于http://www.mass.gov）

湿地为诸多动植物提供独特的栖息地。许多鱼类和野生动物依赖湿地生存或作为季节性栖息地。湿地位于陆地和水体的交会处，常常被从陆地和水体迁徙来的动物所使用。湿地以作为水鸟栖息地而著称。大量的无脊椎动物、鱼类、爬行动物和两栖动物依赖湿地生存或完成生命循环。湿地可为鱼类、贝类、鸟类和其他野生生物提供产卵、发育、成长和保护地。例如，几乎所有两栖动物和至少一半的候鸟定期使用湿地（Interagency Workgroup on Wetland Restoration，2003）。许多鸟、鳄鱼和海龟整个生命周期都在湿地和临近水体中度过。生活在陆地的陆生动物通常要到水里寻觅食物。虾、螃蟹和其他海洋动物的幼体常以沼泽作为庇护所。总之湿地为形形色色的动植物群落提供重要的栖息场所（Teal，Teal，1969）。

湿地形成了陆生系统和水生系统之间重要的过渡区域。由于湿地兼具二者共性，它往往具有较高的生物生产力和生物多样性。湿地被认为是“生物超市”，是最具生物生产力的系统之一（通常比农业种植系统的生产力更高）。许多湿地富含有机物和营养物。这些营养物质支持了整个湿地有机系统，造就了高度生产力系统。它们也会被输运到邻近的水体系统（河流、湖泊和河口），从而增加这些系统的生物生产力，满足人类的各种用途，如渔业等。浅水水体、富含的无机营养盐和高度的初级生产力相结合，成为了有机物生产的理想场所，形成了整个食物链的基础。

湿地保护岸线免受侵蚀并补给地下水。湿地植物能够利用根系固土、吸收波能、降低流速、减少洪水的破坏。通过耗散波能和稳定海岸线，湿地植被起着缓冲波浪和减少对陆地侵蚀的作用。湿地能稳定床体和沉淀泥沙。这些功能在城镇区域变得日益重要，由于人类的开发活动（例如住宅和商业活动的占地）增加了地表径流的流量和峰值，从而增加了洪涝灾害的强度和频率。湿地可以缓解洪涝旱灾。湿地能够截流蓄洪，将流速较大、峰值较高的径流转化为流速较慢、峰值较小的径流，促进径流排入下游或渗入土壤。许多湿地都直接或间接与河流相通。洪水期，高位洪水溢流到湿地，形成洪泛湿地。洪泛区湿地在削峰调洪方面极具作用。洪水期，它们能够容纳洪水，而枯水期可缓慢释放水量。在旱季，湿地能维持河流流量，减少蒸发，补充地下水源。

湿地在环境净化方面具有独特功能。当水流经过湿地，大多数泥沙和污染物都将被过滤。湿地能过滤城镇地表径流和农业面源径流以及截留危害水生生物的泥沙，以保护受纳水体免受污染。湿地作为污水处理设施已经有超过100年的历史。例如，在马萨诸塞州，靠近康科德河的大草原湿地从1912年就开始接纳和处理污水（Kadlec，Wallace，2009）。上游来水携带了泥沙、营养物和其他污染物。湿地能够吸纳和拦截进入河流、湖泊、河口和其他受纳水体的污染物，极大改善了径流水质。湿地去除污染物能力和蓄水能力大多依赖于水动力、物理、化学和生物过程。湿地吸收了碳、营养盐和微量元素，并合成到植物组织中。水下植物产生的氧气能在底泥中产生含氧微生物环境。

湿地能为户外活动提供休闲场所，包括观赏野生动物、探险、狩猎、钓鱼、徒步旅行、自然观景和摄影、皮划艇和划船等。湿地也是户外研究、获取自然历史和生态学知识的重要场所。城市湿地通常是仅存的“自然栖息地”，为居民提供一些荒野和开放空间的感觉。

几乎所有淡水鱼都在不同程度上依赖于湿地，经常在春季洪水期的河畔或邻近湖边的沼泽产卵。大约75%（按重量）商业捕捞的鱼类和贝类都依赖于河口和邻近湿地（Interagency Workgroup on Wetland Restoration，2003）。有机碎屑从湿地输出，成为各种水生动物的重要食物来源。河口的湿地面积与该区域捕鱼量密切相关。河口，尤其是带有广阔湿地的河口，对渔业发展极为重要。

由于种种原因，世界很多地方的湿地正以惊人的速度消失。自然湿地在数量和分布上持续减少。一直以来湿地被看做荒地，被开垦、挖掘成泄洪通道，或认为毫无价值而被忽略。美国在20世纪70年代中期以前，毁掉湿地是常用做法。据估计，首批欧洲定居者到来时，美国还有2.15亿英亩湿地，而目前剩下不到46%（Frayer et al.，1983；Lewis，2001；Dahl，2011）。而在欧洲、澳大利亚和亚洲，湿地消失更为惊人（Kar，2013）。许多湿地被转化为农业耕地，而其他则为城镇开发、水库围垦或建造船坞和港口所占用。湿地常被排掉水后用作耕地，原因在于：①有机物含量高，②营养物含量高，③土地平整、易于耕作。在美国，湿地的消失很大程度归结于农业发展。例如，佛罗里达大沼泽地，曾经的湿地有约1/3被转化为农业耕地。世界上没有任何其他生态系统像湿地这样遭受大规模有组织地被改造、破坏和毁灭。直到20世纪后期，湿地的重要性才逐渐被广泛重视。

11.1.2　湿地的特性

与其他地表水体相比，湿地有许多独特的物理和生物特性，包括地理地形、基质、植被密度和植物类型。湿地分为两类：海岸（或潮汐）湿地和内陆（或淡水）湿地。海岸湿地通常与河口紧密相连，这里盐度变化和潮汐涨落使大多数植物难以生存。因此，许多浅滩是没有植被的泥滩或沙滩。但也有一些植物还是成功适应了这样的环境。内陆湿地最常出现在沿河的洪泛区、湖泊的边缘和其他低洼区域。这些低洼区域的地下水到达地表（USEPA，2000a）。水源主要为降雨的内陆湿地常被认为是“封闭”系统（见图11.1.4），不易受其他水体的影响。而水源主要为邻近河流或湖泊的内陆湿地则被认为是“开放”系统，易受河流和湖泊入流的影响。

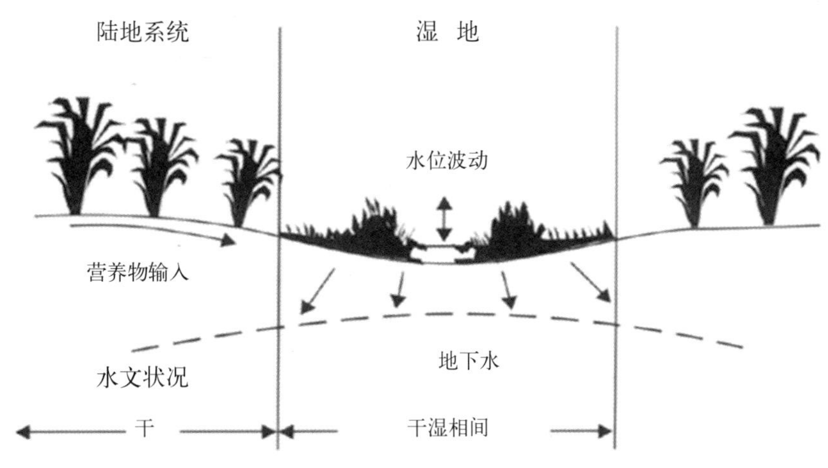

图11.1.4　以降雨为主要水源的内陆封闭系统（来源：NSDA-NRCS，1995）

与河流、湖泊和河口不同，一些湿地的地表水很少，甚至没有，基本上受地下水水位的影响。这些湿地具有明显的季节性，一年内仅有数月的积水期。通常，湿地为各类鱼和野生动物提供主要栖息地及具有蓄水、净化水质和稳定河堤等功能。在地表水研究中，湿地通常被作为综合体系的一个重要组成部分。例如，在佛罗里达湾模型研究中，很大一部分大沼泽地国家公园（湿地）区域被纳入了模型（Tetra Tech，AEE，2005）。

湿地通常被称为生态过渡带，即陆地（例如森林和农田）与深水生态系统（例如河流、湖泊和河口）的过渡区域。因此其上下界限可能是任意的边界。湿地区别于陆地和水体，但又极度依赖它们。湿地的面积从几英亩到数百平方千米。其淹水周期可以是全年，或某些季度，甚至几天。处于过渡区域的位置导致了湿地的高度生物多样性，似乎其物种都是向水生和陆地系统“借来”的。此外，湿地具有独特的生态系统而并非简单的过渡区域。它具有一些深水水体系统的特点，比如存在藻类、底栖生物、厌氧基质和水流环流等。同时，也存在与陆地系统结构相似的维管束植物。由于这种陆生和水生系统的纽带关系，湿地成为地球上最具生产力的生态系统之一。

湿地因地域而各异，但是都拥有三个基本要素：①水文；②土壤/基质；③植被。湿地水文由气候、地质和地形决定。水文被公认为是湿地的最基本特征。水文状况由该区域水的持续性、流动状况、水量和频率决定，是驱动系统其他生态要素的主要动力。湿地的突出特性是水的存在，要么是地表水要么存在于根茎区域。湿地含水状况很大程度上决定了土壤如何衍变以及什么类型的动植物生活在该土壤中。湿地处于湿状态足够长时，将排除那些不适合生长在水饱和土壤的植物类别，并且会改变土壤属性，这是因为洪水期的化学、物理和生物过程将发生变化。水文，而不是植被，决定了湿地的存在（Mitsch，Gosselink，2007）。正是这个原因，在缺乏植被或土壤的区域（例如泥滩、沙洲和海滩），水文条件决定这些区域是否为湿地。

湿地经常有不同于临近陆地的独特土壤条件。湿地基质提供了微生物寄生和进行生物地球化学反应的活性表面。湿地土壤是大多数化学转化的媒介和许多植物需要的化学仓库（Mitsch，Gosselink，2007）。湿地基质称为水成土，是由于长久性或季节性水淹没而形成的饱和含水土壤，产生了厌氧条件。水的存在是切断氧传输途径的主要原因。饱和含水土壤之所以厌氧（缺乏氧气），也是因为水淹没刺激了微生物生长，耗尽了土壤中的氧气。土壤缺氧时，其结构和化学特性发生明显变化。这是界定湿地土壤生物和化学特性的一个公认的重要特征。这些厌氧条件导致了湿地独特的生化过程、特有的土壤和生物群落。这些因素使得湿地土壤不利于陆生植物生长。湿地土壤在接纳降水、蓄水、渗流到地下水和径流到水体过程中都起着至关重要的作用。

水生植物是指已经适应或依赖周期性的湿水条件，并且整体或部分生长在水里的植物。湿地支持水生植物的生长。这些植物可以由多个植物群落组成。重点关注的是影响湿地植物群落特征的物种。湿地优势植物需能适应和承受淹水、厌氧条件下的苛刻环境。湿地植物包括挺水植物（EAV），沉水植物（SAV）和浮叶植物（如睡莲、浮萍）。湿地植物也包括树木（如柏树、红枫和沼泽栎）、灌木（如柳树和杨梅）、苔藓和许多其他植被类型。湿地也是多种其他生态系统中不常见的动物和鱼类的家园。湿地植物的主要功能包括利用光合作用产生氧气、降低水流流速以便于悬浮物颗粒沉降以及促进系统中营养物的吸收。这些营养物在湿地会经历再循环，其过程包括分解、以泥炭形式存储或者以颗粒态迁移。

尽管湿地类型多样，但它们都拥有区别于陆生或水生生态系统的几个共同特征。通常湿地具有有机物源或无机营养物汇的功能（Dahl，Stedman，2013）。与河流、湖泊、河口等其他地表水系统相比，湿地具有以下特征：

（1）水深很浅，时常会干涸。例如，南佛罗里达的人工湿地平均水深不到0.4 m，旱季可能干涸（Jin，Ji，2015）。

（2）过渡带。在许多方面看来湿地会是较为恶劣的环境。主要胁迫来自于缺氧以及盐度和水位的大幅波动。这是一个既非陆生，也非水生的环境。

（3）对外部条件变化敏感。由于湿地是陆地和深水之间的过渡带，两者（或某一方）的变化会对湿地产生直接和间接影响。

（4）茂密的挺水植物和沉水植物。因为湿地水浅，往往密集覆盖着EAV或SAV，这些植物反过来对水流和水质影响较大。这些EAV和SAV能够摄取大量的营养物质并快速生长。

（5）高净初级生产力。通过水位变化和植物分解，湿地生态系统可以快速循环营养物。死亡的水生植物可以很快被微生物分解，然后微生物又会被水生无脊椎动物所摄取。这个过程中产生的食物支撑了湿地相关生物的丰度和多样性。

（6）高效率去除污染物。湿地植物吸收营养盐，并使其在食物链中循环。植物也有利于控制污染物浓度使其低于毒性水平。湿地植物减缓水流流速，有助于泥沙和颗粒物沉淀。

（7）营养泵。湿地与深水水体一样，大多数营养物主要吸附在泥沙和泥炭上。然而，湿地与深水水体不同的是，它更像一个大型的生物营养库。后者以浮游植物为主。湿地植被的营养物大多数来源于底泥，而浮游植物则依赖于水中溶解态的营养物。因此，湿地植物通常被称为“营养泵”，它将营养物从厌氧底泥中带入水体。与之相反，深水水体（如深水湖）的浮游植物可被视为“营养沉积器”，在有氧层吸收营养物，通过植物死亡和沉淀过程，将营养物沉积到厌氧的底泥中。因此，两个环境体中的植物在营养物循环中有着截然不同的作用。

11.1.3 挺水植物

大型水生植物在大多数湿地中是优势物种，能提供广泛的生态效益。它们提供栖息地，改变光照条件和水温，调节氧、碳和营养物浓度。按照生长形态，水生植物可分为挺水植物、浮水植物和沉水植物（见图5.8.1）。水生植物减缓水流流速，营造水中微环境，提供微生物群落附着场所。SAV的详细描述见第5.8节。挺水植物，也被称为挺水水生植物（EAV），其部分茎叶挺出水面而进入大气。常见的挺水植物包括芦苇、香蒲和一些阔叶物种。它们植根于底床，有着发达的根系和茎结构。利用各种物理、化学和生物机制，降低水中污染物浓度。水深长期超过1.5m会对EAV生长产生负面影响（Grace，1989；Kalff，2002；Chen et al.，2010）。例如，EAV能阻止富磷泥沙的再悬浮，吸收水体中的磷，降低水中的磷含量。EAV的空间分布变化与湿地水位的变化有关（Murphy et al.，1983；Dennison et al.，1983；Scheffer，1989；Vermaat et al.，2000；Havens et al.，1999；Havens et al.，2005；Jin，Ji，2013）

香蒲（图11.1.5）和芦苇（图11.1.6）是湿地植物中最容易辨认的物种，它们为众多的野生物种提供了重要食源和窝巢。它们经常处于浅水、缓流地带，形成厚实、整齐的屏障。它们可以将氧气从大气输送到其根际，使其能够生存在长期被水淹没的浅水区域。无论是香蒲还是芦苇，都可以快速成长并能适应较差水质。香蒲的繁殖主要通过风力播种，而芦苇则是利用地下根状茎增殖。因此，香蒲较芦苇可以更快入侵湿地。芦苇可以生长在较深水区域，而香蒲更易于生长在较浅的区域。丰水年，深水区的香蒲死亡，使该水域变为开阔水域或被其他适应深水的植物代替。在生长季节，香蒲比芦苇更依赖于水的存在。而芦苇比香蒲更能长期承受干旱，故芦苇通常用于人工湿地。

图11.1.5　香蒲

图11.1.6　芦苇（Mohlenbrock，1992）

湿地EAV的主要功能包括：

（1）减缓水流速度、减缓波动、稳定基质和沉淀悬浮态泥沙。

（2）吸收营养物并合成到其组织中。吸收过程主要在植物根部进行，这些植物根部常年掩埋于土壤，偶尔也暴露于水中。生物营养物的循环是通过季节性的存储和释放来完成的。EAV吸收营养物的最大量通常发生在春季，而EAV分解和释放最大量营养物的季节一般在秋季。

（3）EAV在大气和泥床间传输气体。它们拥有较长的氧输送管道，需要时，将氧输送到植物根部以满足各种植物功能。植物根部也能释放氧。这种被厌氧底泥包围的有氧环境使得需氧过程变为可能，如有机化合物分裂、分解和硝化作用等（Steinberg，Coonrod，1994）。EAV也能影响水中的氧供给，因为EAV挡住了水面风并减缓复氧过程。

（4）EAV的根茎系统可以为在水体和底泥中的微生物附着和生长提供吸附面。这些微生物包括硝化细菌、反硝化细菌以及有利于化学过程的其他微生物（Guntenspergen et al.，1989）。

（5）EAV将营养物输送到根际，并在植物死亡后，以枯枝形态沉淀到底床。这种机制可为微生物过程提供碳、氮和磷源，产生额外基质，并代表了营养物的掩埋过程。反过来，沉积的泥沙和有机物可能会最终改变湿地水流。

Jin和Ji（2016）用EAV和SAV模型模拟在南佛罗里达的人工湿地（STA-3/4，单元3A和单元3B）。Jin和Ji（2016）指出，当数值模型采用垂向多层代表水体时，如LOEM-CW（Jin，Ji，2015；Ji，Jin，2016），SAV模型（见5.8节）通常应用于底层。而EAV模型（Ji，Jin，2016）应该应用到整个垂向水体（即整个垂向分层）。这种情况下，SAV只能影响底层水体，而EAV则可以影响整个水体。但是，当研究区域的水体较浅，仅需一个垂向层时，EAV模型的控制方程会与5.8节中描述的SAV模型控制方程相似。

佛罗里达人工湿地（STA-3/4，单元3A和单元3B）中EAV（和SAV）对水流的影响采用了数值模型进行研究（Jin，Ji， 2016；Ji，Jin，2016）。模型对包含EAV和SAV的状况与没有它们的状况进行了对比。图11.1.7（a）和（b）显示了模拟的二维速度场和水深分布。图11.1.7（a）是带有EAV和SAV的状况（参考基准），图11.1.7（b）是没有EAV和SAV的状况。在同样风力和流入量/流出量驱动条件下，图11.1.7（a）显示流速较小，图11.1.7（b）显示有较强的水流模式。当去除EAV和SAV的植被阻力时，模拟的流速可超过10 cm/s，远大于参考基准。图11.1.7（a）和（b）清晰地表明了EAV和SAV在节制湿地水流流速和环流形态方面发挥了关键作用。

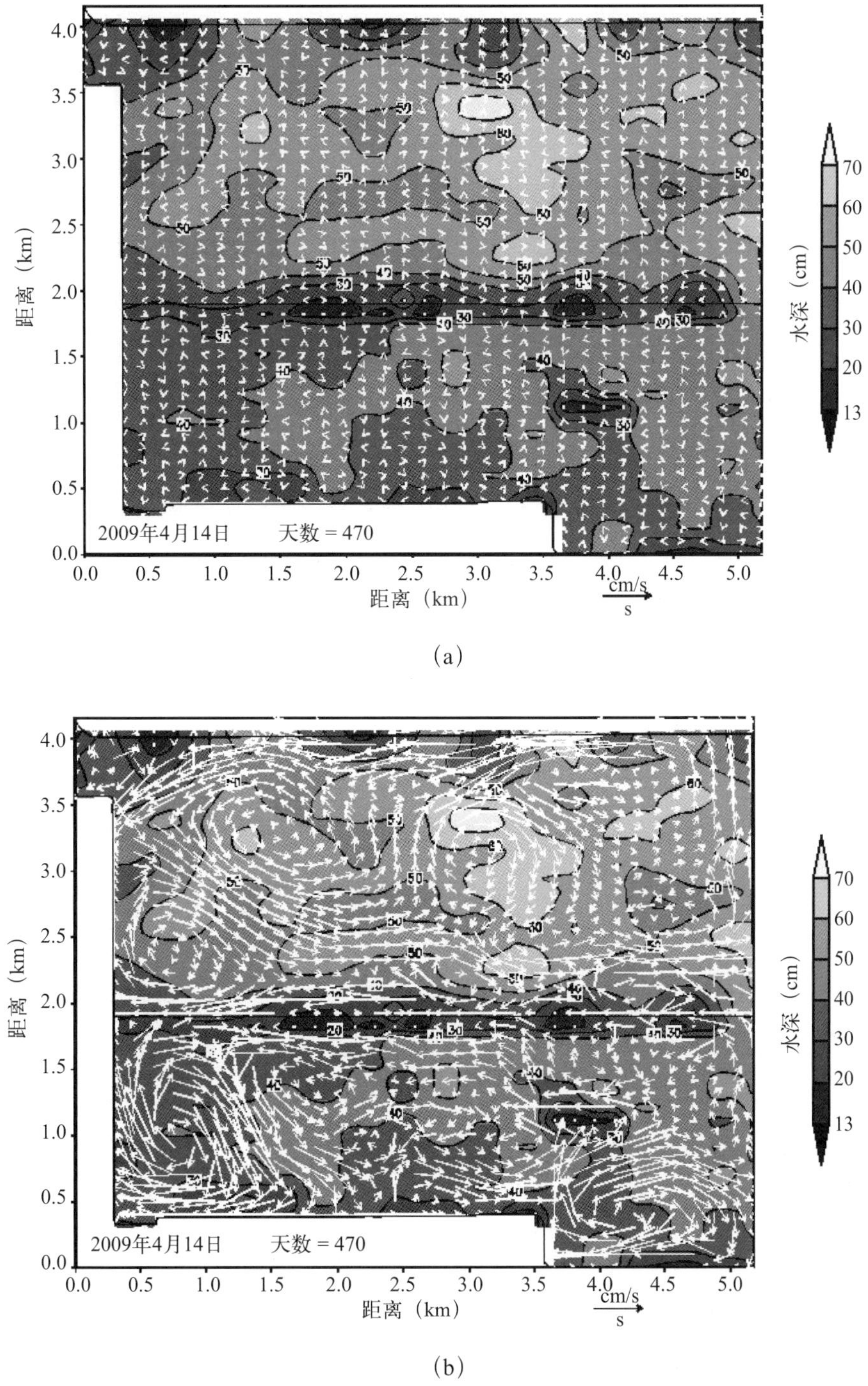

图11.1.7　2009年4月14日，（a）有植被时的流动形态；（b）无植被的流动形态

11.2 湿地水动力过程

湿地是陆地和开阔水体之间的过渡区域。在水量和水生过程方面，它们也处于过渡地位。虽然与其他地表水体相比，湿地的水动力过程没有非常大的不同，但是也有下列主要区别：

（1）湿地常年浅水，甚至会长期处于完全干涸状态。水量收支的微小变化可以明显影响湿地。

（2）水生植物的茎、叶、根系和根茎在阻碍水流流动、遮蔽风和光照方面扮演重要角色。因此，植被类型、高度和密度直接影响水深、流速和流动形态。

（3）蒸散是湿地水量收支的一个主要组成部分。由于湿地的表面积大、水浅，通过降雨和蒸散过程，湿地与大气强烈相互作用。

（4）地表水和地下水之间的相互作用也可以很显著。

湿地的水深、流动形态、洪水持续时间和频率在很大程度上受入流量、出流量和蒸散量控制。泥沙、营养物和污染物与水一起被输运至湿地，进而影响其物理化学性质，如可用营养物量、基质缺氧度、盐度、含沙量和pH值等。因此，湿地水动力过程是形成和维持湿地结构和功能的主要驱动力。湿地的水动力过程导致了湿地独特的物理化学条件和生态系统，其既不同于陆生系统，也不同于水生系统。

湿地水动力过程的改变会对水体化学、营养物供给和盐度（沿海湿地）产生明显影响。随后也将改变湿地植被的生长条件。当土壤被水淹没时，基质中能被植物使用的氧含量减少。基质氧含量的匮乏制造了厌氧（缺氧）环境，并限制了能够生存的根类植物的种类。最后，水生植物也会改变湿地水动力过程和其他的物理化学特征（Gosselink，Turner，1978）。

湿地水动力学过程的控制因子包括气候和地形。地形陡峭的湿地往往比地形平缓（或缓坡）的湿地表面积更小。图11.2.1描述了湿地水文过程。降雨过程中，在上游的城镇区域和下游的湿地区域都会有地表径流。河流也将地表径流与湿地相连接。湿地成为高地和河流之间的过渡区。在降雨过程中，地表径流倾入湿地，并持续汇入河流。在进入河流前，污染物，包括泥沙、营养物和有毒物质，都会被湿地过滤和截留。雨水从上游和湿地区域流到下游，进入受纳水体（如湖泊或河口）。湿地也会由于蒸散和渗流而损失水量。地表水和地下水的相互作用取决于地下水潜水位。如果地下水潜水位高于地表水水位，那么地下水将排放到河里（如图11.2.1所示）；否则，河水将补给地下水（如图8.2.2所示）。

水温对湿地过程很重要，因为：

（1）温度直接影响水质和富营养化过程，如第5章所述；

（2）温度本身可以作为环境参量而进行调节，如第2.3节所述；

（3）温度是热量平衡的一个主要因子，如第2.3节所述；

（4）寒冷气候下，人工湿地需要克服冰冻条件，使得冬季不至于出现运行问题。

当水流过湿地，其能量的得失使水温趋于一个平衡点。能量的最大来源是太阳辐射，能量的最大损失是蒸散。水温可以有日尺度和季节尺度的周期性变化。日变化导致了湿地水温剖面变化和溶解氧浓度的波动。季节变化导致湿地植被生长和繁衍的变化。在生长季节，EAV和SAV大量吸纳营养物。到其死亡时，一部分营养物被输运到了其根部和茎部。寒冷气候将降低植物和微生物的活力，减缓生化进程（Kadlec，Wallace，2009）。

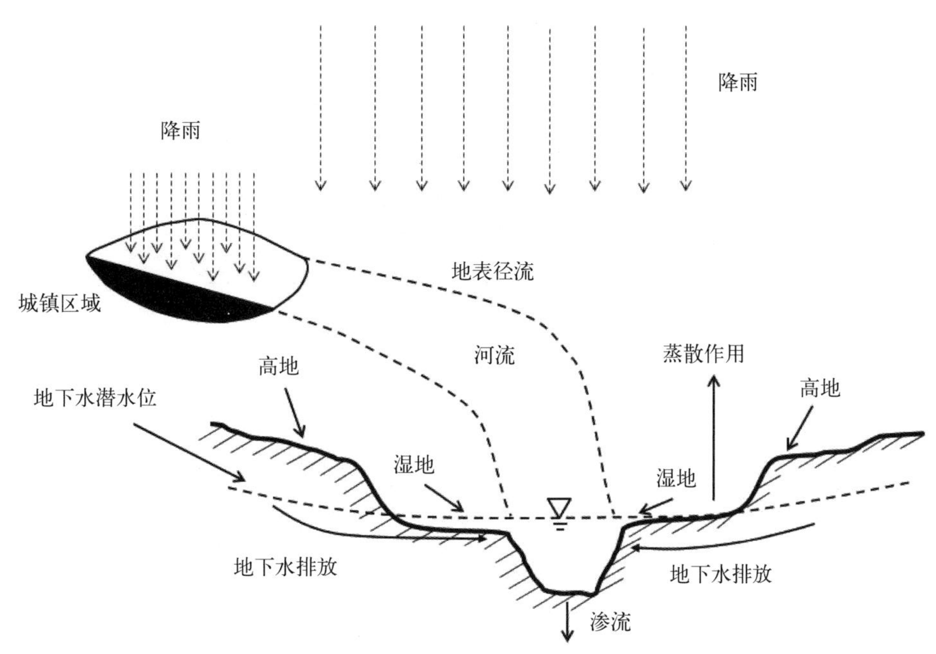

图11.2.1　与湿地相关的水文过程

11.2.1　蒸散

与河流、湖泊和河口相比较，EAV占主导的湿地有一种被称为蒸散（ET）的独特过程，它对湿地水量平衡和营养物输运至关紧要。降水量和蒸散量是湿地水文过程的关键参数。降水量和蒸散量之间的微弱平衡往往决定了湿地是湿或干的状况。如第2.3.1.3节讨论，蒸发过程（E）是地表水表面（或土壤表面）的水分以气态形式散失到大气的过程。蒸腾（T）是通过EAV的水上部分以水蒸气形式将水分散失到大气的过程（图11.2.2）。通过蒸发和蒸腾散失水分到大气的过程合称为蒸散（ET）。蒸散过程会浓缩溶解物质，而降水过程会稀释溶解物质。

湿地的蒸腾作用（T）和蒸发作用（E）在影响污染物过程方面有很大不同。如图11.2.2所示，蒸腾作用在泥床和EAV根部吸收水分（和污染物），在EAV的叶片部分散失。相反，蒸发作用直接吸取水体中的水分（和能量），浓缩水中污染物。

影响蒸散作用的因素包括：①太阳辐射；②表面和大气之间的蒸汽压差；③风速；④植被类型和密度；⑤土壤湿度。类似于第2.3.1.3节所描述的潜热过程，蒸散作用是湿地能量损失的主要机制，也是使湿地降温的主要因素。

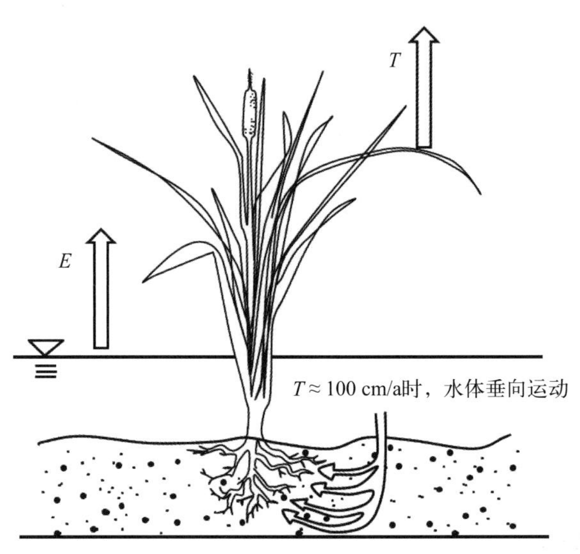

图11.2.2　湿地蒸发和蒸腾的示意图

湿地蒸散作用除了消耗水分和能量外，还影响水体垂向运动及水中营养物循环。通过湿地蒸腾作用（图11.2.2），EAV将水分从根部“抽吸”到叶面，从叶面气孔蒸发出去。蒸腾过程产生的水量损失由植物根部吸收土壤中的水分以及水分垂向运动进行补充，同时将水体中的水分和污染物吸收到底床部位。其结果是将水中的营养物输送到底床。温带气候条件下，每年蒸散量可达60 cm到200 cm。因此，蒸腾过程带来的水分垂向运动可以年均超过100 cm，同时将水体中的污染物输送到底床。这样看来，蒸腾过程类似于渗透过程：携带物质进入底床。在植被覆盖率高的湿地，蒸腾作用在蒸散作用中占主导，达1/2～2/3的蒸散量（Kadlec，2006）。蒸腾输运的污染物通量可能远大于扩散通量。为了了解湿地营养物的去除机制，十分有必要区分蒸发过程和蒸腾过程（Kadlec，1999；Novak，Vidovic，2003）。

蒸散量存在明显的日或季节变化，其变化受太阳辐射、植物类型、植被覆盖和植物状况（植物是否处于成长期还是凋落期）影响（Dolan et al.，1984）。夏季美国南部的日蒸散量平均达5 mm/d。日蒸散率很大程度上受太阳辐射影响。因此，湿地的水量损失在一天过程中并非一成不变，损失量主要发生在白天，中午最大，深夜时分最小（Kadlec et al.，1987；Snyder，Boyd，1987）。

蒸散量的季节变化反映了光照、植被和气温类型。夏天水汽蒸发量比冬天要多。受植被类型影响，生长季节的植物蒸散量较大，在冬季将减少。例如，在北美洲北部，约80%的年蒸散量发生在夏季的6个月（Kadlec，Wallace，2009）。

挺水植物覆盖水面，增加近水表面湿度，减弱水面风力。因此，EAV的存在降低了湿地的蒸发量。在计算湿地水分散失方面，植被类型不是决定性因素。通常，植被引起的蒸发量下降幅度约为50%（Bernatowicz et al.，1976；Linacre，1976；Koerselman，Beltman；1988；Kadlec et al.，1987）。

减少的蒸发量又由EAV挺水部分的蒸腾作用抵消（图11.2.2）。在高密度植被湿地，蒸腾作用在蒸散作用中占据主导地位。Ingram（1983）详细综述了蒸散相关文献，认为覆盖植被的不同特征

（例如，群落组成、植被密度、高度）对蒸散作用的影响程度也不同。由于EAV的蒸腾作用补偿了减少的蒸发量，据估计，湿地的蒸散量大致等于湖泊的蒸发量（Roulet，Woo，1986；Linacre，1976；Eisenlohr，1976）。

蒸发量比较容易测量，但蒸散量则需要按照每天、每周、每季或每年来测量EAV蒸散的水量，要困难得多。由于这个原因，目前有很多计算蒸散量的方法（Gehrels，Mulamoottil，1990；Carter，1986；Dolan et al.，1984）。这些方法中，Bowen比能量平衡法（BREB）因其简单、稳健和经济性，而常被采用。BREB法是一个估算潜热通量的微气象学方法。它采用大气温度、湿度梯度、净辐射量和土壤热通量等测量值估算表面潜热通量（Fritschen，Simpson，1989）。此方法：①是一个直接而简单的测量方法；②不需要地表的空气动力学特征；③能在微小时间尺度（小于1 h）上估算通量；④能提供持续、无需人值守的测量法。BREB法的精度达到10%（Dugas et al.，1991）。

BREB法有下式：

$$H_E = \frac{H_n - G}{1 + B} \tag{11.2.1}$$

式中，H_E为蒸散作用的潜热通量，W/m^2，与式（2.3.4）的定义类似；H_n为太阳净辐射，W/m^2；G为土壤热通量，W/m^2；B为Bowen比率，在式（2.3.13）中定义。

在南佛罗里达，光照强度决定了主要的日蒸散量（73%），湿度和风力的影响相对较小（Abtew，1996）。Abtew（2005）给出了估算ET的公式：

$$ET = K_1 \frac{H_s}{L_E} \tag{11.2.2}$$

式中，ET为湿地或开阔浅水域的日蒸散量，mm/d；H_s为太阳辐射强度，MJ/(m^2·d)；L_E为水的潜热，MJ/kg；K_1为系数（=0.53）；1 MJ = 1 × 10^6 J。与BREB法相比，式（11.2.2）仅需要一个测量参数，即太阳辐射强度。图11.2.3给出了佛罗里达的2号雨水处理区从2008年1月1日到2015年3月19日7年多的日ET值，这是用式（11.2.2）计算所得。如图11.2.3所示，日ET值的变化量可从夏季超过6 mm/d到冬季小于1 mm/d。

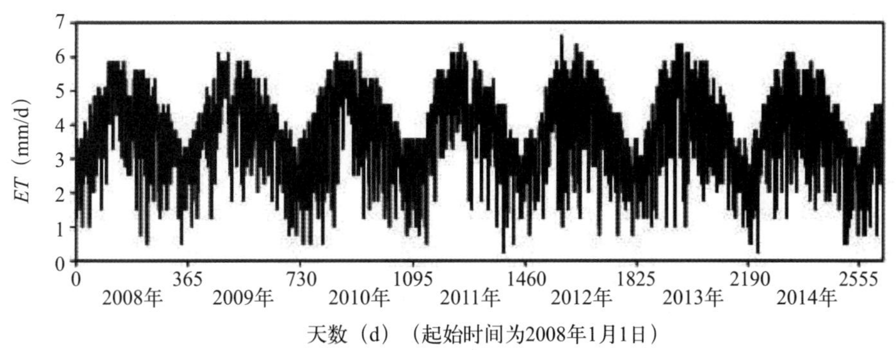

图11.2.3 佛罗里达的2号雨水处理区从2008年1月1日到2015年3月19日的日ET值

11.2.2 湿地的水量收支和淹水时间

湿地可能长期性、季节性或暂时性地被积水覆盖。湿地水量收支是决定其防洪能力、流量调节、营养盐去除和地下水补给的主要因素。降雨、地表径流和地下水补给是湿地的三个主要水源（见图11.2.4）。湿地在与大气、河流和地下水的交互过程中不断获取或流失水量。适宜的地质环境、充足且持久的水量供给是湿地存在的必要条件。在沿海湿地，潮汐也能提供有规律变化的水源，进而影响侵蚀、沉积和水化学特征。与地下水的相互作用通常较弱。

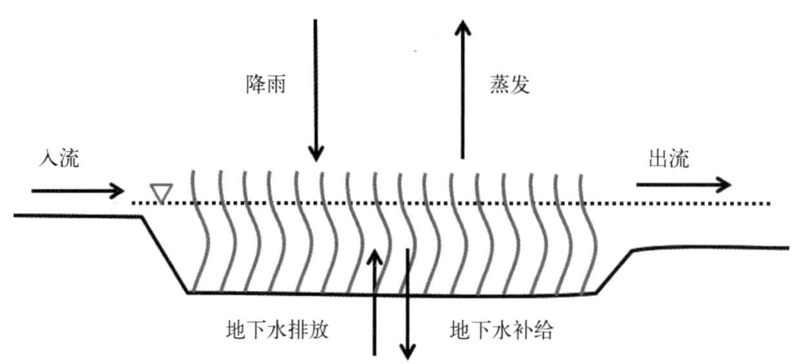

图11.2.4　水量收支分量和湿地中的水流，这里茂密植被的水力阻力影响了出流

湿地在地表水出流、地下水补给和蒸散这些过程中损失水量（图11.2.4）。如第11.2.1节讨论的，在太阳辐射作用下，蒸散常具有明显的日循环和季节循环规律。因此，蒸散是湿地周期性水量流失的重要因素之一。在整个生长季节，植物生长需要吸收水分，然后通过蒸散作用散失到大气中。

湿地的作用如同海绵，能够存储并缓慢释放地表水、降雨径流和地下水，从而将流速快、峰值高的洪流降下来，转变为长周期、慢流速的排放方式。对于易造成洪水灾害的洪峰流量，洪泛区湿地在削弱洪水威胁方面具有明显的作用。同样，在旱季，湿地的海绵功效持续释放其储存的水量，并补给地下水。

水量收支的组成部分如下式：

$$\frac{\Delta V}{\Delta t} = I_S - O_S \pm G_S + A(P - ET) \tag{11.2.3}$$

式中，ΔV为湿地水量的体积变化；Δt为时间，d；I_S为流入湿地的地表水量，包括地表径流以及通过构筑物的入流量；O_S为地表水出流量；G_S为地下水渗流量（排放或补给）；A为湿地面积；P为湿地区域内的降水量；ET为湿地蒸散量。地下水排放供给湿地水量，而地下水补给则消耗湿地水量。

在式（11.2.3）中，维持湿地水量平衡的各分量都随时空变化，而且各分量的相互作用又影响湿地的水动力过程。孤立的湿地从降雨和周围陆地地表径流获得水量，有时也可从地下水获得水量，在蒸散作用和地下水补给中流失水量。湖泊湿地或洪泛区湿地（见图11.2.1）也接纳降雨、地表径流以及地下水。此外，当湖泊或河流水位升高时，这类湿地可能被淹没。当洪水退却，湿地的水量又返还湖泊或河流。这类湿地的水位与湖泊和河流水位波动密切相关。海滩湿地，除受降雨、径流和地下水影响外，还受潮汐的影响很大。

降雨直接或间接地为湿地提供水量。降到湿地范围内的雨量成为直接供水。降到湿地区域外的水量，通过地表径流或地下水输运到湿地，则成为间接供水。例如，雪落到湿地所在流域，在每年春季融化后可为湿地提供地表水。融雪还可以补给地下水，然后在夏季、秋季和冬季都可通过地下水流入湿地。

图11.2.5说明湿地的降雨、入流和出流之间的关系，图中给出了总入流（实线，用m^3/s表示），总出流（虚线，用m^3/s表示）和降雨数据（粗虚线，用0.1×in/d表示）。研究区域是佛罗里达州命名为STA-3/4单元3A和单元3B的人工湿地（Jin，Ji，2015）。时间周期从2009年6月23日至2009年9月21日的7日移动均线。不出所料，这期间降雨量和入流量之间存在明显的相关性。入流量与降雨量之间的相关系数为0.80。降雨成为湿地入流和出流的驱动力，并在时间上超前二者。由于降雨，单元3A/3B的入流量增加，出流量也增加，出流通常比入流滞后几天时间。

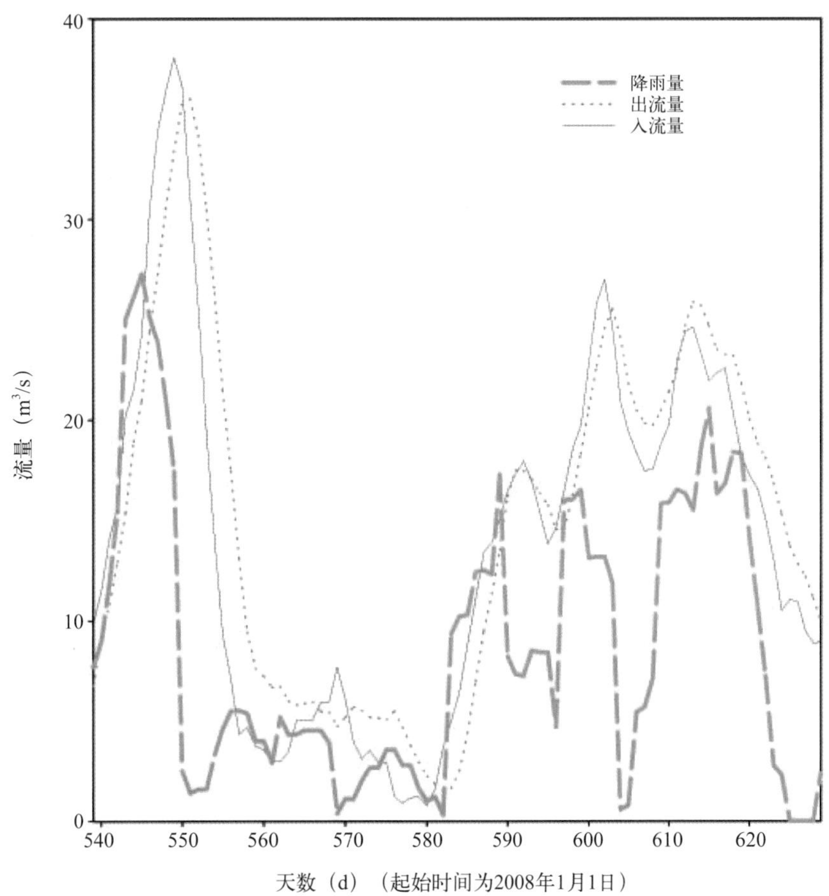

图11.2.5　总入流（实线，单位：m^3/s），总出流（虚线，单位：m^3/s）和降雨数据（粗虚线，单位：0.1×in/d）

研究区域是佛罗里达州被命名为STA-3/4单元3A和单元3B的人工湿地。时间周期为2009年6月23日到9月21日的7日移动平均线

准确获取湿地水量收支状况可能很困难。一些重要的入流和出流分量并不容易量化。单个分量的准确度取决于它们是如何被测量的以及相关误差的大小。坡面径流、河流或湖泊的流入流出，潮汐入流和地下水渗流都是不容易量化的例子。

图11.2.6给出的是丹麦一个河岸湿地的水量平衡研究结果（Dahl，1995；Anderson，2002）。洪泛区湿地有三类蓄水方式：地表蓄水、土壤蓄水和地下水蓄水。在洪泛期间，地表蓄水的水力停留时间为数小时，平均水深达到17cm，大量地表水流经湿地。该区域降雨量为810 mm/a，蒸散量为624 mm/a（Anderson，2002）。

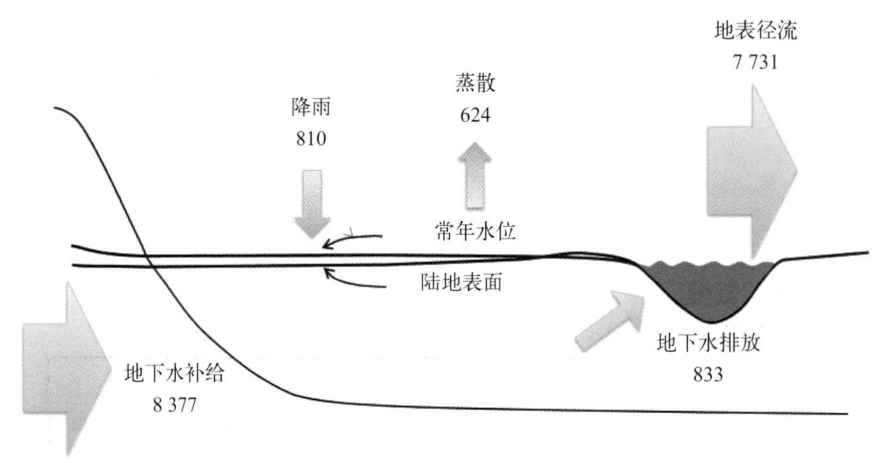

图11.2.6　丹麦河岸湿地的水量平衡

数值（单位：mm/a）是一个枯水年（1992年）和一个丰水年（1993年）的平均值（来源：Andersen，2002）

淹水时间（或水文状况）代表着湿地的水位形态。它是基于淹水水深、持续时间和年频率的一个湿地状态参数。淹水时间表征了湿地类型和湿地表层水位和次表层水位的升降。一些自然湿地在年内只有短期的湿态，而另一些湿地则在数年内仅有短期的干态。另一方面，人工湿地通常有一些水位控制结构，以维持相对稳定的水位。因此，人工湿地大多不会干涸，仅有可以长期承受水淹状态的植物才能存活。人工湿地的植被问题常常源于淹水时间对植被类型的限制（Keyddy，2000；Mitsch，gosselink，2007）。

淹水时间在年内或季节内可能有较大变化。与河流直接相通的湿地，其淹水时间与河流洪峰持续时间和频率，或流域内的径流量相关。当河流水位快速升降时，湿地也随之快速转换干湿状态，这将胁迫湿地植被，并可能引起堤岸侵蚀。同样，水坝和水库的修筑也会对下游湿地产生负面影响，当上游来流被截取后，下游水量大大减少。这些湿地的输入，包括营养物质、有毒物质、有机物质和/或泥沙，都会影响湿地的结构和功能。同样，这些湿地的出流也会对受纳水体产生重要影响。低营养水平和较少含沙量是许多湿地出流的共性。对于不与河流或其他开放水体（如湖泊）直接连通的封闭湿地或者由地下水供给的湿地，淹水时间对短促、局部气象事件的响应度较低，更易受大尺度的年度气候模式的影响。

湿地营养盐的去除过程一般依赖于水在系统中的停留时间。因此，水力停留时间（HRT）是一个关键指标，式（9.1.2）给出其定义。在现有的大多数污水处理湿地系统中，水力停留时间一般为1～10 d（例如，Suthersan，2002；Jin，Ji，2015）。

湿地水深在营养盐去除效率、水力停留时间、大气氧扩散量和植物多样性方面扮演重要角色。例如，当湖泊（或湿地）作为水库使用时，近岸区域会产生荒芜的泥滩区。这是因为入流减小时会引起水位下降。水位的降低导致近岸区域的干涸，并引起相关植被和生物的死亡。长期的深水对EAV和SAV的生长也会有较多负面影响（例如，Chimey et al.，2000；Pietro et al.，2010）。EAV淹没于深水的时间过长会影响种子发芽、生长、繁殖等过程（Grace，1989；Chen et al.，2010；Paudel et al.，2013）。Chimney和Moustafa（1999）报道了佛罗里达的一个人工湿地有大约40%的香蒲死亡，其原因与频繁的高水位有关，其水位可能超出了香蒲承受的范围。Chen等（2010）指出水深超过1.37m足以造成对香蒲的生理胁迫，影响其生长和繁殖。人工湿地应该把深水期减到最少。人工湿地的挺水植物通常局限于小于1.5 m的水深，以尽量减少负面生态效应（Pietro et al.，2010；Paudel et al.，2013）。

11.2.3　植被对湿地水流的影响

植被富集的湿地通常水浅、流速慢。植被与水流间存在强烈的交互作用，会改变水流阻力和湍流特性。由于底床植被的存在，植被密度会影响局部流速分布和边界层厚度（Nikora，2010；Folkard，2011）。湿地植物（EAV，SAV）不是被动地去承受环境水动力作用。相反，它们在许多方面主动与环境流体产生交互作用，利用生物转化施加动力反馈，改变环境水动力条件。湿地植被造成额外的阻力，有助于衰减波能和降低流速，减少底床剪切应力和床体冲刷，增加泥沙淤积（例如，Möller et al.，1999；Mazda et al.，2006）。除了影响流速，植被也会影响湍流强度和扩散。湿地可减缓洪峰流速、削减风浪作用、控制侵蚀和提供泄洪通道等，为稳定岸线和防止风暴破坏提供支撑。

植被茎/叶产生的水力摩阻是湿地水动力特性的重要参数，影响湿地水流形态和水力停留时间。水力摩阻会增加水深和水力停留时间，进而影响湿地植被的生长和死亡。其影响程度取决于植被高度、密度、分布、刚度和类型。这些特性可能随季节而发生变化，例如，水力摩阻可能在植物生长季节增强，在非生长季节减弱。通常摩阻增加会降低水流平均流速，进而增加水深和水力停留时间。

湿地植物可以利用各种物理、化学和生物机制降低污染物和营养盐浓度。它们通过改变营养盐、污染物和泥沙的输运状态而改善水质：既可以直接地吸收和转化营养盐和污染物，也可以间接地通过降低流速和底床剪切力或为颗粒物沉降提供额外的吸附面。物理去除机制主要在沉淀和过滤过程中实现。在有根植物和浮水植物的阻力作用下，营养盐和其他污染物在湿地中迁移缓慢，易于沉降、被过滤和滞留。人工湿地的污染物削减作用主要受湿地各种水动力特性影响，如水深、流速、流场分布和植被类型。这些参数通常是影响营养盐/泥沙输运、植物群落的演化和植被繁衍的关键指标（Kadlec，Wallace，2009）。

湿地的浅坡缓流，被称为片流，主要受地形、EAV/SAV的水力摩阻和区域气象条件的影响。片流对保持栖息地很关键。局部因素和区域因素决定了片流的流速、方向和特性。局部因素包括水深、地形以及EAV和SAV的形态、密度和组成。区域因素包括水面坡度、地表梯度、植被不均匀度、水力结构、道路、涵洞、运河和防洪堤。气象因素，例如风力，也会影响水流条件。

植被在多个空间尺度影响湿地水流，从单个植物的枝叶到整个植物群落。不同尺度下的水流结构与不同的物理过程有关。例如，单个叶片对营养盐的吸收取决于叶片的边界层（Nepf，2012）。湿地植物依靠环境水体输送养分。水流可以输运生化反应所需的气体，以利于生物过程，如利用光合作用和呼吸作用固化溶解无机碳（主要是CO_2），如式（5.6.10）所示。这些过程将溶解态和/或颗粒态物质输运到或离开植物叶面。第2.1.3节所描述的分子扩散和湍流耗散在这些输运过程中扮演了重要角色。

叶面流形成一个动量边界层（MBL），可以是层流、过渡流或湍流，取决于局地雷诺数（Re_x），局地雷诺数被定义为：

$$Re_x = x\,U/v \tag{11.2.4}$$

式中，x为从叶面边缘到下游的距离，m；U为流速，m/s；v为运动黏滞系数，m^2/s。

在图11.2.7中，MBL的形成是由于水有黏附于叶面的趋势，即第2.2.5.2节描述的无滑移边界条件（$U = 0$）。二维层流的MBL可以用连续性方程和运动方程求解。其著名的近似解提供了一个衡量MBL厚度（ΔMBL）的方法。对于平坦表面，ΔMBL具有以下形式（Schlichting，Gersten，2000）：

$$\Delta MBL \approx \frac{5x}{Re_x^{\ 1/2}} \tag{11.2.5}$$

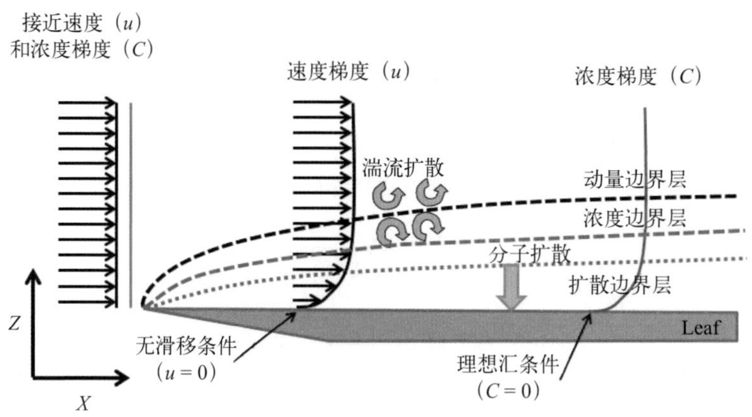

图11.2.7 叶片上MBL，CBL和DBL的示意图

速度梯度是叶面非滑移条件的结果，浓度梯度是因为叶面作为汇并且耗尽叶面所有浓度（$C = 0$），分子扩散是DBL内主要的物质输运形式

依此类推，当某种物质在植物叶面被消耗或产生，其浓度边界层（CBL）将形成类似MBL的结构。此时，如图11.2.7所示，临近叶面形成一个浓度梯度，叶面起到了“源”或“汇”的作用。CBL的厚度（ΔCBL）由下式给出（Schlichting，Gersten，2000）：

$$\Delta CBL \approx \frac{5x}{Re_x^{1/2} Sc^{1/3}} \tag{11.2.6}$$

式中，Sc为施密特数（$=v/M$），M为分子扩散系数，m^2/s。式（11.2.6）表明，ΔCBL比ΔMBL更薄，相差$Sc^{1/3}$倍。

扩散边界层（DBL）是临近叶面的一层薄薄的水层，这里分子扩散大于湍流扩散，是主要的物质输运形式（图11.2.7）。DBL厚度一直延伸到分子扩散等于湍流扩散的高度。分子扩散仅在离叶面最近的水层内，是主要的物质输运形式。在DBL以上，湍流扩散开始占主导。DBL外部，离叶面越远，湍流扩散越大于分子扩散；此时，浓度梯度较小，浓度分布基本均匀（Bird et al.，2002；Nishihara，Ackerman，2006；Nishihara，Ackerman，2008）。

湿地水流的湍流特性可由式（3.2.3）定义的雷诺数确定。Williamson（1992）描述了均匀流动中孤立圆柱体从层流到湍流转换的细节。尽管Re = 50已开始有涡旋脱落，但圆柱尾迹在Re = 200，仍能保持层流。当$Re > 200$，涡旋的不稳定引起尾迹成为湍流。因此，湿地Re小于200时，其流动应该会保持层流状态（Nepf，1999）。例如，在佛罗里达人工湿地，当植物茎直径为1 cm、水流速为1 cm/s时（Jin，Ji，2015），其雷诺数为Re=100，在层流范围内。当流速超过2 cm/s时，该人工湿地应该处于湍流状态。因为湿地的典型流速每秒一般在数厘米范围内（如Chang，2015；Kar，2013；Kadlec，Wallace，2009；Jin，Ji，2015），湿地流动应该可以是层流或者湍流，两种状态都可能。

湿地植被茎和叶的垂向位置随植被类型的不同而不同。浮水植物仅占据水体表面。带浮叶的有根植物，如睡莲，在水面也能产生较强的阻力，而在水体中的茎阻力则较小。相反，人工湿地常用的EAV有茎和/或叶贯穿整个水体。底床边界层常带有死亡的植物组分。综合起来，许多EAV的阻力分布在典型水深范围内基本均匀（Kadlec，Wallace，2009）。湿地也有垂向混合作用。由于底床存在高密度植被的拖曳力，底层水流缓慢。这些缓流水层与临近的快速流动水层进行化学成分交换，产生垂向混合。

关于湿地植被对水流条件的影响研究早期主要集中在糙度系数的确定，而不是试图更好地理解水动力学过程。例如，Colebrook-White、曼宁或谢采等经典方程描述了仅由床体糙度产生阻力的流动（Yen，2002）。大量工作用于修正曼宁方程（例如，Guado，Tomasello，1995）。这类经典方程（如曼宁方程）虽然简单实用，但揭示水中流动结构的信息量较少，并不能完全反映EAV/SAV的影响（Kadlec，1990；Jadhav，Buchberger，1995）。实际上，植被在水流中起着障碍物的作用，改变了流速分布和摩阻。因此，这些经典方程应用于湿地流动阻力计算时，存有局限性。

Jin和Ji（2015）以及Ji和Jin（2016）开发了一套完全耦合水动力、泥沙、水质、EAV和SAV的人工湿地模型。水平方向采用笛卡儿坐标，垂向采用Sigma坐标，式（2.2.21）和式（2.2.22）的模型动量方程修改为

$$\begin{aligned}&\frac{\partial(Hu)}{\partial t}+\frac{\partial(Huu)}{\partial x}+\frac{\partial(Huv)}{\partial y}+\frac{\partial(uw)}{\partial z}-fHv\\&=-H\frac{\partial(p+g\eta)}{\partial x}+\left(-\frac{\partial h}{\partial x}+z\frac{\partial H}{\partial x}\right)\frac{\partial p}{\partial z}+\frac{\partial}{\partial z}\left(\frac{A_v}{H}\frac{\partial u}{\partial z}\right)\\&+\frac{C_{px}B_{px}H}{L_p^{\,2}}\left(u^2+v^2\right)^{1/2}u\end{aligned} \tag{11.2.7}$$

$$\begin{aligned}&\frac{\partial(Hv)}{\partial t}+\frac{\partial(Huv)}{\partial x}+\frac{\partial(Hvv)}{\partial y}+\frac{\partial(vw)}{\partial z}+fHu\\&=-H\frac{\partial(g\eta+p)}{\partial y}+\left(-\frac{\partial h}{\partial y}+z\frac{\partial H}{\partial y}\right)\frac{\partial p}{\partial z}+\frac{\partial}{\partial z}\left(\frac{A_v}{H}\frac{\partial v}{\partial z}\right)\\&+\frac{C_{py}B_{py}H}{L_p^{\,2}}\left(u^2+v^2\right)^{1/2}v\end{aligned} \tag{11.2.8}$$

式（11.2.7）等式右边最后一项代表了植被对流动的影响，其中，C_{px}为植物的叶或茎在x方向上的阻力系数；L_P为植物密度尺度，它可以是水平位置和垂向位置的函数；B_{px}为植物的叶或茎的宽度在x方向的投影，它也可以是水平位置和垂直位置的函数。式（11.2.8）等式右边的最后一项也代表了植被的影响，其中，C_{py}为植物的叶或茎在y方向的阻力系数，B_{py}为植物的叶或茎的宽度在y方向上的投影，它也可以是水平位置和垂直位置的函数。上述方程是三维的。按照EAV（或SAV）的高度和密度，模型在垂向可以分为多层。某些分层可以有EAV（或SAV），而另一些分层可以没有EAV（或SAV）。

11.2.4 地下水和地表水的交互作用

关于地下水概况的论述已经在第6.3节介绍。本节介绍地下水和地表水的交互作用。

湿地是一种复杂的生态系统，地下水和地表水存在明显的交互作用。由于不能直接观测地下水，所以它在湿地过程中的某些作用很难被认识。许多地方有湿地存在，不仅仅是因为该地排水不畅，还因为该地有地下水排放。在研究地下水补给/排放产生的水量流入/流出时，必须考虑地表水/地下水的交互作用。地表水和地下水的污染物可以相互交换，两者水质也相互影响。因此，有必要考虑地表水与地下水交互作用所产生的影响（Sun et al.，2006；Kazezyılmaz-Alhan et al.，2007）。

如第6.3节所述，地下水来源于降雨或地表水的渗漏。雨水缓慢透过非饱和土壤和岩石向下渗透，直至达到饱和含水层。饱和含水层的顶端被称为潜水面（图6.3.1）。河流、湖泊、河口和湿地也可渗流到饱和含水层。这个过程被称为地下水补给。补给通常发生在河流和湿地的底部。当洪水流过洪泛区，也可渗流到地下蓄水层，补给地下水。水头压力差会造成地下水回流到地表或进入地

表水体，这个过程被称为地下水排放（图11.2.4）。地下水排放为湿地补充水量。地下水补给和排放并不是湿地独有，可以遍及各种地形地貌。

湿地与地下水的交互是通过地下水的排放和补给实现的。地下水可渗流到地表，这取决于地下水的潜水位和地表水水位，反之亦然。大多数湿地基本上都是地下水排放区，也可能出现季节性地下水补给。地下水补给和排放受湿地地形、水动力条件、泥沙特性、季节、蒸散和气候等因素影响（例如，Lide et al.，1995）。湿地可以为蓄水层提供主要的或有限的补水。周期性淹水的湿地在蓄水和地下水补给方面效率较高。地下水排放通过井流、渗流和/或蒸散作用（当植物根系可以到达潜水位时）进行。以地下水排放为主的河流往往比以降雨为主的河流在年内流量分布更为均匀。这是由于地下水排放较降雨和融雪而言，在水量供给上相对稳定。

地下水排放会影响受纳湿地的水质。地下水补给则会将湿地水量输送到地下蓄水层，进而影响地下水的水质。地下水排放进入湿地的上覆水往往富含矿物质，影响土壤和水体的化学性质，进而影响生物群落特征。地下水的流动方向和速率会影响营养盐及其他溶质输运。地下水流入可能为地表水提供大量的营养负荷。营养盐也可以输运到地下水。例如，大多数河口湿地处于地下水排放区而并非补给区。这些地区的地下水排放有时足以影响河口的水质（例如，Valiela，Costa，1988）。涨潮时，海水可暂时性存储在湿地表面和土壤中，与排放的淡水相混合。因此，不同潮位下，地下水排放对湿地水质的影响程度也不尽相同（Harvey，Odum，1990；Valiela et al.，1990）。

在佛罗里达人工湿地的研究中，Paudel等（2013）以模型区域与环境水体之间水位差为函数计算了堤坝渗流量。净渗流量按下式计算：

$$Q_s = K_s\,(H_B - H_i) \tag{11.2.9}$$

式中，Q_s为渗过壁面边界的渗流量，m^3/s；H_i为临近壁面边界的i网格单元的水位，m；H_B为壁面边界的水位，m；K_s为渗流系数，m^2/s。靠近研究区域的历史日平均水位用做边界水头（H_B）。调整渗流系数K_s以尽量减少研究区域水量平衡残差（地下水流入/流出）。按水量平衡估算，渗流系数取值为0.007 m^2/s（Paudel et al.，2013）。

Jin和Ji（2015）模拟了佛罗里达雨水处理区的水位（STA-3/4单元3A和单元3B）。图11.2.8显示了站点G-384从2008年1月1日到2013年10月31日的水位的模型值与实测值之间的比较结果。虚线是实测数据，实线是模拟数据。很明显，除2009年和2011年的旱季外，该模型很好地模拟了STA水位。图11.2.9显示了在站点HOLEY1_G测得的地下水位和在单元3A测得的水位。站点HOLEY1_G位于单元3A西边，代表了研究区域的地下水水位。图11.2.9表明2009年和2011年的春季，地下水和地表水的水位差较大。由于这些大的水位差，据判断，在单元3A有大量地表水渗透到地下，离开地表水系统。由于没有实测的地下水补给资料，并且在研究区内，大部分时间地下水的排放/补给量都很小，该模型没有包括地下水的排放/补给，这导致了2009年和2011年春季的模型数据误差较大。图11.2.8和图11.2.9说明了地表水和地下水交互作用的重要性（Jin，Ji，2015）。

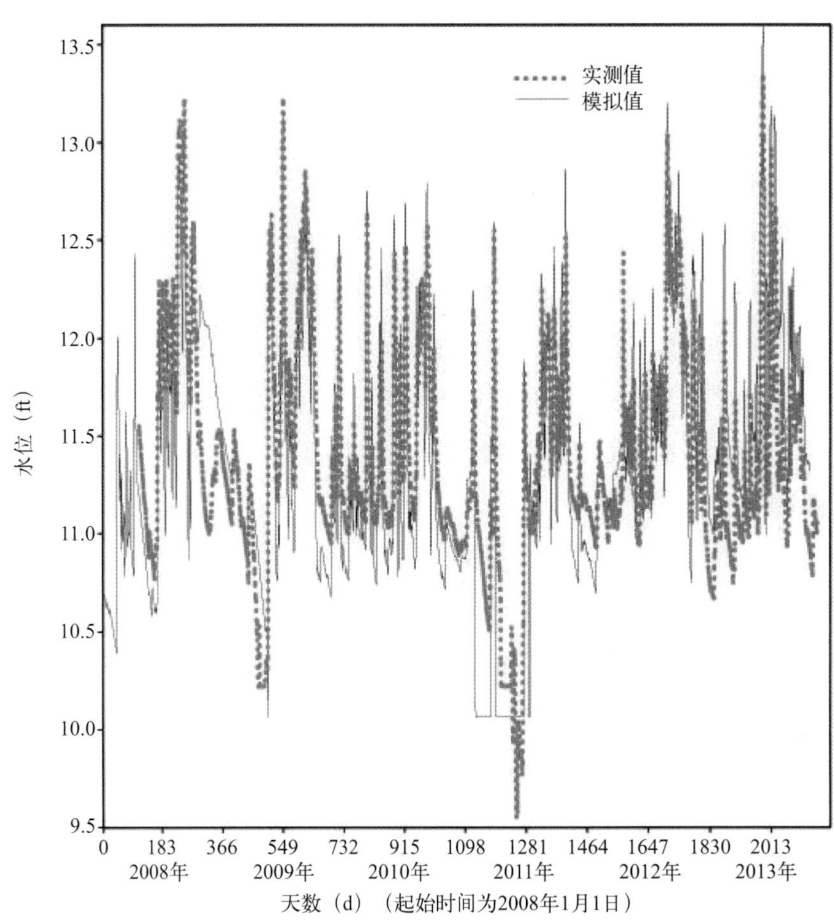

图11.2.8 佛罗里达STA-3/4的G-384站点从2008年1月1日到2013年10月31日的模拟值与实测值的水位

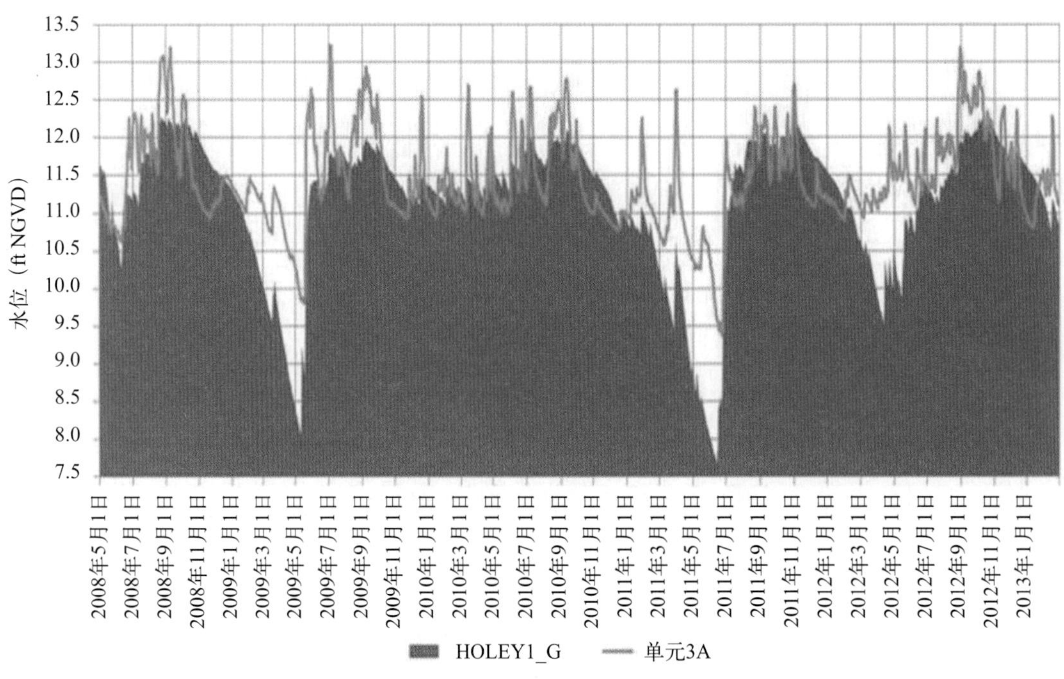

图11.2.9 HOLEY1_G的实测地下水位和单元3A的实测水位

11.3　湿地的泥沙和水质过程

关于泥沙输移、病原体和有毒物质以及水质的一般性讨论已经在第3章至第5章介绍。本节重点介绍湿地中这些过程的特点。

湿地的上覆水创造了一个既不同于陆生也不同于水生的独特生态系统。湿地外部来水水源包括了降雨、地表径流、地下水和河流。它们将水、泥沙和营养物输入或输出湿地，并影响到湿地的泥沙和水质过程。

湿地是一个复杂的生态系统，包括水、基质、植被、枯叶（主要是败落的植物茎叶）、无脊椎动物和微生物。因此，改善水质的过程众多，且常常相互关联，具体过程包括：①悬浮物沉降；②溶解性营养盐在水-土界面的迁移扩散；③化学转化；④植物和微生物的营养盐吸收；⑤微生物将营养物转化为气体组分；⑥营养盐依附于泥沙表面并随之沉降。

外部营养物负荷对湿地生物多样性会产生一连串的影响。微生物、藻类、植物、无脊椎动物和脊椎动物群落都不可避免。哪些过程将在湿地中发生取决于入流特征和湿地本身特征，如尺寸大小、形状、沉床、植被和在流域中所处的位置。湿地外部负荷的变化可能会对水生生物繁衍和休闲使用产生负面影响，降低湿地作为过滤器保护下游和地下水资源的能力。

湿地具有对地下水和地表水的净化功能，能维持高质量的水质，净化污水。湿地水生植物通过影响营养物、污染物和泥沙的运输状态来改善水质。它们可以直接地吸收和转化营养物及污染物，或间接地降低流速和床体剪切力或为颗粒沉积提供额外的吸附面。湿地在改善水质的有效性方面取决于很多因素，包括淹水时间、植被类型和覆盖率、局部气候和污染物类型。

泥沙、营养物、病原体、有毒重金属和有机物质被输运到湿地内。湿地作为短期或长期的泥沙汇，还可以截取、沉淀、转换、循环和输出水中的这些污染物。经过各种生物和化学过程，湿地可以过滤或改变这些自然和人工污染物。湿地既可以作为一些物质的汇（捕捉和截留物质），也可以作为另一些物质的源（释放物质）。例如，一些营养物（如磷）在流经湿地的过程中，可以从一种形态转变为另一种形态、固定下来或者沉淀到底床，从而形成营养物的汇。有机碳以植物组织和泥炭的形式累积在湿地，形成溶解态和颗粒态有机物的潜在源。洪水漫流湿地，流速减缓，颗粒物析出，沉积在湿地。当下一次洪水来临时，一些沉积物又可能再悬浮而被输运出湿地。

11.3.1　泥沙沉积

土壤是地球表面的无机质、有机质和生命质的复杂混合物。湿地土壤是湿地的基本组成部分，支持植物生长，维持微生物群落，这些对湿地生态系统至关重要。土壤被水淹没和饱和含水时形成水成土。水成土有两类：矿质土壤和有机质土壤。缺氧和厌氧条件支撑了水生植物的生长。

湿地的流速较缓，泥沙易于沉淀，故总悬浮颗粒含量较少。图11.3.1给出了佛罗里达人工湿地的总悬浮物（TSS）的测量值和模拟值（在STA-3/4单元3A的站点G-380 B，如图11.5.2所示）。平均TSS浓度大约在20 mg/L。G-380 B在人工湿地（CW）的入口处，湿地内部的TSS浓度更低，大部分时间接近零［见后面的图11.5.7（a）］。

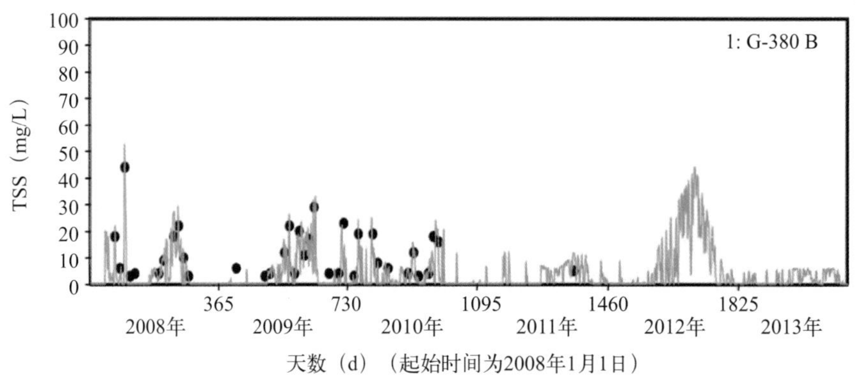

图11.3.1 佛罗里达站点G-380 B的TSS浓度

实线是模拟值，黑点是实测值（Jin，Ji，2015）

湿地可以保护堤岸线和补给地下水，可以缓解水灾和旱灾。芦苇、芦丛、香蒲、大米草和红树林等湿地植物可以承受波流作用，能稳定河床，减缓风力和波浪作用，减少对堤岸线的侵蚀。不同湿地的植被对侵蚀力的耗散也不相同，这取决于植被组成和根系结构、沉积物类型和水动力条件。湿地植被消耗波能和稳定河岸，缓冲了波浪和侵蚀对邻近陆地的作用。湿地拦截径流和蓄纳洪水，将快速、高峰值洪峰削弱，使之缓慢、较小且长时间排放。湿地植被的摩阻减缓水流，形成浅水滩涂和洪泛区湿地，降低了水流侵蚀力。由于洪峰大流量是造成洪水灾害的主要原因，湿地的作用是减少洪水的威胁。植被的减少可能使湿地从泥沙“汇”转变为泥沙“源”。

众所周知，湖泊环境中的水生植物会降低底泥再悬浮（James，Barko，2000；James et al.，2001，2002；Horppila，Nurminen，2003；Jin，Ji，2013）。湿地的水生植物具有这样相同的功能。植被覆盖率高的湿地，枯枝败叶为泥沙提供了稳定的淤积条件。水流速度由于植被阻碍和路径变动而减小，引起总悬浮颗粒物和相关营养物的沉降。沉积物积累可以为磷和其他营养物提供长期的汇（贮存）。湿地能够截获水体中的悬浮物（图11.3.2）。悬浮泥沙的沉降取决于水流速度、洪水状况、湿地植被面积和水力停留时间。减缓的水流以及植物的枯枝败叶，增加湿地对悬浮物的沉降和拦截。湿地的缓流和浅水条件使泥沙沉降下来。当水流经湿地植被，会过滤掉水中悬浮物。茎和叶提供的水力摩擦也可以使悬浮固体沉降，从水体中除去相关污染物。浮叶植物和丝状藻类也具有截获沉积物的作用。

悬浮颗粒物随周围环境水体进入湿地，同时还有在湿地形成的碎屑和死亡的有机物（图11.3.2）。许多污染物通常吸附在悬浮颗粒上，如磷、有机化合物和有毒重金属等。因此，去除吸附污染物的悬浮颗粒，也可以去除水体中的这些污染物。从水体到底床的悬浮物转移过程对湿地水质以及生态系统的性质和功能都有深远影响。湿地植被通常能截取80%～90%的径流泥沙（Gilliam，1994；Johnston，1991；Jin，Ji，2015）。

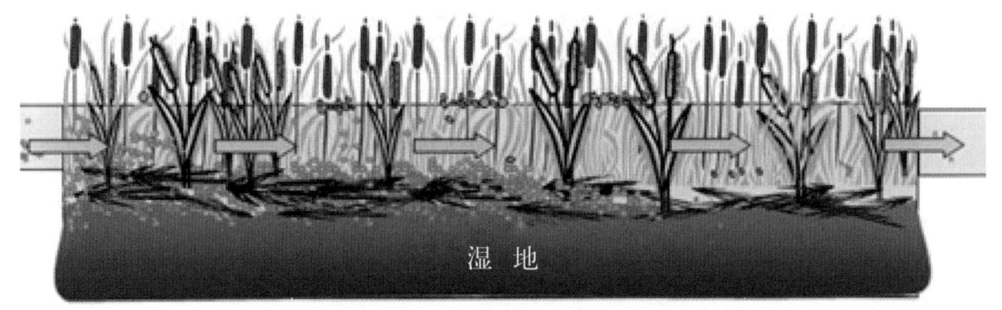

图11.3.2 水流经过湿地时悬浮颗粒物的去除过程
（来源：http://ca.water.usgs.gov/projects/LICD/wetlands.html）

泥沙截取在阻止泥沙再悬浮和降低浊度方面起着关键作用。底泥淤积来源于入流带入的泥沙（沉淀）和湿地内部产生的固体。随着时间的推移，泥沙（污染物）持续沉淀，在湿地基质上积累形成了连续掩埋层。颗粒物的淤积抬高了湿地底床高程。用于处理城镇或农业雨水排放的湿地，其入口处可能会很快淤积。

湿地沉积物中一部分来源于植被死亡产生的枯枝败叶和有机物碎屑。例如，藻类生长可能是悬浮物的一个主要来源，枯枝败叶在总悬浮颗粒中也占相当份额，其来源于直接解体或微生物分解。湿地营养水平高，可确保产生大量可输运有机物和死亡机质，并以沉积物丰富为特点。此外，湿地无脊椎动物的死亡也导致沉积物增加。尽管上述过程难以量化和模拟，但认识其存在和迁移过程十分必要，这也有助于认识总悬浮颗粒（TSS）的来源以及其背景值水平（Kadlec，Wallace，2009；Ji，Jin，2016）。

如9.3节所述，湖泊和水库的泥沙往往充当磷的“汇”。湿地也存在类似的循环和去除过程。湿地中发生众多迁移和转化过程，但仅有沉淀物淤积才可以长期储存和去除磷。湿地形成的有机沉积物是随时间而变化的，例如磷吸附于悬浮颗粒物，随之沉淀到底床。形成沉积物的第一步是形成一种低密度的松散物质，称为絮状物。絮状物易受水流干扰而移动，直到重新沉降。然后它们可以随时间固化下来，形成新的湿地沉积层。随后，含磷的沉淀物沉积到床体，并不断被泥沙、碎屑和枯枝败叶所覆盖，这将使一部分的磷在底床沉积太深而难以再悬浮到水中。

除物理沉降外，湿地的化学反应也可以产生颗粒物质，并使物质沉降下来。组分间的化学反应可导致物质转化，产生不溶性化合物，随之在水中沉降。例如，磷酸盐与铁铝氧化物反应生成新的无机化合物沉降下来，稳定地沉积在床体上，从而长期地存储磷物质。碳酸钙可在高pH值和溶解钙条件下合成，如下式：

$$Ca^{2+} + HCO_3^- + H_2O \rightarrow CaCO_3\downarrow + H^+ \tag{11.3.1}$$

该反应可由藻类调节，因为藻类活动可以提高pH值和有利于产生富钙固体（Vymazal，1995）。为了减少磷含量，南佛罗里达的人工湿地就富含大量的钙化合物（Dierberg et al.，2002）。

如第3章所述，TSS的去除主要是通过沉淀和拦截机制。生物膜吸收细小颗粒物也有利于去除湿地中的TSS。在水生环境中，细菌通过分泌黏稠、胶状物质，附着在组织表面，形成微生物生物膜。生物膜的形成场所可以是各种各样的表面，包括植物的茎和叶子。生物膜群落由各种细菌、其他微生物、碎屑和被侵蚀产物等混合组成。悬浮物颗粒随水流运动，当靠近植物茎及其生物膜时可附着在生物膜上。生物膜能截获有机和无机颗粒，逐渐形成一个生物垫。在人工污水处理湿地的入口处，有机物负荷较高，强化了生物垫的形成。在出口处，微生物仅能获得少量有机物，生物垫很少形成（Winter，Goetz，2003；Ragusa et al.，2004）。

生物膜去除污泥的效率取决于水流速度、颗粒物性质、水体性质以及水下组织表面的特征。Lloyd（1997）研究了芦苇的水下组织表面，发现尺寸在0.5 ~ 2.5 μm的颗粒易吸附于生物膜。Saiers等（2003）报道29%的微颗粒（0.3 μm）能附着在植物上，生物膜可能是湿地去除污泥的重要机制。

在大流入量/流出量、大的风波、动物活动干扰和气举等外部胁迫下，湿地的沉淀物可能发生再悬浮。如第3章所述，床体剪切力可能使床体上沉积物的颗粒物脱离，这是河流中再悬浮的一个主要过程。在大多数的湿地，除了风暴事件可能产生的高入流/出流外，高流速导致的物理再悬浮不是主导过程。湿地水流速度通常太小，难以将底部或沉水植物处泥沙再次悬浮起来。风浪可以是湖泊再悬浮的主要驱动力（如Ji，Jin，2014），风浪在开阔水域的湿地也可能很重要。

动物活动也可能引起沉积物的再悬浮。例如，河底鲤鱼的活动可能再悬浮大量泥沙（Kadlec，Hey，1994）。河狸在筑坝阻挡水流时，其活动也将搅动泥沙。人类活动，如划船，也可能导致水中含沙量增加。湿地的产气反应主要是水生植物的光合作用产生氧气和厌氧区域产生甲烷。湿地泥沙浮力往往接近中性。少量的存气就会使泥沙悬浮。当颗粒物有附着的气泡时，如氧气、甲烷、硫化氢和二氧化碳，将发生气举（Kadlec，Wallace，2009）。

11.3.2 水质和营养物的去除

作为陆地和水体之间的过渡区，湿地可以拦截径流，过滤营养盐、污水和泥沙，并有助于防止水体富营养化（图11.3.3）。去除营养盐的高效方式包括悬浮物的沉降、营养物在水中和底床中进行分解、SAV和EAV的吸收。湿地与开阔水生系统相似，大部分的营养物质滞留在底床。湿地的生物生产力往往超过陆地或开阔式水生系统的生产力。由于湿地位于陆地和水体之间，既可以作为临近陆地排放的营养盐“汇”，也可以作为临近水体的营养盐潜在“源”。湿地作为营养盐的汇，从受纳水体中过滤生物可利用营养盐，并存储到泥沙中，然后转换成有机物。这些有机物可能会存储到底床或被输出而去除（Reddy et al.，1993；Brenner et al.，2001；Ji，Jin，2016）。

湿地、陆地和深水体之间的过渡栖息地为湿地资源管理和保护提供了框架。评估湿地营养盐的最大去除率和长期滞留能力往往十分必要。为了实现这些目标，不仅需要监测入流及其营养盐浓度，而且应该认识和分析湿地水动力、泥沙、水质和SAV/EAV过程。这些过程对湿地生态系统至关重要，而不应被视为一个黑箱。

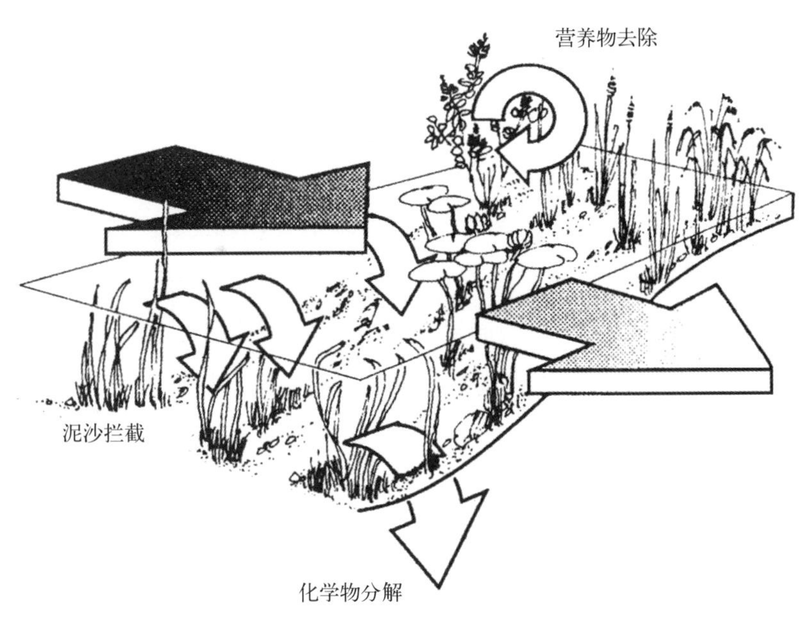

图11.3.3　湿地中泥沙拦截和营养盐的去除过程（USEPA，2000a）

湿地水质主要受地质环境、水平衡（入流、出流和蓄存量的相对比例）、入流水质、沉积物和植被类型以及湿地周边人类活动的影响。随着湿地营养负荷的增加，其生物地球化学过程发生改变，水体及底床化学性质将随之发生变化，这对大部分植被至关重要。湿地的入流水质能反映其水源的物理化学性质。以地表水入流为主的湿地能反映出与其相连河流或湖泊的水质。相比之下，主要通过降雨得水和地下水补给失水的湿地，其污染物浓度更低。受地下水排放影响强烈的湿地，其污染物浓度水平与地下水相似。大多数情况下，湿地接纳各种不同水源，其污染物浓度往往也是各种水源的综合结果。

湿地很多的地区与湿地很少的地区相比，两者的水质往往截然不同。前者营养物浓度、悬浮物颗粒和其他污染物都较低（例如，Novitzki，1979）。湿地具有过滤和转化营养盐和其他成分的能力，因而美国和其他国家利用人工湿地来处理点源和非点源。

湿地营养物的复杂循环涉及各种组成部分，包括水体、沉积物床、枯落物、生物膜、植物根、茎和叶。湿地的营养物去除机制涉及水体、底床、植物和根际的物理、化学和生物过程。通常，很大一部分营养盐可以呈颗粒态或吸附于其他颗粒物上。因此，沉淀是营养盐去除的主要过程。当然，也存在一些可以将营养盐转变为其他可利用形式的过程。

去除营养盐通常是湿地的一个主要目的，特别对于人工湿地。农业和下水管道排出的污水含有高浓度营养盐，污水处理湿地能够降低其浓度水平。充分理解湿地营养盐过滤/去除过程是优化湿地的营养物去除方案的先决条件。无论用人工湿地还是自然湿地，湿地吸收营养盐的能力已被广泛应用于点源和非点源的处理。湿地的过滤能力使得人们建立专门的人工湿地，去除废水和径流中的营养物和其他化学物质。人工湿地的应用是已经被认可的低运行成本技术。

湿地污染物可以通过物理、化学和生物过程去除：

（1）湿地物理过程包括沉降和过滤，主要由水动力条件控制。高密度植被（EAV和SAV）降低流速，促进悬浮颗粒物沉降。湿地基质有助于过滤营养物。

（2）化学过程包括重金属和其他某些污染物的沉淀以及利用光照杀死病原体。

（3）生物过程包括硝化、反硝化、营养盐吸收、光合作用和发酵。硝化和反硝化作用可脱氮；植物摄取营养盐可去除水体中的营养物（包括氮）；光合作用有助于供给氧；发酵分解有机物。

水动力条件对营养盐循环及其利用有明显影响。湿地中的缓流延长了水体与植物表面的接触时间，培育出多样性微生物群落，进而可以分解或转化各种物质。长水力驻留时间有利于促进营养物的去除效率。但是，如果时间过长，它也可能产生负面影响，将底泥中的营养物质和污染物又释放回水体。水深影响沉水植物生长量和水体流动，从而也可以影响营养盐的去除效率。

湿地不仅能储存营养盐，而且能将营养盐从生物可利用形式转化为不可利用形式，反之亦然。生物过程，如湿地微生物和植被，对去除湿地营养盐有明显贡献。污染物以基础营养盐的形式存在，如硝酸盐、铵盐和磷酸盐等，都很容易被湿地植物所吸收。湿地藻类和植被都能吸收营养盐产生新的生物量。但藻类生命周期短，因而其对营养盐的储存时间也短。

人工湿地常见的水生植物是芦苇、香蒲和菖蒲，都具有耐水植物的特征，其根植于底泥，但其茎叶可挺出水面。在生长季节，水生植物对营养盐的吸收量最大，秋季/冬季将减少甚至停止。拥有水生植物的湿地系统通常比无植被系统能去除更多的营养物质。湿地植被除了减少和循环营养物和其他污染物外，还能降低流速，增加沉降，过滤颗粒物，减少侵蚀。挺水植物会降低藻类光合作用的光能吸收，从而减少光合作用日效应的影响。植被也为湿地微生物和野生动物提供避护所。随着植被和微生物的死亡，碎屑和枯叶沉积到底床。一些营养盐、重金属或其他污染物在此前由水生植物从水中去除，通过释放和分解作用又循环回水体中。溶解态营养物的释放可以迅速发生在死亡的植物或其组织上，而较为缓慢的组分流失发生在细菌分解碎屑和其他有机体分解过程中。水中再循环的营养盐可能从湿地排出，也可能再次被植被吸收。

植被承担了营养盐临时仓库的作用，能吸收大量的营养盐，尤其是在生长季节。湿地植物在营养盐短期存储或固化过程中扮演了重要角色。如果植被没有被收割掉，大部分营养物质最终进入枯枝败叶，并在有机物矿化过程中逐渐被释放出来。植物地上部分在死亡和解体后将营养物释放回水体，并将残留物沉积到床体。地下根系死亡解体后，难溶部分沉积到底床，析出到根部区域的孔隙水中。这些营养物中仅有一小部分可能最终长期存储，并可看做被永久性地移出生态系统。

如果在夏末收割植被，那么在秋季和冬季所释放的营养物量就会大大减少，这将有助于维持湿地的去除营养物能力。收割湿地植被是一个提高营养盐去除的方法。然而，收割通常只能去除不到10%的年负荷（如，Herskowitz， 1986；Toet，2003；Vymazal，2004），并且，收获过程可能花费较大人力和物力。

除EAV（在第11.1.3节讨论）和SAV（在第5.8节讨论）外，藻类（在第5.2节讨论）对湿地营养盐循环也起着重要作用。通过藻类吸附、沉降和掩埋过程，湿地营养盐可被长期沉积到底泥中。在充足的阳光和营养盐条件下，藻类可大量繁殖，并对湿地整个生态系统的食物链和营养盐的循环起重要作用。藻类光合作用产生的有机化合物可以进入水生食物链，为各种微生物提供食物。这些碳化合物也可以作为碎屑直接沉积到湿地底泥，形成有机泥炭沉积物。当湿地水生植物茂密时，藻类对水质的影响就可能不那么重要了。

植物量是指在某时刻活的植被物质量和死亡植被物质量的总量。生物量反映了所有活的植被物质。已死生物物质反映了所有死亡植被物质（Mueleman et al.，2002）。通常藻类植物量比EAV（或SAV）的植物量小。然而，藻类周转周期短，据估计，每年被摄取和掩埋的藻类植物量达到50%～100%的植被植物量。EAV和SAV处理的氮、磷量可能不比肉眼都看不见的微生物和藻类处理的氮、磷量大很多。换句话说，藻类和微生物物质可以与水生植物的重要性相当。这样的相同性可以用“水桶和茶杯”的比拟来描述（Kadlec，Wallace，2009）。

如第11.2.1节所述，蒸腾作用使湿地以100 cm/a的数量级散失水量。这种流动，术语称为蒸腾流（TS），抽取了孔隙水，其通常与上覆水有不同的浓度。为了弥补蒸腾水分的散失，水体中水流向下运动到植被根际，并将上覆水的营养物输送到根部。在蒸腾流过程中，植物也可以拦截部分溶解态营养物，吸收浓度小于孔隙水的水分。这些因素共同决定了植物吸收的营养物量（Trapp，Matthies，1995；Gomez，Pardue，2002；Kadlec，Wallace，2009）：

$$J_U = TS \times TSCF \times C_{pw} \tag{11.3.2}$$

式中，J_U为吸收通量，g/(m^2·d)；TS为蒸腾流，m/d；$TSCF$为蒸腾流浓度系数，无量纲；C_{pw}为孔隙水浓度，g/m^3。在上覆水与底床之间，典型湿地的向下吸收通量远大于向上的扩散通量。

富营养化是湿地生物多样性降低和植被群落改变的主要原因（Brinson，Malvarez，2002；Verhoeven et al.，2006）。排入湿地的污水通常会增加水量和营养盐供给，然后刺激生态系统的总生产力和净初级生产力。富营养化程度高会导致湿地生态系统发生重大变化，使富营养化前、后呈现两种截然不同的环境系统。湿地往往对化学品输入有较高的容纳能力，例如来自农田的化肥以及来自道路和城市的油品。当截断污染源，过一段时间后湿地通常可以恢复（例如，Guntenspergen，2002）。供给新的水和营养物后，湿地将通过调整储存、路径和结构进行响应。当供给量处在有历史记录的输入范围内，一个成熟湿地生态系统的特征和功能不会发生明显变化。但是，持续或极端污染事件的发生会导致生物组合连同整个生态系统功能发生重大变化。

虽然，磷和氮为湿地植被所必需，但其含量异常（即富营养化）则反映了整体环境的重要变化。在生长季节，营养盐的增加有利于植被生长，而到非生长季节时，将会产生更多的枯枝败叶。这些枯枝败叶需要几年时间才能被分解，因此，在几年内，整个生态圈的生和死的生物量将缓慢达到一个新的高值。

栖息于特定湿地的物种都是那些竞争过其他物种、最有效地利用资源的物种。随着营养负荷的增加，水体和床体的营养盐浓度也不断增加。湿地的这些变化可能对其营养状况产生连锁反应（Albright et al.，2004）。藻类和植被都直接和/或间接地受到影响。当湿地处于贫营养状态（如第5.1.1节定义），原生物种已经适应，使它们在贫营养系统中生存，胜过那些无法适应现状的物种。当富营养化发生时，适应此前状态的物种不再具有竞争优势，将会被那些适应富营养状态的物种所淘汰。这些变化进一步改变了湿地的富营养化状况以及湿地的物理构造。这些系统性变化的例子包括了泥沙特征的变化以及有机质和沉积率的增加。

除了湿地营养盐浓度的增加外，其他参数，如溶解氧（DO）和pH值，也可能受富营养化的影响。营养盐的增加导致藻类和植物生产力的增加，反过来又会导致DO和pH值的大幅变化。这些过程的结果是，其他反应，如死亡植物和藻类物质的分解，可以进一步改变湿地沉积物和水质状况。

湿地的生物地球化学过程去除和过滤营养物，与植被、水-土界面和生物膜密切相关。湿地的这些过程大多发生在土壤区域而非水体中。在固定水深时，如果湿地面积增加一倍，水力停留时间将增加一倍，植被、水-土界面和生物膜也将增加一倍。故湿地的营养物去除能力也将增加一倍。但是，当固定湿地面积而水深增加一倍时，尽管水力停留时间增加了一倍，植被、水-土界面和生物膜并没有按比例增加。故水深加倍不太可能等比使湿地的营养物去除能力也增加一倍。此外，更深的水可能无法保持相同生态环境，因为植被对淹水时间也有要求（Kadlec，Wallace，2009）。Ji和Jin（2016）也表明，人工湿地水深的增加提高了总磷（TP）的去除率，但总磷的去除效率并非随水深线性增加。

虽然湿地通常被认为是一种经济、低维护的污水处理方式，但湿地本身可能并非营养盐的最终归宿，而只是在营养盐被重新释放到水体前，被暂时截留数天、数月甚至数年。如果湿地能净滞留营养盐，则意味着营养盐的输入大于输出，那么湿地就成为营养盐“汇”。当输出大于输入，湿地就成为营养盐“源”。如果湿地中营养盐只是进行形态转化，如从颗粒态转化为溶解态，但湿地中该营养盐的总量并没有发生变化，此时湿地就是该营养盐的转换器。当然，该湿地仍可能是该营养盐颗粒态汇和溶解态源（Mitsch，Gosselink，2007）。因此，湿地并不总是营养盐“汇”，有时能扮演营养盐转换器的角色，仅起传输作用，甚至可以成为上覆水的营养盐“源”。例如，Gale等（1994）报道：处理后的污水流经湿地，水中磷浓度降低了。他们也观察到从底泥释放的溶解磷进入了上覆水中。充分理解湿地过程，并确定湿地是否为营养盐和污染物的源、汇或转换器，还需要开展更多研究。

11.3.3 磷循环和去除

与河流、湖泊和河口相比，湿地一个独有的特性是：水生植物（SAV和EAV）在磷循环和去除过程中扮演了重要角色。湿地的磷化合物占了植物、碎屑、微生物和沉淀物干重的一小部分，约是氮化合物的1/10。磷主要存在于有机碎屑和凋落物以及无机沉积物中。少量的磷物质存在于微生物、藻类和水中。磷截留是湿地最重要的特性之一（Mitsch，Gosselink，2007）。

磷物质量随湿地类型和季节而变化。湿地磷输入包括地表水入流、大气沉降和地下水排放。磷输出包括地表水出流和地下水渗流。与氮不同，氮可以以气体形式从系统中排出，磷不能以气态排出，只能从水中沉淀到底床。因此严格讲，磷的去除并不意味着磷永久性地从系统中消除，而是被沉淀下来并保留在系统内。

湿地中影响磷去除的机制主要有3个：①植被和微生物生物膜的吸收；②悬浮泥沙的吸附；③难溶性残余物的沉淀和储存（掩埋）。植被在磷去除过程中的净效应取决于许多因素，例如植被类型、根/冠比、植被周转率和水体的理化性质。

植物经过吸收和释放直接影响磷的去除。植物吸收是去除磷的重要方式，但具有较强的季节变化。植被生长吸收磷并储存磷，而植被死亡后分解过程中又将磷释放回水中。湿地植被的生长、死亡和分解年复一年地发生。不同季节的磷吸收和磷释放可以不同，导致的磷去除效果也各不相同。植物量（和磷含量）在春季和初夏增长，在秋季减少。然而成熟湿地的植物量（与磷含量）每年的变化应该不大，在植被存储方面没有净增加。湿地磷浓度的增加可导致植被组织中磷含量的增加。枯叶的磷含量比活叶的磷含量低。生物量中磷含量在生长末期的较春季低。因此，植被样本的取样时间可能严重影响磷存储量和平衡量的计算（Reddy et al.，1999）。如第5.4.2.1节描述，泥沙吸附可以在初始阶段去除磷，但这部分存储是可逆的，最终趋于饱和。

虽然湿地植物的生长需要磷，但水中的磷很少直接被这些植物吸收（Richardson，Marshall，1986；Davis，1982）。位于底床的植物根系从孔隙水中获得大部分磷，并输运到地上生物量（茎和叶），以维持植物生长。在衰亡期，地上生物量中的磷很大一部分将被输运到地下生物量中（根及根茎）。枯死的藻类、植物和微生物经过渗透和分解，原本被吸收的大部分磷最终又释放回水中（Richard，Craft，1993；Reddy et al.，1995；White et al.，2000）。少量植被吸收的磷将被掩埋到底床，即永久性地去除磷，成为新的沉积物。残余碎屑淤积在河床面上，成为河床沉积物的一部分。因此，尽管湿地发生很多的迁移和转化过程，但仅有掩埋过程才能无限制地继续下去，提供长期的磷储存和去除机制。

湿地的SAV和EAV降低了水底切应力，阻碍了沉积颗粒物的再悬浮。其结果是，小部分磷被掩埋到床体底泥，可能永久性地从磷循环中去除。通常情况下，植被凋落物需要在12～24个月才能分解成稳定的残余物（Kadlec，Wallace，2009）。浮游植物和藻类的凋落物分解速度要快很多，对新底泥的淤积作用不大。植物经过生长、死亡和分解的循环，最终将吸收的营养物大部分返回到水中。并非所有的死亡植物都会分解。少部分地上部分和地下部分的死亡植物不宜腐，形成稳定的淤积物。湿地淤积的残余物（包括其磷含量）将形成新的底泥。被掩埋的部分促使泥沙淤积，可以储存磷、氮和其他污染物。这种掩埋机制有助于新底泥的长期淤积。许多湿地的磷（和其他营养物）随有机物一起淤积，可能会将磷从水体中永久性地去除。因此淤积过程导致了磷的掩埋（Verhoeven，Meuleman，1999）。

大多数被植物吸收消耗的磷在植物死亡和腐烂后又被释放回水体，仅有10%～20%在分解过程中被永久性地存储（Reddy et al.，1993；Craft，Richardson，1993；Kadlec，1997；Rybczyk et al.，2002）。湿地中颗粒态有机物和无机物的沉降，促使新底泥的淤积，造成营养物长期滞留在床体表面。新底泥可能来自于植物茎和叶残骸、残根和枯枝的残余物以及其他物质。新形成的底泥促成了磷（及其他营养物）沉积和固化。沉积的磷具有抗分解性。典型的沉积速率见表11.3.1。底泥沉积（约1 cm/a）最终可能导致底床抬高，降低水力停留时间，并改变湿地的流动形态和水深。

表11.3.1 人工湿地的磷沉积率（参考：Kadlec，Wallace，2009）

地理位置	参考文献	TP 水平	沉积率（cm/a）	P掩埋率［$gP/(m^2·a)$］
路易斯安那州	Rybczyk等 (2002)	L	0.14	0.36
密歇根州	Kadlec，Robbins (1984)	L	0.20	0.24
大沼泽地 WCA2A	Reddy等 (1993)	L	0.39	0.18
大沼泽地 WCA2A	Craft，Richardson (1993)	L	0.16	0.06
大沼泽地 WCA3	Craft，Richardson (1993)	L	0.20	0.08
Chiricahueto, 墨西哥	Soto-Jimenez等 (2003)	M	1.00	0.40
墨西哥 WCA2A	Craft，Richardson (1993)	M	0.40	0.46
墨西哥 WCA2A	Reddy等 (1993)	M	1.13	1.14
加利福尼亚州萨克拉门托	Nolte，Associates (1998a)	H	1.50	0.51
路易斯安那州	Rybczyk等 (2002)	H	1.14	3.03
密歇根州	Kadlec (1997)	H	1.80	13.7

注：L为$TP < 0.1$ mg/L；M为$0.1 \leq TP \leq 1.0$；H为$TP > 1.0$ mg/L。

沉积作用导致湿地有机物累积。例如，泥炭的形成就是部分腐烂的植被或有机物的淤积。泥炭湿地是覆有一层厚的浸水有机物土壤层（泥炭）的湿地。泥炭湿地约占全球湿地的一半，覆盖了全球3%的陆地面积（Charman，2002）。自然湿地的长期沉积是泥炭湿地的成因。自然沉积的量级为每年几毫米（Mitsch，Gosselink，2007）。这可能是初级生产力提高或者分解和输出减少的结果。这些过程是造成湿地中泥炭累积的部分原因。湿地也是全球生物圈的碳“汇”。

图11.3.4是佛罗里达大沼泽地国家公园的2A水源保护区的水中、底床和孔隙水中的总磷垂向剖面浓度分布（Reddy et al.，1991）。上覆水总磷浓度大约为0.17 mg/L，垂向变化很小。由于植被的吸收、碎屑分解和根际区域的蒸腾通量，底泥床体中磷含量随深度的增加而减小。最新的碎屑和磷颗粒物沉积在底泥床体最上层。近床体表面的磷含量是水体中磷含量的4倍，但随深度迅速衰减。通常表层底泥（0 ~ 10 cm）含有最多的植物根。这些植物根系会将磷从这高浓度区中去除。这些植物根系也经历了生长、死亡、分解的循环周期。较低层（10 ~ 35 cm）的磷将逐渐被植物吸收耗尽。

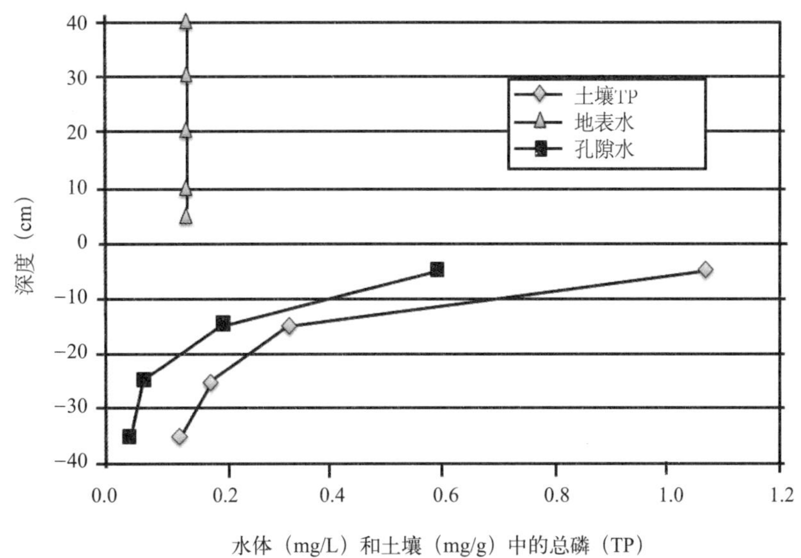

图11.3.4　佛罗里达大沼泽地2A水源保护区的水中和底床的磷的垂向剖面浓度分布图
（来源：Reddy et al.，1991；Kadlec，Wallace，2009）

根茎植物主要消耗位于底床表层20～30 cm孔隙水中的磷（和其他营养物）。植被的年循环周期是指地上部分生长、死亡、凋落和分解的过程。该过程导致一些来源于河床的磷又释放回水中和/或沉积到河床表层。因此，该过程的净效益是吸收床体底泥中的磷，然后释放到水中和/或沉积到河床表层。这种磷向上的传输方式被称为磷采掘（见图11.3.5）。

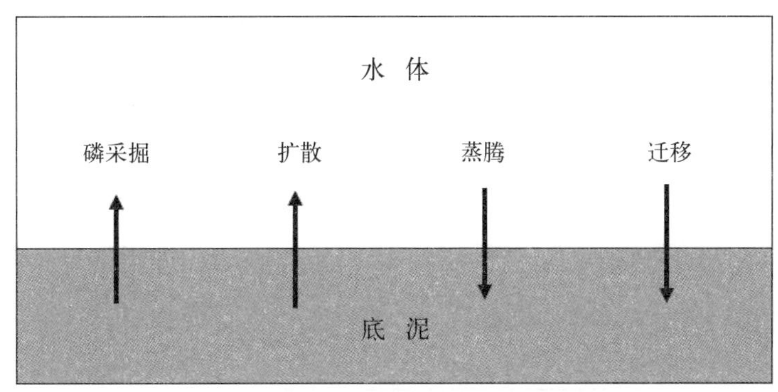

图11.3.5　水体与底床之间的磷通量示意图

磷向上传输的另一个过程是扩散。如图11.3.4所示，在孔隙水中的磷浓度通常高于上覆水体中的浓度。因此，扩散过程通常会将河床中磷扩散到上覆水中（见图11.3.5）。

除了颗粒物的沉降外，水体中还有两个重要过程将磷向下输运，抵消通过磷采掘和磷扩散将磷物质向上的输运。它们就是枝叶到根茎之间的蒸腾过程和迁移过程（见图11.3.5）。如第11.2.1节所讨论，垂直向下的蒸腾通量可以输送超过100 cm/a的水量到根际区域，携带上覆水中的磷物质到底床。如图11.3.4中孔隙水的磷浓度约为0.6 mg/L。磷的蒸腾通量量级应该为0.6 g/(m^2·a)

（= 0.6 mg/L × 100 cm/a）。

许多水生植物能将其地上部分的营养物迁移输送到根部，并将这些营养物用于植物来年的初期生长。在夏末秋初，一部分植被中的磷从枝叶迁移到根茎。迁移运动导致水体中约1/3的生物量磷被转移到根茎中，供来年早春生长使用。总的来说，蒸腾通量和迁移通量应大于磷采掘通量和磷扩散通量。其净效果是将水中的磷输运到底床（Dykyjova，1978；Garver et al.，1988；Smith et al.，1988；Kadlec，Wallace，2009）。

磷也能与其他矿物质共沉淀，如碳酸钙（$CaCO_3$）（Reddy，D'Angelo，1994）。碳酸钙在某些人工湿地具有重要作用。人们在人工湿地设计中试图采用共沉淀法去除水中的磷（DeBusk，Dierberg，1999；SFWMD，2015）。

物理、生物和化学过程，如沉降、吸收和共沉淀，都需要充足的时间进行。磷去除的一个重要参数是水力停留时间（HRT），见式（9.1.2）。Hunter等（2001）研究表明，HRT为6天的磷去除率（55%）明显高于HRT为2天的磷去除率（29%）。Cui等（2006）揭示3天HRT的磷去除率比1天HRT的高，但3天HRT与5天HRT磷去除率增量不明显。Ji和Jin（2016）指出，人工湿地中增加水深能增加HRT，进而提高总磷去除效率。

代表磷循环（或其他营养物循环）的两个参数为：循环速度（每年单位面积的营养质量）和代谢速率（不被分解而被掩埋于床体的循环物质分量）。再循环的营养分量是植被生长的营养源。掩埋分量导致泥沙淤积和储存磷、氮和其他污染物。循环速度可由生物量（g/m^2）和周转率（每年循环次数）来表征。它有

$$\text{循环速度}\,[\,g/(m^2\cdot a)\,] = \text{生物量}\,(\,g/m^2\,) \times \text{周转率}\,(\,a^{-1}\,) \tag{11.3.3}$$

Sundaravadivel和Vigneswaran（2001）报告磷循环速度在3 ~ 15 $g/(m^2\cdot a)$不等。Davis（1994）给出在温暖气候下，周转率在每年3.5到每年10之间变化。生物量、周转率、循环速度和掩埋分量的典型值见表11.3.2。例如，表11.3.2表明营养适度的湿地，植被的组织含磷浓度通常为每千克干重植被含2 000 mg磷。磷的吸收率为每年4 gP/m^2，返回率（或再循环率）为每年3.6 gP/m^2，代谢速率（或被掩埋比例）为每年0.4 gP/m^2（= 4.0 – 3.6）。

表11.3.2　湿地营养物循环的估算量

	单位	贫营养态	中等营养态	富营养态	极富营养态
有机物					
生物量	g DW/m^2	150	500	3000	10 000
周转率	a^{-1}	2	4	3	2
循环速度	g DW/($m^2\cdot a$)	300	2000	9000	20 000
掩埋分量	%	2	10	20	25
沉积率	g DW/($m^2\cdot a$)	6	200	1800	5000

续表

	单位	贫营养态	中等营养态	富营养态	极富营养态
磷					
组织含量	mg P/kg	1000	2000	3000	4000
吸收	g P/(m^2·a)	0.30	4.0	27.0	80
返还	g P/(m^2·a)	0.29	3.6	21.6	60
沉积率	g P/(m^2·a)	0.01	0.4	5.4	20
氮					
组织含量	%DW	1.0	1.5	2.0	2.5
吸收	g N/(m^2·a)	3.00	30.0	180	500
返还	g N/(m^2·a)	2.94	27.0	144	375
沉积率	g N/(m^2·a)	0.06	3.0	36	125

注：DW为干重。

基于Davis，1994；Kadlec，1997；Kadlec，Wallace，2009。

如第5.4节的讨论，磷存在有机和无机形态。这两种形态都包括颗粒态和溶解态。总磷（TP）是反映所有形式的磷，被广泛用于设定营养状态标准。磷是许多湿地生态系统的关键，因此有必要详细讨论磷过程及其在湿地模型中的表述。

在以前的湿地模拟研究中，磷通常仅考虑成TP一个变量（如，Walker，1995；Paudel，Jawitz，2012）。例如，Paudel等（2010）应用了综合水动力、输运/反应模型，模拟了湿地在各种强迫条件下的TP时空分布变化。Paudel等（2010）指出，他们的模型不能独立地描述单一的磷过程，例如，由于水体和底泥之间浓度梯度的扩散、底泥中TP的再悬浮或者颗粒物沉降。这是因为模型只考虑TP，而不包括磷成分的细节，如RPOP、LPOP，DOP和吸附活性磷（SRP）。Paudel等（2010）指出，该模型缺乏底泥成岩模块来详细描述底泥床体中的磷过程。挺水植物和沉水植物都能从水体和底泥床体中吸收磷。床体根际的吸收直接消耗大量的磷（Howard-Williams，Allanson，1981；Barko，Smart，1981；Bottomley，Bayly，1984；Carignan，Kalff，1980；Rattray et al.，1991）。因此，有必要引入底泥成岩模块来模拟SRP。

Ji和Jin（2016）开发了一个湿地水质模型，称为LOEM-CW模型。如图11.3.6和表5.1.1所示，在LOEM-CW模型中，TP被分成4个状态变量：RLOP、LPOP、DOP和PO_4t（Park et al.，1995；Jin et al.，2007；Ji，Jin，2016）。有机磷化合物由易分解的磷化合物（LPOP）和难分解的磷化合物（RLOP）组成。无机磷归类到总磷酸盐（PO_4t），包括溶解态和颗粒态磷酸盐。颗粒磷酸盐（PO_4p）与溶解态磷酸盐（PO_4d）通过分配过程处于平衡状态。溶解态磷酸盐代表了能直接被藻类、EAV和SAV吸收的磷，尽管有机磷也会被吸收，特别是缺磷期间。吸附活性磷是一种溶解态无机和有机混合物，可用APHA方法测出（APHA，2000），代表了易被藻类和水生植物利用的磷。在水质模型研究中，测量得到的SRP数据可以用来代表溶解态生物可用磷，经常与PO_4d的模拟值进行比较（如，Sheng，Chen，1993；Jin et al.，2007；Ji，Jin，2016）。

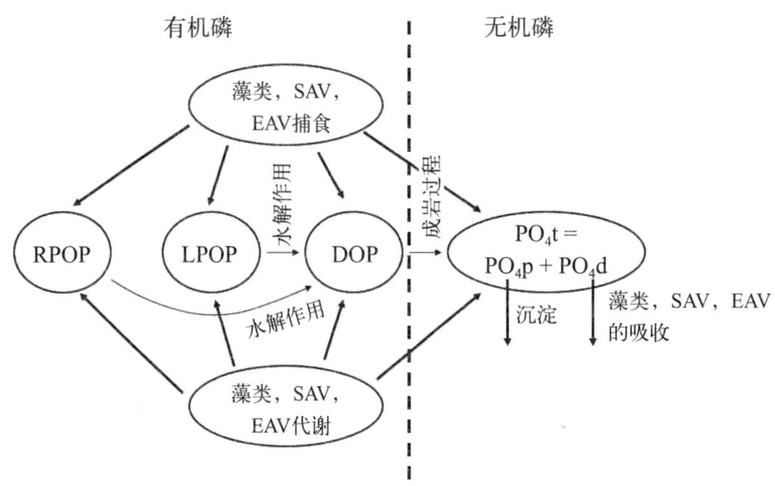

图11.3.6 LOEM-CW模型中磷的状态变量和它们的转化

RPOP—难分解颗粒有机磷；LPOP—易分解颗粒有机磷；DOP—溶解有机磷；PO_4t—总磷酸盐；PO_4p—总磷酸盐颗粒态部分；PO_4d—总磷酸盐溶解态部分

图11.3.6还描述了磷的各个状态变量之间的转化。磷的主要内源是藻类、SAV和EAV的代谢和捕食。颗粒有机磷代表了颗粒态的活的物质和死的物质。溶解有机磷包括生物体排出的有机磷和水溶性磷化合物。溶解磷酸盐与颗粒磷酸盐通过吸附-解吸机制相互作用，如式（5.4.8）和式（5.4.9）所示。藻类、SAV和EAV吸收溶解磷酸盐，纳入其生物组织。水质模型中（例如，Cerco，Cole，1994；Park et al.，1995；Jin，Ji，2013），在藻类（和SAV/EAV）吸收前，有机磷在水解和矿化（或细菌分解）作用下可分解成为无机磷。磷转化可以用一个级联的方式表示（图11.3.6）：①水解作用将RPOP和LPOP转化为DOP；②矿化作用将DOP转化为PO_4t；③藻类，SAV和EAV的生长吸收PO_4d（SRP）。

磷的转化输运过程主要受沉积物过程影响（Ji，Jin，2016）。大气沉降可以将大气中的磷降入水中，磷酸盐可以被埋入泥沙深层，永久性地从水中去除。藻类、SAV和EAV生长需要消耗PO_4d。LOEM-CW的主要过程包括：①流入和流出；②水体中颗粒磷的沉降；③在水和底床中磷的吸附和解吸；④水与底床之间通过沉淀/再悬浮和扩散作用进行的相互交换；⑤掩埋造成的流失；⑥藻类、SAV和EAV的吸收和代谢。

在LOEM-CW，水中悬浮的磷和泥沙颗粒物处于对流和扩散状态。悬浮泥沙及其吸附磷的沉降促使磷从水中沉到底床，这是磷去除的一个重要机制，磷的沉降和分配比例与泥沙模型相关联，如第3.3节介绍，该模型详细模拟了黏性泥沙过程。在水体和沉积床之间，溶解磷和颗粒磷通过吸附/解吸过程进行交换，可由式（5.4.8）和式（5.4.9）描述。底床的泥沙可以被冲刷进入水体，而悬浮泥沙经过沉淀又回到床底。在厌氧条件下，吸附在颗粒上的磷酸盐可能会再次溶解，成为生物可利用磷。在底床孔隙水中的溶解态磷可能扩散到上覆水中，反之亦然，这取决于二者之间的磷浓度差（参见第5.7节）。

11.3.4　氮循环和碳循环

如5.5节所述，氮是地表水的一个主要营养物。氮在水体富营养化、氧浓度、针对水生无脊椎动物和脊椎动物的毒性等方面起着关键作用。按氮反应的不同，湿地垂向上被分成不同区域。水体、沉积床、植物根系、碎屑和植物茎叶上的生物膜都不同程度地促成氮反应。

水力停留时间是湿地去除氮效率的关键。HRT的增加明显导致铵和TKN浓度的减少（例如，Huang et al.，2000）。在大多数湿地，去除氮比去除BOD和COD需要更长的HRT（Lee et al.，2009）。Akratos和Tsihrintzis（2007）研究表明去除湿地氮需要8天的HRT，推荐14天为最佳。

植被生长需要利用氮，并影响湿地氮循环。植被在硝酸盐还原中还具有其他功能，包括碳供给和微生物附着。有机氮化合物是湿地植物干重、碎屑、微生物、野生动物和土壤的重要组成部分。

不同湿地类型在不同季节，其氮含量差异较大。在生长季节末期（夏末和秋季）收集的生物量显示，其氮含量较春季低得多。因此，采集植物样本的位置和时间能极大影响对生物量中氮储量的估算。

湿地去除氮主要是通过：①沉降；②植物和微生物的摄取；③脱硝作用。颗粒态的氮可能沉降到湿地的底部或附着在植物的茎和叶上。湿地中大部分颗粒有机氮都通过沉降从水中去除。溶解无机态的氮则通过各种生化反应在水中和沉积床中被处理，并以铵和硝酸盐的形式被利用吸收。然而，除非植物被定期收割，否则被植物吸收并不代表永久性地去除氮。硝化和反硝化转换了大多数的氮。在许多湿地，硝化速率比反硝化速率慢得多，以至于硝化速率也决定了实际的反硝化速率。这意味着为优化反硝化过程，需要有氧以及厌氧条件。这可以通过EAV/SAV达到，利用其根系释放氧气给底床（Brix，1989，1994；Reddy et al.，1989；Laing，2015）。脱硝作用可导致氮去除率在70%～90%之间（Knight et al.，1993；Gilliam，1994）。

表11.3.3给出了营养物去除过程以及让这些过程优化的底床氧化还原和酸碱条件（Verhoeven，Meuleman，1999）。为提高氮的去除效率，人工湿地的底泥pH值应保持在6.0以上，以便大量的氮被反硝化，以氮气形式离开湿地。

表11.3.3　废水处理湿地的营养物去除过程以及相应的氧化还原状态和pH值

	底床氧化还原状态		底床酸碱状态
	有氧	厌氧	pH值
NO_3 产物 (硝化)	+	−	
N_2O 产物 (反硝化)	−	+	6～8
N_2 产物 (反硝化)	−	+	6～8*
铁对磷的吸附	+	−	<6.5
铝对磷的吸附	+	+	<6.5
钙对磷的吸附	+	+	>6.5
有机物的存储	+	+	

*当pH＜4时，N_2产生过程被抑制，并且N_2O是反硝化作用的最终产物。

Verhoeven，Meuleman，1999。

湿地通常是碳汇，因为有机物的分解相对稳定和缓慢，导致碳可以储存在湿地的土壤、泥沙和枯叶中。碳循环涉及生物物质，包括植物、藻类、动物和微生物中碳化合物的生长、死亡和分解。湿地植物约含40%的碳。碳循环还包括了其他营养物质，可以用来追踪这些营养物质。碳可从上游/陆地输入，或在湿地内生成。湿地通常输出碳到受纳水体。湿地植物量在年内相对稳定，但生物量和死亡植物量则可能有很大的季节性变化。此外，循环速度，如式（11.3.3）描述，随生物量和周转率而变化，取决于湿地的自然特性和当地的气候。藻类产生的细小碎屑可以迅速腐烂，而一些植物的茎、叶和根茎可能需要花费数年才能分解，再循环回到系统。

碳循环的一个重要特征是一小部分有机物以缓慢速度分解，并以沉积有机物的形式堆积。这些残余物堆积在底床上，存储各种污染物，包括磷和有毒金属。正如本章前面所述，植物物质的沉积是从湿地生态系统中去除磷和氮的一种可持续机制。当淹水时间适当时，这样的存储可以是持久的，成为许多湿地的污染物去除过程。此外，湿地的碳储存对温室气体（CO_2）收支至关重要。CO_2排放的增加引起全球变暖的关注。

11.3.5 氧

溶解氧对湿地很重要，有以下两个主要原因：溶解氧是一个受环境法规监管的水质参量；它在某些营养物去除过程中起关键作用。如第5.6节介绍，DO对鱼类和其他水生生物，对水体健康都非常重要。溶解氧影响着植物和动物的生长，呼吸作用消耗DO，在夜晚降低DO浓度。有机物的硝化和氧化分解也离不开DO。底床含氧量的增加也促进氮循环率。在磷去除的过程中，氧增加了磷与金属离子的黏合能力，减少了从底床进入水体的磷通量。

湿地水深影响了水体和底床的DO浓度。氧气从大气扩散到水体中，被消耗的速率常常大于被补充的速率，尤其是在较深的水域。挺水植物减弱水面风速，降低水气界面的复氧作用，抑制大气到水中氧气输运。这一结果常常导致湿地的DO处于低水平，影响根系的呼吸作用和营养物供给。图11.3.7是佛罗里达人工湿地（STA-3/4）的DO浓度值。实测值用黑点表示，模拟值用实线表示。结果表明：这个人工湿地的DO值在夏季几乎为零，在冬季超过8 mg/L，表现出强烈的季节性变化。关于STA-3/4的模拟将在第11.5.2节讨论。

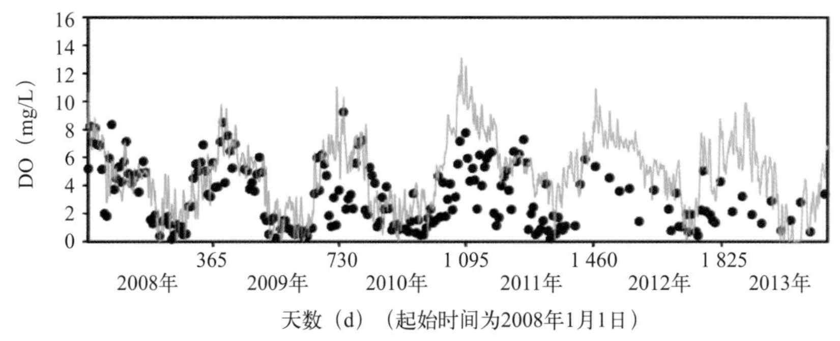

图11.3.7 佛罗里达STA-3/4站点G-384 B的溶解氧浓度

黑点为实测值；实线为模拟值

氧是光合作用的副产物。光合作用发生在水面以下时，如藻类和SAV，氧被直接释放到水体中。该过程受日照驱动，使得水体中的DO浓度具有明显的日变化特点。大型藻类暴发可以提高氧浓度超过16mg/L，双倍于的典型饱和DO浓度（如图5.6.5所示）。因为光合作用需要日照，湿地藻类的光合作用可能由于高EAV覆盖率而被抑制。在湿地，白天的光合作用可以导致DO浓度处于过饱和。在夜间，由于植物和动物的呼吸作用，DO浓度可以降低到几乎为零。光合作用中制氧需利用CO_2，因此水中溶解态CO_2浓度与DO浓度成反比。与之相应，在白天，随着CO_2的消耗，水中pH值上升；而夜晚，随着动值物呼吸产生更多CO_2，pH值降低。

植物、藻类和附生植物有助于呼吸作用和光合作用。浮水植物（如图5.8.1所示）可能形成物理覆盖阻碍氧传输。EAV可以利用它们的叶子和茎，将周边大气中氧传输进入水体，直接供给它们的根系。湿地植物将氧从其暴露在有氧环境的上部，传输到底床厌氧区域的根际。植被根系的一部分氧被释放到周围底泥，在根系周围形成一个薄的有氧地带。这个有氧地带是各种好氧微生物过程的所在地，也是湿地化学循环的一个组成部分。通过这样的方式，这些传输可以支持地下好氧微生物生物过程，并影响湿地营养盐的去除。

湿地DO的垂向剖面通常表现出明显的分层。由于光合作用，顶层溶解氧浓度可能是过饱和态，近床的水层中溶解氧浓度可能小于1～2mg/L。湿地植被类型也极大影响DO浓度。图11.3.8显示在开阔水域和SAV区域的DO浓度最高。这两个区域显示了DO的高浓度梯度，随着水深的增加而迅速减小。相比之下，DO值在EAV和浮水植物区域较低，范围从0到小于2.5 mg/L。SAV区域的DO高浓度和大梯度是由于复氧作用和SAV光合作用。EAV区域复氧作用很差，明显降低了DO浓度。

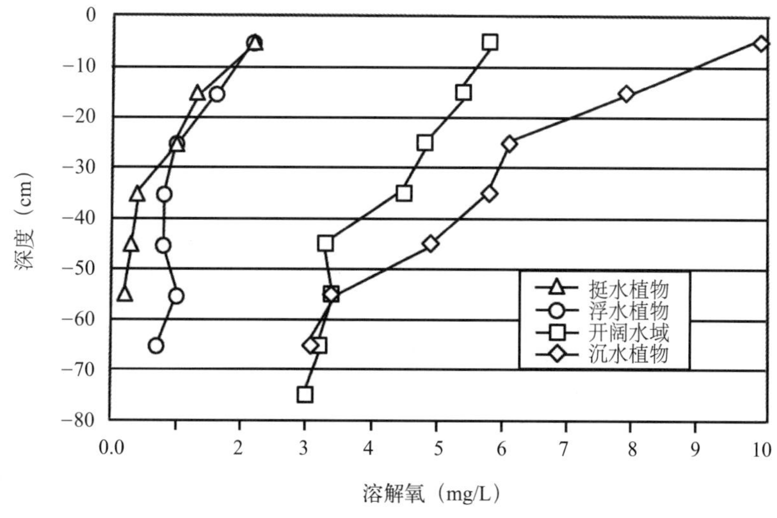

图11.3.8　佛罗里达地区不同植被类型（挺水植物、浮水植物、无植被开阔水域和沉水植物）的DO垂向分布（源自 Chimney et al.，2006；Kadlec，Wallace，2009）

11.3.6　病原体和重金属

湿地中许多生物化学过程都会去除和缓和污染物。湿地能够降解、转化/吸收许多污染物，成为污染物的汇。对于持久性物质，如磷和金属，如果不妥善处理，湿地的角色就可能从汇转变为源。湿地的拦截污染物效率是一个重要研究课题。

植被是湿地系统中污染物去除的主要因素之一。湿地植物可以直接吸纳污染物进入其组织、提供微生物生长环境、充当净化反应的催化剂，尤其在其根际。通过植物吸收、减缓流速以及在根际区域诱导化学变化以提高泥沙对重金属的储存能力，植物可以影响重金属去除。

暴露到空气（如氧气）和光照会分解有机化合物并杀死病原体。病原体主要通过城市雨水、城市污水、农业径流、化粪池渗漏和/或动物粪便进入湿地。一旦病原体进入湿地，其数量可以有效地减少5个数量级（Reed et al.，1995）。

湿地的植被区比无植被区一般能更有效地去除病原体。除了第4.2节讨论的病原体去除机理外，湿地植被区在去除病原体方面具有以下优点：①一些病原体附着在悬浮物和有机物上，植被区的水流缓慢，容易使其沉降；②可提供能吞噬病原体的微生物的栖息地；③湿地植物的茎和叶可以为生物膜提供更大表面积，提高病原体的去除能力。

进入湿地的重金属要么处于溶解态，要么处于颗粒态。游离的金属离子是最具生物可利用的形态。泥沙可作为湿地重金属汇和仓库。底床作为一种自然汇系统，可以调控重金属的去除。湿地植物可将氧输送到其根系，一部分氧扩散到根际区域，利用氧化还原反应，导致床体金属的转化。植被区底泥中的重金属浓度明显高于无植被区底泥中的重金属浓度（例如，Choi et al.，2006）。湿地不同的植物物种在沉积和迁移重金属能力方面差别也较大。选择合适的植物类型可以显著提高重金属的去除率。

湿地拦截的重金属主要储存于底床。植被是将重金属从水体运输到床体的主要因素之一。湿地去除重金属的主要机制包括：①吸附于悬浮物然后沉淀；②化学沉降；③植物和细菌的吸收。沉淀通常是去除悬浮颗粒和附着在其上重金属的主要方式。混合、吸收和曝气可以分散污染物，并将底床泥沙中的重金属释放回上覆水。化学反应，如沉降反应，会导致重金属沉积到底床。其他过程，包括植物过滤作用、分解作用和挥发作用，也可以对重金属去除有影响。与有机污染物不同，重金属不能通过生物过程直接去除。不同去除机制的有效性取决于重金属类型、水体理化参数（如pH值）和湿地类型。

类似于磷的迁移，湿地底泥储存的重金属可以在暴风期间被冲刷出湿地。污染物以这样的方式再悬浮是一个关注的焦点，凸显出适当监测和管理湿地的重要性。

11.4 人工湿地

建造人工湿地（CWS）通常是为了满足下列目标之一：①人工栖息湿地用来弥补由于农业和城市发展导致的自然湿地减少；②污水处理湿地改善水质；③洪泛湿地调节洪水；④水产养殖湿地用于提供食物（Kadlec，Wallace，2009；Sheoran，Sheoran，2006）。本节的重点是人工污水处理湿地，它们是与自然湿地有相似过程的人工系统，以去除污水和雨水中携带的泥沙和化学物质为目的。

按照水流方案，人工湿地通常被分为两种基本类型：表面流人工湿地（FWS）和潜流人工湿地。表面流人工湿地有开放水域，与自然沼泽相类似。由于本书限于讨论地表水，故本章仅介绍表面流人工湿地，以下简称人工湿地。

11.4.1　概述

人工湿地是近10年来湿地研究备受关注的一个重要方面。当水流经河流、湖泊、河口和湿地时，自然过程对水有净化功能。自然湿地有许多有益于人类和野生动物的功能。其中最重要的功能之一是对水的过滤。当水流经过湿地和流速减缓，水中许多悬浮物沉降下来，被植被拦截（图11.3.3）。其他污染物可以被植物吸收，转化成不易溶解的形态，成为非活性态。湿地植物也能为微生物提供有利的生存条件，可以改变和去除水中的污染物。

人工湿地是一种模拟自然湿地的绿色处理技术，被广泛应用于处理生活污水、农业径流、城市径流、工业废水、矿井排放、垃圾渗流和河流污染等。污染修复需要大量的能源消耗。因为人工湿地的主要驱动力是太阳能，湿地系统已经成为一个有效方法，能与其他修复方法相媲美。这些人工湿地系统主要由植被、基质、土壤、微生物和水组成，利用复杂的物理、化学和生物机制，去除各种污染物、改善水质。人工湿地作为一种新兴的、高性价比的各种废水处理的解决方案，具有较高的污染物去除效率、易于调控维护、能耗低、水循环效率高等特点，也是潜在的野生动物重要的栖息地。成千上万的人工湿地，大小从几平方米到数百平方千米，目前在全球用于处理各种废水（Kadlec，Wallace，2009；Badhe et al.，2014；Vymazal，2014；Zhang et al.，2014；Jin，Ji，2015；Ji，Jin，2016）。

传统的污水处理厂（WWTP）已成功地用于水污染控制。由于系统运行不充分和建筑成本高昂，促使人们开始研究湿地是否能实现这些目标。第一次尝试是20世纪50年代初，德国学者Käthe Seidel和Reinhold Kickuth，尝试建立污水处理人工湿地的可能性（Bastian，Hammer，1993）。第一个全尺寸人工湿地建成于60年代后期（De Jong，1976）。成功实施和应用污水处理人工湿地是在60—70年代之间（Vymazal，2014）。自20世纪90年代以来，随着能源成本的上升和对气候变化的日益关注，人们开始重视低成本、低运行消耗和维护简单的绿色技术，并给予大力财务激励和公众支持，人工湿地迅速被广泛应用。现在在欧洲有超过5万个人工湿地，在北美有超过1万个人工湿地（Wu et al.，2015）。

湿地易形成的区域是其地形直接将水引到浅水盆地和相对不透水的地下表层以防止渗漏。人工湿地（CW）通常通过挖掘、回填、整平、筑堤和安装控制结构以实现设计流态。人工湿地通常是一个有自由水面的浅水盆地，带有底泥以供养根系植物和用控制结构以维护浅水深度（图11.4.1）。它包括开阔水域、EAV和/或SAV区域。经常用护堤和隔离层来控制流量和渗漏。

人工湿地一般有隔离防水层，以避免对地下水产生影响。为防止地表水渗入地下，通常需铺设不透水的黏土防水层，再将原土铺在防水层上（图11.4.1）。然后在上面种植湿地植物。人工湿地一般平均水深在0.2～0.6 m，从一端引水，在另一端排出，通过涵洞（如图11.4.2所示）或其他建筑结构控制水深。

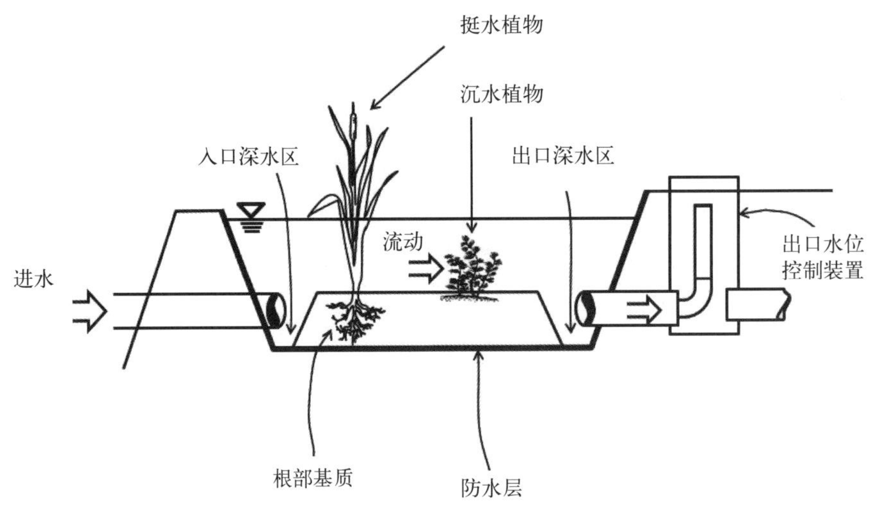

图11.4.1　人工湿地的组成部分示意图

图11.4.2　南佛罗里达雨水处理区的涵洞（来源：季振刚摄）

人工湿地看起来像自然沼泽，可以提供野生动物栖息地、水景观以及水处理。污水流过湿地，利用水生植物和生物膜的复杂交互作用，进行沉降、过滤、氧化、还原、吸附和沉积等过程处理。最有效的污水处理湿地是那些有益于这些过程的湿地。近表层水体是好氧区，而更深层和基质通常是厌氧区。作为案例研究，第11.5节将讨论美国佛罗里达的一个大型人工湿地。

人工湿地和自然湿地之间的差异包括：

（1）水文情形。一般而言，自然湿地往往具有较大水位波动，而人工湿地则具有更稳定水位。

（2）效率。人工湿地通常能比自然湿地更有效地处理废水，因为人工湿地是专为去除BOD、COD和/或营养物而设计的。此外，由于它们的保育价值，通常不鼓励用自然湿地来处理污水。

（3）生物多样性。某个特定自然湿地可能会有一个或两个优势植物物种，但它往往支持大量的生物多样性。而这方面，没有经过多年的运行，人工湿地很难建立起来这样的生物多样性。至少需要3～4年时间人工湿地才能发展出自然湿地的特征。其底床有机物的积累需花费更长时间才能达到自然湿地的程度（例如，Sistani et al.，1999）。

与传统的WWTP相比，人工湿地有以下几个优点：

（1）人工湿地的建造成本通常较低。

（2）人工湿地的运行和维护费用较低。人工湿地的控制和维护是定期的，而无需持续和现场的工作。人工湿地的能耗远低于传统的WWTP。湿地植物和动物群落利用太阳能就可茁壮成长。

（3）人工湿地是一种充分考虑到环境的解决方案，除改善水质外，还有许多益处，如野生动物栖息地和美化环境。

人工湿地作为废水和雨水处理技术也存在局限性：

（1）人工湿地的土地需求可能是限制其广泛应用的主要因素，特别是土地资源缺乏和人口密度高的地区。只有具备可利用的土地资源，人工湿地才是一种选择。人工湿地的建造也可能受区域高潜水位、陡峭地形所限制。

（2）人工湿地的运行效率不如污水处理厂平稳，可以随环境变化而发生季节性变化，如降水和干旱。高营养物负荷或大的入流流量可能导致非正常的高浓度出流。

（3）人工湿地需要一个最小水量以确保EAV和SAV的生存，在旱季这可能需要额外的水量以维持湿地足够的水位。人工湿地还需要很长的EAV/SAV生长周期以达到高效处理能力。

（4）缺乏对湿地生态足够的认识，限制了对人工湿地的设计和管理。另外，在人工湿地优化设计方面也没有达成共识，在湿地长期运行效率方面也没有足够的信息。

人工湿地的建造可以减少营养物和泥沙负荷，缓解农业和城镇发展对地表水的影响，南佛罗里达就是一个例子。在过去的30多年里，该地区农业径流和排放导致了植被类型发生变化，并增加了土壤中营养盐的累积。由雨水径流带来过量的营养盐对大沼泽地区构成了危害。这些营养物来源于草坪、农场、道路和其他开发区域。建立雨水处理区（STA）的目的就是利用植物生长和死亡植物沉积到底床的方法去除和储存营养盐（图11.4.3）。如香蒲、南方茨藻科植物和藻类等湿地植物，在生物新陈代谢过程中消耗磷，将其存储到它们的根、茎、叶中。即使在植物死亡后，部分磷仍然保留在湿地沉积物的腐烂植物中。因此，STA出流的磷浓度要比雨水径流携带的入流磷浓度低很多（Ji，Jin，2016）。

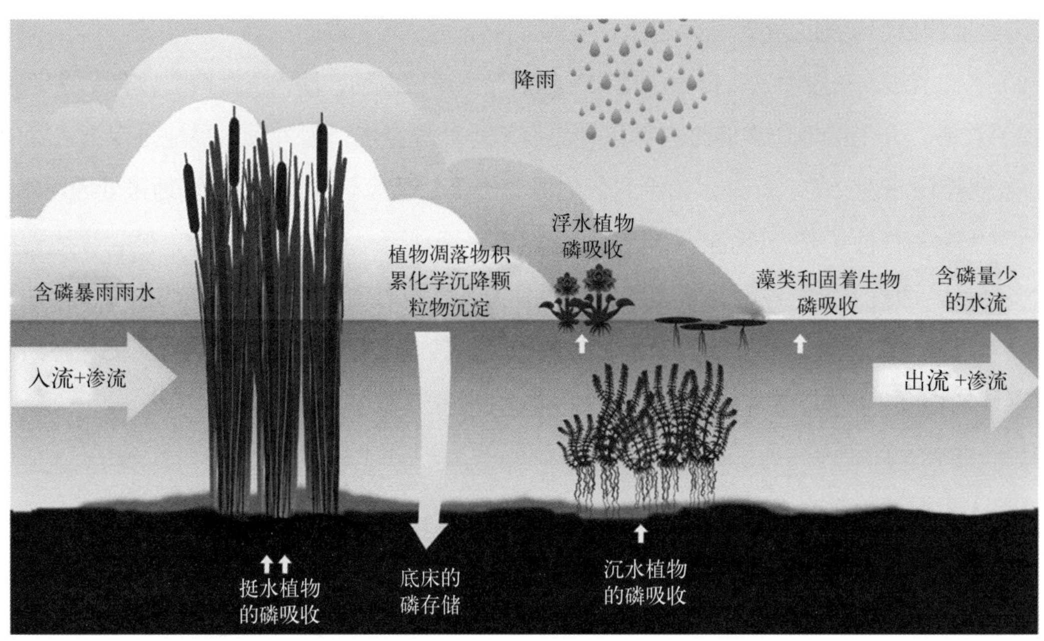

图11.4.3 佛罗里达雨水处理区人工湿地示意图
（来源：www.sfwmd.gov/sta）

许多人工湿地都安装有水泵。水泵尺寸范围从小型污水泵到佛罗里达STA区的大型供给水泵。目前STA使用的水泵是世界上最大类型的泵。例如，图11.4.4显示了在G370的泵站，有3个26.2 m^3/s（925 ft^3/s）流量的泵，其装机总容量为6 800 000 m^3/d。

图11.4.4 控制结构G370有3个26.2 m^3/s流量的水泵
这是为南佛罗里达的STA服务的许多泵站之一（来源：季振刚摄）

11.4.2 人工湿地中的各种过程

人工湿地已成为美国和世界其他地区在污水和雨水处理方面很受欢迎的技术（Kivaisi，2001；Zhang et al.，2014；Vymazal，2014；Wu et al.，2015）。它们能够在较广的流量范围内运行，具有内部蓄水能力，可以去除/转化污染物，包括磷、氮、需氧物质和沉积物。人工湿地可以通过沉降过程和生物地球化学过程来减少污染物的浓度。反过来，这些过程又与湿地的水动力学、水质状况以及植被密切相关（Kadlec，Wallace，2009；Reddy，DeLaune，2009）。为了优化人工湿地的运行方案和最大限度地去除营养盐，十分有必要充分地了解湿地的水动力、水质过程以及植被状况。

人工湿地能有效去除TSS、COD、营养盐和病原体。其性能在很大程度上取决于其环境、水动力和运行条件。影响去除效率的因素包括：①植物类型（EAV和SAV），它们是人工湿地的主要生物成分；②最优运行参数（入流量、出流量、水深、水力停留时间等）；③去除过程（例如，沉淀、过滤、沉降、吸附、植物吸收以及各种微生物过程）；④现场特定的约束条件，如气候、地下水的存在和/或缺乏、温度、降雨和蒸散作用（Kadlec，Wallace，2009；Zhang et al.，2014）。

人工湿地是动态的，易受到水动力条件影响。污染物的去除主要是在污水流经湿地时，利用沉积物、基质、微生物、植物、大气和废水之间的相互作用而进行。水深是确定人工湿地植物类型的一个重要因素，通常在0.2～0.6 m之间波动（例如，Dwire et al.，2006）。水深也会影响湿地的溶解氧水平。人工湿地的水力停留时间对其去除效率起着重要作用。生物地球化学反应依赖于污染物与微生物和相关基质的接触时间。水力停留时间较长的人工湿地，可以培育出优势微生物群落，并有足够长的接触时间以去除污染物。湿地存在的短路区或死区会影响污染物与微生物的接触时间和处理效率。因此，在人工湿地的管理和运行中，应当充分考虑流动形态及其混合状况。

温度是影响人工湿地去除效率的另一个重要参数。温度越低，生物活性就越低。温暖的气候可以使植物全年生长，提升生物活性，比温带气候条件更适合污水处理。热带气候的植物比其他气候条件下的植物生长更快，全年生长，可更有效地去除营养盐（Kivaisi，2001；Kantawanichkul et al.，2003；Kyambadde et al.，2004；Zhang et al.，2014）。

全球有超过150种植物用于人工湿地，包括挺水植物、沉水植物、有根浮水植物和自由浮水植物（图5.8.1）。常用植物类型的数量有限（Vymazal，2013）。水生植物除了增加沉降外，还可通过根系区域（或根际）的吸收和提高微生物活性去除营养物，其中植物、微生物、底床和污染物的相互作用导致物理化学和生物过程的发生。水生植物能从根部释放氧到根际区域，并促进需氧分解。较好的氧条件提高了微生物降解过程和根际相关的微生物活性。

湿地比其他大多数生态系统具有更高的生物活性。它们能将大量的污染物转化为无害的副产物或能产生额外生物生产力的营养物。这些转化需要的资源包括可利用的自然资源，如太阳、风能、沉积物、水生植物和动物以及极少量的化石能源和化学物质。因此，维持适当的植被密度是管理和维护人工湿地的首要目标。为了提高人工湿地的处理能力，认识和理解水生植物的能力和微生物群落的特性十分重要。

去除效率（*RE*）可用于定量分析人工湿地的营养物去除能力（Ji，Jin，2016）：

$$RE\,(\%) = (1 - TP_{out} / TP_{in}) \times 100 \tag{11.4.1}$$

式中，TP_{out}为流量加权年平均（AFWM）的出流浓度；TP_{in}为流量加权年平均的入流浓度。

事件驱动型湿地的性能受水动力学和水质过程的影响。对于每次降雨事件，雨水处理湿地的性能取决于降雨事件发生的流量和持续时间以及湿地容量。如果降雨事件（如暴雨）的持续时间比湿地的HRT长，那么事件的第一阶段就会冲刷掉湿地原有的存水。在第二阶段，出流浓度增加到主要受入流条件影响的水平。在第三个阶段（暴雨后），湿地出流浓度减少，恢复到暴雨前的水平。这一过程将在第11.5.2节用图说明。

如图11.4.5所示，南佛罗里达的雨水处理区（STA）3/4是诠释人工湿地流动和水质过程的一个很好例子。STA中的植物主要由EAV和SAV构成。EAV，如香蒲和芦苇，靠近入流处，SAV布置在靠近出流处（图11.4.5）。STA的植被在减缓流速和风浪影响方面起着至关重要的作用（Jin et al.，2000；Grant，Madsen，1979；Ji，Jin，2006）。STA的水位通常在EAV植冠以下，即使在高水位条件下。SAV区的EAV带可以帮助在大风和/或大流量条件下稳定住沉水植物。在这些条件下，植被能够在风能传输到水体前就耗散部分能量（Kemp，Simons，1982）。沉水植物和EAV也耗散部分水波能，降低波高和波增水（Ris，1997；DB Environmental，2002）。

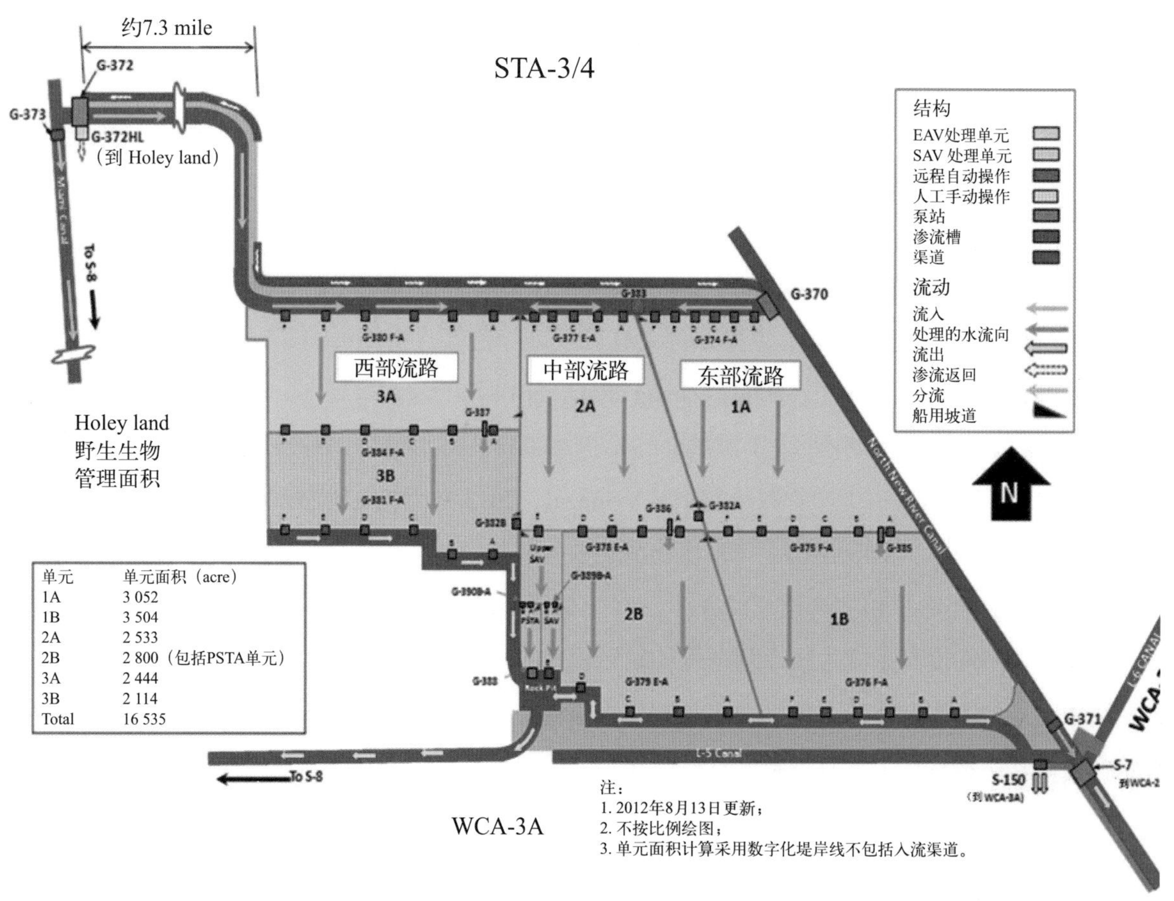

单元	单元面积（acre）
1A	3 052
1B	3 504
2A	2 533
2B	2 800（包括PSTA单元）
3A	2 444
3B	2 114
Total	16 535

图11.4.5　STA-3/4单元3A/3B的研究区域

EAV和SAV是生态系统的重要组成部分，影响主要栖息地和水质（Havens，Gawlik，2005）。它们受制于水体的透明度。透明度主要受水中营养盐、悬浮物和藻类以及水深的影响。因此，EAV和SAV是评估整个STA区水质健康的一个重要的综合性指标。健康的EAV和SAV能为野生动物和水生生物提供良好的栖息地和水质。附着在EAV和SAV以及底床沉积物上的藻类（附生植物）（Scheffer，1998）为食物链上层的食草动物（如无脊椎动物和鱼类）提供食物；也可以从水中吸收营养盐，从而间接抑制潜在藻华的发生（Rodusky，2010；Rodusky et al.，2001；Havens et al.，2004）。由于植物在去除水中营养盐和支持区域食物链方面发挥了重要作用，STA区的一个长期管理目标就是维持水深在最佳范围，以便支撑EAV和SAV的良好生长（Miao，Sklar，1998）。

在去除和储存营养物质方面，STA区是通过沉降、植物生长和死亡植物组织的沉积缓慢转化为泥炭层。STA处理单元的植被类型对去除磷性能方面有重要影响（Dierberg et al.，2002；Nungesser，Chimney，2001；Juston，DeBusk，2006，2011）。STA区的主体部分覆盖了SAV和EAV，像轮藻植物、轮叶黑藻类、香蒲、南部茨藻科植物。这些湿地植物将磷吸收和储存到其根、茎、叶里。部分磷最终随腐烂植物组织沉积到底床，保留在底泥里。因此，从STA区流出的水中营养盐含量明显比进入STA区的含量低。

图11.4.5处理区单元3A由EAV组成，而单元3B主要由SAV组成，并有由香蒲组成的南北方向和东西方向的EAV带。入流由两个大泵站（类似于图11.4.4）泵进STA-3/4区，水源来自于大沼泽地农业区（EAA）的径流以及位于STA北部和奥基乔比湖南部的其他来源。入流从泵站流入运河，然后从可控的涵洞（类似于图11.4.2显示）输送到各独立单元。

STA-3/4处理单元3A/3B的磷变化主要受入流量和出流量驱动，尤其是在暴雨事件中。图11.4.6说明在研究区域的入流量、EAV和SAV如何控制磷输运的，以及流经单元3A的EAV区域和流经单元3B的SAV区域，TP浓度是如何减少的。在图11.4.6上部的第一个框图显示了通过6个涵洞进入单元3A的总流量（图11.4.5中的G-380 F-A）。第二个框图显示了流入站点G-380 B的磷浓度可超过0.15 mg/L。第三个框图显示流经单元3A的EAV区域后，TP在站点G-384 B显著降低。第四个框图显示TP浓度流经单元3B的SAV区域，到达站点G-381 B后，TP进一步降低。图11.4.6揭示了STA区域的TP变化在很大程度上由入流/出流驱动。由于STA区域的沉降过程和藻类、EAV和SAV吸收作用，TP浓度从北到南逐渐降低。

图11.4.7给出了2010年3月的风暴事件，以此说明研究区域的TP运输和去除过程。图11.4.7（a）给出了2010年3月20日（基于2008年1月1日的第808天）的日平均总磷浓度和流速。前面的时间序列图（图11.4.6）也显示了这场风暴事件。图11.4.7（a）结果表明，在风暴开始时（第808天），大量的磷被带入单元3A，TP浓度在入口区域达到120 ppb以上，但在大部分出口区域仍不到20 ppb。图11.4.7（b）表明，在第3天，TP最大浓度已经离开入口区域，表明风暴事件已经过了高峰。在单元3A的TP浓度由于EAV作用而降低，风暴中的TP高浓度值到达单元3B南端的出口区域。图11.4.7（c）显示，在第5天，风暴事件已经结束，停止了外来磷的供给。由于EAV和SAV的作用，TP浓度持续降低。整个事件仅持续几天，时间太短，被EAV和SAV吸收的磷在TP降低中的作用不大。图11.4.7展现了研究区域的特征流速，由于EAV和SAV的水力摩阻，其值普遍小于1～2 cm/s，这么小的流速有利于颗粒沉降。因此，在暴雨过程中，TSS和颗粒磷的沉降是削减磷浓度的关键机制。关于STA-3/4的更多讨论将在第11.5节的案例中给出。

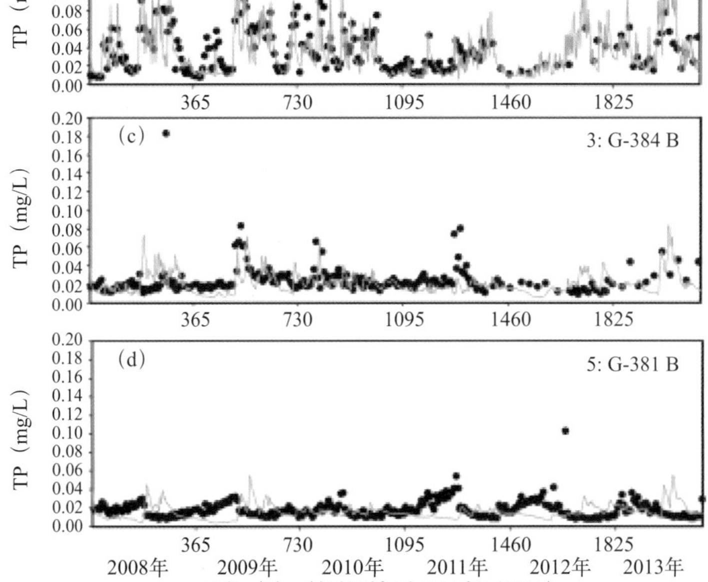

图11.4.6　入流量（Q），站点G-380 B、G-384 B和G-381 B的TP时间序列图

黑点表示实测值，实线表示模拟值

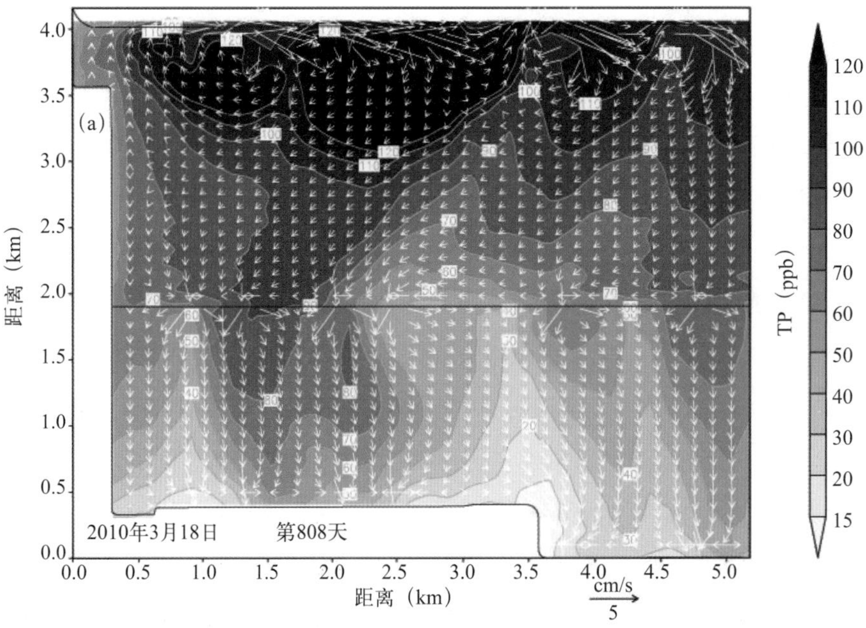

图11.4.7　模拟的2010年3月18日（第808天），2010年3月20日（第810天）和2010年3月22日（第812天）的TP浓度和流速的日平均值

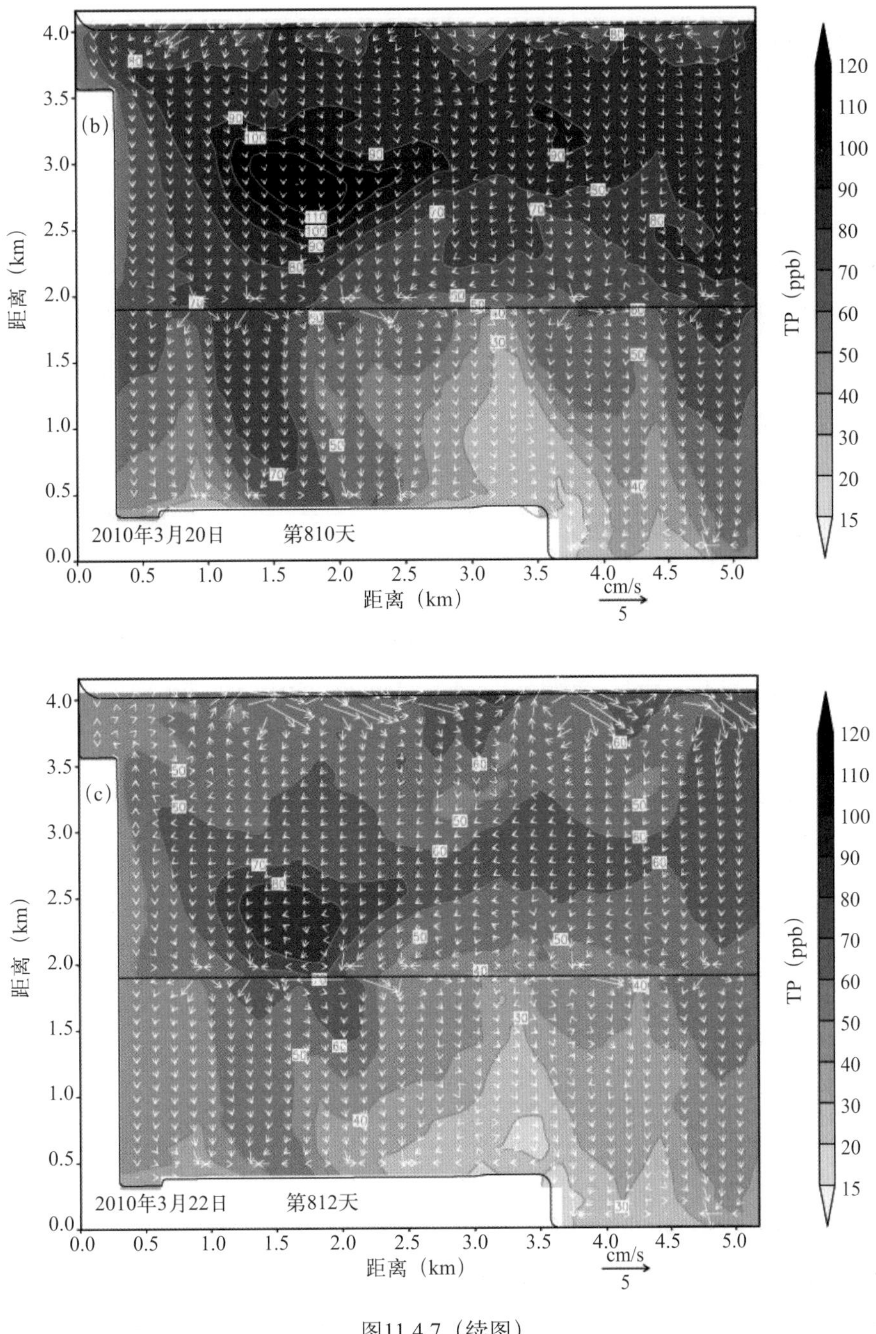

图11.4.7（续图）

在过去几十年中，人工湿地在污染物去除机理方面的研究取得了很大进展，但这些过程仍然有很多未知处。充分理解人工湿地的水动力学、生物和化学过程是十分必要的。由于每种污染物的处理机制可能不同，必须专门设计针对特定污染物的人工湿地。需要通过长期水质监测，进一步研究人工湿地去污性能的可持续性。还应进行周密的经济性分析，以确定人工湿地的选择处理方案是否具有性价比、环境敏感性和技术可靠性。作为吸引力强、效率高和性价比高的污水处理整治方案，人工湿地将会不断发展完善。

11.5 湿地模拟

湿地管理和修复工作有赖于对湿地水动力学、生物化学过程的定量认识。维护和优化人工湿地的运行效率是一个挑战。人工湿地的营养物去除效率受管理水平和自然条件的综合影响，包括水动力学和水质条件、植被类型和分布、泥沙条件等（Kadlec，Wallace，2009）。

湿地模型能为模拟真实的湿地过程提供一个近似的工具，对提高湿地管理决策具有重要作用。先进的湿地模型被用于了解复杂的湿地系统的行为。目前已经建立了多种模型来认识这些过程，分析这些过程对去除湿地营养物的影响。

简单的经验质量模型曾被用于描述湿地水质过程（Walker，1995；Wong，Geiger，1997；Moustafa，1998；Black，Wise，2003；Kadlec，Wallace，2009）。例如，Walker（1995）基于稳态假设和一阶磷去除动力学建立了一个简单STA模型。Walker和Kadlec（2011）介绍了一个简单的质量平衡模型在模拟STA区的磷过程中的应用。湿地的机理模型是基于流体力学的框架建立起来的（Paudel et al.，2010；Min et al.，2011；Paudel，Jawitz，2012）。Juston等（2013）利用一个六级多釜串联模型模拟STA的水力输运。湿地磷的空间变化模型也耦合了水动力模型（HydroQual，1997；Moustafa，Hamrick，2000；Munson et al.，2002；Fitz，Trimble，2006）。

湿地的空间变化，如底部高程、控流建筑的位置和植被类型等，都会影响污染物的空间分布和去除效率。湿地的污染物负荷可能在风暴/飓风事件期间发生巨幅变化，并表现出强烈的季节性。湿地的出流浓度以每小时和每天的时间尺度发生变化。流入量、流出量和其他主要变量也随时间变化，如降雨、蒸散和日污水排放周期。湿地管理需要详细的空间和时间信息来优化污染物去除效率，并预测湿地在各种工况下的动态响应。

由于湿地的复杂性，简单的质量平衡假设不能充分反映湿地动态和空间变化过程，并缺乏可靠预测所需的准确性。生物地球化学机理模型已成为预测人工湿地的营养物过程和解决各种管理问题的重要研究工具（Christensen et al.，1994；Wang，Mitsch，2000；SFWMD，2005；Paudel et al.，2013；Walker，Kadlec，2011）。Paudel和Jawitz（2012）开发了几种具有不同复杂程度的生物地球化学机理模型描述磷循环过程。根据模型模拟结果，Paudel和Jawitz（2012）推断，在不同场域条件下，如果给定条件超过校准数据的范围，过于简化的模型可能会失效。他们指出，失效的原因在于模型表述过于简化，不能充分反映湿地各组分之间的复杂交互作用，如水、土壤、生物群和溶解态/颗粒态等组分。最复杂的模型复现观测值最好（Paudel，Jawitz，2012）。在外部负荷和内部特性发生变化时，模型必须能够准确模拟湿地的时空响应。

11.5.1 案例研究Ⅰ：人工湿地的水动力模拟

本案例主要基于Jin和Ji（2015）的工作。

11.5.1.1　概述

大沼泽地位于南佛罗里达，面积约28 000 km^2，是世界上最大的热带湿地之一（图11.5.1）。这是一个多样和独特的生态系统，不仅包括沼泽，而且也有蜿蜒的基西米河及相应的漫滩、小湖泊链、更大的奥基乔比湖、锯齿草平原、凹凸不平的泥沼湿地、树岛、泥灰土草原、海湾和河口。由于人类活动的增加，位于奥基乔比南部大约2 830 km^2的土地在1948年被划为大沼泽地农业区（EAA）（James et al.，1995）。因此，该区域的大部分径流已通过排水沟渠重新布局，改变了局部水动力特性。历史上的沼泽地已经缩小为原来的一半，剩下的部分也并非人们想象中的原始生态系统，而是一个经过高度工程化和受人为影响、被人类严格管理的生态系统。大沼泽地不仅是一个标志性的自然系统，而且是南佛罗里达工业用水和数百万居民的生活水源。农业活动，包括使用农作物肥料和饲养牲畜， 增加了EAA径流的营养物负荷，并最终进入大沼泽地。过多营养物进入大沼泽地，使其整体水质恶化，并导致富营养化问题。过多的营养物质，尤其是磷，促使植物过度生长，改变了佛罗里达原生动植物赖以生存的栖息环境（Havens et al.，1996；Chimney，Goforth，2001）。

地方、州和联邦政府已在农业径流和其他来源方面采取措施，减少磷负荷（Chimney，Goforth，2001；Pietro et al.，2010；Paudel et al.，2010；Dierberg et al.，2012）。为防止过多的营养负荷而导致的水质持续恶化，SFWMD开发了6个大型人工湿地，命名为雨水处理区（STA），位于EAA和大沼泽地的交汇处。奥基乔比湖的南部近230 km^2，已经被转化为这样的湿地。这些雨水处理区的主要目的是减少由农业排放和奥基乔比湖来的磷负荷流入大沼泽地。这样的人工湿地工程在规模、经费和科学挑战方面都是前所未有的（Pietro et al.，2008；Noe et al.，2001；Sklar et al.，2005；Juston et al.，2013；SFER，2012，2013）。

在这6个雨水处理区中，STA-3/4（26°22′04″N，80°37′03″W）面积67 km^2（图11.4.5），是世界上最大的人工湿地（HTTP：//www.sfwmd.gov/STA）。这个湿地基于以前的耕地而建，并于2003年10月开始运行。STA-3/4的入流来源于大沼泽地农业区的径流和奥基乔比湖的出流。STA-3/4分为3个平行的处理区，每个处理区由内堤划分为两个串联的处理单元（图11.4.5）。每个单元的水位保持在所需的水深。STA-3/4单元3A/3B（西处理区）为本研究的区域，面积为18.5 km^2（图11.4.5）。STA-3/4单元3A/3B的特点为：有密集的EAV和SAV、随机的流入量和起伏的地形。这种随机性和空间变化特点导致了复杂的水动力学和水质过程。

作为新陈代谢过程的一部分，湿地植物吸收并储存磷到植物细胞内（Newman et al.，1996）。当植物体腐烂并沉积到底床时，部分磷最终被积存在泥沙里（Dierberg et al.，2005）。STA的功能见图11.4.3。由于植物和泥沙对营养盐的截留作用，营养盐浓度明显减少， TP的截留率高达76%±11%（Chen et al.，2015）。然而，由于天气变化和支流流域的径流以及湿地的水力和水文非均匀性行为，并不总是能达到如此高的营养盐去除效率（Variano et al.，2009）。

完整理解生态系统过程及其影响需要有一整套SAV和EAV的监测数据、实验数据以及水动力、水质、SAV和EAV模型的输出结果（Scheffer et al.，1994；Scheffer，1989）。用于STA的早期模型包括由 Wasantha Lai 等（2005）和SFWMD（2005）开发的一个陆地模型。该模型没有应用完整的流体动力学方程（Navier Stokes方程）计算水体流速和动量交换。本研究中，LOEM（Jin et al.，2000；Jin，Ji，2001；Jin et al.，2002；Chang，Jin，2012；Ji，Jin，2014）被改进后应用到STA，成为人工湿地模型（LOEM-CW）。LOEM-CW包括在Navier-Stokes引入植被胁迫项，见式（11.2.7）和式（11.2.8），并提供了关于水底高程、流速、环流形态、泥沙再悬浮和沉积、水质、附生植物、EAV和SAV分布等详细信息。

本研究将分为两部分：第一部分为本节提供的关于湿地水力学和泥沙输运的案例研究。第二部分关于水质、EAV和SAV将在第11.5.2节作为另一个案例描述。

11.5.1.2 研究区域和模型研究

本研究区域的基本特征见表11.5.1。单元3A为9.9 km²，主要覆盖EAV。单元3B为8.6 km²，主要覆盖SAV。单元3A和3B由内堤分隔。6个涵洞（G-380 F-A）为单元3A供水（图11.4.5）。单元3A的水经过内堤的6个涵洞（G-384 F-A）流进3B，最终通过6个涵洞（G-381 F-A）流出单元3B（图11.4.5）。在雨季的5—10月，入流类型通常呈脉冲形式，偶尔有热带风暴和飓风。

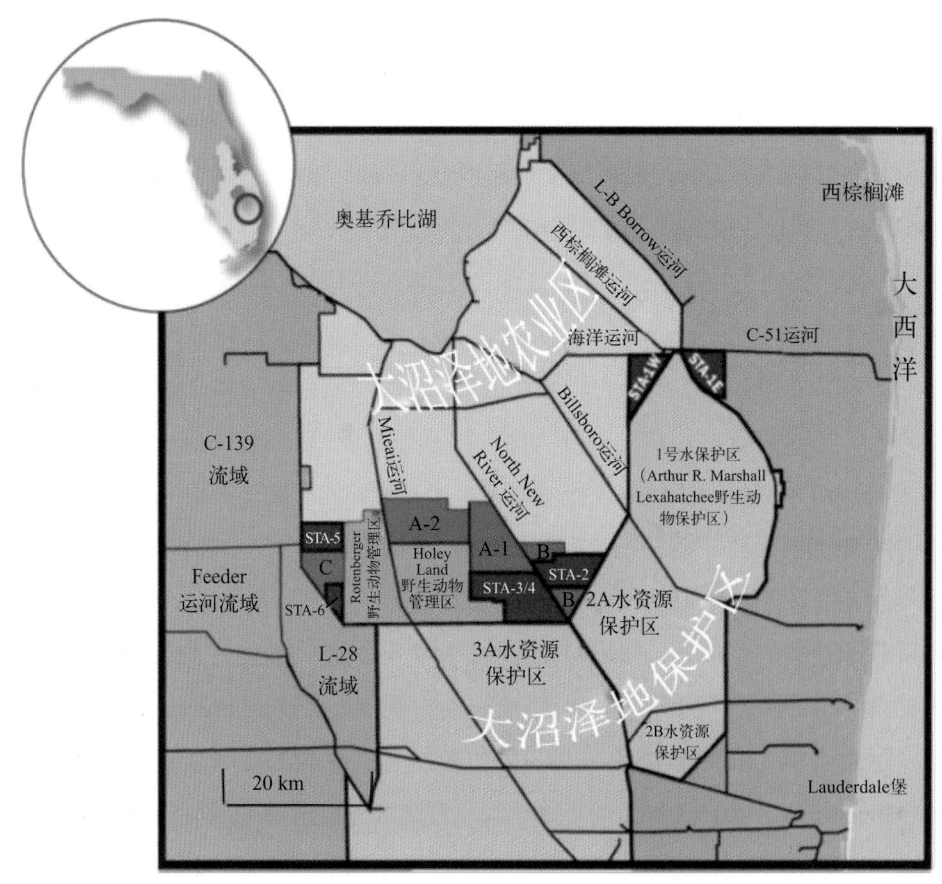

图11.5.1 大沼泽地和雨水处理区的地理位置

图11.5.2给出单元3A和3B的底床高程（参考NGVD29，单位：ft）。地形勘测是将整个STA-3/4区域划分为150 m × 150 m的网格进行，然后用样条插值生成数字高程。单元3A由EAV组成，而单元3B主要由SAV组成，并有由南北走向和东西走向的香蒲构成的EAV带。入流由2个大水泵抽入STA-3/4，然后由门可控的涵洞输送到各独立单元。

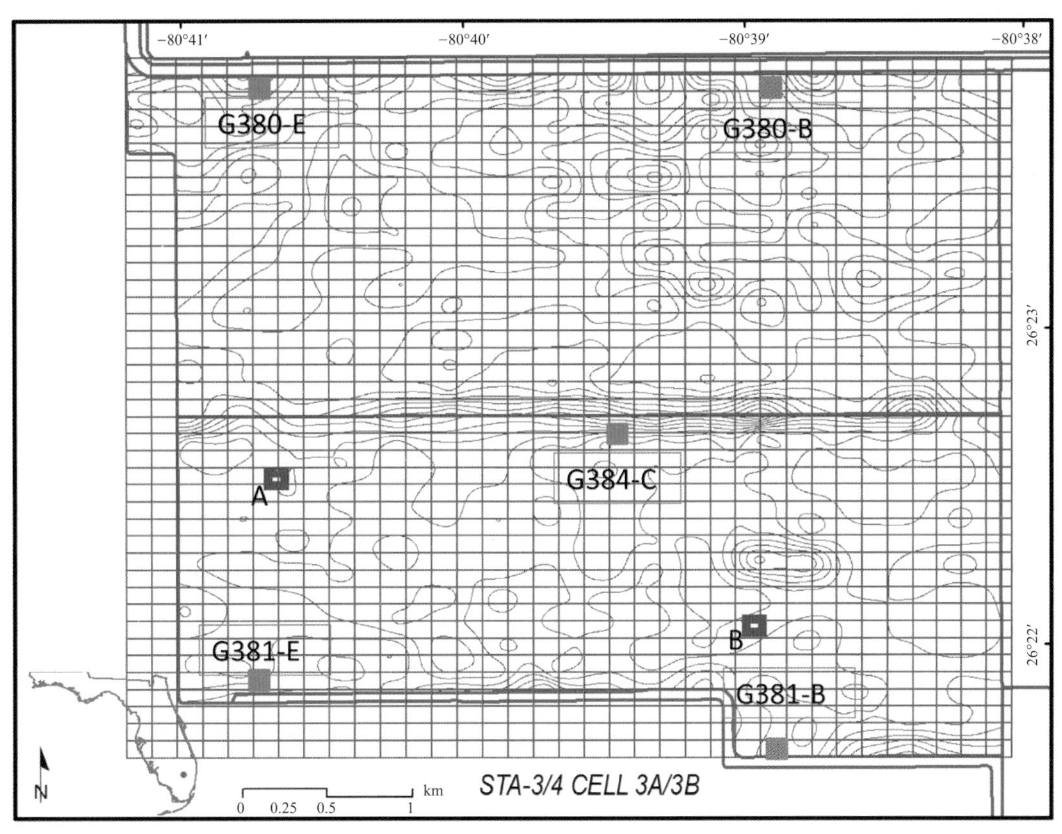

图11.5.2　底床高程（参考点NGVD29，单位：ft）和网格尺寸（148.1m × 101.4m）
模型网格为38 × 44共1283个湿网格点

本研究的LOEM-CW基于LOEM。LOEM由EFDC模型发展而来。EFDC是一个用于模拟地表水系统，包括河流、湖泊、河口、水库、湿地和沿海地区，集合了三维流场、输运和生物地球化学过程的公开模型包（Hamrick，1992；Park et al.，1995）。EFDC模型已在超过100个研究案例中被大量的测试和应用（如，Shen，Guo，1999；Yang，Hamrick，2004；Ji，2008；Ji et al.，2001，2002，2007）。这里介绍由Jin，Ji（2004，2005，2013），Ji和Jin（2006）及Jin等（2007）建立的集成了水动力、泥沙输运、水质和SAV的3D LOEM模型。

从南佛罗里达环境报告中获得该研究区域连续3年（2010年，2011年，2012年）的植被密度信息（SFER，2011，2012，2013，2014）。不同STA区域植被密度采用航拍数字影像合成得到。单元3B的SAV覆盖率从2010年的66%下降至2012年的62%，而同期，EAV覆盖率从34%上升到38%（SFER，2011，2012，2013，2014）。

表11.5.1　研究区域基本特征(STA-3/4 单元3A和3B)

平均容积	5677（acre·ft）	7×10^6 (m^3)
平均面积	4448（acre）	1.8×10^7 (m^2)
平均深度	1.28（ft）	0.39 (m)
6 年平均入流量（2008—2013年）	228（ft^3/s）	6.45 (m^3/s)
6 年平均出流量	216（ft^3/s）	6.11 (m^3/s)
水力停留时间	13 d	13 d

LOEM-CW模型的输入条件包括小时风速、太阳辐射、大气温度、相对湿度、蒸散和云层覆盖率作为外部驱动条件。日流入量和流出量分别基于G-380 F-A和G-381 F-A站点的实测数据。入流处（G-380 F-A）和出流处（G-381 F-A）的水温数据每周或每两周收集一次，并纳入模型。所有气象数据从DBHYDRO数据库中获得（SFWMD，2014）。每天的蒸散（图11.2.3）是由DBHYDRO蒸散图获得（SFWMD，BPC Group，2013）。

图11.5.2是单元3A/3B区域的LOEM-CW模型网格。模型网格数组大小为38×44，总共1 283个湿网格点。网格单元在东西向为148.1 m，南北向为101.4 m。本研究中，模型时间步长为15 s。模拟周期为2008年1月1日至2013年10月31日，大约6 a（2 130 d）时间。LOEM-CW被初始化一次，然后连续运行直到模拟全过程结束。

11.5.1.3　模型结果

图11.2.8给出站点G-384 C_H（H为上游，T为下游）的水位模拟值与实测值的比较（位于单元3A内，从2008年1月1日到2013年10月31日）。虚线为实测数据，实线为模型模拟结果。很明显，除了在2009年和2011年的旱季外，该模型很好地模拟了STA水位。图11.2.9显示了HOLEY1_G站的地下水位的测量值和单元3A的测量水位。HOLEY1_G位于单元3A以西，在Holey Land野生生物管理区（图11.5.1）。该站代表了研究区域的地下水水位。图11.2.9显示在2009年和2011年春季，地下水水位和地表水水位有较大落差。这两个旱季的地下水水位都很低。由于干旱和较低的地下水水位，导致有大量的地表水渗流入地下水而脱离地表水系统。由于没有获得地下水渗流的实测数据，而且大多数时间渗流量较小，目前LOEM-CW模型并不包括地下水渗流/渗透，导致在2009年和2011年这两个时期的模拟与实测数据存在较大偏差。

表11.5.2给出了6个站点的水位观测值与模拟值之间的误差分析。相对均方根误差（RRE）如式（7.2.5）定义，其值范围在G-380 B_T的6.83%到G-384 C_T的10.72%之间。G-384 C_H的水位如图11.2.8所示，其RRE为9.11%。平均RRE为7.97%。其他5个站点随时间变化的模型结果与图11.2.8所示相似。

表 11.5.2 2008—2013年水位实测值与模拟值的误差分析

站点	实测值数量	实测平均值(m)	模拟平均值(m)	均方根误差(m)	实测值变化量(m)	RRE(%)
G-380 E_T	2130	3.52	3.52	0.110	1.52	7.27
G-380 B_T	2130	3.53	3.53	0.101	1.48	6.83
G-384 C_H	2024	3.47	3.47	0.104	1.15	9.11
G-384 C_T	2024	3.47	3.47	0.107	1.01	10.72
G-381 B_H	2130	3.36	3.36	0.082	1.20	6.93
G-381 E_H	2130	3.37	3.37	0.082	1.22	6.93
平均值						7.97

流速实测值采用Nortek的矢量声学多普勒测速仪（ADV）测得（Nortek，2005；Chang et al.，2014）。两流速站点（A和B）在单元3B内，如图11.5.2所示。由于单元3A内的植被密度太大，导致无法安装测速仪。ADV测量流速，是通过许多测量点的估计速度的平均值得到的。通过平均多个测量点的值，每一个测量点的不确定性或短期误差可显著降低。速度测量点数量设置在10～30之间。采样间隔设置为30 min或60 min。野外监测时间为2013年8月22日至11月26日。南北向的ADV流速范围在−1.05 cm/s（向南）到2.21 cm/s（向北）之间波动，平均流速为0.20 cm/s。而东西向的ADV流速范围在−1.24 cm/s（向西）到1.79 cm/s（向东）之间波动，平均流速为0.03 cm/s。

分析东西方向流速分布后，发现58.42%的流向为向西，41.58%的流向为向东。在南北方向的流速分布，81.06%的水流流向为南向，而只有18.94%的水流流向为北向。图11.5.3给出了站点A的流速和研究区域的流入量和流出量。在站点A，没有观察到入流量/出流量和速度波动之间存在明显的相关性。在站点B也获得相似的流动形态。表11.5.3提供了速度的观测值（每小时）和模拟值（小时平均）之间对应的误差分析。平均RRE为28.06%。

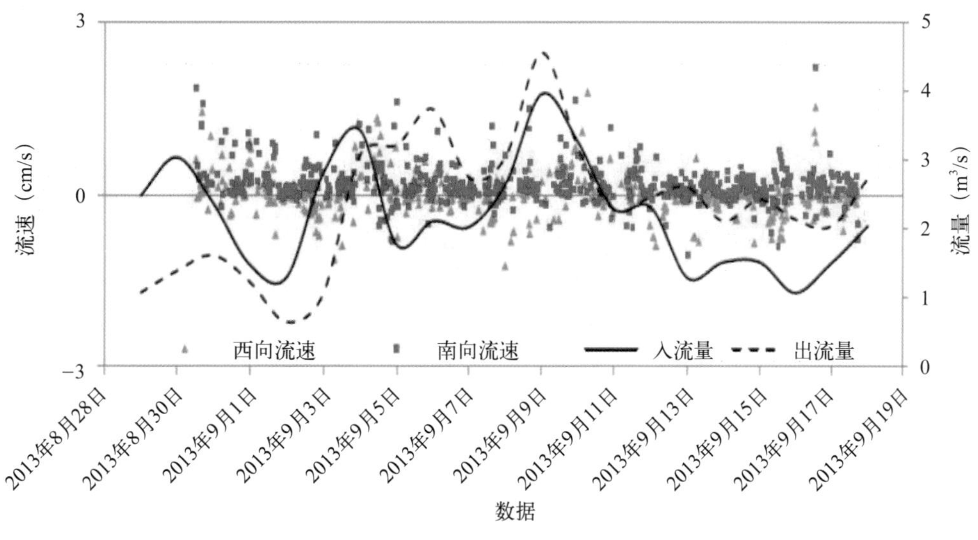

图11.5.3 站点A的流速（30 min平均值）、入流量（日均）和出流量（日均）

LOEM-CW模型研究了单元3A和3B的EAV（和SAV）对流动形态的影响，对比了有EAV和SAV的流场状况与没有EAV和SAV的流场状况。如图11.1.7（a）和图11.1.7（b）所示，EAV和SAV在控制流速和湿地流动形态方面发挥了关键作用。

表11.5.3 流速实测值与模拟值的误差分析

站点	实测值数量	实测平均值(cm/s)	模拟平均值(cm/s)	均方根误差(cm/s)	实测值变化量(cm)	RRE(%)
Station A_U	324	−0.01	0.15	0.44	1.43	31.01
Station A_V	324	−0.15	−0.43	0.47	1.27	37.19
Station B_U	140	−0.25	−0.10	0.71	3.27	21.58
Station B_V	140	−0.15	−0.09	0.29	1.27	22.46
平均值						28.06

总悬浮颗粒影响了植物生长、透光率和营养盐供给，对水质和富营养化过程极为重要。营养物和其他污染物可能在陆地就已经附着在泥沙颗粒物上了，进入地表水，随泥沙沉降或溶于水体。总悬浮颗粒物增多会阻碍光线在水体中的穿透力，影响水温，进而影响生物和化学反应速率。太阳辐射强度直接影响水体中的藻类和植被的生长。营养盐浓度也由于总悬浮颗粒物对其吸附和沉淀作用受影响。总之，可得到的光照和营养物都与总悬浮颗粒物的浓度密切相关，很大程度上影响了单元3A和3B的藻类、EAV和SAV的生长繁衍。

表11.5.4给出了6个站点从2008年1月1日至2013年10月31日，共2130天温度的观测值与模拟值的误差分析。该模型模拟水温效果较好，平均RRE为14.45%。例如，图11.5.4给出站点G-384 B的日水温时间序列实测值与模拟值的比较结果。模拟值用实线表示，观测值用虚线表示。结果表明模型模拟结果与观测值吻合良好。其他5个站点的水温时间序列比较与图11.5.4显示结果相似。

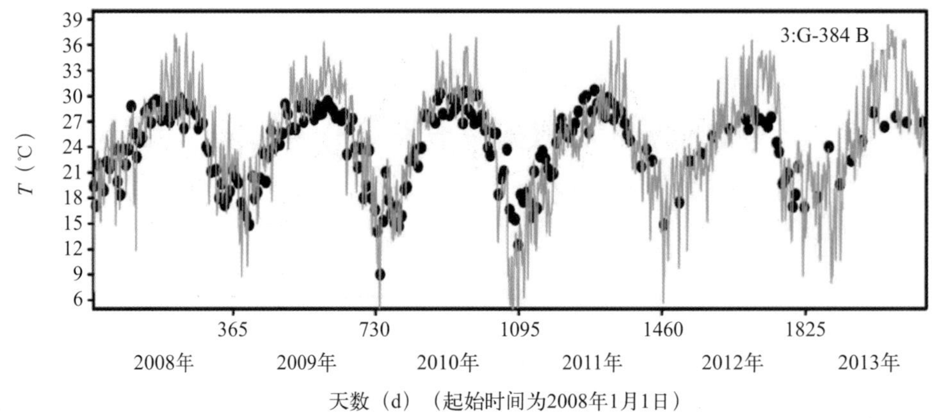

图11.5.4 站点G-384 B的日水温实测值与模拟值比较

黑点表示实测值，实线表示模拟值

由于站点G-384和站点G-381的总悬浮颗粒物在大多数时间里都接近为零，故收集到的TSS实测值较少。G-380 B站点的总悬浮颗粒物浓度的时间系列如图11.3.1所示。模拟值与观测值的形态趋势非常相似。模拟结果与观测值吻合良好，如图11.3.1和表11.5.5所示。

表11.5.4　水温的实测值与模拟值的误差分析

站点	实测值数量	实测平均值(°C)	模拟平均值(°C)	均方根误差(°C)	实测值变化量(°C)	RRE(%)
G-380 B	230	25.47	23.86	3.35	21.00	15.98
G-380 E	248	25.43	23.74	3.32	20.90	15.93
G-384 B	232	23.96	24.69	3.57	21.69	16.47
G-384 E	231	24.14	24.69	3.56	21.10	16.88
G-381 B	302	25.08	23.95	2.83	27.16	10.45
G-381 E	302	25.41	23.89	2.96	27.04	10.96
平均值						14.45

表11.5.5　TSS的实测值与模拟值的误差分析

站点	实测值数量	实测平均值(mg/L)	模拟平均值(mg/L)	均方根误差(mg/L)	实测值变化量(mg/L)	RRE(%)
G-380 B	36	11.58	9.77	5.17	41.00	12.61
G-380 E	37	11.87	11.73	6.02	39.00	15.42

11.5.1.4　总结

人工湿地已成为处理城镇和农业雨水径流的常用技术。在南佛罗里达，修建了STA用于处理农业和其他来源的径流，以减少进入大沼泽地保护区的磷含量。该人工湿地项目在规模、成本和科学挑战方面都是史无前例的。为获得详细的时空分布信息、优化除磷效率以及预测STA在各种工况下的动态反应，模型/工具必不可少。LOEM模型最初是为奥基乔比湖而开发，现已增强用于模拟湿地水动力学和输运过程。在LOEM-CW中引入了SAV和EAV的流动摩阻。LOEM-CW采用了SAT-3/4单元3A和3B约6年（2008—2013年）的实测数据进行校准和确认。通过图形和统计比较分析表明，模型模拟研究区域的水位、流速、水温和TSS结果合理。LOEM-CW有望作为一个强大的工具，为湿地管理和STA运行提供服务。

本研究的主要发现和结论如下：

（1）单元3A和3B的平均水力停留时间为13 d，通常为2～21 d不等。

（2）流场主要驱动力为降雨和入流量/出流量。根据实测资料的统计分析表明，降雨量与入流量的相关系数可达0.80。

（3）实测数据和模拟结果均表明，雨水处理区的流速通常小于1～2 cm/s。

（4）EAV和SAV在降低流速、改变流动形态方面非常重要，有助于泥沙和营养盐的沉降。

（5）地下水渗流/渗透对STA的水量收支可以有明显影响，特别是在干旱季节。

11.5.2 案例研究Ⅱ：人工湿地的水质模拟

本案例主要基于Ji和Jin（2016）的工作。佛罗里达STA-3/4单元3A/3B的人工湿地水动力和泥沙模拟，已经在第11.5.1节中作为案例介绍（Jin，Ji，2015），本节重点介绍该人工湿地的水质模拟。

11.5.2.1 概述

人工湿地已成为美国和世界其他国家在处理污水和雨水方面很受欢迎的技术（Kivaisi，2001；Zhang et al.，2014；Vymazal，2014；Wu et al.，2015）。通过沉淀过程和生物地球化学过程，它们可以降低污染物浓度。反过来，湿地的这些过程又与水动力学、水质状况和植被等密切相关（Kadlec，Wallace，2009；Reddy，DeLaune，2009）。为了优化人工湿地的运行和最大限度地去除营养物质，充分认识和了解湿地的水动力学、水质过程和植被十分必要。

STA的设计目的是为了减少流量加权年平均（AFWM）的TP浓度以满足水质排放标准（SFWMD，2007；NPDES，2012）。STA污染物的减少主要受湿地各种水动力学、水质状况影响，例如入流量、水深、水温、流速、营养物浓度和湿地植物（Kusler，kentula，1990；Dierberg et al.，2005）。这些条件对流态分布、水力停留时间、泥沙和养分输运、植物群落的演化至关重要。（Nepf，1999；Kadlec，Wallace，2009；Harvey et al.，2009；Chin，2011）。

本研究采用的模型基于奥基乔比湖环境模型（LOEM）（Jin et al.，2002；Jin，Ji，2001；Ji，Jin，2014）。LOEM模型已经过校准和验证，并成功用于预测不同管理工况下奥基乔比湖水动力、营养条件、SAV的长期变化过程。该模型提供了详尽的水面高程、三维流态、循环模式、泥沙再悬浮和沉积、水质和SAV分布的信息。Jin和Ji（2016）介绍了LOEM-CW水动力和泥沙模型的开发及其在STA-3/4单元3A/3B的应用。本案例研究的重点是关于LOEM-CW水质模型的发展及其在相同区域的应用。本研究的目标：

（1）通过引入湿地的SAV和EAV模块，升级LOEM成为人工湿地（CW）模型（LOEM-CW）。

（2）将营养物循环（磷、氮、有机碳）和沉积物成岩模块引入LOEM-CW。模型不只使用一个磷变量（TP），而是综合考虑了四个磷变量，以便详细描述磷迁移转化过程。这些变量包括难溶颗粒有机磷（RPOP）、活性颗粒有机磷（LPOP）、溶解有机磷（DOP）和总磷酸盐（PO_4t）。LOEM-CW耦合了磷变量与SAV和EAV的交互作用。

（3）用SAT-3/4单元3A/3B的6年（2008年1月1日至2013年10月31日）的实测数据对LOEM-CW进行校准和验证。

（4）利用LOEM-CW分析人工湿地的水质过程，提高STA的磷去除效率，并为STA运行和管理提供技术支撑。

11.5.2.2　模型描述和模型建立

本研究的LOEM-CW是基于LOEM发展而来的，LOEM是在Environmental Fluid Dynamics Code（EFDC）上修改而来的。EFDC是一个用于模拟地表水系统，包括河流、湖泊、河口、水库、湿地和沿海地区，三维流场、输运和生物地球化学过程的公开模型包（Hamrick 1992，Park et al.，1995）。EFDC模型已被用于超过100个模型研究，被广泛的测试和应用（例如，Shen，Guo，1999；Yang，Hamrick，2004；Ji，2008；Ji et al.，2001，2002，2007）。3D LOEM模型集成了水动力、泥沙输运、水质和SAV模块（Jin，Ji，2004，2005，2013；Jin，Ji，2006；Jin et al.，2007）。

关于LOEM-CW的水动力和泥沙模型及其在STA-3/4单元3A/3B的应用已经在第11.5.1节进行了介绍（Jin，Ji，2015）。本研究的LOEM-CW水质模型在水体中有22个状态变量（Park et al.，1995；Jin et al.，2007）。水质过程的所有控制方程具有相似形式（Cerco，Cole，1994；Park et al.，1995）。水质模型的细节已在第5章中描述。泥沙成岩模式在底床有27个状态变量（Di Toro，Fitzpatrick，1993），已经在第5.7节中描述。

LOEM中SAV的理论和方法（Jin，Ji，2013）是从切萨皮克湾模型修改而来，模型引进了三个状态变量：植物茎（在底泥之上）、植物根（在底泥中）和附生植物（附着在植物茎上）。SAV模型耦合了水动力学、泥沙、水质模型，因为SAV的生长取决于营养物的吸收（水质模型提供）、日照强度（水动力和泥沙模型提供）、水深（水动力学模型提供）（Cerco et al.，2002；Hamrick，2004；Jin，Ji，2013）。水体中的光照强度（或太阳辐射）用Beer定律计算。消光系数随TSS浓度和藻类浓度的增加而增加。SAV模型与水质模型直接相联，包括：①SAV的生长和腐烂与水质模型的营养源的联系；②SAV光合作用和呼吸作用与DO的联系；③颗粒有机物沉降和营养物吸收影响水体与底床营养水平的途径。对LOEM中SAV模块的细节已经在第5.8节中描述（Jin，Ji，2013）。

LOEM-CW模型用多个水层代表水体的垂向分层，SAV模型通常位于水体底层，而EAV模型则贯穿整个水体（即所有的垂向水层）。本案例中的SAV只能直接影响底层水体，而EAV可以直接影响整个垂向水体。由于研究区域的水较浅，平均水深仅为0.39m，LOEM-CW仅用了垂向一层。在这种情况下，EAV模型与SAV模型的控制方程相同（Jin，Ji，2013）。

本研究中的实测数据包括水动力、泥沙、水质变量数据，来源于SFWMD的在线环境数据库DBHYDRO（http://my.sfwmd.gov/dbhydroplsql/show_dbkey_info.main_menu）。有6个监测站（G-380 B，G-380 E，G-384 B，G-384 E，G-381 B，G-381 E）（图11.4.5）的6个水质变量每周或每两周一次的监测数据。6个水质这些变量为DO、TP、SRP、凯氏氮（TKN）、铵（NH_4）、NO_x（=硝酸盐+亚硝酸盐）。由于实测数据都通过了SFWMD的质量认证（QA/QC），故该6个监测站的数据都可用于模型模拟值与实测值的比较。

气象条件包括风速、大气温度、太阳辐射和湿度，每小时更新一次。LOEM-CW的其他边界条件和负荷都是基于每日更新的数据。涵洞G-380 F-A的入流日均实测值用作上游边界条件（图11.4.5）。图11.5.5给出系统磷和氮负荷。图11.5.5中（a）到（d）依次是TP、SRP、TN和NO_x。图11.5.5表明营养物主要在雨季（5—10月）进入研究区域。

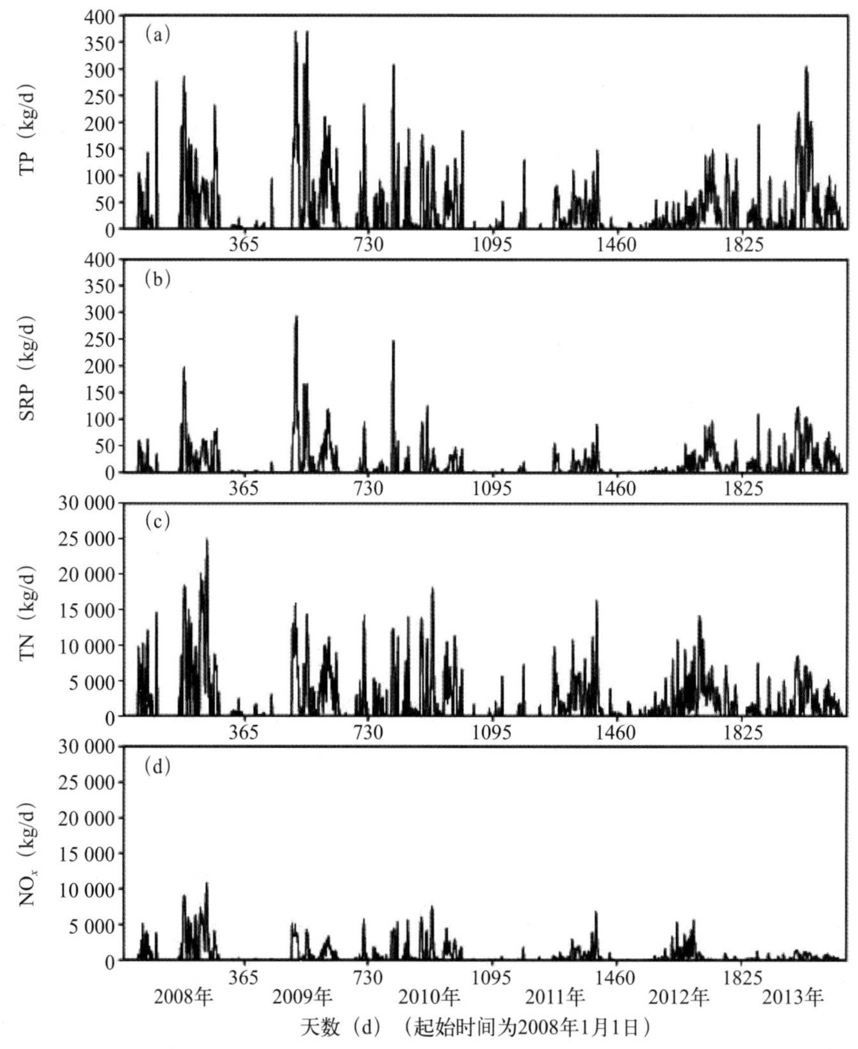

图11.5.5　流入单元3A的营养物负荷

STA的设计目标是减少流量加权年平均（AFWM）的出流TP浓度，以满足排放标准（Rizzardi，2001；SFWMD，2007）。图11.5.6中，虚线为经过6个涵洞（G-380 F-A）流入单元3A的流量加权日平均（DFWM）TP浓度值，当没有入流流量时，可以间断。粗的水平线给出了AFWM的6年（2008—2013年）的入流TP浓度值。这两个入流TP浓度是根据实测值计算的。图11.5.6表明较高的磷浓度经常出现在雨季，最高达186 ppb。也有的时间段没有水进入STA-3/4的单元3A/3B，特别是在旱季。图11.5.6中基于DFWM（实线）和AFWM（细水平线）的出流TP浓度将在后面讨论。

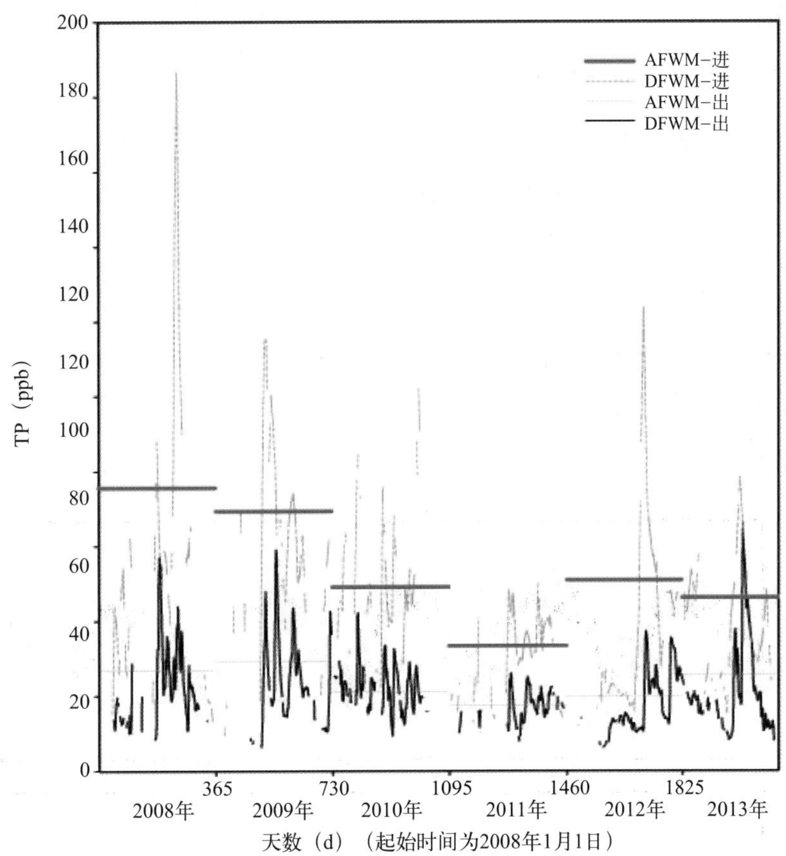

图11.5.6　STA-3/4单元3A/3B的TP浓度

DFWM入流浓度（点线），AFWM入流浓度（粗水平线），DFWM出流浓度（实曲线）和AFWM出流浓度（细水平线）。入流TP浓度基于实测值计算得到，出流TP浓度基于LOEM-CW计算得到。DFWM为流量加权日平均，AFWM为流量加权年平均

STA-3/4的单元3A/3B由离散网格表示。由于研究区域呈矩形，本模型采用笛卡儿坐标。本研究中的水质模型网格与水动力模型的网格相同（第11.5.1节），有1283个水平网格单元和一个垂直层（图11.5.2）。每个网格单元的尺寸为148.1 m × 101.4 m，这样的空间分辨率与地形勘察的150 m × 150 m一致。本研究的模拟周期是从2008年1月1日至2013年10月31日，约6年（2130 d）。LOEM-CW初始化一次后在整个模拟期内连续运行。LOEM-CW时间步长为15 s。采用如此短的时间步长，是因为风暴事件可以在很短的时间内携带大量的水进入研究区域。模型运行6年需要在3.4 GHz的PC机上花费8.4个CPU h。

本研究的模型参数与奥基乔比湖研究的参数相似（James et al.，2005；Jin et al.，2007；Jin和Ji，2013）。这些模型参数源于切萨皮克湾的水质模型（Cerco，Cole，1994；Park et al.，1995），已经在其他许多研究中参考引用（例如，HydroQual，1995；Tetra Tech，1999；Tetra Tech，2000）。Di Toro（2001）报道，用在沉积物成岩模型的参数也与Cerco和Cole（1994）、HydroQual（1991）以及HydroQual（1995）所用的参数相似。本研究中，典型模型参数用于最初的模型设置。一系列敏感性测试用于研究模型性能和潜在误差来源。除了模型验证过程中的几个关键参数被校准

外，本研究中大多数参数没有修改。文献参考值被用做指南以便校准参数在可接受范围内。

11.5.2.3 模型模拟值与实测值比较

为了校准和验证LOEM-CW模型，将6个监测站点8个状态变量从2008年1月1日至2013年10月31日的2130 d的模型模拟结果与实测数据进行了比较，用统计表和时间序列图进行表征。这8个状态变量包括水温（*T*）、总悬浮物（*TSS*）、*DO*、*TP*、*SRP*、*TKN*、NO_x和NH_4。水质数据没有在时空上做任何均化，直接与模型的结果进行对比。6个站点所有可获得的数据都用做模拟值–实测值的对比。站点G-384E位于单元3A内，在入流站点（G-380 F-A）和出流站点（G-381 F-A）中间。因此，G-384 E可以很好地代表整个研究区域的总体概况。图11.5.7和表11.5.6展示了G-384 E的实测值与模拟值的详细比较。

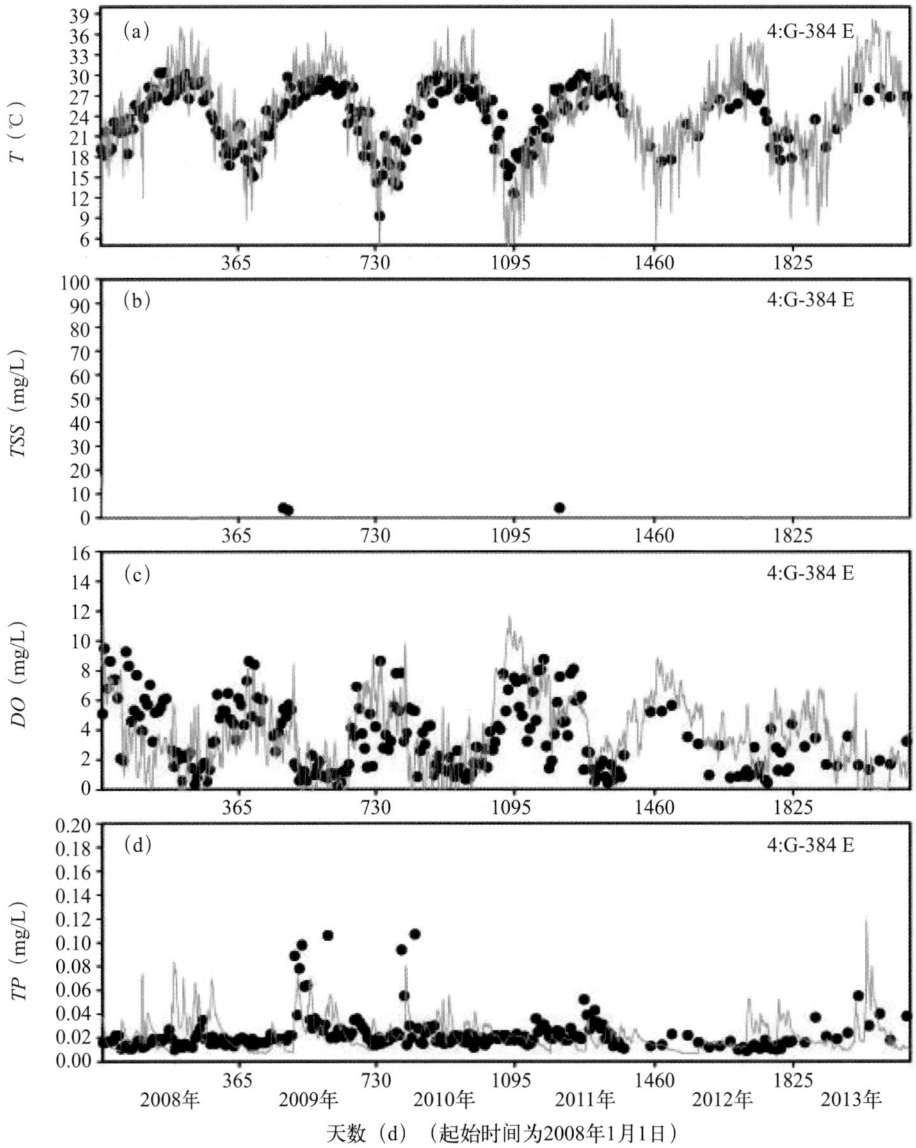

图11.5.7a　站点G-384 E的状态变量*T*，*TSS*，*DO*和*TP*的实测值与模拟值的时间序列比较

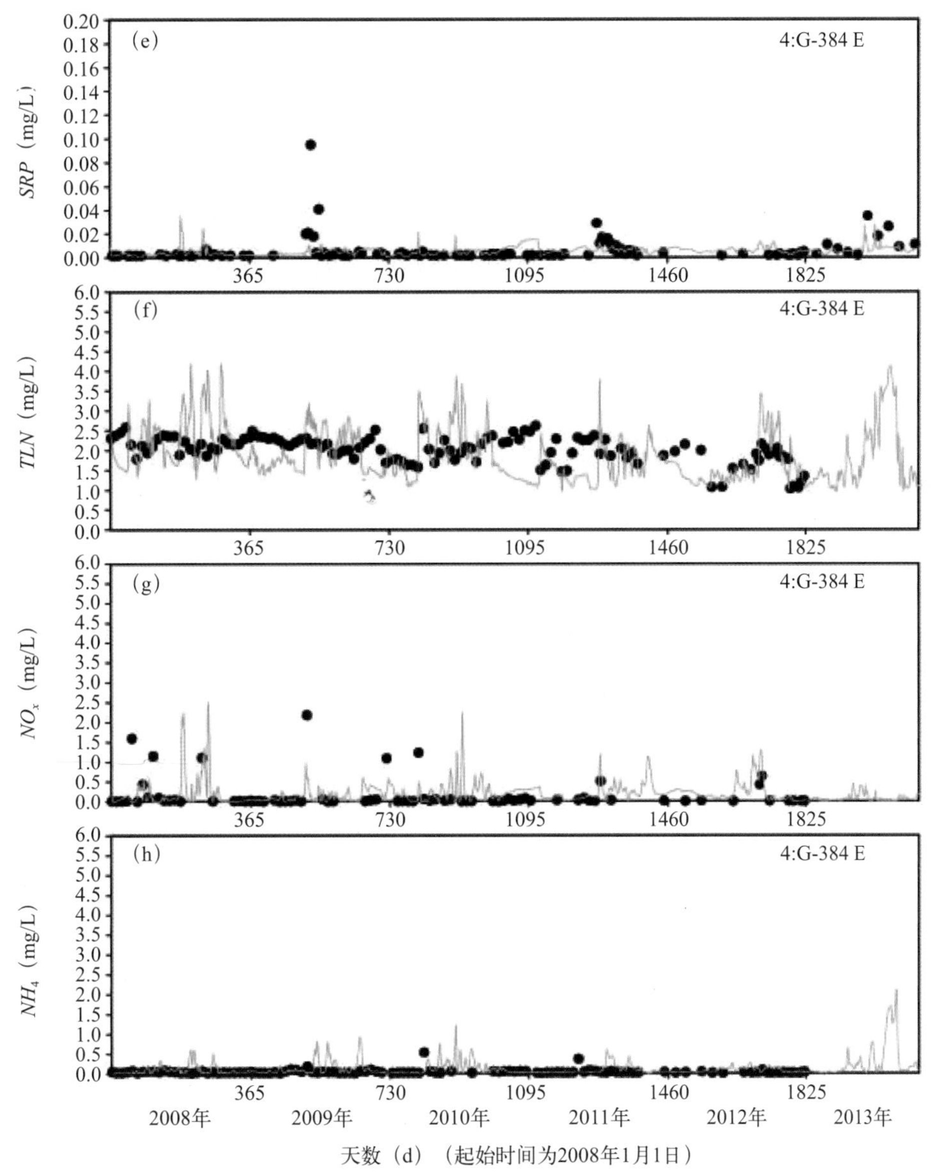

图11.5.7b　站点G-384 E的状态变量*SRP*，*TKN*，NO_x和NH_4的实测值与模拟值的时间序列比较

图11.5.7a中的（a）图框给出了G-384 E的温度比较情况。实测值用黑点表示，模拟值用实线表示。图中表明，该模型能够很好地模拟水温的季节性变化。TSS模型值和实测值比较表明［（b）图框］，当水流经过单元3A的EAV区域，由于流速减弱和泥沙沉降，TSS值减小。STA-3/4单元3A/3B的水动力模型细节，包括水温和TSS模拟，都已经在11.5.1节中进行了介绍（Jin，Ji，2015）。溶解氧浓度模拟值和实测值［（c）图框］表明：DO呈强烈的季节性变化，从夏季几乎为0变化到冬季超过9 mg/L。G-384 B站点的DO浓度比较已经在图11.3.7给出。

TP浓度模拟值和实测值［（d）图框］表明：当水流经过单元3A，经过EAV处理后，其值大多数时间减少到0.02～0.03 mg/L。在2008—2013年期间，几个强风暴事件为STA带来大量的TP，导致站点G-384 E的TP浓度很高。例如在第807天（2010年3月17日）和第812天（2010年3月22日）之间，TP模拟值和实测值都超过0.08 mg/L，大约为G-384 E站长期平均浓度的4倍。关于这个风暴事件的详细分析已经在图11.4.7中给出。

图11.5.7b中的（e）图框为SRP。为保持一致性和可比较性，图11.5.7a的TP数据与图11.5.7b的SRP数据都采用相同尺度表示磷浓度。SRP的模型值和实测值显示，6年大多数时间里，当水流经过单元3A的EAV后，在G-384站的SRP浓度减到很小。目前还不清楚为什么SRP数据在第555天，2009年6月左右出现高值（0.095 mg/L）。也是为了保持一致性和可比较性，图11.5.7b的关于氮的变量，TKN，NO_x和NH_4的数据，使用了相同尺度表示氮浓度。图11.5.7b中的（f）图框为TKN，模型和实测数据显示，TKN一般在2 mg/L左右变化。G-384E站点的NO_x和NH_4在大多数时间都很小。

表11.5.6　站点G-384 E从2008年1月1日到2013年10月31日的水质模型值与实测值的误差分析

变量	实测值数量	实测平均值(mg/L)	模拟平均值(mg/L)	均方根误差(mg/L)	实测值变化量(mg/L)	RRE(%)
DO	224	3.5205	4.2604	2.3821	9.2000	25.8
TP	231	0.0228	0.0246	0.0192	0.0980	19.6
SRP	115	0.0060	0.0058	0.0117	0.0930	12.5
TKN	122	2.0123	1.9253	0.6673	1.5900	41.9
NO_x	76	0.1593	0.2574	0.4098	2.1790	18.8
NH_4	114	0.0442	0.0811	0.1063	0.5320	19.9
总平均值						23.1

对6个站点的6个水质变量（*DO*、*TP*、*SRP*、*TKN*、NO_x和NH_4）的观测值和模型值进行了统计比较。表11.5.6显示了站点G-384 E从2008年1月1日到2013年10月31日的水质变量实测值和模型值的误差分析。例如，实测TP平均值（= 0.0228 mg/L）是G-384 E在2008年1月1日到2013年10月31日期间的TP平均值，有231个TP实测值。模型对相同位置和相同时间的TP值进行平均计算得到对应的TP平均值（= 0.0246 mg/L）。为了评估模型性能，模型计算了每一个变量的RMSE［式（7.2.3）］和RRE［式（7.2.5）］。结果表明RRE值的变化范围从SRP的12.5%到TKN的41.9%。站点G-384的6个参数的平均RRE是23.1%。

其他5个站点也进行了类似的图形和统计比较。模型的整体性能统计给出了6个站点从2008年1月1日到2013年10月31日的站点平均RRE概况（见表11.5.7）。例如，G-384E的RRE在表11.5.6中为23.1%。表11.5.7显示6个站点的6个状态变量的平均RRE值为20.8%。其他5个站点的模型结果的精确度与G-384 E的结果（图11.5.7和表11.5.6）相当，表明LOEM-CW能够很好地模拟STA-3/4单元3A/3B的水质过程。

表 11.5.7 6个站点从2008年1月1日到2013年10月31日的平均RRE统计值

站点	RRE (%)
G-380 B	22.0
G-380 E	25.1
G-384 B	21.2
G-384 E	23.1
G-381 B	16.6
G-381 E	16.7
平均值	20.8

11.5.2.4 STA的磷过程

本研究的重点是磷过程。6个站点的TP统计值见表11.5.8。例如，表11.5.8中站点G-384 E的TP值来自于表11.5.6的相关值。G-384 B（或G-380 E）的实测值在涵洞测得，在入流的TP进入单元3A并被稀释之前。对应的模拟TP值来自于G-380 B（或G-380 E）的模型网格，尺寸为148.1 m×101.4 m的区域。因此，模型值代表该网格区域的TP浓度平均值，包括稀释效应。这就解释了为什么在这两个站点（G-380 B和G-380 E）的TP模拟值，略低于实测值。6个站点的RRE值从G-384 B的10.7%到G-381 E的25.1%。6个站点6年（2008年1月1日到2013年10月31日）的TP总体平均RRE为16.2%，表明模型模拟STA-3/4的单元3A/3B的TP浓度良好。

表 11.5.8 6站点从2008年1月1日到2013年10月31日的TP实测值与模拟值误差分析

站点	实测值数量	实测平均值 (mg/L)	模拟平均值 (mg/L)	均方根误差 (mg/L)	实测值变化量 (mg/L)	RRE (%)
G-380 B	230	0.0384	0.0363	0.0235	0.195	12.0
G-380 E	247	0.0398	0.0384	0.0259	0.173	14.9
G-384 B	231	0.0240	0.0219	0.0188	0.174	10.7
G-384 E	231	0.0228	0.0246	0.0192	0.098	19.6
G-381 B	305	0.0180	0.0170	0.0142	0.095	14.9
G-381 E	304	0.0176	0.0186	0.0136	0.054	25.1
总平均值		0.0268	0.0261	0.0192	0.1315	16.2

STA-3/4单元3A/3B的磷主要由流入量和流出量驱动，特别是在风暴事件中。图11.4.6说明了研究区域的流入量、EAV和SAV如何控制磷输运，当水流经过单元3A的EAV区域和单元3B的

SAV区域时，磷是如何减少的。图11.4.6（a）为通过6个涵洞进入单元3A的总流量（图11.4.5中的G-380 F-A）。图11.4.6（b）为站点G-380 B的模型TP值与实测TP值的比较，表明入流磷浓度可超过0.15 mg/L。图11.4.6（c）显示流经单元3A的EAV区域后，站点G-384 B的TP值明显降低。图11.4.6（d）显示了在当水流经过单元3B的SAV区域到达排放站点G-381 B后，TP浓度进一步降低。图11.4.6显示STA的TP变化主要由流入量/流出量驱动。由于沉淀和藻类、EAV和SAV的吸收作用，TP浓度从北向南逐渐降低。图11.4.6和图11.5.7以及表11.5.6至表11.5.8都表明LOEM-CW较好地模拟了STA-3/4单元3A/3B的水质状况，特别是磷过程。

图11.4.7呈现了2010年3月的风暴事件中研究区域的TP输运和去除过程的空间变化，具体见第11.4.2节。

11.5.2.5 TP的去除效率

表11.5.9给出了基于实测值和模拟结果的平均TP浓度和TP减少量，用于评估单元3A/3B的TP去除效率。例如，在单元3A的入口处，实测的平均TP值为39.1 ppb，是由G-380 B和G-380 E的实测TP值计算得到。对应的TP模拟值为37.35 ppb。位于单元3A研究区域中的G-384的实测TP值为23.4 ppb，是由G-384 B和G-384 E的实测TP浓度计算出。对应的TP模拟值为23.25 ppb。表11.5.9中的实测值表明，在这6年时间内平均，入流TP在单元3A内减少了15.7 ppb（40.2%），这主要是由于EAV的作用。TP浓度在单元3B内减少了5.6 ppb（23.9%），这主要是SAV的作用。而模拟结果表明，入流TP在单元3A内降低了14.10 ppb（37.8%），TP浓度在单元3B内减少了5.45 ppb（23.4%），与实测结果一致。此外，实测值和模拟值都表明，EAV区域在TP去除效率方面似乎比SAV区域更有效。

表11.5.9　STA-3/4 单元3A/3B从2008年1月1日到2013年10月31日的平均TP浓度和TP减少量（基于实测值和模拟值）

地点	实测TP值			模拟TP值		
	平均值 (ppb)	减少量		平均值 (ppb)	减少量	
		ppb	%		ppb	%
入口（G-380）	39.1			37.35		
中间（G-384）	23.4	15.7	40.2	23.25	14.10	37.8
出口（G-381）	17.8	5.6	23.9	17.80	5.45	23.4

图11.5.8给出STA-3/4单元3A/3B从2013年1月26日到3月14日约48 d的实测TP值和SRP值。这些数据每3 h测量一次，由于采样频率非常高，对描述雨水处理区（STA）的短期磷变化非常有用。而标准的每周采样一次的频率不足以描述这些短期磷变化过程。图11.5.8表明STA运行非常有效。它可以将高达120 ppb的入流TP浓度减少到低于20 ppb的出流TP浓度。单元3A的EAV减少了大部分

的入流TP。单元3B的SAV进一步降低TP，大多数TP的减少来源于SRP的减少，这意味着单元3B的SAV吸收了大部分SRP，是降低TP到大约20 ppb的关键因素。没有单元3B的SAV，很难有效地从水体中除去SRP。而沉降作用不应该是单元3B去除磷的主要机制，因为单元3B的TSS和颗粒磷已经很少（如图11.5.7所示）。说明植物对营养物的吸收是单元3B磷去除的主要因素。

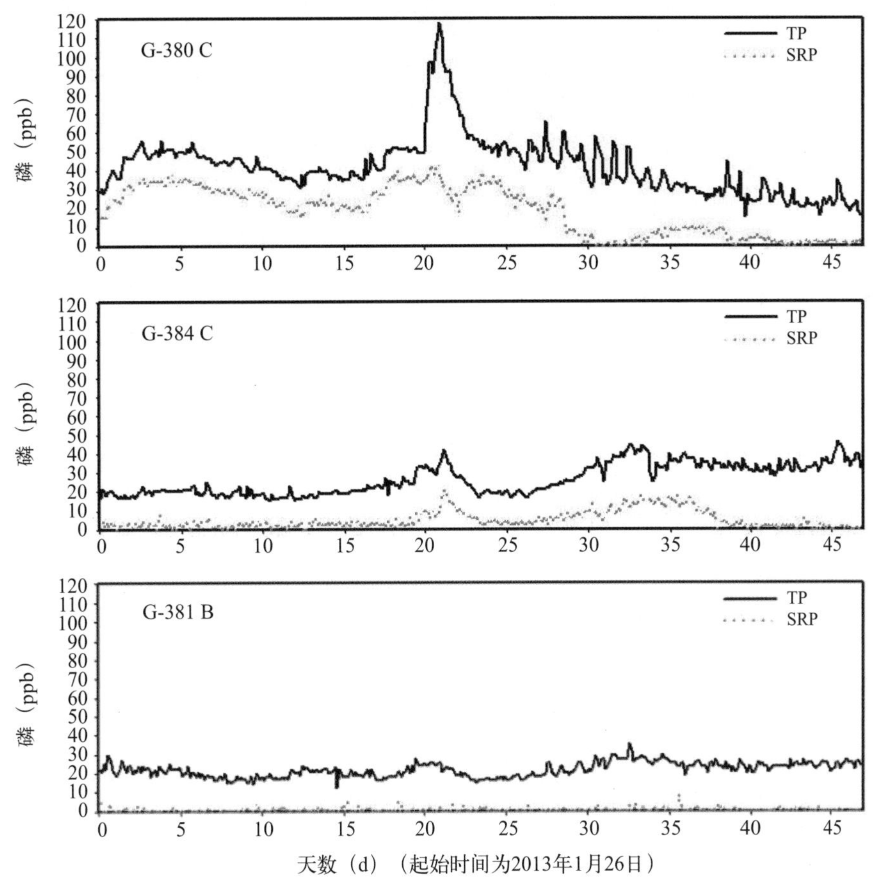

图11.5.8　STA-3/4单元3A/3B从2013年1月26日到3月14日的TP和SRP的实测值

为了进一步分析TP的去除过程与效率，图11.5.9给出了6年平均（从2008年1月1日到2013年10月31日）的模拟TP浓度。6个入口区域的高TP浓度位置对应6个入流涵洞（G-380 F-A）。图11.5.9表明TP的减少表现出很强的空间变化，受到水深、植被类型、涵洞位置、流入/流出量等因素的综合影响。经过6年平均后，西部的出流TP浓度值高出东部2 ppb，虽然期望有均匀的排放浓度以达到最大的TP去除效率。单元3B的水流行程与6个涵洞（G-381 F-A）的流出量都是影响TP在单元3B空间分布形态的主要因素。西部的水流行程较东部短。在总流量不变的情况下，为了获得一致的TP出流浓度和提高整个TP去除效率，减少G-381 E和F的流量和增加G-381 A和B流量会有所帮助。流量调整的方法将有利于使6个涵洞（G-381 F-A）的出流浓度相同。这个例子也说明了有一个能够详细描述STA营养过程的时空变化模型的重要性。

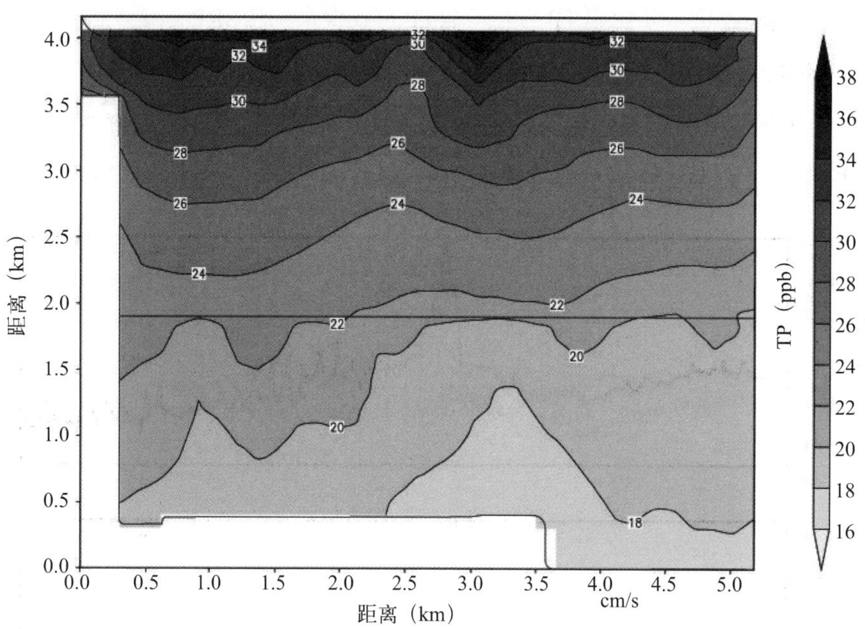

图11.5.9　模拟的6年平均TP浓度（从2008年1月1日到2013年10月31日）

STA排放的磷浓度标准是按照AFWM给定的（Rizzardi，2001；SFWMD，2007；NPDES，2012）。为了支持STA的运行和管理，需要有基于年度和更长期尺度的模型和分析工具。图11.5.6给出了模拟的DFWM出流TP浓度（实曲线）和AFWM出流TP浓度（细水平线）。当流入水经过STA-3/4单元3A/3B的处理后，AFWM的入流TP浓度（粗水平线）与AFWM出流TP浓度（细水平线）之间的浓度差就是TP浓度的年平均减少量。

表11.5.10　不同条件下的AFWM入流TP浓度(TP_{in})，AFWM出流TP浓度(TP_{out})和去除效率(RE)的统计

年份	TP_{in} (ppb)	标准案例		水深 + 0.3 m		水深 + 0.6 m	
		TP_{out} (ppb)	RE (%)	TP_{out} (ppb)	RE (%)	TP_{out} (ppb)	RE (%)
2008	75.7	26.7	64.7	24.7	67.4	24.3	67.9
2009	69.3	29.1	58.0	27.4	60.5	26.0	62.5
2010	49.1	21.3	56.6	18.7	61.9	17.4	64.6
2011	33.3	17.4	47.7	16.4	50.8	15.6	53.2
2012	50.9	19.8	61.1	19.5	61.7	18.9	62.9
2013	46.2	25.5	44.8	24.5	47.0	22.8	50.6
6年平均	55.6	23.6	57.6	22.2	60.1	21.1	62.1

表11.5.10总结了图11.5.6的TP_{in}和TP_{out}（标准案例）的结果。相应的标准案例的RE也在表11.5.10给出，RE由式（11.4.1）定义。在2008—2013年的6年间，RE最高值为2008年的64.7%，RE最低值为2011年的47.7%。整个6年的平均RE为57.6%，表明STA-3/4单元3A/3B的TP去除效率通常为57.6%。

美国国家污染物排放削减许可制度（NPDES）通过规划点源排放污染物进入美国水域来控制水污染（http://water.epa.gov/polwaste/npdes/）。NPDES（2012）要求从STA-3/4单元3A/3B排放的AFWM的TP浓度在滚动基础上的5年里有3年不得超过13 ppb，任何一年不得超过19 ppb。图11.5.6和表11.5.10都表明，涵洞G-381 F-A的AFWM出流TP浓度在2008年1月1日到2013年10月31日期间没有满足NPDES许可证规定的标准。LOEM-CW可以在提高磷去除效率，优化STA运行方面起关键作用。

为了理解水深在TP去除方面的影响，LOEM-CW模拟了两个假设情况：分别增加水深0.3m和0.6 m。STA增加水深将增加HRT，降低水流速度，这有利于TSS和颗粒磷的沉淀以及EAV和SAV对磷的摄取。STA-3/4单元3A/3B的HRT在标准案例中为13 d，在水深增加0.3 m案例中为23 d，在水深增加0.6 m案例中为33 d。表11.5.10总结了这两种假设情况下的出流TP浓度。增加0.6 m水深，6年平均RE将增加4.5%，从57.6%变到62.1%。6年AFWM出流TP浓度将减少10.6%，从23.6 ppb降到21.1 ppb。如果水深仅增加0.3 m，TP的减少量将比加0.6 m的情况下小。

11.5.2.6 总结和结论

人工湿地的管理需要科学、可靠的数值模型来评价管理方案和提高营养物去除效率。应用耦合水动力、泥沙、水质、SAV和EAV模型来研究人工湿地是一个挑战。本研究为人工湿地开发了LOEM-CW水质模型，并应用到STA-3/4单元3A/3B区域。LOEM-CW对应的水动力学和泥沙模型已经在11.5.1节中介绍（Jin，Ji，2015）。本研究的主要贡献和结论包括：

（1）基于过去15年为了奥基乔比湖开发的LOEM模型（Jin，Ji，2001，2004，2005，2013；Ji，Jin，2006，2014；Jin et al.，2002，2014），开发了LOEM-CW水质模型用于模拟水质过程，特别是人工湿地的磷循环，SAV和EAV。完整的营养物循环（磷，氮和有机碳）和底床沉积物成岩都在LOEM-CW中描述。不同于以前许多湿地模型，本模型不是仅使用一个磷变量（TP）来描述磷过程，而是采用了4个磷变量（*RPOP*、*LPOP*、*DOP*、PO_4t）来详细描述磷过程。LOEM-CW也耦合了SAV和EAV与磷变量的交互作，以确保湿地的磷循环过程可以更加贴合实际。

（2）LOEM-CW采用了6个站点6年（2008年1月1日到2013年10月31日）的实测值进行校准和验证。通过图形和统计比较，表明模型在模拟STA的磷、氮和DO过程中表现良好，并代表了STA中营养物和DO之间的相互关系。

（3）LOEM-CW被应用于支持STA运行和管理。模型结果（图11.5.9）表明，通过重新分配一些G-381 E和F的出流到G-381 A和B，STA-3/4单元3A/3B能更有效地去除TP。LOEM-CW也显示增加水深可以增加HRT，从而增加STA的TP去除效率。

（4）目前，很少有公开发表的人工湿地的模型研究能包含如此详尽的EAV、SAV和营养物循环过程，有多年（6年）模拟−实测数据的详细比较，并将其应用于支撑STA管理。LOEM-CW可以在提高磷去除效率和优化STA运行方面起关键作用。

第12章　风险分析

本书前面章节大部分讨论的是针对确定性方法和确定性模型，其结果完全取决于初始状态和输入，而不是随机的。确定性过程只有一个结果，该结果是预先确定的。给定相同的输入，一个确定性模型（如EFDC模型）将总会产生相同的输出结果。由于地表水的许多过程本质上是随机的，因此用统计方法来研究这些过程对于环境工程和水资源管理是十分必要的。

本章重点讨论两个重要并相互关联的主题：极值理论与环境风险分析。12.1节介绍极值理论的基础知识及其应用。极端洪水、海平面、波浪和水质是地表水罕见和极值事件的例子。第12.2节介绍环境风险分析的方法以及如何利用这些方法来满足环境管理的需要。

12.1　极值理论

在介绍基本概念之后，12.1.2节和12.1.3节介绍极值理论中两种常用的方法：块方法和POT（峰值超阈值）方法。这两种方法的应用也一并介绍。

12.1.1　引言

分析和管理极端事件造成的风险是当今社会最为迫切需要解决的问题之一。极端事件发生在许多领域，如环境科学与工程、气象学、地质学、金融市场和股价。极值理论探测极端事件的发生及其发生的频率。极端事件的例子包括以下内容：

（1）极端洪水（例如，Katz et al.，2002）；

（2）海平面、水质、波浪以及与全球变暖有关的风速等极值事件（例如，Fasen et al.，2014）；

（3）大额保险损失（例如，Jagger et al.，2008）；

（4）股市崩盘（例如，Coles，2001）；

（5）百米冲刺跑最快时间（例如，Einmahl，Sweets，2011）；

（6）灾难性的石油泄漏事件（例如，Ji et al.，2014）。

这些极值事件的共同特征包括：①过去很少发生；②很少有（甚至没有）测量数据；③对社会极其重要，并且人们迫切想知道其发生的概率和大小。

风险是我们生活的一部分。运用智慧、创造力和预先规划可对其有效管理。必须有防范灾难的安全措施。我们通过制定策略来适应自然灾害风险，如修建更高、更坚固的堤坝来防范洪水。风险分析不仅定量了解可能会发生什么，而且也预测如果灾害确实发生了，什么重要和什么不重要。风险分析综合多种观测因素，然后给出极端事件的重要性和发生的可能性。对极值分析一个普遍的误解是，由于缺乏数据，风险分析用处不大。但事实正好相反，正因为缺乏数据，使得统计建模更加重要和不可缺少（Coles，2001）。

各种基础设施的设计，如涵洞、水坝和道路，都需要考虑极端事件。极端降雨事件（如飓风和洪水）的频率和幅度的急剧变化正在改变未来事件的统计结果。例如，美国的卡特里娜飓风产生意想不到的极端降雨和海平面上升，导致社会系统瘫痪和人员伤亡。为了得出合理的工程设计，这些孤立的极端事件应采用极值理论分析。另一个例子是荷兰的大部分国土低于海平面，适当高度的堤坝对防洪至关重要，堤坝的高度必须高于波高。荷兰三角洲委员会负责防洪，对荷兰北部和南部海岸的防洪标准确定为相当于10 000年重现水平，对河道的防洪标准确定为相当于1250年重现水平（Davison et al.，2012）。堤坝应该至少有多高？如果仅有几百年的波浪记录可用的话，如何估算10 000年一遇的波高？该问题的实质是预估比观测记录更极端事件的概率。面对这一挑战需要用极值理论的特殊方法（Fasen et al.，2014）。

12.1.1.1　分布模式

在考虑一系列事件时，比如说河流在几十年内的流量，通常认为这是一个分布。几十年的流量记录显示了河流流量的真实分布形态（如图12.1.1所示）。然而，河流流量的分布在实际中可以考虑成两个截然不同的部分：①分布的中心部分，代表河流的正常流量；②分布的极值部分。极值（如河流流量）是极为罕见的事件，可能对社会造成毁灭性后果，其中包括自然灾害，如地震、火灾、风暴或洪水。极值现象的一个共同特征就是：它们很少发生，因此几乎没有数据用于可靠的统计预测。但显然，有关各方（如河道附近的社区）必须为应对该极值事件做准备。极值理论可以帮助评估极值事件的发生频率和严重程度。

极值事件通常很容易辨认，但很难定义，是相对而言的。不同的当事人会有不同的看法。该词语已经在许多领域被广泛使用，但尚无文献提供什么是极值事件的统一定义（例如，Stephenson，2008）。这是由于以下原因：①它的几种定义是通用的，什么是“极值”没有独一的定义；②“极值”的概念是相对的，取决于事件的前因后果；③“极值”“严重”“罕见”三个词的经常互换使用。关于极值事件有很多不同的观点，但是量化潜在风险和掌控风险的方法在本质上是相同的。本书通过基于概率方法（如100年一遇或每年1%频率事件）和基于阈值方法（例如，给定的河流临界流量）来描述极值事件。在地表水的研究中，一个极值事件是否对生态系统有极值影响，取决于生态系统的脆弱性以及事件本身的大小、持久程度和发生的时间。

地表水系统往往是复杂的，有多种相互作用的过程，包括水动力、沉积物、水质和水生植被。极值事件可能与飓风、溢油、疾病暴发、水体缺氧、有害藻华、珊瑚白化等有关。因为它们不能用简单的表达式代表，所以我们依赖于复杂的方程来描述，正如本书前面章节所述。数值模型将水体划分为网格，模拟每个网格的过程，然后估计整体效果。为了进行估计工作，需要一些模型参数，使模型得出的结果与测量数据相符合，这个过程称为“模型校准和验证”（第7.3节）。然而，由于校准后的模型通常趋向于中间值（图12.1.1所示的中心部分），这些校准后的模型往往无法预测系统中的极值事件。这是需要极值理论从统计学上描述地表水极值事件的另一个原因。

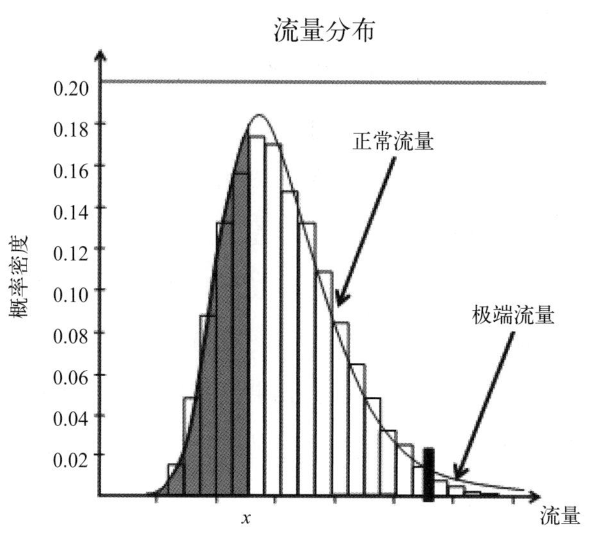

图12.1.1　河流流量及其概率密度函数示意图

这些极值事件的历史数据通常用各种所谓的重尾分布模型来描述。可以用标准软件进行拟合。在给定的数据集上拟合多个模型，根据拟合的优度来选择最适合的模型是一种常见的做法。极值理论集中模拟重尾分布的尾部，并寻求描述极值的一个类似于图12.1.1所示的模型，较少关注从整个事件中获得总体模型。这些极端的事件包括：①金融事件，如股票市场崩盘和人寿保险；②自然灾害，如海啸、飓风、火山和地震；③人为灾害，如溢油、飞机坠毁和大爆炸事故。

12.1.1.2　气候变化与极值

极值气候事件是气候变化的一个自然特征，也是地表水过程的重要控制因子。气候变化正在改变极端现象的发生。理解极值事件对生态的影响变得尤为必要。政府间气候变化专门委员会（IPCC，2012，2013，2014）的报告为极值事件变化的可能性提供了最有力的评估结果。报告提供了令人信服的证据来证明极冷减少和极热增加。在高纬度也发现了洪水频率增加的凭证（Jones et al.，2014）。气候变化正在改变全球降水和温度形态（IPCC，2013），预计气候变化将改变极值气候事件的发生，如暴雨和洪水，并对河流生态系统产生潜在的巨大影响（Grantham et al.，2010；Aldous et al.，2011；IPCC，2013）。极端洪水频率和强度的未来变化将因地区而异，并可能对生态系统产生很大冲击。如洪水使得泥沙、营养物质和有毒污染物重新悬浮；洪水直接毁灭或取代生物体，或间接地通过改变食物资源和栖息地的可用性来影响生物体（Death，Zimmermann，2005；Death，2008）。

尽管有关气候变化及其对地表水影响的研究信息越来越多，需要有工具将这些信息转化为对环境评估有用的产品。在许多环境科学和工程中，极值事件可以起到重要作用。虽然难以将灾难（如海啸、高降雪量或飓风）归因于气候变化的影响，但观测数据和计算机模型都表明，未来这类灾难的发生频率和规模将会增加，从而对生态系统、社会经济以及生命财产生破坏性影响。

许多重要的研究问题都与气候相关的极值事件的增加有关。气候变化很可能会显著改变地表水极端事件的发生。首先，在气候变化条件下气候是否变得更极端？这个问题传统上通过将高斯分布拟合历史数据来回答。然而，高斯分布并不能很好地反映极值洪水事件的尾部分布。例如，不断变化的（变暖）气候预计将改变河流系统的水和热输入，因此河流的水动力和水质过程可能受到前所未有的未来变化的影响，导致潜在的前所未有的河流流量极值。此外，气候变化可能会导致土地利用的变化，从而进一步影响河水流动。因此，应该预期水动力和水质过程的变化会超过目前变化的范围（Hall et al.，2014；Garner et al.，2015；Watts et al.，2015）。图12.1.2说明了洪水均值和方差的增加是如何造成更大洪水和创记录流量的。

洪水和干旱是具有频率、幅度、持续时间和时间点特征的反复发生的事件，是河流系统的两个极端状况（图12.1.2）。河流流量频率分析对于了解河流过程至关重要，并可为水系统的管理提供指导（Shelton，2009）。它们是天然河流的固有特征，由气候和天气特性所驱动，并受当地流域特征调节。洪水频率分析的最终目的是预估*N*年一遇的洪水（或水位），即平均每N年内超过一次的流量。通常情况下，采取100年时间段，但预估则是基于较短时间段的洪水流量进行。洪水超过这一水平的后果可能是灾难性的。例如，1993年美国的洪水超过了100年一遇，在美国中西部地区造成了大面积的破坏（Reiss，Tomas，2001）。

极值海平面的统计分布对于沿海管理、城市地区洪水和生态系统利用以及海洋工程的设计等具有实际意义。例如，2012年，桑迪飓风在美国北大西洋沿岸人口稠密地区造成毁灭性的破坏，并使人们更加重视对该地区沿海风暴的防患。用于估算极值水位概率的常见方法是通过将极值理论应用于历史水位观测。由于数据缺乏，已经提出了一些针对不同变量的替代方案（例如，Nadal-Caraballo et al.，2016）。以前研究过的区域包括墨西哥湾（Jonathan，Ewans，2007），东北大西洋（Aarnes et al.，2012）和北海（Van Gelder et al.，2001）。Arns等（2013）认为对极端水位的分析没有通行的方法。极值波浪对于近海和沿海结构的设计和运行至关紧要，极值理论也用于研究极值波浪（例如，Sartini et al.，2015）。

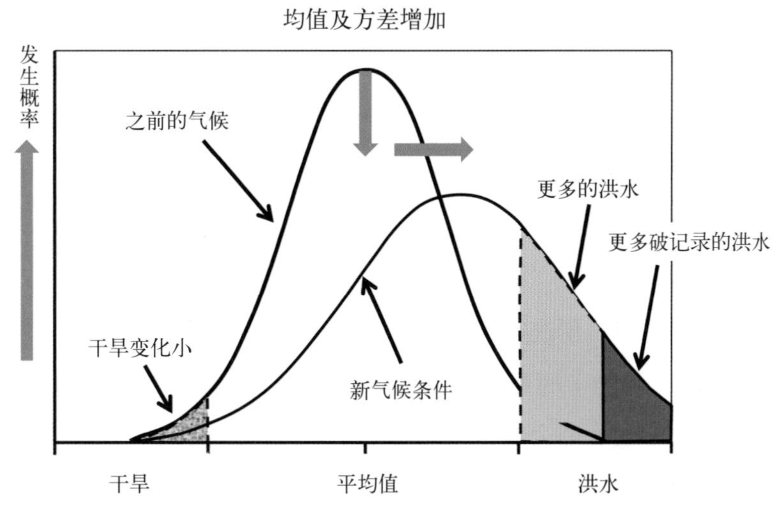

图12.1.2　洪水均值和方差增加的示意图

12.1.1.3 极值分析方法

极端的毁灭性事件很少发生。因此，这些极值事件的观测记录很少，甚至没有。通常使用以下三种方法来分析极值事件。

（1）正态分布：可使用正常情况下的数据，并假设历史数据服从正态分布（也称高斯分布）来估计极值事件。这个办法可给出估计的参数分布，但在估计极值事件概率时往往不准确。正态分布是概率理论和统计学中非常重要的分布，但往往被错误地应用于极值风险问题。

（2）经验分布：通常假定历史数据的频率代表未来事件的概率。基于这种假设，从而产生经验分布，但这在估计极值概率时也经常不准确。由于历史数据缺乏，无法对极值情况作出有意义的统计。经验分布的另一个缺点是不能超出历史数据范围的极值概率。

（3）极值理论：仅估计尾部分布的参数（如图12.1.1所示极值情况）。本节将主要介绍极值理论及其应用。

常规统计方法（正态分布和经验分布）通常使用历史事件来估计未来事件。例如，如果只是分析河道洪水的发生频率，而不是其极端特性，则可使用常规统计方法（Dekking et al.，2005）。尤其当有大量观察结果可用时，经验分布的分布形状不需要任何假设，因此可以提供可靠的风险表征。然而，当要考虑极端特性时，数据不足使极值事件的预测变得困难，进而不能使用经验分布。估计概率的标准方法是算术平均值（所有观测值的总和除以所有观测值的数量）。但为求得算术平均值，需要多年历史数据。由于极值事件是罕见事件，缺乏数据，所以不能用常规统计方法来分析极值事件，而使用极值理论方法可以弥补数据的不足。

例如，如果只有不到25年的数据可用，如何估算河流100年一遇的洪水？常规统计模型由于缺乏数据会受到限制，导致模型结果可能产生较大误差。因此，需要依靠极值理论模型来分析极值事件。极值统计很适合分析水文现象（Katz et al.，2002），特别是洪水事件，对环境工程和水资源管理尤为重要。因此，极值理论广泛用于分析洪水特性（Lettenmaier et al.，1987；Hosking，Wallis，1988；Stedinger，Lu，1995；Morrison，Smith，2002；Towler et al.，2010）。

极值理论是一种平滑外推的尾部经验分布方法（Hull，2012），提供了一种更适合尾部的理论分布，尽管在拟合分布的其余部分（如图12.1.1所示的中心部分）时可能会产生较大的误差。但这个误差可以忽略不计，因为极值理论只对尾部风险感兴趣（如图12.1.1的极值部分）。该理论提供了一种估计极值事件概率的方法。极值理论是连续并可扩展到超越最极端的经验数据值的模型，使其对极值事件的风险计算更为准确。极值理论有两种基本方法：块方法和POT方法。如本节开头所列，已经有很多基于这两种方法所进行的研究。

自从Fisher和Tippett（1928）的开拓性工作以来，极值理论已经取得长足的进步。极值理论中一个重要定理是，大样本的最大值分布只能是广义极值分布（GEV）。所有随机过程的极限分布都是广义极值分布的三种分布之一：Gumbel分布，Frechet分布或Weibull分布。极值理论的一个最根本结论是只有上述三种分布才能描述极值事件的特征。在此基础上，提出了估计远尾和高分位数的方法（Reiss，Tomas，2001）。第12.1.2节将详尽介绍广义极值分布和块方法。

极值理论的另一个重要定理表明，样本超高阈值点的分布近似服从广义帕累托分布（GPD），这种方法称为POT方法。该原理很简单：极值事件（如极值水位）往往与普遍行为有很大的不同。而普遍行为也几乎与极值事件不相关，只有极值事件才能提供与未来极值事件相关的有用信息。极值理论的POT方法基于泊松过程来掌控超阈值发生率和估算超阈值的GPD分布（Coles，2001）。第12.1.3节将详尽描述GPD和POT方法。

12.1.2　块方法

常规统计方法已经越来越不能满足预测极值事件的需求。使用常规统计方法分析历史数据，可能会低估未来极值事件发生的风险和造成的灾难性损害（Coles et al.，2003）。在应用一种理论（或方法）来分析极值事件时，一个关键问题是：这个理论得出的答案是否科学合理？更具体地说：

（1）关于理论：是否已经被广泛使用和接受？

（2）关于数据：是否有历史数据来支持/验证该方法（或模型）？

（3）关于方法：是否可靠并且不易产生错误？

如果这些问题的答案都是肯定的，那么这个理论得到的结果应该具有一定的可信度。

12.1.2.1　基本概念

根据定义，极值事件是过去很少（或从未）发生的事件。因此，从常规统计学意义上来说，由于极值事件的本身特性，将不会有足够的数据用来估计未来极值事件风险。缺乏数据将导致尾部推断往往非常不确定，随着向尾部的进一步外推，这种不确定性将会急剧增加。在实际应用中这一现象可能导致非常宽的置信区间。然而，极值理论为评估极值事件提供了非常适用的模型。极值理论的特定方法允许预测极值事件，甚至超出历史观测值的范围。下面将介绍基本方法和相关实例。

极值理论是统计学中研究极值事件的一个分支，是一种可以转换为统计方法的基础数学理论。极值理论在过去几十年中发展起来。它可以（在适当的条件下）预测罕见甚至过去未发生的事件。极值理论试图从给定随机变量的有序样本中，评估比历史事件更为极端的事件概率。这些极端事件的例子可以是年最高温度、大型保险索赔、某个金融数据时间系列的巨大变化等。极值理论广泛应用于结构工程、金融、地球科学、交通预测、地质工程等多个领域。例如，极值理论用于估计异常大洪水事件，如100年一遇洪水。为了设计防波堤，海洋工程师将设法估计100年一遇（或1000年一遇甚至更高）的波浪，并相应地设计防波堤结构。当然，这种外推很容易受到质疑，因为外推数据在历史数据的范围之外，可能是不可靠的。然而，极值理论为其提供了坚实的数学基础，并且目前没有其他可靠的替代方案（Coles，2001）。

极值理论的主要思想是将统计模型拟合到一组极值事件数据而不是所有数据，只是拟合尾部的分布，从而预估计极值和概率。这就确保了预估仅依赖于尾部，而不是中心的数据（如图12.1.1所示）。因此，使用的统计模型既灵活又有坚实的数学基础是非常重要的，从而使得这种外推具有足够的理论依据。

罕见事件的统计分析（如远尾特征）必须使用极值理论以弥补数据不足的缺陷才能成功。常规统计分析中可能会忽略的异常值，在极值分析中必须保留，因为其可能源于罕见事件。极值分析有两种常用方法。第一种方法依赖于导出块最大值序列作为一个初始步骤。在大多数情况下，通常是提取年最大值，产生年最大值系列。第二种方法依赖于从连续记录中提取超阈值的数据。这种方法称之为POT方法，并可能会导致一年中有多个或没有提取值。

在20世纪20年代，一些人开始研究极值理论。Frechet（1927）导出了极值理论中最大值的渐近分布。英国统计学家R. A. Fisher和L. H. C. Tippett获得了一个早期的理论突破，为极值理论的发展奠定了基础（Fisher，Tippett，1928）。在随后的几十年中，极值理论在许多领域的极值事件中发挥了重要作用。三个代表性领域为气候变化、大额保险索赔和极值金融风险。极值理论还进入了技术安全和可靠性理论领域以及水温、河流流量、水位、波高及水质等地表水的极值统计评估。极值统计的第一本书中涉及与工程设计有关的应用（Gumbel，1958），并包括极值理论的详细讨论。极值理论的出版物还包括Coles（2001），Reiss和Tomas（2001），Embrechts等（2003），Beirlant等（2006）及Castillo等（2005）。

极值统计在水资源管理中发挥重要作用，相关的论文和报告众多。一些极值统计理论的最早应用是在河道水流方面（如，Gumbel，1941）。Ruggiero等（2010）研究了美国西北太平洋海域的深水波浪浮标数据，通过采用各种随时间变化的极值模型分析了有效波高。他们的结果依赖于统计方法中的假设，包括风暴产生的有效波高值以及分析采用的阈值。Feng和Jiang（2015）分析了西北太平洋沿岸3个长期观测站的数据，估算了100年一遇的最高水位，评估了4种常用频率分析方法的性能，即Gumbel分布、Weibull分布、GEV分布和GPD分布。Nadal-Caraballo等（2016）利用块最大序列广义极值分布法（Zervas，2013），量化了极值水位的概率，分析了美国所有沿海地区的112个长期水位站测量的月最高水位。

理解块方法需要了解三个术语：概率密度函数（PDF），累积分布函数（CDF），分位数函数。一个连续随机变量的概率密度函数（或密度）是描述该随机变量在给定值下的相对似然函数。概率密度函数是非负的，其在整个空间上的积分等于1。例如，图12.1.1中显示了河流的流量概率密度函数。直方图给出历史流量数据的结果，曲线来自于拟合流量数据的数学公式。

累积分布函数是指随机变量小于或等于某个值（x）的概率。在连续分布的情况下，为从$-\infty$到x对概率密度函数进行积分。累积分布函数为非负数，其最大值为1，即$0 \leqslant CDF \leqslant 1.0$。例如，图12.1.1中的灰色区域给出了流量$\leqslant x$的累积分布函数值。

分位数函数是确定概率分布的另一种方法。对于给定随机变量的概率密度函数值（概率），相应的分位数函数给出一个值，使得随机变量的概率小于或等于该值。分位数函数是累积分布函数的反函数，也称为百分点函数或累积分布反函数。例如，0.9（或90%）分位数是90%数据低于该值和

10%数据高于该值。一些分位数有特殊名称：2分位数称为中位数。

极值理论中数据需要服从独立同分布（简称iid）。在统计学中，如果每个随机变量与其他变量具有相同的概率分布，并且都相互独立，则随机变量序列是独立同分布。Gumbel（1941）是将极值理论运用到洪水研究的先驱。他表示："为了应用极值理论，必须假设数据是均匀分布，即在观察期间没有发生系统上的气候变化和流域上的重大改变，并且在进行外推的时期内也不会发生这种变化。"一个事件的结果不会取决于其他事件的结果，称为同分布。因为任何情况下，一个事件产生的可能结果都将与上一个事件相同。组成概率密度函数的极值应该是独立同分布。

掷硬币就是一个很好的例子。掷硬币是独立同分布的，因为每次抛硬币时，无论是第1次还是第100次（概率密度函数随时间变化都是相同的），之前的结果不会影响现在的结果。正面和反面的机会是相同的，均为0.5。

在极值分析中，独立同分布条件可能不被满足，比如，由于季节性、趋势性或连续相关性。然而，在块方法中，独立同分布的要求可以被大大削弱。例如，通常的办法是使用年最大降水分析洪水。一方面，使用年最大降水避免了连续相关性和季节性变化的问题；另一方面，这也损失了数据中的一些信息。

12.1.2.2 广义极值分布函数

广义极值分布函数描述了一组观测数据的块最大值的分布，并且块最大值序列服从独立同分布。广义极值分布的累计分布函数由式（12.1.1）给出。

$$F(x;\mu,\sigma,\gamma)=\begin{cases}\exp\left\{-\left[1+\gamma(x-\mu)/\sigma\right]^{-1/\gamma}\right\}, & [1+\gamma(x-\mu)/\sigma]>0,\quad \gamma\neq 0\\ \exp\left\{-\exp[-(x-\mu)/\sigma]\right\}, & \gamma=0\end{cases}\tag{12.1.1}$$

广义极值分布有3个参数：①位置参数（μ）指定分布中心；②尺度参数（σ）确定与位置参数偏差的大小；③形状参数（γ）控制尾部衰减的速度。广义极值分布函数的累计分布函数$F(x;\mu,\sigma,\gamma)$近似描述了块最大值的特性。可以用R统计软件语言（R Development Core Team，2012；Gilleland et al.，2013）（或其他软件）利用最大似然法、线性矩法和贝叶斯法等方法来估计位置、尺度和形状参数（Reiss，Tomas，2001）。

形状参数（γ）可以控制尾部衰减速度，如下：

（1）$\gamma>0$重尾情况（Frechet分布）；

（2）$\gamma=0$轻尾情况（Gumbel分布）；

（3）$\gamma<0$短尾或有界尾情况（Weibull分布）。

这三种情况是各自独立研究出来的。Jenkinson（1955）发现它们可以合并成一个单一的分布函数：即广义极值分布。广义极值分布描述了一组观测值最大值的分布，这是一个纯粹的统计模型。典型的应用是估计一条河流的极端流量。年最大流量的特性随后由一个广义极值分布族近似描述，由累计分布函数式（12.1.1）给出。

根据γ值，广义极值分布的形状呈三种形式。Frechet分布（重尾）有一个无界的尾部并以较慢的速度下降。Gumbel分布（轻尾）也有一个无界的尾部，但是以相对较快的速度下降。Weibull分布（短尾）在$x = \mu - \sigma / \gamma$存在有限的上界，表明绝对最大值。图12.1.3给出了广义极值分布的概率密度函数，其中参数值$\mu = 0$，$\sigma = 0$，$\gamma = 0.2$（Frechet分布）；$\gamma = 0.0$（Gumbel分布）；$\gamma = -0.2$（Weibull分布）。

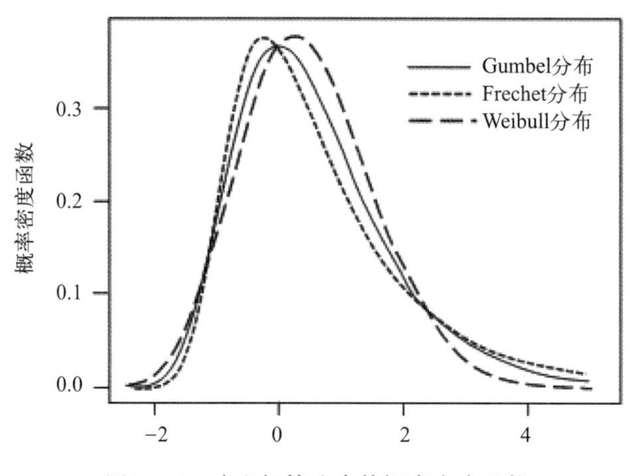

图12.1.3　广义极值分布的概率密度函数

正如“块方法”的名称所示，该想法是将一系列历史数据划分成同一长度的块，可以是一年、一个季节或一个月，然后只考虑块（年）最大值。一方面，想要选择足够小的块，以便于得到尽可能多的块最大值；另一方面，必须选择足够大的块，以便可以假定块最大值满足独立同分布条件。换句话说，较小的块长度可能导致统计偏差，而较少的块数量则可能导致较大的样本误差。适当的块长度是在统计偏差和样本误差之间的折中。例如，如果我们有某河流50年的日流量数据，大约18 250天（50×365）的记录，可将数据划分为50个块，每个块的长度为1年。然后在每个块（年）内找到最大值，并获得50个日流量最大值。根据极值理论，这50个最大值的分布必须是Frechet分布、Gumbel分布或者Weibull分布，并且可以使用式（12.1.1）来表示。

如式（12.1.1）所示，广义极值分布取决于三个参数：位置参数，尺度参数和形状参数。这些参数的值可以根据观测数据得到。常规统计分析会忽略掉异常值（类似于图12.1.1中的极端部分），而这些异常值正是极值分析所需要的。实际上，应该忽略的是正常值（类似于图12.1.1中的中心部分），因为这些数据可能会导致参数估算误差。

最大似然法是常用的参数估算方法。它是估计未知分布参数的通用、灵活的方法（Coles，2001）。但根据Katz等（2002）的研究，最大似然法对于小样本（≤25）可能不稳定，特别是估计广义极值分布的极值分位数时。Umbricht等（2013）认为，如果广义极值分布由块数量大于20的数据来拟合，可以很好地估算是块长度5～100倍的重现期。

极值分析往往关注广义极值分布的极高的分位数。随机变量的重现水平（或重现值）是一个分位数值，该值在一定时间（称为重现期）内平均被超过一次。例如，极端降水的重现期（如100

年一遇洪水）常常用于评估排水设施的性能。与重现期$1/p$相关的重现水平是广义极值分布的第（$1-p$）分位数，并在水文学中广泛使用（例如，Kate et al.，2002；Kate et al.，2005）。由于分位数函数是累积分布函数的反函数，重现水平可以通过式（12.1.1）得到：

$$\text{重现水平} = F^{-1}(1-p;\ \mu,\sigma,\gamma) = \begin{cases} \mu - \left(\dfrac{\sigma}{\gamma}\right)\{1-[-\ln(1-p)]^{-\gamma}\}, & \gamma \neq 0 \\ \mu - \sigma \ln[-\ln(1-p)], & \gamma = 0 \end{cases} \tag{12.1.2}$$

式中，$p = 1 - F(x;\ \mu, \sigma, \gamma)$，$0<p<1$(Coles，2001)。式（12.1.2）表示重现水平与μ和σ线性相关，但是与γ高度非线性相关。在极值理论的术语中，$F^{-1} = (1-p;\ \mu, \sigma, \gamma)$是与重现期$1/p$相对应的重现水平。当模拟年最大值时，$p = 0.01$相对应于100年一遇的重现期。意思是说，平均每100年就会出现一次超过重现水平（0.99分位数）的事件，并且每年发生该事件的概率为1/100。

重现期通过式（12.1.3）给出：

$$\text{重现期} = \frac{1}{p} = \frac{1}{1 - F(x;\ \mu, \sigma, \gamma)} \tag{12.1.3}$$

极值理论要求数据服从独立同分布，这个要求并不总是能满足的。当使用块方法时，实际上没有必要假设观测值是独立的，并且可以通过引入协变量来放宽同分布的假设。例如，历史数据的趋向性往往不服从独立同分布条件，解决方案是对趋向性进行参数化。广义极值分布的参数也可以随时间（t）变化，如下式：

$$\mu(t) = \mu_0 + \mu_1 t \tag{12.1.4}$$

$$\ln[\sigma(t)] = \sigma_0 + \sigma_1 t \tag{12.1.5}$$

$$\gamma(t) = \gamma \tag{12.1.6}$$

通过上述公式，可以采用最大似然法估算广义极值分布的参数，并且在拟合广义极值分布之前不需要去除年或日周期以及趋向性（例如，Gaines，Denny，1993；Smith，1989；Kate et al.，2002）。

另一个问题是极值理论模型的稳定性。例如，使用年最大降水和6个月最大降水所进行的分析。由于年最大降水是两个6个月最大降水中的最大值，所以模拟结果应该是相互一致的（例如，Ji et al.，2004）。类似地，高阈值的POT模型对于更高的阈值应该依然有效。

12.1.2.3　QQ图和PP图

在统计学中，使用分位数图（QQ图）来验证假设的数据集分布的正确性。该图是两个数据集的分位数关系图，通过比较它们的分位数来比较两个分布。QQ图用于回答以下问题：①这两个数据集是否具有相同的分布？②这两个数据集是否具有相似的分布参数（如位置、尺度和形状参数）？③这两个数据集是否具有相似的尾部特征？

QQ图有助于确定两个数据集是否服从相同分布。通常将理论模型的数据集与历史数据集进行比较。例如，图12.1.4给出了广义极值分布与年溢油最大值的QQ图（Ji et al.，2014）。垂直轴是历史数据的分位数，水平轴是由式（12.1.2）给出的广义极值分布的分位数。两个轴的单位都是桶（bbl）。如果两个数据集的大小不同，如图12.1.4所示，从较小的数据集（历史数据）中挑选分位数，然后对较大数据集（广义极值分布）相应的分位数进行插值（或计算）。关于图12.1.4的更多讨论将在第12.1.4节中介绍。

如图12.1.4所示，图中还绘制了一条45°参考线（也称为相等线）。如果两个数据集具有相同的分布，则这些数据点应该沿该参考线附近分布。以QQ图与这条线有多接近来衡量两个数据集的拟合度。在一个方向上偏离这条线表示广义极值分布可能比历史数据的分布有较重尾（或较轻尾）。与参考线的偏离越大，两个数据集来自不同分布的可能性就越大。如果两个分布是线性相关，仅是由于位置偏移而不同，那么这些点应该沿着一条直线，位于45°参考线之上或者之下。

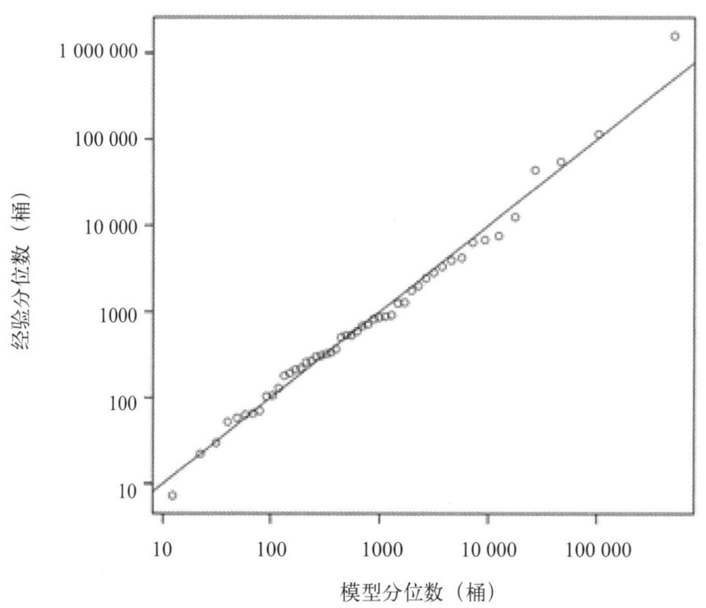

图12.1.4　年溢油最大值与广义极值分布的QQ图（相等线表示完美契合）

QQ图也可以作为一个图形方法用于估计广义极值分布中的参数，评估两个分布的尺度、位置和形状参数的相似度（或不同）。当将理论模型（如广义极值分布）与历史数据集进行比较时，通常需要知道具有相同分布的假设是否合理。如果合理，则可以根据历史数据估算模型参数。如果两个数据集的分布不同，也会有助于了解这些差异。与两个数据集的直方图（或时间序列）相比，QQ图往往是一个更强大的评估方法，但需要更多的技巧和理解。综上所述，QQ图的优点如下：

（1）样本大小不一定需要相等。由于QQ图是比较分布，所以不需要像散点图那样的成对的观测值（如图10.5.2所示）。

（2）分布的许多性质可以同时进行测试。如位置、尺度和形状参数的偏差以及是否有异常值都可以在该图中检测到。

PP图（概率图或百分比图）将历史数据集的经验累积分布函数与理论累积分布函数进行比较，例如式（12.1.1）中给定的累积分布函数。PP图是用来验证概率分布的拟合程度的图形方法。它将两个累积分布函数相互对照，以评估两个数据集的接近程度。如图12.1.5所示为广义极值分布拟合年溢油最大值的PP图（Ji et al.，2014）。它将每个数据值的经验分布的百分位数与相同数据值的广义极值分布的百分位数进行比较。相等线是从（0，0）到（1，1）的45°线。当且仅当点全部落在这条线上时，这两个分布是相同的。对45°线拟合的好坏可以衡量历史数据集与理论分布之间的差异。偏离此线表示广义极值分布可能比基于历史数据的经验分布有更重尾（或更轻尾）的分布。例如，当且仅当两个分布具有相同的中位数时，PP图中的点将通过点（1/2，1/2）。图12.1.5的更多讨论将在第12.1.4节中介绍。

在评估尾部分布的拟合度时，QQ图比PP图更佳。PP图的值将趋向于1.0（例如图12.1.5），因此在尾部的拟合误差不如在对应的QQ图中那么明显（例如图12.1.4）。PP图的一个优点在于辨析高概率密度区域中的差别，因为在这些区域中，经验和理论累积分布函数的变化比低密度区域累积分布函数更快。两个分布在中部的差异在PP图（例如图12.1.5）中比在相应的QQ图（例如图12.1.4）中更为明显。

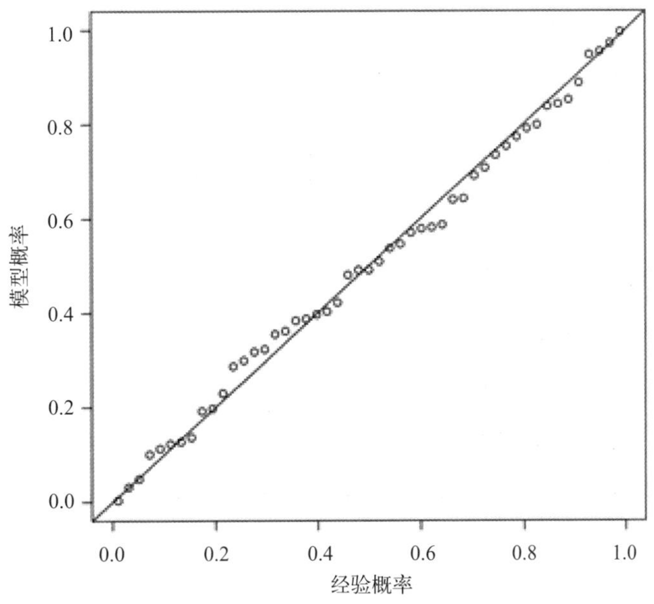

图12.1.5　年溢油最大值与广义极值分布拟合的PP图（相等线表示完美匹配）

12.1.3　POT法（峰值超阈值法）

块方法是基于渐近近似来模拟块最大值的特性。块大小通常选择为1年，块方法提供近似的年最大值分布。广义极值分布适用于拟合块最大值（例如，全年河流的最高日流量）。虽然这种方法有时被认为是有利的，因为它只需要一个简化的数据汇总（年最大值）。但它也是不利的，因为它没有利用上尾部分布的所有可用信息（例如，某一年第二高的日流量）。即使它们可能大于某些其他块中的最大值，第二高值也会被弃之不用，这可能会导致关于极端事件的有用信息被丢弃。这在记录时间短的情况下尤为突出。因此，块方法可能会忽略掉有用的极值统计信息。POT方法提供了可贵的替代方法。

12.1.3.1 POT方法和GPD分布

POT方法起源于水文学（Shane，Lynn，1964；Todorovic，Zelenhasic，1970），并且可以利用更多关于尾部分布的可用信息，而不仅仅是块最大值。例如，如果整个历史数据集中的最高和第二高水位在同一年发生，块方法将会忽略第二高水位值。POT方法包括两个部分：①超阈值事件发生的次数服从泊松分布过程（即在给定时间内超出次数服从泊松分布）；②超过高阈值的样本服从GPD分布。此法认为超阈值的发生服从泊松分布，并且超阈值的大小遵循GPD分布。Pickands-Balkema-de Haan定理指出，对于充分数量的超高阈值的极值，它们的分布服从GPD分布（Balkema，de Haan，1974；Pickands，1975；Davison，Smith，1990）。

极值事件通常被定义为在观测值范围的上限附近某个阈值之上的值（Seneviratne et al.，2012）。以河道流量为例，1%的阈值代表100年一遇洪水。洪水是指一年中流量最高的事件。然而，一些年份可能会发生多次洪水，其中一些可能会大于其他年份发生的最大洪水。另一种方法是将洪水事件定义为流量超出给定阈值。在整个观测期内，阈值通常是一个固定值。其意图是，除年最大值之外，如果使用了极值尾部的更多信息，将获得更为准确的极值分布参数和分位数估计。

POT方法被用来模拟飓风和强风暴造成的经济损失（McNeil，Saladin，1997；Dorland et al.，1999；Jaggeret et al.，2008；Katz，2010）。Melby等（2012）比较了块方法和POT方法得出的风暴潮和波高值，发现POT方法对短记录的敏感度较低，并且在低频事件的估计中更准确。Nadal-Caraballo 等（2016）采用了POT方法分析极值水位。

从数百（或数千）个历史数据估计一个未知分布的高分位数是一个难题。POT方法是一种理论上很成熟的方法，用于拟合分布的尾部并从拟合曲线中给出分位数估计。该估计是基于极值事件服从独立同分布的假设。对于足够高的阈值，超阈值的分布近似服从GPD分布（Pickands，1975）。GPD分布的累积分布函数如下式：

$$y = x - u, \quad 当x > u \tag{12.1.7}$$

$$F(y;\sigma,\gamma)=\begin{cases}1-\left(1+\dfrac{\gamma y}{\sigma}\right)^{-\frac{1}{\gamma}}, & \left(1+\dfrac{\gamma y}{\sigma}\right)>0, \quad \gamma \neq 0\\ 1-\exp\left(-\dfrac{y}{\sigma}\right), & \gamma = 0\end{cases} \tag{12.1.8}$$

式中，u为阈值；y（> 0）为大于阈值的超量（超阈值）；F为累积分布函数；σ（> 0）为尺度参数；γ为形状参数。尺度参数（σ）控制分布的扩展，形状参数（γ）是GPD分布中一个最重要的参数。较大的形状参数导致较厚尾和较高的极值事件的发生概率。

阈值（u）的选择应该综合权衡偏差与方差。至今还没有可靠的自动选择阈值的办法，但有一些有用的参考依据（Coles，2001）。若阈值选得太小，可能会影响模型的渐近性，从而导致偏差。若阈值选得太大，能够获取的超阈值数据将非常少，使得估计出来的参数方差较大。换句话说，较低的阈值可以产生更多的数据（这将导致更小的参数误差），但往往具有较大的模型误差（因为数据可能不适合GPD分布）。较高的阈值产生较少的数据（这导致较大的参数误差），但往往具有较小的模型误差（因为数据将更适合GPD分布）。粗略估计，显著少于40个观察值可以使GPD分布的拟合相当不确定（Sanders，2005）。

GPD分布的尺度参数与广义极值分布有关。GPD分布的形状参数与广义极值分布的形状参数相同。与广义极值分布所讨论的类似，图12.1.6显示了三种可能的GPD分布类型：

（1）$\gamma > 0$重尾情况；

（2）$\gamma = 0$轻尾情况；

（3）$\gamma < 0$短尾或者有界情况。

图12.1.6中的参数值为$\sigma = 1$和$\gamma = -0.2$，0，0.2。

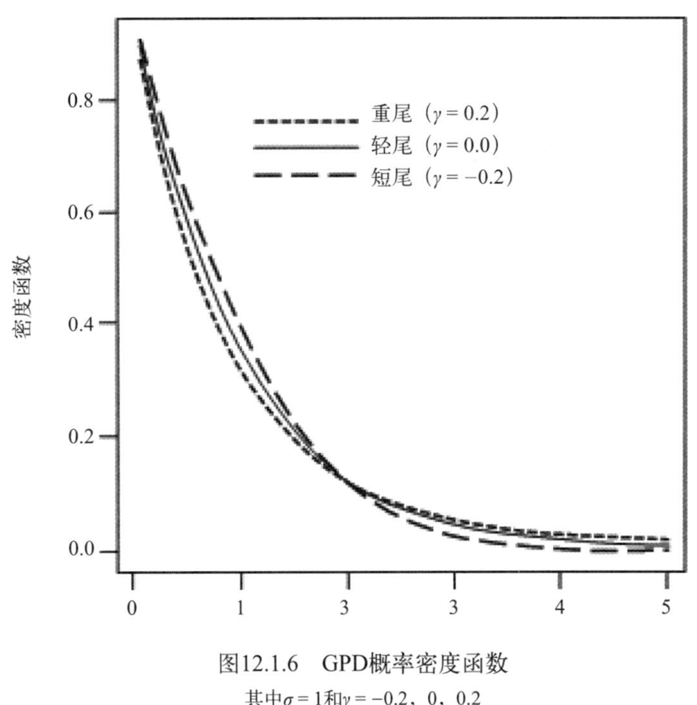

图12.1.6 GPD概率密度函数

其中$\sigma = 1$和$\gamma = -0.2$，0，0.2

POT方法的步骤归纳如下：

（1）收集所有可用数据并验证数据的可靠性；

（2）去除数据的趋向性和聚类性；

（3）选择阈值u，该阈值应该足够大以达到渐近极限；

（4）从数据集中提取超阈值，超阈值应相互独立；

（5）根据最大似然法（或任何其他方法）用GPD分布拟合超阈值；

（6）估算GPD分布参数；

（7）制作统计图，如QQ图、PP图、概率密度图、重现水平图等。

GPD分布的重现水平［也称为（1−p）分位数］可以通过式（12.1.8）的反函数获得。公式如下（Coles，2001）：

$$\text{重现水平} = F^{-1}(1-p;\ \sigma,\gamma) = \begin{cases} \left(\dfrac{\sigma}{\gamma}\right)(p^{-\gamma}-1), & \gamma \neq 0 \\ \sigma \ln\left(\dfrac{1}{p}\right), & \gamma = 0 \end{cases} \tag{12.1.9}$$

在极值理论术语中，$F^{-1}(1-p;\ \sigma,\gamma)$是与重现期$1/p$相对应的重现水平。类似于广义极值分布，在$0<p<1$的范围内，GPD分布的重现水平与$\sigma$线性相关，但与$\gamma$高度非线性相关。

极值理论需要时间序列服从独立同分布。但超阈值可能发生在同一组群中，违反超阈值彼此独立的假设。最常用的处理相关超阈值问题的方法是去聚类法，去掉相关的观察值以获得相互独立的一组超阈值。该办法最初由水文学家提出，需要划分出高阈值的组群，并且仅使用同一组群中的最高值（Todorovic，Zelenhasic，1970； Coles，2001）。去聚类法常用于POT方法的应用中，以避免数据相关性的影响。例如，Todorovic和Zelenhasic（1970）提出，当洪水水位线是多峰时，只考虑最大峰值。

与块方法相比，POT方法既有优点也有缺点。一方面，采用所有超阈值的数据通常可提供更多的观察值；另一方面，这些超阈值可能会发生在同组群中，从而违反独立性假设。例如，Ji等（2104）发现，墨西哥湾石油泄漏事故与当地飓风密切相关。因此，收集的溢油数据可能相关并且为同组群。

如表12.1.1所示，块方法对数据是否满足独立同分布条件要求较低。块最大值的独立性可通过选择块长度的大小来实现。通常使用年最大值足以使数据满足独立同分布条件。块方法也相对简单易用。块方法的主要缺点是在分析中可能会忽略一些重要数据，如年第二高值，并且由于缺乏数据使得模型预测结果具有较大的不确定性。

表12.1.1　块方法和POT方法的比较

	块方法	POT方法
优点	1. 独立同分布条件不是很关键，可以通过较大的块获得； 2. 较容易使用	如果较低阈值是合理的，则可以获得较多的数据，从而降低模型结果的不确定性
缺点	数据较少将导致模型结果较多的不确定性	1. 独立同分布条件很关键，也许要用去聚类法处理数据； 2. 需要选取阈值，这在实践中可能带来不准确性

POT方法的主要优点是如果使用较低阈值是合理的，可以有更多的数据用于分析，从而使模型结果有较少误差。POT方法的主要缺点是超阈值可能在同一组群中，需要去聚类法对数据进行处理。此外，阈值的选择可能会有些不明确和任意。在实践中，需要验证多个阈值以确保模型结果的一致性。

总之，POT方法考虑所有与极值事件相关的高值，而块方法可能会忽略这些高值中的一部分，同时在概率估计中包括一些较低值。因此，极值理论的POT方法似乎更适用于极值分析。然而，当历史数据不完全服从独立同分布或只有样本最大值（例如年或月最大值）时，块方法将是首选。还有，在某些实际应用中，调整块长度的大小（通常选用年最大值）可能比调整POT法的阈值更容易。

图12.1.7为1964—2014年共51年的美国外大陆架（OCS）发生的溢油事故（大于50桶以上的），这比Ji等（2014）使用的数据长2年。通过POT法来分析这些溢油数据，阈值设为100桶，使用5个不同的R软件包来估计式（12.1.8）中的尺度和形状参数值。表12.1.2表示这些R软件包（即evd，extRemes，ismev，evir和Renext）给出的十分相似（或相等）的尺度参数和形状参数值。根据这些参数值，图12.1.8给出了拟合于GPD分布的QQ图，相等线表示完美契合。图12.1.9给出了相应的PP图。将POT法QQ图和PP图（图12.1.8和图12.1.9）与块方法图（图12.1.4和图12.1.5）进行比较，显然：①POT法中利用了更多的数据；②POT方法的PP图（图12.1.9）比块方法（图12.1.5）更吻合历史数据。

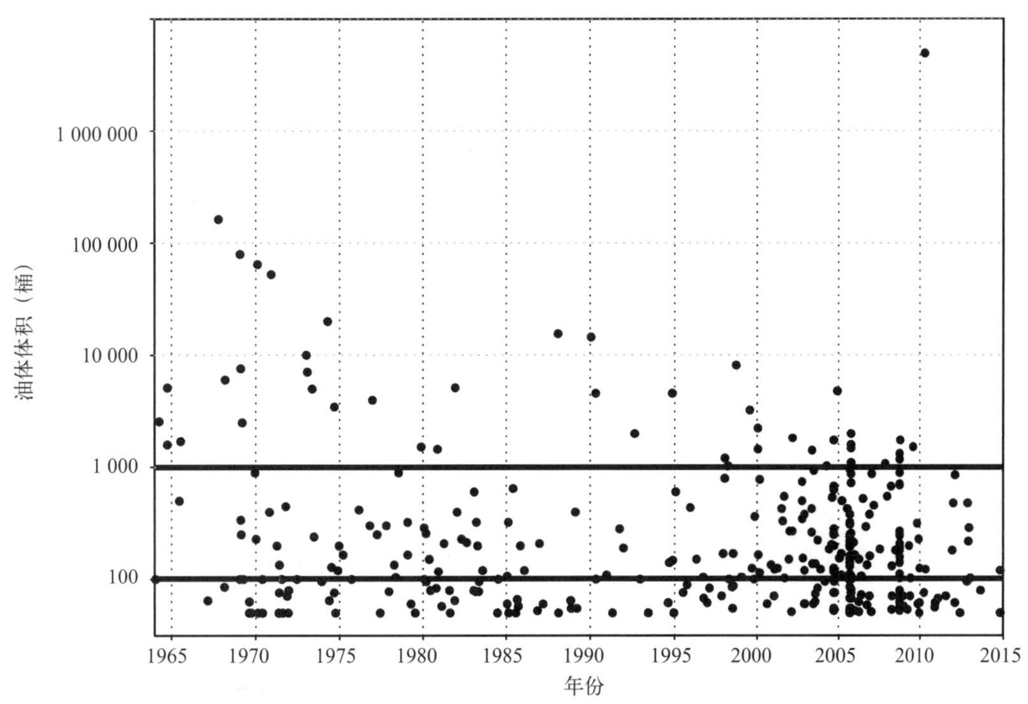

图12.1.7　美国外大陆架从1964—2014年的溢油事故（规模大于50桶）

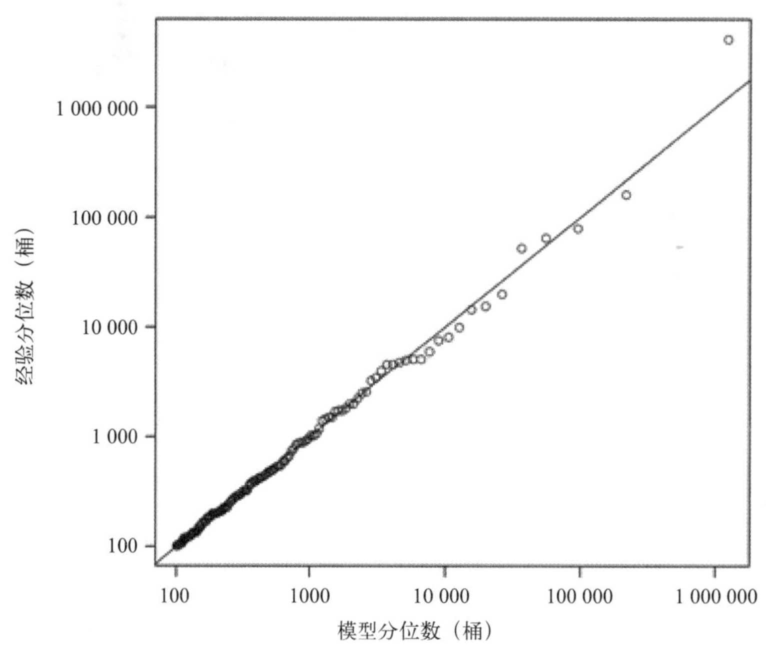

图12.1.8　基于图12.1.7中数据的GPD分布拟合的QQ图（相等线表示完美契合）

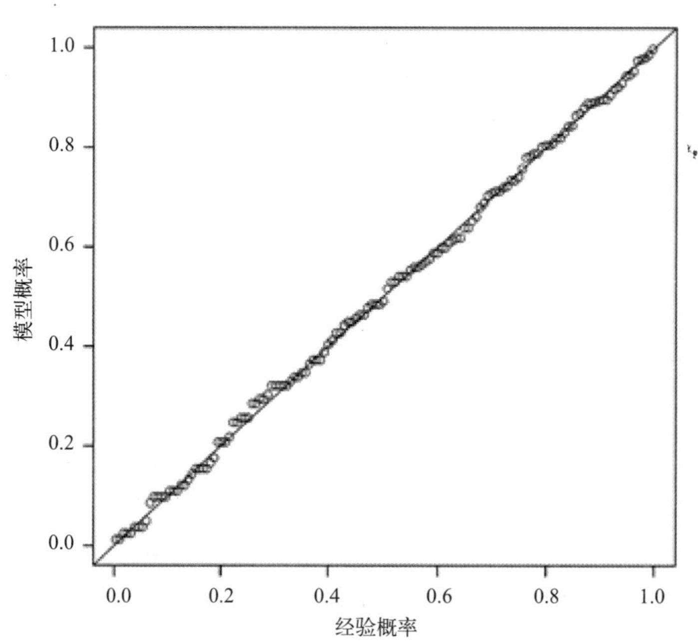

图12.1.9　基于图12.1.7中数据的GPD分布拟合的PP图（相等线表示完美契合）

表12.1.2　使用不同R软件包得出的POT方法的参数值

项　目	evd	extRemes	ismev	evir	Renext
比例参数（σ）	0.7751	0.7751	0.7752	0.7751	0.7751
形状参数（γ）	−0.0238	−0.0238	−0.0239	−0.0239	−0.0238

12.1.3.2　极值理论和软件讨论

虽然极值理论的基本原理很早就已经发展起来了，但极值的统计模拟仍然是一个很活跃的研究课题。块方法和POT方法只是一个起始点。有时，极值分析方法可能会失效，原因包括：①缺乏数据；②非定常的数据；③极值事件的多维度性。统计分析中需要考虑多个影响角度的更为准确的方法用于地表水分析。与气候相关的信息，如极值事件的严重性和季节性，可在决策过程中发挥重要作用。

传统上，假设极值事件在时间上是定常的，并且数据满足独立同分布条件，则可用广义极值分布来拟合历史数据。然而，普遍认为气候变化在极值事件（如洪水和极端海平面）的幅度和频率方面有重要影响。所以对极端环境变化趋势的监测尤为重要。一方面，任何的极端变化趋势都可能成为更大变化的早期指标，成为公共政策干预的催化剂。另一方面，通过对环境变量的监测以发现极值事件的变化趋势，为决策者提供重要信息。具体来说，环境变量的频率和强度的可能变化是全球气候变化的主要关注问题之一。这些环境变量包括海平面上升和极值波浪。长期变化的趋势，例如全球变暖，已经破坏了长久以来的定常态假设。为了考虑非定常态，块方法和POT方法的参数可以随着一组协变量而变化（Coles，2001；Reiss，Tomas，2001）。

为了研究极端海平面变化，Méndez等（2007）开发了一种采用时变广义极值分布来拟合月最大值的模型，并应用于加利福尼亚州圣弗朗西斯科的历史潮汐测量记录。该模型允许识别和估计几个时间尺度（如季节性、年际变化和长期趋势）对极端海平面的概率分布的位置、尺度和形状参数的影响。纳入季节性影响解释了数据的很多变化，从而允许更有效地估计其所涉及的过程。Sartini等（2015）提出了基于随时间变化GPD-泊松点过程模型的非定常模型，并将该模型应用于地中海地区的极值波高。Towler等（2010）使用广义极值分布来描述月最大流量的分位数函数，并利用同期的气候信息来描述非定常态，开发出非定常态广义极值分布模型用来获取未来极值流量信息。

极值事件通常具有多种不同的属性，不能被单个变量完全描述。尽管这样，极值事件通常仅使用单个变量（如河流中的最大日流量）来描述。超高阈值的变量定义了所谓的“简单极值事件”。在仅基于某一属性的极值事件分析中，其多变量特性常常被忽略。同时，在极值分析中由于缺乏数据使得极值估计的精度较低。为了解决这些问题，需要综合更多信息和使用多变量模型。极值事件可能是由几个不同属性描述的复杂体，包括：①发生率（单位时间概率）；②幅度（强度）；③持续时间和时间点；④空间尺度；⑤多元相关性。

例如，极端风暴潮很少发生，具有高水位、空间规模普遍较大、可持续数小时（或更长时间），其严重性可以取决于多个极值特性变量的组合。由极端风暴潮造成的损失程度不仅取决于水位，还取决于持续时间和空间尺度。极值事件的持续时间在其产生影响的大小及由此带来的总损失中起重要作用。由于卡特里娜飓风造成的新奥尔良洪水持续很长时间，造成巨大的生命和财产损失。新奥尔良共有50多处堤坝决口，总损失由堤坝具体在哪里决口而定（Congleton，2006）。这些事件突出了多变量统计方法的重要性，例如洪水期间不同地点的水位或者连续数天里一条河流的最大日流量。

环境变量往往具有日周期和年周期。因此，环境时间序列的统计模型通常包括平均值（有时为标准差）的年分量和/或日分量。极值情况下变量的周期特性应该是可以预期的。与块方法类似，POT方法也可以引入协变量。通过这种方式，可以对如变量的年（或日）周期特性进行模拟。在进行极值分析之前，这种周期特性不需要舍弃（如，Gaines，Denny，1993；Katz et al.，2002）。

极值理论正越来越广泛地应用于各个领域。极值分析需要易于使用的工具，但又必须构建复杂的统计模型，得到可靠而准确的结果。极值统计软件发展很快，特别是在开源环境中（Gilleland et al.，2013）。R软件包是免费的开源统计语言和环境软件包（R Development Core Team，2012），已成为统计学家使用最多的软件语言，并且可以免费使用。此外，R软件包也包含了最多的用于极值模拟的程序软件。表12.1.3给出了极值理论的R软件包汇总。关于R和R项目的详细信息，可访问http://www.r-project.org/。对极值理论的最新研究感兴趣者，可查阅期刊《*Extremes*》（极端），该刊致力于极值理论及其应用（http://www.springer.com/statistics/journal/10687）。

表12.1.3　极值分析的R软件包汇总（Gilliland et al.，2013）

项 目	块方法	POT方法	估计方法	非定常回归	多元能力
copula	×	×	最大似然法、拟极大似然法、矩量法	×	√
evd	√	√	最大似然法	有时	二元
evdbayes	√	√	贝叶斯法	有限	×
evir	√	√	最大似然法	×	有限
extremes/ismev	√	√	最大似然法、矩估计	√	×
fExtremes	√	√	最大似然法、概率加权矩估计	×	×
lmom	√	√	矩估计	×	×
lomoRFA	√	√	矩估计	×	有限
lmomco	√	√	矩估计	×	√
POT	×	√	拟极大似然法、其他	×	二元
SpatialExtremes	√	√	最大似然法、最大复合似然估计、贝叶斯法	×	√
texmex	×	√	最大似然法、拟极大似然法、贝叶斯法	√	√
VGAM	√	√	最大似然法、回切算法	√	×

12.1.4　案例研究：灾难性的溢油

本案例研究主要依据Ji等（2014）的工作。

12.1.4.1　背景

2010年4月20日，英国石油公司所属的墨西哥湾“深水地平线”（DWH）号钻井平台发生爆炸，随后引起大火，造成固定平台所在油井发生井喷，11名工作人员死亡。直到87天后的2010年7月15日，溢油才最终被封堵。据估计总溢油量高达420万桶（1桶=159 L）（USGS，2011）。这是世界石油工业史上最严重的一次海上石油泄漏事故（NCDHOSOD，2011）。

在DWH之后，提出以下关键问题：类似的灾难性石油泄漏（总量超过100万桶）再次发生的可能性是多少？DWH是一个极值事件还是将来会频繁发生？这些问题的答案对溢油风险评估、应急规划以及关于石油勘探、开发和生产的环境影响报告书（EIS）至关重要。为了回答这些问题，应用极值理论分析美国外大陆架在过去49年（1964—2012年）的石油泄漏情况。目的是估计该地区发生灾难性石油泄漏的可能性。

浅海石油和天然气钻探始于20世纪初（Prutzman，1913）。海底石油和天然气储量仍然是美国能源的重要组成部分。“外大陆架”一词是由联邦法规创立的法律术语，与地理名词“大陆架”不同。从法律上讲，外大陆架是指州管辖的海域之外向外海延伸至联邦海域边界的淹没土地（包括底土和海床），通常是指从距各州海岸线3地理英里以外到离岸200～300海里（LaBelle，2001）。大多数石油活动发生在墨西哥湾、太平洋和阿拉斯加海岸（图12.1.10）。北墨西哥湾的西部和中部地区是世界主要的石油和天然气产地之一，50多年来一直是稳定可靠的油气来源（LaBelle，2001；BOEM，2011）。外大陆架提供美国原油总产量的17%左右，总天然气产量的5%左右（USEIA，2016）。如何平衡这些资源的价值与对环境的潜在破坏是一个重要的问题（Ji，2004）。

图12.1.10　美国外大陆架（OCS）

了解和掌控由极值事件引起的风险是最迫切的统计问题之一。极值事件的一个共同特征是很少发生而且几乎没有数据可用于描述此类事件。因此，根据定义，极值事件不会有足够的历史数据用于传统的统计方法。近年来，极值统计理论已被广泛应用于研究极值事件，包括飓风、洪水、海平面上升、股市崩溃、大火灾、地震等灾害事件（如，Sanders，2005；Fasen et al.，2014；Katz et al.，2002；Pickands，1975； McNeil et al.，2005）。极值理论可评估比以前所观察到的事件更为极端事件的可能性。极值理论自从Fisher和Tippett（1928）的研究以来取得了很大的进展，提供了分析罕见事件的模型，甚至可用于超出历史观察值的范围。极值理论已广泛应用于多个领域，如经济损失（McNeil，1997；Jagger et al.，2008）、金融（Sanders，2005；Fasen et al.，2014）、地球科学（Katz et al.，2002；McNeil，1997）、交通预测（Zheng et al.，2014）和大型石油泄漏（Stewart，Kennedy，1978；Eckle et al.，2012；Ji et al.，2014）。

本书中定义的灾难性石油泄漏事件是指总泄漏量超过100万桶的事件，其对社会和环境可能造成非常大的危害。估计期望值的标准方法是算术平均值（所有观测数据的总和除以数据的个数）。然而，为使求得的算术平均值有意义，需要很多数据。由于灾难性的石油泄漏是罕见事件，缺乏数据，传统统计方法不适用。在本书中，通过使用极值理论方法来弥补数据的不足。本节重点介绍如何应用极值统计理论来改进溢油风险分析，并提出基于广义极值分布的统计模拟方法来评估灾难性的溢油事故风险。

应用极值理论必须假设外大陆架石油泄漏数据服从独立同分布，这要求在观察期内溢油事故不发生系统性的变化。因此，要进行准确和适当的风险分析，必须使用独立同分布的溢油数据。影响溢油的因素包括：①在石油勘探、生产和运输中使用的技术；②相关的各种法规；③气候条件；④应急和清理措施；⑤溢油事故报告的准确性（包括漏报所引入的偏差）。

这些因素在不同国家和地区之间差异很大。例如，在过去49年中，外大陆架共发生347次泄漏量超过50桶的石油泄漏。这些泄漏的32%发生在8月和9月，这基本是由于墨西哥湾特有的气候现象——飓风造成的。此外，对安全和应对措施的监管要求不严格的地区或国家更有可能发生大型泄漏。因此，为确保溢油数据服从独立同分布，必须使用具有相似特征区域的溢油数据。基于以上原因，本节主要研究外大陆架区域发生的溢油事件，包括墨西哥湾外大陆架和太平洋外大陆架。到目前为止，阿拉斯加外大陆架的所有溢油事件都很小，对本研究的结果没有影响。1989年发生在阿拉斯加的埃克森石油公司Valdez号油轮的石油泄漏并没有发生在外大陆架区域，也没有涉及外大陆架区域所产的石油，因此不包括在本分析中（Anderson，LaBelle，1994）。

本研究着重考虑外大陆架区域发生的溢油事故，排除世界其他地区的石油泄漏。主要考虑因素为：

（1）因为影响溢油的因素差异很大，世界其他地区的泄漏可能与外大陆架泄漏具有不相同的统计特征。

（2）与世界其他地区相比，外大陆架溢油的数据更长、更完整（1964—2012年），这对进行极值分析至关重要。

大型石油泄漏通常是罕见且离散事件（例如，Burgherr et al.，2015）。虽然稀少，但大型事件占大部分的溢油量，并且大多数溢油事件的溢油量都很小。1996—2010年外大陆架地区96%的溢油事件的泄漏量小于1桶（Anderson et al.，2012）。1964—2009年共46年间，泄漏量超过1桶的所有溢油事件累计泄漏57万桶。而墨西哥湾深水地平线钻井平台（DWH）这一次事故的泄漏量是该累计泄漏量的8.5倍以上（Anderson et al.，2012）。大型溢油对总泄漏量的巨大占比表明，平均和累计泄漏量并没有显示出溢油风险的全貌。本研究旨在应用极值理论来分析外大陆架区域的灾难性石油泄漏，以确定类似灾难性石油泄漏再次发生的可能性。

12.1.4.2　数学方法

类似于河道中流量分布（图12.1.1），也可从两个截然不同的部分考虑溢油分布。

（1）分布的中间部分，代表经常发生的溢油（如每年发生）。在这种情况下，可使用常规统计模型（例如，Smith et al.，1982；Ji et al.，2002b，2016）。

（2）溢油分布的极值部分。在这种情况下，需要采用极值理论模型。

因此，在溢油风险分析中需要使用组合模型。极值事件在不同领域（如保险、股票市场和地球科学）会有很大的不同，但是可以使用类似的方法来分析它们的风险。灾难性石油泄漏的后果高度依赖于境况，不同的人可能会有不同的看法。例如，对于钻井平台（或输油管道或油轮）的管理者而言，溢油量达到1万桶会被认为灾难性事件。但是这类溢油事件通常由溢油风险分析模型来分析（例如，Ji et al.，2003），在本研究中不被认为是极值事件。本节重点研究总泄漏量大于100万桶的极值溢油事件。

常规统计模型通常使用历史经验来估计未来事件。如果只分析溢油发生频率，而不是其严重程度，则可以使用常规统计方法（Dekking et al.，2005；Ji，2008）。尤其是当有大量观察结果可用时，经验分布不需要任何分布形状的假设，从而提供可靠的风险特征。例如，泊松分布常用于计算外大陆架区域溢油事件（Smith et al.，1982；Ji et al.，2002b，2011），溢油风险可直接由溢油数据构建的经验分布中得出。

然而，当考虑极值事件的严重程度时，数据不完整使得极值事件的预测变得更加困难，泊松分布变得不再适用。例如，如果只有不到25年的数据可用，如何预测100年一遇的洪水？常规统计模型在这方面会受到影响，模型结果也可能被误用。因此，溢油风险分析需要组合模型来处理灾难性的石油泄漏事件。

灾难性事件的统计分布可通过广义极值分布进行分析，这是极值理论最基本的结果之一。详见Reiss和Tomas（2001）的著作。极值理论表明，类似的方法可用于分析各种极值事件的风险。使用极值方法，可以做出超出历史数据范围的预测。

与忽略异常值的常规统计分析不同，这些异常值正是极值事件的关键。主要思路是通过将一个“模型”拟合到一组极值数据来估计极值事件的概率，只考虑完整数据分布的尾部（本研究中采用年最大溢油值）。然后该模型可用来估计极值事件，可用的观测数据很少是灾难性溢油分析的一个显著特点。这种方法还可估计未来可能发生的甚至超过历史最严重情况的灾难性石油泄漏的频率和溢油量。

对于极值事件的统计分析（如尾部特征）需要基于极值理论的特殊方法，来弥补数据的不足。在极值统计中经常使用的两种方法为块方法和POT方法。块方法依赖于导出块最大值序列作为初始步骤。块最大值通常采用年最大值，如本研究中采用年最大溢油值。POT方法涉及拟合两个分布：一个用于基本时间段内的事件数量，另一个用于超出量。选用哪种方法取决于面对的问题和已有的数据。例如，Eckle等（2012）使用POT方法分析了1974—2010年共37年全球大型溢油事件的数据。

与模拟年最大值法（块方法）相比，POT方法既有优点也有缺点。一方面，采用样本全部的超阈值通常会给分析带来更多的观察数据；另一方面，这种超阈值可能会发生在同一组群中，从而违反独立同分布的假设。例如，在1964—2012年共49年间，外大陆架地区共发生347次泄漏量大于50桶的泄漏事件。这347次泄漏事件中有25次发生在同一天，是因2005年8月29日的卡特里娜飓风引发的。显然，这25起泄漏事件都是相关的，而不是独立同分布。在将这些泄漏事件纳入分析之前，需要进行更详细的考虑。为了避免数据相关性的影响，在POT方法的应用中可采用去聚类法（即仅使用同一组群内的单个最高超阈值）。POT方法也可能导致一些年份没有数据。由于这些原因，本研究采用块方法，并假设外大陆架区域年最大溢油值服从独立同分布。取每年为一个块，所使用的数据为块最大值（即一年中单次最大泄漏量）。

12.1.4.3 结果

图12.1.11显示了从1964—2012年共49年外大陆架数据得出的年最大石油泄漏量时间序列。由于溢油量变化巨大，年最大溢油量以对数标度表示。点划线表示10年重现水平，虚线表示1年重现水平，稍后将讨论。对数标度常用于表示极值理论研究中的巨大变化。例如，McNeil（1997）使用对数标度来呈现丹麦火灾损失数据并进行了极值分析；Fasen等（2014）采用对数标度来呈现市场投资组合的负利润/亏损，并引入了每日负对数收益的变量；Eckle等（2012）利用对数量表来描述溢油量和全球溢油超阈值频率。

式（12.1.1）的广义极值分布通过最大似然法来拟合年最大值的对数值。R软件（R Development Core Team，2012）直接用于统计分析，没有对参数进行任何人为调整。位置参数（μ）为2.442（相当于277桶），尺度参数（σ）为0.839，形状参数（γ）为−0.073。图12.1.12给出了历史数据（虚线）和广义极值分布（实线）的概率密度函数。为了以图形方式来评估广义极值分布模型，将对数变换后的数据集绘制成了PP图（图12.1.5）和QQ图（图12.1.4）。

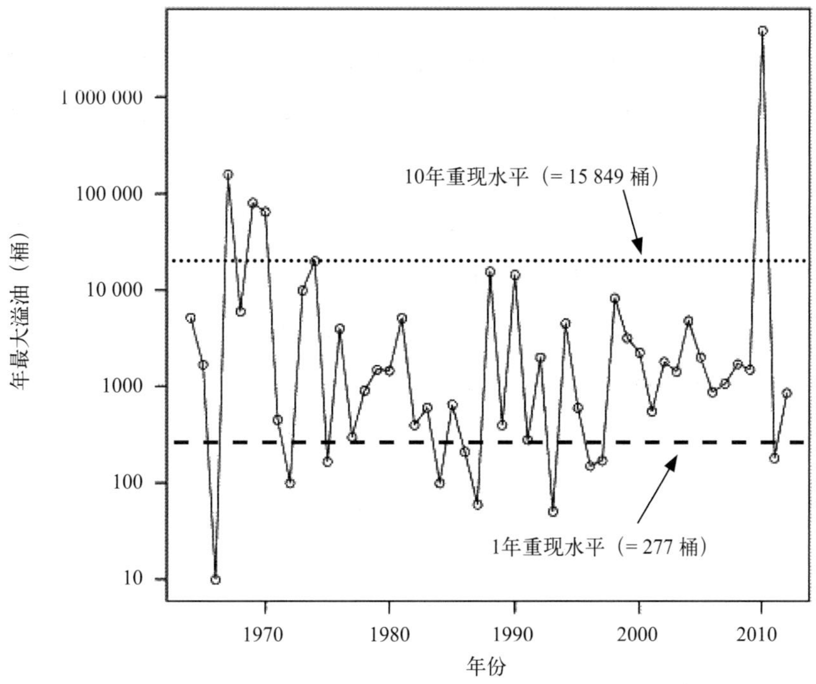

图12.1.11　从外大陆架数据得出的年最大石油泄漏时间序列

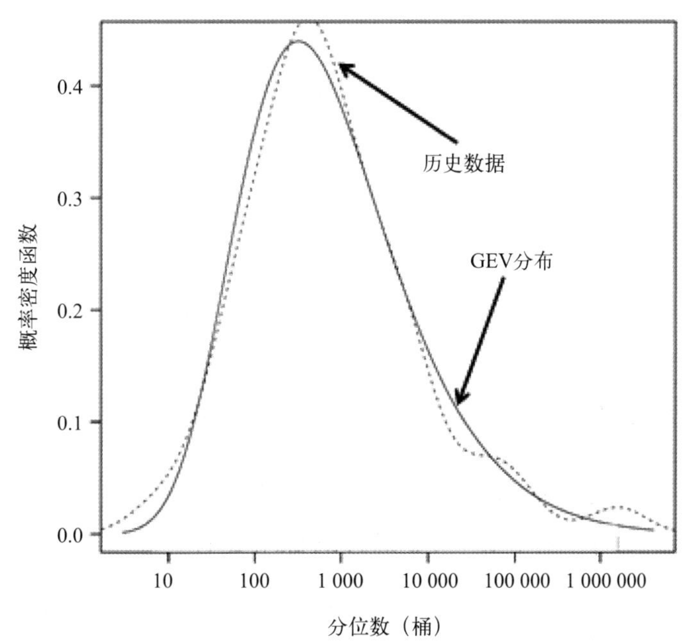

图12.1.12　历史数据（虚线）和广义极值分布（实线）的概率密度函数

图12.1.5显示了每个分位数值的经验分布概率（或百分位数）以及对于相同值的广义极值分布概率。相等线表示完美契合。PP图与相等线的接近程度衡量着拟合程度。例如，1456桶值大约是经验分布的第50百分位数和广义极值分布的第48百分位数。

图12.1.4用QQ图显示了所估计的广义极值分布参数对于经验分布的拟合。在图12.1.4中，基于

广义极值分布的模拟分位数与基于历史数据的经验分位数进行了比较。相等线表示完美契合。外大陆架地区溢油数据集中有49个年最大值。1456桶值相当于经验分布中的中位数（第50百分位数），相应地在广义极值分布中的第50百分位数为1374桶。图12.1.4和图12.1.5都表明拟合较好，与相等线合理重合。

图12.1.13给出不同重现期的重现水平。图12.1.13（和之后的表12.1.5）显示，10年和100年重现期的重现水平分别为1.6万桶和56.2万桶。100万桶的重现水平（即灾难性溢油）对应于165年的重现期。因此，根据过去49年的外大陆架地区溢油数据，广义极值分布的估计结果表明，外大陆架地区的灾难性石油泄漏最有可能165年一遇。图12.1.11比较了10年重现水平（虚线）与49个年最大溢油值。5个年最大溢油值高于10年重现水平，大约每10年1次。这与广义极值分布估计的10年重现水平为1.6万桶是一致的。1年重现期的重现水平为277桶，如图12.1.11所示。

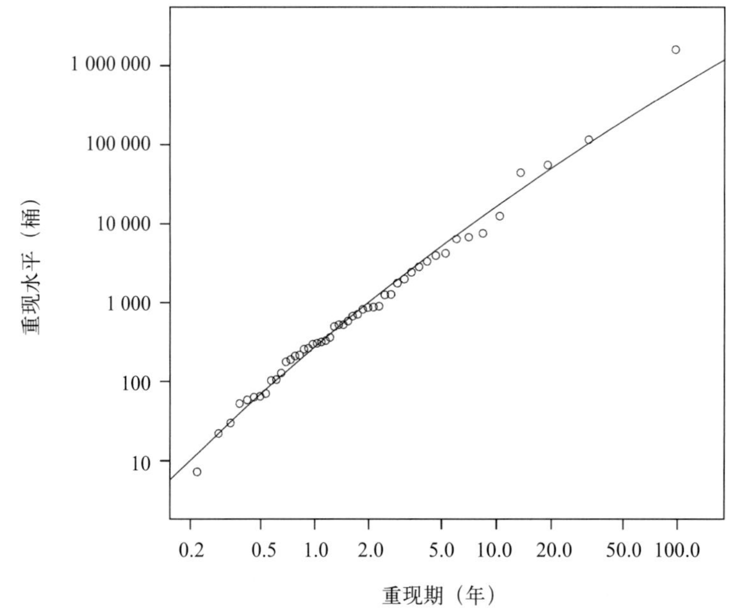

图12.1.13　不同重现期的重现水平，空心圆表示观测值，曲线是用R软件ML方法产生的分布广义数值

为了分析广义极值分布模型对参数和观测资料的敏感性，对3种情况进行了研究和比较。

（1）深水地平线溢油（DWH）案例：这是基准案例，包括从1964—2012年共49年间石油泄漏记录，也包括DWH泄漏。结果已经在图12.1.4，图12.1.5，图12.1.12和图12.1.13中表示。

（2）没有DWH案例：假设DWH在2010年没有发生，案例分析中采用2010年第二大泄漏量（为123桶）。

（3）1000万桶案例：假设2013年发生了1000万桶的溢油事件，从1964—2013年共有50个年最大溢油值。

图12.1.14给出了这三种情况下的历史数据（虚线）和广义极值分布（实线）的概率密度函数。图12.1.15与图12.1.5相似，不同之处在于添加了无DWH案例和1000万桶案例。显然，对于所有这

三种情况，广义极值分布概率模型较好地拟合了基于观测数据的经验概率。图12.1.16与图12.1.4相似，只是添加了无DWH案例和1000万桶案例。模拟的分位数与经验分位数吻合得很好。因此，图12.1.15和图12.1.16显示从数据集中获得的广义极值分布能够很好地表示溢油分布。

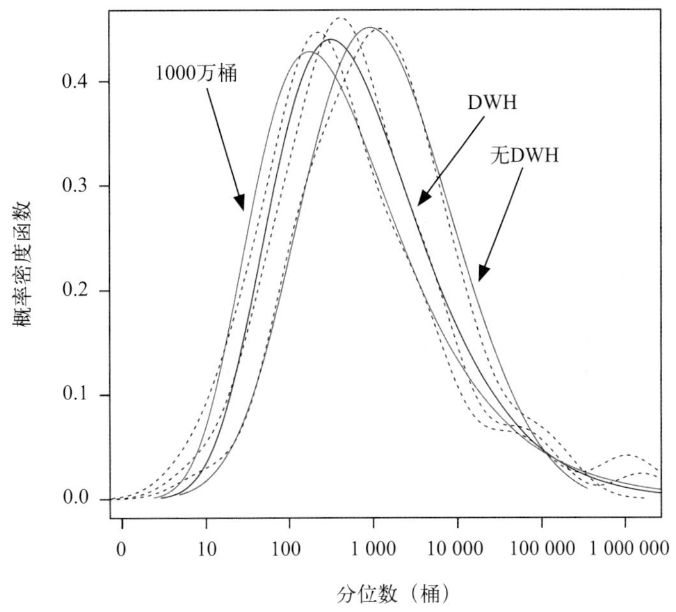

图12.1.14　历史数据（虚线）和广义极值分布（实线）的概率密度函数
(与图12.1.12相似，仅增加了无DWH案例和1000万桶案例)

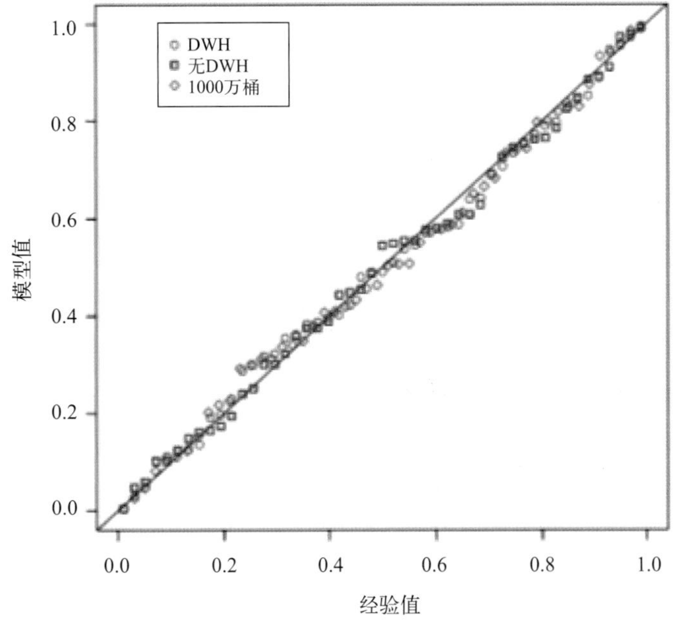

图12.1.15　年溢油最大值与广义极值分布拟合的PP图
（与图12.1.5相似，仅增加了无DWH案例和1000万桶案例）

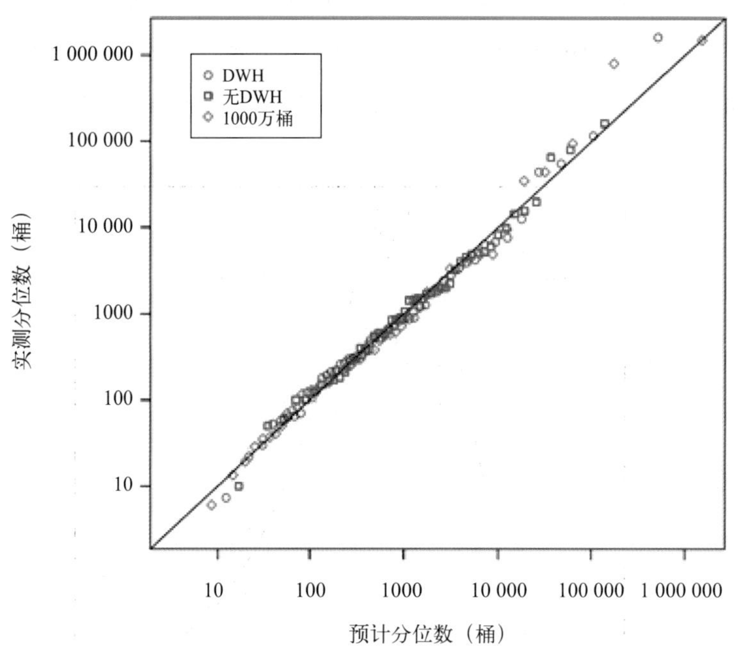

图12.1.16　年溢油最大值与广义极值分布的QQ图
（与图12.1.4相似，仅增加了无DWH案例和1000万桶案例）

图12.1.17与图12.1.13相似，仅增加了无DWH案例和1000万桶案例。当重现期较短时（小于10年），这三个案例具有相似的重现水平。这样的结果是可预见的，因为这三种情况之间的差异在于超过100万桶的溢油情况。当重现期为20年或更长时间时，重现水平可能非常不同，因为大型溢油事件改变了广义极值分布的长周期部分。

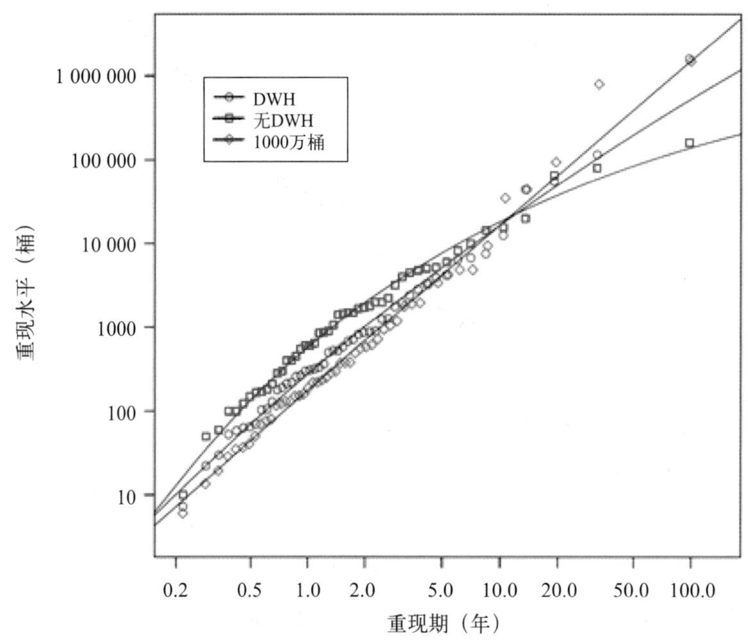

图12.1.17　不同重现期间的重现水平
（与图12.1.13相同，增加了无DWH和1000万桶的情况）

表12.1.4总结了三种情况下灾难性溢油的重现期（和95%置信区间）。其揭示了外大陆架地区最有可能每165年发生一次（或任何一年的0.6%发生频率）的灾难性石油泄漏（总泄漏量为100万桶或更多）。95%的置信区间在41年至500年以上。由于仅有49年的观察数据，估计时间超过500年意义较小。在无DWH的情况下，重现期预计将超过500年，95%置信区间的下限也超过500年。在1000万桶的情况下，重现期为86年，95%的置信区间为20年至500年以上。

表12.1.4　外大陆架地区灾难性石油泄漏的重现期

泄漏情况	重现期（年）	置信区间（年）（5%~95%）
DWH	165	41~500及以上
无DWH	>500	>500
1000万桶	86	20~500及以上

为了分析模型敏感度，表12.1.5总结了在三种不同情况下（DHW，无DWH和1 000万桶）的重现期为10年和100年的重现水平。表12.1.5显示，当重现期为10年时，三种情况具有相似的重现水平，从DWH案例的1.6万桶变为1000万桶案例下的1.3万桶。这是从外大陆架地区数据中获得的广义极值分布相对稳定的另一个迹象。95%置信区间（万桶）分别为（0.3~8.9），（0.69~5.3）和（0.24~4.3）。 对于100年的重现期，DHW、无DHW以及1000万桶情况的重现水平分别为56.2万桶、12.2万桶和130.1万桶。

表12.1.5　在外大陆架地区的重现期为10年和100年的重现水平

重现期（年）	重现水平（万桶）（5%~95%）		
	DHW	无DHW	1000万桶
10	1.6（0.3~8.9）	1.5（0.69~5.3）	1.3（0.24~4.3）
100	56.2（1.6~1122）	12.2（2.7~81.5）	130.1（3.5~37275.9）

注：括号中的值为95%置信区间。

12.1.4.4　讨论

本案例研究旨在回答这些关键问题：①类似于DWH的灾难性溢油再次发生的可能性是多少？②DWH是一个极值事件还是将来会频繁发生？这些问题的答案对石油勘探、开发和加工工程中的溢油风险评估，应急计划以及环境影响报告书准备工作至关重要。近10年来，极值统计理论在科学、工程、金融、保险等各个领域的极值事件分析中得到广泛的应用。本研究将广义极值分布用于分析外大陆架地区过去49年（1964—2012年）的溢油事件。

本研究的主要发现如下：

（1）极值理论的块方法对溢油风险分析非常有用。据了解，这是首次发表的应用块方法分析灾难性石油泄漏的研究成果。基于49年的外大陆架溢油数据，广义极值分布能够很好地描述外大陆架地区的石油泄漏（Ji et al.，2014）。

（2）外大陆架地区发生灾难性溢油的重现期估计为165年，95%的置信区间为41～500年之间。

（3）模型敏感度研究表明，从外大陆架数据获得的广义极值分布相对稳定。当重现期为10年或更短时，3种情况（DWH，无DWH和1000万桶）具有相似的重现水平。重现期为20年以上时，三种情况具有不同的重现水平。对于100年的重现期，这三种情况的重现水平分别为56.2万桶、12.2万桶和130.1万桶。

极值统计建模仍然是一个很活跃的研究课题。从溢油风险分析的角度看，还有许多工作要做。溢油风险因地区和运行而异。未来对灾难性石油泄漏的研究应考虑石油加工、季节性和空间相关性。通过多影响因子的极值方法把这些因素考虑进去。

12.2 环境风险分析

基于历史数据，采用准确合理的方法来预测未来是必要的。模拟的一个主要目的是为环境管理和决策提供信息。本书的前面章节主要集中在确定性模型以及如何将这些模型的确定性结果用于决策。本节讨论环境风险分析中使用的统计方法以及如何将统计方法与确定性模型相结合进行风险评估。本节的重点是石油泄漏，可作为其他意外泄漏的环境风险分析例子。

12.2.1 介绍

风险涉及事件发生的可能性及其可能产生的负面影响。负面影响可能包括潜在损失（如金钱损失、人身伤亡及环境破坏）、损失的程度及其时间（如持续时间、频率等）。风险可以通过智慧、创造力和先前的计划得到有效的管控。从事有风险的活动并不是简单的靠勇气和盲目的投入。

地表水中存在许多类型的风险，例如海平面上升产生的洪水（Nicholls，2004）、飓风和海啸（Kleinosky et al.，2007）、污染和侵蚀导致的环境退化（Hughes et al.，2003）和意外大型溢油事件（Ji et al.，2011，2014）。这些风险可以是自然或人为的。风险分析在确定风险的可能位置和规模方面起着至关重要的作用。

溢油风险分析由于重大事故的直接和灾难性后果而引起了极大的关注。溢油对海洋和沿海环境构成严重威胁，特别是在环境、社会和旅游价值高的地区。由于对意外泄漏事故的重视，需要对油的移动和衰减用模型进行实时预测。溢油模型需要考虑一系列物理和化学性质。这些性质可能在不同类型的油品之间变化很大。

石油泄漏会对地表水造成重大危害。足够浓度的溢油对多种海洋生物都是有毒的。连续分布的油膜会降低水中复氧率，并对鱼鳃或其他暴露在外的鱼膜造成损害。除了污染海岸线和杀死野生动物外，石油还可使海洋生物减缓生长、改变摄食行为、降低繁殖成功率和食物供应减少。多种因素都会影响石油泄漏对环境的破坏，包括海洋环境、石油自身特性以及石油泄漏应急和清理工作的有效性。大风和洋流可以更快地扩散石油，阻碍清理工作。潮汐泥滩和浅水草床的溢油尤其难以清理。这类泄漏可以使溢油大面积地残留于沉积床和生物结构（如贻贝和红树林）。这些残留物通常会在以后重新悬浮而产生新的油体污染事件。水越浅，底部的生物受到破坏的可能性就越大。

风险分析需要用概率来定义未来事件在一定时期内发生的可能性。比如常说："股市有60%的机会在五年内翻一番"或者"在40年的时间内，墨西哥湾中部规划区的一个租赁区发生总石油泄漏量为1万桶以上的可能性为4%～6%"。未来事件的风险是在过去发生的已知事件基础上计算的。

例如，在环境影响报告书中，美国海洋能源管理局描述大型石油泄漏实际发生的概率。为估计这一概率，海洋能源管理局使用之前由于外大陆架活动产生的所有溢油事件的历史记录。根据过去外大陆架石油活动所导致的溢油次数以及预计的未来石油生产和运输量，海洋能源管理局估计未来溢油的可能性（如，Ji et al.，2016，2017）。海洋能源管理局进行溢油风险分析为环境影响报告书提供支持。其目的是估计溢油接触和污染敏感的海上和陆上环境资源的风险以及由外大陆架活动而造成的意外溢油所带来的社会经济影响。除环境影响报告书外，还需要一个应急计划，其中包括溢油应急和清理的信息和流程。该计划的一个基本部分是确定哪些沿海环境会因石油泄漏受到最严重的破坏，以便获得优先保护。因此，应急计划应涉及对溢油风险的评估，还需要估算海岸线受到溢油污染的可能性。

溢油在水中的衰减和输移受复杂和相互关联的物理化学过程控制，这些过程取决于石油特性、水动力条件和环境条件。溢油输运和衰减受制于：①由于风和流引起的对流；②由于湍流扩散、重力、惯性、黏性和表面张力导致的水表面油膜的水平扩散；③乳化；④由于诸如蒸发、挟带和溶解等风化过程导致的溢油理化性质的变化；⑤油体与岸线和冰的相互作用。水中的溢油，无论来源于水表面或水下泄漏，都是由浮在水面上的油膜和在水中的悬浮油滴组成。溢油和污染物通过水流和风从一个地方输移到另一个地方。波浪使油膜破碎，改变表面溢油，使溢油进入水面以下。海面溢油最终可能会出现在底部沉积物中，并在局部区域累积达到难以接受的高浓度，甚至在很长一段时间内都可能被沉积物从一个地方输运到另一个地方。所有这些过程在预估溢油危害方面都具有潜在的重要性。

洋流和波浪效应对溢油的输移至关重要。对于河道溢油，油体输移也受到水工结构（如水闸和水坝）的影响。从水面向整个水体的石油输移主要是由于波浪活动和相关的近水表面湍流造成的。溢油中的一部分化学物质最终通过吸附到细小的悬浮沉积物而沉降到水底。沉积物的积累和随后释放的有毒物质可能会使石油泄漏的影响延长，远远超过最初发生的阶段。

地表水溢油受到蒸发、扩散、乳化、溶解、氧化、沉淀和生物降解等作用，从而使溢油的物理和化学特性在水中几乎立即变化（图12.2.1）。所有这些过程彼此相互作用，统称为石油风化。

在很长的时间里，光化学反应和生物降解可以改变油的性质并减少油量。主要过程包括（NOAA，2002）：

（1）蒸发将油体从液相转为气相。较轻油体首先损失。这是油量损失的一个主要的过程，特别是轻油的损失。在蒸发过程中，具有低沸点的低分子量化合物蒸发到大气中。该过程取决于油的黏度和天气条件。在温度为15℃的2天时间内，蒸发可以去除几乎100%的汽油、80%的柴油、40%的轻质原油、20%的重质原油和5%～10%的重质燃料油。蒸发时间尺度通常小于5天。

（2）乳化是将非常小的水滴混合到液态油中的过程。油滴悬浮在水中，含水量通常达到50%～80%。这会使需要回收污染物量增加2～4倍，并减慢其他混合过程。乳化的开始可能会延迟数天，但这一过程发生迅速。

（3）扩散将表面油膜破碎成小油滴，并混合到水体中。该过程将溢油从水面去除，通常在5天内发生。

（4）溶解是将油的水溶成分混和入水中。低分子量化合物垂向传输并在水体中损失。溶解过程受许多参数的约束，包括油的黏度和天气情况。油的大多数水溶成分是有毒的。溶解过程小于5天。

（5）生物降解是通过微生物将油分解成较小的化合物，最终分解成水和二氧化碳。生物降解速率取决于油体类型、温度、营养物质、氧气和油量。这个过程会需要几周到几个月的时间。

（6）焦油球的形成是将重质原油和精炼油的油膜分解成小碎块。这些小碎块可以持续很长距离，时间长度为数天到数周。

（7）当油体密度因蒸发或溶解而增加时，会发生沉淀。残余油体沉入底部并且被吸附到沉淀物中。当残余油体的密度降低到一定程度时，可以从沉积物底床中重新悬浮起来。

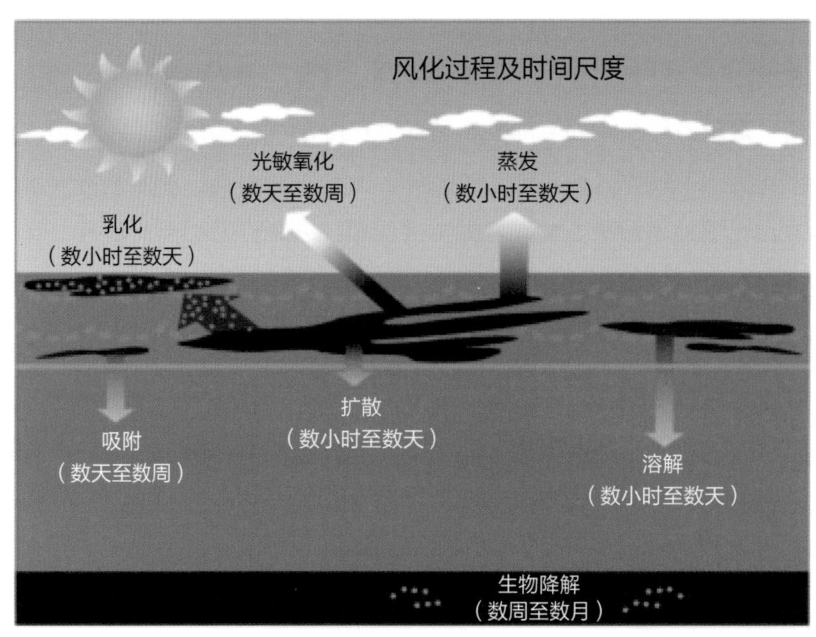

图12.2.1　溢油的风化过程和时间尺度（NOAA，2002）

溢油模型模拟地表水中油的输移及衰减。如图12.2.1所示，油体衰减大多通过以下方式描述：对流、扩散、蒸发、弥散、溶解、乳化、光氧化、生物降解、沉降和冻结（当存在冰时）。目前已经开发了大量的数值模型来表示这些过程（Spaulding，2017）。这些模型有助于决策者回答许多规划问题，例如哪些区域将受到溢油冲击以及溢油到达特定位置需要多长时间。Smith等（1982）开发了一个溢油风险分析模型（OSRA）来估算开发石油资源对环境的危害。Reed等（1995）建立了溢油事故与应对（OSCAR）模型来分析各种溢油应急策略。美国国家海洋与大气管理局（NOAA）开发了工具来分析由溢油轨迹模型产生的潜在溢油轨迹的统计数据（Galt，Payton，1999；Barker，Galt，2000）。这些模型的一个关键组成部分是使用模型来模拟不同环境条件下的溢油轨迹，并以概率的方式提供风险评估。Spaulding（1988），ASCE（1996），Reed等（1999），Drozdowski等（2011）和Spaulding（2017）已经发表了一些关于溢油模型的综述论文。

12.2.2　溢油风险分析

美国海洋能源管理局在美国领海内的外大陆架区域开展商业的油气开发租赁计划。在决定租赁计划或批准商业勘探和开发之前，海洋能源管理局通过分析租赁计划带来的环境后果来评估矿产资源的开发。

溢油风险分析模型旨在追踪可能的大型溢油事件的溢油轨迹，并计算与环境资源的潜在接触，这包括环境资源区（ERA）、陆地段（LS）、组合陆地段（GLS）和开边界（BS）。该模型依赖于研究区域的气象、地理和海洋条件，相关的环境资源以及预估的被开发、生产和运输的石油资源量（图12.2.2）。海洋能源管理局与州和其他联邦机构合作，以获得自然资源和海岸线的最佳地理信息，该地理信息由一个或多个的等距离分区（即陆地段）来表示。最初由Smith等（1982）开发了溢油风险分析模型，经海洋能源管理局多年使用后功能逐步增强（Ji et al.，2002b，2004a，2005，2011，2014；Price et al.，2003，2004，2006）。

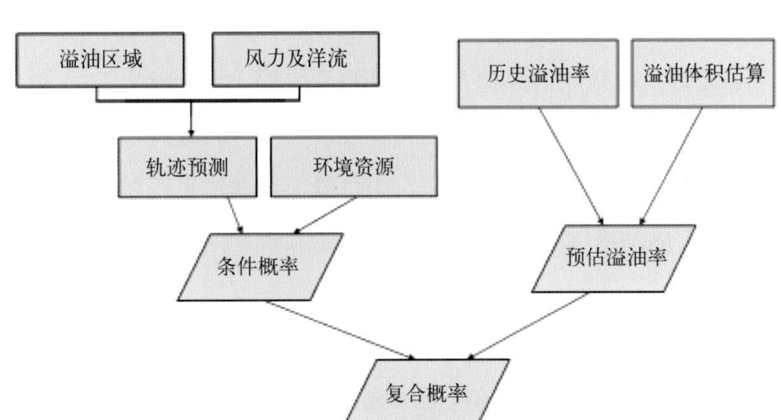

图12.2.2　溢油风险分析的组成部分和过程（Ji et al.，2011）

与其他的溢油模型相比，溢油风险分析模型的独有特征包括：

（1）空间尺度：该模型通常用于数千千米的区域，远远大于常规模型的典型空间尺度。

（2）时间尺度：模型的模拟时间通常是几十年，比单个溢油事件的几天或者几周的时间尺度要长很多。

（3）统计结果：尽管起源于确定性模型的结果，但是最终的模型输出结果是统计图表。

（4）环境资源：该模型通常考虑假设受溢油影响的大量（数百种）环境资源。

溢油风险分析通常对整体问题的不同方面进行三部分的分析（Smith et al.，1982）：

（1）溢油风险分析模型的第一部分讨论溢油事件的发生概率（Anderson，LaBelle，1990，1994，2000；Anderson et al.，2012）。这个概率是基于拟定租赁计划区的过去溢油事件，根据预估的石油生产和输运情况，用历史溢油概率估计今后的溢油事故发生率。本节将详细讨论溢油的发生情况。

（2）溢油风险分析模型的第二部分讨论溢油从假想的泄漏地点输运到各种环境资源的溢油轨迹（LaBelle，Anderson，1985；Ji et al.，2002b）。溢油风险分析模型假想轨迹从墨西哥湾租赁计划区域的溢油点开始。假设的溢油位置在预期的钻井和生产区域以及预计的输油管道和油轮航线。由于溢油输运主要受到表面风场和洋流控制而不是溢油量的控制，所以溢油量不计入模型。在溢油风险分析模型中不包括油气风化，认为溢油是守恒的。假定在每个溢油点（假想溢油位置）每天（或任何其他时间）都发生溢油。在有多年数据可用的情况下，这种假想每日发生溢油的情况可以每年重复365天。这些假想的溢油轨迹与环境资源接触的百分比的平均值是溢油与该环境资源接触的条件概率。溢油运动轨迹模拟将在第12.2.3节中描述。条件概率将在第12.2.4节中讨论。

（3）溢油风险分析模型的第三部分结合了前两部分的分析结果，以估计在拟定区域石油开发的整体溢油风险。因此，溢油风险分析的最终结果表示为发生一次或多次大型溢油及溢油与近海和沿海环境资源区相接触的组合概率。注意，溢油风险分析估计溢油的发生概率以及接触环境资源的概率，而不是溢油对环境所造成的影响。组合概率将在第12.2.4节中详细介绍。

外大陆架区域发生大型溢油（总泄漏量大于1000桶）的可能性在分析中起着决定性作用。除了估计溢油发生的可能性之外，分析还涉及很多的溢油轨迹模拟。轨迹分析的结果通过估计水面上大型溢油可能的输移位置以及可能接触的资源（假设发生泄漏），为最终结果提供中间值和输入值。该模型估计发生溢油和接触环境资源的组合概率。组合概率是通过将接触概率矩阵乘以石油泄漏源（平台、油管以及油轮）的溢油率而得，溢油率则是通过分析期间估计的生产或运输的石油量加权计算得到。

溢油风险分析模型归纳数百万次溢油轨迹模拟的结果。该模型需要大量的输入场，随后将大量的模型结果处理为概率表输出。模型输入场包括洋流、风速、海岸线、环境资源地理边界以及石油生产和运输位置。模型输出结果为溢油接触环境资源的条件概率表以及溢油事件发生和接触环境资源的组合概率表。此外，海洋能源管理局已经开发了基于地理信息系统（GIS）的图形工具来显示输出概率。

溢油风险分析模型已经成功地应用于一些石油泄漏事件，包括1976年楠塔基特岛发生的阿尔戈商船事件（LaBelle et al.，1984）和1969年圣巴巴拉海峡发生的井喷事故（Johnson et al.，2000）。溢油风险分析模型生成的溢油轨迹与在溢油事件中观察到的实际溢油运动吻合度较高。溢油风险分析模型应用还包括为了墨西哥湾租赁竞拍而进行的分析（如，Ji et al.，2002b，2003，2017）。

为了更好地进行统计比较分析，海洋能源管理局（原名MMS）收集了部署在墨西哥湾东北大陆架上的120多个卫星追踪浮标的拉格朗日表面观测资料。这些浮标可以类似溢油在海面上移动（Reed et al.，1988，1990，1993）。因此，这些浮标可以以非污染的方式合理代表海面上石油泄漏。Price等（2006）将观察到的浮标轨迹和模拟的溢油轨迹进行了统计比较。

溢油风险分析模型已经完全更新和改进，以应对溢油风险分析中的挑战。更新后的溢油风险分析模型在计算时间方面更高效，能够得到与先前分析一致的结果，并且通过结合GIS工具更方便用户使用。代码并行化、代码优化和输入/输出优化极大提高了计算效率（Ji et al.，2011）。

为考虑拟定的租赁竞拍和随后拟定的勘探和开发活动，海洋能源管理局在决策过程中使用溢油风险统计预测。海洋能源管理局还在规划文件中使用了模型结果来预防溢油影响。石油行业是溢油风险分析模型结果的第二主要使用者。他们需要在开始运营前制订由海洋能源管理局批准的溢油应急计划。该计划必须预估可能的溢油输移和溢油事件发生。其他联邦和州政府机构，如美国鱼类和野生动物管理局和国家海洋渔业局，也会考量海洋能源管理局环境文件中的溢油风险分析模型结果，用于确定沿海地区管理的一致性、濒危物种的磋商以及对海上油气运营的独立判断。美国海岸警卫队还利用模型结果设计了美国沿岸的安全油轮路线（Ji et al.，2011）。

发生溢油事件从本质上来说是一个概率问题。在某个租赁期内，探明和生产的油量以及溢油发生的可能性或规模都是不确定的。运输溢油的风场、洋流和冰的影响同样也是不确定的。溢油的发生及其与环境、社会或经济资源接触等概率事件是无法预测的，但可以量化估计其可能性（或概率）。

1000桶以上的泄漏易见、可识别并且容易与其他污染物（例如源于自然渗漏的表面油）区分开来。较小的溢油在水面上不容易追踪（它们很快消散），因而不使用溢油风险分析模型进行研究。估计溢油事故发生的可能性是基于过去的外大陆架平台和输油管道的溢油事故以及美国水域的所有油轮的溢油事故，也取决于生产和运输的油量。在溢油概率表中考虑所有溢油总量大于等于1000桶的意外泄漏事件以及溢油总量大于等于1万桶的意外泄漏事件。这些泄漏事件包括井喷和其他发生在平台上以及运输石油到海岸过程中的事故。

发生一次或多次大型泄漏的概率取决于3个因素：①外大陆架大型石油溢油率；②预估的石油产量；③泊松分布。Anderson等（2012）根据1964—2010年外大陆架的油气开发项目，分析了墨西哥湾和太平洋外大陆架区域钻井平台和输油管道泄漏事件的数据。在这些分析中，尽可能最大限度地检查和验证每一个大型溢油记录。每个溢油事故都按照溢出规模和溢出物分类。其结果表明，发生在钻井平台和输油管道的大型溢油事故的溢油率发生了一些显著变化。他们的结果基于比早期分析更完整的数据库，并根据最近的经验进行调整（Anderson，LaBelle，1990，1994，2000；Lanfear，Amstutz，1983）。表12.2.1给出外大陆架地区钻井平台和输油管道的大型溢油率，其中的数据基于过去15年（1996—2010年）的溢油数据，并最好地反映了当前的石油开发技术（Anderson et al.，2012）。

表12.2.1　大型（泄漏总量大于1000桶）外大陆架溢油率

溢油源	每生产10亿桶油的平均溢油次数
平台	0.25
输油管道	0.88
共计	1.33

Anderson等（2012）使用石油处理量作为暴露变量。将石油处理量作为暴露变量是基于两个基本标准：①暴露变量应很简单去定义；②应可定量估计。选择生产或运输的石油量作为暴露变量，主要原因为：有很好的生产和运输石油的历史数据记录；利用这些数据可以很简单地计算溢油事件的发生率，即历史溢油次数与生产或运输的石油量的比率；并且未来的石油生产和运输量也通常会进行估计。

首先，溢油率乘以资源量以估计溢油事故平均次数。以外大陆架平均大型石油溢油率为例，表12.2.2显示了阿拉斯加库克湾的大型溢油的平均次数。Ji等（2016）估计，在244号租赁竞拍的整个租赁期间，将发生0.24次泄漏事故，其中包括0.05次平台（以及油井）泄漏事故和0.19次管道泄漏事故。

表12.2.2　对拟定的外大陆架244号租赁竞拍估计可能导致的大型溢油的平均次数

平台或油井溢油的平均次数	管道溢油的平均次数	溢油的总平均次数
0.05	0.19	0.24

研究溢油事件的发生概率需假设溢油彼此相互独立，服从泊松过程。泊松分布常用于模拟随机事件（Haight，1967）。如果直方图代表在一段时间内发生零泄漏的概率、发生一次泄漏的概率或发生两次泄漏的概率等，这种直方图称为泊松分布。泊松分布的一个重要和有趣的特征是其完全由单个参数定义，即大型泄漏的平均值。整个直方图以及一个或多个大型泄漏的发生概率都可根据大型溢油的平均值来计算。

Devanney和Stewart（1974）提出，使用贝叶斯方法的负二项分布来描述n次溢油发生的概率。Smith等（1982）指出，当实际暴露变量远小于历史暴露变量时，负二项分布可以由泊松分布来近似替代。由于泊松分布只有一个参数变量，泊松分布在计算溢油概率方面具有显著的优势。对于石油产量为t的过程，发生n次溢油的概率$p(n)$可以由式（12.2.1）计算：

$$p(n)=\frac{(\lambda t)^n\mathrm{e}^{-\lambda t}}{n!} \tag{12.2.1}$$

式中，n为指定的溢油次数（从0，1，2，3，…，n）；e为自然对数的基数；λ为溢油率（每生产10亿桶油所导致的平均溢油次数）；t为石油产量，10亿桶。溢油率（λ）可以是指针对下列设施的泄漏：①外大陆架固定平台；②输油管道；③油轮；④前三项的总和。发生一个或多个大型溢油的概率等于1减去零溢油的概率，即

$$p\,(n\geqslant 1)=1-\mathrm{e}^{-\lambda t} \tag{12.2.2}$$

表12.2.3显示使用泊松分布估计，在石油开发期间一个或多个大型溢油发生的概率。对于提议的阿拉斯加库克湾外大陆架244号租赁竞拍，假定的油气生产是在33年租赁期内进行。在租赁期内发生一次或多次大型溢油的估计中，将管道和平台（或油井）发生大型溢油的概率加在一起，得到表12.2.3所示的总计结果。在33年的开发过程中，阿拉斯加州库克湾的244号租赁竞拍区出现1000桶以上的溢油事件的概率为22%。本研究中不包括油轮溢油。

表12.2.3　发生一次或多次大型泄漏的概率(Ji et al.，2016)

项 目	平台或油井泄漏（%）	管道泄漏（%）	总计（%）
泄漏概率	5	17	22

12.2.3　轨迹模拟

了解溢油的轨迹对于保护环境资源、溢油清理和风险管理至关重要。近几十年来，溢油模型已从二维轨迹模型发展到三维模型。模型的功能各不相同，一些用于短期预测，以帮助控制和清理意外泄漏事故，其他模型则是为了评估长期损害和风险分析。

通常使用三种方法来模拟地表水中溢油的运动：①粒子追踪法；②示踪法；③示踪粒子法。模拟浮油运动的一个好方法是将污染物作为一些有标记的粒子。在粒子追踪方法中，每个粒子在初始位置释放到水中，并使用轨迹模型进行数值追踪。通过这种方式，可以追踪污染物的漂移过程。为每个粒子提供由洋流、风和冰（如果有足够的冰覆盖）产生的水平输送，可以添加随机过程来模拟油膜的分散（扩散）过程。粒子分布在统计上代表石油泄漏过程。例如，如果其中10%的粒子最终接触到海岸线，则估计将有10%的溢油会到达该海岸线。因此，模拟中使用的粒子量必须足以进行可靠的统计计算。例如，Ji等（2017）使用4000万个粒子模拟了墨西哥湾中的溢油情况。

在示踪法中，要追踪的溢油区域由空间变化的网格表示。在计算的每个时间步中，基于质量守恒方程，溢油从一个网格单元输移到另一个网格单元。示踪粒子法类似于粒子追踪法，只是示踪粒

子法中的粒子比粒子追踪法中的粒子具有更多的自由度。总溢油由多个较小的溢油表示，并且每个较小的溢油都按照Fay方程（Fay，1969）等传播理论来扩散。示踪粒子法可视为粒子追踪法和示踪法之间的折中方法（Gjosteen et al.，2003；Drozdowski et al.，2011）。

溢油的持续性也可能与溢油量有关。对于油轮溢油，溢油量最大不会超过油轮的载油量。但是对于井喷或破损的油管来说，估计溢油量要困难很多。油体的溢出方式也会影响溢油的演变过程。例如，缓慢的连续排放与突发的深水井喷会有不同的表现。

12.2.3.1 粒子追踪法

水中输送溢油的两种主要方法为：扩散和对流。小型泄漏（小于100桶）的扩散过程在泄漏的头一小时内完成（NOAA，2002）。风和洋流可以远距离输运溢油。一般来说，油体运动可以估算为风漂流、表面流、扩散和大尺度湍流的矢量和。

粒子追踪法用于溢油风险分析模型，其控制方程为

$$\frac{\mathrm{d}p}{\mathrm{d}t}=v(p,t) \tag{12.2.3}$$

式中，$v(p, t)$为粒子移动速度；$p(x, y, t)$为粒子位置。式（12.2.3）是一阶常微分方程，可以通过下式求解：

$$p(x,y,t)=p(x_0,y_0,t_0)+\int_{t_0}^{t}v(p,t)\mathrm{d}t \tag{12.2.4}$$

式中，$p(x_0, y_0, t)$为粒子在位置(x_0, y_0)和时间t_0的初始位置。

溢油在洋流和风的作用下移动。表面流从下方对溢油产生剪切力，表面风从上方施加剪切力。两个力的结合使溢油离开初始泄漏位置。在溢油风险分析模型中，假想溢油的速度为表面流和风漂流的线性叠加。该模型通过连续积分两个空间网格输入场（表面流和海面风）的时间序列来计算假想溢油轨迹。这两个输入场都由其他计算机模型使用许多观测的相关物理参量而生成。在这种方式下，溢油风险分析模型产生假想溢油位置的时间序列——也就是溢油轨迹。

大气强迫对溢油模型至关重要。虽然观测数据较少，但有好的预报和后报模型结果可用。溢油的扩散过程直接受当地风的影响。风生流可以是导致水体有效移动和混合的主要因素之一。风引起的漂移是决定表面油膜轨迹的重要因素。假设海面漂流为风速的3%~4%，这种简单经验方法已经被大多数现有的模型所使用，并且仍然是被广泛接受的方法。Samuels等（1982）提出了随风速变化的漂移角。

洋流在溢油输运中发挥着一个主要作用。海洋的沿岸流可以在数周内将石油输运数百英里。河流可以在数小时到数天内将溢油输运数十英里。洋流可以通过直接测量或数值模拟方法得到。溢油模型通常使用数值模型中的洋流。直接测量通常不适用于长时间追踪溢油移动。使用高频雷达系统是一个例外（例如，Wyatt，2005）。这些系统多年来已有显著的改善，可用于实时测定表面流（以及波浪和风）。直接测量也仅限于过去和现在的洋流，不能用来预测未来的洋流。由于测量洋

流的局限性，水动力学建模通常是获取流场信息的最佳方法。

对于海冰浓度低于80%的情况，溢油风险分析模型中的每个轨迹都是由海洋洋流场和3.5%瞬时风场的矢量相加构建，该方法是基于Huang和Monastero（1982），Smith等（1982）及Stolzenbach等（1977）的研究。对于海冰浓度为80%及以上情况，采用模拟的冰速来输移油体。海冰-洋流模型可以提供海冰和海洋条件的现报、预报和后报，可用于溢油轨迹模拟（例如，Ji et al.，2016）。卫星遥感还可以提供冰浓度图和冰漂移图。式（12.2.5）用于描述油体输移轨迹：

$$U_{\text{oil}}=\begin{cases}U_{\text{current}}+0.035U_{\text{wind}}, & \text{海冰浓度}<80\% \\ U_{\text{ice}}, & \text{海冰浓度}\geqslant 80\%\end{cases} \tag{12.2.5}$$

式中，U_{oil}为油输移矢量；U_{current}为洋流矢量；U_{wind}为在海平面以上10m处的风矢量；U_{ice}为海冰矢量。据估计，风漂移系数为0.035，漂移角范围通常为0°～25°。Samuels等（1982）提出将漂移角作为风速的函数来计算。

$$\theta=25^{\circ}\exp\left(-\frac{10^{-8}W^{3}}{vg}\right) \tag{12.2.6}$$

式中，θ为漂移角（°），在北半球顺时针旋转为正；W为风速，m/s；g为重力加速度（= 9.8 m/s^2）；v为水的运动黏度，10℃时值为1.307×10^{-6} m^2/s。该公式具有以下几个优点：①结果在量纲上形式一致；②都是风速的连续函数；③与浮标观测到的大致相符，表面风速小于10 m/s时发生15°～30°偏转。随着风速的增加，偏转角迅速减小。风速在5～10 m/s之间偏转角变化最明显。当风速超过15m/s时，水的运动将与风向平行（Samuels et al.，1982）。

溢油风险分析模型假设每天（或任何其他时间间隔）都产生溢油，并按照式（12.2.5）指定的油漂移矢量的速度移动。该模型通过对风场和流场的时间积分产生溢油轨迹，积分的时间步长足够短，以便充分利用流场和风场的空间分辨率。在每步时间积分中，溢油风险分析模型将假想溢油的位置与海岸线以及事先给定的离岸环境资源的地理位置进行比较。该模型计算在特定时间段内溢油与这些地区接触的次数。在泄漏开始的特定时间段内（通常是3 d、10 d和30 d），对溢油与陆地和环境资源的接触进行列表。与海岸线接触将停止溢油模拟，但与离岸资源接触不会停止溢油模拟。对于某个给定的溢油源，其接触某个环境资源的概率为接触该资源的次数除以从该溢油源产生的总溢油次数。最后，总溢油接触次数除以模拟中从假定溢出位置开始后产生的总溢油数，便得出特定溢油输移期间（比如3 d、10 d或30 d）的溢油接触概率。

溢油风险分析模型的轨迹模拟是由许多假想溢油轨迹组成，表示了平均表面输移以及输移在时间和空间上的变化。轨迹表示在给定的风、海冰和洋流条件下，表面粒子的拉格朗日运动。在各种风、海冰和洋流条件下，可模拟数以百万计的溢油轨迹以给出统计结果（如，Ji et al.，2016）。

有些因素可能影响溢油输移以及溢油接触环境资源的规模、体积和性质，而溢油风险分析模型没有明确考虑有些因素。其中包括可能的清理作业、溢油的物理风化（或生物风化）以及溢油扩散。溢油风险分析模型使用更环境保守的方法，假设在选定的轨迹持续时间内溢油始终存在。溢油风险分析模型没有考虑意外事件发生后的应对措施以及油气风化，使得该模型计算的概率更为保守。

12.2.3.2 解析解

将溢油风险分析模型及其数值解与解析解进行比较，以评估模型的准确性（Ji et al., 2003）。在粒子速度已知（如从海洋模型中获取）后，粒子轨迹可由下式计算：

$$\frac{\mathrm{d}x}{\mathrm{d}t}=u \tag{12.2.7}$$

$$\frac{\mathrm{d}y}{\mathrm{d}t}=v \tag{12.2.8}$$

式中，x和y为笛卡儿坐标；u和v为速度分量；t为时间。

数值方法，如欧拉方法（前差方法）和四阶Runge-Kutta方法（Rice，1983），用于求解式（12.2.7）和式（12.2.8），因此可计算由$x(t)$和$y(t)$表示的粒子轨迹。四阶Runge-Kutta方法通过综合几个欧拉步长的信息，然后利用该信息匹配四阶的泰勒级数，从而在一个时间段内获得数值解。

为估计溢油轨迹模拟中数值方法的准确性，利用解析解对数值方法进行可靠的测试和验证很有必要。检验数值方法准确性的一个有效方法是将数值结果与解析解进行比较。为此，推导出一组纳维-斯托克斯方程（N-S方程），并用其解析解验证数值方法的准确性（Ji et al., 2003）。

通过忽略黏性项和科氏力项，笛卡儿坐标下的N-S方程可以写为：

$$\frac{\partial u}{\partial t}+u\frac{\partial u}{\partial x}+v\frac{\partial u}{\partial y}=-\frac{1}{\rho}\frac{\partial p}{\partial x} \tag{12.2.9}$$

$$\frac{\partial v}{\partial t}+u\frac{\partial v}{\partial x}+v\frac{\partial v}{\partial y}=-\frac{1}{\rho}\frac{\partial p}{\partial y} \tag{12.2.10}$$

连续方程为

$$\frac{\partial u}{\partial x}+\frac{\partial v}{\partial y}=0 \tag{12.2.11}$$

式中，p为压力；ρ为水密度。

假定式（12.2.9）至式（12.2.11）的解的形式为

$$u=a_1x+b_1y+c_1\sin\omega t+u_0 \tag{12.2.12}$$

$$v=a_2x+b_2y+c_2\sin\omega t+v_0 \tag{12.2.13}$$

式中，$a_1, a_2, b_1, b_2, c_1, c_2, u_0$和$v_0$都是任意常数；$\omega$为周期运动频率。式（12.2.12）和式（12.2.13）中的正弦函数用于表示水中周期运动分量，例如由天气变化引起的几天的时间尺度变化。

将式（12.2.12）和式（12.2.13）代入到式（12.2.9）和式（12.2.10）中，可得到一组解析解：

$$u = \omega x - \omega y + c \sin \omega t \tag{12.2.14}$$

$$v = \omega x - \omega y + c \cos \omega t \tag{12.2.15}$$

$$P = \frac{p}{\rho} = -c\omega x \sin \omega t + c\omega y \cos \omega t + c_p \tag{12.2.16}$$

式中，c_p为常数。

基于式（12.2.7），式（12.2.8），式（12.2.14）和式（12.2.15），可以得到移动粒子的轨迹（Ji et al.，2003）

$$x = -\frac{c}{\omega} \sin \omega t + c_1 t + c_2 \tag{12.2.17}$$

$$y = \frac{c}{\omega} \cos \omega t + c_1 t + \left(c_2 - \frac{c_1}{\omega}\right) \tag{12.2.18}$$

式中，c_1和c_2为由初始粒子位置确定的积分常数；c为由流动特性决定的常数。

式（12.2.17）和式（12.2.18）代表了粒子轨迹，其速度可由N-S方程推导出来，速度值由式（12.2.14）和式（12.2.15）给出。取$\omega = 2\pi/T$（T为周期），$T = 5$，$c = 0.3$ m/s，由式（12.2.17）和式（12.2.18）给出粒子轨迹如图12.2.3所示，表明粒子从$x = 0$，$y = 0$和$t = 0$开始，受洋流作用向东北方向漂移，在30天内漂移了大约1000 km。该粒子漂移的精确解可用来与数值解进行比较。

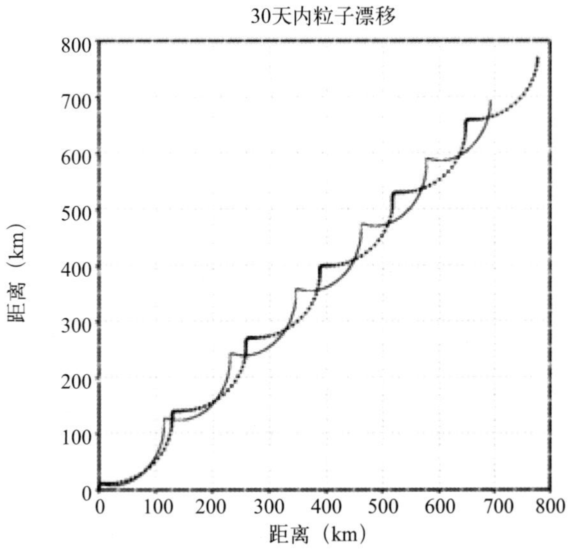

图12.2.3　由式（12.2.12）和式（12.2.13）给出的受洋流作用的粒子轨迹

虚线为解析解；实线为数值解

12.2.3.3　数值方法的检验

根据式（12.2.12）和式（12.2.13）的结果，使用欧拉法和四阶Runge-Kutta法这两种方法，数值求解式（12.2.7）和式（12.2.8）以获取粒子轨迹。采用四阶Runge-Kutta法获得的轨迹与解析解（虚线）非常相似，图12.2.3中未表示。图12.2.3中的实线为欧拉法求得的积分时长为4 h的粒子漂移轨迹。可以看出，欧拉法结果出现了明显的误差，其轨迹与解析解显著不同。此种情况下，欧拉法的粒子漂移要慢许多。

溢油风险分析模型也应用于墨西哥湾，已进行数值测试两种不同的因子：①积分时间步长的长度；②积分方法——欧拉法与四阶Runge-Kutta法（Ji et al.，2003）。图12.2.4显示，改变欧拉法中积分时间步长的长短对60 d的粒子漂移轨迹终点有明显的影响。在1986年夏天相同的风场和洋流作用下，积分时间步长分别为3 h、1 h、30 min、15 min、10 min、5 min和2 min的粒子从（28°N，85°W）的位置开始漂移的60 d（或者接触到陆地）后，粒子轨迹的终点大约位于100 km海岸线的不同位置（图12.2.4）。随着积分时间步长变短，轨迹位置之间的差异逐渐减小。

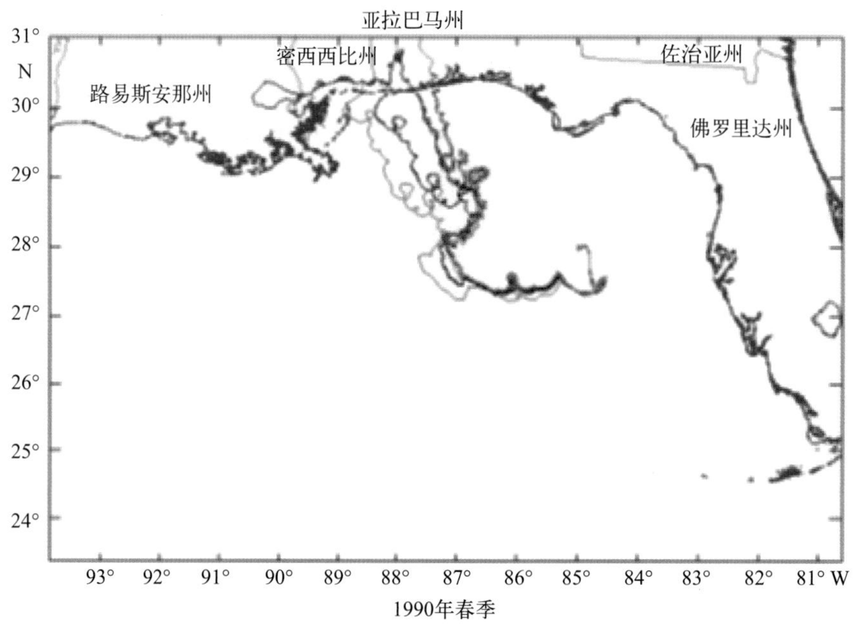

图12.2.4　积分时间步长测试结果

采用欧拉法，溢油从28°N，85°W位置开始输移60 d或者接触到陆地后。由西向东排列的轨迹，其相应的时间步长分别为3 h，1 h，30 min，15 min，10 min，5 min，2 min

图12.2.4中也绘出了积分时间步长为1 h的四阶Runge-Kutta法的模拟轨迹，可看出与欧拉法的积分步长为20 min（或更少）的模拟轨迹重合。前者消耗的计算时间不到后者的一半，存储空间约占后者的1/3。显然，使用四阶Runge-Kutta法更佳。积分时间步长是影响模拟溢油轨迹的重要因素。通常使用的四阶Runge-Kutta积分法在计算机运行时间方面比欧拉法要求略高一些，但可通过更长的时间步长达到收敛来抵消。结果表明，溢油风险分析模型中的四阶Runge-Kutta法是可靠的，可用于溢油轨迹计算。

在1997年夏季珊瑚产卵期间，在墨西哥湾的Flower Garden Banks海域部署了卫星追踪的浮标（Ji et al.，2003）。考虑表面洋流和风场的时空变化，举例说明溢油接触地点对不同“拉格朗日采样”区间的敏感程度。在Flower Garden Banks海域东部（27°54.9′N，93°36.13′W）部署了3个溢油模拟浮标，浮标于1997年8月28日01:55、02:33和03:25间隔1.5 h投放，并分别在约第49、第44和第42天在得克萨斯州的堰洲岛到岸（图12.2.5）。美国国家海洋与大气管理局使用气象卫星追踪Argo浮标。浮标轨迹“A”的长直线段是由于浮标上的Argo发送器的间歇性关闭。

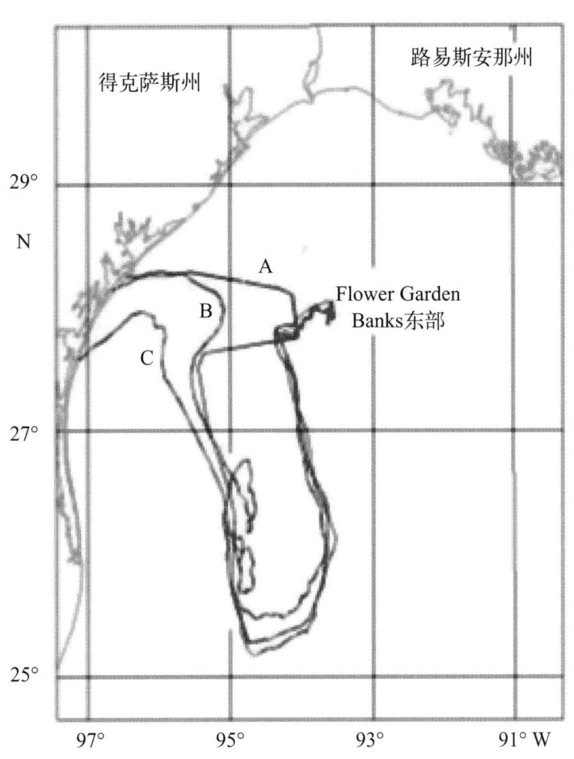

图12.2.5　3个溢油模拟浮标的轨迹

于1997年8月28日分别在01:55、02:33、03:25从Flower Garden Banks海域东部投放

尽管浮标的投放时间（彼此只差1.5 h）和投放地点几乎相同，但与海岸线接触的位置扩散范围为100 km左右。墨西哥湾西部的表面流和海面风的变化产生的综合效应导致了这种扩散。与海岸线接触的范围超过100 km，其中一些可能持续长达42～49 d，这对实际溢油具有重要的生态意义。

12.2.4　条件概率和组合概率

溢油风险分析模型的最终结果之一是一组溢油事故的接触概率。在每个时间步长中，该模型都将假想溢油的位置与网格化海岸线以及特定环境资源（一些为离岸海域）的位置进行比较。在溢出开始后的特定时间间隔（通常为3 d，10 d和30 d），将溢油与海岸线和特定资源接触的概率进行列表。与海岸线接触后溢油模拟将终止，但是与海上资源接触模拟不终止。对于给定溢油源和给定资源，预估的接触概率是接触资源的次数除以从溢油源产生的总溢油次数。

条件概率未考虑溢油量，该方法只是考虑溢油与环境资源（包括海岸线）接触的概率以及相关空间分布。具体来说，接触环境资源（或海岸线段）的溢油粒子的总数（C_0）除以溢油风险分析模型中投放的溢油粒子总数（T_0），得出接触环境资源（或陆地）的条件概率（P）：

$$P = \frac{C_0}{T_0} \tag{12.2.19}$$

因此，如果发生大型溢油事故，较高的P值表示溢油最终接触该环境资源的概率较大。

组合概率是指发生一次或多次大型泄漏并且与环境资源接触的可能性。采用条件概率、大型溢油率、估计的产油量和假设的运输方案来进行预估。发生在拟定竞标租赁计划区并与任何环境资源相接触的溢油组合概率，需要通过矩阵相乘来估计一个或多个大型溢油的平均值。计算组合概率的步骤如下（Smith et al.，1982）：

（1）为给出n_t个环境资源和n_l个溢油点（也称溢出位置）的溢油接触概率，可用矩阵形式来表示条件概率。令$[C]$为一个$n_l \times n_t$的矩阵，其中每个元素$c_{i,j}$是在泄漏点j发生溢油后与环境资源i接触的概率。注意，泄漏点可以代表石油生产区或运输路线溢油的起始点。

（2）溢油事件的发生概率可由另一个矩阵$[S]$表示。对于n_l个泄漏点和n_s个石油生产区，矩阵$[S]$为$n_l \times n_s$。每个元素$s_{j,k}$是由在生产区k处生产单位体积（10亿桶）的石油导致在溢油点j处发生溢油的平均次数。这些溢油可能在生产或输运过程中发生。$s_{j,k}$可以作为石油产量的函数来确定，其单位为溢油次数/10亿桶石油。$[S]$的每一列对应于一个生产区和一条输运路线。如果在同一生产区有多种运输路线，则可由增加矩阵$[S]$的列数来表示，进而增加n_s的值。

（3）单位风险矩阵$[U]$为

$$[U] = [C] \times [S] \tag{12.2.20}$$

矩阵$[U]$为$n_t \times n_s$。每个元素$u_{i,k}$对应于由于在生产区k产生单位体积（10亿桶）的油量，估计发生溢油并与环境资源i接触的平均次数。

（4）预期的产油量也必须考虑。通过矩阵$[U]$，根据每个生产区的产油量来估计溢油对每个环境资源的平均接触次数。令$[V]$为n_s维向量，其中每个元素v_k对应于预期在生产区k处的产油量。然后，如果$[L]$是n_t维向量，其中每个元素λ_i对应于与环境资源i的平均接触数，则公式为

$$[L] = [U] \times [V] \tag{12.2.21}$$

这样，就可计算出可能发生大型溢油并与环境资源（或陆地段）接触的平均估计值。换句话说，矩阵$[L]$给出了组合概率，其元素（λ_i）给出溢油与环境资源i的平均接触数。注意，作为一个统计参数，平均值可假定为一个分数值，即使溢油分数没有物理意义。

条件概率与组合概率之间有一个关键区别。条件概率只取决于研究区的风场、洋流和海冰。而组合概率不仅取决于风场、洋流和海冰，还取决于溢油发生的可能性、预计生产或运输的石油量以及石油运输方案。组合概率表示发生一次或多次大型溢油（溢油量不小于1000桶）并与特定资源区接触的总体（组合）概率。

12.2.5　墨西哥湾的石油泄漏模拟

本节介绍墨西哥湾中的洋流和溢油模拟，主要是基于Ji等（2011）的工作。

12.2.5.1　背景信息

墨西哥湾海岸线长约2624 km，面积为1.6×10^6 km^2（图12.2.6）。墨西哥湾的海上油田是美国能源和国民经济的组成部分。大多数外大陆架石油开采活动发生在墨西哥湾、太平洋和阿拉斯加海岸（图12.1.10）。北墨西哥湾的西部和中部地区是世界主要的油气产地之一，50多年来一直是稳定可靠的油气来源（Lugo-Fernandez et al.，2001）。

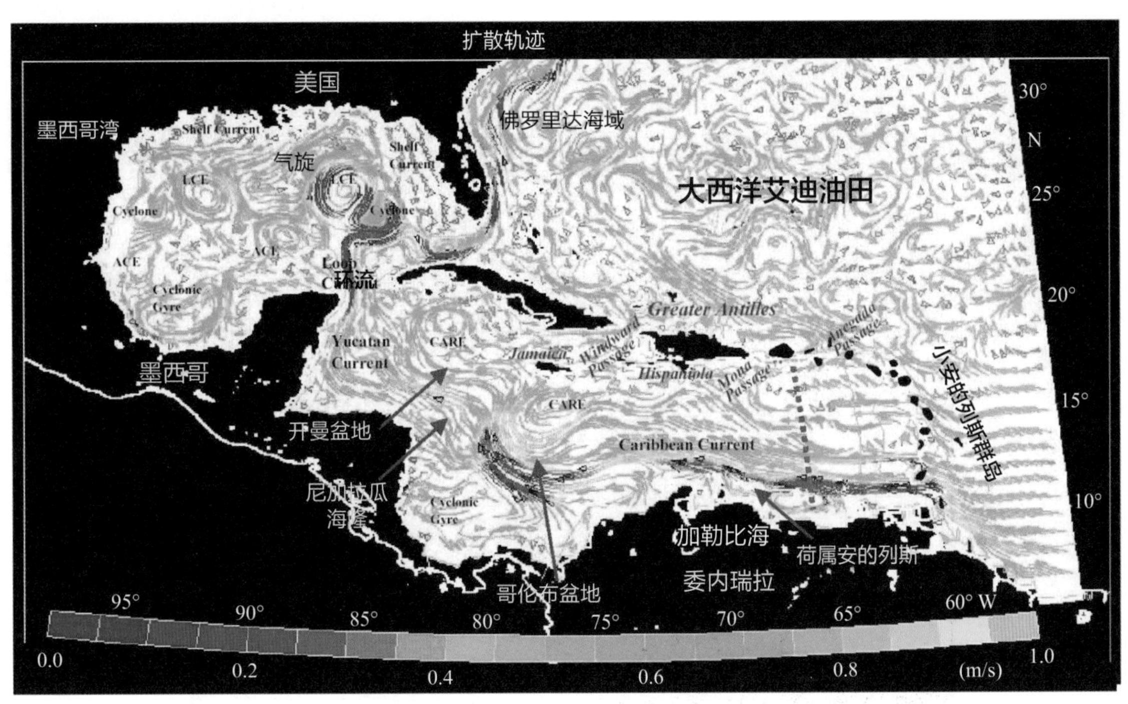

图12.2.6　墨西哥湾和大西洋地区主要特征及洋流

墨西哥湾沿海地区有大量的人类活动，并有许多沿海的栖息地，包括湿地、红树林、海滩和潮滩（National Ocean Service，2011；Nelson et al.，2015）。在1969年以前，外大陆架地区油气活动对环境造成的潜在损害，只在受影响的州才引起关注。然而，在1969年1月圣巴巴拉海峡一个联合石油平台发生的井喷事故，使全美国开始注重溢油对环境造成的影响。该溢油面积为660 $mile^2$，包括150 mile的海岸线（Cicin-Sain，1986）。2010年深水地平线钻井平台发生的井喷事故是海上石油勘探和生产史上前所未有的，之前从未在美国水域发生过如此大型的溢油事件（NCDHOSOD，2011）。

本研究的目的是：①应用溢油风险分析模型，模拟从1993年1月1日至1998年12月31日，在深水地平线钻井平台所在的位置发生泄漏后，在洋流及风力作用下的溢油轨迹特征；②从溢油风险分析模型结果中分析季节概率特征；③将这些统计结果与DWH溢油的轨迹进行比较。

12.2.5.2 墨西哥湾洋流模拟

海洋表面流模拟是由普林斯顿区域海洋预报系统（PROFS）为墨西哥湾开发的。该系统基于普林斯顿海洋模型（POM）（http://www.ccpo.odu.edu/POMWEB/），受气象风场、热通量和河水流入量控制运行。气象风场是由欧洲中期天气预报中心（ECMWF）分析的6 h的地面风。有关普林斯顿地域海洋预报系统的更多信息，请参见Oey和Lee（2002）以及Oey等（2003a，2003b）的工作。

为适应墨西哥湾的情况，普林斯顿区域海洋预报系统的模拟区域包括整个墨西哥湾、整个加勒比海以及与北美洲相邻的西大西洋，并延伸至西经55°（图12.2. 7 ）。普林斯顿区域海洋预报系统在墨西哥湾区域采用高分辨率的双向嵌套曲线网格。在该部分区域中，水平网格间距由10km变化到5 km（图12.2.7）。该模型具有底部跟随、垂向拉伸、具有25个水平层的σ网格坐标，并提高了在表面及底部附近的分辨率。初始背景密度场基于气候月平均温度和盐度场，并采用美国海军通用数字环境模型（Teague et al.，1990），网格尺度为0.5°×0.5°。

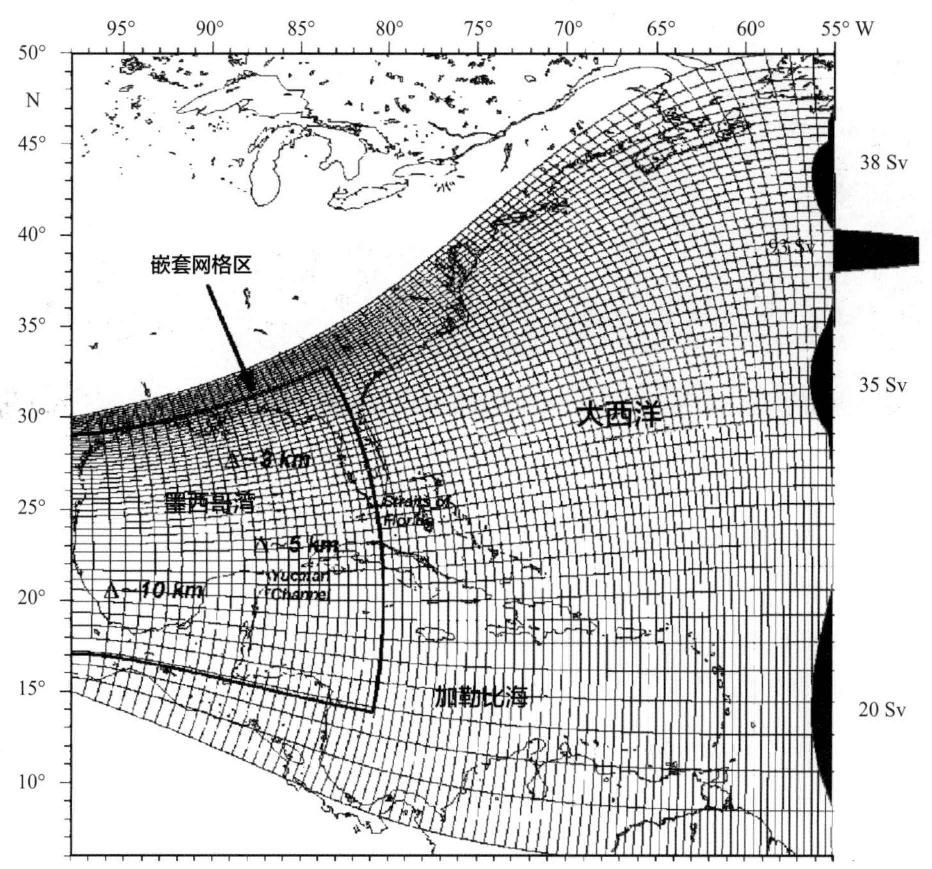

图12.2.7 模型正交曲线网格

包括墨西哥湾和加勒比海湾以及大西洋部分地区。每7个网格点显示一个网格线。显示了墨西哥湾地区网格大小的近似分布。垂向有25个σ水平层，海域最深处（约3500 m）附近的垂直网格尺寸小于5m。非时变进出输运量边界为纬度（y）的函数，指定在55°W处

为模拟墨西哥湾环流的变化，有必要允许墨西哥湾和加勒比海之间的自由动力相互作用。在55°W给出定常的总输运量。这些输运量确定了开边界条件下二维深度平均的流场，也考虑了通过55°W的大尺度输运作用。开边界条件是这些输运量与辐射和对流条件的组合。

普林斯顿区域海洋预报系统的一个重要特征是其数据同化（Mellor，Ezer，1990；Oey et al.，2003b；Wang et al.，2003a）。为更精确地表示模型场中产生的中尺度海洋漩涡的位置，该模型利用由ERS-2和TOPEX卫星测高数据得到的海面高度的数据同化（Ducet et al.，2000）。数据同化过程利用表面-海面以下相关函数，将信息（海面高度距平和温度）投影到海面以下密度场，如Mellor和Ezer（1990）所述。

Oey等（2003a，2003b）研究表明，后报产生的平均环流和方差与观察结果一致。在墨西哥湾应用中，该模型显示了近表层的反气旋环流和深层的气旋环流，但空间变化较大。方差椭圆显示在海面和深层，洋流强度与历史数据基本一致。普林斯顿区域海洋预报系统中的数据同化，可得到相对于佛罗里达海峡和佛罗里达外大陆架的环流和环流漩涡的准确位置。

12.2.5.3 模拟墨西哥湾潜在的溢油

本研究中的溢油风险分析模型采用由普林斯顿区域海洋预报系统生成的表面洋流，该系统采用的欧洲中期天气预报中心的风场也在本研究中使用。在1993—1999年的6年间，流场和风场每3小时映射到普林斯顿区域海洋预报系统网格中。本研究利用了此期间的洋流和风场。溢油风险分析模型进行表面流和经验（3.5%规则）风漂流（Samuels et al.，1982）速度叠加的时间积分，以生成模拟的溢油轨迹。积分时间步长为1h，采用四阶Runge-Kutta积分法以确保数值积分的收敛性。

溢油风险分析模型用于估计在密西西比峡谷252号租赁区（28°44.20′N，88°23.23′W）发生溢油的可能结果，该处正是DWH事故发生地。在6年模拟期间，每天从溢油点开始一次假想的溢油。所选溢油轨迹数目足够小，以便在计算上可行；同时溢油轨迹数目足够大，以便将随机抽样误差降低至微不足道的程度。此外，每天都进行溢油模拟，使得风场天气尺度的变化也至少能被取样到。每个溢油轨迹的持续时间允许长达30 d。如果溢油与海岸线接触，则溢油轨迹终止，并记下接触情况。模拟时间为1993年1月1日至1998年12月31日，而不是实际发生的日期（2010年4月20日至7月15日）。这是为了利用历史风场和洋流数据来验证溢油风险分析模型的结果。在本研究进行时，没有得到2010年的风场和洋流数据。

作为6年（1993—1998年）分析期间的平均，将长达30 d的溢油轨迹的90 d溢油结果列出概率表，并分组作为季节性概率，分为冬季（1—3月）、春季（4—6月）、夏季（7—9月）和秋季（10—12月）。通过将每日轨迹视为90 d溢油过程中每天的溢油，这三个月的概率可用于估计在该季节期间墨西哥湾中溢油与模型网格单元接触的可能性。建立单元大小为1/6° 经度乘以1/6° 纬度的网格来估计假想石油泄漏接触海洋表面的区域。在进行轨迹计算时，与网格单元的接触通过列表显示。这些三个月的分组显示了一年中不同季节的海洋环流和风场的差异。

四个季节中溢油位置的网格单元概率的情况如图12.2.8（a）（冬季），图12.2.8（b）（春季），图12.2.8（c）（夏季）和图12.2.8（d）（秋季）所示。图12.2.9与图12.2.8类似，但代表年平均值。比例栏显示接触概率以百分比表示。将图12.2.8中洋流和风力作用进行比较（如图12.2.11和图12.2.12所示），发现输移轨迹最初几天主要是由风力驱动的。海流作用在较长的时间才显现，并且风力导致轨迹路径的多变。图12.2.8（b）表示8%以上接触概率的接触区域约为纬度为2°、经度为2.25°的区域，接触区域的中心稍偏于溢油点的东侧。1%或更高接触概率的接触区域约为纬度4°、经度5.5°的区域，中心稍偏于溢油点的东侧。

为便于比较，图12.2.8（d）显示了秋季溢油的网格单元概率情况。值得注意的是秋季1%或更高接触概率受影响区域比春季大，并受不同的秋季风场和海流作用而向西偏移。概率结果还表明，最初几天的溢油轨迹主要是由风场推动的。海流作用在较长的时间后才显现，并且风场影响轨迹路径的变化。图中显示8%或更高接触概率的影响区域为纬度2.25°、经度2.25°的区域，区域中心明显偏向溢油点以西。1%或更高接触概率的影响区域为纬度6°、经度9°的区域，中心位置在溢油点以西。

墨西哥湾的风场和海流表现出强烈的季节变化。因此，溢油轨迹也呈现很强的季节性变化。图12.2.9是最长可达30 d的溢油轨迹的网格单元年平均概率分布。与春季相比，年平均有较大的接触概率的影响区域，接触区域中心略偏溢油点以西。

英国石油公司DWH溢油事件始于2010年4月20日，并持续到2010年7月15日。包括部分春季和夏季。图12.2.10显示了2010年5月17日至7月25日DWH泄漏事故的浮油实际勘测情况（NCDHOSOD，2011）。相比之下，由溢油风险分析模型模拟的春季假想轨迹［图12.2.8（b）］在形状和位置上与图12.2.10所示的实际浮油相似。

Chang等（2011）基于多年合成分析，模拟了2010年DWH溢油情况。他们发现浮油扩散主要局限于北部墨西哥湾的大陆架地区，原因在于：与气候平均相比，2010年的风更多为南风，而且在墨西哥湾环流的北部还存在一个气旋涡旋，而该气旋涡旋又位于溢油点南部。基于DWH溢油期间收集的实际数据，Hamilton等（2011）指出，该区域的海洋环流主要由墨西哥湾环流与富兰克林涡旋之间的相互作用所主导。

为了研究季节性变化对条件概率的影响，将普林斯顿区域海洋预报系统生成的海流和欧洲中期天气预报中心得到风场数据取季节和年平均，并绘制到0.1°×0.1°网格中（图12.2.11和图12.2.12）。根据Sturges和Leben（2000）的工作，环流涡旋分离，是指涡旋永久性地与环流分离，以6～11个月不定常间隔发生。本研究中使用的季节平均值实际上削弱了环流和环流涡旋的动态特征。当它从冬季和春季的28°N转变为夏季和秋季的25°N时，环流的锋面发生轻微的变化，而反气旋和气旋涡旋有时均可在环流的北部形成，例如2010年的春、夏季（Liu et al.，2011）。然而，在墨西哥湾北部的大陆架上（深度不到200 m），环流的季节性变化仍然相对较强（Smith，Jacobs，2005）。

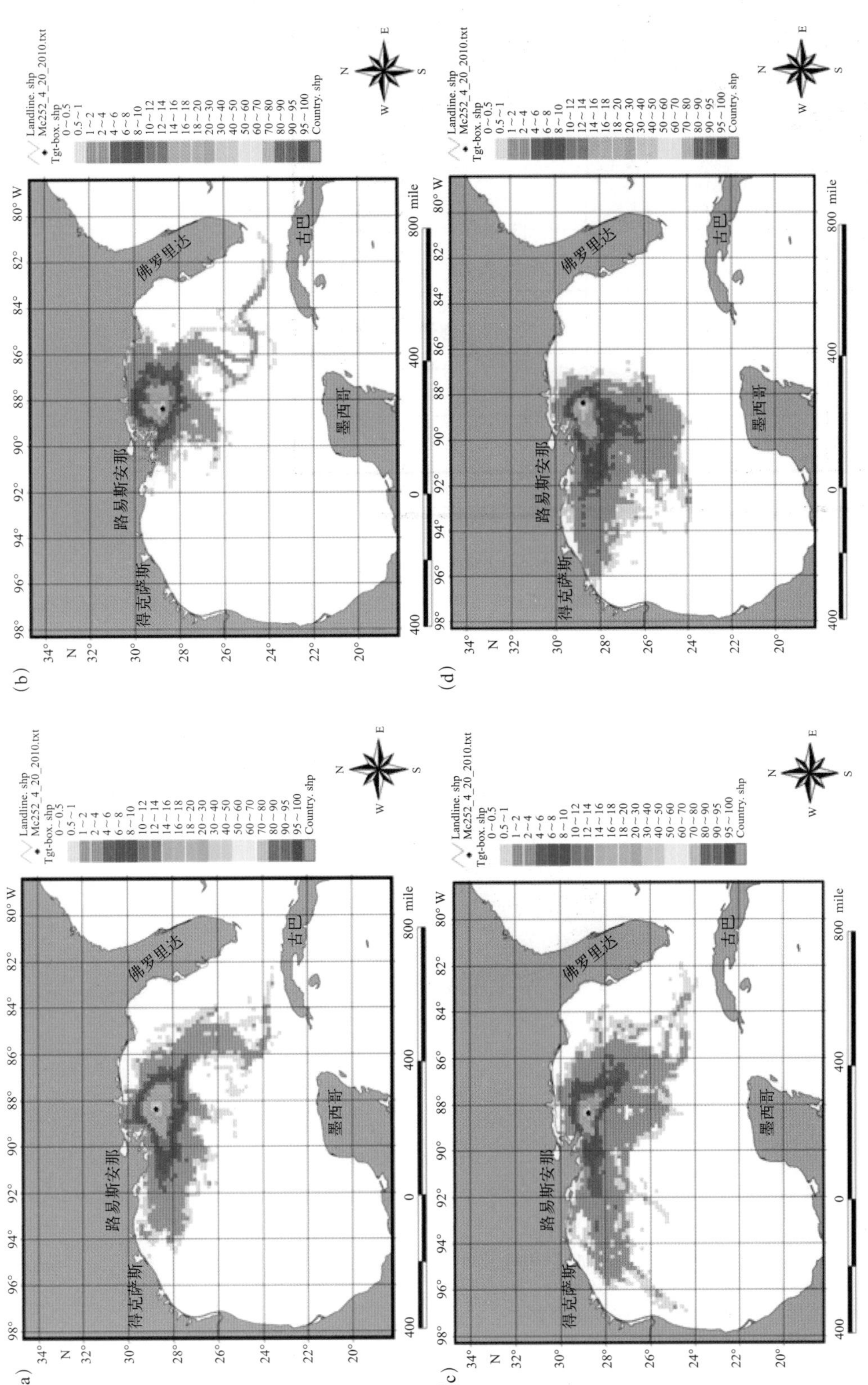

图12.2.8　墨西哥湾溢油的假想轨迹的条件概率

“+”代表溢油点。显示了在30 d或更短的时间的概率。模拟期间为1993—1998年。在90天内每天开始一个溢油轨迹。（a）冬季（1—3月）；（b）春季（4—6月）；（c）夏季（7—9月）；（d）秋季（10—12月）

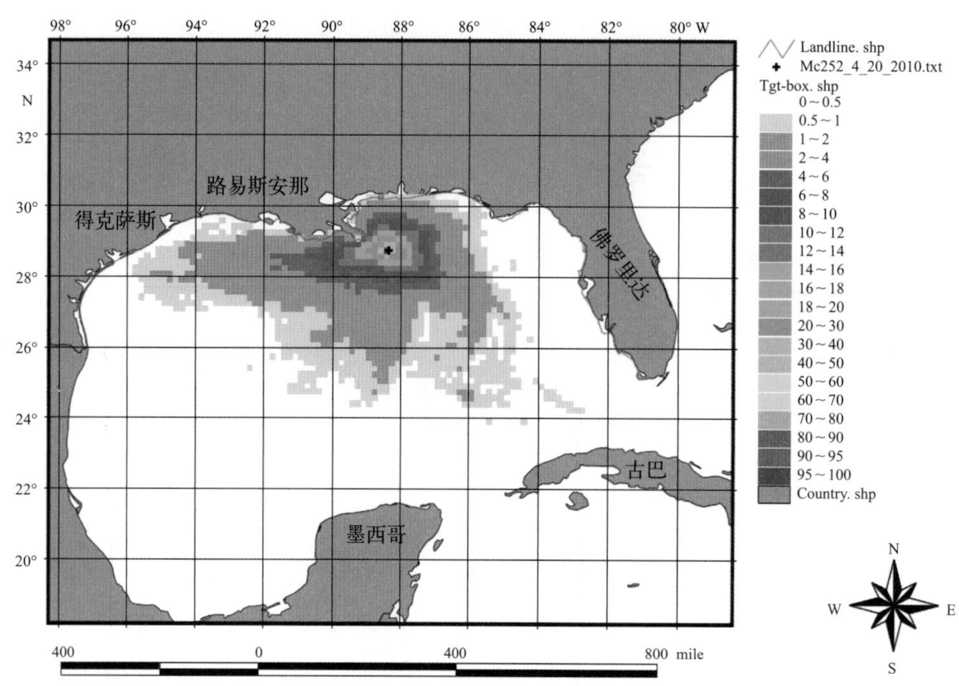

图12.2.9　墨西哥湾泄漏的假设轨迹的条件概率

“+”代表溢油点。显示了在30 d或更短的时间的概率。在1993—1998年的1—12月里的连续360 天中每天开始一个溢油轨迹

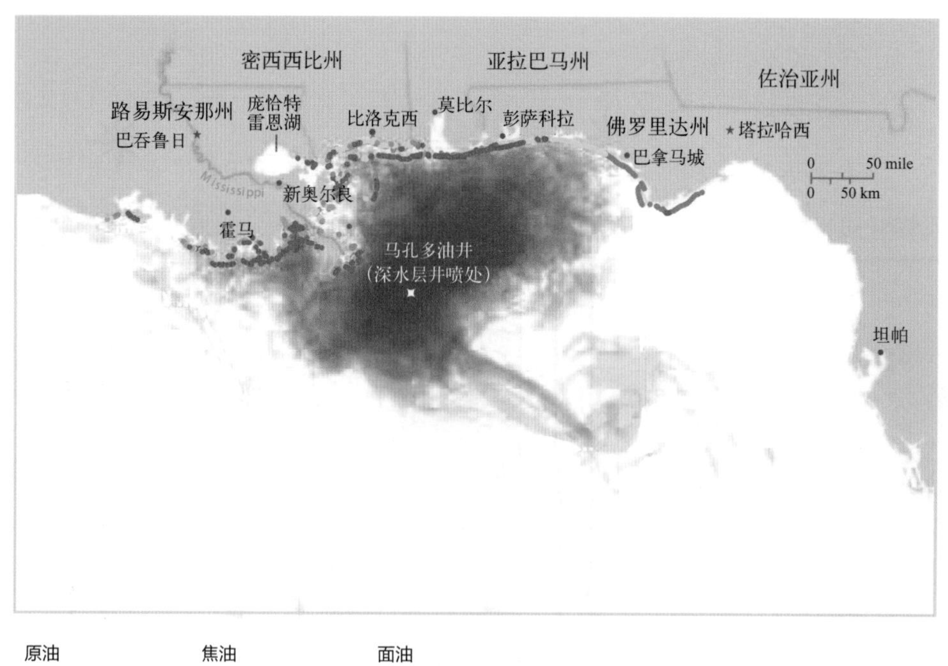

图12.2.10　DWH泄漏事故溢油实际勘测图

基于2010年5月17日至7月25日的浮油勘测资料的最大溢油范围，圆圈显示溢油接触海岸线的情况

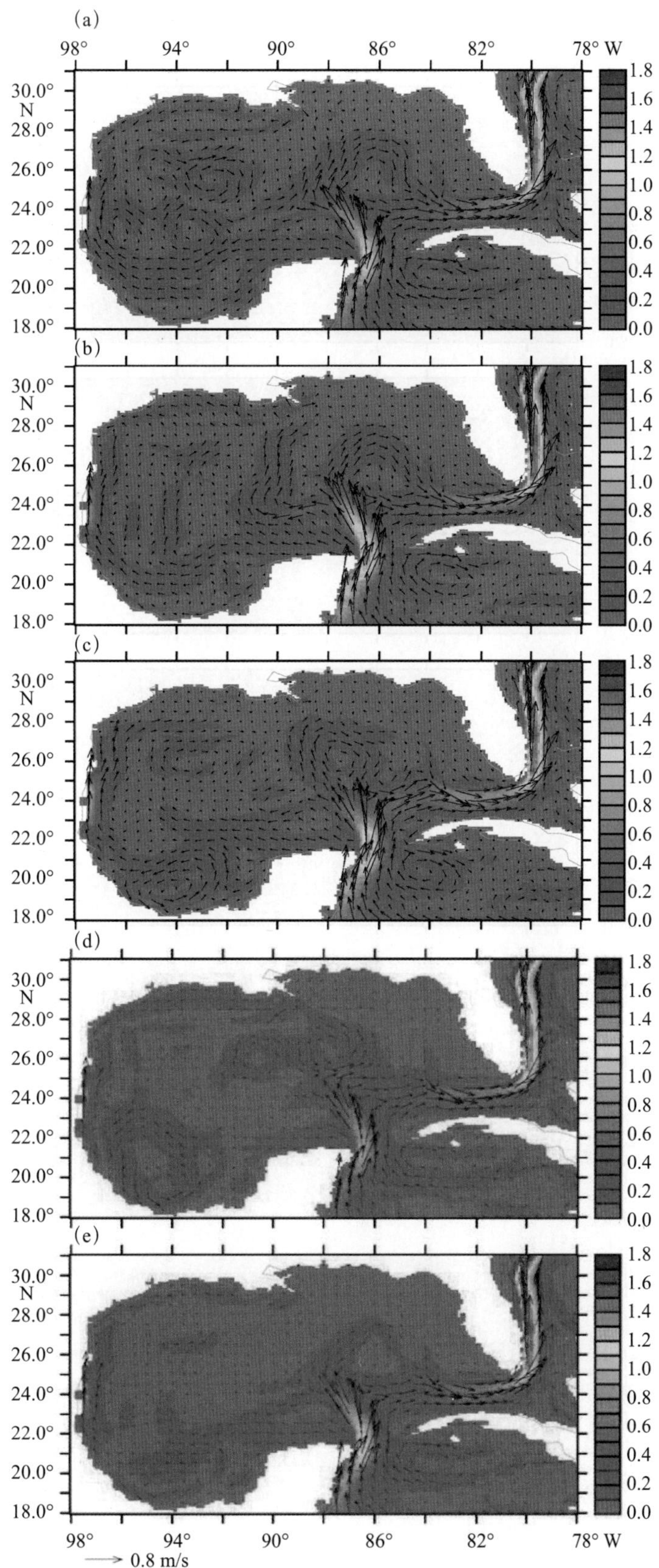

图12.2.11　1993—1998年表面流（矢量）和速度（阴影）的季节平均值及年均值（m/s）

(a) 冬季（1—3月）；(b) 春季（4—6月）；(c) 夏季(7—9月）；(d) 秋季（10—12月）；(e) 年均（1—12月）

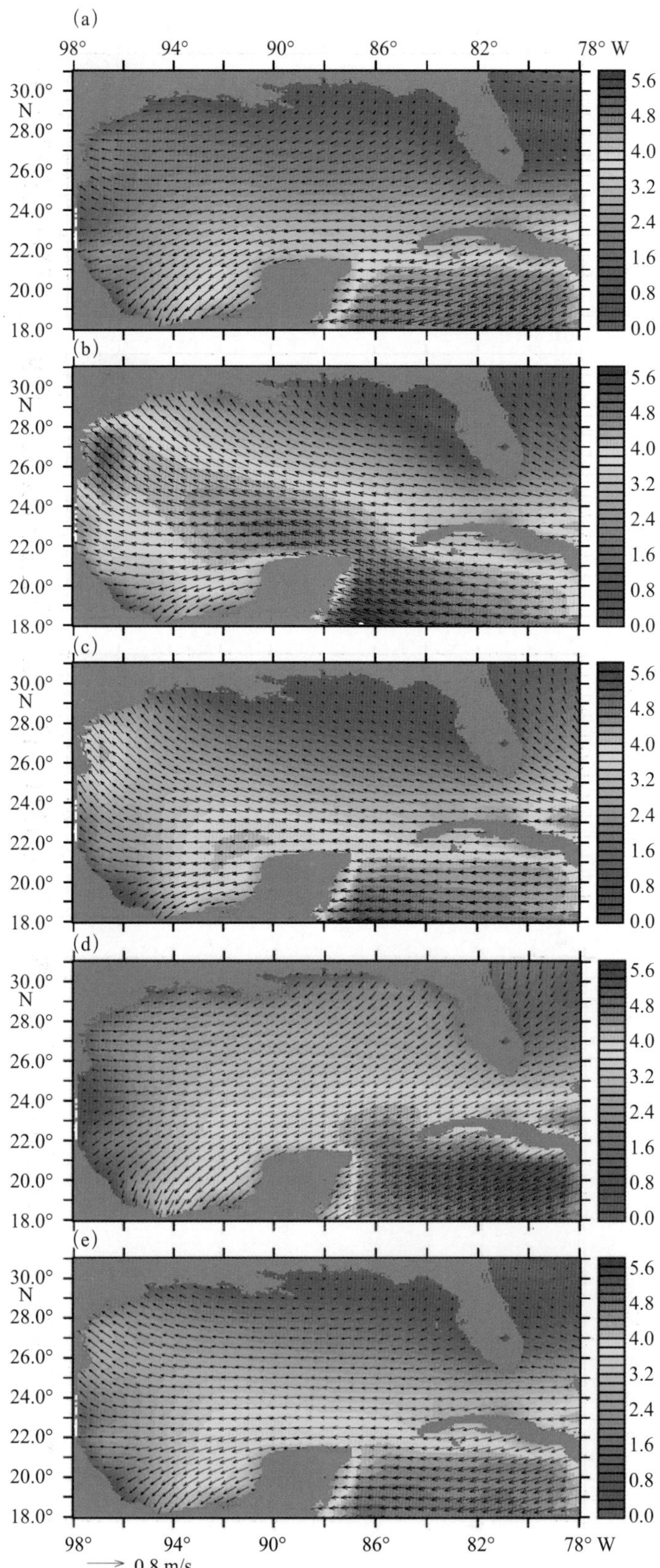

图12.2.12　1993—1998年的地面风场矢量和速度（阴影）的季平均值和年均值（m/s）

(a) 冬季（1—3月）；(b) 春季（4—6月）；(c) 夏季（7—9月）；(d) 秋季（10—12月）；(e) 年均（1—12月）

在溢油点附近，风向变化从冬季的东北风到春季和夏季的东南风，再到秋季的东北风。对于年平均的情况，在溢油点附近东风占据主导位置。尽管DWH事故溢油点附近春季［图12.2.12（b）］的东南风强于秋季［图12.2.12（c）］，但溢油接触区域大多发生在90°W的东部地区。这并不意外，因为在90°W的区域存在强烈的北向和东北向洋流，作为“屏障”阻碍了溢油向西移动的可能性。

夏季接触概率相对较大的区域为溢油点的东南区域，这可能是由于DWH钻井平台的东南部（26°N，88°W）区域存在反气旋涡旋的原因。2010年夏季，在平均地转速度场中发现了这种反气旋涡旋，并为卫星追踪的表面浮标的记录所证实（Liu et al.，2011）。如图12.2.8（d）所示，秋季强劲的东北风和环流北部的气旋，将可能发生的溢油维持在88°W以西的区域。与其他季节相比，接触概率向相对于溢油点的西南方向扩展，这很可能是由于秋季强劲东北风的原因。虽然年平均情况下溢油点附近的流场基本保持不变，但溢油点处的接触概率情况是不对称的，因为占据主导位置的东风往往会将溢油轨迹向西推移。

12.2.5.4 总结

溢油风险分析模型（Smith et al.，1982；Ji et al.，2002b）用于计算近海油气生产过程中可能发生的溢油接触概率。溢油风险分析模型为估计溢油轨迹提供了一个有用工具，用于分析可能的溢油事故对环境的影响。

使用普林斯顿区域海洋预报系统模型产生的洋流和来自欧洲中期天气预报中心得到的风场，运用溢油风险分析模型模拟了墨西哥湾中的溢油轨迹。模拟时间为1993年1月1日至1998年12月31日共6年。模拟结果显示了模拟期间季节变化的影响。将春季的模型结果与DWH溢油实际观测的浮油数据（2010年5月17日至7月25日）进行了比较，表明溢油风险分析模型得到的溢油风险的位置和形状与溢油监测结果相似。只是溢油风险分析模型给出的影响区域稍微大一些。

由于溢油风险分析模型没有考虑任何有效的应对措施，如撇油、燃烧或使用分散剂或吸油栅，溢油风险分析模型中受影响的区域就应该比实际溢油区域更大。在DWH溢油事件中，启动了限制溢油区域面积的大规模应急措施。将基于历史数据的溢油风险分析模型结果与溢油区域面积的最大范围进行了比较分析。结果表明，当溢油区域未采用应对措施时，溢油风险分析模型可较好地模拟溢油影响区域。

12.2.6 河口溢油风险分析

本节将介绍如何利用溢油风险分析模型来分析石油泄漏风险和进行环境管理（Ji et al.，2016）。

12.2.6.1 介绍

美国联邦政府计划在北部库克湾规划区出租部分外大陆架区域（外大陆架地区244号租赁竞拍）用于油气开发和勘探（图12.2.13）。因为租赁竞拍区可能会发生与海上油气勘探、生产以及运输过程有关的溢油事件，美国内政部海洋能源管理局进行了正式的溢油风险分析，以支撑在该地区进行拟定租赁竞拍之前完成的环境影响报告书。其目的是预测溢油事件发生的概率、接触概率以及溢油事件发生并与近海和陆上环境资源接触的组合概率。

在进行溢油风险分析研究时，须考虑多个影响因素。其中包括研究的区域、拟定租赁方案及其替代方案、拟定租赁区域的石油资源估计量以及溢油风险分析模型的各个组成部分。本溢油风险分析研究的重点是总泄漏量不小于1000桶的大型溢油事故，这意味着1 000桶是大型溢油的最小阈值。小型溢油（小于1000桶）通常在水中持续时间不长，不足以模拟其轨迹路径，但大型溢油可以模拟。在环境影响报告书中分析了小型溢油，但不是采用轨迹分析方法（BOEM，2016a，b）。

12.2.6.2 研究区域

如图12.2.13所示，研究区域为55°15′—61°15′N，147°—160°15′W，用于评估外大陆架油气开发作业在244号租赁区附近产生的溢油风险。其研究区域由16个开边界段、库克湾、科迪亚克岛、阿拉斯加半岛和阿拉斯加湾的海岸线组成（Ji et al.，2016）。

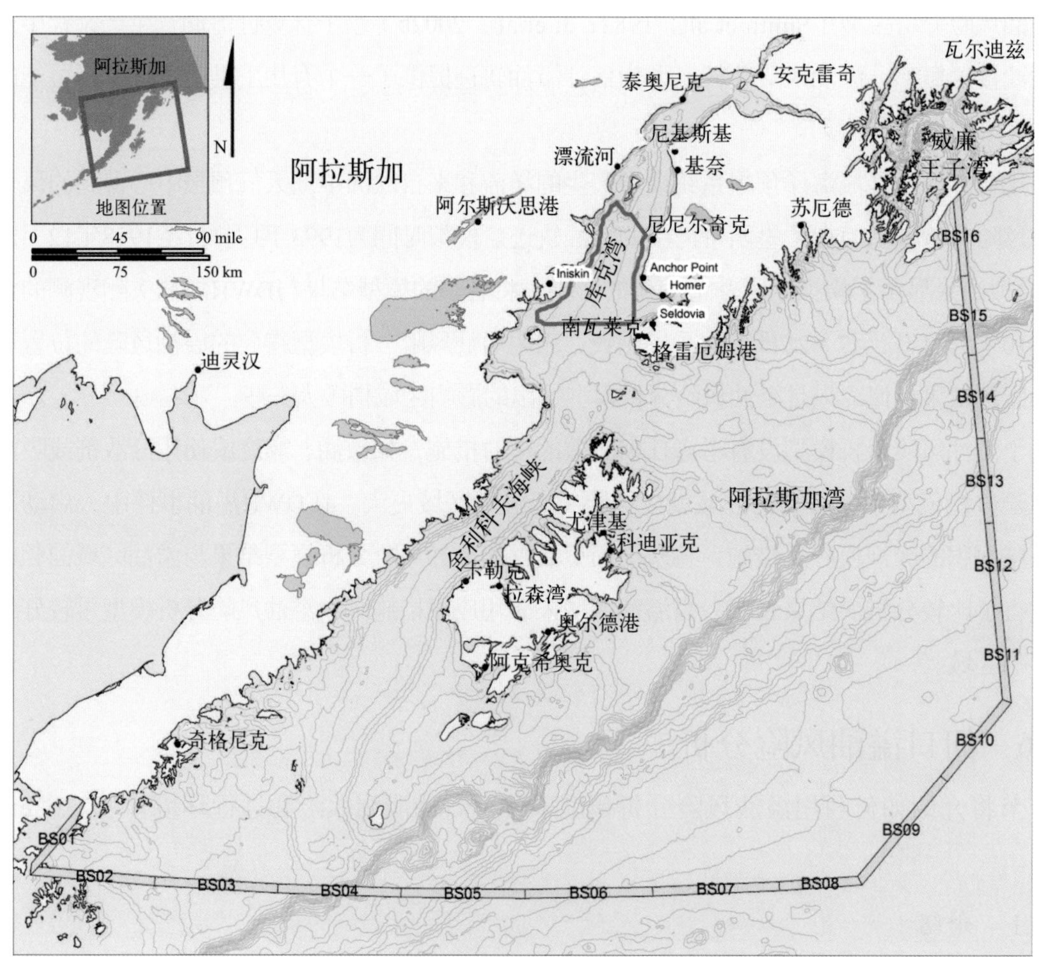

图12.2.13 溢油轨迹分析中使用的模拟区域

在溢油风险分析中，利益和风险相互依存，且都是产油量的函数。例如，较大的产油量带来较大的经济利益，但同时也带来较大的风险。如果利用假定的石油开发量来评估利益，则应该有条件地提到相应的风险，如“在给定产油量的情况下，对应的风险是多少”。有关某石油开发量可能性的描述也可用于描述相应利益和风险的概率大小。

美国海洋能源管理局估计，244号租赁竞拍区用于油气开发后，在库克湾拟定租赁竞拍区的两个油田中，可发现的经济资源约为2.15亿桶油和5710 × 10^8 ft^3天然气。BOEM（2016a，第2.4章）提供了关于库克湾244号租赁竞拍区的油气资源和前景的详细信息。

拟定租赁竞拍区进行整个勘探、开发、生产和关闭过程的预计寿命为40 a。勘探和开发方案假设在租赁区产生的油气通过管道输运至岸边（BOEM，2016b）。没有计划使用油轮。

环境资源包括环境资源区、陆地段、组合陆地段和边界段。环境资源区代表近海的社会、经济或生物资源地区。海洋能源管理局的阿拉斯加外大陆架区域分析人员，通过与其他联邦和州机构、学术界和各种利益相关方合作，以获取相关的科学信息，来界定这些资源并获得有关该资源的当地的和传统的知识。海洋能源管理局分析人员还利用其环境研究项目的结果、文献综述以及与其他科学家的专业交流来确定这些资源（Ji et al.，2016）。

分析人员利用生物、物理和社会经济资源的地理信息，来绘制可能易受溢油事件接触的资源位置。共确定了155个环境资源区。这些资源区域代表着野生动物聚集区、栖息地、生存狩猎区或水下栖息地。例如，图12.2.14给出了溢油风险分析中使用的一部分环境资源区。对于生物资源来说，环境资源区由物种密度、重要栖息地和生活史特征决定。虽然一个环境资源区中可能会有多个物种，但往往将环境资源区赋予足够信息的物种，以确定该区域的重要性。所有与资源相关的溢油风险分析模型结果的详细讨论，可参见BOEM（2016b）和Ji等（2016）的文献。

所有海岸和沿海资源的位置由一个或多个分段的海岸线（也称陆地段）表示。研究区的海岸线被划分为每段长12 ~ 15 mile（20 ~ 25 km）的共112个陆地段。分段是将海岸上的两点之间直线连接而成的。因此，根据沿海地区的复杂性，每个陆地段代表的实际海岸线长度可能大于15 mile。例如，图12.2.15中显示了112个陆地段中的一部分。陆地段进一步划分为51个较大的地理区域，称为组合陆地段，将作为独立的环境资源来评估。

12.2.6.3 溢油风险分析的洋流、海冰及风场

溢油风险分析模型利用阿拉斯加湾和库克湾的风场、浮冰和洋流的模拟数据场来计算溢油轨迹。海洋能源管理局使用耦合浮冰–海洋环流模型结果来模拟溢油轨迹（Danielson et al.，2016），并利用三维耦合的浮冰–海洋水力学模型（Danielson et al.，2016）模拟了由风和密度引起的海洋流场和浮冰运动。主要研究工具为基于区域海洋模拟系统（ROMS）的最先进的耦合海洋–海冰模型。区域海洋模拟系统是一个具有随底坐标和有限体积（Arakama C网格）的模型，其特性为：高阶弱耗散算法用于示踪物平流计算；表面和底部边界层进行统一处理（Large et al.，1994）；基于运用块体公式的海洋模型预测变量来计算大气和海洋通量（Fairall et al.，2003；Large，Yeager，

2009）。垂直离散化是基于随地坐标系，具有提高海面和海底边界层附近分辨率的能力。区域海洋模拟系统包括适用于上库克湾大潮差的干湿交替算法（Oey et al.，2007）。区域海洋模拟系统与海冰模型（Budgell，2005）耦合。该模型由弹性-黏性-塑性流变学（Hunke，Dukowicz，1997）及Mellor和Kantha（1989）热力学组成。海冰模块是全显示的，并在区域海洋模拟系统的交错网格上体现。与区域海洋模拟系统一样，该模块通过使用信息传递接口做到完全并行。该模型还包括海洋中的水内冰生长（Steele et al.，1989），海冰模块目前仅有一个冰类，并在库克湾等边缘冰区获得准确的结果。海洋能源管理局使用了Danielson等（2016）提供的1999—2009年风场数据，以3h间隔插入耦合海洋模型网格中。

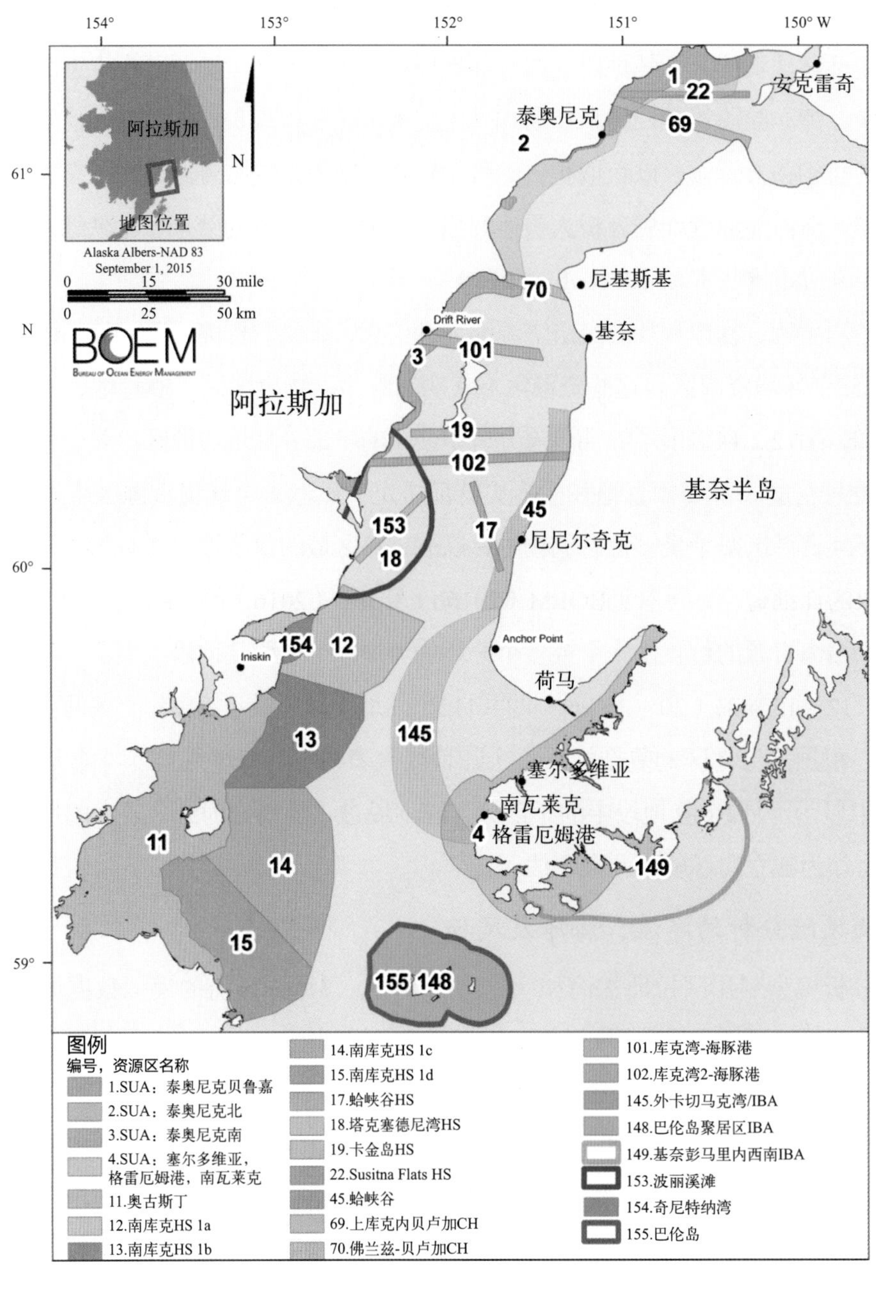

图12.2.14　溢油轨迹分析中使用的环境资源区域示例

图12.2.15 溢油轨迹分析中使用的陆地段的示例

12.2.6.4 溢油风险分析模拟区域和轨迹模拟

溢油风险分析模型域包括整个库克湾、舍利科夫海峡周边以及部分阿拉斯加湾（图12.2.13），模拟范围为纬度55°15′—61°15′N，经度147°—16°15′W。溢油风险分析模型分辨率为245 m×256 m，共有800万个网格单元。该模型区域由16个海洋开边界段以及库克湾、科迪亚克岛、阿拉斯加半岛和阿拉斯加湾的海岸线组成。这些边界在夏季（4—9月）和冬季（10—3月）都会受到溢油影响。

溢油风险分析模型有足够大的模拟区域，使得在长达110 d的输移中，大多数的假设溢油轨迹不与模型的开边界接触。虽然在溢油后的110 d内（模拟的最长溢油时间），很少有假想的轨迹超出模拟域边界，但海洋能源管理局也追踪到并列出与海洋开边界接触的少量轨迹。

在拟定租赁区内的每个租赁块设置一个假设溢油点，再加上两个通往海岸的管道溢油点。假设溢油点在东西方向和南北方向的间隔为4.8km。以这样的分辨率，拟定的244号租赁竞拍区（图12.2.16）共有219个溢油点，分成6个溢油区（1～6）和4个溢油管线（1～4）。

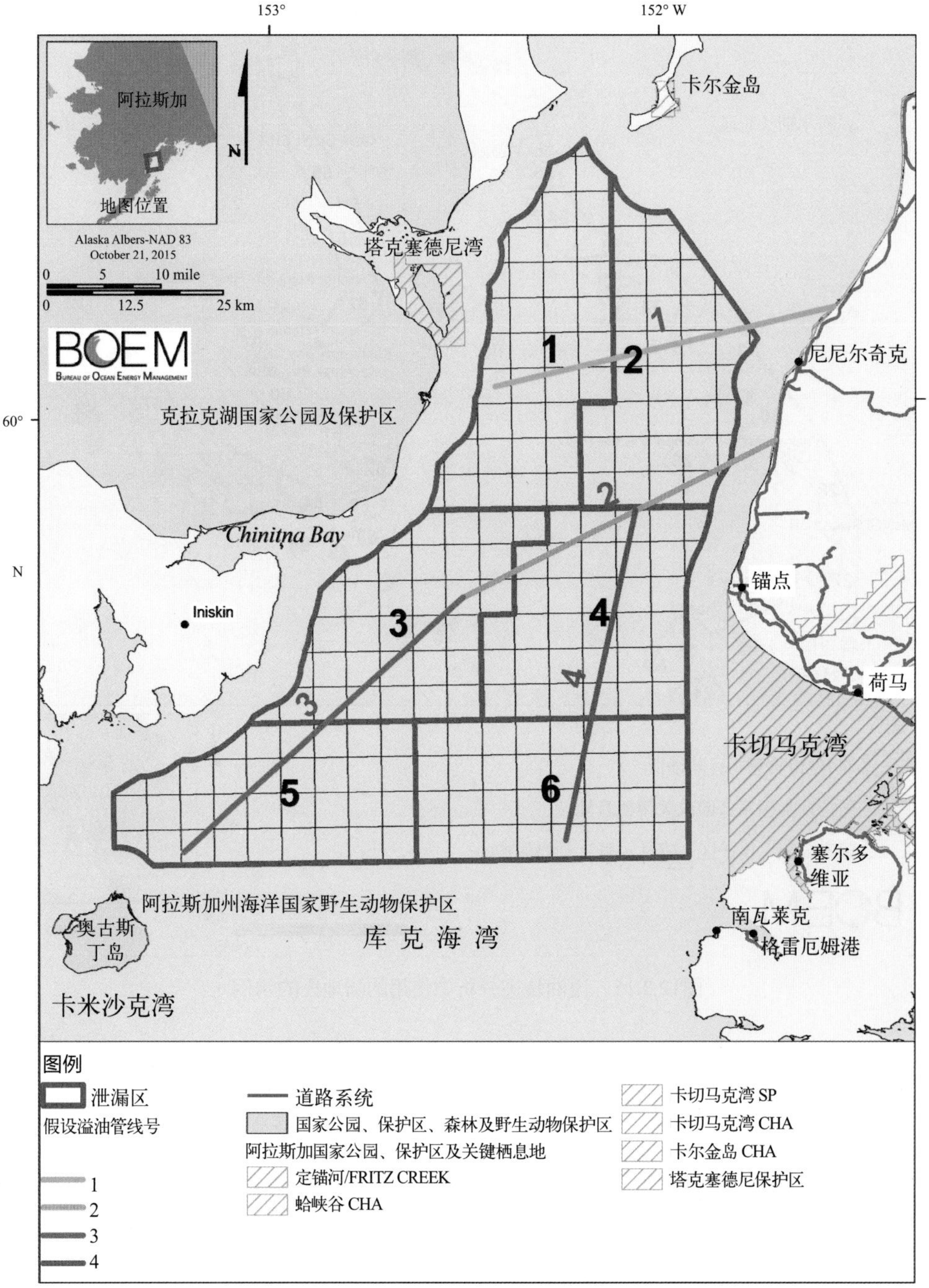

图12.2.16　溢油轨迹分析中拟定的244号租赁竞拍区、假设溢油区和输油管

这些管道并不代表4个拟定的管道或任何实际或规划的管道位置，而只是分布在整个租赁区，以评估源于不同位置的溢油轨迹的差异。如果在租赁区发现任何具有商业价值的碳氢化合物，需对开发方案进行详细的规划、设计、审查和评估。

溢油风险分析模型从1999年第一天开始在假设“泄漏点”释放了一个假设的溢油轨迹，并连续释放了10年（1999—2009年）。1个溢油点释放3650个溢油轨迹，219个溢油点共产生799 350个溢油轨迹。对于每一个轨迹模拟，第一个轨迹的开始时间是风场数据（1999年）的第一年的冬半季或夏半季的第一天，格林尼治标准时间（GMT）06:00。随后的每个轨迹都开始于每天06:00。对3个季节进行轨迹模拟：每年（1月1日至12月31日）、冬季（11月1日至3月31日）和夏季（4月31日至10月31日）。这样划分季节是基于气象、气候、生物周期以及与海洋能源管理局阿拉斯加外大陆架地区分析人员商定。

驱动溢油轨迹的每小时的风场、海冰（或者洋流），是由耦合海洋模型10年（1999—2009年）模拟的数据所得（Danielson et al.，2016）。溢油风险分析模型通过对溢油流速（即海面洋流和经验风漂移的线性叠加）进行时间积分，从而产生溢油轨迹。时间步长取为3 min，以充分利用洋流场的空间分辨率和获得稳定的溢油轨迹。速度场是在每1小时间隔进行双线性插值，以3 min的间隔获取溢油速度。通过对时间步长小于3 min的分析，发现进行轨迹模拟110 d后并没有产生明显的差异，故时间步长选为3 min。本研究选择的轨迹数目足够小，使得在计算上可行；同时轨迹数目又足够大，可将随机抽样误差降至最低程度。

12.2.6.5　结论

根据表12.2.1中的溢油率以及阿拉斯加库克湾租赁区的产油量，表12.2.2和表12.2.3已经提供了预估的大型溢油的次数和发生概率。

在某时间和地点大型溢油事故与环境资源接触的可能性称为条件概率。前提条件是假定溢油已经发生。本研究中每个轨迹的输移都允许持续长达110 d。然而，如果假想溢油在溢出后110 d内接触到陆地段，则溢油轨迹终止，并记下相关接触信息。如果与不是陆地的环境资源区接触，轨迹将不会停止。

通过模型计算每个假设溢油点在1 d、3 d、10 d、30 d和110 d内与环境资源接触的条件概率，用于最终计算组合概率。条件概率通过将接触总数除以模型中从给定的假定溢出位置开始的溢油轨迹总数得到。在每个连续时间步长中，溢油风险分析模型将溢油轨迹位置与资源的地理边界及其时间上的脆弱性（即该时间该资源是否存在于此区域）进行比较。然后，溢油风险分析模型计算接触次数，也就是当该时间段内该资源使用该栖息地时的轨迹接触次数。当一个溢油轨迹与某环境资源区接触时，如果该资源当时并不在该区域（因而不受溢油影响），此次接触将不会记入条件概率。例如，如果某鲸类栖息地只在一年的3—10月有鲸出现，则12月份的溢油接触不计入条件概率。溢油风险分析模型综合溢油轨迹接触海岸线的统计数据，以预估与海岸线接触的平均概率。

拟定租赁竞拍区的统计表给出了溢油轨迹模型的条件概率结果。本书未列出这些长长的表格，读者可参考Ji等（2016）的报告。本节仅提供一般性讨论。除非另有说明，本节讨论的概率都是指在指定天数和季节内，由溢油风险分析模型预估的总溢油量不小于1000桶的接触环境资源区和陆地段的条件概率（以百分比表示）。

从地理的角度看，溢油接触位置的主要不同在于东边与西边，北下湾与南下湾和舍利科夫海峡（图12.2.13）。与所有溢油区接触机会最高的陆地段通常位于库克湾和舍利科夫海峡的西部海岸（图12.2.15）。与西部海岸线的接触程度较高，而且库克湾西侧溢油区导致较长的海岸线接触到溢油（图12.2.16）。库克湾南部溢油区域的接触情况表明库克湾中的溢油整体更多地是向南输移。对于某一个特定的溢油区，与南部的接触比与北部的接触概率更大、范围更广。这反映了库克湾和海峡的主要流向是向南。管道溢油接触东、西向大致平衡。对于同一溢油区或者溢油管线，冬季的接触通常略高于夏季的接触。

按时间顺序，概述如下：

（1）3 d：一般来说，对于3 d内环境资源区、陆地段和组合陆地段最高的接触概率位于邻近溢油区和管线处。

（2）10 d：一般来说，由于库克湾和舍利科夫海峡海岸线的封闭性，大部分溢油轨迹在10 d内接触到海岸线。在大多数情况下，10 d和30 d的接触概率几乎相同。这是因为本研究区域限制在库克湾和舍利科夫海峡范围，并且没有观察到大量的长时间溢油轨迹。

（3）30 d：30 d内接触概率一般从10 d后只有少量的增加。主要是舍利科夫海峡的下游和科迪亚克岛的东北部等环境资源区，距离溢油区较远，其接触概率为1%～5%。离租赁区较远的大多数环境资源区的接触概率低于0.5%。

组合概率结果也在表中列出。例如，表12.2.4给出一个或多个大型溢油的组合概率（%）及预计的溢油次数（平均值）和与环境资源区的接触。正如预期，最靠近溢油位置的环境资源具有最高的发生和接触概率。随着轨迹输移时间的增加，更多的环境资源和海岸线有更高的发生和接触概率（≥0.5%）。较长输移时间（长达30 d）可使更多假设溢油从较远的溢油点到达环境资源区和海岸线。随着输移时间的增加，风场和洋流的复杂情况产生更多与环境资源或海岸线接触的概率。

从表12.2.4知，30 d内环境资源区陆地的组合概率最高（21%），其余环境资源区的组合概率为14%或更少。溢油风险分析研究区域中有62%的环境资源区的组合概率小于0.5%。组合概率为5%～14%的环境资源区主要位于租赁区以内或者周边地区，从卡尔金岛南部到舍利科夫海峡北部，以库克湾西部的组合概率最高。组合概率为1%～4%的环境资源区距拟定租赁区较远。

表12.2.4　一次或多次大型泄漏的组合概率（%）以及预估的溢油发生并与环境资源区接触的平均次数

环境资源区ID	环境资源区名称	1 d		3 d		10 d		30 d	
		百分比(%)	平均次数	百分比(%)	平均次数	百分比(%)	平均次数	百分比(%)	平均次数
0	ERA 土地	2	0.02	9	0.09	18	0.19	21	0.23
3	SUA：泰奥尼克南	1	0.01	1	0.01	2	0.02	2	0.02
4	SUA：塞尔多维亚，格雷厄姆港，南瓦莱克	—	0.00	1	0.01	2	0.02	3	0.03
5	SUA：狮子港	—	0.00	—	0.00	1	0.01	2	0.02
6	SUA：奥兹尼克	—	0.00	—	0.00	1	0.01	1	0.01
11	奥古斯丁	1	0.01	4	0.04	7	0.08	8	0.08
12	南库克 HS 1a	9	0.09	13	0.14	14	0.16	14	0.16
13	南库克 HS 1b	4	0.04	9	0.10	12	0.13	12	0.13
14	南库克 HS 1c	1	0.01	3	0.03	7	0.08	8	0.08
15	南库克 HS 1d	—	0.00	1	0.01	5	0.05	5	0.06
16	内卡切马克湾	—	0.00	—	0.00	—	0.00	1	0.01
17	蛤峡谷 HS	5	0.05	6	0.06	6	0.06	6	0.06
18	塔克塞德尼湾 HS	3	0.03	4	0.04	5	0.05	5	0.05
19	卡尔金岛 HS	2	0.02	2	0.02	3	0.03	3	0.03
20	雷杜布特湾 HS	—	0.00	1	0.01	1	0.01	1	0.01
23	巴伦岛 Pinniped	—	0.00	—	0.00	1	0.02	2	0.02
24	舍利科夫 MM 2	—	0.00	—	0.00	2	0.02	3	0.03
25	舍利科夫 MM 3	—	0.00	—	0.00	1	0.01	1	0.01
26	舍利科夫 MM 4	—	0.00	—	0.00	—	0.00	1	0.01
37	查塔姆 Pinniped 港	—	0.00	—	0.00	—	0.00	1	0.01
45	蛤峡谷	1	0.01	2	0.02	3	0.03	3	0.03
46	外卡切马克湾	3	0.03	4	0.04	5	0.06	6	0.06
47	库克湾 SW	4	0.04	8	0.09	11	0.11	11	0.11

续表

环境资源区ID	环境资源区名称	1 d		3 d		10 d		30 d	
		百分比(%)	平均次数	百分比(%)	平均次数	百分比(%)	平均次数	百分比(%)	平均次数
48	卡米沙克湾	—	0.00	2	0.02	6	0.06	6	0.07
49	卡特迈 NP	—	0.00	—	0.00	1	0.01	2	0.02
60	科迪亚克 NWP-西	—	0.00	—	0.00	—	0.00	1	0.01
64	西阿福格纳克	—	0.00	—	0.00	1	0.01	1	0.01
67	舒亚克	—	0.00	—	0.00	1	0.01	1	0.01
68	基奈峡湾西	—	0.00	—	0.00	1	0.01	1	0.01
71	中库克湾-卢加 CH	4	0.04	5	0.05	5	0.06	5	0.06
72	西库克湾-卢加 CH	3	0.03	7	0.08	11	0.12	12	0.13
75	卡切马克-座头鲸	—	0.00	1	0.01	3	0.03	3	0.03
76	谢里克-座头鲸	—	0.00	—	0.00	—	0.00	1	0.01
77	舍利科夫-座头鲸	—	0.00	—	0.00	1	0.01	1	0.01
80	舍利科夫 MM 1	—	0.00	—	0.00	4	0.04	5	0.05
81	舍利科夫 MM 1a	—	0.00	—	0.00	1	0.01	1	0.01
82	舍利科夫 MM 2a	—	0.00	0	0.00	—	0.00	1	0.01
90	巴伦岛-鳍须鲸	—	0.00	1	0.01	4	0.04	4	0.05
94	下基奈东-灰鲸	—	0.00	—	0.00	1	0.01	1	0.01
95	科迪亚克东北-灰鲸	—	0.00	—	0.00	1	0.01	1	0.01
98	舍利科夫-灰鲸	—	0.00	—	0.00	1	0.01	2	0.02
102	库克湾2-海豚港	2	0.02	2	0.02	2	0.02	2	0.02
103	库克湾3-海豚港	3	0.03	4	0.04	4	0.05	5	0.05

对于陆地段，30 d内最高组合概率为陆地段33（Chinitna Point）的3%，陆地段32（Chinitna Point，Dry Bay）的2%和陆地段35（Chisik Island，Tuxedni Bay）的2%，它们都位于库克湾西侧。其他11个陆地段的组合概率为1%，主要集中在库克湾从苏科尼湾到Redoubt角的西侧，但是陆地段56（Starichkof海角）、陆地段62（Nanwalek，Port Graham）和陆地段83（Foul Bay）位于库克湾的东侧或舍利科夫海峡的上游。

由于组合陆地段由多个陆地段组成，组合陆地段与陆地段的情况类似。最高的组合概率（7%～11%）位于库克湾西部，较低的组合概率（1%～2%）位于库克湾东侧和舍利科夫海峡或科迪亚克岛北部。

12.2.7　模拟深水溢油以评估对环境的影响

如12.1.4节所述，DWH是石油工业史上最大的海上意外石油泄漏事件，发生在约5000 ft（1500 m）的水深处（NCDHOSOD，2011）。本节重点介绍深水溢油模拟（Ji et al.，2004b）。

12.2.7.1　简介

深水（水深超过340 m的水域）的油气泄漏行为与浅水区域有很大的不同。主要是因为深水中存在密度分层、高压和低温。图12.2.17是水下羽流中一些物理特征的示意图。初步计算表明，油气羽流可在水下输移很多千米，并在泄漏后很多小时后才浮出水面。然而，现场试验表明，在840 m深处发生溢油可在几小时内浮出水面（Johansen et al.，2003）。深水环境中会发生一些物理和化学变化，例如由天然气气泡形成的天然气水合物，可在水下长期保持大量的溢油。试验同时也表明，在1000～2000 m的水深处存在强洋流。这些强洋流影响油气生产以及对水下溢油的评估。所有这些特性对环境影响评估、溢油清理、应急计划和溢油源头追踪都有重大意义。

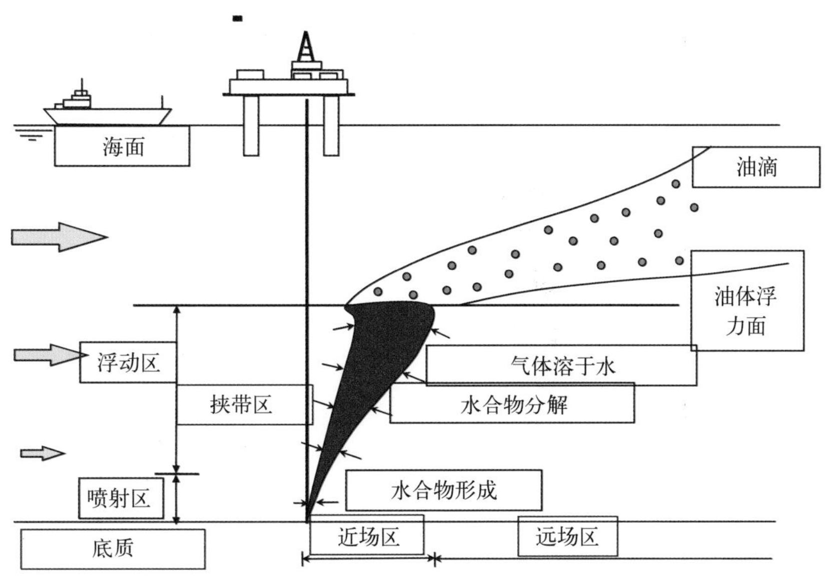

图12.2.17　深水下的油气羽流示意图

12.2.7.2　克拉克森深水油气模型

克拉克森深海油气（CDOG）模型（Yapa et al.，2001）模拟深海中油气意外泄漏。该模型综合了羽状射流的热力学和流体动力学、水合物形成和分解的热力学和动力学以及气体溶解。在深水中，超高压和低温导致天然气的相变。这些效应结合某些地区的深水流，对模拟深海油气井喷造成的羽流形成了巨大的挑战。该模型使用改进的综合公式来计算油滴、气体和水合物的浮升速度。通过比较计算结果和观测数据，对克拉克森深海油气模型中的每个模块进行测试。比较表明模拟结果与现场实测数据吻合较好（Yapa et al.，2001）。

12.2.7.3 深水溢油模拟

2000年6月，在挪威海岸完成了一系列关于深海溢油的实地实验（称为深海溢油），提供了关于海底泄漏或井喷的油气如何在深海中输移的重要信息（Johansen et al.，2003）。该实验由有兴趣在墨西哥湾和挪威海的深水区进行油气勘探和开发的联邦机构和石油公司共同完成。实验是在埃兰汉森（Helland Hansen）地区的挪威海深844 m处进行的，位于克里斯蒂安松的西北部约250 km处。这些实验共释放了60 m^3柴油，60 m^3原油以及18 m^3液化天然气（相当于正常大气压力下的10 000 m^3天然气）。

在本研究中，应用克拉克森深海油气模型模拟深水溢油事件（Ji et al.，2004b）。图12.2.18是海底溢油124 min后的模拟油层厚度。横轴代表南北向距离，纵轴代表水深。油层厚度给出了东西向累积的总油量，表示水体中溢油量。右边的箭头指出泄漏点附近的南北方向的洋流速度。图12.2.18还显示在深844 m处发生溢油后，2 h左右溢油浮出水面，这与观测结果一致。

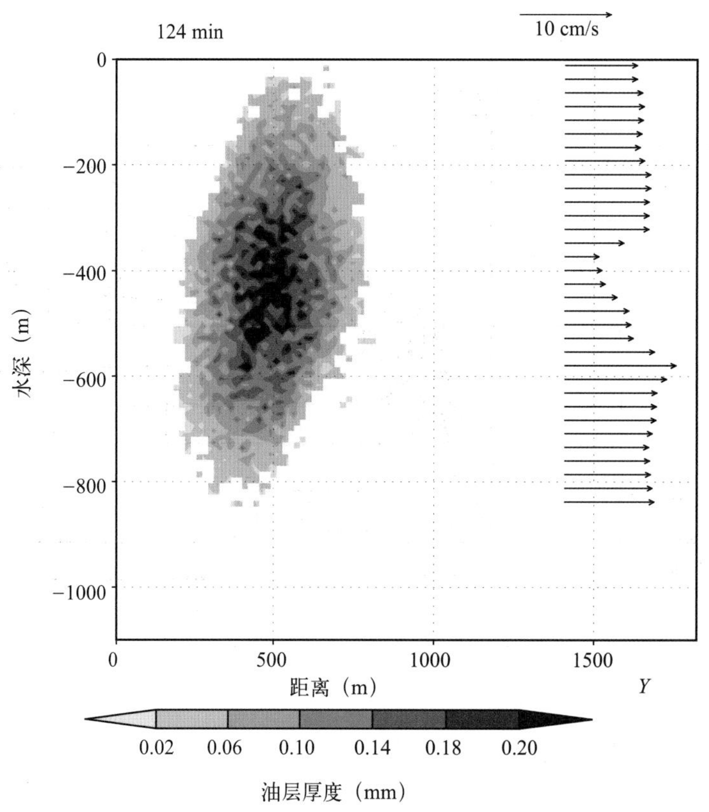

图12.2.18 模拟的从海底泄溢油124 min后油层厚度

图12.2.19是连续溢油5 h后海面上的模拟油层厚度。横轴为东西方向，纵轴为南北方向。结果表明，溢油在南北方向的扩散范围超过1 km，东西方向扩散范围超过800 m，与实验观测结果相当。

Ji等（2004b）也用克拉克森深海油气模型模拟了墨西哥湾的泄漏事故。在该模拟中，利用海上平台部署的声学多普勒测流仪（ADCP）获取的洋流数据来驱动克拉克森深海油气模型。这些数据是以2 min间隔收集的深达1800 m水域中的测量结果，并在垂直方向有80多个数据点，为克拉克森深海油气模型提供了很好的洋流分布场。

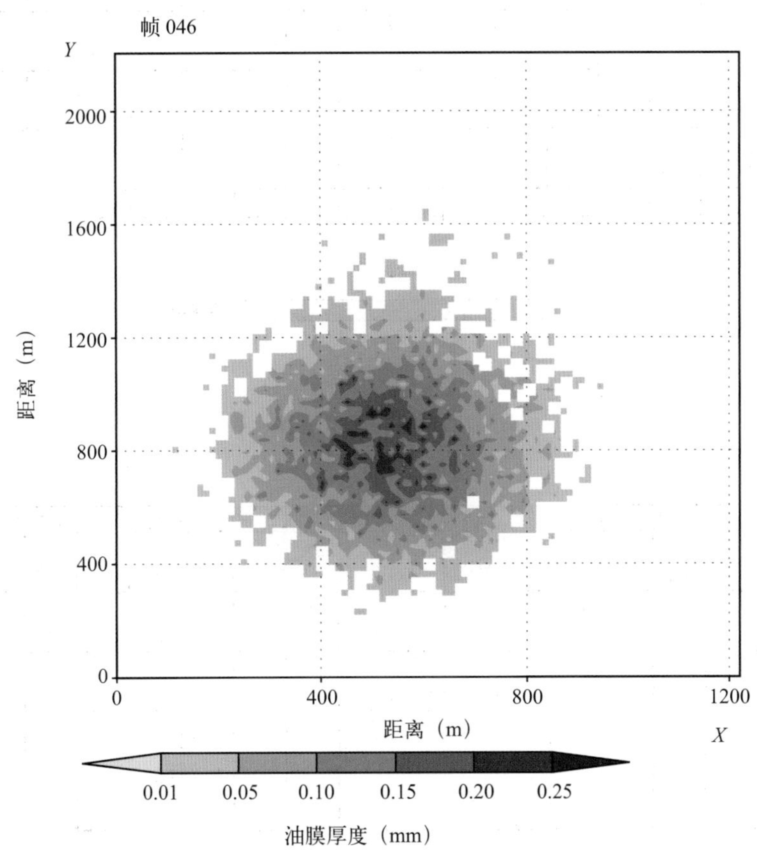

图12.2.19　模拟的从海底泄漏5 h后油层厚度

图12.2.20所示为2002年9月9—12日期间Genesis站（27.7°N，91.5°W）测得85 h的流速u分量。图12.2.21为相应的v分量。两图均表明有周期为25 h左右的强烈信号，该信号产生于惯性运动。表面流速有时可超过40 cm/s。由声学多普勒测流仪测得的数据用于驱动克拉克森深海油气模型，以模拟该地区的假设溢油输移。图12.2.22是在海面下800 m处连续溢油86 h后模拟的浮油厚度。图12.2.22表明，浮油在南北方向扩散超过20 km，东西方向扩散超过10 km。

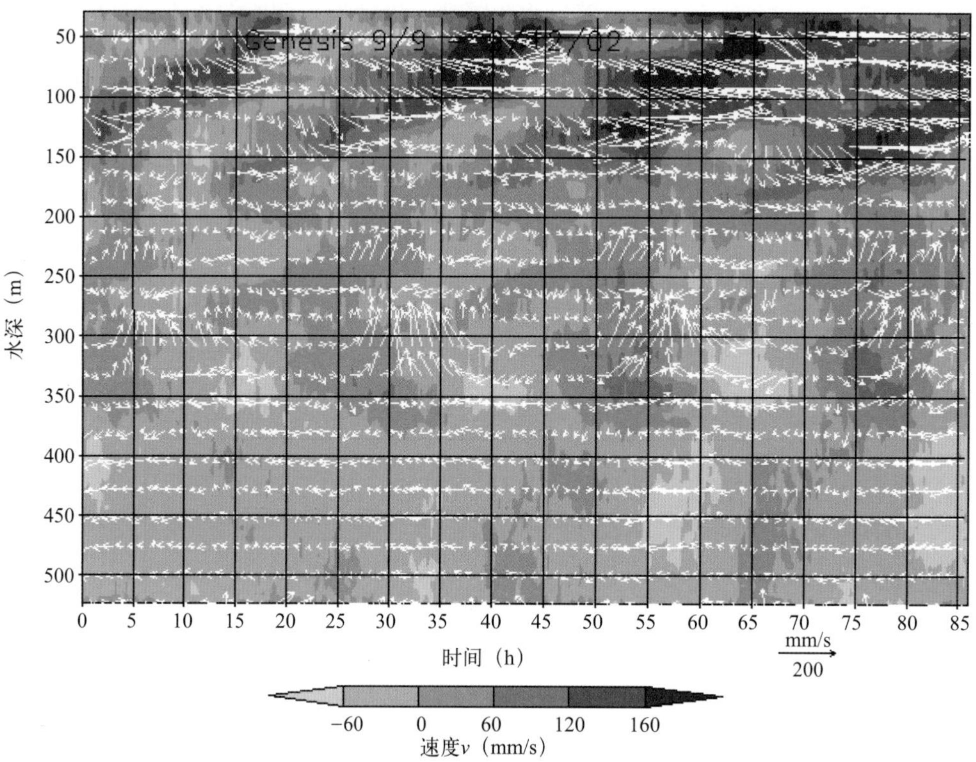

图12.2.20　Genesis测站测得的u速度（2002年9月9—12日）

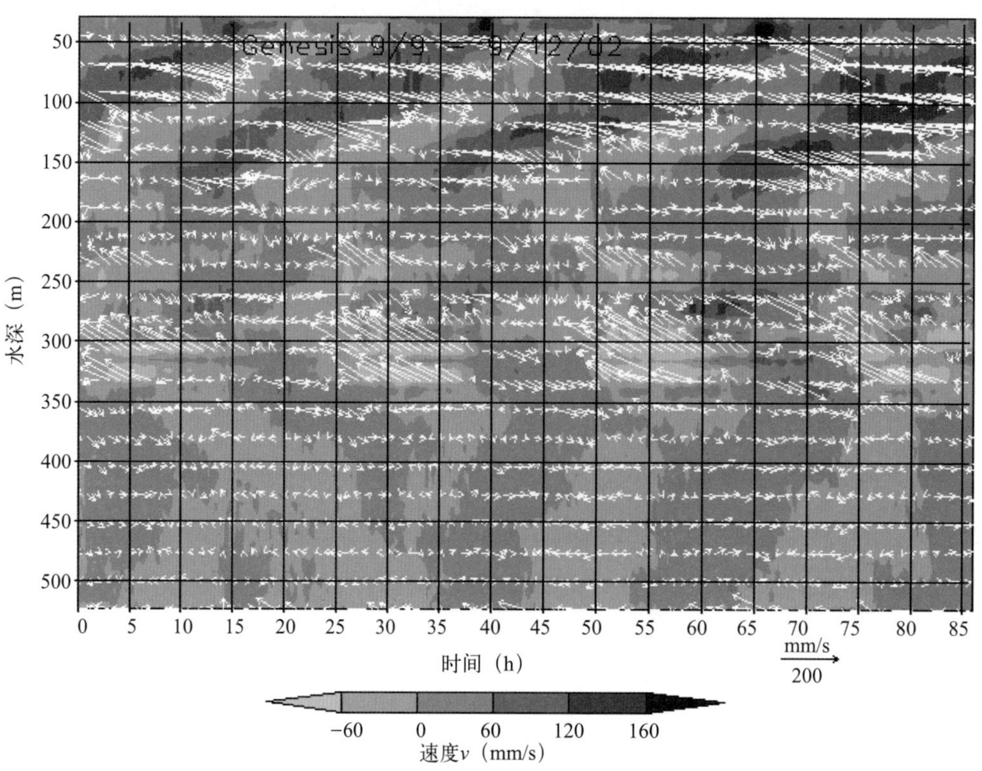

图12.2.21　Genesis测站测得的v速度（2002年9月9—12日）

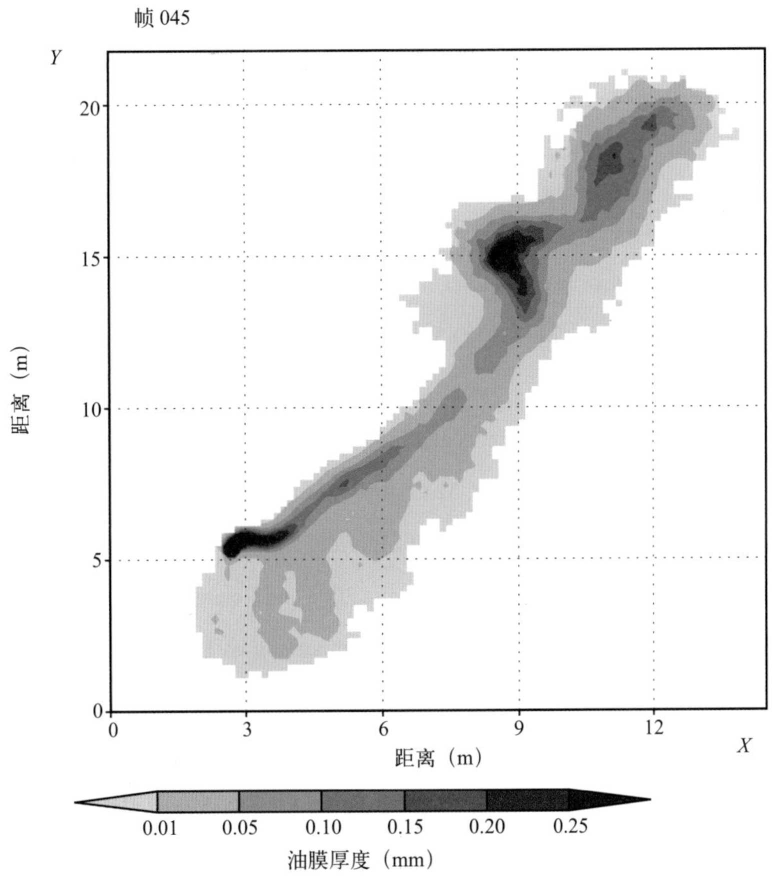

图12.2.22　油体连续释放85 h后模拟的浮油厚度

12.2.8　总结

除用于模拟水表面溢油的溢油风险分析模型外，克拉克森深海油气模型还用于模拟深水溢油。这两个模型的组合为预估溢油轨迹和分析可能的泄漏对环境影响提供了有用的方法。

本研究中，应用克拉克森深海油气模型模拟挪威海岸和墨西哥湾的深水溢油。模拟结果与深水溢油实验中的实际观测结果一致（Johansen et al.，2003）。研究结果表明，溢油风险分析模型和克拉克森深海油气模型可提供深水溢油特性及环境风险的重要信息。

参考文献

Aalderink, R.H., Lijklema, L., Breukelman, J., Van Raaphorst, W., and Brinkman, A.G. (1984) Quantification of wind induced resuspension in a shallow lake. Wat. Sci. Techn. 17:903–914.

Aarnes, O.J., Breivik, O., and Reistad, M. (2012) Wave extremes in the northeast Atlantic. Journal of Climate, 25(5):1529–1543.

Abtew, W. (1996) Evapotranspiration measurements and modeling for three wetland systems in south Florida. Journal of the American Water Resources Association, 32 (3):465–473.

Abtew, W. (2003) Evapotranspiration estimation for south Florida. P. Bizier and P. A. DeBarry (eds.). Proceedings of the World Water and Environmental Resources Congress 2003 and Related Symposia, ASCE.

Abtew, W. (2005) Evapotranspiration in the Everglades: comparison of Bowen Ratio measurements and model estimations. In Proceedings of the Annual International Meeting of American Society of Agricultural Engineers (pp. 17–20).

AEE, (2004a) St. Lucie Estuary and Indian River Lagoon Water Quality Model III: Sediment and Water Quality Modeling. Technical Report to South Florida Water Management District. Applied Environmental Engineering, LLC, Florida.

AEE, (2004b) St. Lucie Estuary and Indian River Lagoon Water Quality Model IV: Long-Term Water Quality Simulations. Technical Report to South Florida Water Management District. Applied Environmental Engineering, LLC, Florida.

AEE, (2005) Three Dimensional Water Quality Model of Lake Okeechobee. Technical Report to South Florida Water Management District. Applied Environmental Engineering, LLC, Florida.

AEE, (2006) Development of Heavy Metal and Toxic Chemical Model in the St. Lucie Estuary and Indian River Lagoon. Technical Report to Southeast Fisheries Science Center, National Oceanic and Atmospheric Administration. Applied Environmental Engineering, LLC, Florida.

AEE, (2012) CERP ASR Lake Okeechobee submerged aquatic vegetation model enhancement and application. Technical report to South Florida Water Management District. Applied Environmental Engineering, LLC and Camp Dresser & McKee, Inc, Virginia.

Ahsan, A.K.M.Q. and Blumberg, A.F. (1999) Three-dimensional hydrothermal model of Onondaga Lake, New York. Journal of Hydraulic Engineering, 125(9):912–923.

Akratos, C.S. and Tsihrintzis, V.A. (2007) Effect of temperature, HRT, vegetation and porous media on removal efficiency of pilot-scale horizontal subsurface flow constructed wetlands. Ecol. Eng. 2007, 29:173–191.

Aldous, A., Fitzsimons, J., Richter, B., and Bach, L. (2011) Droughts, floods and freshwater ecosystems: evaluating climate change impacts and developing adaptation strategies. Marine and Freshwater Research, 62(3):223–231.

Aldridge, F.J., Phlips, E.J., and Schelske, C.L. (1995) The use of nutrient enrichment bioassays to test for spatial and temporal distributions of limiting factors affecting phytoplankton dynamics in Lake Okeechobee, Florida. N. G. Aumen and R. G. Wetzel, eds., in Advances in Limnology, Schweizerbart, Stuttgart, Germany.

Alexander, R.B., Slack, J.R., Ludtke, A.S., Fitzgerald, K.K., and Schertz, T.L. (1996) Data from Selected U.S. Geological Survey National Stream Quality Monitoring Networks (WQN): U.S. Geological Survey Digital Data Series DDS–37, 2 disks.

Ambrose Jr, R.B., Wool, T.A., and Barnwell Jr, T.O. (2009) Development of Water Quality Modeling in the United States. Environmental Engineering Research, 14(4):200–210.

Ambrose, R.B., Wool, T.A., and Martin, J.L. (1993) The Water Quality Analysis and Simulation Program, WASP5: Part A, Model Documentation Version 5.1. U. S. EPA, Athens Environmental Research Laboratory, 210 pp.

Amoudry, L.O. and Souza, A.J. (2011) Deterministic coastal morphological and sediment transport modeling: A review and discussion. Rev. Geophys., 49, RG2002, doi:10.1029/2010RG000341.

Andersen, H.E. (2002) Hydrology, nutrient processes and vegetation in floodplain wetlands (Doctoral dissertation, Aarhus Universitet, Science and Technology, Institut for Bioscience, Department of Bioscience-Catchment Science and Environmental Management).

Anderson, C.M. and LaBelle, R.P. (1990) Estimated occurrence rates for accidental oil spills on the U.S. Outer Continental Shelf. Oil Chem. Pollution, 6:21–35.

Anderson, C.M. and LaBelle, R.P. (1994) Comparative occurrence rates for offshore oil spills. Spill Sci. Technol. Bull., 1(2):131–141.

Anderson, C.M. and LaBelle, R.P. (2000) Update of comparative occurrence rates for offshore oil spills. Spill Sci. Technol. Bull., 6(5–6):303–321.

Anderson, C.M., Mayes, M., and LaBelle, R.P. (2012) Update of Occurrence Rates for Offshore Oil Spills. OCS Report BOEM 2012–0069. USDOI. Herndon, VA, 2012.

Anderson, J.T. and Davis, C.A. (2013) Wetland Techniques. Springer.

APHA, (2000) Standard Methods for the Examination of Water and Wastewater. 21st ed. Eaton, A. D., L. C. Clesceri, and A. E. Greenberg (eds.). American Public Health Association, Washington, DC.

Ariathurai, R. and Krone, R.B. (1976) Finite element model for cohesive sediment transport. Journal of Hydraulic Division ASCE, 102:323–338.

Arifin, R.R., James, S.C., de Alwis Pitts, D.A., Hamlet, A.F., Sharma, A., and Fernando, H.J. (2016) Simulating the thermal behavior in Lake Ontario using EFDC. Journal of Great Lakes Research, 42(3):511–523.

Arns, A., Wahl, T., Haigh, I.D., Jensen, J., and Pattiaratchi, C. (2013) Estimating extreme water level probabilities: A comparison of the direct methods and recommendations for best practice. Coastal Engineering, 81:51–66.

ASCE, (1996) State-of-the-art review of modeling transport and fate of oil spills. ASCE Journal of Hydraulic

Engineering, 122:594–609.

Aumen, N.G. (1995) The history of human impacts, lake management, and limnological research on Lake Okeechobee, Florida (USA). Arch. Hydrobiol., Advances in Limnology, 45:1–16.

Badhe, N., Saha, S., Biswas, R., and Nandy, T. (2014) Role of algal biofilm in improving the performance of free surface, up-flow constructed wetland. Bioresour. Technol., 169:596–604.

Bagnold, R.A. (1956) The flow of cohesionless grains in fluids. Philosophical Transactions of the Royal Society of London, Series A, 249 (964):235–297.

Balkema, A.A. and de Haan, L. (1974) Residual life time at great age. Ann. Probability, 2(5):792–804.

Banks, R. B. and Herrera, F. F. (1977) Effect of wind and rain on surface reaeration. J. Environ. Eng. Div., ASCE, 103:489–504.

Barker, C.H. and Galt, J.A. (2000) Analysis of methods used in spill response planning: trajectory analysis planner TAP II. Spill Sci. Technol. Bull., 6 (2):145–152.

Barko, J.W. and Smart, R.M. (1981) Sediment-based nutrition of submersed macrophytes. Aquatic Biology, 10:339–352.

Bastian, R.K. and Hammer, D.A. (1993) The use of constructed wetlands for wastewater treatment and recycling. In: Constructed Wetlands for Water Quality Improvement, Moshiri G.A. (ed.) Lewis Publishers: Boca Raton, Florida, pp. 59–68.

Beck, M.B. (1987) Water quality modeling: a review of the analysis of uncertainty. Water Resources Research, 23(8):1393–1442.

Beeton, A.M. (1958) Relationship between Secchi disk readings and light penetration in Lake Huron, Transactions of the American Fisheries Society, 87:73–79.

Beirlant, J., Goegebeur, Y., Segers, J., and Teugels, J. (2006) Statistics of Extremes: Theory and Applications. John Wiley & Sons.

Benedini, M. and Tsakiris, G. (2013) Water quality modelling for rivers and streams. Springer Science & Business Media.

Bernatowicz, S., Leszczynski, S., and Tyczynska, S. (1976) The influence of transpiration by emergent plants on the water balance in lakes. Aquatic Botany, 2: 275–288.

Berner, R.A. (1964) An idealized model of dissolved sulfate distribution in recent sediments. Geochimica et Cosmochimica Acta, 28(9):1497–1503.

Bettes, R. (2008) Sediment transport & alluvial resistance in rivers. Bristol: Environment Agency.

Bianchi, T.S., DiMarco, S.F., Cowan, J.H., Hetland, R.D., Chapman, P., Day, J.W., and Allison, M.A. (2010) The science of hypoxia in the Northern Gulf of Mexico: a review. Science of the Total Environment, 408(7):1471–1484.

Bird, R.B., Stewart, W.E., and Lightfoot, E.N. (2002) Transport Phenomena. John Wiley & Sons, New York. 895 pp.

Black, C.A. and Wise, W.R. (2003) Evaluation of past and potential phosphorus uptake at the Orland easterly wetland. Ecol. Eng., 21:277–290.

Blom, G., van Duin, E.H.S., Aalderink, R.H., Lijklema, L., and Toet, C. (1992) Modeling sediment transport in shallow lakes-interactions between sediment transport and sediment composition. Hydrobiologia, 235/236:153–166.

Blumberg, A.F., Galperin, B., and O'Connor, D.J. (1992) Modeling vertical structure of open-channel flow. Journal of Hydraulic Engineering, 118:1119–1134.

Blumberg, A.F., Ji, Z.-G., and Ziegler, C.K. (1996). Modeling outfall plume behaviors using a far field circulation model. Journal of Hydraulic Engineering, 122(11):610–616.

Blumberg, A.F. and Kantha, L.H. (1985) Open boundary conditions for circulation models. Journal of Hydraulic Engineering, 11:237–255.

Blumberg, A.F., Khan, L.A., and St. John, J.P. (1999). Three-dimensional hydrodynamic model of New York Harbor Region, Journal of Hydraulic Engineering, 125(8):799–816.

Blumberg, A.F. and Mellor, G.L. (1987) A description of a three-dimensional coastal ocean circulation model. In Three-Dimensional Coastal Ocean Models, Coastal and Estuarine Science, Vol. 4. (Heaps, N. S., ed.), American Geophysical Union, 1–19.

BOEM. (2011) Assessment of Undiscovered Technically Recoverable Oil and Gas Resources of the Nation's Outer Continental Shelf, 2011 (Includes 2014 Atlantic Update). http://www.boem.gov/2011-National-Assessment-Factsheet/(Accessed July 28, 2016).

BOEM. (2016a) Outer Continental Shelf Oil and Gas Leasing Program: 2017–2022 Draft Programmatic EIS. OCS EIS/EA 2016–001. USDOI, BOEM, Sterling, VA.

BOEM. (2016b) Cook Inlet Planning Area Oil and Gas Lease Sale 244 in the Cook Inlet, Alaska. Draft Environmental Impact Statement. OCS EIS/EA BOEM 2016–004. USDOI, BOEM, Anchorage, AK.

Bolton, D. (1980) The computation of equivalent potential temperature. Monthly Weather Review, 108:1046–1053.

Bong, H. and Shen, J. (2012) Responses of estuarine salinity and transport processes to potential future sea-level in the Chesapeake Bay. Estuarine, Coastal and Shelf Science, 104–105:33–45.

Bottomley, E.Z. and Bayly, I.L. (1984) A sediment porewater sampler used in root zone studies of the submerged macrophyte Myriophyllum spicatum. Limnology and Oceanography, 29 (3):671–673.

Boudreau, B.P. and Ruddick, B.R. (1991) On a reactive continuum representation of organic matter diagenesis. American Journal of Science, 291:507–538.

Bowen, I.S. (1926) The ratio of heat losses by conduction and by evaporation from any water surface. Physics Review, 27:779–787.

Bowie, G.L., Mills, W.B., Porcella, D.B., Campbell, C.L., Pagenkopf, J.R., Rupp, G.L., Johnson, K.M., Chan, P.W.H., and Gherini, S.A. (1985) Rates, Constants, and Kinetics Formulations in Surface Water Quality Modeling, Second Edition, USEPA, Environmental Research Laboratory, Athens, GA, EPA/600/3–85/040.

Box, G.E.P. and Draper, N.R. (1987) Empirical Model-Building and Response Surfaces, John Wiley & Sons Bray, S., Ahmadian, R., and Falconer, R.A., 2016. Impact of representation of hydraulic structures in modelling a Severn barrage. Computers & Geosciences, 89:96–106.

Brenner, M., Hodell, D.A., Leyden, B.W., Curtis, J.H., Kenney, W.F., Gu, B.H., and Newman, J.M. (2006) Mechanisms for organic matter and phosphorus burial in sediments of a shallow, subtropical, macrophyte-dominated lake. Journal of Paleolimnology, 35(1):129–148.

Brenner, M., Schelske, C.L., and Keenan, L.W. (2001). Historical rates of sediment and nutrient accumulation in marshes of the Upper St. Johns River Basin, Florida, USA. Journal of Paleolimnology, 26:241–257.

Bretschneider, C.L. (1958) Revisions in wave forecasting: deep and shallow water. Proceedings of the 6th Conference on Coastal Engineering, 30–67.

Brett, M.T. and Benjamin, M.M. (2008) A review and reassessment of lake phosphorus retention and the nutrient loading concept. Freshwater Biology, 53(1):194–211.

Brezonik, P.L. and Engstrom, D.R. (1998) Modern and historic accumulation rates of phosphorus in Lake Okeechobee, Florida. Journal of Paleolimnology, 20:31–46.

Bricker, S.B. (1993) Historical trends in contamination of estuarine and coastal sediments: The history of Cu, Pb, and Zn inputs to Narragansett Bay, Rhode Island, as recorded by salt marsh sediments. Estuaries 16(3B):589–607.

Brinson, M.M. and Malvarez, A.I. (2002) Temperate freshwater wetlands: types, status, and threats. Environmental Conservation, 29(2):115–133.

Brix, H. (1989) Gas exchange through dead culms of reed, Phragmites australis (Cav.) Trin. ex Steudel. Aquat. Bot., 35:81–98.

Brix, H. (1994) Constructed wetlands for municipal wastewater treatment in Europe. In: Mitsch, W.J. (Ed.), Global Wetlands; Old World and New. Elsevier, Amsterdam, pp. 325–334.

Brown, L.C. and Barnwell, T.O. (1987) The Enhanced Stream Water Quality Models QUAL2E and QUAL2E-UNCAS: Documentation and User Manual. EPA/600/3–87–007. U.S. Environmental Protection Agency, Athens, Georgia.

Budgell, W.P. (2005) Numerical simulation of ice-ocean variability in the Barents Sea Region: towards dynamical downscaling. Ocean Dynamics, 55:370–387.

Burgherr, P., Spada, M., Kalinina, A., and Page, P. (2015) Regionalized risk assessment of accidental oil spills using worldwide data. Safety and Reliability of Complex Engineered Systems: ESREL. p.59.

Buzzelli, C., Chen, Z., Coley T., Doering, P., and Howes, B. (2013) Dry season sediment-water exchanges of nutrients and oxygen in two Florida estuaries: Patterns, comparisons, and internal loading. Florida Scientist, 76.1:54–79.

Canuto, V.M., Howard, A., Cheng, Y., and Dubovikov, M.S. (2001) Ocean turbulence. Part I: One-point closure model-momentum and heat vertical diffusivities. Journal of Physical Oceanography,31:1413–1426.

Caduto, M.J. (1990) Pond and Brook: A Guide to Freshwater Environments. University Press of New England, London.

Canuto, V.M., Howard, A., Cheng, Y., and Dubovikov, M.S. (2002) Ocean turbulence. Part II: Vertical diffusivities of momentum, heat, salt, mass, and passive scalars. Journal of Physical Oceanography, 32:240–264.

Caraco, N., Cole, J., and Likens, G.E. (1990) A comparison of phosphorus immobilization in sediments of freshwater and coastal marine systems. Biogeochemistry, 9(3):277–290.

Carignan, R. and Kalff, J. (1980) Phosphorus sources for aquatic weeds: water or sediment. Science, 207:987–989.

Carlson, R.E. (1977) A trophic state index for lakes. Limnology and Oceanography, 22:361–369.

Carlton, R. G. and Wetzel., R. G. (1988) Phosphorus flux from lake sediments: Effects of epipelic algal oxygen production. Limnol. Oceanogr., 33:562–570.

Carter, V. (1986) An overview of the hydrologic concerns related to wetlands in the United States. Canadian Journal of Botany, 64(2):364–374.

Carter, V., Barko, J., Godshalk, G., and Rybicki, N. (1988) Effects of submersed macrophytes on water quality in the tidal Potomac River, Maryland. Journal of Freshwater Ecology, 4(4):493–501.

Caruso, B.S., Cox, T.J., Runkel, R.L., Velleux, M.L., Bencala, K.E., Nordstrom, D.K., Julien, P.Y., Butler, B.A., Alpers, C.N., Marion, A. and Smith, K.S. (2008) Metals fate and transport modelling in streams and watersheds: state of the science and USEPA workshop review. Hydrological processes, 22(19):4011–4021.

Castillo, E., Hadi, A.S., Balakrishnan, N., and Sarabia, J.M. (2005) Extreme Value and Related Models in Engineering and Science Applications. John Wiley & Sons, New York, 179, p.180.

Casulli, V. and Cheng, R.T. (1992) Semi-implicit finite difference methods for three-dimensional shallow water flow. Int. J. Numerical Methods in Fluids, 15:629–648.

Caupp, C.L., Brock, J.T., and Runke, H.M. (1991) Application of the Dynamic Stream Simulation and Assessment Model (DSSAM III) to the Truckee River below Reno, Nevada: Model Formulation and Program Description. Report prepared by Rapid Creek Water Works for Nevada Division of Environmental Protection, Carson City, and Washoe County Department of Comprehensive Planning, Reno, Nevada.

CEQ. (1978) Environmental Quality, the Ninth Annual Report of the Council on Environmental Quality. U.S. Government Printing Office, Washington, DC.

Cerco, C.F. (1999) Eutrophication models of the future. Journal of Environmental Engineering, 125(3):209–210.

Cerco, C.F. (2015) Kinetics Formulations for ICM-Lite: A Tool to Predict and Quantify Ecosystem Benefits in Aquatic Systems (No. ERDC/EL-TR-15-8). ENGINEER RESEARCH AND DEVELOPMENT CENTER VICKSBURG MS ENVIRONMENTAL LAB.

Cerco, C.F., Johnson, B.H., and Wang, H.V. (2002) Tributary Refinements to the Chesapeake Bay Model. Technical Report, U.S. Army Corps of Engineers Waterway Experiment Station, Vicksburg, MS, ERDC TR-02-4.

Cerco, C.F. and Cole, T. (1994) Three-dimensional Eutrophication Model of Chesapeake Bay. Volume 1: Main Report. Technical Report EL-94-4. US Army Corps of Engineers Waterways Experiment Station.

Cerco, C.F., Kim, S.C., and Noel, M.R. (2013) Management modeling of suspended solids in the Chesapeake Bay,

USA. Estuarine, Coastal and Shelf Science, 116:87–98.

Cerco, C.F. and Moore, K. (2001) System-wide submerged aquatic vegetation model for Chesapeake Bay. Estuaries, 24(4):522–534.

Cerco, C.F. and Noel, M.R. (2013a) Phytoplankton as Particles-A New Approach to Modeling Algal Blooms (No. ERDC/EL-TR-13-13). ENGINEER RESEARCH AND DEVELOPMENT CENTER VICKSBURG MS ENVIRONMENTAL LAB.

Cerco, C.F. and Noel, M.R. (2013b) Twenty - one - year simulation of Chesapeake Bay water quality using the CE - QUAL - ICM eutrophication model. JAWRA Journal of the American Water Resources Association, 49(5):1119–1133.

CERP. (2014) http://www.evergladesplan.org/pm/projects/proj_44_asr_regional.aspx

Chamberlain, R. and Hayward, D. (1996) Evaluation of water quality and monitoring in the St. Lucie estuary, Florida. Water Resources Bulletin, 32(4):681–696.

Chang, N.B., Mohiuddin, G, and Crawford, J.A. (2014) Stormwater Treatment Area (STA) Hydrodynamic Study. Final Report, Department of Civil, Environmental and Construction Engineering, University of Central Florida, Orlando, FL 32816.

Chang, N.B. and Jin, K.R. (2012) Ecodynamic assessment of the submerged aquatic vegetation in Lake Okeechobee, Florida under natural and anthropogenic stress. International Journal of Design & Nature and Ecodynamics, 2(7):2233–2260.

Chang, Y.-L., Oey, L., Xu, F.-H., Lu, H.-F., and Fujisaki, A. (2011) 2010 Oil spill: trajectory projections based on ensemble drifter analyses. Ocean Dyn., 61(6):829–839.

Chanson, H. (1999) The Hydraulics of Open Channel Flow: An Introduction. London, UK: Butterworth-Heinemann, 544 pp.

Chao, X. and Jia, Y. (2011) Three-dimensional numerical simulation of cohesive sediment transport in natural lakes. INTECH Open Access Publisher.

Chapra, S.C. (1997) Surface Water-quality Modeling. New York, NY: McGraw-Hill, 844 pp.

Chapra, S.C. and Canale, R.P. (1998) Numerical Methods for Engineers, with Programming and Scientific Applications. New York, NY: McGraw-Hill, 839 pp.

Charman, D. (2002) Peatlands and environmental change. John Wiley & Sons Ltd.

Chen, H., Ivanoff, D., and Pietro, K. (2015) Long-term phosphorus removal in the Everglades stormwater treatment areas of South Florida in the United States. Ecological Engineering, 79:158–168.

Chen, H., Zamorano, M.F., and Ivanoff, D. (2010) Effect of flooding depth on growth, biomass, photosynthesis, and chlorophyll fluorescence of Typha domingensis. Wetlands, 30(5):957–965.

Cheng, N.S. (1997) Simplified settling velocity formula for sediment particle, Journal of Hydraulic Engineering, 123:149–152.

Cheng, R.T., Casulli, V., and Gartner, J.W. (1993) Tidal residual intertidal mudflat (TRIM) model and its applications to San Francisco Bay, California. Estuarine, Coastal and Shelf Science, 36:235–280.

Chimney, M.J. and Goforth, G. (2001) Environmental impacts to the Everglades ecosystem: a historical perspective and restoration strategies. Water Science and Technology, 44:93–100.

Chimney, M.J. and Moustafa, M.Z. (1999) Chapter 6: Effectiveness and Optimization of Stormwater Treatment Areas for Phosphorus Removal. In: Everglades Interim Report, SWMD, pp. 6–1 through 6–45.

Chimney, M.J., Nungesser, M., Newman, J., Pietro, K., Germain, G., Lynch, T., Goforth, G., and Moustafa, M.Z. (2000) Chapter 6: Stormwater Treatment Areas-Status of research and monitoring to optimize effectiveness of nutrient removal and annual report on operational compliance. In: SFWMD, 2000 Everglades Consolidated Report. South Florida Water Management District, West Palm Beach, FL, pp. 6-1–6-127.

Chimney, M.J., Wenkert, L., and Peitro, K.C. (2006) Patterns of vertical stratification in a subtropical constructed wetland in south Florida. Ecological Engineering, 27(4):322–330.

Chin, D.A. (2011) Hydraulic resistance versus flow depth in Everglades hardwood halos. Wetlands, 31:989–1002.

Chin, D.A. (2013) Water-Quality Engineering in Natural Systems: Fate and Transport Processes in the Water Environment. Hoboken, NJ: John Wiley & Sons, Inc. 474 pp.

Chow, V. (1964) Handbook of Applied Hydrology, a Comparison of Water-Resources Technology. New York, NY: McGraw Hill.

Christensen, N., Mitsch, W.J., and Jorgensen, S.E. (1994) A first generation ecosystem model of the Des-Plaines river experimental wetlands. Ecol. Eng., 3:495–521.

Chung, E.G., Bombardelli, F.A., and Schladow, S.G. (2009) Modeling linkages between sediment resuspension and water quality in a shallow, eutrophic, wind-exposed lake. Ecological Modelling, 220:1251–1265.

Chung, S.-W. and Gu, R. (1997) Two-dimensional simulations of contaminant currents in stratified reservoir. Journal of Hydraulic Engineering, 124(7):704–711.

Churchill, J.H., Williams, A.J., and Ralph, E.A. (2004) Bottom stress generation and sediment transport over the shelf and slope off of Lake Superior's Keweenaw peninsula. J. Geophys. Res. 109, C10S04, doi:10.1029/2003JC001997.

Churchill, M.A., Elmore, H.L., and Buckingham, R.A. (1962) The prediction of stream reaeration Rates. Journal of Sanitary Engineering Division, ASCE, 88(SA4):1–46.

Cicin-Sain, B. (1986) Offshore Oil Development in California: Challenges to Governments and to the Public Interest (No. PB–87–186391/XAB). California Univ., Inst. of Governmental Studies. Berkeley, CA.

Cloern, E. (2001) Our evolving conceptual model of the coastal eutrophication problem. Marine Ecol. Prog. Ser., 210:223–253.

Cole, T.M. and Buchak, E.M. (1995) CE-QUAL-W2: A Two-dimensional, Laterally Averaged, Hydrodynamic and Water Quality Model, Version 2. US Army Corps of Engineers, Waterways Experiment Station, Technical Report

El–95–X, Vicksburg, MS.

Cole, T.M. and Wells, S.A. (2000) CE-QUAL-W2: A two-dimensional, Laterally Averaged, Hydrodynamic and Water Quality Model, Version 3.0. Instruction Report EL-2000, US Army Engineering and Research Development Center, Vicksburg, MS.

Coles, S. (2001) An Introduction to Statistical Modeling of Extreme Values. London, Springer.

Coles, S., Pericchi, L.R., and Sisson, S. (2003) A fully probabilistic approach to extreme rainfall modeling. Journal of Hydrology, 273(1):35–50.

Congleton, R.D. (2006) The story of Katrina: New Orleans and the political economy of catastrophe. Public Choice, 127(1–2):5–30.

Conley, D.J., Paerl, H.W., Howarth, R.W., Boesch, D.F., Seitzinger, S.P., Havens, K.E., Lancelot, C., and Likens, G.E. (2009) Controlling eutrophication: nitrogen and phosphorus. Science, 323(5917):1014–1015.

Connolly, J.P., Blumberg, A.F., and Quadrini, J.D. (1999) Modeling fate of pathogenic organisms in coastal waters of Oahu, Hawaii. Journal of Environmental Engineering, 125(5):398–406.

Cowardin, L.M., Carter, V., Golet, F.C., and LaRoe, E.T. (1979) Classification of wetlands and deepwater habitats of the United States. Department of the Interior. U.S. Fish and Wildlife Service, Washington, D.C. 131 p.

Craft, C.B. and Richardson, C.J. (1993) Peat accretion and phosphorous accumulation along a eutrophication gradient in the Northern Everglades of Florida, United States. Biogeochemistry, 22:133–156.

Craig, P.M. (2014) Sigma-ZED: a computationally efficient approach to reduce the horizontal gradient error in the EFDC's vertical sigma grid. Proceedings of the 11th International Conference on Hydrodynamics. Singapore.

Craig, P.M. (2016) User's Manual for EFDC_Explorer8.1: A Pre/Post Processor for the Environmental Fluid Dynamics Code Rev 00. Dynamic Solutions-International, LLC, Edmonds, WA.

Crites, R. and Tchobanoglous, G. (1998) Small and Decentralized Wastewater Management Systems. McGraw-Hill: New York.

CSCRMDE (1987) Sedimentation Control to Reduce Maintenance Dredging of Navigational Facilities in Estuaries. Report and symposium proceedings. Committee on Sedimentation Control To Reduce Maintenance Dredging in Estuaries, Washington, DC: National Academy Press.

Cui, L.H., Liu, W., Zhu, X.Z., Ma, M., and Huang, X.H. (2006) Performance of hybrid constructed wetland systems for treating septic tank effluent. J. Environ. Sci. (China), 18(4):669.

Dahl, M. (1995) Flow dynamics and water balance in two freshwater wetlands. PhD-thesis, Nat. Env. Research Inst., Denmark.

Dahl, T.E. (2011) Status and trends of wetlands in the conterminous United States 2004 to 2009. U.S. Department of the Interior; Fish and Wildlife Service, Washington, DC.

Dahl, T.E. and Stedman, S.M. (2013) Status and trends of wetlands in the coastal watersheds of the Conterminous United States 2004 to 2009. U.S. Department of the Interior, Fish and Wildlife Service and National Oceanic and

Atmospheric Administration, National Marine Fisheries Service. (46 p.)

Dai, C., Tan, Q., Lu, W.T., Liu, Y., and Guo, H.C. (2016) Identification of optimal water transfer schemes for restoration of a eutrophic lake: An integrated simulation-optimization method. Ecological Engineering, 95:409–421.

Dang, H.C. and Craig, P.M. (2011) Implementation of a Wind Wave Sub-Model for the Environmental Fluid Dynamics Code. Dynamic Solutions, LLC, Edmonds, WA.

Danielsson, A., Jonsson, A., and Rahm, L. (2007) Resuspension patterns in the Baltic proper, Journal of Sea Research, 57:257–269.

Danielson, S., Hedstrom, K., and Cruchitser, E. (2016) Cook Inlet Circulation Model Calculations, Final Report. BOEM OCS Study 2015–050. USDOI, BOEM, Alaska OCS Region, Anchorage, AK, 141 pp.

Darley, W.M. (1982) Algal Biology: A Physiological Approach. Oxford, UK: Blackwell Scientific Publications.

Davis, S.M. (1982) Patterns of radiophosphorus in the Everglades after its introduction into surface water. Tech. Pub. #82-2. South Florida Water Management District, West Palm Beach, FL. pp. 28.

Davis, S.M. (1994) Phosphorus inputs and vegetation sensitivity in the Everglades. In: Everglades: The Ecosystem and Its Restoration, Davis S.M., Ogden J.C. (eds.) St. Lucie Press: Delray Beach, Florida, pp. 357–378.

Davison, A.C., Padoan, S.A., and Ribatet, M. (2012) Statistical modeling of spatial extremes. Statistical Science, 27(2):161–186.

Davison, A.C. and Smith, R. L. (1990) Models for exceedances over high thresholds. J. Roy. Statist. Soc. Ser., B 52(3):393–442.

Day, J.W., Crump, B.C., Kemp, W.M., and Yáñez-Arancibia, A. (Eds.) (2012) Estuarine Ecology, 2nd edition, Hoboken, NJ: John Wiley & Sons, Inc.

DB Environmental. (2002) Demonstration of Submerged Aquatic Vegetation/Limerock Treatment Technology for Phosphorus Removal from Everglades Agricultural Area Waters: Follow-On Assessment. Final Report Submitted to the South Florida Water Management District, West Palm Beach, and Florida Department of Environmental Protection, Tallahassee, May 27, 2002.

De Jong, J. (1976) The purification of wastewater with the aid of rush or reed ponds. In: Tourbier, J., Pierson, R.W. (Eds.), Biological Control of Water Pollution. Pennsylvania University Press, Philadelphia, pp. 133–139.

Death, R.G. (2008) Effects of floods on aquatic invertebrate communities. In: Aquatic Insects: Challenges to Populations (Eds J. Lancaster & R.A. Briers), pp. 103–121. CAB International, Oxfordshire, UK.

Death, R.G. and Zimmermann, E.M. (2005) Interaction between disturbance and primary productivity in determining stream invertebrate diversity. Oikos, 111(2):392–402.

Defant, A. (1958) Ebb and Flow: The Tides of Earth, Air, and Water. Ann Arbor, MI: University of Michigan Press.

Dekking, F.M., Kraaikamp, C., Lopuhaä, H.P., and Meester, L.E. (2005) A Modern Introduction to Probability and Statistics. Springer-Verlag, London, U. K.

Dennison, W.C., Orth, R.J., Moore, K.A. Stevenson, J.C., Carter,V., Kollar, S., Bergstrom, P.W., and Batuik, R.A. (1993) Assessing water quality with submersed aquatic vegetation. Bioscience, 43(2):86–94.

Devanney III, M.W. and Stewart, R.J. (1974) Analysis of Oilspill Statistics. Massachusetts Institute of Technology (Cambridge) Report No. MITSG-74-20. Prepared for the Council on Environmental Quality.

DHI. (2001) MIKE 3 Estuarine and Coastal Hydrodynamics and Oceanography, DHI Water & Environment, Danish Hydraulic Institute, Horsholm, Denmark.

Di Toro, D.M. (2001) Sediment Flux Modeling. New York, NY: John Wiley & Sons, Inc.

Di Toro, D.M. and Fitzpatrick, J. (1993) Chesapeake BaySediment Flux Model. Contract Report EL-93-2, U.S. Army Engineer Waterways Experiment Station, Vicksburg, MS.

Di Toro, D.M. (1980) Applicability of cellular equilibrium and Monod theory to phytoplankton growth kinetics. Ecological Modelling, 8:201–218.

Di Toro, D.M. and Matystik, W.F. (1980) Mathematical Models of Water Quality in Large Lakes, Part 1: Lake Huron and Saginaw Bay. EPA-600/3-80-056, pp. 28–30.

Di Toro, D.M., Paquin, P.R., Subburamu, K., and Gruber, D.A. (1990) Sediment oxygen demand model: methane and ammonia oxidation. Journal of Environmental Engineering, 116(5):945–986.

Diaz, R.J. and Rosenberg, R. (1995) Marine benthic hypoxia: a review of its ecological effects and the behavioural responses of benthic macrofauna. Oceanography and Marine Biology: an Annual Review, 33:245–303.

Dickey, T.D. (2002) Personal communication. Ocean Physics Laboratory, University of California Santa Barbra, Santa Barbara, CA.

Dierberg, F.E., DeBusk, T.A., Henry, J.L., Jackson, S.D., Galloway, S., and Gabriel, M.C. (2012) Temporal and spatial patterns of internal phosphorus recycling in a south Florida (USA) Stormwater Treatment Area. Journal of Environmental Quality, 41(5):1661–1673.

Dierberg, F.E., DeBusk, T.A., Jackson, S.D., Chimney, M.J., and Pietro, K. (2002) Submerged aquatic vegetation-based treatment wetlands for removing phosphorous from agricultural runoff: Response to hydraulic and nutrient loading. Water Research, 36(6):1409–1422.

Dierberg, F.E., Juston, J.M., DeBusk, T.A., Pietro, K., and Gu, B. (2005) Relationship between hydraulic efficiency and phosphorus removal in a submerged aquatic vegetation-dominated treatment wetland. Ecological Engineering, 25:9–23.

Doering, P. (1996) Temporal variability in water quality in the St. Lucie estuary, South Florida. Water Resources Bulletin, 32(6):1293–1306.

Dolan, T.J., Hermann, A.J., Bayley, S.E. and Zoltek, J. (1984) Evapotranspiration of a Florida, USA, freshwater wetland. Journal of Hydrology, 74(3):355–371.

Dorland, C., Tol, R.S.J., and Palutikof, J.P. (1999) Vulnerability of the Netherlands and Northwest Europe to storm damage under climate change. Clim. Change., 43:513–535.

Drozdowski, A., Nudds, S., Hannah, C.G., Niu, H., Peterson, I.K., and Perrie, W.A. (2011) Review of Oil Spill Trajectory Modelling in the Presence of Ice. Canadian Technical Report of Hydrography and Ocean Sciences, 274.

Ducet, N., Le Traon, P.Y., and Reverdin, G. (2000) Global high-resolution mapping of ocean circulation from TOPEX/Poseidon and ERS-1&2. J. Geophys. Res., 105(19):477–498.

Dugas, W.A., Fritschen, L.J., Gay, L.W., Held, A.A., Matthias, A.D., Reicosky, D.C., Stedoto, P., and Steiner, J.L. (1991) Bowen ratio, eddy correlation, and portable chamber measurements of sensible and latent heat flux over irrigated spring wheat. Agricultural and Forest Meteorology, 56:1–20.

Dunne, T. and Leopold, L.B. (1978) Water in Environmental Planning. W.H. Freeman Co., San Francisco, CA.

Dwire, K.A., Kauffman, J.B., and Baham, J.E., (2006) Plant species distribution in relation to water-table depth and soil redox potential in montane riparian meadows. Wetlands, 26:131–146.

Dyer, K. (1973) Estuaries: A Physical Introduction. New York: Wiley-Interscience. 140 pp.

Dyer, K.R., Bale A.J., Christie, M.J., Feates, N., Jones, S., and Manning, A.J. (2000) The properties of suspended sediment in an estuarine turbidity maximum. Proceedings of 6th International Conference on Nearshore and Estuarine Cohesive Sediment Transport Processes, Delft.

Dykyjova, D. (1978) Nutrient uptake by littoral communities of helophytes. p. 258–277. In: Pond Littoral Ecosystems. Dykyjova, D. and Kvet, J., Eds. Springer-Verlag, New York.

Eckle, P., Burgheer, P., and Michaux, E. (2012) Risk of large oil spills: a statistical analysis in the aftermath of Deepwater Horizon. Env. Sci. Technol., 46:13002–13008.

Edinger, J.E., Brady, D.K., and Geyer, J.C. (1974) Heat Exchange and Transport in the Environment. Report No. 14, EPRI Pub. No. EA-74-049-00-3. Electric Power Research Institute, Palo Alto, CA.

EHC. (1998) Coastal Challenges: A Guide to Coastal and Marine Issues. Environmental HealthCenter, 1025 Connecticut Avenue, NW, Suite 1200, Washington, DC.

Einmahl, J.H.J. and Smeets, S.G.W.R. (2011) Ultimate 100m world records through extreme value theory. Statistica Neerlandica, 65(1):32–42.

Eisenlohr, W.S. (1976) Water loss from a natural pond through transpiration by hydrophytes. Water Resour. Res., 2:443–453.

Elias, E., Rodriguez, H., Srivastava, P., Dougherty, M., James, D., and Smith, R., (2016) Impacts of forest to urban land conversion and ENSO phase on water quality of a public water supply reservoir. Forests, 7(2), p.29.

Embrechts, P., Lindskog, F., and McNeil, A.J. (2003) Modelling dependence with copulas and applications to risk management. In Handbook of Heavy Tailed Distributions in Finance. Edited by Rachev, S.T. Elsevier/North-Holland, Amsterdam.

Emery, W.J. and Thomson, R.E. (2001) Data Analysis Methods in Physical Oceanography. New York, NY: Elsevier,

638 pp.

Ezer, T., Thattai, D.V., Kjerfve, B., and Heyman, W. (2005) On the variability of the flow along the Meso-American Barrier Reef System: A numerical model study of the influence of the Caribbean Current and eddies. Ocean Dynamics, 55:458–475.

Fairall, C.W., Bradley, E.F., Hare, J.E., Grachev, A.A., and Edson, J.B. (2003) Bulk parameterization of air-sea fluxes: Updates and modification for the COARE algorithm, Journal of Climate, 16:571–591.

Farmer, D.D., Crawford, G.B., and Osborn, T.R. (1987) Temperature and velocity microstructure caused by swimming fish. Limnology and Oceanography, 32:978–983.

Fasen, V., Klüppelberg, C., and Menzel, A. (2014) Quantifying extreme risks. In Risk: A Multidisciplinary Introduction, Klüppelberg, C., Straub, D., and Welpe, I., Eds., Dordrecht, London, U.K., pp. 151–181.

Faulkner, S.P. and Richardson, C.J. (1989) Physical and chemical characteristics of freshwater wetland soils. In: Hammer, D.A., Freeman, R.J. (Eds.), Constructed Wetlands for Wastewater Treatment. Lewis Publishers, Chelsea, Michigan, pp. 41–72.

Fay, J.A. (1969) The spread of oil slicks on a calm sea. In: Oil on the Sea, D.P. Hoult (Ed.), Plenum Press, pp. 53–63.

FDEP. (2001) Total maximum daily load for total phosphorus Lake Okeechobee, Florida, Technical report, Florida Department of Environmental Protection, 2600 Blairstone Road, Tallahassee, FL 32303.

FDEP. (2004) Water Quality Assessment Report: St. Lucie and Loxahatchee. Florida Department of Environmental Protection, Tallahassee, Florida.

FDEP. (2008) TMDL Report: Nutrient and dissolved oxygen TMDL for the St. Lucie Basin. Florida Department of Environmental Protection, Tallahassee, Florida.

Feng, J. and Jiang, W. (2015) Extreme water level analysis at three stations on the coast of the Northwestern Pacific Ocean. Ocean Dynamics, 65(11):1383–1397.

Fischer, H.B., List, E.J., Imberger, J., and Brooks, N.H. (1979) Mixing in Inland and Coastal Waters, New York, NY: Academic Press, 483 pp.

Fisher, M.M., Reddy, K.R., and James, R.T. (2005) Internal nutrient loads from sediments in a shallow, subtropical lake. Lake and Reservoir Management, 21(3):338–349.

Fisher, R.A. and Tippett, L.H.C. (1928) Limiting forms of the frequency distribution of the largest or smallest member of a sample. Proc. Cambridge Philos. Soc., 24:180–190.

FISRWG. (1998) Stream Corridor Restoration: Principles, Processes, and Practices. By the Federal Interagency Stream Restoration Working Group (FISRWG) (15 Federal agencies of the US government). GPO Item No. 0120-A; SuDocs No. A 57.6/2:EN3/PT.653. ISBN-0-934213-59-3.

Fitz, H.C. and Trimble, B. (2006) Documentation of the Everglades landscape model: ELM v2.5. Report from SFWMD, West Palm Beach, FL.

Fitzpatrick, J.J. (2009) Assessing skill of estuarine and coastal eutrophication models for water quality managers. Journal of Marine Systems, 76:195–211.

Flather, R.A. and Hubbert, K.P. (1990) Tide and surge models for shallow water–Morecambe Bay revisited. In Modeling Marine Systems, Vol. I, Boca Raton, FL: CRC Press, 135–166.

Folkard, A.M. (2011) Vegetated flows in their environmental context: a review. Proceedings of the Institution of Civil Engineers-Engineering and Computational Mechanics, 164(1):3–24.

Ford, D.E. and Johnson, M.C. (1986) An Assessment of Reservoir Mixing Processes. Technical Rpt. E–86–7, US Army Engineer Waterways Experiment Station, Vicksburg, MS.

Frayer, W.E., Monahan, T.J., Bowden, D.C., and Grabill, F.A. (1983) Status and Trends of Wetlands and Deepwater Habitats in the Conterminous U.S., 1950s to 1970s. Department of Forests and Wood Sciences, Colorado State University, Fort Collins. 32 pp.

Frechet, M. (1927) Sur la loi de probabilité de l'écart maximum. Ann. Soc. Polon. Math., 6:93.

Fritschen, L.J. and Simpson, J.R. (1989) Surface energy balance and radiation systems: general description and improvements. J. Appl. Meteorol., 28:680–689.

Gailani, J., Ziegler, C.K., and Lick, W. (1991) Transport of suspended solids in the lower Fox River. Journal of Great Lakes Research, 17:479–494.

Gaines, S.D. and Denny, M.W. (1993) The largest, smallest, highest, lowest, longest, and shortest: extremes in ecology. Ecology, 74:1677–1692.

Gale, P.M., Reddy, K.R., and Graetz, D.A. (1994) Phosphorus retention by wetland soils used for treated wastewater disposal. Journal of Environmental Quality, 23(2):370–377.

Galperin, B., Kantha, L.H., Hassid, S., and Rosati, A. (1988) A quasi-equilibrium turbulent energy model for geophysical flows. Journal of Atmospheric Sciences, 45:55–62.

Galt, J.A. and Payton, D.L. (1999) Development of quantitative methods for spill response planning: a trajectory analysis planner. Spill Sci. Technol. Bull., 5 (1):17–28.

Ganf, G.G. (1974) Diurnal mixing and the vertical distribution of phytoplankton in a shallow equatorial lake (Lake George, Uganda), Journal of Ecology, 62(2):611–629.

Garcia, M. and Parker, G. (1991) Entrainment of bed sediment into suspension. Journal of Hydraulic Engineering, 117:414–435.

Garner, G., Van Loon, A.F., Prudhomme, C., and Hannah, D.M., (2015) Hydroclimatology of extreme river flows. Freshwater Biology, 60(12):2461–2476.

Garver, E.G., Dubbe, D.R. and Pratt, D.C. (1988) Seasonal patterns in accumulation and partitioning of biomass and macronutrients in Typha spp. Aquatic Botany, 32(1):115–127.

Gehrels, J. and Mulamoottil, G. (1990) Hydrologic processes in a southern Ontario wetland. Hydrobiologia,

208(3):221–234.

Germain, G. (1998) Surface Water Quality Monitoring Network. Technical memorandum, WRF#356, South Florida Water Management District.

Ghermandi, A., Bixio, D., and Thoeye, C. (2007) The role of free water surface constructed wetlands as polishing step in municipal wastewater reclamation and reuse. Sci. Total Environ., 380:247–258.

Gill, A.E. (1982) Atmosphere-Ocean Dynamics. New York, NY: Academic Press, 662 pp.

Gilleland, E. Ribatet, M., and Stephenson, A.G. (2013) A software review for extreme value analysis. Extreme, 16:103–119.

Gilliam, J.W. (1994) Riparian wetlands and water quality. J. Environ. Qual., 23:896–900.

Gjosteen, J.K.O., Loset, S., and Gudmestad, O.T. (2003) The ability to model oil spills in broken ice, Proceedings of the 17th International Conference on Port and Ocean Engineering under Arctic Conditions.

Gleeson, C. and Gray, N. (1997) The Coliform Index and Waterborne Disease. London, UK: E and FN Spon.

Glenn, S.M. and Grant, W.D. (1987) A suspended sediment stratification correction for combined waves and current flows. Journal of Geophysical Research, 92(C8):8244–8264.

Gobler, C.J., Buck, N.J., Sieracki, M.E., and Sanudo-Wilhelmy, S.A. (2006) Nitrogen and silicon limitation of phytoplankton communities across an urban estuary: the East River-Long Island Sound system. Estuarine, Coastal and Shelf Science, 68:127–138.

Gomez, C. and Pardue, J.H. (2002) Bioavailability of non-ionic organics to wetland plants. In: Wetlands and Remediation II, Nehring K.W., Brauning S.E. (eds.), Battelle Press: Columbus, Ohio, pp. 49–56.

Gosselink, J.G. and Turner, R.E. (1978) The role of hydrology in freshwater wetland ecosystems. In: Good RE, Whigam DF, Simpson RL (eds), Freshwater wetlands: ecological processes and management potential. Academic Press, New York, pp 63–78.

Grace, J.B. (1989) Effects of water depth on Typha latifolia and Typha domingensis. American Journal of Botany:762–768.

Graf, W.H. (1971) Hydraulics of Sediment Transport. New York, NY: McGraw-Hill.

Grant, W.D. and Madsen, O.S. (1979) Combined wave and current interaction with a rough bottom. Journal of Geophysical Research, 84(C4):1797–1808.

Grantham, T.E., Merenlender, A.M., and Resh, V.H. (2010) Climatic influences and anthropogenic stressors: an integrated framework for streamflow management in Mediterranean - climate California, USA. Freshwater Biology, 55:188–204.

Graves, G.A., Wan, Y., and Fike, D.L. (2004) Water quality characteristics of stormwater from major land uses in south Florida. JAWRA, 40:1405–1419.

Green, M.O. and Coco, G. (2014) Review of wave-driven sediment resuspension and transport in estuaries. Rev.

Geophys., 52:77–117.

Guardo, M. and Tomasello, R. (1995) Hydrodynamic simulations of a constructed wetlands in south Florida. Water Resour. Bull., 31:687–701.

Gumbel, E.J. (1941) The return period of flood flows. Ann. Math. Stat., 12:163–190.

Gumbel, E.J. (1958) Statistics of Extremes. Columbia University Press, New York, New York, USA.

Guntenspergen, G.R., Peterson, S.A., Leibowitz, S.G., and Cowardini, L.M. (2002) Indicators of wetland condition for the prairie pothole region of the United States. Environmental Monitoring and Assessment, 78:229–252.

Guntenspergen, G.R., Stearns, F., and Kadlec, J.A. (1989) Wetland Vegetation. Chapter 5. In: Constructed Wetlands for Wastewater Treatment: Municipal, Industrial and Agricultural. Lewis Publishers. Michigan.

Guo, W. and Langevin, C.D. (2002) User's Guide to SEAWAT: A Computer Program for Simulation of Three-Dimensional Variable-Density Ground-Water Flow: Techniques of Water-Resources Investigations Book 6, Chapter A7, 77 pp.

Haight, F.A. (1967) Handbook of the Poisson Distribution. New York: John Wiley & Sons.

Haith, D.A. and Shoemaker, L.L. (1987) Generalized watershed loading functions for stream flow nutrients. Water Resources Bulletin, 23(3):471–478.

Hall, J., Arheimer, B., Borga, M., Brázdil, R., Claps, P., Kiss, A., Kjeldsen, T.R., Kriauciuniene, J., Kundzewicz, Z.W., Lang, M., and Llasat, M.C. (2014) Understanding flood regime changes in Europe: A state of the art assessment. Hydrology and Earth System Sciences, 18(7):2735–2772.

Hameedi, J. and Johnson, E. (2005) Personal communication. NOAA/NOS/NCCOS facility in Silver Spring, MD.

Hamilton, P., Donohue, K.A., Leben, R.R., Lugo-Fernández, A., and Green, R.E. (2011) Loop Current observations during spring and summer of 2010: Description and historical perspective. Monitoring and Modeling the Deepwater Horizon Oil Spill: A Record-Breaking Enterprise, Geophys. Monogr. Ser., 195:117–130.

Hamrick, J.M. (1992) A Three-dimensional Environmental Fluid Dynamics Computer Code: Theoretical and Computational Aspects. The College of William and Mary, Virginia Institute of Marine Science, Special Report 317, 63 pp.

Hamrick, J.M. (1994) Application of the EFDC, Environmental Fluid Dynamics Computer Code to SFWMD Water Conservation Area 2A. J. M. Hamrick and Associates, Report JMH-SFWMD-94-01, Williamsburg, VA, 126 pp.

Hamrick, J.M., (1996) Users Manual for the Environmental Fluid Dynamic Computer Code. The College of William and Mary, Virginia Institute of Marine Science, Special Report 328, 224 pp.

Hamrick, J.M. (2004) A Rooted Aquatic Plant and Epiphyte Algae Sub-Model for EFDC. Unpublished technical notes.

Hamrick, J.M. and Mills, W.B. (2001) Analysis of temperatures in Conowingo Pond as influenced by the Peach Bottom atomic power plant thermal discharge. Environmental Science and Policy, 3:197–209.

Hamrick, J.M. and Wu, T.S. (1997) Computational design and optimization of the EFDC/HEM3D surface water hydrodynamic and eutrophication models. In Next Generation environmental models and computational methods (pp. 143–161). Society for Industrial and Applied Mathematics, Philadelphia, PA.

Harvey, J.W. and Odum, W.E. (1990) The influence of tidal marshes on upland groundwater discharge to estuaries. Biogeochemistry, 10:217–236.

Harvey, J.W., Schaffranek, R.W., Noe, G.B., Larsen, L.G., Nowacki, D.J., and O'Connor, B.L. (2009) Hydroecological factors governing surface water flow on a low-gradient floodplain. Water Resour. Res., 45(3).

Haunert, D.E. (1988) Sediment Characteristics and Toxic Substances in the St. Lucie Estuary, Florida. Technical Publication 88–10, South Florida Water Management District, West Palm Beach, Florida.

Haunert, D.E. and Startzman, J.R. (1980) Some Seasonal Fisheries Trends and Effects of a 1000-cfs Fresh Water Discharge on the Fishes and Macroinvertebrates in the St. Lucie Estuary, Florida., Technical Publication 80–3, South Florida Water Management District.

Haunert, D.E. and Startzman, J.R. (1985) Short Term Effects of a Fresh Water Discharge on the Biota of St. Lucie Estuary, Florida. Technical Publication 85-1. South Florida Water Management District.

Hautier, Y., Niklaus, P.A., and Hector, A. (2009) Competition for light causes plant biodiversity loss after eutrophication. Science, 324(5927):636–638.

Havens, K.E. (2003) Submerged aquatic vegetation correlations with depth and light attenuating materials in a shallow subtropical lake. Hydrobiologia, 493:173–186.

Havens, K.E., Aumen, N.G., James, R.T., and Smith, V.H. (1996) Rapid ecological changes in a large subtropical lake undergoing cultural eutrophication. Ambio, 25:150–155.

Havens, K.E., Beaver, J.R., East, T.L., Rodusky, A.J., Sharfstein, B., Amand, A.S., and Steinman, A.D. (2001) Nutrient effects on producers and consumers in the littoral plankton and periphyton of a subtropical lake. Arch Hydrobiol, 152:177–201.

Havens, K.E., Bierman, V.J. Jr, Flaig, E.G., Hanlon, C., James, R.T., Jones, B.L., and Smith, V.H. (1995) Historical trends in the Lake Okeechobee ecosystem. VI. Synthesis. Arch Hydrobiol. Suppl., 107:101–111.

Havens, K.E., East, T.L., Rodusky, A.J., and Sharfstein, B. (1999) Littoral periphyton responses to nitrogen and phosphorus: an experimental study in a subtropical lake. Aquatic Botany, 63:267–290.

Havens, K.E., Fox, D., Gornak, S., and Hanlon, C. (2005) Aquatic vegetation and largemouth bass population responses to water-level variations in Lake Okeechobee, Florida (USA). Hydrobiologia, 539:225–237.

Havens, K.E. and Gawlik, D.E. (2005) Lake Okeechobee conceptual model. Wetlands, 25:908–925.

Havens, K.E. and James, R.T. (1997) A critical evaluation of phosphorus management goals for Lake Okeechobee, Florida, USA. Lake Reservoir Manage, 13:292–301.

Havens, K.E. and James, R.T. (2005) The phosphorus mass balance of Lake Okeechobee, Florida: implications for eutrophication management. Lake and Reservoir Management, 21(2):139–148.

Havens, K.E., Jin, K.-R., Iricanin, N., and James, R.T. (2007) Phosphorus dynamics at multiple time scales in the pelagic zone of a large shallow lake in Florida, USA. Hydrobiologia, 581(1):25–42.

Havens, K.E., Sharfstein, B., Brady, M.A., East, T.L., Harwell, M.C., Maki, R.P., and Rodusky, A.J. (2004a) Recovery of submerged plants from high water stress in a large subtropical lake in Florida, USA. Aquatic Botany, 78:67–82.

Havens, K.E., Sharfstein, B., Rodusky, A.J., East, T.L. (2004b) Phosphorus accumulation in the littoral zone of a subtropical lake. Hydrobiologia, 517:15–24.

Havens, K.E. and Walker, W.W. (2002) Development of a total phosphorus concentration goal in the TMDL process for Lake Okeechobee, Florida (USA). Lake Reservoir Manage, 18:227–238.

Hayter, E.J., Mathew, R., Hallden, J., Garland, E., and Salerno, H. (2006) Evaluation of the State-of-the-art Contaminated Sediment Transport and Fate Modeling System. EPA/600/R-06/108, EPA Ecosystems Research Division, Athens, Georgia.

Hayter, E.J. (1983) Prediction of Cohesive Sediment Movement in Estuarial Waters. Ph.D. dissertation, University of Florida, Gainesville.

Hayter, E.J., Bergs, M., Gu, R., McCutcheon, S., Smith, S.J., and Whiteley, H.J. (1998) HSCTM-2D, a Finite Element Model for Depth-averaged Hydrodynamics, Sediment and Contaminant Transport. Technical Report, U. S. EPA Environmental Research Laboratory, Athens, Georgia.

Hayter, E.J., Mathew, R., Hallden, J., Garland, E., and Salerno, H. (2006) Evaluation of the State-of-the-Art Contaminated Sediment Transport and Fate Modeling System. EPA/600/R-06/108, EPA Ecosystems Research Division, Athens, Georgia.

Hayter, E.J. and Mehta, A.J. (1983) Modeling Fine Sediment Transport in Estuaries. Report EPA-600/3-83-045, U.S. Environmental Protection Agency, Athens, Georgia.

HEC-2. (1991) Water Surface Profiles, User's Manual. Hydrologic Engineering Center, Davis, CA. 308 pp.

Herdendorf, C.E. (1984) Inventory of the Morphometric and Limnological Characteristics of the Large Lakes of the World. Technical Bulletin, Ohio Sea Grant, Columbus, Ohio.

Herskowitz, J. (1986) Listowel artificial marsh project report, Ontario Ministry of the Environment, Water Resources Branch, Toronto, Ontario.

Hicks, B.B. (1972) Some evaluations of drag and bulk transfer coefficients over water bodies of different sizes. Boundary-layer Meteorology, 3:201–213.

Hicks, B.B., Drinkrow, R.L., and Grauze, G. (1974) Drag and bulk transfer coefficients associated with a shallow water surface. Boundary-layer Meteorology, 6:287–297.

Hofmann, A.F., Meysman, F.J.R., Soetaert, K., and Middelburg, J.J. (2009) Factors governing the pH in a heterotrophic, turbid, tidal estuary. Biogeosciences discussions, 6(1):197–240.

Hofmann, H., Lorke, A., and Peeters, F. (2011) Wind and ship wave-induced resuspension in the littoral zone of a large lake, Water Resour. Res. 47, W09505, doi:10.1029/2010WR010012.

Horner, R.R., Welch, E.B., Seeley, M.R., and Jacoby, J.M. (1990) Responses of periphyton to changes in current velocity, suspended sediment, and phosphorus concentration. Freshwater Biology, 24(2):215–232.

Hosking, J.R.M. and Wallis, J.R. (1988) The effect of intersite dependence on regional flood frequency - analysis. Water Resour. Res., 24(4):588–600.

Howard-Williams, C. and Allanson, B.R. (1981) Phosphorus cycling in a dense Potamogeton pectinatus L. bed. Oecologia, 49(1):56–66.

Howarth, R.W., Chan, F., and Marino, R. (1999) Do top-down and bottom-up controls interact to exclude nitrogen-fixing cyanobacteria from the plankton of estuaries? An exploration with a simulation model. Biogeochemisty, 46:203–231

Hu, G. (1999) Two-dimensional hydrodynamic model of St. Lucie estuary. In Environmental Engineering 1999, Proceedings of the ASCE-CSCE National Conference on Environmental Engineering, 434–443.

Hu, G. and Unsell, D. (1998) Tidal circulation in the Southern Indian River Lagoon. Water Resources Engineering 1998, Proceedings of the International Water Resources Engineering Conference, Norfolk, VA, Vol. 1, 844–849.

Huang, J., Reneau, R., and Hageborn, C. (2000) Nitrogen removal in constructed wetlands employed to treat domestic wastewater. Water Res., 34:2582–2588.

Huang, J.C. and Monastero, F.M. (1982) Review of the State-of-the-Art of Oilspill Simulation Models. Washington, D.C.: American Petroleum Institute.

Hughes, T.P., Baird, A.H., Bellwood, D.R., Card, M., Connolly, S.R., Folke, C., Grosberg, R., Hoegh-Guldberg, O., Jackson, J.B.C., Kleypas, J., Lough, J.M., Marshall, P., Nystr€om, M., Palumbi, S.R., Pandolfi, J.M., Rosen, B., and Roughgarden, J. (2003) Climate change, human impacts, and the resilience of coral reefs. Science, 301:929–933.

Huang, J., Yan, R., Gao, J., Zhang, Z., and Qi, L., (2016) Modeling the impacts of water transfer on water transport pattern in Lake Chao, China. Ecological Engineering, 95:271–279.

Hull, J. (2012) Risk Management and Financial Institutions. + Web Site (Vol. 733). John Wiley & Sons.

Hunke, E.C. and Dukowicz, J.K. (1997) An elastic-viscous-plastic model for sea ice dynamics. Journal of Physical Oceanography, 27:1849–1868.

Hunter, P.G., Combs, D.L., and George, D.B. (2001) Nitrogen, phosphorous and organic carbon removal in simulated wetland treatment systems. Arch. Environ. Contam. Toxicol., 41(3):274.

Hutchinson, G.E. (1957) A Treatise on Limnology, Vol. I. Geography, Physics and Chemistry, New York: Wiley, 1015pp.

Hutchinson, G.E. (1967) A Treatise on Limnology, Vol. II. Introduction to Lake Biology and the Limnoplankton. New

York: Wiley, 1115 pp.

Hutchinson, G.E. (1975) A Treatise on Limnology, Vol. III. Limnological Botany. New York: Wiley, 660 pp.

Hwang, K.-N., and Mehta, A.J. (1989) Fine Sediment Erodibility in Lake Okeechobee, Florida. Technical report to South Florida Water Management District, UFL/COEL-89/019, University of Florida, Gainesville, Florida, 140 pp.

HydroGeoLogic. (1999) Selection of Water Quality Components for Eutrophication-related Total Maximum Daily Load Assessments. Task 4: Documentation of Review and Evaluation of Eutriphication models and Components. Technical report to U.S. Environmental Protection Agency, HydroGeoLogic, Inc. and Aqua Terra Consultants, Herndon, Virginia.

HydroQual. (1991a) A Primer for ECOM-3D. Technical report, HydroQual, Inc., Mahwah, NJ.

HydroQual. (1991b) Water Quality Modeling Analysis of Hypoxia in Long Island Sound. Technical report, HydroQual, Inc., Mahwah, NJ.

HydroQual. (1995a) A Primer for SEDZL-3D. Technical report, HydroQual, Inc., Mahwah, NJ.

HydroQual. (1995b) A Hydrodynamic and Water quality Evaluation of the Metro Outfall Relocation in Onondaga Lake. Technical report, HydroQual, Inc., Mahwah, NJ.

HydroQual. (1995c) A Water Quality Model for Massachusetts and Cape Cod Bays: Calibration of the Bays Eutrophication Model (BEM). Technical report, HydroQual, Inc., Mahwah, NJ.

HydroQual. (1997) SFWMD Wetlands Model: Calibration of the Coupled Periphyton/Vegetation Model to WCA2A, Project SFWMD0105, October 1997, West Palm Beach, FL.

HydroQual. (1998) Development and Application of a Modeling Framework to Evaluate Hurricane Impacts on Surficial Mercury Concentrations in Lavaca Bay. Technical report, HydroQual, Inc., Mahwah, NJ.

HydroQual. (2004) User's Guide for RCA. Technical report, HydroQual, Inc., Mahwah, NJ.

Hyer, P.V., Fang, C.S., Ruzecki, E.P., and Hargis, W.J. (1971) Hydrography and Hydrodynamics of Virginia Estuaries, Studies of the Distribution of Salinity and Dissolved oxygen in the Upper York System, Virginia Institute of Marine Science, Williamsburg, VA.

Ijima, T. and Tang, F.L.W. (1966) Numerical calculation of wind waves in shallow water. In Proceedings of the 10th Coastal Engineering Conference, pp. 38–45. Tokyo, Japan.

Imhoff, J.C., Stoddard, A., and Buchak, E.M. (2004) Evaluation of Contaminated Sediment Fate and Transport Models. Final report to National Exposure Research Laboratory, Office of Research and Development, U.S. Environmental Protection Agency, Athens, Georgia.

Ingram, H.A.P. (1983) Hydrology, in Gore, A.J.P., ed., Ecosystems of the world, 4A, Mores-Swamp, bog, fen and moor. New York, Elsevier Scientific Publishing Company, p. 67–158.

Interagency Workgroup on Wetland Restoration. (2003) An Introduction and User's Guide to Wetland Restoration,

Creation, and Enhancement. A report by National Oceanic and Atmospheric Administration, Environmental Protection Agency, Army Corps of Engineers, Fish and Wildlife Service, and Natural Resources Conservation Service.

IPCC. (2012) Managing the Risks of Extreme Events and Disasters to Advance Climate Change Adaptation. A Special Report of Working Groups I and II of the Intergovernmental Panel on Climate Change (Eds C.B. Field, V. Barros, T.F. Stocker, D. Qin, D.J. Dokken & K.L. Ebi et al.), 582 pp. Cambridge University Press, Cambridge, U.K. and New York, NY, U.S.A.

IPCC. (2013) Climate change 2013: the physical science basis. In: Contribution of Working Group I to the Fifth Assessment Report of the Intergovernmental Panel on Climate Change (Eds T.F. Stocker, D. Qin, G.-K. Plattner, M. Tignor, S.K. Allen, J. Boschung et al.), p.1535. IPCC, Cambridge, UK and New York, NY.

IPCC. (2014) Climate Change 2014: Impacts, Adaptation, and Vulnerability. Part A: Global and Sectoral Aspects. Contribution of Working Group II to the Fifth Assessment Report of the Intergovernmental Panel on Climate Change (Eds C.B. Field, V.R. Barros, D.J. Dokken, K.J. Mach, M.D. Mastrandrea & T.E. Bilir et al.), 1132 pp. Cambridge University Press, Cambridge, U.K. and New York, NY, U.S.A.

Ishikawa, K., Kumagai, M., Vincent, W.F., Tsujimura, S., and Nakahara, H. (2002) Transport and accumulation of bloom-forming cyanobacteria in a large, mid-latitude lake: the gyre-Microcystis hypothesis. Limnology, 3:87–96.

Jagger, T.H., Elsner, J.B., and Saunders, M.A. (2008) Forecasting US insured hurricane losses. In Climate Extremes and Society; Diaz, H.F. and Murnane, R.J., Eds.; Cambridge University Press: Cambridge, U.K. 2008; pp 189–208.

James, R.T., Bierman, Jr., V.J., Erickson, M.J., and Hinz, S.C. (2005) The Lake Okeechobee Water Quality Model (LOWQM) enhancements, calibration, validation and analysis. Lake and Reservoir Management, 21:231–260.

James, R.T., Chimney, M.J., Sharfstein, B., Engstrom, D.R., Schottler, S.P., East, L.T., and Jin, K.R. (2008) Hurricane effects on a shallow lake ecosystem, Lake Okeechobee, Florida (USA). Fund Appl Limnol Arch Hydrobiol, 172(4):73–287.

James, R.T., and Havens, K.E. (2005) Outcomes of extreme water levels on water quality of offshore and nearshore regions in large shallow subtropical lake. Archiv für Hydrobiologie, 163:225–239.

James, R.T., Jones, B.L., and Smith, V.H. (1995a) Historical trends in the Lake Okeechobee Ecosystem. II. Nutrient budgets. Archiv für Hydrobiologie/ Supplement (Monographische Beiträge), 107:25–47.

James, R.T. and McCormick, P. (2012) The sulfate budget of a shallow subtropical lake. Fundamental and Applied Limnology, 181(4):253–269.

James, R.T., Smith, V.H., and Jones, B.L. (1995b) Historical trends in the Lake Okeechobee Ecosystem. III. Water quality. Archiv für Hydrobiologie/ Supplement (Monographische Beiträge), 107:49–69.

James, R.T., Martin, J., Wool, T., and Wang, P.F. (1997) A sediment resuspension and water quality model of Lake

Okeechobee. American Water Resources Association, 33(3):661–680.

James, S.C., Jones, C.A., Grace, M.D. and Roberts, J.D. (2010) Advances in sediment transport modelling. Journal of Hydraulic Research, 48(6):754–763.

James, W., Barko, J., and Butler, M. (2004) Shear stress and sediment resuspension in relation to submersed macrophyte biomass. Hydrobiologia, 515:181–191.

Jenkinson, A.F. (1955) The frequency distribution of the annual maximum (or minimum) values of meteorological events. Quarterly Journal of the Royal Meteorological Society, 81:158–172.

Jenkinson, I. R. (1986) Oceanographic implications of non-Newtonian properties found in phytoplankton cultures. Nature, 323:435–437.

Jepsen, R., McNeil, J., and Lick, W. (2000) Effects of gas generation on the density and erosion of sediments from the Grand River. Journal of Great Lakes Research, 26 (2):209–219.

Jepsen, R., Roberts, J., Gailani, J., and Smith, S.J. (2002) The SEAWOLF Flume: Sediment Erosion Actuated by Wave Oscillations and Linear Flow. SAND2002-O100. Sandia National Labs, Albuquerque, New Mexico.

Ji, Z.-G. (1993) Stability Analyses for the Formation of Ripples, Dunes and Antidues. D. Eng. Sc. Thesis, Columbia University, New York, NY.

Ji, Z.-G. (2000a) Fate and transport in rivers, lakes, and estuaries. Standard Handbook of Environmental Science, Health, and Technology. New York, NY: McGraw-Hill, pp. 8.47–8.55.

Ji, Z.-G. (2000b) Air pollutants and fugitive dust. Standard Handbook of Environmental Science, Health, and Technology. New York, NY: McGraw-Hill, pp. 5.1–5.5.

Ji, Z.-G. (2004) Use of physical sciences in support of environmental management. Environmental Management, 34(2):159–169.

Ji, Z-G. (2005a) Water quality models: chemical principles. In Water encyclopedia, Volume 2: Water Quality and Resources Development. New Jersey: John Wiley & Sons, Inc., pp. 269–273.

Ji, Z-G. (2005b) Water quality modeling-case studies. In Water encyclopedia, Volume 2: Water quality and resources Development. New Jersey: John Wiley & Sons, Inc,, pp. 255–263.

Ji, Z.-G. (2008) Hydrodynamics and Water Quality: Modeling Rivers, Lakes, and Estuaries. Hoboken, New Jersey: John Wiley & Sons, Inc., 676 pp.

Ji, Z.-G. (2012) River fate and transport. In Encyclopedia of Sustainability Science and Technology. Springer, Springer,. Meyers, R. A. (ed.), Springer-Verlag, New York Inc, New York. ISBN 9780387894690.

Ji, Z.-G. and Chao, J.P. (1986) On the influences of large-scale inhomogeneity of sea temperature upon the oceanic waves in the tropical regions - Part II: Numerical analysis. Advances in Atmospheric Sciences, 3:238–244.

Ji, Z.-G. and Chao, J.P. (1987) Teleconnections of the sea surface temperature in the India Ocean with the sea surface temperature in the eastern equatorial Pacific in the Northern Hemisphere. Advances in Atmospheric Sciences,

3(4):343–348.

Ji, Z.-G. and Chao, J.P. (1989) Responses of tropical atmospheric circulation to the ocean-land surface heating. Acta Meteorological Sinica, 3(2):119–131.

Ji, Z.-G. and Chao, J.P. (1990) Instabilities of oceanic waves in the tropical region. Acta Meteorological Sinica, 4(2):136–145.

Ji. Z.-G. and Chao, J.P. (1991) An analytical coupled atmospheric-ocean interaction model. Journal of Marine Systems, 1:263–270.

Ji, Z.-G., Hamrick, J.H., and Pagenkopf, J. (2002a) Sediment and metals modeling in shallow river. Journal of Environmental Engineering, 128:105–119.

Ji, Z.-G., Hu, G., Shen, J., and Wan, Y. (2007) Three dimensional modeling of hydrodynamic processes in the St. Lucie Estuary. Estuarine, Coastal and Shelf Science, 73:188–200.

Ji, Z.-G. and Jin, K.-R. (2006) Gyres and seiches in a large and shallow lake. Journal of Great Lakes Research, 32:764–775.

Ji, Z.-G. and Jin, K.R. (2014) Impacts of wind waves on sediment transport in a large, shallow lake. Lakes & Reservoirs: Research & Management, 19(2):118–129.

Ji, Z.G. and Jin, K.R., (2016) An integrated environmental model for a surface flow constructed wetland: Water quality processes. Ecological Engineering, 86: 247–261.

Ji, Z.-G., Johnson, W.R., and Dufore, C.M. (2016a) Oil spill risk analysis: Gulf of Mexico Outer Continental Shelf (OCS) Lease Sales, Eastern Planning Area, Central Planning Area and Western Planning Area, 2017–2021, and Gulfwide OCS Program, 2017–2086, OCS Report 2016-033. Bureau of Ocean Energy Management, Sterling, VA.

Ji, Z.-G., Johnson, W., and Li, Z. (2011) Oil Spill Risk Analysis Model and Its Application to the Deepwater Horizon Oil Spill Using Historical Current and Wind Data, in Monitoring and Modeling the Deepwater Horizon Oil Spill: A Record-Breaking Enterprise, Geophysical Monograph Series, 195:227–236.

Ji, Z.-G., Johnson, W.R., and Marshall, C.F. (2004b) Deepwater oil-spill modeling for assessing environmental impacts. Coastal Environment V, Southampton, UK:WIT Press, 349–358.

Ji, Z.-G., Johnson, W.R., Marshall, C.F., and Price, J.M. (2005) Modeling deepwater oil spills with near field and far field models. In International Oil Spill Conference (Vol. 2005, No. 1, pp. 725–730). American Petroleum Institute.

Ji, Z.-G., Johnson, W.R., Marshall, C.F., Rainey, G.B., and Lear, E.M. (2002b) Oil-spill Risk Analysis: Gulf of Mexico Outer Continental Shelf (OCS) Lease Sales, Eastern Planning Area, 2003–2007, and Gulfwide OCS Program, 2003–2042. Minerals Management Service, U.S. Department of the Interior, Herndon, Virginia. OCS Report 2002–069.

Ji, Z.-G., Johnson, W.R., Price, J.W., and Marshall, C.F. (2003) Oil-spill risk analysis for assessing environmental impacts. In Proceedings of the 2003 International Oil Spill Conference, Vancouver, Canada.

Ji, Z.-G., Johnson, W.R., and Wikel, G.L. (2014) Statistics of Extremes in Oil Spill Risk Analysis. Environmental science & technology, 48(17), 10505–10510.

Ji, Z.-G. and Mendoza, C. (1993) Nonlinear stability analysis of an erodible bed for dune formation. Advances on Hydro-Science and Engineering, ed. S.S.Y. Wang. The University of Mississippi, University, Mississippi, 1B:1317–1322.

Ji, Z.-G. and Mendoza, C. (1997) Weak nonlinear stability analysis for dune formation. Journal of Hydraulic Engineering, 123(11):979–985.

Ji, Z.-G. and Mendoza, C. (1998) Instability of the viscous sublayer for ripple inception. Mechanics Research Communications, 25(1):3–14.

Ji, Z.-G., Morton, M.R., and Hamrick, J.M. (2000) Modeling hydrodynamic and sediment processes in Morro Bay. In Estuarine and Coastal Modeling: Proceedings of the 6th International Conference (Spaulding, M. L. &Butler, H. L., eds), New Orleans, LA, 1035–1054.

Ji, Z.-G., Morton, M. R., and Hamrick, J. M. (2001) Wetting and drying simulation of estuarine processes. Estuarine, Coastal and Shelf Science, 53:683–700.

Ji, Z.-G., Morton, M.R., and Hamrick, J.M. (2004a) Three-dimensional hydrodynamic and water quality modeling in a reservoir. In Estuarine and Coastal Modeling: Proceedings of the 8th International Conference (Spaulding, M. L., ed.), Monterey, CA, 608–627.

Ji, Z.-G., Smith, C., and Johnson, W.R. (2016b) Oil-Spill Risk Analysis: Cook Inlet Planning Area, OCS Lease Sale 244. OCS Report 2016-032. Bureau of Ocean Energy Management, Sterling, VA.

Jin, K. R., Chang, N. B., Ji, Z.-G.. and Thomas, J. R. (2011) Hurricanes affect sediment and environments in Lake Okeechobee. Critical Reviews in Environmental Science and Technology, 41(S1), 382–394.

Jin, K.R., Hamrick, J.M., and Tisdale, T. (2000) Application of a three-dimensional hydrodynamic model for Lake Okeechobee. Journal of Hydraulic Engineering, 126:758–771.

Jin, K.R. and Ji, Z.-G., (2001) Calibration and verification of a spectral wind-wave model for Lake Okeechobee. Ocean Engineering, 28(5):571–584.

Jin, K.R. and Ji, Z.-G. (2004) Case study: modeling of sediment transport and wind-wave impact in Lake Okeechobee. Journal of Hydraulic Engineering, 130(11):1055–1067.

Jin, K.R. and Ji, Z.-G. (2005) Application and validation of three-dimensional model in a shallow lake. Journal of Waterway, Port, Coastal, and Ocean Engineering, 131(5):213–225.

Jin, K.R. and Ji, Z.-G. (2013) A long term calibration and verification of a submerged aquatic vegetation model for Lake Okeechobee. Ecological Processes, 2013:2–23.

Jin, K.R. and Ji, Z.-G., (2015) An integrated environment model for a constructed wetland–Hydrodynamics and transport processes. Ecological Engineering, 84: 416–426.

Jin, K.R., Ji, Z.-G., and Hamrick, J.M. (2002) Modeling winter circulation in Lake Okeechobee, Florida. Journal of Waterway, Port, Coastal, and Ocean Engineering, 128:114–125.

Jin, K.R., Ji, Z.-G., and James, T. (2007) Three dimensional water quality and SAV modeling of a large shallow lake. Journal of Great Lakes Research, 33:28–45.

Jin, K.-R., Shafer, M.D., and Ji, Z.-G. (2014) Application and validation of a 3-D calcium, chloride, and sulfate model in Lake Okeechobee. Ecological Processes, 2014:3–24.

Jin, K.R. and Sun, D. (2007) Sediment resuspension and hydrodynamics in Lake Okeechobee during the late summer. Journal of engineering mechanics, 133(8):899–910.

Jin, K.R. and Wang, K.H. (1998) Wind generated waves in Lake Okeechobee. J AWRA, 34(6):1–12.

Johansen, O., Rye, H., and Cooper, C. (2003) DeepSpill–Field study of a simulated oil and gas blowout in deep water. Spill Science & Technology Bulletin, 8(5–6):433–443.

Johnson, B.H., Health, R.E., Hsieh, B.B., Kim, K.W., and Butler, H.L. (1991) User's Guide for a Three-dimensional Numerical Hydrodynamic, Salinity, and Temperature Model of Chesapeake Bay. Technical Report HL-91-20, U.S. Army Engineer Waterways Experiment Station, Hydraulic Laboratory, Vicksburg, MS.

Johnson, B.H, Kim, K., Heath, R., Hsieh, B., and Butler, L. (1993) Validation of a three-dimensional hydrodynamic model of Chesapeake Bay. Journal of Hydraulic Engineering, 119(1):2–20.

Johnson, W.R., Marshall, C.F., and Lear, E.M. (2000) Oil-Spill Risk Analysis: Pacific Outer Continental Shelf Program. Minerals Management Service, OCS Report 2000-057, 290 pp., Herndon, VA.

Johnston, C.A. (1991) Sediment and nutrient retention by freshwater wetlands: effects on surface water quality. Crit. Rev. Environ. Control, 21:491–565.

Jonathan, P. and Ewans, K. (2007) Uncertainties in extreme wave height estimates for hurricane-dominated regions. Journal of Offshore Mechanics and Arctic Engineering, 129(4):300–305.

Jones, R.N., Patwardhan, A., Cohen, S.J., Dessai, S., Lammel, A., Lempert, R.J. et al. (2014) Foundations for decision making. In: Climate Change 2014: Impacts, Adaptation, and Vulnerability. Part A: Global and Sectoral Aspects. Contribution of Working Group II to the Fifth Assessment Report of the Intergovernmental Panel on Climate Change (Eds C.B. Field, V.R. Barros, D.J. Dokken, K.J. Mach, M.D. Mastrandrea & T.E. Bilir et al.), pp. 195–228. Cambridge University Press, Cambridge, U.K. and New York, NY, U.S.A.

Jones, W.P. and Launder, B.E. (1972) The prediction of laminarization with a two-equation model of turbulence. International Journal of Heat and Mass Transfer, 15:301–314.

Jørgensen, S.E., Löffler, H., Rast, W., and Straškraba, M. (2005) Land and Reservoir Management. Elsevier B.V., Amsterdam, the Netherlands.

Juston, J.M. and DeBusk, T.A. (2006) Phosphorus mass load and outflow concentration relationships in stormwater treatment areas for Everglades restoration. Ecol. Eng., 26(3):206–223.

Juston, J.M. and DeBusk, T.A. (2011) Evidence and implications of the background phosphorus concentration of submerged aquatic vegetation wetlands in Stormwater Treatment Areas for Everglades restoration. Water Resour. Res., 47(1).

Juston, J. M., DeBusk, T.A., Grace, K.A., and Jackson, S.D. (2013) A model of phosphorus cycling to explore the role of biomass turnover in submerged aquatic vegetation wetlands for Everglades restoration. Ecological Modelling, 251:135–149.

Kadlec, R.H. (1997) An autobiotic wetland phosphorus model. Ecological Engineering, 8(2):145–172.

Kadlec, R.H. (1999) Chemical, physical and biological cycles in treatment wetlands. Water Science and Technology, 40(3):37–44.

Kadlec, R.H. (2006) Water temperature and evapotranspiration in surface flow wetlands in hot arid climate. Ecological Engineering, 26:328–340.

Kadlec, R.H. and Hey, D.L. (1994) Constructed wetlands for river quality improvement. Water Science and Technology, 29(4):159–168.

Kadlec, R.H. and Robbins, J.A. (1984) Sedimentation and sediment accretion in Michigan coastal wetlands. Journal of Chemical Geology, 44(1):119–150.

Kadlec, R.H. and Wallace, S.D. (2009) Treatment Wetlands, second ed. CRC Press, Boca Raton, FL.

Kadlec, R.H., Williams, R.B., and Scheffe, R.D. (1987) Wetland evapotranspiration in temperate and arid climates. In: Ecology and Management of Wetlands, Hook D.D. (ed.) Croom Helm, Beckenham, United Kingdom, pp. 146–160.

Kalff, J. (2002) Limnology. Prentice Hall, Old Tappan, NJ.

Kalin, L. and Hantush, M.M. (2003) Evaluation of sediment transport models and comparative application of two watershed models. EPA/600/R-03/139, US Environmental Protection Agency, Office of Research and Development, National Risk Management Research Laboratory.

Kang, S.W., Sheng, Y.P., and Lick, W. (1982) Wave action and bottom shear stress in Lake Erie. Journal of Great Lakes Research, 8(3):482–494.

Kantawanichkul, S., Somprasert, S., Aekasin, U., and Shutes, R.B.E. (2003) Treatment of agricultural wastewater in two experimental combined constructed wetland systems in a tropical climate. Water Sci. Technol., 48 (5):199–205.

Kar, D. (2013) Wetlands and Lakes of the World. New Delhi, Springer.

Katz, R.W. (2010) Statistics of extremes in climate change. Clim. Change, 100:71–76.

Katz, R.W., Brush, G.S., and Parlange, M.B. (2005) Statistics of extremes: modeling ecological disturbances. Ecology, 86(5):1124–1134.

Katz, R.W., Parlange, M.B., and Naveau, P. (2002) Statistics of extremes in hydrology. Adv. Water Resour., 25:1287–1304.

Kazezyılmaz - Alhan, C.M., Medina, M.A., and Richardson, C.J. (2007) A wetland hydrology and water quality model incorporating surface water/groundwater interactions. Water Resources Research, 43(4).

Keddy, P.A. (2000) Wetland Ecology: Principles and Conservation. Cambridge, UK: Cambridge University Press.

Kelderman, P., Ang'weya, R. O., De Rozari, P., and Vijverberg, T. (2012) Sediment characteristics and wind-induced sediment dynamics in shallow Lake Markermeer, the Netherlands. Aquatic Sciences, 74: 301–313.

Kelly, C.E. (2005) Personal communication. Florida Department of Environmental Protection, Tallahassee, Florida.

Kemp, P. and Simons, R.R. (1982) The interaction between waves and a turbulent current: waves propagating against the current. Journal Fluid Mechanics, 130:73–89.

Kenworthy, W.J. and Haunert, D.E. (1991) The light requirements of seagrasses. Proceedings of a Workshop to Examine the Capability of Water Quality Criteria, Standards and Monitoring Programs to Protect Seagrasses. NOAA Technical Memorandum NMFS-SEFC-287, NOAA.

Kim, C.K. and Park, K. (2012) A modeling study of water and salt exchange for a micro-tidal, stratified northern Gulf of Mexico estuary. Journal of Marine Systems, 96:103–115.

Kimmel, B.L., Lind, O.T., and Paulson, L.J. (1990) Reservoir primary production. In: Thornton K.W., Kimmel B.L., Payne F.E., eds. Reservoir Limnology: Ecological Perspectives. New York: Wiley-Interscience, 133–193.

Kineke, G.C., Sternberg, R.W., Trowbridge, J.H., and Geyer, W.R. (1996) Fluid-mud processes on the Amazon continental shelf, Cont. Shelf Res., 16(5/6):667–696.

Kirby, R.R., Hobbs, C.H., and Metha, A.J. (1989) Fine Sediment Regime of Lake Okeechobee, Florida. UFL/COEL-89/009, Coastal and Oceanographic Engineering Department, University of Florida, Gainesville, Florida.

Kivaisi, A.K. (2001) The potential for constructed wetlands for wastewater treatment and reuse in developing countries: a review. Ecological Engineering, 16(4):545–560.

Kleinosky, L.R., Yarnal, B., and Fisher, A. (2007) Vulnerability of Hampton Roads, Virginia to storm-surge flooding and sea-level rise. Nat. Hazards, 40:43–70.

Knight, R.L., Ruble, R.W., Kadlec, R.H., and Reed, S. (1993) Wetlands for Wastewater Treatment Performance Database. Chapter 4. in Constructed Wetlands for Water Quality Improvement. G. Moshiri (Ed.). Lewis Publisher. Boca Raton, FL.

Knudsen, M. (1900) Ein Hydrographische Lehrsatz. Annalen der Hydrographie und Marinen Meteorologie, 28:316–320.

Koerselman, W. and Beltman, B. (1988) Evapotranspiration from fens in relation to Penman's potential free water evaporation (Eo) and pan evaporation. Aquatic Botany, 31:307–320.

Komor, S.C. (1999) Water chemistry in a nutrient and sediment control system near Owasco, New York. Water Resources Impact, 1(6):19–21.

Kott, U. (1982) Chemical factors. Symposium on the survival of pathogens in the natural environment. XIII

International Congress of Microbiology, Boston, Massachusetts.

Kranenburg, C. (1994) The fractal structure of cohesive sediment aggregates. Estuarine, Coastal and Shelf Science, 39:451–460.

Krause, P., Boyle, D.P., and Bäse, F. (2005) Comparison of different efficiency criteria for hydrological model assessment. Advances in Geosciences, 5:89–97.

Kumagai, M. (1988) Predictive model for resuspension and deposition of bottom sediment in a lake. Japan. Journal of Limnology, 49(3):185–200.

Kumagai, M., Asada, Y., and Nakano, S. (1998) Gyres measured by ADCP in Lake Biwa. Coastal and Estuarine Studies, 54:199–208.

Kusler, J.A. and Kentula, M.E. (1990) Executive summary. In: Kusler, J.A., Kentula, M.E. (Eds.), Wetland Creation and Restoration: The status of the Science. Island Press, Washington, DC, USA.

Kyambadde, J., Kansiime, F., Gumaelius, L., and Dalhammar, G. (2004) A comparative study of Cyperus papyrus and Miscanthidium violaceum-based constructed wetlands for wastewater treatment in a tropical climate. Water Res., 38:475–485.

LaBelle, R.P. (2001) Overview of U. S. Minerals Management Service activities in deepwater research, Mar. Pollut. Bull., 43:256–261.

LaBelle, R.P. and Anderson, C.M. (1985) The application of oceanography to oil-spill modeling for the outer continental shelf oil and gas leasing program. Marine Technology Society Journal, 19(2):19–26.

LaBelle, R.P., Samuels, W.B., and Amstutz, D.E. (1984) An examination of the Argo Merchant oil spill incident using a probabilistic oil spill model, Presented at the 47th Annual Meeting of the American Society of Limnology and Oceanography, Vancouver, B.C., June 11–14, 1984.

Lahlou, M., Shoemaker, L., Choudhury, S., Elmer, R., Hu, A., Manguerra, H., and Parker, A. (1998) Better Assessment Science Integrating Point and Nonpoint Sources. BASINS, Version 2.0 User's Manual. EPA-823-B-98-006, U.S. EPA, Washington, D.C. 65 pp.

Laing, J. (2015) Relationships between redox potential and sediment organic matter characteristics and consequences for restoration of aquatic vegetation. In 2015 AGU Fall Meeting.

Lane, E.W. and Koelzer, V.A. (1953) Density of sediments deposited in reservoirs, Report No.9, A study of Methods Used in Measurement and Analysis of Sediment Loads in Streams, Engineering District, St. Paul, MN, USA.

Lanfear, K.J. and Amstutz, D.E. (1983) A reexamination of occurrence rates for accidental oil spills on the U.S. Outer Continental Shelf: Proceedings of the Eighth Conference on the Prevention, Behavior, Control, and Cleanup of Oil Spills, San Antonio, Texas, February 28–March 3, 1983.

Large, W.G., McWilliams, J.C., and Doney, S.C. (1994) Oceanic vertical mixing: a review and a model with a nonlocal boundary layer parameterization. Reviews in Geophysics, 32:363–403.

Large, W.G. and Yeager, S.G. (2009) The global climatology of an interannually varying air sea flux data set. Climate Dynamics, 33(2–3):341–364.

Laws, E.A. and Chalup, M.S. (1990) A microalgal growth model. Limnology and Oceanography, 35(3):597–608.

Lee, C.G., Fletcher, T.D., and Sun, G. (2009) Nitrogen removal in constructed wetland systems. Engineering in Life Sciences, 9(1):11–22.

Lee, C.M., Jones, B.H., Brink, K.H., Arnone, R., Gould, R., Dorman, C., and Beardsley, R. (2000) Upper Ocean Response to Cold Air Outbreaks in the Japan/East Sea: Sea Soar Surveys at the Subpolar Front. Presented on 18 Dec. 2000 at the American Geophysics Union Meeting, San Francisco, CA.

Leendertse, J.J. and Gritton, E.C. (1971) A Water Quality Simulation Model of Well Mixed Estuaries and Coastal Seas. Vol. 2, Computational Procedures. Rand Corporation, Report R-708-NYC, New York, 53 pp.

Lemmin, U. and D'Adamo, N. (1996) Summertime winds and direct cyclonic circulation: observations from Lake Geneva. Annales Geophysicae, 14:1207–1220.

Lettenmaier, D.P., Wallis, J.R., and Wood, E.F. (1987) Effect of regional heterogeneity on flood frequency estimation. Water Resour. Res., 23(2):313–323.

Lewis, W.M. (2001) Wetlands Explained: Wetland Science, Policy, and Politics in America. Oxford University Press, New York.

Lick, W. (2006) The sediment-water flux of HOCs due to "diffusion" or is there a well-mixed layer? If there is, does it matter? Environnemental Science & Technology, 40 (18):5610–5617.

Lick, W., Huang, H.N., and Jepsen, R. (1993) Flocculation of fine-grained sediments due to differential settling. Journal of Geophysical Research-Oceans, 98:10279–10288.

Lick, W., Jin, L.J., and Gailani, J. (2004) Initiation of movement of quartz particles. Journal of Hydraulic Engineering, 130 (8):755–761.

Lick, W., Lick, J., and Ziegler, C.K. (1994) The resuspension and transport of fine-grained sediments in Lake Erie. Journal of Great Lakes Research, 20 (4):599–612.

Lick, W., Ziegler, C.K., and Tsai, C. (1987) Resuspension, Deposition and Transport of Fine-gained Sediments in Rivers and Near-shore Areas. Prepared for the USEPA Large Lakes Research Station, Grosse Lie, Michigan.

Lide, R.F., Meentemeyer, V.G., Pinder, J.E., and Beatty, L.M., (1995) Hydrology of a Carolina bay located on the upper coastal plain of western South Carolina. Wetlands, 15(1):47–57.

Limno-Tech (1993) Field Application of a Steady State Mass Balance Model to Heavy Metals in the Blackstone River. Technical Report, Limno-Tech, Inc., Ann Arbor, Michigan.

Linacre, E.T. (1976) Swamps. In: Vegetation and Atmosphere, Volume II: Case Studies, Monteith J.L. (ed.), Academic Press: London, United Kingdom, pp. 329–347.

Liu, Y.Y., Weisberg, R.H., Hu, C.C., Kovach, C.C., and RiethmüLler, R.R. (2011) Evolution of the Loop Current system during the Deepwater Horizon oil spill event as observed with drifters and satellites. Monitoring and Modeling the Deepwater Horizon Oil Spill: A Record-Breaking Enterprise, pp. 91–101.

Lloyd, S. (1997) Influence of Macrophytes on Sediment Deposition and Flow Pattern within a Stormwater Pollution Control Wetland. M. Eng. Sci. Thesis, Monash University (Victoria, Australia).

Lopes, J. F., Cardoso, A. C., Moita, M. T., Rocha, A. C., and Ferreira, J. A. (2009) Modelling the temperature and the phytoplankton distributions at the Aveiro near coastal zone, Portugal. Ecological Modeling, 220:940–961.

Luettich, Jr., R.A., Harleman, D.R.F., and Somlyódy, L. (1990) Dynamic behavior of suspended sediment concentrations in a shallow lake perturbed by episodic wind events. Limnology and Oceanography, 35(5):1050–1067.

Lugo-Fernandez, A., Morin, M.V., Ebesmeyer, C.C., and Marshall, C.F. (2001) Gulf of Mexico historic (1955−1987) surface drifter data analysis. J. Coast. Res., 17:1–16.

Lumley, J.L. (1978) Two-phase and non-Newtonian flows. Topics in Applied Physics, 12:289–324.

Lung, W.-S. (2001) Water Quality Modeling for Wasteload Allocations and TMDLs, New York: John Wiley & Sons, Inc.

Lvovich, M. J. (1971) World water balance. In: Symposium on world water balance, UNESCO/IAHS publication 93, Paris, France.

MacIntyre, S., Lick, W., and Tsai, C.H. (1990) Variability of entrainment of cohesive sediments in freshwater. Biogeochemistry, 9:187–209.

Madsen, O.S. (1993) Sediment Transport Outside the Surf Zone. Technical Report, U.S. Army Engineer Waterways Experiment Station, Vicksburg, Mississippi.

Malmaeus, J.M. and Hakanson, L. (2003) A dynamic model to predict suspended particulate matter in lakes. Ecological Modelling, 167(3):247–262.

Malone, T.C., Conley, D.J., Fisher, T.R., Gilbert, P.M., Harding, L.W., and Sellner, K.G. (1996) Scales of nutrient-limited phytoplankton productivity in Chesapeake Bay. Estuaries, 19(2B):371–385.

Maltby, E. and Turner, R.E. (1983) Wetlands of the world. Geogr. Mag., 55:12–17.

Mantz, P.A. (1977) Incipient transport of fine grains and flakes by fluids: extended shields diagram. Journal of the Hydraulics Division (ASCE), 103(HY6):601–615.

Marchesiello, P., McWilliams, J.C., and Shchepetikin, A. (2001) Open boundary conditions for long-term integration of regional oceanic models. Ocean Modeling, 3(1/2):1–20.

Maréchal, D. (2004) A soil-based approach to rainfall-runoff modeling in ungauged catchments for England and Wales, Ph.D. thesis, Cranfield University, UK.

Martin, E.H. and Smoot, J.L. (1986) Constituent-Load Changes in Urban Stormwater Runoff Routed Through a Detention Pond-Wetlands System in Central Florida. US Geological Survey.

Martin, J.L. and McCutcheon, S.C. (1999) Hydrodynamics and transport for water quality modeling. Boca Raton, FL: Lewis Publishers.

Matthews, E. and Fung, I. (1987) Methane emissions from natural wetlands: global distribution, area, and environmental characteristics of sources. Global Biogeochem Cycles, 1:61–86.

Mazda, Y., Magi, M., Ikeda, Y., Kurokawa, T., and Asano, T. (2006) Wave reduction in a mangrove forest dominated by Sonneratia sp. Wetlands Ecology and Management, 14(4):365–378.

McAnally, W.H., Friedrichs, C., Hamilton, D., Hayter, E., Shresthar, P., Rodriguez, H., Sheremet, A., and Teeter, A. (2007) Management of fluid mud in estuaries, bays, and lakes. 1. Present state of understanding on character and behavior. J. Hydraul. Eng., 133(1):9–22.

McGinn, J.M. (1981) A sediment control plan for the Blackstone River. Department of Environmental Quality Engineering, Office of Planning and Program Management, Department of Environmental Quality Engineering, Boston, MA.

McNeil, A.J. (1997) Estimating the tails of loss severity distributions using extreme value theory. ASTIN Bull., 27:117–137.

McNeil, A.J., Frey, R., and Embrechts, P. (2005) Quantitative Risk Management: Concepts, Techniques and Tools. Princeton University Press: Princeton, NJ.

McNeil, A.J. and Saladin, T. (1997) The peaks over thresholds method for estimating high quantiles of loss distributions. In Proceedings of 28th International ASTIN Colloquium, pp. 23–43.

McNeil, J., Taylor, C., and Lick, W. (1996) Measurements of erosion of undisturbed bottom sediments with depth. Journal of Hydraulic Engineering, 122 (6):316–324.

Melby, J.A., Nadal-Caraballo, N.C., Pagan-Albelo, Y., and Ebersole, B.A. (2012) Wave Height and Water Level Variability on Lakes Michigan and St. Clair. Vicksburg, Mississippi: U.S. Army Engineer Research and Development Center, ERDC/CHL TR-12-23, 182 p.

Mellor, G.L. and Ezer, T. (1990) A Gulf Stream model and an altimetry assimilation scheme. J. Geophys. Res., 96:8779–8795.

Mellor, G.L. and Kantha, L. (1989) An ice-ocean coupled model. Journal of Geophysical Research, 94:10937–10954.

Méndez, F.J., Menéndez, M., Luceño, A., and Losada, I.J. (2007) Analyzing monthly extreme sea levels with a time-dependent GEV model. Journal of Atmospheric and Oceanic Technology, 24(5):894–911.

Metha, A.J. (1991) Lake Okeechobee phosphorus dynamics study: Sediment Characterization - Resuspension and Deposition Rates; Vol. IX., South Florida Water Management District, West Palm Beach, FL.

Mehta, A.J. (1996) Interaction between fluid mud and water waves. Environmental Hydraulics. Singh, V.P. and Hager, W.H. (eds.), 153–187. Kluwer Academic Publishers, Netherlands.

Mehta, A.J. (2002) Mudshore dynamics and controls. Muddy coasts of the world: Processes, deposits and function, T.

Healy, Y. Wang, and J.-A. Healy, eds., Elsevier, Amsterdam, 19–60.

Mei, C.C., Fan, S., and Jin, K.R. (1997) Resuspension and transport of fine sediments by waves. Journal of Geophysical Research, 102(C7):15807–15821.

Mellor, G.L. (1998) User's Guide for a Three-Dimensional, Primitive Equation, Numerical Ocean Model. Atmospheric and Ocean Sciences Program, Princeton University, Princeton, NJ.

Mellor, G.L., Ezer, T., and Oey, L.Y. (1994) The pressure gradient conundrum of sigma coordinate ocean models. Journal of Atmospheric and Oceanic Technology, 11(4):1126–1134.

Mellor, G.L., Oey, L.-Y., and Ezer, T. (1998) Sigma coordinate pressure gradient errors and the seamount problem. Journal of Atmospheric and Oceanic Technology, 15:1122–1131.

Mellor, G.L. and Yamada, T. (1982) Development of a turbulence closure model for geophysical fluid problems. Review of Geophysics and Space Physics, 20:851–875.

Meyer-Peter, E. and Muller, R. (1948) Formulas for bed-load transport. Proceedings of the International Association of Hydraulic Structures Research, Report of Second Meeting, Stockholm, 39–64.

Miao, S.L. and Sklar, F.H. (1998) Biomass and nutrient allocation of sawgrass and cattail along a nutrient gradient in the Florida Everglades. Wetlands Ecology and Management, 5:245–263.

Millie, D.F., Carrick, H.J., Doering, P.H., and Steidinger, K.A. (2004) Intra-annual variability of water quality and phytoplankton in the North Fork of the St. Lucie River Estuary, Florida (USA): a quantitative assessment. Estuarine, Coastal and Shelf Science, 61:137–149.

Min, J.-H., Puadel, R., and Jawitz, J.W. (2011) Mechanistic biogeochemical model applications for Everglades restoration: a review of case studies and suggestions for future modelling needs. Critical Reviews in Environment Science and Technology, 41(S1):489–516.

Miller, A. (1999) Personal communication. U.S. Army Corps of Engineers, Tulsa, Oklahoma District.

Miller, G.T. (1990) Living in the Environment: An Introduction to Environmental Science. 6th ed. Wadsworth Publishing Company, Belmont, California.

Millie D.F., Carrick H.J., Doering, P.H., and Steidinger, K.A. (2004) Intra-annual variability of water quality and phytoplankton in the North Fork of the St. Lucie River Estuary, Florida (USA): a quantitative assessment. Estuarine, Coastal and Shelf Science, 61:137–149.

Mirecki, J.E. (2004) Water-quality changes during cycle tests at aquifer storage recovery (ASR) systems of south Florida (No. ERDC/EL-TR-04-8). ENGINEER RESEARCH AND DEVELOPMENT CENTER VICKSBURG MS ENVIRONMENTAL LAB.

Mitsch, W.J. and Gosselink, J.G. (2007) Wetlands. 4th edition. Wiley, New York.

Miznot, C. (1968) A study of the physical properties of different very fine sediments and their behavior under hydrodynamic action. La Houille Blanche, 7:591–620.

Mohlenbrock, R.H. (1992) Western wetland flora: Field office guide to plant species. hosted by the USDA-NRCS PLANTS Database / USDA NRCS. West Region, Sacramento.

Möller, I., Spencer, T., French, J.R., Leggett, D.J., and Dixon, M. (1999) Wave transformation over salt marshes: a field and numerical modelling study from North Norfolk, England. Estuarine, Coastal and Shelf Science, 49(3):411–426.

Monod, J. (1949) The growth of bacterial cultures. Annual Review of Microbiology, 3:371–394.

Moore, P.A., Reddy, D.R., and Fisher, M.M. (1998) Phosphorus flux between sediment and overlying water in Lake Okeechobee, Florida: spatial and temporal variations. Journal of Environmental Quality, 27:1428–1439.

Morel, F. (1983) Principles of Aquatic Chemistry. New York, NY: John Wiley & Sons, 446 pp.

Moriasi, D.N., Arnold, J.G., Van Liew, M.W., Bingner, R.L., Harmel, R.D., and Veith, T.L. (2007) Model evaluation guidelines for systematic quantification of accuracy in watershed simulations. Transactions of the ASABE, 50(3):885–900.

Morris, F.R. (1987) Modeling of Hydrodynamics and Salinity in the St. Lucie Estuary. South Florida Water Management District, Technical Publication 87, West Palm Beach, FL.

Morrison, J.E. and Smith, J.A. (2002) Stochastic modeling of flood peaks using the generalized extreme value distribution. Water Resour. Res., 38(12):1305.

Moustafa, M.Z. (1998) Long-term equilibrium phosphorus concentrations in the Everglades as predicted by Vollenweider-type model. J. Am. Water Res. Assoc., 34 (1):135–147.

Moustafa, M.Z. and Hamrick, J.M. (2000) Calibration of the wetland hydrodynamic model to the Everglades nutrient removal project. Water Quality and Ecosystem Modeling, 1:141–167.

Munson, R.K., Roy, S.B., Gherini, S.A., MacNeill, A.L., Hudson, R.J.M., and Blette, V.L. (2002) Model prediction of the effects of changing phosphorus loads on the Everglades Protection Area. Water, Air and Soil Pollution, 134:255–273.

Murphy, T.P., Hall, K.J., and Yesaki, I. (1983) Coprecipitation of phosphate with calcite in a naturally eutrophic lake. Limnology and Oceanography, 28(1):58–69.

Nadal-Caraballo, N.C., Melby, J.A., and Gonzalez, V.M. (2016) Statistical analysis of historical extreme water levels for the U.S. North Atlantic coast using Monte Carlo life-cycle simulation. Journal of Coastal Research, 32(1):35–45.

NALMS. (1992) Developing Eutrophication Standards for Lakes and Reservoirs. North American Lake Management Society, Report prepared by the Lake Standards Subcommittee, Alachua, FL. 51 pp.

National Ocean Service. (2011) The Gulf of Mexico at a Glance, a Second Glance. US Department of Commerce, Washington, DC.

NCDHOSOD. (2011) Deep Water: The Gulf Oil Disaster; the Future of Offshore Drilling; National Commission on the

BP Deepwater Horizon Oil Spill and Offshore Drilling; Report to the President.

NDEQ. (1996) Title 117-Nebraska Surface Water Quality Standards. Nebraska Department of Environmental Quality, Lincoln, Nebraska.

Negusse, S.M. and Bowen, J.D. (2010) Application of three-dimensional hydrodynamic and water quality models to study water hyacinth infestation in Lake Nokous, Benin. In Estuarine and Coastal Modeling: Proceedings of the 11th International Conference (Spaulding, M. L., ed.), ASCE. pp. 409–427.

Nelson, J.R., Grubesic, T.H., Sim, L., Rose, K., and Graham, J. (2015) Approach for assessing coastal vulnerability to oil spills for prevention and readiness using GIS and the Blowout and Spill Occurrence Model. Ocean & Coastal Management, 112:1–11.

Nepf, H.M. (1999) Drag, turbulence, and diffusion in flow through emergent vegetation. Water Resources Research, 35(2):479–489.

Nepf, H.M. (2012) Flow and transport in regions with aquatic vegetation. Annual Review of Fluid Mechanics, 44:123–142.

Nepf, H.M. and Ghisalberti, M. (2008) Flow and transport in channels with submerged vegetation. Acta Geophysica, 56(3):753–777.

Newman, S., Grace, J.B., and Koebel, J.W. (1996) Effects of nutrients and hydroperiod on Typha, Cladium, and Eleocharis: implications for Everglades restoration. Ecol. Applic., 6:774–783.

Nicholls, R.J. (2004) Coastal flooding and wetland loss in the 21st century: changes under the SRES climate and socio-economic scenarios. Glob. Environ. Change, 14:69–86.

Nichols, D.S. (1983) Capacity of natural wetlands to remove nutrients from wastewater. J. Water Pollut. Control Fed., 55:495 – 505.

Nicholson, J. and O'Connor B.A. (1986) Cohesive sediment transport model. J. Hydraulic Engineering, 112(7): 621–640.

Nikora, V. (2010) Hydrodynamics of aquatic ecosystems: an interface between ecology, biomechanics and environmental fluid mechanics. River Research and Applications, 26(4):367–384.

Nishihara, G.N. and Ackerman, J.D. (2006) The effect of hydrodynamics on the mass transfer of dissolved inorganic carbon to the freshwater macrophyte Vallisneria americana. Limnology and Oceanography, 51:2734–2745.

Nishihara, G. N. and Ackerman, J. D. (2008) Mass transport in aquatic environments. Fluid Mechanics of Environmental Interfaces, 299–326.

Nix, J.S. (1990) Mathematical modeling of the combined sewer system. Chapter 2 in Control and treatment of combined sewer overflows, ed. P.E. Moffa, pp. 23–78. New York, NY: Van Nostrand Reinhold Company.

NOAA (2002) Trajectory Analysis Handbook. National Oceanic and Atmospheric Administration, NOAA Ocean Service, Seattle, Washington.

Noe, G.B., Childers, D.L., and Jones, R.D. (2001) Phosphorus biogeochemistry and the impact of phosphorus enrichment: why is the everglades so unique?. Ecosystems, 4:603–624.

Nolte and Associates. (1998) Sacramento Regional Wastewater Treatment Plant Demonstration Wetlands Project, 1997 Annual Report to Sacramento Regional County Sanitation District, Nolte and Associates: Sacramento, California.

Nortek, A.S. (2005) Vector current meter; user manual. Nortek AS, Rud, Norway.

Novak, V. and Vidovic, J. (2003) Transpiration and nutrient uptake dynamics in Maize (Zea mays L.). Ecological Modelling, 166(1–2):99–107.

Novitzki, R.P. (1979) Hydrologic characteristics of Wisconsin's wetlands and their influence on floods, stream flow, and sediment. In: Greeson, P.E., and Clark, J.R., eds., Wetland functions and values--The state of our understanding: Minneapolis, Minn., American Water Resources Association, 674 p.

NPDES. (2012) NPDES permit No. FL0778451-001-GL7A/RA.

NRC. (1983) Fundamental Research on Estuaries: the Importance of an Interdisciplinary Approach. National Research Council. National Academy Press, Washington, DC.

NRC. (2000) Clean Coastal Waters: Understanding and Reducing the Effects of Nutrient Pollution. National Research Council. Washington, DC: National Academy Press.

NSC. (1998) Coastal Challenges: A Guide to Coastal and Marine Issues. National Safety Council, Washington, DC.

Nungesser, M. and Chimney, M. (2001) Evaluation of phosphorus retention in a south Florida treatment wetland. Water Sci. Technol., 44(11–12):109–115.

O'Connor, D.J. (1988) Models of sorptive toxic substances in freshwater systems. I: Basic equations. Journal of Environmental Engineering, 114 (3):507–532.

O'Connor, D.J. and Dobbins, W.E. (1958) Mechanism of reaeration in natural streams. Transactions ASCE, 123:641–684.

ODEQ. (2000) Continuing Planning Process. 1999–2000 edition. Oklahoma Department of Environmental Quality, Oklahoma, OK.

Oey, L.-Y. (2005) A wetting and drying scheme for POM. Ocean Modeling, 9:133–150.

Oey, L.-Y. (2006) An OGCM with movable land-sea boundaries. Ocean Modeling, 13:176–195.

Oey, L.-Y. (2007) Lagrangian Data Assimilation in Ocean Model Calculations. Final Report, OCS Study MMS 2007-028, U.S. DOI Minerals Management Service, Herndon, Virginia. 80 pp.

Oey, L.Y., Ezer, T., Hu, C., and Muller-Karger, F.E. (2007) Baroclinic tidal flows and inundation processes in Cook Inlet, Alaska: numerical modeling and satellite observations. Ocean Dynamics. 57:205–221.

Oey, L.-Y., Hamilton, P., and Lee, H.-C. (2003a) Modeling and data-analyses of circulation processes in the Gulf of Mexico. Minerals Management Service, OCS Report MMS 2003–074, Herndon, VA.

Oey, L.-Y. and Lee, H.-C. (2002) Deep eddy energy and topographic Rossby waves in the Gulf of Mexico. J. Phys.

Oceanogr., 32:3499–3527.

Oey, L.-Y., Lee, H.-C., and Schmitz Jr., W.J. (2003b) Effects of wind and Caribbean eddies on the frequency of loop current eddy shedding: a numerical model study. J. Geophys. Res., 108:3324–3348.

Ohrel, Jr., R.L. and Register, K.M. (2006) Volunteer Estuary Monitoring: A Methods Manual, Second Edition. EPA-842-B-06-003, U.S. Environmental Protection Agency, Office of Water, Washington, DC.

Olila, O.G. and Reddy, K.R. (1993) Phosphorus sorption characteristics of sediments in shallow eutrophic lakes of Florida. Archiv fuer Hydrobiologie, 129:45–65.

Orlanski, I. (1976) A simple boundary condition for unbounded hyperbolic flows. Journal of Computational Physics, 21:251–269.

Orth, R.J., Williams, M.R., Marion, S.R., Wilcox, D.J., Carruthers, T.J., Moore, K.A., Kemp, W.M., Dennison, W.C., Rybicki, N., Bergstrom, P., and Batiuk, R.A. (2010) Long-term trends in submersed aquatic vegetation (SAV) in Chesapeake Bay, USA, related to water quality. Estuaries and Coasts, 33(5):1144–1163.

Ostrovsky, I., Yacobi, Y.Z., Walline, P., and Kalikhman, I. (1996) Seiche-induced mixing: its impact on lake productivity. Limnology and Oceanography, 41:323–332.

Otsubo, K. and Muraoka, K. (1987) Field studies on physical properties of sediment and sediment resuspension in Lake Kasumigaura. Japanese Journal of Limnology, 48:s131–s138.

Owens, E.M., Bookman, R., Effler, S.W., Driscoll, C.T., Matthews, D.A., and Effler, A.J.P. (2009) Resuspension of mercury-contaminated sediments from an in-lake industrial waste deposit. Journal of Environmental Engineering, 135(7):526–534.

Owens, M., Edwards, R., and Gibbs, J. (1964) Some reaeration studies instreams. International Journal of Air and Water Pollution, 8:469–486.

OWRB, (1996) Oklahoma Water Resources Board, United States Army Corps of Engineers, and Oklahoma State University. Final Report for Cooperative “Clean-Lakes” Project, Phase I: Diagnostic and Feasibility Study on Wister Lake, Oklahoma.

Palma, E.D. and Matano, R.P. (1998) On the implementation of passive open boundary conditions for a general circulation model: the barotropic mode. Journal of Geophysical Research, 103:1319–1341.

Palma, E.D. and Matano, R.P. (2000) On the implementation of passive open boundary conditions for a general circulation model: the three-dimensional case. Journal of Geophysical Research, 105:8605–8628.

Pan, H., Avissar, R., and Haidvogel, D.B. (2002) Summer circulation and temperature structure of Lake Kinneret. Journal of Physical Oceanography, 32:295–313.

Park, K., Jung, H.S., Kim, H.S., and Ahn, S.M. (2005) Three-dimensional hydrodynamic-eutrophication model (HEM-3D): application to Kwang-Yang Bay, Korea. Marine Environmental Research, 60(2):171–193.

Park, K., Kuo, A.Y., Shen, J., and Hamrick, J.M. (1995) A Three-dimensional Hydrodynamic-Eutrophication Model (HEM3D): Description of Water Quality and Sediment Processes Submodels. The College of William and Mary,

Virginia Institute of Marine Science. Special Report 327, 113 pp.

Park, S.W., Kim, J.H., and Kim, J.K. (2016) Mobile MGIS Study for the Seomjin River Estuary. Journal of Fisheries and Marine Sciences Education, 28(1):172–179.

Parker, W.R. and Kirby, R. (1982) Time dependent properties of cohesive sediment relevant to sedimentation management - European experience. Estuarine Comparisons, V. S. Kennedy, ed., New York, NY: Academic Press, pp. 573–590.

Pastres, R. and Ciavatta, S. (2005) A comparison between the uncertainties in model parameters and in forcing functions: its application to a 3D water quality model. Environmental Modeling & Software, 20:981–989.

Paudel, R., Grace, K.A., Galloway, S., Zamorano, M., and Jawitz, J.W. (2013) Effects of hydraulic resistance by vegetation on stage dynamics of a stormwater treatment wetland. Journal of Hydrology, 484:74–85.

Paudel, R. and Jawitz, J.W. (2012) Does increasing model complexity improve description of phosphorus dynamics in a large treatment wetland. Ecological Engineering, 42:283–294.

Paudel, R., Min, J., and Jawitz, J.W. (2010) Management scenario evaluation for a large treatment wetland using a spatio-temporal phosphorus transport and cycling model. Ecological Engineering, 36:1627–1638.

Philip Williams & Associates. (1988) Sedimentation Processes in Morro Bay, California. Prepared for Coastal San Luis Resource Conservation District. Philip Williams and Associates, San Francisco, CA.

Phillips, N.A. (1957) A coordinate system having some special advantage for numerical forecasting. Journal of Meteorology, 14:184–185.

Phlips, E.J., Aldridge, F.J., Hansen, P., Zimba, V., Inhat, J., Conroy, M., Ritter, P. (1993) Spatial and temporal variability of trophic state parameters in a shallow subtropical lake (Lake Okeechobee, Florida, USA). Arch Hydrobiol, 128:437–458.

Phlips, E.J. and Ihnat, J. (1995) Planktonic nitrogen fixation in a shallow subtropical lake (Lake Okeechobee, Florida, USA). Archiv fuer Hydrobiologie, Advances in Limnology, 45:191–201.

Phlips, J.E., Badylak, S., Hart, J., Haunert, D., Lockwood, J., O'Donnell K., Sun, D., Viveros, P., and Yilmaz, M. (2012) Climatic influences on autochthonous and allochthonous phytoplankton blooms in a subtropical estuary, St. Lucie Estuary, Florida, USA. Estuaries and Coasts, 35:335–352.

Pickands, J. III, (1975) Statistical inference using extreme order statistics. Ann. Statist., 3(1):119–131.

Pietro, K., Berzotti, R., Germain, G., and Iricanin, N. (2008) STA performance, compliance, and optimization. In: 2009 South Florida Environmental Report, chap. 5, pp. 5-1 to 5-132, South Fla. Water Manage. Dist., West Palm Beach. (Available at https://my.sfwmd.gov/portal/ page/portal/pg_grp_sfwmd_sfer/portlet_sfer/tab2236041/volume1/chapters/v1_ch_5.pdf.)

Pietro, K., Germain, G., Bearzotti, R., and Iricanin, N. (2010) Chapter 5: Performance, and optimization of the Everglades Stormwater Treatment Areas. In: SFWMD, 2010 South Florida Environmental Report. South Florida Water Management District, West Palm Beach, FL, pp. 5-1–5-158.

Preisendorfer, R.W. (1988) Principal Component Analyses in Meteorology and Oceanography. London, UK: Elsevier, 418 pp.

Press, W.H., Teukolsky, S.A., Vetterling, W.T., and Flannery, B.P. (1992) Numerical Recipes in Fortran, the Art of Scientific Computing. Second Edition, Cambridge University Press, 963 pp.

Price, J.M., Ji, Z.-G., Reed, M., Marshall, C.F., Howard, M.K., Guinasso, N.L., Johnson, W.R., and Rainey, G.B. (2003) Evaluation of an oil spill trajectory model using satellite-tracked, oil-spill-simulating drifters. In OCEANS 2003. Proceedings (Vol. 3, pp. 1303–1311). IEEE.

Price, J.M., Johnson, W.R., Ji, Z.-G., Marshall, C.F., and Rainey, G.B. (2004) Sensitivity testing for improved efficiency of a statistical oil-spill risk analysis model. Environmental Modelling and Software, 19:671-679.

Price, J.M., Reed, M., Howard, M.K., Johnson, W.R., Ji, Z.-G., Marshall, C.F., Guinasso, N.L. and Rainey, G.B. (2006) Preliminary assessment of an oil-spill trajectory model using satellite-tracked, oil-spill-simulating drifters. Environmental Modelling & Software, 21(2):258–270.

Pritchard, D.W. (1967) Observations of circulation in coastal plain estuaries. In Estuaries, Publication No 83, American Association for the Advancement of Science, Washington, DC, pp. 37–44.

Prutzman, P.W. (1913) Petroleum in Southern California. California State Mining Bureau: Sacramento, CA.

Pugh, D.T. (1987) Tides, Surges, and Mean Sea-level. New York, NY: John Wiley, 472 pp.

Qian, Y., Migliaccio, K.W., Wan, Y., Li, Y.C., and Chin, D. (2007) Seasonality of selected surface water constituents in the Indian River Lagoon, Florida. J. Environ. Qual., 36:416–425.

Quinn, J.M. (1991) Guidelines for the Control of Undesirable Biological Growths in Water. National Institute of Water and Atmospheric Research. Consultancy Report No. 6213/2.

R Development Core Team (2012) R: A Language and Environment for Statistical Computing, R Foundation for Statistical Computing, Vienna, Austria.

Ragusa, S.R., McNevin, D., Qasem, S., and Mitchell, C. (2004) Indicators of biofilm development and activity in constructed wetlands microcosms. Water Research, 38:2865–2873.

Rattray, M.R., Howard-William, C., and Brown, J.M.A. (1991) Sediment and water as sources of nitrogen and phosphorus for submerged rooted aquatic macrophytes. Aquatic Biology, 40:225–237.

Reddy, K.R. and D'Angelo, E.M. (1994) Soil process regulating water quality in wetlands. In: Global Wetlands: Old World and New, Mitsch W.J. (ed.) Elsevier, Amsterdam, The Netherlands, pp. 309–324.

Reddy, K.R., DeBusk, W.F., Wang, Y., DeLaune, R., and Koch, M. (1991) Physico-Chemical Properties of Soils in the Water Conservation Area 2 of the Everglades, Report to the South Florida Water Management District: West Palm Beach, Florida.

Reddy, K.R., DeLaune, R.D., DeBusk, W.F., and Koch, M.S. (1993) Long-term nutrient accumulation rates in the Everglades. Soil Sci. Soc. Am. J., 57:1147–1155.

Reddy, K.R., Diaz, O.A. Scinto, L.J., and Agami, M. (1995) Phosphorus dynamics in selected wetlands and streams of the Lake Okeechobee Basin. Ecol. Eng., 5:183–208.

Reddy, K.R., Kadlec, R.H., Flaig, E., and Gale, P.M. (1999) Phosphorus retention in streams and wetlands: a review. Critical reviews in environmental science and technology, 29(1):83–146.

Reddy, K.R., Patrick, W.H., and Lindau, C.W. (1989) Nitrification-denitrification at the plant-root-sediment interface. Limnol. Oceanogr., 34:1004–1013.

Reddy, K.R., Sheng, Y.P., and Jones, B.L. (1995) Lake Okeechobee Phosphorus Dynamics Study: Summary. Vol. I. Contract No. C-91-2554. Report to the South Florida Water Management District, West Palm Beach, FL.

Reed, M., Aamo, O.M., and Daling, P.S. (1995) Quantitative analysis of alternate oil spill response strategies using OSCAR. Spill Sci. Technol. Bull., 2(1):67–74.

Reed, M., Johansen, Ø., Brandvik, P.J., Daling, P., Lewis, A., Fiocco, R., Mackay, D., and Prentki, R. (1999) Oil spill modeling towards the close of the 20th century: overview of the state of the art. Spill Science and Technology Bulletin, 5:3–16.

Reed, M., Turner, C., and Feng, S.-S. (1993). Second Field Evaluation of Satellite-Tracked Surface Drifting Buoys in Simulating the Movement of Spilled Oil in the Marine Environment. Technical Report ASA 90-50. Applied Science Associates, Inc., Narragansett, RI, USA.

Reed, M., Turner, C., Odulo, A., Isaji, T., Sorstrom, S., and Mathisen, J. (1990) Field Evaluation of Satellite-Tracked Surface Drifting Buoys in Simulating the Movement of Spilled Oil in the Marine Environment. Technical Report. Applied Science Associates, Inc., Narragansett, RI, USA.

Reed, M., Turner, C., Spaulding, M., Jayco, K., Dorson, D., and Johansen, O. (1988) Evaluation of Satellite-Tracked Surface Drifting Buoys for Simulating the Movement of Spilled Oil in the Marine Environment. Technical Report. Applied Science Associates, Inc., Narragansett, RI, USA.

Reed, S.C., Crites, R.W., and Middlebrookes, E.J. (1995) Natural Systems for Waste Management and Treatment. 2nd Edition. McGraw-Hill Inc., New York.

Reiss, R.-D. and Thomas, M. (2001) Statistical Analysis of Extreme Values with Applications to Insurance, Finance, Hydrology and Other Fields. 2nd Ed., Birkhauser, Basel, Switzerland.

Rice, J.R. (1983) Numerical Methods, Software, and Analysis. New York: McGraw-Hill.

Richardson, C.J. and Craft, C.B. (1993) Efficient Phosphorus Retention in Wetlands: Fact or Fiction. In Constructed Wetlands for Water Quality Improvement, G. Moshiri (Ed.). Lewis Publishers. Boca Raton, FL.

Richardson, C.J. and Marshall, P.E. (1986) Processes controlling movement, storage and export of phosphorus in a fen peatland. Ecol. Monogr., 56:279–302.

Richardson, J.R. and Hamouda, E. (1995) GIS modeling of hydroperiod, vegetation, and soil nutrient relationships in the Lake Okeechobee marsh ecosystem. Archiv für Hydrobiologie, Advances in Limnology, 45:95–115.

Ris, R.C. (1997) Spectral Modeling of Wind Waves in Coastal Areas. Thesis Delft University of Technology, Delft University Press, Netherlands.

Rizzardi, K. (2001) Translating science into law: phosphorus standards in the Everglades. J. Land Use Environ. Law, 17(1):149 – 167.

Roberts, J.D., Jepsen, R.A., and James, S.C. (2003) Measurement of sediment erosion and transport with the adjustable shear stress erosion and transport flume. Journal of Hydraulic Engineering, 29(11):862–871.

Robson, B.J. (2014) State of the art in modelling of phosphorus in aquatic systems: review, criticisms and commentary. Environmental Modelling & Software, 61:339–359.

Rodriguez, H.N. and Mehta, A.J. (1998) Considerations on wave-induced fluid mud streaming at open coasts, in Sedimentary Processes in the Intertidal Zone, Geological Soc., Vol. 139, edited by K. S. Black, D. M. Paterson, and A. Cramp, pp. 177–186, Special Publications, London, U.K.

Rodusky, A.J. (2010) The influence of large water level fluctuations and hurricanes on periphyton and associated nutrient storage in subtropical Lake Okeechobee, USA. Aquat. Ecol., 44:797–815.

Rodusky, A.J., Sharfstein, B., East, T.L., and Maki, R.P. (2005) A comparison of three methods to collect submerged aquatic vegetation in a shallow lake. Environ Monit Assess, 110:87–97.

Rodusky, A.J., Steinman, A.D., East, T.L., Shartstein, B., and Meeker, R.H. (2001) Periphyton nutrient limitation and other potential growth-controlling factors in Lake Okeechobee, U.S.A. Hydrobiologia, 448:27–39.

Rosati, A.K. and Miyakoda, K. (1988) A general circulation model for upper ocean simulation. Journal of Physical Oceanography, 18:1601–1626.

Rossi, G. and Premazzi, G. (1991) Delay in lake recovery caused by internal loading. Water Research, 25:567–575.

Roulet, N.T. and Woo, M.K. (1986) Wetland and lake evaporation in the low arctic. Arctic and Alpine Research, 18:195–200.

Ruggiero, P., Komar, P.D., and Allan, J.C. (2010) Increasing wave heights and extreme value projections: The wave climate of the US Pacific Northwest. Coastal Engineering, 57(5):539–552.

Rybczyk, J.M., Day, J.W., and Conner, W.H. (2002) The impact of wastewater effluent on accretion and decomposition in a subsiding forested wetland. Wetlands, 22(1):18–32.

Saiers, J.E., Harvey, J.W., and Mylon, S.E. (2003) Surface-water transport of suspended matter through wetland vegetation of the Florida Everglades. Geophysical Research Letters, 30(19):1987–1991.

Samuels, W.B., Huang, N.E., and Amstutz, D.E. (1982) An oil spill trajectory analysis model with a variable wind deflection angle. Ocean Eng., 9:347–360.

Sanders, D.E.A. (2005) The modelling of extreme events. British Actuarial Journal, 11(3):519–557.

Sanford, L.P. (2008) Modeling a dynamically varying mixed sediment bed with erosion, deposition, bioturbation, consolidation, and armoring. Computers & Geosciences, 34(10): 1263–1283.

Sartini, L., Cassola, F., and Besio, G. (2015) Extreme waves seasonality analysis: An application in the Mediterranean Sea. Journal of Geophysical Research: Oceans, 120(9):6266–6288.

Scheffer, M. (1989) Alternative stable states in eutrophic shallow freshwater systems: A minimal model.

Hydrobiological Bulletin, 23:73–85.

Scheffer, M. (1998) Ecology of shallow lakes. Chapman and Hall, London.

Scheffer, M., Hosper, S.H., Meijer, M.L., Moss, B., and Jeppesen, E. (1993) Alternative equilibria in shallow lakes. Trends in Ecology & Evolution, 8(8):275–79.

Scheffer, M., van den Berg, M., Breukelaar, A., Breukers, C., Coops, H., Doef, R., and Meijer, M.L. (1994) Vegetated areas with clear water in turbid shallow lakes. Aquatic Botany, 49(2–3):193–196.

Schindler, D.W. (2012) The dilemma of controlling cultural eutrophication of lakes. Proceedings of the Royal Society of London B: Biological Sciences, 279, 4322–4333.

Schindler, D.W., Hecky, R.E., Findlay, D.L., Stainton, M.P., Parker, B.R., Paterson, M.J., Beaty, K.G., Lyng, M., and Kasian, S.E.M. (2008) Eutrophication of lakes cannot be controlled by reducing nitrogen input: results of a 37-year whole-ecosystem experiment. Proceedings of the National Academy of Sciences, 105(32):11254–11258.

Schlichting, H. and Gersten, K. (2000) Boundary-Layer Theory. Springer, New York. 801 pp.

Schnoor, J.L. (1996) Environmental Modeling: Fate and Transport of Pollutants in Water, Air, and Soil. New York, NY: John Wiley & Sons.

Schumm, S.A. (1977) The Fluvial System. New York, NY: John Wiley and Sons.

Schwab, D.J., Beletsky, D., and Lou, J. (2000) The 1998coastalturbidityplume in Lake Michigan. Estuarine, Coastal and Shelf Science, 50:49–58.

Schwegler, B.R. (1978) Effects of Sewage Effluent on Algal Dynamics of a Northern Michigan Wetland. M.S. Thesis, University of Michigan (Ann Arbor).

Seneviratne, S.I., Nicholls, D., Easterling, C.M., Goodess, S., Kanae, J., Kossin, Y. et al. (2012) Changes in climate extremes and their impacts on the natural physical environment. A Special Report of Working Groups I and II of the Intergovernmental Panel on Climate Change (IPCC). In: Managing the Risks of Extreme Events and Disasters to Advance Climate Change Adaptation (Eds C.B. Field, V. Barros, T.F. Stocker, D. Qin, D.J. Dokken & K.L. Ebi, et al.), pp. 109–230. A Special Report of Working Groups I and II of the Intergovernmental Panel on Climate Change (IPCC). Cambridge University Press, Cambridge, UK, and New York, NY, USA.

SFER. (2011) South Florida Environmental Report (SFER) 2011, South Florida Water Management District, West Palm Beach, Florida.

SFER. (2012) South Florida Environmental Report (SFER) 2012, South Florida Water Management District, West Palm Beach, Florida.

SFER. (2013) South Florida Environmental Report (SFER) 2013, South Florida Water Management District, West Palm Beach, Florida.

SFER. (2014) South Florida Environmental Report (SFER) 2014, South Florida Water Management District, West Palm Beach, Florida.

SFWMD. (1999) Focus on the St. Lucie River. South Florida Water Management District, West Palm Beach, Florida, 7 pp.

SFWMD. (2002) Lake Okeechobee Surface Water Improvement and Management (SWIM) Plan. South Florida Water Management District, West Palm Beach, Florida, 202 pp.

SFWMD. (2005) Regional Simulation Model – Theory Manual. West Palm Beach, FL: Hydrologic and Environmental Systems Modeling Section, South Florida Water Management District, West Palm Beach, Florida.

SFWMD. (2007) Operation Plan: Stormwater Treatment Area-3/4. South Florida Water Management District, Technical Report, 97 pp.

SFWMD. (2009) St. Lucie River Watershed Protection Plan. South Florida Water Management District, West Palm Beach, FL.

SFWMD. (2011) DBhydro Browser User Documentation, South Florida Water Management District, West Palm Beach, FL 33406.

SFWMD. (2014) DBHYDRO Browser User Guide, August, 2014. South Florida Water Management, West Palm Beach, Florida.

SFWMD. (2015) South Florida Environmental Report, Wet Palm Beach, Florida.

SFWMD and BPC Group. (2013) STA Water Budget Application User Guide.

SFWMD, USACE, and FDEP. (2010) Adaptive Protocols for Lake Okeechobee Operations. South Florida Water Management District, West Palm Beach, FL, United States Army Corps of Engineers, Jacksonville, FL and Florida Department of Environmental Protection, Tallahassee, FL.

Shane, R.M. and Lynn, W.R. (1964) Mathematical model for flood risk evaluation. J. Hydraul. Engng., 90:1–20.

Sharpley, A.N., Menzel, R.G., Smith, S.J., Rhoades, E.D., and Olness, A.E. (1981) The sorption of soluble phosphorus by soil material during transport in runoff from cropped and grassed watersheds. J. Environ. Qual., 10:211–215.

Shaw, S.P. and Fredine, C.G. (1956) Wetlands of the United States, Their Extent, and Their Value for Waterfowl and Other Wildlife. Circular 39. U.S. Fish and Wildlife Service, U.S. Department of Interior, Washington, DC, pp 67.

Shelton, M.L. (2009) Hydroclimatology Perspectives and Applications. Cambridge University Press, New York, NY.

Shen, J., Boon, J., and Kuo, A.Y. (1999) A numerical study of a tidal intrusion front and its impact on larval dispersion in the James River estuary, Virginia. Estuaries, 22(3A):681–692.

Shen, J., Hong, B., and Kuo, A.Y. (2013) Using timescales to interpret dissolved oxygen distributions in the bottom waters of Chesapeake Bay. Limnol. Oceanogr. Methods, 58(6):2237–2248.

Shen, J., Hong, B., Schugam, L., Zhao, Y. and White, J., (2012) Modeling of polychlorinated biphenyls (PCBs) in the Baltimore Harbor. Ecological Modelling, 242:54–68.

Shen, J., and Kuo, A.Y. (1999) Numerical investigation of an estuarine front and its associated eddy. Journal Waterway, Port, Coastal and Ocean Engineering, 125(3):127–135.

Sheng, Y.P. (1986) A Three-dimensional Mathematical Model of Coastal, Estuarine and Lake Currents Using Boundary Fitted Grid. Report No. 585, A.R.A.P. Princeton, New Jersey: Group Titan Systems, New Jersey.

Sheng, Y.P. (1991) Lake Okeechobee Phosphorus Dynamics Study: Hydrodynamics and Sediment Dynamics—A Field and Modeling Study. Vol. VII., South Florida Water Management District, West Palm Beach, FL.

Sheng, Y.P. and Chen, X.J. (1993) Lake Okeechobee Phosphorus Dynamics Study: A Three Dimensional Numerical Model of Hydrodynamics, Sediment Transport, and Phosphorus, Dynamics: theory, model development, and documentation. Final Report to South Florida Water Management District. Coastal and Oceanographic Engineering Department, University of Florida, Gainesville, FL.

Sheng, Y.P., Christian, D., and Kim, T. (2003) Indian River Lagoon pollutant load reduction model development project, volume V: a submerged aquatic vegetation (SAV) model CH3D-SAV. University of Florida, Florida.

Sheng, Y.P., Davis, R., Sun, D., Qiu, C., Christian, D., Park, K., Kim, T., and Zhang, Y. (2001) Application of an integrated modeling system for estuarine and coastal ecosystems to Indian River Lagoon, Florida. In Spaulding ML (ed) Estuarine and coastal modeling, proceedings of the 7th international conference. American Society of Civil Engineers, New York, ASCE Estuarine and Coastal Modeling, pp 329–343.

Sheng, Y.P. and Lee, H. (1991) The Effect of Aquatic Vegetation on Wind-driven Circulation in Lake Okeechobee. UFL/COEL-91/018. University of Florida, Gainesville, FL.

Sheremet, A., Jaramillo, S., Su, S.F., Allison, M.A. and Holland, K.T. (2011) Wave - mud interaction over the muddy Atchafalaya subaqueous clinoform, Louisiana, United States: Wave processes. Journal of Geophysical Research: Oceans (1978–2012), 116(C6).

Sheoran, A.S. and Sheoran, V. (2006) Heavy metal removal mechanism of acid mine drainage in wetlands: a critical review. Minerals engineering, 19(2):105–116.

Shi, J. Z., Luther, M. E., and Meyers, S. (2006) Modelling of wind wave-induced bottom processes during the slack water periods in Tampa Bay, Florida. Int. J. Numer. Methods Fluids, 52:1277–1292.

Shields, A. (1936) Application of Similarity Principles and Turbulent Research to Bed-Load Movement (translation of original in German by W. P. Ott and J. C. van Uchelen, California Institute of Technology), Mitteilungen der Preussischen Versuchsanstalt für Wasserbau und Schiffbau.

Shoemaker, L., Lahlou, M., Bryer, M., Kumar, D., and Kratt, K. (1997) Compendium of Tools for Watershed Assessment and TMDL Development. Report EPA841-B-97-006, Office of Water, U.S. Environmental Protection Agency, Washington, D.C.

Shrestha, P.A. and Orlob, G.T. (1996) Multiphase distribution of cohesive sediments and heavy metals in estuarine systems. Journal of Environmental Engineering, 122:730–740.

Sistani, K.R., Mays, D.A., and Taylor, R.W. (1999) Development of natural conditions in constructed wetlands: biological and chemical changes. Ecol. Eng., 12:125–131.

Sklar, F.H., Chimney, M.J., Newman, S., McCormick, P., Gawlik, D., Miao, S., McVoy, C., Said, W., Newman, J., Coronado, C., Cozier, G., Korvela, M., and Rutchey, K. (2005) The ecological-societal underpinnings of Everglades restoration. Frontiers in Ecology and the Environment, 3:161–169.

Smagorinsky, J. (1963) General circulation experiments with the primitive equations, Part I: the basic experiment.

Monthly Weather Review, 91:99–152.

Smith, C.S., Adams, M.S., and Gustafson, T.D. (1988) The importance of belowground mineral element stores in cattail (typha latifolia L.). Aquat. Bot., 30:343–352.

Smith, J.D. and McLean, S.R. (1977) Spatially averaged flow over a wavy bed. Journal of Geophysical Research, 82:1735–1746.

Smith, R.B. (1980) Linear theory of stratified hydrostatic flow past an isolated mountain. Tellus, 32:348–364.

Smith, R.L. (1989) Extreme value analysis of environmental time series: an application to trend detection in ground level ozone. Statistical Science, 4:367–393.

Smith, R.A., Slack, J.R., Wyant, T., and Lanfear, K.J. (1982) The Oil Spill Risk Analysis Model of the U.S. Geological Survey. Geological Survey Professional Paper 1227, United States Government Printing Office: Washington, DC.

Smith, S. and Jacobs, G. (2005) Seasonal circulation fields in the northern Gulf of Mexico calculated by assimilating current meter, shipboard, ADCP, and drifter data simultaneously with the shallow water equations. Cont. Shelf Res., 25:157–183.

Smith, V.H. and Schindler, D.W. (2009) Eutrophication science: where do we go from here? Trends in Ecology & Evolution, 24(4):201–207.

Smolarkiewicz, P.K. and Clark, T.L. (1986) The multidimensional positive definite advection transport algorithm: further development and applications. Journal of Computational Physics, 67:396–438.

Smolarkiewicz, P.K. and Grabowski, W.W. (1990) The multidimensional positive definite advection transport algorithm: nonoscillatory option. Journal of Computational Physics, 86:355–375.

Smolarkiewicz, P.K. and Margolin, L.G. (1993) On forward-in-time differencing for fluids: extension to a curvilinear framework. Monthly Weather Review, 121:1847–1859.

Snyder. R.L. and Boyd, C.E. (1987) Evapotranspiration of Eichhornia crassipes (Mart.) and Typha latifolia L. Aquatic Botany, 27:217–227.

Sommerfeld, A. (1949) Partial Differential Equations. Lecture Notes on Theoretical Physics. Vol. 6. San Diego, CA: Academic Press.

Spasojevic, M. and Holly, F.M. (1994) Three-dimensional Numerical Simulation of Mobile-bed Hydrodynamics. Contract Report HL-94-2, US Army Engineer Waterways Experiment Station, Vicksburg, MS.

Spaulding, M.L. (1988) A state-of-the-art review of oil spill trajectory and fate modeling. Oil and Chemical Pollution, 4:39–55.

Spaulding, M. L. (2016) State of the art review and future directions in oil spill modeling. (In Press)

Spaulding, M., Swanson, C., and Mendelsohn, D. (2000) Application of qualitative model-data calibration measures to assess model performance. In Estuarine and Coastal Modeling: Proceedings of the 6th International Conference (Spaulding, M. L. and Butler, H. L., eds.), ASCE, pp. 843–867.

Stanley, D. W. and Nixon, S.W. (1992) Stratification and bottom-water hypoxia in Pamlico River Estuary. Estuaries,

15:270–281.

Stedinger, J.R. and Lu, L.H. (1995) Appraisal of regional and index flood quantile estimators. Stoch. Hydrol. Hydraul., 9:49–75.

Steele, J.H. (1962) Environmental control of photosynthesis in the sea. Limnology and Oceanography, 7:137–150.

Steele, M., Mellor, G.L., and McPhee, M.G. (1989) Role of the molecular sublayer in the melting or freezing of sea ice, Journal of Physical Oceanography, 19(1):139–147.

Steinberg, S.L. and Coonrod, H.S. (1994) Oxidation of the root zone by aquatic plants growing in gravel-nutrient solution culture. J. Environ. Qual., 23:907–913.

Steinman, A.D., Havens, K.E., Carrick, H.J., and VanZee, R. (2002) The past, present, and future hydrology and ecology of Lake Okeechobee and its watersheds. In J.W. Porter and K.G. Porter [eds.], the Everglades, Florida Bay, and Coastal Reefs of the Florida Keys, an Ecosystem Restoration Sourcebook. Boca Raton, FL: CRC Press.

Steinman, A.D. and Lamberti, G.A. (1996) Biomass and pigments of benthic algae. In Methods in Stream Ecology. Hauer, F. R. and G. A. Lamberti (eds.). San Diego, CA: Academic Press, 295–313.

Stephenson, D.B. 2008. Definition, diagnosis, and origin of extreme weather and climatic events. In: Climate Extremes and Society (Eds H.F. Diaz & R.J. Murnane), pp. 11–23. Cambridge University Press, U.K.

Stevenson, F.J. (1972) Nitrogen Cycle. In Fairbridge, R. W., ed. The Encyclopedia of Geochemistry and Environmental Sciences. New York: Van Nostran Reinhold, 801–806.

Stevenson, R.J. (1996) An introduction to algal ecology in freshwater benthic habitats. In Algal Ecology: Freshwater Benthic Ecosystems. Stevenson, R. J., M. Bothwell, and R. L. Lowe (eds.).San Diego, CA: Academic Press, 3–30.

Stewart, R.J. and Kennedy, M.B. (1978) An analysis of U.S. Tanker and Offshore Petroleum Production Oil Spillage through 1975, Report to U. S. Department of the Interior, Martingale, Inc.: Cambridge, MA.

Stolzenbach, K.D., Madsen, O.S. Adams, E.E., Pollack, A.M., and Cooper, C.K. (1977). A Review and Evaluation of Basic Techniques for Predicting The Behavior Of Surface Oil Slicks: Ralph M. Parsons Laboratories, Report No. 222.

Strathmann, R.R. (1967) Estimating the organic carbon content of phytoplankton from cell volume or plasma volume. Limnology and Oceanography, 12:411–418.

Streeter, H.W. and Phelps, E.B. (1925) A study of the pollution and natural purification of the Ohio River. III: Factors concerned in the phenomena of oxidation and reaeration. Bulletin Number 146, U.S. Public Health Service.

Stumm, W. and Morgan, J.J. (1981) Aquatic Chemistry, 2d ed., New York, NY: Wiley.

Sturges, W. and Leben, R. (2000) Frequency of ring separation from the Loop Current in the Gulf of Mexico: A revised estimate. J. Phys. Oceanogr., 30:1814–1819.

Styles, R. and Glenn, S.M. (2000) Modeling stratified wave-current bottom boundary layers for the continental shelf. Journal of Geophysical Research (Ocean), 105(24):119–139.

Sun, G., Callahan, T.J., Pyzoha, J.E., and Trettin, C.C. (2006) Modeling the climatic and subsurface stratigraphy controls on the hydrology of a Carolina bay wetland in South Carolina, USA. Wetlands, 26(2):567–580.

Sundaravadivel, M. and Vigneswaran, S. (2001) Constructed wetlands for wastewater treatment. Critical Reviews in Environmental Science and Technology, 31(4):351–409.

Suthersan, S.S. (2002) Natural and Enhanced Remediation Systems. Lewis Publishers, Inc. Washington, D.C.

Svendsen, L.M. and Kronvang, B. (1993) Retention of nitrogen and phosphorus in a Danish Lowland: implications for the export from the watershed. Hydrobiologia, 251:123–135.

Sverdrup, H.V. and Munk, W.H. (1947) Wind, Sea and Swell: Theory of Relations for Forecasting, U.S. Navy Hydrographic Office Publication No. 601.

Swain, H M., Breininger, D.R., Busby, D.S., Clark, K.B., Cook, S.B., Day, R.A., De Freese, D.E., Gilmore, R.G., Hart, A.W., Hinkle, C.R., McArdle, D.A., Mikkelsen, P.M., Nelson, W.G., and Zahorcak, A.J. (1995) Introduction to the Indian River Biodiversity Conference. Bulletin of Marine Science, 57:1–7.

SWAN. (1998) SWAN Cycle 2 User Manual, Delft University of Technology, the Netherlands.

Swingbank, W.C. (1963) Longwave radiation from clear skies. Quarterly Journal of Royal Meteorological Society, 89:339–348.

Teague, W.J., Carron, M.J., and Hogan, P.J. (1990) A comparison between the generalized digital environmental model and Levitus climatologies. J. Geophy. Res., 95:7167–7183.

Tetra Tech. (1998a) Copper and Nickel Source Characterization for the Lower South San Francisco Bay TMDL Project. Report prepared for the City of San Jose. Tetra Tech, Inc., Lafayette, California.

Tetra Tech. (1998b) Analysis of Historical Thermal Data in Conowingo Pond Relative to Operations at Peach Bottom Atomic Power Station and Implications for Three-dimensional Modeling. A report to PECO Energy and EPRI. Tetra Tech, Inc., Lafayette, California.

Tetra Tech. (1999a) Morro Bay National Estuary Program: Hydrodynamic Circulation Model. Tetra Tech, Inc., Lafayette, California.

Tetra Tech. (1999b) Pilot Scale Application of Existing Water Quality Models to Derive NPDES Permits Based on Sediment Quality. Technical report to USEPA, Tetra Tech, Inc., Fairfax, Virginia.

Tetra Tech. (1999c) Task 1. Conceptual Model Report for Copper in Lower South San Francisco Bay (Final Report). Report prepared for the City of San Jose. Tetra Tech, Inc., Lafayette, California.

Tetra Tech. (1999d) Fecal Coliform TMDL for the Rockford Lake Watershed, Nebraska. Technical report to USEPA. Tetra Tech, Inc., Fairfax, Virginia.

Tetra Tech. (1999e) Three-dimensional Hydrodynamic and Water Quality Model of Peconic Estuary. For Peconic Estuary Program, Suffolk County, NY. Tetra Tech, Inc., Fairfax, Virginia.

Tetra Tech. (2000a) Task 2. Impairment Assessment Report for Copper and Nickel in Lower South San Francisco Bay (Final Report). Report prepared for the City of San Jose. Tetra Tech, Inc., Lafayette, California.

Tetra Tech. (2000b) Hydrodynamic and Water Quality Model of Christina River basin. Technical Report for U.S.

Environmental Protection Agency Region 3. Tetra Tech, Inc., Fairfax, Virginia.

Tetra Tech. (2000c) Water Quality Modeling Analysis in Support of TMDL Development for Tenkiller Ferry Lake and the Illinois River Watershed in Oklahoma. Technical Report for U.S. Environmental Protection Agency Region 6 and Department of Environmental Quality, State of Oklahoma. Tetra Tech, Inc., Fairfax, Virginia.

Tetra Tech. (2001) Technical Evaluation of Existing Water Quality Models and Their Suitability for Use in Developing Sediment Quality-Based NPDES Permits. Technical report to USEPA, Tetra Tech, Inc., Fairfax, Virginia.

Tetra Tech. (2002) Theoretical and Computational Aspects of Sediment and Contaminant Transport in the EFDC Model. Technical Report to USEPA. Tetra Tech, Inc., Fairfax, Virginia.

Tetra Tech. (2006) The Environmental Fluid Dynamics Code Theory and Computation, Volume 3: Water Quality Module. Technical Report to USEPA, Tetra Tech, Inc., Fairfax, Virginia.

Tetra Tech. (2007) The Environmental Fluid Dynamics Code, User Manual, US EPA Version 1.01. Tetra Tech, Inc. Fairfax, VA.

Tetra Tech and AEE. (2005) Florida Bay Water Quality Data. Technical report to South Florida Water Management District. Tetra Tech, Inc., Fairfax, Virginia and Applied Environmental Engineering, LLC, Naples, Florida.

Thomann, R.V., Merklin, W., and Wright, B. (1993) Modeling cadmium fate at superfund site: impact of bioturbation. Journal of Environmental Engineering, 119:424–442.

Thomann, R.V. and Mueller, J.A. (1987) Principles of Surface Water Quality Modeling and Control. New York, NY: Harper and Row.

Thorn, M.F.C. and Parsons, J.G. (1980) Erosion of cohesive sediments in estuaries: an engineering guide. Proceedings of the Third International Symposium on Dredging Technology, Paper Fl, British Hydraulic Research Association-Fluid Engineering, Bordeaux, France, pp. 349–358.

Todorovic, P. and Zelenhasic, E. (1970) A stochastic model for flood analysis. Water Resources Research, 6:1641–1648.

Toet, S. (2003) A Treatment Wetland Used for Polishing Tertiary Effluent from a Sewage Treatment Plant: Performances and Processes. Ph.D. Dissertation, University of Utrecht, Netherlands.

Tomczak, M. and Godfrey, J.S. (1994) Regional Oceanography: an Introduction. Oxford, England; New York: Pergamon Press, 442 pp.

Towler, E., Rajagopalan, B., Gilleland, E., Summers, R.S., Yates, D., and Katz, R.W. (2010) Modeling hydrologic and water quality extremes in a changing climate: A statistical approach based on extreme value theory. Water Resources Research, 46(11).

Trapp, S. and Matthies, M. (1995) Generic one-compartment model for uptake of organic chemicals by foliar vegetation. Environmental Science and Technology, 29(9):2333–2338.

Trefry, J.H., Sadoughi, M., Sullivan, M.D., Steward, J.S., and Barber, S. (1983) Trace metals in the Indian River Lagoon, Florida: the copper story. Florida Scientist, 46(3/4):415–427.

Tsai, C.H. and Lick, W. (1987) Resuspension of sediments from Long Island Sound. Water Science Technology,

21(6/7):155–184.

Tsay, T.K., Ruggaber, G.J., Effler, S.W., and Driscoll, C.T. (1992) Thermal stratification modeling of lakes with sediment heat flux. Journal Hydraulic Engineering, 118(3):407–419.

Tsuijimoto, T., Shimizu,Y., Kitamura, T., and Okada, T. (1992) Turbulent open-channel flow over bed covered by rigid vegetation, Journal of Hydroscience and Hydraulic Engineering, 10(2):13–25.

Tufford, D.L. and McKellar, H.N. (1999) Spatial and temporal hydrodynamic and water quality modeling analysis of a large reservoir on the South Carolina (USA) coastal plain. Ecological Modeling, 114:137–173.

Turner, R.E., Schroeder, W.W., and Wiseman, Jr., W.J. (1987) The role of stratification in the deoxygenation of Mobile Bay and adjacent shelf bottom waters. Estuaries, 10:13–19.

Umbricht, A, Fukutome, S., Liniger, M.A., Frei, C., Appenzeller, C. (2013) Seasonal Variation of Daily Extreme Precipitation in Switzerland. Scientific Report MeteoSwiss, 97, 122 pp.

UNESCO. (1981) The Practical Salinity Scale 1978 and the International Equation of State of Seawater 1980. Technical Paper Marine Science, 36:25 pp.

US Code. (1977) Title 33 Navigation and Navigable Water, Chapter 26 Water Pollution Prevention and Control. Clean Water Act of 1977.Washington, DC.

USACE. (1987) Engineering and Design: Reservoir Water Quality Analysis. EM 1110-2-1201, U.S. Army Corps of Engineers, Washington, DC.

USACE. (1988) Water Quality Report on Tenkiller Ferry Lake, 1985–1986. U.S. Army Corps of Engineers, Tulsa, Oklahoma.

USACE. (1997) Blackstone River Watershed Reconnaissance Investigation. Volume 1, Main Paper and Appendices; Volume 2, Additional Appendices. U.S. Army Corps of Engineers, New England District, Concord, Massachusetts.

USACE. (1999) Central and Southern Florida Project Comprehensive Review Study: Final Integrated Feasibility Report and Programmatic Environmental Impact Statement, Washington, D.C.

USACE. (2002) Coastal Engineering Manual. EM 1110-2-1100, U.S. Army Corps of Engineers, Washington, DC.

USACE and SFWMD. (2004) Central and Southern Florida Project: Indian River Lagoon—South. Final Integrated Project Implementation Report and Environmental Impact Statement, Jacksonville, FL.

USCG. (2003) Environmental Impact Statement for the Port Pelican LLC Deepwater Port License Application. United States Coast Guard, Vessel and Facilities Operation Standards Division, 2100 Second Street, SW, Washington, DC.

USDA-NRCS. (1995) Wetlands, Values and Trends. NRCS/RCA Issue Brief #4., U.S. Department of Agriculture, Natural Resources Conservation Service. Washington, DC.1995.

USEIA. (2016) U.S. Energy Information Administration. Gulf of Mexico Fact Sheetwww.eia.gov/special/gulf_of_mexico/. Accessed on July 19, 2016.

USEPA. (1984) Technical Guidance Manual for Performing Waste Load Allocations. Book 2: Streams and Rivers; Chapter 3: Toxic substances. EPA 440/4-84-022, United States Environmental Protection Agency, Washington, DC.

USEPA. (1986) Quality Criteria for Water 1986. EPA-440/5-86-001, U.S. Environmental Protection Agency, Office of Water, Washington, DC.

USEPA. (1990) Technical Guidance Manual for Performing Waste Load Allocations, Book III: Estuaries. U.S. Environmental Protection Agency, Office of Water, Washington, DC.

USEPA. (1993) Training Manual for NPDES Permit Writers. EPA 833-B-93-003, United States Environmental Protection Agency, Washington, DC.

USEPA. (1994a) Deposition of Air Pollutants to the Great Waters. U.S. Environmental Protection Agency, Office of Air Quality, Research Triangle Park, NC.

USEPA. (1994b) Water Quality Standards Handbook. 2nd ed. EPA-823-B-94-005b, U.S. Environmental Protection Agency, Office of Water, Washington, DC.

USEPA. (1996a) Blackstone River Initiative. Phase 1: Dry Weather Assessment Interim Paper of Data 1991. Prepared by U.S. Environmental Protection Agency, Region 1, and the Massachusetts Division of Water Pollution Control, in cooperation with the Rhode Island Department of Management and the University of Rhode Island.

USEPA. (1996b) The Metals Translator: Guidance For Calculating a Total Recoverable Permit Limit From a Dissolved Criterion. EPA 823-B-96-007, United States Environmental Protection Agency, Office of Water, Washington, DC.

USEPA. (1996c) Hydrologic Simulation Program-FORTRAN, User's Manual for Release 11, EPA 600/3-84/065, United States Environmental Protection Agency, Athens, GA.

USEPA. (1997) The Incidence and Severity of Sediment Contamination in Surface Waters of the United States. Volume 1: National sediment quality survey. EPA 823-R-97-006, United States Environmental Protection Agency, Washington, DC.

USEPA. (1998) Bacteria Water Quality Standard Status Report. U.S. Environmental Protection Agency, Office of Water, Washington, DC.

USEPA. (1999) Review of Potential Modeling Tools and Approaches to Support the BEACH Program. EPA 823-R-99-002. U.S. Environmental Protection Agency, Office of Science and Technology, Washington, DC.

USEPA. (2000a) National Water Quality Inventory: 1998 Report to Congress. EPA 841-R-00-001. U.S. Environmental Protection Agency, Office of Water, Washington, DC.

USEPA. (2000b) Nutrient Criteria Technical Guidance Manual: Lakes and Reservoirs, First Edition. EPA-822-B00-001, Office of Water, Office of Science and Technology, Washington, DC.

USEPA. (2000c) Nutrient Criteria Technical Guidance Manual: Rivers and Streams. EPA-822-B-00-002, Office of Water, Office of Science and Technology, Washington, DC.

USEPA. (2000d) Hydrodynamic and Water Quality Model of Christina River Basin. Final Report. United States

Environmental Protection Agency, Region III, Philadelphia, PA. 464 pp.

USEPA. (2000e) Total Maximum Daily Load (TMDL) for Lake Okeechobee. United States Environmental Protection Agency, Atlanta, Georgia.

USEPA. (2001) Nutrient Criteria Technical Guidance Manual: Estuarine and Coastal Marine Waters. EPA-822-B-01-003, Office of Water, Office of Science and Technology, Washington, DC.

USEPA. (2002) Implementation Guidance for Ambient Water Quality Criteria for Bacteria. EPA-823-B-02-003, U.S. Environmental Protection Agency, Office of Water, Washington, DC.

USEPA. (2004) STORET Version 2.0.5 Report Module Reference Guide. U.S. Environmental Protection Agency, Office of Water, Washington, DC.

USEPA. (2006) Volunteer Estuary Monitoring: A Methods Manual. EPA-842-B-06-003, U.S. Environmental Protection Agency, Office of Wetlands, Washington, DC.

USEPA. (2013) National Rivers and Streams Assessment 2008–2009 A Collaborative Survey. EPA/841/D-13/001. U.S. Environmental Protection Agency, Office of Wetlands, Washington, DC.

USGS. (1999) The Quality of Our Nation's Waters–Nutrients and Pesticides. U.S. Geological Survey, U.S. Geological Survey Circular 1225, 82 pp.

USGS. (2011) On Scene Coordinator Report: Deepwater Horizon Oil Spill; Submitted to the National Response Team, United States Coast Guard: Washington, DC.

USGS. (2014) http://soundwaves.usgs.gov/2014/06/spotlight.html.

Valiela, I. and Costa, J.E. (1988) Eutrophication of Buttermilk Bay, a Cape Cod coastal embayment--concentrations of nutrients and watershed nutrients and watershed nutrient budgets. Environmental Management, 12(4):539–553.

Valiela, I., Costa, J.E., Foreman, K., Teal, J.M., Howes, B., and Aubrey, D. (1990) Transport of groundwater-borne nutrients from watersheds and their effects on coastal waters. Biogeochemistry, 10:177–197.

Van Gelder, P., De Ronde, J., Neykov, N.M., and Neychev, P. (2001) Regional frequency analysis of extreme wave heights: Trading space for time. In: Edge, B.L. (eds.), Proceedings of the 27th Conference on Coastal Engineering (Sydney, Australia, ASCE), pp. 1099–1112.

Van Rijn, L.C. (1984a) Sediment transport, Part I: Bed load transport. Journal of Hydraulic Engineering, 110: 1431–1455.

Van Rijn, L.C. (1984b) Sediment transport, Part II: Suspended load transport. Journal of Hydraulic Engineering, 110:1613–1641.

Vanoni, V.A. (1977) Manuals and Reports on Engineering Practice, No. 54. Prepared by the ASCE Task Committee for the Preparation of the Manual on Sedimentation of the Sedimentation Committee of the Hydraulics Division, American Society of Civil Engineers, New York, NY.

Variano, E.A., Ho, D.T., Engel, V.C., Schmieder, P.J., and Reid, M.C. (2009) Flow and mixing dynamics in a patterned wetland: kilometer - scale tracer releases in the Everglades. Water Resources Research, 45(8).

Verhoeven, J.T., Arheimer, B., Yin, C., and Hefting, M.M. (2006) Regional and global concerns over wetlands and water quality. Trends in Ecology and Evolution, 21(2):96–103.

Verhoeven, J.T. and Meuleman, A.F. (1999) Wetlands for wastewater treatment: opportunities and limitations. Ecological Engineering, 12(1):5–12.

Vermaat, J.E., Santamaria, L., and Roos, P.J. (2000) Water Flow Across and Sediment Trapping in Submerged Macrophyte Beds of Contrasting Growth Form. Archiv fur Hydrobiologie, 148:549–562.

Vinokur, M. (1974) Conservation equations of gas dynamics in curvilinear coordinate systems. Journal of Computational Physics, 50:71–100.

Violeau, D., Bourban, S., Cheviet, C., Markofsky,M., Petersen, O., Roberts, W., Spearman, J., Toorman, E., Vested, H., and Weilbeer, H. (2000) Numerical simulation of cohesive sediment transport: intercomparison of several numerical models. 6th Int. Conf. on Nearshore and Estuarine Cohesive Sediment Transport, INTERCOH 2000, Delft, Netherlands.

Vollenweider, R.A. (1968) The Scientific Basis of Lake and Stream Eutrophication with Particular Reference to Phosphorus and Nitrogen as Eutrophication Factors. Technical Report DAS/DSl/68.27, Organization for Economic Cooperation and Development, Paris, France.

Vymazal, J. (1995) Algae and Nutrient Cycling in Wetlands. CRC Press/Lewis Publishers: Boca Raton, Florida.

Vymazal, J. (2004) Removal of phosphorus via harvesting of emergent vegetation in constructed wetlands for wastewater treatment. Lienard A., Burnett H. (eds.). Proceedings of the 9th International Conference on Wetland Systems for Water Pollution Control, 26–30 September 2004; Association Scientifique et Technique pour l'Eau et l'Environnement (ASTEE), Cemagref, and IWA: Avignon, France, pp. 415–422.

Vymazal, J. (2013) Emergent plants used in free water surface constructed wetlands: a review. Ecological Engineering, 61:582–592.

Vymazal, J. (2014) Constructed wetlands for treatment of industrial wastewaters: a review. Ecological Engineering, 73:724–751.

Walker, Jr., W.W. and Havens, K.E. (1995) Relating algal bloom frequencies to phosphorus concentrations in Lake Okeechobee. Lake and Reservoir Management, 11:77–83.

Walker, W.W. (1995) Design basis for Everglades Stormwater Treatment Areas. Water Resour. Bull., 31(4):671–685.

Walker, W.W. and Kadlec, R.H. (2008) Dynamic Model for Stormwater Treatment Areas, model version 2, 9/30/2005, documentation update 01/ 17/2008, U.S. Dep. of Inter., Washington, D. C. (available at http://www.wwwalker.net/dmsta/).

Walker, W.W. and Kadlec, R.H. (2011) Modelling phosphorus dynamics in Everglades wetlands and stormwater treatment areas. Critical Reviews in Environment Science and Technology, 41(S1):430–446.

Walsh, J.J. (1988) On the Nature of Continental Shelves. New York, NY: Academic Press.

Wan, Y., Ji, Z.-G., Shen, J., Hu, G., and Sun, D. (2012) Three-dimensional water quality modeling of a shallow subtropical estuary. Marine Environmental Research, 82:76–86.

Wan, Y., Labadie, J.W., Konyha, K.D., and Conboy, T. (2006) Optimization of frequency distribution of freshwater inflows for coastal ecosystem restoration. J. Water Resources Planning and Management, 132:320–329.

Wan, Y., Reed, C., and Roaza, E. (2003) Modeling watershed with high groundwater and dense drainage canals, Part I: Model development. In International Congress: Watershed Management for Water Supply Systems, Peter E. Black (editor). American Water Resources Association, Middleburg, Virginia, TPS-03-2 (CD-ROM).

Wang, D.-P., Oey, L.-Y., Ezer, T., and Hamilton, P. (2003) Near surface currents in DeSoto Canyon (1997–1999): comparison of current meters, satellite observation, and model simulation. J. Phys. Oceanogr., 33:313–326.

Wang, K.-H., Jin, K.-R., and Tehrani, M. (2003) Field measurement of flow velocities, suspended solids concentrations, and temperatures in Lake Okeechobee. Journal of the American Water Resources Association, 39(2):441–456.

Wang, N.M. and Mitsch, W.J. (2000) A detailed ecosystem model of phosphorus dynamics in created riparian wetlands. Ecol. Model., 126:101–130.

Ward, L., Kemp, W., and Boynton, W. (1984) The influence of waves and seagrass communities on suspended particulate matter in an estuarine embayment. Marine Geology, 59:85–103.

Warwick, J.J., Cockrum, D., and Horvath, M. (1997) Estimating non-point source loads and associated water quality impacts. Journal of Water Resources Planning and Management, 123(5):302–310.

Watts, G., Battarbee, R.W., Crossman, J., Daccache, A., Durance, I., Elliott, J.A. et al. (2015) Climate change and water in the UK-past changes and future prospects. Progress in Physical Geography, 39:6–28.

Wetzel, R.G. (1990) Land-water interfaces: metabolic and limnological regulators. Verh. Internat. Verein. Limnol., 24:6–24.

Wentworth, C.K. (1922) A scale of grade and class terms for clastic sediments. Journal of Geology, 30:377–392.

Westrich, J.T. and Berner, R.A. (1984) The role of sedimentary organic matter in bacterial sulfate reduction: the G model tested. Limnology and Oceanography, 29(2):236–249.

Wetzel, R.G. (1975) Limnology. New York: Saunders, 743 pp.

Wezernak, C.T. and Gannon, J.J. (1968) Evaluation of nitrification in streams. Journal of the Sanitary Engineering Division, ASCE, 94(SA5): 883–895.

Whipple, G.C. (1917) State Sanitation. Vols. I and II, Cambridge, Massachusetts: Harvard University Press.

White, J.S., Bayley, S.E., and Curtis, P.J. (2000) Sediment storage of phosphorus in a northern prairie wetland receiving municipal and agro-industrial wastewater. Ecol. Eng., 14:127–138.

Whitford, L.A. and Schumacher, G.J. (1964) Effect of current on respiration and mineral uptake of Spirogyra and Oedogonium. Ecology, 45:168–170.

Wikramanayake, P.N. and Madsen, O.S. (1994) Calculation of Suspended Sediment Transport by Combined Wave-Current Flows. Contract Report DRP-94-7, U.S. Army Engineer Waterways Experiment Station, Vicksburg, MS.

Wilcock, P., Pitlick, J., and Cui, Y. (2009) Sediment transport primer: estimating bed-material transport in gravel-bed rivers. Gen. Tech. Rep. RMRS-GTR-226. Fort Collins, CO: U.S. Department of Agriculture, Forest Service, Rocky Mountain Research Station. 78 p.

Williamson, C.H.K. (1992) The natural and forced formation of spot-like "vortex dislocations" in the transition of a wake. J. Fluid Mech., 243:393–441.

Wilmott, C.J. (1981) On the validation of models. Physical Geography, 2:184–194.

Willmott, C.J. (1982) Some comments on the evaluation of model performance. Bull. Am. Meteorol. Soc., 63:1309–1313.

Winter, K.-J. and Goetz, D. (2003) The impact of sewage composition on the soil clogging phenomena of vertical flow constructed wetlands. Water Science and Technology, 48(5):9–14.

Wong, T.H.F. and Geiger, W.F. (1997) Adaptation of wastewater surface flow wetland formulae for application in constructed stormwater wetlands. Ecol. Eng., 9:187–202.

Wool, T.A., Ambrose, R.B., Martin, J.L., and Cormer, E.A. (2002) Water Quality Analysis Simulation Program (WASP), Version 6.0.

Wool, T.A., Davie, S.R., Plis, Y.M., and Hamrick, J.M. (2003a) The development of a hydrodynamic and water quality model to support TMDL determinations and water quality management of a stratified shallow estuary: Mobile Bay, Alabama. Water Environmental Federation TMDL Specialty Conference, Chicago, Illinois.

Wool, T.A., Davie, S.R., and Rodriguez, H.N. (2003b) Development of three-dimensional hydrodynamic and water quality models to support total maximum daily load decision process to the Neuse River Estuary, North Carolina. Journal of Water Resources Planning Management, 129:295–306.

Wong, C.M., Williams, C.E., Pittock, J., Collier, U., and Schelle, P. (2007) World's top 10 rivers at risk. WWF International. Gland, Switzerland.

Wright, J.M., Lindsay, Jr., W.T., and Druga, T.R. (1961) The Behavior of Electrolytic Solutions at Elevated Temperatures as Derived from Conductance Measurements. USAEC Comm. R&D report WAPD-TM-204, 32 pp.

Wu, H., Zhang, J., Ngo, H.H., Guo, W., Hu, Z., Liang, S., and Liu, H. (2015) A review on the sustainability of constructed wetlands for wastewater treatment: design and operation. Bioresource technology, 175:594–601.

Wyatt, L. (005) HF radar for coastal monitoring-A comparison of methods and measurements. Oceans05, Brest, France.

Yalin, M.S. and Karahan, E. (1979) Inception of sediment transport. Journal of the Hydraulics Division (ASCE), 105(HY11):1433–1443.

Yamashiki, Y., Kumagai, M., Jiao, C., Nezu, I., and Matsui, S. (2003) Numerical simulation of thermally induced gyres in Lake Biwa. Hydrological Processes, 17(14):2947 – 2956.

Yang, Z. and Hamrick, J.M. (2004) Optimal control of salinity boundary condition in a tidal model using a variational inverse method. Estuarine, Coastal and Shelf Science, 62:13–24.

Yang, Z., Khangaonkar, T., DeGasperi, C., and Marshall, K. (2000) Three-dimensional modeling of temperature stratification and density-driven circulation in Lake Billy Chinook, Oregon. In Estuarine and Coastal Modeling: Proceedings of the 6th International Conference (Spaulding, M. L. and Butler, H. L., eds.), 411–425.

Yang, Z., Wang, T., and Copping, A.E. (2013) Modeling tidal stream energy extraction and its effects on transport processes in a tidal channel and bay system using a three-dimensional coastal ocean model. Renewable Energy, 50:605–613.

Yapa, P.D., Zheng, L. and Chen, F.H. (2001) Clarkson Deepwater Oil & Gas (CDOG) Model– Theory, Model Formulation, Comparison with Field Data, Parametric Analysis, and Scenario Simulations (Draft), Department of Civil and Environmental Engineering, Clarkson University: Potsdam, NY, Rep. No. 01–10.

Yen, B.C. (2002) Open channel flow resistance. Journal of Hydraulic Engineering, 128 (1):20–39.

Yeh, T.Y. (2008) Removal of metals in constructed wetlands: review. Practice Periodical of Hazardous, Toxic, and Radioactive Waste Management, 12(2):96–101.

Zervas, C. (2013) Extreme Water Levels of the United States 1893–2010. Silver Spring, Maryland: National Oceanic and Atmospheric Administration, National Ocean Service, Technical Report NOS CO-OPS 067, 212p.

Zhang, D.Q., Jinadasa, K.B.S.N, Gersberg, R.M., Liu, Y., Ng, W.J., and Tan, S.K. (2014) Application of constructed wetlands for wastewater treatment in developing countries–a review of recent developments (2000–2013). Journal of Environmental Management, 141:116–131.

Zheng, L., Ismail, K., and Meng, X. (2014) Freeway safety estimation using extreme value theory approaches: A comparative study. Accident Anal. Prev., 62:32–41.

Zhu, G, Wang, F., Gao, G., Zhang, Y. (2008) Variability of Phosphorus Concentration in Large, Shallow and Eutrophic Lake Taihu, China. Water Environment Research 80(9): 832–839.

Ziegler, C. K., Israelsson, P. H., and Connolly, J. P. (2000) Modeling sediment transport dynamics in Thompson Island Pool, Upper Hudson River. Water Quality and Ecosystems Modeling, 1:193–222.

Ziegler, C.K. and Nesbitt, B. (1994) Fine-grained sediment transport in Pawtuxet River, Rhode Island. Journal of Hydraulic Engineering, 120:561–576.

Ziegler, C.K., and Nesbitt, B. (1995) Long-term simulation of fine-grained sediment transport in large reservoir. Journal of Hydraulic Engineering, 121:773–781.

Zou, R., Carter, S., Shoemaker, L., Parker, A., and Henry, T. (2006) Integrated hydrodynamic and water quality modeling system to support nutrient total maximum load development for Wissahickon Creek, Pennsylvania. Journal of Environmental Engineering, 132 (4):555–566.

附　录

附录A　环境流体动力学代码

A1　综述

环境流体动力学模型（EFDC）（Hamrick，1992）是一个公用的水模型，可以用于模拟包括河流、湖泊、河口、水库、湿地与海岸区等地表水体的三维流动、传输与生物地球化学过程。EFDC模型最早由弗吉尼亚海洋科学研究所开发，现在由美国环境保护局（EPA）提供支持。EFDC模型已经在100多个模型研究中得到广泛验证与公开发表。目前这个模型被许多大学、研究机构、政府部门与商业公司使用。

EFDC模型是一个先进的三维非定常模型，它在单一源代码框架下，耦合了水动力、水质与富营养化、泥沙输运、有毒化学物质输运与转化等子模型。它包括四个主模块（图A1）：

（1）水动力模型；

（2）水质模型；

（3）泥沙输运模型；

（4）有毒物质模型。

这四个模块构成了独特的模型集合，避免了复合模型描述不同过程所需的复杂接口。EFDC模型描述的主要过程已经在图1.3.1中介绍过。最近，EFDC模型新添加了一个描述水下水生植物的模块（AEE，2005）。

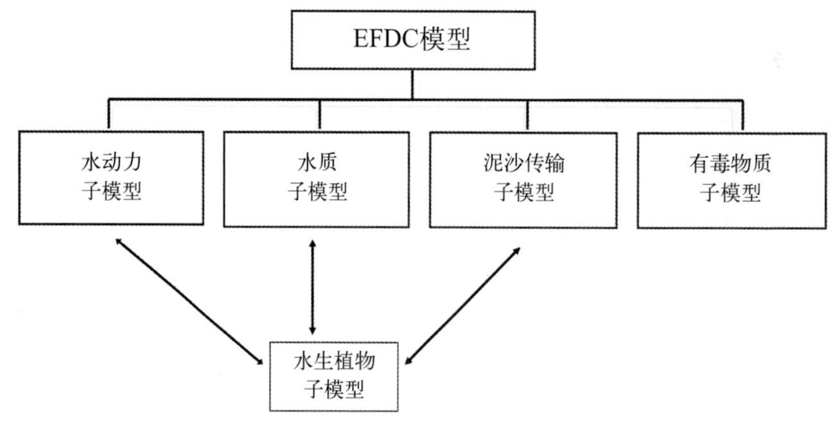

图A1　EFDC模型的主要模块

EFDC模型的典型应用包括黑石河的泥沙与重金属输运的模拟（Ji et al.，2002a），莫罗湾的干湿模拟（Ji et al.，2000，2001），奥基乔比湖的水动力、热力、泥沙、水生植物与水质过程模拟

（Jin，Ji，2001，2004，2005，Ji，Jin，2006；Jin et al.，2000，2002，2007），圣露西河口与印第安河潟湖的水动力、泥沙与水质模拟（Ji et al.，2007a，2007b；Wan et al.，2007），十佚湖的水动力与水质模拟（Ji et al.，2004），Billy Chinook Reservoir湖的水动力模拟（Yang et al.，2000），潮汐侵入及其对詹姆斯河河口幼虫分布的影响（Shen et al.，1999），河口前岸及其伴生漩涡的模拟（Shen，Kuo，1999），亚拉巴马州莫比尔湾的最大日负荷总量变化模拟（Wool et al.，2003a），北卡罗来纳州纽斯河口的水动力与水质模拟（Wool et al.，2003b），韩国光阳湾的三维水动力富营养作用模拟（Park et al.，2005），宾夕法尼亚州Wissahickon溪的水动力与水质综合模拟（Zou et al.，2006）。

A2　水动力

EFDC模型的水动力模型及很多计算方案与广泛使用的Blumberg-Mellor模型相同（Blumberg，Mellor，1987）。水动力模型基于三维浅水方程，动力耦合了盐度与温度传输。EFDC水动力模型的重要扩展包括对用于控制水流系统的水工建筑物、湿地系统的植被阻力（Moustafa，Hamrick，2000）与干湿过程（Ji et al.，2001）的描述。EFDC模型对变密度流体的垂直静水压、自由水面、湍流平均运动方程进行了求解，也能耦合求解湍流动能、湍流长度尺度、盐度与温度的传输方程。这两个湍流参数传输方程采用Mellor-Yamada 2.5层湍流封闭方案（Mellor，Yamada，1982；Galperin et al.，1988）。EFDC水动力模型的主要过程已经在第2章中描述过了。

A3　泥沙输运

EFDC模型能够模拟多粒径的黏性与非黏性悬移质泥沙输运，包括河床的沉积过程与再悬浮过程。美国国家环保署报告对EFDC泥沙与有毒物质模型详细地作了综合评价，结论是：EFDC是一个功能强大的泥沙模拟系统，能成功模拟泥沙污染点（Hayter et al.，2006）。EFDC模型加入了基于泥沙输运过程研究和认识的先进方程。泥沙输运子模式的能力和表述与同类模型相一致，包括美国陆军工程兵团的CH3D-SED模型（Spasojevic，Holly，1994）和SEDZL模型（Ziegler，Nesbitt，1955）在内。水柱体输运采用与盐度、温度相同的高阶对流-扩散方案。EFDC模型内计算了黏性与非黏性颗粒的沉淀、沉积和再悬浮过程以及沙质床体的地质力学。水柱体与床体的物质交换对于黏性颗粒与非黏性颗粒分别使用河床剪切力与希尔兹（Shields）参数函数关系式进行描述。沉积床可以用单层或者多层表示。沉积床的固化可以用表层床面和多层床体进行描述，与床体淤积和侵蚀相对应。水动力连续方程耦合了水柱体与床面的高程变化。EFDC泥沙模型的技术细节已经在第3章中给出。

A4　有毒化学物质输运与转化

EFDC有毒物质模型解决了在水动力、泥沙输运、有毒化学物质输运与转化的综合模型中的多种有毒化学物质问题。水柱体与床体的总污染物浓度采用平衡分配法分成溶解态与颗粒态两部分进行模拟。溶解态与颗粒态污染物在水柱体与床体的交换包括沉积与表层水的挟带、再悬浮与孔隙水的挟带、成岩作用的孔隙水排出、表层水与孔隙水之间的扩散。描述污染物输运的能力和表述与包括WASP5模型TOXI模块的同类模型一致（Ambrose et al.，1993）。第4章详细描述了有毒物质模拟。

A5 水质与富营养作用

EFDC水质模型包括水柱体中的22个状态变量，并且它与有27个状态变量的泥沙成岩模型耦合在一起。营养循环过程与切萨皮克湾的水质模型大体上相同（Cerco，Cole，1994）。泥沙成岩模型的基础是DiToro与Fitzpatrick发展的模型（1993）。水质模型加入了藻类、溶解氧、磷、硅土、有机碳与化学需氧量方程等组成的方程组。有机碳与有机营养物质是以溶解态和颗粒态、活性和难溶的形式存在的。泥沙成岩模型模拟了当接收从上层水柱体沉淀下来的颗粒有机物后，无机物质（铵、硝酸盐、磷酸盐、硅土）的成岩作用与通量结果以及沉积物对于水柱体的氧气需求。泥沙成岩模型与水质模型的耦合不仅仅加强了模型水质参数的可预报性，也使模型模拟水质状况随营养负荷变化的长期响应成为了可能。第5章描述了水质与富营养过程的细节。

A6 数值方案

EFDC模型采用有限差分计算网格：即简单的笛卡儿网格或用于不规则海岸线的正交曲线坐标。在垂直方向上，EFDC模型采用σ坐标来表述复杂的地形。作为一个全三维模型，EFDC能够应用于所有种类的地表水系统。虽然最初设计成三维模型，但EFDC模型采用一维或二维网格，就能很容易地用于一维或二维模拟，而无需再对代码做任何修改。

在EFDC模型中求解运动方程的数值方案为交错网格或C网格上的二阶精度的空间有限差分。模型的时间积分使用二阶精度、三个时间层的有限差分，并用内外模分离方法，将内切变或者斜压模从外模或正压模中分离出来。外模采用半隐式，用预处理的共轭梯度程序计算二维的自由面水位，然后使用新的自由面计算出平均深度的正压流场。外模的半隐式求解方案允许使用大时间步长，仅仅受显式中心差分的稳定准则或用于非线性增长的高阶迎风水平对流方案所限制（Smolarkiewicz，Clark，1986；Smolarkiewicz，Grabowski，1990；Smolarkiewicz，Margolin，1993）。EFDC模型内模动量方程，使用与外模相同的时间步长，而且考虑到垂直扩散使用隐式表达。三个时间层的时间分离方案通过周期插入二阶精度、二个时间层梯形步进行控制。

A7 文件与应用帮助

EFDC模型提供了大量文件参考。模型的理论与计算分别在水动力（Hamrick，1992）、泥沙输运（Tetra Tech，2000）、有毒污染物（Tetra Tech，1999）、水质（Park et al.，1995）过程进行介绍。模型用户手册也提供了EFDC模型输入文件的设置细节（Hamrick，1996）。

最初的用户界面是基于文本输入模板，这样做是为了使模型在大多数的操作平台上可移植，允许用户使用大多数的文本编辑软件对输入文件进行修改。文本界面同样允许在远程的操作系统上与各种各样的网络环境中进行模型的修改。

近年来，已经开发了几个基于Windows的用户界面。预处理程序包括网格生成器（GEFDC），输入数据测试器和初始条件生成器。后处理程序通常是将输出数据在不需要中间程序的情况下用第三方可视化程序进行处理。能使用EFDC程序输出文件的图形及可视化软件包括APE、AVS、GrADS、IDL、Mathematica、MatLab、NCAR Graphics、PV-Wave、Tecplot、SiteView、Spyglass Transform和Slicer、Voxelview与EFDC_Explorer（Craig，2004）。

EFDC模拟系统是用FORTRAN 77编写的。通用的源代码能在大多数的UNIX工作站（DEC Alpha、Hewlett-Packard、IBM RISC6000、Silicon Graphics、Sun和Sparc compatibles）、Cray和Convex超级计算机、个人计算机兼容机与苹果个人计算机上编译并且运行。个人计算机兼容机支持使用Intel、Absoft、Lahey与Microsoft的编译器。

附录 B　换算因数

长度

1英寸=2.540厘米

1英尺=0.304 8米

1码=0.914 4米

1英里=1.609 3千米

1海里=1.852千米

1米=3.280 8英尺=39.37英寸

面积

1平方英寸=6.452平方厘米

1平方英尺=0.092 9平方米

1公顷=10 000平方米=2.471英亩

1平方千米=0.386 1平方英里

1英亩=43 560平方英尺=0.404 685公顷

体积

1立方英尺=7.480 5加仑=28.32升=0.028 32立方米

1立方米=35.314 7立方英尺=264.172加仑=1000升

1加仑=3.785升=0.134立方英尺

1桶=0.158 99立方米=42加仑

速度

1英尺/秒=0.681 8英里/时=0.304 8米/秒=16.364英里/天

1米/秒=3.280 8英尺/秒=86.4千米/天=2.237英里/时

1英里/时=1.609千米/时=1.467英尺/秒=0.447 0米/秒

1节=1海里/时=1.688英尺/秒=1.151 555英里/时=1.853 248千米/时

流量

1立方英尺/秒=0.028 316立方米/秒

1立方米/秒=35.315立方英尺/秒

质量

1磅=453.592克

1千克=2.204 6磅

1吨=1000千克=2204.622磅

密度

1磅/立方英尺=16.018千克/立方米

1克/立方厘米=1000千克/立方米=62.428磅/立方英尺

浓度

1克/升=1000克/立方米=1ppt（10^{-3}）

1毫克/升=1克/立方米=1ppm（10^{-6}）

1微克/升=1毫克/立方米=1ppb（10^{-9}）

温度

$$T(℃)=\frac{5}{9}[T(°F)-32]$$

$$T(°F)=\frac{5}{9}[T(℃)+32]$$

力

1牛=1千克·米/秒^2=1×10^5达因

1达因=1克·厘米/秒^2

压力

1大气压=76.0厘米汞柱=33.8995英尺水柱（0℃）=101.325千帕

1帕=1牛/平方米

能量

1卡=4.1868焦

1焦=1瓦·秒=1牛·米

1千瓦时=3600千焦=860千卡

热通量

1兰利/天=1卡/（平方厘米·天）= 0.4846瓦/平方米

功率

1瓦=1焦/秒=1.34×10^{-3}马力

附录C 电子文件目录

这个模拟软件包主要包括下列5个文件夹：Channel，StLucie，LakeOkee，Document与UtilityPrograms（http://www.wiley.com/WileyCDA/WileyTitle/productCd-1118877152.html）。前三个文件夹中有三个应用实例，其中包括源代码、执行代码、输入文件、输出文件以及一些动画形式的结果。这三个实例分别展示了模型在河道、河口与湖泊的应用。这些案例应用可以作为新应用案例的模板。这些模板允许模拟人员修改已有的输入文件，从而满足特殊的模型需要，避免了从零开始写输入文件。为了这个目的，原始输入文件中一些不重要的细节被省略，以使读者能够集中注意力在输入文件与输出文件中的要点上。

第四个文件夹（Document）包含了EFDC用户手册、报告与技巧提示。第五个文件夹（UtilityPrograms）内有通常应用于EFDC模型的应用程序。Tetra Tech的John Hamrick博士提供了Document与UtilityPrograms文件夹中的大多数材料。

多种的图形及可视化软件可用于显示与分析三维的模型结果。使用哪一个图形软件包主要是个人的选择。对于图形及可视化来说，是没有最好这一说法的。在这本书中，大多数来自模型结果的图是用GrADS（http://www.iges.org/grads/）或者Tecplot（http://www.tecplot.com）绘制的。其中，动画文件的格式是avi，gif或者flc。一个叫做Imagen的免费动画播放器（http://www.gromada.com/download.html），是用于播放动画文件的简单好用的工具。

这些年来，已经发展了一些基于Windows的用于EFDC模型的图形用户界面（GUI）。这些图形用户界面可能使设置模型看起来简单一些，但是，个人来看，笔者觉得使用文本编辑器直接修改主要的EFDC输入文件（如efdcwin.inp与wqwin.inp）仍然是一种简单方便的设置模型的方法。毕竟，理解理论与过程是模型学习中的关键（更为困难）部分。这就像一辆赛车，漂亮的仪表板看起来很好，但是最重要的事情是在引擎罩下。

需要提醒的是，在这个模拟软件包中提供的模板文件是为已经大致有了EFDC模型与模拟基础知识的读者提供的。这就要求缺乏经验的模拟人员在用EFDC模型之前，需要接受必要的训练。

C1 河道模型

这个Channel文件夹包括河道模型的输入文件与输出文件。其中，一些模拟结果已在10.4.2节给出并讨论。这个模型的源代码与执行代码与圣露西河口与印第安河潟湖模型的一样，在StLucie文件夹中给出。

C2 圣露西河口与印第安河潟湖模型

圣露西河口与印第安河潟湖模型及其应用在这本书中有详细讨论。StLucie文件夹包含下面三个子文件夹：

（1）1999：1999年模拟（最初的30天）的输入与输出文件。

（2）代码：基于EFDC模型的圣露西河口与印第安河潟湖模型的源代码。

（3）动画：avi格式的部分模型结果。

执行代码StLucie.exe是用Intel FORTRAN 8.1编译的。

（http://www.intel.com/support/performancetools/fortran/windows/index.htm）

C3 奥基乔比湖环境模型

奥基乔比湖环境模型（LOEM）及其应用在这本书中有详细讨论。LakeOkee文件夹中包含下面三个子文件夹：

（1）2002：2002年模拟（最初的30天）的输入与输出文件。

（2）代码：基于EFDC模型的奥基乔比湖环境模型的源代码。

（3）动画：gif或者flc格式的部分模型结果。

readHyBin.for与readWqBin.for这两个应用程序是用来阅读与处理四个主要的二进制输出文件（hyts.bin，hy3d.bin，wqts.bin，wq3d.bin）的。执行代码LakeOkee.exe，是用Intel FORTRAN 8.1编译的。

奥基乔比湖环境模型与圣露西河口和印第安河潟湖模型源代码的主要不同在于奥基乔比湖环境模型包括风波动模型、波流交互作用模型、水生植物模型与沉积床的多层表达。除去这四种特征，奥基乔比湖环境模型就与圣露西河口和印第安河潟湖模型一样。

C4 文件与应用程序

Document文件夹内有与EFDC模型相关的文件，包括EFDC用户手册、理论报告、应用报告与技巧提示。

UtilityPrograms文件夹下有六个子文件夹：

（1）gefdc_gridgen：GEFDC是基于FORTRAN的网格生成程序。

（2）harmonicanalysisS：进行标量时间序列最小二乘谐波分析的程序。

（3）harmonicanalysisV：进行两分量矢量时间序列最小二乘谐波分析的程序。

（4）STEfdc：在EFDC模型中用于生成初始盐度与温度分布的程序。

（5）TimeserFilter：滤去时间序列高频信号的程序。

（6）vogg_gridgen：VOGG是用于水动力学与水质模拟的可视化正交网格生成工具。

附录D　EFDC_Explorer简介

本附录主要基于Craig（2014，2016）以及Dang和Craig（2011）的工作。

D1　功能

EFDC_Explorer（简称EE）是一款基于微软Windows图形用户界面（GUI）的环境流体动力学代码（EFDC）的前、后处理器。EE/EFDC软件包是由Dynamic Solutions-International，LLC公司（简称DSI）（网址：www.efdc-explorer.com）持续开发的一款强大的模型系统。EE同时支持美国环保总署版（EPA）（Tetra Tech，2007）和DSI版的EFDC，模块包括：①水动力学；②拉格朗日粒子示踪（仅DSI版）；③沉积物输运；④有毒物质输运；⑤水质。

EE图形用户界面可用于模型研究区和边界条件的设置，模型的测试和诊断，模型校验及数据的可视化（如图D1所示）。EE生成模型输入、输出的时间序列和二维/三维图以及模型结果的二维/三维动画。EE被美国和国际上的政府机构、大学、科研机构、企业环境部门、咨询公司和私人用户所接受和广泛使用。

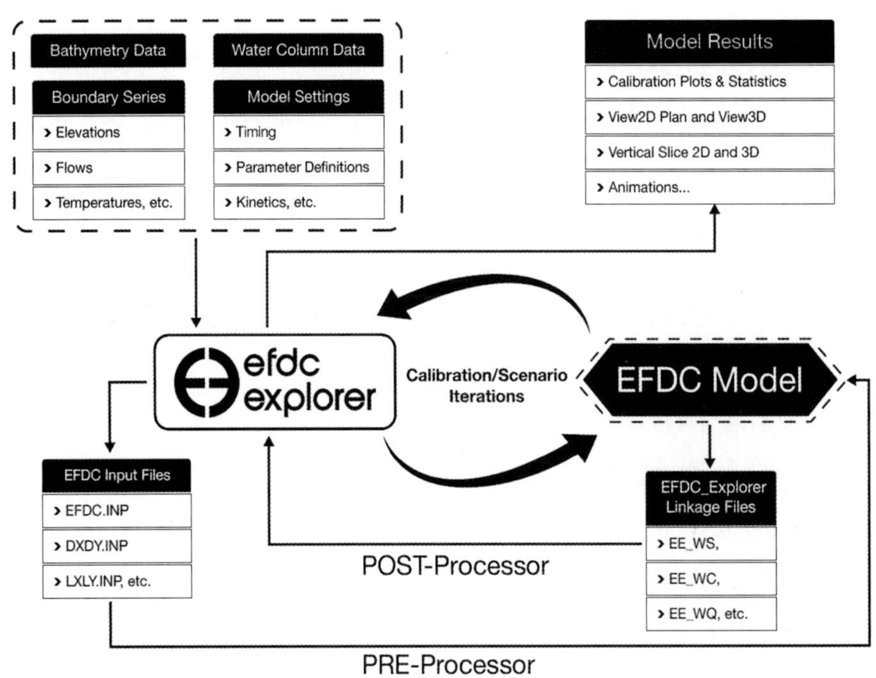

图D1　EFDC_Explorer与EFDC模型的互动

EFDC+是EFDC模型的增强版本（Craig，2016），EE被设计成可与EFDC +无缝对接运行。EFDC +的附加功能包括动态内存分配、增强的表面热交换选项、内部风-浪生成、热耦合冰子模块、Sigma Zed（SGZ）垂向分层、拉格朗日粒子示踪、OpenMP多线程和子研究区连接。实现了对前、后处理的重大精简、漏洞修复和用户定制。EE的前、后处理主界面如图D2所示。

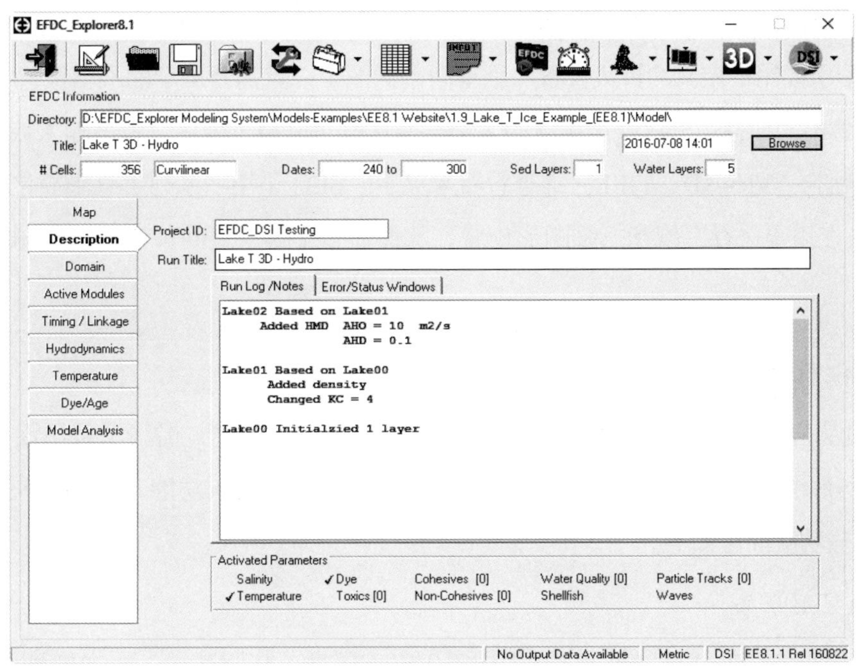

图D2　EFDC_Explorer的主界面

模型输入数据和模型结果可在标题为“ViewPlan”的EE二维地图查看器中显示。图D3展示了示例模型的屏幕截图，其中对视图中的各种功能进行了注释。借助此工具，用户将拥有众多的查看、提取和分析功能。查看二维地图时，用户可以通过缩放和平移以任意比例显示模型。

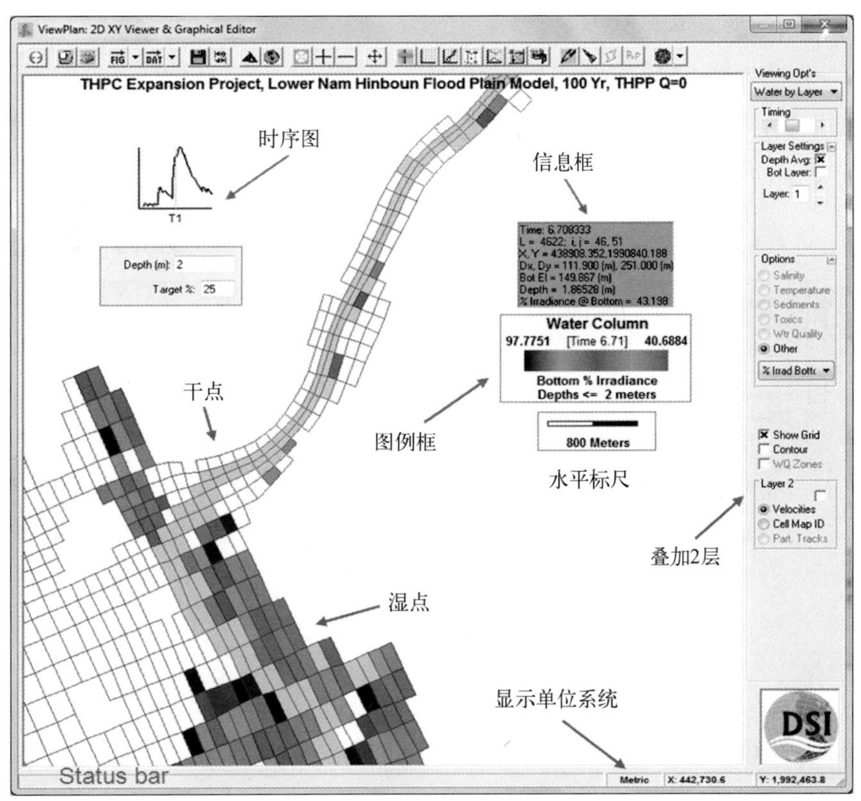

图D3　二维平面视图的主界面

模型输入数据和模型结果可以在标题为"ViewProfile"的EE二维垂向剖面查看器中显示。可以沿着任何I或J索引或用户定义的折线查看二维垂向剖面图。一旦需要展示的网格被选中，EE将显示二维剖面。水体中的任何组分以及沉积床的大部分属性都可以被可视化。模型输入数据和模型结果也可以使用标题为"View3D"的EE三维查看器来显示。EE还采用一系列工具来简化和改进模型校验过程。EE允许用户保存二维和三维图形设置，从而在多个模型之间创建一致的图形，促进模拟结果的精细化。

D2 新功能和改进

自EE开发以来，通过纠正代码漏洞，EFDC模型不断得到改进，提高了可用性（主要是通过添加动态内存分配避免了为每个应用程序编译EFDC），增添了新功能。EFDC增强版本（称为EFDC+）的一些功能描述如下。

D2.1 Sigma Zed分层

一种新的垂向分层方法已经被开发并应用于EFDC模型，从而减少了压力梯度误差（Craig，2014）。该方法计算效率很高。在EFDC_SGZ模型（EFDC+的一部分）中，垂直分层方案被修改，以允许模型研究区内不同区域层数的差异化。每个网格可以使用不同数量的层，尽管每个网格的层数在时间上是恒定的。与Sigma Zed代码相比，传统的EFDC代码在垂直方向上使用Sigma坐标变换，研究区内所有网格分层的数量相同，这样将会引入压力梯度误差（Mellor et al.，1994）。这些误差在地形急剧变化的地区最为明显。

与Sigma拉伸方法一样，每层的厚度随时间变化以适应随时间变化的深度。如图D4所示，z坐标系随每个网格面变化，将活动层的数目与相邻网格匹配。该方法在计算上比类似配置的Sigma拉伸网格效率更高，从而使得20～50（甚至更多）层的模型变得切实可用。

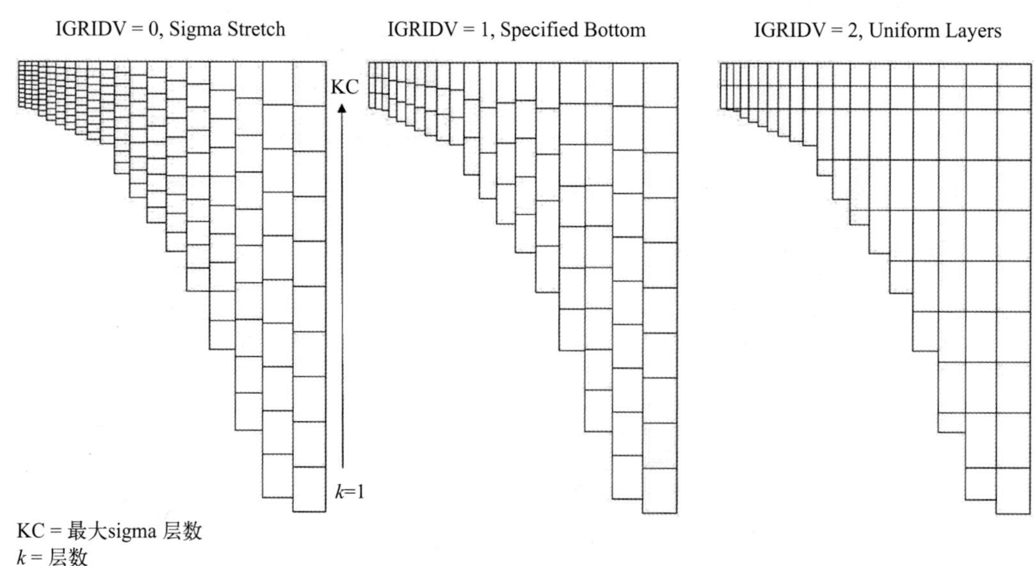

图D4 Sigma拉伸坐标和Sigma Z坐标

这个新的方法已经过几个假设检验案例的测试。该模型已应用于华盛顿湖（美国华盛顿州西雅图），其具有陡峭的底部梯度和急剧的温跃层。结果表明，温度的垂直变化和热分层被更精确地再现，并且与早先的Sigma坐标变换方法相比有显著的提升，如图D5所示。

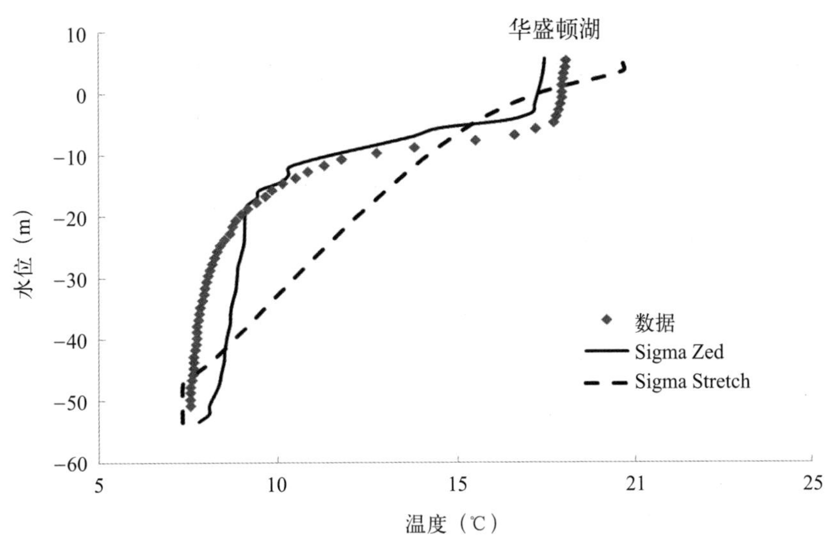

图D5　Sigma Zed模型和Sigma模型所产生的垂直温度轮廓线与华盛顿湖的浮标数据(2008年10月2日，12:05）比较

D2.2　内部风–浪生成

提升后的EFDC+包括了内部风–浪生成功能（Dang，Craig，2011）。这种做法的一个优点是，风–浪计算被融入EFDC水动力学模型的源代码，而不是运行一个单独的波浪模型。这意味着水动力学参数的变化在波浪计算中能立即得到更新。存在两个选项，一个仅考虑对边界层的影响，另一个既考虑对边界层的影响，还考虑波生流。

D2.3　冰子模型

EFDC+中囊括了一个强大的冰子模型。以前EFDC具有相对有限的冰模拟能力，在模拟期间，与冰相关的条件必须完全由用户为每个网格指定。EFDC+使用耦合热模型模拟冰的形成和融化，其中还包括碎冰输运选项。

D2.4　开放式多线程和动态内存分配

EFDC+代码已升级为允许多线程功能，以缩短模型运行时间。根据机器拓扑、应用程序和操作系统的不同，线程关联可以对应用程序运行速度产生重大影响。Intel运行时库将OMP线程绑定到物理处理单元。与单线程EFDC模型相比，运行在六核处理器上的增强型模型的运行效率通常提高4倍。

动态内存分配允许用户利用相同的可执行文件运行不同的模拟应用，而无需重新编译EFDC源代码。这减少了无意中的数组溢出错误，并为源代码提供了更多的可追踪性。

缩略语

A

ADCP Acoustic Doppler Current Profiler 声学多普勒测流仪

ADVs Vector acoustic Doppler velocimeters 矢量声学多普勒测速仪

AFWM Annual flow weighted mean 流量加权年平均

AOCR Dissolved oxygen/carbon ratio 溶解氧碳比

B

Bbbl Billion barrels 十亿桶

bbl Barrels 桶

BC Boundary condition 边界条件

BOEM Bureau of Ocean Energy Management 海洋能源管理局

BRI Blackstone River Initiative 黑石河行动计划

BS Boundary segment 边界部分

C

CBOD Carbonaceous biochemical oxygen demand 碳质生化需氧量

CBL Concentration boundary layer 浓度边界层

CDOG Clarkson Deepwater Oil & Gas 克拉克森深水油气模型

CDF Cumulative distribution function 累积分布函数

CERP Comprehensive Everglades Restoration Program 美国大沼泽地综合恢复计划

cfs Cubic feet per second 立方英尺/秒，ft^3/s

Chl a Chlorophyll a 叶绿素a

cms Cubic meters per second 立方米/秒，m^3/s

C.L. Confidence limit 置信限

COD Chemical oxygen demand 化学需氧量

CSOD Carbonaceous sediment oxygen demand 碳质底泥需氧量

CWA Federal Clean Water Act 联邦清洁水法

CWS Constructed wetlands 人工湿地

D

1D，2D，3D One-，two-，three- dimensional 一维，二维，三维

DA Drainage area 泄洪区

DBL Diffusive boundary layer 扩散边界层

DIN Dissolved organic nitrogen 溶解有机氮

DDT Dichloro-Diphenyl-Trichloroethane 滴滴涕

DFWM Daily flow weighted mean 流量加权日平均

DIP Dissolved inorganic phosphorus 溶解无机磷

DM Dissolved matter 溶解物

DMR Discharge monitoring reports （流量）监测报告

DO Dissolved oxygen 溶解氧

DOC Dissolved organic carbon 溶解有机碳

DON Dissolved organic nitrogen 溶解有机氮

DOP Dissolved organic phosphorus 溶解有机磷

DW Dry weight 干重

DWH Deepwater Horizon oil spill 深水地平线钻井平台溢油

E

EAV Emergent aquatic vegetation 挺水植物

ECMWF European Center for Medium Range Weather Forecasting 欧洲中期天气预报中心

E. coli Escherichia coli 大肠杆菌

ECOM Estuarine，Coastal，and Ocean model 河口海岸及海洋模式

EFDC Environmental Fluid Dynamics Code 环境流体动力学代码

EIS Environmental impact statement 环境影响报告书

EOF Empirical orthogonal function 经验正交函数

EPA U.S. Environmental Protection Agency 美国国家环保局

ERA Environmental resource area 环境资源区

ET Evapotranspiration 蒸散；蒸发蒸腾作用；蒸发量

EVT Extreme value theory 极值理论

F

FDEP Florida Department of Environmental Protection 佛罗里达州环保局

Feb Fecal coliform bacteria 粪大肠菌

FFT Fast Fourier Transform 快速傅里叶变换

FPIP Fraction of predated phosphorous produced as inorganic phosphorus 提前产生的无机磷部分

FWS Free water surface 表面流人工湿地

G

GEV Generalized extreme value 广义极值

GLS Grouped land segment 组合陆地段

GOM Gulf of Mexico 墨西哥湾

GPC Game and Parks Commission 渔猎和公园管理委员会

GPD Generalized Pareto distribution 广义帕累托分布

GUI Graphic User Interface 图形用户界面

H

HRT Hydraulic retention time 水力停留时间

HSPF Hydrologic Simulation Program-FORTRAN 水文模拟FORTRAN程序

I

iid Independently and identically distributed 独立同分布

IPCC Intergovernmental Panel on Climate Change 政府间气候变化委员会

IRL Indian River Lagoon 印第安河潟湖

L

LA Local allocations 局地配置

LHS Left-hand side 左手边

LOEM Lake Okeechobee Environmental Model 奥基乔比湖环境模式

LNG Liquefied natural gas 液化天然气（液化气）

LPOC Labile particulate organic carbon 活性颗粒有机碳

LPON	Labile particulate organic nitrogen 活性颗粒有机氮
LPOP	Labile particulate organic phosphorus 活性颗粒有机磷
LS	Land segment 陆地段

M

MAE	Mean absolute error 绝对平均误差
Mbbl	Thousand barrels 千桶
MBR	Momentum boundary layer 动量边界层
ME	Mean error 平均误差
ML	Maximum likelihood 最大似然
MMbbl	Million barrels 百万桶
MOS	Margin of safety 安全边际
MPN	Most probable number 最大可能数
MRRE	Mean relative RMS error 平均相对均方根误差
MSL	Mean sea level 平均海平面高度

N

N	Nitrogen 氮
NBOD	Nitrogenous biochemical oxygen demand 氮质生化需氧量
NDEQ	Nebraska Department of Environmental Quality 内布拉斯加州环境质量局
NH_4	Ammonia nitrogen 氨氮
Nit	Nitrification rate 硝化率
NO_3	Nitrate nitrogen 硝酸氮
NOAA	National Oceanic and Atmospheric Administration 美国国家海洋与大气管理局
NPDES	National Pollutant Discharge Elimination System 国家污染物排放削减制度

O

OBC	Open boundary conditions 开边界条件
OCS	Outer Continental Shelf 外大陆架
ON	Organic nitrogen 有机氮
OP	Organic phosphorus 有机磷

OSCAR　Oil spill contingency and response　溢油事故与应对

OSRA　Oil spill risk analysis　溢油风险分析

P

P　Phosphorus　磷

PAH　Polycyclic aromatic hydrocarbons　多环芳烃

PBAPS　Peach Bottom Atomic Power Station　桃花谷核电站

PC　Personal computer and Principal component　个人电脑及主分量

PCB　Polychlorinated biphenyls　多氯联苯

PCS　Permit Compliance System　许可合规系统

PDF　Probability density function　概率密度函数

pH　Power of hydrogen　氢离子浓度

PM　Particulate matter　颗粒物质

PO_4p　Particulate phosphate　颗粒磷酸盐

PO_4d　Dissolved phosphate　溶解磷酸盐

PO_4t　Total phosphorus　总磷酸盐

POM　Princeton Ocean Model　普林斯顿海洋模式

PON　Particulate organic nitrogen　颗粒有机氮

POT　Peaks-over-threshold　峰值超阈值方法

PP　Probability–probability　概率

ppb　Parts per billion　十亿分之一，10^{-9}

ppt　Parts per thousand　千分之一，10^{-3}

PROFS　Princeton Regional Ocean Forecast System　普林斯顿区域海洋预报系统

Q

QQ　Quantile-quantile　分位数

R

RAE　Relative absolute error　相对绝对误差

RE　Removal efficiency　去除效率

RHS　Right-hand side　右手边

RMS Root mean square 均方根

RMSE RMS error 均方根误差

ROMS Regional Ocean Modeling System 区域海洋模拟系统

RPD Rooted plant shoot detritus 根茎植物的茎系碎屑

RPE Rooted plant epiphyte 根茎植物的附生植物

RPOC Refractory particulate organic carbon 难溶颗粒态有机碳

RPON Refractory particulate organic nitrogen 难溶颗粒态有机氮

RPOP Refractory particulate organic phosphorus 难溶颗粒态有机磷

RPR Rooted plant root 根茎植物的根

RPS Rooted plant shoot 根茎植物的茎

RRE Relative RMS error 相对均方根误差

S

SA Available silica and Surface area 可用硅，表面积

SAV Submerged aquatic vegetation 沉水水生植物

SFWMD South Florida Water Management District 南佛罗里达水务管理局

SG Specific gravity 比重

SLE St. Lucie Estuary 圣露西河口

SMB Sverdrup，Munk，and Bretschneider 斯维尔德鲁普，蒙克和布莱施耐德

SRP Soluble reactive phosphorus 可溶性活性磷

SSC Suspended sediment concentration 悬浮泥沙浓度

STAs Stormwater Treatment Areas 雨水处理区

SU Particulate biogenic silica 颗粒态生物硅

SWAN Simulation Wave Nearshore 近岸波浪模拟

T

T Transpiration 蒸腾

TAM Total active metal 总活性金属

TDS Total dissolved solids 总溶固

TKN Total Kjeldahl nitrogen 总凯氏氮

TMDL Total Maximum Daily Load 最大日负荷总量

TOC　Total organic chemicals　总有机化学物

TP　Total phosphorus　总磷

TS　Transpiration stream　蒸腾流

TSS　Total suspended solids　总悬浮固体

U

UBWPAD　Upper Blackstone Water Pollution Abatement District　黑石河上游水污染消除区

USACE　U. S. Army Corps of Engineers　美国陆军工程兵团

USGS　U. S. Geological Survey　美国地质勘查局

W

WLA　Waste load allocations　废弃物负荷分配

WWTPs　Traditional wastewater treatment plants　传统的污水处理厂